DICTIONNAIRE TOPOGRAPHIQUE

DU

DÉPARTEMENT DE LA MEUSE

COMPRENANT

LES NOMS DE LIEU ANCIENS ET MODERNES

RÉDIGÉ SOUS LES AUSPICES

DE LA SOCIÉTÉ PHILOMATHIQUE DE VERDUN

PAR M. FÉLIX LIÉNARD

SECRÉTAIRE PERPÉTUEL DE CETTE SOCIÉTÉ, CORRESPONDANT DU MINISTÈRE DE L'INSTRUCTION PUBLIQUE
POUR LES TRAVAUX HISTORIQUES

PARIS

IMPRIMERIE NATIONALE

M DCCC LXXII

DICTIONNAIRE TOPOGRAPHIQUE

DE

LA FRANCE

COMPRENANT

LES NOMS DE LIEU ANCIENS ET MODERNES

PUBLIÉ

PAR ORDRE DU MINISTRE DE L'INSTRUCTION PUBLIQUE

ET SOUS LA DIRECTION

DU COMITÉ DES TRAVAUX HISTORIQUES ET DES SOCIÉTÉS SAVANTES

DICTIONNAIRE TOPOGRAPHIQUE

DU

DÉPARTEMENT DE LA MEUSE

COMPRENANT

LES NOMS DE LIEU ANCIENS ET MODERNES

RÉDIGÉ SOUS LES AUSPICES

DE LA SOCIÉTÉ PHILOMATHIQUE DE VERDUN

PAR M. FÉLIX LIÉNARD

SECRÉTAIRE PERPÉTUEL DE CETTE SOCIÉTÉ, CORRESPONDANT DU MINISTÈRE DE L'INSTRUCTION PUBLIQUE
POUR LES TRAVAUX HISTORIQUES.

PARIS

IMPRIMERIE NATIONALE

M DCCC LXXII

INTRODUCTION.

———◦———

DESCRIPTION PHYSIQUE DU DÉPARTEMENT DE LA MEUSE.

Le département de la Meuse est situé dans la région nord-est de la France; il est borné : au nord par la Belgique, à l'est par les départements de la Moselle et de la Meurthe, au sud par ceux des Vosges et de la Haute-Marne, à l'ouest par ceux de la Marne et des Ardennes.

Il s'étend en longueur du 48ᵉ degré 24 minutes 33 secondes au 49ᵉ degré 37 minutes 8 secondes de latitude, et en largeur du 2ᵉ degré 33 minutes 13 secondes au 3ᵉ degré 31 minutes 8 secondes de longitude à l'est du méridien de Paris.

Sa plus grande longueur, du sud au nord, est de 133 kilomètres; sa plus grande largeur, de l'est à l'ouest, est de 75 kilomètres.

Il a, d'après le cadastre, une superficie totale de 623,110 hectares, qui se divisent, par nature de propriétés ainsi qu'il suit :

1° Terres labourables...................................	344,641ʰ
2° Prés...	49,427
3° Vignes..	13,250
4° Bois...	147,775
5° Vergers, jardins, etc................................	6,278
6° Étangs..	2,465
7° Friches, pâtis, carrières............................	11,048
8° Propriétés bâties...................................	1,639
9° Bois de l'État......................................	34,142
10° Routes, chemins, rivières, ruisseaux................	12,445

Le climat du département de la Meuse est tempéré; l'air y est vif et pur, alternativement sec et humide. La température y est sujette à des variations brusques et fréquentes, comme dans les lieux sillonnés par de nombreuses vallées. Les chaleurs de l'été y sont rarement excessives. Les hivers sont communément longs; mais les froids ne sont pas ordinairement rigoureux. La température est établie à Verdun (centre du département) de la manière suivante :

Hiver : décembre, janvier, février	+ 2,20
Printemps : mars, avril, mai	+ 10,39
Été : juin, juillet, août	+ 19,55
Automne : septembre, octobre, novembre	+ 11,21
MOYENNE ANNUELLE	+ 10,84

Le maximum de la chaleur y atteint exceptionnellement + 36 degrés,
Le minimum — 20 degrés.
Le nombre de jours de gelées est, en moyenne, de 53; celui des pluies de 165, qu'on peut répartir de la manière suivante :

Hiver	45
Printemps	41
Été	38
Automne	41

La haute moyenne d'eau fournie chaque année par les pluies est de 0^m,76.
Les vents dominants sont ceux du sud-ouest.

Par ses dispositions orographiques, le département de la Meuse appartient tout entier au bassin de Paris. Il est en général formé de *terrains secondaires* dont l'étage *supérieur* (*terrains crétacés* ou *néocomiens*) comprend toute la limite à l'ouest du département; le surplus du territoire est presque entièrement occupé par le *terrain secondaire inférieur* (*terrain jurassique*), qui se divise en étages dits *supérieur, moyen, inférieur* et *liasique;* de nombreux *terrains .d'alluvion*, de diverses époques, sont en outre répartis sur différents points. Les divers gisements que présentent ces terrains, classés dans l'ordre de superposition, pris de la surface à l'intérieur, peuvent être définis comme il suit :

TERRAINS D'ALLUVION.

A. Alluvions modernes. — Graviers calcaires, avec tourbe et limon contenant des débris organiques de végétaux et d'animaux. — Vallées de la Meuse, de la Chiers, de l'Aire, de l'Ornain, plaine de la Woëvre.

B. Alluvions anciennes ou diluviennes. — Cailloux des Vosges, graviers et galets calcaires, dépôts argileux et ferrugineux. — Vallées de la Meuse, de l'Aire, de la Chiers, coteaux de la Chée, de l'Ornain, de la Saulx, plateau de la Woëvre.

1° TERRAINS CRÉTACÉS.
Étage du grès vert.

A. Gaise, craie tufau ou grès vert supérieur. — Vallée de la Biesme, Varennes, Montfaucon, Beaulieu, Lahaycourt.

Étage du gault.

B. Argiles du gault. — Varennes, Clermont, les Islettes.

C. Sables verts. — Les Islettes, Clermont, Varennes, Montfaucon, Mognéville, Ancerville, Cousances-aux-Forges, Lisle-en-Barrois, Louppy-le-Petit.

D. Argiles à plicatules. — Lahaycourt, Baudonvilliers, Sommelonne, Vassincourt, Revigny.

Étage néocomien.

E. Argiles ostréennes. — Véel, Mussey, Ancerville, Vassincourt, Andernay, Ville-sur-Saulx, etc.

F. Calcaire à spatangues. — Savonnières-en-Perthois, Lisle-en-Rigault, Mognéville, Sommelonne, Brillon, Ancerville.

G. Fer géodique. — Aulnois-en-Perthois, Trémont, Couvertpuis, Tréveray, Hévilliers, Ribeaucourt, Brillon.

2° TERRAINS JURASSIQUES SUPÉRIEURS.
Portland-stone ou *Calcaire du Barrois.*

A. Calcaires gris-verdâtres, comprenant l'oolithe vacuolaire de Brauvilliers, Aulnois-en-Perthois, Juvigny, Savonnières, Brillon, Combles, Ville-sur-Saulx; les calcaires bréchiformes et le calcaire tubuleux de Trémont, Biencourt, Saudrupt, Bar, Tréveray.

B. Calcaires cariés de Bar et Ligny, comprenant les calcaires oolithiques subordonnés de Reffroy, Naix, Tréveray, Tannois, Tronville, et les calcaires gris compactes de Tronville, Vraincourt, Rarécourt, etc.

C. Calcaires lithographiques de Sivry-la-Perche et Brocourt; comprenant les calcaires fossilifères des arrondissements de Bar et Verdun, les lumachelles d'Aubréville et Parois, et les calcaires marneux de Nixéville, Varennes, Rosières-en-Blois, etc.

Kimmeridge-Clay.

D. Argiles à gryphées virgules, avec ossements fossiles de plésiosaures, ichthyosaures, téléosaures, crocodiles, tortues, poissons. — Vadelaincourt, Souhesme, Issoncourt, Mondrecourt, Osches, Saint-André, etc.

Calcaire à astartes.

E. Groupe supérieur, comprenant les calcaires marneux de Senoncourt, les calcaires blancs oolithiques de Regret, Baleycourt, Lempire, et le calcaire gris compacte de Verdun, Vaucouleurs, Dainville-aux-Forges, Mauvages, Nixéville, Chattancourt.

F. Groupe inférieur, comprenant les argiles à lumachelles de Dugny, Lombut, Charny, Thierville, Sept-Fonds (près de Vaucouleurs), Louvemont, Fleury, Douaumont, Villers-devant-Dun.

3° TERRAINS JURASSIQUES MOYENS.
Coral-rag.

A. Calcaires blancs de Montsec, Saint-Julien, Creue, Hattonchâtel.

B. Calcaires à grosses et à petites oolithes de Dun et Liny; calcaires à nérinées, avec couches de quartz et empreintes végétales, de la carrière Saint-Martin et de la citadelle de Verdun; calcaire lithographique de la Renarderie (côte d'Étain), de Saint-Mihiel, Commercy, Vaucouleurs, Maxey-sur-Vaise.

C. Marnes d'Ornes, de Bezonvaux et des Éparges; calcaire à polipiers de Verdun, Saint-Mihiel, Sampigny; calcaire à entroques ou à encrines d'Haudainville, Dieue, Troyon, Varvinay, Lérouville; calcaire à débris de coquilles de Bras, Châtillon-sous-les-Côtes, Moulainville, Haudiomont, Wavrille, Écurey, Liny et Dun.

Oolithe ferrugineuse.

D. Calcaires et marnes empâtant des grains oolithiques de fer hydraté. — Beauclair, Halles, Montigny, Sassey, Dun, Ornes, Vaux, Haudiomont, Hannonville, Creue, Saint-Mihiel, Pont, Liouville, Pagny-sur-Meuse.

Oxford-clay.

E. Argiles de la Woëvre, comprenant les calcaires marneux et siliceux, et les marnes bleues mélangées de calcaires ferrugineux, avec plésiosaures. — Stenay, Jametz, Romagne-sous-les-Côtes, Mangiennes, Vaux-devant-Damloup, Eix, Étain, Warcq, Fresnes-en-Woëvre, Herbeuville, Vigneulles-lez-Hattonchâtel.

4° TERRAINS JURASSIQUES INFÉRIEURS.

Oolithe supérieure.

A. Calcaires gris oolithiques, avec fragments de coquilles. — Chauvency, Stenay, Luzy, Baalon, Han-lez-Juvigny, Louppy-sur-Loison, Saint-Laurent, Vaudoncourt, Senon, Amel, Rouvres, Étain, Warcq.

Bradford-clay.

B. Marnes bradfordiennes, avec bancs calcaires à grains fins, comprenant les blocs et cailloux siliceux de Sorbey, dits *grès de Longuyon;* les calcaires oolithiques gris ou jaunes de Rambucourt et Bouconville ; les assises argileuses ou marneuses de Latour-en-Woëvre, Hadonville et Lachaussée.

Oolithe inférieure.

C. Assise composée des calcaires oolithiques à grains très-fins de Thonne-les-Prés et des carrières du Haut-de-Forêt, sur les territoires de Montmédy et Thonnelle; des bancs calcaires alternant avec des lits de marne jaune ou grise (côte de Moulins); des calcaires terreux blanchâtres ou jaunâtres, avec nombreux polypiers, des environs de Montmédy, de Thonnelle et d'Avioth.

5° TERRAINS LIASIQUES.

A. Marnes supérieures ou argile noirâtre, schisteuse, quelquefois bitumineuse, contenant des lignites, des cristaux de gypse et des ossements de sauriens. — Écouviez, Montmédy.

B. Calcaire ferrugineux jaune, brun ou verdâtre, formé de fragments de coquilles, renfermant des grès feuilletés et micacés et des couches de fer hydraté disposées irrégulièrement. — Thonne-le-Thil, Écouviez, Thonnelle.

C. Calcaire sableux, avec nombreux fossiles. — Breux, Fagny.

Le département de la Meuse a une forme oblongue; son sol est formé par une série de plateaux disposés en gradins qui s'étendent principalement du nord au sud et sont sillonnés par de nombreuses vallées. La ligne moyenne de la plus grande inclinaison du terrain se dirige du sud-sud-est au nord-nord-ouest, de la limite des Vosges aux confins de Stenay; cette longue déclivité porte les eaux de la profonde vallée de la Meuse vers la Belgique. Une déclivité secondaire a lieu en obliquant de cette dernière ligne vers l'ouest, c'est celle qui porte les eaux de l'Aire dans les Ardennes, et les eaux de l'Aisne, de l'Ornain et de la Saulx dans le département de la Marne.

Le département est traversé par quatre chaînes de coteaux ou crêtes, qui sont : 1° au nord-ouest, les côtes de l'Argonne; 2° à l'ouest, les côtes du Barrois; 3° à l'est, les côtes de la Woëvre, qui bordent la vallée de la Meuse; 4° au nord, les côtes ou coteaux de la Chiers. A l'est du département se trouve l'immense et riche plaine de la Woëvre, qui se prolonge vers la Moselle. Le sol présente extérieurement quelques points culminants, ce sont : les côtes de Montsec, d'Hattonchâtel, des Hures, d'Haudiomont, qui toutes dominent la Woëvre; au nord, Dun, Montmédy et Montfaucon, points remarquables; enfin à l'ouest, Beaulieu qui s'élève au-dessus des terrains fangeux de Brizeaux, Foucaucourt, etc.

Ces chaînes de coteaux forment deux bassins principaux dans lesquels s'écoulent les eaux qui arrosent le département; ce sont : à l'est, le bassin du Rhin; à l'ouest, celui de la Seine.

Bassin du Rhin. — La partie du département qui appartient au bassin du Rhin se divise en trois bassins secondaires, savoir :

1° Au sud-est, le bassin de la Moselle, dont les principaux cours d'eau sont : la rivière d'Orne, le Rupt de Longeau, l'Yron, le Rupt de Mad, la Madine et l'Ache.

2° A l'ouest, le bassin de la Meuse, dont les principaux cours d'eau sont : la Meuse, la plus considérable des rivières du département, la Meholle, le ru de Creue, le ruisseau de Forges, l'Andon et la Wiseppe.

3° Au nord-est, le bassin de la Chiers, dépendant de celui de la Meuse et dont les principaux cours d'eau sont : la Chiers, la Crune, l'Othain, le Loison.

Bassin de la Seine. — La partie du département qui appartient au bassin de la Seine se subdivise en deux bassins secondaires, savoir :

1° Au sud, le bassin de la Marne, dont les principaux cours d'eau sont : la Marne, la Saulx, l'Ornain, la Chée.

2° Au nord, le bassin de l'Aisne, dont les principaux cours d'eau sont : l'Aisne, la Biesme, la Cousance, la Buanthe.

Le département est arrosé par environ 395 cours d'eau, dont 20 appartiennent à la classe des rivières et 375 à celle des ruisseaux; on y compte en outre un nombre considérable de fontaines.

Il renferme 95 étangs, dont les plus importants sont situés dans les bassins de la Moselle, de la Chiers, de la Marne et de l'Aisne.

Il ne possède qu'un marais d'une certaine étendue, connu sous le nom de *Val-de-l'Âne*, situé en partie 'sur le territoire de Pagny-sur-Meuse et en partie sur celui de Lay-Saint-Remy (Meurthe); sa superficie dans le département est de 79 hectares.

Le département de la Meuse est un de ceux qui renferment le plus de forêts; il est classé le sixième parmi ceux de la France qui en possèdent. La contenance totale des bois y est de 181,917 hectares[1], appartenant soit à l'État, soit aux communes ou aux établissements publics, soit à des particuliers.

Le fer seul est exploité dans le département de la Meuse; les mines qui s'y trouvent sont abondantes et situées, pour la plupart, au sud et au nord. Le nombre des minières ouvertes est de 17, dont 15 importantes, qui occupent une superficie d'environ 40 hectares. On compte 3 lavoirs à bras, 2 patouillets et environ 35 bocards; ces mines alimentent 37 hauts fourneaux établis dans le département.

Le département possède plusieurs sources minérales; les plus connues sont celles dites le *Pré-Ramont*, entre Neuvilly et Boureuilles; la fontaine Sainte-Foy, à Brabant-en-Argonne; le Puits-de-Braux, commune de Buzy; la fontaine Gros-Terme, dite aussi *du Blanc-Chêne*, territoire de Laimont; les sources du Bois-des-Aulnes, territoire de Lissey; la fontaine d'Amermont et le ruisseau de la Noue, sur le territoire de Bouligny. Leurs eaux sont généralement minéralisées par le silicate de fer, quelquefois avec traces de manganèse.

On y connaît aussi plusieurs fontaines incrustantes, dont les principales sont celles de Jupille, écart de Doulcon, du Bois-des-Aulnes, commune d'Écurey, du Gros-Terme, commune de Laimont, et celle d'Hannonville-sous-les-Côtes. Le tuf qu'elles déposent est presque entièrement formé de carbonate calcaire; le tuf de la fontaine de Jupille contient de petits cristaux de même carbonate[2].

ANCIENNES DIVISIONS CIVILES.

Au temps de la conquête romaine, le territoire occupé aujourd'hui par le département de la Meuse faisait partie de la Gaule-Belgique. Par suite de la division de ce pays en quatre provinces (Germanique supérieure, Germanique inférieure, première Belgique, seconde Belgique), division faite par les empereurs romains, la totalité de ce

[1] Annuaire statistique du département de la Meuse pour l'année 1852.

[2] L'ouvrage de M. A. Buvignier, intitulé: *Statistique géologique, minéralogique, métallurgique et paléontologique du département de la Meuse;* Paris, 1852, 1 vol. in-8° et atlas in-f°, présente les renseignements les plus complets sur la description physique de ce département.

qui forme le département de la Meuse fut comprise dans la première Belgique; cette, province était composée de plusieurs pays, dont cinq occupaient, en tout ou en partie, la contrée qui forme le département de la Meuse, tel qu'il est aujourd'hui; ce sont :

Au sud, une partie du pays des *Leucks*, dont la ville principale était *Tullum* (Toul); *Nasium* (Naix), *Ad-Fines* (près de Saint-Germain-sur-Meuse), *Caturices* (Bar-le-Duc), lieux mentionnés sur les itinéraires antiques, en dépendaient;

A l'est, une partie du pays des *Mediomatricks*, dont la capitale était *Divodurum* (Metz); *Ibliodurum* (près d'Hannonville-au-Passage), placé dans le département de la Moselle, appartenait à ce pays;

Au nord, une partie du pays des *Trévirs*, ayant pour capitale *Augusta-Trevirorum* (Trèves), dont la frontière s'étendait à l'ouest jusques entre *Epusium* (Yvois) et *Mosomagus* (Mouzon);

A l'ouest, une partie du pays des *Rémois*, ayant pour capitale *Durocortorum* (Reims), et une partie de celui des *Catalauniens*, dont la ville principale était *Durocatalaunum* (Châlons);

Au centre, les *Verodunenses* ou pays des *Claves*, ayant pour ville principale *Verodunum* (Verdun), et pour limite à l'est *Fines* (près d'Aulnois-en-Woëvre) sur la voie consulaire de *Divodurum*.

Le peuple Verdunois avait, comme celui de Trèves, de Reims et de Met, sa monnaie particulière, marquée de son nom (*Virodu*) et portant à l'avers la tête de Rome casquée, au type du haut Empire. La Notice des provinces de la Gaule, qui est du ve siècle, désigne Verdun sous le nom de *civitas Verodunensium*, ce qui indique le territoire d'une nation libre ou la capitale d'un peuple indépendant; et s'il était permis d'appliquer aux *Veroduni*, comme le font quelques auteurs, le nom de *Veruni liberi*, peuple mentionné dans Pline [1] avec les *Suessiones* et les *Ulmanetes liberi*, on ne pourrait mettre en doute que les Verdunois n'eussent été alors un peuple libre et se gouvernant par ses propres lois.

Les conquérants des Gaules ont laissé dans ces divers pays de nombreuses traces de leur passage; on y retrouve un grand nombre de villages qui leur doivent leur origine, dont les noms présentent une signification intelligible, des bourgs et des *villas* dont beaucoup, détruits par les barbares, ont disparu de la surface du sol, laissant néanmoins leurs substructions, qui de temps en temps sont mises à découvert; on y voit un grand nombre de camps retranchés établis suivant les règles de la castramétation de cette époque, et quelques beaux tronçons de ces voies antiques qui sillonnaient nos contrées et qui étaient si solidement construites.

[1] Pline, 1re édition, et entre autres celle de Jean Camers (Venise, 1521).

Deux grandes routes consulaires traversaient le département; la première[1], située au sud, est ainsi mentionnée sur les itinéraires :

TABLE THÉODOSIENNE OU DE PEUTINGER. (De 222 à 270.)		ITINÉRAIRE D'ANTONIN. (De 284 à 313.)	
Fanomim.............................	XIX	Fanum Minervæ....................	XIIII
Caturices...........................	XXV	Ariola..............................	XVI
Nasie..............................	IX	Caturiges..........................	IX
Ad-Fines...........................	XIIII	Nasium............................	IX
Tullio.............................	V	Tullum............................	XVI
Scarpona...........................	X	Scarpona..........................	X
Divoduri Mediomatricorum...........	XIIII	Divodurum.........................	XII

Cette voie, se rendant de *Durocortorum* (Reims) à *Divodurum* (Metz), passait sur les territoires de Noyers, Laimont, Fains, Bar-le-Duc (*Caturices*), Popey, Silmont, Guerpont, Naix (*Nasium*), Boviólles, Marson, Reffroy, Bovée, Broussey, Vâcon, Saint-Germain-sur-Meuse (*Ad-Fines*), Toul et Metz.

La seconde, située au centre du département, est mentionnée de la manière suivante sur l'Itinéraire d'Antonin :

Durocortorum......................................	*M.P.*
Basilia...	X
Axuenna...	XII
Virodunum.	XVII
Fines..	VIIII
Ibliodurum..	VI
Divodurum...	VIII

Cette route se rendait de *Durocortorum* à *Divodurum*, passant sur les territoires de Vienne-la-Ville (*Axuenna*), Lachalade, Brabant-en-Argonne, Jouy-devant-Dombasle, Sivry-la-Perche, Verdun (*Virodunum*), Belrupt, Haudiomont, Manheulles, Aulnois-en-Woëvre (*Ad-Fines*), Pintheville, l'Yron (*Ibliodurum*), près d'Hannonville-au-Passage, Gravelotte et Metz (*Divodurum*).

Indépendamment de ces deux grandes routes militaires, plusieurs voies secondaires (*diverticula*), formant un réseau considérable, rayonnaient des cités de *Nasium*, de *Virodunum* et de quelques autres points; en voici les principales :

De *Nasium* à Langres (*Andematunnum*), avec embranchement sur Grand (*Andesina*),

---

[1] Extrait de la notice sur les chemins antiques dans le département de la Meuse, par Félix Liénard, lue Meuse. en séance de la Société Philomathique de Verdun, le 18 janvier 1860.

et passant sur les territoires de Saint-Amand, Tréveray, Saint-Joire, Biencourt, Ri-beaucourt, Bure, Mandres et Cirfontaine, où a lieu la bifurcation;

De *Nasium* à Gravelotte et à Metz, en passant par Boviolles, Vaux-la-Petite, St-Aubin, Chonville, Pont-sur-Meuse, Marbotte, Woinville, Nonsard, Bency, Xammes, St-Julien;

De *Nasium* au châtelet de Fontaines (Haute-Marne), par les territoires de Nantois, Villers-le-Sec, Dammarie, Morley, Froilet et Brauvilliers;

De *Caturices* (Bar-le-Duc) à Meuvy (*Mosa*), situé dans le département des Vosges, en passant par Montplonne, Nant-le-Petit et Morley (*Morlacum*);

De *Caturices* à Sermaize (Haute-Marne), en passant par le camp de Fains et les territoires de Mussey, Vassincourt, Contrisson et Andernay;

De *Virodunum* à *Caturices*, par les territoires de Landrecourt, Souilly, Issoncourt et Marat-la-Grande;

De *Virodunum* à Montfaucon, Romagne et vers le camp de Stonne (Ardennes);

De *Virodunum* à Dun et au camp de Baalon;

De *Virodunum* à Gérouville, par Dombras, Marville (*Martis-villa*) et Avioth;

De *Virodunum* à Trèves (*Augusta-Trevirorum*), par Senon, Longwy et Luxembourg;

De *Virodunum* à Neufchâteau (*Noviomagus*) et à Langres (*Andematunnum*), par Saint-Mihiel, Commercy, Void, Vaucouleurs, Sauvigny et Soulosse (*Solimariaca*);

De Maxey-sur-Vaise (*Marceium* ou *Maxcium*) à Grand (*Andesina*);

De Maxey-sur-Vaise à Sermaize, par Épiez, Rosières-en-Blois, Tréveray, Fouchères, Rupt-aux-Nonnains, Sommelonne et Mognéville;

De Senon à Montfaucon, en passant par Ornes, Louvemont, Champneuville;

De Senon à Metz (*Divodurum*), par Éton, Gondrecourt et Gravelotte;

De Senon à Hannonville-au-Passage (*Ibliodurum*), par Rouvres et Olle;

De Senon au châtelet de Châtillon-sous-les-Côtes;

De Liny-devant-Dun au camp de Titelberg, en passant par Flassigny et Tallancourt.

On doit considérer comme datant des époques mérovingiennes et carlovingiennes quelques autres chaussées anciennes qui ont aussi laissé de belles traces dans le départe-ment; parmi ces voies nous citerons:

La chaussée dite *de Brunehaut*, venant de Scarponne et bien visible sur le territoire de Nonsard;

Le chemin dit *de Brunehaut*, sur le territoire d'Amblaincourt;

Le chemin de la Reine-Blanche, venant de Senon et passant au Haut-Fourneau, au Bois-des-Moines, à Romagne-sous-les-Côtes;

Le chemin d'Alsace, qui vient de Toul, passe à Quatre-Vaux, à Rigny-Saint-Martin, Vaucouleurs, Villeroy, Mauvages, Bermont et Reffroy;

La Haute-Chevauchée, qui parcourt la forêt d'Argonne et passe derrière Lochères, Neuvilly, Varennes et Montblainville.

Lorsqu'au iv° siècle la religion chrétienne pénétra dans les Gaules, les divisions du gouvernement civil furent aussi celles de l'Église, du moins en général et sauf quelques empiétements, et chacune de ces divisions, portant le titre de cité (*civitas*), devint le siége d'un évêché (voyez plus loin : *Divisions ecclésiastiques*). Les diocèses de *Metz*, de *Toul* et de *Verdun* furent établis et eurent pour métropole *Augusta-Trevirorun* (Trèves). Telle fut l'origine de la dénomination de *province des Trois-Évêchés*, prise plus tard par ces trois diocèses, dont une partie compose le département de la Meuse.

Au v° siècle, les Romains ayant été chassés par les Francs, un nouvel empire se forma dans les Gaules sous Clovis, qui en fut le premier roi. A la mort de ce prince, le royaume fut partagé entre ses quatre fils; le pays qui forme aujourd'hui le département de la Meuse échut à Théodoric et fit dès lors partie du royaume d'Austrasie; Metz en fut la capitale.

L'Austrasie était divisée en un grand nombre de *pagi*, qui devinrent plus tard des contrées, des comtés ou des duchés; ceux qu'on retrouve dans le département de la Meuse sont les suivants :

Pagus Argonnæ ou *Saltus Argonnæ*.	l'Argonne.
Pagus Barrensis.	le Barrois.
Pagus Bassiniacensis.	le Bassigny.
Pagus Bedensis ou *Wedensis*.	le pays de Void ou la Voide.
Pagus Blesensis.	le pays de Blois.
Pagus Dulcomensis.	le Dormois.
Pagus Eposiensis.	le pays d'Yvois.
Pagus Odornensis.	le pays d'Ornois-en-Barrois.
Pagus Ornensis.	le pays d'Ornois-en-Verdunois.
Pagus Parthensis ou *Pertisus*	le Perthois.
Pagus Porticensis.	le Porcien.
Pagus Satanacensis.	l'Astenay ou le Stenois.
Pagus Scarmensis.	le pays de Carme.
Pagus Vallium.	le pays des Vaux.
Pagus Virdunensis.	le Verdunois.
Pagus Wabrensis.	la Woëvre.

L'Austrasie fit ensuite partie du vaste empire de Charlemagne et de ses fils, puis elle échut en partage à l'empereur Lothaire, qui la transmit à Lothaire, son fils, en l'année 855. C'est alors que l'étendue du pays soumis à la domination de ce prince reçut le nom de Lotharingie (*Lotharii regnum*) ou Lorraine, dont Metz fut encore la capitale.

B.

Les diverses contrées formant ce pays étaient administrées par des ducs, des comtes ou des chefs amovibles au gré du souverain, dont ils étaient chargés de faire exécuter les ordres dans la circonscription de leur commandement; ceux-ci cherchèrent peu à peu à se rendre indépendants, et ils ne tardèrent pas à profiter de l'affaiblissement de l'autorité royale pour s'ériger eux-mêmes en souverains ou seigneurs propriétaires des lieux dont ils n'étaient que les magistrats civils ou militaires. C'est ainsi que la Lorraine, d'abord royaume étendu, devint en 952, après bien des divisions et des morcellements, résultats de guerres longues et désastreuses, un duché ayant pour chef *Frédéric,* duc amovible, nommé par l'empereur Otton, et plus tard, *Gérard d'Alsace,* qui prit en 1049 le titre de premier duc héréditaire : Nancy en devint la capitale au xiiᵉ siècle. Ce duché resta indépendant jusqu'en 1766, époque à laquelle il fut définitivement réuni à la France après la mort de *Stanislas,* ancien roi de Pologne et dernier duc de Lorraine.

Sous les rois d'Austrasie, *Verdun,* chef-lieu du *pagus Virdunensis,* prit le titre de comté et fut administré par un magistrat séculier. Les rois mérovingiens y établirent un atelier monétaire qui produisit des triens d'or, les uns portant les noms des rois, les autres la marque des monétaires. Les Carlovingiens continuèrent à y frapper monnaie ; leurs ateliers y fonctionnèrent d'une manière très-active jusqu'au milieu du xᵉ siècle. En 986, le comté de Verdun cessa de faire partie du royaume d'Austrasie pour appartenir à l'empire d'Allemagne. On ne possède aucun document antérieur à cette époque qui établisse l'étendue et les limites primitives du comté de Verdun. Il y a lieu de croire que sa circonscription ne devait pas différer beaucoup de celle qui est indiquée dans un manuscrit conservé à la bibliothèque publique de Verdun. Ce document est la copie faite au xvᵉ siècle d'une pièce beaucoup plus ancienne qui paraît avoir été rédigée à la fin du xᵉ siècle dans l'intérêt, il est vrai, des évêques auxquels la possession temporelle de ce territoire venait d'être attribuée; il fixe les limites du comté Verdunois à l'époque où il passa entre les mains épiscopales et alors qu'il avait déjà perdu la partie de son territoire usurpée par les archevêques de Trèves. Il n'est pas inutile de donner ici une copie exacte de cette pièce, qui, jusqu'à présent, n'a pas été bien reproduite, et dont on ne possède que des traductions incomplètes; elle est ainsi conçue :

« VIRDUNENSIS COMITATUS ITA IN CIRCUITU HABETUR :

« Incipit a Leone Montefalconis, et usque ad Pertusam petram tendit. De Pertusa « petra usque ad Subtriamvillam, et inde usque ad villam Falley. De hinc usque Lon- « guion, ubi Cruna cadit in Caram fluvium, et sicut Cruna sursum decurrit usque

« ad Amantiam quæ usque Brierum tendit, et usque ad Bamvadum, ubi cadit in Ornam,
« et in longitudine superius usque ad fontem apud Auncurtem. Et inde usque ad
« quercum Saldei, et inde sub Mocioni ad fontem Lupi Montis. De hinc ad Marbodi-
« fontem, et inde Petus ad Vadum, et hinc usque Consanciæ, ubi cadit in Mosam flu-
« vium. De hinc usque Wanumcurtem per Nuclearios juxta Bilcei et Warnumcurt, et
« inde contra Vallem juxta Longum campum. Recta via usque Erisiam, et inde usque
« ad Fontem Sernidum ad Fontes tres. Ex hinc usque Summam Asniæ, et postea
« usque ad Ulmos. Et inde usque ad locum ubi Biumma fluit in Asniam. Et inde per
« descensum Asniæ justa Viasnam, et usque Viennam per Vereires, et per Monblainvil-
« lam, per Concescurt, per Castrum juxta Quarnaium, et inde per superiorem partem
« villæ quæ dicitur Chaheri, et inde recta via usque Jemas. Et inde usque ad Spanulfi-
« villa. Et inde recta via usque ad Montemfalconis, et usque ad Leonem a quo prius
« incepimus.

« Decaniæ Treverensis diocesis quæ erant diocesi Virdunensi, videlicet Yvodii, Jovi-
« gniaci, Longuioni, Basaillis et Erluni. »

« CIRCUIT OU LIMITES DE L'ANCIEN COMTÉ DE VERDUN.

« Ces limites commencent à Lion-de-Montfaucon (aujourd'hui Lion-devant-Dun [1]),
« et se dirigent sur la Borne-Trouée (bois communal d'Écurey). De la Borne-Trouée à
« Soutreville [2], et de là au village de Failly (Moselle). De ce lieu à Longuyon, où la
« Crune tombe dans la Chiers (*Caram fluvium*), remontent les rives de la Crune, gagnent
« l'Amance pour passer avec cette rivière à Briey (*Brierum*) et à Auboué (*Bamvadum*)
« où l'Amance se jette dans l'Orne, et remontent l'Orne jusqu'à la fontaine située auprès
« de Boncourt [3] (*Auncurtem*). De là elles passent au chêne de *Saldei* [4], puis sous Montsec
« (*sub Mocioni*) à la fontaine de Loupmont (*Lupi Montis*). De ce lieu elles gagnent le
« ruisseau de Marbotte (*Marbodifontem*) et le gué de Pont-sur-Meuse [5] (*Petus ad Vadum*)
« et de là l'embouchure du ruisseau de Cousances-aux-Bois [6] (*Consanciæ*). Elles se diri-
« gent ensuite sur Bannoncourt (*Wanumcurtem*) en passant par *Nuclearios* (vraisembla-
« blement les deux Kœurs [7]), près de Bislée (*Bilcei*) et de Bannoncourt (*Warnumcurt*),
« et longent la vallée de Lonchamp. S'étendent en ligne droite jusqu'à Érize-la-Brûlée

[1] Autrefois dépendant de la collégiale de Montfaucon.

[2] Soutreville ou Soutry, hameau actuellement réuni
à Sivry-sur-Meuse.

[3] Boncourt, près Conflans-en-Jarnisy.

[4] Peut-être Lachaussée (Calceia).

[5] Ou Vadonville, village voisin.

[6] Actuellement le Girouet, qui tombe dans la Meuse
vis-à-vis de Mécrin.

[7] Kœur, en latin *Coria*, *Corea*, de *core*, nom patois
qui s'applique aux coudriers ou aux noisetiers (*nuclea-
riis*).

« et jusqu'à la fontaine de Sarnay aux Trois-Fontaines[1]. Elles continuent jusqu'à Som-
« maisne et ensuite jusqu'au lieu dit les Ormes[2]. De là jusqu'au lieu où la Biesme
« (*Biumma*) prend son cours vers l'Aisne[3]. Et de là elles descendent le cours de l'Aisne
« jusqu'à la Bionne[4] (*Viasnam*) et jusqu'à Vienne-le-Château (*Viennam*); passent par les
« Verreries[5], par Montblainville, par *Concescourt*[6], par Châtel-près-Cornay (*Castrum
« juxta Quarnaium*), et de là au-dessus du village de Chéhéry, puis en droite ligne à
« Gesnes (*Jemas*) et ensuite à Épinonville (*Spanulfi-villa*). De ce lieu elles se rendent
« directement à Montfaucon et enfin à Lion-devant-Dun, leur point de départ.

« Les doyennés du diocèse de Trèves qui appartenaient au diocèse de Verdun étaient
« ceux d'Yvois, de Juvigny, de Longuyon, de Bazeilles et d'Arlon. »

Il résulte suffisamment de cette dernière phrase que le diocèse de Verdun comprenait primitivement les doyennés qui formaient, sous le nom de *doyennés wallons,*
l'archiprêtré de Sainte-Agathe de Longuyon, composé de 90 paroisses. En outre, une
charte de l'an 822, citée par Hontheim (Histor. Trevir., diplom. I, 55), attribue au
Verdunois le village de Doncourt, du doyenné de Bazeilles; et, dans son testament
rédigé en l'an 684, Adalgyse, neveu du roi Dagobert Ier et diacre de l'église de Verdun, dit, en parlant d'Ugny et de Montigny-sur-Chiers, localités situées à plusieurs
lieues au nord de Longuyon : « Villam vero meam Unichi Monhiaga sita in territorio
« Virdunensi. » (Archives de Coblentz.)

En l'an 997, la dignité de comte passa aux évêques de Verdun, qui devinrent seigneurs temporels du Verdunois et reçurent de l'empereur Otton II le droit de frapper
monnaie. Ce pays continua d'appartenir à l'Empire jusqu'en 1552, époque à laquelle
le roi Henri II le réunit à la France, en même temps que Metz et Toul; ces trois diocèses formèrent la province dite *des Trois-Évêchés.*

Le comté de Bar se forma en 951 et eut pour premier comte Frédéric d'Ardennes,
nommé par Otton. Sur la fin du xie siècle et par suite d'un mariage, la souveraineté

---

[1] Ces fontaines, nommées actuellement *Fontaine
des Trois-Évêques*, sont situées sur le territoire de Rembercourt-aux-Pots.

[2] Contrée encore ainsi dénommée sur la matrice
cadastrale; elle est située à environ 2 kilomètres au
sud-ouest de Beauzée, sur l'ancien chemin de Rembercourt-aux-Pots.

[3] Probablement vers Châtrice (Marne).

[4] Proche Vienne-la-Ville, où la Bionne a son embouchure.

[5] Les verreries de la Vallée (la Harazée, le Four-
de-Paris), situées entre Vienne et Montblainville; le
pays qu'elles occupent est désigné sur la *Carte du temporel des evcschez de Metz, Toul et Verdun*, par Jaillot, sous le nom de *Verreries.*

[6] Lieu inconnu, peut-être les Écomportes.

de Bar passa dans la maison de Montbéliard. En 1355, le comté de Bar fut érigé en duché par Jean, roi de France, dont la fille, Marie, avait épousé Robert, lequel fut ainsi le premier duc de Bar. En 1419, le cardinal de Bar ayant désigné pour son héritier René d'Anjou, qui devait plus tard épouser l'héritière de Lorraine, le duché de Bar fut réuni à celui de Lorraine et le Barrois n'eut plus pour souverains que les princes de Lorraine jusqu'au moment où les deux duchés furent cédés par le traité du 15 février 1737 à Stanislas, roi de Pologne, puis incorporés à la couronne de France après la mort de ce prince, en 1766. Les comtes de Bar frappèrent monnaie à partir du milieu du XIIIᵉ siècle.

Le Barrois s'étendait jusqu'au duché de Luxembourg au nord, la Lorraine à l'est, la Franche-Comté au midi, la Champagne à l'ouest; il avait environ 30 lieues de long sur 16 de large; la rivière de Meuse le divisait en deux parties : celle qui était située au couchant portait le nom de *Barrois mouvant,* chef-lieu Bar, et celle qui était au levant, *Barrois non mouvant,* chef-lieu Saint-Mihiel; le *Barrois mouvant* était sous la souveraineté du royaume de France, le *Barrois non mouvant* sous celle du duché de Lorraine.

En l'an 969, Commercy devint, avec quelques autres lieux voisins, un État particulier dont les souverains portaient le nom de damoiseaux (*domicelli*). Les damoiseaux de Commercy relevaient des évêques de Metz. Au XIIIᵉ siècle, cette seigneurie entra par mariage dans la maison de Sarrebruche; en 1324, Simon de Sarrebruche affranchit ses sujets de la terre de Commercy moyennant certaines redevances annuelles. Cette principauté se maintint jusqu'au XVIIIᵉ siècle; Louis XIV l'ayant conquise l'abandonna à la Lorraine; dans l'acte de cession de la Lorraine à Stanislas, du 15 février 1737, l'usufruit de la seigneurie de Commercy fut réservé à Élisabeth-Charlotte d'Orléans, duchesse douairière de Lorraine et de Bar; la duchesse étant morte en 1744, Stanislas, roi de Pologne et duc de Lorraine, en devint seigneur usufruitier; cette terre fut réunie définitivement à la France en 1766 et demeura comprise dans la circonscription du diocèse de Toul.

Le comté de Chiny fut fondé sur la fin du Xᵉ siècle; il eut pour premier comte Arnould, de 992 à 1010; Chiny en fut d'abord la capitale, puis ensuite Montmédy, dont la construction date de 1239. En 1364, le comté de Chiny fut acquis par Vinceslas, duc de Luxembourg; il passa successivement sous la domination du duc d'Orléans, de l'empereur Josse de Moravie, des ducs de Bourgogne et de l'Espagne; il faisait partie du diocèse de Trèves. Cédé à la France en 1657, par le traité des Pyrénées, il fut attaché à la province des Trois-Évêchés.

Le pays ou comté d'Argonne se forma, vers le x⁰ siècle, par la réunion du Clermontois, de l'Astenay ou Stenois, du Dormois, d'une partie du Rhetelois, etc.; il était situé à l'ouest du *pagus Virdunensis* ou Verdunois proprement dit, et formait cette région forestière traversée du sud au nord par les rivières d'Aire et d'Aisne, et s'étendant depuis le Perthois au sud jusqu'au Mousonais vers le nord. Ce pays est fréquemment cité dans les textes du moyen âge, depuis le x⁰ siècle, sous le nom de *sylva Argonna vel Argunnensis* ou de l'*Argonne;* son chef-lieu était Sainte-Menehould. Cette région confinait vers l'ouest à la Champagne, sur laquelle elle empiétait et où elle devait former une marche sur la frontière des tribus gauloises, puis des *civitates* gallo-romaines, puis enfin des diocèses de Reims, de Châlons et de Verdun, entre la première et la seconde Belgique. (Desnoyers, *Topog. ecclés. de la France.*)

Le Clermontois ou comté de Clermont appartenait primitivement aux évêques de Verdun; plusieurs fois disputé, pris et reconquis, ce comté passa, au xii⁰ siècle, au pouvoir des comtes de Bar. En 1632, Charles IV, duc de Lorraine, le céda à Louis XIII; en 1648, Louis XIV le donna en pleine propriété au Grand Condé; les descendants de ce prince en jouirent jusqu'en 1791, époque à laquelle il fut réuni au domaine national.

Le Dormois, désigné sous le nom de *pagus Dulminsis* dans le partage de l'empire fait en 870 entre les rois Louis de Germanie et Charles le Chauve, prit aussi le titre de *pagus et comitatus;* il faisait partie de la Champagne et s'étendait depuis la Meuse jusqu'au delà de l'Aire et de l'Aisne, dans le diocèse de Reims et dans celui de Verdun; il occupait une partie du nord-ouest du département, et fut, au x⁰ siècle, englobé dans le pays d'Argonne.

Sous la période mérovingienne, Stenay était terre du domaine royal (*fiscus Sathaniacus*) et avait un palais que les rois de la première race habitaient pour s'y adonner au plaisir de la chasse. Stenay passa ensuite entre les mains de la maison d'Ardennes et fut érigé en une seigneurie que l'empereur Henri IV confisqua pour en faire don à l'évêché de Verdun; cette seigneurie fut cédée par l'évêque Richard de Grandpré, en 1107, à Guillaume de Luxembourg, et engagée par Henri de Winchester, en 1124, à Renauld, comte de Bar; en 1554, elle passa du Barrois à la Lorraine; réunie à la France par le traité de 1641, elle fut comprise dans l'apanage de la maison de Condé et réunie au Clermontois.

C'est ainsi que ces divers pays furent successivement réunis à la France sous le

nom de *Barrois*, de *Clermentois*, de *Lorraine*, de *Champagne* et des *Trois-Évêchés;*
chacun d'eux se divisait en bailliages, lesquels se subdivisèrent ensuite en prévôtés
ressortissant soit au parlement de Paris, soit à celui de Metz, soit à la cour souveraine
de Nancy. Voici le tableau des bailliages et des prévôtés qui ont concouru, en tout ou en
partie, à former le département de la Meuse :

RESSORTISSANT AU PARLEMENT DE PARIS.

BAILLIAGE DE BAR-LE-DUC....

- Prévôté d'Ancerville.
- Prévôté de Bar-le-Duc.
- Prévôté de Beurey.
- Prévôté de Cousances-aux-Forges.
- Prévôté de Dagonville.
- Prévôté de Franquemont.
- Prévôté d'Issoncourt.
- Prévôté de Levoncourt.
- Prévôté de Ligny-en-Barrois.
- Prévôté de Louppy-le-Château.
- Prévôté de Mognéville.
- Prévôté de Montiers-sur-Saulx.
- Prévôté de Morley.
- Prévôté de Pierrefitte.
- Prévôté de Souilly.
- Prévôté de Stainville.

BAILLIAGE DE CHÂLONS....... Prévôté de Beaulieu.

BAILLIAGE DE CHAUMONT.....

- Prévôté de Chaumont.
- Prévôté de Tréveray.
- Prévôté de Vaucouleurs.

BAILLIAGE DE CLERMONT.....
(Siégeant à Varennes.)

- Prévôté de Clermont-en-Argonne.
- Prévôté de Dannevoux.
- Prévôté de Dun.
- Prévôté de Jametz.
- Prévôté de Montfaucon.
- Prévôté des Montignons.
- Prévôté de Sainte-Menehould.
- Prévôté de Stenay.
- Prévôté de Varennes.

Meuse.

c

BAILLIAGE DE LAMARCHE...... Prévôté de Gondrecourt.

RESSORTISSANT AU PARLEMENT DE METZ.

BAILLIAGE DE MARVILLE..... { Prévôté de Damvillers.
Prévôté de Marville.

BAILLIAGE DE MONTMÉDY..... { Prévôté de Chauvency-le-Château.
Prévôté de Montmédy.

BAILLIAGE DE MOUZON....... Prévôté de Mouzon.

BAILLIAGE DE TOUL........ { Prévôté de Brixey.
Prévôté de Void.

BAILLIAGE DE VERDUN...... à l'évêché.... { Prévôté de Charny.
Prévôté de Dieppe.
Prévôté de Fresnes-en-Woëvre.
Prévôté de Mangiennes.
Prévôté de Tilly.
Prévôté de Verdun.

au chapitre... { Prévôté de Foameix.
Prévôté d'Harville.
Prévôté de Lemmes.
Prévôté de Merles.
Prévôté de Sivry-sur-Meuse.

RESSORTISSANT À LA COUR SOUVERAINE DE NANCY.

BAILLIAGE DE COMMERCY...... Prévôté de Commercy.

BAILLIAGE D'ÉTAIN........ { Prévôté de Bezonvaux.
Prévôté d'Étain.
Prévôté de Prény.
Prévôté de Sancy.
Prévôté de Spincourt.

BAILLIAGE DE LONGUYON..... { Prévôté d'Arrancy.
(Ensuite réuni à celui d'Étain.) Prévôté de Longuyon.

	Prévôté d'Apremont.
	Prévôté de Bouconville.
	Prévôté de Foug.
	Prévôté d'Hattonchâtel.
	Prévôté d'Heudicourt.
	Prévôté de Lamarche-en-Woëvre.
BAILLIAGE DE SAINT-MIHIEL...	Prévôté de Mandres-aux-Quatre-Tours.
	Prévôté de Norroy-le-Sec.
	Prévôté de Richecourt.
	Prévôté de Saint-Mihiel.
	Prévôté de Sampigny.
	Prévôté de Sorcy.

	Prévôté d'Hannonville-sous-les-Côtes.
BAILLIAGE DE THIAUCOURT....	Prévôté de Lamarche-en-Woëvre.
	Prévôté de Thiaucourt.

Les prévôtés ducales et seigneuriales formaient, en Lorraine et dans le Barrois, une juridiction de premier degré ressortissant en appel, savoir : pour la Lorraine, aux quatre grands bailliages primitivement institués; pour le Barrois mouvant, au parlement de Paris; pour le Barrois non mouvant, à la cour des *Grands jours* de Saint-Mihiel.

Les prévôtés avaient une compétence plus ou moins étendue; les prévôtés seigneuriales surtout.

Les grands bailliages, considérés comme tribunaux d'appel pour certaines affaires portées en première instance devant les justices prévôtales, étaient tribunaux de première instance pour certaines autres, et leurs sentences pouvaient être déférées en appel à la cour souveraine de Nancy.

L'édit de juin 1751 diminua le nombre des juridictions, ne laissa subsister comme prévôtés que celles de nouvelle création, au nombre de sept, et divisa la Lorraine et le Barrois en juridictions bailliagères connues sous le nom de *bailliages*, grands et petits.

Les grands bailliages, au nombre de dix-huit, placés dans les localités les plus importantes, comptaient onze magistrats et un bailli d'épée; les petits bailliages, au nombre de dix-sept, comptaient cinq magistrats et un bailli d'épée.

Les bailliages créés en juin 1751 étaient tribunaux de première instance pour bon nombre d'affaires, mais ils en jugeaient d'ailleurs beaucoup en dernier ressort; leur compétence en matière criminelle était très-étendue, et dans beaucoup de cas en dernier ressort. Les bailliages, comme les prévôtés, ressortissaient en appel soit au parlement de Metz, soit à la cour souveraine de Nancy.

En juin 1772, un édit du roi Louis XV établit des siéges présidiaux dans la Lorraine et le Barrois. Les localités siéges de ces tribunaux sont les villes de Nancy, Dieuze, Mirecourt et Saint-Dié, pour la Lorraine; le même édit confirme les siéges présidiaux de Metz, Toul et Verdun.

En matière criminelle, les siéges présidiaux devaient juger en dernier ressort les affaires dont la connaissance leur avait été attribuée par l'ordonnance de 1707.

En matière civile, les présidiaux connaissaient et jugeaient en dernier ressort, tant en première instance qu'en appel, des justices de leur ressort, ainsi que par appel des bailliages royaux et autres siéges qui leur étaient attribués, de toutes les affaires dont l'objet n'excédait pas la valeur de 1,200 livres tournois en capital, ou 48 livres de revenu annuel.

Antérieurement à 1552, époque de la réunion à la France, les juridictions pour Verdun étaient :

La justice temporelle;

Le siége de Sainte-Croix;

Le siége du ban Saint-Vanne.

Les appellations de ces justices se portaient à la *salle épiscopale*, pour les affaires dont l'objet n'excédait pas 500 florins; à la *chambre impériale de Spire*, pour les causes dont la valeur en litige dépassait 500 florins.

Par suite de la réunion à la France, furent créés à Verdun : 1° un bailliage, par édit du mois d'août 1634; 2° un présidial, par édit de février 1685. Leurs appellations étaient jugées en dernier ressort par le parlement de Metz.

Au siége présidial de Verdun ressortissaient les bailliages d'Étain, Longuyon, Verdun et les justices seigneuriales y enclavées.

Au siége présidial de Toul ressortissaient les bailliages de Commercy, Saint-Mihiel et les justices particulières y enclavées.

Au siége présidial de Metz ressortissaient le bailliage de Thiaucourt et les justices particulières y enclavées.

Au siége présidial de Châlons ressortissaient les bailliages de Bar-le-Duc, Clermont-en-Argonne, Lamarche, etc.

Les prévôtés bailliagères de Chauvency-le-Château, Damvillers, Marville et Montmédy furent créées par édit de 1661; elles étaient indépendantes l'une de l'autre et ressortissaient pour les cas présidiaux à la cour de Sedan. Leurs appellations étaient jugées en dernier ressort par le parlement de Metz.

L'administration des eaux et forêts, dans la Lorraine, fut réglementée par Léopold en vertu d'un édit donné à Nancy au mois d'août 1701 ; par cet édit, il fut créé, érigé et établi cinq offices de conseillers commissaires et généraux réformateurs des eaux et forêts des états, pays, terres et seigneuries de l'obéissance de S. A., lesquels furent divisés en cinq départements savoir : Nancy, Épinal, Saint-Mihiel, Pont-à-Mousson, Sarreguemines ; chacun de ces départements fut subdivisé en un certain nombre de grueries.

Les chefs-lieux de grueries établis en vertu de cette ordonnance étaient assez nombreux ; ceux que nous retrouvons dans le département de la Meuse sont :

Pour le département de Saint-Mihiel, Saint-Mihiel, Apremont, Hattonchâtel, Rembercourt-aux-Pots ;

Le Barrois mouvant comprenait les grueries de Bar-le-Duc, Souilly, Pierrefitte, Morley ;

Dans le Bassigny mouvant et non mouvant se trouvait la gruerie de Gondrecourt ;

Pour le département de Pont-à-Mousson, Lachaussée, Bouconville, Étain, Arrancy.

Les prévôtés ducales ou souveraines étaient donc en même temps grueries ; à partir du moment où les prévôtés furent transformées en bailliages, il fut établi près du chef-lieu de certains bailliages une maîtrise ou administration spéciale pour les forêts qui avait attribution de juridiction, en laissant, près de chaque prévôté nouvellement instituée ou conservée, une gruerie du ressort de la maîtrise attachée au bailliage auquel la prévôté ressortissait.

Par édit de 1727, toutes les grueries appartinrent à une administration supérieure appelée *la grande maîtrise des eaux et forêts de Lorraine et de Bar;* en 1747, cette grande maîtrise fut supprimée, l'organisation forestière reconstituée et composée de quinze siéges et maîtrises particulières, dont quatre pour la portion de la Lorraine faisant partie du département, savoir :

Un à Bar, ayant pour ressort les grueries de Bar, Ancerville, Morley, Pierrefitte, Souilly et Ligny ;

Un à Bourmont, ayant pour ressort les grueries de Gondrecourt, Saint-Thiébaut, etc.;

Un à Saint-Mihiel, ayant pour ressort les grueries de Saint-Mihiel, Rembercourt-aux-Pots, Hattonchâtel, Apremont, Mandres-aux-Quatre-Tours, Bouconville, Foug, Ruppes, Thiaucourt et Commercy ;

Un à Étain, ayant pour ressort les grueries d'Étain, Villers-la-Montagne, Longuyon et Arrancy.

Chacun des siéges était composé d'un conseiller maître particulier, d'un conseiller lieutenant, d'un conseiller procureur, d'un conseiller garde-marteau, d'un greffier, de deux huissiers audienciers et d'un arpenteur.

Les siéges appartenant aux maîtrises françaises, tels que ceux de Dun, Varennes, etc., avaient en outre un receveur des amendes et un garde général.

Les maîtrises, comme toutes les administrations forestières, rendaient leurs comptes à la chambre du parlement dite *Table de marbre*.

Les diverses coutumes qui régissaient les bailliages ou prévôtés faisant partie du territoire occupé aujourd'hui par le département de la Meuse étaient celles dont les noms suivent :

Coutumes du bailliage de Chaumont-en-Bassigny;

Coutumes de Châlons;

Coutumes de la cité et ville de Reims:

Coutumes générales des terres et seigneuries de Sedan et Jametz;

Coutumes du bailliage de Clermont-en-Argonne:

Coutumes du bailliage de Saint-Mihiel;

Coutumes du bailliage de Bar-le-Duc;

Coutumes générales du bailliage de Bassigny;

Coutumes générales du pays, duché de Luxembourg et comté de Chiny;

Coutumes générales de la ville de Thionville et autres lieux et villes du Luxembourg français:

Coutumes générales de la ville de Verdun et pays Verdunois, dites *de Sainte-Croix*;

Coutumes générales du marquisat d'Hattonchâtel et de ses dépendances.

Indépendamment de ces divisions judiciaires, l'ancienne France était divisée en généralités dont chacune était sous la juridiction d'un intendant général des finances.

Le nombre des généralités varia souvent; au milieu du XIV\ siècle, on en comptait quatre; sous François I\, il y en avait seize; en 1787, on en comptait trente-deux, parmi lesquelles on distinguait vingt généralités avec élections et douze sans élections. Les élections étaient des tribunaux chargés de juger en première instance les contestations relatives aux tailles, impôts, etc.

Les pays qui ont formé le département de la Meuse dépendaient de trois généralités, celles de Châlons, de Nancy et de Metz.

La généralité de Châlons, créée en vertu de l'édit de 1787, avait remplacé l'ancienne province de Champagne; elle comprenait à peu près les quatre départements actuels des Ardennes, de l'Aube, de la Marne, de la Haute-Marne, plus une partie de celui de la Meuse, savoir : la terre ou le petit État de Vaucouleurs et quelques localités dépendant aujourd'hui de l'arrondissement de Bar-le-Duc. Cette généralité se divisait en douze élections, dont les chefs-lieux étaient Châlons, Rethel, Sainte-Menehould, Vitry-le-François, Chaumont, Langres, Bar-sur-Aube, Troyes, Épernay, Reims et Sezane.

La généralité de Nancy comprenait les deux anciens duchés de Lorraine et de Bar, c'est-à-dire le département actuel des Vosges, et une partie de la Meuse et de la Moselle. Elle ne se divisait pas en élections, mais en bailliages; on en comptait trente-six, dont vingt-cinq dans le duché de Lorraine et onze dans le duché de Bar. La même étendue forme aujourd'hui douze arrondissements, ceux d'Épinal, Mirecourt, Neufchâteau, Remiremont et Saint-Dié dans les Vosges; Nancy, Lunéville et Château-Salins dans la Meurthe; Bar-le-Duc et Commercy dans la Meuse; Briey et Sarreguemines dans la Moselle.

La généralité de Metz ou des Trois-Évêchés comprenait les arrondissements de Metz et de Thionville dans la Moselle, de Verdun et de Montmédy dans la Meuse, de Toul et de Sarrebourg dans la Meurthe, de Sedan dans les Ardennes; plus une partie de la vallée de la Sarre qui a cessé d'appartenir à la France, et la petite principauté du Clermontois enclavée dans la province et appartenant à la maison de Condé, qui venait de la céder au roi. Cette généralité n'était pas divisée en élections.

Une loi du 22 décembre 1789 ayant ordonné la division de la France en départements, l'Assemblée nationale décréta, le 13 janvier 1790, que la Lorraine, le Barrois et les Trois-Évêchés seraient réunis et formeraient quatre départements. Par une loi du 30 du même mois, elle constitua le département sous le nom de *département du Barrois;* mais, le 26 février suivant, ayant fixé définitivement le nombre des départements, elle changea la dénomination de *département du Barrois* en celle de *département de la Meuse,* nom de l'une des principales rivières qui en arrosent le territoire. L'Assemblée nationale décréta en outre : « Le département de la Meuse est divisé en « huit districts, dont les chefs-lieux sont : Bar-le-Duc, Gondrecourt, Commercy, Saint- « Mihiel, Verdun, Clermont, Étain, Stenay. Ces districts pourront être réduits à quatre « à la prochaine législature, sur la demande du département. Les établissements seront « partagés entre Gondrecourt et Vaucouleurs, Clermont et Varennes, Montmédy et « Stenay, l'option réservée à Gondrecourt, Varennes et Stenay. »

Le 11 février 1791, l'Assemblée nationale décrète : « Le tribunal criminel du dé-

« partement de la Meuse sera établi et fixé à Saint-Mihiel et l'administration du dépar-
« tement demeurera fixée à Bar-le-Duc. »

Enfin, par décret du 14 avril 1792, sur la gendarmerie nationale, chacun des
chefs-lieux des districts devient siége d'un tribunal, à l'exception de Gondrecourt et
de Clermont, dont les tribunaux sont établis à Vaucouleurs et à Varennes.

Ces districts, au nombre de huit, renfermaient 590 municipalités; ils étaient subdivisés en 79 cantons, dont voici le tableau :

DISTRICT DE BAR-LE-DUC.

13 cantons, ceux de : Ancerville, Bar-le-Duc, Beurey, Chardogne, Ligny-en-Barrois, Loisey,
Marat, Noyers, Revigny, Saudrupt, Stainville, Vaubecourt, Vavincourt.

DISTRICT DE CLERMONT.

9 cantons, ceux de : Autrécourt, Clermont-en-Argonne, les Islettes, Montfaucon, Montzéville,
Harécourt, Récicourt, Triaucourt, Varennes.

DISTRICT DE COMMERCY.

8 cantons, ceux de : Bovée, Commercy, Dagonville, Domremy-aux-Bois, Saint-Aubin, Sorcy,
Vignot, Void.

DISTRICT D'ÉTAIN.

9 cantons, ceux de : Arrancy, Buzy, Étain, Gouraincourt, Herméville, Morgemoulins, Pareid,
Romagne-sous-les-Côtes, Saint-Laurent.

DISTRICT DE GONDRECOURT.

7 cantons, ceux de : Demange-aux-Eaux, Gondrecourt, Goussaincourt, Mandres, Maxey-sur-Vaise,
Montiers-sur-Saulx, Vaucouleurs.

DISTRICT DE SAINT-MIHIEL.

11 cantons, ceux de : Apremont, Bannoncourt, Bouconville, Hannonville-sous-les-Côtes, Hattonchâtel, Heudicourt, Lacroix-sur-Meuse, Pierrefitte, Saint-Mihiel, Sampigny, Woël.

DISTRICT DE STENAY.

9 cantons, ceux de : Aincreville, Avioth, Dun, Inor, Jametz, Marville, Montmédy, Stenay, Wiseppe.

DISTRICT DE VERDUN.

13 cantons, ceux de : Beauzée, Charny, Châtillon-sous-les-Côtes, Damvillers, Dieue, Dugny,
Fresnes-en-Woëvre, Ornes, Sivry-la-Perche, Sivry-sur-Meuse, Souilly, Tilly, Verdun. .

En 1795 (an iv de la République), la division en districts fut supprimée et celle des cantons maintenue.

Enfin, le 17 février 1800 (28 pluviôse an viii), le département fut divisé en quatre arrondissements communaux ayant pour chef-lieux Bar-le-Duc, Commercy, Montmédy, Verdun; et, par arrêté du 19 octobre 1801 (27 vendémiaire an x) le nombre des cantons fut réduit à vingt-huit. Telle est aujourd'hui la division du département, dont voici le tableau [1]:

I. ARRONDISSEMENT DE BAR-LE-DUC.

(8 cantons, 128 communes, 80,668 habitants.)

1° CANTON D'ANCERVILLE.

(18 communes, 11,675 habitants.)

Ancerville, Aulnois-en-Perthois, Baudonvilliers, Bazincourt, Brillon, Cousancelles, Cousances-aux-Forges, Haironville, Juvigny-en-Perthois, Lavincourt, Lisle-en-Rigault, Montplonne, Rupt-aux-Nonnains, Saudrupt, Savonnières-en-Perthois, Sommelonne, Stainville, Ville-sur-Saulx.

2° CANTON DE BAR-LE-DUC.

(8 communes, 20,931 habitants.)

Bar-le-Duc, Combles, Fains, Longeville, Robert-Espagne, Savonnières-devant-Bar, Trémont, Véel.

3° CANTON DE LIGNY.

(19 communes, 10,506 habitants.)

Culey, Givrauval, Guerpont, Ligny-en-Barrois, Loisey, Longeaux, Maulan, Menaucourt, Naix, Nançois-le-Petit, Nant-le-Grand, Nant-le-Petit, Nantois, Saint-Amand, Salmagne, Silmont, Tannois, Tronville, Velaines.

4° CANTON DE MONTIERS-SUR-SAULX.

(14 communes, 7,185 habitants.)

Biencourt, le Bouchon, Brauvilliers, Bure, Couvertpuis, Dammarie, Fouchères, Hévilliers, Mandres, Ménil-sur-Saulx, Montiers-sur-Saulx, Morley, Ribeaucourt, Villers-le-Sec.

5° CANTON DE REVIGNY.

(17 communes, 8,916 habitants.)

Andernay, Beurey, Brabant-le-Roi, Bussy-la-Côte, Contrisson, Couvonges, Laimont, Mognéville,

---

[1] Dénombrement pour l'année 1862.

Mussey, Nettancourt, Neuville-sur-Orne, Rancourt, Remennecourt, Revigny, Varney, Vassincourt, Villers-aux-Vents.

6° CANTON DE TRIAUCOURT.

(20 communes, 6,858 habitants.)

Amblaincourt, Autrécourt, Beaulieu, Beauzée, Brizeaux, Bulainville, Deuxnouds-devant-Beauzée, Èvres, Fleury-sur-Aire, Foucaucourt, Ippécourt, Issoncourt, Lavoye, Mondrecourt, Nubécourt, Pretz, Sénard, Seraucourt, Triaucourt, Waly.

7° CANTON DE VAUBECOURT.

(17 communes, 7,732 habitants.)

Auzécourt, Chaumont-sur-Aire, Courcelles-sur-Aire, Érize-la-Grande, Érize-la-Petite, Laheycourt, Lisle-en-Barrois, Louppy-le-Château, Louppy-le-Petit, Marat, Noyers, Rembercourt-aux-Pots, Rignaucourt, Sommaisne, Sommeilles, Vaubecourt, Villotte-devant-Louppy.

8° CANTON DE VAVINCOURT.

(15 communes, 6,865 habitants.)

Behonne, Chardogne, Condé-en-Barrois, Érize-la-Brûlée, Érize-Saint-Dizier, Génicourt-sous-Condé, Géry, Hargeville, Naives-devant-Bar, Resson, Rosnes, Rosières-devant-Bar, Rumont, Seigneulles, Vavincourt.

II. ARRONDISSEMENT DE COMMERCY.

(7 cantons, 179 communes, 81,316 habitants.)

1° CANTON DE COMMERCY.

(29 communes, 14,443 habitants.)

Aulnois-sous-Vertuzey, Boncourt, Chonville, Commercy, Corniéville, Cousances-aux-Bois, Dagonville, Domremy-aux-Bois, Ernecourt, Euville, Frémeréville, Girauvoisin, Gironville, Grimaucourt-près-Sampigny, Jouy-sous-les-Côtes, Lérouville, Loxéville, Malaumont, Mécrin, Nançois-le-Grand, Pont-sur-Meuse, Saint-Aubin, Saint-Julien, Triconville, Vadonville, Vertuzey, Vignot, Ville-Issey, Villeroncourt.

2° CANTON DE GONDRECOURT.

(24 communes, 10,791 habitants.)

Abainville, Amanty, Badonvilliers, Baudignécourt, Bertheléville, Bonnet, Chassey, Dainville-aux-Forges, Delouze, Demanges-aux-Eaux, Gérauvilliers, Gondrecourt, Horville, Houdelaincourt, Luméville, Mauvages, les Roises, Rosières-en-Blois, Saint-Joire, Tourailles, Tréveray, Vaudeville, Vouthon-Bas, Vouthon-Haut.

3ᵉ CANTON DE PIERREFITTE.

(26 communes, 9,147 habitants.)

Bannoncourt, Baudrémont, Belrain, Bouquemont, Courcelles-aux-Bois, Courouvre, Dompcévrin, Fresnes-au-Mont, Gimécourt, Kœur-la-Grande, Kœur-la-Petite, Lahaymeix, Lavallée, Levoncourt, Lignières, Lonchamp, Ménil-aux-Bois, Neuville-en-Verdunois, Nicey, Pierrefitte, Rupt-devant-Saint-Mihiel, Sampigny, Thillombois, Ville-devant-Belrain, Villotte-devant-Saint-Mihiel, Woimbey.

4ᵉ CANTON DE SAINT-MIHIEL.

(28 communes, 15,269 habitants.)

Ailly, Apremont, Bislée, Bouconville, Brasseitte, Broussey-en-Woëvre, Chauvoncourt, Han-sur-Meuse, Lacroix-sur-Meuse, Lahayville, Liouville, Loupmont, Maizey, Marbotte, Montsec, les Paroches, Rambucourt, Ranzières, Raulecourt, Richecourt, Rouvrois-sur-Meuse, Saint-Agnant, Saint-Mihiel, Spada, Troyon, Varnéville, Woinville, Xivray-Marvoisin.

5ᵉ CANTON DE VAUCOULEURS.

(20 communes, 10,263 habitants.)

Brixey-aux-Chanoines, Burey-en-Vaux, Burey-la-Côte, Chalaines, Champougny, Épiez, Goussaincourt, Maxey-sur-Vaise, Montbras, Montigny-lez-Vaucouleurs, Neuville-lez-Vaucouleurs, Pagny-la-Blanche-Côte, Rigny-la-Salle, Rigny-Saint-Martin, Saint-Germain, Sauvigny, Sepvigny, Taillancourt, Ugny, Vaucouleurs.

6ᵉ CANTON DE VIGNEULLES.

(28 communes, 11,483 habitants.)

Beney, Billy-sous-les-Côtes, Buxerulles, Buxières, Chaillon, Creue, Deuxnouds-aux-Bois, Dompierre-aux-Bois, Hadonville, Hattonchâtel, Hattonville, Haumont-lez-Lachaussée, Heudicourt, Jonville, Lachaussée, Lamarche-en-Woëvre, Lamorville, Lavignéville, Nonsard, Saint-Benoît, Saint-Maurice-sous-les-Côtes, Savonnières-en-Woëvre, Senonville, Seuzey, Varvinay, Vaux-lez-Palameix, Viéville-sous-les-Côtes, Vigneulles-lez-Hattonchâtel.

7ᵉ CANTON DE VOID.

(24 communes, 9,920 habitants.)

Bovée, Boviolles, Broussey-en-Blois, Chennevières, Laneuville-au-Rupt, Marson, Méligny-le-Grand, Méligny-le-Petit, Ménil-la-Horgne, Morlaincourt, Naives-en-Blois, Oëy, Ourches, Pagny-sur-Meuse, Reffroy, Saulx-en-Barrois, Sauvoy, Sorcy, Troussey, Vâcon, Vaux-la-Grande, Vaux-la-Petite, Villeroy, Void.

III. ARRONDISSEMENT DE MONTMÉDY.

(6 cantons, 131 communes, 64,109 habitants.)

1° CANTON DE DAMVILLERS.

(23 communes, 9,050 habitants.)

Azannes-Soumazannes, Brandeville, Bréhéville, Chaumont-devant-Damvillers, Crépion, Damvillers, Delut, Dombras, Écurey, Étraye, Flabas, Gibercy, Gremilly, Lissey, Merles, Moirey, Peuvillers, Réville, Romagne-sous-les-Côtes, Rupt-sur-Othain, Ville-devant-Chaumont, Vittarville, Wavrille.

2° CANTON DE DUN.

(18 communes, 8,284 habitants.)

Aincreville, Brieulles-sur-Meuse, Cléry-le-Grand, Cléry-le-Petit, Doulcon, Dun, Fontaines, Haraumont, Liny-devant-Dun, Lion-devant-Dun, Milly-devant-Dun, Mont-devant-Sassey, Murvaux, Sassey, Saulmory-et-Villefranche, Villers-devant-Dun, Vilosnes.

3° CANTON DE MONTFAUCON.

(18 communes, 8,509 habitants.)

Bantheville, Brabant-sur-Meuse, Cierges, Consenvoye, Cuisy, Cunel, Dannevoux, Épinonville, Forges, Gercourt-et-Drillancourt, Gesnes, Haumont-près-Samogneux, Montfaucon, Nantillois, Régneville, Romagne-sous-Montfaucon, Septsarges, Sivry-sur-Meuse.

4° CANTON DE MONTMÉDY.

(27 communes, 15,627 habitants.)

Avioth, Bazeilles, Breux, Brouennes, Chauvency-le-Château, Chauvency-Saint-Hubert, Écouviez, Flassigny, Han-les-Juvigny, Iré-le-Sec, Jametz, Juvigny-sur-Loison, Marville, Montmédy, Quincy, Remoiville, Thonne-la-Long, Thonnelle, Thonne-les-Prés, Thonne-le-Thil, Velosnes, Verneuil-le-Grand, Verneuil-le-Petit, Vigneulles-sous-Montmédy, Villécloye.

5° CANTON DE SPINCOURT.

(27 communes, 11,136 habitants.)

Amel, Arrancy, Billy-sous-Mangiennes, Bouligny, Bouvigny, Domremy-la-Canne, Duzey, Éton, Gouraincourt, Han-devant-Pierrepont, Haucourt, Houdelaucourt, Loison, Mangiennes, Muzeray, Nouillonpont, Ollières, Pillon, Réchicourt, Rouvrois-sur-Othain, Saint-Laurent, Saint-Pierrevillers, Senon, Sorbey, Spincourt, Vaudoncourt, Villers-lez-Mangiennes.

6° CANTON DE STENAY.

(18 communes, 11,503 habitants.)

Autréville, Baalon, Beauclair, Beaufort, Cesse, Halles, Inor, Lamouilly, Laneuville-sur-Meuse, Luzy, Martincourt, Moulins, Mouzay, Nepvant, Olizy, Pouilly, Stenay, Wiseppe.

IV. ARRONDISSEMENT DE VERDUN.

(7 cantons, 149 communes, 79,447 habitants.)

———

1° CANTON DE CHARNY.

(21 communes, 9,681 habitants.)

Beaumont, Belleville, Béthelainville, Béthincourt, Bezonvaux, Bras, Champneuville, Charny, Chattancourt, Cumières, Douaumont, Fleury-devant-Douaumont, Fromeréville, Louvemont, Marre, Montzéville, Ornes, Samogneux, Thierville, Vacherauville, Vaux.

2° CANTON DE CLERMONT.

(17 communes, 9,802 habitants.)

Aubréville, Auzéville, Brabant-en-Argonne, Brocourt, le Claon, Clermont-en-Argonne, Dombasle, Froidos, Futeau, les Islettes, Jony-devant-Dombasle, Jubécourt, le Neufour, Neuvilly, Parois, Rarécourt, Récicourt.

3° CANTON D'ÉTAIN.

(29 communes, 11,394 habitants.)

Abaucourt, Blanzée, Boinville, Braquis, Buzy, Châtillon-sous-les-Côtes, Damloup, Darmont, Dieppe, Eix, Étain, Foameix, Fromezey, Gincrey, Grimaucourt-en-Woëvre, Gussainville, Hautecourt, Herméville, Lanhères, Maucourt, Mogeville, Moranville, Morgemoulins, Moulainville, Ornel, Parfondrupt, Rouvres, Saint-Jean-lez-Buzy, Warcq.

4° CANTON DE FRESNES-EN-WOËVRE.

(38 communes, 14,311 habitants.)

Avillers, Bonzée, Butgnéville, Champlon, Combres, Dommartin-la-Montagne, Doncourt-aux-Templiers, les Éparges, Fresnes-en-Woëvre, Hannonville-sous-les-Côtes, Harville, Haudiomont, Hennemont, Herbeuville, Labeuville, Latour-en-Woëvre, Maizeray, Manheulles, Marchéville, Ménil-sous-les-Côtes, Mont-sous-les-Côtes, Mouilly, Moulotte, Pareid, Pintheville, Riaville, Ronvaux, Saint-Hilaire, Saint-Remy, Saulx-en-Woëvre, Thillot, Trésauvaux, Ville-en-Woëvre, Villers-sous-Bonchamp, Villers-sous-Pareid, Wadonville-en-Woëvre, Watronville, Woël.

5° CANTON DE SOUILLY.

(21 communes, 7.799 habitants.)

Ancemont, Biercourt, Heippes, Julvécourt, Landrecourt, Lemmes, Lempire, Monthairon-le-Grand, Nixéville, Osches, Rambluzin, Rampont, Récourt, Saint-André, Senoncourt, Souhesme, Souilly, Tilly, Vadelaincourt, Ville-sous-Cousances, Villers-sur-Meuse.

6° CANTON DE VARENNES.

(12 communes, 7,926 habitants.)

Avocourt, Baulny, Boureuilles, Charpentry, Cheppy, Esnes, Lachalade, Malancourt, Montblainville, Varennes, Vauquois, Véry.

7° CANTON DE VERDUN.

(11 communes, 18,604 habitants.)

Ambly, Belleray, Belrupt, Dieue, Dugny, Génicourt-sur-Meuse, Haudainville, Rupt-en-Woëvre, Sivry-la-Perche, Sommedieue, Verdun.

Ces cantons comprennent 587 communes, parmi lesquelles on compte 16 villes, 20 bourgs, 551 villages, dont dépendent environ 900 hameaux, fermes ou écarts. Le département a pour chef-lieu Bar-le-Duc; il fait partie de la cinquième division militaire, dont le quartier général est à Metz et le quartier de la subdivision à Verdun; le département forme un diocèse, dont l'évêché, qui a son siége à Verdun, est suffragant de l'archevêché de Besançon; il compose à lui seul le seizième arrondissement forestier, dont le conservateur réside à Bar-le-Duc; ce département est du ressort de la cour d'appel ainsi que de l'académie de Nancy; sa population, d'après le dernier recensement de 1862, est de 305,540 habitants.

DIVISIONS ECCLÉSIASTIQUES.

Il est constant que, au IVᵉ siècle, la division des diocèses de cette partie de la Gaule correspondait aux provinces gallo-romaines des Belgiques et des Germanies. Parmi les six diocèses qui ont contribué à former le département de la Meuse, ou diocèse actuel de Verdun, quatre appartenaient à la première Belgique, *provincia Belgica prima* (Notitia Galliarum), dépendant de l'archevêché de Trèves : ce sont :

Metropolis, civitas Treverorum (Trèves);
Civitas Mediomatricorum (Metz);
Civitas Leucorum (Toul);
Civitas Verodunensium (Verdun).

Deux appartenaient à la seconde Belgique, *provincia Belgica secunda*, dépendant de l'archevêché de Reims, savoir :

Metropolis, civitas Remorum (Reims);

Civitas Catuellaunorum (Châlons-sur-Marne) (Concilia Galliæ, éd. Sirmond, t. 1, 1629).

Malgré les révolutions politiques qui firent dépendre alternativement de France ou d'Allemagne une certaine partie de ces évêchés suffragants, Trèves et Reims conservèrent néanmoins toujours l'autorité archiépiscopale.

1° Le diocèse de Verdun était le moins étendu des trois anciens évêchés de Lorraine. L'établissement de son siége épiscopal remonte au ive siècle; ce siége, qui fut supprimé en 1801 et rétabli en 1822, compte 102 évêques, dont le premier, saint Saintin, évangélisa depuis l'an 332 jusques' environ l'an 356. Le diocèse avait pour limites : au nord et au nord-est, la grande province ecclésiastique de Trèves, dont il dépendait; à l'est, le diocèse de Metz; au sud, celui de Toul; à l'ouest, les deux diocèses de Reims et de Châlons. Son territoire avait environ 18 lieues du nord au sud, sur 12 lieues de largeur ; mais déjà il avait perdu, comme nous l'avons vu plus haut, les doyennés wallons, qui primitivement formaient la partie septentrionale du grand archidiaconé de Verdun et qui furent unis au diocèse métropolitain vers le xe ou le xie siècle.

Le Grand archidiaconé ou archidiaconé de la Princerie, *archidiaconatus Major* vel *Primus* (*Capit. eccles. cathed. Vir.*), constituait seul une région plutôt politique que naturelle, embrassant, selon une coutume presque générale, sous le nom d'*archidiaconatus civitatensis*, le territoire qui dépendait plus particulièrement du chef-lieu de la *civitas* dès les temps les plus anciens, et constituait cette partie du grand *pagus* du même nom qui était quelquefois distinguée par la désignation de *propagus*, et, pour l'Église, par celle de *l'Évêché* proprement dit. (J. Desnoyers, *Topog. ecclés. de la France.*)

Les trois autres archidiaconés correspondaient à trois régions naturelles : à l'est, sur la rive gauche de la Meuse, en s'étendant vers le nord, l'archidiaconé de la Woëvre (*archid. de Vepria, de Vubra*) représentait la portion du vaste *pagus et ducatus Vabrensis* ou *Waprensis*, partagé en deux *comitatus*, qui avait été enclavée dans le diocèse de Verdun ; à l'ouest, l'archidiaconé d'Argonne (*archid. de Argona*) correspondait à une autre région forestière du même nom (*sylva Argonna* vel *Arguennensis*), confinant à la Champagne. Le quatrième archidiaconé (*archid. de Riparia*) occupait les deux rives de la vallée de la Meuse et lui empruntait son nom d'*archidiaconé de la Rivière*; il s'étendait sur une petite partie du Barrois non mouvant, ayant primitivement appartenu au *pagus Vir-*

dunensis et dont Saint-Mihiel était, dans le diocèse de Verdun, le lieu le plus important.

On considère la division du diocèse de Verdun en archidiaconés et en doyennés ruraux comme devant remonter au XIᵉ siècle et très-probablement même au Xᵉ. Cette division se maintint jusqu'au XVIIIᵉ siècle, époque à laquelle on comptait dans le diocèse 193 paroisses, dont 10 dans la ville, 106 dans la portion du diocèse appelée *l'Évêché*, représentant le pays Verdunois proprement dit, et 77 en Lorraine. Il convient d'ajouter à ce nombre 96 succursales ou annexes appartenant à ces paroisses, qui formaient 9 doyennés dont voici le tableau :

ARCHIDIACONÉ DE LA PRINCERIE.	Doyenné Urbain................	10 paroisses.
	Doyenné de Chaumont..........	26
	Doyenné de Forges............	13
ARCHIDIACONÉ D'ARGONNE....	Doyenné de Clermont-en-Argonne.	22
	Doyenné de Souilly...........	23
ARCHIDIACONÉ DE LA WOËVRE.	Doyenné d'Amel..............	30
	Doyenné de Pareid...........	24
ARCHIDIACONÉ DE LA RIVIÈRE..	Doyenné d'Hattonchâtel........	22
	Doyenné de Saint-Mihiel.......	23

2° Le diocèse de Toul, autrefois très-considérable, l'un des plus vastes de l'ancienne France, occupait la partie méridionale et sud-occidentale de la province ecclésiastique de Trèves. Il confinait : au nord, à l'évêché de Metz; au nord-ouest, à celui de Verdun; à l'est, à l'évêché de Strasbourg; au sud, à celui de Besançon; au sud-ouest, au diocèse de Langres, et au nord-ouest, à celui de Châlons. Ce diocèse, qui politiquement avait d'abord fait partie du duché de Mosellane, puis du royaume de Lotharingie, comprenait, dans les temps postérieurs, la partie méridionale du duché de Lorraine, le duché de Bar et le Toulois. Il représentait à peu près exactement l'antique *civitas* gauloise des Leucks ou *Leuci*, mentionnés par César. (Desnoyers, *Topog. ecclés. de la France.*)

Son territoire était divisé en une dizaine de *pagi*, dont plusieurs ont été adoptés par l'Église comme base de ses plus anciennes juridictions archidiaconales et décanales et en ont conservé les noms et l'étendue; d'autres ont été subdivisés et modifiés; mais on retrouve une très-grande analogie entre ces territoires ecclésiastiques et les *pagi* des périodes antérieures. (*Topog. ecclés. de la France.*)

Le *pagus Bedensis* ou de la Voide et le *pagus de Vallibus*, pays des Vaux, situés sur les deux rives de la Meuse, correspondaient au grand doyenné de la Rivière, *decanatus de Riparia Mosœ*, qui a formé plus tard les deux doyennés de Meuse-Commercy et de Meuse-Vaucouleurs.

Le *pagus Barrensis* ou Barrois, situé vers le cours inférieur de l'Ornain, aux confins du diocèse de Châlons, correspondait à peu près, pour la partie de ce *pagus* comprise dans le diocèse de Toul, à l'archidiaconé de Rinel et à celui de Ligny, dont le siége primitif avait été à Bar et dont il porta le nom.

Le *pagus Odornensis* ou l'Ornois, situé à la partie supérieure de l'Ornain, représentait à peu près l'ancien archidiaconé devenu plus tard doyenné rural de Gondrecourt.

Voici dans quelle proportion ces divers archidiaconés ont contribué à former le département de la Meuse :

ARCHIDIACONÉ DE RINEL.....	Doyenné de Rinel.............	6 paroisses.
	Doyenné de Bar-le-Duc.........	22
	Doyenné de Dammarie..........	19
	Doyenné de Robert-Espagne.....	26
ARCHIDIACONÉ DE LIGNY.....	Doyenné de Ligny.............	36
	Doyenné de Gondrecourt........	27
	Doyenné de Meuse-Commercy....	26
	Doyenné de Meuse-Vaucouleurs...	20
	Doyenné de Belrain............	17
ARCHIDIACONÉ DE PORT......	Doyenné de Prény.............	5
ARCHIDIACONÉ DE VITEL.....	Doyenné de Neufchâteau........	2

3° Le diocèse de Metz, quoique n'étant pas le plus vaste du grand territoire désigné sous le nom des *Trois-Évêchés*, en était le plus important et le premier des évêchés suffragants de l'archevêché de Trèves. Il avait pour limites : au nord, le diocèse de Trèves; au sud, celui de Toul; à l'ouest, celui de Verdun; à l'est, la province ecclésiastique de Mayence et le diocèse de Strasbourg. Il était formé de quatre archidiaconés, ceux de Metz, de Marsal, de Vic et de Sarrebourg, subdivisés en vingt-deux archiprêtrés, dont un seul, celui de Gorze, doit nous occuper.

L'archiprêtré de Gorze, *archipresbyteratus de Gorzia* ou *Gorsiensis* (*Topog. ecclés. de la France*), a pris son nom de la terre de Gorze (*territorium Gorsiacense*), petite partie du *pagus et comitatus Scarponensis* vel *Sarpontensis*, dont la principale ville, *Scarpona*, était sur la rive droite de la Moselle, tandis que le territoire du *pagus* s'étendait sur la rive gauche et dans le diocèse de Toul. L'archiprêtré de Gorze, célèbre par son abbaye,

dépendait de l'archidiaconé de Vic, *archidiaconatus de Vico* (*Topog. ecclés. de la France*);
voici dans quelle proportion il a concouru à la formation du département :

ARCHIDIACONÉ DE VIC....... Archiprêtré de Gorze.......... 12 paroisses.

4° Nous avons dit que Trèves, dont la province ecclésiastique représentait la première Belgique gallo-romaine (*provincia Belgica prima*), était la métropole (*metropolis,
civitas Treverorum*) des évêchés de Metz, Toul et Verdun. Le partage de cet archevêché en grands districts ecclésiastiques remonte au moins au IX° siècle. On pourrait
aussi, d'après différents textes, placer à cette époque la création des décanats ruraux
dans le diocèse; ils sont signalés sous une forme qui dénote l'importance géographique
de leurs chefs-lieux. Le diocèse de Trèves était divisé en quatre archidiaconés; celui de
Longuyon, *archidiaconatus Longuionensis* vel antiq. *Longagionensis*, sous le titre de Sainte-
Agathe, s'étendait entre la Moselle et la Meuse; c'est le seul qui, au nord du diocèse
de Verdun, ait concouru à former le département de la Meuse; voici dans quelle proportion :

ARCHIDIACONÉ DE LONGUYON.. { Doyenné de Longuyon .... 7 paroisses.
Doyenné de Juvigny........... 28
Doyenné de d'Yvois........... 10

5° Jusqu'au XVI° siècle, la province ecclésiastique de Reims représente complétement
la seconde Belgique (*provincia Belgica secunda*) de la période romaine; mais, par suite
de la création de nouveaux diocèses, l'étendue de la juridiction des archevêques de
Reims perdit de son importance, et les divisions archidiaconales et décanales eurent à
subir de fréquents changements. Le nombre des doyennés, qui au XII° siècle était de
dix-huit, fut ensuite de vingt, puis de vingt-trois ou de vingt-quatre. La plupart de
ces doyennés représentaient d'anciens *pagi* ou étaient des portions d'anciens territoires
politiques dont quelques-uns dépendaient des diocèses voisins. Pour ceux qui inté-
ressent notre département, nous trouvons que le vaste doyenné de Mouzon, *decanatus
Mosomensis* vel *de Mosomis* (*Topog. ecclés. de la France*), divisé plus tard en deux doyennés, représentait à peu près le *pagus et comitatus Mosomagensis* ou *Mosmensis* (*Topog.
ecclés. de la France*), s'étendant sur les deux rives de la Meuse et sur sa rive droite
jusqu'à la Chiers et même au delà.

Celui de Dun, *decanatus de Duno* vel *de Duno-Castro* (*Topog. ecclés. de la France*),
dépendant du Petit archidiaconé ou archidiaconé de Champagne, faisait partie du
Dulcumensis et peut-être du territoire de Stenay.

Le doyenné de Cernay était situé dans le *pagus Dolomensis* ou *Dulcomensis* (le Dormois), dont la plus grande partie appartenait au diocèse de Verdun.

En définitive, l'ancien diocèse de Reims est aujourd'hui représenté de la manière suivante dans le département de la Meuse :

GRAND ARCHIDIACONÉ...... Doyenné de Mouzon-Meuse....... 6 paroisses.

ARCHIDIACONÉ DE CHAMPAGNE. { Doyenné de Dun.............. 28
Doyenné de Varennes.......... 6

6° Le diocèse de Châlons, situé à l'extrémité sud-orientale de la province ecclésiastique de Reims, pénétrait, en remontant le cours de la Marne, entre les provinces ecclésiastiques de Lyon, au sud; de Sens, au sud-ouest, et de Trèves, au sud-est et à l'est; il confinait ainsi au diocèse de Langres, à celui de Troyes et à ceux de Toul et de Verdun. Saint Memmie (*Memmius*) fut l'apôtre et le premier évêque de Châlons; il évangélisa cette *civitas* vers le IIIe siècle et non au Ier, suivant une prétention qui ne peut plus supporter la critique historique. (*Topog. ecclés. de la France.*)

Le territoire de la *civitas* et du diocèse de Châlons était, comme ceux des autres pays déjà cités, partagé en plusieurs grandes régions naturelles qui constituèrent autant de divisions politiques et ecclésiastiques. Les deux plus importantes par leur étendue et par leur antiquité étaient le *pagus Catalaunensis*, le Châlonnais, et le *pagus Pertensis*, le Perthois. On peut ajouter à ces deux divisions principales, et comme se rattachant à la formation du département de la Meuse, le *pagus Blesensis*, le Blaisois, renfermant une partie de l'archidiaconé de Joinville, et le *pagus Stadonensis* ou *Stadinisus*, l'Astenois, qui formait la partie extrême nord-est du diocèse de Châlons et qui contribua à former au Xe siècle le *pagus Argonnæ*, dont une moitié, *saltus Argonnæ* ou le Vallage argonnois, dépendait du diocèse de Châlons, tandis que l'autre moitié dépendait principalement du diocèse de Verdun. Voici de quelle manière le diocèse de Châlons a contribué à former le département de la Meuse :

ARCHIDIACONÉ D'ASTENAY..... Doyenné de Possesse........... 11 paroisses.

ARCHIDIACONÉ DE JOINVILLE... Doyenné de Joinville.......... 7

Actuellement, le diocèse a pour circonscription celle du département de la Meuse; son chef-lieu épiscopal est Verdun; il est suffragant de l'archevêché de Besançon. Le diocèse comprend 30 cures, dont les titulaires sont nommés par l'évêque et agréés par le Gouvernement, 427 succursales, 92 annexes, 18 chapelles vicariales et 2 séminaires. Il est divisé en 4 archiprêtrés, correspondant exactement aux 4 arrondissements communaux, et en 28 doyennés, qui répondent à peu près aux 28 cantons dont les chef-lieux sont en partie les mêmes; en voici le tableau :

ARCHIPRÊTRÉ DE VERDUN.

7 doyennés, ceux de : Verdun, Charny, Clermont-en-Argonne, Étain, Fresnes-en-Woëvre, Souilly, Varennes.

ARCHIPRÊTRÉ DE BAR-LE-DUC.

8 doyennés, ceux de : Bar-le-Duc, Ancerville, Condé, Ligny, Montiers-sur-Saulx, Revigny, Triaucourt, Vaubecourt.

ARCHIPRÊTRÉ DE COMMERCY.

7 doyennés, ceux de : Commercy, Gondrecourt, Pierrefitte, Saint-Mihiel, Vaucouleurs, Vigneulles, Void.

ARCHIPRÊTRÉ DE MONTMÉDY.

6 doyennés, ceux de : Montmédy, Billy-sous-Mangiennes, Damvillers, Dun, Montfaucon, Stenay.

F. LIÉNARD.

LISTE ALPHABÉTIQUE

DES SOURCES

OÙ L'ON A PUISÉ LES RENSEIGNEMENTS CONTENUS DANS CE DICTIONNAIRE.

Abbaye de Châtillon. — Titres de cette abbaye : Arch. de la Meuse.

Abbaye d'Écurey. — Titres de cette abbaye : Arch. de la Meuse.

Abbaye de l'Étanche. — Titres de cette abbaye; H 6 : Arch. de la Meuse.

Abbaye de Jeand'heures. — Titres de cette abbaye : Arch. de la Meuse.

Abbaye de Lisle. — Titres de cette abbaye : Arch. de la Meuse.

Abbaye de Saint-Benoît. — Titres de cette abbaye; D 10 — E 7 — F 1 — H 10 : Arch. de la Meuse.

Abbaye de Saint-Mihiel. — Titres de cette abbaye; A 4 — H 17 — P 1 — Q 1 — T 5 — W 4 — 2 G 1 — 2 H 1A — 2 K 7 — 2 S 5 — 2 S 7 — 3 G 1 — 3 H 1 — 3 K 1 — 3 K 2 — 3 K 3 — 4 X 1 — 5 C 1 — 5 D 18 : Arch. de la Meuse.

Abbaye de Saint-Paul. — Titres de cette abbaye : Arch. de la Meuse.

Accord pour la vouerie de Condé entre Lauzon et Guy, anno 1135 , Hist. de Lorraine, D. Calmet, preuves.

Accord entre l'abbé de Saint-Mihiel et l'abbesse de Sainte-Glossinde de Metz, anno 1210 : Hist. de Lorraine, D. Calmet, preuves.

Accord entre l'évêque de Verdun et le voué de Fresnes, année 1332 : Arch. de Fresnes-en-Woëvre.

Accord entre Guillaume d'Haraucourt, évêque de Verdun, et les habitants de Verdun, année 1498 : Histoire ecclés. et civ. de Verdun, Roussel, preuves.

Actum publice in atrio S. Martini Acia-cæ-villa pro destruct. capellæ Masiriaci, anno 994; Histoire de l'abbaye de Saint-Mihiel, par de Lisle, preuves.

Annales Præmonstratenses : Sacri et canonici ordinis Præmonstratensis annales; Nancy, 1786.

Bégin. — *Metz depuis dix-huit siècles;* Metz, 1843-44.

Benoît. — *Histoire ecclésiastique et politique de la ville et du diocèse de Toul;* Toul, 1707.

Bertaire. — *Historia brevis episcoporum Virdunensium,* écrite au IX° s°, imprimée par D. Luc d'Achery dans le tome XII du Spicilége et dans l'Histoire de Lorraine, D. Calmet, preuves.

Bertholet. — *Histoire ecclésiastique et civile du duché de Luxembourg et du comté de Chiny;* Luxembourg, 1741.

Bouzières-aux-Dames. — Titres de cette abbaye : Arch. de la Meurthe.

Buirette. — *Histoire de la ville de Sainte-Menehould et de ses environs;* Sainte-Menehould , 1837.

Bulle de Jean XII en faveur de l'abbaye de Saint-Vanne de Verdun, anno 962 : Hist. de Lorraine, D. Calmet, preuves.

Bulle de Léon IX concernant les biens de la cathédrale de Verdun, anno 1049; copie de la fin du XIII° siècle ou du commencement du XIV°, insérée dans le cartulaire manuscrit de la cathédrale de Verdun, p. 112 *bis* et suivantes, et dans l'Histoire ecclésiastique et civ. de Verdun, Roussel, preuves.

Bulle de Léon IX pour l'abbaye de Saint-Maur de Verdun, anno 1049 : Hist. ecclés. et civ. de Verdun, Roussel, preuves, et Hist. de Lorraine, D. Calmet, preuves.

Bulle de Léon IX en faveur de l'ab-baye de Saint-Airy de Verdun, anno 1052 : Hist. de Lorraine, D. Calmet, preuves.

Bulle d'Alexandre II confirmant les biens de l'église collégiale de la Madeleine de Verdun, anno 1066 : Hist. de Lorraine, D. Calmet, t. II, preuves.

Bulle d'Urbain II pour l'abbaye de Juvigny, anno 1096 : Hist. de Lorraine, D. Calmet, preuves.

Bulle de Pascal II confirmant les priviléges de l'abbaye de Saint-Mihiel, anno 1106 : Hist. de l'abbaye de Saint-Mihiel, par de Lisle, preuves.

Bulle d'Adrien IV portant confirmation des biens et des églises appartenant à l'abbaye de Gorze, anno 1156 : Hist. de Lorraine, D. Calmet, t. V, preuves.

Bulle d'Alexandre III contenant approbation de la fondation du monastère de l'Étanche et énumération des domaines de cette abb. anno 1180 ; Hist. de l'abb. de l'Étanche, par Dumont.

Bulle de Luce III contenant confirmation des biens de l'abbaye de Lisle-en-Barrois, anno 1182; chartes de l'abb. de Lisle : Arch. de la Meuse.

Bulle de Luce III contenant confirmation des biens de la collégiale de Longuyon, anno 1183 : Arch. de la Meuse.

Bulle de Célestin III pour l'abbaye de Châtrices, donnée à Latran, 3° kalendas maii, indictione 15, anno 1197 : Cabinet de M. F. Liénard, à Verdun.

Bulle de Nicolas III, anno 1279 : Hist. de Lorraine, D. Calmet, preuves.

Cajot (Dom). — *Almanach historique de la ville et du diocèse de Verdun;* Verdun, 1775, 1776, 1777.

Calmet (Dom). — *Histoire ecclésiastique et civile de Lorraine,* Nancy, 1728.

— *Notice de la Lorraine,* qui comprend les duchez de Bar et de Luxembourg, l'électorat de Trèves, les Trois-Évêchés, Metz, Toul, Verdun; Nancy, 1756.

Cantatorium Sancti-Huberti, manuscrit rédigé de 1364 à 1373 : Arch. de l'abb. de Saint-Hubert.

Carta Friderici ducis de villa Toralis, anno 963 : Histoire de l'abbaye de Saint-Mihiel, par de Lisle, preuves.

Carta Henrici II, cognomento Pii, pro concessione juris venandi, anno 1011 : Hist. ecclés. et polit. de Toul, P. Benoît, preuves.

Carta Ryagnaldi, com. Montionis, anno 1158 ; chronique manuscrite de l'abb. de Saint-Paul : Biblioth. publ. de Verdun.

Carte de l'évêché de Verdun, où sont les comté et bailliage de Verdun, le Barrois ducal ou bailliage de Saint-Mihiel et terres adjacentes, savoir : comté de Clermont, marquisat d'Hattonchâtel, bailliage d'Aspremont, seigneurie de Jametz, etc.; Sanson, 1656.

Carte des États du duc de Lorraine, où sont les duchez de Lorraine et de Bar, le temporel des eveschez de Metz, Toul et Verdun; Hubert Jaillot, 1700.

Cartulaire d'Apremont, manuscrit du XIV⁰ siècle; Trésor des chartes : Arch. de la Meurthe.

Cartulaire de la cathédrale; copies de titres concernant les biens de l'église et du chapitre de Verdun; manuscrit de la fin du XIII⁰ siècle ou du commencement du XIV⁰, divisé en plusieurs livres, dont un pour chacune des prévôtés du chapitre, savoir : Lemmes, Sivry-sur-Meuse, Foameix, Consanvoye, Merles, Belleville, Harville, et du Trésor ou de la mense capitulaire : Bibliothèque publique de Verdun.

Cartulaire de l'évêché; copie d'un manuscrit du XIII⁰ siècle, faisant partie du cabinet de M. l'abbé Clouët, à Verdun.

Cartulaire de Gorze : Cartularium ec-

clesiæ Gorziensis; in-folio de la fin du XII⁰ siècle, renfermant 214 pièces, dont la dernière porte la date de 1184 : Bibliothèque publique de Metz, ms n° 76.

Cartulaire de Jeand'heures, manuscrit du XIV⁰ siècle; Trésor des chartes : Arch. de la Meurthe.

Cartulaire de Montiers-en-Argonne, manuscrit du XIV⁰ siècle : layette Lisle-en-Barrois; Trésor des chartes : Arch. de la Meurthe.

Cartulaire de Rangéval, manuscrit du XII⁰ et du XIII⁰ siècle; Trésor des chartes : Arch. de la Meurthe.

Cartulaire de Saint-Airy, renfermant tous les titres relatifs à cette abbaye; copie du XVIII⁰ siècle : Bibliothèque de M. l'abbé Clouët, à Verdun.

Cartulaire de Saint-Hippolyte, renfermant copie de tous les actes relatifs à la fondation de cet hôpital, ainsi que des donations, legs, acquisitions, etc. de 1716 à 1752 : Arch. de l'hospice de Sainte-Catherine, reg. A 3.

Cartulaire de Saint-Paul, manuscrit du XIII⁰ siècle : Bibliothèque de M. l'abbé Clouët, à Verdun.

Cartulaire de Saint-Vanne : Cartularium Sancti-Vitonis Virdunensis; pièces citées : charte de Plectrude, de l'an 702; ch. de Béthon, de l'an 785; ch. de Bérenger, des années 940, 952, 962; ch. de Wilgfride, de l'an 961; bulle de Jean XII, de l'an 962; dipl. d'Otton, 980; dipl. de Henri II, 1015; donation de la comtesse Adélaïde et du comte Louis, 1040; ch. de Thierry,1047, 1048; bulles de Nicolas II, 1060 et 1061; bulle de Léon IX, 1049; bulle de Jean XII, 962; bulle de Calixte II, 1118; bulle d'Honorius, vers 1125; ch. de l'évêque Henry, 1129 : Bibliothèque nationale, fonds Bouhier, 69 bis.

Chambre des comptes — Compte du célerier de Bar; compte du gruyer de Bar; compte d'Étain ; compte de Gondrecourt; compte de Kœurs; compte de Lachaussée; compte de Morley; compte de la prévôté de Foug; compte de Saint-Mihiel; comptes de Souilly : Arch. de la Meuse.

Chambre des comptes de Bar. — B 254

— B 336 — B 436 — B 437 — B 438 : Arch. de la Meuse.

Chapitre de Montfaucon. — Titres de cette collégiale, layette Montfaucon, layette Bantheville, layette Brieulles : Arch. de la Meuse.

Chapitre de Vaucouleurs. — Titres de ce chapitre : Arch. de la Meuse.

Chapitre de Verdun. — Titres de ce chapitre, layette chapitre de l'église de Verdun, layette Haumont, layette Milly-devant-Dun, layette Wareq : Arch. de la Meuse.

Charte de Gorze : Chartæ selectæ ex chartulario veteri membraneo monasterii Gorziensis in Lotharingia superiore : Bibliothèque nationale, ms fonds latin, 5436.

Charte de Pepin et de Plectrude en faveur de l'abbaye de Saint-Vanne de Verdun, anno 701 ; tirée de l'ancien cartulaire de Saint-Vanne : Histoire de Lorraine, D. Calmet, preuves.

Charta Ragneri, filii Sadigeri, in favorem abbatis et fratrum Sancti-Vitoni Virdunensis : insérée aux preuves du Stemmat. Lotharingiæ de De Rosières.

Charte de l'empereur Arnoux contenant confirmation des biens donnés à l'église d'Aix-la-Chapelle par Lothaire II et par Charles le Gros, anno 888 : ex chartulario Aquisgrani.

Charte de l'archevêque Adalbéron de Reims en faveur des Bénédictins de Mouzon, anno 973.

Charte de Wilgfride, évêque de Verdun, pour la fondation de l'abbaye de Saint-Paul, anno 973 : Histoire de Lorraine, D. Calmet, t. II, preuves.

Charte de l'abbé Odo en faveur de l'abbaye de Saint-Mihiel, X⁰ siècle : Hist. de l'abb. de Saint-Mihiel, par de Lisle, preuves.

Charte de la collégiale de Saint-Maxe-de-Bar contenant le récit de la fondation et le dénombrement des biens de la collégiale, anno 1022 : Hist. de Lorraine, D. Calmet, preuves.

Charte de l'empereur Henri contenant confirmation des biens de l'abbaye de Mouzon, anno 1023; insérée dans la Noticia ecclesiarum Belgicarum, Miræus, cap. LXI.

Charte de l'évêque Thierry pour l'ab-

Mansuy, anno 982 : Histoire de Lorraine, D. Calmet, preuves.

Diplôme de Théodoric, comte de Bar, en faveur de l'église de Saint-Mihiel, anno 1006; Histoire de l'abbaye de Saint-Mihiel, par de Lisle, preuves.

Diplôme de l'empereur Henri II en faveur de l'abbaye de Saint-Vanne de Verdun, anno 1015 ; Hist. de Lorraine, D. Calmet, preuves.

Diplôme de l'empereur Conrad en faveur de la collégiale de la Madeleine de Verdun, anno 1024 : Histoire de Lorraine, D. Calmet, preuves.

Diplôme de l'empereur Conrad pour la confirmation des biens de l'abbaye de Saint-Èvre de Toul, anno 1033 : Histoire ecclés. et polit. de Toul, P. Benoît, preuves.

Diplôme de l'empereur Henri III en faveur de l'abbaye de Saint-Airy de Verdun, anno 1041 : Hist. de Lorraine, D. Calmet, preuves.

Diplôme de Harvin et Hériburge en faveur de l'abbaye de Saint-Mihiel, anno 1053 : Hist. de l'abb. de Saint-Mihiel, par de Lisle, preuves.

Diplôme de Walfride en faveur de l'église de Saint-Mihiel, anno 1064 : Hist. de l'abb. de Saint-Mihiel, par de Lisle, preuves.

Diplôme de Wilennus en faveur de l'église de Saint-Mihiel, anno 1065 : Hist. de l'abb. de Saint-Mihiel, par de Lisle, preuves.

Diplôme de Godefroy de Bouillon pour le prieuré de Saint-Dagobert de Stenay, anno 1069 : Hist. de Lorraine, D. Calmet, preuves.

Diplôme de Frédéric, comte de Toul, en faveur de l'abbaye de Saint-Èvre de Toul, anno 1071 : Hist. de Lorraine, D. Calmet, preuves.

Diplôme de la comtesse Sophie en faveur de l'abbaye de Saint-Mihiel, entre les années 1078 et 1093 : Histoire de Lorraine, D. Calmet, preuves.

Diplôme de l'empereur Henri III en faveur de l'église cathédrale de Verdun, anno 1086; copie du commencement du XIV° siècle, insérée à la suite du cartulaire de la cathédrale de Verdun et reproduite dans les preuves de l'Hist. de Lorraine, D. Calmet.

Diplôme de l'empereur Henri III en faveur de l'abbaye de Saint-Airy de Meuse.

Verdun, anno 1089 : Hist. de Lorraine, D. Calmet, preuves.

Diplôme pour l'abbaye d'Andenne, anno 1105 : Histoire de Lorraine, D. Calmet, preuves.

Diplôme de Ricuin, évêque de Toul, pour le prieuré de Gondrecourt dépendant de l'abbaye de Saint-Èvre, anno 1112 : Hist. de Lorraine, D. Calmet, t. III, preuves.

Diplôme de Thierry, archevêque de Trèves, pour l'union de Saint-Valfroy à l'abbaye d'Orval : Archiv. d'Arlon, layette Orval.

Donation du roi Pepin à Fulrade, abbé de Saint-Mihiel, anno 755 : Hist. de Lorraine, D. Calmet, preuves.

Donation du roi Pepin à l'abbaye de Gorze, anno 763 : Histoire de Lorraine, D. Calmet, preuves.

Donation d'Angelram, évêque de Metz, à l'abbaye de Gorze, anno 770 : Histoire de Lorraine, D. Calmet, preuves.

Donation de Wicfrid ou Wilgfride, évêque de Verdun, à l'abbaye de Saint-Vanne, anno 967 : Histoire ecclés. et civ. de Verdun, Roussel, note, p. 160.

Donation du comte Adalbert à noble Berthe par contrat de mariage passé à Verdun en 1069, conservé à la Bibl. nat. : Variæ chartæ, ms fonds latin, 9072.

Donation par la comtesse Mathilde de Stenay et Mouzay à l'église cathédrale de Verdun, anno 1107 : Hist. de Lorraine, D. Calmet, preuves.

Donation à l'abbaye de Rangéval, anno 1152 : Hist. de Lorraine, D. Calmet, preuves.

Donation de Robert, évêque de Metz, des biens situés à Jupille au chapitre de la cathédrale de Liège, anno 1266 : Histoire de Lorraine, D. Calmet, preuves.

Durival. — Description de la Lorraine et du Barrois; Nancy, 1778.

Échange entre Ferry Du Châtelet et Henri d'Apremont, évêque de Verdun, année 1325 : Hist. généalog. de la maison Du Châtelet, D. Calmet, preuves.

Échange et partage de plusieurs villages entre M. Charles, duc de Lorraine et le sieur Psaulme, évêque de Verdun, cité aux Traitez touchant les droits du roi sur plusieurs

Estats et seigneuries possédées par divers princes voisins; Rouen, 1670.

Échange de M. le duc de Lorraine et la dame abbesse de Saint-Maur de Verdun, cité aux Traitez touchant les droits du roi, etc.

Ex æde divi Maximi Barrensis, anno 992, inséré aux preuves du Stemmat. Lotharingiæ ac Barri-Ducum de De Rosières.

Flodoard. — Histoire de l'Église de Reims, écrite au X° siècle, imprimée à Douai en 1617.

Fondation de l'abbaye de Saint-Vanne de Verdun (Acte de), par l'évêque Bérenger, anno 952 : Hist. ecclés. et civ. de Verdun, Roussel, preuves; Histoire de Lorraine, Dom Calmet, preuves.

Fondation de l'abbaye de Saint-Airy de Verdun (Acte de), anno 1082 : Hist. de Lorraine, D. Calmet, preuves.

Fondation de l'abbaye d'Ecurey (Acte de), anno 1144 : Hist. de Lorraine, D. Calmet, preuves.

Fondation de la collégiale de Commercy (Acte de), par Simon de Sarbruche, anno 1186 : Histoire de Lorraine, D. Calmet, preuves.

Fondation de l'église collégiale de Ligny (Acte de), anno 1217 : Hist. de Lorraine, D. Calmet, preuves.

Fondation du prieuré de Beauchamp (Acte de), anno 1225 : Histoire de Lorraine, D. Calmet, preuves.

Fortunati carmina historica, libor VII carminum, écrite dans le VI° siècle, imprimée à Cologne en 1600.

Frédégaire. — Chronique en cinq livres, écrite au VI° siècle.

Généalogie de la maison Du Châtelet, par D. Calmet, abbé de Sénone; Nancy, 1741.

Grégoire de Tours. — Historia Francorum, écrite au VI° siècle, publiée dans le Recueil des historiens de France, par D. Bouquet, en 1738 et années suivantes.

Héric d'Auxerre. — Vie de saint Germain d'Auxerre, écrite vers l'an 866 : Bollandistes, 31 juillet, D. Labbe (Nova Bibliotheca).

Histoire générale de Metz, par des religieux bénédictins, avec preuves, 1775 et années suivantes.

Historia episcoporum Tullensium, écrite sur la fin du X° siècle, par Adson, abbé de Montier-en-Der, reproduite

f

aux preuves de l'Histoire de Lorraine, D. Calmet.

Honthcim (De). — *Historia Trevirensis diplomatica et pragmatica*, 1750 ; Prodromus historiæ Trevirensis, 1757.

Hospice Sainte-Catherine de Verdun : Arch. de cet hospice, layettes : A 3 — B 1 — B 2 — B 5 — B 7 — B 9 — B 10 — B 11 — B 17 — B 18 — B 22 — II E 14 — III A 1 — III A 2.

Hôtel de ville de Verdun : Arch. de la mairie, cartons A 1 bis — A 4 — A 29 — A 57 — A 58 — J 18 — K 12 — K 17 — K 28 — K 44 — L 4 — L 9 — L 10 — 29 L 1 — 29 L 5 — 29 L 7 — 29 L 8 — 29 L 11 — 29 L 13 — 29 L 20 — 29 L 21 — 29 L 22 — 29 L 23 — 29 L 30 bis M 1 bis — M 2 — M 2 bis — P 8 — R 1 — R 26.

Hugues de Flavigny. — *Chronicon Virdunense* (sur les biens de l'abbaye de Saint-Vanne), écrite au milieu du XIe siècle : Bibliothèque du P. Labbe ; t. I, p. 123.

Hugues Metel. — *Epistolæ*, dans Hugo : *Sacra antiquitatis monumenta*.

Itinerarium provinciarum, dressé par ordre d'Antonin, représentant la géographie du règne de Dioclétien, de 284 à 313.

Lamy. — *Archives privées*, conservées dans le cabinet de M. Ch. Lamy, à Mouzay.

Laurent de Liége. — *Histoire des évêques de Verdun*, écrite dans le XIIe siècle, par Laurent de Liége ; imprimée au tome XII du Spicilège de D. d'Achery, et Hist. de Lorraine, D. Calmet, preuves.

Lebonnetier. — *Notes sur les antiquités du Scarponais*, manuscrit de la seconde moitié du XVIIIe siècle : Bibliothèque publique de Nancy.

Lettre missive, de 1833 : Cabinet de M. Dufresnes, de Metz ; layette, Verdun, Warcq.

Lettres de l'empereur Maximilien Ier en faveur de Vuary, évêque de Verdun, portant confirmation et investiture de tous les domaines et droits appartenant à l'évêché de Verdun, anno 1502, imprimées dans le Corps diplomatique de Dumont, t. IV, 1re partie, p. 29.

Lisle (De). — *Histoire de la célèbre et antique abbaye de Saint-Mihiel*; Nancy, 1757.

Mabillon. — *De re diplomatica*, 1681.

Mâchon. — *Pouillé du diocèse de Toul*. — Pouillé des eveschés de Verdun et de Metz ; par maistre Louis Mâchon, licencié es droict, archidiacre de Port, etc. 1642 : Bibl. nat. ms fonds S G F 1069.

Manuscrit rédigé en 1322, par Mélinon, contenant la description topographique de la ville de Verdun : Bibliothèque de M. l'abbé Clouët, à Verdun.

Marlot (Dom). — *Metropolis Remensis historia*, sive Supplementum Flodoardi ; Reims, 1679.

Marténe (Dom). — *Thesaurus novus anecdotorum*, 1727.

Mémorial de Dadon, évêque de Verdun, anno 893 : Wassebourg, p. 174 ; Hist. ecclés. et civ. de Verdun, Roussel ; Hist. de Lorraine, D. Calmet, preuves.

Obituaire de Saint-Hubert, manuscrit rédigé de 1364 à 1373 : Arch. de l'abbaye de Saint-Hubert.

Onera abbatum, recueil de charges d'un abbé de Saint-Mihiel, anno 1135 : Hist. de l'abb. de Saint-Mihiel, par de Lisle, preuves.

Paix et accord entre les pays de Bar et de Luxembourg, année 1399 : Histoire de Lorraine, D. Calmet, preuves.

Paix et accord entre Guillaume d'Haraucourt, évêque de Verdun, et les habitants de cette ville, année 1498 : Histoire ecclés. et civ. de Verdun, Roussel, preuves.

Partage de l'empire entre les rois Charles le Chauve et Louis de Germanie, anno 870 : Histoire de Lorraine, D. Calmet, preuves.

Polyptique de l'abbaye de Saint-Remy de Reims (Appendix), publiée par M. B. Guérard, d'après un manuscrit du Xe siècle.

Pouillé du Barrois, mémoires alphabétiques pour servir à l'histoire, au pouillé et à la description générale du Barrois ; Bar-le-Duc, 1749.

Pouillé de Reims : Decanatus Remensis, hec sunt nomina parochialium, decanatuum, patronatuum, etc. ecclesiarum comitatus et diocesis Remensis ; manuscrit du commencement du XVIe siècle : Bibl. publ. de Reims.

Pouillé général, contenant les béné-

fices de l'archevêché de Reims et des diocèses de Châlons, Senlis, etc. Paris, Gervais Alliot, 1648.

Pouillé ecclésiastique et civil du diocèse de Toul ; Toul, 1711.

Pouillé de Verdun : Codex parochialium ecclesiarum diœcesis Virdunensis, vulgo le pouillé du diocèse de Verdun ; Virduni, 1738.

Prieuré de Richecourt. — Titres de ce prieuré : Arch. de la Meuse.

Privilége d'Adalbéron, évêque de Metz, pour l'abbaye de Gorze, anno 933 : Histoire de Lorraine, D. Calmet, preuves.

Promesse entre le lieutenant du duc de Luxembourg et les citains de Verdun, de l'an 1356 : Hist. ecclés. et civ. de Verdun, Roussel, preuves.

Recueil des sépultures anciennes et épitaphes de Saint-Paul de Verdun, fait en 1552 par ordonnance de M. Psaulme, évêque de Verdun ; Verdun 1779.

Regestrum Tullensis diœcesis beneficiorum, anno 1402 : Bibl. nat. manuscrits latins, n° 5208.

Registre de l'évêché, recueil récemment composé et ne devant être consulté qu'avec la plus grande réserve : Archiv. de l'év. de Verdun.

Registres capitulaires du chapitre de la cathédrale de Toul : Archives de la Meurthe.

Reprises de Thiébaut I, comte de Bar, des mains de Raoul, évêque de Verdun, anno 1240 : Hist. ecclés. et civ. de Verdun, Roussel, preuves.

Rosières-en-Blois. — Titres relatifs à cette commune : Cabinet de M. de Widranges, à Bar-le-Duc.

Roussel. — *Histoire ecclésiastique et civile de Verdun*, avec le pouillé et la carte du diocèse, par un chanoine de la même ville ; Paris, 1745.

Saint-Airy de Verdun. — Titres de cette abbaye : Arch. de la Meuse.

Saint-Léopold de Saint-Mihiel. — Titres de cette collégiale : Archives de la Meuse, layettes C 3 bis — O 14.

Sermon, avec détails sur le temporel de l'évêché de Verdun, prononcé par Urbain Quillot, le 3 septembre 1671, imprimé à Verdun en 1674.

Sigebert de Gemblours. — Chroniques écrites au XIe siècle, imprimées à Paris en 1513.

Silmont. — Titres relatifs à cette commune : Cabinet de M. de Widranges, à Bar-le-Duc.

Société Philomathique de Verdun. — Archives de cette société, layettes : Belleray, Clermont, Consenvoye, Courcelles - sur - Aire, Doulcon, Étain, Gremilly, Hattonchâtel, Haudainville, Ligny, Lisle-en-Barrois, Menaucourt, Murvaux, la Roche, Saint-Joire, Verdun, Ville-en-Woëvre.

Sommation par Monseigneur de Lorraine à l'évesque de Verdun, citée aux Traitez touchant les droits dq roi ; Rouen 1670.

Stemmatum Lotharingiæ ac Barri-Ducum tomi septem, authore Francisco de Rosières, archidiacono Tullensis ; Parisiis, 1580.

Table Théodosienne ou de Peutinger, représentant la géographie des règnes d'Alexandre Sévère et d'Aurélien, de 222 à 270.

Testamentum Adalgyseli, écrit à Verdun en l'an 634 : Arch. de Coblentz, inséré dans le t. III des Mémoires de la Société Philom. de Verdun.

Testamentum Vulfoadi comitis, anno 674 : Hist. de l'abb. de Saint-Mihiel, par de Lisle, preuves ; Hist. de Lorraine, D. Calmet, preuves.

Testamentum Vulfoadi comitis, anno 707 : Hist. de Lorraine, D. Calmet, preuves.

Testament de la duchesse Agnès, anno 1226 : Hist. de Lorraine, D. Calmet, preuves.

Thou (De). — *Historia mei temporis,* de 1543 à 1607.

Titres du prieuré de Notre-Dame d'Apremont, année 1453 : Histoire de Lorraine, t. III, Dom Calmet, preuves.

Topographie ecclésiastique de la France, par M. J. Desnoyers, publiée dans l'Annuaire de la Société de l'histoire de France, année 1859, etc.

Trésor des chartes de Lorraine, compte de Ligny, registre B 6364 et registres 452, 453, 455 : Arch. de la Meurthe.

Union des chapitres d'Hattonchâtel et d'Apremont transféré à Saint-Mihiel, année 1707 : Hist. ecclés. et civ. de Verdun, Roussel, preuves.

Valois (Adrien de). — *Hadriani Valesii historiographi regii Noticia Galliarum, ordine litterarum digesta ;* Parisiis, 1675.

Variæ chartæ. — Collection lorraine, Bibliothèque nationale, ms fonds latin, 9072.

Vasselage de Simon, sire de Mirvaut, anno 1220 ; charte insérée dans les Chroniques de l'Ardenne et des Woëpvres, Jeantin, t. II.

Vente par Henri Du Châtelet à Henri d'Apremont, évêque de Verdun, de tout ce qu'il a en tout le ban de Maizay, année 1329 : Arch. de Lorraine et preuves de l'Histoire généalogique de la maison Du Châtelet, D. Calmet.

Vente par le comte de Linange à Errard Du Châtelet de la terre de Pierrefitte, année 1487 : Hist. généal. de la maison Du Châtelet, D. Calmet, preuves.

Vie de saint Rouin, écrite vers l'an 1004, par Richard de Saint-Vanne : Acta sanctorum Benedict. sæcul. v, part. 1, p. 525.

Virdunensis comitatus limites, copie manuscrite, faite au xv° siècle, de la description des limites du comté de Verdun telles qu'elles existaient probablement en 997, époque à laquelle la dignité de comte passa aux évêques de Verdun ; pièce faisant partie d'un recueil de manuscrits intitulé : *Regula S. Benedicti : Martyrologium et necrologium Sancti-Vitonis Virdunensis,* contenant différentes pièces cataloguées sous le n° 7 des manuscrits relatifs à l'histoire de Verdun : Bibl. publique de Verdun.

Wassebourg. — *Antiquitez de la Gaule Belgique,* royaume de France, Austrasie et Lorraine, etc. Paris, 1549.

Widric. — *Vie de saint Gérard de Toul,* écrite au milieu du xi° siècle : Annales Bened. lib. LVI, p. 366, 367.

Wiltheim. — *Luxemburgum Romanum,* manuscrit rédigé vers 1630, conservé à la Bibliothèque publique de Luxembourg, édité à Luxembourg en 1842.

EXPLICATION

ABRÉVIATIONS EMPLOYÉES DANS LE DICTIONNAIRE.

abb.	abbaye.	f°	folio.
affranch.	affranchissement.	font.	fontaine.
anc.	ancien.	h. ham.	hameau.
anc¹, anciennem¹	anciennement.	Hist. de Lorr.	Histoire de Lorraine.
ann.	annexe.	hôp.	hôpital.
apost.	apostolique.	itin.	itinéraire.
archev.	archevêque ou archevêché.	jud.	judiciaire.
arch. archiv.	archives.	jurid.	juridiction.
archid.	archidiaconé.	kil. kilom.	kilomètre.
archipr.	archiprêtré.	lay.	layette.
armor.	armorial.	let.	lettre.
arrond.	arrondissement.	Lor. Lorr.	Lorraine.
baill.	bailliage.	m. mᵐ	maison.
bibl.	bibliothèque.	mᵐⁱ, is.	maison isolée.
c.	compte.	mⁱⁿ	moulin.
cᵉ	commune.	min.	minute.
cᵗⁿ	canton.	mˢ mss.	manuscrit.
cart. cartul.	cartulaire.	N.	nord.
cathéd.	cathédrale.	N. D.	Notre-Dame.
ch.	charte.	not.	notice.
ch. chamb.	chambre.	O.	ouest.
chap.	chapitre.	p.	page.
chap. is.	chapelle isolée.	par.	paroisse.
chât.	château.	parlem.	parlement.
chem.	chemin.	pol. polit.	politique.
civ.	civile.	pr.	preuves.
col. coll. collect.	collection.	præmonst.	præmonstratenses.
collég.	collégiale.	présid.	présidial.
comm.	communal.	prév.	prévôté.
commⁱⁱ	commanderie.	proc.-verb.	procès-verbal.
commⁱᵉ	communauté.	regest. reg.	regestrum.
cout.	coutume.	riv.	rivière.
dénomb.	dénombrement.	ruin.	ruinée.
dép¹, départ.	département.	ruiss.	ruisseau.
dipl.	diplôme.	S.	sud.
dioc.	diocèse.	sᵉ	siècle.
distr.	district.	seign.	seigneurie.
donat.	donation.	Soc. Phil.	Société Philomathique.
doy.	doyenné.	t.	tome.
E.	est.	tabell.	tabellion, tabellionnage.
eccl. ecclés.	ecclésiastique.	territ.	territoire.
éch.	échange.	topog.	topographie.
emp.	empire, ou empereur.	Tr. ou Trés. des ch.	Trésor des chartes.
épisc.	épiscopal.	Tull. Tullens.	Tullensis.
ermit.	ermitage.	vil.	ville.
év.	évêque, évêché.	vill.	village.
f.	ferme.	voy.	voyez.

DICTIONNAIRE TOPOGRAPHIQUE

DE

LA FRANCE.

DÉPARTEMENT

DE LA MEUSE.

A

Abainville, vill. sur l'Ornain, à 2 kil. au N.-O. de Gondrecourt. — *Abuni-villa*, 1151 (dipl. de Henry, év. de Toul, Hist. de Lorr. pr.). — *Abienville*, 1318, 1397 (Hist. de Lorr. pr.); 1756 (D. Calmet, *not.*) —*Aubienville*, 1321 (chambre des comptes de Bar, B. 436). — *Aubienvilla*, 1402 (regest. Tull.). — *Abierville*, 1580 (proc.-verb. des cout.). — *Abianville*, 1700 (carte des États). — *Abanivilla*, 1711 (pouillé). — *Abianvilla*, 1749 (*ibid.*). — *Abani-Villa*, 1756 (D. Calmet, *notice*).

Avant 1790, Barrois mouvant, office et recette de Bourmont, juridiction de la prévôté de Gondrecourt, ancien bailliage de Saint-Thiébaut, puis de Lamarche, coutume du Bassigny, présidial de Châlons, parlement de Paris; le roi en était seul seigneur. — Diocèse de Toul, archidiaconé de Ligny, doyenné de Gondrecourt.

En 1790, district et canton de Gondrecourt.

Actuellement, arrondissement et archiprêtré de Commercy, canton et doyenné de Gondrecourt. — Écarts : la Forge, le Moulin-de-Saulx. — Patron : saint Martin.

Abancourt, chât. et f. c^{ne} de Neuvilly. — *Habencurt*, xiiie s^e (ch. citée dans Clouët, Hist. de Verdun, t. II, p. 239). — *Aboncourt*, 1656 (carte de l'évêché). — *Haboncour*, 1700 (carte des États).

Meuse.

Abaucourt, vill. aux sources de l'étang de Pérois, à 7 kil. à l'O. d'Étain. — *Abocour*, 1700 (carte des États).

Avant 1790, Verdunois, terre d'évêché, prévôté de Dieppe, coutume et bailliage de Verdun, anc. assises des quatre pairs de l'évêché, cour supérieure et présidial de Verdun, parlement de Metz. — Diocèse de Verdun, archidiaconé de la Woëvre, doyenné de Paroid; patron : saint Hubert; paroisse de Damloup.

En 1790, district d'Étain, canton d'Herméville.

Actuellement, arrondissement et archiprêtré de Verdun, canton et doyenné d'Étain. — Écart : Souppléville. — Patron : saint Martin; paroisse d'Eix.

Abaumont, contrée, c^{ne} de Bouconville.

Abbé (Bois l'), c^{ne} de Waly.

Abbé-Ramelle (Ruisseau de l'), petit cours d'eau qui prend sa source à Rigny-Saint-Martin et se jette dans le ruisseau de Gibeaumaix.

Abècles, contrée, c^{ne} de Montplonne.

Ablme, bois, c^{ne} de Maizey.

Abreuvoir (Étang de l'), c^{ne} de Sommeilles.

Acrues (Les), bois, c^{nes} de Brocourt, du Ménil-aux-Bois et de Souilly.

Acrues (Les), contrée, c^{ne} de Longeville.

Acréville, f. c^{ne} de Bantheville.

1

Ache (L') ou l'Esse, ruiss. qui a sa source à Jouy-sous-les-Côtes, passe à Corniéville et à l'ancienne abbaye de Rangéval, pénètre dans le dép' de la Meurthe, où il se jette dans la Moselle à Pont-à-Mousson, après un cours de 5o kil. dont 6 dans le dép' de la Meuse. — *Fluviolus Escio*, 932 (ch. de l'abb. de Bouxières). — *Rivulus qui decurrit de fontibus Joey et vulgo vocatur Eyr*. 1152 (cart. de Rangéval, f° 31). — *Lou rui et lou ru d'Eys*, 1265 (*ibid.* f° 21). — *Ru d' liche*. 1700 (carte des États). — *Eche*, 1711 (Trésor des ch. arch. de la Meurthe).

Aciers (Bois des), bois comm. d'Èvres.

Acsiptut, contrée, c°° de Marville.

Admodiation (L'), contrée, c°° de Dugny.

Adrien (Château d'), anc. forteresse établie sur l'emplacement d'un camp antique situé sur la côte Saint-Germain, c°° de Lion-devant-Dun. — *Castellum Adriani*. 866 (héric d'Auxerre).

Affleuvin, contrée, c°° de Bras.

Afrique (L'), étang, c°° de Saint-Benoît.

Agasses, contrée, c°° de Frémeréville.

Agathe, contrée, c°° de Rouvres.

Aies, contrée, c°° de Landrecourt.

Aiole (L'), fief à Rupt-aux-Nonnains, érigé en 1721.

Aigremont ou Égremont, anc. chât. actuellement ferme, c°° de Montiers-sur-Saulx.

Aillemont, contrée, c°° de Béthincourt.

Ailleux (Les), bois comm. de Romagne-sous-Montfaucon.

Ailly, vill. sur la rive droite de la Meuse, à 2 kil. au S. de Saint-Mihiel. — *Alliaca*, 812 (dipl. de Charlemagne). — *Allieri*, 979 (dipl. de l'év. Wilgfride). — *Ecclesie Alierie*, 1126 (abb. de Saint-Mihiel, ch. de Henry, év. de Verdun). — *Alier*, 1325 (abb. de Saint-Mihiel, 3 kil. 3). — *Alliers*, 1571 (proc.-verb. des coutumes). — *Alliez*, 1607 (ibid. 1745, Roussel). — *Ailliers*, 1642 (Mâchon). — *Ely*, 1700 (carte des États); 1707 (carte du Toulois). — *Alliacum*, 1707 (ibid.). — *Alleriæ*, 1738 (pouillé). — *Allerius*, 1749 (ibid.). — *Alieri*. 1756 (D. Calmet, not.).

Avant 1790, Barrois non mouvant, comté de Kœur, office, recette, coutume, prévôté et bailliage de Saint-Mihiel, présidial de Toul, cour souveraine de Nancy. — Diocèse de Verdun, archidiaconé de la Rivière, doyenné de Saint-Mihiel.

En 1790, distr. du Saint-Mihiel, c°° d'Apremont.

Actuellement, arrondissement et archiprêtré de Commercy, canton et doyenné de Saint-Mihiel. — Écart : Belle-Meuse. — Patron : saint Martin, annexe de la paroisse Saint-Étienne de Saint-Mihiel.

Aincreville, vill. sur l'Andon, à 5 kil. à l'O. de Dun.

— *Ancravilla*, xvi° siècle (pouillé ms de Reims). — *Anereville*, 1648 (pouillé). — *Encreville*, 1656 (carte de l'évêché). — *Increville*, 1700 (carte des États). — *Aricera-Villa*, 1717 (D. Martène).

Avant 1790, Clermontois, coutume de Vitry-le-François, prévôté de Sainte-Menehould, bailliage idem transféré ensuite à Clermont et siégeant à Varennes, présidial de Châlons, parlement de Paris. — Diocèse de Reims, archidiaconé de Champagne, doyenné de Dun.

En 1790, lors de l'organisation du département, Aincreville devint le chef-lieu de l'un des cantons dépendant du district de Stenay; ce canton était composé des municipalités dont les noms suivent : Aincreville, Bantheville, Brieulles-sur-Meuse, Cunel, Doulcon, Cléry-le-Grand, Cléry-le-Petit, Mont-devant-Sassey, Sassey, Villers-devant-Dun.

Actuellement, arrondissement et archiprêtré de Montmédy, canton et doyenné de Dun. — Écart : Chassogne. — Patron : saint Agnan.

Ainville, anc. cense, c°° de Revigny; 1768 (arch. du baill. de Bar).

Aire (L'), rivière qui prend sa source entre Vaux-la-Grande et Saint-Aubin, arrose les c°°° de Domremy-aux-Bois, Ernecourt, Dagonville, Baudrémont, Villotte-devant-Saint-Mihiel, Ville-devant-Belrain, Nicey, Pierrefitte, Longchamps, Chaumont, Courcelles, Amblaincourt, Beauzée, Seraucourt, Nubécourt, Fleury, Autrécourt, Lavoye, Froidos, Barecourt, Auzéville, Vraincourt, Aubréville, Neuvilly, Boureuilles, Varennes, Montblainville et Baulny, d'où elle sort du dép' après un cours de 99 kil. et se jette dans l'Aisne au-dessous de Grandpré (Ardennes). L'Aire appartient au bassin de la Seine. — *Ageira*, 785 (cart. de Saint-Vanne). — *Super fluvium Heyram in fine Sylvæ Arguennensis*, 967 (donat. de l'év. Wilgfride). — *Agira*, xI° s° (Hugues de Flavigny). — *Erria*, 1106 (bulle de Pascal II). — *Eyre*, 1373 (coll. lorr. t. 139, n° 33); 1579 (proc.-verb. des cout.). — *Supra Ieyram*, 1409 (regest. Tull.). — Sur le fleuve Heyram, vulgairement Iere, 1549 (Wassebourg). — *Supra Erram*, 1642 (Mâchon); 1738 (pouillé); 1749 (ibid.); 1756 (D. Calmet, notice). — *Air*, 1707 (carte du Toulois). — *Aria*, 1756 (D. Calmet, not.)

Airy, contrée, c°° de Combres.

Aisement, bois comm. de Cléry-le-Petit.

Aisne (L'), riv. qui prend sa source à Sommaisne, passe à Pretz, Vaubecourt et Yvraumont, sort du dép' à Sénard, après un cours de 29 kil. et se jette dans l'Oise au-dessus de Compiègne (Oise). L'Aisne appartient au bassin de la Seine. — *Flumen Arona*,

quod est in extremis Remorum finibus, vers 48 av.
J. C. (comment. de César, *de Bell. Gall.* II, v, ıx).
— *Axuenna*, ıv^e s^e (itin. d'Antonin). — *Asnia*, x^e s^e
(Virdun. comit. limites); 1707 (carte du Toulois).
— *Axona*, 1679 (D. Marlot).

Aïrne (L'), contrée, c^{ne} de Vignol.

Alaiville, localité ruinée, c^{ne} de Lamorville. — *Ban
et fuaige d'Allauville*, 1520 (ch. de Louis de Lorraine, arch. comm.). — *Le Moutier d'Alauville*,
(matrice cadastrale).

Albain, bois comm. de Douaumont.

Alger, h. c^{ne} de Bréhéville.

Alger, f. c^{ne} d'Haraumont.

Alger, m. isolée, c^{ne} de Montblainville.

Allieux (Les), f. c^{ne} de Bonreuilles. — *Aillieux*, 1571
(Table des cout.).

Avant 1790, Clermontois, coutume de Clermont,
prévôté de Varennes, parlement de Paris.

Allieux (Mont des), bois comm. de Vauquois; faisait
partie de la forêt de Hesse.

Allonvaux, contrée, c^{ne} de Verdun.

Alon (Corne d'), bois, c^{ne} de Thonne-la-Long.

Alsace (Chemin ou route d'), chaussée austrasienne,
c^{ne} de Chalaines et de Rigny-Saint-Martin; allait de
Vaucouleurs à Toul.

Altière, contrée, c^{ne} des Éparges.

Alvohan, bois comm. de Dainville-aux-Forges.

Alzate, contrée, c^{ne} d'Ancemont.

Amants (Trou des Bons-), grotte, c^{ne} de Montiers-sur-
Saulx; est située dans le bois dit *Val-Paillard*, près
de Grignoncourt.

Amanty, vill. sur le ruiss. d'Amanty, à 7 kil. à l'E. de
Gondrecourt. — *Amenti*, 1327 (ch. des comptes,
compte de Gondrecourt). — *Amenty*, 1700 (carte
des États). — *Amanti*, 1711 (pouillé). — *Amantius*, 1749 (ibid.).

Avant 1790, Barrois mouvant, office de Gondre-
court, recette de Bourmont, juridiction du juge des
seigneurs, bailliage de Saint-Thiébaut, coutume du
Bassigny, présidial de Châlons, parlement de Paris.
— Diocèse de Toul, archidiaconé de Ligny, doyenné
de Gondrecourt. — Avait un prieuré sous le titre de
Saint-Florentin, uni à la mense abbatiale de Saint-
Léon de Toul.

En 1790, distr. et c^{on} de Gondrecourt.

Actuell^t, arrond. et archipr. de Commercy, c^{on} et
doy. de Gondrecourt. — Patron : saint Martin.

Amanty (Ruisseau d'), qui prend sa source à Amanty et
se jette dans la Meuse près de Maxey-sur-Vaise,
après un cours de 6 kilomètres.

Ambarantre (Mont), entre Herbeuville et Saint-Rémy.

Ambanie, contrée, c^{ne} de Maizeray.

Amblaincourt, vill. sur l'un des affluents de l'Aire, à
12 kil. à l'E. de Triaucourt. — *Hamblaincourt*, 1395
(chambre des comptes de Bar, compte de Souilly);
1579 (proc.-verb. des coutumes); 1642 (Mâchon);
1743 (proc.-verb. des coutumes). — *Hamblaincort*,
1595 (Soc. Philom. loy. Courcelles-sur-Aire).

Avant 1790, Verdunois, terre d'év. prévôté de
Tilly, coutume, bailliage et présidial de Verdun,
parlement de Metz. — Diocèse de Verdun, archidiaconé d'Argonne, doy. de Souilly, annexe de Beauzée. — Patron : saint Maur.

En 1790, distr. de Verdun, c^{on} de Beauzée.

Actuell^t, arrond. et archipr. de Bar-le-Duc, c^{on}
et doy. de Triaucourt, paroisse de Beauzée.

Amblainville, f. ruinée, c^{ne} de Vaucouleurs.

Amblonville, f. c^{ne} de Rupt-en-Woëvre. — *Amblondis-
Villa*, 1095 (cart. de Gorze, p. 191). — *Amblonix-
Villa*, 1100, 1165, 1179, 1207, 1208, 1240,
1247 (cart. de Saint-Paul). — *Amblonville*, 1247,
1261 (ibid.); 1331 (hôtel de ville de Verdun, A.
1 bis); 1581 (compte du prévôt). — *Amblouville*,
1549 (Wassebourg). — *Amblainville*, 1656 (carte
de l'év.). — *Amblonville-Château*, 1745 (Roussel).

Avant 1790, Verdunois, terre d'év. prévôté de
Fresnes-en-Woëvre, coutume et bailliage de Verdun, parlement de Metz.

Amblonville (Forêt d'), forêt domaniale, sur les territ.
de Mont-sous-les-Côtes, du Ménil-en-Woëvre et de
Rupt-en-Woëvre.

Amblonville (Ruisseau d'), qui prend sa source à la
f. d'Amblouville et se jette dans le ruiss. de Mouilly
après un cours de 2 kilomètres.

Ambly, vill. sur la May, à 16 kil. au S. de Verdun. —
Apletium, 1049 (bulle de Léon IX). — *Apletum*,
1127 (cart. de la cathédr.). — *Amblicium*, xıı^e s^e
(Laurent de Liége); 1756 (D. Calmet, not.). —
Ambli, 1247, 1250 (cart. de la cathédr.); 1370
(arch. de la Meuse). — *Ambleyum*, 1642 (Mâchon).
— *Dambly*, 1700 (carte des États). — *Dambli*, 1707
(carte du Toulois). — *Amblerus*, 1738 (pouillé);
1749 (ibid).

Avant 1790, Barrois non mouvant, office, recette,
prévôté, bailliage et coutume de Saint-Mihiel, présidial de Toul, cour souveraine de Nancy. — Diocèse
de Verdun, archidiaconé de la Rivière, doyenné de
Saint-Mihiel.

En 1790, distr. de Verdun, c^{on} de Tilly.

Act^l, arrond. c^{on}, archipr. et doy. de Verdun. —
Écarts : Pékin, Wascourt. — Patron : saint Martin.

Ambre, contrée, c^{ne} de Montplonne.

Ambrière, anc. fief érigé à Horville en 1709.

Ambuscade (L'), bois, c^{ne} de Juvigny-sur-Loison.

1.

Amel, vill. sur le Longeau et la Clanette, à 8 kil. au
S. de Spincourt. — *Alchne* ou *Mehne* (pouvant s'appliquer aussi à *Haraigne*), 707 (dipl. de Ludwig).
— *Villa Amella nominata*, 959 (cart. de Gorze,
p. 152). —*Amella*, 960 (ch. de Wilgfride); 1032
(cart. de Gorze, p. 174); 1130 (arch. de Gorze,
n° 148-67); 1143 (ch. de Gorze); 1156 (cart. de
Gorze, p. 177); 1193 (cart. de Saint-Paul, p. 112);
1213 (abb. de Saint-Mihiel); 1218 (cart. de la
cathédr.); 1642 (Mâchon); 1738 (pouillé); 1749
(ibid.). — *Amelie Castrum*, 961 (cart. de Saint-
Vanne). — *Amellæ Castrum*, 967 (donat. de l'év.
Wilgfride). — *Curtis Amellæ in pago Werbiæ*, 982
(fon. lat. du prieuré, Hist. de Lorr. t. II, pr.). —
Amella in pago Webria, 982 (dipl. d'Otton II). —
Amellæ-Villa, 1049 (privil. de Léon IX à la cathédr.
de Verdun). — *Cella quæ dicitur Amella*, 1051
(arch. de Gorze, t. CXXII, p. 172, 173). — *Villa
Amellensi*, 1055 (cart. de Gorze, p. 177). — *In
abbatia Amellana*, 1064 (abb. de Gorze, liasse év.
de Verdun). — *In centena totius potestatis Amelle*,
1095 (cart. de Gorze, p. 189). — *De curte Amelle,
in curtis Abbatis Amelle*, 1095 (ibid.). — *Curtis
Amellæ*, 1095 (réglem' pour les voués, arch. de la
Meuse). — *Amellensi ecclesia, Amellensem itaque
ecclesiam*, 1126 (abb. de Gorze, n° 147). — *Cenobium Amellense*, 1127 (cart. de Gorze, p. 201);
1152 (arch. de la Meuse). —*Amellæ*, 1127 (arch.
de Gorze, 148).—*Amellensi-Villa*, de 1145 à 1153
(ch. de Gorze, n° 155). — *In territorio Amellano*,
1198 (ch. de Thibaut, comte de Bar; arch. de la
Meuse). — *Amelle*, 1252 (cart. de la cath.); 1252,
1257 (donat. au prieuré, arch. du dép'); 1289 (lett.
d'affranch. arch. de la Meuse); 1312 (prise de possession de l'hôp. arch. de Pont-à-Mousson); 1322
(ch. des comptes de Bar, compte d'Étain); 1571
(proc.-verb. des coutumes); 1745 (Roussel); 1749
(pouillé). —*Amalle*, 1344 (Lamy; éch. de la seign.
de St-Maurice).—*Ecclesia sancti Martini de Amella*,
1526 (lett. apost. de Clément VII, arch. comm. de
Senon). — *Amelz*, 1607 (proc.-verb. des cout.).—
Hamelum, 1736 (annales præmonstr.).

Avant 1790, Barrois non mouvant, office, recette
et prévôté d'Étain, coutume et bailliage de Saint-
Mihiel, présidial de Verdun, cour souveraine de
Nancy. — Dioc. de Verdun, archidiaconé de la
Woëvre, chef-lieu de doyenné. — Avait une collégiale sous le titre de *Saint-Pierre*, fondée en 959, un
prieuré de l'ordre de saint Benoît, fondé en 982,
et un hôpital ou Maison-Dieu, existant en 1307.

Le doyenné d'Amel, *decanatus christianitatis de
Amella* (Topogr. eccles. de la France), *Decanatus de
Amella* (1738, pouillé), sous le titre de *Saint-Pierre*,
était composé des paroisses et annexes dont les noms
suivent : Amel, Billy-sous-Maugiennes, Boinville,
Bouligny, Bouvigny, Buzy, Darmont, Dommary,
Domremy-la-Canne, Duzey, Étain, Éton, Gourain-
court, Haucourt, Houdelaucourt, Lanhères, Loison,
Mangiennes et Muzeray, Nouillonpont, Ollières,
Ornel, Pillon, Rechicourt, Rouvres, Saint-Jean-lez-
Buzy, Senon, Spincourt, Vaudoncourt, Villers-lez-
Mangiennes et Warcq. — Il comprenait en outre
plusieurs localités faisant partie aujourd'hui du
dép' de la Moselle; ce sont : Affléville, Aix, Avillers,
Béchamp, Bertrameix, Boncourt, Domprix, Fléville, Gondrecourt, Immonville, Jeandelize, Joudre-
ville, Lixières, Mainville, Monaville, Norroy-le-Sec,
Olley, Pienne et Thumeréville.

En 1790, distr. d'Étain, c°° de Gouraincourt.
Actuellement, arrond. et archipr. de Montmédy,
c°° de Spincourt, doyenné de Billy-sous-Mangiennes.
— Écarts : Bois-l'Hôpital, Longeau, Californie, Sé-
bastopol, m°° de l'Étang. — Patron : saint Martin.
Amel (Étang d'), entre Amel et Senon.

Amermont, h. c°° de Bouligny. —*Aulmermont*, 1613,
1615 (hosp. de Sainte-Catherine; dixmes, B. 18).
— *Amermont*, 1745 (Roussel). — *Amarus-Mons*,
1749 (pouillé).

Avant 1790, Barrois non mouvant, coutume de
Saint-Mihiel, recette de Briey, office de Norroy-le-
Sec, jurid. de Juge-Garde du Seigneur, bailliage
de Saint-Mihiel, puis d'Étain, cour souveraine de
Nancy.

Amermont (Fontaine d'), source minérale, c°° de Bouligny.

Ance ou Ancel, h. ruiné, c°° d'Ancemont; on trouve au
lieu dit *Puits-à-Cochon* des vestiges de constructions
et des ustensiles qui indiquent l'emplacement qu'occupait cette localité, dont le nom fut adopté ensuite
par le village voisin.

Ancemont, vill. sur le ruiss. de Senoncourt, à 9 kil. au
N.-E. de Souilly. — *Ancemont*, 1370 (arch. de la
Meuse). — *Anxemont*, 1388 (coll. lorr. t. 260.46,
p. 4). — *Ancemons*, 1388 (ibid. t. 263.46, c. 10).
— *Ancelmont*, 1642 (Mâchon); 1656 (carte de
l'évêché). — *Ancellus-Mons*, 1738 (pouillé). —
Anselmont, Anselmi-Mons, 1745 (Roussel); 1756
(D. Calmet, not.).—*Ansaldi-Mons*, 1749 (pouillé).
— *Ancimont*, 1756 (D. Calmet, not.)

Avant 1790, Barrois mouvant, office et prévôté
de Souilly, coutume et bailliage de Bar, présidial de
Châlons, parlement de Paris. — Dioc. de Verdun,
archidiac. d'Argonne, doyenné de Souilly.

En 1790, distr. de Verdun, c°° de Dugny.

Actuellement, arrond. et archipr. de Verdun, c^on et doyenné de Souilly. — Écarts : Chèvre-Ru, Saint-Marcel. — Patron : décollation de Saint-Jean-Baptiste.

ANCÉRÉVILLE, ham. sur le ruiss. de Froide-Fontaine, c^ne de Béthelainville. — *Ansréville*, 1700 (carte des États). — *Hongueville, Honguenéville*, 1712 (Soc. Philom. lay. Clermont, arrest de la cour des Aydes). — *Anserville*, 1745 (Roussel).

Anciennement chât. dépendant de la prévôté des Montignons, coutume et baill. de Clermont, séant à Varennes.

ANCERVILLE, bourg sur la rive droite de la Marne, à 19 kil. au S.-O. de Bar-le-Duc. — *Ancerville*, 1180, 1463 (archives de la Meuse). — *Anserville*, 1269 (cart. de Montiers). — *Ancervilla*, 1749 (pouillé). — *Anselville, Anselmi-Villa*, d'après d'anciens titres (D. Calmet, *not.*).

Avant 1790, Barrois mouvant, chef-lieu de baronnie, de gruerie, d'office et de prévôté, recette, coutume et baill. de Bar, présid. de Châlons, parlement de Paris. — Dioc. de Châlons, archipr. et doy. de Joinville. — Il y avait près d'Ancerville une comm^té dite *de Braux*, de l'ordre de Malte, dont l'église était sous l'invocation de sainte Madeleine, et sur le même finage un ermitage dit *de Saint-Antoine*, vulgairement *Vieille-Savate*.

La prévôté d'Ancerville était composée des localités dont les noms suivent : Ancerville, Aulnois-en-Perthois, Bazincourt, Brillon, Cousancelles, Haironville.

La gruerie d'Ancerville ressortissait de la maîtrise particulière de Bar-le-Duc.

En 1790, lors de l'organisation du dép^t, Ancerville devint le chef-lieu de l'un des c^nes dépendant du district de Bar; ce canton était composé des municipalités dont les noms suivent : Ancerville, Brauvilliers, Cousancelles, Cousances-aux-Forges, Juvigny-en-Perthois, Savonnières-en-Perthois et Sommelonne.

Actuellement, arrond. et archipr. de Bar-le-Duc, chef-lieu de c^ne et de doyenné. — Écarts : Braux, les Ilottes, Moulin de Gué. — Patron : saint Martin.

Le c^on d'Ancerville, situé à l'extrém. sud du dép^t, est borné au nord par le c^ne de Bar-le-Duc, au N.-E. par celui de Ligny, au S.-E. par celui de Montiers-sur-Saulx, à l'ouest par le dép^t de la Marne et au sud par celui de la Haute-Marne; sa superficie est de 10,069 hect.; il se divise en 18 c^nes, qui sont : Ancerville, Aulnois-en-Perthois, Baudonvilliers, Bazincourt, Brillon, Cousancelles, Cousances-aux-Forges, Haironville, Juvigny-en-Perthois, Lavin-court, Lisle-en-Rigault, Montplonne, Rupt-aux-Nonnains, Saudrupt, Savonnières-en-Perthois, Sommelonne, Stainville et Ville-sur-Saulx.

La composition du doyenné est la même que celle du c^on.

Les armoiries d'Ancerville étaient : *d'argent au lion de sable, tenant entre ses pattes une palme de sinople; au chef d'azur chargé d'une oie d'argent* (Arm. de Lorr.).

ANCERVIENNES (Les), étang, c^ne de Saint-Benoît.

ANCIEN-MOULIN (L'), écart, c^ne d'Aulnois-en-Perthois.

ANCOURT (Ban d'), c^ne de Latour-en-Woëvre.

ANDELUT, bois, c^ne de Seraucourt.

ANDENNES, bois comm. de Sassey.

ANDERNAY, vill. sur la Saulx, à 5 kil. au S. de Revigny. — *Andrenai*, 1126 (cart. de Jeand'heures). — *Andernai*, 1180 (*ibid.*); 1321 (chamb. des comptes de Bar). — *Andornacum*, 1736 (annal. præmonst.) — *Andernaium*, 1749 (pouillé).

Avant 1790, Barrois mouvant, office, recette, coutume, prévôté et bailliage de Bar, présidial de Châlons, parlem. de Paris; le roi en était seul seigneur. — Dioc. de Toul, archid. de Rinel, doyenné de Robert-Espagne, annexe de Contrisson.

En 1790, distr. de Bar, c^on de Revigny.

Actuellement, arrond. et archipr. de Bar-le-Duc, c^ne et doyenné de Revigny. — Patron : l'Assomption.

AN-DES-PAÏS, contrée, c^ne d'Aubréville.

ANDON (L'), riv. qui a sa source près de Montfaucon, traverse Cierges, Romagne-sous-Montfaucon, Banthéville, Aincreville, Cléry-le-Grand, Cléry-le-Petit, et se jette dans la Meuse vis-à-vis de Dun, après un cours de 19 kil. — *Andonensis rivus* (anc. chartes). — *Ru-Dandon*, 1700 (carte des États).

ÂNE (L'), fontaine, c^ne de Belleray.

ÂNE (Val de l'), marais, c^ne de Pagny-sur-Meuse.

ANELLE (L'), ruiss. qui prend sa source aux Forgettes, à l'ouest de Villers-devant-Dun, pénètre un instant dans le dép^t des Ardennes, rentre dans celui de la Meuse à Beauclair, qu'il traverse, pour aller se jeter dans la Wiseppe, après un cours total de 8 kil. — *In comitatu Statunensi super Asinam fluviam*, 1012 (cart. de Saint-Vanne).

ÂNE-ROSSE (L'), bois comm. de Void.

ANGÉLINE, contrée, c^ne de Génicourt-sur-Meuse.

ANGÉLIQUE, contrée, c^ne du Ménil-sous-les-Côtes.

ANGES (Aux), contrée, c^ne d'Hennemont et de Tilly.

ANGLECOURTS (Les), f. c^ne de Courcelles-sur-Aire. — *Anglecurt*, 1182 (bulle de Luce III en fav. de l'abb. de Lisle). — Avait une chapelle placée sous l'invocation de sainte Barbe et un prieuré fondé en 1144, dépendant de l'abb. de Lisle-en-Barrois.

Anglemont, f. c⁰ᵉ d'Haumont-près-Samogneux. — Cité en 870.

Avant 1790, Verdunois, terre d'évêché, prévôté de Charny, coutume et baill. de Verdun.

Angonelles (Les), bois, c⁰ᵉ de Villotte-devant-Louppy.

Angoulème (Tour d'), prison militaire dans la citadelle de Verdun; faisait partie de l'ancienne enceinte de Saint-Vanne avant la construction de la citadelle.

Anneau-Fleuri, contrée, c⁰ᵉ de Saint-Agnant.

Anelles (Les), m^in, c⁰ᵉ de Brandeville.

Anepot, m^in ruiné, c⁰ᵉ de Bassaucourt.

Annépré, contrée, c⁰ᵉ de Saint-Jean-lez-Buzy.

Annonça, bois comm. de Champlon, sur le territ. de Trésauvaux.

Annonciades (Les), f. c⁰ᵉ de Ligny-en-Barrois. Ancienne maison de religieuses, dites *les Annonciades de la bienheureuse Jeanne de France ou des Dix-Vertus de la Vierge*, établies vers l'an 1449 sur l'emplacement de la maison des Ermites de Ligny, *Domus eremitarum de Lineyo* (regest. Tull. de 1402). Une lettre d'Antoine de Luxembourg, comte de Ligny, du "7 juillet 1555, parle des "Religieuses de la cha-"pelle et monastère des hermittes lez Liney, nouvel-"lement construit et édifié par sa trésamée espouse "Marguerite de Savoye." (Trés. des ch. lay. Ligny, IV, n° 24). — *Couvent des Annonciattes-lez-Ligny*, 1723 (Soc. Philom. lay. Ligny).

Cette ferme a donné son nom à un petit cours d'eau qui se jette dans l'Ornain, à Ligny-en-Barrois, après un cours de 2 kilomètres.

Annonciades (Rue des), à Saint-Mihiel; elle prend son nom d'un ancien couvent, dit *des Annonciades célestes*, fondé en 1628.

Annonciades (Rue des), à Varennes; elle prend son nom d'un ancien couvent de religieuses annonciades fondé en 1624.

Ansoncourt, f. c⁰ᵉ de Saint-Benoît. — *Assoncourt*, 1150 (ch. d'Haimon, archid. de Toul). — *Ansoncort*, 1190 (abb. de Saint-Benoît).

Anus, contrée, c⁰ᵉ d'Hannonville-sous-les-Côtes.

Apoinjâtre, contrée, c⁰ᵉ de Savonnières-devant-Bar.

Appetoncourt, contrée, c⁰ᵉ de Beauzée; d'après la tradition, un monastère de religieuses aurait existé en ce lieu.

Apremont, vill. entre la Meuse et le Rupt-de-Mad, à 8 kil. à l'E. de Saint-Mihiel. — *De Aspremonte*, 1060 (cart. de Gorze, p. 182); 1095, 1108 (ch. de Gorze); 1125 (cart. de Saint-Vanne); 1153, 1156 (ch. d'Albéron de Chiny, év. de Verdun); 1156 (bulle d'Adrien IV); 1184 (cart. de Rangéval);

1193, 1196, 1244 (cart. de Saint-Paul). — *Beata Maria sub Aspero-Monte*, 1103 (ch. de Gorze). — *Ecclesia sub Aspero-Monte in honore sanctæ Dei genitricis Mariæ*, 1103 (cart. de Saint-Vanne, p. 203). — *Aspremont*, 1156 (ch. d'Albéron de Chiny); 1163 (ch. de Richard de Grandpré); 1247 (cart. de Saint-Paul); 1288 (abb. de Saint-Mihiel); 1295 (cart. d'Apremont); 1316 (Soc. Philom. lay. Verdun, A. 8); 1337 (coll. lorr. t. 426, p. 287); 1361 (*ibid.* t. 247.39, p. 10); 1437 (*ibid.* t. 266.48, p. 1); 1549 (Wassebourg); 1644 (Méchon); 1749 (pouillé). — *Aspermons*, 1152 (ch. d'Albéron de Chiny); 1749 (pouillé). — *Aspremons*, 1218, 1228, 1231 (cart. de la cathéd.). — *Tigéville-sous-Aspremont*, 1334 (vente par Gertrude, abbesse de Sainte-Glossinde, de Metz): voir Tigéville.

Anciennement chât. fief à l'év. de Verdun et chef-lieu de comté des plus considérables du pays. Le chât. d'Apremont était situé au sommet d'une mont. isolée au pied de laquelle était situé le vill. de Tigéville, nom auquel se substitua dans la suite celui d'Apremont. Vers l'an 1050, les seigneurs d'Apremont firent bâtir au pied de la mont. une église qu'ils dédièrent à N.-D. et qu'ils soumirent, en 1060, à l'abb. de Gorze; ils y fondèrent un prieuré de l'ordre de Saint-Benoît, en 1103; l'an 1317, ils érigèrent sur le haut de la mont. une égl. collégiale, sous l'invocation de Saint-Nicolas, dont les chanoines furent transférés en 1707 à Saint-Mihiel, pour y former la collégiale de Saint-Léopold; l'église de Saint-Nicolas fut alors abandonnée aux Récollets de Lorraine, qui bâtirent un couvent sur l'emplacement de l'ancien château.

Par acte du 21 janvier 1395, la seigneurie d'Apremont et celle de Commercy furent données en engagement à Henri, prince de Bar, fils aîné du duc Robert, par Raoul de Coucy, évêque de Metz, pour le prix de 1,800 livres d'or.

Avant 1790, Apremont était du Barrois non mouvant, chef-lieu de gruerie, de prévôté et d'office, recette, coutume et bailliage de Saint-Mihiel, présidial de Toul, cour souveraine de Nancy; le roi en était seul seigneur. — Diocèse de Verdun, archidiaconé de la Rivière, doyenné d'Hattonchâtel.

La prévôté d'Apremont était composée des localités dont les noms suivent : Apremont, Jouy-sous-les-Côtes (partie avec Foug), Liouville, Petite-Mandre, Saint-Agnant.

La gruerie ressortissait de la maîtrise particulière de Saint-Mihiel.

En 1790, lors de l'organisation du dép., Apremont devint chef-lieu de l'un des c⁰ᵗ dépendant du district de Saint-Mihiel; ce c⁰ⁿ était composé des municipalités dont les noms suivent : Ailly, Apremont, Brasseitte, Liouville, Loupmont, Marbotte, Mécrin, Saint-Agnant, Saint-Julien, Varnéville.

Actuellement, arrond. et archipr. de Commercy, c⁰ⁿ et doyenné de Saint-Mihiel. — Écart : Brichaussart. — Patron : la Nativité de la Vierge.

Les armoiries d'Apremont étaient : *parti de Lorraine, qui est d'or à une bande de gueules chargée de trois alérions d'argent, et d'Apremont, qui est de gueules à la croix d'argent.*

Apremont (Forêt d'), vaste tenue de bois qui s'étend sur les territoires de Marbotte, Saint-Agnant, Apremont, Varnéville, Woinville, Savonnières - en - Woëvre, Varvinay, Saint-Mihiel et Ailly.

Arbalèterie (Maison de l'), à Verdun, impasse de Rippe; ancienne maison appartenant aux Arbalétriers, milice verdunoise sous le patronage de saint Antoine.

Arbéval, contrée, c⁰ⁿ de Villeroncourt.

Arcé-Fays, f. c⁰ⁿ de Vaubecourt. — *Arcy-Fay*, 1312 (arch. de la Meuse). — *Arcefay*, 1700 (carte des États).

Archets (Ruisseau des), qui prend sa source dans le bois dit *Babiémont*, c⁰ⁿ de Doulcon, et se jette dans la Meuse au-dessous de Dun, après un cours de 3 kil.

Arcis-Fays, bois, c⁰ⁿ de Vaubecourt; il faisait partie de la forêt d'Argonne.

Arco ou **Arques**, f. — Voy. Bois-d'Arcy.

Arenang, contrée, c⁰ⁿ d'Étain. — *Molendinum quod vulgo dicitur Aranarz*, 1203 (cart. de Saint-Paul). — *Arraiarz*, 1203 (ibid.). — *Arenar*, 1778 (Durival).

Un moulin appartenant à l'abb. de Saint-Paul existait anciennement dans cette contrée, dans laquelle fut érigé, en 1723, le fief dit *Duhantoy.*

Arnèves (Les), bois, c⁰ⁿ de Chassey.

Argonne (Archidiaconé d'), l'un des quatre de l'ancien dioc. de Verdun; *archidiaconatus de Argona qui est secundus et secunda dignitas post pontificalem*, 1642 (Michon). — *Archidiac. de Argonia*, 1788 (pouillé). — Était formé de deux doyennés, celui de Clermont et celui de Souilly; l'égl. collég. de Montfaucon était unie à cet archid. avant qu'elle passât du diocèse de Verdun à celui de Reims.

Argonne (Côtes de l'), chaîne de collines principalement développées au N.-O. du dép', dans lequel elles pénètrent à Montblainville, de là à Varennes, Clermont, les Islettes, où elles forment les défilés devenus célèbres lors de l'invasion de 1792; elles remontent la vallée de l'Aire jusqu'à Beaulieu, tournent à l'ouest et vont s'effacer aux environs de

Nettancourt. Elles sont traversées par la vallée de la Biesme.

Argonne (Forêt d'), vaste tenue de bois couvrant les côtes de l'Argonne et s'étendant sur les territoires de Montblainville, Varennes, Boureuilles, Neuvilly, Aubréville, Lachalade, le Chon, le Neufour, les Islettes, Clermont, Futeau, Beaulieu, Froidos, Lavoye, Waly, Triaucourt, Vaubecourt et Laheycourt. — *Sylva Arguennensis*, 967 (donat. de l'év. Wilgfride). — *Saltum ingreditur Argonnæ solitudinis*. 1004 (Vie de saint Ronin, par Richard de Saint-Vanne). — *Nemus Argunnæ*, xii° siècle (Laurent de Liège).

Argonne (L'), pays ou comté qui s'étendait entre la Marne, l'Aisne et la Meuse, depuis l'ancienne abb. de Vieux-Moutier jusque près de Mouzon (Ardennes) et jusqu'à la Chiers. Ce pays s'était formé, vers le x° siècle, en englobant le Dormois, le Stenois ou l'Astenay, le Clermontois, une partie du Rethélois, etc., et il prévalut, sous le titre de comté, sur toutes ces anciennes contrées; Sainte-Menehould (Marne) en était la capitale. Le *pagus Argonnæ* dépendait en partie du dioc. de Châlons et en partie de celui de Verdun; la portion de ce pays dépendant du diocèse de Châlons était le *Saltus Argonnæ*, ou Vallage argonnais, représenté par l'ancien archid. d'Astenay; la portion verdunoise comprenait plusieurs villes faisant partie aujourd'hui du dép' de la Meuse, Clermont, Varennes, Dun, Villefranche, un grand nombre de bourgs et gros villages, les abbayes de Beaulieu, Montier, Lachalade, et la collégiale de Montfaucon. — *Argummia*, 961 (cart. de Saint-Vanne). — *Arguunnensis Sylvæ*, 967 (donat. de l'év. Wilgfride). — *Argonna*, 1004 (Richard de Saint-Vanne). — *Argunna*, xii° siècle (Laurent de Liège). — *Argona*, *Argonna*, 1173, 1287 (D. Marlot, D. Calmet, pr.). — *Argogne*, 1732 (Soc. Philom. lay. Lisle-en-Barrois). — *Argonia*, 1738 (pouillé).

Argonnelles (Les), bois, c⁰ⁿ de Laheycourt; il faisait partie de la forêt d'Argonne.

Armancy, contrée, c⁰ⁿ de Tréveray.

Armées (Chemin des), voie antique, dans le bois des Blusses, entre Maxey-sur-Vaise et Épiez.

Armes (Place d'), à Verdun. — *L'Estrapade*, 1638 (hôtel de ville de Verdun, L 4). — *Place de l'Estrapade*, 1679 (ibid. reg. de la paroisse Saint-Oury).

Armévalle, contrée, c⁰ⁿ de Rembercourt-aux-Pots.

Armont, bois comm. de Trémont.

Arnancourt, f. c⁰ⁿ de Ville-sur-Cousance; anciennement prieuré et ermitage dédié à saint Sulpice, appartenait à l'abbaye de Beaulieu. — *Harnacourt*, 1712

(Hist. manuscrite de Beaulieu). — *Arnacourt*, 1745 (Roussel).

Anoines, contrée, c²ᵉ de Montplonne.

Anpent (L'), bois, c²ᵉ de Récourt; il faisait partie de la forêt de Meuse.

Anrancy, village, sur le ruiss. des Eurantes, à 9 kil. au N. de Spincourt. — *Arancerium*, 1046 (cart. de la cath.); 1580 (stemmat. Lothar.). — *Arenceium*, 1049 (bulle de Léon IX); 1127 (cart. de la cath.). — *Arrecein* ou *Arrecrin*, 1231 (Hist. de Lorr. D. Calmet, pr.). — *Arrenrey*, 1349 (abb. de Châtillon). — *Arencey*, 1367 (cart. de la cath.) — *Arency*, 1369 (ch. de Walerain, duc de Luxemb.). — *Arancey*, 1369 (*ibid.*); 1407 (recueil). — *Errencey*, 1399 (ch. de Robert, duc de Bar, Hist. de Lorr. pr.). — *Arance*, 1549 (Wassebourg). — *Arancy*, 1700 (carte des États). — *Arancceium*, 1749 (pouillé).

Avant 1790, mi-partie Barrois non mouvant et Luxembourg, terre commune, chef-lieu de gruerie et de prévôté, recette et bailliage d'Étain, coutume de Saint-Mihiel, présidial de Verdun, cour souveraine de Nancy; le roi en était seigneur haut et moyen justicier. — Diocèse de Trèves, archidiaconé et doyenné de Longuyon; il y avait un hôpital fondé en 1213.

La prévôté d'Arrancy était composée de diverses localités aujourd'hui réparties dans les départements de la Moselle et de la Meuse; celles qu'elle a fournies au département de la Meuse sont: Arrancy, les Eurantes, Fontaine-Saint-Martin, Han-devant-Pierrepont, Hovecourt, Nouillonpont, Ollières, Remoncuoncourt, Rouvrois-sur-Othain, Soutry; celles qui font partie du département de la Moselle sont: Boudrezy, Circourt, Fillières, Joppécourt, Martin-Fontaine, Mercy-le-Bas, Mercy-le-Haut, Saint-Supplet, Xivry-le-Franc.

La gruerie d'Arrancy ressortissait à la maîtrise particulière d'Étain.

En 1790, lors de l'organisation du département, Arrancy devint chef-lieu de l'un des cantons dépendant du district d'Étain; ce canton était composé des municipalités dont les noms suivent: Arrancy, Duzey, Han-devant-Pierrepont, Muzeray, Nouillonpont, Ollières, Rouvrois-sur-Othain, Saint-Pierrevillers.

Actuellement, arrondissement et archiprêtré de Montmédy, canton de Spincourt, doyenné de Billy-sous-Mangiennes. — Écarts: les Eurantes, Fontaine-Saint-Martin, Lopigneux. — Patron: saint Maurice.

Anros (Rue d'), à Bar-le-Duc; nom d'un ancien préfet de la Meuse.

Arsoncourt, hameau ruiné, c²ᵉ de Rambucourt. — *Arsoncour*, 1700 (carte des États).

Assons, contrée, c²ᵉ de Froidos.

Astenay (Archidiaconé d'), *Archidiaconatus Stadiensis*, vel *Astenaci*, vel *Sancta-Manelilde*, vel *Manechildis* (Topog. eccl. de la France), l'un des quatre de l'ancien diocèse de Châlons; il était composé de deux doyennés, celui de Sainte-Menehould et celui de Possesse. Il a fourni au département une partie des paroisses comprises dans le doyenné de Possesse.

Astenay (L'), comté ou pays, dit aussi l'*Astenois* ou le *Stenois*. — *In pago Stadanensi*, 803 (cart. de Gorze, p. 57). — *In pago Stadunense*, 835 (*ibid.* p. 65). — *Pagus Astenidus*, 880 (dipl. de Charles le Gros). — *Pagus Sathanacensis*, 886 (confirmat. de la donat. faite par Charles le Gros). — *Pagus Stadonensis*, xᵉ sᵉ (Flodoard); 1076 (D. Marlot). — *In pago Stadinense*, 933 (cart. de Gorze, p. 133). *In comitatu Staniense*, 1006 (dipl. de Théodoric, comte de Bar). — *In comitatu Statunensi*, 1015 (cart. de Saint-Vanne). — *In comitatu Stadonensi*, 1197 (bulle de Célestin III). — *Pagus Satanacensis*, *Stadium*, *Stadunum*, l'*Astenai*, 1750 (de Honlheim). — *Pagus Stenius*, *pagus Stenacensis*, 1837 (Buirette).

Ce pays est situé au nord du département: il s'étendait depuis la Marne jusqu'à la Chiers, se forma au commencement du vıᵉ siècle et dépendait du pays des Rémois. On présume qu'il prit son nom de Stenay, qui en était primitivement la capitale; l'Astenay fit ensuite partie du diocèse de Châlons et Sainte-Menehould en devint le chef-lieu. Ce pays a contribué, ainsi que le Dormois, le Clermontois et une partie du Rethélois, à former, vers le xᵉ sᵉ, le pays d'Argonne, lequel a prévalu sur toutes ces anciennes contrées qu'il a pour ainsi dire absorbées; le nom d'Astenay fut néanmoins conservé à l'un des quatre archidiac. de l'église épiscopale de Châlons.

Atres (Les), côte, c²ᵉ de Pintheville.

Atri, contrée, c²ᵉ de Brabant-sur-Meuse.

Attaque (L') ou Chêne-de-l'Attaque, m. c²ᵉ de Montmédy.

Attila (L'), contrée, c²ᵉ de Naix.

Aubé (Mont), bois, c²ᵉ d'Azannes.

Aubercy, h. c²ᵉ de Brizeaux. — *Hauberce*, 1656 (carte de l'év. de Verdun). — *Hauberie*, 1656 (carte du dioc. de Châlons). — *Haubersy*, 1700 (carte des États).

Avant 1790, diocèse de Châlons, archidiaconé d'Astenay, doyenné de Possesse.

Aubierges, contrée, c²ᵉ d'Auzéville.

Aubloire, contrée, c²ᵉ du Ménil-sur-Saulx.

Aubréville, vill. au confluent de l'Aire et de la Cousauce, à 4 kil. au N. de Clermont-en-Argonne. — *Herberici-villa*, 701 (ch. de Pepin). — *Arborei-villa*, ix⁰ siècle (Bertaire). — *Albere-villa in comitatu Virdunensi*, 893 (mém. de Dadon).— *Alberis-villa*, 984 (cart. de Saint-Paul, p. 47). — *Arberi-villa*, 1040 (*ibid.* p. 78). — *Arbore-villa*, 1047 (charte de l'év. Thierry). — *Arberii-villa*, 1049 (bulle de Léon IX).— *Alberivilla*, 1179 (cart. de Saint-Paul, p. 47); 1237 (*ibid.* p. 96). — *Aubreivilla*, 1224 (*ibid.* p. 117); 1642 (Mâchon). — *Albereivilla*, 1224 (cart. de Saint-Paul, p. 117); 1237 (*ibid.* p. 96). — *Aubreiville*, 1232 (*ibid.* p. 116); 1244 (*ibid.* p. 112). — *Albreivilla*, 1237 (*ibid.* p. 96). — *Ambreville*, 1549 (Wassebourg). — *Aubrevilla*, 1738 (pouillé).

Avant 1790, Clermontois, coutume et prévôté de Clermont, ancienne justice seigneuriale des princes de Condé, baill. de Clermont siégeant à Varennes, présidial de Châlons, parlement de Paris. — Diocèse de Verdun, archidiaconé d'Argonne, doyenné de Clermont.

En 1790, district et canton de Clermont-en-Argonne.

Actuellement, arrond. et archipr. de Verdun, canton et doy. de Clermont. — Écarts : Bertrametz, Brigiome, Courcelles, Fontaine-au-Chêne, Lochères, Moncel, Piémodin, Soiron. — Patron : saint Martin.

ALBERIWACHELE, m¹⁰ ruiné, sur la Biesme, c⁰⁰ du Claon.

AUCOURT, h. sur le Faux-Rupt, c⁰⁰ de Buzy. — *Hautcourt*, 1642 (Mâchon). — *Hautcourt*, 1745 (Roussel).

Avant 1790, Barrois non mouvant, coutume de Nancy, prévôté de Prény, baill. d'Étain, présidial de Verdun, cour souveraine de Nancy. — Dioc. de Verdun, archidiac. de la Woëvre, doyenné d'Amel. — Patron : saint Barthélemy; paroisse de Buzy.

AUFROIDCOURT, h. ruiné, c⁰⁰ d'Autréville. — *Aufridicurtis*, 968 (Trésor des ch.). — *Aufrecourt*, 1484 (dénombrement).

Était un fief de la seign. de Pouilly, coutume de Mézières, prévôté et baill. de Mouzon.

AUGES (LES), contrée, c⁰⁰⁰ de Marre, Riaville, Tilly et Trésauvaux.

AUGUSTINS (LES), à Verdun; ancien couvent de religieux établis en l'an 1303 dans l'anc. maison des Templiers.

AUGUSTINS (PONT DES), à Verdun. — Ce pont était autrefois précédé d'une double tour qui fut démolie en 1729 (reg. ville). — *La neufve porte d'arrière les Augustins sur le pont du Preis*, 1426 (anc. épitaphe Meuse.

de la cath.). — *Tour jemelle du Preis*, 1574 (reg. de la ville, 11 mai).

AULNES (LES), contrée, c⁰⁰ de Dieue.

AULNES (LES), bois, c⁰⁰⁰ d'Écurey et de Lissey.

AULNES (LES), fontaine, l'une des sources du ruiss. de Forges, c⁰⁰ de Malancourt.

AULNOIS, f. ruinée, c⁰⁰ de Lérouville. — *L'Aulnoy*, 1760 (Cassini).

AULNOIS (LES), bois comm. de Dun.

AULNOIS-EN-PERTHOIS, vill. entre la Saulx et la Cousance, à 8 kil. à l'E. d'Ancerville. — *Alnetum prope Ancervilla*, 1402 (reg. Tull.). — *Aulnoy*, 1579 (proc.-verb. des cout.). — *Aunoys*, 1700 (carte des États). — *Alnetum*, 1749 (pouillé); 1756 (D. Calmet, *not.*).

Avant 1790, Barrois mouvant, office, prévôté et baronnie d'Ancerville, recette, coutume et bailliage de Bar, présidial de Châlons, parlement de Paris; le roi en était seigneur. — Diocèse de Toul, archidiaconé de Rinel, doy. de Dammarie.

En 1790, distr. de Bar, c⁰⁰ de Stainville.

Actuellement, arrond. et archipr. de Bar-le-Duc, c⁰⁰ et doyenné d'Ancerville. — Patron : saint Martin.

AULNOIS-EN-WOËVRE, chât. et f. c⁰⁰ de Fresnes-en-Woëvre. — *Alnetum*, 1049 (bulle de Léon IX); 1738 (pouillé). — *Almidum*, 1127 (cart. de la cath.). — *Anoy-de-leis-Franc-en-Weevre*, 1247 (ibid.). — *Anoy*, 1230, 1240, 1242 (ibid.). — *Aulnoy*, 1332 (accord entre l'év. de Verdun et le voué de Fresnes); 1457 (reprises de Henri de Hennemont sur Guillaume d'Haraucourt); 1642 (Mâchon). — *Dannoys*, 1549 (Wassebourg). — *Alneum*, 1642 (Mâchon).

Avant 1790, Verdunois, prévôté de Fresnes-en-Woëvre, coutume, bailliage et présidial de Verdun, parlement de Metz; était fief à la famille Lacroix. — Diocèse de Verdun, archidiaconé de la Woëvre, doyenné de Pareid; avait une église paroissiale sous le vocable de Saint-Pierre-aux-Liens; une partie de Pintheville ainsi qu'une partie de Riaville dépendait de cette paroisse.

AULNOIS-SOUS-VERTUZEY, vill. sur la Laie, à 6 kil. à l'E. de Commercy. — *Aunoy*, 1248, 1302, 1305 (cart. d'Apremont). — *Aunoy et Vertizeil*, 1334 (Saint-Léopold de Saint-Mihiel, G 3 bis). — *Aulnoy*, 1571 (proc.-verb. des cout.). — *Alnetum*, 1707 (carte du Toulois); 1749 (pouillé); 1756 (D. Calmet, *not.*). — *Aunois*, 1711 (pouillé). — Suivant Durival, ce village se nommait anciennement *Vassimont*.

Avant 1790, Barrois non mouvant, office de Foug, juridiction du juge des seigneurs, recette, coutume

2

et baill. de Saint-Mihiel, cour souveraine de Nancy. — Diocèse de Toul, archid. de Ligny, doyenné de Meuse-Commercy, annexe de Vertuzey.

En 1790, distr. de Commercy, c⁰ⁿ de Sorcy. Actuellement, arrond. canton, archipr. et doy. de Commercy. — Écarts : le Moulin-Neuf, Villers. - Patron : saint Sébastien.

Auselles (Les), bois.comm. d'Aubréville.

Aunes (Les), contrée, c⁰ᵉ du Ménil-sous-les-Côtes.

Aunois, contrée, c⁰ⁿ de Commercy.

Aunois, bois comm. d'Haudainville.

Autel (Côtes d'), c⁰ˢ de Bonnet et d'Houdelaincourt; forment la vallée d'Ormanson, arrosée par le ruiss. de ce nom.

Autrécourt, vill. sur l'Aire, à 9 kil. au N. de Triaucourt. — *Austraudicurtis*, 1069 (diverses chartes, donat. d'Adalbert). — *Altreyum*, 1200 (cart. de Saint-Paul). — *Nova villa quæ dicitur Ostrecort*, 1221 (ch. de Henri II, comte de Bar). — *Autrecurt*, 1237 (cart. de Saint-Paul). — *Aultrecourt*, 1416 (ch. des comptes, B. 254); 1688 (Lamy, comptes de la fabr. de Mouzay). — *Austrecourt*, 1447 (coll. lorr. t. 426, p. 8). — *Altercuria*, 1642 (Mâchon). — *Autreicourt*, 1700 (carte des États); 1707 (carte du Toulois). — *Autrecourt*, *Autricourt*, 1712 (Soc. Philom. lay. Clermont, arrest de la cour des Aydes). — *Altera-curia*, 1738 (pouillé). — *Austresii-curia*, 1745 (Roussel).

Prend son nom d'*Autrium*, localité antique depuis longtemps disparue, située entre Autrécourt et Lavoye.

Avant 1790, Clermontois, vill. et haute justice, coutume, prévôté et baill. de Clermont, présidial de Châlons, parlement de Paris. — Diocèse de Verdun, archidiac. d'Argonne, doyenné de Clermont.

En 1790, lors de l'organisation du département, Autrécourt devint le chef-lieu de l'un des cantons dépendant du district de Clermont-en-Argonne; ce canton était composé des municipalités dont les noms suivent : Autrécourt, Beaulieu, Fleury-sur-Aire, Ippécourt, Lavoye, Waly.

Actuellement, arrond. et archipr. de Bar-le-Duc, canton et doyenné de Triaucourt. — Écarts : la Suisserie. — Patron : saint Avit.

Autréville, vill. sur le ruiss. de la Gravière, à 9 kil. au N.-O. de Stenay. — *Aspreville*, 1700 (carte des États). — *Altera-villa*, 1756 (D. Calmet, not.). — *Autreville*, 1787 (alman. hist. de Reims).

Avant 1790, Champagne, duché de Rethel, après avoir été Barrois mouvant, baill. et prévôté de Mouzon, ancienne justice de l'abbé de Notre-Dame de Monzon, dans les derniers temps coutume de Paris,

parlement de Metz. — Diocèse de Reims, grand archidiaconé, doyenné de Mouzon-Meuse, annexe de Pouilly.

En 1790, distr. de Stenay, c⁰ⁿ d'Inor. Actuellement, arrond. et archipr. de Montmédy, canton et doyenné de Stenay. — Écart : Soiry. — Patron : saint Lambert; annexe de Moulins.

Autrey, bois, c⁰ᵉ de Gussainville.

Autrium, villa antique, depuis longtemps ruinée, située entre Autrécourt et Lavoye; on trouve sur son emplacement des restes de constructions, des bas-reliefs, des tronçons de colonnes, des médailles et des objets de l'époque gallo-romaine; la tradition a conservé à cette localité le nom d'*Autrium*, d'où est venu celui d'Autrécourt.

Auzécourt, vill. sur la rive gauche de la Chée, à 11 kil. au S.-O. de Vaubecourt. — *Alzeicurtis*, xiiᵉ sⁱ (Laurent de Liége); 1756 (D. Calmet, not.). — *Auseicourt*, 1321 (ch. des comptes, B. 436). — *Auzécour*, 1700 (carte des États). — *Auzecuria*, 1749 (pouillé).

Avant 1790, Barrois mouvant, office, recette, coutume, prévôté et bailliage de Bar, présidial de Châlons, parlement de Paris; le roi en était seul seigneur. — Diocèse de Châlons, archidiaconé d'Astenay, doyenné de Possesse.

En 1198, Autrécourt avait un prieuré sous le titre de Saint-Pierre; ce prieuré demeura sous la dépendance de l'abbaye de Saint-Vanne de Verdun jusqu'en 1359; il passa ensuite sous celle de l'abbaye de Beaulieu, en 1446, et fut uni au séminaire de Châlons en 1685; l'emplacement de ce prieuré porte le nom de Priolat.

En 1790, distr. de Bar, c⁰ⁿ de Noyers. Actuellement, arrond. et archipr. de Bar-le-Duc, c⁰ⁿ et doyenné de Vaubecourt. — Écart : Vieux-Moulhier. — Patron : saint Martin; annexe de Noyers.

Auzéville, vill. sur l'Aire, à 2 kil. à l'E. de Clermont-en-Argonne. — *Algeivilla*, 1069 (diverses chartes, donat. d'Adalbert). — *Alzeivilla*, 1125 (cart. de Saint-Vanne). — *Anzeivilla*, 1212 (ch. de Gauthier de Nanteuil). — *Auzeville*, 1225 (acte de fondation du prieuré de Beauchamp). — *Auzeville*, 1239 (cart. de la cath.); 1394 (coll. lorr. t. 265.47, A. 2). — *Aureville*, 1394 (ibid. 47, A. 1); 1712 (Soc. Philom. lay. Clermont, arrest de la cour des Aydes). — *Auzeville-soubs-Clermont*, 1544 (coll. lorr. t. 426, p. 17). — *Ozeville*, 1700 (carte des États). — *Ozeuville*, 1707 (carte du Toulois). — *Auzevilla*, 1738 (pouillé).

Avant 1790, Clermontois, coutume et prévôté de

Clermont, anc. justice seigneuriale des princes de Condé, bailliage de Clermont siégeant à Varennes, présidial de Châlons, parlement de Paris. — Diocèse de Verdun, archidiaconé d'Argonne, doyenné de Clermont.

En 1790, distr. et c⁰ⁿ de Clermont-en-Argonne. Actuellement, arrond. et archipr. de Verdun, c⁰ⁿ et doyenné de Clermont. — Écarts : la Grange-le-Comte, Versailles. — Patron : saint Gorgon.

AVIAUX, contrée, c⁰ⁿ de Génicourt-sur-Meuse et de Loupmont.

AVISE (RUISSEAU DES), qui prend sa source dans les bois de Waly, passe à Waly et se jette dans le Thabas à Foucaucourt, après un trajet de 4 kilomètres.

AVILLERS, vill. sur l'un des affl. du ru de Signeulles, à 9 kil. au S.-E. de Fresnes-en-Woëvre. — Esvillare, 1049 (bulle de Léon IX); 1127 (cart. de la cath.). — De Aviler, 1212 (cess. à Thibaut I⁰ʳ, Hist. de Lorr. pr.). — Auvileir, Auvilers, Auvilleres, 1249 (cart. de Saint-Paul). — Auvilies, 1259 (cart. de la cath.). — Auvilleirs, 1268 (abb. de Châtillon). — Avilley, 1390 (lettres de protect. par Robert, duc de Bar). — Huviller, 1700 (carte des États); 1707 (carte du Toulois). — Auviller, Altum-Villare, 1749 (pouillé). — Villare, 1756 (D. Calmet, not.). — Aviller, 1786 (proc.-verb. des cout.).

Avant 1790, Barrois non mouvant, marquisat, office, coutume et prévôté d'Hattonchâtel, recette et bailliage de Saint-Mihiel, présidial de Toul, cour souveraine de Nancy; le roi en était seul seigneur. — Diocèse de Verdun, archidiaconé de la Rivière, doyenné d'Hattonchâtel, et annexe alternativement de Saint-Maurice-sous-les-Côtes et de Woël, sous le titre de Sainte-Croix.

En 1790, distr. de Saint-Mihiel, c⁰ⁿ de Woël. Actuellement, arrond. et archipr. de Verdun, c⁰ⁿ et doyenné de Fresnes-en-Woëvre. — Écart : Bury. — Patron : saint Laurent; annexe de Doncourt-aux-Templiers.

Avillers a donné son nom à une maison anc. et puissante, de nom et d'armes, depuis longtemps éteinte, qui portait : *de sable à la croix d'or, au premier canton chargé d'une fleur de lis de même* (Husson l'Écossais).

AVILLERS (PIERRE), contrée, c⁰ⁿ de Clermont-en-Argonne.

AVILLERS (RUISSEAU D'), qui prend sa source dans le dép⁰ de la Moselle, pénètre dans celui de la Meuse à Haucourt et se jette dans l'Othain à Houdelaucourt, après un trajet de 6 kilomètres.

AVIOT, contrée, c⁰ⁿ de Commercy.

AVIOTH, vill. sur la rive gauche de la Thonne, à 5 kil. au N. de Montmédy. — Avios, 1223 (ch. d'affr.). — Aviot, 1230 (ch. des sires de Pouilly). — Aiout, 1270 (ch. de Louis V, comte de Chiny). — Moneta Aviothensis, Moneta Avihotensis, XIV⁰ s⁰ (monnaies frappées à Avioth). — Aviothum (anc. titres). — Avioth, 1527 (Lamy, acte du tabell. de Montmédy). — Aviotlı, 1599 (ibid.).

Affranchi en 1223.

Anciennement, comté de Chiny sous la dominance des comtes de Bar et de l'empire germanique, marquisat d'Arlon, duché de Luxembourg.

Avant 1790, Luxembourg français, bailliage et prévôté de Montmédy, coutume de Thionville, présidial de Sedan, parlement de Metz. — Diocèse de Trèves, archidiaconé de Longuyon, doyenné de Juvigny.

En 1790, lors de l'organisation du dép⁰, Avioth devint chef-lieu de l'un des cantons dépendant du district de Stenay; ce canton était composé des municipalités dont les noms suivent : Avioth, Breux, Thonne-la-Long, Thonne-le-Thil, Thonnelle, Verneuil-le-Petit.

Actuellement, arrond. c⁰ⁿ, archipr. et doyenné de Montmédy. — Patron de l'anc. mère église : saint Brice : l'église actuellement existante a pour patron la sainte Vierge et prend le titre de Notre-Dame.

AVIOUX (BAN D'), contrée, c⁰ⁿ d'Hannonville-sous-les-Côtes.

AVIS (LES), contrée, c⁰ⁿ de Varennes.

AVOCOURT, vill. sur le ruiss. de la Noux, à 8 kil. à l'E. de Varennes. — Avoncourt, 1564 (éch. entre le duc de Lorr. et l'év. de Verdun). — Avocour, 1700 (carte des États). — Avocuria, Avonis-curtis, 1786 (ann. præmonstr.). — Vallis-curia, 1738 (pouillé).

Avant 1790, Verdunois, terre d'év., prévôté de Charny, coutume, bailliage et présidial de Verdun, anc. assises des quatre pairs de l'évêque, parlement de Metz. — Diocèse de Verdun, archidiaconé de la Princerie, doyenné de Forges.

En 1790, distr. de Clermont-en-Argonne, c⁰ⁿ de Montzéville.

Actuellement, arrond. et archipr. de Verdun, c⁰ⁿ et doyenné de Varennes. — Écarts : la Cour, Hermont. — Patron : saint Blaise.

AVOSNES (LES), bois comm. de Chassey et de Luméville.

AWISE, contrée, c⁰ⁿ d'Osches.

AWOSNES, contrée, c⁰ⁿ de Saulx.

AWUISES, contrée, c⁰ⁿ de Blercourt.

AYEUX, bois comm. de Remoiville.

AZANNES, vill. sur le ruiss. d'Azannes, à 8 kil. au S. de Damvillers. — Aisenna, 710 (cart. de Gorze);

2.

1049 (bulle de Léon IX); xii° s° (Laurent de Liége); 1756 (D. Calmet, *not.*). — *Azenna*, 770 (cart. de Gorze). — *Asenna*, 1049 (bulle de Léon IX); 1252 (cart. de Saint-Paul). — *Ad duarum Aisennarum summam*, 1049 (bulle de Léon IX). — *Ausenne*, 1227 (ch. d'affranch. de Villers-lez-Mangiennes). — *Aisenne*, 1234, 1240 (cart. de la cath.). — *Aisene, Aisenne*, 1247, 1248 (cart. de Saint-Paul).— *Azenne*, 1262 (*ibid.*); 1563 (coll. lorr. t. 264.47, p. 21). — *Asenne*. 1549 (Wassebourg).— *Azenna*, 1738 (pouillé).

Affranchi en 1269.

Avant 1790, Verdunois, terre d'év. prévôté de Mangiennes, coutume, bailliage et présidial de Verdun, anciennes assises des quatre pairs de l'év. parlement de Metz. — Diocèse de Verdun, archidiaconé de la Princerie. doyenné de Chaumont, annexe de Thil.

En 1790, distr. d'Étain, c°° de Romagne-sous-les-Côtes.

Actuellement, arrond. et archipr. de Montmédy, c°° et doyenné de Damvillers.—Écarts : Cap-Bonne-Espérance, le Geai, la Gélinerie, Montaubé, le Point-du-Jour, les Roises, Saint-André, Soumazannes, Thil, Ville-Forêt. — Patron : saint André.

AZANNES (ÉTANG D'), c°° d'Azaunes et de Billy-sous-Mangiennes.

AZANNES (RUISSEAU D'), qui prend naissance aux sources de Gremilly et aux fontaines ferrugineuses de Soumazannes, traverse l'étang du Haut-Fourneau, passe à Mangiennes et se jette dans le Loison en amont de Villers-lez-Mangiennes, après un cours de 13 kil. — *Super fluvium Azenna*, 770 (cart. de Gorze). — *La rivière d'Ausenne*, 1227 (ch. d'affranch. de Villers-lez-Mangiennes). — *La rivière d'Aisene par decer Saint-Laurent*, 1247 (cart. de Saint-Paul). — *La rivière d'Aisenne*, 1248 (*ibid.*).

AZAVANT, f. c°° de Saint-Benoît. — *Hazavant*, 1700 (carte des États). — *Hassavant*, xviii° s° (archives communales).

B

BAALON, vill. sur la fontaine Saint-Blaise, à 4 kil. à l'E. de Stenay. — *In ecclesia de Balon*, 1157 (ch. de Gorze, Bibl. imp.); 1157 (ch. de l'arch. Hillin). — *Bailodium*, xii° s° (Laurent de Liége). — *Baaslon*, 1553 (proc.-verb. des cout.). — *Ballon*, 1573 (Lamy, sent. du baill. de Saint-Mihiel). — *Bnalon*, 1587 (*ibid.* engag. de la seign. de Baalon). — *Bealon*, 1643 (coll. lorr. t. 417, p. 70). — *Balon*, 1667 (Lamy, arrêt de la prév. de Stenay). — *Baylodium*, 1707 (D. Martène).

Avant 1790, Clermontois, prévôté de Stenay, bailliage de Clermont siégeant à Varennes, coutume et anc. assises des *grands jours* de Saint-Mihiel, cour souveraine de Nancy. — Diocèse de Trèves, archidiaconé de Longuyon, doyenné d'Yvois, annexe de Stenay.

En 1790, distr. et c°° de Stenay.

Actuellement, arrond. et archipr. de Montmédy, c°° et doyenné de Stenay. — Écarts : les Étangs, le Moulin-de-l'Étang, Roncher. — Patron : saint Blaise.

BABIÉMONT, bois, c°° de Cléry-le-Grand.

BABOTTE, bois, c°° de Gussainville.

BACHEGNAIN, bois comm. d'Osches.

BACHET, bois comm. de Bazeilles.

BACONVAUX, bois comm. de Charny, sur le territoire de Marre.

BADONVILLIERS, vill. près des sources du ruiss. de Sept-Fonds, à 7 kil. au N.-E. de Gondrecourt. — *Badonviler*, 1257 (coll. lorr. t. 243.37. p. 4); 1281 (Rosières, E. 47). — *Badonvillier*, 1338 (chambre des comptes, c. de Gondrecourt). — *De Badonvillare*, 1402 (regest. Tull.).—*Baudinvilliers*, 1580 (proc.-verb. des cout.). — *Badonviller*, 1700 (carte des États); 1711 (pouillé). — *Badonis-villare*, 1711 (*ibid.*); 1749 (*ibid.*); 1756 (D. Calmet, *not.*).

Avant 1790, partie Champagne et partie Barrois mouvant; le roi de Pologne était seul seigneur de cette dernière, laquelle était recette de Bourmont, coutume du Bassigny, office et prévôté de Gondrecourt, ancien bailliage de Saint-Thiébaut, puis de Lamarche, présid. de Châlons; la partie Champagne était prévôté de Vaucouleurs, coutume, baill. et présidial de Chaumont-en-Bassigny; pour les deux, le parlem. de Paris. — Dioc. de Toul, archid. de Ligny, doyenné de Gondrecourt, annexe de Gérauvilliers.

En 1790, distr. de Gondrecourt, c°° de Maxey-sur-Vaise.

Actuellement, arrond. et archipr. de Commercy. c°° et doyenné de Gondrecourt. — Patron : saint Martin.

BAFFROY, font. c°° d'Èvres.

BAGNE, bois, c°° de Neuville-sur-Orne.

BAHUI-BOIS, bois, c^{ne} de Sommedieue.

BAÎLE (RUE DE), à Bar-le-Duc.

BAILLARD, contrée, c^{ne} d'Herbeuville.

BAILLON, bois comm. de Saint-Mihiel, sur le territoire de Lacroix-sur-Meuse.

BAILLON, ham. ruiné, actuellement papeterie, c^{ne} de Lacroix-sur-Meuse. — Baillon, 1571 (proc.-verb. des cout.).

BAILLY, contrée, c^{ne} d'Hattonchâtel.

BAILLY ou BAYE, f. et tuil. c^{ne} de Rupt-aux-Nonnains. — Baillé, 1760 (Cassini).

BAINA, contrée, c^{ne} de Nixéville.

BAINSOLLES, bois comm. de Mauvages.

BAINVILLE, bois comm. de Delouze.

BAISSAUX, bois comm. de Merles.

BALAY, f. sur le Laison, c^{ne} de Lion-devant-Dun. — Balay, 1646 (Lamy, partage Lafontaine). — Bala, 1700 (carte des États). — Ballay, 1760 (Cassini).

BALEYCOURT, bois comm. de Verdun.

BALEYCOURT, f. et mⁱⁿ, sur la Scance, c^{ne} de Verdun. — Vallonis-curtis, 940 (cart. de Saint-Vanne). — Ballonis-curtis, 952, 980, 1015 (ibid.). — Terra Sanctæ Mariæ de Ballonis-Cruce, 962 (ibid.). — Ad Ballos-curtem, de Balleia-curtis, 962 (ibid.). — Barlei-curtis, 1047 (ibid.). — In villa de Ballecourt, 1269 (cart. de la cathéd.). — Ad-Balecourt, XIIIe s^e (nécrologe). — Balecourt, 1384 (hôtel de ville de Verdun, 29, L. 1). — Baleycourt, 1420 (ibid. 29, L. 5); 1443 (ibid. 29, L. 8); 1427 (ibid. 29, L. 11); 1431 (ibid. 29, L. 13); 1502 (ibid. 29, L. 23). — Ballvicourt, 1422 (ibid. 29, L. 7). — Bellecourt, 1502 (ibid. 29, L. 21); 1559 (lett. de Marguerite d'Autriche, arch. du G. D. de Luxembourg). — Ballecourt, 1502 (hôtel de ville de Verdun, 29, L. 22). — Bellecour, 1624 (dénombr. des feux, arch. du G. D. de Luxembourg). — Balcicourt, 1674 (Husson l'Écossais). — Balacourt, 1676 (hôtel de ville de Verdun, A. 58). — Balaicour, 1700 (carte des États). — Balaycourt, 1724 (hôtel de ville de Verdun, L. 10, dénombrement).

Il y avait à Baleycourt une forteresse placée sous la protection du Luxembourg et qui eut à soutenir plusieurs siéges dirigés par les évêques de Verdun; ceux-ci finirent par s'en emparer, et ils la détruisirent vers 1420. — Il résulte du dénombrement de 1724 qu'à cette époque Baleycourt était encore maison forte, haute justice et gruerie.

Avant 1790, Luxembourg, puis Verdunois, baill. et prévôté de Verdun, jadis prévôté de Damvillers. En 1790, dist. de Verdun, cant. de Sivry-la-Perche.

Baleycourt a donné son nom à une maison de nom et d'armes fort illustre et ancienne, depuis longtemps éteinte, dont les armoiries étaient : burelé en fasce d'argent et de gueules de dix pièces, au franc quartier d'azur, à la croix alisée d'or (Husson l'Écossais).

BALEYCOURT (RUISSEAU DE). —Voy. SCANCE.

BALLIUM, contrée, c^{ne} de Lemmes.

BALI, contrée, c^{ne} d'Heunemont.

BALOT, f. c^{ne} de Culey.

BALTINVAUX, contrée, c^{ne} de Souhesmes.

BAMONT, f. sur le ruisseau de Froide-Fontaine, c^{ne} de Marre. — Bamont, 1252 (cart. de la cathédrale). — Besamont, Basmont (anc. titres).

BAMOUDORCE, contrée, c^{ne} de Rembercourt-aux-Pots.

BAMPONT, f. c^{ne} de Chaumont-sur-Aire.

BANAUCOURT, f. ruinée, c^{ne} de Naives-en-Blois; appartenait à l'abb. de Riéval, 1711 (pouillé).

BANAVALOTTE, bois comm. de Fains.

BANES, contrée, c^{ne} de Rumont.

BANES, m^{on} isolée, c^{ne} de Villotte-devant-Saint-Mihiel.

BANNIVEY, bois comm. d'Avocourt.

BANNONCOURT, vill. sur la rive gauche de la Meuse, à 14 kil. au N. de Pierrefitte. — Bannoncurtis, 815 (ch. de Louis le Débonnaire). — Banuncurtis, Bannum-curtis, 895 (diplôme de Zuendehold). — Ballonis-curtis, 952 (diplôme d'Otton); 952 (acte de fondation). — Warnunei-curtis, IXe s^e (Bertaire). — Warnumcurtis, Wornumeurt, X^e s^e (Verdunensis comitatus limites). — Bannonis-curst, 1106 (bulle de Pascal II); 1756 (D. Calmet, not.). — Warnuncurt, 1179 (cart. de Jeand'heures). — Hannoncourt, 1234 (abb. de Saint-Mihiel). — Wauincourt, 1248 (cart. de Saint-Paul). — Wavoncourt, 1252 (ibid.). — Wauincort, 1252, 1254 (ibid.). — Wanoncourt, 1256, 1257 (ibid.). — Banoncourt, 1333 (abb. de Saint-Mihiel). — Maunoncourt, 1405 (coll. lorr. t. 260 bis. 46, p. 19). — Bannoncourt, 1463 (abb. de Saint-Mihiel). — Bannoncourt, 1571 (proc.-verb. des coutumes). — Wannun-curtis, 1707 (carte du Toulois). — Bannonis-curia, 1738 (pouillé); 1749 (ibid.). — Wannani-curtis, Warnum-curtis, Vanum-curtis, 1756 (D. Calmet, not.).

Avant 1790, Barrois non mouvant, office et recette de Saint-Mihiel, jurid. des prévôtés de Saint-Mihiel, d'Hattonchâtel et des juges des seigneurs, baill. de Saint-Mihiel, présidial de Toul, cour souveraine de Nancy. — Dioc. de Verdun, archid. de la Rivière, doyenné de Saint-Mihiel.

En 1790, lors de l'organisation du dép^t, Bannoncourt devint chef-lieu de l'un des c^{nes} dépendant du district de Saint-Mihiel; ce c^{ne} était composé des municipalités dont les noms suivent : Bannoncourt Bislée, Bouquemont, Benoîte-Vaux (abb.), Chau-

voncourt, Dompcévrin, Fresnes-au-Mont, Lahai-
meix, les Paroches, Thillombois, Woimbey.

Actuellement, arrond. et archipr. de Commercy,
cᵉˢ et doyenné de Pierrefitte. — Patron: saint Nicolas.

BANTHEVILLE, vill. sur l'Andon, à 10 kil. au N. de Montfaucon. — *In finibus Montis-Falconis, in villa quæ
dicitur Bantonis*, XI° siècle (Vie de Richard, H. de
Flavigny). — *Banconis-villa*, 1179 (cart. de Saint-
Paul). — *Banteville*, 1261 (chap. de Montfaucon,
lay. *Banthevillc*, arch. de la Meuse). — *Bandeville*,
1656 (carte de l'év.). — *Banthivilla*, reg. de l'év.).

Avant 1790, Clermontois, coutume de Vitry-le-
François, prévôté de Sainte-Menehould, baill. idem,
transféré ensuite à Clermont, présidial de Reims,
parlement de Paris. — Dioc. de Reims, archid. de
Champagne, doyenné de Dun, annexe de Romagne-
sous-Montfaucon.

En 1790, distr. de Stenay, cᵉ d'Aincreville.

Actuellement, arrond. et archipr. de Montmédy,
cᵉ et doyenné de Montfaucon. — Écarts : Bouru,
Bolandre, le Mamelon-Vert, la Tuilerie, Viola. —
Patron : saint Remy.

BANVOIE, contrée, cᵉ de Givrauval.

BAQUIS (CÔTES DES), cᵉ de Froidos.

BAQUIN, contrée, cᵉ de Rosnes.

BAR (BOIS DE), cᵉ de Behonne; il faisait partie de la
forêt de Massonge.

BAR (MOULIN DE), contrée, cᵉ de Rembercourt-aux-
Pots.

BARA (CÔTE), cᵉ de Damloup.

BARAUVAL, contrée, cᵉ de Behonne.

BARBE (DAME), étang, cᵉ de Vaubecourt.

BARBE (Pré), bois comm. de Rouvres.

BARDELISE, contrée, cᵉ de Combles.

BARBOTTE, mⁿ isolée, cᵉ de Belleray.

BARBOTTE, f. cᵉ de Lisle-en-Barrois.

BARBOURE (LA), ruiss. qui prend sa source à l'E. de
Bovée, arrose les cᵉ de Reffroy, Marson, Boviolles,
et se jette dans l'Ornain au-dessus de Naix, après
un cours de 13 kilomètres.

BARDELET, pont et contrée, cᵉ d'Ancemont; prend son
nom de l'une des anciennes mⁿ seign. du village.

BARGE, contrée, cᵉ de Tannois.

BAR-LE-DUC, ville sur l'Ornain, à 25 myriam. à l'E. de
Paris. — *Barrivilla-ad-Ornum*, 932 (dipl. de Henri
l'Oiseleur). — *Barrivilla-super-Ornam*, 955 (dipl.
de l'empereur Otton). — *Apud Bar-castrum*, XI° s°
(H. de Flavigny). — *Barri-villa*, 1030 (chron.
monas.); 1088 (ch. de Picou, év. de Toul); 1106
(bulle de Pascal II); 1232 (ch. de Henri II, comte
de Bar); 1756 (D. Calmet, not.). — *Bair*, XI° et
XII° s° (D. Calmet, not.); 1344 (D. Calmet, Hist.

de Lorr. pr.). — *Castellanus Barri*, 1177 (cart. de
Jeand'heures). — *Barrevilla*, 1189 (ch. de Pierre,
év. de Toul). — *Barrum*, XII° s° (Laurent de Liége);
1141 (cart. de Jeand'heures); 1402 (regest. Tull.);
1580 (stemmat. Lothar.); 1711 (pouillé). — *Bar-
lou-Duc*, 1242 (paix et accord entre le duc de Bar
et l'év. de Verdun). — *Bar-le-Duc*, 1252 (traité
entre les comtes de Luxembourg et de Bar); 1749
(pouillé). — *M. Barri-Ducis*, XIV° et XV° s° (monn.
des ducs de Bar). — *Bar*, de 1355 à 1411 (monnaie du duc Robert). — *Barrodur, de Barroduce*,
1402 (regest. Tull.). — *Barrivilla, Bar-la-Ville*, XV°
et XVI° s° (arch. de la Meuse). — *Barreville*, 1549
(Wassebourg). — *Barr*, 1572 (coll. lorr. t. 243.37,
p. 57). — *Banis Barum*, 1707 (carte du Toulois).
— *Barro-Ducum*, 1749 (pouillé). — *Bar-sur-Ornain*, 1790 (Bulletin des lois, divis. du dép').

C'est sur l'emplacement de *Caturices* ou *Caturigis*,
lieu de station antique, sur la route consulaire de
Reims à Metz, que s'est élevée plus tard la ville de
Bar-le-Duc; ce lieu est indiqué sur les itinéraires
comme étant à IX mille pas romains d'*Ariola* (le Val)
et à IX mille pas de *Nasium* (Naix). La ville de Bar
n'a commencé à être connue qu'à dater du XI° s°; en
951, Frédéric d'Ardennes ayant épousé Béatrix,
sœur de Hugues Capet et nièce de l'empereur Otton,
celui-ci, en faveur de ce mariage, lui concéda le
comté de Bar et le nomma, en 959, duc bénéficiaire de Mosellane. Ce fut ce Frédéric, premier
comte de Bar, qui, en 964, fit bâtir le château de
Bar, pour résister et opposer une barrière aux fréquentes incursions que les Champenois, suivant la
chronique de Saint-Mihiel, faisaient sur ses terres.
En 1355, le Barrois ayant été érigé en duché, la
ville de Bar en resta la capitale; elle fut le siège d'une
chambre des comptes, d'un hôtel des monnaies et
de diverses institutions administratives et judiciaires.
Elle renfermait à la ville basse : un château, dit
de Mirvaut (voy. ce mot), qui n'existait déjà plus
dans la première moitié du XV° s°; un prieuré, sous
le titre de *Notre-Dame*, fondé en 1088; un couvent
d'ermites, de l'ordre de Saint-Augustin, fondé en
1366; un monastère d'antonistes, fondé en 1385;
un monastère de religieuses de Sainte-Claire, fondé
en 1484 ; un couvent de capucins, établi en 1597;
une maison de minimes, fondée en 1618; des religieuses de la Congrégation, établies en 1621; un
couvent de béguines, fondé en 1418, lesquelles
furent expulsées du pays comme étant entachées de
calvinisme; à la ville haute : la collégiale de Saint-
Maxe, fondée en 992 ; celle de Saint-Pierre, fondée
en 1318; un monastère de carmes déchaussés, établi

en 1631; un monastère de religieuses annonciades rouges, dites *des Dix-Vertus* ou *de la vertueuse Jeanne de France*, fondé en 1627. Cette ville possédait en outre un collége, dit *Maison des Jésuites*, fondé par Gilles de Trèves en 1617; un hôpital créé en 1385 et des sœurs de la Charité établies en 1694.

Avant 1790, Bar-le-Duc était capitale du Barrois, généralité de Nancy, siége de maîtrise et de gruerie, chef-lieu d'office, de recette, de prévôté et de bailliage, présidial de Châlons, parlement de Paris; il avait des coutumes particulières à son bailliage, rédigées en 1506, réformées et autorisées en 1579. — Dioc. de Toul, archid. de Rinel, chef-lieu de doyenné.

Le bailliage de Bar était composé des prévôtés ci-après : Ancerville, Bar-le-Duc, Beurey, Cousances-aux-Forges, Dagonville, Franquemont, Issoncourt, Levoncourt, Ligny-en-Barrois, Louppy-le-Château, Mognéville, Montiers-sur-Saulx, Morley, Pierrefitte, Souilly et Stainville. Il renfermait environ cent quatre-vingts, soit villes, bourgs, villages ou hameaux, qui dépendaient des dioc. de Toul, de Verdun et de Châlons.

La prévôté de Bar comprenait les localités dont les noms suivent : Andernay, Auzécourt, Bar-le-Duc, Baudrémont, Behonne, Brabant-le-Roi, Bussy-la-Côte, Chaumont-sur-Aire, Combles, Condé, Contrisson, Courcelles-sur-Aire, Érize-la-Grande, Érize-la-Petite, Fains, Fouchères (partie avec Ligny), Gimécourt, Hargeville, Heippes, Jeand'heures (abb.), Laheycourt, Laimont, Longeville, Louppy-le-Petit, Marats, Noyers, Rancourt, Remhercourt-sur-Orne, Resson, Robert-Espagne (pour le cas de haute justice), Rupt-aux-Nonnains, Savonnières-devant-Bar, Seigneulles, Sommeilles, Tannois, Véel, Vieux-Monthier, Villers-aux-Vents, Villotte-devant-Saint-Mihiel.

La maîtrise de Bar avait dans son ressort les grueries d'Ancerville, Bar-le-Duc, Ligny, Morley, Pierrefitte et Souilly.

Le doyenné de Bar, *decanatus de Barro* (1402, Regestrum Tullens.), était composé des localités suivantes : Bar-le-Duc, Behonne, Chardogne, Condé, Culey, Érize-la-Brûlée, Érize-Saint-Dizier, Génicourt-sous-Condé, Géry, Hargeville, Loisey, Louppy-le-Château, Louppy-le-Petit, Marats, Naives-devant-Bar, Rembercourt-aux-Pots, Resson, Rosières-devant-Bar, Rumont, Salmagne, Seigneulles, Vavincourt, Villotte-devant-Louppy.

En 1790, lors de l'organisation du dép', Bar-le-Duc en devint le chef-lieu; il fut également siége de tribunal et chef-lieu de l'un des huit districts qui

formèrent le dép' de la Meuse. Le district de Bar était composé de quatre-vingt-dix-huit municipalités, réparties en treize cantons, ceux de : Ancerville, Bar-le-Duc, Beurey, Chardogne, Ligny, Loisey, Marats, Noyers, Revigny, Saudrupt, Stainville, Vaubecourt et Vavincourt.

Le c°° de Bar-le-Duc ne comprenait que la ville et les faubourgs.

Actuellement, Bar-le-Duc est chef-lieu de préf. d'arrond. de c°°, d'archipr. et de doyenné, siége de divers corps administratifs, tribunal de prem. inst. lycée impérial, musée. — Écarts : Chansignon, Chanteraine, Côte-des-Princes, Couchot, Fontaine-Parlemagne, la Gare, Marbot, Popey et Tintagnonne. — Patron : l'Assomption. — Cette ville renferme trois paroisses : celles de Notre-Dame, de Saint-Antoine et de Saint-Étienne.

L'arrond. de Bar-le-Duc occupe la partie S.-O. du dép'; il est borné à l'E. par l'arrond. de Commercy, au N. par celui de Verdun, à l'O. par le dép' de la Marne, au S. par celui de la Haute-Marne. Sa superficie est de 141,258 hect.; il se divise en huit cantons, qui sont ceux d'Ancerville, Bar-le-Duc, Ligny, Montiers-sur-Saulx, Revigny, Triaucourt, Vaubecourt et Vavincourt.

Le canton de Bar-le-Duc est borné au N. par ceux de Revigny et de Vavincourt, à l'E. par celui de Ligny, au S. par celui d'Ancerville, à l'O. par le dép' de la Marne. Sa superficie est de 9,142 hect.; il renferme huit c°°, qui sont celles de Bar-le-Duc, Combles, Fains, Longeville, Robert-Espagne, Savonnières-devant-Bar, Trémont et Véel.

L'archipr. de Bar-le-Duc est composé des doy. d'Ancerville, Bar-le-Duc, Condé, Ligny, Montiers-sur-Saulx, Revigny, Triaucourt et Vaubecourt.

La composition du doyenné de Bar-le-Duc est la même que celle du canton.

Les armoiries de la ville de Bar-le-Duc sont : *parti au 1ᵉʳ, d'azur à deux barres adossées d'or, l'écu semé de croisettes potencées et contre-potencées au pied fiché d'or*, qui sont les armes du duché de Bar; *au 2ᵉ, d'argent à trois pensées feuillées et tigées au naturel*, qui sont les armes de la ville; devise : *Plus penser que dire.*

BARMONT, bois comm. de Bislée, sur le territ. de Kœur-la-Grande.

BARON (BOIS LE), c°° de Loison; il faisait partie de la forêt de Mangiennes.

BARONCELLE, f. c°° de Buzy.

BARONCOURT, h. c°° de Bouvigny. — *Baronis-curtis*, xᵉ sᵉ (polypt. de Reims); 1045, 1060, 1061, 1122 (cart. de Saint-Vanne); xıᵉ sᵉ (cont. hist. episc.);

1756 (D. Calmet, *not.*). — *Alodium in Baronis-curte*, 1124 (cart. de Saint-Vanne). — *Inter Baronis-curtem et Domnam-Mariam*, 1125 (*ibid.*). — *Baruncourt*, 1177 (*ibid.*). — *Baroncourt*, 1292 (*ibid.*). — *Baronis-castrum*, xıı° siècle (Laurent de Liège). — *Baronis-curia*, 1749 (pouillé).

Avant 1790, Barrois non mouvant, coutume de Saint-Mihiel, bailliage et prévôté d'Étain, présidial de Verdun, cour souveraine de Nancy.

Baronne, contrée, c°° de Ville-devant-Belrain.

Baronnerie, contrée, c°° de Lion-devant-Dun et de Mouzay.

Barotte, contrée, c°° de Marchéville.

Barr (La), m°°, c°° de Saulx-en-Barrois.

Barrat, contrée, c°° de Ville-devant-Belrain.

Barres (Les), contrée, c°° de Belleville et de Mouzay.

Barrière (La), contrée, c°° d'Ancerville.

Barrière (La), f. c°° de Laimont.

Barrois (Côtes du), chaîne de côtes situées à l'ouest du dép¹, dans lequel elles pénètrent à Mandres, se dirigeant sur Rosières-en-Blois et laissant à l'est quelques coteaux détachés; elles se rendent au Ménil-la-Horgne, où elles font angle droit, tournent à l'ouest pour gagner Villeroncourt et suivre les rives de l'Ornain jusqu'au delà de Bar-le-Duc, se continuent dans la direction du nord et vont en s'abaissant jusqu'à Montfaucon. Ces côtes forment le plateau, dit *du Barrois*, qui occupe la plus grande partie de l'arrond. de Bar et s'étend dans ceux de Commercy et de Verdun; les deux principales vallées qui le traversent sont celles de l'Ornain et de la Saulx.

Barrois (Le), pays primitiv. compris dans le territ. des Leucks (*Pagus Leucorum*) et renfermé dans les limites de l'ancien diocèse de Toul; s'est formé au x° s° sous le titre de *comté*. Frédéric d'Ardennes, qui fit bâtir le château de Bar en 964, en fut institué par Otton le premier comte, et un peu plus tard nommé duc bénéficiaire de Mosellane; ses successeurs reprirent le titre de comtes en 1032 et le conservèrent jusqu'en 1355, alors que le Barrois fut de nouveau érigé en duché par Jean, roi de France, dont la fille Marie avait épousé Robert, lequel fut ainsi le premier duc de Bar. Le duché de Bar fut réuni à celui de Lorraine en 1420; cédé par le traité de Vienne de 1737 à Stanislas, roi de Pologne, il fut, à la mort de ce prince, incorporé à la couronne de France, en 1766. — *Pagus Barrensis*, 674 (test. Vulfoadi); 825 (dipl. de Louis le Débonnaire), 870 (partagé de l'empire); 1006 (dipl. de Théodoric, comte de Bar); 1135 (Onera abbatum). — *Comitatus Barrensis*, 952 (dipl. de

l'emp. Otton); 952 (dipl. de Bérenger); 964 (bulle de Jean XII); 1006 (dipl. de Théodoric). — *Pagus Barrensium*, 1041 (dipl. de l'emp. Henri III). — *In territorio Barrensi*, 1103 (cart. de Gorze, f° 206). — *Comes Barri*, 1159 (cart. de Jeand'heures). — *En Barrais*, 1243 (cart. de la cath.). — *In Barresio*, 1397 (Trésor des ch. B. 455, n° 6). — *Barrensus*, 1402 (regest. Tull.). — *Barri comitatus*, 1580 (stemmat. Loth.).

Le Barrois proprement dit avait pour limites : au nord l'Argonne et le Verdunois, à l'est la Woevre, la Voide et le pays des Vaux, au sud le Bassigny, à l'ouest le Blésois et le Perthois; cependant il s'agrandit et il parvint à contourner le Verdunois : alors sa domination s'étendit au nord jusqu'au duché de Luxembourg, à l'est jusqu'à la Lorraine, au sud jusqu'à la Franche-Comté, à l'ouest jusqu'à la Champagne. Il avait environ trente lieues de long sur seize de large; la rivière de la Meuse le divisait en deux parties, dont celle du couchant, dite *partie inférieure*, chef-lieu Bar, portait le nom de *Barrois mouvant*, et la partie au levant, dite *partie supérieure*, chef-lieu Saint-Mihiel, portait le nom de *Barrois non mouvant*. Le Barrois mouvant relevait de la couronne de France; il était placé sous la suzeraineté des comtes de Champagne, reconnaissait le connétable de Champagne, les baillis de Chaumont et de Sens pour ses juges en seconde instance et le roi de France et sa cour (le parlem. de Paris) pour juge souverain en dernier ressort. Le Barrois non mouvant relevait des ducs de Lorraine, qui y exerçaient les droits régaliens en toute souveraineté; les appellations des bailliages qui en faisaient partie ressortissaient à la cour souveraine de Nancy et y étaient jugées en dernier ressort.

Barrois (Le), bois, c°° de Delouze.

Barrot, contrée, c°° de Lemmes.

Bart-aux-Vaux, contrée, c°° de Dugny.

Barthenoux, contrée, c°° de Velaines.

Bas (Moulin de), c°°° de Cuisy, Gercourt, Malancourt, Moranville, Moulainville, Septsarges.

Bas-Bruat, f. située anciennement sur la c°° de Lachalade, reconstruite sur celle de Boureuilles.

Bas-le-Bétis, contrée, c°° d'Issoncourt.

Bas-Moulin, m°°, c°°° de Bonzée, Bréhéville, les Éparges, Gondrecourt, Laheycourt, Montzéville, Mouilly, Rosières-devant-Bar, Sommedieue.

Bassaucourt, vill. sur le ru de Signeulles, à 5 kil. au N. de Vigneulles-lez-Hattonchâtel. — *Bassaucourt*, 1285, 1286 (cart. de la cath.). — *Bassocourt*, 1605 (traité entre le duc de Lorr. et le chap. de Verdun). — *Vaussaucourt*, 1642 (Mâchon). — *Basseconur*,

1700 (carte des États). — *Bassauria-curia*, 1749 (pouillé).

Avant 1790, Barrois non mouvant, marquisat, office, prévôté et coutume d'Hattonchâtel, recette et bailliage de Saint-Mihiel, présidial de Toul, cour souveraine de Nancy; le roi en était seul seigneur. — Dioc. de Verdun, archid. de la Woëvre, doyenné d'Hattonchâtel, paroisse d'Avillers.

En 1790, distr. de Saint-Mihiel, c⁰ⁿ de Voël.

Actuellement c⁰ⁿ de Saint-Maurice-sous-les-Côtes, à laquelle il a été réuni, en 1858, comme écart.

Bassaux (Les), mⁿⁿ isolée, c⁰ᵉ de Montzéville.

Basse-Fin, contrée, c⁰ᵉ du Ménil-sous-les-Côtes.

Basse-Meuse (La), ruiss. qui se détache de la Meuse au-dessus de Burcy-en-Vaux, qu'il traverse, passe à Neuville-lez-Vaucouleurs, au château de la Woëvre et à Vaucouleurs, au-dessous duquel il se jette dans la Meuse après un cours de 7 kilomètres.

Basses-Écomportes (Les), f. c⁰ᵉ de Varennes. — *Les Escomportes*, 1700 (carte des États).

Basseux, contrée, c⁰ᵉ de Cheppy.

Bassigny, bois comm. de Dun.

Bassigny (Le), territoire situé au sud du dép⁰, entre la Marne et la Meuse, l'Ornain et la Saulx; il faisait partie du Barrois et de la Lorraine, du dioc. de Toul et de celui de Langres, était limité par le Soulossois à l'est, le Blaisois à l'ouest et l'Ornois au nord, avait pour capitales Chaumont et Langres, et était sous la domination respective de la France ou de la Champagne et de la Lorraine. Les principales villes que ce pays a fournies au dép⁰ sont Gondrecourt et Vaucouleurs.

Le Bassigny est dénommé dans le partage de l'Empire fait en 870 entre les rois Charles le Chauve et Louis de Germanie. Dans ses lettres de dénombrement, Henri, comte de Bar, donne à Philippe le Bel trois des châtellenies du Bassigny et les lui cède en propriété et à ses successeurs; mais peu après le roi les donna en fief, en 1304, à Thiébaut de Bar, évêque de Liége; par là elles revinrent aux comtes de Bar, qui les possédèrent jusqu'à la réunion du duché de Bar à celui de Lorraine, en 1420. — *Bassiniacum*, 870 (part. de l'Empire). — *Pagus Bassiniacus*, 1750 (de Honthéim). — *Le Bassigny-Barrois*, 1756 (D. Calmet, *not.*).

Bassis (Pré), étang, c⁰ᵉ de Noyers.

Bassinière (La), bois, c⁰ᵉ de Bonnet.

Bassois, bois comm. de Consenvoye.

Bassompierre, ancienne seign. à Longchamp.

Bastard, contrée, c⁰ᵉ de Béthelainville.

Bataille, bois comm. de Neuvilly.

Bataille, contrée, c⁰ⁿⁿ d'Ornel et de Trésauvaux.

Meuse.

Bataille (Chemin), c⁰ᵉ de Contrisson.

Bataille (Croix), contrée, c⁰ᵉ de Nixéville.

Bateliers (Rue des), à Verdun.

l'Atblémont, côte et bois, c⁰ᵉ d'Hattonchâtel; traces de camp antique.

Batisneau, étang, c⁰ⁿ de Saint-Benoît.

Bâtis, contrée, c⁰ⁿⁿ des Islettes et de Récourt.

Batraval, bois comm. de Mussey.

Battants (Les), f. c⁰ⁿ de Velaines.

Battinvaux, bois comm. d'Osches.

Battis (Le), bois comm. de Damloup.

Battis (Les), bois comm. de Dannevoux.

Batti (Le), bois comm. de Mogeville.

Baudignécourt, vill. sur la rive gauche de l'Ornain, à 7 kil. au N. de Gondrecourt. — *Baudignecourt*, 1337 (chambre des comptes). — *Baudignecuria*, 1402 (regest. Tull.). — *Vandignécour*, 1700 (carte des États). — *Vaudignecourt, Baldinei-curtis*, 1707 (carte du Toulois). — *Baldineicurtis*, 1711 (pouillé).

Avant 1790, Barrois mouvant, office et prévôté de Gondrecourt, coutume du Bassigny, recette de Bourmont, bailliage de Saint-Thiébaut, puis de Lamarche, présid. de Châlons, parlement de Paris; le roi en était seul seigneur. — Diocèse de Toul, archid. de Ligny, doyenné de Gondrecourt (annexe d'Houdelaincourt).

En 1790, distr. de Commercy, c⁰ⁿ de Demange-aux-Eaux.

Actuellement, arrond. et archipr. de Commercy, c⁰ⁿ et doyenné de Gondrecourt. — Patron : saint Laurent.

Baldinotte, bois comm. du Ménil-la-Horgne.

Baudonvilliers, vill. sur l'un des affluents de l'Ornel, à 6 kil. au N. d'Ancerville. — *Baudunviler*, 1154 (cart. de Jeand'heures). — *Baudonvillare*, 1402 (regest. Tull.) — *Baudainvilliers*, 1580 (proc.-verb. des cout.). — *Baudonvillers*, 1700 (carte des États). — *Bodonis-Villare* (reg. de l'év.).

Avant 1790, Champagne, élection, coutume, baill. et présid. de Vitry-le-François; justice seigneuriale de l'abbé de Trois-Fontaines, qui en était seigneur haut, moyen et bas justicier; parl. de Paris — Dioc. de Châlons, archid. et doy. de Joinville.

En 1790, distr. de Bar, c⁰ⁿ de Saudrupt.

Actuellement, arrond. et archipr. de Bar-le-Duc, c⁰ⁿ et doyenné d'Ancerville. — Écart : Passavant. — Patron : sainte Marguerite.

Baudrémont, vill. sur la rive droite de l'Aire, à 8 kil. au S. de Pierrefitte. — *Baudemotravilla*, 709 (test. Vulfoadi). — *Balderici-mons*, 1106 (bulle de Pascal II); 1711 (pouillé); 1749 (*ibid.*); 1756 (D. Calmet, *not.*). — *Balderimons*, 1135 (Onera abba-

3

tum). — *Baldremons*, 1135 (accord pour la vouerie de Condé). — *Baudrémont*, 1373 (chambre des comptes). — *Bauldremont*, 1495-96 (Trés. des ch. R. 6364). — *Baudrecourt*, 1656 (carte de l'év.); 1700 (carte des États).

Avant 1790, Barrois mouvant, office et prévôté de Ligny, échangé pour la juridiction entre les officiers de cette prévôté et ceux de la prévôté de Bar, coutume de Saint-Mihiel, baill. de Bar, présidial de Châlons, parlement de Paris; le roi en était seul seigneur. — Dioc. de Toul, archid. de Ligny, doy. de Belrain, annexe de Gimécourt.

En 1790, distr. de Saint-Mihiel, c⁰ⁿ de Sampigny.

Actuellement, arrond. et archipr. de Commercy, canton et doyenné de Pierrefitte. — Patron : saint Didier; annexe de Gimécourt.

Baudricourt, chât. dans la ville de Vaucouleurs; il était habité par les sires de Baudricourt, maison de nom et d'armes, depuis longtemps éteinte, qui portait : *d'or au lion de sable, armé, lampassé et couronné d'or* (Husson l'Écossais).

Baugny, bois comm. d'Ambly, sur le territ. de Vaux-lez-Palameix.

Baula, bois comm. de Vadonville.

Baulmonne, tour ruinée, à Verdun; elle était située près du bastion Saint-Maur.

Baulny, village, sur la rive droite de l'Aire, à 4 kil. au N. de Varennes. — *Ballodium*, xi⁰ s⁰ (Hugues de Flavigny); 1549 (Wassebourg). — *Balneium-castrum*, xii⁰ s⁰ (Laurent de Liége). — *Balneium*, xii⁰ s⁰ (ibid.); 1756 (D. Calmet, not.). — *Baileu, Bailleu. le chasteau de Bailleul*, 1549 (Wassebourg). — *Bauny*, 1700 (carte des États).

Il y avait un château fort appartenant aux comtes de Grandpré, qui fut assiégé, abattu et ruiné en l'an 1142 par Albéron de Chiny, évêque de Verdun.

Avant 1790, Clermontois, coutume de Vitry-le-François, prévôté et baill. de Sainte-Menehould, puis baill. de Clermont, siégeant à Varennes, présidial de Châlons, parlement de Paris. — Diocèse de Reims, archid. de Champagne, doyenné de Varennes.

En 1790, distr. de Clermont, c⁰ⁿ de Varennes.

Actuellement, arrond. et archipr. de Verdun, canton et doyenné de Varennes. — Patron : saint Quentin.

Baurena, contrée, c⁰ⁿ de Saint-Jean-lez-Buzy.

Bauzée, contrée, c⁰ⁿ de Buzy.

Bavat, contrée, c⁰ⁿ de Longeville.

Baye, contrée, c⁰ⁿ de Baulny.

Bayant, contrée, c⁰ⁿ de Bourcuilles.

Baybois, bois, c⁰ⁿ de Woël.

Baye, contrée, c⁰ⁿ de Montplonne.

Bayon-Fontaine, bois comm. de Neuville-lez-Vaucouleurs.

Bayotte, bois comm. de Condé.

Bazamont, bois comm. de Dompcevrin.

Bazeilles, vill. sur l'Othain, à 5 kil. à l'E. de Montmédy. — *Baseya*, 1163, 1208 (cart. de la cathéd.). — *Bazael*, 1194, 1197 (cart. de Saint-Paul). — *Baisselles*, 1276 (cart. de la cathéd.). — *Bazeille*, 1348 (Lamy, prév. de Marville). — *Bazeille*, 1656 (carte de l'évêché). — *Bazaille*, 1700 (carte des États).

Avant 1430, Bazeilles était terre commune entre le Luxembourg et le Barrois; avant 1603, terre commune entre le Luxembourg et la Lorraine; avant 1678, terre espagnole; avant 1790, terre de France, présidial et coutume de Sedan, prévôté bailliagère de Marville, parlement de Metz. — Dioc. de Trèves, archid. de Longuyon, doyenné de Juvigny.

En 1790, distr. de Stenay, c⁰ⁿ de Marville.

Actuellement, arrond. c⁰ⁿ, archipr. et doyenné de Montmédy. — Écarts : Laval, Lopinge ou Mon-Idée, le Mont, Valendon. — Patron : saint Martin.

Bazeilles a donné son nom à une maison de nom et d'armes, depuis longtemps éteinte, qui portait : *de gueules à trois grilles ou herses d'or, deux en chef et une en pointe.*

Bazincourt, vill. sur la Saulx, à 10 kil. au N.-E. d'Ancerville. — *Basini-curtis*, x⁰ s⁰ (Hist. episc. Tull.); xi⁰ s⁰ (Widric, *Vie de saint Gérard*); 1756 (D. Calmet, not.). — *Bazaincourt*, 1304 (Rosières, E.57); 1579 (proc.-verb. des cout.); 1749 (pouillé); — *Bazeincourt*, 1304 (Rosières, E. 58). — *Banicuria*, 1409 (regest. Tull.). — *Bazincourt*, 1441 (chambre des comptes de Bar). — *Bassincourt*, 1700 (carte des États). — *Basinicuria*, 1711 (pouillé). — *Basinicuria*, 1749 (ibid.). — *Basigni-curia*, 1756 (D. Calmet, not.).

Avant 1790, Barrois mouvant, office et prévôté d'Ancerville, recette, coutume et bailliage de Bar, présidial de Châlons, parlem. de Paris. — Dioc. de Toul, archid. de Rinel, doyenné de Dammarie.

En 1790, distr. de Bar, c⁰ⁿ de Stainville.

Actuellement, arrond. et archipr. de Bar-le-Duc, c⁰ⁿ et doyenné d'Ancerville. — Patron : saint Pierre-aux-Liens.

Bazy, contrée, c⁰ⁿ de Charny.

Bea, chemin rural, c⁰ⁿ de Lanhères.

Béart, papeterie et m¹⁰, c⁰ⁿ de Lamorville; ancienn¹ . m¹⁰ à l'abb. de Saint-Paul de Verdun. — *Molendinum quod dicitur Baiart*, 1179 (cart. de Saint-

Paul). — *Baart*, 1180 (bulle d'Alexandre III). — *Bayard*, 1760 (Cassini).

Beauchamp, f. c⁰ˢ de Clermont-en-Argonne. — *Belluscampus*, 1135 (Onera abbatum); 1186 (cart. de la cath.); 1745 (Roussel); 1756 (D. Calmet, *not.*).— *Bealchamp*, 1271 (cart. d'Apremont). — *Belchamp*, 1291 (*ibid.*). — *Belchamp-de-lez-Clermont-en-Argonne*, 1367 (donat. au prieuré). — *Belli-campi monasterium*, 1580 (stemmat. Lothar.). — *Béchamp*, 1700 (carte des États); 1745 (Roussel).

Anciennement, prieuré de l'ordre du Val-des-Écoliers, fondé vers l'an 1212 par Guillaume Richard, de Paris. — Diocèse de Verdun, archidiaconé d'Argonne, doyenné de Clermont.

Beauchamp, contrée, c⁰ˢ de Montplonne.

Beauchamp (Forêt de), bois comm. de Clermont-en-Argonne.

Beauclain, vill. sur l'Anelle, à 7 kil. au S.-O. de Stenay. — *Beauclere*, 1577 (Lamy, ordonn. du duc Charles III). — *Beauclers*, 1656 (carte de l'év.). — *Belleclere*, 1683 (arrêt de la chambre roy. de Metz). — *Belclair*, xvıı⁰ s⁰ (acte du tabell. de Stenay).

Avant 1790, Clermontois, seign. érigée en comté en 1760, coutume de Vitry-le-François, prévôté de Sainte-Menehould, bailliage *idem* transféré ensuite à Clermont et siégeant à Varennes, présidial de Reims, parlement de Paris. — Diocèse de Reims, archidiaconé de Champagne, doyenné de Dun, ann. de Tailly.

En 1790, distr. de Stenay, c⁰ˢ de Wiseppe.

Actuellement, arrond. et archipr. de Montmédy, c⁰ˢ et doyenné de Stenay. — Écarts : la Forge, la Mazurie, les Moulins. — Patron : saint André; ann. de Halles.

Beaudouine, f. c⁰ˢ de Longeville.

Beaufort, vill. sur la Wiseppe, à 6 kil. à l'O. de Stenay. — *Bellofortis*, *Bello-fortis*, 1188 (ch. de Beaufort par le comte de Bar). — *Bellefort*, 1683 (arrêt de la chambre roy. de Metz). — *Belfurt*, *Belfort*, xvıı⁰ s⁰ (actes du tabell. de Stenay).

Avant 1790, Clermontois, coutume de Vitry-le-François, prév. de Sainte-Menehould, bailliage *idem* transféré ensuite à Clermont et siégeant à Varennes, présidial de Reims, parlement de Paris. — Diocèse de Trèves, archidiaconé de Longuyon, doyenné d'Yvois.

En 1790, distr. de Stenay, c⁰ˢ de Wiseppe.

Actuellement, arrond. et archipr. de Montmédy, c⁰ˢ et doyenné de Stenay. — Écarts : Château-de-Paille, les Forgettes, Maucourt. — Patron : sainte Catherine.

Beaufosse, contrée, c⁰ˢ de Lemmes.

Beaugrand (Rue), à Stenay.

Beaulandre (Forêt de), c⁰ˢ de Boureuilles.

Beaulieu ou **Beaulieu-en-Argonne**, vill. aux sources de la Biesme, à 6 kil. au N. de Triaucourt. — *Beloacum*, xı⁰ s⁰ (Vie de Poppon, Bolland. 25 janv.). — *Bellus-locus*, 1153, 1154, 1166, 1177 (cart. de Saint-Paul); 1197 (bulle de Célestin III); 1237 (cart. de la cath.); 1254 (ch. de l'abb. de Beaulieu); 1642 (Mâchon); 1738 (pouillé); 1756 (D. Calmet, *not.*). — *Abbas Belliloci*, *Mons Belliloci*, 1175 (ch. de prot. de Henri I⁰ʳ, comte de Bar). — *Recepi sub tutelâ meâ montem Belli-Loci*, 1175 (*ibid.*). — *Li couvent de Biaulieu-en-Argonne*, 1242 (ch. citée dans Clouët, Hist. de Verdun, t. I, p. 177). — *In ecclesia Belli-Loci*, 1288 (ch. de Thibaut II, comte de Bar). — *Bellieu*, xııı⁰ s⁰ (ch. d'exempt. Mélinon; p. 133-135). — *Biaulieu*, 1260 (abb. de Lisle). — *Biau-leu-en-Argonne*, 1261 (cart. de Saint-Paul). — *Belleu*, *Bel-leu*, 1265, 1287 (cart. de la cath.). — *Beaulieu-en-Argonne*, 1556 (proc.-verb. des cout.). — *Bellus-locus-in-Argona*, 1612 (attest. des reliques).

Avant 1790, Champagne, élection, bailliage, coutume et présidial de Châlons, chef-lieu de prévôté, justice seign. de l'abbé de Beaulieu, parlement de Paris. — Dioc. de Verdun, archidiac. d'Argonne, doyenné de Clermont.

Avait une abb. de l'ordre de saint Benoît, fondée au vııı⁰ s⁰ par saint Rodingue ou autrement saint Rouin, en un bois nommé *Wasloge* (actuellement Waly), nom qui fut d'abord celui de l'abbaye, *Waslogium monasterium* (ıx⁰ s⁰, Bertaire); au xı⁰ s⁰, le monastère fut transféré sur une côte voisine et prit le nom de Beaulieu, qui devint celui du vill. actuel.

La prévôté de Beaulieu était composée des localités dont les noms suivent : Beaulieu, Brizeaux, Brouenne, Èvres, Fleury-sur-Aire, Foucaucourt, Lavoye, Pretz, Senard, Sommaisne, Triaucourt.

En 1790, distr. de Clermont-en-Argonne, c⁰ˢ d'Autrécourt.

Actuellement, arrond. et archipr. de Bar-le-Duc, c⁰ˢ et doyenné de Triaucourt. — Écarts : Courupt, la Gorgette, la Mazurerie. — Patron : saint Rodingue.

Beaulieu, contrée, c⁰ˢ de Bar-le-Duc.

Beaulieu (Étang de), c⁰ˢ de Beaulieu.

Beaulieu (Forêt de), c⁰ˢ de Beaulieu; faisait partie de la forêt d'Argonne.

Beaumont, contrée, c⁰ˢ de Milly-devant-Dun.

Beaumont, vill. près des sources de l'Orne, à 6 kil. au N.-E. de Charny. — *Bibomons*, *Bibonis-mons super fluvium Orna*, 851 (ch. d'Alsarai). — *Belmons*, 1189 (cart. de Saint-Paul). — *Baumont*, 1242 (*ibid.*). — *Neuve ville à Beaumont*, 1252 (ch. de Thibaut II, arch. de Juvigny). — *Byaumont*, 1332 (Lamy, ch. du comte Henri de Luxemb.). — *Braumont*, 1642 (Mâchon). — *Belmont*, xvii° s° (actes du tabell. d'Étain). — *Bellus-mons*, 1738 (pouillé); 1749 (*ibid.*); 1756 (D. Calmet, *not.*).

Avant 1790, Barrois non mouvant, coutume de Saint-Mihiel, prév. de Bezonvaux, baill. d'Étain, présidial de Verdun, cour souveraine de Nancy. — Dioc. de Verdun, archid. de la Princerie, doy. de Chaumont.

En 1790, distr. de Verdun, c°n d'Ornes.

Actuellement, arrond. et archipr. de Verdun, c°n et doyenné de Charny. — Patron : saint Maurice.

BEAUMONT (FONTAINES DE), qui prennent naissance sur le territ. de Beaumont; leurs eaux se perdent dans les terres avant d'arriver à la Meuse.

BEAUPRÉ, chât. c°° de Chassey. — *Belpré*, 1700 (carte des États).

Il avait une chapelle fondée par messire Louis de Choiseul en 1649, et qui jouissait d'un gagnage de quarante-trois jours de terre et trente verges de prés.

BEAUREGARD, bois, c°° de Châtillon-sous-les-Côtes.

BEAUREGARD, anc. écart de Commercy.

BEAUREGARD, contrée, c°°° de Bar-le-Duc, Longeville, Marre, Montplonne et Vignot.

BEAUREGARD, f. c°°° de Longeville et de Montiers-sur-Saulx.

BEAUREPAIRE, chemin, c°° de Louppy-le-Château.

BEAUSÉJOUR, f. c°° de Nonsard.

BEAUVAL, anc. ermitage, actuellement ferme, c°° de Kœur-la-Grande.

BEAUVAL, contrée, c°° de Longeville.

BEAUVAUX, contrée, c°° de Nubécourt.

BEAUZÉE, vill. sur l'Aire, à 10 kil. à l'E. de Triaucourt. — *Badernaca in pago Virdunense*, 709 (test. Vulfoadi). — *Bauseia*, 1219, 1221, 1257 (cart. de la cath.). — *Bauzeis*, 1290 (cart. de Jeand'heures); 1247 (cart. de Saint-Paul). — *Beauzeus*, 1257 (abb. de Lisle). — *Baulsey*, 1332 (coll. lorr. T. 426, p. 35). — *Bauzey*, 1332 (*ibid.*); 1700 (carte des États). — *Bausy*, 1496 (coll. lorr. T. 426, p. 40). — *Bausey*, 1564 (éch. entre le duc de Lorr. et l'év. de Verdun). — *Bauzey, Baulzeyum*, 1642 (Mâchon). — *Beauzey*, 1656 (carte de l'év.). — *Bauzei*, 1707 (carte du Toulois); 1723 (cart. de Saint-Hippolyte, A. 3). — *Belzeacum*, 1738 (pouillé). — *Bosei, Beauzei, de Bello-situ*, 1756 (D. Calmet, *not.*).

Avant 1790, Verdunois, terre d'év. prévôté de Tilly, coutume, bailliage et présid. de Verdun, anc. assises des quatre pairs de l'évêché, parlement de Metz. — Diocèse de Verdun, archidiaconé d'Argonne, doyenné de Souilly.

En 1790, lors de l'organisation du dép', Beauzée devint le chef-lieu de l'un des cantons dépendant du district de Verdun; ce canton était composé des municipalités dont les noms suivent : Amblaincourt, Beauzée, Bulainville, Deuxnouds, Issoncourt, Mondrecourt, Nubécourt, Rignaucourt, Saint-André et Seraucourt.

Actuellement, arrond. et archipr. de Bar-le-Duc, c°° et doyenné de Triaucourt. — Patron : l'Assomption.

Beauzée avait un chât. considérable et trois maisons fiefs bâties en pavillons avec tours; le chap. de Verdun y avait aussi une maison forte en 1431. Selon la tradition, il y aurait eu à Beauzée un monastère de religieuses, situé au lieu dit *Appetoncourt*, sur l'emplacement duquel les Du Hautoy de Nubécourt construisirent plus tard un château.

BÉCHAMP, contrée, c°° de Boureuilles.

BÉCHAMP, bois comm. d'Oëy.

BÉCHAMP (LE), ruiss. qui prend sa source dans le dép' de la Moselle, traverse l'étang de Saint-Jean, passe au moulin d'Étanche et se jette dans l'Orne à Saint-Jean-lez-Buzy, après un cours de 4 kil. dans le dép'.

BÉCUE (RUISSEAU DE), petit cours d'eau qui se perd dans l'étang d'Amel.

BÉCNÈNE, bois, c°° de Courcelles-aux-Bois.

BÉCHIN, bois, c°° d'Épiez.

BÉCHOLLES, bois, c'° d'Haudainville.

BÉFU, contrée, c°° de Baignéville.

BÉGIN, contrée, c°° de Gussainville.

BÉGUIN (LE), ruisseau qui prend sa source à la ferme de Saint-Rouin et se jette dans le Thabas en aval de Brizeaux, après un cours de 4 kilomètres.

BÉGUINE, contrée, c°° de Chattancourt.

BÉHARD, bois comm. de Vignot.

BÉHAUD, contrée, c°°° d'Étain et de Rouvres.

BÉHOLLE, bois domanial, c°° de Sommedieue.

BEHONNE, vill. sur la droite de l'Ornain, à 3 kil. au S. de Vavincourt. — *Bohon*, 1232 (ch. de Henri, comte de Bar). — *Behonne*, 1321 (ch. des comtes de Bar). — *Baïonna*, 1402 (reg. Tull.). — *Behogne*, 1700 (carte des États) — *Behona*, 1711 (pouillé). 1749 (*ibid.*); 1756 (D. Calmet, *not.*).

Avant 1790, Barrois mouvant, office, recette, coutume, prévôté et bailliage de Bar, présidial de Châlons, parlement de Paris; le roi en était seul seigneur. — Diocèse de Toul, archidiac. de Rinel, doyenné de Bar.

En 1790, distr. de Bar, c°° de Vavincourt.

Actuellement, arrond. et archipr. de Bar-le-Duc,

cⁿᵉ de Vavincourt, doyenné de Condé. — Écarts : la Folie, Quatre-Vents, Sainte-Catherine. — Patron : saint Martin.

Béhut, côte, cⁿᵉ de Sommedieue ; il existe sur cette côte une fontaine, dite *de Béhut*, près de laquelle s'élevait anciennement une chapelle appartenant à l'abb. de Saint-Paul de Verdun. — *Bihuz*, 1100 (cart. de Saint-Paul). — *Capella de Behu*, 1201 (*ibid.*). — *Ecclesia de summa Dewia et de Behut*, 1209 (*ibid.*).

Belair, contrée, cⁿᵉ d'Aubréville.

Bel-Air, f. cⁿᵉ de Culey.

Belair, f. cⁿᵉˢ de Montblainville et de Sommeilles.

Belair, maison isolée, cⁿᵉ de Saint-Mihiel.

Bel-Air, papeterie, cⁿᵉ de Spada.

Bel-Air, faïencerie, cⁿᵉ de Waly.

Belchêne, bois, cⁿᵉˢ de Rouvrois-sur-Othain et de Sampigny.

Belchien, bois comm. de Badonvilliers.

Belhaisois, bois comm. de Combres, sur le territoire d'Hannonville-sous-les-Côtes.

Belhaine, mⁱⁿ, cⁿᵉ de Gercourt.

Belle-Affut, bois, cⁿᵉ de Monthairon ; faisait partie de la forêt de Souilly.

Belle-Croix, contrée, cⁿᵉ de Fains.

Belle-Écuine, côte, cⁿᵉ de Clermont-en-Argonne.

Belle-Épine, f. cⁿᵉ de Montiers-sur-Saulx.

Belle-Étoile, bois, cⁿᵉˢ de Chonville et de Domremy-aux-Bois.

Belle-Fontaine, anc. fief sur la Wamme, cⁿᵉ de Beaufort.

Belle-Fontaine, f. cⁿᵉ de Brabant-le-Roi.

Avant 1790, Champagne, élection et coutume de Châlons.

Belle-Fontaine, h. sur la Gorge-le-Diable, cⁿᵉ de Futeau.

Il avait une chapelle vicariale, fondée en 1723, pour servir de paroisse à Futeau, à Courupt et à la Contrôlerie.

Belle-Fontaine, chât. et f. cⁿᵉ de Rouvrois-sur-Othain.

Était Barrois lorrain, cense en haute justice, office de Longuyon, bailliage d'Étain, cour souveraine de Nancy.

Belle-Fontaine (La), ruiss. qui prend sa source au-dessus de Belle-Fontaine et passe à Rouvrois-sur-Othain, en aval duquel il se jette dans l'Othain, après un cours de 4 kilomètres.

Belle-Meuse, mⁱⁿ, cⁿᵉ d'Ailly. — *Bellemuses*, 1656 (carte de l'év.).

Bellenoue, bois, cⁿᵉ de Sommeilles ; faisait partie de la forêt d'Argonne.

Belleray, vill. sur la Meuse, à 3 kil. au S. de Verdun.

— *Ballereys*, 1041 (dipl. de l'emp. Henri III) — *Balareias*, 1049 (bulle de Léon IX) ; 1127 (cart. de la cath.). — *Bailreum*, 1061 (cart. de Saint-Vanne). — *Balereis, Ballereis super ripam Mosæ*, 1082 (fond. de l'abb. de Saint-Airy) ; 1089 (dipl. de l'emp. Henri). — *Ballereies*, 1286 (abb. de Saint-Airy). — *Ballereis*, 1401 (Soc. Philom., lay. Belleray, n° 1). — *Bellerey*, 1564 (éch. entre le duc de Lorr. et l'év. de Verdun) ; 1642 (Mâchon). — *Belrey*, 1640 (Soc. Philom. lay. Belleray, n° 7). — *Brllray*, 1700 (carte des États). — *Bellei, Billata*, 1707 (carte du Toulois). — *Belrée, Belreacum*, 1738 (pouillé).

Avant 1790, Verdunois, terre d'év. prévôté de Charny, coutume, bailliage et présidial de Verdun, anc. assises des quatre pairs de l'év. parlement de Metz. — Diocèse de Verdun, archidiaconé de la Princerie, doyenné Urbain, annexe de la paroisse Saint-Sauveur.

En 1790, distr. de Verdun, cⁿᵉ de Dugny.

Actuellement, arrond. cⁿ, archipr. et doyenné de Verdun.—Écarts : Barbotte, la Falouse. — Chapelle vicariale ; patron : saint Paul, év. de Verdun.

Bellenue, ruiss. qui se jette dans l'Ornain à Ligny-en-Barrois.

Belleval, ruisseau qui prend sa source aux étangs des Usages, dans les bois de Sommeilles, et sert de limite aux dép⁴ˢ de la Marne et de la Meuse.

Belle-Vierge (Rue de la), à Verdun.

Belleville, vill. sur la rive droite de la Meuse, à 4 kil. au S.-E. de Charny. — *Bellavilla cum banno centena*, 1049 (bulle de Léon IX). — *Villa-bella, Bellavilla*, 1089 (dipl. de l'emp. Henri) ; 1127, 1231, 1266 (cart. de la cath.). — *In monte supra Bellamrillam*, de 1108 à 1126 (nécrologe de la cath.). — *Belle-ville*, 1180, 1290, 1265 (cart.) ; 1549 (Wasselbourg). — *Belleville-vers-Wamara*, 1294 (collèg. de la Madeleine). — *Bella-villa*, 1226 (cart. de la cath.) ; 1738 (pouillé) ; 1756 (D. Calmet, *not.*). — *Belleville-les-Verdun*, 1743 (proc.-verb. des cout.).

Avant 1790, Verdunois, terre du chap. chef-lieu de l'une des prévôtés de la mense capitulaire réunie ensuite à la prév. de Sivry-sur-Meuse, anc. justice seigneuriale des chanoines de la cath. coutume, bailliage et présidial de Verdun, parlement de Metz. — Diocèse de Verdun, archidiaconé de la Princerie, doyenné Urbain.

En 1790, distr. de Verdun, cⁿᵉ de Charny.

Actuellement, arrond. et archipr. de Verdun, cⁿ et doyenné de Charny. — Écarts : Bellevue, la Collarderie, la Galavaude, Montgrignon, Saint-Michel. Wameaux. — Patron : saint Sébastien.

Bellevue, maison isolée, c^{ne} de Belleville et de Rupt-sur-Othain.

Bellevue, f. c^{nes} d'Eix, Nouillonpont et Vouthon-Haut.

Bellevue, chât. c^{ne} de Gondrecourt.

Bellevue, bois comm. de Montfaucon.

Bellevue, contrée, c^{ne} de Neuvilly.

Bellevue, f. ruinée, c^{nes} de Noyers et de Vaucouleurs.

Bellevue, h. c^{ne} de Senon.

Bellevue, papeterie, c^{ne} de Spada.

Belloy, bois, c^{ne} de Chauvency-le-Château.

Bellois, anc. fief et bois comm. de Chauvency-Saint-Hubert. — *Bellonis* (ch. de 1173, 1185).

Bellois, bois domanial, c^{ne} de Montfaucon.

Belmont, bois, c^{ne} de Saint-Aubin.

Belnai, f. c^{ne} de Thonne-le-Thil. — *Buinnou*, 1270 (ch. de Louis V, comte de Chiny). — *Belnaux*, 1760 (Cassini).

Ancienne cense affranchie en 1444.

Belnaix, contrée, c^{ne} d'Hattonville.

Bel-Orme, bois comm. de Varennes; faisait partie de la forêt d'Argonne.

Belrain, vill. sur le ruiss. de Belrain, à 4 kil. au S. de Pierrefitte. — *Rimaco*, 992 (ex æde divi Maximi); 1023 (ch. de la collég. de Saint-Maxe). — *Boreia*, 1106 (bulle de Pascal II). — *Bellusramus*, 1152 (ch. de l'év. Albéron); 1171, 1177, 1911 (cart. de Jeand'heures); 1221 (ch. d'affranch. d'Autrécourt). — *Pulcher-Ramus*, 1154 (cart. de Jeand'heures). — *Haurein*, 1158 (cart. de Saint-Paul). — *BelRaim*, 1158 (cart. de Jeand'heures). — *Bellus-Ramus*, 1166, 1220 (cart. de Saint-Paul); 1217 (fondat. de la collég. de Ligny); 1402 (reg. Tull.); 1580 (stemmat. Lothar.); 1711 (pouillé); 1749 (ibid.); 1756 (D. Calmet, not.). — *Belrein*, 1179 (cartulaire de Jeand'heures). — *Castellanus de Bello-Ramo*, 1200 (cart. de Saint-Paul). — *Belrain*, 1244 (ibid.). — *Biaurain*, 1259 (abb. de Saint-Mihiel, 5, C. 1). — *Belrain*, 1274 (cart. de la cath.). — *Belrains*, 1579 (proc.-verb. des cout.). — *Berlain*, 1700 (carte des États). — *Belramus*, 1707 (carte du Toulois). — *Beauremensis*, 1736 (ann. præmonst.). — *Beaurain*, 1756 (D. Calmet, not.).

Avant 1790, Barrois mouvant, office, recette et bailliage de Bar, juridiction du juge-garde du seigneur, présidial de Châlons, parlement de Paris.— Diocèse de Toul, archidiaconé de Ligny, chef-lieu de doyenné.

Le doyenné de Belrain, *Decanatus de Bello-ramo* (regestrum), était composé des paroisses et annexes dont les noms suivent : Baudrémont, Belrain, Courcelles-aux-Bois, Couvouvre, Dagonville, Gimécourt,

Lavallée, Levoncourt, Lignières, Longchamp, Neuville-en-Verdunois, Nicey, Pierrefitte, Rosnes, Rupt-devant-Saint-Mihiel, Ville-devant-Belrain, Villotte-devant-Saint-Mihiel.

En 1790, distr. de Saint-Mihiel, c^{on} de Pierrefitte.

Actuellement, arrond. et archipr. de Commercy, c^{on} et doyenné de Pierrefitte. — Écarts : Herme, Sainte-Geneviève. — Patron : la Nativité de la Vierge.

Belrain (Ruisseau de), qui prend sa source à la fontaine de la Dame, c^{ne} de Levoncourt, passe à Belrain et à Nicey, où il se jette dans l'Aire après un cours de 7 kilomètres.

Belrupt, vill. sur le ruiss. de Belrupt, à 4 kil. au S.-E. de Verdun. — *Belrui*, 1269 (cart. de Saint-Airy). — *Au ruix de Belruix*, 1498 (paix et accord). — *Belru*, 1642 (Mâchon); 1656 (carte de l'év.). — *Berup*, 1700 (carte des États). — *Belrup*, *BellusRivus*, 1738 (pouillé); 1756 (D. Calmet, not.).

Avant 1790, Verdunois, terre d'évêché, prévôté de Charny, coutume, bailliage et présidial de Verdun, anciennes assises des quatre pairs de l'évêché, parlement de Metz, diocèse de Verdun, archidiaconé de la Princerie, doyenné Urbain.

En 1790, distr. de Verdun, c^{on} de Châtillon-sous-les-Côtes.

Actuellement, arrond. c^{on}, archipr. et doyenné de Verdun. — Écarts : la Carafiole, le Fond-de-Belrupt. — Patron : saint Martin.

Belrupt (Au-dessus de), maison isolée, c^{ne} d'Haudainville.

Belrupt (Le), ruiss. qui prend sa source sur le territ. de Chaumont-sur-Aire et se jette dans l'Aire entre Chaumont et Longchamp, après un cours de 900 m.

Belrupt (Ruisseau de), qui prend sa source sous les bois Saint-Airy, traverse Belrupt et Haudainville et se jette dans la Meuse vis-à-vis de Belleray, après un cours de 5 kil. — *Au ruix de Belruix*, 1498 (paix et accord).

Beluns (Les), bois comm. de Crépion.

Belval, contrée, c^{ne} de Beaufort.

Bémont, côte, c^{nes} de Verdun et de Belleray, *en la voie de Belmont*, 1498 (paix et accord).

Benaucourt, f. c^{ne} de Naives-en-Blois.

Benel, h. auj. réuni au vill. de Nicey.

Beney, vill. sur l'un des affluents du Rupt-de-Mad, à 9 kil. à l'E. de Vigneulles-lès-Hattonchâtel. — *Barneum*, 1090 (dipl. de Pibon de Toul, Hist. de Lorr. t. III, pr.). — *Benay*, 1335 (ch. des comptes, c. de Lachaussée); 1656 (carte de l'év.); 1700 (carte des États). — *Beneynum*, 1749 (pouillé). — *Beneium*, 1756 (D. Calmet, not.).

Avant 1790, Barrois non mouvant, office et prév. de Thiaucourt, recette et coutume de Saint-Mihiel, baill. de Pont-à-Mousson, présidial de Metz, cour souveraine de Nancy; le roi en était seul seigneur. — Dioc. de Metz, archidiaconé de Vic, archipr. de Gorze.

En 1790, distr. de Saint-Mihiel, c^{on} d'Hatton-châtel.

Actuellement, arrond. et archipr. de Commercy, c^{on} et doyenné de Vigneulles. — Patron : saint Martin.

BENEZZIÈRES, bois comm. d'Azannes.

BENOE, bois, c^{ne} de Nantillois.

BENITERME, bois comm. de Billy-sous-Mangiennes.

BENOÎTE-VAUX, h. et chapelle de pèlerinage, c^{ne} de Rambluzin. — *Locum Benedicta-Vallis qui antiquitus Martin-Han vocabatur*, 1180 (bulle d'Alexandre III). — *Benedicta-Vallis*, 1278 (bulle de Nicolas III); 1738 (pouillé); 1756 (D. Calmet, *not.*). — *Notre-Dame-de-Benoiste-Vaulx*, XVIe s^e (médailles de piété). — *Benoistevaux*, 1641, 1642 (Soc. Philom. lay. Verdun, B. 7 et 9). — *Notre-Dam-de-Benoiste-vaux*, 1790 (carte des États). — *Benoiste-Vaux*, 1738 (pouillé). — *Benoît-Vaux*, 1743 (proc.-verb. des cout.).

Avant 1790, Verdunois, terre d'év. prév. de Tilly, coutume, bailliage et présidial de Verdun, parlement de Metz. — Diocèse de Verdun, archidiaconé d'Argonne, doyenné de Souilly; il y avait un prieuré et une église dans laquelle se trouvait une chapelle paroissiale sous le titre de Saint-Nicolas.

Le prieuré de Benoîte-Vaux fut établi au XIIe s^e sur l'emplacement d'une ferme, dite *Martin-Han*, donnée avec plusieurs autres par l'évêque Alberon de Chiny pour la fondation de l'abb. de l'Étanche. Les religieux de l'Étanche, chargés de faire valoir cette ferme, y construisirent d'abord une petite chapelle qu'ils placèrent sous l'invocation de la sainte Vierge; puis cette chapelle devint célèbre par divers miracles qui s'y opérèrent, et l'on ne tarda pas à regarder la vallée dans laquelle elle s'élevait comme étant bénie; il s'y établit un prieuré de l'ordre des Prémontrés et une église plus importante sous le titre de Notre-Dame-de-Benoîte-Vaux, lesquels continuèrent à dépendre de l'abb. de l'Étanche.

En 1790, distr. de Saint-Mihiel, c^{ne} de Bannoncourt.

Actuellement, arrond. et archipr. de Verdun, c^{on} et doyenné de Souilly. — Patron : la Nativité de la Vierge. — Maison de retraite dirigée par les RR. PP. clercs réguliers de la congrégation de Notre-Sauveur, sous la règle de saint Augustin et les constitutions

du B. Pierre Fourrier; cette congrégation a été autorisée par un décret du Souverain Pontife rendu le 2 février 1855.

BENOÎTE-VAUX (FONTAINE DE), qui prend sa source un peu au-dessus du b. de ce nom et se jette dans le ruiss. de Récourt après un trajet de 2 kilomètres.

BÉON, pont, c^{ne} de Bar-le-Duc.

BEPRÉMENOTTE, bois comm. de Vacon.

BERCEAU, contrée, c^{nes} de Bovée et de Froidos.

BERCES, contrée, c^{ne} de Belleville.

BERCETTES, bois comm. de Neuvilly.

BERG-OP-ZOOM, h. c^{ne} de Warcq.

BERGÈNE (LA), tour ruinée, à Verdun; était située sur le bastion Bergère.

BERGERIE, bois comm. de Neuvilly.

BERGERIE (LA), f. c^{ne} de Lissey; avant 1790, dépendait de Sivry-sur-Meuse.

BERLISGNÈVE, contrée, c^{ne} de Béthincourt.

BERMONT, bois comm. de Mauvages, Méligny-le-Petit et Naives-devant-Bar.

BERMONT (RUISSEAU DE), qui prend sa source à la chapelle de Bermont (Vosges), passe à Goussaincourt et à Burey-la-Côte, au-dessous duquel il se jette dans la Meuse après un cours de 7 kilomètres.

BERNA, font. c^{ne} d'Ippécourt.

BERNATANT, bois comm. de Villers-sous-Bonchamp, sur le territ. d'Haudiomont.

BERNSONGNÈVE, tuil. c^{ne} de Manheulles.

BÉROUSSE, contrée, c^{ne} de Pareid.

BERTANCOURT (LA), f. c^{ne} de Labeuville. — *Bertardo-curtis*, 754 (cart. de Gorze, p. 4). — *Bertaldo-curtis in pago Wambrinse*, 763 (donat. de Pepin). — *Bertaucort*, 1271 (cart. d'Apremont). — *Bertaucourt*, 1745 (Roussel); 1760 (Cassini).

Au XIIe s^e appartenait à l'abb. de Gorze; en 1743, censé fief, partie au seigneur de la Vergne, partie à la marquise de Choiseuil.

l'ERTECOURT, contrée, c^{ne} de Malancourt.

BERTEMPRÉ, contrée, c^{ne} de Dombasle.

BERTENVAUX, contrée, c^{ne} de Marville.

BERTHAUCOURT, vill. ruiné, c^{ne} de Lavoye, à 1 kil au N. de ce village. — *Berthancort*, 1556 (proc.-verb. des cont.). — *Bertaucuriana*, 1580 (stemmat. Lothar.). — *Bertancourt*, *Berthycuria*, 1642 (Mâchon). — *Bertancour*, 1700 (carte des États). — *Bertaucourt-Ruiné*, 1760 (Cassini).

Village détruit vers le XVIe s^e; Champagne, élection, coutume, bailliage et présidial de Châlons, parlem. de Paris. — Dioc. de Verdun, archid. d'Argonne, doyenné de Clermont. — Avait une chapelle paroissiale, anc. mère-église de Froidos, Lavallée, Lavoye et Montgarny, transférée à Lavoye en 1623 par ordre de François de Lorraine, évêque de Verdun.

La charte d'affranchissement de Berthaucourt, donnée par le comte de Bar, date du mois de septembre 1248.

BERTHELÉVILLE, vill. sur la Maldite, à 6 kil. au S. de Gondrecourt. — *Bertilleville*, 1327 (ch. des comptes, c. de Gondrecourt). — *Berthlevilla*, 1402 (reg. Tull.). — *Berteleville*, 1700 (carte des États); 1711 (pouillé). — *Bertelevilla*, 1711 (*ibid.*).

Avant 1790, Champagne, coutume du Bassigny, bailliage et prévôté de Chaumont, présidial de Châlons, parlem. de Paris. — Dioc. de Toul, archid. et doyenné de Rinel.

En 1790, distr. et c^{on} de Gondrecourt.

Actuellement, arrond. et archipr. de Commercy, canton et doyenné de Gondrecourt. — Écarts : le Bocard, Papon. — Patron : saint Remy.

BERTILLIÈRE, bois comm. de Morlaincourt.

BERTILLIÈRE, contrée, c^{ne} de Villeroncourt.

BERTIMONT, bois comm. de Chauvency-le-Château.

BERTINVAUX, contrée, c^{ne} de Moulins.

BERTRAMETZ, f. c^{ne} d'Aubréville.

BERTRANCONT (LE), ruiss. qui prend sa source à Pinthe-ville et se jette dans le Rupt-de-Bulé à Parfondrupt, après un cours de 7 kilomètres.

BERTUCOURT (LE), ruiss. qui a sa source dans les bois de Malaucourt et se jette dans la Chambronne en amont de la Neuve-Grange, après un cours de 2 kil.

BESACE, contrée, c^{ne} d'Étain.

BESALMONT, bois comm. de Resson.

BESIGNE, bois, c^{ne} de Chassey.

BESNES, contrée, c^{ne} de Boureuilles.

BESONBOIS, bois comm. de Bouconville.

BESSALMONT, bois comm. de Tronville.

BESSAUX, contrée, c^{ne} de Récicourt.

BESSERULLE, contrée, c^{ne} d'Hennemont.

BESSIONNERIE (LA), mⁱⁿ, c^{ne} de Dieue.

BETAISSOGNE (LA), ruiss. qui prend sa source dans les bois de Cheppy et se jette dans la Buanthe vis-à-vis de Vauquois, après un cours de 2 kil. — *Ru-de-Bassogne*, 1700 (carte des États). — *Beaussogne*, 1760 (Cassini).

BÉTALCHAMP, contrée, c^{ne} de Grimaucourt-en-Woëvre.

BÉTHELAINVILLE, vill. sur la Froide-Fontaine, à 10 kil. au S.-O. de Charny. — *Buslei-villa*, 962 (bulle de Jean XII). — *Beslane-villa*, 963 (ch. de Béren-ger). — *Betelani-villa*, 1e s^e (polypt. de Reims); 1041 (dipl. de l'empereur Henri III); 1047, 1060, 1061, 1125 (cart. de Saint-Vanne). — *Betelini-villa*, 1015 (*ibid.*). — *Ad Villam Betelani*, 1049 (*ibid.*). — *Betelainvilla*, 1082 (fond. de l'ab-

baye de Saint-Airy); 1254 (cart. de Saint-Vanne). — *Betalainville*, 1089 (confirmat. par l'empereur Henri). — *Beteleinvilla*, 1232 (cart. de Saint-Paul). — *Betelanivilla*, *Betelenivili*, *Betelenvilli*, 1237 (*ibid.*). — *Besselenville*, 1564 (éch. entre le duc de Lorraine et l'évêque de Verdun). — *Butelainville*, 1571 (proc.-verb. des cout.). — *Buthelinville*, 1700 (carte des États). — *Butainville*, *Buthelinville*, *Buthelainville*, *Buthelinville*, 1712 (Soc. Philom. lay. Clermont, arrest de la cour des Aydes). — *Bethelanivilla*, 1717 (D. Martène); 1745 (Roussel). — *Buthelani-villa*, *Buthlainville*, 1738 (pouillé).

Avant 1790, Clermontois, prévôté des Montignons, ancienne justice seign. des princes de Condé, coutume et baill. de Clermont, parlem. de Paris. — Dioc. de Verdun, archid. de la Princerie, doyenné de Forges.

En 1790, distr. de Clermont-en-Argonne, c^{on} de Montzéville.

Actuellement, arrond. et archipr. de Verdun, c^{on} et doyenné de Charny. — Écarts : Ancéréville, Butgnéville, Vignéville. — Patron : saint Martin.

BÉTHINCOURT, vill. sur le ruisseau de Forges, à 10 kil. à l'O. de Charny. — *Bottonis-curtis*, 980 (cart. de Saint-Vanne). — *Berthei-curtis*, 1049 (*ibid.*). — *Betuncurt*, 1189 (cart. de Jeand'heures). — *Betincort*, 1213, 1242, 1257 (cart. de la cathéd.). — *Betincourt*, 1564 (éch. entre le duc de Lorraine et l'évêque de Verdun); 1571 (proc.-verb. des cout.); 1738 (pouillé). — *Betincour*, 1656 (carte de l'év.); 1700 (carte des États). — *Béthlaincourt*, 1712 (Soc. Philom. lay. Clermont, arrest de la cour des Aydes). — *Betaincourt*, 1712 (*ibid.*); 1745 (Roussel). — *Betini-curia*, 1738 (pouillé). — *Betlincourt*, *Bertini-curtis*, 1745 (Roussel).

Avant 1790, Clermontois, prévôté des Montignons, ancienne justice seigneuriale des princes de Condé, coutume et baill. de Clermont, parlement de Paris. — Dioc. de Verdun, archid. de la Princerie, doyenné de Forges.

En 1790, distr. de Clermont-en-Argonne, c^{on} de Montzéville.

Actuellement, arrond. et archipr. de Verdun, c^{on} et doy. de Charny. — Écart : Rafécourt. — Patron : saint Martin.

BETHLÉMONT, bois comm. du Ménil-aux-Bois. — *Béthelani-Mons*, 1078-1098 (ch. de la comtesse Mathilde pour l'abbaye de Saint-Mihiel); 1106 (bulle de Pascal II).

BETHLÉVILLE, chapelle ruinée, c^{ne} de Consenvoye. — *Berolei-villa*, 1061 (cart. de Saint-Vanne). — *Berleville*, 1601 (hôtel de ville de Verdun, A. 57).

Bétoux, contrée, c⁰ᵉ de Senard.

Beuze, bois comm. de Nantillois.

Beugné, contrée et pont, c⁰ᵉ de Saint-Benoît.

Beurey ou Beurey-la-Grande, village, sur la Saulx, à 9 kil. au S. de Revigny. — *Beuronis*, 884 (dipl. de Charles le Gros); 922 (confirmation par Charles le Simple). — *Beurrei*, 1147, 1180 (cart. de Jeand'heures). — *Burre*, 1195 (*ibid.*). — *Beurrey*, 1359 (chambre des comptes, c. du Célérier). — *Burreyum*, 1402 (regest. Tull.). — *Beurés, Beureium*, 1711 (pouillé). — *Burcy, Bureium*, 1756 (D. Calmet, *not.*)

Avant 1790, Barrois mouvant, chef-lieu de baronnie et de prévôté, jurid. du prévôt, office, recette, coutume et baill. de Bar, présid. de Châlons, parlem. de Paris. — Dioc. de Toul, archid. de Rinel, doy. de Robert-Espagne.

La prévôté de Beurey était composée de Beurey, Beurey-la-Petite, Mussey.

En 1790, lors de l'organisation du dép⁴, Beurey devint chef-lieu de l'un des c⁰⁰ˢ dépendant du distr. de Bar; ce c⁰⁰ était composé des municipalités dont les noms suivent : Beurey, Combles, Mognéville, Mussey, Robert-Espagne, Trémont, Véel.

Actuellement, arrond. et archipr. de Bar-le-Duc, c⁰ᵉ et doyenné de Revigny. — Écart : Beurey-laPetite, le Moulin. — Patron : saint Martin.

Beurey-la-Petite, hameau et mⁱⁿ, c⁰ᵉ de Beurey-laGrande. — *Bureriacum*, 884 (dipl. de Charles le Gros); 922 (confirm. par Charles le Simple). — *Petite-Beurés*, 1749 (pouillé). — *Boteriacus*, 1756 (D. Calmet, *not.*).

Avant 1790, baronnie et prévôté de Beurey-laGrande.

Beurnonvaux, contrée, c⁰ᵉ de Baalon.

Beuze, contrée, c⁰ᵉ d'Ornes.

Beuze (La), ruiss. qui prend sa source sur le territ. de Mussey et se jette dans la Saulx entre Mognéville et Contrisson, après un cours de 7 kilomètres.

Bévaux (La), contrée, c⁰ᵉ de Verdun.

Bezimont, contrée, c⁰ᵉ du Ménil-la-Horgne.

Bezonvaux, vill. sur le ruiss. de Bezonvaux, à 9 kil. à l'E. de Charny. — *Nœure villa à Besonval*, 1252 (ch. de Thiébaut II, arch. de Juvigny). — *Bonsonval*, 1262 (cart. de la cathédr.). — *Besonvaulx*, 1619 (Soc. Philom. lay. Verdun); 1642 (Mâchon). — *Bezonis-vallis*, 1738 (pouillé); 1749 (*ibid.*). — *Besonvaux*, 1745 (Roussel). — *Bezonis-villa*, 1756 (D. Calmet, *not.*).

Avant 1790, Barrois non mouvant, office, recette et baill. d'Étain, chef-lieu de prévôté, titre de seigneurie, jurid. du juge-garde des seigneurs et Meuse.

des dames de l'abb. de Juvigny-sur-Loison, présid. de Verdun, cour souv. de Nancy. — Dioc. de Verdun, archid. de la Princerie, doyenné de Chaumont. — Patron : saint OEdigide; annexe de Beaumont.

La prévôté de Bezonvaux était composée des vill. et seigneuries de Beaumont, Bezonvaux et Douaumont.

En 1790, distr. de Verdun, c⁰⁰ d'Ornes.

Actuellement, arrond. et archipr. de Verdun, c⁰⁰ et doyenné de Charny. — Écart : Méraucourt. — Patron : saint Gilles; annexe d'Ornes.

Bezonvaux (Ruisseau de), qui a sa source dans le bois dit *la Vauche*, passe à Bezonvaux et se jette dans le ruisseau de Vaux en amont de Morgemoulins, après un cours de 7 kilomètres.

Bia, contrée, c⁰ᵉ de Béthincourt.

Biauxe, contrée, c⁰ᵉ de Givrauval.

Biso, fontaine, c⁰ᵉ de Montmédy.

Biencourt, vill. sur l'Orge, à 7 kil. au N.-E. de Montiers-sur-Saulx. — *Biecuria*, 1402 (regest. Tull.) — *Baincourt*, 1460 (coll. lorr. t. 24.739, A. 14). — *Biecors*, 1700 (carte des États). — *Biencuria*, 1711 (pouillé); 1749 (*ibid.*); 1756 (D. Calmet, *not.*).

Avant 1790, Barrois mouvant, comté et office de Ligny, prévôté partie de Ligny et partie de Montiers-sur-Saulx, coutume, recette et baill. de Bar, présid. de Châlons, parlem. de Paris; le roi en était seul seigneur. — Dioc. de Toul, archid. de Rinel, doy. de Dammarie.

En 1790, distr. de Gondrecourt, c⁰⁰ de Montiers-sur-Saulx.

Actuellement, arrond. et archipr. de Bar-le-Duc, c⁰⁰ et doyenné de Montiers-sur-Saulx. — Écart : le Bocard. — Patron : saint Pierre et saint Paul.

Biencourt, f. ruinée, c⁰ᵉ de Vouthon-Haut.

Bienvat, bois comm. d'Aubréville.

Bièses (Champ des), contrée, c⁰ᵉ d'Avocourt; cimetière gallo-romain très-considérable.

Biesme (La), riv. qui prend naissance aux étangs de Saint-Rouin, dans la forêt de Beaulieu, passe à Courupt, à Futeau, aux Senades, aux Islettes, au Neufour, à Lachalade et au Four-de-Paris, où elle sort du dép⁴; après un cours total de 29 kil. dont 22 dans le dép⁴, la Biesme se jette dans l'Aisne au-dessous de Vienne-le-Château (Marne). — *Ad Biumam*, 962 (cart. de Saint-Vanne). — *Biumma*, x⁰ s⁰ (Virdunensis comitatus limites); 1707 (carte du Toulois). — *Usque ad aquam quæ Bima vocatur*, 1127 (ch. de Henri de Winchester pour Lachalade). — *Bizmia*, x⁰ s⁰ (polypt. de Reims). — *Biemne*, 1700 (carte des États).

Cette riv. traverse une grande partie de la forêt

4

d'Argonne, dont les côtes bordent la vallée dite *vallée de la Biesme*.

Bieva, contrée, c⁰⁰ de Nixéville.

Bièvre (La), ruiss. qui vient du dép⁺ des Ardennes et se jette dans la Chiers entre Brouennes et Lamouilly, après un cours de 2 kil. dans le dép⁺ de la Meuse. — *Berera, Beveris*, 1756 (D. Calmet, *not.*).

Bigie, contrée, c⁰ᵉ des Islettes.

Bigiévaux, contrée, c⁰⁰ de Béthincourt.

Bigaut, contrée, c⁰⁰ d'Étain.

Bigox, gué sur la Meuse, c⁰ʳ de Luzy; une tour protégeait anciennement le passage de ce gué.

Bilboa, bois comm. de Montmédy.

Bilée (Côte), bois, c⁰ᵉ de Kœur-la-Grande.

Billade, contrée, c⁰ᵉ de Moulotte.

Billaumont, contrée, c⁰ᵉ de Fresnes-en-Woëvre.

Billemont, f. et chât. c⁰ʳ de Dugny. — *Belmont*, 1498 (paix et accord). — *Vermonchamp*, 1768 (arch. comm. de Belleray, plan figuratif).

Billian, f. ruinée, c⁰ᵉ de Gercourt.

Billory, bois comm. de Flabas.

Billotte, bois comm. de Morlaincourt.

Billottes (Pont des), c⁰ᵉ de Bar-le-Duc.

Billy-sous-les-Côtes, vill. sur la Saunure, à 4 kil. au N. de Vigneulles-lez-Hattonchâtel. — *Billeium*, 1135 (Onera abbatum). — *Billey*, 1180 (bulle d'Alexandre III). — *Billy*, 1700 (carte des États). — *Bilié*, 1745 (Roussel); 1749 (pouillé). — *Billorum-locus*, 1749 (ibid.). — *Barundula*, 1756 (D. Calmet, *not.*).

Avant 1790, Barrois non mouvant, marquisat, office, coutume et prévôté d'Hattonchâtel, recette et baill. de Saint-Mihiel, présid. de Toul, cour souveraine de Nancy. — Dioc. de Verdun, archid. de la Rivière, doy. d'Hattonchâtel, paroisse de Viéville-sous-les-Côtes.

En 1790, distr. de Saint-Mihiel, c⁰⁰ d'Hattonchâtel.

Actuellement, arrond. et archipr. de Commercy, c⁰⁰ et doyenné de Vigneulles. — Patron : saint Hubert; annexe de Viéville-sous-les-Côtes.

Billy-sous-Mangiennes, vill. sur la rive droite du Loison, à 7 kil. à l'O. de Spincourt. — *Billeium*, 1158, 1179, 1223 (cart. de Saint-Paul); 1249, 1257, 1261 (ch. d'affranch.); 1564 (éch. entre le duc de Lorr. et l'év. de Verdun); 1656 (cart. de l'évêché). — *Bille-de-lez-Magienes*, 1249 (cart. de Saint-Paul). — *En la neuve ville de Billei*, 1249 (ibid.). — *Billei*, 1252 (ibid.); 1322 (év. de Verdun). — *Billey*, 1268 (cart. de la cathéd.). — *Billeyum*, 1642 (Mâchon). — *Billiorum-locus*, 1738 (pouillé).

Village affranchi en 1257.

Avant 1790, Verdunois, terre d'évêché, prévôté de Mangiennes, coutume, bailliage et présidial de Verdun, anc. assises des quatre pairs de l'évêché, parlem. de Metz. — Dioc. de Verdun, archid. de la Woëvre, doyenné d'Amel; était une vouérie à l'abb. de Saint-Paul de Verdun.

En 1790, arrond. et archipr. de Montmédy, c⁰⁰ de Spincourt, chef-lieu de doyenné. — Écarts : Blanc-Étot, le Haut-Fourneau, Mernignac. — Patron : saint Loup.

Le doyenné de Billy-sous-Mangiennes a la même composition que celle du canton dont il fait partie, et qui a Spincourt pour chef-lieu.

Billy a donné son nom à une maison de nom et d'armes très-ancienne, depuis longtemps éteinte, qui portait : *d'azur à trois billettes d'argent* (Husson l'Écossais).

Bilqué, bois comm. de Rigny-la-Salle.

Binois, contrée, c⁰ᵉ des Islettes.

Biot, pont sur le ruiss. des Trois-Fontaines, c⁰ᵉ de Pagny-sur-Meuse.

Biqueneulle (La), ruiss. qui a sa source au Coulmier, c⁰ᵉ de Verdun, et se jette dans la Meuse à Belleville, après un cours de 3 kil. — *Beguinelle*, 1498 (paix et accord). — *Biguencuelle*, 1770 (actes du tabell. de Verdun).

Biquévaux, contrée, c⁰⁰ de Béthincourt.

Biquotte (La), f. c⁰ᵉ de Chalaines. — *La Baraque*, 1760 (Cassini).

Biscart, m¹⁰, c⁰ᵉ de Sommedieue.

Bislée, vill. sur la rive droite de la Meuse, à 4 kil. au S.-O. de Saint-Mihiel. — *Biscryblata in pago Virdonense*, 709 (test. Vulfoadi). — *Bislata*, 921 (dipl. de Charles le Simple); 1549 (Wassebourg). — *Booleia*, 964 (anc. ms de Saint-Vanne, Hist. de Lorr. pr.). — *Bileci*, x⁰ siècle (Virdunensis comitatus limites); 1707 (carte du Toulois). — *Billeir*, 1359 (abb. de Saint-Mihiel, 3. K. 3). — *Billée*, 1495-96 (Trésor des ch. B. 6364). — *Billo*, 1549 (Wassebourg). — *Biley*, 1571 (proc.-verb. des cout.); 1642 (Mâchon); 1700 (carte des États); 1738 (pouillé). — *Bilvi*, 1707 (carte du Toulois). — *Bileeum*, 1738 (pouillé). — *Billey*, 1745 (Roussel). — *Bolein, Biscriblata, Byscriblata*, 1756 (D. Calmet, *not.*).

Avant 1790, Barrois non mouvant, comté de Kœur, office, coutume, bailliage et prévôté de Saint-Mihiel, présid. de Toul, cour souveraine de Nancy. — Dioc. de Verdun, archid. de la Rivière, doyenné de Saint-Mihiel.

En 1790, distr. de Saint-Mihiel, c⁰⁰ de Bannoncourt.

Actuellement, arrond. et archipr. de Commercy, c⁰ⁿ et doyenné de Saint-Mihiel. — Écarts : Magenta, Mont-Meuse, Pont-Neuf. — Patron : saint Privat.

Bissaux, contrée, cⁿᵉ d'Azannes.

Bitry, contrée, cⁿᵉ de Brabant-en-Argonne.

Biveaux, contrée, cⁿᵉ de Watronville.

Blaincbamp, contrée, cⁿᵉ de Liny-devant-Dun.

Blainville, ham. ruiné, cⁿᵉ de Vaucouleurs. — Amblainville, 1711 (pouillé de Toul).

Blamecourt, contrée, cⁿᵉ de Bar-le-Duc.

Blâmont, côte, cⁿᵉ de Fromeréville; traces de la grande voie consulaire de Reims à Metz, par Verdun.

Blamont, contrée, cⁿᵉ de Naives-devant-Bar.

Blanc (Moulin), cⁿᵉˢ de Flabas et de Moirey.

Blanc-Chêne, fontaine, dite aussi Gros-Terme, cⁿᵉ de Laimont; ses eaux sont ferrugineuses.

Blanc-des-Fontaines, usine, cⁿᵉ de Stenay.

Blanc-Étot, mⁱⁿ, cⁿᵉ de Billy-sous-Mangiennes.

Blancchamp, contrée, cⁿᵉ de Thonnelle.

Blanchard, fontaine, cⁿᵉ de Brizeaux.

Blancharderie (La), m. isolée, cⁿᵉ de Verdun.

Blanche-Côte (La), côte, cⁿᵉ de Pagny.

Blanche-Pierre, contrée, cⁿᵉ d'Avocourt.

Blanche-Viti, contrée, cⁿᵉ de Fromeréville.

Blanc-Holly, bois comm. de Vaux.

Blanc-Loup, côte, cⁿᵉ de Chauvoncourt.

Blanc-Saule (Le), ruiss. qui a sa source sur le territ. de Sommaisne et se jette dans l'Aisne au-dessous de Pretz, après un cours de 2 kilomètres.

Blanc-Terme, contrée, cⁿᵉ de Montzéville.

Blandin, côte et bois comm. de Mondrecourt et Rignaucourt.

Blanzée, vill. sur le ruisseau des Vaches, à 9 kil. au S.-O. d'Étain. — Blanzeum, 1177 (Trés. des ch.). — Blanzey, 1559 (Lamy: acte du tabell. de Verdun); 1581 (compte du prévôt de Fresnes); 1656 (carte de l'év.); 1745 (Roussel). — Blanzy, 1573 (Lamy: dénombr. de la seign. de Saint-Maurice); 1642 (Mâchon). — Blansey, 1582 (coll. lorr. t. 266.48, P. 9). — Blanzé, 1700 (carte des États); 1743 (proc.-verb. des cout.).

Avant 1790, Verdunois, terre d'év. prévôté de Dieppe, coutume, baill. et présid. de Verdun, anc. assises des quatre pairs de l'évêché, parlement de Metz. — Dioc. de Verdun, archic. de la Woëvre, doyenné de Parcid; selon Mâchon, annexe de Châtillon-sous-les-Côtes, sous le titre de Saint-Vanne. En 1790, distr. de Verdun, cⁿ de Châtillon-sous-les-Côtes.

Actuellement, arrond. et archipr. de Verdun, cⁿ et doyenné d'Étain. — Écart : Mandre. — Paroisse de Châtillon-sous-les-Côtes.

Blanzée (Étang de), cⁿᵉ de Blanzée.

Blaquière, contrée, cⁿᵉˢ d'Eix.

Blecina, contrée, cⁿᵉ de Rambucourt.

Bléménau, bois comm. de Doncourt-aux-Templiers.

Blercourt, vill. sur le ruiss. de Blercourt, à 11 kil. au N.-O. de Souilly. — Berlei-curtis, 1049 (bulle de Léon IX). — Blervei-cwtis, 1118 (cart. de Saint-Vanne). — Berulei-curtis, 1161 (ibid.) — Bleircourt, 1277 (cart. de Saint-Paul). — Blercour, 1656 (carte de l'év.); 1756 (D. Calmet, not.). — Blercourt, Blincourt, 1712 (Soc. Philom. lay. Clermont; arrest de la cour des Aydes). — Blerccaria, 1738 (pouillé).

Avant 1790, Clermontois, coutume, bailliage et prévôté de Clermont, anc. justice seign. des princes de Condé, présid. de Châlons, parlement de Paris. — Dioc. de Verdun, archid. d'Argonne, annexe de Rampont.

En 1790, distr. de Verdun, cⁿ de Sivry-la-Perche. Actuellement, arrond. et archipr. de Verdun, cⁿ et doyenné de Souilly. — Patron : saint Pierre-aux-Liens.

Blercourt (Ruisseau de), qui prend sa source au-dessus de Blercourt et se jette dans le Wadelaincourt entre Rampont et Dombasle, après un cours de 3 kil.

Blet, contrée, cⁿᵉ de Boureuilles.

Bleusse, contrée, cⁿᵉ de Woël.

Blina, font. cⁿᵉ d'Érize-la-Petite.

Blois (Pays de), dit aussi le Blaisois, petit territ. qui s'étendait entre l'Ornain et la Melholle et avait pour limites : au nord, la Voide ou pays de Void (pagus Bedensis); à l'est, le pays des Vaux (pagus Vallium); au sud, l'Ornois (pagus Odornensis); à l'ouest, le Barrois (pagus Barrensis); il faisait partie du Toulois et avait pour chef-lieu le château de Blois, Blesœ (carte du Toulois); ce chât. aujourd'hui ruiné, était situé entre Broussey-en-Blois et Naives-en-Blois. — In Blesio, in Bleois, 1402 (regest. Tull.). — En Bloys, 1572 (coll. lorr. t. 243.37, P. 57). — Pagus Blesensis, 1707 (carte du Toulois); 1750 (de Hontheim); 1756 (D. Calmet, not.).

Blonde (La), font. cⁿᵉ de Raulecourt.

Blossier (Le), pont et contrée, cⁿᵉ de Cesse.

Blossiers (Les), contrée, cⁿᵉ de Chaumont-sur-Aire.

Blossis, contrée, cⁿᵉ de Belleville.

Bloucq, mⁱⁿ, cⁿᵉ de Foameix. — Bloue, 1700 (carte des États). — Blouq, 1749 (pouillé).

Appartenait à l'ordre de Malte et était Barrois non mouvant, office et bailliage d'Étain, coutume de Saint-Mihiel, présid. de Verdun, cour souveraine de Nancy.

Bloucq, étang, cⁿᵉ de Foameix.

4.

Bluat, contrée, c^{ne} de Clermont-en-Argonne.

Blusses (Les), bois comm. d'Haudiomont.

Blusses (Les), bois comm. de Maxey-sur-Vaise et de Saint-Julien.

Blusson, mⁱⁿ, c^{ne} de Han-sur-Meuse. — *Blusson-Moulin*, 1778 (Durival).

Blussez, côte, c^{ne} de Savonnières-en-Woëvre; traces de retranchements antiques.

Bocha, font. c^{ne} d'Hattonchâtel.

Bochelet, bois comm. de Loison.

Bocherey, bois comm. de Pillon.

Bochelt, bois comm. d'Azannes, Autréville, Breux et Wiseppe.

Bocher, contrée, c^{ne} de Thonnelle.

Bochetel, bois comm. de Nepvant.

Bochil, bois comm. de Bantheville.

Boëmont, h. c^{ne} de Vittarville. — *Buennemons*, 770 (dipl. du comte Boson). — *Buennont*, 1220 (acte de vasselage). — *Boeymont*, 1289 (cart. de la cath.). — *Buëmonno*, 1364 (vente du comté de Chiny). — *Baymont*, 1656 (carte de l'évêché). — *Bonemont*, 1700 (carte des États). — *Bohémont*, 1743 (proc.-verb. des cout.).

Avant 1790, Verdunois, terre du chap. prévôté de Merles, coutume et baill. de Verdun, parlem. de Metz.

Bœur, contrée, c^{ne} du Ménil-sous-les-Côtes.

Bogerosse, bois comm. de Goussaincourt.

Bohanne, bois comm. de Tronville.

Bohémont, bois comm. de Dagonville et de Lavallée.

Boilières, contrée, c^{ne} de Nettancourt.

Boilly, contrée, c^{ne} d'Eix.

Boinville, vill. sur la rive gauche de l'Orne, à 4 kil. au S.-E. d'Étain. — *Bodulphi-villa*, 936 (cart. de Gorze). — *Boenvilla*, 1144 (cart. de Saint-Paul). — *Bonville*, 1236 (ibid.); 1312 (cart. d'Apremont); 1549 (Wassebourg). — *Boinville*, 1238, 1248 (cart. de la cath.); 1322 (arch. de la Meuse). — *Buenville*, 1254 (cart. de Saint-Paul). — *Boinville*, 1312 (cart. d'Apremont). — *Bonneville*, 1601 (hôtel de ville de Verdun, A. 57). — *Bonneivilla*, 1745 (Roussel).

Avant 1790, Verdunois, terre du chap. prévôté de Foameix, ancienne justice des chanoines de la cathéd. coutume, bailliage et présid. de Verdun, parlem. de Metz. — Dioc. de Verdun, archid. de la Woëvre, doyenné d'Amel, annexe de Wareq.

En 1790, distr. d'Étain, c^{on} de Buzy.

Actuellement, arrond. et archipr. de Verdun, c^{on} et doyenné d'Étain. — Écarts : Sainte-Anne, le Grand-Saint-Georges. — Patron : saint Martin; annexe de Wareq.

Boinie, contrée, c^{ne} d'Abaucourt.

Bois-Bâchin, h. c^{ne} des Islettes. — *Bois-Baschin*, 1571 (proc.-verb. des cout.).

Bois-Brûlé, bois, c^{ne} de Raulecourt; il faisait partie de la forêt de la Reine.

Bois-Brûlé, bois comm. de Rupt-en-Woëvre et de Senoncourt.

Bois-Charbot, contrée, c^{ne} de Beney.

Boischiot, bois comm. d'Euville.

Bois-d'Arcq, f. c^{ne} de Gincrey. — *Villagium quod dicitur Arque*, 1002 (ex epitaph. Mathildis comitissæ, stemmat. Lothar). — *Arcus-ad-Ornam*, 1049 (bulle de Léon IX). — *Arques*, 1745 (Roussel). — *Bois-d'Arcq*, 1749 (pouillé).

Avant 1790, Barrois non mouvant, office, prévôté et baill. d'Étain, présid. de Verdun, cont. de Saint-Mihiel, dépend. de Senon. — Dioc. de Verdun, paroisse de Senon.

Bois-d'Ay, mⁱⁿ, c^{ne} d'Iré-le-Sec.

Bois-de-Fer, bois comm. d'Osches.

Bois-des-Aulnes (Fontaines du), c^{ne} de Lissey; sources minéralisées par un peroxyde de fer hydraté qui dépose sur les herbes et sur les pierres; température : + 8 degrés ½. Ces sources se réunissent et forment un ruisseau qui se jette dans la Tinte vis-à-vis de Vittarville, après un cours de 5 kilomètres.

Bois-de-Saulx, f. c^{ne} de Chassey.

Bois-des-Moines, contrée, c^{ne} de Damloup; ancien bois défriché.

Bois-Gérard, ferme, c^{ne} de Nousard.

Bois-Japin, f. c^{ne} de Lisle-en-Barrois.

Bois-Labarre, contrée, c^{ne} de Bussy-la-Côte.

Bois-le-Comte, contrée, c^{nes} d'Autrécourt et de Thillot.

Bois-les-Moines, f. c^{nes} de Lisle-en-Barrois et de Mangiennes.

Bois-l'Hôpital, f. c^{ne} d'Amel.

Bois-Secs (Les), bois comm. de Dieue et d'Haudainville.

Boissinot, bois comm. de Dompcevrin.

Bolandre, ancienne baronnie et chât. actuell. ferme, c^{ne} de Bantheville. — *Rolandre*, 1615 (Lamy: acte du tabell. de Verdun). — *Boulande*, 1700 (carte des États).

Bonatisse, bois comm. de Romagne-sous-Montfaucon.

Bonay, contrée, c^{ne} de Cheppy.

Bonchamp, contrée, c^{ne} de Mont-sous-les-Côtes.

Bonchot, bois comm. de Woimbey.

Boncourt, contrée, c^{ne} d'Haudainville.

Boncourt, vill. sur le ruiss. de Boncourt, à 5 kil. au N. de Commercy. — *Bonone-curtis*, 763 (donat. de Pepin). — *Buincort*, 1213 (abb. de Saint-Mihiel). — *Boncort*, 1229 (cart. de la cath.); 1238

(cart. de Rangéval); 1282 (cart. d'Apremont). —
Boncuria, 1402 (regest. Tull.). — *Bona-curtis*,
1711 (pouillé); 1756 (D. Calmet, *not.*).

Avant 1790, Barrois non mouvant, seigneurie,
juridiction du seigneur, office et comté d'Apremont,
coutume, recette et bailliage de Saint-Mihiel, cour
souveraine de Nancy. — Dioc. de Toul, archid. de
Ligny, doy. de Meuse-Commercy.

En 1790, distr. de Commercy, c^{on} de Vignot.

Actuellement, arrond. c^{on}, archipr. et doyenné de
Commercy. — Écarts : la Forge, Mandre-la-Petite.
— Patron : l'Invention de Saint-Étienne.

Boncourt a donné son nom à une maison qui
portait : *de gueules à trois fasces d'or, au lambel de
trois pièces de même mis en chef* (Husson l'Écossais).

BONCOURT (RUISSEAU DE), qui prend sa source à Saint-
Julien, passe à Boncourt et se jette dans la Meuse
au bief de la Forge, après un cours de 6 kilomètres.

BONDE (LA), contrée, c^{on} de Clermont-en-Argonne.

BONDEUIL, contrée, c^{on} de Longeville.

BONDRÉ, bois comm. de Rambucourt.

BONIDAUX, contrée, c^{on} de Belleville.

BONNE (LA), ruiss. qui a sa source sur le territ. d'Autrécourt, en amont duquel il se jette dans l'Aire.

BONNET, vill. aux sources du ruiss. de Richecourt, à
6 kil. à l'O. de Gondrecourt. — *Boneidum*, 982
(dipl. de saint Gérard, évêque de Toul). — *Boney*,
1327 (chambre des comptes, c. de Gondrecourt).
— *Bonnayum*, 1402 (regest. Tull.). — *Bonayum*,
1457 (généal. du Châtelet, D. Calmet, pr.). —
Buneium, 1707 (carte du Toulois). — *Bunetum*,
1711 (pouillé); 1756 (D. Calmet, *not.*). — *Bonadus, Bonnay*, 1756 (*ibid.*).

Avant 1790, Champagne, coutume du Bassigny,
prévôté et baill. de Chaumont, présid. de Châlons,
parlem. de Paris. — Dioc. de Toul, archid. de Ligny,
doy. de Meuse-Commercy.

Avait un prieuré sous les titres de *Notre-Dame*
et de *Sainte-Salberge*, vulgairement appelé *prieuré
de Richecourt*, dépend. de Saint-Jean de Laon, dont
l'abbé était le patron.

En 1790, distr. de Gondrecourt, c^{on} de Mandres.

Actuellement, arrond. et archipr. de Commercy,
c^{on} et doy. de Gondrecourt. — Écarts : Jonchère,
Moranlieu, Richecourt, la Vieille-Forge. — Patron :
saint Florentin.

BONNETIÈRE, contrée, c^{on} de Maulan.

BONNE-VALLE, vallée, c^{on} de Beaulieu; nom primitif de
l'ermitage qui fut nommé plus tard *Saint-Rouin*.

BONS-AMANTS (TROU DES), vaste grotte dans le bois dit
Val-Paillard, près de la ferme de Grignoncourt,
c^{ne} de Montiers-sur-Saulx.

BONVAL, contrée, c^{ne} de Stainville.

BONZÉE, vill. sur le Longeau, à 3 kil. à l'O. de Fresnes-
en-Woëvre. — *Bonzeium*, 962 (acte de fond.). —
Ecclesia a Bunsena, x^e s^e (bulle de Benoît VII). —
Ecclesia ad Bunsena, 971 (cart. de Saint-Paul). —
Bonzeum, 973 (ch. de l'év. Wilgfride). — *Botzeina*,
973 (confirmat. par l'empereur Otton). — *Bonzei,
Bonzeum*, 1163 (cart. de Saint-Paul). — *Bunzeium*,
1165, 1179, 1196, 1208, 1214 (*ibid.*); 1736
(annal. præmonstr.). — *Bonzees*, 1196, 1247,
1249 (cart. de Saint-Paul). — *Bonzeis*, 1207 (*ibid.*);
1219 (cart. de la cathédr.); 1332 (accord entre
l'év. de Verdun et le voué de Fresnes). — *Bonzeis*,
1240 (cart. de Saint-Paul). — *La vouerie de lor
ban de Bonzees*, 1252 (*ibid.*). — *Bonzey*, 1346
(chambre des comptes, c. d'Étain); 1494 (Lamy :
sentence de la salle épisc. de Verdun); 1531 (compte
du prévôt de Fresnes); 1601, 1607 (arch. de Bonzée);
1642 (Méchon); 1656 (carte de l'év.). — *Bonsey*,
1549 (Wasselbourg). — *Bonzé*, 1700 (carte des
États; 1738 (pouillé). — *Botzeum*, 1736 (annal.
præmonstr.). — *Bonzeeum*, 1738 (pouillé). —
Bauzé, 1743 (proc.-verb. des coul.). — *Bouzey*.
1745 (Hist. de Lorr. t. III, pr.).

Avant 1790, Verdunois, terre du chap. prévôté
d'Harville, anc. justice des chan. de la cathéd. coul.
baill. et présid. de Verdun, parlem. de Metz. —
Dioc. de Verdun, archid. de la Woëvre, doyenné de
Pareid, annexe de Mont-sous-les-Côtes.

Était chef-lieu d'un ban composé de Bonzée,
Mont-sous-les-Côtes, le Mesnil-en-Woëvre et Floncourt.

En 1790, distr. de Verdun, c^{on} de Fresnes-en-
Woëvre.

Actuellement, arrond. et archipr. de Verdun, c^{on}
et doyenné de Fresnes-en-Woëvre. — Écarts : Moulin-
Bas, Moulin-Haut. — Patron : saint Laurent.

BORDE (LA), f. c^{ne} de Fouchères.

BORDE (LA), contrée, c^{ne} de Vignot; était située près
d'une anc. léproserie.

BORDE (LA), f. ruiné, c^{ne} de Void.

BORDES (LES), vill. ruiné, c^{ne} de Louppy-le-Château;
existait en 1486 (ch. des comptes, lay. Louppy). —
A donné son nom à la fontaine qui l'arrosait.

BORDEUS, bois comm. de Combles.

BORNE-AUX-QUATRE-TROUS, contrée, c^{on} de Ligny.

BORNE-PERCÉE, contrée, c^{ne} de Géniconrt-sur-Meuse.

BORNE-TROUÉE, bois communal d'Écurey; on y voyait,
il y a quelques années, une grande borne ou pierre
percée qui marquait la limite de l'ancien comté de
Verdun. — *Pertusa-Petra*, xe siècle (*Virdunensis
comitatus limites*).

Bosmard, m⁰⁰, cᵉ de Lavignéville.

Bossue (La), font. qui prend sa source dans la vallée dite *Gorge-le-Prieur*, cⁿᵉ de Beaulieu.

Botanielle, usine, cᵉ de Lavignéville.

Botray, contrée, cⁿᵉ de Malancourt.

Boucane, contrée, cˢᵉ des Islettes.

Bouchet, bois comm. de Cheppy, Fromeréville, Verdun.

Bouchets (Les), contrée, cⁿᵉ de Vacherauville.

Bouchon, contrée, cᵗᵉ de Longeville.

Bouchon (Le), vill. sur la Saulx, à 10 kil. au N. de Montiers-sur-Saulx. — *Subtus Bunchin*, 1141 (cart. de Jeand'heures). — *Boucham*, 1163 (ibid.). — *Bouchin*, 1180 (ibid.). — Bouchon, 1378 (ch. des comptes de Bar); 1711 (pouillé). — *Bouchonnum*, 1402 (Máchon). — *Bouchons (Les)*, 1700 (carte des États). — *Dunnum*, 1736 (ann. præmonst.). — *Bouchonium*, 1711 (pouillé); 1749 (ibid.).

Avant 1790, Barrois mouvant, comté, office et prev. de Ligny, recette, coutume et baill. de Bar, présidial de Châlons, parlement de Paris; le roi en était seul seigneur. — Diocèse de Toul, archidiaconé de Rinel, doyenné de Dammarie, annexe de Fouchères; avait un ermitage sous le titre de Notre-Dame-de-l'Épine.

En 1790, distr. de Bar, cⁿ de Stainville.

Actuellement, arrond. et archipr. de Bar-le-Duc, cⁿ et doyenné de Montiers-sur-Saulx. — Écart : Bonchaîne. — Patron : saint Èvre.

Bouchon (Rond), contrée, cⁿᵉ de Menaucourt.

Bouchons (Les), contrée, cⁿᵉ de Chattancourt.

Bouchot, bois, cⁿᵉ de Consances-aux-Bois.

Boucaut, bois comm. d'Érize-la-Grande, Grimaucourt, Herbeuville, Levoncourt, Longeville et Vaux-lez-Palameix.

Bouconvaux, contrée, cⁿᵉ d'Eix.

Bouconville, vill. sur le Rupt-de-Mad, à 11 kil. à l'E. de Saint-Mihiel. — *Buconis-villa super Maticum*, 921 (dipl. de Charles le Simple). — *Buconis-villa*, 1106 (bulle de Pascal II); 1756 (D. Calmet, not.). — *Buconis-villa*, xiiᵉ siècle (Laurent de Liége). — *Bouconville*, 1269 (ch. des comptes); 1289 (cart. d'Apremont). — *Beconis-villa*, 1707 (carte du Toul.). — *Buconisvilla*, 1749 (pouillé). — *Bocconis-villa*, *Buconis-villa*, 1756 (D. Calmet, not.).

Avant 1790, Barrois non mouvant, chef-lieu de gruerie, d'office et de prévôté, coutume, recette et bailliage de Saint-Mihiel, présidial de Toul, cour souveraine de Nancy; le roi en était seul seigneur. — Diocèse de Metz, archidiaconé de Vic, archipr. de Gorze.

La prévôté de Bouconville a fourni au dép¹ les villages de Bouconville, Gironville et Labayville.

La gruerie ressortissait à la maîtrise particulière de Saint-Mihiel.

En 1790, lors de l'organisation du dép¹, Bouconville devint chef-lieu de l'un des cantons dépendant du district de Saint-Mihiel; ce canton était composé des municip. dont les noms suivent : Bouconville, Broussey-en-Woëvre, Labayville, Montsec, Rambucourt, Raulecourt, Richecourt, Xivray-Marvoisin.

Actuellement, arrond. et archipr. de Commercy, cⁿ et doyenné de Saint-Mihiel. — Écart : l'Ancien-Château. — Patron : saint Maurice.

Bouconville, étang, cⁿᵉ de Bouconville.

Boi de (La), m. isolée, cⁿᵉ de Lacroix-sur-Meuse.

Boudet, pont et contrée, cⁿᵉ de Vignot.

Bordeux, contrée, cⁿᵉ de Tannois.

Boudière, contrée, cⁿᵉ de Butgnéville.

Boudin, contrée, cᵗᵉ de Fresnes-en-Woëvre.

Boudinerie (La), f. ruinée, cᵗᵉ de Verdun.

Bouée (La), bois comm. du Ménil, sur le territ. de Mont-sous-les-Côtes.

Bougitte, contrée, cⁿᵉ de Ville-en-Woëvre.

Bouillon, forge, cⁿᵉ de Chauvoncy-Saint-Hubert.

Bouillon (Le), font. qui prend sa source au nord du bois dit *Forêt*, cⁿᵉ de Brieulles-sur-Meuse, et se jette dans le ruiss. de Nesrentes.

Bouillon (Le), ruiss. qui prend sa source à la ferme de Véru et se jette dans la Chiers entre les deux Chauvoncy, après un cours de 4 kilomètres.

Bouillonpré, contrée, cⁿᵉ de Pintheville.

Boulain-Château, f. cⁿᵉ de Wiseppe; est citée en l'an 1291. — *Boulain*, 1700 (carte des États); 1760 (Cassini).

Boulangère (La), contrée, cⁿᵉ de Montfaucon.

Boulat, contrée, cⁿᵉ de Dieue.

Bouligny, vill. sur la Noue, à 7 kil. au S.-E. de Spincourt. — *Bullinium*, *Bulinium*, xiiiᵉ et xivᵉ sᵗ (arch. de la Meuse). — *Boligny*, 1520 (Lamy : contrat de G. de Saintignon). — *Bouilligny*, 1613, 1615 (hosp. de Sainte-Catherine, dîxmes, B. 18). — *Boulligni*, 1633 (ibid.). — *Boulignie*, 1640 (ibid.). — *Bouligny*, 1656 (carte de l'év.); 1745 (Roussel). — *Bouilligny*, 1674 (Husson l'Écossais). — *Bulinianum*, 1738 (pouillé). — *Boulignæium*, 1749 (ibid.).

Avant 1790, Barrois non mouvant, office de Norroy-le-Sec, recette de Briey, juridiction du juge-garde du seigneur, coutume de Saint-Mihiel, bailliage idem et cusite d'Étain, cour souveraine de Nancy. — Diocèse de Verdun, archidiaconé de la Woëvre, doyenné d'Amel, annexe de Joudreville.

En 1790, distr. d'Étain, cⁿ de Gouraincourt.

Actuellement, arrond. et archipr. de Montmédy,

canton de Spincourt, doyenné de Billy-sous-Mangiennes. — Écart : Amermont. — Patron : sainte
Pétronille.

Bouligny a donné son nom à une maison de nom
et d'armes, depuis longtemps éteinte, qui portait :
*d'azur à la bande d'argent chargée de trois coquilles
de sable* (Husson l'Écossais).

Boulogne, contrée, c⁰ᵉ de Fromeréville.

Bouquame (La), f. c⁰ᵉ des Islettes.

Bouquemont, vill. sur la rive gauche de la Meuse, à
13 kil. au N. de Pierrefitte. — *Bucconis-mons*,
962 (bulle de Jean XII); 962, 1061 (cart. de
Saint-Vanne). — *Boconis-mons*, 980 (*ibid.*). —
Bucconis-mons, 1015, 1049 (*ibid.*). — *In villari ad
Bucconis montem*, 1047 (*ibid.*). — *Bucconis-mons*,
xiᵉ sᵉ (Hugues de Flavigny). — *Bocconimons*, 1180
(bulle d'Alexandre III). — *Boucquemont*, 1582
(coll. lorr. T. 266.48, p. 9); 1642 (Mâchon). —
De Capri-monte, 1642 (*ibid.*). — *Boucqmont*, 1656
(carte de l'év.); 1700 (carte des États). — *Bouc-
mont, Hircinus-mons*, 1738 (pouillé).

Affranchi en 1263.

Avant 1790, Verdunois, terre d'év. prévôté de
Tilly, coutume, bailliage et présidial de Verdun,
anc. assises des quatre pairs de l'évêché, parlement
de Metz. — Diocèse de Verdun, archidiaconé de la
Rivière, doyenné de Saint-Mihiel.

En 1790, distr. de Saint-Mihiel, c⁰ᵉ de Bannoncourt.

Actuellement, arrond. et archipr. de Commercy,
c⁰ᵉ et doy. de Pierrefitte. — Patron : saint Remy.

Bouquemont (Ruisseau de), qui prend sa source dans
les bois du Haut-Prigneux, c⁰ᵉ de Bouquemont, et se
jette dans la Meuse au-dessus de ce village.

Bouquenelle, étang et bois comm. de Broussey-en-
Woëvre.

Bouqui-Devant, bois comm. de Girauvilliers.

Bourbe (La), contrée, c⁰ᵉ de Grimaucourt-en-Woëvre.

Bourbeau (Le), f. et étang, c⁰ᵉ de Grimaucourt-en-
Woëvre.

Bourbe (La), font. c⁰ᵉ de Sorbey; se jette dans l'Othain
après un cours de 300 mètres.

Bourdet, m¹⁰, c⁰ᵉ de Sorbey.

Boure (La), contrée, c⁰ᵉ d'Ancemont.

Boureuilles, vill. sur l'Aire, à 4 kil. au S. de Varennes. — *Borolium, Brolium*, 1127 (ch. de Henri
de Winchester pour Lachalade). — *Boremirium*,
1179 (cart. de Saint-Paul). — *Bouroule*, 1418 (év.
de Verdun, arch. de la Meuse). — *Bourolles*, 1642
(Mâchon). — *Boureulles*, 1656 (carte de l'év.);
1738 (pouillé). — *Boureuil*, 1700 (carte des États).
— *Boureuille*, 1722 (table des cout.). — *Borelium*,

1738 (pouillé). — *Bourelles*, 1745 (Roussel). —
Boureull, xviiiᵉ sᵉ (arch. de la c⁰ᵉ).

Avant 1790, Clermontois, coutume de Vitry-le-
François, prévôté de Sainte-Menehould, bailliage
de Clermont, présidial de Châlons, parlement de
Paris. — Diocèse de Verdun, archidiaconé d'Argonne, doyenné de Clermont, église à la présentation du chap. de Montfaucon.

En 1790, distr. de Clermont-en-Argonne, c⁰ᵉ de
Varennes.

Actuellement, arrond. et archipr. de Verdun, c⁰ᵉ
et doyenné de Varennes. — Écarts : les Allieux,
Bas-Bruat, Buzémont, Petite-Ville, Rochamp. —
Patron : saint Martin.

Bourg (Le), faub. de Saint-Mihiel.

Bourg (Rue du), à Bar-le-Duc.

Bourge (Le), contrée, c⁰ᵉ de Senon; lieu anc. fortifié.

Bourgeaux, étang, c⁰ᵉ d'Eix.

Bourgogne, h. c⁰ᵉ de Vaubecourt.

Bourgogne (Chemin de), voie antique, c⁰ᵉ de Nançois-
le-Grand; se dirigeait de Domremy-aux-Bois sur Oëy
et la vallée de l'Ornain.

Bourgogne (Porte), à Stenay; l'une des entrées de
la ville.

Bourgon, contrée, c⁰ᵉ de Peuvillers.

Bourguignette, contrée, c⁰ᵉ d'Hattonville.

Bourguignerie, contrée, c⁰ᵉ de Romagne-sous-les-Côtes.

Bourlades, contrée, c⁰ᵉ de Verdun.

Bourpinot, bois comm. de Deuxnouds.

Bourrat, contrée, c⁰ᵉ de Rarécourt.

Bourn, h. c⁰ᵉ de Bantheville.

Bourupt, bois comm. de Marre et de Montzéville.

Bourveaux, h. c⁰ᵉ d'Eix. — *Bourvaul*, 1262, 1271,
1275 (cart. de la cath.). — *Bourval*, 1269, 1271
(*ibid.*). — *Bourvaulx*, 1578 (hôtel de ville de Verdun, M. 2).

Boussel, contrée, c⁰ᵉ d'Herméville.

Boutans, contrée, c⁰ᵉ de Chaumont-sur-Aire.

Bouteille, m¹⁰, c⁰ᵉ de Sorbey.

Bouteille (Rue de la), à Clermont-en-Argonne.

Boutillier, contrée, c⁰ᵉ de Pintheville.

Bouton, contrée, c⁰ᵉ de Boureuilles et de Villers-sous-
Bonchamp.

Boutonneau, contrée, c⁰ᵉ de Saint-Benoît.

Boutonvaux, contrée, c⁰ᵉ d'Herbeuville.

Bouvré-Han, contrée, c⁰ᵉ du Ménil-sur-Saulx.

Bouvagne, bois comm. de Salmagne.

Bouvigny, vill. sur l'un des affluents de l'Othain, à
5 kil. au S.-E. de Spincourt. — *Bovinium*, 1385
(Trésor des chartes). — *Bouvigny*, 1479 (Lamy;
acte du tabell. de Stenay). — *Bovinincum*, 1738
(pouillé); 1749 (*ibid.*).

Avant 1790, Barrois non mouvant, seign. et châtell. office de Norroy-le-Sec, recette de Briey, juridiction du juge-garde des seigneurs, anc. prévôté de Sancy, coutume de Saint-Mihiel, bailliage d'Étain, après l'avoir été de Saint-Mihiel, cour souveraine de Nancy. — Diocèse de Verdun, archidiaconé de la Woëvre, doyenné d'Amel. — Patron : saint Martin.

En 1790, distr. d'Étain, c^{on} de Gouraincourt.

Actuellement, arrond. et archipr. de Montmédy, c^{on} de Spincourt, doyenné de Billy-sous-Mangiennes. — Écarts : Baroncourt, Dommary. — Patron : saint Maurice.

Bouvigny a donné son nom à une maison de nom et d'armes, depuis longtemps éteinte, qui portait : *d'argent à trois pals de sable* (Husson l'Écossais).

Bouvion, contrée, c^{ne} de Bonzée.

Bouvrapré, contrée, c^{ne} de Dieue.

Bouvrat, contrée, c^{nes} de Béthincourt et de Tilly.

Bouvret, contrée, c^{nes} de Chattancourt, Montzéville et Sivry-la-Perche.

Bouvret, bois comm. de Lanhères, sur le territ. de Rouvres.

Bouvrot, m^{on}, c^{ne} de Woël.

Bouvrots (Les), bois comm. de Mauvages.

Bouvroy (Ru de), ruiss. qui prend sa source sur le territ. de Neuville-en-Verdunois et se jette dans l'Aire entre Chaumont et Courcelles-sur-Aire, après un cours de 5 kilomètres.

Bouxbout, contrée, c^{ne} de Ville-sur-Cousance.

Bouzey, contrée, c^{ne} de Montblainville.

Bovée, vill. sur la Barboure, à 10 kil. au S. de Void. — *Bauviacum*, 870 (dipl. de Charles le Chauve). — *Boviacum*, 948 (confirm. du roi Otton). — *Boveyum*, 1402 (reg. Tull.). — *Bouée*, 1700 (carte des États). — *Boveium*, 1711 (pouillé). — *Boviacum*, 1756 (D. Calmet, *not.*).

Avant 1790, Toulois, terre du chap. anc. jurid. des chanoines de la cathédrale, prévôté de Void, bailliage et présidial de Toul, parlement de Metz. — Diocèse de Toul, archidiac. de Ligny, doyenné de Meuse-Vaucouleurs.

En 1790, lors de l'organisation du dép^t, Bovée devint le chef-lieu de l'un des cantons dépendant du district de Commercy; ce canton était composé des municipalités dont les noms suivent : Bovée, Boviolles, Broussey-en-Blois, Marson, Méligny-le-Petit, Naives-en-Blois, Reffroy et Villeroy.

Actuellement, arrond. et archipr. de Commercy, c^{on} et doyenné de Void. — Écart : le Moulin. — Patron : la Présentation de la Vierge.

Boville, tuil. c^{ne} de Foameix,

Boviolles, vill. sur la Barboure, à 15 kil. au S.-O. de

Void. — *Boviola*, *Boviolla*, 1135 (Onera abbatum). — *Domus Boviolis*, 1402 (reg. Tull.). — *Bovieulles*, 1495-96 (Trésor des ch. B. 6364). — *Bouviolles*, 1579 (proc.-verb. des cout.). — *Bouviol*, 1700 (carte des États). — *Boviole*, *Boviolum*, 1711 (pouillé); 1749 (*ibid.*); 1756 (D. Calmet, *not.*).

Avant 1790, Barrois mouvant, comté, office et prévôté de Ligny, recette, coutume et bailliage de Bar, présidial de Châlons, parlement de Bar; le roi en était seul seigneur. — Diocèse de Toul, archidiaconé et doyenné de Ligny, annexe de Marson; avait une maison des Ermites citée dans le *Regestrum* de 1402 sous le nom de *Domus Boviolis*.

En 1790, distr. de Commercy, c^{on} de Bovée.

Actuellement, arrond. et archipr. de Commercy, c^{on} et doyenné de Void. — Écarts : Bruant, Gué de Saint-Amand, Manson. — Patron : la Nativité de la Vierge.

Bowa, contrée, c^{ne} de Dieue.

Brabant (Ruisseau de), qui prend sa source au-dessus de Brabant-sur-Meuse et se jette dans la Meuse vis-à-vis de Forges, après un cours de 4 kilomètres.

Brabant-en-Argonne, vill. sur la Cousance, à 5 kil. à l'E. de Clermont-en-Argonne. — *Apud Brabant subtus Claromontem*, 1203 (cart. de la cath.). — *Braibant-de-sous-Clermont*, 1246 (coll. lorr. T. 426; p. 73). — *Brabant-dessus-Clermont*, 1250 (cart. de la cath.). — *Braibant*, 1382 (coll. lorr. T. 263.46, C. 3); 1394 (*ibid.* T. 265.47, A. 2). — *Brabant-en-la-prévôté-des-Montignons*, 1564 (*ibid.* T. 167.49, P.). — *Brabant-sur-Cousance*, 1571 (proc.-verb. des cout.); 1656 (carte de l'év.). — *Brabant-soub-Clermont*, 1642 (Mâchon). — *Brabantia-in-Argonia*, 1788 (pouillé).

Avant 1790, Clermontois, coutume, bailliage et prévôté de Clermont, anc. justice seigneuriale des princes de Condé, présidial de Châlons, parlement de Paris. — Diocèse de Verdun, archidiaconé d'Argonne, doyenné de Clermont.

En 1790, distr. de Clermont-en-Argonne, c^{on} de Récicourt.

Actuellement, arrond. et archipr. de Verdun, c^{on} et doyenné de Clermont. — Patron : saint Remy.

Brabant-le-Roi, vill. sur la Neusonce, à 2 kil. au N. de Revigny. — *Braibant*, 1391 (ch. des comptes, B. 436). — *Branbancia*, 1402 (reg. Tull.). — *Brabant-Ban-le-Comte*, 1579 (proc.-verb. des cout.). — *Brabant-Ban-le-Roi*, 1711 (pouillé). — *Brabantia*, 1711 (*ibid.*); 1749 (*ibid.*); 1756 (D. Calmet, *not.*). — *Brabant-le-Comte*, 1749 (pouillé).

Avant 1790, vill. formé de deux bans : le *ban le Comte*, qui était Barrois mouvant, office, recette, coutume, prévôté et bailliage de Bar, présidial de Châlons, et dont le roi de Pologne était seul seigneur; et le *ban le Roi*, qui était Champagne, coutume, bailliage et présidial de Vitry-le-François : pour les deux, le parlement de Paris. — Diocèse de Toul, archidiaconé de Rinel, doyenné de Robert-Espagne; avait un prieuré désigné sous le nom de *Prioratus de Brabancia* dans le *Regestrum* de 1402.

En 1790, distr. de Bar, c^{es} de Revigny.

Actuellement, arrond. et archipr. de Bar-le-Duc, c^{on} et doyenné de Revigny. — Écarts : Belle-Fontaine, Piroy, Saint-Jactel. — Patron : saint Maurice.

BRABANT-SUR-MEUSE, vill. sur le ruiss. de Brabant, à 12 kil. à l'E. de Montfaucon. — *Braibannum*, 1049 (bulle de Léon IX); 1127 (cart. de la cath.). — *Brabant-sus-Mueze*, 1268 (*ibid.*). — *Brabant*, 1284 (*ibid.*). — *Brabant-sor-Mueze*, 1289, 1292 (*ibid.*). — *Brabantia-supra-Mosam*, 1738 (pouillé).

Avant 1790, Verdunois, terre d'évêché, prévôté de Charny, anc. assises des quatre pairs de l'évêque, coutume, bailliage et présidial de Verdun, parlement de Metz. — Diocèse de Verdun, archidiaconé de la Princerie, doyenné de Chaumont.

En 1790, distr. de Verdun, c^{on} de Sivry-sur-Meuse.

Actuellement, arrond. et archipr. de Montmédy, c^{on} et doyenné de Montfaucon. — Patron : saint Julien.

BRACHARD, contrée, c^{ne} de Naives-devant-Bar.

BRACBIEUX (PONT DES), à Verdun. — *Bracheli pons*, 1e siècle (chron. de Saint-Vanne). — *Molendinum super Braceolum in media civitate*, 1049 (bulle de Léon IX); 1127 (cart. de la cath.). — *Qui sirt au pont à Brassueul*, 1268 (*ibid.*). — *Au pont Abrasueul*, 1268 (*ibid.*). — *Usque ad pontem Brachioli*, 1404 à 1418 (Jean de Sarrebruck). — *Pont à Brachieux, Pont Abrachieux*, xvie siècle (hôtel de ville de Verdun). — *Brachieul*, 1745 (Roussel). — *Brachieul*, 1756 (D. Calmet, not.). — *Brachiolum*, 1775 (D. Cajot). — *Pont Albrajeux*, 1782 (hôt. de ville de Verdun, lt. 21). — *Braschieux*, 1793 (*ibid.* P. 8.).

Était autrefois précédé d'une double tour ou tour jumelle qui fut démolie le 22 août 1671.

BRACONVAUX, contrée, c^{ne} de Marre.

BRACQUEMIRUPT (LE), ruiss. qui a sa source au-dessus de Ronvaux, traverse ce village, passe à Braquis et à Gussainville, où il se jette dans l'Orne après un cours de 11 kilomètres.

BRADON (LE), ruiss. qui prend sa source sur le territ. de Murvaux et se jette dans le ruiss. de Milly après un cours de 2 kilomètres.

Meuse.

BRAGAR, contrée, c^{ne} de Brauvilliers.

BRAGNIÈRE, contrée et pont, c^{ne} de Boureuilles.

BRAISOTTE, contrée, c^{ne} de Ville-devant-Belrain.

BRANDECOURT, h. c^{ne} de Ville-en-Woëvre; cité dans l'accord passé en 1332 entre l'évêque de Verdun et le voué de Fresnes. Était fief seigneurial de la famille de Bouteiller.

BRANDEVILLE, vill. sur le ruiss. de Brandeville, à 9 kil. au N. de Damvillers. — *Bonina-Villare*, 1086 (dipl. de l'emp. Henri III); 1549 (Wassebourg). — *Sanctus Martinus de Brandevilla*, xvie s^e (pouillé ms de Reims).

Avant 1430, Brandeville était terre commune entre le Luxembourg et le Barrois; en 1603, terre commune entre le Luxembourg et la Lorraine; avant 1678, terre espagnole; avant 1790, terre de France, marquisat, coutume de Thionville, prévôté bailliagère de Marville, anc. assises de Stenay, présidial de Sedan, cour supérieure de Luxembourg, puis parlement de Metz. — Diocèse de Reims, archidiaconé de Champagne, doyenné de Dun.

En 1790, distr. de Stenay, c^{on} de Jametz.

Actuellement, arrond. et archipr. de Montmédy, c^{on} et doyenné de Damvillers. — Écarts : Annelles, l'Épinette, Fontaine-l'Ane, Four-à-Chaux, Gomelet, Lignées, Moulin-le-Grand, Petite-Ville, Salpy. — Patron : saint Martin.

BRANDEVILLE (RUISSEAU DE), qui a sa source au-dessus de Brandeville et se jette dans le Loison en aval de Jametz, après un cours de 8 kilomètres.

BRANDIAT, mⁱⁿ, c^{ne} de Saint-Remy.

BRANDON, contrée, c^{ne} d'Hattonchâtel.

BRAXIÈRE (LA), ruiss. qui prend naissance à la fontaine la Gaille, près de Vauquois, et se jette dans l'Aire au-dessus de Boureuilles, après un cours de 5 kil.

BRAQUEMIÈRES (LES), bois, c^{ne} de Sommeilles; il faisait partie de la forêt de Belnoue.

BRAQUIS, vill. sur le Bracquemirupt, à 7 kil. au S. d'Étain. — *Blarica*, 812 (dipl. de Charlemagne). — *Bracquiers*, 1290 (cart. de la cathédr.); 1642 (Mâchon). — *Braqui*, 1491 (Lamy, dénombrement de la seign. de Saint-Maurice). — *Bracquier*, 1700 (carte des États). — *Braquiers, Braqueriæ*, 1738 (pouillé). — *Braquy*, 1743 (proc.-verb. des cout.).

Avant 1790, Verdunois, terre d'év. prévôté de Fresnes-en-Woëvre, office, recette, coutume, baill. et présidial de Verdun, anciennes assises des quatre pairs de l'évêché, parlement de Metz. — Diocèse de Verdun, archidiaconé de la Woëvre, doyenné de Pareid.

En 1790, distr. d'Étain, c^{ne} d'Hennéville.

Actuellement, arrond. et archipr. de Verdun, c^{on}

5

d'Étain, doy. de Fresnes-en-Woëvre. — Écart : la
Grande-Tuilerie. — Patron : saint Georges; annexe
de Ville-en-Woëvre.

Bras, vill. sur la rive droite de la Meuse, à 1 kil. à l'E.
de Charny. — *In Bracensi centena*, 893 (Mémorial de Dadon).—*In Bracensi centena*, 940 (cart. de
Saint-Vanne). — *In Bracensi centena*, 952 (dipl.
de Bérenger); 952 (dipl. de l'emp. Otton); 980,
1015, 1060, 1061 (cart. de Saint-Vanne). — *In
Bracensi centenaria*, 1049 (bulle de Léon IX). —
Braz, 1100, 1158, 1179, 1207, 1239 (cart. de
Saint-Paul); 1156 (ch. d'Alberon de Chiny); 1163
(ch. de Richard de Grandpré). — *Bras*, 1127,1219,
1240, 1272 (cart. de la cath.). — *De Braz*, 1158
(cart. de Saint-Paul). — *De muceio apud Braz*,
1193 (*ibid.*).—*De Brachiis*, 1642 (Mâchon);1738
(pouillé). — *Grand-Bras*, 1700 (carte des États).
— *Bras-la-Grande*, 1743 (proc.-verb. des cout.).
— *Brava*, 1756 (D. Calmet, *not.*).

Avant 1790, Verdunois, terre d'év. prévôté de
Charny, coutume, bailliage et présidial de Verdun,
anc. assises des quatre pairs de l'évêché, parlement
de Metz. — Diocèse de Verdun, archidiaconé de la
Princerie, doyenné de Chaumont. — Avait une
maison forte.

En 1790, distr. de Verdun, c^ne de Charny.

Actuellement, arrond. et archipr. de Verdun,
c^on et doyenné de Charny. — Écarts : Bras-le-Petit,
la Folie-Thomas. — Patron : saint Maurice.

Bras-le-Petit, h. c^ne de Bras.

Brasseitte, vill. sur la rive droite de la Meuse, à 5 kil.
au S. de Saint-Mihiel. — *Bersedes*, 812 (dipl. de
Charlemagne). — *Brazaïda*, IXe s^e (Bertaire). —
Baceite, 1060 (ch. de fondat. du prieuré d'Apremont). — *Braceces*, 1060 (cart. de Gorze). — *Braicetes*, 1103 (*ibid.*). — *Brasceites*, 1330, 1458 (arch.
de la Meuse). — *Braceste*, 1364 (chambre des
comptes, c. de Kœur). — *Brasset*, 1642 (Mâchon).
— *Bresecete*, 1700 (carte des États). — *Brassettes*,
Brasserie, 1738 (pouillé); 1749 (*ibid.*). — *Bra-
saiduno*, *Brazayda*, 1745 (Roussel); 1756 (D. Calmet, *not.*).

Avant 1790, Barrois non mouvant, comté de
Kœur, office, recette, coutume, prévôté et bailliage
de Saint-Mihiel, présid. de Toul, cour souveraine de
Nancy; le roi en était le seul seigneur. — Diocèse
de Verdun, archidiaconé de la Rivière, doyenné
d'Hattonchâtel, annexe de Mécrin.

En 1790, distr. de Saint-Mihiel, c^on d'Apremont.

Actuellement, arrond. et archipr. de Commercy,
c^on de Saint-Mihiel, doyenné de Commercy. — Chapelle vicariale; patron : saint Léonard.

Brassieux (Pont de), contrée, c^ne de Commercy.

Brasson, bois comm. de Saint-Maurice-sous-les-Côtes.

Braumont, contrée, c^ne de Tilly.

Braupont, contrée, c^ne de Rouvres.

Braubuche, contrée, c^ne de Rouvres.

Braut, contrée, c^ne de Ville-sur-Cousance.

Brauvaux, contrée, c^ne de Thonne-le-Thil.

Brauville, m^te, c^ne de Warcq.

Brauville, h. sur le ru de Signeulles, c^ne de Woël. —
*Berulfi-villa in pago Wabrense, in comitatu Verdu-
nense, super fluvio Senode*, 769 (in tabulis Blitchari).
— *Burivilla*, 1180 (bulle d'Alexandre III). —
Brouville, 1259 (cart. de la cath.); 1642 (Mâchon).
—*Broville*, 1261 (cart. d'Apremont); 1745 (Roussel); 1786 (proc.-verb. des coutumes). — *Bruville*, 1571 (*ibid.*); 1749 (pouillé). — *Bravilla*.
1749 (*ibid.*)

Avant 1790, Barrois non mouvant, coutume
de Saint-Mihiel et ensuite d'Hattonchâtel, recette de
Briey, office et prévôté de Conflans-en-Jarnisy,
puis d'Hattonchâtel, bailliage de Saint-Mihiel, présidial de Toul, cour souveraine de Nancy; le roi en
était seul seigneur. — Diocèse de Metz, archipr.
de Gorze, annexe de Doncourt aux-Templiers; avait
une église placée sous l'invocation de saint Maurice.

Au XIIe s^e, les dîmes de Brauville appartenaient à
l'abbaye de Gorze; aujourd'hui ce hameau est réuni
au vill. de Woël.

Brauvilliers, vill. sur l'un des affluents de la Marne,
à 10 kil. à l'O. de Montiers-sur-Saulx. — *Brauvilleix*, 1378 (chambre des comptes, c. de Morley).

Avant 1790, Champagne, élection de Vitry, chât.
fort et seign. à la baronnie de Joinville, coutume de
Bassigny, prévôté de Joinville, présidial de Châlons,
parlement de Paris. — Diocèse de Châlons, archidiaconé et doyenné de Joinville; église à l'abbesse de
Sainte-Glossinde de Metz.

En 1790, distr. de Bar-le-Duc, c^on d'Ancerville.

Actuellement, arrond. et archipr. de Bar-le-Duc,
c^on et doyenné de Montiers-sur-Saulx. — Patron :
saint Michel.

Braux, f. c^ne d'Ancerville. — *Domus hospitaliorum de
Barris, Baru, Bru*, 1492 (reg. Tull.). — *Braula*.
1579 (proc.-verb. des cout.). — *Barrois*, 1677
(regestrum, cop.); XVIIe siècle (Le Jeune, *Hist. des
Templiers*, t. II).

Commanderie fondée en 1250 par Renaud, fils
de Henri II, comte de Bar; était de l'ordre de Malte
et avait une église placée sous l'invocation de sainte
Madeleine.

Avant 1790, Barrois mouvant, baronnie, office et
prévôté d'Ancerville, coutume, recette et bailliage

de Bar, présidial de Châlons, parlement de Paris. — Diocèse de Châlons, archidiaconé et doyenné de Joinville.

Braux, bois et étang, c⁰ᵉ de Dieppe.

Braux, h. c⁰ᵉ de Naives-en-Blois. — *Braxey-en-Blois*, 1580 (proc.-verb. des cout.). — *Braurium*, 1749 (pouillé). — *Braca*, 1756 (D. Calmet, *not.*).

Anc. seign. et chât. avec chapelle sous l'invocation de la sainte Trinité. — Diocèse de Toul, office de Ligny.

Braux, contrée, c⁰ᵉ de Revigny.

Braux, contrée, c⁰ᵉ de Senard. — *Braux*, 1197 (bulle de Célestin III). — *In finagio de Braux*, 1232 (concordia).

Braux (Puits de), font. située près d'Aucourt, c⁰ᵉ de Buzy; minéralisée par le silicate de fer contenant des traces de manganèse.

Brauzes (Les) ou les Brausses, étangs, c⁰ᵉ de Laheycourt.

Brawy, contrée, c⁰ᵉ de Bras.

Brebis (La), bois comm. d'Avocourt.

Brebis (La), contrée, c⁰ᵉ d'Étain.

Brèoue (La), contrée, c⁰ᵉ de Commercy.

Brèoues (Les), contrée, c⁰ᵉ de Warcq.

Bréuéville, vill. sur le Launois, à 7 kil. au N.-O. de Damvillers. — *Brehorisvilla*, 1097 (ch. d'Arnoux II, comte de Chiny). — *Breheivilla*, 1125, 1127, 1198 (cart. de la cath.). — *Breheivilla, apud Brehemvilla*, 1198 (*ibid.*); 1738 (pouillé). — *Breheville*, 1224, 1261, 1270 (cart. de la cathédr.). — *Breheiville*, 1231, 1269, 1289 (*ibid.*). — *Breheyville*, 1346 (ch. des comptes, c. d'Étain). — *Braheville*, 1601 (hôtel de ville de Verdun, A. 57). — *Brecheville*, 1642 (Mâchon).

Avant 1790, Verdunois, terre du chap. prévôté de Sivry-sur-Meuse, anc. justice seigneuriale des chanoines de la cath. coutume, bailliage et présidial de Verdun, parlement de Metz. — Diocèse de Verdun, archidiaconé de la Princerie, doyenné de Chaumont, annexe de Lissey.

En 1790, distr. de Stenay, c⁰ᵉ de Jametz.

Actuellement, arrond. et archipr. de Montmédy, c⁰ᵉ et doyenné de Damvillers. — Écarts : Alger, Chalatte, Grisemont, Launois, Moulin-Bas, Moulin-Haut, la Roche. — Patron : saint Jean-Baptiste.

Breuil, contrée, c⁰ᵉˢ de Boinville, Brasseitte, Champion, Champneuville, Charny, Cheppy, Clermont, Damloup, Eix, Érize-la-Grande, Étain, Hannonville-sous-les-Côtes, Hattonville, Heannemont, Manheulles, Mouiotte, Ornel, Verdun.

Breuil, bois, c⁰ᵉ de Romagne-sous-les-Côtes; il faisait partie de la forêt de Mangiennes.

Breuil (Le), faub. c⁰ᵉ de Commercy. — *Prioratus de Brolio*, 1402 (reg. Tull.). — *Brouille-les-Commarcy*, 1579 (proc.-verb. des cout.). — *Beata Maria de Brolio*, 1621 (matricule de Saint-Vanne). — *Brolium*, 1707 (carte du Toulois).

Il y avait au Breuil un prieuré de bénédictins, dit *de Notre-Dame*, fondé en 1090, dont la maison est occupée aujourd'hui par l'école normale du département.

Breuil (Le), m⁰, c⁰ᵉ d'Érize-la-Grande.

Breuil (Le), font. c⁰ᵉ de Montsec.

Breuil (Le), ruiss. qui prend sa source à l'ouest de Commercy et se jette dans la Meuse au bief de la forge de cette ville.

Breuille, bois, c⁰ᵉ d'Ornes; il faisait partie de la forêt de Gremilly.

Breuille (Le), m⁰, c⁰ᵉ de Septsarges.

Breux, vill. sur le ruiss. de Breux, à 8 kil. au N. de Montmédy. — *Breusium*, 1157 (ch. de l'archev. Hillin); 1157 (ch. de Gorze). — *Breul*, 1700 (carte des États).

Affranchi en 1238.

Avant 1790, Luxembourg français, coutume de Thionville, prévôté bailliagère de Montmédy, présidial de Sedan, cour supérieure des *Grands jours* de Marville jusqu'en 1364, cour souveraine du *Grand conseil* de Luxembourg jusqu'en 1699, puis parlement de Metz. — Diocèse de Trèves, archidiaconé de Longuyon, doyenné de Juvigny.

En 1790, distr. de Stenay, c⁰ᵉ d'Avioth.

Actuellement, arrond. c⁰ᵉ, archipr. et doyenné de Montmédy. — Écarts : Briga, Fagny. — Patron : saint Remy.

Breux (Ruisseau de), qui prend sa source au-dessus de Breux et se jette dans la Thonne à Avioth, après un cours de 4 kilomètres.

Brevière, contrée, c⁰ᵉ de Ville-en-Woëvre.

Briant, m⁰, c⁰ᵉ de Sommedieue.

Briant, contrée, c⁰ᵉ de Thillot.

Brichaussart ou Richaussart, tuilerie, c⁰ᵉ d'Apremont.

Bricourt, usine, c⁰ᵉ de Saint-Agnant; ancienne cense fief.

Bridonneau, étang, c⁰ᵉ d'Heudicourt.

Brie-Bosselin (La), f. c⁰ᵉ de Nantois. — *La Brie-en-Basselin*, 1711 (pouillé). — *La Brie-Bosseline*, 1749 (*ibid.*); 1778 (Durival). — *Labry-Bosseline*, 1760 (Cassini).

Brielles, contrée, c⁰ᵉ de Bar-le-Duc.

Brière (La), f. sur le ruiss. des Archets, c⁰ᵉ de Doulcon. — *Labria*, 1049 (bulle de Léon IX). — *La Brie* (anciens titres). — *Brueriæ*, 1679 (D. Marlot). —

5.

La Bruière, 1700 (carte des États). — *Bruyères*, 1756 (D. Calmet, *not.*).

Brièrle, contrée, c^{ne} de Riaville.

Brieulles-sur-Meuse, vill. sur la rive gauche de la Meuse, à 5 kil. au S. de Dun. — *Briodorum*, 984 (cart. de Saint-Paul); 1049 (bulle de Léon IX); 1147, 1169, 1175 (cart. de Saint-Paul). — *Ecclesia in Briodoro*, 1137 (*ibid.*). — *Briodore*, 1169 (*ibid.*). — *Briola*, 1169, 1183, 1194, 1197, 1235 (*ibid.*). — *Priodorum?* 1175 (*ibid.*). — *Briola*, *Briolæti* (ch. de 1181, 1261). — *Briaculeum* (ch. de 1228). — *Brieulle*, 1261 (ch. d'affranchiss.); 1700 (carte des États). — *Brieules*, 1265 (chap. de Montfaucon, arch. de la Meuse). — *Brielles*, 1293 (cart. de la cathéd.). — *Brieules-sor-Mueze en la diocise de Rains*, 1296 (*ibid.*). — *Brieulles-sur-Meuze*, 1556 (proc.-verb. des cout.). — *Santa Maria de Brioliis*, xvie siècle (pouillé ms de Reims). — *N.-D. de Brieule-sur-la-Meuse*, 1648 (pouillé).

Avant 1790, Clermontois, coutume de Reims-Vermandois, prévôté de Dun, bailliage de Clermont siégeant à Varennes, présid. de Reims, parlem. de Paris. — Dioc. du Reims, archid. de Champagne, doyenné de Dun.

Affranchi par Gobert, sire d'Apremont et de Dun, en l'an 1261.

En 1790, distr. de Stenay, c^{ne} d'Aincreville.

Actuellement, arrond. et archipr. de Montmédy, c^{ne} et doyenné de Dun. — Écarts : l'Étanche, Ville-aux-Bois. — Patron : l'Assomption.

Briéville, f. c^{ne} de Doulcon.

Briffausard, bois comm. de Frémeréville.

Briga, f. c^{ne} de Breux.

Brigands (Les), bois comm. de Reffroy, sur le territ. de Demange-aux-Eaux.

Brigeat, contrée, c^{ne} de Commercy.

Brigiame, f. c^{ne} d'Aubréville.

Brillantes-Fontaines. — Voy. Sources-Brillantes (Les).

Brillon, vill. sur la droite de la Saulx, à 10 kil. au N. d'Ancerville. — *Brilloni-villa*, x^e s^e (Histor. episc. Tullensium); 1756 (D. Calmet, *not.*). — *Brillonivilla*, xie siècle (Vie de saint Gérard, évêque de Toul). — *Brillon*, 1225 (cart. de Jeand'heures). — *Brisson*, 1700 (carte des États). — *Brillona*, 1749 (pouillé).

Avant 1790, Barrois mouvant, office et prévôté d'Ancerville, recette, coutume et bailliage de Bar, présid. de Châlons, parlem. de Paris; le roi en était seul seigneur. — Dioc. de Toul, archid. de Rinel, doy. de Robert-Espagne.

En 1790, distr. de Bar, c^{ne} de Saudrupt.

Actuellement, arrond. et archipr. de Bar-le-Duc, c^{ne} et doy. d'Ancerville. — Patron : saint Èvc.

Brinvaux, contrée, c^{ne} de Mouilly.

Briolsot, bois comm. de Louppy-le-Château.

Brique (La), bois comm. d'Avocourt.

Briquettes (Les), contrée, c^{ne} de Belleville.

Brisegeule, f. c^{ve} de Cierges.

Brisonkul, bois comm. de Cierges.

Brisjan, f. c^{ne} d'Aubréville. — *Brisjam*, 1760 (Cassini).

Britronvaux, contrée, c^{ne} de Liouville.

Brixey-aux-Chanoines ou Brixey-sur-Meuse, vill. sur la rive droite de la Meuse, à 15 kil. au S. de Vaucouleurs. — *Briseium*, 1091 (privil. de Pibon, Hist. de Toul, pr.). — *Brisseium*, 1141 (confirm. de la fondat. de Rangéval). — *Brisseyum*, 1152 (confirm. par Gobert d'Apremont). — *Brixey*, 1327 (chambre des comptes, c. de Gondrecourt); 1711 (pouillé). — *Brixeyum*, 1402 (regest. Tull.). — *Brixerii rastrum*, 1580 (stemmat. Lothar.). — *Brixey-aux-Chanoines*, 1700 (carte des États). — *Brixei*, 1707 (carte du Toulois). — *Brixeium*, 1707 (*ibid.*); 1711 (pouillé); 1756 (D. Calmet, *not.*). — *Breuchey*, 1719 (arch. de la c^{te}).

Avant 1790, Toulois, chef-lieu de prévôté et d'une châtellenie du temporel de l'évêque de Toul, baill. et présid. de Toul, parlem. de Metz; l'évêque en était seul seigneur. — Dioc. de Toul, archid. de Vitel, doy. de Neufchâteau.

Il y avait à Brixey-aux-Chanoines un chap. fondé en 1261 par Gilles de Sorcy, sous le titre de *Saint-Nicolas*, et une communauté de prémontrés dépendant de celle de Mureaux; cette communauté jouissait de la chapelle castrale de Brixey.

La prévôté de Brixey-aux-Chanoines était composée de localités aujourd'hui réparties dans les départ^{t} de la Meurthe, des Vosges et de la Meuse; celles qui font partie du dép^t de la Meuse sont : Brixey-aux-Chanoines, Champougny, Pagny-la-Blanche-Côte (partie avec Vaucouleurs), Sauvigny et Sepvigny.

En 1750, distr. de Gondrecourt, c^{ne} de Goussaincourt.

Actuellement, arrond. et archipr. de Commercy, c^{ne} et doy. de Vaucouleurs. — Écart : le Moulin. — Patron : sainte Marie-Madeleine.

Brizeaux, vill. sur le ruisseau des Avies, à 3 kil. au N. de Triaucourt. — *Brissaux*, 1656 (carte de l'év. de Châlons). — *Brizeau*, 1656 (carte de l'év. de Verdun); 1700 (carte des États). — *Brizundium*, 1738 (pouillé).

Avant 1790, Champagne, élection, coutume et

bailliage de Châlons, prévôté de Beaulieu, présid.
de Châlons, parlem. de Paris. — Dioc. de Verdun,
archid. d'Argonne, doyenné de Souilly, annexe de
Foucaucourt.

En 1790, distr. de Clermont-en-Argonne, c^{on} de
Triaucourt.

Actuellement, arrond. et archipr. de Bar-le-Duc,
c^{on} et doyenné de Triaucourt. — Écarts : Aubercy,
le Moulin. — Patron : sainte Madeleine.

Brocard, anc. m^{in} sur la Meuse, c^{ne} de Verdun; situé
au Puty, appartenait dès le xiie s^e à l'abb. de Saint-
Paul; il fut acquis par la ville et prit alors le nom de
Moulin-la-Ville. — *Brochardus*, 1176 (cart. de Saint-
Paul). — *Molendinum Brocardi*, 1206, 1211 (*ibid.*).
— *Molendinum Brocart, situm apud Virdunum, prope
muros civitatis*, 1227 (*ibid.*). — *Brocart-Molin*, 1230
(*ibid.*). — *Par los Moulin con dit Brocart*, 1259
(*ibid.*). — *Moulin-Brochart*, 1261 (*ibid.*).

Brocourt, vill. sur le ruiss. de Brocourt, à 7 kil. à l'E.
de Clermont-en-Argonne. — *Allodium de Beroldi-
curte*, 1051 (dipl. de Henri III). — *Beroldi-curtis*,
1061 (cart. de Saint-Vanne). — *Berulci-curtis*, 1161
(*ibid.*). — *Braucourt*, 1571 (proc.-verb. des cout.);
1738 (pouillé). — *Bedrilphicuria*, 1642 (Mâchon).
— *Broucourt*, 1642 (*ibid.*); 1728 (cart. de Saint-
Hippolyte). — *Beaucourt*, 1656 (carte de l'év.);
1745 (Roussel). — *Brancour*, 1700 (carte des
États). — *Brocensi-curia*, 1738 (pouillé).

Avant 1790, Clermontois, coutume et prévôté
de Clermont, bailliage *idem* siégeant à Varennes,
anc. justice seign. des princes de Condé, présid. de
Châlons, parlement de Paris. — Dioc. de Verdun,
archid. d'Argonne, doy. de Clermont.

En 1790, distr. de Clermont, c^{on} de Récicourt.

Actuellement, arrond. et archipr. de Verdun, c^{on}
et doyenné de Clermont. — Écart : Rougecourt. —
Patron : saint Michel; annexe de Brabant-en-Argonne.

Brocourt (Ruisseau de), qui a sa source au-dessus de
Brocourt et se jette dans la Cousance après un cours
de 2 kilomètres.

Broda, m^{in}, c^{ne} des Islettes.

Broda (Ruisseau de), qui prend sa source dans la forêt
d'Argonne et se jette dans la Biesme près de la ferme
de Broda, après un cours de 4 kilomètres.

Brognières, contrée, c^{ne} de Boureuilles.

Bronelle, chât. et f. c^{ne} de Stenay. — *Brosnelle*, 1643
(coll. lorr. L. 497, p. 70). — *Bronel*, 1648 (*ibid.*
p. 82). — *Bronelle*, 1700 (carte des États).

Broquotte, contrée, c^{ne} du Ménil-la-Horgne.

Brouaine, contrée, c^{ne} d'Évres.

Brouenne, h. c^{ne} de Vaubecourt.

Brouenne (La Grande-), bois, c^{ne} de Vaubecourt.

Brouenne (La Petite-), bois, c^{ne} de Vaubecourt.

Brouenne (Ruisseau de), qui prend sa source à la ferme
de Brouenne et se jette dans la Marque à Triaucourt,
après un trajet de 3 kilomètres.

Brouenne-le-Château, contrée, c^{ne} de Brouennes. Un
très-ancien château existait dans cette contrée. —
Broyne, 1656 (carte de l'évêché). — *Château de
Brouaine-Ruiné*, 1700 (carte des États).

Brouennes, vill. sur la rive gauche de la Chiers, à
7 kil. à l'O. de Montmédy. — *Bruennæ* (ch. de 955).
— *Brucina*, 1157 (ch. de l'év. Hillin); 1157 (cart.
de Gorze). — *Brovanne*, 1464 (éch. entre Jean
d'Ornes et le duc de Lorraine). — *Broñaine*, 1571
(proc.-verb. des cout.). — *Brouayne*, 1586 (Lamy,
vente du château). — *Brouaine*, 1586 (*ibid.* acte
du tabellion. de Stenay); 1700 (carte des États).
— *Brouennne*, 1586 (Lamy, acte de la salle de Bas-
togne). — *Brouëmne*, 1604 (*ibid.* oblig. par le duc
de Lorraine). — *Brovaine*, 1632 (prév. de Stenay).
— *Brovene*, 1656 (carte de l'év.).

Avant 1790, Clermontois après avoir été Lorraine, coutume de Saint-Mihiel, prévôté de Stenay,
baill. de Clermont, siégeant à Varennes, ancienne
cour des *Grands jours* de Saint-Mihiel, puis présid.
de Châlons, parlem. de Paris. — Dioc. de Trèves,
archid. de Longuyon, doyenné d'Yvois.

Brouennes reçut sa charte d'affranchissement en
l'an 1247.

En 1790, distr. de Stenay, c^{on} de Montmédy.

Actuellement, arrond. c^{ons}, archipr. et doyenné de
Montmédy. — Écarts : Ginvry, Sumay, Donquenay,
la Maison-Brûlée. — Patron : saint Hilaire.

Brouillard (Côte), c^{ne} de Neuville-sur-Orne.

Brouillards (Les), contrée, c^{ne} de Belleville.

Brouillot, contrée, c^{ne} de Ligny-en-Barrois.

Brouillot (Le), ruiss. qui a sa source sur le territ.
de Louppy-le-Château et se jette dans la Chée au-
dessus de Laheycourt, après un trajet de 2 kil.

Broussard, bois, c^{ne} de Montmédy.

Broussey (Ruisseau de), qui a sa source sur le territ.
de Broussey-en-Blois et va se jeter dans la Meholle
à Sauvoy, après un cours de 4 kilomètres.

Broussey-en-Blois, vill. sur le ruiss. de Broussey, à
7 kil. au S. de Void. — *Broucey*, 1354 (coll. lorr.
L. 243.37, P. 20); 1495-96 (Très. des ch. B. 6364).
— *Brouceyum-in-Blesio*, *Bruceyum-in-Blois*, 1402
(regest. Tull.). — *Brexey-en-Blois*, *Brouxey-en-
Blois*, 1580 (proc.-verb. des cout.). — *Broussy-en-
Blois*, 1700 (carte des États). — *Broussei-en-Blois*,
Blesæ siccæ, 1707 (carte du Toulois). — *Bros-
scium*, 1711 (pouillé); 1756 (D. Calmet, not.).—

Brouceys, 1727 (chambre des comptes, c. de Gon-drecourt). — *Broucei*, 1738 (*ibid.*). — *Brosseum*, 1749 (pouillé).

Avant 1790, partie Champagne et partie Barrois mouvant; vill. en trois seigneuries, l'une du comté et de la prévôté de Ligny, qui appartenait au roi et ressortissait au bailliage et coutume de Bar, présid. de Châlons; les deux autres aux sieurs de Fligny, qui y faisaient exercer la justice par leurs officiers : de ces deux, l'une était de la dépendance de Vau-couleurs, bailliage et présid. de Chaumont, coutume de Chaumont-en-Bassigny; l'autre de la prévôté de Gondrecourt, anc. bailliage de Saint-Thiébant puis de Lamarche, coutume du Bassigny, présidial de Châlons; pour les trois, le parlement de Paris. — Dioc. de Toul, archid. de Ligny, doyenné de Meuse-Vaucouleurs.

En 1790, distr. de Commercy, c^me de Bovée.

Actuellement, arrond. et archipr. de Commercy, c^ne et doyenné de Void. — Patron : la Nativité de la Vierge.

BROUSSEY-EN-WOËVRE, vill. sur le Rupt-de-Mad, à 14 kil. à l'E. de Saint-Mihiel. — *Bruxeium*, 1158 (cart. de Saint-Paul). — *Brucei*, 1189 (cart. de Rangeval). — *Bruceium*, 1223 (*ibid.*). — *Broucei*, 1257 (*ibid.*). — *Le Luce de Roumoncourt, entre lou bois de Mandres-aux-quatre-Tours et lou bois de Broncey*, 1265 (*ibid.*). — *Broucey*, 1275 (cart. d'Apremont). — *Brouceyum*, 1402 (regest. Tull.). — *Broussey*, 1571 (proc.-verb. des cout.). — *Broussay*, 1656 (carte du l'év.) (pouillé). — *Broussei, Brosseum*, 1749 (*ibid.*). — *Bruscia, Brassia*, 1756 (D. Calmet, not.).

Avant 1790, Barrois non mouvant, office et pré-vôté de Mandres-aux-Quatre-Tours, cout. recette et bailliage de Saint-Mihiel, présidial de Toul, cour souveraine de Nancy; le roi en était seigneur haut, moyen et bas justicier pour moitié. — Dioc. de Toul, archid. de Port, doyenné de Prény.

En 1790, distr. de Saint-Mihiel, c^me de Boucon-ville.

Actuellement, arrond. et archipr. de Commercy, c^ne et doyenné de Saint-Mihiel. — Patron : saint Gengoult.

BROVAUX, contrée, c^ne du Ménil-la-Horgne.

BROUVILLE, f. c^ne de Hautecourt. — *Berandi-Villa*, 1179 (cart. de Saint-Paul). — *Branvilla de Diepia*, 1465 (cart. de la cath.). — *Branville*, 1656 (carte de l'év.); 1700 (carte des États). — *Branville*, 1743 (proc.-verb. des cout.).

BROYÉ, ancien ermitage, c^ne de Badonvilliers.

BRU, contrée, c^ne de Cheppy.

BRU, contrée et pont, c^ne de Rarécourt.

BRUANT, m^is, c^ne de Boviolles.

BRUGET, ruiss. qui a sa source sur le territ. de Baalon et se jette dans la Chiers au-dessous de Brouennes, après un cours de 5 kilomètres.

BRUIÈRE (LA), côte, c^ne de Clermont-en-Argonne.

BRÛLÉ (LE), bois, c^nes de Bezonvaux, Blercourt, Eix, Raulecourt, Rupt-en-Woëvre et Senoncourt.

BRULIER, bois comm. de Condé.

BRULLY, bois comm. d'Érize-Saint-Dizier.

BRULOGES, contrée, c^ne d'Hannonville-sous-les-Côtes.

BRULOT, contrée, c^ne de Buzy.

BRULY, contrée et chemin, c^ne d'Ancerville.

BRULY, contrée, c^ne de Clermont.

BRULY, bois comm. de Lemmes et de Woimbey.

BRULY, bois, c^ne de Manheulles; faisait partie de la forêt de Woëvre; est cité dans un acte de 1334 par lequel Henri d'Apremont, évêque de Verdun, déclare que le pâturage dudit bois demeurera commun entre lui et les villages du ban de Manheulles.

BRUNEHAUT, bois comm. de Pillon.

BRUNEHAUT (CHAUSSÉE DE), c^ne de Nonsard; voie antique venant de Scarponne.

BRUNEHAUT (CHEMIN DE), dit aussi *le Haut-Chemin*; voie antique sur le territoire d'Amblaincourt, vis-à-vis duquel elle traverse l'Aire.

BRUNESAUX-LE-GRAND, étang, c^ne de Corniéville.

BRUNESAUX-LE-PETIT, étang, c^ne de Corniéville.

BRUNET, contrée, c^ne de Troyon.

BRUNG (ÉTANG DE), c^ne de Nonsard.

BRUQUET, tour ruinée, à Verdun; elle était située au pont des Raines, près de l'église de Saint-Amand. — *Briquet* ou *Bruquet*, 1437 (acte du vestiaire de Saint-Nicolas-des-Prés).

BRUT (FONTAINE DU), c^ne de Marats-la-Grande.

BRUTUS, fontaine, c^ne de Neuville-sur-Orne.

BRUX, contrée, c^ne de Marre.

BRUXENELLE (LA), ruiss. qui prend sa source sur le territ. de Baudonvilliers, sort du dépt après un cours de 2 kil. et se jette dans la Saulx à Vitry-le-Brûlé (Marne).

BRUYÈRES, bois comm. de Fromeréville et de Marre.

BRUYÈRES, contrée, c^ne de Riaville.

BRUZES, h. — Voy. MONT-AUX-BRUZES.

BU (RUISSEAU DE), c^ne d'Abainville.

BUANTHE (LA), ruiss. qui prend sa source dans les bois d'Avocourt, passe à Cheppy et à Charpentry et se jette dans l'Aire à Baulny, après un cours de 17 kil. — *Super rivulum de Buante*, 1225 (acte de fond. du prieuré de Beauchamp). — *Biante*, 1700 (carte des États).

BUET, contrée, c^ne de Champneuville.

Bugné, bois comm. de Neuville-sur-Orne.

Bugny-Fays, bois comm. de Bréhéville.

Buisson-des-Dames, contrée, c⁰ᵉ de Deuxnouds-aux-Bois ; doit son nom à un ancien monastère de religieuses établi en ce lieu.

Buisson-le-Lorrain, bois comm. de Mognéville.

Buisson-sur-Saulx, anc. écart d'Aulnois-en-Perthois.

Bulainville, vill. sur la rive droite de l'Aire, à 9 kil. à l'E. de Triaucourt. — *Buslanivilla*, 962, 1015 (cart. de Saint-Vanne) ; xiᵉ sᵉ (Hugues de Flavigny). — *Bullani-villa*, 1047 (cart. de Saint-Vanne). — *Busleni-villa*, 1049 (*ibid.*). — *Buslani-villa*, 1060, 1061 (*ibid.*). — *Bullenvilla*, xiiᵉ sᵉ (D. Calmet, pr.). — *Bullainville*, 1239 (cart. de la collég.) ; 1712 (Soc. Philom. lay. Clermont) ; 1745 (Roussel). — *Blainville*, xivᵉ sᵉ (abb. de Lisle) ; 1700 (carte des États). — *Bulani-villa*, 1788 (pouillé).

Avant 1790, Clermontois, haute justice et vill. coutume de Clermont, bailliage *idem*, siégeant à Varennes, présid. de Châlons, parlement de Paris. — Dioc. de Verdun, archid. d'Argonne, doyenné de Souilly, annexe de Nubécourt.

En 1790, distr. de Verdun, c⁰ⁿ de Beauzée.

Actuellement, arrond. et archipr. de Bar-le-Duc, c⁰ⁿ et doyenné de Triaucourt. — Patron : saint Sulpice ; chapelle vicariale.

Bulé (Rupt de), ruiss. qui a sa source dans les Clairs-Chênes de Manheulles, où il porte le nom de *ruisseau de l'Étang* ; il prend le nom de *Renaunoue* sur les territ. de Ville-en-Woëvre et d'Hennemont et celui de *Rupt-de-Bulé* sur le territ. de Parfondrupt, où il se jette dans l'Orne après un cours total de 13 kilomètres.

Bulgnévaux, f. c⁰ᵉ de Saint-Mihiel.

Bulle, ancienne chapelle champêtre, actuellement maison isolée, c⁰ᵉ de Buzy. — *N.-D. de Bulle*, 1760 (Cassini).

Bulsonchamp, contrée, c⁰ⁿ de Saint-Remy.

Bulte, contrée, c⁰ᵉ de Trésauvaux.

Bunet (Le), ruiss. qui a sa source à Issoncourt, passe à Rignaucourt et à Seraucourt et se jette dans l'Aire au-dessus d'Amblaincourt, après un trajet de 6 kil.

Bubauderie (La), mⁿ, c⁰ᵉ de Dieue.

Bure, ancien écart de Muzeray.

Bure, contrée, c⁰ᵉˢ de Ville-Issey et de Ville-devant-Belrain.

Bure, vill. sur l'Orge, à 7 kil. au S.-O. de Montiers-sur-Saulx. — *Bura*, 1135 (Onera abbatum). — *Burres*, 1292 (Trésor des ch. B. 455, n° 58). — *Parochialis ecclesia de Buris*, 1402 (regest. Tull.). — *Bury*, 1700 (carte des États). — *Bureium*, *Burés*, 1711 (pouillé).

Avant 1790, Champagne, coutume du Bassigny,

bailliage et prévôté de Chaumont, présid. de Châlons, parlement de Paris ; le prince de Joinville en était seigneur. — Dioc. de Toul, archid. de Ligny, doy. de Gondrecourt.

En 1790, distr. de Gondrecourt, c⁰ⁿ de Mandres.

Actuellement, arrond. et archipr. de Bar-le-Duc, c⁰ⁿ et doyenné de Montiers-sur-Saulx. — Écart : Saint-Antoine. — Patron : saint Jean-Baptiste.

Burey-en-Vaux, vill. sur le ruiss. de Basse-Meuse, à 4 kil. au S. de Vaucouleurs. — *Bureriacum*, 870 (dipl. de Charles le Chauve). — *Bureys*, 1388 (ch. des comptes, c. de Gondrecourt). — *Burey-en-Val*, *Burey-en-Vaulx*, 1580 (proc.-verb. des cout.) — *Buré-en-Vaux*, 1700 (carte des États). — *Burey-en-Vaux*, 1707 (carte du Toulois). — *Bureium-in-Vallibus*, 1711 (pouillé) ; 1749 (*ibid.*) ; 1756 (D. Calmet, *not.*).

Avant 1790, partie Champagne et partie Barrois mouvant ; le roi de Pologne était seul seigneur de cette dernière, office et prévôté de Gondrecourt, recette de Bourmont, ancien bailliage de Saint-Thiébaut, puis de Lamarche, coutume du Bassigny, présid. de Châlons ; pour la partie de Champagne, prévôté de Vaucouleurs, coutume, baill. et présid. de Chaumont ; pour les deux, le parlem. de Paris. — Dioc. de Toul, archid. de Ligny, doy. de Meuse-Vaucouleurs.

En 1790, distr. de Gondrecourt, c⁰ⁿ de Maxey-sur-Vaise.

Actuellement, arrond. et archipr. de Commercy, c⁰ⁿ et doyenné de Vaucouleurs. — Patron : saint Libaire.

Burey-la-Côte, vill. sur le ruiss. de Goussaincourt, à 11 kil. au S. de Vaucouleurs. — *Burey*, 1327 (chambre des comptes) ; 1402 (regest. Tull.) ; 1579 (proc.-verb. des cout.). — *Burei-la-Coste*, 1700 (carte des États). — *Bureium-ad-Rupem*, *Buréa-la-Coste*, 1711 (pouillé) ; 1756 (D. Calmet, *not.*).

Avant 1790, Champagne, coutume de Chaumont-en-Bassigny, prévôté de Vaucouleurs, baill'age et présidial de Chaumont, parlement de Paris. — Diocèse de Toul, archidiaconé de Ligny, doyenné de Gondrecourt.

En 1790, distr. de Gondrecourt, c⁰ⁿ de Goussaincourt.

Actuellement, arrond. et archipr. de Commercy, c⁰ⁿ et doyenné de Vaucouleurs. — Patron : saint Léger ; annexe de Goussaincourt.

Burges, contrée, c⁰ᵉˢ de Clermont et d'Auzéville.

Burniqueville, f. c⁰ᵉ de Vaucouleurs.

Buronvaux, bois comm. de Vouthon-Bas.

Burtainville, contrée, c⁰ᵉ de Ligny.

Burvigne, anc. maison isolée, c⁰ᵉ de Villotte-devant-Saint-Mihiel.

Bury, mⁱⁿ, cᵗᵉ d'Avillers. — *De Bureio*, 1212 (cession à Thibaut Iᵉʳ, comte de Bar). — *Bure-Moulin*, 1700 (carte des États).

Bury, bois, c⁰ᵉ de Burey-en-Vaux.

Buschin (Fontaine de), cᵗᵉ de Montmédy.

Busines (Les deux), étangs, cᵗᵉ de Beaulieu.

Bussières (Fontaine de), ruiss. qui prend sa source au-dessus de Pareid et se jette dans le Longeau sur le dép' de la Moselle.

Bessoinvaux, contrée, c⁰ᵉ d'Hattonville.

Bussoles, contrée, cᵗᵉ de Naix.

Bussy, bois, c⁰ᵉ de Dun.

Bussy, c⁰ᵉ de Saulx-en-Woëvre. — *Bussei*, 1203 (cart. de Saint-Paul). — *En la fin de Bussy*, 1487 (contest. entre les habitants de Saulx et ceux de Wadonville).

A pris son nom d'un ancien hameau dit *Bussy*, qui fut ruiné vers l'an 1380.

Bussy-la-Côte, vill. sur la rive droite de l'Ornain, à 8 kil. à l'E. de Revigny. — *Bussei*, *Busseium*, 1141, 1163 (cart. de Jeand'heures). — *Bussi*, 1154 (ibid.). — *Buxeium*, 1180 (ibid.). — *Buscey*, xivᵉ siècle (arch. de la Meuse). — *Buxeyum*, 1402 (regest. Tull.). — *Bussy-la-Coste*, 1579 (proc.-verb. des cout.); 1700 (carte des États). — *Busseium-ad-Rupem*, 1711 (pouillé); 1749 (ibid.); 1756 (D. Calmet, not.).

Avant 1790, Barrois mouvant, office, recette, coutume, bailliage et prévôté de Bar, présidial de Châlons, parlement de Paris; le roi en était seul seigneur, haut et moyen justicier; l'abbé de Sainte-Hoïlde avait la justice foncière. — Dioc. de Toul, archid. de Rinel, doy. de Robert-Espagne.

En 1790, distr. de Bar, c⁰ᵉ de Chardogne.

Actuellement, arrond. et archipr. de Bar-le-Duc, c⁰ⁿ et doyenné de Revigny. — Écarts : Sainte-Hoïlde, Oissard. — Patron : saint André.

Butel (Le), ruiss. qui prend sa source dans les bois de Septsarges, passe à Dannevoux et se jette dans la Meuse v.s-à-vis de Sivry-sur-Meuse, après un cours de 5 kilomètres.

Butgnémont, h. ruiné, c⁰ᵉ du Ménil-sous-les-Côtes; il était situé entre le vill. du Mesnil et la côte des Hures. — *De Busnemonte*, 1148 (cart. de Saint-Paul); 1223 (ibid.). — *Busaimont*, *Busaimmont*, 1283 (cart. d'Apremont). — *Chemin de Buttene-mont joindant le Gros-Chêne*, xvᵉ sᵉ (arch. de Bonzée). — *Au Chesne de Buthegnemont*, xviᵉ sᵉ (arch. du Ménil).

Butgnévaux, mⁱⁿ, c⁰ de Saint-Mihiel.

Butgnéville, village sur le Montru, à 7 kilom. à l'E. de Fresnes-en-Woëvre. — *Bittinivilla*, 915 (cart. de Saint-Vanne). — *Betheynea-villa*, 1049 (bulle de Léon IX). — *Betigneani-villa*, 1127 (cart. de la cathéd.). — *Betigneville-en-Wevre*, 1252 (ibid.). — *Betigneville*, 1257, 1268 (ibid.). — *Bulgneville*, 1304 (arch. de la Meuse). — *Butineville*, 1549 (Wassebourg). — *Butteneville*, 1549 (ibid.); 1564 (trans. entre le duc de Bar et le chap. de Verdun). — *Buttigneeville*, 1564 (col. lorr. t. 267.49. P. 27). — *Butgneville*, 1601 (hôtel de ville de Verdun, A. 57). — *Buthegneville*, 1605 (traité entre le duc de Lorraine et le chap. de Verdun). — *Butgnieville*, 1700 (carte des États). — *Bugnei-ville*, 1729 (cart. de Saint-Hippolyte).

Avant 1790, Verdunois, terre du chapitre, prévôté d'Harville, coutume et bailliage de Verdun, ancienne juridiction des chanoines de la cathéd. présid. de Verdun, parlement de Metz. — Dioc. de Verdun, archid. de la Rivière, doyenné d'Hatton-châtel, paroisse de Saint-Hilaire.

Avait une maison forte, dite *Lamouth*, qui fut ruinée en 1310 par Jean de Bar.

En 1790, distr. d'Étain, c⁰ᵉ de Pareid.

Actuellement, arrond. et archipr. de Verdun, c⁰ⁿ et doyenné de Fresnes-en-Woëvre. — Écart : Lamouth. — Paroisse de Saint-Hilaire.

Butgnéville, h. c⁰ᵉ de Béthelainville.

Butot, bois comm. d'Autréville.

Butry, contrée et chemin, c⁰ᵉ d'Haudainville, ancien-nement mⁱᵉ appart. à l'abb. de Saint-Paul de Verdun. — *Butheris*, *molendinum de Buteri*, 1156 (cart. de Saint-Paul). — *Molendinum de Butyri*, 1176 (ibid.). — *Apud Buteri molendinum*, 1179 (ibid.). — *In rivulo qui inter Hadonis-villam et Butereium defluit*, 1189 (ibid.). — *Hortus ecclesiæ contiguus cum graveria super littus Mosæ apud Butiri molendina*, 1207 (ibid.).

Buttel, pont et contrée, c⁰ᵉ d'Hennemont.

Buval, contrée, c⁰ᵉ de Rosnes.

Buvalotte, bois, c⁰ᵉ de Loisey.

Buvelot, contrée, c⁰ᵉ d'Hattonchâtel.

Buvrot, mⁱⁿ ruiné, sur le ru de Signeulles, c⁰ᵉ de Doncourt-aux-Templiers.

Buxerulles, vill. sur l'un des affluents de la Madine, à 9 kil. au S. de Vigneulles-lez-Hattonchâtel. — *Buxerollæ*, 1135 (Onera abbatum). — *Buxerolles*, 1463 (abb. de Saint-Mihiel, Q. 1). — *Buxerolles*, 1549 (Wassebourg). — *Buxerieulles*, 1642 (Mâchon). — *Busserrulles*, 1656 (carte de l'évêché). — *Busselure*, 1700 (carte des États). — *Bucerulle*, 1738 (pouillé). — *Burcium-Vicum*, 1738 (ibid.);

1749 (*ibid.*). — *Bussereuil*, 1745 (Roussel). — *Buxrulle*, 1760 (Cassini).

Avant 1790, Barrois non mouvant, marquisat et prévôté d'Heudicourt, office, recette, coutume et bailliage de Saint-Mihiel, présid. de Toul, cour souveraine de Nancy. — Dioc. de Verdun, archid. de la Rivière, doyenné de Saint-Mihiel, annexe de Buxières.

Buxerulles était l'un des trois villages qui, avec Varnéville et Woiuville, formaient la mairie dite *des Trois-Villes-en-Woëvre.*

En 1790, district de Saint-Mihiel, c⁰ⁿ d'Heudicourt.

Actuellement, arrond. et archipr. de Commercy, c⁰ⁿ et doyenné de Vigneulles-lez-Hattonchâtel. — Écart : la Perche. — Patron : sainte Marguerite ; annexe de Buxières.

Buxière-aux-Bois, f. c⁰ᵉ de Buxières.

Buxières, vill. sur l'un des affluents de la Madine, à 8 kilom. au S. de Vigneulles-lez-Hattonchâtel. — *Buxaria*, 709 (test. Vulfoadi). — *Buscerias*, 846 (dipl. de Charles le Chauve).— *Busseris, Buscevis*, 895 (dipl. de Zuentebold). — *Buxerias*, 921 (dipl. de Charles le Simple). — *Buserias*, 1106 (bulle de Pascal II). — *Buxeriæ*, 1135 (Onera abbatum) ; 1707 (carte du Toulois) ; 1788 (pouillé) ; 1749 (*ibid.*) ; 1756 (D. Calmet, *not.*). — *Bussyeres*, 1279 (cartul. d'Apremont). — *Bussières*, 1292 (abb. de Saint-Mihiel, 3. K. 3). — *Buscires*, 1369 (*ibid.* 3. H. 1). — *Busières*, 1571 (proc.-verb. des cout.). — *Bussière*, 1656 (carte de l'évêché). — *Boussière*, 1707 (carte du Toulois).

Avant 1790, Barrois non mouvant, marquisat et prévôté d'Heudicourt, office, recette, coutume et bailliage de Saint-Mihiel, présid. de Toul, cour souveraine de Nancy. — Dioc. de Verdun, archid. de la Rivière, doy. de Saint-Mihiel.

En 1790, distr. de Saint-Mihiel, c⁰ᵉ d'Heudicourt.

Actuellement, arrond. et archipr. de Commercy, c⁰ⁿ et doyenné de Vigneulles. — Écart : Buxière-aux-Bois. — Patron : saint Georges.

Buzémont, m⁰ⁿ isolée, c⁰ᵉ de Boureuilles.

Buzéfiaux, font. c⁰ᵉ de Souilly.

Buzieau, contrée, c⁰ᵉ de Mouilly.

Buzy, vill. sur la rive gauche de l'Orne, à 7 kilomètres au S.-E. d'Étain. — *Buseium*, *Buscy*, 1163 (ch. de Richard de Grandpré, év. de Verdun). — *Buzey*, 1322 (chamb. des comptes, c⁰ᵉ d'Étain). — *Busay*, 1549 (Wasselbourg). — *Buzi*, 1605 (Lamy, sentence de la justice de Buzy). — *Res Busia*, 1621 (inscript. commém. dans l'église de Buzy ; la date est ainsi formulée :

> Bis tria junge decem complerat sæcula Phœbus,
> Bisque decem binis orbibus exierat).

— *Buzie*, 1700 (carte des États). — *Buzæum*, 1738 (pouillé).

Avant 1790, Lorraine, chef-lieu de ban, coutume de Nancy, prévôté de Prény, anc. baill. de Pont-à-Mousson et ensuite d'Étain, présid. de Verdun, cour souveraine de Nancy. — Diocèse de Verdun, archid. de la Woëvre, doy. d'Amel.

Buzy était chef-lieu d'un ban considérable, dont faisaient partie les villages de Buzy, de Darmont, de Parfondrupt, de Saint-Jean-lez-Buzy et le hameau d'Aucourt.

En 1790, lors de l'organisation du départ. Buzy devint chef-lieu de l'un des c⁰ⁿˢ dépendant du district d'Étain ; ce c⁰ⁿ était composé des municipalités dont les noms suivent : Boinville, Buzy, Darmont, Gussainville, Lanhères, Parfondrupt, Rouvres, Saint-Jean-lez-Buzy, Warcq.

Actuellement, arrond. et archipr. de Verdun, c⁰ⁿ et doy. d'Étain. — Écarts : Aucourt, Baroncelle, la Bulle et Saint-Barthélemy. — Patron : saint Martin.

C

Cahen, étang, c⁰ᵉ de Sommeilles.

Cahourderie (La), bois comm. de Doulcon.

Caïfa ou Kaïfa, m¹ⁿ, c⁰ᵉ de Rembercourt-aux-Pots.

Caillette, bois, c⁰ⁿ de Douaumont.

Caillotel, f. ruinée, dite aussi *Luxembourg* (Durival), c⁰ᵉ de Montiers-sur-Saulx.

Caillou, bois comm. de Marre.

Caillouères, contrée, c⁰ᵉ de Béthincourt.

Cala, contrée, c⁰ᵉ de Fromeréville.

Caladin, bois comm. de Laheymeix.

Californie, auberge isolée, c⁰ᵉ de Verdun.

Calonne (Tranchée de), gr. chem. sur les territ. et dans les bois du Ménil-en-Woëvre, Mouilly, Saint-Remy, Dammartin-la-Montagne, Herbeuville, Saint-Maurice et Hattonchâtel ; cette tranchée fut ouverte au milieu du siècle dernier par le ministre dont elle porte le nom ; d'après la tradition, M. de Calonne l'aurait faite en partie sur le chemin établi au ıx° siècle par l'évêque Hatton pour communiquer de Verdun à la forteresse d'Hattonchâtel.

Calotte (La), contrée, c⁰⁰ de Sommelonne.

Calvaire (Le), bois comm. de Beauclair.

Calvaire (Le), chapelle isolée, c⁰⁰ de Gercourt et de Saint-Mihiel.

Camamine, contrée, c⁰⁰ de Fromeréville.

Cambelle, contrée, c⁰⁰ de Rouvres.

Camp (En-), contrée, c⁰⁰ de Consenvoye, lieu de station dans lequel on trouve des fragments d'armes antiques et des monnaies romaines.

Camp (En-), contrée, c⁰⁰ de Rosières-en-Blois; vestiges d'un camp antique mesurant 1,000 mètres en longueur, sur 75 mètres en largeur.

Canal (Le) ou canal de la Maune au Rhin, ayant son origine à Vitry-le-François et faisant son entrée dans le département de la Meuse sur le territoire de Remennecourt; il longe la vallée de l'Ornain jusqu'à Demange-aux-Eaux, où il passe dans la vallée de la Meuse en traversant le faîte qui sépare les deux bassins au moyen d'un souterrain dit *de Mauvages*, ayant 4,877 mètres de longueur; le canal suit le vallou de la Méholle jusqu'à Void, passe la Meuse à Troussey et sort du département au delà de Pagny-sur-Meuse, après avoir parcouru les territoires de Remennecourt, Contrisson, Neuville-sur-Ornain, Mussey, Varney, Fains, Bar-le-Duc, Longeville, Tannois, Velaines, Ligny, Givrauval, Longeaux, Menaucourt, Naix, Saint-Amand, Tréveray, Saint-Joire, Demange-aux-Eaux, Mauvages, Villeroy, Sauvoy, Vacon, Void, Troussey et Pagny-sur-Meuse; de ce point, il se dirige sur Toul, Nancy, Saverne et arrive à Strasbourg dans la rivière d'Ill, qui le fait communiquer avec le Rhin; sa longueur totale est de 314,500 mètres, dont 93,042 dans le département de la Meuse. Ce canal, entrepris en 1829, a été terminé en 1845.

Canal (Le) ou canal de l'Ornain, cours d'eau mettant en communication l'Ornain en amont de Revigny et la Chée au-dessus d'Alliancelles (Marne); sa longueur est de 10 kilomètres.

Canal (Le), étang, c⁰⁰ de Beaulieu.

Canaux (Les), bois comm. de Loisey.

Cannaine, contrée, c⁰⁰ de Longeville.

Cantine, bât. isolé, c⁰⁰ d'Euville.

Cap (Le) ou Cap-Bonne-Espérance, m⁰⁰ isolée, c⁰⁰ d'Azannes.

Capin, contrée, c⁰⁰ de Gremilly.

Capucins (Les), faubourg, c⁰⁰ de Ligny.

Capucins (Les), côte, c⁰⁰ de Saint-Mihiel.

Capucins (Rue des), à Bar-le-Duc et à Verdun.

Carafiole, f. et contrée, c⁰⁰ de Belrupt.

Caranoufre, contrée, c⁰⁰ de Cesse.

Cardinale (La), anc. chemin qui va de Commercy à la forêt domaniale.

Cardine, bois, c⁰⁰ des Islettes.

Carme (Pays de), territoire arrosé par le Rupt-de-Mad et dépendant de la cité de Metz; comprenait une partie des cantons actuels de Thiaucourt dans la Moselle et de Saint-Mihiel dans la Meuse; semble n'avoir été qu'un démembrement de la Woëvre et du Scarponais; Bouconville, dans une charte de l'an 921, est indiqué comme faisant partie de ce pays. — *Sarmensis pagus*, 851 (Hugues Metel). — *Scarmensis*, 858 (*ibid.*). — *Pagus Scarmis*, 895 (dipl. de Zuendebold). — *Skarmensis pagus*, 896 (ch. de la collég. Saint-Georges). — *In pago Scarmensi super fluvium Maticum*, 921 (dipl. de Charles le Simple). — *Pagus Carmensis*, 1707 (P. Benoît, *Hist. de Toul*). — *Carmois*, 1756 (D. Calmet, *not.*).

Carmes (Les), rue, à Saint-Mihiel.

Carrière, contrée, c⁰⁰⁰ d'Aubréville, Fromeréville, Grémilly, Jamelz, Thillot.

Carrière, bois comm. de Lion-devant-Dun; faisait partie de la forêt de Wèvre.

Carrière (La), fontaine, c⁰⁰ de Rembercourt-aux-Pots.

Carrière (La), étang, c⁰⁰ de Saint-Benoît.

Carrière (La), bois comm. de Dunloup.

Cartier, contrée, c⁰⁰ de Cesse.

Casaubucré, contrée, c⁰⁰ de Ville-devant-Belrain.

Casotte, contrée, c⁰⁰ de Stainville.

Cassette, contrée, c⁰⁰ d'Aubréville.

Cassis-Moussen, contrée, c⁰⁰ d'Eix.

Cassot, pont, sur le canal de l'Ornain, c⁰⁰ de Revigny.

Castelle (Caois-), contrée, c⁰⁰ d'Hattonchâtel.

Cateline, bois comm. d'Érize-la-Grande.

Catelineau, contrée, c⁰⁰ de Warcq.

Catelinette, contrée, c⁰⁰ de Vignot.

Caturices, lieu de relais ou de station, placé sur la route consulaire de Reims à Metz, à ıx mille pas romains d'*Ariola* et à ıx mille pas de *Nasium*. — *Caturices*, ııı° siècle (Table Théodosienne ou de Peutinger). — *Caturiges*, ıv° siècle (Itin. d'Antonin). — *Caturicas*, *Caturigas*, 1675 (A. de Valois).

C'est sur l'emplacement de *Caturices* que s'est élevé l'un des faubourgs de la ville de Bar-le-Duc, celui qui est dit *le Couchot*, dans lequel on a reconnu le passage de la voie consulaire; on y a mis à découvert en 1843 et en 1858 des restes de constructions antiques dans lesquels gisaient des tronçons de colonnes, des chapiteaux, des tuiles plates à rebords, des ustensiles de bronze, des monnaies gauloises et romaines. Ces objets sont conservés dans le musée de la ville de Bar.

CAUDRIN, contrée, c⁰ˢ de Naives-devant-Bar.

CAURE (LA), f. ruinée, c⁰ˢ de Luzy.

CAURE (LA), contrée, c⁰ˢˢ de Béthincourt, Bras, Clermont et Montzéville.

CARRÉ, bois, c⁰ˢ de Tilly-sur-Meuse.

CAUREAU, bois, c⁰ˢ de Beurey.

CAURES (LES), contrée, c⁰ˢˢ d'Ambly, Béthincourt et Braquis.

CAURETTES (LES), bois comm. de Belleray et de Cumières.

CAURUPT (TRANCHÉE DE), chemin, c⁰ˢ de Beaulieu.

CAUZER, contrée, c⁰ˢ d'Aubréville.

CAVANIÈRE (LA), font. c⁰ˢ de Bantheville.

CAVE, contrée, c⁰ˢ de Longeville.

CAVE (LA), m¹ⁿ, c⁰ˢ de Merles.

CAVE (VOZEL-DE-LA-), font. c⁰ˢ de Châtillon-en-Woëvre.

CAVET, font. c⁰ˢ de Bonnet.

CAVOTTE, contrée, c⁰ˢ de Naives-devant-Bar.

CAWA, contrée, c⁰ˢ de Chattancourt.

CENDRE (LA), font. c⁰ˢ de Rembercourt-aux-Pots.

CÈNE (LA), contrée, c⁰ˢ de Damloup.

CENS, m⁰ⁿ isolée, c⁰ˢ d'Étain.

CERCUEILS (LES), contrée, c⁰ˢ de Velosnes; prend son nom d'un cimetière antique qui restitue des Auges en pierre et des objets de l'époque gallo-romaine.

CERF-MONA, rue, à Clermont-en-Argonne.

CERFS (CÔTES-DES-), bois, c⁰ˢ de Beaulieu; faisait partie de la forêt d'Argonne.

CERVIST, ham. c⁰ˢ de Stenay. — *Servisiacum*, 1157 (ch. de l'archev. Hillin); 1157 (ch. de Gorze). — *Servisy*, *Servicy*, 1648 (coll. lorr. t. 407, p. 78). — *Servigny*, 1656 (carte de l'év.). — *Cervicy*, 1700 (carte des États).

CÉSAR (CAMP DE), c⁰ˢ de Saint-Mihiel; camp antique de forme ovale, mesurant 575 mètres de long, sur 340 mètres de large, situé sur la côte dite *Mont-Meuse*.

CÉSAR (CHEMIN DE JULES-), voie consulaire antique, sur les territoires de Varney et de Longeville; venait de Reims et se rendait à Metz par *Nasium* et Toul.

CESSE, vill. sur le Choux, à 3 kil. au N.-E. de Stenay. — *Setia*, 973 (ch. de l'archev. Adalbéron); 1023 (ch. de l'emp. Henri). — *Cessia*, XVIᵉ siècle (pouillé ms de Reims). — *Cetté*, 1756 (D. Calmet, not.).

Avant 1790, Champagne, après avoir été comté de Chiny; coutume de Mézières, puis de Sainte-Menehould et ensuite de Paris, prévôté de Mouzon (partie avec Stenay), baill. de Mouzon, présidial de Sedan, parlement de Metz. — Diocèse de Reims, gr. archidiaconé, doyenné de Mouzon-Meuse.— Avait un prieuré sous le titre de Sainte-Marguerite, fondé en 1260 par Jean d'Apremont-Buzancy.

En 1790, distr. et c⁰ˢ de Stenay.

Actuellement, arr. et archipr. de Montmédy, c⁰ˢ et doy. de Stenay. — Écart : le Prieuré. — Patron : l'Assomption.

CHABOT, f. c⁰ˢ de Montiers-sur-Saulx. — *Chabeau*, 1778 (Durival).

CHABOT, contrée, c⁰ˢ d'Iré-le-Sec.

CHABRONNE (LA), ruisseau, dit aussi la *Chambronne*, qui prend sa source près de Montfaucon et se jette dans la Buanthe au-dessus de Cheppy, après un cours de 8 kilomètres.

CHAFFOT, contrée, c⁰ˢ de Tannois.

CHAIBY, contrée, c⁰ˢ de Chauvoncourt.

CHAILLON, vill. sur le ru de Creue, à 6 kil. au S.-O. de Vigneulles-lez-Hattonchâtel. — *Scallon*, VIᵉ sᵉ (vie de saint Airy); 1549 (Wassebourg). — *Ad Castellionem super fluviolo qui vocatur Cruia*, 709 (test. Vulfoadi). — *Caslonum*, 984 (cart. de Saint-Paul, p. 74). — *Chaillou*, 1180 (bulle d'Alexandre III). — *Chaillons*, 1314 (recueil). — *Chaillon*, 1347 (arch. de la Meuse). — *Chaillon-soubz-Hattonchastel*, 1573 (Lamy, dénombr. de la seign. de Saint-Maurice). — *Castellio*, 1707 (carte du Toulois). — *Castillonium*, 1738 (pouillé); 1749 (ibid.).

Avant 1790, Barrois non mouvant, marquisat, office et prévôté d'Hattonchâtel, recette, coutume et bailliage de Saint-Mihiel, présidial de Toul, cour souveraine de Nancy; le roi et le marquis d'Heudicourt en étaient seigneurs hauts, moyens et bas justiciers. — Diocèse de Verdun, archid. de la Rivière, doy. d'Hattonchâtel.

En 1790, district de Saint-Mihiel, c⁰ˢ d'Heudicourt.

Actuellement, arrond. et archipr. de Commercy, c⁰ˢ et doy. de Vigneulles.— Patron : saint Remy.

CHAIRMANGE, bois comm. de Dieppe.

CHALADE (LA), contrée, c⁰ˢ de Stainville.

CHALAIDE, contrée, c⁰ˢˢ de Bar-le-Duc, Fains, Longeville, Naix, Seigneulles et Tannois.

CHALAINES, vill. sur la rive droite de la Meuse, à 1 kil. à l'E. de Vaucouleurs. — *Chalaines*, 1340, 1360 (collég. de Vaucouleurs). — *Chalainnes-la-Vieille*, XIVᵉ sᵉ (ibid.). — *Chaleine*, 1700 (carte des États). — *Chalaine*, 1711 (pouillé). — *Calanæ*, *Calenæ* (reg. de l'év.).

Avant 1790, Champagne, terre de Vaucouleurs, coutume du Bassigny, office et prévôté de Vaucouleurs, recette, bailliage et présidial de Chaumont, parlement de Paris. — Diocèse de Toul, archid. de Ligny, doyenné de Meuse-Vaucouleurs, annexe de Vaucouleurs.

En 1790, district de Gondrecourt, c⁰ˢ de Vaucouleurs.

6.

Actuellement, arrond. et archipr. de Commercy, canton et doyenné de Vaucouleurs. — Écarts : la Bicotte, la Roche. — Patron : la Nativité de la Vierge.

CHALATTE (LA) OU LA CHALADE, m^on isolée, c^ne de Bré- héville.

CHALÉMONT, bois comm. de Dainville-aux-Forges.

CHALÈTRE, bois comm. de Chassey.

CHALEUDE, contrée, c^ne de Marville.

CHÂLONS (BAILLIAGE DE), a fourni au département la prévôté de Beaulieu.

CHALOT (LE), petit cours d'eau qui se jette dans la Chée sur le territoire de Laheycourt.

CHAMBARA, f. ruinée, c^ne de Forges.

CHAMBOIS, bois comm. de Varvinay.

CHAMBRES (LES), contrée, c^ne de Pintheville.

CHAMBRETTES (LES), f. c^ne d'Ornes. — Chambrette, 1743 (proc.-verb. des cout.).

　Était anciennement une paroisse dont l'église, de- puis l'an 1046, dépendait de Saint-Maur de Verdun.

CHAMCHAM, étang. c^ne de Sommeilles.

CHAMGRAPAS, bois, c^ne de Gondrecourt.

CHAMOIS, bois, c^ne de Chaumont-devant-Damvillers. — La Etre dou boix de Chamai entre Chamont et Ville- la-Ville, 1250 (cart. de la cathédr.).

CHAMOT, bois, c^ne de Rambluzin ; faisait partie de la forêt de Souilly.

CHAMP, hameau qui, avec celui de Neuville, forme 'la c^ne de Champneuville. — Apud Champs, 1237 (cart. de la cathédr.). — Champ-sur-Meuse, 1549 (Wassebourg).

CHAMP (FONTAINE DU), c^ne de Rembercourt-aux-Pots.

CHAMP (TOUR DU), l'une des anciennes entrées de la ville de Verdun, bâtie dans le XIV° siècle.

CHAMPAGNE (ARCHIDIACONÉ DE), archidiaconatus minor vel archidiaconatus de Campania (Topog. eccl. de la France), l'un des archid. de l'anc. dioc. de Reims ; était composé de onze doyennés, dont deux, celui de Dun et une partie de celui de Varennes, ont con- tribué à former le département de la Meuse.

CHAMPAGNE (LA), contrée, c^nes de Boinville et de Maxey- sur-Vaise.

CHAMPAGNE (VOIE DE LA), ancien chemin, c^ne de Sep- vigny.

CHAMPÉ, contrée, c^ne d'Hattonchâtel.

CHAMPELLE, contrée, c^ne d'Hannonville-sous-les-Côtes.

CHAMPELLE, bois comm. de Seuzey.

CHAMP-FONTAINE, f. c^ne de Saint-Benoît.

CHAMPIGNEUL, contrée, c^ne de Longeville.

CHAMPIGNEULLES, contrée, c^ne de Troyon.

CHAMP-LE-PRÊTRE, contrée, c^ne de Cheppy.

CHAMPLET, contrée, c^ne de Clermont-en-Argonne.

CHAMPLON, village sur le Longeau, à 2 kil. au S. de Fresnes-en-Woëvre. — Champlong, 1656 (carte de l'év.). — Champelon, 1745 (Roussel).

　Avant 1790, Verdunois, terre d'év. prévôté de Fresnes-en-Woëvre, office, recette, coutume, bail- liage et présidial de Verdun, anciennes assises des quatre pairs de l'év. parlem. de Metz. — Diocèse de Verdun, archid. de la Rivière, doy. d'Hattonchâtel, paroisse des Éparges. — Avait une maison fief.

　En 1790, distr. de Saint-Mihiel, c^ne d'Hannon- ville-sous-les-Côtes.

　Actuellement, arrond. et archipr. de Verdun, c^ne et doyenné de Fresnes. — Paroisse de Saulx-en- Woëvre.

CHAMPLONDRENET, contrée, c^ne des Éparges.

CHAMPLOTTE, bois comm. de Varvinay.

CHAMPMORT, contrée, c^ne de Stenay.

CHAMPNEUVILLE, vill. sur la rive droite de la Meuse, à 4 kil. au N.-O. de Charny. — Villare in Campis, 1125 (cart. de Saint-Vanne). — Champ et Nuef- ville, 1398 (hosp. Sainte-Catherine, B. 1). — Neuf- ville et Champ-sur-Meuse, 1549 (Wassebourg). — De Campis-Novavilla, 1642 (Mâchon). — Champ- Neuville, 1681 (hôtel de ville de Verdun, 29. L. 30 bis). — Champs-Neuville, 1700 (carte des États); 1743 (proc.-verb. des cout.). — Champ - Neuville, 1730 (hôtel de ville, A. 29). — Champneufville, 1738 (hosp. Sainte-Catherine, B. 1). — Nova- Villa-a-Compis, 1788 (pouillé).

　Commune formée de deux hameaux, celui de Champ et celui de Neuville. — Voy. ces mots.

　Avant 1790, Verdunois et terre d'év. après avoir été sous la dépendance du Luxembourg, prévôté de Charny, recette, coutume, bailliage et présidial de Verdun, parlement de Metz. — Diocèse de Verdun, archidiaconé de la Princerie, doyenné de Chaumont.

　En 1790, district de Verdun, c^ne de Charny.

　Actuellement, arrondissement et archipr. de Ver- dun, c^ne et doyenné de Charny. — Écarts : Champ, la Côtelette. — Patron : l'Assomption.

CHAMPRENIÈRE, bois comm. de Savonnières-en-Woëvre.

CHAMPOUGNY, village sur la rive droite de la Meuse, à 7 kil. au S. de Vaucouleurs. — Camponiacum, 650 (charte de l'év. Teutfride) ; 1051 (fondat. de l'abb. de Poussay). — Champigneyum, 1402 (reg. Toul.) — Champougney, 1700 (carte des États); 1711 (pouillé). — Campougneium, 1711 (ibid.).

　Avant 1790, Toulois, châtellenie du temporel de l'év. prévôté de Brixey-aux-Chanoines, bailliage et présidial de Toul, parlement de Metz ; l'év. de Toul en était seul seigneur. — Dioc. de Toul, archid. de Ligny, doyenné de Meuse-Vaucouleurs.

En 1790, distr. de Gondrecourt, c⁰ⁿ de Maxey-sur-Vaise.

Actuellement, arrond. et archipr. de Commercy, c⁰ⁿ et doyenné de Vaucouleurs. — Patron : saint Brice.

CHAMPOUILLOUX, m⁰ⁿ isolée, c⁰ⁿ de Montblainville.

CHAMPRÉ, contrée, c⁰ⁿ de Rouvrois.

CHAMPRÉS (LES), étangs, c⁰ⁿ de Buxières.

CHAMPS (MOULIN AUX), sur le Longeau, c⁰ⁿ de Bonzée.

CHAMPY, contrée, c⁰ⁿ de Boureuilles.

CHANAY, chapelle ruinée, c⁰ⁿ de Lancuville-au-Rupt; dépendait du prieuré de Notre-Dame-de-Breuil de Commercy. — Chana, 1700 (carte des États); 1760 (Cassini). — Chanay, 1711 (pouillé). — Chanai, 1749 (ibid.).

CHANCHAN, étang, c⁰ⁿ de Sommeilles.

CHANÉE, contrée, c⁰ⁿ de Récourt.

CHANEL, bois comm. d'Oëy, Pillon et Vaux-la-Grande.

CHANET, bois, c⁰ⁿ de Séraucourt.

CHANETS, bois comm. de Malaumont.

CHANGE (TOUR DU), ancienne porte, à Verdun; était située à l'entrée du pont Sainte-Croix et avait un pont-levis se levant du côté de Mazel : super turrim in Cambiv (nécrologe, 15 des cal. de novembre). La rue dite actuell. du Pont-Sainte-Croix se nommait alors rue du Change :— on Chainge et Maizel d'aultre part le pont Sainte-Croix, 1322 (Melison); en la rue du Chainge, près le pont Sainte-Croix, 1434 (hôtel de ville de Verdun).

CHANKEIN, bois comm. de Montfaucon.

CHANOIS, bois comm. de Combles, Rambluzin et Ville-roy.

CHANOIS, contrée, c⁰ⁿ de Brauvilliers, Saint-Jean-lez-Buzy et Villers-sous-Pareid.

CHANOIS (VOIE-DE-), bois comm. de Fains.

CHANOT, bois comm. de Dommartin, Lavignéville, Mé-ligny-le-Grand et Spada.

CHANOT, bois comm. des Paroches, sur le territoire de Fresnes-au-Mont.

CHANOT, contrée, c⁰ⁿ de Saint-Mihiel.

CHANOT (CUL-DE-), bois comm. de Bency.

CHANOY, bois, c⁰ⁿ de Condé.

CHANSIGNON, usine, c⁰ⁿ de Bar-le-Duc.

CHANTEMA, bois comm. d'Hévilliers.

CHANTERAINE, f. c⁰ⁿ de Dompcévrin; érigée en fief en 1613. — Chanteranne, 1247 (cart. de la cathédr.).

CHANTERAINE, font. qui prend sa source sur la c⁰ⁿ des Paroches et se jette dans la Meuse à Dompcévrin.

CHANTERAINE, m⁰ⁿ isolée, c⁰ⁿ de Bar-le-Duc.

CHANTRAINE, contrée, c⁰ⁿ de Fains.

CHANTRAISE, m¹ⁿ, c⁰ⁿ d'Ourches.

CHANTRY, bois comm. de Salmagne.

CHANY, contrée, c⁰ⁿ de Maucourt.

CHAPELLE (LA), bois comm. de Demange-aux-Eaux et de Romagne-sous-les-Côtes.

CHAPELLE (LA), contrée, c⁰ⁿˢ de Dieue et de Vignot.

CHAPELLES (LES), contrée, c⁰ⁿ d'Issoncourt.

CHAPELOTTE, f. ruinée, c⁰ⁿ d'Herbeuville.

CHAPELOTTE (LA), ruiss. qui prend sa source sous la côte Amarante et passe à Herbeuville et à Wadon-ville-en-Woëvre, au-dessous duquel il se jette dans le Montru.

CHAPERAUTE, contrée, c⁰ⁿ de Vacherauville.

CHAPITRE (LE), bois, c⁰ⁿˢ de Fleury-devant-Douaumont et de Nixéville.

CHAPITRE (LE), contrée, c⁰ⁿ de Muzeray.

CHAPITRE (LE), bois comm. de Sivry-la-Perche, sur le territoire de Lempire.

CHAPON, contrée, c⁰ⁿ de Tilly et de Récourt.

CHAPONNIER, contrée, c⁰ⁿ de Jouy-sous-les-Côtes.

CHAPPART, contrée, c⁰ⁿ de Boureuilles.

CHAPRE, bois comm. de Breux.

CHAPRON, ancien fief à Neuville-sur-Orne.

CHARBONNIER, bois comm. de Lion-devant-Dun.

CHARBONNIÈRE, contrée, c⁰ⁿ de Marville.

CHARBOTTE, bois, c⁰ⁿ de Watronville.

CHARDIN, bois comm. d'Heippes.

CHARDOGNE, village sur le Nawpont, à 6 kil. à l'O. de Vavincourt. — Chardonne, 1230 (vente aux reli-gieux de Dieu-en-Souvienne). — Chardoigne, 1321 (chambre des comptes, B. 436). — Chardogne, 1402 (regestr. Toll.); 1579 (proc.-verb. des cout.); 1694 (Husson l'Écossais). — Chardognie, capella de Chardoingne, Chardongnes, 1402 (regestr. Toll.). — Chardegne, 1700 (carte des États). — Cardo-nia, 1711 (pouillé); 1749 (ibid.). — Cardonie, 1756 (D. Calmet, not.).

Avant 1790, Barrois mouvant, office, coutume, recette et bailliage de Bar, juridiction du juge des seigneurs, présidial de Châlons, parlement de Paris; le marquis de Lénoncourt en était seigneur haut, moyen et bas justicier. — Diocèse de Toul, archid. de Rinel, doyenné de Bar.

En 1790, lors de l'organisation du département, Chardogne devint chef-lieu de l'un des cantons dé-pendant du district de Bar; ce canton était composé des municipalités dont les noms suivent : Bussy-la-Côte, Chardogne, Fains, Louppy-le-Petit, Neuville-sur-Orne, Varney.

Actuellement, arrond. et archipr. de Bar-le-Duc, c⁰ⁿ de Vavincourt, doyenné de Condé. — Écart : Fossé-Bas. — Patron : saint Remy.

Chardogne a donné son nom à une maison de nom et d'armes depuis longtemps éteinte, qui por-

tait : *de gueules à cinq annelets d'argent mis en sau-*
toir, au lambel à trois pendants de même en chef
(Husson l'Écossais).

CHARDOIS, contrée, c^{ne} de Consenvoye.

CHARDONNAIS, contrée, c^{ne} de Robert-Espagne.

CHARDONS (LES), ancienne cense fief, c^{ne} de Revigny.

CHARIOTTE (LA), contrée, c^{ne} de Moulotte, traversée
par la voie antique de Reims à Metz.

CHARIÈRE, côte, c^{ne} de Brieulles-sur-Meuse.

CHARIFON, contrée, c^{ne} d'Aubréville.

CHARITÉ (LA), à Verdun, anc. m^{on} et communauté des
sœurs dites *Sœurs grises* ou *de Saint-Vincent-de
Paul*, établie à l'extrémité de la rue Saint-Louis,
supprimée en 1790, rétablie en 1802 dans les bâtiments de l'ancienne abbaye des Dames Bénédictines de Saint-Maur.

CHARLEMAGNE (CHÂTEAU DE), c^{ne} de Montblainville;
anciens retranchements de camp ou de rendez-vous
de chasse établis dans la forêt d'Argonne, près de la
Haute-Chevauchée.

CHARMA, font. c^{ne} de Barécourt.

CHARMASSON, bois, c^{ne} de Saint-Amand.

CHARME (LA), contrée, c^{ne} d'Ornes.

CHARME (LE), ruiss. dit aussi *le Charmois*, qui prend sa
source dans la forêt de Wœvre, passe à Charmois et
se jette dans la Vieille-Meuse en amont de Mouzay,
après un cours de 7 kilomètres.

CHARMEL, contrée, c^{ne} de Frémeréville.

CHARMOIZ, contrée, c^{ne} de Verry.

CHARMOIS, contrée, c^{nes} de Bras et Saint-Jean-lez-
Buzy.

CHARMOIS, bois comm. de Delouze et de Saint-Jean-
lez-Buzy.

CHARMOIS, hameau sur le Charme, c^{ne} de Mouzay. —
La Chermoye, 1299 (Lamy, aveu et dénombr. de la
seign. de Charmois). — *La Charmoye*, 1515 (*ibid.*
acte de foi et hommage). — *La Charmois-de-Mou-
zay*, 1536 (*ibid.* chambre des comptes de Bar). —
La Charmois, 1568 (*ibid.* foi et hommage). —
Charmoy, 1585 (*ibid.* vente de la seign. de Charmois). — *La Charmoys*, 1586 (*ibid.* sentence du
baill. de Saint-Mihiel). — *Charmoyes*, 1586 (*ibid.*
acquet). — *La Charmoix*, 1587 (*ibid.* retr. de la
seign. de Baalon). — *Charmay*, 1589 (*ibid.* acquet);
1628 (coll. lorr. t. 406, p. 3); 1643 (*ibid.* t. 407,
p. 71). — *Charmoye*, 1595 (Lamy, note des dép.
et frais d'exécution de deux sorcières brûlées vives à
Charmois); 1619 (*ibid.* consultation). — *Charmoie*,
1641 (*ibid.* acte du tabell. de Stenay); *Chermois*,
1656 (carte de l'évêché).

CHARMOIS, bois, c^{ne} de Nant-le-Petit; faisait partie de
la forêt de Ligny.

CHARMOIS, contrée, c^{ne} de Verdun. — *In Charmoi*,
1218 (cart. de la cathédr.).

CHARNADON, bois comm. de Vauquois.

CHARNIEN (LE), ruiss. c^{ne} de Bar-le-Duc.

CHARNIÈRE, contrée, c^{ne} de Montplonne.

CHARNY, bourg, sur la rive gauche de la Meuse, à 6 kilomètres au N. de Verdun. — *Carnacum, Carnacum*,
IXe s^e (Bertaire). — *Carniacum*, 973 (ch. de l'év.
Wilgfride); 973 (confirmat. par l'emp. Otton);
1082 (fondat. de l'abb. de Saint-Airy); 1089 (dipl.
de l'emp. Henri III); XIIe s^e (Laurent de Liége);
1100, 1177, 1179, 1194, 1197, 1207 (cart. de
Saint-Paul). — *Carmeiacum* ou *Carinejacum*, 979,
1177 (*ibid.*). — *Carneiacum*, 984 (*ibid.*). —
Charnei, 1242, 1252 (*ibid.*); 1284 (cartul. de la
cathédr.) — *Chastelenie de Charney*, 1316 (Soc.
Philom. lay. Verdun, A. 8). — *Charney*, 1331
(lettres de Philippe de Valois); 1549 (Wassebourg); 1587 (coll. lorr. t. 261. 46, A. 26);
1656 (carte de l'év.). — *Charnoyum-Castrum*,
1502 (lettres de l'emp. Maximilien Ier). — *Carnisium*, 1580 (stemmat. Lothar.). — *Charny*, 1564
(éch. entre le duc de Lorr. et l'év. de Verdun). —
Castellani, 1585 (hôtel de ville de Verdun, M. y bis).
— *Carnotum*, 1738 (pouillé).

Avant 1790, Verdunois, terre d'év. chef-lieu de
prévôté, coutume, bailliage et présidial de Verdun,
anc. assises des quatre pairs de l'év. parlement de
Metz. — Dioc. de Verdun, archid. de la Princerie,
doy. de Forges.

La prévôté de Charny se composait des localités
dont les noms suivent : Avocourt, Belleray, Belrupt,
Brabant-sur-Meuse, Bras, Champneuville, Charny,
Chattancourt, Dombasle, Germonville (partie avec
les Montignons), Haumont-lez-Samogneux (partie
avec Sivry), Marmont, Marre, Rampont, Régneville, Samogneux, Souhesme-la-Grande, Thierville, Vacherauville, Vadelaincourt, Villers-les-
Moines, Wameau.

En 1790, lors de l'organisation du département,
Charny devint chef-lieu de l'un des cantons dépen-
dants du district de Verdun; ce canton était composé
des municipalités dont les noms suivent : Belleville,
Bras, Champneuville, Charny, Chattancourt, Gu-
mières, Marre, Régneville, Samogneux, Thierville,
Vacherauville.

Actuellement, arrond. et archipr. de Verdun,
chef-lieu de canton et de doyenné. — Écarts : la
Madeleine, Villers-les-Moines. — Patron : saint Loup.

Le canton de Charny occupe la partie centrale
du département; il est borné au N. par les cantons
de Montfaucon et de Damvillers, à l'E. par celui

d'Étain, à l'O. par celui de Varennes, au S. par celui de Verdun; sa superficie est de 21,550 hect.; il renferme vingt et un communes, qui sont : Beaumont, Belleville, Béthelainville, Béthincourt, Bezonvaux, Bras, Champneuville, Charny, Chattancourt, Cumières, Douaumont, Fleury-devant-Douaumont, Fromeréville, Louvemont, Marre, Montzéville, Ornes, Samogneux, Thierville, Vacherauville, Vaux.

La composition du doyenné est la même que celle du canton.

CHAROGNIER (LE), vallée, dans la forêt d'Argonne, c⁰ᵉ de Froides.

CHARONNIÈRE (LA), chemin vicinal, c⁰ᵉ de Verdun. — *Chemin de la Charongnière*, 1780 (hôtel de ville de Verdun, R. 26).

CHARPENTIÈRE (LA), bois, c⁰ᵉ de Lisle-en-Barrois; faisait partie de la forêt d'Argonne.

CHARPENTRY, vill. sur la Buanthe, à 3 kil. et demi au N. de Varennes. — *Charpenterey*, 1389 (coll. lorr. t. 168.49, A. 16). — *Chapitray*, 1712 (Soc. Philom. lay. Clermont, arrest de la cour des Aydes). — *Carpentriacum* (reg. de l'év.).

Avant 1790, Clermontois, prévôté de Varennes, ancienne justice seigneuriale des princes de Condé, coutume et bailliage de Clermont, parlement de Paris. — Diocèse de Reims, archid. de Champagne, doyenné de Varennes, annexe de Baulny.

En 1790, district de Clermont, c⁰ⁿ de Varennes. Actuellement, arrond. et archipr. de Verdun, c⁰ⁿ et doyenné de Varennes. — Écarts : la Forge, la Hobette. — Patron : la Nativité de la Vierge; annexe de Baulny.

CHARPONT, m^in, c⁰ᵉ de Han-devant-Pierrepont.

CHARRIÈRE, contrée, c⁰ᵉ de Sampigny.

CHARRIÈRE (LA), chemin, dans le bois de Bernatant, c⁰ᵉ d'Haudiomont.

CHARRIÈRE (GRANDE-), bois comm. de Labeuville et de Lemmes.

CHARRIÈRE (GRANDE-), contrée, c⁰ᵉ de Moulotte.

CHARRIÈRE (GRANDE-), voie antique de Verdun à Metz, sur les territoires de Manheulles, Pareid et Labeuville.

CHARRIÈRE (HAUTE-), tuilerie et bois, c⁰ᵉ de Romagnesous-les-Côtes.

CHARRIÈRE (HAUTE-), bois comm. de Chauvoncourt et de Xivray.

CHARRIÈRE (PETITE-), contrée et bois comm. de Moulotte.

CHARRIÈRE-LA-BELLE, bois comm. de Raulecourt.

CHARRIÈRES (LES), bois comm. de Landrecourt.

CHARTON, contrée, c⁰ᵉ d'Harville.

CHARVOIE, bois comm. de Vaux-la-Petite.

CHASSÉ, contrée et pont, c⁰ᵉ de Sorcy.

CHASSEMONCY, bois comm. de Montblainville.

CHASSEY, vill. sur la rive gauche de l'Oignon, à 8 kil. au S. de Gondrecourt. — *Charceyum, Cherceyum*, 1402 (regestr. Tull.). — *Charsey-Belpré*, 1700 (carte des États). — *Charcey*, 1711 (pouillé); 1760 (Cassini). — *Charceium*, 1711 (pouillé); 1756 (D. Calmet, *not.*).

Avant 1790, Champagne, coutume du Bassigny, bailliage de Chaumont, présidial de Châlons, parlement de Paris. — Dioc. de Toul, archid. de Ligny, doyenné de Gondrecourt. — Avait un ermitage sous le titre de Sainte-Lucie ou Sainte-Lucine.

En 1790, district de Gondrecourt, c⁰ⁿ de Mandres.

Actuellement, arrond. et archipr. de Commercy, c⁰ⁿ et doyenné de Gondrecourt. — Écarts : Beaupré, Bois-de-Saulx, Hurtebise, Moulin-de-Chassey, Moulin-de-Saulx et la Tuilerie. — Patron : saint Nabor.

CHASSION, contrée, c⁰ᵉ de Buxerulles.

CHASSOGNE, f. c⁰ᵉ d'Aincreville; avait un oratoire dédié à saint Agnan.

CHASSON, m^on isolée, c⁰ᵉ d'Étain.

CHASSON (RU DE), ruiss. dit aussi *de Tavannes*, qui prend sa source dans le bois de Tavannes, c⁰ᵉ d'Eix, arrose les territoires d'Abaucourt et de Fromezey, et se jette dans l'Orne au-dessus d'Étain, après un cours de 13 kilomètres.

CHÂTEAU (LE), camp antique, dit aussi *le Châtelon*, sur le mont Châtelet, c⁰ᵉ de Châtillon-sous-les-Côtes.

CHÂTEAU (LE), retranchements antiques dans le bois de Tagnières, c⁰ᵉ de Woël.

CHÂTEAU (LE), place et rue, à Varennes.

CHÂTEAU (RUE DU), à Saint-Mihiel.

CHÂTEL, bois, c⁰ᵉ d'Heippes.

CHÂTEL ou CUÂTÉ, mont, c⁰ᵉ de Boviolles; vaste camp antique connu sous le nom de *Camp de Naix* : — *Nasium castrum*, VIIᵉ siècle (Frédégaire).

On trouve sur l'emplacement de ce camp des monnaies gauloises et des monnaies romaines; les monnaies gauloises y sont très-nombreuses et viennent des différents peuples de la Gaule; on y recueille surtout en grand nombre les leuquoises en potin et les rouelles en bronze. — Voy. NAIX.

CHÂTEL, côte, c⁰ᵉ de Sassey; traces de petit camp antique.

CHÂTEL ou CUÂTÉ, côte, c⁰ᵉ de Sorcy; traces de camp antique.

CHÂTEL, place, porte et rue, à Verdun. — *Castel-*

luin, 1230, 1239, 1270, 1294 (cartul. de la cathédr.). — *En Chaiteil*, 1248, 1257, 1270 (*ibid.*). — *Sor lestanche in Castello*, 1248 (*ibid.*). — *Domus sita in Castro Virduni*, 1250 (*ibid.*). — *L'Estainche en Chaitel*, 1261 (*ibid.*). — *En Chaisteil*, 1261 (*ibid.*). — *Qui siet en Chaitel*, 1264 (*ibid.*). — *Qui siet en Chaitel de Verdun*, 1267 (*ibid.*). — *Castrum*, 1269 (*ibid.*); 1462 (conclus. capitul. D. Cajot, III, 168). — *En Chastel*, 1322 (Melinon). — *Chasté*, 1458 (hôtel de ville de Verdun, L. 9).

La place Châtel occupe le point le plus élevé de la ville, celui où était établi l'*oppidum* gaulois (*Virodunum*), s'élevant sur des rochers dont la Meuse baigne le pied; on y arrivait à l'O. par la porte Châtel, dite plus tard *porte Champenoise*, 1260 (cart. de la cathédr.), 1322 (Melinon), 1549 (Wassebourg), et désignée aussi sous le nom de *porte Noire*. On trouve sur l'emplacement de cet *oppidum*, qui devint *castrum* à l'époque gallo-romaine, des monnaies gauloises, des monnaies romaines du haut et du bas Empire et des objets antiques.

Châtelain, bois, cⁿᵉ de Girauvoisin.

Châtelaine, bois comm. de Mouilly.

Châtelaine, contrée, cⁿᵉ de Vignot.

Châtelet, côte, cⁿᵉ d'Andernay; traces de retranchements antiques ayant servi à un petit poste militaire chargé de défendre le passage de la Saulx.

Châtelet, côte, cⁿᵉ de Beauzée; vestiges de retranchements ayant appartenu à un petit camp de forme rectangulaire.

Châtelet, bois domanial et mont, cⁿᵉ de Châtillon-sous-les-Côtes.

Il existe sur ce mont, qui domine les plaines de la Woëvre, un camp antique de vaste dimension, dont les retranchements, protégés par les arbres de la forêt, sont parfaitement conservés; ce camp est connu dans le pays sous le nom de *Château* ou *Châtelon*; selon le P. Lebonnetier, ce mont aurait aussi porté le nom de *Saint-Martin*, qui est celui du patron de Châtillon; c'est là que le savant Prémontré place le *Castrum Vabrense* dont parle Grégoire de Tours. — Voy. Woëvre (Camp ou Château de).

Châtelet, contrée, cⁿᵉ de Clermont-en-Argonne, située près de Vraincourt; un château fort, depuis longtemps ruiné, existait en ce lieu.

Châtelet, mont, cⁿᵉ de Saint-Mihiel. — *In pago Virdunensi, in loco qui dicitur Castellionis, in fine Wuidiniaca*, 709 (test. Vulfoadi). — *Castellum*, 755 (ch. de Pepin le Bref). — *Monasterium Castellionis, in honore s. archangeli Michaelis*, 775 (dipl. de Charlemagne); 846 (dipl. de Charles le Chauve). — *Castellio*, 815 (dipl. de Louis le Débonnaire);

1030 (chronicon monasterii). — *Mons Castellionis*, 1030 (*ibid.*). — *Castelion*, 1549 (Wassebourg); 1745 (Rousset). — *Contelios*, 1749 (pouillé). — *Châtillon*, 1756 (D. Calmet, *not.*).

On présume qu'un camp antique existait primitivement sur ce mont; c'est là que fut érigé en l'an 709 un monastère dédié à saint Michel Archange, lequel fut transféré en 812 sur les bords de la Meuse, au lieu où se trouvait alors le hameau de Godinécourt; ce hameau donna naissance à une localité qui prit le nom du patron de l'abbaye, Saint-Michel, et devint ensuite la ville de Saint-Mihiel.

Châtillon, bois comm. de Jouy-sous-les-Côtes, de Salmagne et de Vacon.

Châtillon, contrée, cⁿᵉ de Liny-devant-Dun.

Châtillon, côte, cⁿᵉ de Tréveray; on voit sur cette côte les retranchements d'un petit camp de forme triangulaire destiné à défendre les abords de l'antique *Nasium*.

Châtillon, côte et bois comm. d'Aubréville.

Châtillon (Ruisseau de), qui a sa naissance dans le bois dit *le Jauny*, passe à Châtillon-sous-les-Côtes et à Mandres et se jette dans la Vionnoue sur le territoire de Grimaucourt-en-Woëvre, après un trajet de 5 kil.

Châtillon-l'Abbaye, ham. cⁿᵉ de Pillon. — *Castellulum*, 1163 (acte de fondat.). — *Monasterium-Castellione*, 1180 (cart. de Saint-Paul). — *Ecclesia Castellioni*, 1200 (*ibid.*) — *Ecclesia Sanctæ-Mariæ de Castellione*, 1200 (*ibid.*). — *Chatillon*, 1250 (*ibid.*). — *Chastillon*, 1549 (Wassebourg). — *Abbatia Castellionis*, 1580 (stemmat. Lothar.). — *Chatillon-l'Abbaye*, 1590 (arch. de la Meuse). — *Castellio*, 1679 (D. Marlot). — *Castillio, Castilonium*, 1738 (pouillé); 1756 (D. Calmet, *not.*).

Anc. abb. de l'ordre de Citeaux, fondée en l'an 1142, primitivement établie à Mangiennes, transférée ensuite auprès du village de Pillon.

Châtillon-sous-les-Côtes ou Châtillon-en-Woëvre, vill. sur le ruiss. de Châtillon, à 11 kil. au S.-O. d'Étain. — *Castellonium*, 1047 (ch. de l'év. Thierry). — *Prope villam quæ Castello appellatur*, 1270 (cartul. de Saint-Paul). — *Chastillon*, 1270 (évêché de Verdun); 1564 (éch. entre le duc de Lorr. et l'év. de Verdun); 1582 (coll. lorr. t. 266. 48, R. 9). — *Chastillon-soubs-les-Costes*, 1571 (proc.-verb. des cont.); 1642 (Mâchon). — *Castellani*, 1585 (hôtel de ville de Verdun, M. 2 bis). — *De Castillione*, 1642 (Mâchon). — *Chastillon-les-Costes*, 1656 (carte de l'év.). — *Castilio*, 1738 (pouillé). — *Castillonium*, 1749 (*ibid.*).

Avant 1790, Barrois mouvant, coutume de Saint-Mihiel, office, recette, bailliage et prévôté d'Étain, présidial de Verdun, cour souveraine de Nancy; le roi et les Bénédictins de Saint-Vanne en étaient seigneurs. — Diocèse de Verdun, archidiaconé de la Woëvre, doyenné de Pareid.

En 1790, lors de l'organisation du département, Châtillon devint chef-lieu de l'un des cantons dépendant du district de Verdun; ce canton était composé des municipalités dont les noms suivent : Belrupt, Blanzée, Châtillon-sous-les-Côtes, Damloup, Eix, Moulainville, Ronvaux, Watronville.

Actuellement, arrond. et archipr. de Verdun, c⁰ⁿ et doyenné d'Étain. — Écart : Mandres. — Patron : saint Martin.

Cᴜᴀᴛʀɪᴄᴇ (Gᴏʀɢᴇ ᴅᴇ), contrée, cⁿᵉ de Fuleau.

Cᴜᴀᴛᴛᴀɴᴄᴏᴜʀᴛ, vill. sur le Vainvaux, à 7 kil. à l'O. de Charny. — Costonis-curtis, 940 (cart. de Saint-Vanne). — Castonis-curtis, 952, 980, 1015, 1047, 1049, 1061 (ibid.); 952 (dipl. de l'emp. Otton); 952 (acte de fondat.); 962 (bulle de Jean XII). — Ad Castonis-curtem ecclesiam super Helna fluvium, 962 (cartul. de Saint-Vanne). — Castorum-curtis, 962 (ibid.). — Caston, 1047 (ch. de l'év. Thierry). — Caston-curtis, 1049 (bulle de Léon IX). — Chastencourt, 125a (cartul. de Saint-Paul). — Gardancourt, 1564 (coll. lorr. t. 267, p. 49). — Chatancourt, 1564 (éch. entre le duc de Lorr. et l'évêque de Verdun). — Castonis-curia, 164a (Mâchon). — Chastancour, 1650 (carte de l'év.). — Chatancour, 1700 (carte des États). — Juttencourt, 1712 (Soc. Philom. lay Clermont, arrest de la cour des Aydes). — Castincuria, Chatencourt, 1738 (pouillé). — Chattencourt, 1743 (proc.-verb. des cout.). — Castoncourt, Gaston, 1756 (D. Calmet, not.).

Avant 1790, Verdunois, terre d'év. prévôté de Charny, coutume, bailliage et présidial de Verdun, anciennes assises des quatre pairs de l'év. parlement de Metz. — Diocèse de Verdun, archidiac. de la Princerie, doyenné de Forges.

En 1790, distr. de Verdun, canton de Charny.

Actuellement, arrond. et archiprêtré de Verdun, c⁰ⁿ et doyenné de Charny. — Écarts : la Claire, la Papeterie. — Patron : saint Nicolas.

Cᴜᴀᴜᴄʜᴇᴇ, contrée, cᵗᵉ d'Heudicourt.

Cᴜᴀᴜᴄᴜᴠᴇʟ, contrée, cⁿᵉ de Corniéville.

Cᴜᴀᴜᴅᴇ-Cʜᴀᴍʙʀᴇ, contrée, cⁿᵉ de Bar-le-Duc.

Cʜᴀᴜᴅᴇ-Gʀᴇᴠᴇ, contrée, cⁿᵉ de Bar-le-Duc.

Cʜᴀᴜᴅᴇʟᴀᴛᴇ, contrée, cⁿᵉ de Dieue.

Cʜᴀᴜᴅɪᴇʀᴇ, contrée, cⁿᵉ de Dombasle et de Parois.

Cʜᴀᴜᴅᴏᴛᴛᴇ, étang, cⁿᵉ d'Hadonville.

Cʜᴀᴜᴅʀᴏɴ, contrée, cⁿᵉ de Dieue.

Cʜᴀᴜᴅʀᴏɴ, pont, cⁿᵉ d'Esnes.

Cʜᴀᴜᴅʀᴏɴ, bois, cⁿᵉ de Latour-en-Woëvre.

Cʜᴀᴜᴅʀᴏɴ (Cᴜʟ-ᴅᴇ-), bois comm. d'Houdelaincourt.

Cʜᴀᴜᴅʀᴏɴ (Toᴜʀ-), ancien fief, cⁿᵉ de Longchamp.

Cʜᴀᴜᴅʀᴜᴜ, contrée, cⁿᵉ de Maizeray.

Cʜᴀʟғɪɢɴᴏɴ, contrée, cⁿᵉ de Bar-le-Duc.

Cʜᴀᴜғᴏᴜʀ, contrée, cⁿᵉˢ de Bar-le-Duc, Dieue, Eix, Gironville, Hattonchâtel, Vigneulles-lez-Hattonchâtel, Vignéville.

Cʜᴀᴜғᴏᴜʀ, bois, cⁿᵉˢ de Douaumont et de Spada.

Cʜᴀʟғᴏᴜʀ, mᵃˢ isolée, cⁿᵉˢ de Malancourt et de Verdun.

Cʜᴀᴜғᴏᴜʀ, f. cⁿᵉ de Quincy. — Chauffour, 1678 (Husson l'Écossais). Fut le titre d'une maison célèbre, noble de nom et d'armes, sous la châtellenie de Stenay et depuis longtemps éteinte, dont les derniers sires portaient : d'argent à la croix de sable chargée de cinq coquilles d'argent (Husson l'Écossais).

Cʜᴀᴜғᴏᴜʀ, bois comm. de Robert-Espagne. — Le Chaufor, 1220 (cart. de Jeand'heures).

Cʜᴀᴜᴍᴇ, bois comm. de Consenvoye.

Cʜᴀᴜᴍᴇ, bois, cⁿᵉ d'Ornes.

Cʜᴀᴜᴍᴇ, bois domanial de Sivry-sur-Meuse.

Cʜᴀᴜᴍᴏɴᴇᴛᴛᴇ, contrée, cⁿᵉ d'Iré-le-Sec.

Cʜᴀᴜᴍᴏɴᴛ (Bᴀɪʟʟɪᴀɢᴇ ᴇᴛ ᴘʀᴇᴠᴏᴛᴇ ᴅᴇ). Le bailliage faisait partie de la Champagne; il était régi par la coutume de Bassigny et ressortissait au parlement de Paris; il a fourni au département les prévôtés de Tréveray et de Vaucouleurs, ainsi qu'une partie de celle de Chaumont.

La prévôté de Chaumont a fourni au département les localités dont les noms suivent : Berthéléville, Bonnet, Bure, Chassey, Dainville-aux-Forges (partie avec Gondrecourt), Domremy, Luméville, Mandres, Ormanson, les Roises, Tourailles, Vaudeville.

Cʜᴀᴜᴍᴏɴᴛ, contrée, cⁿᵉˢ de Dieue, de Fromeréville et de Landzécourt.

Cʜᴀᴜᴍᴏɴᴛ, bois, cⁿᵉ de Saint-Mihiel.

Cʜᴀᴜᴍᴏɴᴛ-ᴅᴇᴠᴀɴᴛ-Dᴀᴍᴠɪʟʟᴇʀs, vill. sur l'un des bras de la Tinte, à 5 kil. au S. de Damvillers. — Calmontis-villa, ɪxᵉ sᵉ (Bertaire, spicil. 12) ; xɪᵉ sᵉ (Hugues de Flavigny). — Calmons in pago Stadanensi, 803 (cart. de Gorze, p. 57). — Calvomons, 973 (ch. de l'év. Wilgfride). — Calcus-Mons, 984, 1177, 1179, 1194, 1197 (cart. de Saint-Paul); 1049 (bulle de Léon IX); 1679 (D. Marlot); 1738 (pouillé); 1756 (D. Calmet, not.). — Medietas allodii Calmontensis, 1125 (cartul. de Saint-Vanne). — Calidus-Mons, xɪɪɪᵉ sᵉ (év. de Verdun). — Chamont, 1240, 1290 (cart. de la cathéd.). — Nueve ville de Chamont, au jour que Chamont fut faite neuve ville, 1240 (ibid.). — Chaulmont, 1294 (invent. de l'év.).

Meuse.   7

—*Calcomons-subtus-Muratum*, 1490 (statuts synod. de Guill. d'Haraucourt). — *Chaumont*. 1656 (carte de l'év.). — *Chaumont-sous-Muraut*, 1756 (D. Calmet, *not.*).

Avant 1790, Verdunois, terre d'év. prévôté de Mangiennes, coutume, bailliage et présidial de Verdun, anciennes assises des quatre pairs de l'év. parlement de Metz. — Diocèse de Verdun, archid. de la Princerie, chef-lieu de doyenné.

Le doyenné de Chaumont, *decanatus de Calvo-Monte subtus Muratum* (Topog. eccl. de la France), sous le titre de Saint-Martin, était composé des paroisses et annexes dont les noms suivent: Azannes, Beaumont, Bezonvaux, Brabant-sur-Meuse, Bras, Bréhéville, Champneuville, Chaumont-devant-Damvillers, Consenvoye, Crépion, Damvillers, Delut, Dieppe, Dombras, Douaumont, Écurey, Étraye, Flabas, Fleury-devant-Douaumont, Gibercy, Gincrey, Grémilly, Haraigne, Haraumont, Haumont-près-Samogneux, Lissey, Louvemont, Maucourt, Merles, Mogeville, Moirey, Ornes, Peuvillers, Réville, Romagne-sous-les-Côtes, Samogneux, Sivry-sur-Meuse, Soumazannes, Thil, Vacherauville, Ville-devant-Chaumont, Vilosnes, Vittarville, Waville.

En 1790, distr. d'Étain, c^on de Romagne-sous-les-Côtes.

Actuellement, arrond. et archipr. de Montmédy, c^ns et doyenné de Damvillers. — Écarts : Galavaux, la Place. — Patron : saint Martin.

CHAUMONT-SUR-AIRE, vill. sur l'Aire, à 11 kil. à l'E. de Vaubecourt. — *Calvus-Mons*, 1177, 1207 (cart. de Saint-Paul); 1212 (ch. de Gauthier de Nanteuil). — *In finagio de Chaumont*, 1280 (cart. de Saint-Paul). — *Chumont*. 1343 (chambre des comptes de Bar). — *Chaumont-sur-Eyre*, 1373 (coll. lorr. t. 139, n° 33). — *Chaulmont*, 1349 (recueil); 1624, 1626 (Soc. Philom. lay. Courcelles-sur-Aire). — *Chaumont-sur-Eyre*, 1579 (proc.-verb. des cout.). — *Calvus-mons-supra-Erram*, 1642 (Mâchon); 1738 (pouillé). — *Chaumont-en-Barrois*, 1642 (Mâchon). — *Calvo-Mons-super-Erram*, 1749 (pouillé). — *Calcomontium-super-Erram*, 1756 (D. Calmet, *not.*).

La charte d'affranchissement de Chaumont-sur-Aire date de 1307; elle lui a été donnée par Baudoyn de la Tour, seigneur de Chaumont.

Avant 1790, Barrois mouvant, coutume, office, recette, prévôté et bailliage de Bar, présidial de Châlons, parlement de Paris; le roi en était seigneur haut et moyen justicier; les dames de Saint-Maur de Verdun en avaient la justice foncière. — Diocèse de Verdun, archidiaconé d'Argonne, doyenné de Souilly.

Il y avait à Chaumont une maison forte dite *la Tour*.

En 1790, district de Bar, c^on de Marat-le-Grand.

Actuellement, arrond. et archipr. de Bar-le-Duc, c^on et doyenné de Vaubecourt. — Écart : Moulin-de-Sables. — Patron : saint Pierre.

CHAUSSÉE (PONT), sur la Meuse, à Verdun; nommé d'abord *pont Dame-Dieu*, puis *pont de Gravière*. — *Pons in loco arenari*, XIe siècle (Laurent de Liége). — *De ponte Gravarie*, 1220 (cartul. de la cathédr.) — *Pons Gravarie*, 1226 (*ibid.*). — *Pont-à-Gravière*, 1242 (cart. de Saint-Paul). — *La maison qui siet en Fournel-rue au pont à Gravière*, 1287 (cart. de la cathédr.). — *Calccia-ad-pontem*, 1288 (*ibid.*). — *Pont-de-Gravière*, 1756 (D. Calmet, *not.*).

CHAUSSÉE (PORTE), à Verdun; tour jumelle avec créneaux et mâchicoulis, située sur la rivière de Meuse, où elle forme l'une des entrées de la ville; bâtie dans la seconde moitié du XIVe siècle par Jean Vantrec, doyen séculier de la cité.

CHAUVENCY (FONTAINE DE), qui prend naissance à Chauvency-Saint-Hubert et forme un petit ruisseau qui se jette dans les Chiers.

CHAUVENCY-LE-CHÂTEAU, OU CHAUVENCY-LES-MONTAGNES, vill. sur la rive droite de la Chiers, à 4 kil. à l'O. de Montmédy. — *Cavinciaco*, 888 (ch. de l'emp. Arnould). — *Cavisiacum*, 1157 (ch. de l'archev. Hillin); 1157 (ch. de Gorze). — *Calviacum*, 1169; 1175 (cart. de Saint-Paul). — *Calciciacum, Calviciacum*, 1179 (*ibid.*); XIVe s^e (cantator. Sancti Huberti monasterii). — *Chavecy, Chouency*, 1240 (ch. d'Arnoux, comte de Chiny). — *Chacancey-le-Chastel*, 1267 (arch. de Luxemb. partage entre les fils d'Arnoux). — *Chavencey*, 1284 (ch. d'affranchissement). — *Caviniacum*, XIVe siècle (cantator. Sancti Huberti). — *Chavancy*, 1577 (coll. lorr. t. 266, 48, p. 8). — *Chavency-le-Chasteau*, 1593 (Lamy, acte des tabell. de Stenay réfugiés à Chauvency). — *Chavency*, 1631 (*ibid.* comptes de la mairie de Mouzay). — *Checancey-le-Chastel*, 1656 (carte de l'év.). — *Chauvency*, 1661 (proc.-verb. des cout.).

Avant 1790, Luxembourg français, coutume de Thionville, assises et bailliage de Montmédy, chef-lieu de prévôté royale, présidial de Sedan, cour supérieure de Luxembourg et ensuite parlement de Metz. — Diocèse de Trèves, archid. de Longuyon, doyenné de Juvigny, paroisse de Chauvency-Saint-Hubert.

La charte d'affranchissement de Chauvency-le-Château date du mois d'août 1242; elle lui a été donnée par Arnoux, comte de Chiny.

La prévôté de Chauvency a fourni au département les localités dont les noms suivent : Chauvency-le-Château, Chauvency-Saint-Hubert, la Crouée, Lamouilly, Olisy, Véru.

En 1790, distr. de Stenay, c⁰ⁿ de Montmédy.

Actuellement, arrond. c⁰ⁿ, archipr. et doyenné de Montmédy. — Écarts : la Gare, Véru. — Patron : saint Amand.

Chauvency-Saint-Hubert ou Chauvency-les-Forges, vill. sur la rive droite de la Chiers, à 5 kil. à l'O. de Montmédy. — *Caviniacum*, 1157 (ch. de l'arch. Hillin). — *Calviacum*, 1169, 1175 (cart. de Saint-Paul). — *Calviciacum, Calvinciacum*, 1179 (ibid.). — *Chavecy, Chauvecy*, 1240 (ch. d'Arnoux, comte de Chiny). — *Chauvency-Sti-Huberti*, 1364-1378 (obit. de Saint-Hubert, arch. de l'abb.). — *Calvima-eum*, xiv⁰ s⁰ (cantator. Sancti Huberti). — *Chau-vency-Sainct-Hubert*, 1599 (Lamy, acte du tabell. de Stenay). — *Chevancey*, 1656 (carte de l'év.).

Avant 1790, Luxembourg français, haute justice et vill. coutume de Thionville, assises et baill. de Montmédy, présidial de Sedan, cour supérieure de Luxembourg et ensuite parlement de Metz. — — Diocèse de Trèves, archidiaconé de Longuyon, doyenné de Juvigny.

En 1790, district de Stenay, canton de Montmédy.

Actuellement, arrond. c⁰ⁿ, archipr. et doyenné de Montmédy. — Écarts : Bouillon, Saint-Lambert. — Patron : saint Hubert.

Chauvoncourt, vill. sur la rive gauche de la Meuse, à 1 kilomètre au N.-O. de Saint-Mihiel. — *Calvone-curtis in pago Virdonense*, 709 (test. Vulfoadi). — *Calvonis-curtis*, 921 (dipl. de Charles le Simple); 1106 (bulle de Pascal II). — *Chavoncourt*, 1413 (abb. de Saint-Mihiel, 3. G. 1); 1429 (coll. lorr. t. 260. 46, p. 8); 1642 (Mâchon); 1749 (pouillé). — *Calvone-curtis*, 1756 (D. Calmet, not.).

Avant 1790, Barrois non mouvant, vill. faisant une seule et même communauté avec Ménonville, office, recette, coutume, prévôté et bailliage de Saint-Mihiel, présidial de Toul, cour souveraine de Nancy; le roi en était seigneur haut et moyen justicier, l'abbé de Saint-Mihiel seigneur foncier. — Diocèse de Verdun, archidiaconé de la Rivière, doyenné de Saint-Mihiel, annexe de Bislée.

En 1790, distr. de Saint-Mihiel, c⁰ⁿ de Bannoncourt.

Actuellement, arrond. et archipr. de Commercy,

c⁰ⁿ et doyenné de Saint-Mihiel. — Écart : Ménonville. — Patron : saint Christophe; annexe de la paroisse Saint-Michel de Saint-Mihiel.

Chauvrotte, contrée, c⁰ˢ de Saint-Julien.

Chavée, rue, à Bar-le-Duc.

Chavillotte, chemin vicinal de Lanhères à Béchamp.

Chavix, font. c⁰ˢ de Gondrecourt.

Chavrelle, bois comm. de Doubras.

Checcourt, chapelle, c⁰ˢ de Dainville-aux-Forges. — *Schécourt*, 1760 (Cassini).

Chée (La), rivière formée de plusieurs ruisseaux qui prennent leur source sur les territoires de Seigneulles, Rembercourt-aux-Pots, Marats, et se réunissent à Condé et à Génicourt pour arroser les communes de Louppy-le-Petit, Louppy-le-Château, Villotte, Laheycourt, Auzécourt, Noyers et Nettancourt, où elle sort du département après un cours de 34 kil. et va se jeter dans la Saulx vers Vitry-le-Brûlé (Marne). — *Callus*, 674 (test. Vulfoadi). — *Cara*, 1756 (D. Calmet, not.).

Chélis, contrée, c⁰ⁿ de Senard.

Chéline (La), ruiss. qui se jette dans l'Andon entre Bantheville et Aincreville.

Chelvaux, bois comm. de Breux.

Cheminel, chemin vicinal de Morgemoulins à Haraigne.

Cheminelles, f. c⁰ˢ de Lisle-en-Barrois.

Cheminut, contrée, c⁰ⁿˢ de Dieue, Houdelaincourt et Longeville.

Chêna, bois comm. de Blanzée.

Chêna, contrée, c⁰ˢ de Dieppe.

Chenai, chapelle ruinée, c⁰ˢ de Commercy. — *Chena*, 1700 (carte des États). — *Chenay*, 1711 (pouillé).

Chenas, bois comm. de Dieppe.

Chêne (Le), m⁰ⁿ c⁰ˢ de Lacroix-sur-Meuse.

Chêne (Le), f. c⁰ˢ de Montplonne. — *Le Chesne*, 1700 (carte des États); 1749 (pouillé).

Dépendait de l'abbaye des Trois-Fontaines et avait une chapelle dédiée à saint Maurice; office, recette, coutume, prévôté et bailliage de Bar, présidial de Châlons, parlement de Paris.

Cheneau, bois comm. de Dompcevrin.

Cheneaux, bois comm. de Troyon.

Chêne-de-l'Attaque, m⁰ⁿ, c⁰ˢ de Montmédy.

Chêne-de-la-Vierge, contrée, c⁰ⁿ de Lion-devant-Dun.

Chêne-Gossin, bois comm. d'Ancemont.

Chenelieu, étang, c⁰ˢ de Sommeilles.

Chêne-Poilleu, contrée, c⁰ˢ de Ménil-la-Horgne.

Chêne-Rouge, bois comm. de Villers-le-Sec.

Chenévaux, contrée, c⁰ⁿˢ de Béthincourt et de Malancourt.

Chennevières, vill. sur l'un des affluents de la Bar-

7.

boure, à 16 kil. à l'O. de Void. — *Chenevières*, 1579 (proc.-verb. des cout.); 1700 (carte des États). — *Cannabariæ*, 1711 (pouillé); 1749 (*ibid.*). — *Canaveriæ*, 1756 (D. Calmet. *not.*).

Avant 1790, Barrois mouvant, comté, office et prévôté de Ligny, coutume, recette et bailliage de Bar, présidial de Châlons, parlement de Paris; le roi en était seul seigneur. — Diocèse de Toul, archidiaconé et doyenné de Ligny, annexe de Vaux-la-Petite.

En 1790, district de Commercy, c⁰ⁿ de Saint-Aubin.

Actuellement, arrond. et archipr. de Commercy, c⁰ⁿ et doy. de Void. — Patron : saint Èvre; annexe de Boviolles.

CHÊNOIS, bois comm. de Baalon; cité dans une concession de 1625; faisait partie de la forêt de Wœvre.

CHÊNOIS, bois comm. de Damloup, Louppy-le-Grand, Maxey-sur-Vaise et Sommelonne.

CHÊNOIS (LE), f. cⁿᵉ de Vouthon-Bas.

CHÊNOT, contrée, commune d'Hattonville.

CHÊNOY, bois, cⁿᵉ de Bertheléville.

CHENU, bois, cⁿᵉ de Châtillon-sous-les-Côtes; était fief des évêques de Verdun. — *Hault-Chesnoys*, 1582 (coll. lorr. t. 266.48, p. 9).

CHEPPE, bois comm. de Boureuilles; donne naissance au ruisseau de la Cheppe, qui se jette dans l'Aire en amont de Boureuilles, après un cours de 2 kil.

CHEPPE, moulin et source jaillissante, cⁿᵉ de Dompcévrin.

CHEPPY, vill. sur la Buanthe, à 1 kilomètre à l'E. de Varennes. — *Capeium* (anc. chartes). — *Cheppy-sous-Varennes*, 1571 (proc.-verb. des cout.). — *Chepy*, 1656 (carte de l'év.). — *Haute-Cheppy, Basse-Cheppy*, 1700 (carte des États). — *Ceppiacum* (reg. de l'év.).

Avant 1790, Clermontois, prévôté de Varennes, haute justice et village, coutume et bailliage de Clermont siégeant à Varennes, parlement de Paris. — Diocèse de Reims, archidiaconé de Champagne, doyenné de Varennes.

En 1790, district de Clermont, c⁰ⁿ de Varennes.

Actuellement, arrond. et archipr. de Verdun, c⁰ⁿ et doyenné de Varennes. — Écarts : Côte-Hinchlin, la Forge, Neuve-Grange, Pré-l'Orfévre, Pré-Saint-Martin, Vieux-Moulin, Trompe-Souris. — Patron : saint Martin.

CHÉRAUDNOT, contrée, cⁿᵉ de Vigneulles.

CHÉRAUX, bois comm. de Vaux.

CHERCHERA, contrée, cⁿᵉ de Brillon.

CHÉRISELOT, contrée, cⁿᵉ de Neuville-sur-Orne.

CHERMELOT, contrée, cⁿᵉ de Lemmes.

CHERMIZEL, bois comm. de Villeroy.

CHERMONT, gué, dans la Meuse, cⁿᵉ de Taillancourt.

CHÉRUS, vallée, cⁿᵉ de Sommedieue.

CHESMAIN, bois, cⁿᵉ de Montfaucon.

CHESNE, contrée, cⁿᵉ de Ville-devant-Belrain.

CHESNOIS, bois, cⁿᵉ de Dun.

CHESSANT, bois comm. de Tronville.

CHÊTENIE (LA), m⁰ⁿ isolée, cⁿᵉ de Sivry-la-Perche.

CHÊTEUR, contrée, cⁿᵉ de Dieue.

CHÊTUNE, bois comm. de Bantheville.

CHEVALIER (LE), fontaine, cⁿᵉ de Villotte-devant-Louppy.

CHEVALIERS (LES), bois comm. de Lacroix-sur-Meuse.

CHEVAUCHÉE (HAUTE-), voie antique, dans la forêt d'Argonne, allant de Lochères à l'O. de Montblainville.

CHEVAUDAN, mⁿ, cⁿᵉ de Milly-devant-Dun. — *Moulin-de-Vaisseau*, 1760 (Cassini).

CHEVAUDOT, bois comm. d'Olisy.

CHEVÉE (LA), ancien chemin, cⁿᵉ de Montmédy.

CHEVERT (RUE); à Verdun; se nommait anciennement *Saint-Maur-Rue*. — *In vico Sancti-Mauri Virduni*, 1239 (cart. de la cathédr.). — *Saint-Mor-Rue*, 1243, 1244 (*ibid.*). — *La quelle maison siet en Saint-Morue*, 1244 (*ibid.*). — *Sainti-Morue*, 1269 (*ibid.*) — *Domus sita in Sancti-Mauri vico*, 1277, 1298 (*ibid.*). — *Saint-Maur-Rué, Saint-Maurrue*, 1589 (hôtel de ville de Verdun, reg. des ord. et résol.); 1793 (*ibid.* p. 8).

CHEVINTRAT, contrée, cⁿᵉ de Sivry-la-Perche.

CHEVRATÉE, contrée, cⁿᵉ d'Autrécourt.

CHÉVREMONT, contrée, cⁿᵉ de Pintheville.

CHÈVRE-RU, m⁰ⁿ isolée, cⁿᵉ d'Ancemont.

CHÈVRERIE (LA), ruiss. qui prend sa source dans la forêt d'Argonne et se jette dans la Biesme près de Lachalade, après un cours de 3 kilomètres.

CHÈVRES (RUISSEAU DES), qui prend sa source sur le territoire de Brizeaux et se jette dans le Thabas.

CHEVRESSON, bois comm. de Vaux-la-Petite.

CHÈVRETTERIE (LA), m⁰ⁿ isolée, cⁿᵉ d'Haudiomont.

CHEVREUX, contrée, cⁿᵉ de Woinville.

CHÈVRIE, bois domanial, cⁿᵉ de Lachalade et du Claon.

CHÈVRIES (LES), h. cⁿᵉ de Lachalade.

CHIBŒUF, contrée, cⁿᵉ de Belleville.

CHICHERON, contrée, cⁿᵉ de Watronville.

CHICHOUY, contrée, cⁿᵉ de Buxerulles.

CHICOTEL, mⁿ, cⁿᵉ de Varnéville.

CHICORÉE, contrée, cⁿᵉ de Courcelles-sur-Aire.

CHIEN (CUL-DE-), contrée, cⁿᵉ d'Ambly.

CHIERS (LA), rivière qui prend sa source dans le duché de Luxembourg, pénètre dans le département de la

Meuse à Velosnes, arrose les territoires de Verneuil-le-Grand, Montmédy, Vigneulles-sous-Montmédy, Chauvency-le-Château, Chauvency-Saint-Hubert, Brouennes, Lamouilly, sort du département sur le territoire d'Olizy, après un parcours de 40 kil. et va se jeter dans la Meuse au-dessus de Sedan (Ardennes). — *Chavos*, vi° siècle (Fortunat). - *Carus*, 634 (test. Adalgyseli). — *Cara*, x° siècle (Virdun. comitatus limites); 1549 (Wasselbourg). — *Chara*, x° siècle (Flodoard). — *Charus fluvius; super Carum fluvium*, xi° siècle (Sigebert de Gemblours). — *La Chier*, 1656 (carte de l'év.). — *Charus*, 1679 (D. Marlot); 1750 (de Hontheim).

Cette rivière donne son nom au bassin de la Chiers; ce bassin, qui dépend de celui du Rhin, est borné au S. par le bassin de la Moselle, à l'O. par celui de la Meuse; les principaux cours d'eau qui l'arrosent sont: la Chiers, la Crune, l'Othain, le Loison.

CHIERS (CÔTES DE LA), chaîne de coteaux qui traverse l'extrémité N. du département, venant de Longwy (Moselle) et se dirigeant sur Mézières (Ardennes); cette chaîne est coupée obliquement par les vallées de la Chiers, de l'Othain et du Loison.

CHIÈVRE, contrée, c⁰° de Moulainville.

CHIF-HAIE, chemin vicinal de Morgemoulins à Fromezey.

CHIFOSSE (LA), font. c⁰° de Cléry-le-Grand; se jette dans l'Andon.

CHIFOUR, bois comm. d'Haudainville.

CHILLOURE, bois comm. de Belrupt.

CHIMAY, ermitage ruiné, c⁰° de Brouennes; était sous le vocable de Saint-Pierre. — *Saint-Pierre-de-Chimay*, 1760 (Cassini).

CHIMON, bois, c⁰° de Varvinay.

CHINCHERON, bois, c⁰° de Bouchon.

CHINCHILLON, font. c⁰° de Chauvency-Saint-Hubert.

CHINEL (VALLÉE DE), c⁰° de Dammarie.

CHINY, contrée, c⁰° de Cheppy.

CHINY (COMTÉ DE), s'étendait sur la pointe N. du département de la Meuse. — *Comitatus Chiniensis, Comitatus Gisneiensis*, xii° s° (Laurent de Liége). — *Comes Chigneio*, 1204 (ch. du comte Louis IV, arch. de Lorr. et de Luxemb.). — *Chignei, Chincis*, 1227 (ch. de la comtesse Jeanne, *ibid.*). — *Chinei*, 1227 (ch. du comte Arnoux, *ibid.*). — *Chisnei*, 1228 (ch. de la comtesse Jeanne, *ibid.*). — *Chiny*, 1238 (ch. du comte Arnoux, *ibid.*). — *Chisney*, 1264 (ch. d'affranch.). — *Comes Chineiensis*, xiv° s° (monnaies frappées à Avioth).

Le comté de Chiny fut fondé sur la fin du x° s°; il était situé sur la Semoy, entre Sedan et Arlon;

Chiny en fut d'abord la capitale, puis Montmédy, dont la construction date de 1239; en 1364, le comté de Chiny fut acquis par Vinceslas, duc de Luxembourg; il passa ensuite successivement sous la domination du duc d'Orléans, de l'emp. Josse de Moravie, des ducs de Bourgogne et de l'Espagne; il faisait partie du diocèse de Trèves. Cédé à la France en 1657 par le traité des Pyrénées, il fut attaché à la province des Trois-Évêchés.

CHIVU, contrée, c⁰° de Saint-Remy.

CHIVOIE, contrée, c⁰° de Saudrupt.

CHIVRAUMONT, bois comm. de Trémont.

CHOBLY, bois comm. de Flabas.

CHOISELL, f. et m¹°, c⁰° de Fromeréville. — *Cresille*, 1498 (paix et accord). — *Choiseul*, 1571 (proc.-verb. des cout.). — *Choiselle*, 1760 (Cassini).

CHOISI, f. c⁰° de Halles.

CHOIX-DU-GEASE, contrée, c⁰° de Dieppe.

CHONVILLE, vill. sur le Laviot, à 7 kil. à l'O. de Commercy. — *Sechanis-villa*, 1106 (bulle de Pascal II). — *Chunville*, 1186 (fondat. de la collég. de Commercy). — *Chonville*, 1331 (chambre des comptes). — *Chonvilla*, 1402 (regestr. Tull.). — *Chonis-villa*, 1711 (pouillé); 1749 (*ibid.*); 1756 (D. Calmet, not.). — *Xonville*, 1756 (*ibid.*).

Avant 1790, Lorraine, terre, office, recette, prévôté et bailliage de Commercy, présidial de Toul, cour souveraine de Nancy. — Dioc. de Toul, archid. de Ligny, doy. de Meuse-Commercy.

Chonville était seigneurie baronniale et avait une tour forte qui a disparu.

En 1790, distr. de Commercy, c⁰° de Dommery-aux-Bois.

Actuellement, arrond. c⁰°, archipr. et doyenné de Commercy.— Écart: Morville.—Patron: saint Brice.

CHOPIAN, contrée, c⁰° de Verry.

CHOPILLON, contrée, c⁰° de Mouzay.

CHOPINE, contrée, c⁰° de Baudignécourt.

CHOPPEY, f. et usine, c⁰° de Marville. — *Choppey*, 1582 (Lamy, acte de la prév. de Marville). — *Choppay*, 1648 (*ibid.* tabell. de Marville). — *Choppé*, 1669 (*ibid.* contrat de Ph. de Lafontaine). — *Chopé*, 1700 (carte des États).

Était cense placée sous la souveraineté commune des ducs de Bar et de ceux de Luxembourg (de 1270 à 1603), et formait le bénéfice militaire des capitaines prévôts de la châtellenie de Marville.

CHOUX (LE), ruiss. qui prend sa source dans la forêt de Dieulet, passe à Cesse et à Luzy et se jette dans la Meuse vis-à-vis de Martincourt, après un trajet de 6 kilomètres.

CHRIST (LE), contrée, c⁰° de Champlon.

CHU-DU-MOULIN (LE), m^in, c^ne de Marville.

CIERGES, vill. sur l'Andon, à 4 kil. au N. de Mont-faucon. — *Cierge*, 1282 (arch. de la Meuse). — *Cierges*, 1559 (Lamy, acte de la prév. de Sainte-Menehould). — *Sierœ* (anc. titres). — *Cergii* (reg. de l'év.).

Avant 1790, Clermontois, coutume de Vitry-le-François, prévôté de Jamelz, bailliage de Sainte-Menehould, puis de Clermont siégeant à Varennes, présidial de Reims, parlement de Paris. — Diocèse de Reims, archidiaconé de Champagne, doyenné de Dun.

En 1790, distr. de Clermont-en-Argonne, c^on de Montfaucon.

Actuellement, arrond. et archipr. de Montmédy, c^on et doyenné de Montfaucon. — Écarts : la Grange-aux-Bois, le Pruillon. — Patron : saint Martin.

CIGALERIE (LA), f. c^ne Vauquois.

CIGNE (RUE DU), à Bar-le-Duc; établie sur une partie des anciens fossés.

CILLE, contrée, c^ne de Moulainville.

CIMAUX, bois comm. de Blercourt.

CIMÉE, bois, c^ne de Braquis.

CINQ-FONTAINES (LES), ruiss. qui prend sa source sur le territoire de Vaubecourt et se jette dans l'Aisne à Rioucourt, après un trajet de 3 kilomètres.

CINQ-FRÈRES (LES), bois comm. de Senoncourt; faisait partie de la forêt de Souilly.

CITADELLE (LA), ouvrage de défense, à Verdun.

La citadelle occupe l'ancien mont Saint-Vanne, *in monte Sancti-Vitoni*, 1049 (bulle de Léon IX), sur lequel se trouvait le bourg Saint-Vanne, *in burgo Sancti-Vitoni*, 1227 (cart. de l'év.); elle renferme aujourd'hui les restes de la célèbre abb. de ce nom. La citadelle fut établie en 1552, à la suite de l'occupation française; mais elle était petite, et l'on ne tarda pas à reconnaître qu'elle ne répondait plus aux besoins de l'époque; une nouvelle et plus grande fut commencée en 1624, par le maréchal de Marillac, d'après le système de l'ingénieur Errard, puis continuée selon celui de Vauban; on y pénètre par deux portes ouvrant à l'E. : l'une, la porte Royale, qui communique à l'esplanade de la Roche; l'autre, la porte Mortier, qui est la plus ancienne et fut longtemps la seule. On voit encore dans l'intérieur de cette forteresse la tour dite d'Angoulême, qui faisait partie de l'enceinte de murailles existant avant la construction de la citadelle.

CLACHES (LES), contrée, c^ne de Ville-sur-Cousance.

CLAIN-CHÊNE, font. c^ne de Vaudeville.

CLAIRE (LA), f. et m^in, c^ne de Chattancourt.

CLAIRE (LA), ruiss. qui prend sa source sur le territ. de Chattancourt et passe à Marre, au-dessous duquel il se jette dans la Meuse, après un cours de 4 kil.

CLAIRE-FONTAINE, bois comm. de Germonville, sur le territoire de Fromeréville.

CLAIRE-FONTAINE, f. c^ne de Savonnières-en-Perthois. — *Clarus-Fons*, 1218 (arch. de la Meuse).

CLAIRS-BOIS, bois comm. d'Avocourt.

CLAIRS-CHÊNES, bois comm. de Braquis, Buxières, Buzy, Cléry-le-Grand, Foameix, Mogeville, Ornel et Varennes.

CLAIRS-CHÊNES, bois comm. de Lanhères, sur le territoire de Rouvres.

CLAIRS-CHÊNES (LES), contrée, c^nes de Ronvaux et de Verry.

CLAON (LE), vill. sur la Biesme, à 8 kil. à l'O. de Clermont-en-Argonne. — *Claon*, 1700 (carte des États). — *Claonum* (reg. de l'év.).

Avant 1790, Clermontois, coutume, bailliage et prévôté de Clermont, anc. justice seigneuriale des princes de Condé, qui en étaient seigneurs hauts, moyens et bas justiciers, présidial de Châlons, parlement de Paris. — Diocèse de Verdun, archidiaconé d'Argonne, doyenné de Clermont, paroisse du Neufour.

En 1790, distr. de Clermont, c^ne des Islettes.

Actuellement, arrond. et archipr. de Verdun, c^on et doyenné de Clermont. — Écart : la Gorge-au-Héron. — Patron : saint Charles Borromée; annexe du Neufour.

CLARINETTE, m^on isolée, c^ne de Spincourt.

CLAUDE (CROIX-), contrée, c^ne de Saudrupt.

CLAUDE, contrée, c^ne de Tilly.

CLAUSY, contrée, c^ne de Baulny.

CLAVES (LES), ancien nom du peuple Verdunois ou de la contrée dont Verdun était la capitale. — *Sanctinus episcopus urbis Clavorum*, 346 (conc. de Cologne, in Spicil. t. XII, p. 35a). — *Sanctinus arti-clavorum?* 346 (ibid. Hardouin, t. I, p. 631). — *Sanctinus a Laticlavo*, 346 (Concilia Galliæ, ed. Sirmond, t. I, p. 11). — *Urbs Clavorum*, IXe s^e (Bertaire); IXe et XIe s^e (monn. épisc. frappées à Verdun); XIe s^e (Hugues de Flavigny); XIIe s^e (Laurent de Liége). — *Urbem quoque Claborum quæ Virdunus dicitur*, XIe s^e (Sigebert de Gembloux). — *Urbs Laticlavorum?* XIe s^e (Hugues de Flavigny). — *Clabia*, XIe s^e (ibid.). — *Quamvis incolas loci Clabos, urbemque Clabuniam, vel Clabiam, gentiliter fuisse vocatum vulgaris opinio sit*, XIIe s^e (Laur. de Liége, in Spicil. t. XII, p. 276). — *Claboa, Clabonia*, 1549 (Wassebourg). — *Virdunum in Sclabis*, XVIe s^e (de Thou, Hist. mei temp.). — *Urbs Clabiorum*, 1756 (D. Calmet, not.).

CLAVIÈRE, contrée, c⁰ᵉ de Butgnéville.
CLEF (LA), bois comm. de Wavrille.
CLÉMENT, contrée, cᵐᵉ de Woël.
CLERMONT, ancien fief à Sampigny (Durival).
CLERMONT-EN-ARGONNE, ville, sur la gauche de l'Aire, à 23 kil. à l'O. de Verdun. — *De Claro-Monte*, 1125 (cartul. de Saint-Vanne); 1188 (cartul. de Saint-Paul); 1230 (cartul. de la cath.). — *De Claromonte*, 1148 (cartul. de Saint-Paul); 1197 (bulle de Célestin III). — *Clarus-Mons*, 1153 (ch. d'Albéron de Chiny); xııᵉ sᵉ (Laurent de Liége); 1188 (cartul. de Saint-Paul); 1580 (stemmat. Lothar.); 1679 (D. Marlot); 1788 (pouillé). — *Claromons-Castrum*, 1156 (acte de confirmat.). — *Castrum-Clarimontis*, xııᵉ sᵉ (Laurent de Liége). — *Claromons* (ch. de 1212, 1219, 1246). — *Cleirmont*, 1349 (abb. de Saint-Mihiel, W. 4). — *Claremontem-Castrum*, 1502 (lettres de l'emp. Maximilien Iᵉʳ). — *Clairemont*, 1549 (Wassebourg). — *De Clarimonti*, 1642 (Mâchon). — *Cleirmont-en-Argonne*. 1756 (arch. de la Meuse).

La ville de Clermont était la capitale de l'ancien comté de Clermont qui fut l'objet de plusieurs guerres entre les évêques de Verdun et les comtes de Bar. En l'an 1246, les lettres d'affranchissement furent données aux habitants du château de Clermont par Tiébaut II, comte de Bar, et en 1339 à ceux de la ville par le duc Henri IV.

En l'an 1354, Yolande de Flandres, comtesse de Longeville, de Bar et de Cassel, avait un hôtel des monnaies ou atelier monétaire à Clermont.

En 1539, Clermont était arrière-fief de l'empire et fief de l'évêché de Verdun; ses coutumes furent rédigées en 1571.

Avant 1790, comté-pairie, chef-lieu de bailliage et de prévôté, justice seigneuriale des princes de Condé, qui en étaient seigneurs hauts, moyens et bas justiciers; présidial de Châlons, parlement de Paris. — Diocèse de Verdun, archidiaconé d'Argonne, chef-lieu de doyenné.

Le bailliage de Clermont, dont le siége fut transporté à Varennes, était composé des prévôtés de Clermont, Dun, Jametz, Montfaucon, les Montignons, Stenay, Varennes.

La prévôté de Clermont comprenait les localités dont les noms suivent: Aubréville, Autrécourt, Anzéville, Beauchamp (prieuré), Belle-Fontaine, Blercourt, Bois-Bachin, Brabant-en-Argonne, Brocourt, Bulainville, le Claon, Clermont, Courcelles, Froidos, Futeau, Herbelotte, Ippécourt, les Islettes, Jubécourt, Julvécourt, Lachalade, Moncel, Neuvilly, le Neufour, Nixéville, la None-Saint-

Vanne, Nubécourt, Parois, Piémodin, Rarécourt, Récicourt, Ville-sur-Cousance, Vraincourt, Waly.

Le doyenné de Clermont, *decanatus Christianitatus de Claro-Monte in Argona* (Topog. ecclés. de la France), *decanatus de Claromonti*, 1642 (Mâchon), était composé des paroisses et annexes ci-après: Aubréville, Autrécourt, Auzéville, Beauchamp (prieuré), Beaulieu, Blercourt, Boureuilles, Brabant-en-Argonne, Brocourt, Clermont, Courcelles (hameau), Dombasle, Fleury-sur-Aire, Froidos, Fromeréville, les Islettes, Jouy-devant-Dombasle, Julécourt, Lachalade, Lavoye, le Neufour, Neuvilly, Parois, Rampont, Rarécourt, Récicourt, Sivry-la-Perche, Souloeuvre-la-Grande, Vadelaincourt, Vauquois, Ville-sur-Cousance, Vraincourt, Waly.

En 1790, lors de l'organisation du dépᵗ, Clermont devint chef-lieu d'un distr. comprenant cinquante-six municipalités réparties en neuf cᵐᵉˢ, ceux de Autrécourt, Clermont-en-Argonne, les Islettes, Montfaucon, Montzéville, Rarécourt, Récicourt, Triaucourt et Varennes. Le canton de Clermont était composé des municipalités dont les noms suivent: Aubréville, Auzéville, Clermont, Neuvilly.

Actuellement, arrond. et archipr. de Verdun, chef-lieu de cᵗⁿ et de doyenné. — Écarts: Beauchamp, Haute-Prise, Jarque, Sainte-Anne, la Thibaudette, la Tuilerie, Vraincourt. — Patron: saint Didier.

Le canton de Clermont est situé à l'O. du dépᵗ; il est borné au N. par le cᵗⁿ de Varennes, à l'E. par ceux de Verdun et de Souilly, au S. par l'arrond. de Bar-le-Duc, à l'O. par le dépᵗ de la Marne; sa superficie est de 19,861 hect.; il renferme dix-sept cᵐᵉˢ, qui sont: Aubréville, Auzéville, Brabant-en-Argonne, Brocourt, le Claon, Clermont, Dombasle, Froidos, Futeau, les Islettes, Jouy-devant-Dombasle, Julvécourt, le Neufour, Neuvilly, Parois, Rarécourt, Récicourt.

La composition du doyenné est la même que celle du canton.

Les armoiries des anciens seigneurs de Clermont étaient: *d'azur à six annelets d'argent, 3, 2, 1, traversés de dards de même* (Husson l'Écossais).

Celles du bailliage étaient: *d'azur au bâton rompu d'or entre trois fleurs de lis d'argent, 2 et 1,* qui étaient les armes des Condé.

CLERMONTOIS (LE), ancien pays ou comté faisant partie du pays d'Argonne. En 1719, le Clermontois fut donné à l'église de Verdun par Charles Martel; plusieurs fois disputé par les comtes de Bar, il passa définitivement en leur pouvoir dans le xııᵉ siècle; en

1641, Charles IV de Lorraine le céda à Louis XIII; en 1648, Louis XIII le donna en pleine propriété au Grand Condé; en 1790, il fut réuni au domaine national.

CLÉRY-LE-GRAND, vill. sur l'Andon, à 3 kil. au S. de Dun. — *Clariacum*, 1179 (cartul. de Saint-Paul). — *Clarey*, XIVᵉ sᵉ (évêché de Verdun). — *Grand-Cléry*, 1656 (carte de l'év.), 1700 (carte des États). — *Clarcium-Magnum* (reg. de l'évêché).

Avant 1790, Clermontois, coutume de Saint-Mihiel, prévôté de Dun, bailliage de Clermont siégeant à Varennes, anciennes assises de Dun, parlement à Paris. — Diocèse de Reims, archid. de Champagne, doyenné de Dun, annexe de Doulcon.

En 1790, distr. de Stenay, cᵒⁿ d'Aincreville.

Actuellement, arrond. et archipr. de Montmédy, cᵗⁿ et doyenné de Dun. — Écarts: Germainville, la Gobette. — Patron : saint Laurent.

CLÉRY-LE-PETIT, vill. sur l'Andon, à 2 kil. au S. de Dun. — *Clariacum*, 1179 (cartul. de Saint-Paul). — *Parvus Clarecus*, 1285 (cartul. d'Apremont). — *Petit-Clarey*, 1483 (coll. lorr. t. 261, 46, A. 21). — *Petit-Clerey*, 1569 (Lamy, tabell. de Clermont). — *Petit-Clery*, 1656 (carte de l'év.); 1671, 1685 (Sor. Philom. lay. Cléry). — *Clarcium-Parvum* (reg. de l'év.).

Avant 1790, Clermontois, coutume de Saint-Mihiel, prévôté et anciennes assises de Dun, baill. de Clermont siégeant à Varennes, parlement de Paris. — Diocèse de Reims, archid. de Champagne, doyenné de Dun, annexe de Doulcon.

En 1790, distr. de Stenay, cᵒⁿ d'Aincreville.

Actuellement, arrond. et archipr. de Montmédy, cᵗⁿ et doyenné de Dun. — Patron : saint Vincent; annexe de Cléry-le-Grand.

CLICHET, bois comm. de Vilosne.

CLINCHAMP, mᵗⁿ ruiné, cᵗ d'Aubréville. — *Clinchant*, 1231 (abb. de Saint-Mihiel, ch. de Simon, seigneur de Clermont).

CLIQUENPOIX ou QUIQUENPOIX, mᵗⁿ, cᵗ de Longeaux.

CLIQUOT, contrée, cⁿᵉ de Longeville.

CLOCHER, contrée, cⁿᵉ de Morville.

CLOCHIS, contrée, cⁿᵉ de Récourt.

CLOMERUPT (LE), petit cours d'eau, cᵗ de Nettancourt.

CLOSÉE, contrée, cⁿᵉ de Buxières.

CLOSEL, contrée, cⁿᵉˢ de Charny et de Tréveray.

CLOSEL-MAUZOT, bois comm. de Baudrémont.

CLOSELLES, contrée, cⁿᵉ de Blercourt.

CLOSURIES, contrée, cⁿᵉ de Belleville.

CLOSIS, contrée, cⁿᵉ de Thierville.

CLOSURE, contrée, cⁿᵉ de Rambucourt.

CLOTI, contrée, cⁿᵉ de Clermont-en-Argonne.

CLOU, contrée, cⁿᵉˢ de Longeville, Samogneux, Verdun, Vigneulles-lez-Hattonchâtel.

CLOUAGE, contrée, cⁿᵉ de Sivry-la-Perche.

CLOIÈRES (RUE DES), à Bar-le-Duc.

CLOUIÈRES, contrée, cⁿᵉ de Dombasle.

CLOYE, ermitage ruiné, à 1 kil. au N. de Villecloye. — *Cloy*, 1700 (carte des États).

CLUXETTE (LA), ruiss. qui prend sa source sur le territoire d'Amel et se jette dans l'étang de Bloucq.

COCHON (PRÉ), contrée, cⁿᵉ de Cheppy.

COÉRANLOUP, contrée, cⁿᵉ d'Hannonville-sous-les-Côtes.

COGNEAUX, contrée, cⁿᵉ de Creue.

COGNET, contrée, cⁿᵉˢ de Béthincourt et de Froides.

COGNON, bois comm. de Moranville.

COGNON, contrée, cⁿᵉ de Nixéville.

COILLLOTTE, contrée, cⁿᵉ de Menaucourt.

COINTOUX, contrée, cⁿᵉ d'Hattonchâtel.

COLIS (CÔTE-), bois comm. de Sommedieue.

COLLARDERIE (LA), mᵗⁿ isolée, cⁿᵉ de Belleville.

COLLÉGES (LES), contrée, cⁿᵉ de Verdun.

COLLET (CÔTE), bois, cⁿᵉ de Beaulieu; faisait partie de la forêt d'Argonne.

COLLIBERT, contrée, cⁿᵉ de Revigny.

COLLIDI, côte, cⁿᵉ de Robert-Espagne.

COLLIÈRE, chemin, dit aussi *Voie des Moines*, cᵗ de Revigny.

COLOMBIER, ancienne tour sur piliers, près de la rivière d'Orne, cⁿᵉ d'Étain.

COLOMOY (LE), ruiss. qui prend sa source près de Blénod (Meurthe) et se jette dans le Gibeaumeix au-dessus de Rigny-Saint-Martin.

COLONCHAMP, bois comm. de Récourt.

COLONNE, contrée, cⁿᵉ de Combres.

COMBE, contrée, cⁿᵉ de Rigny-Saint-Martin.

COMBE-GUÉMONT, bois comm. des Roises.

COMBE-MILLOT, bois comm. de Vaudeville.

COMBLES, vill. entre la Saulx et l'Ornain, à 4 kil. au S.-O. du Bar-le-Duc. — *Sanctus Hylarius et Sancta Maria de Cumbles*, 1126 (cartul. de Jeand'heures). — *Cumblenx*, 1126 (*ibid.*). — *Combles*, 1187 (*ibid.*). — *De Cumblis*, 1402 (regestr. Toul.). — *Comble*, 1700 (carte des États). — *Cumuli*, 1711 (pouillé); 1749 (*ibid.*). — *Cumulus*, 1756 (D. Calmet, not.).

Avant 1790, Barrois mouvant, office, recette, coutume, prévôté et bailliage de Bar, présidial de Châlons, parlement de Paris; le roi en était seul seigneur. — Dioc. de Toul, archid. de Rinel, doy. de Robert-Espagne.

En 1790, distr. de Bar, cᵗⁿ de Beurey.

Actuellement, arrond. cⁿᵉ, archipr. et doyenné de Bar-le-Duc. — Patron : la Nativité de la Vierge.

COMBLOTTE, contrée, c⁰ᵉ de Rigny-Saint-Martin.

COMBREPASSE, contrée, c⁰ᵉ de Saint Jean-lez-Buzy.

COMBRES, vill. sur l'un des affluents du Longeau, à 5 kil. au S. de Fresnes-en-Woëvre. — *Commenias*, ıx⁰ siècle (Bertaire). — *Commanis*, 973 (ch. de l'év. Wilgfride); 984 (cart. de Saint-Paul). — *Commariœ*, 973 (confirmat. par l'emp. Otton). — *Comenis*, 1024 (dipl. de l'emp. Conrard). — *Commenis*, 1047 (ch. de l'év. Thierry). — *Au finage de Coumes*, 1268 (vente à Robert de Milan, év. de Verdun). — *Combres*, 1502 (Lamy, acte du tabell. d'Hattonchâtel). — *Combre*, 1700 (carte des États). — *Combrie*, 1738 (pouillé).

Avant 1790, Verdunois, terre d'évêché, prévôté de Fresnes-en-Woëvre, coutume, bailliage et présidial de Verdun, anciennes assises des quatre pairs de l'évêché, parlement de Metz. — Dioc. de Verdun, archid. de la Rivière, doyenné d'Hattonchâtel.

En 1790, distr. de Saint-Mihiel, c⁰ᵉ d'Hannonville-sous-les-Côtes.

Actuellement, arrond. et archipr. de Verdun, c⁰ᵉ et doyenné de Fresnes-en-Woëvre. — Écart : Montville. — Patron : l'Invention de saint Étienne.

CÔME, étang, c⁰ᵉ de Lachaussée.

COMEL, contrée, c⁰ᵉ de Villers-sous-Pareid.

COMMANDERIE (CHEMIN DE LA), c⁰ᵉ de Mécrin.

COMMANDERIE (LA), contrée, c⁰ᵉ d'Hannonville-sous-les-Côtes.

COMMANDERIE (LA), f. c⁰ᵉ de Marbotte. — *Commenda de Marbot*, 1642 (Mâchon).

Ancienne maison de l'ordre de Malte, office et comté d'Apremont, recette et bailliage de Saint-Mihiel, cour souveraine de Nancy. — Dioc. de Verdun, archidiaconé de la Rivière, doyenné d'Hattonchâtel.

COMMANDERIE (LA), f. ruinée, c⁰ᵉ de Revigny; appartenait à l'ordre de Malte.

COMMERCY, ville sur la Meuse, à 38 kilomètres à l'E. de Bar-le-Duc. — *Commercium*, 971 (dipl. de saint Gérard, év. de Toul); 1749 (pouillé). — *Commerciacum*, 1033 (dipl. de Conrad). — *Commerceyum*, 1060 (confirmat. de la fondat. du prieuré d'Apremont. — *Comarchi*, 1076 (in Gothofridi Gibberti vita). — *Castrum antiquissimum Commereceium dicitur*, xı⁰ s⁰ (Vie de Richard). — *Commarceium*, 1103 (ch. de Gorze); 1186 (fondat. de la collég. de Commercy); 1217 (fondat. de la collég. de Ligny). — *Comarcis*, 1120 (li romans de Garin le Loherain, ms de la Bibl. imp.). — *Commerceium*, 1149 (sentence de l'arch. Adalbéron, Hist. de Lorr. t. V, pr.); 1177 (cartul. de Jeand'heures); 1711 (pouillé). — *Commarcey*, 1188 (Trésor des ch. B. 455, n° 57); Meuse.

1251 (cartul. d'Apremont. — *Comarcy*, 1223 (arch. de la Meuse). — *Comarcey*, 1306 (ch. d'affranch. de Saulx-en-Barrois). — *Notre chastel et forteresse de Comarcei*, 1335 (actes de reprises, Hist. de Commercy, par Dumont). — *Signour de Comarcey et de Venisey*, 1400 (ibid.). — *Commarceyum, ecclesia collegiata de Commarceyo*, 1402 (regestr. Tull.). — *Commarceii-Castrum*, 1580 (stemmat. Lothar.). — *Commarchiacum*, 1756 (D. Calmet, not.).

Dès l'an 909, Commercy était capitale d'un petit état particulier ou principauté dont les seigneurs s'appelaient *damoiseaux*; cette principauté, formée de quelques autres lieux voisins se maintint jusqu'au xvııı⁰ siècle; après la conquête du pays, Louis XIV donna la souveraineté de Commercy à la Lorraine; dans l'acte du 15 février 1737, contenant cession de la Lorraine à la France, le duc François III réserva l'usufruit de son duché à Élisabeth-Charlotte d'Orléans, duchesse douairière de Lorraine et de Bar, après laquelle Stanislas I⁰ʳ, roi de Pologne et duc de Lorraine, en devint le souverain usufruitier; à la mort de ce prince et par suite de l'acte de cession cité plus haut, la seigneurie de Commercy fut réunie définitivement à la France en 1766.

Avant 1790, Lorraine, chef-lieu de gruerie, d'office, de recette, de prévôté et de bailliage; coutume de Vitry-le-François, présidial de Toul, généralité et cour souveraine de Nancy. — Dioc. de Toul, archid. de Ligny, chef-lieu du doyenné de Meuse-Commercy. — Il y avait à Commercy une collégiale dite de Saint-Nicolas, fondée en 1186 par Simon de Broyes; un prieuré de Bénédictins, fondé en 1190, sous le titre de Notre-Dame de Breuil; un hôpital, qui existait en 1403, rebâti en 1709 et doté par le prince de Vaudémont; un couvent de Capucins, fondé en 1704; un couvent d'Ursulines, établi en 1705; une léproserie, dont l'existence est attestée en 1186 par une charte de Pierre de Brixey : *Leprosorum de Commarceio et familiarum suarum curam gerat..... in capella jam dictorum leprosorum capellanum cuiquam instituere liceat.* (D. Calmet, Hist. de Lorr. t. XI, pr.).

Le bailliage de Commercy formait une prévôté de laquelle dépendaient, dans le département de la Meuse, les localités suivantes : Chonville, Commercy, Euville, Laneuville-au-Rupt, Launois, Lérouville, Méligny-le-Grand, Ménil-la-Horgne, Morville, Riéval (abbaye), Saint-Aubin (partie avec Ligny), Sorbé, Vignot, Ville-Issey; ce bailliage a fourni au département de la Meurthe les communes dont les noms suivent : Boucq, Foug, la Neuville-derrière-Foug, Lay-Saint-Remy, Pagney-derrière-Barine, Sancy

8

(du c⁰ⁿ de Toul-Nord); Charmes-la-Côte, Choloy, Domgermain, Mont-le-Vignoble (du canton de Toul-Sud, Gibeaumeix et Saulxures-lez-Vannes (du canton de Colombey); indépendamment de ces localités, la principauté de Commercy avait dans sa dépendance la seigneurie de Vignot et de Malaumont, et le comté de Sampigny, comprenant les villages de Grimaucourt-près-Sampigny, la Forge de Commercy, Ménil-aux-Bois, Pont-sur-Meuse, Sampigny, Vadonville, leurs territoires, appartenances et dépendances.

⁎ La gruerie de Commercy ressortissait à la maîtrise particulière de Saint-Mihiel.

Le doyenné de Meuse-Commercy, *decanatus de Commerceio* (Topogr. eccl. de la France), était un démembrement du doyenné de la Rivière de Meuse, *decanatus de Riparia Mosæ*, 1402 (regestr. Tull.), qui, à cause de sa trop grande étendue, fut divisé au commencement du xviiiᵉ siècle en deux doyennés, l'un sous le nom de *Meuse-Vaucouleurs*, l'autre sous celui de *Meuse-Commercy;* ce dernier eut pour chef-lieu Commercy; il était composé des paroisses et annexes dont les noms suivent : Aulnois-sous-Vertuzey, Boncourt, Chonville, Commercy, Corniéville, Dommartin-au-Four, Euville, Frémeréville, Géronville, Jouy-sous-les-Côtes, Laneuville-au-Rupt, Lérouville, Malaumont, Ménil-la-Horgne, Pont-sur-Meuse, Saint-Aubin, Saint-Martin, Saulx-en-Barrois, Sorcy, Troussey, Vâcon, Vadonville, Vertuzey, Vignot, Ville-Issey, Void; il comprenait en outre plusieurs paroisses faisant aujourd'hui partie du département de la Meurthe.

En 1790, lors de l'organisation du département, Commercy devint siége de tribunal et chef-lieu d'un district comprenant cinquante-cinq municipalités réparties entre huit cantons, ceux de : Bovée, Commercy, Dagonville, Domremy-aux-Bois, Saint-Aubin, Sorcy, Vignot, Void; le canton de Commercy était formé de la ville et de ses dépendances.

Actuellement, chef-lieu d'arrondissement, de c⁰ⁿ, d'archiprêtré et de doyenné; siége de l'école normale du départem. caserne et garnison de cavalerie. — Écarts : le Breuil, la Forge, la Gare. — Patron: saint Pantaléon.

L'arrondissement de Commercy est situé au S.-E. du département; il est formé d'une partie de l'ancien duché de Lorraine et d'une partie des Trois-Évêchés; ses limites sont : à l'E. le département de la Meurthe, au N. l'arrondissement de Verdun, à l'O. celui de Bar-le-Duc, au S. le département des Vosges; sa superficie est de 199,164 hectares; il se divise en sept c⁰ⁿˢ, qui sont ceux de : Commercy, Gondrecourt,

Pierrefitte, Saint-Mihiel, Vaucouleurs, Vigneulles-lez-Hattonchâtel et Void.

Le canton de Commercy s'étend sur toute la largeur de l'arrondissement, de l'E. à l'O.; il est borné au N. par les c⁰ⁿˢ de Saint-Mihiel et de Pierrefitte, à l'E. par le département de la Meurthe, à l'O. par l'arrond. de Bar-le-Duc, au S. par le c⁰ⁿ de Void; sa superficie est de 29,420 hectares; il se divise en vingt-neuf communes, savoir : Aulnois-sous-Vertuzey, Boncourt, Chonville, Commercy, Corniéville, Cousances-aux-Bois, Dagonville, Domremy-aux-Bois, Ernecourt, Euville, Frémeréville, Girauvoisin, Gironville, Grimaucourt-près-Sampigny, Jouy-sous-les-Côtes, Lérouville, Malaumont, Mécrin, Nançois-le-Grand, Pont-sur-Meuse, Saint-Aubin, Saint-Julien, Triconville, Vadonville, Vertuzey, Vignot, Ville-Issey, Villeroncourt.

L'archipr. de Commercy a la même circonscription que l'arrondissem'; le doyenné est formé du canton ; cependant il comprend en plus les paroisses de Brasseittes, Lignières, Liouville, Saulx-en-Barrois.

Les armoiries de Commercy étaient : *de gueules à trois demoiselles de paœur d'argent posées en pal l'une sur l'autre;*

Celles des seigneurs : *d'azur semé de croix pommettées au pied fiché d'argent* (Husson l'Écossais).

Commercy (Forêt de), vaste tenue de bois qui s'étendait sur les territoires de Commercy, Laneuville-au-Rupt, Ménil-la-Horgne, Saulx-en-Barrois, Chonville et Lérouville.

Compare (Le), contrée, c⁰ᵉ de Saint-Jean-lez-Buzy.

Comte (Le), bois comm: d'Auzéville, de Brabant-en-Argonne, de Ville-devant-Chaumont.

Comte (Le), pont sur le canal des Usines, à Bar-le-Duc.

Concours, contrée, c⁰ᵉ d'Oëy.

Condé ou Condé-en-Barrois, vill. sur la Chée, à 6 kil. au N. de Vavincourt. — *Condatum super fluvium Callo*, 674 (test. Vulfoadi). — *Condatum*, 870 (partage de l'empire); 1106 (bulle de Pascal II); 1135 (accord pour la vouerie de Condé); 1135 (Onera abbatum); 1171 (pouillé); 1749 (*ibid.*); 1756 (D. Calmet, *not.*). — *Condeyum*, 1221 (abb. de Saint-Benoît, ch. de Jean, év. de Verdun). — *Condei*, 1248 (cart. de Saint-Paul); 1251 (abb. de Saint-Mihiel, P. 1); 1352 (coll. lorr. t. 243.37, p. 16). — *Sainct-Michiel de Condei*, xiiiᵉ sᵉ (ch. d'exempt. Melinon, p. 133-15). — *Condey*, 1331 (arch. de la Meuse); 1397 (coll. lorr. t. 263.46, C. 13); 1579 (proc.-verb. des cout.). — *Condry-en-Barrois*, 1402 (coll. lorr. t. 260.46, p. 6). — *De Condeto-Barrense, de Condeto-Barrensi*, 1402 (regestr. Tull.).

Avant 1790, Barrois mouvant, coutume, office, recette, prévôté et baill. de Bar, présid. de Châlons, parlem. de Paris; le roi en était seul seigneur haut et moyen justicier; l'abbé de Saint-Mihiel seigneur foncier, avec la juridiction gruriale.— Dioc. de Toul, archid. de Rinel, doyenné de Bar; avait un prieuré sous le titre de Saint-Jacques et un hôpital avec chapelle sous l'invocation de saint Jean-Baptiste, qui fut donné en 1385 par le duc Robert aux Antonistes de Bar.

En 1790, distr. de Bar, cᵐᵉ de Marats.

Actuellement, arrond. et archipr. de Bar-le-Duc, cᵒⁿ de Vavincourt, chef-lieu de doyenné. — Écart : le Moulin. — Patron : saint Michel.

Le doyenné de Condé est composé des paroisses et annexes dont les noms suivent : Behonne, Chardogne, Condé, Érize-la-Brûlée, Érize-Saint-Dizier, Géry, Hargeville, Naives-devant-Bar, Resson, Rosnes, Rosières-devant-Bar, Rumont, Seigneulles, Vavincourt.

Cône, contrée, cᵐᵉ d'Étain.

Conque, contrée, cᵐᵉ de Han.

Consenvoye, village sur la rive droite de la Meuse, à 10 kil. à l'E. de Montfaucon. — *Consaneradum*, 973 (ch. de l'év. Wilgfride). —*Consenvadum*, 973 (confirmat. par l'emp. Otton). — *Consevadum*, 984 (cart. de Saint-Paul, p. 74). — *Consauvadum*, 1049 (bulle de Léon IX). — *Consanvadum*, 1127, (cart. de la cathédr.). — *Consovanda*, 1180 (*ibid.*). — *Consanvey*, 1228, 1229, 1230, 1262, 1270 (*ibid.*). — *Woya*, 1386 (vie de Liébaut de Consance, évêque de Verdun); 1549 (Wassebourg). — *Consanvez*, 1601 (hôtel de ville de Verdun, A. 57). — *Consanvoey*, 1642 (Mâchon). — *Consanvoy*, 1656 (carte de l'év.). — *Consanvoye*, 1686 (Soc. Philom. lay. Consenvoye, n° 1). — *Consenvé*, 1700 (carte des États). — *Consani-Vadum*, 1738 (pouillé). — *Consovadum*, 1756 (D. Calmet, not.).

Avant 1890, Verdunois, terre du chap. prévôté de Sivry-sur-Meuse, après avoir été chef-lieu de l'une des prévôtés de la mense capitulaire; ancienne justice seigneuriale des chanoines de la cathédrale, coutume, bailliage et présid. de Verdun, parlem. de Metz. — Dioc. de Verdun, archid. de la Princerie, doyenné de Chaumont.

En 1790, dist. de Verdun, cᵐᵉ de Sivry-sur-Meuse.

Actuellement, arrond. et archipr. de Montmédy, cᵒⁿ et doyenné de Montfaucon. — Écart : Molleville. — Patron : l'Assomption.

Consinval, contrée, cᵐᵉ de Ligny.

Constantine, mⁿ isolée, cᵐᵉ de Rouvres.

Constantine, f. cᵐᵉ de Rouvrois-sur-Othain.

Constantine, f. cᵐᵉ de Vauquois.

Constantine (anciennement, *Labévaux*) auberge isolée, cᵐᵉ de Verdun.

Contepré, contrée, cᵐᵉ de Combres.

Conti, bois, cᵐᵉ de Dompierre-aux-Bois.

Contose, contrée, cᵐᵉ de Brauvilliers.

Contransa, contrée, cᵐᵉ de Brabant-en-Argonne.

Contrisson, vill. sur le ruisseau de Remennecourt, à 4 kil. au S. de Revigny. — *Contreson*, 1126 (cart. de Jeand'heures). — *Contressuns*, 1180 (*ibid.*). — *Contressons*, 1219 (*ibid.*); 1402 (registr. Tull.). — *Contrixons*, xiiiᵉ s (chambre des comptes de Bar). — *Apud Gondrissons*, 1238 (cart. de Jeand'heures). — *Contressonnum*, 1402 (registr. Tull.). — *Contrissonum*, 1711 (pouillé); 1749 (*ibid.*); 1756 (D. Calmet, not.).

Avant 1790, Barrois mouvant, office, recette, coutume, prévôté et bailliage de Bar, présidial de Châlons, parlement de Paris; le roi en était seul seigneur haut justicier; la justice moyenne et basse appartenait à M. Collin de Contrisson. — Dioc. de Toul, archid. de Rinel, doyenné de Robert-Espagne.

En 1790, distr. de Bar, cᵐᵉ de Revigny.

Actuellement, arrondissement et archipr. de Bar-le-Duc, cᵒⁿ et doy. de Revigny. — Patron : saint Quentin.

Contrôlerie (La), f. cᵐᵉ de Futeau. — *Les Trois-Fontaines*, 1700 (carte des États).

Conty, bois, cᵐᵉ d'Hannonville-sous-les-Côtes.

Coq (Le), bois, cᵐᵉ de Gibercy.

Coq (Rue du), à Bar-le-Duc.

Coquenaie, contrée, cᵐᵉ de Dieppe.

Coquignaux, contrée, cᵐᵉ de Rouvres.

Coquillière, contrée et pont sur le Sichery, cᵐᵉ de Vacherauville.

Coquillotte, contrée, cᵐᵉ de Bar-le-Duc.

Corap, bois comm. de Lacroix-sur-Meuse.

Coras, contrée, cᵐᵉ de Nixéville.

Coraz, bois comm. de Mouzay.

Corbillon, contrée, cᵐᵉ de Marre.

Corboncourt, contrée, cᵐᵉ de Maizeray.

Cordebar, mⁿ isolée, cᵐᵉ de Savonnières-devant-Bar.

Core (La), f. ruinée, cᵐᵉ de Doncourt-aux-Templiers; était unie à Brauville pour les impositions et appartenait au roi; les Jésuites de Metz en jouissaient à titre de *cens*.

Coreaux, bois comm. de Beurey.

Corées, contrée, cᵐᵉ de Bar-le-Duc et de Commercy.

Corée, bois comm. de Lavallée.

Corée-de-Linaux, contrée, cᵐᵉ de Saint-Aubin.

Corées (Les), bois comm. de Grimaucourt-près-Sampigny.

8.

Conées (Les), contrée, c^{nes} de Récourt et de Tilly.
Corlatte, contrée, c^{ne} de Dieue.
Corlette, contrée, c^{ne} de Marre.
Corlotte, bois comm. de Fresnes-au-Mont.
Cornaie, contrée, c^{ne} de Rembercourt-aux-Pots.
Cornard, contrée, c^{ne} de Futeau.
Corne-d'Alon, bois, c^{ne} de Thonne-la-Long.
Corneille, contrée, c^{nes} de Commercy et de Rouvaux.
Corneiller, contrée, c^{ne} de Dieue.
Cornicnon (Le), ouvrage de défense et fausse porte, à Verdun.
Corniéville, vill. sur l'Ache, à 8 kilomètres à l'E. de Commercy. — *Corniœvilla*, 1152 (dipl. de Gobert d'Apremont); 1168, 1256 (cart. de Rangéval). — *Corniacœ-villa*, 1152 (dipl. de Gobert d'Apremont). — *Corniaœvilla*, 1168 (cartul. de Rangéval). — *Cornieville*, 1256 (*ibid.*); 1329 (ch. des comptes). — *Corgnirvilla*, 1409 (regestr. Toul.). — *Corgne-ville*, 1607 (proc.-verb. des cout.) — *Cornville*, 1700 (carte des États). — *Corniaca-villa*, 1707 (carte du Toulois); 1756 (D. Calmet, not.). — *Cornie-villa*, 1749 (pouillé).
Avant 1790, Barrois non mouvant, office et pré-vôté de Foug, recette, coutume et baill. de Saint-Mihiel, juridiction du juge-garde des seigneurs, cour souveraine de Nancy; l'abbé de Rangéval en était seul seigneur. — Dioc. de Toul, archid. de Ligny, doyenné de Meuse-Commercy, annexe de Jouy-sous-les-Côtes.
En 1790, distr. de Commercy, c^{ne} de Vignot.
Actuellement, arrond. c^{on}, archipr. et doyenné de Commercy. — Écarts : Lamoyée, Rangéval, Varin-Chanot. — Patron : saint Symphorien.
Cornot, contrée, c^{ne} de Rumont.
Conot, bois, c^{ne} de Grimaucourt-près-Sampigny.
Corotte (Rue de), à Bar-le-Duc, actuellement *rue de Véel.*
Conot, bois et contrée, c^{ne} de Naix.
Conrs, contrée, c^{ne} de Mouilly.
Corrées, contrée, c^{ne} de Brauvilliers.
Corrot, bois comm. d'Azannes, sur le terr. de Murvaux.
Conrot, f. c^{ne} de Sivry-sur-Meuse.
Corrois, contrée, c^{ne} de Butgnéville.
Corrois, bois comm. de Montplonne.
Corron, contrée, c^{ne} de Combres.
Cornot, bois comm. de Bantheville, Naix, Olizy et Se-noncourt.
Corroy, mont, c^{ne} de Combres. — *Conroy*, 1700 (carte des États).
Corroy, contrée, c^{ne} d'Harville.
Corsade, contrée, c^{ne} de Verry.
Corse, contrée, c^{ne} de Boureuilles.

Corveaux, contrée, c^{ne} de Béthincourt.
Corvée, contrée, c^{nes} de Baulny, Champneuville, Hat-tonchâtel, Récourt, Romagne-sous-les-Côtes et Se-noncourt.
Cosne, f. ruinée, c^{ne} de Domremy-la-Canne.
Côtelette (La), mⁱⁿ et ruiss. c^{ne} de Champneuville.
Côtes (Les), bois comm. de Vauquois.
Côtes (Les) ou côtes de la Woëvre, chaîne de coteaux qui traverse le départ. se dirigeant parallèlement à la plaine de la Woëvre, du S. au N. depuis Cor-niéville et Jouy-sous-les-Côtes, et passant sur les territoires de Saint-Julien, Apremont, Buxières, Vigneulles, Hattonchâtel, Saint-Maurice, Châtillon-sous-les-Côtes, Romagne-sous-les-Côtes, Damvil-lers, Bréhéville, Mont-devant-Sassey, Halles, Beau-clair, etc.
Coubeau, côte et contrée, c^{ne} d'Abainville.
Coubreuil (Le), ruiss. qui prend sa source dans la fo-rêt de Vaubecourt et se jette dans l'Aisne à l'O. de Triaucourt, après un trajet de 6 kilomètres.
Couchasse, contrée, c^{ne} de Corniéville.
Couchez, contrée, c^{ne} de Vignéville.
Couchibois, bois comm. de Lamouilly.
Coucnot, faub. c^{ne} de Bar-le-Duc.
Coudrelle, m^{on} isolée, c^{ne} de Verdun.
Couette, contrée, c^{ne} de Rembercourt-aux-Pots.
Cougreux, contrée, c^{ne} de Charny.
Couleuvrière, contrée, c^{ne} de Marre.
Coulmier (Le), h. c^{ne} de Verdun. — *Le Columbier*, 1565 (Lamy, pied-terrier). — *Le Colombier-devant-Verdun*, 1568 (*ibid.* reprise de la seign. par l'év. Psaume). — *Colombier*, 1676 (hôtel de ville de Verdun, A. 58).
Coulmiers (Les), contrée, c^{ne} de Martincourt.
Coulmis, étang, c^{ne} de Beaulieu.
Coulon, contrée, c^{ne} de Chattancourt.
Coulot, contrée, c^{ne} d'Aulnois-en-Perthois.
Couluniène, contrée, c^{ne} de Mouzay.
Coupel, contrée, c^{ne} de Dieue.
Cour (La), h. c^{ne} d'Avocourt.
Cour (La), ancien fief au vill. de Bazincourt.
Cour (La), f. c^{nes} de Brizeaux et de Saulmory.
Cour (La), fontaine et bois, c^{ne} de Deuxnouds-devant-Beauzée.
Cour (La), contrée, c^{nes} de Guerpont et de Lemmes.
Cour (La), ancien fief au vill. de Mouzay. — *La Court*, 1530 (dénombrement).
Cour (La), ancien fief au vill. de Murvaux. — *La Court*, 1597 (coll. lorr. t. 406, p. 94).
Cour (La), ancienne cense et fief, sur le Chiers, c^{ne} de Nepvant. — *La Cour-lez-Nepvant*, xvie s^e (actes du tabell. de Stenay).

Coua (La), f. ruinée, c°° de Sommaisne; appartenait à l'abb. de Beaulieu; d'après la tradition, un prieuré aurait existé en ce lieu.

Couba, bois comm. de Charny sur le territ. de Marre.

Courancelle, étang, c°° de Raulecourt.

Courbière, contrée, c°° de Saulx-en-Barrois.

Courbièns (Les), fontaine, c°° de Neuvilly.

Courcelles, ham. sur l'Aire, c°° d'Aubréville; dépendait du bailliage et de la prévôté de Clermont-en-Argonne.

Courcelles-aux-Bois, vill. entre l'Aire et la Meuse, à 12 kil. au S.-E. de Pierrefitte. — Corcellas, x° s° (Hist. episc. Tull.); xi° s° (Widric, vie de saint Gérard de Toul). — Curezele, 1106 (bulle de Pascal II). — De Courcelles-juxta-Sampigniacum, 1245 (cart. de la cathédr.).*— Courcelles-de-les-Sampigny, 1297 (abb. de Saint-Mihiel, 2. H. 14). — De Corcellis-prope-Sampignum, de Courcellis-ante-Sampigneyum, 1402 (regest. Tull.). — Courcelles, 1495-96 (Trés. des ch. B. 6364). — Courcelles-aux-Bois, 1607 (proc.-verb. des cout.). — Corcellæ, 1711 (pouillé). — Corcelæ-in-Silvis, 1749 (ibid.). — Curticula, Curezelæ, 1756 (D. Calmet, not.).

Avant 1790, Barrois mouvant, office, recette, coutume, prévôté et bailliage de Saint-Mihiel, présidial de Toul, cour souveraine de Nancy; le roi en était seul seigneur. — Dioc. de Toul, archid. de Ligny, doyenné de Belrain.

En 1790, distr. de Saint-Mihiel, c°° de Sampigny.

Actuellement, arrond. et archipr. de Commercy, c°° et doyenné de Pierrefitte. — Patron : saint Sulpice; chapelle vicariale.

Courcelles-sur-Aire, vill. sur la rive droite de l'Aire, à 10 kil. à l'E. de Vaubecourt. — Molendinum do Corceles, 1163 (cart. de Saint-Paul, p. 90). — Apud Curceles, 1207 (ibid.). — Corceles, 1234 (ibid.). — Courcelles, 1257 (cart. de la cathédr.); 1335 (chambre des comptes de Bar). — Corcelles, 1335 (ibid.). — Courselles, 1373 (coll. lorr. t. 139, n° 33). — Courcelle-sur-Eyre, 1598, 1607 (Soc. Philom. lay. Courcelles). — De Courcellis, 1642 (Mâchon). — Courcelle-sur-Eyre-les-Chaumont, 1677 (Soc. Phil. lay. Courcelles). — Cellari-curia-super-Erram, 1738 (pouillé). — Cellaricuria-super-Erram, 1749 (ibid.).

Avant 1790, Barrois mouvant, ban de Chaumont, office, recette, coutume, prévôté et bailliage de Bar, présid. de Châlons, parlement de Paris. — Dioc. de Verdun, archid. d'Argonne, doyenné de Souilly.

En 1790, distr. de Bar, c°° de Marats.

Actuellement, arrond. et archipr. de Bar-le-Duc, c°° et doyenné de Vaubecourt. — Écarts : Anglecourt, Vaux-Marie. — Patron : sainte Agathe.

Couraette, tuilerie, c°° de Loison.

Courlotte, f. c°° de Gondrecourt.

Courlouve, à Verdun; ancienne tour, dite aussi Tour du Voué, bâtie en 1129 par Renaud, comte de Bar, près de la porte Châtel, à l'endroit le plus élevé de la ville, dans le but d'incommoder les bourgeois et le clergé; détruite en 1131 par Albéron de Chiny, év. de Verdun. — Curia advocati, Cour lou Vouei, xiii° s° (cart. de la cath.). — Court-Loubbe, Court-du-Woué, 1549 (Wassebourg). — Cour le Voué, 1597 (hôtel de ville, reg.). — Cour-Loüve, 1671 (Urbain Quillot).

Couronne (Place de la), à Bar-le-Duc.

Couronvre, vill. sur la droite de l'Aire, à 5 kilomètres au N. de Pierrefitte. — Corrubrium, 1149, 1179 (cart. de Saint-Paul); 1756 (D. Calmet, not.). — Corrobrium, 1207 (cart. de Saint-Paul); 1711 (pouillé); 1749 (ibid.). — Courrobrium, 1236 (cart. de Saint-Paul). — Corronvre, 1236, 1242, 1261 (ibid.). — Courrouvre, 1248, 1252 (ibid.); 1743 (proc.-verb. des cont.). — In finagio dicto villæ de Courrouvre, 1254 (cart. de Saint-Paul). — Courovre, 1263 (cart. de la cath.). — Courouvre, 1279 (chambre des comptes de Bar). — Coroura, 1402 (regestr. Tull.). — Courolle, Courouvre, 1700 (carte des États).

Avant 1790, Barrois mouvant, office, recette, coutume, prévôté et bailliage de Saint-Mihiel, juridiction du juge des coseigneurs, présidial de Toul, cour souveraine de Nancy; le roi et M. Oriot de Jubainville en étaient seigneurs hauts, moyens et bas justiciers par moitié. — Dioc. de Toul, archid. de Ligny, doyenné de Belrain.

En 1790, distr. de Saint-Mihiel, c°° de Pierrefitte.

Actuellement, arrond. et archipr. de Commercy, c°° et doyenné de Pierrefitte. — Écart : Haut-Champ. — Patron : saint Pierre-aux-Liens.

Couror, bois comm. de Sauvoy.

Courriers (Les), contrée, c°° de Baulny.

Courtes-Chausses (Les), ruiss. qui a sa source dans la forêt d'Argonne et se jette dans la Biesme au-dessous de Lachalade, après un cours de 4 kilomètres.

Courtil, contrée, c°° de Villers-lez-Mangiennes.

Courtis, contrée, c°° de Landrécourt.

Courtré, pont et contrée, c°° de Commercy.

Courtuns, contrée, c°° de Récicourt.

Courys, contrée, c°° d'Aubréville.

Courupt, ham. c°° de Futeau. — Collis-Rupta, 1555

(Clouët, *Hist. de Verdun*, p. 154). — *Coires*, 1656 (carte du dioc. de Châlons). — *Cauru*, 1700 (carte des États).

Fondé en 1555 par les moines de l'abbaye de Beaulieu; d'abord paroisse et communauté de Beaulieu; uni à Futeau en 1849.

Courupt (Ruisseau de), qui prend sa source dans la vallée dite *Gorge-le-Diable*, c⁽ᵉ⁾ de Beaulieu et se jette dans la Biesme entre Courupt et Futeau, après un cours de 5 kilomètres.

Courvelt, bois comm. de Badonvilliers.

Cousance (La), ruiss. qui prend sa source dans la prairie de Souilly, traverse ce vill. et passe à Ippécourt, Julvécourt, Ville-sur-Cousance, Jubécourt, Brabanten-Argonne, Parois et Aubréville, où il se jette dans l'Aire, après un cours de 29 kil. — *Super Cosantiam-Flabosam*, 962 (cartul. de Saint-Vanne). — *Consentia*, 962 (ibid.). — *Cosantia*, 980, 1015 (ibid.). — *Cosantia fluviolus*, 1049 (bulle de Léon IX). — *Super Cusantiam*, 1642 (Maclion). — *Couzance*, 1656 (carte de l'év.). — *Cuzantia*, 1738 (pouillé).

Cousancelle (La), ruiss. qui prend sa source sur le territ. de Cousancelles, traverse ce village et se jette dans le ruiss. de Cousance à Cousances-aux-Forges, après un cours de 4 kilomètres.

Cousancelles, vill. sur la Cousancelle, à 5 kil. à l'E. d'Ancerville. — *Consancelles*, 1579 (proc.-verb. des cout.). — *Courcelles*, 1656 (carte de l'év. de Châlons). — *Couzancelles*, 1700 (carte des États). — *Cousancellæ*, 1749 (pouillé).

Avant 1790, Barrois mouvant, baronnie, office et prévôté d'Ancerville, recette, coutume et bailliage de Bar, présid. de Châlons, parlem. de Paris; le roi en était seul seigneur. — Dioc. de Châlons, archid. et doyenné de Joinville, annexe de Cousances-aux-Forges.

En 1790, distr. de Bar, c⁽ᵉ⁾ d'Ancerville.

Actuellement, arrond. et archipr. de Bar-le-Duc, c⁽ᵉ⁾ et doyenné d'Ancerville. — Patron : l'Assomption.

Cousances (Ruisseau de), qui a sa source sur le territ. de Savonnières-en-Perthois, passe à Cousances-aux-Forges et se jette dans la Marne à Chamouilley (Marne), après un cours de 9 kil. dont 7 dans le dép⁽ᵗ⁾ de la Meuse.

Cousances-aux-Bois, vill. sur la Deuë, à 12 kil. à l'O. de Commercy. — *Cussiliacum in pago Barrense*, 709 (test. Vulfoadi). — *Cussiacum, Cursiriacum ou Cussiriacum*, 1106 (bulle de Pascal II). — *Cousance-au-Bois*, 1579 (proc.-verb. des cout.). — *Cousancelleaux-Bois*, 1711 (pouillé). — *Cousancium-in-Silvis*, 1749 (ibid.).

Avant 1790, Barrois mouvant, prévôté de Dagonville, office, recette, coutume et bailliage de Bar, présid. de Châlons, parlem. de Paris. — Dioc. de Toul, archid. et doyenné de Ligny, annexe de Triconville.

En 1790, distr. de Commercy, c⁽ᵉ⁾ de Dagonville.

Actuellement, arrond. c⁽ᵉ⁾, archipr. et doyenné de Commercy. — Patron : la Conception de la Vierge; annexe de Grimaucourt.

Cousances-aux-Forges ou Cousances-lez-Cousancelles village sur le ruiss. de Cousances, à 6 kil. au S.-E. d'Ancerville. — *Cousance*, 1304 (Rosières, E. 57); 1579 (proc.-verb. des cout.); 1749 (pouillé). — *Couzance*, 1656 (carte de l'év. de Châlons); 1700 (carte des États). — *Cousancium*, 1749 (pouillé). — *Custitiaca-curtis, Custiviacum*, 1756 (D. Calmet, not.).

Avant 1790, Barrois mouvant, village avec titre de prévôté et de comté, office, recette, coutume et bailliage de Bar, juridiction du prévôt, présid. de Châlons, parlem. de Paris; M. Vyard en était seul seigneur haut, moyen et bas justicier. — Dioc. de Châlons, archid. et doyenné de Joinville.

Avait un château et une maison forte du nom de *Lisle-sous-Cousances*.

En 1790, distr. de Bar, c⁽ᵉ⁾ d'Ancerville.

Actuellement, arrond. et archipr. de Bar-le-Duc, c⁽ᵉ⁾ et doyenné d'Ancerville. — Patron : saint Memmius.

Coussainville, contrée, c⁽ᵉ⁾ de Ligny.

Cousson, font. c⁽ᵉ⁾ d'Èvres.

Coutelles, bois comm. de Woimbey.

Coutray, contrée, c⁽ᵉ⁾ d'Hattonchâtel.

Coutru, contrée, c⁽ᵉ⁾ de Mouilly.

Couvertpuis, vill. sur l'Orge, à 6 kilomètres au N. de Montiers-sur-Saulx. — *Couverpuis*, 1378 (chambre des comptes, c. de Morley); 1495-96 (Trésor des ch. B. 6364); 1700 (carte des États); 1711 (pouillé). — *Copertusputeus; domus templi de Coperto-Puteo*, 1402 (regestr. Tull.). — *Couviez*, 1460 (coll. lorr. t. 247.39, p. 14). — *Couver-Puis*, 1579 (proc.-verb. des cout.). — *Couverpuys, Puteus-Coopertus*, 1707 (carte du Toulois). — *Coopertus-Puteus*, 1711 (pouillé); 1756 (D. Calmet, not.).

Avant 1790, Barrois mouvant, comté, office et prévôté de Ligny, recette, coutume et bailliage de Bar, présid. de Châlons, parlem. de Paris; le roi en était seigneur haut justicier, et le commandeur de Rüel seigneur moyen et foncier. — Dioc. de Toul, archid. de Rinel, doyenné de Dammarie.

Il y avait sur le finage de Couvertpuis une métairie avec chapelle sous l'invocation de saint Éloy et ensuite de saint Cloud, dépendant de la commanderie de Rüel.

En 1790, distr. de Gondrecourt, c⁰ⁿ de Montiers-sur-Saulx.

Actuellement, arrond. et archipr. de Bar-le-Duc, c⁰ⁿ et doyenné de Montiers-sur-Saulx. — Écart : Gaudry. — Patron : la Nativité.

COUVONGES, vill. sur la rive droite de la Saulx, à 7 kil. au S. de Revigny. — *Cupedonia*, 884 (dipl. de Charles le Gros); 922 (confirmat. par Charles le Simple); 1707 (carte du Toulois); 1711 (pouillé); 1749 (*ibid.*); 1756 (D. Calmet, *not.*). — *Covedonia-villa in comitatu Barrense*, 1006 (dipl. de Théodoric, comte de Bàr). — *Quevonges*, 1219 (cartul. de Jeand'heures); 1301 (foi et hommage, arch. de la Meuse); 1402 (regestr. Tull.); 1579 (proc.-verb. des cout.). — *Couvonge*, 1441 (arch. de la Meuse); 1700 (carte des États). — *Cuvedonia*, 1756 (D. Calmet, *not.*).

Avant 1790, Barrois mouvant, office, recette, coutume et bailliage de Bar, jurid. du juge-garde du seigneur, qui en était haut, moyen et bas justicier; présid. de Châlons, parlem. de Paris. — Dioc. de Toul, archidiaconé de Rinel, doyenné de Robert-Espagne.

Avait un château avec chapelle sous l'invocation de la sainte Vierge en sa Nativité; le seigneur en était collateur.

En 1790, distr. de Bar, c⁰ⁿ de Beurey.

Actuellement, arrond. et archipr. de Bar-le-Duc, c⁰ⁿ et doyenné de Revigny. — Patron : saint Brice.

CRAMEAUX, contrée, c⁰ⁿ de Verdun.

CRANIÈRE, bois comm. de Bazeilles.

CRAQUE, contrée, c⁰ⁿ de Combles.

CRASE, contrée, c⁰ⁿ d'Haudainville.

CRASSE, contrée, c⁰ⁿ de Ménil-sur-Saulx.

CRAUTE, bois comm. de Mognéville.

CRAVA, bois comm. de Saulx-en-Barrois.

CREDON, f. c⁰ⁿ de Marville.

CRÉRÉ, contrée, c⁰ⁿ de Ville-en-Woëvre.

CRÉPION, vill. sur l'un des affluents de la Tinte, à 4 kil. au S. de Damvillers. — *De Crupion*, 1204 (cart. de la cath.). — *Crispeium*, 1211 (cart. de de Saint-Paul). — *Crespeium*, 1215 (*ibid.*). — *Crépion*, 1290, 1240 (*ibid.*); 1601 (hôtel de ville de Verdun, A. 57). — *Crippion*, 1245 (cart. de la cathédr.). — *Creppion*, 1549 (Wassebourg). — *Crespion*, 1656 (carte de l'év.). — *Cropion*, 1700 (carte des États). — *Crepio*, 1738 (pouillé).

Avant 1790, Verdunois, terre du chapitre, prévôté de Merles, ancienne justice seigneuriale des chanoines de la cathédr. coutume, baill. et présid. de Verdun, parlem. de Metz. — Dioc. de Verdun, archid. de la Princerie, doyenné de Chaumont. — — Patron : saint Sébastien ; annexe de Flabas.

En 1790, district de Verdun, c⁰ⁿ de Damvillers.

Actuellement, arrond. et archipr. de Montmédy, c⁰ⁿ et doyenné de Damvillers. — Patron : saint Barthélemy ; annexe de Moirey.

CRESSON, contrée et pont, c⁰ⁿ de Saint-Jean-lez-Buzy.

CRESSONNIÈRE, contrée, c⁰ⁿ de Fresnes-en-Woëvre.

CRESSONPRÉ, fontaine et contrée, c⁰ⁿ de Chauvency-Saint-Hubert.

CREUE, vill. sur le ru de Creue, à 3 kil. au S.-O. de Vigneulles-lez-Hattonchâtel. — *Creuva*, *Cruia*, 709 (test. Vulfoadi). — *Croya*, Xᵉ siècle (ch. de Gobert d'Apremont). — *Ad Creatum*, 1049 (cart. de Saint-Vanne). — *Cruia*, 1145 (charte d'Albéron, év. de Verdun); 1180 (bulle d'Alexandre II). — *De Croio*, 1166 (cart. de Saint-Paul). — *Crewe*, 1255 (cart. de la cath.); 1276 (cart. d'Apremont); 1642 (Mâchon). — *Creue*, 1255 (cart. de la cathédr.). — *Creues*, *Creues*, 1316 (coll. lorr. t. 262.46, A. 9). — *Creux*, 1369 (abb. de Saint-Mihiel, A. 4); 1549 (Wassebourg); 1738 (pouillé); 1749 (*ibid.*). — *Creue*, 1674 (Husson l'Écossais). — *Cruxium*, 1738 (pouillé); 1749 (*ibid.*).

Avant 1790, Barrois mouvant, coutume, office et marquisat d'Hattonchâtel, recette et bailliage de Saint-Mihiel, juridiction du juge-garde du seigneur, qui en était haut, moyen et bas justicier; cour souveraine de Nancy. — Dioc. de Verdun, archid. de la Rivière, doyenné d'Hattonchâtel.

Avait un château féodal, celui de la pairie de Creue, l'une des quatre de l'év. de Verdun (Ornes, Muraut, Creue et Watronville); la maison de Creue, qui était de nom et d'armes fort ancienne, est éteinte; elle portait : *d'or à la croix de sable* (Husson l'Écossais).

En 1790, district de Saint-Mihiel, c⁰ⁿ d'Hattonchâtel.

Actuellement, arrond. et archipr. de Commercy, c⁰ⁿ et doyenné de Vigneulles. — Écarts : la Folie, Jevoncourt, Valambois. — Patrons : saint Pierre et saint Paul.

CREUE (RU DE), ruiss. qui a sa source au-dessus de Creue, arrose les territoires de Chaillon, Lavigné-ville, Lamorville, Spada, et se jette dans la Meuse à Maizey, après un cours de 15 kilomètres. — *Super fluviolo qui vocatur Cruia*, 707 (test. Vulfoadi). — *Creuva*, 709 (*ibid.*). — *Rus de Creue*, 1325 (éch. entre Ferry Du Châtelet et l'év. de Verdun). — *Ru-*

de-Loyausaux, 1700 (carte des États.) — Quala, 1707 (carte du Toulois).

CREVÉ, contrée, c^es d'Hattonchâtel et de Sivry-sur-Meuse.

CREVÉ (LE), chemin, c^ne de Dammarie.

CRIGAILLE, f. c^ne de Sorbey.

CRIOT, m^in, c^ne d'Heudicourt. — Crion, 1700 (carte des États).

CRIOT (LE), ruiss. qui prend sa source sur le territ. d'Heudicourt et se jette dans le ru de Creue à Chaillon, après un cours de 3 kilomètres.

CROCS (LES), f. c^ne de Gremilly. — Les Crocs, 1743 (proc.-verb. des cout.); 1760 (Cassini).

CROCS (RUISSEAU DES), c^ne de Gremilly. — Rivulus de Crokillon, 1253 (cart. de Saint-Paul).

CROISETTE, contrée, c^nes de Génicourt-sur-Meuse et de Resson.

CROISETTE (LA), f. c^re de Ville-devant-Belrain.

CROIX (LA), contrée, c^ne de Fromeréville.

CROIX (LES), contrée, c^ne de Belleville.

CROIX (BAN DE LA), contrée, c^nes de Fromeréville et de Nixéville. — Ad Crucem, 940, 962, 1015, 1047, 1061 (cart. de Saint-Vanne.)

CROIX (MONT DES), côte, c^ne de Jouy-devant-Dombasle. — Mont-Jouy, Mons-Jovis, IXe s^e (Hist. de l'abb. de Beaulieu).

Suivant la tradition, un autel dédié à Jupiter aurait existé sur ce mont dans les temps antiques.

CROIX-DU-GRAND-MAÎTRE, contrée, c^ne de Mouzay.

CRONIER, contrée, c^ne de Ville-devant-Belrain.

CROON, étang, c^ne d'Ornes.

CROQUANT, pont sur le canal des Usines, à Bar-le-Duc.

CROQUANT, contrée, c^ne de Dieue.

CROSSES (LES), bois comm. de Jouy-sous-les-Côtes.

CROTTÉES, contrée, c^ne de Bovée.

CROU, bois comm. d'Olizy.

CROUÉE (LA), contrée, c^nes de Foameix, Hannonville-sous-les-Côtes, Landzécourt et Rarécourt.

CROUÉE (LA), f. ruinée c^ne de Lamouilly. — Cette cense, qui était située sur la rive droite de la Chiers, est mentionnée par M. Jeantin (Manuel de la Meuse) comme ayant été citée en 1262 et en 1408 sous le nom de Villa ad Cruce; elle était placée sous la suzeraineté commune des ducs de Bar et de ceux de Luxembourg (de 1270 à 1603), et formait le bénéfice militaire des capitaines prévôts de la châtellenie de Chauvency-le-Château.

CROULY, contrée, c^ne d'Hattonchâtel.

CROT, bois, c^ne de Naix.

CROU (LE), ruiss. qui prend sa source aux fontaines de Rimbeauval et d'Hindeval et se jette dans le Fluant au-dessous de Villotte-devant-Louppy, après un cours de 3 kilomètres.

CRUNE (LA), rivière qui prend sa source dans le dép' de la Moselle et se jette dans la Chiers à Longuyon, après avoir fait limite au département de la Meuse sur une longueur de 9 kil. — Cruna, 634 (test. Adalgyseli); Xe siècle (Virdunensis comitatus limites). — Crina, 1549 (Wassebourg).

CRUVIE, contrée, c^ne de Souilly.

CUARÉCOURT, contrée, c^ne de Dombasle.

CUGNET, contrée, c^nes de Belleville, Dombasle, Moulainville, Rouvres.

CUGNIEL, bois, c^ne de Romagne-sous-les-Côtes.

CUGNOT, contrée, c^nes de Bar-le-Duc et d'Hattonchâtel.

CUGNOT-DE-LUHAYE, bois comm. de Woimbey.

CUISSET, contrée, c^ne de Parois.

CUISY, vill. sur le ruisseau de Guenonville, à 3 kil. à l'E. de Montfaucon. — Cuzeium, 870, 893 (Trésor des ch.). — De Cuisiaco, 1272 (cession à Philippe le Hardi). — Cuissy, Cuizy, 1556 (proc.-verb. des cout.). — Cuzey, 1656 (carte de l'évêché); 1738 (pouillé); 1745 (Roussel). — Cuziacum, 1738 (pouillé).

Avant 1790, Clermontois, coutume de Reims, prévôté de Montfaucon, bailliage de Vitry-Vermandois, puis de Clermont siégeant à Varennes, justice seigneuriale de l'abbé de Montfaucon, qui en était seigneur régulier, haut, moyen et bas justicier; parlement de Paris. — Diocèse de Reims et ensuite de Verdun, archidiaconé de la Princerie, doyenné de Forges.

En 1795, distr. de Clermont-en-Argonne, c^ne de Montfaucon.

Actuellement, arrond. et archipr. de Montmédy, c^ne et doy. de Montfaucon. — Écart : Moulin-de-Bas. — Patron : saint Denis; annexe de Montfaucon.

CULÉE, contrée, c^nes de Beaufort, de Béthincourt et de Dombasle.

CULEY, vill. sur le ruiss. de Loisey, à 9 kil. au N. de Ligny. — Quala, 709 (test. Vulfoadi). — Cula, 1106 (bulle de Pascal II). — Culey, 1359 (arch. de la Meuse). — Culeium, 1580 (stemmat. Lothar.). — Cully, 1700 (carte des États). — Cullei, Cussiliacum, 1707 (carte du Toulois). — Culeium, 1711 (pouillé); 1749 (ibid.).

Avant 1790, Barrois mouvant, office et prévôté de Pierrefitte, coutume de Bar, recette et bailliage de Bar, présidial de Châlons, parlement de Paris. — Dioc. de Toul, archid. de Rinel, doy. de Bar. — Patron : sainte Lucie.

En 1790, distr. de Bar, c^on de Loisey.

Actuellement, arrond. et archipr. de Bar-le-Duc,

c^{on} et doyenné de Ligny. — Écarts : Bel-Air, Pré-Chanel, Sainte-Geneviève. — Patron : saint Mansuy.

CULLIBAU, contrée, c^{ne} de Ménil-sous-les-Côtes.

CULMONT, bois comm. de Fleury-devant-Douaumont.

CULOT, contrée, c^{nes} de Belleville et de Marville.

CULOT, bois, c^{ne} de Mangiennes; faisait partie de la forêt de Mangiennes.

CULOTTE, bois comm. de Broussey-en-Woëvre.

CUMERELLE, contrée, c^{ne} de Dieue.

CUMIÈRES, vill. sur le Vainvaux, à 7 kil. au N.-O. de Charny. — *Commenarias*, 701 (charte de Pepin); 702 (cartul. de Saint-Vanne). — *Commenariæ*, ixe s^e (Bertaire). — *Cumenariæ*, 973 (ch. de l'év. Wilgfride); 973 (confirm. par l'emp. Otton). — *Ecclesia de Cumeneriis*, 984 (cartul. de Saint-Paul). — *Cumminæ*, 1049 (bulle de Léon IX). — *Cumminariæ*, 1179 (cartul. de Saint-Paul). — *Cuminieres*, 1200 (*ibid.*); 1377 (dipl. de Charles V, roi de France.) — *Cumenieres*, 1230, 1282, 1248 (cart. de Saint-Paul); 1440 (quitt. et abol. du connestable, anc. arch. de l'hôtel de ville de Verdun); 1656 (carte de l'év.). — *Commenierres*, 1244 (cart. de Saint-Paul). — *Queminières*, 1253, 1266 (cart. de la cathédr.). — *Commeniers*, *Commynieres*, 1549 (Wassebourg). — *Cumiere*, 1700 (carte des États). — *Cumnieres*, 1738 (pouillé); 1760 (Cassini). — *Cumiacis*, 1738 (pouillé).

Avant 1790, Clermontois, haute justice et vill. coutume et bailliage de Clermont séant à Varennes, prévôté des Montignons, parlement de Paris, — diocèse de Verdun, archid. de la Princerie, doyenné de Forges, annexe de Chattancourt.

En 1790, distr. de Verdun, c^{on} de Charny.

Actuellement, arrond. et archipr. de Verdun, c^{on} et doyenné de Charny. — Patron : saint Remy.

Cumières avait un château qui fut démoli en 1439; ce village a donné son nom à une maison de nom et d'armes qui portait : *d'or à la barre d'azur surmontée de trois annelets d'or* (Husson l'Écossais).

CUMINE, bois comm. des Roises et de **V**audeville.

CUMINEL, contrée et pont, c^{ne} de Commercy.

CUMINÉS (LES), contrée, c^{nes} de Behonnes et de Ville-devant-Belrain.

CUMONT, contrée, c^{ne} de Béthincourt.

CUMONT, bois comm. de Dannevoux.

CUNEL, vill. sur la droite de l'Andon, à 7 kil. au N. de Montfaucon. — *Mont-Cunel*, 1571 (proc.-verb. des cout.). — *Quenolle*, 1656 (carte de l'év.). — *Cunel*, 1669 (Lamy, contrat d'Anselme de Spintignon). — *Cunelle*, 1700 (carte des États). — *Cunellum*, *Cunelum* (reg. de l'év.).

Avant 1790, Clermontois, coutume de Clermont et ensuite de Saint-Mihiel, prévôté de Dun, bailliage de Clermont siégeant à Varennes, anciennes assises de la châtellenie de Dun, ancienne justice seigneuriale des seigneurs locaux sauf les droits de l'abb. de Lachalade, cour supérieure du Vermandois, parlement de Paris. — Dioc. de Reims, archid. de Champagne, doyenné de Dun.

En 1790, distr. de Stenay, c^{on} d'Ancerville.

Actuellement, arrond. et archipr. de Montmédy, c^{on} et doyenné de Montfaucon. — Écart : le Fays. — Patron : saint Christophe; annexe de Romagne-sous-Montfaucon.

CUNESSIÈRES, bois comm. de Liouville.

CUNIOT, contrée, c^{ne} de Fresnes-en-Woëvre.

CUNY (CHAMP-), bois, c^{ne} de Dieue.

CURMONT, contrée, c^{nes} de Bar-le-Duc, de Behonne et d'Ornes.

CURTOLMONT, contrée, c^{ne} de Ville-devant-Belrain.

CUTY, bois comm. de Combres, sur le territoire de Trésauvaux.

CUVE (LA), contrée, c^{ne} de Longeville.

CUVE (LA), font. qui prend sa source dans la prairie de Merles et se jette dans la Laison en amont de Dombras.

CUVE (LA), mⁱⁿ, c^{ne} de Merles.

CUVELLE, contrée, c^{ne} de Vaucouleurs.

D

DAEUIL, bois comm. de Cousances-aux-Bois.

DAFFÉ, bois comm. de Thonne-le-Thil.

DAGOBERT (LES), contrée, c^{ne} de Milly-devant-Dun.

DAGONVILLE, vill. sur le ruiss. de Dagonville, à 15 kil. à l'O. de Commercy. — *Dagonis-villa*, 1060 (confirmat. de la fondat. du prieuré d'Apremont); 1103 (charte de Gorze); 1106 (bulle de Pascal II); 1158 (cartulaire de Saint-Paul); 1711 (pouillé); 1749

(pouillé). — *Dagonville*, 1332 (chambre des comptes, arch. de la Meuse). — *Dagonville; domus templi de Dagonvilla*, 1402 (regestr. Tull.). — *Dangonville*, 1656 (carte de l'év.); 1700 (carte des États). — *Villa-Drogonis*, 1707 (carte du Toulois).

Avant 1790, Barrois mouvant, chef-lieu de baronnie et de prévôté, juridiction du prévôt du seigneur, qui en était haut, moyen et bas justicier,

Meuse.

9

office, recette, coutume et bailliage de Bar, présidial de Châlons, parlement de Paris. — Diocèse de Toul, archid. de Ligny, doyenné de Belrain.

Il y avait à Dagonville deux maisons seigneuriales, puis, sur son finage et de sa dépendance, une métairie dite *Saint-Èvre*, avec chapelle, appartenant à la commanderie de Rüel, de l'ordre de Malte, fondée en 1284; après le supplice des Templiers, cette métairie fut assignée aux Hospitaliers.

Dagonville fut érigé en baronnie en 1730.

La prévôté de Dagonville était composée des localités dont les noms suivent : Cousances-aux-Bois, Dagonville, Lignières, Loxéville, Saint-Èvre, Salmagne (pour partie), Triconville.

En 1790, lors de l'organisation du département, Dagonville devint chef-lieu de l'un des cantons dépendant du district de Commercy; ce canton était composé des municipalités ci-après : Cousances-aux-Bois, Dagonville, Grimaucourt-près-Sampigny, Lavallée, Levoncourt, Lignières, Triconville.

Actuellement, arrond. c^ⁿ, archipr. et doyenné de Commercy. — Écart : le Moulin. — Patron : saint Martin.

DAGONVILLE (RUISSEAU DE), qui a sa source au-dessus du bois comm. de Dagonville, traverse ce village et se jette dans l'Aire, après un cours de 4 kilomètres.

DAHAIR, bois comm. de Moudrecourt sur le territoire d'Heippes.

DAUÉR, contrée, c^ⁿᵉˢ de Froides et d'Issoncourt.

DAINVILLE-AUX-FORGES, village sur la Maldite, à 8 kil. au S. de Gondrecourt. — *Dainville*, 1338 (chambre des comptes); 1580 (proc.-verb. des coutumes). — *Dainivilla*, 1402 (registr. Tull.). — *Donville*, 1460 (coll. lorr. t. 247.89, A. 14). — *Dinville-aux-Forges*, 1700 (carte des États). — *Dainvilla*, 1711 (pouillé); 1749 (ibid.); 1756 (D. Calmet, not.). — *Dona-villa*, 1756 (ann. præmonstr.). — *Danirilla*, 1756 (D. Calmet, not.).

Avant 1790, partie Champagne et partie Barrois mouvant; le roi de Pologne était seul seigneur de la dernière, qui était office et prévôté de Gondrecourt, coutume du Bassigny, recette de Bourmont, baill. de Saint-Thiébaut puis de Lamarche, présidial de Châlons; le marquis de Marnière était seigneur de la partie de Champagne et y avait un jugegarde; coutume de Bassigny, bailliage et présidial de Chaumont; pour les deux, le parlement de Paris. — Diocèse de Toul, archid. et doyenné de Rinel.

En 1790, distr. et c^ⁿ de Gondrecourt.

Actuellement, arrond. et archipr. de Commercy, c^ⁿ et doyenné de Gondrecourt. — Écarts : Chenois, les Forges. — Patron : saint Valère.

DAME (BOIS LA), bois comm. de Boureuilles; faisait partie de la forêt de Hesse.

DAME (BOIS LA), bois, c^ⁿᵉ de Gussainville et de Warcq.

DAME (BOIS LA), bois domanial, c^ⁿ de Montmédy.

DAME (LA), vallée, c^ⁿ de Ménil-sur-Saulx.

DAME (LA), étang, c^ⁿᵉ de Vaubecourt.

DAME (LA), fontaine, c^ⁿᵉ de Villotte-devant-Saint-Mihiel.

DAME-ASSIS-EN-WOËVRE, bois, c^ⁿᵉ d'Hannonville-sous-les-Côtes.

DAMLOUP, vill. sur l'un des affluents du ruisseau de Tavannes, à 11 kil. à l'O. d'Étain. — *Domnus-Lupus*, 1049 (bulle de Léon IX); 1127 (cart. de la cath.); 1738 (pouillé). — *Danlouf*, 1262, 1269, 1271, 1275, 1281, 1283 (cartul. de la cathédr.); 1267 (collég. de la Madeleine). — *Damlouf*, 1289 (cartul. de Saint-Paul). — *Damploup*, 1549 (Wassebourg); 1601 (hôtel de ville de Verdun, A. 57). — *Damploux*, *de Domnolupo*, 1642 (Mâchon). — *Daulou*, 1656 (carte de l'év.). — *Damplou*, 1743 (proc.-verb. des cout.). — *Domnus-Lubus*, 1756 (D. Calmet, not.).

Avant 1790, Verdunois, terre du chapitre, prévôté de Foameix, ancienne justice seigneuriale des chanoines de la cathéd. coutume, baill. et présid. de Verdun, parlement de Metz. — Diocèse de Verdun, archid. de la Voëvre, doyenné de Pareid.

En 1790, distr. de Verdun, c^ⁿ de Châtillon-sous-les-Côtes.

Actuellement, arrond. et archipr. de Verdun, c^ⁿ et doyenné d'Étain. — Patron : saint Loup.

DAMMARIE, vill. sur la Saulx, à 7 kil. au N. de Montiers-sur-Saulx. — *Domna-Maria*, 968 (donat. de saint Gérard, év. de Toul); x^e s^e (polypt. de Saint-Remy de Reims); 1402 (registr. Tull.); 1711 (pouillé); 1749 (ibid.); 1756 (D. Calmet). — *Donna-Maria*, 1229 (cartul. de Jeand'heures). — *Dessous la male maison de Dame-Marys*, 1266 (ch. d'affranch. de Montiers-sur-Saulx). — *Domp-Marie*, 1430 (généalog. de la maison Du Châtelet, pr.). — *Dame-Marie*, 1495-96 (Trésor des ch. B. 6364); 1569 (proc.-verb. des coutumes). — *Dam-Marie*, 1749 (pouillé).

Avant 1790, Barrois mouvant, comté, office et prévôté de Ligny, recette, coutume et baill. de Bar, présidial de Châlons, parlement de Paris; le roi en était seul seigneur haut justicier; le prieur de Dammarie en avait les justices moyenne et basse. — Diocèse de Toul, archidiaconé de Rinel, chef-lieu de doyenné. — Patron : l'Annonciation de la Vierge.

Avait un prieuré dit *de Notre-Dame*, de l'ordre de Saint-Benoît et dépendant de Cluny; ce prieuré, connu dès l'an 1095', était en commande en 1711.

Le doyenné de Dammarie, *decanatus de Domna-Maria*, 1402 (regestr. Tull.), *de Dompna-Maria* (Topog. ecclés. de la France), contenait dans son étendue dix-neuf paroisses, neuf annexes, deux abb. deux prieurés, sept chapelles et quelques ermitages, qui aujourd'hui se trouvent répartis entre les dép[ts] de la Haute-Marne et de la Meuse. Les paroisses et annexes que ce doy. a fournies au dép[t] de la Meuse sont : Aulnois-en-Perthois, Bazincourt, Biencourt, le Bouchon, Couvertpuis, Dammarie, Écurey (abb.), Fouchères, Hévilliers, Juvigny-en-Perthois, Lavincourt, Ménil-sur-Saulx, Montplonne, Morley, Nant-le-Grand, Nant-le-Petit, Rupt-aux-Nonnains, Stainville, Villers-le-Sec.

En 1790, distr. de Bar, c[on] de Stainville.

Actuellement, arrond. et archipr. de Bar-le-Duc, c[on] et doyenné de Montiers-sur-Saulx. — Écarts : la Ferté, le Fourneau, Petit-Val. — Patron : la Nativité.

DAMVILLERS, ville sur la Tinte, à 19 kilom. au S. de Montmédy. — *Damvillerium*, 1086, 1165, 1290 (arch. de Luxembourg); 1756 (D. Calmet, *not.*). — *Danviler*, 1204 (cartul. de la cathédr.). — *Danvillers*, 1238 (*ibid.*); 1324 (ch. de Jean, roi de Bohême et de Luxembourg). — *Villarum de Danvillers*, 1324 (Berthelet, pr.). — *Moneta Damviller, moneta Danvile*, XIVe s[e] (monnaies frappées à Damvillers). — *Danviller*, 1413 (recueil). — *Dampvillers*, 1538 (Lamy, acte du tabell. de Marville); 1642 (Màchon). — *Danvillers*, 1549 (Wassebourg); 1679 (hôtel de ville de Verdun, reg. de la paroisse de Saint-Oury). — *De Dompnovillari*, 1642 (Màchon). — *Danvilliers*, 1661 (proc.-verb. des cout.); 1670 (reg. des délib. de l'hôtel de ville de Bar-le-Duc) — *Danvillæum*, 1679 (D. Marlot).— — *Damviller*, 1700 (carte des États). — *Dampville*, 1730 (hôtel de ville de Verdun, A. 29). — *Damvillé, Danis-villa*, 1738 (pouillé). — *Damvilliers*, 1745 (Roussel).

Damvillers fut cédé à la France en 1657 par l'article 38 du traité des Pyrénées; il était avant 1790 Luxembourg français, chef-lieu de prévôté, coutume de Thionville, ancienne justice du roi de France aux droits des comtes de Chiny et de Luxembourg, anciennes assises des *Grands jours* de Marville, présidial de Sedan, parlement de Metz.— Diocèse de Verdun, archid. de la Princerie, doyenné de Chaumont.

Damvillers possédait au XIVe s[e] un atelier monétaire qui fabriquait des monnaies à frais et profits communs aux deux noms et armes de Jean l'Aveugle, roi de Bohême et comte de Luxembourg, et de Henri IV, comte de Bar.

La prévôté royale de Damvillers était composée des villages dont les noms suivent : Damvillers, Étraye, Gibercy, Lissey, Muraut, Peuvillers, Réville, Wavrille; cette prévôté fut ensuite réunie à celle de Marville.

En 1790, lors de l'organisation du département, Damvillers devint chef-lieu de l'un des cantons dépendant du district de Verdun; ce canton était composé des municipalités ci-après : Crépion, Damvillers, Étraye, Flabas, Gibercy, Moirey, Wavrille.

Actuellement, arrond. et archipr. de Montmédy, chef-lieu de canton et de doyenné. — Écarts : Ile-d'Envie, Murant. — Patron : saint Maurice.

Le c[on] de Damvillers est situé dans la partie N. du département; il est borné au S. par l'arrond. de Verdun et le c[on] de Montfaucon, à l'E. par le c[on] de Spincourt, à l'O. par celui de Dun, au N. par le c[on] de Montmédy, au N.-E. par le dép[t] de la Moselle : sa superficie est de 22,375 hect.; il renferme vingt-trois communes, qui sont : Azannes, Brandeville, Bréhéville, Chaumont-devant-Damvillers, Crépion, Damvillers, Delut, Dombras, Écurey, Étraye, Flabas, Gibercy, Gremilly, Lissey, Merles, Moirey, Peuvillers, Réville, Romagne-sous-les-Côtes, Rupt-sur-Othain, Ville-devant-Chaumont, Vittarville, Wavrille.

La composition du doyenné est la même que celle du canton; il comprend en plus la paroisse de Villers-lez-Mangiennes.

Les armoiries de Damvillers étaient : *en losange, mi-parti à dextre, burelé d'argent et d'azur de dix pièces, au lion de gueules losangé d'azur, couronné et armé d'or, à la queue fourchue*, qui est de Luxembourg; *et à sénestre, d'azur semé de fleurs de lis d'or sans nombre au bâton péri de gueules en bande*, qui est de Clermont moderne.

DAMZELLE, bois, c[ne] de Contrisson.

DANGERMAN, bois, c[ne] de Mauvages.

DANNEVOUX, vill. sur le Butel, à 8 kil. au N.-E. de Montfaucon. — *Donnevou*, 1180 (cartul. de la cathédr.). — *Ecclesia de Dannevous*, 1226 (Gallia Christ. XIII instrum. p. 577). — *Donnevoulr*, 1467 (arch. de la commune). — *Dompnevoux*, 1549 (*ibid.*); 1642 (Màchon). — *Dannevoux*, 1656 (carte de l'év.). — *Danis-votum*, 1738 (pouillé). — *Domini-vallis*, 1745 (Roussel).

Avant 1790, Clermontois, coutume de Vitry-le-François, chef-lieu de baronnie constituée dans le XVe siècle, titre de prévôté, bailliage de Sainte-Menehould, puis de Clermont séant à Varennes, anciennes assises des *Grands jours* de Troyes, présidial de Sens, parlement de Paris. — Diocèse de Châlons, archid. d'Astenay, doy. de Sainte-Menehould, et ensuite diocèse de Verdun, archid. de la Princerie, doyenné de Forges. — Avait un prieuré sous le titre de Saint-Hippolyte.

La prévôté baronniale de Dannevoux comprenait Dannevoux et Vilosnes.

En 1790, district de Verdun, c⁰ⁿ de Sivry-sur-Meuse.

Actuellement, arrond. et archipr. de Montmédy, c⁰ⁿ et doyenné de Montfaucon. — Écarts : Bellechaine, le Sard. — Patron : saint Hippolyte.

Dannevoux a donné son nom à une illustre maison de nom et d'armes, d'origine champenoise, qui portait : *d'argent à trois lionceaux de sable;* devise : *Pour la gloire et l'honneur* (Jeantin, *Manuel de la Meuse*).

DANADEAU, contrée, c⁰ⁿ de Landzécourt.

DARDEL, mont, c⁰ⁿ de Stainville.

DARMONT, vill. sur le ruiss. du Haut-Pont, à 6 kil. au S.-E. d'Étain.

Avant 1790, Lorraine, ban de Buzy, coutume de Nancy, prévôté de Prény, bailliage de Pont-à-Mousson et ensuite d'Étain, présidial de Verdun, cour souveraine de Nancy. — Diocèse de Verdun, archid. de la Woëvre, doyenné d'Amel, annexe de Buzy.

En 1790, distr. d'Étain, c⁰ⁿ de Buzy.

Actuellement, arrond. et archipr. de Verdun, c⁰ⁿ et doy. d'Étain. — Écart : Sainte-Anne. — Patron : saint Nicolas.

DAUMONT, côte, c⁰ⁿ d'Issoncourt.

DAUPHIN, contrée, c⁰ⁿ de Gussainville et de Lemmes.

DAUZE, contrée, c⁰ⁿ d'Ambly.

DÉAL, bois comm. d'Houdelaincourt, sur le territoire de Saint-Joire.

DÉBUS, étang, c⁰ⁿ d'Ornes.

DÉBAT, bois domanial, c⁰ⁿ de Brieulles-sur-Meuse et de Septsarges.

DEFFAY, bois comm. de Bonzée, sur le territ. de Montsous-les-Côtes.

DEFFOY, bois, c⁰ⁿ de Lion-devant-Dun; faisait partie de la forêt de Wèvre.

DEFFOY, bois comm. de Ménil, sur le territoire de Montsous-les-Côtes.

DEFFOY, bois, c⁰ⁿ de Senoncourt; faisait partie de la forêt de Souilly.

DEFUIS, bois, c⁰ⁿ de Saint-Amand.

DÉFFY, bois, c⁰ⁿ de Rembercourt-aux-Pots.

DEHAIE, bois comm. d'Heippes.

DEHAMBY, bois comm. de Neuvilly.

DENOUT, contrée, c⁰ⁿ de Demange-aux-Eaux.

DELLE (LA), font. c⁰ⁿ de Saint-Aubin.

DELOUZE, vill. sur le ruisseau des Machaires, à 5 kil. au N. de Gondrecourt. — *Delosa*, 963 (carta Friderici ducis); 1756 (D. Calmet, *not.*). — *Delousze,* 1327 (chambre des comptes de Bar, prévôté de Gondrecourt). — *Dolosa*, 1402 (regestr. Tull.); 1749 (pouillé); 1756 (D. Calmet, *not.*). — *Belouze,* 1700 (carte des États). — *Delouze, Doloza,* 1711 (pouillé).

Avant 1790, Barrois mouvant, office, recette, coutume et baill. de Bar, juridiction du juge-garde des coseigneurs qui en avaient les haute, moyenne et basse justices; présidial de Châlons, parlement de Paris. — Dioc. de Toul, archid. de Ligny, doyenné de Gondrecourt. — Avait quatre maisons fortes, dont deux étaient aux seigneurs.

En 1790, distr. de Gondrecourt, c⁰ⁿ de Demange-aux-Eaux.

Actuellement, arrond. et archipr. de Commercy, c⁰ⁿ et doyenné de Gondrecourt. — Patron : saint Pierre.

DELUT, vill. sur le ruiss. de Delut, à 7 kilomètres au N. de Damvillers. — *Delux*, 1240 (repr. de Thibaut, comte de Bar); 1275 (abb. de Châtillon). — *Le fiez de Deluz*, 1240 (paix et accord). — *Au finaige de Delus*, 1443 (cartul. de la cathédr.). — *Delus*, 1262, 1283 (*ibid.*); 1700 (carte des États). — *De Luz*, 1642 (Mâchon). — *Delutz*, 1656 (carte de l'év.). — *Delutum*, 1788 (pouillé).

Avant 1790, Verdunois, terre d'év. prévôté de Mangiennes, coutume, baill. et présidial de Verdun, parlement de Metz. — Diocèse de Verdun, archid. de la Princerie, doyenné de Chaumont.

En 1790, distr. de Stenay, c⁰ⁿ de Jamets.

Actuellement, arrond. et archipr. de Montmédy, c⁰ⁿ et doyenné de Damvillers. — Écart : Tailpeux. — Patron : saint Martin.

DELUT (RUISSEAU DE), qui prend naissance au-dessus de Delut, traverse ce village et se jette dans le Loison à Vittarville, après un cours de 3 kilomètres.

DEMANGE-AUX-EAUX, vill. sur la rive gauche de l'Ornain, à 8 kil. au N. de Gondrecourt. — *Demenges*, 1327 (ch. des comptes de Bar, prévôté de Gondrecourt). — *De Dominicis*, 1402 (regest. Tull.). — *Demenge-aux-Eaues*, 1580 (proc.-verb. des coutumes); 1711 (pouillé). — *Demange-aux-Vaux*, 1700 (carte des États); 1707 (carte du Toulois). — *Dominica-ad-Valles*, 1707 (*ibid.*). — *Dominica-ad-Aquas*, 1711 (pouillé); 1719 (*ibid.*); 1756 (D. Calmet, *not.*).

Avant 1790, Barrois mouvant, office de Gondrecourt, recette de Bourmont, baill. de Saint-Thiéhaut, puis de Lamarche, coutume du Bassigny, présidial de Châlons, parlement de Paris; le roi en était seigneur haut, moyen et bas justicier pour moitié et demi-quart, le marquis de Stainville pour le surplus; la justice était administrée par la prévôté de Gondrecourt pour le roi pendant sept mois et demi; les officiers du marquis de Stainville la rendaient sur les lieux pendant quatre mois et demi. — Diocèse de Toul, archidiaconé de Ligny, doyenné de Gondrecourt.

Il y avait à Demange-aux-Eaux un château avec ponts-levis et fossés pleins d'eau, appartenant à M. le marquis de Stainville, et un hôpital qui n'existait plus en l'an 1707 (pouillé, état du temporel).

En 1790, lors de l'organisation du département, Demange-aux-Eaux devint chef-lieu de l'un des c^{on} dépendant du district de Gondrecourt; ce c^{on} était composé des municipalités dont les noms suivent: Baudignécourt, Delouze, Demange-aux-Eaux, Évaux (abbaye), Houdelaincourt, Rosières-en-Blois, Saint-Joire, Tréveray.

Actuellement, arrond. et archipr. de Commercy, c^{on} et doyenné de Gondrecourt. — Écarts : Fontenois, Laripe, Plein-Lieu. — Patron : saint Remy.

DEMANGE-LIEU, bois comm. de Souilly.

DEMANGERAL, contrée, c^{ne} de Naives-devant-Bar.

DENAUSE, contrée, c^{ne} de Vignot.

DENOUZE, contrée, c^{ne} de Frémeréville.

DENOY, bois comm. de Rouvrois-sur-Othain.

DERAME-LA-RUE, bois, c^{ne} de Châtillon-sous-les-Côtes.

DESSART, usine, c^{ne} de Han-lez-Juvigny.

DÉTRAPIED, bois, c^{ne} de Labeycourt; faisait partie de la forêt d'Argonne.

DEUÉ (LA), font. c^{ne} de Dagonville.

DEUÉ (LA), petit cours d'eau, c^{ne} de Mognéville.

DEUÉ (LA), ruiss. dit aussi le Girouet ou la Cousance, qui a sa source au-dessus de Cousances-aux-Bois, passe à Grimaucourt-près-Sampigny, à Girouet; et se jette dans la Meuse vis-à-vis de Mécrin, après un cours de 9 kil. — Usque Cosancie ubi cadit in Mosam fluvium, xe siècle (Virdunensis comitatus limites). — Le Girouez, 1756 (D. Calmet, not.).

DEUIL (LA), font. c^{ne} de Mussey.

DEUX-VILLES (ENTRE-), contrée, c^{ne} de Bras.

DEUXNOUDS (RUISSEAU DE), qui prend sa source au-dessus de Deuxnouds-aux-Bois et se jette dans le ru de Creue à Lavignéville, après un cours de 4 kil.

DEUXNOUDS-AUX-BOIS ou DEUXNOUDS-EN-WOËVRE, vill. sur le ruiss. de Deuxnouds, à 6 kil. à l'O. de Vigneulles-lez-Hattonchâtel. — Deuxnouds-villa, 915 (cart. de Saint-Vanne). — Ecclesia de Donaus, 962 (ibid.). — In Donnaus, 980, 1047, 1061 (ibid.). —

De Daunouls, 1157 (ch. d'Albert de Mercy.) — Donnaus-juxta-castrum-Haddonis, 10.5 (ibid.). — Domnot, 1180 (bulle d'Alexandre III). — De Denatis, xie s^e (Hugues de Flavigny). — Doinnour, 1642 (Mâchon). — Deuxnoux, 1656 (carte de l'évêché). — Deux-Nœuds, 1700 (carte des États). — Deuxnoux, Deunotum, 1738 (pouillé). — Deux-Nouds, Binodi, 1749 (ibid.); 1756 (D. Calmet, not.).

Avant 1790, Barrois non mouvant, marquisat, office, coutume et prévôté d'Hattonchâtel, recette et bailliage de Saint-Mihiel, présidial de Toul, cour souveraine de Nancy; le roi en était seul seigneur. — Diocèse de Verdun, archidiaconé de la Rivière, doyenné d'Hattonchâtel, annexe de Lamorville.

En 1790, distr. de Saint-Mihiel, c^{on} d'Hattonchâtel.

Actuellement, arrond. et archipr. de Commercy, c^{on} et doyenné de Vigneulles. — Écart : l'Étanche. — Patron : saint Martin.

DEUXNOUDS-DEVANT-BEAUZÉE ou DEUXNOUDS-SUR-AIRE, vill. sur le Sault, à 12 kil. à l'E. de Triaucourt. — Dosnous, 1277 (Trés. des ch. B. 455, n° 5). — Dous-Nous, 1277 (abb. de Lisle). — Douxnoux, 1282 (Trésor des chartes, B. 455, n° 2); 1642 (Mâchon). — Douxnoulz, 1282 (Trés. des ch. B. 455, n° 2). — Doux-Noux, 1371 (ibid. n° 4). — Deux-Nouds, 1579 (proc.-verb. des cout.); 1738 (pouillé). — Dounoux, 1595 (Soc. Philom. lay. Courcelles-sur-Aire) 1642 (Mâchon). — Deuxnoux, 1656 (carte de l'év.); 1756 (D. Calmet, not.). — Doux-Naoud, 1700 (carte des États). — De Binodis, 1738 (pouillé). — Binodi, 1749 (ibid.); 1756 (D. Calmet, not.); 1778 (Durival).

Avant 1790, Barrois mouvant, office, recette, coutume et bailliage de Bar, juridiction du juge-garde du seigneur, présidial de Châlons, parlement de Paris; l'abbé de Lisle-en-Barrois en était seul seigneur haut, moyen et bas justicier. — Diocèse de Verdun, archidiaconé d'Argonne, doyenné de Souilly. — Patron : saint Pierre; annexe de Seraucourt.

En 1790, distr. de Verdun, c^{on} de Beauzée.

Actuellement, arrond. et archipr. de Bar-le-Duc, c^{on} et doyenné de Triaucourt. — Patrons : saint Pierre et saint Paul.

DEVISE, bois comm. de Demange-aux-Eaux.

DIABLE (CHAMP-DU-), contrée et pont, c^{ne} de Bar-le-Duc.

DIABLE (CHAMP-LE-), contrée, c^{ne} de Grimaucourt-en-Woëvre.

DIABLE (GORGE-LE-), vallée et ruiss. qui prend sa source dans la forêt d'Argonne, passe à Belle-Fontaine et se jette dans la Biesme en amont de Futeau, après un cours de 4 kilomètres.

DIABLE (MONT-AU-), bois comm. de Pillon.

DIABLE (TABLE-DU-), menhir ou pierre druidique, c⁰ˢ de Saint-Mihiel; fait partie de l'une des roches qui forment les Falaises.

DIABLE (TROU-LE-), bois comm. d'Épinonville.

DICOURT, f. c^te d'Eix; était prévôté de Dieppe, coutume et bailliage de Verdun.

DIDELALEAU, contrée, c⁰ˢ de Bar-le-Duc.

DIDIANDRU, contrée, c⁰ˢ de Verdun.

DIEPPE, vill. sur le ruisseau de Vaux, à 9 kil. à l'O. d'Étain.—*Despia*, 984, 1163, 1165, 1179, 1207 (cart. de Saint-Paul). — *In finagio Diepæ*, 1176 (*ibid.*). — *Dieppæ*, 1251 (cart. de la cath.); 1660 (Lamy, famille de Watronville); 1738 (pouillé); 1743 (proc.-verb. des cout.). — *Diespe*, 1254 (cart. de Saint-Paul). — *Diepe*, 1254 (abb. de Saint-Paul); 1264 (cart. de Saint-Paul).— *Diepia*, 1265 (cart. de la cath.). — *Diepes*, 1364 (hôtel de ville de Verdun, J. 18). — *Dieppies*, 1642 (Máchon). — *Diespia*, 1738 (pouillé).

Avant 1790, Verdunois, terre d'évêché, chef-lieu de prévôté, office, recette, coutume, bailliage et présidial de Verdun, anc. assises des quatre pairs de l'évêché, parlement de Metz. — Diocèse de Verdun, archidiaconé de la Princerie, doyenné de Chaumont.

La prévôté de Dieppe était composée des localités dont les noms suivent : Abaucourt, Blanzée, Bourvaux, Broville, les Chambrettes, Dicourt, Dieppe, Eix, Fleury-devant-Douaumont, Grimaucourt-en-Woëvre, Haraigne, Haudremont, Hautecourt, Louvemont, Maucourt, Meraucourt, Mogeville, Moulainville-la-Basse, Ornes, Souppléville, Thiaumont. Le sceau de la prévôté portait : *un écusson chargé, à gauche, d'une crosse d'évêque en pal; à droite, d'une épée de même, la pointe en bas, le tout entre trois clous aussi en pal et la pointe en bas, 2 et 1*; en légende : *Sceau des sentences de la prévosté de Dieppe* (cuivre; cabinet de M. F. Liénard).

En 1790, distr. d'Étain, c⁰ⁿ de Morgemoulins.

Actuellement, arrond. et archipr. de Verdun, c⁰ⁿ et doyenné d'Étain. — Écarts : Haraigne, Macé, la Plume. — Patrons : saint Pierre et saint Paul.

DIEU-DU-TRICE, maison isolée, c⁰ˢ de Verdun; anciennement, chapelle avec calvaire; a pris son nom du mot *Trix*, qui signifiait *friche*. — *Dieu-du-Trize*, 1700 (carte des États). — *Le Christ*, 1745 (plan de la ville, Roussel). — *Dieu du Tris, maison du Dieu Tris*, 1760 (Cassini).

DIEUE, vill. sur la rive droite de la Meuse, à 11 kil. au

S. de Verdun. — *Ad villam quæ Deva dicitur*, x⁰ s^le (Flodoard). — *Deva-villa*, 964 (anc. ms de la bibl. de Saint-Vanne, Hist. de Lorr. t. III, pr.).— *Deuvia*, 984, 1137, 1147, 1207 (cart. de Saint-Paul). — *Dewia*, 1177, 1208, 1209 (ibid.). — *Devia*, 1179, 1237 (*ibid.*). — *Deia*, xii⁰ s⁰ (Laurent de Liége). — *Deuvia*, 1209 (cartulaire de Saint-Paul). — *In nemore nostro de Dewe*, 1213 (necrolog. mense novemb.). — *Dewee*, 1238 (cart. de la cath.). — *Diewe*, 1253 (cart. de Saint-Paul); 1266, 1278, 1290 (cart. de la cath.); 1642 (Máchon).— *Dyewe*, 1278 (cart. de la cath.). — *Dieve*, 1301 (recueil). — *Dieux-sur-Meuze*, 1515 (Lamy, contrat de N. de de Beauchamp). — *Diewev*, *Diuveu*, *Diwe*, 1549 (Wasseborg). — *Diewve*, 1611 (hosp. Sainte-Catherine, B. 2). — *Deuve*, 1656 (carte de l'évêché). — *Diewev*, *Dievium*, 1738 (pouillé). — *Dieüe*. 1743 (proc.-verb. des cout.). — *Devium*, 1748 (Hist. de Lorr. t. II, pr.). — *Diva-villa*, 1756 (D. Calmet, *not.*).

Avant 1790, Verdunois, terre d'évêché, prévôté de Fresnes-en-Woëvre, coutume, bailliage et présidial de Verdun, anc. assises des quatre pairs de l'évêché, parlement de Metz. — Diocèse de Verdun, archidiaconé d'Argonne, doyenné de Souilly.

En 1790, lors de l'organisation du département, Dieue devint chef-lieu de l'un des cantons dépendant du district de Verdun; ce canton était composé des municipalités dont les noms suivent : Dieue, les Monthairons, Mouilly, Rupt-en-Woëvre, Sommedieue.

Actuellement, arrond. c⁰ⁿ, archipr. et doyenné de Verdun. — Écarts : la Bessionnerie, la Brauderie, le Rattentout. — Patron : saint Jean-Baptiste.

DIEUE (RUISSEAU DE), qui prend naissance aux sources Brillantes, au-dessus de Sommedieue, traverse ce village et passe au Rattentout et à Dieue, où il se jette dans la Meuse, après un cours de 4 kil. — *Summa Deuvia*, 984, 1179 (cartulaire de Saint-Paul). — *Summa Deuuia*, 1100 (ibid.). — *Summa Dewia*, 1201, 1209 (ibid.). — *Summa Deva*, 1255 (ibid.).

DIEUL, contrée, c⁰ˢ de Blercourt et de Dombasle.

DIEULET, forêt comm. de Stenay, sur le territoire de Laneuville-sur-Meuse. — *Silva Doelæ*, 973 (ch. de l'archev. Adalbéron).

DIEU-S'EN-SOUVIENNE, f. c^te de Louppy-le-Château. — *Dieu-en-Souvaigne*, 1342 (test. de Raoul, seign. de Louppy; archiv. de Lorraine). — *Dieu-en-Souvienne*, 1463 (charte du duc René II); 1711 (pouillé); 1778 (Durival). — *Loupy-Abbaye*, 1700 (carte des États).

Avant 1790, était un prieuré de l'ordre du Val-des-Écoliers, sous le titre de Sainte-Geneviève, bâti au milieu des bois, dans le ban et la communauté de Louppy-le-Château; ce prieuré fut fondé en 1227, par Joffroy, maréchal de Champagne, seigneur de Louppy; il avait une église, dite *l'église de Neuville*, dédiée à saint Remy.

DIFFÉREND, bois comm. de Fontaines.

DIFFÉRENT, bois comm. de Fromeréville.

DIFONTAINE, source, c⁰ᵉ de Louppy-le-Petit.

DIGNÉE (LA), ruiss. qui prend sa source sur le territ. de Villotte-devant-Louppy et se jette dans la Chée en amont de Laheycourt, après un trajet de 4 kil.

DIGUE (LA), promenade, à Verdun.

DIMBLET, hameau, c⁰ᵉ de Dombras. — *Dombley*, 1243 (cart. de la cath.). — *Molendinum de Donbli*, 1243 (*ibid.*). — *En la ville de Dombli; en l'église de Dom-bli*, 1283 (*ibid.*). — *Villare de Dumblei*, 1283 (*ibid.*). — *Donbley*, 1383 (*ibid.*). — *Dymble*, 1549 (Wassebourg). — *Dimblé*, 1700 (carte des États).

Était prévôté de Merles, coutume et bailliage de Verdun.

DIMES (LES), contrée, c⁰ᵉ de Gironville.

DIMITTA, contrée, c⁰ᵉ de Ville-sur-Cousance.

DIPEHOT, contrée, c⁰ᵉ de Butgnéville.

DIXMES (LES), contrée, c⁰ᵉˢ de Stainville et de Villers-sous-Mangiennes.

DIX-VERTUS. — Voy. ANNONCIADES (Bar-le-Duc, Vaucouleurs).

DŒUIL (LA), petit ruiss. c⁰ᵉ de Mondrecourt.

DÔLE, contrée, c⁰ᵉˢ d'Herbeuville et de Saulx-en-Woëvre.

DOMBASLE, vill. sur la rive droite du Wadelaincourt, à 9 kil. à l'O. de Clermont-en-Argonne. — *Domnus-Basolus*, 962, 1015, 1049, 1060, 1061 (cart. de Saint-Vanne); 1177, 1207, 1224 (cart. de Saint-Paul); 1226 (cart. de la cath.); 1738 (pouillé). — *Dompbasla*, 973 (confirmat. par l'emp. Otton). — *Dombasla*, 973 (charte de l'év. Wilgfride); 984 (cart. de Saint-Paul); 1786 (ann. præmonstr.). — *Allodium de Damno-Basolo*, 1068 (contrat de mariage); Clouët, *Hist. de Verdun*, t. II, p. 85. — *Domnobasla*, 1069 (diverses chartes, donat. d'Adalbert). — *Donbale*, 1237 (cart. de la cathédr.). — *Dombaile*, 1245, 1251 (cartul. de Saint-Paul). — *Donbaile*, 1257, 1264, 1273 (cartul. de la cath.). — *Domballe*, 1383 (coll. lorr. t. 263.46, C. 3). — *Dompbasle*, 1515 (*ibid.* t. 268.49, A. 4); 1642 (Máchon). — *Dombasolus*, 1642 (*ibid.*). — *Dombâle*, 1743 (proc.-verb. des cout.).

Avant 1790, Verdunois, terre d'évêché, prévôté de Charny, coutume, bailliage et présidial de Verdun, anc. assises des quatre pairs de l'évêché, parle-

ment de Metz. — Diocèse de Verdun, archidiaconé d'Argonne, doyenné de Clermont.

En 1790, distr. de Clermont, c⁰ᵉ de Récicourt.

Actuellement, arrond. et archipr. de Verdun, c⁰ⁿ et doy. de Clermont. — Patronne : sainte Barbe.

DOMBASLE (RUISSEAU DE), qui a sa source au-dessus du vill. de Dombasle, au sud duquel il se jette dans le Wadelaincourt, après un trajet de 2 kilomètres.

DOMBRAS, vill. sur la Cuve, à 7 kil. au N. de Damvillers. — *Dumbras*, 1156 (ch. d'Albéron de Chiny). — *Dumbrez*, 1158 (cart. de Saint-Paul). — *Dumbrax*, 1158 (ch. d'Albert de Mercy, év. de Verdun). — *Domni-Bricii*, 1204 (cart. de la cath.). — *Donbras*, 1238, 1243 (*ibid.*). — *Dumbran*, 1601 (hôtel de ville de Verdun, A. 57). — *Domnum-Brachium*, 1738 (pouillé).

Avant 1790, Verdunois, terre du chapitre, prévôté de Merles, justice seigneuriale des chanoines de la cathédrale, coutume, baill. et présid. de Verdun, parlement de Metz. — Diocèse de Verdun, archidiaconé de la Princerie, doyenné de Chaumont.

En 1790, distr. d'Étain, c⁰ᵉ de Saint-Laurent.

Actuellement, arrond. et archipr. de Montmédy, c⁰ⁿ et doyenné de Damvillers. — Écarts : Dimbley, le Moulin. — Patron : saint Brice.

DOMBREUX, étang, c⁰ᵉ d'Ornes.

DOUCHARNOT, bois comm. de Salmagne.

DOMMARTIN-AUX-FOURS (CÔTE DE), c⁰ᵉ de Troussey; a pris son nom d'un village ruiné dont il n'existe plus que quelques vestiges enfouis sous le sol; l'église, quoique abandonnée, était encore debout au commencement du siècle dernier. — *Locus de Dompmartin-aux-Four*, 1363 (reg. capitul. de la cath. de Toul). — *Domnus-Martinus-ad-Furnos*, 1365 (*ibid.*). — *Dommartin-au-Four*, 1700 (carte des États); 1711 (pouillé). — *Dommartin-Ruiné*, 1760 (Cassini).

Était Toulois, terre du chapitre, prévôté de Void, juridiction des chanoines de la cathédrale, baill. et présid. de Toul, parlement de Metz. — Diocèse de Toul, archidiaconé de Ligny, doyenné de Meuse-Commercy; ancienne mère église de Boucq, puis annexe de Boucq. — Patron : saint Martin.

DOMMARTIN-LA-MONTAGNE, vill. sur la rive gauche du Longeau, à 8 kil. au S. de Fresnes-en-Woëvre. — *Domnus Martinus in pago Vavrinse*, 933 (privil. d'Adalbéron); xᵉ sᵉ (polypt. de Reims). — *Damnus-Martinus*, 1179 (cart. de Saint-Paul). — *Dompmartin-les-Montaignes*, 1571 (proc.-verb. des cout.). — *Dom-Martin-la-Montaigne*, 1749 (pouillé). — *Domnus-Martin*, 1756 (D. Calmet, not.).

Avant 1790, Barrois non mouvant, comté et prévôté d'Hannonville-sous-les-Côtes, office et bailliage de Thiaucourt, recette et coutume de Saint-Mihiel, cour souveraine de Nancy. — Diocèse de Verdun, archidiaconé de la Rivière, doyenné d'Hattonchâtel, annexe de Saint-Remy.

En 1790, distr. de Saint-Mihiel, c^on d'Hannonville-sous-les-Côtes.

Actuellement, arrond. et archipr. de Verdun, c^on et doyenné de Fresnes-en-Woëvre. — Patron : saint Martin ; annexe de Saint-Remy.

Dommary, hameau, c^te de Bouvigny. — *Domna-Maria*, 1049, 1060 (cart. de Saint-Vanne); 1738 (pouillé); 1756 (D. Calmet, *not.*). — *Inter Baronis-Curtem et Domnam-Mariam*, 1125 (cart. de Saint-Vanne). — *Domp-Marie*, 1571 (proc.-verb. des cout.). — *Dommery, Dommereyum*, 1642 (Mâchon). — *Dammarie*, 1656 (carte de l'év.). — *Dommarie*, 1700 (carte des États); 1738 (pouillé). — *Dom-Marie*, 1749 (*ibid.*).

Avant 1790, Barrois non mouvant; formait avec Bouvigny une châtellenie dépendant de la prévôté de Sancy, office de Norroy-le-Sec, recette de Briey, coutume et bailliage de Saint-Mihiel et ensuite d'Étain, cour souveraine de Nancy; le roi en était seul seigneur.— Diocèse de Verdun, archidiaconé de la Woëvre, doyenné d'Amel, annexe de Bouvigny.— Avait une église sous l'invocation de la sainte Vierge en son Assomption.

Dompcevrin, vill. sur la rive gauche de la Meuse, à 12 kil. à l'E. de Pierrefitte. — *Doncoverien*, 1321 (chambre des comptes, B. 436). — *Domp-Severin*, 1571 (proc.-verb. des cout.). — *Dompseverin*, 1642 (Mâchon). — *Dom-Sepherein*, 1656 (carte de l'év.). — *Donseverin*, 1700 (carte des États). — *Domnus-Severinus, Damseverin*, 1738 (pouillé). — *Domnus-Symphorianus*, 1745 (Roussel).

Avant 1790, Barrois mouvant, office, recette, coutume, prévôté et baill. de Saint-Mihiel, présid. de Toul, cour souveraine de Nancy. — Dioc. de Verdun, archid. de la Rivière, doyenné de Saint-Mihiel, annexe des Paroches.

En 1790, distr. de Saint-Mihiel, c^on de Bannoncourt.

Actuellement, arrond. et archipr. de Commercy, c^on et doyenné de Pierrefitte. — Écarts : Chanteraine, Cheppe, la Gendarmerie. — Patron : saint Symphorien.

Dompierre-aux-Bois, village, sur le ru du Moulin, à 9 kil. à l'O. de Vigneulles-lez-Hattonchâtel. — *Domus-Petrus*, 1044 (dipl. de Conrad); 1047 (ch. de l'év. Thierry); 1049 (bulle de Léon IX); 1103 (cart. de Gorze); 1106 (bulle de Pascal II); 1749

(pouillé); 1756 (D. Calmet, *not.*). — *Domus-Petrus-in-Sylvis*, 1738 (pouillé).

Avant 1790, Barrois non mouvant, office, recette, coutume, prévôté et bailliage de Saint-Mihiel, présid. de Toul, cour souveraine de Nancy; le roi en était seul seigneur. — Dioc. de Verdun, archid. de la Rivière, doyenné d'Hattonchâtel.

En 1790, distr. de Saint-Mihiel, c^on de Lacroix-sur-Meuse.

Actuellement, arrond. et archipr. de Commercy, c^on et doyenné de Vigneulles. — Écart : la Scierie. — Patron : saint Pierre.

Domremy, f. ruinée, entre Bure et Ribeaucourt. — *Damremy*, 1700 (carte des États).

Domremy, papeterie, c^on de Lacroix-sur-Meuse.

Domremy-aux-Bois, vill. sur la rive droite de l'Aire, à 13 kil. à l'O. de Commercy. — *Domnus-Remigius*, 1047 (charte de l'évêque Thierry). — *Domnus-Remigius*, 1106 (bulle de Pascal II); 1711 (pouillé); 1749 (*ibid.*); 1756 (D. Calmet, *not.*). — *Dompnus-Remigius*, 1135 (Onera ablatum); 1402 (regestr. Tull.). — *Dompremy*, 1332 (chambre des comptes, B. 254); 1495-96 (Trésor des chartes, B. 6364). — *Domp-Remy*, 1549 (Wassebourg); 1711 (pouillé); 1749 (*ibid.*). — *Domp-Remy-de-Saulx*, 1579 (proc.-verb. des cout.). — *Domremy-aux-Bois*, 1700 (carte des États).

Avant 1790, Barrois mouvant, comté de Ligny, partie office de Bar et partie office de Ligny, le tout sous la juridiction de la prévôté de Ligny; recette, coutume et bailliage de Bar, présid. de Châlons, parlem. de Paris; le roi en était seul seigneur. — Dioc. de Toul, archid. de Ligny.

En 1790, lors de l'organisation du dép^t, Domremy-aux-Bois devint chef-lieu de l'un des cantons dépendant du district de Commercy; ce canton était composé des municipalités dont les noms suivent : Chonville, Domremy-aux-Bois, Erneicourt, Loxéville, Nançois-le-Grand, Villeroncourt.

Actuellement, arrond. c^on, archipr. et doyenné de Commercy. — Patron : saint Remy.

Domremy-la-Canne, vill. sur l'Othain, à 4 kil. au S.-E. de Spincourt. — *Domnus-Remigius*, 1064 (donat. au prieuré d'Amel, archives de la Meuse); 1749 (pouillé). — *Domnus-Remigius*, 1219 (cart. de la cathédr.); 1642 (Mâchon). — *Domp-Remy*, 1571 proc.-verb. des cont.). — *Dompremy*, 1642 (Mâchon). — *Domremy-la-Cane*, 1656 (carte de l'évêché). — *Dom-Remy-la-Cane*, 1700 (carte des États). — *Dom-Remy-la-Canne, Domnus-Remigius-in-Cannis*, 1738 (pouillé). — *Dom-Remy-la-Câne*, 1749 (*ibid.*).

Avant 1790, Barrois non mouvant, office de Norroy-le-Sec, recette de Briey, coutume et bailliage de Saint-Mihiel et ensuite d'Étain, juridiction du juge-garde du seigneur, qui en était haut justicier, cour souveraine de Nancy. — Dioc. de Verdun, archidiaconé de la Woëvre, doyenné d'Amel, annexe d'Houdelaucourt.

En 1790, distr. d'Étain, c⁰ⁿ de Gouraincourt. Actuellement, arrond. et archipr. de Montmédy, c⁰ⁿ de Spincourt, doyenné de Billy-sous-Mangiennes. — Patron : saint Remy.

DONCOURT (ÉTANG DE), c⁰ᵉ de Doncourt-aux-Templiers.

DONCOURT (RUISSEAU DE), qui prend sa source dans les bois de Thillot, passe à Thillot-sous-les-Côtes et à Doncourt-aux-Templiers, et se jette dans le ru de Signeulles, après un cours de 7 kilomètres.

DONCOURT-AUX-TEMPLIERS, vill. sur le ruiss. de Doncourt, à 7 kil. au S.-E. de Fresnes-en-Woëvre. — Dodona-curtis in pago Virdunensi, 795 (cart. de Gorze). — In pago Virdunense sive Wabrinse in loco qui dicitur in Dodonicurte, 812 (ibid.). — Dodonicurtis, 886 (ibid.). — Dodonicurtis, 895 (ibid.); 1756 (D. Calmet, not.). — Dodonis-villa, (cart. de Gorze). — Doncurt, 1060, 1103 (ibid.). — Theonis-curtis, xiᵉ siècle (contin. hist. episc.). — Doncort, 1269 (abb. de Saint-Benoît). — Doncour, 1700 (carte des États). — Doni-Curia, 1738 (pouillé). — Doncuria, 1749 (ibid.). — Domni-Curia, 1756 (D. Calmet, not.).

Avant 1790, Barrois non mouvant, office de Thiaucourt, coutume et recette de Saint-Mihiel, bailliage de Pont-à-Mousson et ensuite de Thiaucourt, juridiction des officiers du commandeur, qui en était seigneur haut, moyen et bas justicier; présidial de Metz, cour souveraine de Nancy. — Dioc. de Verdun, archid. de la Rivière, doyenné d'Hattonchâtel, annexe de Woël.

Au xiiᵉ siècle, les dîmes de Doncourt appartenaient à l'abb. de Gorze.

Avait un château qui dépendait de la commanderie de l'ordre de Malte.

En 1790, distr. de Saint-Mihiel, c⁰ⁿ de Woël. Actuellement, arrond. et archipr. de Verdun, c⁰ⁿ et doyenné de Fresnes-en-Woëvre. — Patron : saint Maurice.

DONQUENAY, mᵒⁿ isolée et bois comm. de Brouennes.

DONRUPT, contrée, c⁰ᵉ de Froidos.

DONVAUX, bois comm. d'Aulnois-sous-Vertuzey.

DONVAUX, contrée, c⁰ᵉ de Ménil-sous-les-Côtes. — Domp-Vaux, 1378 (cession de la vaine pâture, arch. de Ménil).

Meuse.

DORE-FONTAINE, source et mᶦⁿ, c⁰ᵉ de Moulainville. — Or-Fontaine, 1780 (actes publics).

DORMA, vallée et bois, c⁰ᵉˢ de Baudonvilliers et de Lisle-en-Rigault.

DORMANT, contrée, c⁰ᵉ d'Issoncourt.

DORNOIS (LE), pays et comté qui s'étendait dans les dioc. de Reims et de Verdun, depuis la Meuse jusqu'au delà de l'Aire et de l'Aisne, comprenant Doulcon, Dun, Dannevoux, Montfaucon, etc.; ce pays, suivant A. de Valois, a pris son nom de Doulcon, lieu autrefois fortifié, qui en était la capitale; il faisait partie de la Champagne et fut englobé au iˣ sᵉ dans le pays d'Argonne. — Pagus-Dulminsis, 870 (partage de l'empire). — In comitatu Dolmensi, 893 (Mémorial de Dadon). — In comitatu Dulcomensi, 1065 (cart. de la cath.). — Comté de Doux, comté de Douxcon, 1549 (Wassebourg). — Pagus Dulcomensis, Dulcumensis, Dulunensis, Dolomensis, 1675 (A. de Valois); 1679 (D. Marlot); 1756 (D. Calmet, not.); 1757 (de Hontheim). — Le Doulmois, 1756 (D. Calmet, not.). — Pagus Ulmensis, pays d'Ormois (Topog. eccl. de la France).

DORNOY, contrée, c⁰ᵉ de Braquis.

DORPHE, contrée, c⁰ᵉ de Fromeréville.

DOUA (LA) ou LA DOWA, ruisseau qui prend sa source près du bois de Fontaines et se jette dans la Meuse au-dessous de Ligny-devant-Dun, après un cours de 6 kilomètres.

DOUAIRE, contrée, c⁰ᵉ de Dieue.

DOUAUMONT, vill. sur la droite de la Meuse, à 5 kil. à l'E. de Charny. — Neuve ville à Douaumont, 1252 (ch. de Thibaut II, comte de Bar; arch. de Juvigny). — Dewamont, xivᵉ sᵉ (arch. de la Meuse et de Juvigny). — Donamont, 1462 (Mâchon). — Douaulmont, 1560 (Lamy, pied-terrier). — De Duaco-Monte, 1738 (pouillé). — Duacus-Mons, 1749 (ibid.); 1756 (D. Calmet, not.). — Divus-Mons, (l'abbé Clouët).

Avant 1790, Barrois non mouvant, office et recette d'Étain, prévôté de Bezonvaux, coutume de Saint-Mihiel, bailliage idem et ensuite d'Étain, juridiction des officiers des seigneurs et dames, présid. de Verdun, cour souveraine de Nancy; l'abbesse de Juvigny et le baron de Coussey en avaient toutes les justices, haute, moyenne et basse. — Diocèse de Verdun, archid. de la Princerie, doyenné de Chaumont.

En 1790, distr. de Verdun, c⁰ⁿ d'Ornes. Actuellement, arrond. et archiprêtré de Verdun, c⁰ⁿ et doyenné de Charny. — Écart : Thiaumont. — Patron : saint Hilaire.

DOUCHEVAUX, bois comm. de Loupmont.

10

Doulcon, vill. sur la gauche de la Meuse, à 2 kil. à l'O. de Dun. — *Dulcomense-castrum*, 939, 1155 (Trésor des ch.). — *Douscons*, 1285 (cart. d'Apremont). — *Doucons*, xɪvᵉ siècle (évêché de Verdun, archiv. de la Meuse). — *Doucon*, 1483 (coll. lorr. t. 261.46, A. 21); 1571 (proc.-verb. des cout.); 1634, 1677, 1682, 1690 (Soc. Philom. lay. Doulcon); 1656 (carte de l'évêché); 1700 (carte des États). — *Douxcon*, 1549 (Wassebourg). — *Sanctus-Petrus de Dulcone*, xvɪᵉ siècle (pouillé ms de Reims). — *Dolcon*, 1582 (Lamy, admodiation du patronage de Doulcon). — *Dulcon*, 1675 (A. de Valois). — *Dulco*, 1679 (D. Marlot).

Anciennement, lieu fortifié, capitale du pays et comté dit *le Dormois*.

Avant 1790, Clermontois, après avoir appartenu au duché de Bar (Barrois mouvant), coutume de Saint-Mihiel, prév. de Dun, bailliage de Clermont siégeant à Varennes, justice seigneuriale des princes de Condé, ancienne cour des *Grands jours* de Saint-Mihiel et ensuite parlement de Paris. — Diocèse de Reims, archidiaconé de Champagne, doyenné de Dun.

En 1790, distr. de Stenay, cᵒⁿ d'Aincreville.

Actuellement, arrond. et archipr. de Montmédy, cᵒⁿ et doyenné de Dun. — Écarts : la Brière, Brièville, Jupille, Proiville, la Tour. — Patron : saint Pierre.

Dragon, contrée, cᵒⁿ de Verdun.

Dragonne, contrée, cᵒⁿ de Butgnéville.

Drénois, bois, cᵒⁿ d'Haironville.

Drémichamp, bois comm. de Broussey-en-Woëvre.

Drigétte, font. cᵒⁿ de Rembercourt-aux-Pots.

Drillancourt, ham. cᵒⁿ de Gercourt. — *Drullencort*, 1163 (cart. de Saint-Paul). — *Altare de Drullencort*, 1169 (*ibid.*). — *Druilencort*, *Druillencort*, 1179 (*ibid.*). — *De Duyllancort*, 1272 (cession à Philippe le Hardi). — *Drillencourt*, 1556 (proc.-verb. des cout.). — *Drillani-curia*, 1738 (pouillé).

Avant 1790, Clermontois, coutume de Reims-Vermandois, prévôté de Montfaucon, bailliage de Clermont siégeant à Varennes. — Diocèse de Verdun, archidiaconé de la Princerie, doyenné de Forges. — Avait une église paroissiale sous le vocable de Notre-Dame, à la présentation du chapitre de Montfaucon.

En 1790, distr. de Verdun, cᵒⁿ de Sivry-sur-Meuse.

Dronaud, pont sur le ru de Signeulles, cᵒⁿ de Void.

Drotère, bois comm. de Dainville-aux-Forges.

Ducs-de-Bar (Rue des), à Bar-le-Duc.

Dugny, vill. sur le ruiss. de Lempire, à 9 kil. au S. de Verdun. — *Dugney*, 1257, 1258, 1282, 1301 (cart. d'Apremont); 1356 (promesse entre le lieut. de Luxembourg et les citains de Verdun); 1366 (hosp. Sainte-Catherine, B. 17-50); 1370 (ch. des comptes, compte de Souilly); 1388 (coll. lorr. t. 260.46, p. 4). — *Dugnei*, 1261 (cartul. de Saint-Paul); 1282 (cartul. de la cath.). — *Devant le mostier de Dugney*, 1285 (cart. d'Apremont). — *Dugner*, 1388 (coll. lorr. t. 263.46, C. 10). — *Dugnez*, 1483 (*ibid.* t. 261.46, A. 21). — *Dugneyum*, 1642 (Mâchon). — *Dugniacum*, 1738 (pouillé); 1749 (*ibid.*); 1756 (D. Calmet, *not.*). — *Dongei-villa*, 1756 (*ibid.*).

Avant 1790, Barrois mouvant, office et prévôté de Souilly, recette, coutume et bailliage de Bar, présidial de Châlons, parlement de Paris; le roi en était seul seigneur haut justicier. — Diocèse de Verdun, archidiaconé d'Argonne, doyenné de Souilly.

En 1790, lors de l'organisation du département, Dugny devint chef-lieu de l'un des cantons dépendant du district de Verdun; ce canton était composé des municipalités dont les noms suivent : Ancemont, Belleray, Dugny, Landrecourt, Lempire.

Actuellement, arrond. cᵒⁿ, archipr. et doyenné de Verdun. — Écart Billemont. — Patron : la Nativité de la Vierge.

Duhautoy, anc. fief seigneurial, cᵒⁿ d'Étain; érigé en 1723, sur un terrain nommé *Arenar*, en faveur de la maison du Hautoy, qui portait : *d'azur au lion de gueules*.

Dun, ville sur la rive droite de la Meuse, à 19 kil. au S. de Montmédy. — *Duno*, *Dunis*, ép. mérovingienne (tiers de sous d'or qui peuvent être également attribués à Châteaudun, Eure-et-Loir). — *Castrum Duni in comitatu Dulcomensi*; *Duuum nominatum*. 1065 (cart. de la cath.). — *Divum*, *Diviensis*, 1081 (chron. de Saint-Hubert, Patrol. de Migne, nᵒ 41). — *Dunum*, 1094 (ch. de fondation du prieuré); 1139, 1180, 1218, 1257 (cartul. de la cath.). — *Dunensis-castrum*, 1094 (ch. de fondat. du prieuré). — *Dunum castrum*, 1156 (acte de confirmat.); xɪɪᵉ sᵉ (Laurent de Liége); 1502 (lettres de l'emp. Maximilien Iᵉʳ). — *De Docini*, *de Dociliniaco*, 1183 (cart. de Saint-Paul). — *Ante portam Duni-castri*, 1198 (cart. de la cath.). — *De Duno*, 1204 (*ibid.*). — *Dun-le-Château*, 1494 (Trés. des ch.); 1549 (Wassebourg). — *Castrum-Dunense*, 1588 (stemmat. Lothar.). — *Dun-le-Chastel*, 1588 (Lamy, lettres pat. du duc Charles III). — *Sancta-Maria de Duno-Castro*, xvɪᵉ sᵉ (pouillé ms. de Reims). — *Dun-le-Chastel*, 1641, 1644 (Lamy, tabell. de Stenay). — *Notre-Dame de Dun-Chas-*

teau, 1648 (pouillé). — *D'Un*, 1712 (Soc. Philom. lay. Clermont, arrest de la cour des Aydes).

Dun était dans les temps antiques un *oppidum* qui fut converti en château fort par Godefroy IV, comte de Verdun, vers l'an 1053; il devint chef-lieu de baronnie, puis de comté; fit successivement partie de l'Astenay, du Dormois, du Verdunois, du Barrois, puis du Clermontois; régi d'abord par la loi de Beaumont, ensuite par la coutume de Saint-Mihiel; avant 1790, bailliage de Clermont siégeant à Varennes, chef-lieu de maîtrise et de prévôté, ancienne justice seign. des princes de Condé, cour supérieure des *Grands jours* de Saint-Mihiel, parlement de Metz et ensuite de Paris. — Diocèse de Reims, archidiaconé de Champagne, chef-lieu de doyenné.

Il y avait à Dun un prieuré dit *de Saint-Gilles*, fondé en 1094, et une maladrerie connue sous le nom de *Warinvaux*.

La charte d'affranchissement de Dun fut donnée par Gobert V, sire de Dun et d'Apremont; elle date de l'an 1277.

La prévôté de Dun était composée des localités dont les noms suivent: Brieulles-sur-Meuse, Cléry-le-Grand, Cléry-le-Petit, Cunel, Dannevoux (avec titre de prévôté baronniale), Doulcon, Dun, Jupille, Lion-devant-Dun, Milly-devant-Dun, Mont-devant-Sassey, Montigny-devant-Sassey, Murvaux, Sassey, Saulmory, Vilosnes (d'abord de la prévôté baronniale de Dannevoux et ensuite de Dun).

Le doyenné de Dun, *decanatus de Duno* vel *de Duno-Castro* (Topogr. eccl. de la France), sous le titre de Saint-Gilles, a fourni au département les paroisses et annexes dont les noms suivent: Aincreville, Bantheville, Beauclair, Brieulles-sur-Meuse, Cierges, Cléry-le-Grand, Cléry-le-Petit, Cunel, Doulcon, Dun, Épinonville, Fontaines, Gesnes, Halles, Liny-devant-Dun, Lion-devant-Dun, Milly-devant-Dun, Mont-devant-Sassey, Montfaucon, Montigny-devant-Sassey, Murvaux, Proiville, Sassey, Saulmory, Wiseppe.

En 1790, lors de l'organisation du département, Dun fut chef-lieu de l'un des cantons dépendant du district de Stenay; ce canton était composé des municipalités dont les noms suivent: Dun, Fontaines, Haraumont, Liny-devant-Dun, Lion-devant-Dun, Milly-devant-Dun, Murvaux, Vilosnes.

Actuellement, arrond. et archipr. de Montmédy, chef-lieu de canton et de doyenné. — Patron: la Nativité de la Vierge.

Le canton de Dun est situé dans la partie N.-O. du département; il est borné au S. par le canton de Montfaucon, à l'E. par ceux de Damvillers et de Montmédy, au N. par celui de Stenay, à l'O. par le département des Ardennes; sa superficie est de 16,993 hect. il renferme dix-huit communes, qui sont: Aincreville, Brieulles-sur-Meuse, Cléry-le-Grand, Cléry-le-Petit, Doulcon, Dun, Fontaines, Haraumont, Liny-devant-Dun, Lion-devant-Dun, Milly-devant-Dun, Mont-devant-Sassey, Montigny-devant-Sassey, Murvaux, Sassey, Saulmory-et-Villefranche, Villers-devant-Dun, Vilosnes.

La composition du doyenné est la même que celle du canton.

Le sceau de Dun portait: *une tour maçonnée de sable à la porte d'argent, couronnée et dentelée de cinq créneaux surmontés du pennon de l'ancienne baronnie*, avec ces mots: *Sceau de Dun le Château* (Jeantin, *Manuel de la Meuse*).

Celui de la prévôté portait: *une tour antique ayant au sommet deux tournelles et de chaque côté de la tour un écusson aux armes de Bar*, avec ces mots: *Prévôté et chastellenie de Dun* (Bibl. imp. coll. lorr. Stenay, t. 404 ou 406; titre de 1612).

Les armoiries des sires de Dun étaient: *de gueules à la croix d'argent*.

DURAND, contrée, c^{ne} de Ménil-sous-les-Côtes.

DURON, contrée, c^{ne} de Woinville.

DUZEY, vill. sur la rive gauche de l'Othain, à 4 kil. au N. de Spincourt. — *Duzeium*, 1153 (ch. d'Albéron de Chiny, évêque de Verdun). — *Dusiacum*, 1166, 1179 (cart. de Saint-Paul). — *Dusi*, 1200 (*ibid.*). — *Duzey nueve ville*, 1270 (ch. d'affranch. archiv. de Bar). — *Dussey-en-Woepvre*, 1607 (proc.-verb. des cout.). — *Duzeyum*, 1642 (Mâchon). — *Duzay*, 1656 (carte de l'év.). — *Duzaeum*, 1738 (pouillé). — *Duodeciacum*, 1756 (D. Calmet, not.).

Avant 1790, Verdunois, terre d'évêché, prévôté de Mangiennes, haute et moyenne justice de l'év. justice foncière des abbés de Châtillon, coutume de Saint-Mihiel, puis coutume, bailliage et présidial de Verdun, parlement de Metz. — Diocèse de Verdun, archidiaconé de la Woëvre, doyenné d'Amel.

En 1790, distr. d'Étain, c^{on} d'Arrancy.

Actuellement, arrond. et archipr. de Montmédy, c^{on} de Spincourt, doyenné de Billy-sous-Mangiennes. — Patron: saint Quentin.

Le fief de Duzey était vassal de l'abbaye de Châtillon.

E

Eau (Château d'), pavillon ruiné, sur la Meuse, entre Commercy et Vignot.

Éban, bois comm. d'Eix.

Ébat, bois comm. d'Ornes.

Ébillon, bois comm. de Courcelles-aux-Bois.

Écauic, contrée, c^ne de Boureuilles.

Écailletiers (Les), bois comm. de Montblainville.

Écavées, bois comm. de Merles.

Échange (L'), bois comm. de Verdun.

Échavées (Les), chemin vicinal de Warcq à Rouvres.

Écuavées (Les), contrée, c^ne d'Étain.

Éclespontaine, h. c^ne d'Épinonville. — Eclipsefontaine, 1556 (proc.-verb. des cout. de Reims). — Eclisse-Fontaine, 1700 (carte des États).

Écluse (L'), f. c^ne de Montblainville.

Écoliers (Les), contrée, c^ne de Ville-sur-Cousance; sur le haut des Écoliers, traces d'anciens retranchements.

Écomportes (Les) ou les Basses-Écomportes, f. c^ne de Varennes. — Ingonis-portœ, 1143 (ch. d'affranch. d'Albéron de Chiny pour Lachalade). — Les Escomportes, 1700 (carte des États).

Écouviez, vill. sur la rive droite de la Chiers, à 6 kil. à l'E. de Montmédy. — Escouvers, Ecouviers (ch. de 1183, 1248, 1269, 1270). — Escouviers, 1264 (ch. d'affranch. de Verneuil). — Escouviers, 1565 (Lamy, chambre des comptes de Luxembourg). — Escouvy, 16va (ibid. tabell. de Marville). — Couvé, 1656 (carte de l'év.). — Escouvye, 1664 (Lamy, acte du tabell. de Dun). — Escouvye, 1669 (ibid. contrat d'Anselme de Saintignon). — Escuavyr, 1700 (carte des États). — Ecuvium (reg. de l'év.).

Avant 1790, Luxembourg français, coutume de Thionville, prévôté bailliagère de Montmédy, anc. assises des Grands jours de Marville, présidial de Sedan, parlement de Metz. — Dioc. de Trèves, archid. et doy. de Longuyon, annexe de Mont-Quintin (grand-duché de Luxembourg).

En 1790, distr. de Stenay, c^on de Montmédy.

Actuellement, arrond. c^on, archipr. et doyenné de Montmédy. — Écart : le Moulin. — Patron : saint Mihiel; annexe de Verneuil-le-Grand.

Écruailles, bois comm. de Mognéville.

Écuus, bois comm. de Longeville.

Écusine, bois comm. de Lavallée.

Écurey, f. c^ne de Montiers-sur-Saulx. — Ecclesia de Escurey, 1144 (fondation de l'abb.). — Escurey,

1188 (Tr. des ch. B. 455, n° 57). — Escureyum, 1188 (ibid.); 1402 (regestr. Tull.). — Escureium, 1225 (cart. de la cath.). — Sauf le droit de cens d'Escurei, 1266 (ch. d'affranch. de Montiers-sur-Saulx). — Molendinum de Curey, 1292 (Trés. des ch. B. 455, n° 58). — Ecureium, 1749 (pouillé).

Anc. abbaye cistercienne de l'ordre de Saint-Bernard, fondée dans le milieu du XIIe s^e par Geoffroy III, seigneur de Joinville et sénéchal de Champagne. — Barrois mouvant, office de Morlay, prev. bailliagère de Montiers-sur-Saulx, recette, coutume et bail. de Bar, présidial de Châlons, parlement de Paris. — Dioc. de Toul, archid. de Rinel, doyenné de Dammarie.

Écurey, vill. sur le Harbon, à 5 kil. au N. de Damvillers. — Escureium, 1224, 1293 (cartul. de la cath.); 1738 (pouillé). — Escurei, 1233 (cartul. de la cathédr.). — Escurey, 1529 (Lamy, acte du tabell. de Marville); 1642 (Mâchon); 1656 (carte de l'évêché).

Avant 1790, Verdunois, terre du chapitre, anc. justice des chanoines de la cathédrale, prévôté de Merles, coutume, bailliage et présidial de Verdun, parlement de Metz. — Dioc. de Verdun, archid. de la Princerie, doyenné de Chaumont.

En 1790, distr. de Stenay, c^on de Jametz.

Actuellement, arrond. et archipr. de Montmédy, c^ne et doyenné de Damvillers. — Patron : l'Assomption.

Écuries (Pont des), sur le canal des Usines, à Bar-le-Duc.

Écus (Les), contrée et pont, c^ne de Moulotte.

Écuyers (Ban des), anc. fief, c^ne de Dombasle; 1743 (proc.-verb. des cout.).

Écuyers (Ban des), anc. fief seigneurial, c^ne de Marre.

Écuyers (Tour des), tour ruinée, à Verdun; était située près du fossé Lambin, donnant sur la rue du Saint-Esprit.

Eix, vill. sur le ruiss. d'Eix, à 11 kil. à l'O. d'Étain. — Ex, 1049 (bulle de Léon IX); 1127 (cartul. de la cathéd.). — Asse, 1219 (acte de fond. du prieuré de Saint-Nicolas-des-Prés). — Aixe, 1266 (cartul. de la cathéd.); 1656 (carte de l'év.). — Aix, 1571 (proc.-verb. des cout.); 1700 (carte des États). — Eixe, 1573 (Lamy, dénomb. de la seign. de Saint-Maurice). — Aixia, 1738 (pouillé); 1756 (D. Calmet, not.).

Avant 1790, Verdunois, terre d'évêché, coutume de Saint-Mihiel et ensuite de Verdun, prévôté de Dieppe, anc. assises des quatre pairs de l'évêché, baill. et présid. de Verdun, parlement de Metz. — Dioc. de Verdun, archid. de la Woëvre, doyenné de Pareid.

Le fief d'Eix avait une maison forte; il était vassal de la famille Gehot.

En 1790, distr. de Verdun, c°⁰ de Châtillon-sous-les-Côtes.

Actuellement, arrond. et archipr. de Verdun, c°⁰ et doyenné d'Étain. — Écarts : Bourvaux, Dicourt, la Renarderie. — Patron : saint Remy.

Eix (Ruisseau d'), qui a sa source dans le bois des Grandes-Fontaines, passe à Eix, Moranville, Grimaucourt-en-Woëvre, Herméville, et se jette dans l'Orne entre Warcq et Saint-Maurice, après un cours de 14 kilomètres.

Elevée (Terme-de-l'), voie antique, c°⁰ de Woinville; allait de *Nasium* à Gravelotte et à Metz.

Élus (Les), contrée, c°⁰ d'Hattonchâtel.

Embagneux, bois, c°⁰ de Loison; faisait partie de la forêt de Mangiennes.

Embanne, contrée, c°⁰ des Éparges.

Embannis, bois comm. de Corniéville; faisait partie de la forêt de la Reine.

Éminat, contrée, c°⁰ de Tilly.

Émont, bois, c°⁰ de Cierges.

Émorieux, f. c°⁰ d'Épinonville. — *Esmorieux*, xvii° siècle (titres de la prév. capital. de Montfaucon).

Emplacements (Les), m°⁰ isolée, c°⁰ de Savonnières-devant-Bar.

Enbanais, bois comm. de Broussey-en-Woëvre.

Enchamp, bois comm. de Vignot.

Ensange, contrée, c°⁰ de Benoy.

Entonnoir, font. c°⁰ de Cousancelles.

Entre-Deux-Ru, f. ruinée, c°⁰ d'Aubréville.

Envie (L'), m°⁰, c°⁰ de Marville.

Éparges (Les), vill. sur le Longeau, à 4 kil. au S. de Fresnes-en-Woëvre. — *Esparges*, 1208 (cartul. de la cathédr.); 1300 (vente à l'év. de Verdun, arch. de Ménil-sous-les-Côtes); 1642 (Mâchon). — *Sed Pargia villa adhuc remaneret secundum mores antiquos*, 1223 (ch. de mise à assises de Pareid). — *Les Parges*, 1378 (cession de la vaine pâture, arch. de Ménil); 1581 (compte du prévôt de Fresnes). — *Desparge*, 1549 (Wassebourg). — *Espargiæ*, 1642 (Mâchon). — *Esparge*, 1656 (carte de l'év.). 1700 (carte des États). — *Les Esparges*, *Spargiæ*, 1738 (pouillé). — *Éparge*, *Ban des Épars*, 1743 (proc.-verb. des cout.). — *Espange*, 1756 (D. Calmet, *not.*).

Avant 1790, Verdunois, terre d'évêché, chef-lieu de ban, prévôté de Fresnes-en-Woëvre, anc. assises des quatre pairs de l'évêché, coutume, baili. et présidial de Verdun, parlement de Metz. — Dioc. de Verdun, archid. de la Rivière, doyenné d'Hattonchâtel. — Avait une chapelle sous le titre de Notre-Dame; la mère église, dédiée à saint Martin, était située sur la côte dite *Montville* ou *Côte Saint-Martin*.

Le ban des Éparges était composé des localités dont les noms suivent : Champlon, Combres, les Éparges, Trésauvaux.

En 1790, distr. de Saint-Mihiel, c°⁰ d'Hannonville-sous-les-Côtes.

Actuellement, arrond. et archipr. de Verdun, c°⁰ et doyenné de Fresnes-en-Woëvre. — Patron : saint Martin.

Éparges (Les) ou les Parges, m°⁰, c°⁰ de Ville-devant-Chaumont.

Épiez, vill. à 7 kil. au S. de Vaucouleurs. — *Espiez*, 1347 (chamb. des comptes, B. 254). — *Espieix*, 1338 (*ibid.* comptes de Gondrecourt). — *Espieyum*, 1402 (regest. Tull.). — *Espie*, *Espiey*, 1580 (proc.-verb. des cout.). — *Espied*, 1700 (carte des États). — *Espiey*, *Epieum*, 1711 (pouillé); 1749 (*ibid*); 1756 (D. Calmet, *not.*).

Avant 1790, partie Barrois mouvant et partie Champagne; le roi était seul seigneur de la partie Barrois; M. de l'Écluse était seigneur de la partie Champagne : la première, coutume de Bassigny, office et prévôté de Gondrecourt, recette de Bourmont, baill. de Saint-Thiébaut, puis de Lamarche, présidial de Châlons; la deuxième, juridiction des officiers du seigneur, office de Vaucouleurs, coutume, bailliage et présidial de Chaumont-en-Bassigny; pour les deux, le parlement de Paris. — Dioc. de Toul, archid. de Ligny, doyenné de Gondrecourt; avait sur son finage un ermitage dit *de Notre-Dame-de-Blois* ou *de Brois*, avec chap. sous le titre de Sainte-Anne, aux religieux bénédictins de Laon.

En 1790, distr. de Gondrecourt, c°⁰ de Maxey-sur-Vaise.

Actuellement, arrond. et archipr. de Commercy, c°⁰ et doyenné de Vaucouleurs. — Patron : la Conversion de saint Paul.

Épilon, anc. m°⁰ is. et ban, c°⁰ d'Osches; était fief à Souhesmes. — *Ad Pusionem quinque mansos et dimidium cum banno et silva*, 1049 (bulle de Léon IX). — *Ad Poucianem*, 1127 (cart. de la cathéd. f° 167). — *Ban des Pizons*, 1564 (éch. entre le duc de Lorr. et l'évêque de Verdun). — *Le banc d'Épilon*, 1760 (Cassini).

Épiloux, contrée, cⁿ de Verdun; anc. lieu de justice et d'exécution. — *Curtis in pilia*, 1404-1418 (Jean de Sarrebruche, art. de l'év. Richard).

Épina (L') ou Lépina, f. cⁿ de Maucourt. — *Épinal*, 1700 (carte des États).

Épinaumont, bois appartenant à l'hospice de Verdun, cⁿ de Mouilly.

Épinay, côte et bois, cⁿ de Beaulieu; faisait partie de la forêt d'Argonne. — *L'Espinay*, 1700 (carte des États).

Épincieux, chemin, cⁿ de Thierville.

Épines (Hautes-), bois comm. de Doncourt-aux-Templiers.

Épinette (L'), mⁱⁿ, cⁿ de Brandeville.

Épinettes (Les), bois comm. d'Épinonville.

Épinois, bois comm. de Liny-devant-Dun.

Épinonville, vill. à 4 kil. à l'O. de Montfaucon. — *Spanulfi-villa*, xᵉ sᵉ (Verdun. comitatus limites). — *De Espenonville*, 1272 (cession à Philippe le Hardi). — *Sphanulphi-villa*, 1549 (Wassebourg). — *Esperondi-villa*, xviᵉ sᵉ (pouillé ms de Reims). — *Uspenonville*, 1648 (pouillé). — *Esprenonville*, 1656 (carte de l'év.). — *Espenonville*, 1700 (carte des États). — *Épinouville*, 1745 (Roussel).

Avant 1790, Champagne, coutume de Reims-Vermandois, prévôté de Montfaucon, anc. justice des grand prévôt, doyen, chanoines et chapitre de la collégiale de Saint-Germain de Montfaucon, seigneurs hauts, moyens et bas justiciers; baill. de Vermandois et ensuite de Clermont siégeant à Varennes, présid. de Reims, parlem. de Paris.— Dioc. de Reims, archid. de Champagne, doy. de Dun.

En 1790, distr. de Clermont-en-Argonne, cⁿ de Montfaucon.

Actuellement, arrond. et archipr. de Montmédy, cⁿ et doyenné de Montfaucon. — Écarts : Eclesfontaine, Émorieux, Ivoiry. — Patron : saint Baldéric.

Épinottes, bois comm. de Beurey.

Eptinviller, étang, cⁿ de Maucourt.

Équillés (Les), contrée, cⁿ de Nicey.

Érables (Les), font. cⁿ de Chonville.

Érize-la-Brûlée, vill. sur l'Ezrule, à 6 kil. à l'E. de Vavincourt. — *Erisia*, xᵉ siècle (Verdun. comitatus limites). — *Erise-la-Bruleir*, 1284 (collég. de la Madeleine, arch. de la Meuse).—*Herisia-combusta*, 1402 (reg. Tull.). — *Érise-la-Bruslée*, 1437 (vente par le comte de Linange à E. Du Châtelet); 1579 (proc.-verb. des cout.); 1656 (carte de l'évêché). — *Erisia-cremata*, *Érise-la-Brûlée*, 1711 (pouillé); 1749 (*ibid.*). — *Erizia* ou *Ericia-cremata*, 1756 (D. Calmet, *not.*).

Avant 1790, Barrois mouvant, châtellenie de Pierrefitte, mais haute justice particulière et différente pour la juridiction et l'exercice; le chevalier Du Châtelet et le comte Franquemont en étaient seigneurs chacun pour partie; ils y avaient un juge-garde, etc. et la justice y était rendue au nom de l'un et de l'autre divisément et pendant un temps proportionné à ce que chacun d'eux avait dans la seigneurie; office de Pierrefitte, recette, coutume et baill. de Bar, présid. de Châlons, parlement de Paris. — Dioc. de Toul, archid. de Rinel, doy. de Bar.

En 1790, distr. de Bar, cⁿ de Vavincourt.

Actuellement, arrond. et archipr. de Bar-le-Duc, cⁿ de Vavincourt, doyenné de Condé. — Patron : saint Mansuy.

Érize-la-Grande, vill. sur l'Ezrule, à 10 kil. à l'E. de Vaubecourt. — *Erisia*, 1066 (bulle d'Alexandre II). — *Érise-la-Grande*, 1245 (abb. de Lisle, arch. de la Meuse); 1749 (pouillé). — *Erizia-Major*, 1642 (Mâchon).— *Les Érizes*, *Erisiœ*, 1738 (pouillé). —*Érise*, *Erisia*, 1707 (carte du Toulois). — *Erisia-Magna*, 1749 (pouillé). — *Erizia* ou *Ericia-Magna*, 1756 (D. Calmet, *not.*).

Avant 1790, Barrois mouvant, ban de Chaumont-sur-Aire, office, recette, coutume, prévôté et bailliage de Bar, présidial de Châlons, parlement de Paris. — Diocèse de Verdun, archidiaconé d'Argonne, doyenné de Souilly, annexe de Chaumont.

En 1790, distr. du Bar, cⁿ de Marats.

Actuellement, arrond. et archipr. de Bar-le-Duc, cⁿ et doyenné de Vaubecourt. — Patron : saint Martin.

Érize-la-Petite, vill. sur l'Ezrule, à 10 kil. à l'O. de Vaubecourt. —*Erise-la-Petite*, 1245 (abb. de Lisle). — *Les Érizes*, *Erisiœ*, 1738 (pouillé). — *Erisia-Parva*, 1749 (*ibid.*). — *Erisia* ou *Ericia-Parva*, 1756 (D. Calmet, *not.*).

Avant 1790, Barrois mouvant, ban de Chaumont-sur-Aire, office, recette, coutume, prévôté et bailliage de Bar, présidial de Châlons, parlement de Paris. — Diocèse de Verdun, archidiaconé d'Argonne, doyenné de Souilly, paroisse de Chaumont.

En 1790, distr. de Bar, cⁿ de Marats.

Actuellement, arrond. et archipr. de Bar-le-Duc, cⁿ et doyenné de Vaubecourt, paroisse de Chaumont-sur-Aire.

Érize-Saint-Dizier, vill. sur l'Ezrule, à 5 kil. à l'E. de Vavincourt. — *Herisia-sancti-Desiderii*, 1402 (reg. Tull.). — *Érise-sainct-Dizier*, 1579 (proc.-verb. des cout.). — *Herisia-Desyderiana*, 1580 (stemmat. Lothar.). — *Érise-saint-Dizier*, *Erisia de Sancto-Desiderio*, 1711 (pouillé). — *Érise-saint-Dizier* ou

Franquemont, 1749 (*ibid.*). — *Erizia* ou *Ericia de Sancto-Desiderio*, 1756 (D. Calmet, *not.*).

Avant 1790, Barrois mouvant, prévôté de Franquemont, office, recette, coutume et baill. de Bar, présidial de Châlons, parlement de Paris. — Dioc. de Toul, archid. de *Rinel*, doyenné de Bar.

En 1790, distr. de Bar, c^{on} de Vavincourt.

Actuellement, arrond. et archipr. de Bar-le-Duc, c^{on} de Vavincourt, doyenné de Condé. — Écart : Franquemont, Ham, le Moulin, la Ville. — Patron : saint Didier.

Ermitage (L'), anc. chap. isolée, c^{ne} de Revigny.

Ermitage (L'), anc. chap. actuellement maison isolée, c^{ne} de Verdun.

Ernecourt, vill. sur l'Aire, à 14 kil. à l'O. de Commercy. — *Armincourt*, xiie siècle (Laurent de Liége). — *Esnecourt*, 1332 (chambre des comptes, B. 254, compte de Gondrecourt). — *Ernesti-curia*, 1711 (pouillé); 1756 (D. Calmet, *not.*). — *Ernicuria*, 1749 (pouillé).

Avant 1790, Barrois mouvant, partie office de Bar et de Ligny, le tout de la juridiction de la prévôté de Ligny, recette, coutume et baill. de Bar, présidial de Châlons, parlement de Paris; le roi en était seul seigneur. — Diocèse de Toul, archidiaconé et doyenné de Ligny, église succursale de Domremy-aux-Bois.

En 1790, distr. de Commercy, c^{on} de Domremy-aux-Bois.

Actuellement, arrond. c^{on}, archipr. et doyenné de Commercy. — Patron : saint Mansuy.

Ernecourt a donné lieu à une maison depuis longtemps éteinte, qui portait : *d'azur à trois pals d'argent, au chef d'azur chargé de trois étoiles d'or* (Husson l'Écossais).

Escru (Vallée d'), c^{ne} de Saint-Joire.

Esnes, vill. sur le ruiss. d'Esnes, à 10 kil. à l'E. de Varennes. — *Ad villam quæ Helna dicitur*, 962 (cart. de Saint-Vanne). — *Elne*, 1047 (ch. de l'év. Thierry); 1745 (Roussel). — *Elna*, 1049 (bulle de Léon IX). — *Eyne*, 1569 (Lamy, tabell. de Clermont). — *Esne*, 1700 (carte des États). — *Iesnesiæ*, 1738 (pouillé).

Avant 1790, Clermontois, prévôté des Montignons, ancienne justice seign. des princes de Condé, coutume et baill. de Clermont, parlement de Paris. — Dioc. de Verdun, archid. de la Princerie, doy. de Forges, annexe de Malancourt.

En 1790, distr. de Clermont-en-Argonne, c^{on} de Montzéville.

Actuellement, arrond. et archipr. de Verdun, c^{on} et doyenné de Varennes. — Patron : saint Martin.

Esnes (Ruisseau d'), qui a sa source au-dessus du vill. de ce nom, passe à Esnes et se jette dans le ruiss. de Forges à Béthincourt, après un trajet de 5 kil. — *Super Helnam fluvium*, 940, 1015 (cart. de Saint-Vanne). — *Super Elnam fluviolum*, 952 (acte de fondat.). — *Super Helna fluvium*, 962 (cart. de Saint-Vanne).

Espagnols (Chemin des), chemin vicinal de Buzy à Hennemont.

Espérance, contrée, c^{ne} de Sommedieue.

Esprit (Vallée de l'), contrée, c^{ne} de Maulan.

Essartelle, bois comm. de Demange-aux-Eaux.

Essarts (Les), bois, c^{ne} de Fleury-devant-Douaumont; à l'hospice Sainte-Catherine de Verdun.

Essarts (Grands-), bois comm. de Rangéval.

Essertés (Les), bois comm. de Rosières-en-Blois.

Étache, contrée, c^{ne} d'Étain.

Étaillon (L'), petit ruiss. qui se jette dans l'Andon à Aincreville.

Étain, ville sur l'Orne, à 19 kil. à l'E. de Verdun. — *Villa de Stain*, 707 (dipl. de Ludwin). — *Stagnum*, ixe siècle (Bertaire); 1549 (Wassebourg). — *Advocatus de Stain*, 1152 (ch. d'Albéron de Cliny). — *Circa commutationem de Stein et de Machra*, 1221 (Bertholet, t. VII, pr.). — *Villa quæ vocatur Stein*, 1222 (ch. de l'abbé de Saint-Euchaire, Clouët, t. II, p. 376). — *Super villa et banno de Estain*, 1224 (cession par l'égl. de la Madeleine, Bertholet, pr.). *Estaule*, 1224 (Hist. de Lorr. D. Calmet, pr.). — *Estain*, 1228 (chambre des comptes, c. d'Étain); 1252 (cart. de la cathédr.); 1257 (prieuré d'Amel, archiv. de l'év.); 1294 (cartul. d'Apremont); 1312 (recueil); 1324 (colég. de la Madeleine); 1333 (Soc. Philom. lay. Étain); 1399 (charte de Robert, duc de Bar); 1431 (Lamy, accord de Johan des Armoises); 1549 (Wassebourg); 1571 (proc.-verb. des cout.); 1644 (Méchon); 1656 (carte de l'év.); 1688 (hôtel de ville de Verdun, K. 44); 1738 (pouillé). — *Stain*, 1324 (Lamy, éch. de la seign. de Saint-Maurice). — *Stannum*, 1642 (Méchon); 1738 (pouillé); 1749 (*ibid.*). — *Estaing*, 1749 (*ibid.*). — *Stagnum castellum*, 1756 (D. Calmet, *not.*).

En 707, Étain était centre d'un ban (*bannus*) dont les limites, suivant le diplôme de Ludwin, étaient : Longeau, Haraigne, Herméville et Warcq.

Avant 1790, Barrois non mouvant, capitale du pays de Woëvre, coutume de Saint-Mihiel, chef-lieu de prévôté, de recette, de maîtrise et de gruerie, bailliage de Saint-Mihiel et ensuite d'Étain, présidial de Verdun, anc. cour des *Grands jours* de Saint Mihiel, puis cour souveraine de Nancy; le roi en était seul seigneur. — Dioc. de Verdun, archid. de la Woëvre, doyenné d'Amel.

Il y avait à Étain un hôpital et un couvent de Capucins; la ville avait quatre portes et était entourée de murs.

Le bailliage d'Étain comprenait dans le dép[t] les prévôtés d'Arrancy, Bezonvaux, Étain, Longuyon. Preny, Spincourt.

La prévôté d'Étain s'étendait en dehors de la circonscription actuelle du territ. de la Meuse; les vill. et localités du département qui en faisaient partie sont : Amel, Baroncourt, Bloucq, Bois-d'Arcq, Châtillon-sous-les-Côtes, Étain, Gremilly, Lanhères, Longeau, Mandres, Maizeray, Pareid (pour partie), Rosa, Rouvres, Senon, Villers-sous-Pareid. Le sceau de la prévôté portait les armes pleines de Lorraine, dans un écusson couronné et orné; en légende : *Prévôté et gruerie d'Estain* (cuivre, cabinet de M. F. Liénard).

La maîtrise particulière d'Étain avait dans son ressort les grueries d'Arrancy, Étain, Longuyon, Villers-la-Montagne.

En 1790, lors de l'organisation du dép[t], Étain devint siége de tribunal et chef-lieu d'un distr. comprenant soixante-quatorze municipalités réparties entre neuf cantons, ceux de : Arrancy, Buzy, Étain, Gouraincourt, Herméville, Morgemoulins, Pareid, Romagne-sous-les-Côtes, Saint-Laurent.

Le canton d'Étain ne comprenait que la municipalité d'Étain.

Actuellement, arrond. et archipr. de Verdun, chef-lieu de canton et de doyenné. — Écarts : Cens, Fontaine-au-Rupt, le Hautbois. — Patron : saint Martin.

Le canton d'Étain est situé dans la partie E. du dép[t]; il est borné au N. par l'arrond. de Montmédy, à l'E. par le dép[t] de la Moselle, au S. par le c[on] de Fresnes-en-Woëvre, à l'O. par ceux de Verdun et de Charny; sa superficie est de 24,071 hectares; il renferme vingt-neuf communes, qui sont : Abaucourt, Blanzée, Boinville, Braquis, Buzy, Châtillon-sous-les-Côtes, Damloup, Darmont, Dieppe, Eix, Étain, Foameix, Fromezey, Gincrey, Grimaucourt-en-Woëvre, Gussainville, Hautecourt, Herméville, Lanhères, Maucourt, Mogeville, Moranville, Morgemoulins, Moulainville, Ornel, Parfondrupt, Rouvres, Saint-Jean-lez-Buzy, Warcq.

La composition du doyenné d'Étain est la même que celle du canton.

Les armoiries de la ville d'Étain étaient : *de gueules à trois pots d'argent, les deux du chef ayant les anses contournées* (Armorial de Lorraine).

ÉTANCHE (L'), m[le] et f. c[ne] de Brieulles-sur-Meuse.

ÉTANCHE (L'), f. c[ne] de Deuxnouds-aux-Bois. Anciennement, abbaye de l'ordre de Prémontré sous le titre de Sainte-Marie-de-l'Étanche, fondée vers 1138 ou 1140, partie par Albéron de Chiny, évêque de Verdun, partie par Bertrand et Albert Le Loup, seigneurs de Faveroles, qui est le nom primitif du fond de cette abbaye. — *De loco qui nunc vocatur Stagnum Sanctæ-Mariæ, sed antea vocabatur Faveroles*, 1157 (ch. d'Albert de Mercy). — *Stagnum*, 1180 (bulle d'Alexandre III); 1402 (regestr. Tull.); 1756 (D. Calmet, *not*.). — *Locum Stagni qui antiquitus Faveroles vocabatur*, 1180 (bulle d'Alexandre III). — *Abbatia Sanctæ-Mariæ de Stagno*, 1180 (*ibid*.). — *L'Étanche-les-Hattonchâtel*, 1180 (cartul. de l'abb. de l'Étanche). — *Stanchia*, XIIIe siècle (Laurent de Liége). — *Lestainge*, 1402 (reg. Tull.). — *L'Estanche*, 1549 (Wassebourg); 1656 (carte de l'év.). — *Stanchini*, 1580 (stemmat. Lothar.). — *Lestanche*, 1638 (Soc. Philom. lay. Verdun, B. 4); 1700 (carte des États). — *Abbas Stagni*, 1717 (ann. præmonstr.). — *Monasterium de Stagno*, 1738 (pouillé). — *L'Étange*, 1738 (*ibid*.). — *Stagicum*, 1756 (D. Calmet, *not*.).

ÉTANCHE (BOIS DE L'), c[ne] de Deuxnouds-aux-Bois.

ÉTANCHE (MOULIN D'), c[ne] de Saint-Jean-lez-Buzy.

ÉTANCHE (RUISSEAU DE L'), qui a sa source dans le bois de Benge et passe à Nantillois et à Brieulles, où il se jette dans la Meuse, après un cours de 8 kilomètres.

ÉTANCHE (RUISSEAU DE L'), qui prend sa source sur le territoire de Deuxnouds-aux-Bois et se jette dans le ru de Creue, après un cours de 4 kilomètres.

ÉTANG (L'), contrée, c[ne] de Génicourt-sur-Meuse et de Lemmes.

ÉTANG (BOIS DE L'), c[ne] de Foameix.

ÉTANG (MOULIN DE L'), f. c[ne] d'Amel.

ÉTANG (MOULIN DE L'), m[in], c[ne] de Rembercourt-aux-Pots.

ÉTANG (RUISSEAU DE L'), qui prend sa source à Gouraincourt et se jette dans l'Othain au-dessus d'Houdelaincourt, après un trajet de 2 kilomètres.

ÉTANG (RUISSEAU DE L'), qui a sa source dans le bois des Clairs-Chênes au N. de Manheulles, prend le nom de Renaunoue sur les territ. de Ville-en-Woëvre et d'Hennemont et celui de Rupt-de-Bulé sur le territ. de Parfondrupt, où il se jette dans l'Orne, après un cours total de 13 kilomètres.

ÉTANG-DE-BAALON, m[on] is. c[ne] de Stenay. — *Abbaye de l'Estang de Baalon*, 1643 (coll. lorr. t. 407, p. 71).

ÉTANGS (MOULIN DES), c[ne] de Baalon.

ÉTAT (L'), contrée, c[ne] d'Hennemont.

ÉTILLY, contrée, c[ne] d'Aulnois.

Étives (Pont des), sur le canal des Usines, à Bar-le-Duc; il y avait anciennement dans cette ville une rue dite des Étuves ou Étives.

Étocs (Les), bois comm. de Braquis, Nepvant, Triaucourt.

Étoile (Pont de l'), à Bar-le-Duc.

Éton, vill. à 6 kil. au S. de Spincourt. — Studonis-villa, 1049 (privil. de Léon IX). — Stadonis-villa, 1049 (bulle de Léon IX); 1127, 1220 (cart. de la cath.). — Estons, 1220, 1231, 1237, 1250, 1292 (ibid.). — Eston, 1250 (ibid.); 1294 (abb. de Châtillon); 1560 (coll. lorr. t. 268.49, A. 1); 1642 (Mâchon); 1656 (carte de l'év.); 1738 (pouillé). — Stonnum, 1526 (lettre apostol. arch. de Senon, év. de Verdun). — Etton, 1700 (carte des États). — Tonus, 1738 (pouillé). — Etonus, 1749 (ibid.). — Stodonis-villa, 1756 (D. Calmet, not.).

Avant 1790, Éton faisait partie de la basse Woëvre, anc. châtellenie de Gondrecourt, Barrois mouvant, marquisat et prévôté de Spincourt, office et recette d'Étain, bailliage de Saint-Mihiel et ensuite d'Étain, coutume de Verdun, puis de Saint-Mihiel, présidial de Verdun, cour supérieure des Grands jours de Saint-Mihiel, puis cour souveraine de Nancy. — Diocèse de Verdun, archidiaconé de la Woëvre, doyenné et annexe d'Amel.

En 1790, distr. d'Étain, cⁿᵉ de Gouraincourt.

Actuellement, arrond. et archipr. de Montmédy, cⁿᵉ de Spincourt, doyenné de Billy-sous-Mangiennes. — Écarts : Chasson, Fontaine-au-Rupt, Moulin-à-Vent, Saint-Fiacre. — Patron : saint Jean-Baptiste.

Étots (Les), contrée, cⁿᵉˢ de Baulny et de Lemmes.

Étraits, contrée, cⁿᵉ de Saint-Hilaire.

Étrappes, contrée, cⁿᵉ d'Hennemont.

Étraye, vill. sur un affluent de la Tinte, à 3 kil. au S.-O. de Damvillers. — Estivy, 1324 (ch. de Jean, roi de Bohème, cᵗᵉ de Luxemb.); 1642 (Mâchon); 1700 (carte des États). — Estray, 1656 (carte de l'évêché). — Etrya, 1738 (pouillé).

Avant 1790, Luxembourg français, baill. de Marville, prévôté de Damvillers, coutume de Thionville, anc. assises des Grands jours de Marville, présidial de Sedan, parlement de Metz; le roi en était seul seigneur. — Dioc. de Verdun, archid. de la Princerie, doyenné de Chaumont, annexe de Wavrille.

En 1790, distr. de Verdun, cⁿᵉ de Damvillers.

Actuellement, arrond. et archipr. de Montmédy, cⁿᵗ et doyenné de Damvillers. — Patron : saint Jean Baptiste.

Étrate (Ruisseau d'), qui a sa source dans le bois dit la Grande-Montagne, passe à Étraye et se jette dans la Tinte à Damvillers, après un cours de 4 kil.

Meuse.

Étrois (Les), contrée, cⁿᵉ de Ville-devant-Belrain.

Étuvy, contrée, cⁿᵉ de Grimaucourt-en-Woëvre.

Eu, côte, cⁿᵉ d'Auzéville.

Euillons, contrée, cⁿᵉ de Ville-devant-Chaumont.

Eurantes (Les), h. cⁿᵉ d'Arrancy. — Urantes (ch. de 1206, 1252).

Dépendait de la prévôté d'Arrancy, coutume et baill. de Saint-Mihiel.

Eurantes (Ruisseau des), qui a sa source dans le bois de Rachoux et passe à Saint-Pierrevillers, à Reménoncourt, aux Eurantes, à Arrancy, en aval duquel il se jette dans la Crune, après un cours de 9 kil.

Euville, vill. sur le ruiss. d'Euville, à 3 kil. à l'E. de Commercy. — Euvilla, 1119 (cart. de Rangéval); 1402 (reg. Tull.). — Octovilla, 1119 (cart. de Rangéval); 1736 (ann. præmonstr.). — De Huville, 1223 (ch. de Gobert d'Apremont). — Signour de Comarcey et de Venisey, 1400 (actes de reprises, Hist. de Commercy, par Dumont). — Euvilla de Rengecallis, 1402 (reg. Tull.). — Venisey, 1549 (Wasselbourg). — Euvileum, 1711 (pouillé). — Ottoville, Gottovilla, 1736 (ann. præmonstr.) — Euvilleum, 1749 (pouillé). — Euvileium, 1756 (D. Calmet, not.).

Avant 1790, Barrois non mouvant, souveraineté sous le titre de principauté de Commercy et Euville (seign. de Commercy et de Venisey, 1549, Wasselbourg), baill. et prévôté de Commercy, présidial de Toul, cour souveraine de Nancy. — Dioc. de Toul, archid. de Ligny, doyenné de Meuse-Commercy.

En 1790, distr. de Commercy, cⁿᵉ de Vignot.

Actuellement, arrond. cⁿᵉ, archipr. et doyenné de Commercy. — Écart : la Cantine. — Patron : saint Pierre.

Euville (Ruisseau d'), qui prend sa source dans le bois des Grands-Essards, cⁿᵉ de Corniéville, passe à Aulnois-sous-Vertuzey, à Euville, et se jette dans la Meuse vis-à-vis de Vignot, après un cours de 9 kil.

Évaux, f. cⁿᵉ de Saint-Joire; anciennement, abbaye de l'ordre de Citeaux, sous le titre de Notre-Dame-de-Vaux, fondée en 1132 par Godefroy, baron de Joinville, comte de Champagne; brûlée et détruite par les religionnaires en 1575. — Couvent des Vaux, 1151 (ch. d'Adalbéron, archev. de Trèves). — De Vallibus, 1188 (Trésor des ch. B. 455, n° 57). — Ecclesia de Vallibus-in-Ornois, 1230, 1233 (ibid. B. 453, n° 36); 1247 (Rosières, E. 42). — Vaus-en-Ornoys, 1264 (ibid. E. 43); 1276 (Trésor des chart. B. 453, n° 11 bis). — Notre-Dame-de-Vaus-en-Ornois, 1275 (Rosières, E. 46); 1304 (Trésor des ch. B. 453, n° 11 bis). — Vaux-en-Ornois, 1276 (Rosières, E. 45). — Abbei et couvent de

11

Vaus-en-Ornois de l'ordre de Cistiaus de lesveschie de Toul, 1281 (*ibid.* E. 47). — *L'abbey et couvent de Vaus-en-Ournois de l'ordre de Cystiaulz de la dyocese de Toul*, 1304 (*ibid.* E. 58). — *Vaux-en-Ornois*, 1337 (Tr. des ch. B. 453, n° 10). — *De Vallibus-in-Ornesia*, 1402 (reg. Tull.). — *Vaulx-en-Ournois*, 1408 (Tr. des ch. B. 453, n° 11). — *Monasterium de Vallibus-in-Orneso*, 1450 (*ibid.* B. 452, n° 53). — *Vaulx-en-Ornoix*, 1451 (*ibid.*). — *Vaulx-en-Ornaix*, 1510 (*ibid.* B. 453, n° 10). — *Vaulx-en-Ornoys*, 1618 (*ibid.* n° 23). — *Les Vaux-sur-Orney*, 1700 (carte des États). — *Vaux, Valles-Ornesii*, 1707 (carte du Toulois). — *Notre-Dame de Vaux*, 1756 (D. Calmet, *not.*).

Évêché (Bois de l'), bois domanial, c⁰⁸ de Rupt-en-Woëvre.

Évêché (Moulin de l'), c⁰⁸ de Landrecourt.

Évêchés (Borne-des-), bois, c⁰⁸ de Bouconville; il y existait anciennement une borne servant de limite aux trois dioc. de Metz, Toul et Verdun.

Évêque (Moulin l'), c⁰⁸ de Verdun. — *Molendinum situm juxta Pratum quod dicitur Episcopi*, 1215 (cartul. de la cathédr.).

Évêque (Pont l'), sur le ruisseau de Franaux, c⁰⁸ de Champlon.

Évêque (Pré-l'), contrée, c⁰⁸ de Verdun. — *In prato Sanctæ-Mariæ*, 1158 (nécrologe). — *Juxta Pratum quod dicitur Episcopi*, 1215 (cartul. de la cathéd.). — *In loco qui Pratum-Episcopi solebat appelari*, 1226 (Gallia Christ. XIII instrum.). — *In Prato-Episcopi*,

1227 (démêlé de Raoul de Torote). — *In Prato nostro Virdunensi*, 1238 (cartulaire de l'évêché de Verdun).

Évres ou Évre-en-Argonne, vill. sur le ruiss. de Marque, à 5 kil. à l'E. de Triaucourt. — *Villa Eversa, Villa de Evres*, 1254 (abb. de Beaulieu). — *Aivre*, xiii* et xiv* siècle (arch. de la Meuse); 1712 (hist. ms de l'abb. de Beaulieu). — *Esvres*, 1156 (proc.-verb. des cout.); 1656 (carte de l'évêché). — *Ad mensuram de Apri*, 1216 (ch. des assises de Vouilliers, dans D. Tabouillot). — *Epvres, de Apris*, 1642 (Méchon). — *Esvre*, 1700 (carte des États); 1738 (pouillé). — *Evreum*, 1738 (*ibid.*).

Avant 1790, Champagne, terre et prévôté de Beaulieu, coutume, baill. présidial et élection de Châlons, parlement de Paris. — Dioc. de Verdun, archid. d'Argonne, doyenné de Souilly.

En 1790, distr. de Clermont-en-Argonne, c⁰⁸ de Triaucourt.

Actuellement, arrond. et archipr. de Bar-le-Duc, c⁰⁸ et doyenné de Triaucourt. — Patron : saint Évent.

Excelmans (Rue), à Bar-le-Duc.

Ézerale, contrée, c⁰⁸ de Nixéville.

Ezrule (L'), ruiss. qui a sa source à Froide-Fontaine, au-dessus d'Érize-Saint-Dizier, passe dans ce village, traverse Rumont, Érize-la-Brûlée, Rosnes, Érize-la-Grande, Érize-la-Petite, et se jette dans l'Aire à Chaumont, après un cours de 17 kil. — *Ericius, Ericia* (Durival). — *Esruille, Ezruse* (anciens titres).

F

Fagny, h. c⁰⁸ de Breux.

Failly, bois comm. de Marville.

Fainfiliént, font. c⁰⁸ de Chaumont-sur-Aire.

Fains, vill. sur la rive gauche de l'Ornain, à 3 kil. au N.-O. de Bar-le-Duc. — *Fannis. s⁶ s⁶* (Flodoard). — *Fangia*, 965 (dipl. de l'emp. Otton). — *In villa Fani*, 992 (ex æde divi Maximi). — *Fain*, 1022 (coll. de Saint-Maxe); — *Faïs*, 1032 (ch. d'Henri, comte de Bar). — *Castrum Fangia super fluvium Ornæ*, 1033 (præcept. de Conrad le Salique). — *Ecclesia de Fani, ecclesia de Fains prope Barrum-Ducis*, 1402 (regestr. Tull.). — *Fanii-juxta-Barrum*, 1580 (stemmat. Lothar.). — *Fanum*, 1711 (pouillé). 1749 (*ibid.*). — *Fines*, 1707 (carte du Toulois); 1756 (D. Calmet, *not.*). — *Ad Fines*, 1760 (d'Anville); 1778 (Durival).

Avant 1790, Barrois mouvant, office, recette,

coutume, prévôté et baill. de Bar, présid. de Châlons, parlem. de Paris; le roi en était seul seigneur haut, moyen et bas justicier. — Dioc. de Toul, archid. de Rinel, doyenné de Robert-Espagne.

Avait un château et un couvent de religieux du tiers ordre de Saint-François, dits Pénitents ou Tiercelins, fondé en 1633 par les seigneurs du lieu, avec église sous le titre de Notre-Dame-du-Bon-Secours, dont la construction fut achevée en 1635; il possédait en outre une léproserie dont il est fait mention dans le *Regestrum Tullensis* de 1402.

En 1790, district de Bar-le-Duc, c⁰⁸ de Chardogne.

Actuellement, arrond. c⁰⁸, archipr. et doyenné de Bar-le-Duc. — Écart : la Filature, Grandpré, le Moulin, le Soleil-d'Or. — Patronne : sainte Catherine.

FALAISES (LES), roches, c⁰ᵉ de Saint-Mihiel.

FALOTTE, bois comm. de Dainville-aux-Forges.

FALOUSE (LA), mⁿ isolée, c⁰ᵉ de Belleray; était cont. baill. et prévôté de Verdun. — *De rivulo quod dicitur Foloise*, 1232 (cartul. de Saint-Paul). — *La Falose*, 1605 (arr. de Son Alt. de Lorr.). — *La Falouze*, 1700 (carte des États).

FAMILLON, contrée, c⁰ᵉ de Montplonne.

FANCOTTE, bois comm. de Saint-Mihiel, sur le territ. de Lahcymeix.

FANT, contrée, c⁰ᵉ d'Avillers.

FARAIRE, bois, c⁰ᵉ de Récourt.

FARÉMONT, côte, c⁰ᵉ de Bar-le-Duc.

FARGEFONTAINE, source, c⁰ᵉ de Louppy-le-Petit.

FARIOLE, contrée, c⁰ᵉ de Beaufort.

FARJUS, bois comm. de Rambluzin.

FAUCHÈRES, contrée, c⁰ᵉ d'Érize-la-Petite.

FAURA, mont, c⁰ᵉ de Ménil-en-Woëvre.

FAUSSA, contrée, c⁰ᵉ de Combres.

FAUSSIEUX, bois, c⁰ᵉ d'Esnes.

FAUTOUX, bois comm. de Maizey.

FAUVOIX, étang, c⁰ᵉ de Beaulieu.

FAUX (CÔTE-DES-), bois comm. de Rosnes.

FAUX-MIROIR, bois comm. de Contrisson.

FAUX-RUPT, ruiss. qui prend sa source sur le territ. d'Aucourt et se jette dans l'Orne à Buzy, après un cours de 7 kilomètres.

FAVALEAU, ruiss. qui a sa source dans les bois de l'Étanche et se jette dans le ruiss. de Woëvre en amont de Lavignéville, après un cours de 5 kil. — *Ad rivulum de Faverole*, 1180 (bulle d'Alexandre III).

FAVEROLES, contrée, c⁰ᵉ de Deuxnouds-aux-Bois; c'est près de ce lieu que fut établie l'abb. de l'Étanche. — *Locum Stagni qui antiquitus Faveroles vocabatur*, 1180 (bulle d'Alexandre III). — *Silva de Faverole*, 1180 (*ibid.*). — *Allodium de Faverole*, 1180 (*ibid.*).

FAVERY (LE), ruiss. l'une des sources de la Buanthe, c⁰ᵉ d'Avocourt.

FAVIÈRE, bois comm. de Gercourt.

FAVARULE, bois comm. de Souilly.

FAY (LE), château ruiné, c⁰ᵉ de Delut.

FAYE, bois, c⁰ᵉ de Bertheléville; faisait partie de la forêt de Gondrecourt.

FAYEL, bois comm. d'Écouviez et de Watronville.

FAYEL, f. c⁰ᵉ de Montfaucon.

FAYEL, bois, c⁰ᵉ de Rembercourt-aux-Pois.

FAYEL, étang, c⁰ᵉ de Watronville.

FAYEN, contrée, c⁰ᵉˢ de Frémeréville et de Jouy-sous-les-Côtes.

FAYET, bois, c⁰ᵉ de Montfaucon.

FAYS, bois, c⁰ᵉ d'Ailly; faisait partie de la forêt d'Apremont.

FAYS, bois, c⁰ᵉˢ de Couvonges, Ornel, Souilly.

FAYS, bois comm. de Beaumont, Brabant-en-Argonne, Bricolles-sur-Meuse, Dainville-aux-Forges, Jouy-devant-Dombasle, Louppy-le-Grand.

FAYS, contrée, c⁰ᵉ de Récourt.

FAYS, bois comm. de Villers-sur-Meuse, sur le territ. de Récourt.

FAYS (LE), f. c⁰ᵉ d'Ornel.

FAYSSE, bois, c⁰ᵉ de Baudonvilliers.

FÉES (BOIS DES), c⁰ᵉ de Thonne-le-Thil.

FENDERIE (LA), mⁱⁿ ruiné sur la Deuë, c⁰ᵉ de Grimaucourt-près-Sampigny.

FÉNONS (CHEMIN DES), dit aussi *Chemin des Romains*, c⁰ᵉ de Boureuilles.

FERRA, bois comm. de Saint-Aubin.

FERRANT (CÔTE), c⁰ᵉ d'Ornes.

FERRÉE (LA), contrée, c⁰ᵉˢ de Blercourt, Brabant-en-Argonne, Lemmes et Senoucourt.

FERTÉ (LA), f. c⁰ᵉ de Dammarie. — *Grande-Ferté, Petite-Ferté*, 1711 (pouillé).

FERTÉ (LA), contrée, c⁰ᵉ de Latour-en-Woëvre.

FERTÉ (LA), bois comm. de Saudrupt.

FÉRY, bois, c⁰ᵉ de Gimécourt.

FESSUS, bois comm. de Villeroy.

FÊTE (LA), contrée, c⁰ᵉ de Sivry-la-Perche.

FEU (CROIX-DU-), contrée et chemin, c⁰ᵉˢ de Belleray et de Dugny.

FEUILLA, bois comm. de Damloup. — *Ou bois con dit de Foulloy*, 1262 (cartul. de la cathédr.). — *Foullois*, 1271 (*ibid.*). — *Foulloy*, 1271, 1275 (*ibid.*).

FEUILLARD, bois comm. de Juvigny-sur-Loison.

FEUILLE (LA), contrée, c⁰ᵉ de Damloup.

FEUILLE-MORTE, bois, c⁰ᵉ de Lachalade; faisait partie de la forêt d'Argonne.

FÈVE (PONT DE), sur le ruiss. de Sommeilles, c⁰ᵉ de Noyers.

FÉVEL, bois comm. de Loisey.

FÈVREMONT, côte, c⁰ᵉ de Belrain.

FÉVRIEULLE, contrée, c⁰ᵉ de Saint-Jean-lez-Buzy.

FIACRIE, contrée, c⁰ᵉ d'Eix.

FIÉVÉTERIE (LA), auberge isolée, c⁰ᵉ d'Eix.

FIÈVRES (FONTAINE DES), qui se jette dans l'Aire à Ville-devant-Belrain.

FIÈVRES (FONTAINE DES), qui se jette dans le Naweton à Naives-devant-Bar.

FILATURE (LA), usine, c⁰ᵉ de Fains.

FILLE-TUÉE, contrée, c⁰ᵉ de Saulx.

FILOSET, contrée, c⁰ᵉ de Moulins.

FIN-DE-DEVANT (LA), ruiss. qui prend sa source près de Combres, passe à Saulx-en-Woëvre et se jette dans le Longeau au-dessus de Saint-Hilaire, après un cours de 6 kilomètres.

11.

Fin-Trou, m[to], c[ne] de Rupt-sur-Othain.

Fins (Les), contrée, c[ne] de Thierville.

Fins (Les Hauts-), place, à Verdun.

Flabas, h. c[ne] d'Heippes. — *Flabasium*, 962 (bulle de Jean XII); 980, 1015, 1061 (cart. de Saint-Vanne). — *Flabosium*, 1049 (*ibid.*). — *Flabaix*, 1745 (Roussel). — *Flaba*, *Flabay*, 1756 (D. Calmet, *not.*).

Ancien prieuré de l'ordre de Cluny, sous le titre de Saint-Pierre de Flabas, dépend. du monastère Sainte-Marguerite ou Sainte-Mergeri, au diocèse de Troyes. — Coutume et bailliage de Bar, prévôté de Souilly.

Flabas, vill. sur l'une des sources de la Tinte, à 6 kil. au S. de Damvillers. — *Flabasium*, x[e] s[e] (polypt. de Reims); xie s[e] (Hug. de Flavigny); 1120, 1187 (cart. de la cathédr.). — *Flabaisum*, 1049 (bulle de Léon IX). — *De Flabasio*, 1204 (cartul. de la cathédr.). — *Flabaisium*, 1220, 1284 (*ibid.*) — *Flabais*, 1232 (évêché de Verdun, lay. Haumont). — *Flabaix*, 1240, 1251, 1279, 1284, 1296 (cartul. de la cathédr.); 1346 (chamb. des comptes, c. d'Étain); 1549 (Wassebourg); 1601 (hôt. de ville de Verdun, A. 57); 1642 (Mâchon). — *Flabax*, 1240 (cartul. de la cath.). — *La fontaine Saint-Maur à Flabaix*, 1519 (reg. du chap. de la cathédr.). — *Flaba, ecclesia de Flabate*, 1788 (pouillé). — *Flabay*, 1756 (D. Calmet, *not.*).

Avant 1790, Verdunois, prévôté de Merles, juridiction du chap. de la cathédr. coutume, baill. et présid. de Verdun, parlem. de Metz. — Dioc. de Verdun, archid. de la Princerie, doyenné de Chaumont, annexe de Moirey.

En 1790, distr. de Verdun, c[on] de Damvillers.

Actuellement, arrond. et archipr. de Montmédy, c[on] et doyenné de Damvillers. — Écart : Moulin-Blanc. — Patron : saint Maur.

Flabas (Ruisseau de), qui prend sa source au-dessus de Flabas, traverse ce village, arrose le territ. de Moirey et se jette dans la Tinte en amont de Gibercy, après un cours de 4 kilomètres.

Flabussieux (Le), ruiss. qui a sa source au ham. de Flabas, passe à Saint-André et se jette dans l'Aire entre Nubécourt et Fleury-sur-Aire, après un cours de 9 kil. — *Flabosa*, 962 (cart. de Saint-Vanne). — *Flabisieu*, 1700 (carte des États).

Flacue, contrée, c[ne] de Behonne.

Flamanderie, contrée, c[ne] de Vaucquois.

Flammois (Le), ruiss. qui a sa source dans la forêt de Sainte-Geneviève au-dessus de Culey, traverse ce vill. et se jette dans le ruiss. de Loisey, après un cours de 3 kilomètres.

Flassigny ou les Deux-Flassigny, vill. sur la gauche de l'Othain, à 8 kil. au S.-E. de Montmédy. — *Flassigney*, 1255, 1270 (ch. d'affranch. arch. de Luxemb.). — *Flacignei*, 1262, 1280 (arch. de Luxemb.). — *Flachenoy*, 1656 (carte de l'év.). — *Flassigny-la-Grande*, *Flassigny-la-Petite*, xviiie s[e] (archives de la comm.). — *Flassiniacum* (reg. de l'év.).

Avant 1790, partie Luxembourg et partie Barrois, baronnie de Cons pour une partie, sirerie de Marville pour l'autre; coutume de Thionville d'une part, et de Saint-Mihiel d'autre part; prévôté bailliagère de Montmédy, anciennes assises des *Grands jours* de Marville, cours supérieures de Saint-Mihiel pour la partie de Bar, et de Luxembourg pour l'autre partie, ensuite présid. de Sedan, parlem. de Metz. — Dioc. de Trèves, archid. de Longuyon, doyenné de Juvigny, paroisse de Villécloye pour Flassigny-la-Grande, et de Marville pour Flassigny-la-Petite.

En 1790, distr. de Stenay, c[on] de Marville.

Actuellement, arrond. c[on], archipr. et doyenné de Montmédy. — Écarts : Popinge, Saut-de-Bichet, Varnimoulin. — Patron : saint Martin; annexe de Marville.

Flélibu, chap. ruinée, anc. mère église de Mondrecourt et de Rignaucourt.

Fléneau, contrée, c[ne] d'Hattonchâtel.

Fleury-Champ, bois comm. d'Iré-le-Sec.

Fleury-devant-Douaumont, village à 5 kil. à l'E. de Charny. — *Fleurey*, 1254 (abb. de Saint-Paul de Verdun). — *Flurey*, 1275 (cart. de la cathédr.). — *Flurei*, 1283 (*ibid.*). — *Fleurium*, 1738 (pouillé).

Avant 1790, Verdunois, terre d'év. prévôté de Dieppe, anc. assises des quatre pairs de l'év. coutume, baill. et présid. de Verdun, parlem. de Metz. — Dioc. de Verdun, archid. de la Princerie, doy. de Chaumont, annexe de Douaumont.

En 1790, distr. de Verdun, c[on] d'Ornes.

Actuellement, arrond. et archipr. de Verdun, c[on] et doyenné de Charny. — Patron : saint Nicolas.

Fleury-sur-Aire ou Fleury-en-Argonne, vill. sur la rivière d'Aire, à 9 kil. au N.E. de Triaucourt. — *Floracum super fluvium Airam*, 1409 (bulle de Léon IX). — *Ecclesia Floriacensis*, 1106 (bulle de Pascal II). — *Fleury-en-Argonne*, 1642 (Mâchon); 1656 (carte de l'év.); 1738 (pouillé). — *Fleurey*, 1700 (carte des États). — *Fleury-en-Argogne*, 1730 (Soc. Philom. lay. Liste-en-Barrois). — *Fleurium in Argona*, 1738 (pouillé).

Avant 1790, Champagne, terre et prévôté de Beaulieu (partie avec Levoncourt), coutume, baill. présid. et élection de Châlons, parlem. de Paris. —

Dioc. de Verdun, archid. d'Argonne, doyenné de Clermont.

En 1790, distr. de Clermont-en-Argonne, c^ne d'Autrécourt.

Actuellement, arrond. et archipr. de Bar-le-Duc, c^ne et doyenné de Triaucourt. — Écart : le Moulin. — Patron : saint Éloi.

FLEUVIN, contrée, c^ne de Bras.

FLONCOURT, h. ruiné, c^ne de Mont-sous-les-Côtes, cité en 1334 dans la charte d'affranchissement de Mont et dans un titre de 1581 conservé dans les arch. comm. de Bonzée.

FLOROMONT, contrée, c^ne d'Ancemont.

FLOVAUX, contrée, c^ne de Nixéville.

FLUANT (LE), ruiss. qui prend sa source à la font. du Chevalier, c^ne de Villotte-devant-Louppy, passe à Villotte et se jette dans la Chée au-dessous de ce village, après un cours de 3 kilomètres.

FLUENT (LE), ruiss. qui se jette dans la Meholle entre Vacon et Void.

FOAMEIX, vill. sur le ruiss. de Vaux, à 3 kil. au N.-O. d'Étain. — Fouameix, 1228 (ch. de Henri, comte de Bar); 1232 (cart. de la cathédr.) 1322 (chamb. des comptes, c. d'Étain). — Fouameis, Fouaumeix, 1248 (cartul. de Saint-Paul). — Fouamex, 1252, 1262, 1274 (cartul. de la cathédr.). — Faumex, 1549 (Wassebourg). — Foüamaix, 1671 (Urbain Quillot). — Foamair, 1700 (carte des États). — Fomexiæ, 1738 (pouillé).

Avant 1790, Verdunois, terre du chap. chef-lieu de l'une des prévôtés de la mense capitulaire, dont le siége fut ensuite transféré à Herméville; ancienne justice des chanoines de la cathédr. coutume, baill. et présid. de Verdun, parlem. de Metz. — Dioc. de Verdun, archidiaconé de la Woëvre, doyenné de Pareid.

La prévôté de Foameix, dite de la Trésorerie (Thesaurus, XIIe s^e, cart. de la cathédr.) et dont le siége était à Herméville, avait dans son ressort les localités dont les noms suivent : Boinville, Damloup, Foameix, Fromezey, Gincrey, Herméville; Morgemoulins, Muzeray, Pierreville, Rémani, Vaux-devant-Damloup et Warcq; elle comprenait en outre Audun-le-Roman, dans le dép^t de la Moselle.

En 1790, district d'Étain, c^ne de Morgemoulins.

Actuellement, arrond. et archipr. de Verdun, c^ne et doyenné d'Étain. — Écarts : Bloucq, Boville, Rogerchamp, la Tuilerie. — Patron : saint Quentin.

FOCILLET, bois comm. de Savonnières-devant-Bar.

FOIRAT, bois comm. de Deuxnouds.

FOIREUX (LE), contrée, c^ne de Labeuville.

FOLIE (LA), contrée, c^nes de Baudonvilliers, Hattonchâtel, Rouvres, Vaucouleurs.

FOLIE (LA), f. c^nes de Bebonne, Creue, Montmédy, Saint-Joire et Spincourt.

FOLIE (LA), étang, c^ne de Clermont-en-Argonne.

FOLIE (LA), font. c^ne d'Iré-le-Sec.

FOLIE (LA), ancienne cense fief avec tour forte, aux moines de Saint-Hubert, c^ne de Nepvant.

FOLIE (LA), ancienne cense avec chapelle, c^ne de Vassincourt; était fief à Revigny. — Grand-Cour, 1749 (pouillé). — La Folie-Ruinée, 1760 (Cassini). — La Folie-lès-Revigny, 1778 (Durival).

FOLIE (LA), f. c^ne de Verdun. — Monplaisir, XVIIIe s^e (hôtel de ville de Verdun); 1760 (Cassini).

FOLIE-MARIANNE, auberge isolée, c^ne d'Azannes.

FOLIE-SCHMIDT, f. ruinée, c^ne de Chonville.

FOLIE-THOMAS, m^on isolée, c^ne de Bras.

FOMEI, bois, c^ne de Dompierre-aux-Bois.

FOND-BRAS, contrée, c^ne de Monthras.

FOND-DE-BELRUPT (LE), h. c^ne de Belrupt.

FONDERIE (LA), f. c^ne de Vauquois.

FONTAINE (LA), contrée, c^ne de Ménil-la-Horgue.

FONTAINE (LA), tuilerie, c^ne de Viéville-sous-les-Côtes.

FONTAINE (LA), ruiss. qui prend sa source sur le territ. de Lanhères et se jette dans le ruiss. du Haut-Pont près de l'étang de Darmont, après un cours de 3 kilomètres.

FONTAINE (RUISSEAU DE LA), qui a sa source au-dessus de Triconville et se jette dans l'Aire en aval de ce vill. après un cours de 2 kilomètres.

FONTAINE (PONT DE), sur le ruiss. de Chonville, c^ne de Lérouville.

FONTAINE-À-L'ÂNE, usine, c^ne de Brandeville

FONTAINE-À-LA-PIERRE, bois comm. d'Aubréville.

FONTAINE-AUX-CHAMPS (RUISSEAU DE LA), l'un des affluents du Marnusson, c^ne de Rembercourt-aux-Pots.

FONTAINE-AU-CHARME (LA), bois, c^nes de Cheppy et de Mussey.

FONTAINE-AU-CHÊNE (LA), f. c^nes d'Aubréville et de Lisle-en-Barrois.

FONTAINE-AU-RUPT, f. c^ne d'Étain.

FONTAINE-AUX-CHÊNES (LA), bois, c^ne de Laheycourt; faisait partie de la forêt d'Argonne.

FONTAINE-AUX-OUBLIS, contrée, c^ne de Saint-Joire.

FONTAINE-DES-CARMES (RUE DE LA), à Saint-Mihiel.

FONTAINE-DES-COQS, contrée, c^ne de Mouzay.

FONTAINE-GERVAISE, bois comm. d'Auzéville.

FONTAINE-JAMERON, source, c^ne de Vaubecourt.

FONTAINE-JEANMOGIN, contrée, c^ne d'Abainville.

FONTAINE-LA-BLONDE, f. c^ne de Beaulieu.

FONTAINE-L'ÂNE, source et bois comm. de Brandeville.

Fontaine-Minérale (La), source, c⁰ᵉ de Foameix.

Fontaine-Noé, contrée, cⁿᵉ de Sampigny.

Fontaine-Parlemagne, usine, cⁿᵉ de Bar-le-Duc.

Fontaine-Pavée, source, finage de Billemont.

Fontaine-Robert, source, cⁿᵉ de Varney.

Fontaines, village sur la Doue, à 5 kil. au S.-E. de Dun. — *Fontanas*, 708 (donat. d'Angelram, év. de Metz). — *Fontanœ*, 1049 (bulle de Léon IX); 1226 (test. de la duchesse Agnès). — *Fontana*, 1127 (cartul. de la cathédr.). — *Fontaneia*, 1230 (*ibid.*). — *Villa de Fontibus*, 1250 (cartul. ms du chap. de Verdun); 1256 (cartul. de la cathédr.). — *Villa de Fontanis*, 1260 (*ibid.*). — *Fontayne*, 1601 (hôtel de ville de Verdun, A. 57). — *Fontaine*, 1656 (carte de l'év.).

Avant 1790, Verdunois, terre du chap. ancienne haute justice des chanoines de la cathédr. prév. de Sivry-sur-Meuse, coutume, baill. et présid. de Verdun, parlem. de Metz. — Dioc. de Reims, archid. de Champagne, doyenné de Dun.

En 1790, distr. de Stenay, cⁿᵉ de Dun.

Actuellement, arrond. et archipr. de Montmédy, cⁿ et doyenné de Dun. — Patron : saint Michel.

Fontaines (Les), contrée, cⁿᵉ de Thonne-les-Prés.

Fontaine-Saint-Jean, contrée, cⁿᵉ de Saint-Amand.

Fontaine-Saint-Martin, f. cⁿᵉ d'Arrancy. — *Sancti-Martini terra* (ch. de 1183). — *Belle-Fontaine*, 1700 (carte des États). — *Martin-Fontaine*, 1760 (Cassini).

Cette cense, placée sous la suzeraineté commune des ducs de Bar et de ceux de Luxembourg (de 1270 à 1603), était le bénéfice militaire des capitaines prévôts d'Arrancy; coutume et bailliage de Saint-Mihiel.

Fontaines-à-Mollin (Ruisseau des), qui prend sa source sur le territ. de Manheulles et se réunit au Renessel près de la ferme d'Hannonceile, après un cours de 4 kilomètres.

Fontaine-sous-Hattonchâtel, ancien fief désuni du comté d'Hannonville (Durival).

Fontaine-Taillon, contrée, cⁿᵉ de Blercourt.

Fontanelle, bois, comm. d'Aubréville.

Fontenelles (Les), contrée, cⁿᵉˢ d'Érize-la-Grande, Louppy-sur-Loison et Vignéville.

Fontenette, contrée, cⁿᵉ de Ville-sur-Cousance.

Fontenille, contrée, cⁿᵉ de Malancourt.

Fontenois, f. cⁿᵉ de Demange-aux-Eaux. — *Fontenoi*, 1749 (pouillé).

Fontenoy, h. cⁿᵉ de Laimont.

Forbeauvoisin, h. ruiné, cⁿᵉ de Boncourt; détruit par les Suédois en 1635. — *Forbelvezin*, 1545 (lettres d'acquet par D. Claude de Jaulny, abbé de Saint-Airy); 1602 (dénombrement fait au duc Charles de Lorraine).

Forbelviller, ancien lieu et cense ruinée, cⁿᵈ de Maizeray. — *Forbodivilla*, 1127 (cart. de la cathédr.). — *Fourbueviller*, 1218 (*ibid.*). — *Furbueviller*, 1220, 1237, 1243, 1250 (*ibid.*). — *Furbuevillers*, 1231, 1268 (*ibid.*). — *Forbevillers*, 1549 (Wassebourg).

Forestière (La), mⁿᵉ isolée, cⁿᵉ de Souilly.

Forêt (La), cⁿᵉ de Brieulles-sur-Meuse. — *Forest des Meuzes*, 1261 (ch. d'affranch. de Brieulles).

Forêt (La), bois, comm. de Ranzières.

Forge (La), fourneau, cⁿᵉˢ de Commercy, Haironville, Menaucourt, Montblainville, Montiers-sur-Saulx.

Forges, village sur le ruiss. de Forges, à 11 kil. à l'E. de Montfaucon. — *Favorgia*, 984 (cartul. de Saint-Paul). — *Forges*, 1235, 1242, 1257, 1266, 1289 (cart. de la cathédr.) — *Ecclesia de Forges*, 1248 (cart. de Saint-Paul). — *Forge*, 1700 (carte des États). — *Forgiæ*, 1738 (pouillé).

Avant 1790, Clermontois, prévôté des Montignons, ancienne justice des princes de Condé, qui en étaient seigneurs hauts, moyens et bas justiciers; coutume et bailliage de Clermont siégeant à Varennes. — Dioc. de Verdun, archid. de la Princerie, chef-lieu de doyenné.

Le doyenné de Forges, *decanatus de Forgiis*, 1642 (Mâchon), sous le titre de Saint-Martin, était composé des paroisses et annexes dont les noms suivent : Avocourt, Béthelainville, Béthincourt, Charny, Chattancourt, Cuisy, Cumières, Dannevoux, Drillancourt, Esnes, Forges, Gercourt, Malancourt-et-Haucourt, Marre, Montzéville, Regnéville, Thierville, Vignéville, Villers-lez-Charny, Vilosnes.

En 1790, district de Verdun, cⁿᵉ de Sivry-sur-Meuse.

Actuellement, arrond. et archipr. de Montmédy, cⁿ et doyenné de Montfaucon. - - Patron : saint Martin.

Forges (Les), haut fourneau, cⁿᵉˢ d'Abainville, Chauvency-Saint-Hubert, Nantois, Stenay.

Forges (Ruisseau de), qui a sa source au-dessus de Malancourt, traverse ce village, dans lequel il reçoit le ruisseau de la fontaine des Aulnes, passe à Béthincourt, à Forges, et se jette dans la Meuse vis-à-vis de Brabant sur-Meuse, après un cours de 12 kilomètres.

Forgettes (Les), f. sur l'Anelle, cⁿᵉ de Beaufort.

Fort (Le), contrée, cⁿᵉ de Sivry-la-Perche.

Fortin, bois comm. de Beauclair.

Fondmont, côte et bois, c⁰ˢ de Vauquois; faisait partie de la forêt de Hesse.

Fosse-à-Canne, contrée, c⁰ᵉ de Cesse.

Fosse-à-Chat, contrée, c⁰ᵉ de Cesse.

Fosse-au-Lion (La), m⁰ⁿ isolée, c⁰ᵉ de Gercourt.

Fosse-aux-Reines, contrée, c⁰ᵉ de Beauclair.

Fossé-Bas (Le), m¹ⁿ, c⁰ᵉ de Chardogne. — Fossey, 1760 (Cassini).

Fosse-Choseau, fontaine, c⁰ᵉ de Billy - sous - Mangiennes.

Fosse-Gille, bois comm. d'Avocourt.

Fosses (Les), contrée, c⁰ᵉ d'Hannonville-sous-les-Côtes et de Marre.

Fossés (Les), bois comm. de Bourcuilles et d'Ornes.

Fossés (Rue des), à Bar-le-Duc; coupe les anciens fossés.

Foucaucourt, vill. sur le Thabas, à 4 kil. au N.-E. de Thiaucourt. — Figildi-curtis, 962 (cartul. de Saint-Vanne). — Faucaudi-curtis, 1043 (confirm. par Brunon, év. de Toul). — Foucoucourt, 1352 (coll. lorr. t. 243.37, p. 16). — Foulcaucourt, Fulconis-curia, 1642 (Mâchon). — Foucaucour, 1656 (carte de l'év.). — Fuchea-curia, 1738 (pouillé). — Fulcadi-curtis, Fulconis-curtis, 1745 (Roussel); 1756 (D. Calmet, not.). — Fulcherii-curtis, 1756 (ibid.).

Avant 1790, Champagne, terre et prévôté de Beaulieu, coutume, baill. présidial et élection de Châlons, parlem. de Paris. — Dioc. de Verdun, archid. d'Argonne, doyenné de Souilly.

En 1790, distr. de Clermont-en-Argonne, c⁰ⁿ de Triaucourt.

Actuellement, arrond. et archipr. de Bar-le-Duc, c⁰ᵉ et doyenné de Triaucourt. — Écarts : Belair, Thabas. — Patron : saint Jean-Baptiste; annexe de Brizeaux.

Fouchère, bois comm. de Biencourt et de Brabant-en-Argonne.

Fouchère, contrée, c⁰ᵉ de Naives-devant-Bar et de Ville-sur-Cousance.

Fouchères, vill. sur la droite de la Saulx, à 10 kil. au N. de Montiers-sur-Saulx. — Foulchieres, 1302 (chambre des comptes de Bar, n° 254). — Foucheriæ, Faulchiers, 1402 (regestr. Tull.). — Fouchieres, 1495-96 (Trésor des ch. B. 2364); 1579 (proc.-verb. des cout.). — Feugère, 1700 (carte des États). — Fouchers, 1711 (pouillé); 1749 (ibid.). — Fulcherium, 1711 (ibid.); 1756 (D. Calmet, not.). — Foulcherium, 1749 (pouillé).

Avant 1790, Barrois mouvant, partie office et prévôté de Bar, partie office et prévôté de Ligny, recette, coutume et bailliage de Bar, présidial de Châlons, parlem. de Paris; le roi en était seul seigneur. — Dioc. de Toul, archid. de Rinel, doyenné de Dammarie. — Patron : saint Maur.

En 1790, district de Bar-le-Duc, c⁰ⁿ de Stainville.

Actuellement, arrond. et archipr. de Bar-le-Duc, c⁰ⁿ et doyenné de Montiers-sur-Saulx. — Écart : la Borde. — Patron : saint Laurent.

Fouchères (Grandes-), bois, c⁰ᵉ de Ville-sur-Cousance.

Fouchères (Les), bois, c⁰ᵉ de Villers-le-Sec.

Foucherotte, bois comm. de Saint-Joire.

Foudé, contrée, c⁰ᵉ de Villers-lez-Mangiennes.

Foudre (Bois de la), c⁰ᵉ de Woinville.

Foudrier (Le), contrée, c⁰ᵉ de Montblainville.

Fouelle, contrée, c⁰ᵉ de Marre.

Foug (Prévôté de), avait son siége à Foug (Meurthe), et ressortissait au bailliage de Saint-Mihiel; les villages compris aujourd'hui dans le département de la Meuse et faisant partie de cette prévôté sont : Jouy-sous-les-Côtes (partie avec Apremont) et Saint-Germain-sur-Meuse (partie avec Vaucouleurs).

Fouillot, bois, c⁰ᵉ de Latour-en-Woëvre.

Foulanoue, contrée, c⁰ᵉ de Morgemoulins.

Foulants (Rue des), à Bar-le-Duc.

Foulon, m¹ⁿ ruiné, c⁰ᵉ de Ligny-en-Barrois.

Foulon, m¹ⁿ, c⁰ᵉ de Nant-le-Petit.

Foulon (Château), ancienne forteresse ou château féodal, c⁰ᵉ de Manheulles.

Founots (Les), bois, c⁰ᵉ de Gondrecourt.

Four (Le), bois comm. de Brandeville, Julvécourt et Vilosnes.

Four-à-Chaux, m⁰ⁿ isolée, c⁰ᵉ de Brandeville.

Four-à-Chaux, usine, c⁰ᵉˢ de Trémont et de Verdun.

Fourches (Les), contrée, c⁰ᵉˢ de Biencourt, Harville, Heippes, Lemmes et Rembercourt-aux-Pots; ancien lieu d'exécution ou de justice seigneuriale.

Fourgues (Les), bois comm. de Bourcuilles; faisait partie de la forêt de Hesse.

Fourgues (Côte des), c⁰ᵉˢ de Dieue et d'Hattonchâtel : ancien lieu de justice seigneuriale.

Fournois, contrée, c⁰ᵉ de Parois.

Four-de-Paris (Le), hameau sur la Biesme, c⁰ᵉ de Lachalade.

Four-les-Moines, ham. et bois, c⁰ᵉ de Lachalade. — Four-le-Moine, 1700 (carte des États).

Four-les-Moines (Ruisseau du), qui a sa source dans la forêt d'Argonne et se jette dans l'Aire près de Neuilly, après un cours de 3 kilomètres.

Fourmillière (La), bois comm. d'Herbeuville, sur le territ. de Dommartin-la-Montagne.

Fourneau (Le), forge, c⁰ᵉˢ de Bantheville, Chassey, Dainville et Dammarie.

Fourot, ponceau sur le Warnonclos, c^{ne} de Fresnes-en-Woëvre.

Fourières, contrée, c^{nes} de Corniéville, Iré-le-Sec, Marre et Ornel.

Fourvaux, étang, c^{ne} de Beaulieu.

Frafay, bois comm. de Seuzey, sur le territ. de Dompierre-aux-Bois.

Fragne, bois comm. de Delouze.

Fragoule, bois comm. de Combres.

Fraiscale, m^{on} isolée, c^{ne} de Neuville-sur-Orne.

Fraitier-la-Chèvre, contrée, c^{ne} de Ville-devant-Belrain.

Fraity, f. c^{ne} de Cierges.

Frambrau, contrée, c^{ne} de Fains.

Frana, f. c^{ne} de Sivry-la-Perche. — *Frasurdum*, 940 (cart. de Saint-Vanne). — *Frasnidum*. 962, 980, 1015 (*ibid.*). — *Frasnium*, 1015 (*ibid.*). — *Franay*, 1229 (cart. de la cathédr.)

Dépendait de la prévôté de Lemmes, coutume et bailliage de Verdun, juridiction du prieur et des abbés de Saint-Vanne, qui en étaient seigneurs hauts, moyens et bas justiciers.

Franaux (Le), ruiss. c^{ne} de Champlon; est l'un des affluents du Longeau.

Franc (Ruisseau le), qui se jette dans la Meuse entre Sorcy et Troussey.

Franc-Bois, bois, c^{ne} de Gremilly; faisait partie de la forêt de Mangiennes.

Franc-Bois, bois, c^{ne} de Triaucourt.

Franc-Dixme, contrée, c^{ne} d'Étain.

France (Bois de), c^{ne} de Mouilly.

France (Pont de), sur le ruisseau de Rouvres, c^{ne} de Darmont.

France (Porte-de-), contrée, c^{ne} de Fromeréville.

France (Porte de), l'une des entrées de la place de Verdun.

Francus-Chaux (La), chem. vicin. de Lissey à Vittarville.

Franchecourt, ancien fief, c^{ne} de Luzy.

Francheville, f. c^{ne} de Lachaussée. — *Francheville-les-Rouvroi*, 1249 (chambre des comptes, archives de la Meuse). — *Francheville-devant-la-Chaulciee*, 1342 (*ibid.*).

Franelle, bois, c^{ne} de Laheymeix; faisait partie de la forêt de Marraulieu.

Franquemont ou Franquemont-la-Ville, h. c^{ne} d'Érize-Saint-Dizier.

Avant 1770, chât. seign. et siège d'une prévôté ressortissant au bailliage de Bar; cette prévôté se composait d'Érize-Saint-Dizier, Franquemont et Géry.

Les armoiries de la maison de Franquemont étaient : *de gueules à deux saumons adossés d'or* (Husson l'Écossais).

Franquillons (Tour des), tour ruinée, à Verdun; était située sur l'emplacement du bastion Saint-Paul.

Frascati, h. c^{ne} de Lavignéville.

Frater, bois, c^{ne} de Flassigny.

Fratis, bois domanial, c^{nes} de Flassigny et d'Iré-le-Sec.

Fratis (Le), contrée, c^{ne} d'Hattonchâtel.

Fraty, contrée, c^{ne} d'Ancemont.

Fravaux, contrée, c^{ne} de Fromeréville.

Fraure, bois comm. d'Azannes.

Frécul, contrée, c^{ne} de Neuville-sur-Orne.

Frélon, bois comm. d'Azannes.

Frémeréville, vill. sur la droite du Pinceron, à 7 kil. au N.-E. de Commercy. — *Framea-villa*, 1106 (bulle de Pascal II). — *Fremerevilla*, 1180 (bulle d'Alexandre III); 1402 (regestr. Tull.). — *Fromereville*, 1282 (cartul. d'Apremont); 1656 (carte de l'évêché). — *Fremonville, Fremonis-villa*, 1711 (pouillé).

Avant 1790, Barrois mouvant, office, recette, prévôté, coutume et baill. de Saint-Mihiel, présidial de Toul, cour souveraine de Nancy; le roi en était seul seigneur. — Dioc. de Toul, archid. de Liguy, doyenné de Meuse-Commercy.

En 1790, distr. de Commercy, c^{on} de Vignot.

Actuellement, arrond. c^{on}, archipr. et doyenné de Commercy. — Patron : saint Étienne.

Fremié, bois comm. de Tilly.

Fremier, contrée, c^{ne} de Woinville.

Fremières, contrée, c^{ne} de Bar-le-Duc.

Fremin, contrée, c^{ne} de Dombasle.

Fremis, bois comm. de Dompierre-aux-Bois.

Fremis (Champ-), contrée, c^{ne} de Ville-sur-Cousance.

Fremiwa, contrée, c^{ne} de Dieue.

Frenat (Le), ruiss. qui a sa source à la fontaine du Vozel-de-la-Cave, dans les bois de Châtillon-sous-les-Côtes et se jette dans le ruisseau de Châtillon au-dessus de Mandres, après un cours de 3 kil.

Frénois, ham. c^{ne} de Montmédy. — *Fraisnoi-devant-Mont-Maidy*, 1270 (ch. de Louis V, comte de Chiny). — *Fraisnois-devant-Mon-Maidy*, 1270 (reprises de Louis V). — *Ranois*, 1656 (carte de l'év.). — *Fresnoy*, 1700 (carte des États).

Était anciennement une cense placée sous la suzeraineté commune des ducs de Bar et de ceux de Luxembourg (de 1270 à 1603) et formait le bénéfice militaire des capitaines prévôts de la châtellenie de Montmédy.

Frénois (Le), ruiss. qui a sa source au hameau de ce

noin et se jette dans la Chiers vis-à-vis de Villécloye, après un cours de 2 kilomètres.

Frescaty, papeterie, c^ne de Lamorville.

Fresnel, anc. fief à Sampigny (Durival).

Fresnes-au-Mont, vill. sur le Rehaut, à 8 kil. à l'E. de Pierrefitte. — *Fraxinum*, 904 (dipl. du roi Louis); 931 (dipl. de Charles le Simple); 1106 (bulle de Pascal II); 1756 (D. Calmet, *not.*). — *Frasindum*, 1015 (cartul. de Saint-Paul). — *Franium*, 1106 (bulle de Pascal II). — *De Fraxinis in Barrensi pago*, 1185 (Onera abbatum). — *Frasna*, 1165 (cartul. de Saint-Paul). — *Frasnidum*, 1166, 1177, 1196, 1247 (*ibid.*). — *Frasne*, 1166, 1230, 1247, (*ibid.*). — *Fraine con dit le Moine*, 1247 (*ibid.*). — *Fraine quen dit Moine*, 1247 (*ibid.*). — *Fraine*, 1373 (chamb. des comptes, c. de Saint-Mihiel). — *Fraxinus*, 1405 (coll. lorr. t. 260 *bis*. 46, p. 19). — *Fraisne-en-Barrois*, 1449 (*ibid.* t. 260, 46, p. 8); 1459 (abb. de Saint-Mihiel). — *Fraisne-au-Mont*, 1571 (proc.-verb. des cout.); 1745 (Roussel). — *De Fraxinis in Montibus*, 1642 (Mâchon). — *Frênes-aux-Monts*, 1738 (pouillé). — *Fraxinum-ad-Montes*, 1738 (*ibid.*). — *Fréno*, *Freneium*, 1749 (*ibid.*).

Avant 1790, Barrois mouvant, vill. formant avec Saint-Louvent et Lahaymeix une baronnie érigée en 1723 en faveur de M. d'Armur; l'abbé de Saint-Mihiel était seigneur foncier à Fresnes-au-Mont, l'abbé de Saint-Benoît seigneur foncier à Lahaymeix; juridiction du juge de la baronnie, office, recette, coutume et bailliage de Saint-Mihiel, présidial de Toul, cour souveraine de Nancy. — Dioc. de Verdun, archid. de la Rivière, doyenné de Saint-Mihiel.

En 1790, distr. de Saint-Mihiel, c^ne de Bannoncourt.

Actuellement, arrond. et archipr. de Commercy, c^ne et doyenné de Pierrefitte. — Écarts : Herbeauchamp, Saint-Louvent. — Patron : saint Laurent.

Fresnes-en-Woëvre, bourg sur le Longeau, à 19 kil. à l'E. de Verdun. — *Frasindum-villa*, ixe s^e (Bertaire). — *Frasinetum*, 952 (dipl. d'Otton Ier). — *Frasnidum*, 952 (acte de fondat.); 962 (cartul. de Saint-Vanne); 1049 (bulle de Léon IX); 1127 (cart. de la cathédr.). — *Frencia*, *Frenzeia in pago Waverensi*, 960 (dipl. d'Otton Ier). — *Frasinum*, 1015 (cart. de Saint-Vanne). — *Frasna*, 1165 (cart. de Saint-Paul). — *Frasne*, 1230 (*ibid.*). — *Frane*, 1230 (cart. de la cathédr.). — *Frane-en-Wevre*, 1247 (*ibid.*). — *Fraisnes*, 1332 (accord entre l'év. de Verdun et le voué de Fresnes); 1671 (Urbain Quillot). — *Fraisne*, 1494 (Lamy, sentence

Meuse.

de la salle épisc. de Verdun). — *Fresne-en-Voivre*, 1564 (éch. entre le duc de Lorr. et l'év. de Verdun). — *Fresne-en-Voipvre*, *de Fraxinis*, 1642 (Mâchon). — *Fresne*, 1656 (carte de l'évêché.). — *Franisda-villa*, 1738 (pouillé). — *Frania*, 1756 (D. Calmet, *not.*).

Fresnes passe pour avoir été habité par des princes de la famille royale, qui, en l'an 630, donnèrent cette terre à l'église de Verdun.

Avant 1790, Verdunois, terre d'évêché, chef-lieu de prévôté, anc. assises des quatre pairs de l'évêché, coutume, baill. et présidial de Verdun, parlement de Metz. — Dioc. de Verdun, archid. de la Woëvre, doyenné de Pareid.

La prévôté de Fresnes était composée des localités dont les noms suivent : Amblonville, Aulnois-en-Woëvre, Brandecourt, Braquis, Champlon, Combres, Dieue, les Éparges, Fresnes-en-Woëvre, Génicourt-sur-Meuse (partie avec Saint-Mihiel), Hannoncelle, Haudiomont, Hennemont, Manheulles, Merauvaux, Mouilly, Pintheville, Riaville, Ronvaux, Rupt-en-Woëvre, Trésauvaux, Villers-sous-Bonchamp, Watronville. — Le sceau de la prévôté portait : *un écusson chargé à gauche d'une crosse d'évêque en pal, à droite d'une épée de même, la pointe en haut, le tout entre trois clous aussi en pal, 2 et 1*; en légende : *Sceau des sentences de la prévôté de Fresnes* (musée de Verdun).

Le fief de Fresnes-en-Woëvre était vassal de l'év. de Verdun.

En 1790, lors de l'organisation du département, Fresnes devint chef-lieu de l'un des cantons dépendant du district de Verdun; ce canton était composé des municipalités dont les noms suivent : Bonzée, Fresnes-en-Woëvre, Haudiomont, Manheulles, Marchéville, Ménil-sous-les-Côtes, Mont-sous-les-Côtes, Villers-sous-Bonchamp.

Actuellement, arrond. et archipr. de Verdun, chef-lieu de canton et de doyenné. — Écart : Aulnois-en-Woëvre. — Patron : saint Pierre-aux-Liens.

Le canton de Fresnes est situé à l'E. du départ.; il est borné au N. par le canton d'Étain, à l'O. par celui de Verdun, au S. par l'arrondissement de Commercy, à l'E. par le département de la Moselle; sa superficie est de 25,693 hect.; il renferme trente-huit communes, qui sont : Avillers, Bonzée, Butgnéville, Châmplon, Combres, Dommartin-la-Montagne, Doncourt-aux-Templiers, les Éparges, Fresnes-en-Woëvre, Hannonville-sous-les-Côtes, Harville, Haudiomont, Hennemont, Herbeuville, Labeuville, Latour-en-Woëvre, Maizeray, Man-

12

heuiles, Marchéville, Ménil-sous-les-Côtes, Mont-
sous-les-Côtes, Mouilly, Moulotte, Pareid, Pintheville, Riaville, Ronvaux, Saint-Hilaire, Saint-Remy,
Saulx-en-Woëvre, Thillot, Trésauvaux, Ville-en-
Woëvre, Villers-sous-Bonchamp, Villers-sous-Pareid, Vadonville-en-Woëvre, Watronville, Woël.

La composition du doyenné de Fresnes est la
même que celle du canton; ce doyenné comprend
en plus Braquis, qui est annexe de Ville-en-Woëvre.

FRESNOIS, contrée, c⁰⁰ de Donaumont.

FRÉTA, contrée, c⁰⁰ de Ville-sur-Cousance; traces d'anciens retranchements.

FRIBOURG, bois comm. d'Hadonville-sous-Lachaussée.

FRICHE-MORANT, bois comm. de Behonne.

FRINCHON, contrée, c⁰⁰ d'Érize-la-Brûlée.

FRIQUENEAU, contrée, c⁰⁰ de Dieue.

FRISSARD, bois comm. de Girouville.

FRIVAUX, bois, c⁰⁰ de Dompierre-aux-Bois.

FROIDE-ENTRÉE, chap. ruinée, c⁰⁰ de Ligny; avait une
léproserie dite aussi Chapelle des malades, citée dans
un arrêt du 19 janvier 1587 (Trésor. des chart. lay.
Ligny, IV, n° 23).

FROIDE-FONTAINE (LA), source située au S. d'Érize-
Saint-Dizier; donne naissance à l'Ezrule.

FROIDE-FONTAINE (RUISSEAU DE), qui prend sa source
à Béthelainville, passe à Ancéréville, Germonville,
Râmont, et se jette dans la Meuse entre Thierville
et Charny, après un cours de 11 kilomètres.

FROIDE-FONTAINE (RUISSEAU DE), qui prend sa source
au-dessus de Villers-devant-Dun, traverse ce village,
passe à Montigny-sur-Meuse, à Saulmory, et se jette
dans la Meuse, après un cours de 8 kilomètres.

FROIDE-TERRE, ferme ruinée, située sur la côte de ce
nom, c⁰⁰ de Bras. — Frapeterre, 1700 (carte des
États).

FROIDE-TERRE, contrée, c⁰⁰ de Damloup.

FROIDOS, vill. sur l'Aire et le Vassieux, à 7 kil. au S.-E.
de Clermont-en-Argonne. — Froideau, 1571 (cout.
de Clermont); 1738 (pouillé); 1745 (Roussel). —
Froidoz, 1591 (coll. lorr. t. 427). — Fredoz, 1656
(carte de l'év.). — Fredn, 1700 (carte des États).
Fredeacum, 1788 (pouillé). — Freydeau, 1743
(cout. de Verdun).

Avant 1790, Clermontois, ancienne justice seigneuriale des princes de Condé, seigneurs hauts,
moyens et bas justiciers, coutume, bailliage et prévôté de Clermont, présidial de Châlons, parlement
de Paris. — Dioc. de Verdun, archid. d'Argonne,
doyenné de Clermont.

En 1790, distr. de Clermont-en-Argonne, c⁰⁰ de
Rarécourt.

Actuellement, arrond. et archipr. de Verdun, c⁰⁰⁰

et doyenné de Clermont. — Écart : Montgarny. —
Patron : saint Antoine.

FROIDRUPT, contrée, c⁰⁰ de Tannois.

FROILLET ou FROILIER, f. c⁰⁰ de Morley; dépendait de
l'abbaye d'Écurey. — Frosley, 1711 (pouillé). —
Froley, 1749 (ibid.).

FROILLET (HAIE-), contrée, c⁰⁰ de Brauvilliers.

FROMERÉVILLE, vill. sur le ruiss. de Sivry-la-Perche, à
8 kil. au S. de Charny. — Frumerevilla, 1153 (cart.
de Saint-Paul). — Fremereville, 1158, 1231 (ibid.);
1749 (pouillé). — Fremereville, 1240, 1279,
1296 (cartul. de la cathédr.); 1316 (Soc. Philom.
lay. Verdun, A. 8); 1498 (paix et accord); 1700
(carte des États); 1749 (pouillé). — Fremeville.
1250 (cartul. de l'év.). — Fremereiville, 1326 (recueil). — Fromereveille, 1530 (ibid.). — Fraveronville, 1564 (éch. entre le duc de Lorr. et l'év. de
Verdun). — Fromerevilla, 1738 (pouillé).

Avant 1790, Clermontois, anc. justice seign. des
princes de Condé, seigneurs hauts, moyens et bas
justiciers, prévôté des Montignons, coutume et baill.
de Clermont, parlement de Paris. — Dioc. de Verdun, archid. d'Argonne, doyenné de Clermont.

Le village de Fromeréville fut compris dans l'acte
du 10 septembre 1564, passé entre le duc Charles
de Lorraine et l'évêque Psaume de Verdun, contenant partage de plusieurs villages qui étaient con-
tentieux entre les comparants, savoir : à la part de
l'évêque, Chattancourt, Marre, Rampont, Avocourt;
à celle du duc de Lorraine, Montzéville, Béthelainville, Vignéville, Forges, Béthincourt, Fromeréville, Bercourt, Nixéville, Châtillon-sous-les-Côtes,
et Gouraincourt, et ce que l'évêque avait en la prévôté des Montignons.

En 1790, district de Verdun, c⁰⁰ de Sivry-la-
Perche.

Actuellement, arrond. et archipr. de Verdun, c⁰⁰
et doyenné de Charny. — Écarts : Choisel, Germonville, Lombrel, Moxéville. — Patron : saint
Albin.

FROMEZEY, vill. sur le ruiss. de Tavannes, à 4 kil. à l'O.
d'Étain. — Frumitiaca-villa, IX° s¹ (Bertaire). —
Frunisiacum, 1049 (bulle de Léon IX); 1127
(cartul. de la cathédr.). — Fremisey, 1218, 1243,
1252, 1262 (ibid.). — Fromesi-le-Mesni,
1549 (Wassebourg). — Fremezey, 1592 (coll. lorr.
t. 268.49, A. 14). — Fremezay, 1656 (carte de
l'évêché). — Fremezé, 1700 (carte des États).
— Fromesiœ, Framezay, 1738 (pouillé).

Avant 1790, Verdunois, terre du chapitre, anc.
justice des chanoines de la cathédrale, prévôté de
Foameix, coutume, bailliage et présidial de Verdun,

parlem. de Metz. — Dioc. de Verdun, archid. de la
Woëvre, doyenné de Pareid, annexe de Foameix.
En 1760, distr. d'Étain, c⁰ᵉ d'Herméville.
Actuellement, arrond. et archipr. de Verdun, c⁰ᵉ
et doyenné d'Étain. — Patron : saint Martin ; annexe
de Foameix.

FRONQUINO, étang, c⁰ᵉ de Morgemoulins.

FROUSE (RUISSEAU DE), qui a sa source à Narcy (Haute-
Marne) et se jette dans le ruiss. de Cousances à Cousances-aux-Forges, après un cours de 2 kil. dans le
département.

FROVAL, font. c⁰ᵉ de Géry.

FRUÉ (NOUE-), contrée, c⁰ᵉ de Neuville-sur-Orne.

FAUTILLE, bois comm. de Vadonville.

FUCEL, contrée, c⁰ᵉ de Brabant-le-Roi.

FUMIN, bois comm. de Vaux.

FUROMONT, anc. ban, c⁰ᵉ de Muzeray.

FURTÉMONT, contrée, c⁰ᵉ de Champneuville.

FURTIN (CÔTE), c⁰ᵉ de Montigny-sur-Meuse.

FUTEAU, vill. sur la Biesme, à 6 kil. à l'O. de Cler-
mont-en-Argonne. — Futo, 1700 (carte des États).
— Futum (reg. de l'év.).
Avant 1790, Clermontois, anc. justice seign. des
princes de Condé, coutume, prévôté et bailliage de
Clermont, présidial de Châlons, parlement de Paris.
— Dioc. de Verdun, archid. d'Argonne, doyenné
de Clermont; dépendait de la chapelle vicariale de
Belle-Fontaine.
En 1790, distr. de Clermont, c⁰ⁿ des Islettes.
Actuellement, arrond. et archipr. de Verdun, c⁰ᵉ
et doyenné du Clermont. — Écarts : Belle-Fontaine,
la Contrôlerie, Courupt, Georgette, la Pologne. —
Patron : la Nativité de la Vierge. — Futeau fut érigé
en paroisse en 1801 ; il obtint un presbytère en
1848; son église, récemment bâtie, fut livrée au
culte en 1860.

G

CABION, contrée, c⁰ᵉ de Buxières.

GAILLE (BOIS LA), c⁰ᵉ de Fromeréville.

GAILLE (CHAMP-LA-), contrée, c⁰ᵉ d'Ambly et de Landrecourt.

GAILLE (FONTAINE DE LA), c⁰ᵉ de Vauquois.

GAILLETELLE (LA), font. c⁰ᵉ de Rembercourt-aux-Pots.

GAILLOT (PONT-), contrée, c⁰ᵉ de Villotte-devant-Saint-
Mihiel.

GAINVAL, bois comm. de Ligny, sur le territoire de
Givrauval.

GALAVAUDE (LA), ham. partie faubourg de Verdun,
partie écart de Belleville.

GALAVAUX, cense ruinée et bois, c⁰ᵉ de Chaumont-
devant-Damvillers.

GALAVAUX, bois comm. de Romagne-sous-les-Côtes, sur
le territ. d'Azannes.

GALIOTTE (LA), ruiss. dit aussi Rupt-de-Gras, qui prend
sa source sur le territ. d'Auzécourt et se jette dans
la Chée en aval de Nettancourt, après un trajet de
4 kilomètres.

GAMBA, côte, c⁰ᵉ de Cheppy.

GAND (CÔTE-), contrée, c⁰ᵉ de Belrain.

GANTA, contrée, c⁰ᵉ de Belleville.

GARANTE, contrée, c⁰ᵉ de Récicourt.

GARAUPRÉ, contrée, c⁰ᵉ de Bourouilles.

GARDE (CHAMP-LA-), contrée, c⁰ᵉ de Verdun.

GARE (LA), écart, c⁰ᵉˢ de Bar-le-Duc, Chauvency-le-
Château, Commercy, Lamouilly, Lérouville, Longe-
ville, Loxéville, Montmédy, Mussey, Nançois-le-
Petit, Pagny-sur-Meuse, Revigny, Sorcy.

GARENNE (LA), contrée, c⁰ᵉˢ de Commercy, Montmédy,
Remennecourt.

GARENNE (LA), f. c⁰ᵉ d'Hattonchâtel.

GARENNE (LA), bois, c⁰ᵉ de Salmagne.

GARENNE (PONT DE LA), c⁰ᵉ de Sampigny.

GARGANTUA, bois comm. de Richecourt.

GARGASSE (LA), côte, c⁰ᵉ de Souilly.

GATINOT (PRÉ-), bois comm. d'Avocourt.

GÂTOIR (PONT-DU-), contrée, c⁰ᵉ de Romagne-sous-les-
Côtes.

GAUDILLON, contrée, c⁰ᵉ de Saulx-en-Barrois.

GAUDRY, mⁱⁿ, c⁰ᵉ de Couvertpuis.

GAUFFIÈRE (LA), bois comm. de Lacroix-sur-Meuse.

GAUMONT, pont, c⁰ᵉ de Brabant-le-Roi.

GAUMONT, f. sur la Galiotte, c⁰ᵉ de Noyers. — Gouau-
mont, 1413 (chambre des comptes de Bar, compte
du gruyer).

GAUVAUX, contrée, c⁰ᵉ de Void.

GAYOTTES, contrée, c⁰ᵉ de Beurey-la-Côte.

GAYE (CHAMP-LA-), contrée, c⁰ᵉ de Parois; traces de
constructions antiques.

GEAI (LE), fᵉ c⁰ᵉ d'Azannes. — Le Gay, 1656 (carte
de l'évêché).

GÉNIOLOT (LE), anc. chemin, c⁰ᵉ de Darmont.

GÉLINE, bois comm. d'Aincreville.

GÉLINERIE (LA), f. c⁰ᵉ d'Azannes.

GENDARME (LE), contrée, c⁰⁰ de Fromeréville.

GENDARME (PONT), sur la Scance, c⁰⁰ de Thierville.

GENDARMERIE (LA), m⁰⁰ isolée, c⁰ˢ de Dompcévrin. — *La Gigauderie*, 1760 (Cassini).

GENDEURE, contrée, c⁰⁰ de Nettancourt.

GENÉVROIS, bois comm. de Cornéville.

GÉNICOURT-SOUS-CONDÉ, vill. à l'affluent du ruisseau de Seigneulles et de la Chée, à 6 kil. au N.-O. de Vavincourt. — *Gizaincourt*, 1279 (ch. des comptes de Bar, B. 254). — *Gesinicuria*, 1402 (regestr. Tull.). — *Genicour*, 1579 (proc.-verb. des cout.); 1700 (carte des États). — *Genicuria*, 1711 (pouillé); 1749 (*ibid.*); 1756 (D. Calmet, *not.*).

Avant 1790, Barrois mouvant, juridiction du juge-garde du seigneur, qui en était haut, moyen et bas justicier, office, recette, coutume et bailliage de Bar, présidial de Châlons, parlement de Paris. — Diocèse de Toul, archidiaconé de Rinel, doyenné de Bar, annexe de Louppy-le-Petit. — Avait une église sous l'invocation de saint Hilaire et un hôpital qui fut donné en 1385, par le duc Robert, aux Antonistes de Bar; cet établissement n'existait plus en 1768.

En 1790, distr. de Bar, c⁰⁰ des Marats.

Actuellement, arrond. et archipr. de Bar-le-Duc, c⁰⁰ de Vavincourt, doyenné et paroisse de Condé.

GÉNICOURT-SUR-MEUSE, vill. sur la droite de la Meuse, à 14 kil. au S. de Verdun. — *Villa-Gunscort*, xiᵉ sᵉ (Hugues de Flavigny, p. 266). — *Genesis-curtis*, 1047 (ch. de l'év. Thierry). — *Genesii-curtis*, 1160, 1165, 1208 (cartul. de Saint-Paul). — *Curtis-Genezi*, 1161 (cartul. de Saint-Vanne). — *Genesei-curtis*, 1165 (cartul. de Saint-Paul). — *Geneycourt*, 1165, 1251, 1253 (*ibid.*). — *Gugnicurt*, 1180 (bulle d'Alexandre III). — *Genisicort*, xiᵉ sᵉ (Hugues de Flavigny). — *Genesicurtis*, 1207 (cart. de Saint-Paul). — *Gineicourt*, 1247 (*ibid.*). — *Genecort*, 1208 (hosp. Sainte-Catherine, B. 5). — *Leprosi de Genecourt*. xiiiᵉ sᵉ (cartul. de Saint-Paul). — *Ginercourt*, 1376, 1395, 1396, 1493 (hosp. Sainte-Catherine, B. 5). — *Genecourt*, 1549 (Wassebourg). — *Genicourt*, 1564 (échang. entre le duc de Lorr. et l'év. de Verdun). — *Gynecourt*, 1581 (compte du prévôt de Fresnes); 1642 (Máchon). — *Geniscourt*, 1598 (hosp. Sainte-Catherine, B. 5). — *Giniscourt*, 1664 (*ibid.*). — *Genicourt*, 1700 (carte des États). — *Genecuria*, 1738 (pouillé).

Avant 1790, Verdunois, terre d'évêché dont l'évêque était seul seigneur; avait un château dont M. du Rouvroi était seigneur haut, moyen et bas justicier; ce chât. était Barrois non mouvant, office, recette, coutume et bailliage de Saint-Mihiel, cour souveraine de Nancy; le village, prévôté de Fresnes-en-Woëvre, anc. assises de l'évêché, coutume, baill. et présidial de Verdun, parlement de Metz. — Pour les deux, dioc. de Verdun, archid. de la Rivière, doyenné de Saint-Mihiel.

En 1790, distr. de Verdun, c⁰⁰ de Tilly.

Actuellement, arrond. c⁰⁰, archipr. et doyenné de Verdun. — Patronne : sainte Madeleine.

GÉNICOURT (RUISSEAU DE), qui prend sa source à l'E. de Génicourt-sur-Meuse et traverse ce village, à l'O. duquel se jette dans le May, après un cours de 2 kil.

GENILLIÈRE, contrée, c⁰⁰ de Bar-le-Duc.

GENINOYE, contrée, c⁰⁰ d'Ancemont.

GENTILS (CHAMP-DES-), m⁰⁰ is. et contrée, c⁰⁰ de Verdun.

Ce lieu, situé sur la côte Saint-Barthélemy, était occupé au temps du paganisme par un bois sacré dédié aux divinités champêtres : *Cultibus dæmonum erat profanata, quia videlicet ibi gentiles rusticani Faunis et Satyris vota solvebant et sacra celebrabant*, xiᵉ siècle (Hugues de Flavigny).

GEORGETTE (LA), f. c⁰⁰ de Futeau.

GEORGIA (LA), font. c⁰⁰ de Neuvilly. — *Estang Gorgia*, 1700 (carte des États).

GÉRAMIE, contrée, c⁰⁰ de Bras.

GÉRANPRÉ, contrée, c⁰⁰ d'Herméville.

GÉRARD, étang, c⁰⁰ de Cornéville. — *Girasa*, 1700 (carte des États).

GÉRARD-PRÉ (RUISSEAU DE), c⁰⁰ de Saint-Jean-lez-Buzy.

GÉRARD-RUE, rue, à Verdun. — *Domus sita in vinculo domni Gyraldi*, 1254 (Soc. Philom. lay. Verdun, A. 2). — *Giraut-Rue*, 1288 (*ibid.* A. 6). — *Giva-rue*, 1288 (*ibid.* A. 7).

GÉRAUVILLIERS, vill. à 5 kil. au N. de Gondrecourt. — *Gillauviler*, 1257 (coll. lorr. t. 243.37, p. 4). — *Givauviller*, 1338 (chamb. des comptes, c. de Gondrecourt); 1711 (pouillé). — *Giranvilliers*, 1580 (proc.-verb. des cout.). — *Giroviller*, 1700 (carte des États). — *Gerardi-Villare*, 1711 (pouillé); 1749 (*ibid.*); 1756 (D. Calmet, *not.*). — *Girauvillier*, 1749 (pouillé). — *Girovillier*, 1760 (Cassini).

Avant 1790, Barrois mouvant, office de Gondrecourt, recette de Bourmont, juridiction du juge-garde des seigneurs, coutume du Bassigny, baill. de Saint-Thiébaut, présidial de Châlons, parlement de Paris. — Dioc. de Toul, archid. de Ligny, doy. de Gondrecourt.

En 1790, distr. et c⁰⁰ de Gondrecourt.

Actuellement, arrond. et archipr. de Commercy, c⁰⁰ et doyenné de Gondrecourt. — Patron : saint Martin; chapelle vicariale.

GERBEUVILLE, nom primitif de Spada. — Voy. ce mot.

GERBILLON, bois comm. de Bras.

GERCOURT, vill. sur le ruiss. de Guénoville, à 7 kil. à l'E. de Montfaucon. — *Gerici-curtis*, 1093 (arch. de la Meuse). — *De Gericort*, 1272 (cession à Philippe le Hardi). — *Gircourt*, 1656 (carte de l'év.); 1745 (Roussel). — *Gericourt*, xvii° siècle (arch. comm.). — *Jarcour*, 1700 (carte des États).

Avant 1790, Champagne, coutume de Reims-Vermandois, prévôté et justice seigneuriale du chap. de Montfaucon, baill. de Sainte-Menehould, puis de Clermont siégeant à Varennes, présid. de Reims, parlement de Paris. — Dioc. de Verdun, archid. de la Princerie, doyenné de Forges, paroisse de Drillancourt.

En 1790, district de Verdun, c°° de Sivry-sur-Meuse.

Actuellement, arrond. et archipr. de Montmédy, c°° et doyenné de Montfaucon. — Écarts : Belhaine, Drillancourt, Fosse-au-Lion, Guénoville, Jelain, Moulin-de-Bas, Moulin-de-Haut, le Petit-Château. — Patron : la Nativité de la Vierge.

GÉRÉCHAMP, bois comm. de Xivray-Marvoisin.

GÉNISSON (LE), bois comm. de Nicey.

GERMAINVILLE, anc. fief à Géry-le-Grand.

GERMAIVAUX, contrée, c°° de Ville-sur-Cousance.

GERMÉVILLE (FONTAINE DE), qui a sa source dans les Clairs-Chênes de Cléry-le-Grand et se jette dans l'Andon entre ce village et Aincreville, après un cours de 3 kilomètres.

GERMONVILLE, ham. sur le ruiss. de Froide-Fontaine, c°° de Fromeréville. — *Germondi-villa*, 962 (cartul. de Saint-Vanne). — *Germonei-villa*, 1015 (*ibid.*). — *Germanis-villa*, 1100 (cartul. de Saint-Paul). — *Germoville*, 1277 (*ibid.*). — *Germonville*, 1296 (cartul. de la cathédr.). — *La grande et la petite Germonville*, 1582 (coll. lorr. t. 266.48, p. 9).

Était partie baill. de Verdun et partie de Clermont, partie prévôté de Charny et partie des Montignons. — Paroisse de Fromeréville.

GÉRÓNVAUX, bois comm. de Thonne-les-Prés.

GÉROSAL, bois comm. de Chennevières.

GÉNOUMONT, bois comm. des Breux.

GÉRY, vill. à 8 kil. au S.-E. de Vavincourt. — *Gereya*, 1106 (bulle de Pascal II). — *Jaroye*, 1340 (traité entre l'év. de Verdun et le comte de Bar, arch. de la Meuse). — *Gerris*, 1359 (chamb. des comptes, c. du Célérier). — *Gerry*, 1579 (proc.-verb. des cout.). — *Guery*, 1700 (carte des États). — *Gerulum*, 1711 (pouillé); 1749 (*ibid.*).

Avant 1790, Barrois mouvant, prévôté de Franquemont, office, recette, coutume et baill. de Bar,

présidial de Châlons, parlement de Paris. — Dioc. de Toul, archid. de Rinel, doy. de Bar, annexe de Loisey.

En 1790, distr. de Bar, c°° de Loisey.

Actuellement, arrond. et archipr. de Bar-le-Duc, c°° de Vavincourt, doyenné de Condé. — Patron : la Chaire de saint Pierre.

GESNES, vill. sur un des affluents de l'Aire, à 7 kil. à l'O. de Montfaucon. — *Jemas*, x° siècle (Virdunensis comitatus limites). — *De Gennes*, 1272 (cession à Philippe le Hardi). — *Janæ*, 1549 (Wassebourg). — *Gennes*, 1556 (proc.-verb. des cout.); 1656 (carte de l'évêché). — *Gennes-en-l'Empire*, 1648 (pouillé). — *Gesne*, 1700 (carte des États).

Avant 1790, Champagne, comté de Grandpré, coutume de Reims-Vermandois, baill. de Sainte-Menehould, puis de Clermont siégeant à Varennes, prévôté et justice seigneuriale du chap. de Montfaucon, présidial de Reims, parlement de Paris. — Dioc. de Reims, archid. de Champagne, doyenné de Dun, annexe de Cierges.

En 1790, distr. de Clermont-en-Argonne, c°° de Montfaucon.

Actuellement, arrond. et archipr. de Montmédy, c°° et doyenné de Montfaucon. — Patron : saint Pic.

GÉTBUMÉ, bois comm. de Saint-André.

GÉVAUMONT, bois, c°° de Dieue et de Sommedieue.

GEVAUX, anc. m°° isolée, c°° de Jouy-sous-les-Côtes.

GIBBAUDCOURT, contrée, c°° de Tilly.

GIBEAUMEIX (RUISSEAU DE), qui prend sa source près de Colombey (Meurthe), pénètre dans le département sur la c°° de Chalaines et passe à Rigny-Saint-Martin et à Rigny-la-Salle, au-dessous duquel il se jette dans la Meuse, après un cours de 5 kil. dans le département.

GIBERCY, vill. sur le Thil, à 3 kil. au S. de Damvillers. — *Jubasseium*, 1049 (bulle de Léon IX). — *Gibercei*, 1240 (cartul. de la cathédr.). — *Giberceies*, 1244 (*ibid.*). — *Lou moulin à Giberceies*, 1274 (*ibid.*). — *Giberceies*, 1278 (*ibid.*). — *Jubercy*, 1656 (carte de l'év.); 1745 (Roussel). — *Jubassé*, 1700 (carte des États).

Avant 1790, Luxembourg français, prévôté de Damvillers, anc. assises des *Grands jours* de Marville, coutume de Thionville, bailliage de Marville, présidial de Sedan, parlement de Metz. — Dioc. de Verdun, archidiaconé de la Princerie, doyenné de Chaumont, annexe de Moirey.

En 1790, distr. de Verdun, c°° de Damvillers.

Actuellement, arrond. et archipr. de Montmédy, c°° et doyenné de Damvillers. — Écarts : Goivaux,

Morimont. — Patronne : sainte Agathe : annexe de Chaumont-devant-Damvillers.

Ginei (Le), côte et contrée, c⁰ˢ de Souilly ; ancien lieu d'exécution ou de justice seigneuriale.

Gibois, bois comm. de Buzy.

Gieslen, contrée, c⁰ᵉ de Nançois-le-Petit.

Gignaurupt (Le), ruiss. qui n a sa source sur le territ. de Sommeilles et se jette dans la Chée vis-à-vis de Noyers, après un cours de 4 kil. — *Gynouru*, 1463 (transaction, arch. de Sommeilles).

Gillaumont, bois comm. de Bonzée, sur le territoire de Ménil-sous-les-Côtes. — *Gislodinous*, 921 (dipl. de Charles le Chauve). — *Allodium quod dicitur Gillaumont*, 1240 (cartul. de Saint-Paul, p. 154). — *Nemus quod dicitur Gillamont*, 1240 (*ibid.* p. 156).

Gilbeval, bois comm. de Lavignéville.

Gilbeval, bois comm. de Bonzée, sur le territoire de Ménil-sous-les-Côtes.

Gilechamp, contrée, c⁰ᵉ d'Herbeuville.

Gilles-de-Trèves (Rue de), à Bar-le-Duc ; a pris son nom de celui d'un doyen de la collégiale de Saint-Maxe, donateur des bâtiments de l'anc. collége situé dans cette rue ; cette appellation est récente ; précédemment cette rue se nommait *Côte-des-Prêtres*.

Gillet, contrée, c⁰ᵉ de Laimont.

Gillinperte, bois, c⁰ᵉ d'Azannes ; faisait partie de la forêt de Mangiennes.

Gillon, m⁰, c⁰ᵉ de Réville.

Gillon, étang et f. c⁰ᵉ de Watronville.

Gilméva, contrée, c⁰ᵉ de Ville-devant-Belrain.

Gilo, font. qui prend sa source sur le territoire de Fresnes-au-Mont et se jette dans le Rebaut.

Gimécourt, vill. sur l'Aire, à 6 kil. au S. de Pierrefitte. — *Gillani-curtis super fluvium Heyram*, 961, 962 (cartul. de Saint-Vanne). — *Gillama-curtis super fluvium Heyram*, 967 (charte. de l'év. Wilgfride). — *Curtis-Gelleni*. 1049 (cartul. de Saint-Vanne). — *Gelini-curtis*, 1061 (*ibid.*). — *Gymaricurtis*, 1135 (Onera abbatum). — *Gyrmari-curtis*, 1135 (accord pour l'avouerie de Condé). — *Gimécourt*, 1378 (chamb. des comptes, c. de Saint-Mihiel). — *Gimecuria*, 1402 (regest. Tull.). — *Gimescourt*, 1495-96 (Trésor des ch. B. 6364). — *Gilescourt sur le fleuve de Heyram vulgrairement Here*, 1549 (Wassebourg). — *Gilecuria*, 1580 (stemmat. Lothar.). — *Gemocour*. 1656 (carte de l'év.). — *Gemecour*, 1700 (carte des États). — *Gemellicuria*, 1711 (pouillé) ; 1749 (*ibid.*).

Avant 1790, Barrois mouvant, originairement de la prévôté et office de Ligny, échangé pour la juridiction entre les officiers de cette première et les officiers de la prévôté de Bar, qui en avaient seuls toute la juridiction ; recette, coutume et baill. de Bar, présidial de Châlons, parlement de Paris ; le roi en était seul seigneur. — Dioc. de Toul, archid. de Ligny, doyenné de Belrain.

En 1790, district de Saint-Mihiel, c⁰ᵉ de Sampigny.

Actuellement, arrond. et archipr. de Commercy, c⁰ⁿ et doyenné de Pierrefitte. — Patron : saint Étienne.

Gincrey, vill. sur un affluent du ruiss. de Vaux, à 5 kil. au N.-O. d'Étain. — *Unchereium*, 1047 (cartul. de Saint-Vanne). — *Junchereium*, 1049 (*ibid.*). — *Junchereium ante Castellum Ramerudis*, 1049 (bulle de Léon IX). — *Unchereis*, 1082 (fondat. de l'abb. de Saint-Airy). — *Junkereis*, 1089 (dipl. de l'emp. Henri III). — *Juncarcium*, 1127 (cartul. de la cathéd.). — *Jonquarcium ante Castellum Ramerudis*, 1127 (*ibid.*). — *Junqueri*, 1247 (cartul. de Saint-Paul, p. 168). — *Jonquereium*, 1250 (cartul. de la cathédr. p. 20). — *Junquerei-la-Ville*, 1250 (*ibid.* p. 27). — *Jonquerei*, 1263, 1264 (*ibid.* p. 28 et 31). — *Junquerey*, 1549 (Wassebourg). — *Juincrey*, 1642 (Mâchon) ; 1745 (Roussel). — *Gineray*, 1700 (carte des États.) — *Gineray, Genocrium*, 1738 (pouillé). — *Juncherium, Greincrey, Juincre*, 1756 (D. Calmet, *not.*).

Avant 1790, Verdunois, terre du chap. ancienne juridiction des chanoines de la cathédrale, prévôté de Foameix, coutume, baill. et présid. de Verdun, parlem. de Metz. — Dioc. de Verdun, originairement archid. de la Princerie, doyenné de Chaumont, ensuite archid. de la Woëvre, doyenné de Pareid, annexe de Morgemoulins.

En 1790, district d'Étain, c⁰ᵉ de Morgemoulins.

Actuellement, arrond. et archipr. de Verdun, c⁰ⁿ et doyenné d'Étain. — Écarts : Bois-d'Arcq, Pierreville, Renonvaux, la Tuilerie. — Patronne : sainte Agathe ; annexe de Morgemoulins.

Ginvry, h. c⁰ᵉ de Brouennes. — *Ginaerei ou Ginverei in comitatu Wapreusi*, 955 (ch. du roi Otton). — *Giniurei in comitatu Waprinse*, 958 (dipl. de l'archev. Robert).

Érigé en baronnie en 1685 ; coutume de Luxembourg-Chiuy, prévôté bailliagère de Montmédy, anciennes assises des *Grands jours* de Marville, parlem. de Metz. — Dioc. de Trèves, archid. de Longuyon, doyenné de Juvigny.

Ginapré, contrée, c⁰ᵉ de Belrain.

Ginaufontaine, contrée, c⁰ᵉ de Lemmes.

Ginaubán, bois, c⁰ᵉ de Montplonne.

Ginauvoisin, vill. sur la droite du Pinceron, à 6 kil.

au N. de Commercy. — *Gerauvezin*, 1282 (cartul. d'Apremont). — *Girauvissin*, 1352 (abb. de Saint-Mihiel, II. 17). — *Geraudeisinnin*, *Geraulvicinum*, 1402 (regestr. Tull.). — *Girauvesin*, 1571 (proc.-verb. des coutumes); 1656 (carte de l'évêché). — *Gerard-Voisin*, 1711 (pouillé). — *Gerardi-Vicinum*, 1711 (*ibid.*); 1749 (*ibid.*); 1756 (D. Calmet, *not.*).

Avant 1790, Barrois non mouvant, office, recette, coutume, prévôté et baill. de Saint-Mihiel, présid. de Toul, cour souveraine de Nancy; le roi en était seul seigneur. — Dioc. de Toul, archid. de Ligny, doyenné de Meuse-Commercy.

En 1790, distr. de Commercy, cᵒⁿ de Vignot.

Actuellement, arrond. cᵒⁿ, archipr. et doyenné de Commercy. — Patron : saint André; annexe de Frémeréville.

GIRAVAT, contrée, cᵐᵉ de Ville-devant-Belrain.

GIRAVAUX, contrée, cᵐᵉ de Maizey.

GIRONCELLE, bois comm. d'Ippécourt.

GIRONSEL, bois comm. de Julvécourt.

GIRONVILLE, vill. à 7 kil. au N.-E. de Commercy. — *Givunni-villa in comitatu Bedensi*, 965 (dipl. d'Otton Iᵉʳ). — *Gyronis-villa*, 1053 (dipl. d'Hervin); 1106 (bulle de Pascal II). — *Gironville*, 1282 (cartul. d'Apremont). — *Gironvilla*, 1402 (regestr. Tull.). — *Géronville*, 1700 (carte des États). — *Gironis-villa*, 1711 (pouillé); 1749 (*ibid.*); 1756 (D. Calmet, *not.*).

Avant 1790, Barrois non mouvant, baronnie de Lamarche, office de Bouconville, juridiction des juges de la baronnie, recette et coutume de Saint-Mihiel, baill. de Thiaucourt, présid. de Toul, cour souveraine de Nancy. — Dioc. de Toul, archid. de Ligny, doyenné de Meuse-Commercy.

En 1790, distr. de Commercy, cᵒⁿ de Vignot.

Actuellement, arrond. cᵒⁿ, archipr. et doyenné de Commercy. — Patron : saint Léger.

GIROUET, f. sur la Deuë, cᵐᵉ de Grimaucourt-près-Sampigny. — *Giroué*, 1656 (carte de l'évêché); 1700 (carte des États). — *Girouez*, 1756 (D. Calmet, *not.*).

Était originairement une maison de retraite pour les ermites, sous le titre de Notre-Dame-de-Giroué, fondée dans le xiᵉ siècle par Heimou, év. de Verdun, et tenue par des pères Augustins.

GIROUETTE, mⁱⁿ, cᵐᵉ de Mouzay.

GISLERY, bois comm. d'Oëy.

GIVRAUVAL, vill. sur le ruiss. de son nom, à 3 kilom. au S. de Ligny. — *Givrandis-vallis*, 992 (ex æde divi Maximi). — *Givraulis-vallis*, 1022 (ch. de la collégiale de Saint-Maxe). — *Girauval*, 1259

(arch. de la Meuse).— *Guivrauval*, 1373 (coll. lorr. t. 139, nᵒ 33). — *Givravallis*, *Gevrorwalle*, 1402 (regestr. Tull.). — *Giurauval* ou *Guirauval*, 1460 (coll. lorr. t. 247.89, A. 14). — *Girravalle*, 1700 (carte des États). — *Givrauval*, 1711 (pouillé). — *Girovallis*, 1711 (*ibid.*); 1749 (*ibid.*). — *Girau-Vallis*, 1756 (D. Calmet, *not.*).

Avant 1790, Barrois mouvant, partie office de Bar et partie office de Ligny, prévôté de Ligny, recette, coutume et baill. de Bar, présid. de Châlons, parlement de Paris; le roi en était seul seigneur. — Dioc. de Toul, archid. et doyenné de Ligny.

En 1790, distr. de Bar, cᵒⁿ de Ligny.

Actuellement, arrond. et archipr. de Bar-le-Duc, cᵒⁿ et doyenné de Ligny. — Écart : le Moulin. — Patron : saint Quentin.

GIVRAUVAL (RUISSEAU DE), qui prend sa source au-dessus de Givrauval et se jette dans l'Ornain, après un cours de 2 kilomètre.

GLORIEUX, ham. sur la Scance, cᵐᵉ de Verdun. — *Croix de Glorieul*, 1498 (paix et accord). — *Gloriers*, 1721 (cartul. de Saint-Hippolyte).

GOBETOUT, auberge isolée, cᵐᵉ de Montmédy.

GOBETTE (LA), f. cᵐᵉ de Cléry-le-Grand.

GOBEY, île sur la Meuse, cᵐᵉ de Mouzay.

GODELAINCOURT, mⁱⁿ ruiné, sur l'Ornain, cᵐᵉ de Saint-Joire; appartenait à l'abb. d'Évaux. — *Gondelaincourt*, 1304 (Trésor des ch. B. 453, nᵒ 11 bis).

GODINÉCOURT ou GODONCOURT, ancien hameau dans lequel fut transférée, en 812, l'abb. dédiée à saint Michel, précédemment située sur le mont Châtelet; le hameau prit d'abord le nom de l'abbaye, puis il devint une ville qu'on nomma ensuite Saint-Mihiel. Godinécourt possédait originairement une chapelle qui avait pour patrons saint Cyr et sainte Juliette. — *Godone-curtis*, 709 (test. Vulfoadi); 1756 (D. Calmet, *not.*). — *Godelinica-villa*, 921 (dipl. de Charles le Simple). — *Godynecourt*, 1584 (Soc. Philom. lay. Hattonchâtel). — *Godincourt*, *Godoncourt*, 1745 (Roussel).

GODOT, contrée, cᵐᵉ de Bussy-la-Côte.

GODROS, pont sur le ruisseau le Tortu, cᵐᵉ de Laneuville-sur-Meuse.

GOGUETTE (RUISSEAU DE LA), cᵐᵉ de Saint-Benoît.

GOUIÈRE, contrée, cᵐᵉ de Cousances-aux-Bois.

GOIVAUX, f. cᵐᵉ de Gibercy. — *Gomvaux*, *Gomvault*, xviiᵉ siècle (arch. de la Meuse). — *Goyvau*, 1700 (carte des États).

Ancien fief avec maison forte, coutume et baill. de Verdun, prévôté de Mangiennes.

GOMBERVAUX, f. cᵐᵉ de Vaucouleurs. — *Gomberti-valles*, 1700 (carte du Toulois).

Était le siége d'une baronnie et avait un château fort qui est actuellement en ruines.

Gomelet, m^{ie}, c^{ne} de Brandeville.

Gomoyt, ancien fief au village de Noyers (Durival).

Gondait, m^{ie}, c^{ne} de Han-devant-Pierrepont.

Gondrecourt, ville sur l'Ornain, à 28 kil. au S. de Commercy. — *Gondri-curtis*, 1051 (bulle de Léon IX en faveur de Saint-Dié). — *Gondrici-curtis*, 1078 (dipl. de la comtesse Sophie). — *Gundricurtis, Gondricurt*, 1112 (dipl. de Ricuin, év. de Toul). — *Gondricort*, 1140 (cartul. de Jeand'heures). — *Gundricur*, 1151 (dipl. de Henri, év. de Toul, pour le prieuré). — *Gondrecort*, 1247 (Rosières, E. 42). — *Gondrecuria*, 1307 (donat. par Philippe le Bel); 1749 (pouillé); 1756 (D. Calmet, *not.*). — *Gondricourt*, 1376 (archives de la Meuse); 1572 (coll. lorr. t. 243.37, p. 57). — *Gondricuria*, 1402 (regstr. Tull.); 1711 (pouillé). — *Gondrecourt*, 1460 (coll. lorr. t. 247.39, A. 14). — *Gondrecour*, 1700 (carte des États). — *Gondoini-curtis*, 1707 (carte du Toulois).

Avant 1790, Barrois mouvant, chef-lieu d'office et de prévôté, recette de Bourmont, coutume du Bassigny, bailliage de Saint-Thiébaut, puis de La-marche, présid. de Châlons, parlem. de Paris; le roi en était seul seigneur. — Dioc. de Toul, archid. de Ligny, chef-lieu de doyenné.

La ville de Gondrecourt était divisée en ville haute et ville basse; à la ville haute étaient le château, le palais et les prisons; à côté, se trouvait la chapelle castrale, placée sous l'invocation de saint Blaise. Il y avait à Gondrecourt prévôté, hôtel de ville et gruerie; un couvent de Récollets de la custodie de Saint-Nicolas de Lorraine, un prieuré dépendant de l'abb. de Saint-Èvre de Toul et une maison de religieuses de la Congrégation, établie en 1710; sur son finage et hors des murs, une chapelle dite de *la Maladrerie ou des Lépreux*, sous l'invocation de sainte Anne, *Capella leprosorum* (poleum universale diœcesis Tull. reg. H), et une autre chapelle sous le titre de Notre-Dame-de-Lorette.

La prévôté de Gondrecourt était composée des localités dont les noms suivent: Abainville, Badon-villiers (partie avec Vaucouleurs), Baudignécourt, Braux (partie avec Ligny), Broussey-en-Blois (par-tie avec Vaucouleurs et Ligny), Burey-en-Vaux (partie avec Vaucouleurs), Dainville-aux-Forges (pour partie), Demange-aux-Eaux (partie avec Stain-ville), Épiez (pour partie), Gondrecourt, Goussain-court (partie avec Vaucouleurs), Horville, Houde-laincourt, Mauvages (partie avec Ligny), Maxey-sur-Vaise, Naives-en-Blois (partie avec Ligny et Void).

La gruerie de Gondrecourt ressortissait à la maî-trise particulière de Bourmont.

Le doyenné de Gondrecourt, *decanatus de Gon-dricuria*, 1402 (regstr. Tull.), avait dans son. étendue vingt-cinq cures, dix annexes, une abbaye, deux prieurés, une maison religieuse, sept chapelles, deux hôpitaux ou léproseries et cinq ermitages; une partie de ce doy. appartient aujourd'hui au dép^t des Vosges; les cures ou annexes de ce doy. faisant partie du dép^t de la Meuse sont celles dont les noms suivent : Abainville, Amanty, Badonvilliers, Baudignécourt, Bonnet, Bure, Burey-la-Côte, Chas-sey, Delouze, Demange-aux-Eaux, Épiez, Gérau-villiers, Gondrecourt, Goussaincourt, Horville, Hou-delaincourt, Luméville, Mandres, Maxey-sur-Vaise, Ribeaucourt, les Roises, Rosières-en-Blois, Saint-Joire, Taillancourt, Tourailles, Vouthon-Bas, Vou-thon-Haut.

En 1790, lors de l'organisation du dép^t, Gondre-court devint chef-lieu de distr. et de c^{on}. — Le dis-trict de Gondrecourt comprenait cinquante-deux municipalités dépendant de sept cantons, ceux de Demange-aux-Eaux, Gondrecourt, Goussaincourt, Mandres, Maxey-sur-Vaise, Montiers-sur-Saulx, Vaucouleurs. — Le c^{on} de Gondrecourt était com-posé des municipalités dont les noms suivent : Abain-ville, Amanty, Berthéléville, Dainville-aux-Forges, Gérauvilliers, Gondrecourt, Horville, Tourailles.

Actuellement, arrond. et archipr. de Commercy, chef-lieu de c^{on} et de doyenné. — Écarts : Bellevue, la Forge, le Han, Putrey, Thillancourt, Vaucheron. — Patron : la Nativité de la Vierge.

Le canton de Gondrecourt est situé au S. du dé-partement; il est borné au N. par le canton de Void, à l'E. par celui de Vaucouleurs, à l'O. par celui de Montiers-sur-Saulx; au sud par le département des Vosges; sa superficie est de 34,125 hect.; il ren-ferme vingt-quatre communes, qui sont : Abainville, Amanty, Badonvilliers, Baudignécourt, Berthelé-ville, Bonnet, Chassey, Dainville-aux-Forges, De-louze, Demange-aux-Eaux, Gérauvilliers, Gondre-court, Horville, Houdelaincourt, Luméville, Mau-vages, les Roises, Rosières-en-Blois, Saint-Joire, Tourailles, Tréveray, Vaudeville, Vouthon-Bas, Vouthon-Haut.

La composition du doyenné est la même que celle du canton.

Les armoiries de Gondrecourt étaient : *d'or à la croix dentelée de sable* (Armorial de Lorraine).

Gorex, bois comm. de Thillombois.

Goilly, ham. c^{ne} de Marville. — *Mont-Jouy*, 1700 (carte des États). — *Goy* (anciens titres).

Gonsoumeix, bois comm. de Buxières.

Gonvaux, contrée, cⁿᵉ de Béthincourt.

Gonzalois (Cave-), vaste grotte dans la forêt de Morley.

Gorge-au-Héron (La), f. cⁿᵉ du Claon.

Gorgeon-de-Fauxvoix, bois et ruiss. cⁿᵉ de Beaulieu.

Gorgette (La), f. cⁿᵉ de Beaulieu.

Gorgières, contrée, cⁿᵉ de Dombasle.

Gorze (Archiprêtré de), *archipresbiteratus de Gorzia*, 1642 (Méchon), *archypresbyteratus Gorsiensis* (Topog. eccl. de la France); dépendait de l'archid. de Vic, dioc. de Metz, et comprenait un grand nombre de cures, aujourd'hui réparties dans les départ. de la Moselle et de la Meuse; celles qui font partie du département de la Meuse sont : Beney, Bouconville, Hadonville-sous-Lachaussée, Haumont-lez-Lachaussée, Joinville, Lachaussée, Lamarche-en-Woëvre, Latour-en-Woëvre, Montsec, Nonsard, Saint-Benoît, Xivray-Marvoisin.

Gorze (Prévôté de), les vill. appartenant au départ. de la Meuse et qui ont fait partie de cette prévôté sont : Joinville et Ornel.

Goudron, contrée, cⁿᵉ de Damvillers.

Gouffre, contrée, cⁿᵉ de Buzy.

Gouffre (Le), cⁿᵉ de Senoncourt; cavité dans laquelle la fontaine de Maujouy s'enfonce sous le sol pour reparaître plus loin.

Gouffre-des-Avies, font. cⁿᵉ de Bantheville.

Goulancard, contrée, cⁿᵉ de Longeville.

Goulette (La), contrée, cⁿᵉˢ d'Aubréville, Sivry-la-Perche et Sommedieue.

Goulettes (Les), bois, cⁿᵉ de Beaulieu.

Goulogne, contrée, cⁿᵉ de Clermont-en-Argonne.

Goulon, contrée, cⁿᵉ de Rarécourt.

Goulotte, mⁿ isolée, cⁿᵉ de Saint-Mihiel.

Goulotte (La), contrée, cⁿᵉˢ d'Abainville, Bonnet et Damloup.

Gount, contrée, cⁿᵉ de Mouilly.

Gouraincourt, vill. sur la gauche de l'Othain, à 4 kil. au S. de Spincourt. — *Gaulini-curtis*, 980, 1015 (cartul. de Saint-Vanne). — *Golonis-curtis*, 1060 (*ibid.*). — *Guranicurtis*, 1166 (abb. de Châtillon). — *Gouraincourt*, 1217 (cartul. de la cathédr.). — *Gouleincourt*, 1252 (cartul. de Saint-Paul.) — *Gorencourt*, 1322 (chambre des comptes, c. d'Étain). — *Gourvaincourt*, 1564 (échange entre le duc de Lorr. et l'évêque de Verdun). — *Gorraincourt*, 1571 (proc.-verb. des coutumes). — *Gouraincour*, 1656 (carte de l'év.). — *Gurani-curia*, 1738 (pouillé). — *Gorincuria*, 1749 (*ibid.*). — *Gourincourt*, 1756 (D. Calmet, *not.*).

Avant 1790, Barrois non mouvant, marquisat et prévôté de Spincourt, office, recette et bailliage Meuse.

d'Étain, cout. de Saint-Mihiel, présid. de Verdun, cour souveraine de Nancy. — Diocèse de Verdun, archid. de la Woëvre, doyenné d'Amel.

En 1790, lors de l'organisation du département, Gouraincourt devint chef-lieu de l'un des cⁿᵉˢ dépendant du distr. d'Étain; ce cⁿⁿ était composé des municipalités dont les noms suivent : Amel, Bouligny, Bouvigny, Domremy-la-Canne, Éton, Gouraincourt, Haucourt, Houdelaucourt, Loison, Réchicourt, Senon, Spincourt, Vaudoncourt.

Actuellement, arrond. et archipr. de Montmédy, cⁿⁿ de Spincourt, doyenné de Billy-sous-Mangiennes. — Patron : saint Martin; annexe d'Éton.

Goussaincourt, village sur le ruisseau de Bermont, à 13 kil. au S. de Vaucouleurs. — *Goussaincour*, 1327 (archives de la Meuse); 1700 (carte des États). — *Goussaincuria*, 1402 (regestr. Tull.); 1749 (pouillé). — *Gossaincuria*, 1711 (*ibid.*); 1756 (D. Calmet, *not.*). — *Gossani-curtis*, 1756 (*ibid.*).

Avant 1790, partie Champagne et partie Barrois mouvant; le roi et M. Marly étaient seigneurs de la partie Champagne, coutume de Chaumont-en-Bassigny, prévôté de Vaucouleurs, baill. et présidial de Chaumont; le duc de Lorraine était seul seigneur de la partie du Barrois, office et prévôté de Gondrecourt, recette de Bourmont, coutume du Bassigny, bailliage de Saint-Thiébaut, puis de Lamarche, présid. de Châlons, et pour les deux, parlement de Paris. — Dioc. de Toul, archid. de Ligny, doyenné de Gondrecourt.

En 1790, lors de l'organisation du département, Goussaincourt devint chef-lieu de l'un des cantons dépendant du distr. de Gondrecourt; ce canton était composé des municipalités dont les noms suivent : Brixey-aux-Chanoines, Burcy-la-Côte, Goussaincourt, les Roises, Sauvigny, Vaudeville, Vouthon-Bas, Vouthon-Haut.

Actuellement, arrond. et archipr. de Commercy, cⁿⁿ et doyenné de Vaucouleurs. — Patrons : saint Gervais et saint Protais.

Goutte (Grande-), bois, cⁿᵉ de Beaulieu; faisait partie de la forêt d'Argonne.

Gouttière (Pont de la), sur le ruiss. de Resson, cⁿᵉ de Longeville.

Gouzaincourt, bois comm. d'Amel.

Gouzée, bois, cⁿᵉ de Cousances-aux-Bois.

Grammont, bois, cⁿᵉ de Bure; faisait partie de la forêt de Montiers.

Grand, contrée et pont, cⁿᵉ de Goussaincourt.

Grand (Moulin le), cⁿᵉ de Brandeville.

Grand-Ban, contrée, cⁿᵉ de Vaucouleurs.

Grand-Bois (Le), bois comm. de Sivry-la-Perche.

13

GRAND-CANTON, bois comm. de Dieue.

GRAND-CHAMP, contrée et pont sur la rivière d'Aire, c^{ne} de Nubécourt.

GRAND-CHÊNAS, bois comm. de Dieppe.

GRAND-CHÊNOIS, bois comm. de Mazey-sur-Vaise.

GRAND-COMMUN, bois, c^{ne} de Senon; faisait partie de la forêt de Mangiennes.

GRAND-COUR. — Voy. LA FOLIE.

GRANDE-CROIX (LA), étang, c^{ne} de Xivray-Marvoisin.

GRANDE-FONTAINE (LA), ruiss. c^{ne} de Lavoye.

GRANDE-GOUTTE (LA), petit cours d'eau dans la forêt d'Argonne, c^{ne} de Beaulieu.

GRANDE-MONTAGNE (LA), bois comm. d'Étraye.

GRANDE-PARROIS, étang, c^{ne} de Lachaussée.

GRAND-ÉTANG, étang, c^{nes} de Braquis, Saint-Benoît et Waly. .

GRANDE-TUILERIE (LA), tuilerie, c^{ne} de Braquis.

GRANDE-VALLÉE (LA), vallée, c^{nes} d'Abainville et de Gondrecourt.

GRANDE-VOIE (LA), tuilerie, c^{ne} de Rarécourt.

GRANDE-WOËVRE, bois comm. de Manheulles.

GRAND-FIN, contrée, c^{ne} de Marville.

GRAND-GORGEON, bois, c^{ne} de Beaulieu; faisait partie de la forêt d'Argonne.

GRAND-JARDIN, contrée, c^{nes} de Broussey-en-Woëvre et d'Iré-le-Sec.

GRAND-LAME, contrée, c^{ne} de Clermont.

GRAND-MONTFAUCON, étang, c^{ne} d'Heudicourt.

GRAND-PAYS, bois, c^{ne} de Clermont-en-Argonne.

GRANDPRÉ, f. c^{ne} de Fains.

GRAND-PRÉ, contrée, c^{nes} de Fains, Gironville, Houdelaincourt.

GRAND-RU, ruiss. qui prend sa source dans la forêt de Hesse et se jette dans le Wadelaincourt en aval de Récicourt.

GRAND-RUE, hameau aujourd'hui réuni au village de Nicey.

GRAND-RUISSEAU, cours d'eau, c^{ne} de Woinville.

GRAND-RUPT, ruisseau qui prend sa source dans la forêt d'Argonne et se jette dans la Biesme aux Petites-Islettes, après un cours de 5 kilomètres.

GRAND-RUPT, usine, c^{ne} de Récicourt.

GRAND-VAL, contrée, c^{ne} de Ligny.

GRAND-VAUX, font. c^{ne} de Dugny.

GRANGE-ALLARD (LA), f. c^{ne} de Montiers-sur-Saulx.

GRANGE-AUX-BOIS (LA), f. c^{ne} de Cierges; citée en 1277; était anciennement une tour, dite la Tour des Granges, à l'usage soit du voué de l'abb. de Montfaucon, soit du seigneur de la châtell. de Landreville; elle dépendait de la prév. de Jametz, baill. de Clermont. cout. de Vitry-le-François.

GRANGE-AUX-CHAMPS, contrée, c^{ne} de Damloup.

GRANGE-AUX-CHAMPS (LA), f. c^{ne} de Ligny.

GRANGE-AUX-CHAMPS (LA), f. c^{ne} de Nettancourt.

GRANGE-LE-COMTE, f. c^{ne} d'Auzéville.

GRANGES (LES), contrée, c^{ne} des Islettes.

GRANGES (VALLÉE DES), bois, c^{ne} de Beaulieu, faisait partie de la forêt d'Argonne.

GRAS (RUPT-DE-), ruiss. dit aussi la Galiotte, qui prend sa source sur le territoire d'Anzécourt et se jette dans la Chée en aval de Nettancourt, après un cours de 4 kilomètres.

GRASSE-CUL, contrée, c^{ne} de Corniéville.

GRAUTE, bois, c^{ne} de Mognéville.

GRAVELLE, contrée, c^{nes} de Bezonvaux et de Parois.

GRAVIÈRES, contrée, c^{nes} de Dieue, Saint-Remy, Ville-devant-Belrain.

GRAVIÈRE. — Voy. SAINT-NICOLAS-DE-GRAVIÈRE.

GRAVIÈRE (LA), étang, c^{ne} de Dieppe.

GRAVIÈRE (RUISSEAU DE LA), qui a sa source à la ferme de Soiry, c^{ne} d'Inor, passe à Autréville et se jette dans la Meuse à la ferme de Saint-Remy (Ardennes), après un cours de 6 kilomètres.

GRAVIÈRES (LES), contrée, c^{ne} de Marchéville.

GRAVIÈRES (MOULIN DES), ancien fief, ban de Revigny (Durival).

GRAVIÈRES (PONT-DES-), contrée, c^{ne} de Damvillers.

GRAVILLON, contrée, c^{ne} de Fromeréville.

GRAVINOTTE, bois comm. de Goussaincourt.

GRAVONNE, contrée, c^{ne} de Corniéville.

GRAVOTTES, contrée, c^{ne} de Menaucourt.

GRAY, contrée, c^{ne} d'Eix.

GREFER, contrée, c^{ne} d'Herméville.

GREFFIER (CHAMP-LE-), contrée, c^{ne} de Blercourt.

GREMILLON, contrée, c^{ne} de Génicourt-sur-Meuse.

GREMILLY, vill. sur le ruiss. d'Azannes, à 9 kil. au S.-E. de Damvillers. — Villa una Grimineoas vocata in eodem pago Waprinsi et comitatu Virdunensi, 959 (cart. de Gorze, p. 152). — Grimineia ou Grimincia in pago Vaprinsi, in comitatu Virdunensi, 959 (dipl. Hilgundis comitissæ). — Grimenias, Grimencia in pago Wabrensi, in comitata Virdunensi, 960 (ibid.). — Grumilly, 1563 (coll. lorr. t. 264.49, p. 21); 1656 (carte de l'év.); 1738 (pouillé). — Grimilly. 1571 (proc.-verb. des cout.). — Gramigny. 1583 (Soc. Philom. lay. Verdun, A. 12). — Gremigny. 1583 (ibid. lay. Gremilly, n° 1); 1642 (Méchon); 1745 (Roussel). — Grumiliacum, 1738 (pouillé). — Grunigny, 1745 (Roussel). — Gremilium, 1749 (pouillé).

Avant 1790, Barrois non mouvant, ancien baill. de la baronnie d'Ornes, puis baill. prévôté, office et recette d'Étain, coutume et présid. de Verdun, cour souveraine de Nancy; le roi et le baron d'Ornes en étaient seuls seigneurs. — Dioc. de Verdun, archid. de la Princerie, doy. de Chaumont.

En 1790, distr. d'Étain, c⁰ᵉ de Romagne-sous-les-Côtes.

Actuellement, arrond. et archipr. de Montmédy, c⁰ⁿ et doy. de Damvillers. — Écarts : les Crocs, la Woirière. — Patron : l'Assomption.

GRENET (PONT), sur la Meuse, c⁰ᵉ de Vignot.

GRENIER (VALLÉE), contrée, c⁰ⁿ de Maulan.

GRENOUILLIÈRE (LA), f. ruinée, c⁰ᵉ de Milly-devant-Dun.

GREUX (RUISSEAU DE), qui a sa source à la font. des Clairs-Chênes, c⁰ᵉ de Vaudeville, et sort du département après un cours de 1 kil. pour se jeter dans la Meuse vis-à-vis de Maxey-sous-Brixey (Vosges).

GRÈVES, contrée, c⁰ᵉˢ d'Ambly, Butgnéville, Issoncourt, Saint-Jean-lez-Buzy.

GRÈVES (LES), bois comm. de Dannevoux.

GRIDELETTERIE (LA), m⁰ⁿ isolée, c⁰ᵉ d'Haudiomont.

GRIF, contrée, c⁰ᵉ de Fromeréville.

GRIFFE (LA), contrée, c⁰ᵉ de Boureuilles.

GRIGNAUX, bois comm. de Moirey.

GRIGNONCOURT, f. c⁰ᵉ de Montiers-sur-Saulx. — Grisiencurt, 1180 (cartul. de Jeand'heures).

GRIGNY, étang, c⁰ᵉ de Brizeaux.

GRIMAUCOURT-EN-WOËVRE, vill. sur le ruiss. d'Eix, à 7 kil. au S. d'Étain. — Grinaldi-curtis, 1049 (bulle de Léon IX). — Grimaulcourt, 1582 (coll. lorr. t. 216.48, p. 9). — Grimocourt, 1656 (carte de l'év.). — Grimaucour, 1700 (carte des États). — Grimonis-curia, 1738 (pouillé).

Avant 1790, Verdunois, terre d'év. prévôté de Dieppe, cout. baill. et présid. de Verdun, anciennes assises des quatre pairs de l'év. parlement de Metz. — Dioc. de Verdun, archid. de la Woëvre, doy. de Pareid, annexe d'Herméville.

En 1790, distr. d'Étain, c⁰ᵐ d'Herméville.

Actuellement, arrond. et archipr. de Verdun, c⁰ⁿ et doy. d'Étain. — Écart : le Bourbeau. — Patron : saint Laurent.

GRIMAUCOURT-PRÈS-SAMPIGNY, vill. sur la Deue, à 9 kil. à l'O. de Commercy. — Grimaricurtis, 1135 (Onera abbatum). — Grimoncurt, 1180 (bulle d'Alexandre III). — Grimaulcourt, 1642 (Máchon). — Grimanicuria, 1738 (pouillé).

Avant 1790, Barrois mouvant, office, prévôté et comté de Sampigny, recette de Commercy, coutume et baill. de Saint-Mihiel, présid. de Toul, cour souveraine de Nancy. — Dioc. de Verdun, archid. de la Rivière, doy. de Saint-Mihiel, annexe de Sampigny.

En 1790, distr. de Commercy, c⁰ᵉ de Dagonville.

Actuellement, arrond. c⁰ⁿ, archipr. et doyenné de Commercy. — Écart : Girouet. — Patron : l'Exaltation de la sainte Croix.

GRIMAUDET, ancien fief à Froidos.

GRIMAUPRÉ, contrée et font. c⁰ᵉ de Gironville.

GRIMBELLEU (LE) OU LE GRIMBERUPT, ruiss. qui prend sa source sur le territoire d'Évres et se jette dans la Marque au-dessus de Triaucourt, après un trajet de 2 kilomètres.

GRIMOIRIE (LA), m⁰ⁿ isolée, c⁰ᵉ de Verdun.

GRIMONBOIS, côte et bois, c⁰ᵉˢ de Bar-le-Duc et Naives-devant-Bar. — Germonbois, 1756 (D. Calmet, not.).

GRIMONCOTTE, contrée, c⁰ᵉ de Longeville.

GRIMOULIEU, contrée, c⁰ᵉ de Béthincourt.

GRISEMONT, m⁰ⁿ isolée, c⁰ᵉ de Bréhéville.

GRIPPOT, bois comm. d'Eix.

GRIVE (LA), contrée, c⁰ᵉ de Cesse.

GRON, bois comm. de Murvaux.

GROS-DEGRÉS (RUE DES), à Verdun. — A Gradibus sanctæ Mariæ, 1217 (cart. de la cathédr.); 1404 à 1418 (Jean de Sarrebruck, bibl. Labbe, t. I, p. 402). — Aux Esgreis Notre-Dame, les Greis Notre-Dame, 1322 (Melinon).

GROS-MOULIN, m⁰ⁿ, c⁰ᵉ d'Auzécourt.

GROS-PONT, contrée, c⁰ᵉ d'Harville.

GROS-PRÉ, bois comm. de Fromezey.

GROS-PRÉ (RUISSEAU DU), qui prend sa source sur le territoire d'Amel, traverse l'étang de Bloucq et se jette dans l'Orne au-dessus de Foameix, après un cours de 5 kilomètres.

GROS-SAINTS (LES), chapelle ruinée, c⁰ᵉ de Longeville.

GROS-TERME, f. c⁰ᵉ de Laimont; était anciennement cense seigneuriale en haute justice, juridiction du juge-garde du seigneur, office, recette et baill. de Bar.

GROS-TERME, contrée, c⁰ᵉˢ de Naix, Ville-devant-Belrain et Belleville.

GROS-TERME (FONTAINE DU), dite aussi Blanc-Chêne, source ferrugineuse, c⁰ᵉ de Laimont.

GROSEILLERS, papeterie, c⁰ᵉ de Seuzey.

GROSSE-BORNE, contrée, c⁰ᵉ de Ville-sur-Cousance.

GROSSE-HAIE (LA), bois, c⁰ᵉ de Sommeilles; faisait partie de la forêt de Bellenoue.

GROSSE-HAYE, bois comm. de Baalon.

GRUCHIN, contrée, c⁰ᵉ de Juvigny.

GRUERIE (LA), bois comm. d'Ambly, sur le territoire de Mouilly.

GRURIE (LA), contrée, c⁰ᵉˢ d'Ornes et de Mouilly.

GUÉ (LE), m⁰ⁿ, c⁰ᵉ d'Ancerville.

GUÉ (MOULIN DU), c⁰ᵉˢ de Boviolles et de Saint-Jean-lez-Buzy.

13.

Gué (Rue du), à Bar-le-Duc.

Guédonval, contrée, c^{on} de Bar-le-Duc.

Gué-Métin, contrée, c^{on} de Rigny-Saint-Martin.

Guéminés, bois comm. de Dagonville.

Guermont, bois comm. des Roises.

Guénoville, f. et mⁱⁿ, c^{on} de Gercourt. — *Gnaville*, 1745 (Roussel).

Guénoville (Ruisseau de), qui a sa source à Cuisy, passe à Gercourt et se jette dans la Meuse, après un trajet de 9 kilomètres.

Guérand (Champ-), bois comm. de Montiers-sur-Saulx; faisait partie de la forêt d'Argonne.

Guerlette (La), ruiss. qui prend sa source dans le bois dit *Sourcillon-Fontaine*, passe à Thonne-le-Thil et se jette dans la Thonne à Thonnelle, après un cours de 3 kilomètres.

Guerpont, vill. sur la rive droite de l'Ornain, à 7 kil. au N.-O. de Ligny. — *Guerpont*, 1396 (arch. de la Meuse). — *Guerpons*, 1402 (regestr. Tull.). — *Guerrici-Pons*, 1711 (pouillé): 1749 (*ibid.*); 1756 (D. Calmet, *not.*).

Avant 1790, Barrois mouvant, juridiction du juge-garde des seigneurs, office, recette, cout. et baill. de Bar, présid. de Châlons, parlem. de Paris. — Diocèse de Toul, archid. et doyenné de Ligny.

En 1790, distr. de Bar, c^{on} de Ligny.

Actuellement, arrond. et archipr. de Bar-le-Duc, c^{on} et doyenné de Ligny. — Patron : saint Èvre.

Guet (Le), contrée, c^{ne} de Sivry-la-Perche.

Guet-Marie, contrée, c^{ne} de Nettancourt.

Gueule-de-Lemmes, contrée, c^{ne} de Jouy-devant-Dombasle.

Guichande (La), contrée, c^{ne} de Fresnes-au-Mont.

Guignaurupt (Le), ruiss. qui a sa source sur le territ. de Sommeilles et se jette dans la Chée au-dessus du Val, c^{ne} de Noyers, après un cours de 4 kil.

Guigniville ou Gréville, nom de l'un des deux hameaux qui ont concouru à former le vill. des Paroches. — *Guenevilla*, 1135 (Onera abbatum). — *Guenevilla*, 1341, 1344 (arch. de la Meuse); 1405 (coll. lorr. t. 260 *bis.*46, p. 19). — *Germenville*, 1429 (*ibid.* t. 260.46, p. 8).

Guillaumont, bois comm. de Lahaymeix.

Guillette, contrée, c^{ne} de Sommedieue.

Guittemotin, contrée, c^{ne} de Vigneulles-lez-Hattonchâtel.

Gulaine, contrée, c^{ne} de Ville-devant-Belrain.

Gussainville, vill. sur l'Orne, à 6 kil. au S.-O. d'Étain. — *Gunseville*, 1168, 1206 (cartulaire de Saint-Paul). — *Gunseivilla*, 1206 (*ibid.*). — *Gunzeivilla*, 1236 (*ibid.*). — *Gunzeivilla*, 1249 (*ibid.*). — *Guzenville*, 1346 (chamb. des comptes, compte d'Étain); 1324 (Lamy, éch. de la seign. de Saint-Maurice). — *Guissainville*, 1450 (Lamy, sentence du baill. de Saint-Mihiel); 1571 (proc.-verb. des cout.). — *Guisseinville*, 1481 (acte du tabellion d'Étain). — *Guissanville*, 1570 (*ibid.* sentence pour les seign. de Saint-Maurice.) — *Gussonville*, 1700 (carte des États). — *Gussani-villa*, 1738 (pouillé). — *Gussainvilla*, 1749 (*ibid.*).

Avant 1790, Barrois non mouvant, coutume de Saint-Mihiel, juridiction des officiers des seigneurs, office, recette et bailliage d'Étain, cour souveraine de Nancy. — Dioc. de Verdun, archidiaconé de la Woëvre, doy. de Paroïd. — Patron : saint Laurent; annexe de Saint-Maurice-en-Woëvre.

En 1790, distr. d'Étain, c^{on} de Buzy.

Actuellement, arrond. et archiprêtré de Verdun, c^{on} et doyenné d'Étain. — Écart : Saint-Maurice-en-Woëvre. — Patron : saint Maurice; paroisse de Warcq.

Gyraux-Fontaine, sources, c^{ne} de Rosières-en-Blois.

H

Hadesgaux (Les), bois comm. de Lion-devant-Dun.

Habillons, contrée, c^{ne} de Dombasle.

Hablet, bois comm. de Marre.

Haboncourt, anc. fief à Bouconville (Durival).

Habra, bois comm. de Nicey.

Habran, contrée, c^{ne} de Marville.

Hacus, contrée, c^{ne} de Thierville.

Hadigny, contrée, c^{ne} de Montzéville.

Hadimel, contrée, c^{ne} des Éparges.

Hadiné, bois comm. de Beaumont.

Hadonville-sous-Lachaussée, vill. sur la rive gauche de l'Yron, à 11 kil. au N. de Vigneulles-lez-Hattonchâtel. — *Hadonville*, 1276, 1294 (cart. d'Apremont) ; 1347 (arch. de la Meuse). — *Hadonville-la-Chaussée*, 1656 (carte de l'év.). — *Hadonivilla*, 1749 (pouillé).

Avant 1790, Barrois non mouvant, office et prév. de Thiaucourt, recette et coutume de Saint-Mihiel, bailliage de Pont-à-Mousson, puis de Thiaucourt, présidial de Metz, cour souveraine de Nancy. —

Diocèse de Metz, archid. de Vic, archipr. de Gorze, annexe de Lachaussée.

En 1790, distr. de Saint-Mihiel, c⁰ⁿ de Woël. Actuellement, arrond. et archipr. de Commercy, c⁰ⁿ et doy. de Vigneulles. — Patron : saint Léger ; annexe de Lachaussée.

HADRUTS (LES), contrée, c⁰ᵉ de Belleville.

HAIDEVAUX, contrée, c⁰ⁿ de Ménil-sous-les-Côtes. — *Haindevaux*, 1378 (acte relatif à la vaine pâture, arch. de Ménil).

HAIE-BARRAT, contrée, c⁰ᵉ d'Ambly.

HAIE-DE-NAN, contrée, c⁰ᵉ de Baalon.

HAIE-DES-MALADES, contrée, c⁰ᵉ de Grimaucourt-en-Woëvre.

HAIE-DES-VAUX, bois comm. de Delut.

HAIE-HERBELIN, bois, c⁰ᵉ de Contrisson.

HAIE-LE-CERF, chemin vicinal de Mogeville à Gincrey.

HAIE-MONAT, bois comm. d'Aubréville.

HAIE-MOUCHEUSE, bois, c⁰ᵉ de Souilly.

HAIE-WATRIN, chemin vicinal de Warcq à Boinville.

HAIES (LES), bois comm. de Maucourt. — *Silva de Hascio*, xiii⁰ siècle (D. Calmet, *Hist. de Lorr.* pr.).

HAIGLONVAL, bois comm. de Nant-le-Petit.

HAINDVELLE, contrée, c⁰ᵉ de Riaville.

HAINOT, contrée, c⁰ⁿ de Bar-le-Duc.

HAIPAUX, bois comm. de Récourt.

HAIREMONT, bois comm. de Récourt.

HAIRONLIEU, bois, c⁰ᵉ de Rosières-en-Blois.

HAIRONVILLE, village sur la Saulx, à 7 kil. et demi au N. d'Ancerville. — *Hairunvilla*, *Hairunvile*, 1141 (cartul. de Jeand'heures). — *Hautonvilla*, 1180 (*ibid.*). — *Haronvilla*, 1402 (registr. Tull.) — *Heronville*, 1700 (carte des États). — *Hayronis-villa*, *Heronis-villa*, 1736 (ann. præmonstr.). — *Haironis-villa*, 1749 (pouillé) ; 1756 (D. Calmet, *not.*).

Avant 1790, Barrois mouvant, office de Morley, prév. d'Ancerville, recette, cout. et baill. de Bar, présid. de Châlons, parlem. de Paris ; le roi en était seul seigneur. — Dioc. de Toul, archid. de Rinel, doyenné de Robert-Espagne.

En 1790, distr. de Bar, c⁰ⁿ de Saudrupt.

Actuellement, arrond. et archipr. de Bar-le-Duc, c⁰ⁿ et doyenné d'Ancerville. — Écart : la Forge. — Patron : saint Remy.

HAISOTTE, bois comm. de Creue.

HALBUTES (LES), bois comm. de Bantheville.

HALLES, vill. sur un des affluents de la Wiseppe, à 6 kil. et demi au S. de Stenay. — *Hallesii*, *Halethum*, 1189 (bulle du Saint-Hubert). — *Halles*, 1243 (cart. de la cathédr.). — *Haale*, 1700 (carte des États). — *Alles*, 1787 (Alman. hist. de Reims).

Avant 1790, Clermontois, cout. de Vitry-le-Fran-

çois, baronnie de Saulmory, baill. de Sainte-Menehould transféré à Clermont sous les Condés, anc. assises des *Grands jours* de Troyes, cour supérieure du présid. de Sens, généralité de Châlons, parlem. de Paris. — Dioc. de Reims, archid. de Champagne, doyenné de Dun, annexe de Mont-devant-Sassey.

En 1790, distr. de Stenay, c⁰ⁿ de Wiseppe.

Actuellement, arrond. et archipr. de Montmédy, c⁰ⁿ et doy. de Stenay. — Écart : Choisi. — Patron : saint Barthélemy.

HALLOT, contrée, c⁰ᵉ d'Hannonville-sous-les-Côtes.

HALLOT, bois comm. de Tilly.

HALOQUERIE (LA), f. ruinée, c⁰ᵉ de Cuisy.

HALOTTE, f. c⁰ᵉ de Longeville.

HALQUIN, contrée, c⁰ᵉ de Menaucourt.

HAM, contrée, c⁰ᵉ de Dugny.

HAM, f. c⁰ᵉ d'Érize-Saint-Dizier.

HAM, h. sur l'Ornain, c⁰ᵉ de Gondrecourt.

HAMAIVAUX, f. c⁰ᵉ de Souhesme. — *Hemmeval*, 1237 (cart. de la cathédr.) — *Hamévaux*, 1749 (pouillé).

Avant 1790, était uni pour les impositions à Souhesme-la-Petite, vill. du Barrois mouvant, prév. de Souilly, recette, cout. et baill. de Bar, présid. de Châlons, parlem. de Paris ; paroisse de Souhesmela-Grande, vill. du Verdunois.

HAMEL, contrée, c⁰ᵉ de Robert-Espagne.

HAMETEL, nom de l'un des deux hameaux qui ont concouru à former le village des Paroches. — *Hamotellum*, 1135 (Onera abbatum). — *Hametelz*, 1405 (collect. lorr. t. 260 *bis*.46, p. 19) ; 1429 (*ibid.* t. 260.46, p. 8).

HAMION (CÔTE), c⁰ᵉ de Montfaucon.

HAMOINSARD, contrée, c⁰ᵉ de Damloup.

HAMOIVAUX, contrée, c⁰ᵉ de Ville-sur-Cousance ; traces d'anciens retranchements.

HAN, contrée, c⁰ᵉ de Samogneux.

HANCELLES, contrée, c⁰ᵉ de Baulny.

HAN-DEVANT-PIERREPONT, vill. sur un des affluents de la Crune, à 8 kil. au N. de Spincourt. — *Han*, 1656 (cart. de Fév.) ; 1700 (carte des États). — *Hannus*, *Han-devant-Saint-Pierrmont*, 1749 (pouillé).

Avant 1790, Barrois non mouvant, office et prév. d'Arrancy, recette et baill. d'Étain, cout. de Saint-Mihiel, assises des *Grands jours* de Marville, puis de Saint-Mihiel, présid. de Verdun, cour souveraine de Nancy ; le roi en était seul seigneur. — Dioc. de Trèves, archid. et doy. de Longuyon.

En 1790, distr. d'Étain, c⁰ⁿ d'Arrancy.

Actuellement, arrond. et archipr. de Montmédy, c⁰ⁿ de Spincourt, doy. de Billy-sous-Mangiennes. — Écarts : Charpont, Gondiat. — Patron : saint Pierre ; annexe de Saint-Pierrevillers.

HANDEVILLE, f. c⁰ⁿ de Pillon. — *Hende-villa*, 1156 (ch. d'Albéron de Chiny en fav. de l'abb. de Châtillon). — *Haudeville*, 1200 (cart. de Saint-Paul). — *Hantheville* (anc. titres).

Était anciennement écart de Muzeray et cense à l'abb. de Châtillon.

HAN-LEZ-JUVIGNY, vill. sur le Loison, à 5 kil. au S. de Montmédy. — *Han*, 1055 (carte de l'év.); 1700 (carte des États). — *Hannum-ad-Juviniacum* (reg. de l'év.).

Anciennement, comté de Verdun, puis de Stenay; duché de Bar, puis de Lorraine; réuni à la France comme terre des Trois-Évêchés, cout. de Saint-Mihiel, baill. *idem*, puis de Clermont, prév. de l'abb. de Juvigny et ensuite de Stenay, cour supérieure des *Grands jours* de Saint-Mihiel (comme Barrois non mouvant). — Dioc. de Trèves, archid. de Longuyon, doy. de Juvigny.

En 1790, distr. de Stenay, c⁰ⁿ de Jametz.

Actuellement, arrond. c⁰ⁿ, archipr. et doyenné de Montmédy. — Écart : Dessart. — Patron : saint Jean.

HANDI, bois comm. d'Harville.

HANETÉ. contrée, c⁰ⁿ d'Harville.

HANICOUCÉ, bois comm. de Triconville.

HANNONCELLE, ham. sur le Rennessel, c⁰ⁿ de Ville-en-Woëvre. — *Hauoncelle*, 1575 (Soc. Philom. lay. Ville-en-Woëvre); 1700 (carte des États). — *Annoncelle*, 1656 (carte de l'év.).

HANNONVILLE-SOUS-LES-CÔTES, vill. sur le ruiss. d'Hannonville, à 6 kil. 1/2 au S. de Fresnes-en-Woëvre. — *Hunonis-villa*. 973 (confirm. par l'emp. Otton); 984 (cart. de Saint-Paul); 1049 (bulle de Léon IX); 1106 (bulle de Pascal II). — *Villa Hunonis*, 1041 (dipl. de l'emp. Henri III). — *Hennonville*, 1156 (cart. de Gorze); 1324 (Lamy, éch. de la seign. de Saint-Maurice). — *Hennonville*, 1265 (cart. de la cath.); 1271 (cart. d'Apremont). — *Hannonville-en-Weivre*, 1294 (ibid.). — *Hannonville-dessous-la-Coste*, 1347 (chamb. des comptes, c. de Lachaussée). — *Hanonville-soubs-la-Coste*, *Hanonville-soub-les-Costes*, 1509 (coll. lorr. t. 266.48, p. 2). — *Hanonville-sous-les-Costes*, 1571 (proc.-verb. des cout.). — *Hannonis-villa-subtus-Costás*, 1642 (Mâchon). — *Hannonis-villa*. 1738 (pouillé); 1749 (ibid.); 1756 (D. Calmet, not.).

Avant 1790, Barrois non mouvant, chef-lieu de prévôté et d'un comté érigé en 1726, partie office de Thiaucourt et partie office d'Hattonchâtel; le roi avait dans cette dernière des sujets de retenue qui étaient justiciables à Hattonchâtel; pour les autres, juridiction des juges du comté d'Hannonville; cout.

d'Hattonchâtel, baill. de Saint-Mihiel, présid. de Toul pour la partie d'Hattonchâtel; cout. de Saint-Mihiel, baill. de Thiaucourt, présid. de Metz pour la partie de Thiaucourt; pour l'une et l'autre, cour souveraine de Nancy. — Dioc. de Verdun, archid. de la Rivière, doy. d'Hattonchâtel.

La prévôté d'Hannonville était composée des vill. ci-après : Dommartin-la-Montagne, Hannonville-sous-les-Côtes (partie avec Thiaucourt), Thillot.

En 1790, lors de l'organisation du département, Hannonville-sous-les-Côtes devint chef-lieu de l'un des c⁰ⁿˢ dépendant du district de Saint-Mihiel; ce c⁰ⁿ était composé des municipalités dont les noms suivent : Champlon, Combres, Dommartin-la-Montagne, les Éparges, Hannonville, Herbeuville, Saint-Remy, Saulx-en-Woëvre, Thillot, Trésauvaux, Wadonville-en-Woëvre.

Actuellement, arrond. et archipr. de Verdun, c⁰ⁿ et doy. de Fresnes-en-Woëvre. — Écarts : Longeau, la Tuilerie. — Patron : saint Martin.

HANNONVILLE (RUISSEAU D'), qui a sa source au-dessus d'Hannonville-sous-les-Côtes, traverse ce village et se réunit au-dessous de Wadonville-en-Woëvre, après un cours de 5 kil. au ruiss. de la Chapelotte, avec lequel il coule sous le nom de *ruisseau de Montru*.

HANS (LES), contrée, c⁰ⁿ de Bourcuilles.

HAN-SUR-MEUSE, vill. sur la rive gauche de la Meuse, à 2 kil. au S. de Saint-Mihiel. — *Haum*, 1106 (bulle de Pascal II); 1756 (D. Calmet, not.). — *Hannum-supra-Mozam*, 1135 (Onera ablatum). — *Han*, 1221 (châtie de Jean, év. de Verdun); 1364 (chambre des comptes, c. de Kœurs); 1650 (carte de l'év.); 1738 (pouillé). — *Han-sur-Meuse*, 1571 (proc.-verb. des cout.). — *Hannum*, 1738 (pouillé). — *Hamnus*, 1749 (ibid.).

Avant 1790, Barrois mouvant, office, recette, cout. baill. et prév. de Saint-Mihiel, présid. de Toul, cour souveraine de Nancy; le roi en était seul seigneur. — Dioc. de Verdun, archid. de la Rivière, doy. de Saint-Mihiel.

En 1790, district de Saint-Mihiel, c⁰ⁿ de Sampigny.

Actuellement, arrond. et archipr. de Commercy, c⁰ⁿ et doyenné de Saint-Mihiel. — Écarts : Blussot, Pont-de-Han. — Patrone : sainte Marie-Madeleine.

HANTOUR, château ruiné, c⁰ⁿ de Labeuville; était un château fort qui fut détruit vers l'an 1440.

HAPETOUT, m⁰ⁿ isolée, c⁰ⁿ de Muzeray.

HAPPONVILLE, contrée, c⁰ⁿ de Woël; vestiges et ruines d'habitations.

HAPSON, contrée, c⁰ⁿ de Ronvres.

HAQUIN, côte, c⁰ⁿ de Vaucouleurs.

Haraigne, h. c⁰ᵉ de Dieppe. — *Alehn*, 707 (dipl. de Ludwin), peut s'appliquer aussi à Amel. — *De Haroniis*, 1179 (cart. de Saint-Paul). — *Ecclesia de Harengnes*, 1193 (*ibid.*). — *Altaria de Harognes*, 1194, 1197 (*ibid.*).—*Apud Harangis*, 1207 (*ibid.*). — *Bannum de Harunniis*, 1213 (*ibid.*). — *Harena*, 1232 (cart. de Saint-Paul). — *Haranges*, 1512 (cession aux habitants de Ménil-sous-les-Côtes). — *Haragnes*, *Haraniæ*, 1788 (pouillé). — *Hareignes*, 1745 (Roussel).

Avait une église dédiée à saint Médard, cédée au xiiiᵉ siècle à Oury, abbé de Saint-Paul, par Albert de Hirgis, évêque de Verdun.

A donné son nom à une fort ancienne maison qui portait : *d'or à un lion d'azur, armé, lampassé et couronné de gueules*.

Harauchamp, f. c⁰ᵉ de Thonnelle; cout. de Luxembourg-Chiny, prév. baill. de Montmédy.

Haraumont, bois comm. d'Autréville, Louppy-le-Petit et Silmont.

Haraumont, vill. sur la droite de la Meuse, à 8 kil. à l'E. de Dun. — *Haraldi-Mons*, 1049 (bulle de Léon IX). — *Araldimons*, 1127 (cart. de la cath.). — *Haramont*, 1231, 1269 (*ibid.*). — *Haraulmont*, 1601 (hôtel de ville de Verdun, A. 57). — *Haraumons*, 1738 (pouillé).

Avant 1790, Verdunois, terre du chapitre, ancienne haute justice du chanoine écolâtre de la cathédrale, prév. de Sivry-sur-Meuse, cout. baill. et présid. de Verdun, parlem. de Metz. — Dioc. de Verdun, archid. de la Princerie, doy. de Chaumont, annexe de Sivry-sur-Meuse.

En 1790, distr. de Stenay, c⁰ᵉ de Dun.

Actuellement, arrond. et archipr. de Montmédy, c⁰ᵃ et doy. de Dun. — Écarts : Alger, Solférino. — Patron : saint Firmin; annexe de Vilosnes.

Haraumont, h. ruiné, c⁰ᵉ de Verry; était situé à 1 kil. au N. de ce village et dépendait d'Épinonville.

Harauval, contrée, c⁰ᵉ de Fains.

Harauvilliers, bois comm. de Woël.

Harbaufouilleux, anc. fief à Robert-Espagne (Durival).

Harbon, usine, c⁰ᵉ de Lissey.

Harbos (Le), ruiss. qui a sa source à la Borne-Trouée, c⁰ᵉ d'Écurey, traverse ce village, passe à Peuvillers et se jette dans la Tinte, après un cours de 6 kil.

Hardancourt, f. ruinée, c⁰ᵉ d'Herméville.

Hardaumont, bois, c⁰ᵉ de Vaux-devant-Damloup.

Hardillon (Le), ruiss. — Voy. la Marque.

Hardonnerie (La), f. c⁰ᵉ de Vanquois.

Hardonrupt, contrée, c⁰ᵉ de Ménil-la-Horgne.

Hargemoulin, mln ruiné, c⁰ᵉ de Boinville; était situé sur l'Orne entre Gussainville et Boinville; appartenait à l'abb. de Saint-Paul de Verdun. — *Harionmoulin*, 1206 (cart. de Saint-Paul). — *Molendinum quod Harionis molendinum dicitur; Molendinum quod dicitur Hargeomolin*, 1206 (*ibid.*). — *Molendinum quod Harjonmolin dicitur, super Orna situm in confino de Bonville et de Gunxeiville*, 1236 (*ibid.*). — *Harjonmoulin*, 1249 (*ibid.*).

Hargeville, vill. sur un des affluents de la Chée, à 4 kil. au N.-O. de Vavincourt. — *Hargevilla*, 1402 (regestr. Tull.); 1711 (pouillé); 1749 (*ibid.*). — *Hargéville*, 1711 (*ibid.*).

Avant 1790, Barrois mouvant, office, recette. cout. prév. et baill. de Bar, présid. de Châlons, parlem. de Paris; les seigneurs étaient le roi, haut justicier, et le comte de Nettancourt, moyen et bas ou foncier; érigé en baronnie en 1721. — Dioc. de Toul, archid. de Rinel, doy. de Bar.

En 1790, distr. de Bar, c⁰ᵉ de Vavincourt.

Actuellement, arrond. et archipr. de Bar-le-Duc, c⁰ᵉ de Vavincourt, doyenné de Condé. — Écart : le Moulin. — Patron : saint Remy.

Harméville, contrée, c⁰ᵉ de Mognéville.

Harmont, contrée, c⁰ᵉ d'Herbeuville.

Harnière, bois comm. de Combles.

Haroncote, contrée, c⁰ᵉ de Saint-Mihiel.

Haroncourt, contrée et f. ruinée, entre Haudainville et Dieue; était fief des seigneurs de Marchéville et fut détruite vers 1340. — *Haroynis-curtis*, 1100 (cartul. de Saint-Paul). — *Haruini-curtis*, 1137, 1147 (*ibid.*). — *La grange de Harouyncourt*, 1674 (Husson l'Écossais). — *Harouncourt*, 1792 (lot de partage).

Harouet, f. c⁰ᵉ de Morlaincourt.

Harouzière, f. ruinée; dépendait de Haumont-près-Samogneux.

Harpanvaux, contrée, c⁰ᵉ de Fresnes-au-Mont.

Harpera, f. ruinée; dépendait de Brauvilliers.

Harpissant, bois, c⁰ᵉ de Tréveray.

Hartroy, bois, c⁰ᵉ de Dainville-aux-Forges; faisait partie de la forêt de Gondrecourt.

Harville, village sur le Longeau, à 7 kil. à l'E. de Fresnes-en-Woëvre. — *Hairici-villa*, *Hairi-villa*, ixᵉ sᵉ (Bertaire). — *Agerici-villa cum banno centena*. 1049 (bulle de Léon IX); 1127 (cart. de la cath.). — *Harei-villa*, 1106 (bulle de Pascal II). — *Hareruille*, 1200 (abb. de Saint-Mihiel). — *Hareville*, 1211 (*ibid.*); 1222 (ch. de Mathieu, duc de Lorr.); 1227 (ch. de Henri, comte de Bar et de Drogon, abb. de Saint-Mihiel). — *Harvilla*, 1216, 1241 (cart. de la cathéd.); 1738 (pouillé). — *De banno de Harville*, 1222 (cart. de la cathéd.). — *L'avouerie de Harville*, 1253 (*ibid.*). — *Haruille*, 1315 (coll.

lorr. t. 267.49, p. 6); 1564 (*ibid.* 49, p. 27). —
Harevilla, 1580 (stemmat. Lothar.). — *Arville*,
Aryville, 1745 (Roussel); 1756 (D. Calmet, *not.*).
— *Harrici-villa*, 1756 (*ibid.*).

Avant 1790, Verdunois, terre du chapitre, ancienne justice des chanoines de la cathédr. cout. de
Saint-Mihiel et ensuite de Verdun, chef-lieu de prév.
baill. et présid. de Verdun, parlem. de Metz. — Dioc.
de Verdun, archidiaconé de la Woëvre, doyenné de
Pareid.

La prévôté d'Harville était composée des localités
dont les noms suivent : Bonzée, Butgnéville, Harville, Maizeray, Ménil-sous-les-Côtes, Mont-sous-
les-Côtes, Moulotte, Saint-Hilaire, Wadonville-en-
Woëvre.

Harville et Pareid étaient alternativement chef-
lieu d'un ban composé de Harville, Moulotte, Pareid, Thinéville, Villers-sous-Pareid et Warville.

En 1790, distr. d'Étain, c⁰ⁿ de Pareid.

Actuellement, arrond. et archipr. de Verdun, c⁰ⁿ
et doy. de Fresnes-en-Woëvre. — Patron : saint
Airy.

Hasois, bois comm. d'Aulnois-sous-Vertuzey.

Hassavle, bois comm. de Bezonvaux.

Hat, anc. nom de Lamarche-en-Woëvre avant qu'il eût
été érigé en baronnie et en prévôté par le duc Léopold.

Hatelary, contrée, c⁰ᵉ de Baulny.

Hatinet, contrée, c⁰ᵉ de Dieue.

Hatois, bois comm. de Brandeville et de Bréhéville.

Hatons, bois, c⁰ᵉ de Murvaux.

Hatny, contrée, c⁰ᵉ de Baulny.

Hatton, bois comm. de Robert-Espagne.

Hattonchâtel, village à 2 kil. au N. de Vigneulles. —
Atona, 812 (dipl. de Charlemagne). — *Castrum
Haddonis*, 1015 (cart. de Saint-Vanne). — *Hattoni-
castrum*, 1047 (ch. de l'év. Thierry); 1150 (acte
de confirm.); 1580 (stemmat. Lothar.); 1642 (Mâchon); 1738 (pouillé); 1749 (*ibid.*). — *Hattoni-
castrum*, *Hadonis-castrum*, *Hattonis-castrum*, *Hatton-
castel*, xiᵉ siècle (monnaies des évêques Reimbert,
Richard et Richier). — *Hadonis-castrum*, 1060
(confirmat. pour le prieuré d'Apremont); 1200
(cart. de Saint-Paul); xiiᵉ siècle (Laurent de Liége).
— *Hattonis-castellum*, 1082 (fondat. de l'abb. de
Saint-Airy); 1717 (D. Martène). — *Haidonis-cas-
trum*, 1103 (ch. de Gorze). — *Hatonis-castrum*,
1158, 1244 (cartul. de Saint-Paul). — *Attoni-castrum*, 1180 (bulle d'Alexandre III). — *Scil. turrim
Hatoni-castri*, 1210 (cart. de la cathéd.). — *Scilicet
turrim Hattonis-castri*, 1918 (*ibid.*). — *Ad firmi-
tatem de Hattonis-castro*, 1222 (*ibid.*). — *Hardon-*

chastel, *Hadonchastel*, 1240 (reprises de Thibaut,
comte de Bar) ; 1267 (abb. de l'Étanche, II. 6);
1294 (hommage à Jacques, év. de Verdun); 1358
(coll. lorr. t. 266.48, p. 13); 1373 (chambre des
comptes de Bar); 1482 (chron. de Jean Aubrion). —
Hadonchatel, 1247 (cart. de Saint-Paul). — *Ha-
thouchastel*, 1267 (abb. de l'Étanche, II. 6); 1482
(Lamy, acte du tabell. d'Hattonchâtel); 1516 (coll.
lorr. t. 266.48, p. 2). — *Hatonchasteil*, 1285
(cart. de la cathédr.). — *Hattonchastel*, 1331 (hôtel
de ville de Verdun, A. 1 *bis*); 1518 (Lamy, acte
du tabell. d'Hattonchâtel). — *Hathonchasteil*, 1337
(pierre tumulaire dans l'église d'Hattonchâtel). —
Hatonchastel, 1399 (traité de Robert, comte de
Bar); 1564 (éch. entre le duc de Lorr. et l'évêque
de Verdun). — *Hathonium-castrum*, 1502 (lettres
de Maximilien Iᵉʳ). — *Collégiale de Sainct-Mor de
Hatton*, 1534 (Soc. Philom. luy. Hattonchâtel). —
Haton, 1535 (Lamy, acte du tabell. d'Hatton-
châtel). — *Hatouchastel*, 1549 (Wassebourg). —
Hattomchastel, 1566 (coll. lorr. t. 266.48, p. 5).
— *Hatton-Chasteau*, 1642 (Mâchon). — *Hatton-
Château*, 1671 (Urbain Quillot). — *Hattonchâteau*,
1738 (pouillé); 1745 (Roussel). — *Haton-Châtel*,
Haton-Château, 1749 (pouillé).

Avant 1790, Barrois non mouvant, chef-lieu de
marquisat, de gruerie, d'office et de prévôté, cout.
d'Hattonchâtel, recette et bailliage de Saint-Mihiel,
présid. de Toul, cour souveraine de Nancy; le roi en
était seul seigneur. — Dioc. de Verdun, archid. de
la Rivière, chef-lieu de prévôté.

Hatton, évêque de Verdun (de 847 à 870), cons-
truisit en ce lieu, vers l'an 859, un château ou forteresse qui, par sa situation sur une montagne qui
domine les plaines de la Woëvre, était regardé
comme important ; il y établit une chapelle dédiée,
selon Wassebourg, à saint Jean-Baptiste et y déposa
un bras de saint Maur, second évêque de Verdun,
sous l'invocation duquel l'église d'Hattonchâtel fut
placée dans la suite; enfin il érigea en paroisse
cette chapelle, qui, en 1358, sous l'épiscopat de
Henri d'Apremont, devint église collégiale et prit
le titre de Saint-Michel.

Depuis la fin du xᵉ siècle, Hattonchâtel eut des
seigneurs particuliers dont la maison de nom et
d'armes, éteinte depuis longtemps, portait : *de sable
à la croix d'or écartelée de Clermont-en-Argonne qui
était d'azur à six annelets d'argent traversés de
dards de même, 3, 2, 1* (Husson l'Écossais).

Durant le xiᵉ siècle, Hattonchâtel fut un des lieux
où les évêques de Verdun faisaient frapper leurs
monnaies; ils y eurent le siége principal de leur jus-

tice depuis l'affranchissement de la ville de Verdun jusqu'en 1546.

Le marquisat d'Hattonchâtel était situé entre l'évêché de Verdun et le bailliage de Saint-Mihiel; Yolande de Flandres, comtesse de Bar et dame de Cassel, le vendit à Hugues de Bar, évêque de Verdun, par acte du 6 juin 1539; Jean, cardinal de Lorraine et évêque de Verdun, l'engagea au duc Antoine par acte du 20 août 1580; Nicolas de Lorraine, administrateur de l'évêché, l'échangea avec la duchesse Christine de Danemark contre certains droits sur Rembercourt-aux-Pots.

Les coutumes générales du marquisat d'Hattonchâtel et de ses dépendances furent rédigées et réformées par le sieur de Rogéville, en exécution des lettres patentes du roi, du 12 mai 1786.

La prévôté d'Hattonchâtel était composée des localités dont les noms suivent : Avillers, Bannoncourt (partie avec Saint-Mihiel), Bassaucourt, Billy-sous-les-Côtes, Brauville, Chaillon, Deuxnouds-aux-Bois, l'Étanche (abbaye), Hannonville-sous-les-Côtes (partie avec Hannonville), Hattonchâtel, Hattonville, Herbeuville, Lamorville, Lavignéville, Rouvrois-sur-Meuse, Saint-Maurice-sous-les-Côtes, Saint-Remy, Saulx-en-Woëvre (partie avec Saint-Mihiel), Savonnières-en-Woëvre, Seuzey, Signeulles, Spada (anciennement Gerbeuville), Varvinay, Viéville-sous-les-Côtes, Vigneulles-lez-Hattonchâtel, Woël.

La gruerie d'Hattonchâtel ressortissait à la maîtrise particulière de Saint-Mihiel.

Le doyenné d'Hattonchâtel, *decanatus de Hattonis castro*, 1642 (Mâchon), 1738 (pouillé), était composé des paroisses et annexes dont les noms suivent : Apremont, Avillers, Bassaucourt, Billy-sous-les-Côtes, Brasseitte, Brauville, Butgnéville, Chaillon, Champlon, Combres, Creue, Deuxnouds-aux-Bois, Dommartin-la-Montagne, Dompierre-aux-Bois, Doncourt-aux-Templiers, les Éparges, Hannonville-sous-les-Côtes, Hattonchâtel, Hattonville, Herbeuville, Lamorville, Lavignéville, Liouville, Loupmont, Marbotte, Mécrin, Ménil-sous-les-Côtes, Saint-Agnan, Saint-Hilaire, Saint-Julien, Saint-Maurice-sous-les-Côtes, Saint-Remy, Saulx-en-Woëvre, Savonnières-en-Woëvre, Senonville, Seuzey, Spada, Thillot, Tignéville (écart d'Apremont), Trésauvaux, Varnéville, Varvinay, Viéville, Vigneulles-lez-Hattonchâtel, Wadonville-en-Woëvre, Woël.

En 1790, lors de l'organisation du département, Hattonchâtel devint chef-lieu de l'un des cantons dépendant du district de Saint-Mihiel; ce canton était composé des municipalités dont les noms sui-

Meuse.

vent : Bency, Billy-sous-les-Côtes, Creue, Deuxnouds-aux-Bois, Hattonchâtel, Hattonville, Viéville-sous-les-Côtes, Vigneulles.

Actuellement, arrond. et archipr. de Commercy, c^on et doy. de Vigneulles. — Écarts : la Garenne, Mont-aux-Bruzes, le Vivier. — Patron : saint Maur.

Wassebourg place à Hattonchâtel le *Castrum Vabrense* décrit par Grégoire de Tours. — Voy. WOËVRE (CAMP OU CHÂTEAU DE).

Les armoiries d'Hattonchâtel étaient : *parti au 1er de Lorraine simple, c'est-à-dire : d'or à la bande de gueules chargée de trois alérions d'argent, et au 2e écartelé de sable à la croix d'or et d'azur à six annelets d'argent traversés de dards de même, 3, 2, 1.* (Durival).

HATTONVILLE, vill. sur le ruiss. d'Hattonville, à 2 kil. au N.-E. de Vigneulles-lez-Hattonchâtel. — *Hadonville*, 1700 (carte des États). — *Hattonis-villa*, 1738 (pouillé).

Avant 1790, Barrois non mouvant, marquisat, office, cout. et prév. d'Hattonchâtel, recette et baill. de Saint-Mihiel, présid. de Toul, cour souveraine de Nancy. — Dioc. de Verdun, archid. de la Woëvre, doy. d'Hattonchâtel, chapelle vicariale.

En 1790, distr. de Saint-Mihiel, c^on d'Hattonchâtel.

Actuellement, arrond. et archipr. de Commercy, c^on et doy. de Vigneulles. — Patron : saint Sébastien.

HATTONVILLE (RUISSEAU D'), qui a sa source au-dessous d'Hattonchâtel, passe à Hattonville, traverse l'étang de Lachaussée, passe à Lachaussée et se jette dans l'Yron, après un cours de 11 kil. — *Le Hatton*, 1656 (carte de l'év.).

HAUCHÂTEL, contrée, c^ne de Bar-le-Duc.

HAUCHY, bois, c^ne de Commercy.

HAUCOURT, contrée, c^ne de Dieue.

HAUCOURT, vill. sur le ruiss. d'Avillers, à 4 kil. à l'E. de Spincourt. — *Hanltcourt*, 1549 (Wassebourg). — *Haulcourt*, 1642 (Mâchon). — *Aucour*, 1656 (carte de l'évêché). — *Hantecour*, 1700 (carte des États). — *Alta-curia*, 1749 (pouillé).

Avant 1790, Barrois non mouvant, office de Norroy-le-Sec, recette de Briey, cout. de Saint-Mihiel, juridiction du juge-garde des seigneurs, baill. de Saint-Mihiel et ensuite d'Étain, cour souveraine de Nancy. — Dioc. de Verdun, archid. de la Woëvre, doy. d'Amel, paroisse d'Avillers.

En 1790, distr. d'Étain, c^on de Gouraincourt.

Actuellement, arrond. et archipr. de Montmédy, c^ne de Spincourt, doy. de Billy-sous-Mangiennes. — Patron : saint Hubert.

HAUCOURT, h. sur la fontaine des Aulnes, c^ne de Malan-

14

court. — *Haucourt*, 1240 (cart. de la cathédr.). — *Haulcourt*, 1609 (hosp. Sainte-Catherine, B. 18). — *Hautecourt*, 1656 (carte de l'évêché); 1745 (Roussel).

Dépendait de la prévôté des Montignons, baill. de Clermont siégeant à Varennes. — Archid. de la Princerie, doy. de Forges.

HAUDA, contrée, c^ne de Brauvilliers.

HAUDAINVILLE, vill. sur le ruisseau de Belrupt, à 4 kil. au S. de Verdun. — *Holdonis-villa*, 1041 (dipl. de l'empereur Henri III). — *Alden-villa, Aldenivilla*, 1049 (bulle de Léon IX). — *Haudéni-villa*, 1061 (cartul. de Saint-Vanne). — *Hadonis-villa*, 1100, 1179, 1207 (cartul. de Saint-Paul). — *Hadonis-villa*. 1189 (*ibid.*). — *Hadenvilla*, 1236 (*ibid.*). — *Handeinville*, 1259, 1393 (hosp. Sainte-Catherine, B. 7). — *Hadeinville*, 1282 (cartul. d'Apremont); 1486 (recueil). — *Haudainville*, 1289 (cartulaire d'Apremont); 1562 (Lamy, pied-terrier). — *Haudayaville-de-les-Verdun*, 1340 (coll. lorr. t. 262.46, B. 12). — *Haudeville, Haudeville*, 1356 (promesse entre le lieut. de Luxembourg et les cit. de Verdun). — *Hauldanivilla*, 1357 (ch. de l'emp. Charles IV). — *Haudinville*, 1370 (arch. de la Meuse); 1466 (hosp. Sainte-Catherine, B. 7). — *Hodainville*, 1676 (hôtel de ville de Verdun, A. 58); 1700 (carte des États). — *Haudani-villa*, 1738 (pouillé).

Avant 1790, Verdunois, écart de Verdun, terre d'év. cout. baill. et prév. de Verdun, parlement de Metz. — Dioc. de Verdun, archid. de la Princerie, doyenné d'Urbain.

En 1790, distr. et municipalité de Verdun.

Actuellement, c^ne, arrond. c^no, archipr. et doy. de Verdun. — Écarts : Au-dessous-de-Belrupt, Pont-de-Belrupt, Saint-Privat. — Patron : saint Symphorien.

HAUDIENNE, contrée, c^ne de Menaucourt.

HAUDIMONT, contrée, c^nes de Ménil-sur-Saulx et d'Hautecourt.

HAUDIOCOURT, h. ruiné, c^ne d'Haudiomont. — *Haudiocour*, 1656 (carte de l'év.).

HAUDIOMONT, vill. sur le ruis. d'Haudiomont, à 6 kil. à l'O. de Fresnes-en-Woëvre. — *Houdion-Mont*, 1249 (cart. de Saint-Paul). — *Houdiomont*, 1252 (*ibid.*). — *Houdyomont*, 1332 (accord entre l'év. de Verdun et le voué de Fresnes). — *Hodyomont*, 1494 (Lamy, sentence devant la salle de l'év. de Verdun). — *Hauldiomont*, 1538 (*ibid.* acte du tabell. de Saint-Mihiel). — *Hodiomont*, 1549 (Wassebourg); 1562 (Lamy, pied-terrier). — *Haudiaumont*, 1700 (carte des États). — *Hodiaumont*, 1743 (proc.-verb. des cout.).

Avant 1790, Verdunois, terre d'év. anc. justice

seign. de l'évêque, prév. de Fresnes-en-Woëvre, cout. baill. et présid. de Verdun, parlem. de Metz. — Dioc. de Verdun, archid. de la Woëvre, doy. de Pareid, annexe de Ronvaux.

En 1790, distr. de Verdun, c^ne de Fresnes.

Actuellement, arrond. et archipr. de Verdun, c^n et doy. de Fresnes-en-Woëvre. — Écarts : la Chevretterie, la Grideletterie, le Moulin. — Patron : saint Urbain.

Avait une maison forte dont les seigneurs, d'ancienne chevalerie, portaient : *de sable à trois tours d'argent*, 2, 1.

HAUDIOMONT (RUISSEAU D'), qui prend sa source dans le bois de Bernatant, passe à Haudiomont, traverse le bois de la Grande-Woëvre et se jette dans le Bracquemirupt, après un cours de 4 kilomètres.

HAUDIPRÉ, font. et contrée, c^ne de Saulx-en-Barrois.

HAUDREMONT, f. ruinée, c^ne d'Étain.

HAUDROMONT, f. c^ne de Louvemont. — *Hodronis-Mons*, 1179 (cart. de Saint-Paul). — *Houdremont*, 1700 (carte des États). — *Hodremont*, 1743 (proc.-verb. des cout.).

Avant 1790, dépendance de Bras, prévôté de Dieppe, cout. et baill. de Verdun.

HAUDONVILLES (FORÊT DES), vaste tenue de bois sur les territoires d'Hadonville, Lachaussée, Haumont-lez-Lachaussée, Hattonville et Saint-Benoit-en-Woëvre.

HAUIE (TROU-), bois comm. de Saint-Remy.

HAUIES, contrée, c^ne de Blercourt.

HAUIS (LES), contrée, c^ne de Verdun, lieu où fut établie une maladrerie pendant la grande épidémie de 1631. — *La Croix-au-Wey*, 1498 (paix et accord). — *Les Wouez, Vallon des Wouez*, 1631 (hôtel de ville de Verdun, reg. des ordonn. et des rés.). — *Les Hawées*, XVIIe siècle (acte du tabell. de Verdun). — *Les Hawouis*, 1819 (pied-terrier).

HAUMONT-LEZ-LACHAUSSÉE, village entre l'Yron et les Étangs, à 8 kil. à l'O. de Vigneulles-lez-Hattonchâtel. — *Altus-Mons*, 1129 (confirm. des biens de l'abb. de Saint-Benoit); 1749 (pouillé). — *Houmont*, 1270 (abb. de Saint-Benoit, F. 1); 1289 (cart. d'Apremont). — *Houlmont*, 1457 (abb. de Saint-Benoit). — *Haumont*, 1571 (proc.-verb. des cout.). — *Aulmont*, 1656 (carte de l'év.). — *Haulmont*, 1749 (pouillé). — *Holmont*, 1756 (D. Calmet, *not.*). — *Hautmont-les-la-Chaussée*, 1778 (Durival).

Avant 1790, Barrois non mouvant, office et prév. de Thiaucourt, cout. et recette de Saint-Mihiel, baill. de Pont-à-Mousson et ensuite de Thiaucourt, présid. de Metz, cour souveraine de Nancy. — Dioc.

de Metz, archid. de Vic, archipr. de Gorze, annexe de Dommartin-lez-Lachaussée.

En 1790, distr. de Saint-Mihiel, c⁰ⁿ de Woël. Actuellement, arrond. et archipr. de Commercy, c⁰ⁿ et doy. de Vigneulles. — Patronne : sainte Anne.

Haumont-près-Samogneux, village sur la droite de la Meuse, à 15 kil. à l'E. de Montfaucon. — *Haudimons*, 1049 (bulle de Léon IX); 1756 (D. Calmet, not.). — In *Haudmonte*, 1061 (cartul. de Saint-Vanne). — *Altus-Mons*, 1127 (cart. de la cathéd.); 1738 (pouillé). — *Hovmont*, 1257, 1299 (cart. de la cathéd.). — *Homont*, 1346 (chamb. des comptes, compte d'Étain). — *Haulmont*, 1642 (Mâchon).

Avant 1790, Verdunois, terre du chap. sous la seigneurie du doyen de la cathéd. qui en était haut, moyen et bas justicier, prév. de Sivry-sur-Meuse (pour partie avec Charny), cout. et baill. de Verdun, parlem. de Metz. — Dioc. de Verdun, archid. de la Princerie, doy. de Chaumont, annexe de Samogneux.

En 1790, distr. de Verdun, c⁰ⁿ de Sivry-sur-Meuse.

Actuellement, arrond. et archipr. de Montmédy, c⁰ⁿ et doy. de Montfaucon. — Écarts : Anglemont, Ormont et Monnemont-Ruiné. — Patron : saint Nicolas.

Haussaies, bois comm. de Montplonne.

Haussard, contrée, c⁰ᵉ de Rumont.

Haussonlieu, bois comm. des Paroches; faisait partie de la forêt de Marcaulieu.

Haut (Moulin), c⁰ᵉˢ de Bonzée, Bréhéville, Chaumont-sur-Aire, Laheycourt, Mont-devant-Sassey, Montzéville, Rosières-devant-Bar.

Haut (Moulin de), c⁰ᵉˢ de Forges, Gercourt et Malancourt.

Haut (Moulin d'en), c⁰ᵉˢ de Brieulles-sur-Meuse, Moranville, Moulainville et Vignot.

Haut (Moulin du), sur l'Ornain, c⁰ᵉ de Gondrecourt.

Hautbois (Le), f. c⁰ᵉ d'Étain.

Haut-Bois (Le), étang, c⁰ᵉˢ de Sommeilles et Wareq.

Haut-Bouleau, bois, c⁰ᵉˢ de Boureuilles; faisait partie de la forêt d'Argonne.

Haut-Champ, f. ruinée, c⁰ᵉ de Chauvoncourt.

Haut-Champ (Le), f. c⁰ᵉ de Couvouvre. — *Altus-Campus*, 1180 (bulle d'Alexandre III). — *Jochamp*, 1700 (carte des États).

Haut-Château, contrée, c⁰ᵉ d'Ambly.

Haut-Chemin, contrée, c⁰ᵉˢ de Boureuilles, Issoncourt, Rembercourt-aux-Pots, Saint-Jean-lez-Buzy, Woël.

Haut-Chemin (Le), voie antique sur le territoire d'Autrécourt; vient de Lavoye et se dirige vers Beauzée.

Haut-Chemin (Le), voie antique sur le territoire de Ribeaucourt; vient de *Nasium* et se dirige vers Langres.

Haut-Chemin (Le), voie antique sur le territoire de Géaicourt-sous-Condé; se dirige vers Rembercourt-aux-Pots.

Haut-de-Clef, contrée, c⁰ᵉ de Quincy.

Haut-de-la-Pierre, contrée, c⁰ᵉ d'Hannonville-sous-les-Côtes.

Haut-des-Cornes, bois, c⁰ᵉ d'Haudainville.

Haute-Borne (La), menhir ou borne limitative de pays, c⁰ᵉˢ de Brauvilliers, Bovée, Milly-devant-Dun, Savonnières-en-Woëvre.

Haute-Borne (La), contrée, c⁰ᵉˢ d'Étain, Ménil-sur-Saulx, Moulotte, Pareid, Remennecourt, Vaudeville, Viéville.

Haute-Couronne, contrée, c⁰ᵉ d'Issoncourt.

Hautecourt, vill. sur le ruiss. d'Hautecourt, à 6 kil. à l'O. d'Étain. — *Haudicurtis, Haldicurtis*, 1049 (bulle de Léon IX); 1127 (cart. de la cathéd.). — *Hardicurtis*, 1127 (ibid.). — *Houdrecort*, 1256 (hosp. Sainte-Catherine, B. 8). — *Haudrecourt*, 1262 (cartul. de la cathédr. p. 87); 1313, 1316, 1331, 1394, 1746 (hosp. Sainte-Catherine, B. 8); 1656 (carte de l'év.); 1745 (Roussel). — *Houdrecourt-de-leis-Harmeville*, 1262 (cart. de la cathéd. p. 99). — *Houdrecourt*, 1268, 1270, 1290 (cart. de la cathéd.); 1289 (cart. de Saint-Paul); 1272, 1326 (hosp. Sainte-Catherine, B. 8). — *Haudecourt*, 1272, 1291, 1294, 1296, 1301, 1304, 1316 (ibid.). — *Houdrecourt*, 1277, 1297, 1298, 1299, 1315 (ibid.). — *Houldrecourt*, 1557, 1611 (ibid.) 1642 (Mâchon). — *Hauttecourt*, 1723 (hosp. Sainte-Catherine, pied-terrier, B. 8); 1743 (proc.-verb. des cout.).

Avant 1790, Verdunois, terre d'évêché, ancienne justice seign. de l'évêque, prév. de Dieppe, cout. baill. et présid. de Verdun, parlem. de Metz. — Dioc. de Verdun, archid. de la Woëvre, doy. de Pareid, annexe d'Hermeville; Mâchon lui donne pour patron saint Hippolyte.

En 1790, distr. d'Étain, c⁰ⁿ d'Hermeville.

Actuellement, arrond. et archipr. de Verdun, c⁰ⁿ et doy. d'Étain. — Écart : Broville. — Patron : saint Éloi.

Hautecourt (Ruisseau d'), qui a sa naissance au-dessus du village, traverse les étangs de Pérois et du Haut-Bois, passe à l'Hôpital-Saint-Jean et se jette dans l'Orne à Wareq, après un cours de 7 kilomètres.

Haute-Paise, f. c⁰ᵉ de Clermont-en-Argonne.

Haute-Voie, bois comm. de Woël.

Haute-Walle, f. c⁰ᵉ de Sorbey. — *Walu, Vallibus juxta Sorbeum*, 1183 (bulle de Lucius III). — *Haut-*

14.

Val, 1700 (carte des États). — *Haute-Val*, *Val-la-Haute*, 1756 (D. Calmet, *not.*).

Avant 1790, Barrois non mouvant, office et prév. de Longuyon, recette et baill. d'Étain, présid. de Verdun, cour souveraine de Nancy.

HAUT-FOURNEAU (LE), forge, c^{ne} de Billy-sous-Mangiennes.

HAUT-FRÉTY, bois comm. d'Ippécourt.

HAUTIPRÉ, contrée, c^{ne} de Chaumont-devant-Damvillers.

HAUT-JOUR (LE), m^{on} isolée, c^{ne} de Ménil-aux-Bois.

HAUT-JURÉ, bois, c^{ne} de Bar-le-Duc.

HAUT-LA-VOILLE-VOIE, bois comm. de Pretz.

HAUTMONT, côte, c^{nes} des Éparges et de Combres. — *Haumont*, 1700 (carte des États). — *Montville*, 1745 (Roussel); 1756 (D. Calmet, *not.*).

Il y avait sur cette côte une église dédiée à saint Martin et qui était mère église des Éparges.

HAUTOY (LE), mⁱⁿ ruiné, c^{ne} de Boinville; ancien fief à la famille Du Hautoy.

HAUT-PAQUIS, mⁱⁿ, c^{ne} de Murvaux.

HAUT-PONT, contrée, c^{ne} de Fresnes-en-Woëvre.

HAUT-PONT (RUISSEAU DU), qui prend sa source dans les bois de Rouvres et se jette dans l'étang de Darmont, où il se confond avec le ruiss. de Rosa.

HAUT-PRIGNEUX, bois comm. de Bouquemont.

HAUT-TRUSLE, bois comm. de Wiseppe.

HAUTS-FINS (LES), place, à Verdun.

HAVER, bois comm. de Ville-en-Woëvre.

HAVIS, contrée, c^{ne} d'Avocourt.

HAWY, contrée, c^{ne} d'Ornes.

HAWYS, contrée, c^{ne} de Senoncourt.

HAYE (LA), bois domanial, c^{ne} de Montmédy.

HAYE (LA), bois comm. de Véry.

HAYECHAMP, contrée, c^{ne} de Ville-en-Woëvre.

HAYES (LES), bois comm. de Rarécourt.

HAYETTE, contrée, c^{ne} de Nixéville.

HAYOTTES, bois comm. de Brillon.

HAYVAUX (LES), contrée, c^{ne} de Verdun.

HAZALLE, contrée, c^{ne} de Rembercourt-aux-Pots.

HAZARD, bois comm. de Lempire.

HAZOIS, bois comm. de Corniéville. — *La Hasoy*, 1265 (cart. de Rangéval).

HAZOY, bois comm. de Demange-aux-Eaux et d'Ernecourt.

HÉBÉCOURT, font. c^{ne} de Dagonville.

HEIPPES, vill. sur le ruiss. de Récourt, à 4 kil. au S. de Souilly. — *Allodium de Hepies fratibus Iherosolimitani*, 1183 (donat. par Raoul de Clermont). — *Espeium*, 1199 (cartul. de Saint-Paul). — *Heppe*, 1200 (*ibid.*); 1760 (carte des États). — *Heipes*, 1259 (cartul. de Saint-Paul); 1749 (pouillé). —

Heippe, 1336 (ch. des comptes, c. de Souilly). — *Heyppes*, 1338 (coll. lorr. t. 263.46, C. 10). — *Heippes*, 1502 (Lamy, arrêt de la cour des comptes de Bar). — *Heppes*, 1610 (*ibid.* requête au duc de Lorraine). — *Hyppes*, 1642 (Mâchon). — *Hieppes*, 1738 (pouillé). — *Heppiæ*, 1738 (*ibid.*); 1749 (*ibid.*).

Avant 1790, Barrois mouvant, office, recette, cout. prév. et baill. de Bar, présid. de Châlons, parlem. de Paris; le roi en était seul seigneur. — Dioc. de Verdun, archid. d'Argonne, doy. de Souilly; avait une commanderie de l'ordre de Malte ou maison des Hospitaliers, dite *la Warge*.

En 1790, distr. de Verdun, c^{on} de Souilly.

Actuellement, arrond. et archipr. de Verdun, c^{on} et doy. de Souilly. — Écart : Flabas. — Patron : l'Assomption.

HEISOTTE, bois comm. de Chaillon.

HENNEMONT, vill. sur la gauche du Renessel, à 5 kil. au N. de Fresnes-en-Woëvre. — *De Heimonismontis*, 1148 (cartul. de Saint-Paul). — *Apud Haimonis-Montem*, 1156 (*ibid.*). — *Haymonis-Mons*, 1156, 1195 (*ibid.*). — *Hemonis-Mons*, 1179 (*ibid.*). — *Haimonis-Mons*, 1193 (*ibid.*). — *Hamonis-Mons*, 1207 (*ibid.*). — *Heymonis-Mons*, 1214 (*ibid.*). — *Hennemont*, 1226 (cart. de la cathédr.). — *Heymemont*, 1228, 1236, 1249 (cart. de Saint-Paul).— *Hannemont*, 1250, 1289 (*ibid.*). — *Haimnemont*, 1259 (*ibid.*). — *Haymemont*, 1263 (*ibid.*).— *Heinemont*, 1457 (reprises de Henri de Hennemont). — *Henemont*, 1491 (Lamy, dénombr. de la seign. de Saint-Maurice); 1560 (sentence du baill. de Verdun); 1549 (Wassebourg); 1646 (pied-terrier). — *Haimnemont*, 1535 (Lamy, acte du tabell. d'Hattonchâtel). — *Hamemont*, 1549 (Wassebourg). — *Hainnemont*, 1553 (Lamy, arrêt du baill. de Saint-Mihiel). — *Heynemont*, 1556 (*ibid.*); 1581 (compte du prévôt de Fresnes). — *Heinmont*, 1565 (Lamy, sentence). — *Haynemont*, 1581 (*ibid.* invent. des titres de la seign.). — *Heunmont*, 1607 (*ibid.* pied-terrier). — *Hennemons*, 1738 (pouillé).

Avant 1790, Verdunois, terre d'évêché, anciennes assises des quatre pairs de l'év. prév. de Fresnes-en-Woëvre, cout. et baill. de Verdun, parlem. de Metz. — Dioc. de Verdun, archid. de la Woëvre, doy. de Paroid.

En 1790, distr. d'Étain, c^{on} de Paroid.

Actuellement, arrond. et archipr. de Verdun, c^{on} et doy. de Fresnes-en-Woëvre. — Écart : Renessel. — Patron : saint Sulpice.

Il y avait à Hennemont une maison forte ou château fief, dont le seigneur était vassal de l'évêque de

Verdun et avait le titre de pair et baron de Verdun.
La maison d'Hennemont, depuis longtemps éteinte,
était de nom et d'armes et portait : *d'azur à cinq
annelets d'argent posés en sautoir* (Husson l'Écossais).

HENRIONNE, île sur la Meuse, c^{ne} de Mouzay.

HENRIQUET, contrée, c^{ne} de Gussainville.

HENZÉZ, contrée, c^{ne} de Rarécourt.

HÉPAUX, bois, c^{ne} de Récourt; faisait partie de la forêt
de Souilly.

HERBASSEAUX (Les), bois, c^{ne} de Lion-devant-Dun; faisait partie de la forêt de la Woëvre.

HERBEAUFOUILLEUX, bois, c^{ne} de Robert-Espagne; faisait
partie d'un ban érigé en fief en 1708 (Durival).

HERBEAU, contrée, c^{ne} de Boinville.

HERBEAUCHAMP, contrée, c^{ne} d'Ambly.

HERBEAUCHAMP, f. et bois, c^{ne} de Fresnes-au-Mont.

HERBELOIS, bois, c^{ne} d'Ornes.

HERBELOTTE (La), h. c^{ne} de Neufour.

HERBEUMOULIN, h. c^{ne} de Saint-Jean-lez-Buzy.

HERBEUVAL, f. c^{ne} de Thonne-le-Thil.

HERBEUVILLE, village sur le Montru, à 4 kil. au S. de
Fresnes-en-Woëvre. — *Herberici-villa?* 701 (ch. de
Pepin). — *Heberiaca-villa et Sanctus-Moricius*, 702
(cartul. de Saint-Vanne). — *Harbodi-villa*, 915,
1015, 1125 (*ibid.*); xe siècle (polypt. de Reims). —
Herbolei-villa in Wapra, 940 (cart. de Saint-Vanne).
— *Harbolei-villa*, 952 (*ibid.*). — *Harboldi-villa*,
952 (dipl. de l'emp. Otton); 952 (acte de fondat.).
— *Arbodivilla*, 962 (bulle de Jean XII); 962 (cart.
de Saint-Vanne). — *Ad Harbodi-villam in Wapra*,
962 (*ibid.*). — *Harbodi-villa in Waper*, 980 (*ibid.*).
— *Arcbodis-villa*, 1082 (fondat. de l'abb. de Saint-
Airy); 1089 (confirmat. par l'emp. Henri III). —
Harbodis-villa, 1095 (charte de Dudon de Cons);
1095 (cart. de Gorze); 1196 (cart. de Saint-Paul).
— *Herbertini-vallis*, 1144 (*ibid.* f° 174). — *Harbonis-villa*, 1193, 1196 (*ibid.*). — *Harbueville*,
1203 (cart. de la cathédr.); 1261 (cart. de Saint-
Paul); 1267 (abb. de l'Étanche, H. 6); 1700 (carte
des États). — *Harbueville*, 1206 (cart. de Saint-
Paul). — *Herbueville*, 1322 (ch. de l'év. Henri,
arch. de la Meuse). — *Herbeufville*, 1518 (Lamy,
acte du tabell. d'Hattonchâtel). — *Herbeufville*,
1534 (Soc. Philom. lay. Hattonchâtel). — *Herbeufville*, 1535 (Lamy,
acte du tabell. d'Hattonchâtel). — *Harbodiville*,
1549 (Wassebourg). — *Herbevilla*, *Herbéville*,
1738 (pouillé); 1749 (*ibid.*). — *Herbodivilla*, 1745
(Roussel); 1756 (D. Calmet, *not.*).

Avant 1790, Barrois non mouvant, office, cout.
prév. et marquisat d'Hattonchâtel, recette et baill.
de Saint-Mihiel, présid. de Toul, cour souveraine
de Nancy; le roi en était seul seigneur. — Dioc. de

Verdun, archidiaconé de la Rivière, doy. d'Hattonchâtel.

En 1790, distr. de Saint-Mihiel, c^{ee} d'Hannonville-sous-les-Côtes.

Actuellement, arrond. et archipr. de Verdun, c^{te}
et doy. de Fresnes-en-Woëvre. — Écart : la Chapelle.
— Patron : saint Vanne.

HERBILLON, bois comm. de Villers-devant-Dun.

HERBINETTE, contrée, c^{ne} de Woël.

HERBUS (Les), bois comm. de Badonvilliers.

HERCICHAMOIS ou RÉCICHAMOIS, f. c^{ne} de Loupmont.

HERME, h. aujourd'hui réuni au vill. de Belrain.

HERMÈS, bois, c^{ne} de Bazincourt.

HERMÉVILLE, vill. sur le ruiss. d'Eix, à 5 kil. au S.-O.
d'Étain. — *Herminivilla*, 707 (dipl. de Ludwin). —
Harmeville, 1189, 1256 (cart. de la cathéd.); 1315
(coll. lorr. t. 267.49, p. 6); 1549 (Wassebourg);
1700 (carte des États). — *Harmevilla*, 1215 (cart.
de la cath.). — *Hermeville*, 1450 (Lamy, sentence
du baill. de Saint-Mihiel). — *Hermeti-villa*, 1642
(Môchon). — *Hermevilla*, 1738 (pouillé).

Avant 1790, Verdunois, terre du chapitre, anc.
justice des chanoines de la cathéd. prév. de Foameix,
et dans les derniers temps siège de cette prévôté,
cout. baill. et présid. de Verdun, parlem. de Metz.
— Dioc. de Verdun, archid. de la Woëvre, doy. de
Pareid.

En 1790, lors de l'organisation du département,
Herméville devint chef-lieu de l'un des cantons dépendant du distr. d'Étain; ce canton était composé
des municipalités dont les noms suivent : Abaucourt,
Braquis, Fromezey, Grimaucourt-en-Woëvre, Hautecourt, Herméville, Moranville.

Actuellement, arrond. et archipr. de Verdun,
c^{on} et doy. d'Étain. — Patron : l'Invention de saint
Étienne.

HERMICHOTTE, usine, c^{ne} de Lamorville.

HERMITAGE (L'), bois, c^{ne} de Bezonvaux.

HERMITAGE (L'), chap. ruinée, c^{ne} de Mauvages.

HERMITAGE (L'), chap. ruinée, actuellement m^{on} isolée,
c^{ne} de Verdun.

HERMITE (CÔTE-L'), contrée, c^{ne} de Véry.

HERMONT, tuilerie et bois, c^{ne} d'Avocourt. — *Lemmont
apud Verrieres*, 1237 (cart. de Saint-Paul).

HÉRONLIEU, bois comm. de Rosières-en-Blois.

HÉRONNIÈRE, contrée, c^{ne} de Longeville.

HÉRONNIÈRE, bois, c^{ne} de Nubécourt.

HESSE, contrée, c^{nes} d'Aubréville et d'Ornes.

HESSE (FORÊT DE), vaste tenue de bois qui s'étend sur
les territoires de Béthelainville, Montzéville, Avocourt, Vauquois, Boureuilles, Neuvilly, Parois.

HEU, contrée, c^{ne} de Longeville.

Heudicourt, village sur le ruiss. d'Heudicourt, à 5 kil. au S. de Vignoulles-lez-Hattonchâtel; se nommait anciennement *Trougnon*. — *Tronione*, 709 (test. Vulfoadi); 846 (dipl. de Charles le Chauve); 1756 (D. Calmet, *not*.). — *Tronium*. 895 (dipl. de Zuendebold). — *Ecclesia Troniaci*, 1078 (ch. de l'évêque Thierry pour l'abb. de Saint-Mihiel). — *Trunio*, 1106 (bulle de Pascal II); 1707 (carte du Toulois). —. *Trougnognum*, 1135 (Onera ablatum). — *Le chastel de Trougnon*, 1240 (reprises de Thibaut, comte de Bar). — *Troignon*, 1243 (abb. de Saint-Mihiel, 2. k. 7); 1642 (Mâchon). — *Troignon et Trognon sorpière Fontaine*, 1243 (abb. de Saint-Mihiel, 2. K. 7). — *Trongnum*, 1337 (coll. lorr. t. 426, p. 287). 1399 (ch. de Robert, duc de Bar). — *Trougnon*, 1337 (acte de foi et hommage). — *Trougnon*, 1399 (ch. de Robert); 1399 (paix et accord); 1490 (coll. lorr. t. 266.48, p. 50); 1491 (Lamy, dénomb. de la seigneurie de Saint-Maurice); 1571 (proc.verb. des cout.); 1738 (pouillé). — *Trognon*, 1558 (Lamy, contrat de R. Des Ancherins); 1656 (carte de l'évêché); 1700 (carte des États); 1707 (carte du Toulois). — *Torvinium*, 1738 (pouillé). — *Trou-,gognium*. 1749 (*ibid*.). — *Heudicourt*, 1749 (*ibid*.).

Avant 1790, Barrois non mouvant, vill. érigé en marquisat, en 1737, pour le marquis de Lénoncourt d'Heudicourt, qui en était seigneur et en faveur duquel ce village a été ainsi appelé; chef-lieu de prév. office, recette, cout. et baill. de Saint-Mihiel, présid. de Toul, cour souveraine de Nancy. — Dioc. de Verdun, archid. de la Rivière, doy. de Saint-Mihiel. — Avait un château dans lequel étaient, en 1756, quatre chapelains, reste d'une collégiale fondée par les ducs de Bar, au XIV° siècle, sur la montagne voisine.

La prévôté d'Heudicourt était composée des vill. dont les noms suivent : Buxerulles, Buxières, Heudicourt, Loupmont, Varnéville, Woinville.

En 1790, lors de l'organisation du département, Heudicourt devint chef-lieu de l'un des cantons dépendant du district de Saint-Mihiel; ce canton était composé des municipalités dont les noms suivent : Buxerulles, Buxières, Chaillon, Heudicourt, Lamarche-en-Woëvre, Nonsard, Savonnières-en-Woëvre, Senonville, Varvinay, Woinville.

Actuellement, arrond. et archipr. de Commercy, c^on et doy. de Vigneulles. — Écart : Criot. — Patron : saint Germain.

Heurival, bois comm. de Géry.

Heurte-Bîze, bois appartenant à l'hosp. Saint-Charles, c^ne de Ligny.

Heurte-Bîse, bois comm. de Montigny-devant-Sassey.

Heurte-Bîse, f. c^ne de Stenay. — *Hurtebise*, 1648 (coll. lorr. t. 407, p. 82).

Heurte-Bîse (La), font. qui prend sa source sur le territoire d'Olizy et se jette dans la Meuse à Martincourt, après un trajet de 4 kilomètres.

Heltume, bois comm. de Saulx-en-Barrois.

Hévilliers, village sur un affluent de l'Orge, à 9 kil. au N. de Montiers-sur-Saulx. — *Hevillari*, 1604 (regestr. Toul.). — *Hevilley*, 1700 (carte des États). — *Hevilliere*, 1711 (pouillé). — *Hevivillare*, 1711 (*ibid*.); 1756 (D. Calmet, *not*.).

Avant 1790, Champagne, coutume de Chaumont-en-Bassigny, juridict. du juge-garde des seigneurs. baill. et présid. de Chaumont, parlement de Paris; l'abbé et les religieux d'Évaux en étaient seuls seigneurs. — Dioc. de Toul, archid. de Rinel, doy. de Dammarie.

En 1790, distr. de Gondrecourt, c^on de Montiers-sur-Saulx.

Actuellement, arrond. et archipr. de Bar-le-Duc, c^on et doy. de Montiers-sur-Saulx. — Écarts : Matozèle, Marnat. — Patron : saint Pierre-aux-Liens.

Heymoulin, f. c^ne de Lissey. — *La maison Heimon Manil qui siet en lor terve et en lor treffous entre Breheirille et Boeymont*, 1289 (cart. de la cathédr.).

Heys, h. ruiné, entre Heudicourt et Nonsard.

Hiancquemine, f. c^ne de Thonne-le-Thil; anc. château ruiné, cité dans une charte de 1270. — *Hyacquemine*, 1760 (Cassini). — *Jacquemine* (anc. titres).

Himmierrat, contrée, c^ne de Sivry-la-Perche.

Hincelin (Côte-), usine, c^ne de Cheppy.

Hindaval ou Hindawal, font. c^ne de Louppy-le-Château ; l'une des sources du Cru.

Hindelony, bois comm. de Chalaines, sur le territoire de Rigny-Saint-Martin.

Hinot, contrée, c^ne de Bar-le-Duc.

Hinot, bois comm. de Baudignécourt et de Jouy-sous-les-Côtes.

Hinvaux, bois comm. de Sommedieue.

Hobette (La), m^on isolée, c^ne Charpentry.

Hocue, contrée, c^nes de Clermont, Béthincourt et Mennaucourt.

Hocue, bois, c^ne de Montmédy.

Hocue (La), côte, c^ne de Nançois-le-Petit.

Hocue (La), m^in, c^ne de Ville-devant-Chaumont.

Hocues (Ruisseau des), petit cours d'eau, c^ne des Islettes.

Hoëvaux, contrée, c^ne de Ville-sur-Cousance.

Hoissieux, bois comm. de Clermont.

Hollées, contrée, c^ne de Buzy.

Holoèze, bois comm. de Brandeville.

Homme-Mort (L'), contrée, c^ne de Beauzée et de Lemmes.

Homme-Mort (L'), chemin rural, c^ne de Morley.

Homme-Mort (Pont-de-l'), contrée, c^ne de Varennes.

Homme-Noyé (Ruisseau de l'), qui prend sa source dans les bois de Rouvres et se jette dans le ruiss. du Haut-Pont, après un cours de 5 kilomètres.

Honchi, contrée, c^re de Commercy.

Hondreval, bois, c^ne de Vaux-la-Petite.

Hôpital (L'), ancienne léproserie, c^ne de Bouconville.

Hôpital (L'), bois, c^ne d'Eix.

Hôpital-Saint-Jean (L') ou l'Hôpital, ferme, c^ne de Warcq. — De hospitali juxta Ware, 1226 (cart. de la cathéd.). — In hospitali de Ware, 1241 (ibid.). — L'hopitaul de Ware, 1241 (ibid.). — Commenda de Sancti-Joannis prope Stannum, 1642 (Mâchon). — Saint-Jean, 1656 (carte de l'év.). — L'hopital Saint-Jean-de-Rhode, 1700 (carte des États). — Saint-Jean-de-Rhode, 1749 (pouillé).

Ancienne cense commanderie et léproserie appartenant à l'ordre de Malte, ad provisionem magistri ordinis Equitum Jerosolimitanorum (Mâchon). — Barrois non mouvant, office, recette et baill. d'Étain, cour souveraine de Nancy.

Horgne (La), contrée, c^nes de Creue, Lemmes, Ligny, Longeville, Ornes.

Horgne (La), bois commu. d'Hannonville-sous-les-Côtes, Saint-Amand, Velosnes.

Horgne (La), m^on isolée, c^ne de Longeville.

Horgne (La), contrée, c^ne de Ménil-la-Horgne. — Horna, Hornia, 1402 (regestr. Tull.). On suppose que ce lieu doit son nom à une ancienne grange qui était peut-être l'un de ces greniers publics, horrea, qui existaient dans un grand nombre de pagi à l'époque gallo-romaine; on y rencontre de nombreux débris antiques.

Hormay (Côte-d'), bois comm. de Bourcuilles.

Hormissé, contrée, c^ne de Bar-le-Duc.

Horne (Côte d'), dite aussi Côte de Horgne, c^ne de Damvillers.

Horville, vill. sur le Naillemont, à 4 kil. au S. de Gondrecourt. — Haveringivilla in comitatu Hornise, 965 (dipl. d'Otton en fav. de l'abb. de Bouxières, Hist. de Lorr. pr.). — Horville, 1338 (arch. de la Meuse). — Dehorville, 1580 (proc.-verb. des cout.). — Dehonville, 1700 (carte des États). — Deonville, Dohudi-villa, 1707 (carte du Toulois). — Dehueilla, 1711 (pouillé). — Horvilla, 1749 (ibid.).

Avant 1790, Barrois mouvant, office et prévôté de Gondrecourt, coutume du Bassigny, recette de Bourmont, bailliage de Saint-Thiébaut et ensuite de Lamarche, présidial de Châlons, parlement de

Paris; le roi en était seul seigneur. — Diocèse de Toul, archidiaconé de Ligny, doyenné de Gondrecourt.

En 1790, distr. et c^ne de Gondrecourt.

Actuellement, arrond. et archipr. de Commercy, c^on et doy. de Gondrecourt. — Écart : Naillemont.

— Patron : saint Jean-Baptiste.

Hussitan, contrée, c^ne d'Auzéville.

Hot, contrée, c^ne de Vaux-devant-Damloup.

Hôtel-de-Ville (Rue de l'), à Verdun. — En Pont, 1322 (Melinon).

Hotte, contrée, c^ne de Rigny-Saint-Martin.

Hotte-du-Diable (La), menhir ou borne limitative de pays, c^ne de Milly-devant-Dun.

Houdelaincourt, vill. sur la gauche de l'Ornain, à 5 kil. au N.-O. de Gondrecourt. — Hodelincourt, 982 (dipl. de saint Gérard de Toul). — Houdelincourt, 1286, 1327 (arch. de la Meuse); 1460 (coll. lorr. t. 247.39, A. 14). — Houdelaincuria, 1402 (registr. Tull.); 1749 (pouillé). — Houdelincuria, 1457 (généalogie Du Châtelet, pr. p. 65). — Houdelincour, 1700 (carte des États). — Hodelaincuria, 1711 (pouillé); 1756 (D: Calmet, not.).

Avant 1790, Barrois mouvant, office et prév. de Gondrecourt, cout. du Bassigny, recette de Bourmont, baill. de Saint-Thiébaut et ensuite de Lamarche, présid. de Châlons, parlem. de Paris; le roi en était seul seigneur. — Dioc. de Toul, archid. de Ligny, doy. de Gondrecourt.

En 1790, distr. de Gondrecourt, c^ne de Demange-aux-Eaux.

Actuellement, arrond. et archipr. de Commercy, c^on et doy. de Gondrecourt. — Patron : saint Pierre-aux-Liens.

Houdelaucourt, vill. sur la rive droite de l'Othain, à 2 kil. au S. de Spincourt. — Houdelacourt, 1324 (chambre des comptes, c. d'Étain). — Houdelaincourt, 1571 (proc.-verb. des cout.). — Hodelaucourt, Houdelaucuria, 1642 (Mâchon). — Haudelocour, 1700 (carte des États). — Haudelaucourt, Haudelani-curia, 1738 (pouillé). — Houdelaucuria, 1749 (ibid.). — Houdlaucourt, 1760 (Cassini).

Avant 1790, Barrois non mouvant, office de Sancy, juridiction du juge-garde des seigneurs, recette et baill. d'Étain, cout. de Saint-Mihiel, assises des Grands jours de Saint-Mihiel, puis présid. de Verdun, cour souveraine de Nancy; la marquise Des Armoises en était seule dame haute, moyenne et basse justicière. — Dioc. de Verdun, archid. de la Woëvre, doyenné d'Amel.

En 1790, distr. d'Étain, c^ne de Gouraincourt.

Actuellement, arrond. et archipr. de Montmédy,

c^n de Spincourt, doy. de Billy-sous-Mangiennes. — Patron : saint Gorgon.

HOUDELINE (LA), f. c^ne de Nantois.

HOUDREVILLE, contrée, c^ne d'Hannonville-sous-les-Côtes.

HOUE-DE-VAUX, contrée, c^ne de Samogneux.

HOUÉES (LES), bois comm. de Savonnières-devant-Bar.

HOUIS, contrée, c^ne de Lemmes.

HOULEUX (RUE DU), à Varennes.

HOULINE (LA), f. c^ne de Rupt-aux-Nonnains.

HOULU, contrée, c^ne de Ville-sur-Cousance.

HOUPELANDE, contrée, c^ne de Villers-sous-Pareid.

HOUPETTE (LA), f. c^ne de Rupt-aux-Nonnains.

HOUPPAT, contrée, c^ne de Bourcuilles.

HOUPPY, bois comm. de Wavrille.

HOUSARD, bois comm. d'Heudicourt.

HOUSBAN, f. c^ne de Tréveray.

HOUSSE, bois comm. d'Amel; faisait partie de la forêt de Mangiennes.

HOUSSENETTE, contrée, c^ne de Brasseitte.

HOUSY, h. ruiné, c^ne de Ville-Issey.

HOUYS, contrée, c^ne de Damloup.

HOUYS, bois comm. d'Ippécourt.

HOVECOURT ou WOÉCOURT, f. c^ne de Nouillonpont. — *Avoncurtis*, 1049 (bulle de Léon IX). — *Haveneumcurt*, 1060 (cart. de Gorze). — *Avoniscurtis*, 1179 (cart. de Saint-Paul). — *Avocourt, Avoncourt*, 1200 (ibid.). — *Houecourt*, 1760 (Cassini). — *Hourecourt, Horvécourt* (anc. titres).

Avant 1790, unie pour les impositions à Nouillonpont; office et prév. d'Arrancy, recette et baill. d'Étain, cour souveraine de Nancy.

HOYAU, bois comm. d'Avocourt.

HOYETTES, bois comm. de Vaucouleurs.

HUACOTTE, contrée, c^ne de Montzéville.

HUARDE (LA), f. c^ne de Spincourt.

HUAU, contrée, c^ne de Bouconville.

HUCHAMP, bois comm. de Senonville.

HUCUE, contrée, c^ne de Marville.

HUCHIMONT, contrée, c^ne de Cheppy.

HUGNON, contrée, c^ne de Bourcuilles.

HUGNOT, contrée, c^ne de Corniéville.

HUÉ, contrée, c^ne de Vaux-devant-Damloup.

HUELOUP, contrée, c^ne de Savonnières-devant-Bar.

HUGNES, anc. chât. actuellement ferme, c^ne de Juvigny-sur-Loison.

HUGUÉ (CHAMP-), contrée, c^ne de Neuville-sur-Orne.

HUILERIE (L'), usine, c^ne d'Écurey.

HUIT-CHEVAUX (LES), bois et font. c^ne de Dugny.

HUITRACON, contrée, c^ne de Thonne-le-Thil.

HUJETTE, contrée, c^ne de Flassigny.

HULOT, contrée, c^ne de Butgnéville.

HUMBÉ, contrée, c^ne de Nouillonpont.

HUNOT, côte, c^ne de Naix.

HUNOT, bois comm. de Varvinay, sur le territ. de Maizey.

HUOX-BOIS, bois comm. de Bouligny.

HUOATES, contrée, c^ne de Charny.

HUOT, bois, c^nes de Varvinay et Savonnières-en-Woëvre.

HUOTTE, contrée, c^ne de Woël.

HUPPÉMONT, côte et vill. ruiné, c^nes de Nettancourt et de Noyers. — *In parte alodii juxta Hupimunt quæ respicit Campaniam*, 1179 (cart. de Jeand'heures). — *Hupimunt*, 1180 (ibid.). — *Grangia et nemores de Hupimont*, 1220 (ibid.). — *Les bois de Huppymont*, 1229 (Tr. des ch. B. 452, n° 57). — *Le mont de Hupimunt*, 1250 (cart. de Jeand'heures). — Le vill. de Huppémont formait commune et paroisse avant sa destruction par les Suédois en 1639; on voit encore les ruines de cette localité.

HURAULT, ancien fief au ban de Sampigny (Durival).

HURE, contrée, c^ne d'Avocourt.

HURES (CÔTE DES), mont, c^mes de Trésauvaux et de Ménil-sous-les-Côtes. — *Coste de Hure*, 1700 (carte des États). — *Côte des Heures*, 1760 (Cassini.) — *Huo* (pour *Hur*), 1745 (Roussel).

C'est sur cette côte, dite aussi *Côte des Heurts* et *de Hur*, que le chanoine Roussel place le *Castrum Vabrense* dont parle Grégoire de Tours. — Voy. WOËVRE (CAMP ou CHÂTEAU DE).

HURÉVAL, bois comm. d'Érize-la-Grande et de Savonnières-devant-Bar.

HURNOX, contrée, c^ne de Combles.

HURTEBISE, f. c^ne de Chassey.

HURTEBISE, anc. écart de Commercy. — *Heurtebise*, 1760 (Cassini).

HURTEBISE, contrée, c^nes de Fains et de Clermont.

HURTEBISE, f. c^ne de Sommeilles.

Avant 1790, était cense de la paroisse de Montier-en-Argonne, dioc. de Châlons, juridiction du juge-garde de l'abbé de Montier, qui en était seigneur haut, moyen et bas justicier; office, recette, cout. et baill. de Bar.

HURTELOUP, contrée, c^ne de Bourcuilles.

HUTEBAS (LE), ruiss. qui prend sa source dans le bois des Goulettes, c^ne de Beaulieu, traverse la forêt d'Argonne et passe aux Islettes, où il se jette dans la Biesme, après un cours de 10 kilomètres.

I

Ignace (L'), contrée, c^{ne} de Buzy.

Ile-d'Envie, m^{on} isolée, c^{ne} de Damvillers.

Ilottes (Les), m^{in}, c^{ne} d'Ancerville.

Inglées (Les), contrée, c^{ne} de Dieue.

Ingny, bois comm. de Loison; faisait partie de la forêt de Mangiennes.

Inor, vill. sur la rive droite de la Meuse, à 6 kil. au N. de Stenay. — *Ad ecclesiam de Horto*, 1139 (bulle d'Innocent II). — *Inortum*, 1157 (ch. de l'archev. Hillin); 1157 (ch. de Gorze). — *Inorum,* 1253 (cart. de Saint-Paul). — *Ynor*, 1564 (Lamy, vente du chât. de Mouzay). — *Inort*, 1591 (coll. lorr. t. 404.59, p. 64). — *Ino*, 1648 (*ibid.* t. 407, f° 83). — *Inoi*, 1756 (D. Calmet, *not.*).

Avant 1790, Clermontois, après avoir été Barrois lorrain; coutume de Saint-Mihiel, prév. de Stenay, baill. de Clermont siégeant à Varennes, anciennes assises des *Grands jours* de Saint-Mihiel comme Barrois non mouvant, cour souveraine de Nancy. — Dioc. de Trèves, archid. de Longuyon, doy. d'Yvois.

En 1790, lors de l'organisation du département, Inor devint chef-lieu de l'un des cantons dépendant du distr. de Stenay; ce canton était composé des municipalités dont les noms suivent : Autréville, Inor, Lamouilly, Martincourt, Moulins, Nepvant, Olizy, Pouilly.

Actuellement, arond. et archipr. de Montmédy, c^{on} et doy. de Stenay. — Écart : Lavignette. — Patron : saint Pierre.

Inor (Fontaine d'), qui prend sa source sur le territoire d'Inor et se réunit à la font. du Trou-du-Loup, pour ensuite se jeter dans la Meuse, après un cours de 2 kilomètres.

Interlot (L'), bois comm. de Chassey.

Inval ou Vaux-d'Inval, contrée, c^{ne} de Velaines. — Voy. Velaines.

Invendu (L'), bois comm. de Vouthon-Haut.

Ippécourt, vill. sur la Cousance, à 13 kil. au N.-E. de Triaucourt. — *In Eppone-curte*, 709 (testament. Vulfoadi). — *Epponis-cortis*, x° siècle (polypt. de Reims). — *Espeia-curtis*, 1049 (bulle de Léon IX); 1127 (cart. de la cathéd.). — *Epponis-curtis*, 1106 (bulle de Pascal II). — *Epeicurt*, 1141 (cart. de Jeand'heures). — *De Peicurt*, 1163 (*ibid.*). — *Heilpecurt*, 1180 (bulle d'Alexandre III). — *Wyppcort*, 1248 (cart. de la cathédr.). — *Wyppecourt*, 1250 (*ibid.*). — *Wypeicourt*, 1253 (*ibid.*). — *Wyppei-Meuse.*

court, 1263 (*ibid.*). — *Wippeicourt*, 1336 (chamb. des comptes, compte de Souilly). — *Ypescourt*, 1504 (coll. lorr. t. 427); 1620 (éch. entre le duc de Lorr. et l'abbesse de Saint-Maur). — *Yppecourt*, 1515 (coll. lorr. t. 268. 49, A. 4). — *Ipescourt*, 1556 (proc.-verb. des cout.). — *Ypecourt*, 1591 (coll. lorr. t. 427); 1598 (hosp. Sainte-Catherine, B. 22). — *Ippescourt, Ippecourt*, 1597 (*ibid.*). — *Hippecourt*, 1598 (*ibid.*). — *Ippescuria*, 1642 (Mâchon). — *Ipecourt, Ispecourt*, 1712 (Soc. Philom. lay. Clermont, arrest de la cour des Aydes). — *Ippecuria*, 1738 (pouillé). — *Hippecourt*, 1745 (Roussel). — *Herpeia-curtis*, 1756 (D. Calmet, *not.*).

Avant 1790, Clermontois, haute justice et vill. baill. prév. et cout. de Clermont, ancienne justice seigneuriale des princes de Condé, présid. de Châlons, parlem. de Paris. — Dioc. de Verdun, archid. d'Argonne, doy. de Souilly.

En 1790, distr. de Clermont-en-Argonne, c^{on} d'Autrécourt.

Actuellement, arrond. et archipr. de Bar-le-Duc, c^{on} et doy. de Triaucourt. — Écarts : le Moulin, Saint-Vanne, la Viole. — Patron : saint Jean-Baptiste.

Iré (Ruisseau d'), qui prend sa source sur le territoire de Flassigny, passe à Iré-le-Sec, à Iré-les-Prés et se jette dans la Chiers vis-à-vis de Montmédy, après un cours de 8 kilomètres.

Iré-le-Sec, vill. sur le ruiss. d'Iré, à 5 kil. au S. de Montmédy. — *Ureia*, 1096 (bulle d'Urbain II). — *Iray* et *Yrai-la-Sèche* (ch. de 1402). — *Irey*, 1571 (proc.-verb. des cout.). — *Iry-le-Sec*, 1607 (*ibid.*). — *Yrré-le-Secq*, 1656 (carte de l'év.). — *Ires-le-Sec*, 1700 (carte des États). — *Ireunsiccum* (reg. de l'év.).

Avant 1790, Clermontois, après avoir été Barrois lorrain; coutume de Saint-Mihiel, prév. de Stenay, baill. de Clermont, ancienne justice seigneuriale de l'abbesse de Juvigny, cour supérieure des *Grands jours* de Saint-Mihiel, parlem. de Paris. — Dioc. de Trèves, archid. de Longuyon, doy. de Juvigny, annexe de Remoiville.

En 1790, distr. de Stenay, c^{on} de Marville.

Actuellement, arrond. c^{on}, archipr. et doy. de Montmédy. — Écarts : Bois-d'Ay, la Folie, Saint-Montant. — Patron : saint Hubert.

Iré-les-Prés, h. sur le ruiss. d'Iré, c^{ne} de Montmédy.

— *Ureia* ou *Uxeia cum duabus ecclesiis*, 1096 (bulle

15

d'Urbain II). — *Triacum* (ch. de 1270). — *Yrée-la-Prée*, 1270 (ch. de Louis V, comte de Chiny). — *Yrré-la-Prée*, 1656 (carte de l'év.). — *Ire-le-Pré*, 1700 (carte des États).

Avant 1790, Luxembourg français, coutume de Thionville, prév. bailliagère de Montmédy, présid. de Sedan, parlem. de Metz. — Avait deux chapelles, dont l'une, sous le vocable de Saint-Martin, appartenait dès l'an 1156 à l'abb. d'Orval.

Iseral (L'), m^ia, c^ne de Troyon.

Isles (Les), contrée, c^ne de Vilosnes.

Islettes (Les) ou les Grandes-Islettes, vill. sur la Biesme, à 5 kil. à l'O. de Clermont-en-Argonne. — *Grandes-Islottes* (*Les*), 1571 (table des cout. de Clermont). — *Insulœ*, 1679 (D. Marlot). — *Grandes Islettes* (*Les*), 1700 (carte des États). — *Illettes* (*Les*), 1712 (Soc. Philom. lay. Clermont, arrest de la cour des Aydes); 1738 (pouillé).

Avant 1790, Clermontois, cout. baill. et prév. de Clermont, anc. justice seign. des princes de Condé, seigneurs hauts, moyens et bas justiciers; présid. de Châlons, parlem. de Paris. — Dioc. de Verdun, archid. d'Argonne, doy. et annexe de Clermont.

En 1790, lors de l'organisation du département, les Islettes devinrent chef-lieu de l'un des cantons dépendant du district de Clermont-en-Argonne; ce canton était composé des municipalités dont les noms suivent : le Claon, Futeau, les Islettes, Lachalade, le Neufour.

Actuellement, arrond. et archipr. de Verdun, c^ne et doy. de Clermont-en-Argonne. — Écarts : Bois-Bachin, Bouquanie, Broda, le Moulin-Mayran, la Noue-Saint-Vanne, les Petites-Islettes, les Senades. — Patron : la Nativité de la Vierge.

Islettes (Les Petites-), h. c^ne des Islettes. — *Petites Islottes*, 1571 (table des cout. de Clermont). — *Petites-Islettes*, 1700 (carte des États).

Isly (Rue d'), à Verdun.

Israel, contrée, c^ne de Boinville.

Issey, h. sur la rive gauche de la Meuse, c^ne de Ville-Issey. — *Isciacus*, vers 995 (Bibl. imp. coll. Moreau, t. IV, f° 111). — *Ixei*, 1115 (ch. de l'abbé de Saint-Èvre). — *Exeyum*, 1402 (registr. Tull.). — *Issey*, 1700 (carte des États). — *Issiacum*, 1711 (pouillé); 1741 (Bertholet). — *Isseium, Isei*, 1756 (D. Calmet, *not.*). — *Ixey*, 1778 (Durival).

Issoncourt, vill. sur le Bunet, à 17 kil. à l'E. de Triaucourt. — *Uxonicurtis*, 1049 (bulle de Léon IX);

1127 (cart. de la cathédr.). — *Uxuncurt*, 1152 (ch. d'Albéron de Chiny). — *Uxuncort*, 1153, 1157 (cart. de Saint-Paul). — *Uxuncourt*, 1156, 1234 (*ibid.*). — *Usuncort*, 1157, 1165 (*ibid.*). — *Ursuncort*, xiie siècle (abb. de Lisle, arch. de la Meuse). — *Ussuncourt*, 1166 (cart. de Saint-Paul). — *Uxoncourt*, 1218, 1232, 1236 (cart. de la cathéd.). — *Ussoncourt*, 1232, 1237 (*ibid.*). — *Husoncourt*, 1251 (cart. de Saint-Paul). — *Visoncourt*, 1254 (*ibid.*). — *Uxoncort*, 1281 (cart. de la cathéd.). — *Issoncourt, Issoncuria*, 1642 (Mâchon). — *Issoncour*, 1656 (carte de l'év.). — *Issonis-curia*, 1738 (pouillé); 1749 (*ibid.*). — *Issonis-curtis*, 1756 (D. Calmet, *not.*). — *Romécourt*, de 1777 à 1786 (arch. de la Meuse).

Avant 1790, Barrois mouvant, chef-lieu de baronnie et de prév. office de Souilly, recette, cout. et baill. de Bar, juridiction du prévôt, présid. de Châlons, parlem. de Paris. — Dioc. de Verdun, archid. d'Argonne, doy. de Souilly.

La baronnie d'Issoncourt fut érigée en 1723; il y avait dans ce village un fief maison forte à M. de Romécourt, qui en était seigneur, d'où vient que, de 1777 à 1786, Issoncourt échangea son nom contre celui de Romécourt.

La prévôté d'Issoncourt était composée des vill. d'Issoncourt, Mondrécourt et Rignaucourt.

En 1790, distr. de Verdun, c^on de Beauzée.

Actuellement, arrond. et archipr. de Bar-le-Duc, c^ne et doy. de Triaucourt. — Patron : saint Remy.

L'ancienne maison d'Issoncourt portait : *de gueules à la croix d'argent* (Husson l'Écossais).

Itelle, contrée, c^ne de Dieue.

Ivoiry, h. sur le ruiss. de Véry, c^ne d'Épinonville. — *Euvary*, 1656 (carte de l'év.).

Avant 1790, Champagne, baronnie de Grandpré, cout. de Reims-Vermandois, baill. de Vermandois, puis de Clermont séant à Varennes, prév. de Montfaucon, présid. de Reims, parlem. de Paris. — Dioc. de Reims, archid. de Champagne, doy. de Saint-Germain de Montfaucon, paroisse d'Épinonville.

Actuellement, Ivoiry possède une église dont le patron est saint Nicolas et qui est annexe d'Épinonville.

Ivraumont ou Yvraumont, h. sur la rivière d'Aisne, c^ne de Lisle-en-Barrois. — *Evraumont*, 1174 (ch. de Raoul de Clermont en fav. de l'abb. de Lisle). — *Aynomont*, 1656 (carte de l'év.).

J

Ja (Le), contrée, c⁹⁹ de Rouvrois-sur-Othain et de Doncourt-aux-Templiers.

Jacobins (Impasse des), à Verdun.

Jacquier, contrée, c⁹⁹ de Rupt-devant-Saint-Mihiel.

Jacquot, bois, c⁹⁹ de Mussey.

Jacquot, contrée, c⁹⁹ de Savonnières-devant-Bar.

Jacon-Fosse, bois comm. de Stainville.

Jalavaux, bois comm. de Germonville, sur le territoire de Marre.

Jametz, ville sur le Loison, à 10 kil. au S. de Montmédy. — *Gemmatium*, 1076 (test. de Godefroy le Bossu); xiiᵉ siècle (Laurent de Liége). — *Gerimacum* ou *Gemmacum*, 1086 (donat. de Godefroy à l'év. de Verdun). — *Gemnacum*, 1086 (dipl. de l'emp. Henri III). — *Allodium de Jamars*, xiᵉ siècle (donat. de Godefroy le Bossu). — *Jamais*, 1163 (arch. de la Meurthe); 1240 (hommage du comte de Bar pour le Clermontois).—*Jamas*, 1220 (ibid.). — *Jamai*, 1220 (cart. de la cathédr.). — *Jamaix*, 1233 (ibid.). — *Gemmas, Jemmas, Jamaz*, xiiiᵉ siècle (év. de Verdun, anc. cart.). — *Jamatz*, 1333 (Soc. Philom. lay. Étain). — *Jaymais, Gemmacium, Genniacum*, 1549 (Wassebourg). — *Jamets*, 1568 (proc.-verb. des cout.); 1597 (coll. lorr. t. 406, p. 94); 1712 (Soc. Philom. lay. Clermont, arrest de la cour des Aydes). — *Jamects*, 1568 (proc.-verb. des cout.). — *Jametz*, 1588 (monnaies obsidionales); 1656 (carte de l'év.). — *Jamets*, 1700 (carte des États).

Anciennement Jametz était fief à l'év. de Verdun; il fit ensuite partie du Barrois, puis devint chef-lieu d'un comté ressortissant à la principauté de Sedan de 1449 à 1598; il passa successivement aux duchés de Champagne, de Bar, de Luxembourg et de Lorraine, puis au Clermontois et à la France par échange de 1784. — Coutume de Sedan, chef-lieu de prév. ancien baill. de Verdun à partir de 1634, de Jametz jusqu'en 1687, puis de Clermont siégeant à Varennes, sous les Condés; justice foncière des prévôts, cour supérieure de Saint-Mihiel, puis parlement de Metz. — Dioc. de Trèves, archid. de Longuyon, doy. de Juvigny.

Jametz était une place forte de forme quadrangulaire, avec bastions, boulevards et remparts entourés de fossés abondamment garnis d'eau; au centre de la forteresse était le logement du gouverneur ou château avec donjon aussi entouré de fossés inondés.

Les fortifications de Jametz furent mises en ruines en 1588, à la suite du siége que cette ville eut à soutenir contre l'armée de Charles III, duc de Lorraine; le 25 juillet de cette même année, le drapeau des La Marck y fut remplacé par les couleurs lorraines; le château fut démantelé en 1673.

La prév. de Jametz était composée des localités dont les noms suivent : Cierges, la Forêt, la Grange-aux-Bois, Jametz, le Jay, Montaubé, Proiville-lez-Dun, les Roises, Romagne-sous-les-Côtes.

Jametz fut aussi le siége d'une gruerie ou maîtrise qui renfermait 1,300 arpents de bois.

En 1790, lors de l'organisation du département, Jametz devint chef-lieu de l'un des cantons dépendant du distr. de Stenay; ce canton était composé des municipalités dont les noms suivent : Brandeville, Bréhéville, Delut, Écurey, Han-lez-Juvigny, Jametz, Juvigny-sur-Loison, Lissey, Louppy-sur-Loison, Peuvillers, Remoiville, Réville et Vittarville.

Actuellement, arrond. c⁹⁹, archipr. et doy. de Montmédy. — Patron : saint Pierre-aux-Liens.

Jametz a donné son nom à une maison très-noble de nom et d'armes, depuis longtemps éteinte, dont les armoiries étaient : *d'azur à trois fasces d'argent au franc quartier de gueules* (Husson l'Écossais); les La Marck, qui en furent ensuite seigneurs, portaient : *d'or à la fasce échiquetée d'argent et de gueules de trois traits, au lion hissant de gueules* (Husson l'Écossais).

Jammeron, font. c⁹⁹ de Vaubecourt.

Janna, contrée, c⁹⁹ de Flabas.

Janosse, contrée, c⁹⁹ de Void.

Janvier, contrée, c⁹⁹ de Souilly.

Japa, contrée, c⁹⁹ d'Handainville.

Japin, bois comm. d'Avocourt.

Japin, bois, c⁹⁹ de Lisle-en-Barrois; faisait partie de la forêt d'Argonne.

Jancq (Le) ou Jarque, f. c⁹⁹ de Clermont-en-Argonne. — *Le Jarc*, 1700 (carte des États).

Jard (Le), f. c⁹⁹ de Kœur-la-Petite. — *Le Jar*, 1700 (carte des États).

Jard, contrée, c⁹⁹ de Malancourt.

Jard (Le), m⁹⁹ isolée, c⁹⁹ de Bar-le-Duc. — *Le Jart*, 1760 (Cassini).

Jard (Le), bois comm. d'Hattonchâtel, sur le territoire de Viéville-sous-les-Côtes.

JARD (PONT DU), sur le ruiss. de la Fontaine de Rémonville, c⁰ˢ de Doncourt-aux-Templiers.

JARDIN (LE), bois comm. de Dun.

JARDINETTE (LA), f. c⁰ˢ de Stenay. — *Le Jardinet*, 1665 (Lamy, proc.-verb. de la prév. de Stenay). — *Jardinet*, 1700 (carte des États).

Cette cense était placée sous la suzeraineté commune des ducs de Bar et de ceux de Luxembourg (de 1270 à 1603) et formait le bénéfice militaire des capitaines prévôts de la châtellenie de Stenay.

JARDIN-FONTAINE, h. partie c⁰ˢ de Verdun, partie c⁰ⁿ de Thierville.

JARÉ, contrée, c⁰ˢ de Rumont.

JARRERIE (LA), f. ruinée, c⁰ˢ d'Apremont. — *Jarrie devaus Apremont*, 1283 (abb. de Saint-Benoît).

JARRERIE (LA), bois, c⁰ˢ de Vassincourt.

JARS, contrée, c⁰ˢ de Jubécourt.

JASSERAND, contrée, c⁰ˢ de Dieue.

JAULNAY, bois comm. de Cesse, sur le territoire de Laneuville-sur-Meuse.

JAULNY, bois, c⁰ˢ d'Ailly; faisait partie de la forêt d'Apremont.

JAUNAY, contrée, c⁰ˢ de Moulins.

JAUNET (FORÊT DE), tenue de bois sur les territoires de Luzy et de Pouilly.

JAUVY (LE), bois domanial, c⁰ˢ de Châtillon-sous-les-Côtes. — *Ban de Jaulny*, 1582 (coll. lorr. t. 266. 48, p. 9).

JAVARD, bois, c⁰ˢ de Brillon.

JEAIS, contrée, c⁰ˢ de Warcq.

JEAN-DE-VAUX, bois comm. d'Hermeville, sur le territoire de Fromezey.

JEAND'HEURES, chât. et f. sur la Saulx, c⁰ˢ de Lisle-en-Rigault. — *Jandoria*, 1126, 1163, 1179, 1180 (cartul. de Jeand'heures). — *Abbas Jaindoriensis*, 1147 (*ibid.*). — *Jandorie*, 1147, 1163, 1180 (*ibid.*). — *Jandorias*, 1171 (*ibid.*). — *Jaindoria*, 1184 (*ibid.*). — *Jandeures*, XIIᵉ siècle (abb. de Jeand'heures, arch. de la Meuse); 1229 (Trésor des ch. B. 452, n° 7). — *Monasterium Gendore*, 1187 (cart. de Jeand'heures). — *Jenderes*, 1191 (coll. lorr. t. 139, n° 30). — *Ecclesia beatæ Mariæ de Jandoriis*, 1211 (cart. de Jeand'heures). — *Jendeures*, 1217 (fond. de la collég. de Ligny); 1579 (proc.-verb. des cout.). — *Jandoires*, 1219, 1250 (cart. de Jeand'heures). — *Jaindoriarum*, 1220 (*ibid.*). — *Ecclesia Gendoriensis*, 1220 (Tr. des ch. B. 452, n° 6). — *Jandoriæ*, 1229 (cart. de Jeand'heures). — *Ecclesia Gendoriarum*, 1229 (*ibid.*). — *Ecclesia Jendoriarum*, 1236 (*ibid.*). — *Gendoriæ*, 1283 (*ibid.*). — *Janduriæ*, 1402 (registr. Tull.). — *Notre-Dame de Jen-*

deure, 1638 (Soc. Philom. lay. Verdun, B. 4). — *Jendure*, 1641 (*ibid.* B. 5); 1700 (carte des États); 1711 (pouillé). — *Jenduriæ*, 1707 (carte du Toulois). — *Jandures*, 1749 (pouillé); 1756 (D. Calmet, not.). — *Jeanduria*, 1749 (pouillé).

Était primitivement une abbaye de l'ordre de Prémontré, fondée vers l'an 1143, dont l'établissement fut confirmé, en 1147, par le pape Eugène III; cette abbaye était fille de l'abbaye de Riéval et son église servait de paroisse aux habitants de la Basse-Cour et de la Vieille-Forge. — Barrois mouvant, office, recette, cout. baill. et prév. de Bar, présid. de Châlons, parlem. de Paris; le roi en était seigneur, excepté pour la justice gruriale, qui était aux religieux. — Dioc. de Toul, archid. du Rinel, doy. de Robert-Espagne.

JEAN-FORGE, contrée, c⁰ˢ de Lacroix-sur-Meuse.

JEAN-MOGIN, font. c⁰ˢ d'Abainville.

JEAN-PEUCHOT (CIMETIÈRE DE), contrée, c⁰ⁿ de Brauvilliers.

JEANVAUX, bois, c⁰ˢ d'Hannonville-sous-les-Côtes; cité dans un acte d'ascensement de l'an 1582 (archives d'Hannonville).

JELAIN, mⁱˢ, c⁰ˢ de Gercourt.

JENNEPEND, mⁱⁿ, anciennement c⁰ˢ de Bassaucourt, actuellement de Saint-Maurice-sous-les-Côtes.

JENVAL, bois comm. de Rosières-devant-Bar.

JÉRÉMIE, bois comm. de Chauvoncourt.

JERRE, contrée, c⁰ˢ d'Hannonville-sous-les-Côtes.

JÉSOSME, contrée, c⁰ˢ de Marville.

JEU (TOUR LE), ancienne porte, à Verdun; était située près de la tour des Champs et conduisait au champ du Jeu, où s'exerçaient les Verdunois aux jeux d'adresse. — *Versus portam lo Jeu*, 1218 (cart. de Saint-Airy). — *Dessus la porte le Juste*, 1498 (paix et accord).

JEUVONCOURT, f. c⁰ˢ de Creue. — *Juvoncourt*, 1180 (bulle d'Alexandre III). — *Innoncourt*, 1745 (Roussel). — *Jeuvoncourt*, 1760 (Cassini).

JEY, contrée, c⁰ˢ d'Hennemont.

JILANTE (LA), mⁿ isolée, c⁰ˢ de Ville-sur-Cousance.

JOBÉE, contrée, c⁰ˢ de Landrécourt.

JODELIN, contrée, c⁰ˢ de Clermont-en-Argonne.

JOINVILLE (DOYENNÉ DE); le doyenné de Joinville, *decanatus de Joinvilla* (pouillé), appartenait au dioc. de Châlons et à l'archid. de Perthe, *archidiaconatus Pertensis vel de Junvilla* (Topog. ecclés. de la France); il était formé de paroisses et d'annexes qui sont aujourd'hui réparties dans le dép¹ de la Meuse et dans celui de la Haute-Marne; celles qui sont comprises dans la Meuse sont les suivantes:

Ancerville, Baudonvilliers, Brauvilliers, Braux,

Cousances-aux-Forges, Cousancelles, Savonnière-en-Perthois, Sommeloûne.

Joli-Bois, bois, c^{ne} de Raulecourt; faisait partie de la forêt de la Reine.

Jolimont, contrée, c^{ne} de Boureuilles.

Jolitot, contrée, c^{ne} de Lemmes.

Joly, côte, c^{ne} de Combres.

Jonchère, m^{on} isolée, c^{ne} de Bonnet.

Jonchère, contrée, c^{nes} d'Hannonville-sous-les-Côtes et de Maizeray.

Jonpanges, h. ruiné, c^{ne} des Éparges; était situé au N.-O. de ce village.

Jonquière, contrée, c^{nes} d'Auzéville et de Froides.

Jonvaux, contrée, c^{ne} de Ménil-sous-les-Côtes.

Jonville, vill. sur la rive gauche du ruiss. des Parrois, à 11 kil. au N. de Vigneulles-lez-Hattonchâtel. — Jonville, 1261 (cart. d'Apremont); 1271 (ibid. ch. d'affranch.); 1322 (arch. de la Meuse). — Ionville, 1656 (carte de l'évêché). — Joannis-villa, 1679 (D. Marlot).

Avant 1790, terre de Gorze, justice seigneuriale de l'abbé, parlement de Metz. — Dioc. de Metz, archid. de Vic, archipr. de Gorze.

En 1790, distr. de Saint-Mihiel, c^{ne} de Woël.

Actuellement, arrond. et archipr. de Commercy, c^{ne} et doy. de Vigneulles. — Patron : saint Étienne.

Jonjean, bois, c^{ne} de Dieppe.

Joselles, contrée, c^{ne} de Charny.

Josémont, bois comm. de Vaux.

Jossecourt, h. ruiné, entre Troyon et Lacroix-sur-Meuse. — Jossoncourt, 1252 (cart. de la cathédr.). — Jocourt, Jocurtis (anciens titres).

Était, suivant Méchon, annexe de Woimbey, dioc. de Verdun, archid. de la Rivière, doy. de Saint-Mihiel.

Josselinsard, contrée, c^{ne} de Boureuilles.

Jout (Voie-de-), contrée, c^{ne} de Monzéville.

Jout-devant-Dombasle ou Jouy-en-Argonne, vill. sur la droite du Wadelaincourt, à 11 kil. à l'E. de Clermont-en-Argonne. — Mont-Jouy, Mons-Jovis, ixe siècle (sous l'év. Dadon, list. ms de l'abb. de Beaulieu). — Joei, 1165 (cart. de Saint-Paul); 1261 (cart. de la cathédr.). — Joiey, 1223, 1229 (ibid.). — Joiei, 1229, 1261, 1264 (ibid.); 1243 (chap. de l'égl. de Verdun). — Jooy, 1642 (Méchon). — Joyeium, 1736 (annal. præmonstr.). — Joüy, 1738 (pouillé). — 1743 (proc.-verb. des cout.). — Parochialis ecclesia de Joviis, 1738 (pouillé).

Avant 1790, Verdunois, terre d'év. prévôté de Lemmes, cout. baill. et présid. de Verdun, parlem. de Metz. — Dioc. de Verdun, archid. d'Argonne, doy. de Clermont, annexe de Sivry-la-Perche.

En 1790, distr. de Clermont-en-Argonne, c^{ne} de Récicourt.

Actuellement, arrond. et archipr. de Verdun, c^{ne} et doy. de Clermont. — Écart : le Moulin. — Patron : saint Grégoire; annexe de Dombasle.

Jout-sous-lez-Côtes, vill. sur l'Ache, à 8 kil. à l'E. de Commercy. — Gaudiacum de ratione S. Stephani, in pago Walrinse, 770 (donat. d'Angelram). — Gaugiacum in pago Wabrinse, 770 (cart. de Gorze, p. 24). — Gaugiacum, 795 (ibid. p. 50); 943 (ibid. p. 142). — Gaugegium, 983 (ibid. p. 132). — Gaudiacum, 936 (ibid. p. 136); 1711 (pouillé); 1749 (ibid.). — Joye, 1152 (confirmat. par Gobert d'Apremont). — Rieulus qui decurrit de fontibus Joey, 1152 (cart. de Rangéval, f° 31). — Joevaus, 1179, 1209 (cart. de Rangéval). — Joie, Joevaux, 1188 (ibid.). — On ban de Joe, 1199 (ibid.). — Joevaul, Joeval, in grangis de Joe, 1209 (ibid.). — Jonyum, Joirs, 1238 (ibid.). — Joieum, Joyeyum, Joyeyum-Rengevallis, 1402 (registr. Tull.). — Joyey, 1438 (chambre des comptes, c. de la prév. de Foug). — Joy-sous-les-Costes, 1571 (proc.-verb. des coutumes). — Joüy, 1711 (pouillé). — Joyeium, 1736 (annal. præmonstr.).

Avant 1790, Barrois non mouvant, office et prév. de Foug (partie avec Apremont), recette, cout. et baill. de Saint-Mihiel, présid. de Toul, cour souveraine de Nancy. — Dioc. de Toul, archid. de Ligny, doy. de Meuse-Commercy.

En 1790, distr. de Commercy, c^{ne} de Vignot.

Actuellement, arrond. c^{ne}, archipr. et doy. de Commercy. — Patron : l'Invention de saint Étienne.

Joval, contrée, c^{ne} de Naives-devant-Bar.

Jovency, ancienne terre seigneuriale, c^{ne} de Mouilly. — Jovency-à-Mouilly, 1743 (proc.-verb. des cout.).

Jovilien, contrée, c^{ne} de Ligny.

Jovilliers, f. e^{ne} de Stainville. — Jovillaris, 1179, 1229 (cart. de Jean d'heurès). — Jovillers, 1191 (coll. lorr. t. 139, n° 30). — Jauvilliers, 1217 (fond. de la collég. de Ligny); 1579 (proc.-verb. des cout.). — Jauvillers, 1388 (Tr. des ch. B. 452, n° 36). — De Jauvillari, 1402 (registr. Tull.). — Janvillers, 1700 (carte des États). — Jovillare, 1707 (carte du Toulois). — Jovis-villare, 1749 (pouillé).

Était anciennement une abbaye de l'ordre de Prémontré, fondée par Godefroy de Joinville, qui mourut vers l'an 1184; le roi en était seul seigneur; office, recette, coutume, prévôté et baill. de Bar, présid. de Châlons, parlem. de Paris. — Dioc. de Toul, archid. de Rinel, doy. de Dammarie; l'église abbatiale était sous l'invocation de saint Pierre et de saint Paul et dépendait de Stainville.

JOVILLIERS (FORÊT DE), c⁰ᵉ de Juvigny-en-Perthois.

JOYOTTE, contrée, c¹ᵉ de Brauvilliers.

JUBÉCOURT, vill. sur la Cousance, à 6 kil. et demi à l'E. de Clermont-en-Argonne. — *Gobticurtis*, 1069 (diverses chartes, donat. d'Adalbert). — *Gibercourt*, 1165 (cart. de Saint-Paul); 1219 (ch. de Gauthier de Nantouil). — *Gibescourt*. 1245 (abb. de Lisle). — *Gibelcourt*, 1263 (arch. de la Meuse). — *Jubes-court*, 1642 (Mâchon). — *Gib*'*court*. 1656 (carte de l'évéché). — *Jubecour*, 1700 (carte des États). — *Jubecuria*, 1738 (pouillé). — *Giberti-curtis*, 1745 (Roussel); 1756 (D. Calmet, not.). — *Gibert-court*, 1745 (Roussel). — *Gubécourt*. 1760 (Cassini).

Avant 1790, Clermontois, haute justice et vill. baill. prév. et cout. de Clermont, anc. justice seigneuriale des princes de Condé, présid. de Châlons, parlement de Paris. — Dioc. de Verdun, archid. d'Argonne, doy. de Clermont.

En 1790, distr. de Clermont-en-Argonne, c⁰ᵉ de Récicourt.

Actuellement, arrond. et archipr. de Verdun, c⁰ⁿ et doy. de Clermont. — Écart : Pantin. — Patron : saint Michel.

JUIFERIE, contrée, c⁰ᵉ d'Eix.

JUIFS (RUE DES), à Bar-le-Duc.

JUIOTTES, bois comm. de Baudignécourt.

JULVÉCOURT, vill. sur la Cousance, à 9 kil. à l'O. de Souilly. — *Gislei-cortis*, 962 (bulle de Jean XII). — *Gislanicurtis*, 980 (cartul. de Saint-Vanne). — *Gisloni-curtis*, 1015 (ibid.). — *Gislei-curtis*, 1047, 1049, 1060 (ibid.). — *Gislahardi-villa ou curtis*, 1049 (bulle de Léon IX); 1127 (cart. de la cathédr.). — *Gislei-curtis*, xiᵉ siècle (Hugues de Flavigny). — *Gislenicurtis*. 1125 (cart. de Saint-Vanne). — *Gilencourt*, 1367 (donat. au prieuré de Beauchamp). — *Gilvecourt*, 1382 (coll. lorr. t. 263.46, C. 3); 1571 (proc.-verb. des cout.); 1642 (Mâchon); 1738 (pouillé); 1745 (Roussel). — *Gilvescourt*, 1620 (éch. entre le duc de Lorraine et l'abbesse de Saint-Maur); 1743 (proc.-verb. des cout.). — *Gilvecour*, 1656 (carte de l'év.). — *Julve-cour*, 1700 (carte des États). — *Gilvecuria*, 1738 (pouillé).

Avant 1790, Clermontois, justice foncière, baill. et prév. de Clermont, cout. de Clermont et ensuite de Verdun, présid. de Châlons, parlem. de Paris. — Dioc. de Verdun, archid. d'Argonne, doy. de Souilly, annexe d'Ippécourt.

En 1790, distr. de Clermont-en-Argonne, c⁰ⁿ de Barécourt.

Actuellement, arrond. et archipr. de Verdun, c⁰ⁿ et doy. de Souilly. — Écart : Arnancourt. — Patron : saint Mathieu.

JUMÉVAUX, contrée, c¹ᵉ de Beaumont.

JUPILES, f. c⁰ᵉ de Doulcon. — *Jupille*, 1585 (coll. lorr. t. 404, f°.54); 1587 (Lamy, engagem. de la seign. de Baalon); 1607 (proc.-verb. des cout.).

Jupiles passe pour avoir été ferme royale à l'époque mérovingienne; ce lieu est confondu avec Jupille, situé à 4 kil. au-dessous de Liége et nommé *Jopila*, *Jovis-Pila*, *Juppilia*, *Jupilia*, *Juppilia-Leodiensis*, dans les actes du xiᵉ et du xiiᵉ siècle relatés dans le cart. de la cathédr. de Verdun ou dans les bulles et diplômes de cette époque.

JUPILES (FONTAINE DE), source incrustante déposant un tuf composé de carbonate calcaire et de petits cristaux; elle forme un ruisseau qui prend sa source à la ferme de Jupiles et se jette dans la Meuse au-dessous de Dun, après un cours de 2 kilomètres.

JUPPÉVAUX, bois comm. de Vouthon-Haut.

JURA-MARCHÉ, bois comm. d'Heudicourt.

JURAT, bois, c⁰ᵉ d'Apremont.

JURÉ (LE), bois comm. de Bar-le-Duc, Brillon, Habas, Loisey, Moutmédy, Rupt-devant-Saint-Mihiel, Savonnières-devant-Bar.

JURIEUX, bois comm. de Boucourt.

JURINAL, contrée, c¹ᵉ de Chaumont-sur-Aire.

JURY, contrée, c¹ᵉ de Thillot.

JUSCOULON, contrée, c¹ᵉ de Ville-sur-Cousance.

JUSNÉROIS, bois comm. d'Amanty.

JUSTICE (LA), ancien lieu d'exécution, c⁰ᵉˢ de Baulny, Biencourt, Brauvilliers, Écouviez et Saint-Mihiel.

JUSTICE (LA), ancien lieu d'exécution, c⁰ᵉ de Commercy; situé à 2 kil. au de cette ville, sur la côte du bois de Vignot.

JUSTICE (LA), ancien lieu d'exécution, c⁰ᵉ de Marville; situé entre Marville et Flassigny.

JUSTICE (LA), ancien lieu d'exécution aux seigneurs d'Ornes; situé entre Haudromont et les Chambrettes.

JUSTICE (LA), ancien lieu d'exécution, à 2 kil. au S.-E. de Verdun, sur la côte dite *Saint-Martin* ou *des Épilour*.

JUSTICE (LA), ancien lieu d'exécution, c⁰ᵉ de Void; situé à 2 kil. au S.-E. de ce bourg, sur la côte entre Void et Ourches.

JUVIGNY-EN-PERTHOIS, vill. à 11 kil. à l'E. d'Ancerville. — *Gevegneyum*, 1402 (regestr. Tull.). — *Juvigny*, 1579 (proc.-verb. des coutumes). — *Jevigny*, 1700 (carte des États). — *Juviniacus*, 1711 (pouillé); 1749 (ibid.). — *Juvinicium*, *Joveniacus*, *Joveniacum*, 1756 (D. Calmet, not.).

Avant 1790, Barrois mouvant, office de Morley, prévôté bailliagère de Montiers-sur-Saulx, recette, cout. et baill. de Bar, présid. de Châlons, parlem. de Paris; le roi en était seul seigneur. — Dioc. de Toul, archid. de Rinel, doy. de Dammarie.

En 1790, distr. de Bar, c⁰ⁿ d'Ancerville.

Actuellement, arrond. et archipr. de Bar-le-Duc, c⁰ⁿ et doy. d'Ancerville. — Patron : l'Assomption.

Juvigny-sur-Loison ou Juvigny-les-Dames, vill. sur le Loison, à 6 kil. au S. de Montmédy. — *Joviniacum in pago Wabrensi*, 874 (acte de fondat.). — *Abbatia Juviniaci*, 1086 (dipl. de l'emp. Henri III). — *Juvigniacum*, *Juvigniacensis*, 1096 (bulle d'Urbain II). — *Fundus Juveniacensis abbatiæ cum banno et advocatia*, 1156 (acte de confirmat.). — *Abbatia Juveniaci*, xiiᵉ siècle (Laurent de Liége). — *Guvigney, ecclesia de Givygneto*, 1206 (ch. de Petit-Verneuil, arch. de Juvigny). — *Jurigniacum*, 1232 (charte de Jacques de Cons, arch. de Juvigny). — *L'abbasse et ly couens de Jevigny*, 1252 (charte de Thibaut II, archiv. de Juvigny). — *Gevigney*, 1264 (ch. d'affranch.). — *Jurigneium*, 1279 (bulle de Nicolas III). — *Fundus Junnacum abbatiæ*, 1502 (lettres de l'emp. Maximilien Iᵉʳ). — *Gycigneye*, 1532 (décret de l'archev. Jean III, Topog. eccl. de la France). — *Junnacum*, 1549 (Wassebourg). — *Juvigny*, 1579 (proc.-verb. des cout.). — *Parochialis ecclesia de Juneniis*, 1788 (pouillé).

Avant 1790, Barrois lorrain, puis terre des Trois-Évêchés, cout. de Saint-Mihiel, baill. de Clermont séant à Varennes, prév. de Stenay, ancienne justice seigneuriale de l'abbesse, justice foncière

du prévôt, cour des *Grands jours* de Saint-Mihiel. — Dioc. de Trèves, archid. de Longuyon, chef-lieu de doyenné.

Juvigny avait une abbaye royale de Bénédictines, sous le titre de Sainte-Scolastique, fondée vers l'an 874 par Richilde, épouse de Charles le Chauve.

Le doyenné de Juvigny, *decanatus Jucignensis* (de Hontheim), *Juvigniensis* ou *de Juveniaco* (Topog. ecclés. de la France), faisait partie des cinq décanats wallons (Arlon, Longuyon, Bazailles, Juvigny et Yvois), primitivement à l'égl. de Verdun, ensuite au dioc. de Trèves; ce doyenné était composé d'un grand nombre de paroisses et annexes, aujourd'hui réparties dans le grand-duché de Luxembourg, dans le dép⁻ des Ardennes et dans celui de la Meuse; celles qui font partie du départ. de la Meuse sont les suivantes : Avioth, Breux, Bazeilles, Chauvency-le-Château, Chauvency-Saint-Hubert, Flassigny, Frénois, Ginvry, Han-lez-Juvigny, Iré-le-Sec, Juvigny-sur-Loison, Jametz, Lamouilly, Landzécourt, Laneuville-sur-Meuse, Louppy-sur-Loison, Marville, Montmédy, Quincy, Remoiville, Rupt-sur-Othain, Thonne-la-Long, Thonne-le-Thil, Thonne-les-Prés, Thonnelle, Velosnes, Verneuil-le-Grand, Verneuil-le-Petit, Vigneulles-lez-Montmédy, Villécloye; les autres sont : Bièvres, Forgen, Fromy, Gérouville, Herbeuval, Laferté-sur-Chiers, Margny, Margut, Moiry, Sapogne, Signy-Monlibert, Sommethonne, Torguy et Villers-la-Loue.

En 1790, distr. de Stenay, c⁰ⁿ de Jametz.

Actuellement, arrond. c⁰ⁿ, archipr. et doy. de Montmédy. — Écarts : Hugues, Stmilz. — Patron : saint Denis.

K

Kaiffat, m⁻ⁿ, c⁻ᵉ de Rembercourt-aux-Pots. — *Keipha*, 1760 (Cassini).

Kellermann (Tranchée-de-), chemin, c⁻ᵉ de Sommeilles.

Kœur (Ruisseau de), qui prend sa source à Kœur-la-Petite, passe à Kœur-la-Grande et se jette dans la Meuse à Menonville, après un cours de 5 kilomètres.

Kœur-la-Grande, vill. sur la rive gauche de la Meuse, à 11 kilomètres à l'E. de Pierrefitte. — *Ulmus*, 709 (test. Vulfoadi). — *Coria, Corya*, 709 (ibid.). — *Corires*, xᵉ siècle (polypt. de Reims); 1125 (cartulaire de Saint-Vanne). — *Per Nuclearios ?* xᵉ siècle (Virdun. comitatus limites). — *Villa quæ dicitur Ulmus et in populo vocatur Coria*, 1106 (bulle de

Pascal II). — *Cuyre-en-Barrois, utraque Corea*, 1229 (cartul. de Montiers). — *Kœure*, 1263, 1319 (abb. de Saint-Mihiel). — *Kœure-la-Grande*, 1571 (proc.-verb. des cout.). — *Kœvres-la-Grande, Chorea-Magna*, 1642 (Mâchon). — *Grand-Quievre*, 1656 (carte de l'év.). — *Grand-Kœur*, 1700 (carte des États). — *Coria*, 1707 (carte du Toulois). — *Kœures, de Korœis*, 1788 (pouillé). — *Kœuvres, Kiévres, Quievres*, 1745 (Roussel). — *Kheurs-la-Grande, Khorei*, 1749 (pouillé). — *Cœurs, Ulme*, 1756 (D. Calmet, not.).

Avant 1790, Barrois mouvant, office, recette, cout. prév. et baill. de Saint-Mihiel, présid. de Toul, cour souveraine de Nancy; le roi en était seul seigneur. — Dioc. de Verdun, archid. de la Rivière, doy. de Saint-Mihiel.

En 1790, distr. de Saint-Mihiel, c⁰⁰ de Sampigny. Actuellement, arrond. et archipr. de Commercy, c⁰⁰ et doy. de Pierrefitte; chapelle vicariale. — Écart : Beauval. — Patron : saint Martin.

Kœur-la-Petite, vill. sur la rive gauche de la Meuse, à 12 kil. à l'E. de Pierrefitte. — Corires, x° siècle (polypt. de Reims); 1125 (cart. de Saint-Vanne). — Per Nuclearios? x° siècle (Verdun. comitatus limites). — Coria-Parva, Corridum, 1106 (bulle de Pascal II). — Utraque Corea, 1229 (cart. de Montiers). — Keure-la-Petite, 1413 (abbaye de Saint-Mihiel, 3. G. 1). — Petite-Keure, 1571 (proc.-verb. des cout.). — Keures-la-Petite, 1642 (Máchon). — Petit-Quievre, 1656 (carte de l'év.). — Petit-Kœur, 1700 (carte des États). — Khœurs-la-Petite, Khorei, 1749 (pouillé).

Avant 1790, Barrois mouvant, chef-lieu d'une seigneurie érigée en comté en 1717 (Durival); office, recette, cout. prév. et baill. de Saint-Mihiel, présidial de Toul, cour souveraine de Nancy; le roi en était seul seigneur. — Dioc. de Verdun, archid. de la Rivière, doy. de Saint-Mihiel, annexe de Kœur-la-Grande.

Il y avait à Kœur-la-Petite un château fort très-ancien; ce château devint le siége d'un comté qui comprenait les deux Kœur, Ailly, Bislée et Brasseittes; les armoiries des Kœur étaient : d'azur au lion d'or, à la fasce d'argent brochant sur le tout (Durival).

En 1790, distr. de Saint-Mihiel, c⁰⁰ de Sampigny.

Actuellement, arrond. et archipr. de Commercy, c⁰⁰ et doyenné de Pierrefitte. — Écart : le Jard. — Patron : saint Remy.

Kœuvas, bois, c⁰⁰ de Rupt-devant-Saint-Mihiel.

Kussel, contrée, c⁰⁰ d'Hennemont.

L

Labeuville, vill. sur le ru de Seigneulles, à 12 kil. à l'E. de Fresnes-en-Woëvre. — Leibueville, 1325 (abbaye de Saint-Benoît, D. 10). — Labeufville, 1571 (proc.-verb. des cout.). — Labbeuville, 1656 (carte de l'év.). — La Beuville, 1700 (carte des États); 1743 (proc.-verb. des cout.). — Labba-villa, 1738 (pouillé).

Avant 1790, Verdunois, comté de Marchéville, ancienne cout. et prév. de Saint-Mihiel, puis cout. baill. et présid. de Verdun, justice des seigneurs, parlem. de Metz. — Dioc. de Verdun, archid. de la Woëvre, doy. de Pareid.

En 1790, distr. d'Étain, c⁰⁰ de Pareid.

Actuellement, arrond. et archipr. de Verdun, c⁰⁰. et doy. de Fresnes-en-Woëvre. — Écart : la Bertancourt. — Patron : l'Assomption.

Labévaux, contrée, c⁰⁰ de Verdun.

Labuan, bois comm. de Loxéville.

Labis, contrée, c⁰⁰ de Sivry-la-Perche.

Laboy, f. ruinée, c⁰⁰ du Bouchon; ressortissait à l'abbé de Jovilliers, qui y exerçait un droit dit le Chien-Millard.

Laborde, f. c⁰⁰ de Fouchères.

Labouille (Côte), c⁰⁰ de Neuville-sur-Orne.

Lachalade, bois comm. de Montigny-devant-Sassey.

Lachalade, vill. sur la Biesme, à 9 kil. au S. de Varennes. — Caladia, 1148 (cart. de Saint-Paul); xii° siècle (Laurent de Liége). — Calladia, 1153.

1156 (Ch. d'Albéron de Chiny). — De Calladia, 1247 (bulle d'Innocent IV). — La Chalade, 1394 (coll. lorr. t. 265.47, A. 1); 1549 (Wasselbourg); 1656 (carte de l'év.); 1700 (carte des États). — Monasterium de Calladia, 1515 (Trésor des ch. B. 452, n° 24). — Abbaye de la Caillaide, 1517 (ibid. n° 25). — La Challade, 1571 (procès-verbal des cout.); 1629 (abb. de Saint-Mihiel). — Calladium, 1580 (stemmat. Lothar.).

Avant 1790, Clermontois, justice seigneuriale des princes de Condé, cout. baill. et prév. de Clermont, présid. de Châlons, parlem. de Paris. — Dioc. de Verdun, archid. d'Argonne, doyenné de Clermont. — Avait une abbaye de l'ordre de Cîteaux, fondée au commencement du xii° siècle par trois religieux de l'abbaye de Saint-Vanne de Verdun; l'église abbatiale fut consacrée vers l'an 1130 par Albéron de Chiny, évêque de Verdun; elle était dédiée à la sainte Vierge.

En 1790, distr. de Clermont-en-Argonne, c⁰⁰ des Islettes.

Actuellement, arrond. et archipr. de Verdun, c⁰⁰ et doy. de Varennes. — Écarts : les Chevries, le Four-de-Paris, le Four-les-Moines. — Patron : la Purification.

Lachalade (Forêt de), bois domanial sur les territoires du Claon et de Lachalade; faisait partie de la forêt d'Argonne.

Lachalède, côte, c⁰ᵉ de Naix.

Lachaussée, vill. sur le ruiss. d'Hattonville, à 10 kil. au N. de Vigneulles-lez-Hattonchâtel. — *Calccia*, 1132 (cart. de Gorze, p. 211). — *Lachaulcie*, 1321 (chambre des comptes, B. 436). — *La Chaulcie*, 1330 (arch. de la Meuse); 1377 (abb. de Saint-Benoît); 1399 (ch. de Robert, duc de Bar). — *La Chaulcice*, 1342 (chambre des comptes). — *Lachaulcie*, xivᵉ siècle (*ibid.* B. 437). — *La Chaussié*, 1399 (paix et accord entre les pays de Bar et de Luxembourg). — *La Chaulcée*, 1571 (proc.-verb. des cout.). — *Calciata*, 1580 (stemmat. Lothar.). — *Calcia*, 1642 (Mâchon). — *La Chaussée*, 1656 (carte de l'év.); 1700 (carte des États); 1749 (pouillé). — *Mollaris pagus*, 1749 (*ibid.*).

Avant 1790, Barrois non mouvant, ancienne seigneurie et siége d'une prév. qui fut transférée à Thiaucourt en 1669, office et prév. de Thiaucourt, recette et cout. de Saint-Mihiel, anc. baill. de Pont-à-Mousson, puis de Thiaucourt, présid. de Metz, cour souveraine de Nancy; le roi en était seul seigneur. — Dioc. de Metz, archid. de Vic, archipr. de Gorze. — Avait une maison fief en forme de château fort.

En 1790, distr. de Saint-Mihiel, c⁰ᵉ de Woël. Actuellement, arrond. et archipr. de Commercy, c⁰ⁿ et doy. de Vigneulles. — Écart : Francheville. — Patron : saint Nicolas.

Les seigneurs de Lachaussée, maison de nom et d'armes originaire du pays chartrain, portaient : *d'azur à trois losanges d'or, au chef cousu de sable chargé d'un lion passant d'argent* (Husson l'Écossais).

Lachaussée (Étang de), c⁰ᵉ de Lachaussée.

Lacoix, contrée, c⁰ᵉ de Varnéville.

Lacquemin, contrée, c⁰ᵉ de Rarécourt.

Lacroix, bois comm. de Breux.

Lacroix-sur-Meuse, vill. sur le ru du Moulin ou ruiss. de Dompierre, à 9 kil. au N. de Saint-Mihiel. — *Ad Crucem*, 940, 962, 1015, 1047, 1061 (cart. de Saint-Paul); 1049 (bulle de Léon IX). — *Ad Crucem ecclesiam*, 952 (dipl. de Bérenger); 980 (cart. de Saint-Vanne). — *In pago et comitatu Virdunensi villa ad Cruces*, 962 (*ibid.*). — *Crux*, 1106 (bulle de Pascal II); 1738 (pouillé); 1749 (*ibid.*). — *De Cruce supra-Mosam*, 1135 (Onera abbatum). — *Crux-super-Mosam*, 1210 (accord entre l'abbé de Saint-Mihiel et la Croix, 1269 (abb. de Saint-Mihiel, 2. G. 1). — *Creux*, 1368 (archives de la Meuse). — *La Croux*, xiiiᵉ siècle (abb. de Saint-Mihiel, arch. de la Meuse). — *La Croix-sur-Meuse*, 1571 (proc.-verb. des cout.). — *La Croix-sur-Meuse*, 1642 (Mâchon); 1656 (carte de l'év.). — *La Croix, Meuse.*

1700 (carte des États); 1738 (pouillé); 1749 (*ibid.*).

Avant 1790, Barrois non mouvant, office, recette, cout. et baill. de Saint-Mihiel, juridiction du juge-garde des seigneurs, présid. de Toul, cour souveraine de Nancy. — Dioc. de Verdun, archid. de la Rivière, doy. de Saint-Mihiel. — Avait un château et une maison seigneuriale.

En 1790, lors de l'organisation du département, Lacroix devint chef-lieu de l'un des cantons dépendant du distr. de Saint-Mihiel; ce canton était composé des municipalités dont les noms suivent : Dompierre-aux-Bois, Lacroix-sur-Meuse, Lamorville, Lavignéville, Maizey, Rantières, Rouvrois-sur-Meuse, Seuzey, Spada, Troyon, Vaux-lez-Palameix.

Actuellement, arrond. et archipr. de Commercy, c⁰ⁿ et doy. de Saint-Mihiel. — Écarts : Baillon, la Boude, le Chêne, Domremy, la Papeterie, le Point-du-Jour, la Vaux. — Patron : saint Jean-Baptiste.

Ladeux, contrée, c⁰ᵉ de Mondrecourt.

Ladeuze, m⁰ⁿ isolée, c⁰ᵉ de Neuville-sur-Orne.

Ladonvaux, contrée, c⁰ᵉ d'Harville.

Lafonet, contrée, c⁰ᵉ de Viéville-sous-les-Côtes.

Lafrichon, contrée, c⁰ᵉ de Boureuilles.

Lagache, contrée, c⁰ᵉ de Béthelainville.

Lagnait, contrée, c⁰ᵉ d'Épinonville.

Lagnel, m⁰ⁿ ruiné, c⁰ᵉ d'Hannonville-sous-les-Côtes.

Lagrange, bois comm. de Boinville.

Lahaicourt, contrée, c⁰ᵉ de Dieue.

Lahaie, f. c⁰ᵉ de Montiers-sur-Saulx. — *La Haye-au-Château*, 1711 (pouillé); 1749 (*ibid.*).

Lahaye (Ruisseau de), qui a sa source dans le bois de Malarmont et se jette dans le Vassieux au moulin de Briculles-sur-Meuse, après un cours de 2 kilomètres.

Lahaymeix, vill. sur le ruiss. de Lahaymeix, à 7 kil. au N.-E. de Pierrefitte. — *Leheimeis*, 1270 (abb. de Saint-Benoît, F. 1). — *La Heymeix*, 1607 (proc.-verb. des cout.). — *Lahemeix*, 1642 (Mâchon); 1738 (pouillé); 1745 (Roussel). — *La Haymeix*, 1646 (carte de l'évêché). — *La Haymeix*, 1700 (carte des États). — *Lamechium*, 1738 (pouillé). — *La Heimeï*, 1746 (*ibid.*).

Avant 1790, Barrois mouvant, baronnie de Louvent ou Saint-Louvent; l'abbé de Saint-Benoît en était seigneur foncier; juridiction du juge de la baronnie, office, rec. cout. et baill. de Saint-Mihiel, présid. de Toul, cour souveraine de Nancy. — Dioc. de Verdun, archid. de la Rivière, doy. de Saint-Mihiel. — Patron : saint Vanne; annexe de Thillombois.

En 1790, distr. de Saint-Mihiel, c⁰ᵉ de Rannoncourt.

16

Actuellement, arrond. et archipr. de Commercy, c^en et doy. de Pierrefitte. -- Patron : saint Germain.

LAHAYMEIX (RUISSEAU DE), qui prend sa source au-dessus du vill. de ce nom et se jette dans le ruiss. de Thillombois en amont de Woimbey, après un cours de 5 kilomètres.

LAHAYVILLE, vill. sur le Rupt-de-Mad, à 17 kil. à l'E. de Saint-Mihiel. — *Oehyville*, 1338 (chambre des comptes, c. de Gondrecourt). — *Lacheville*, 1402 (regestr. Tull.). — *Laheville*, 1571 (proc.-verb. des cout.). — *La Hay-Neuville*, 1656 (carte de l'év.). — *La Heyville*, 1700 (carte des États). — *Laheivilla, la Hayeville*, 1711 (pouillé). — *Hayvilla, Hayéeille*, 1749 (ibid.). — *La Haiville, la Heyeville, Lahai-villa*, 1756 (D. Calmet, not.).

Avant 1790, Barrois non mouvant, office, recette, coutume et baill. de Saint-Mihiel, ancienne prév. de Bouconville, puis de Saint-Mihiel, présid. de Toul, cour souveraine de Nancy. — Dioc. de Toul, archid. de Port, doy. de Prény.

En 1790, distr. de Saint-Mihiel, c^on de Bouconville.

Actuellement, arrond. et archipr. de Commercy, c^on et doy. de Saint-Mihiel. — Patron : l'Assomption ; annexe de Richecourt.

LAHAYCOURT, vill. sur le Chée, à 9 kil. au S.-O. de Vaubecourt. — *Larzecuria, Larzeicuria, Larzeicurtis, Larzicuria*, 1174 (cart. de Jeand'heures). — *Largieurt*, 1180 (ibid.). — *Lahaicourt*, 1290 (ch. de Henri, comte de Bar et de Drogon, abb. de Saint-Mihiel). — *Lehicort*, 1228 (ch. de Henri II, comte de Bar). — *Lehecort*, 1239 (ibid.); 1359 (ch. de Robert, duc de Bar). — *Lehecort*, 1301 (hommage de Henri III, comte de Bar, à Philippe le Bel). — *Leheicourt*, 1391 (chambre des comptes de Bar, B. 436); 1397 (Trés. des ch. B. 455, n° 6); 1401 (coll. lorr. t. 260.46, p. 3); 1579 (proc.-verb. des cout.). — *Le Heycourt*, 1342 (test. de Raoul, seign. de Louppy, archevêque de Nancy). — *Leheycourt au dyocese de Chaalons*, 1401 (coll. lorr. t. 260.46, p. 1). — *Lahayecourt*, 1502 (abb. de Saint-Mihiel). — *Latacuria*, 1624 (consécration de l'église par Henri, év. de Châlons). — *Lahecour*, 1700 (carte des États). — *Laheicuria, Laheicourt, Lahecourt*, 1749 (pouillé). — *Lahei-curia ou curtis, Lahai-court*, 1756 (D. Calmet, not).

La charte de franchise de Lahaycourt fut donnée en 1230 par Henri II, comte de Bar.

Avant 1790, Barrois mouvant, office, recette, cout. prév. et baill. de Bar, présid. de Châlons, parlem. de Paris; le roi en était seul seigneur. — Dioc. de Châlons, archid. d'Astenay, doyenné de

Possesse. — Avait un prieuré qui relevait de l'abb. de Saint-Vanne en 1258, et de celle de Beaulieu en 1446.

En 1790, distr. de Bar, c^on de Noyers.

Actuellement, arrond. et archipr. de Bar-le-Duc, c^on et doy. de Vaubecourt. — Écart : la Tuilerie-des-Champs. — Patron : saint Aignant.

LAHURMONT, bois commu. de Pierrefitte.

LAIE (LA), ruiss. dit aussi *la Morte-Eau* ou *ruiss. d'Aulnois*. — *Lou ru d'Aunoy*, 1265 (cart. de Rangéval). — Prend sa source dans les bois de Corniéville, passe à Aulnois-sous-Vertuzey, à Vertuzey, et se jette dans la Meuse entre Ville Issey et Euville, après un cours de 7 kilomètres.

LAI-FUON (LE), bois commu. de Montfaucon.

LAIMONT, vill. entre l'Ornain et le Rubbam, à 4 kil. à l'E. de Revigny. — *Laimunt*, 1141, 1180 (cart. de Jeand'heures). — *Lainmunt*, 1141 (ibid.). — *Lemont, Lenmont*, 1163 (ibid.). — *Leimunt*, 1189 (ibid.). — *Lainmont*, xive siècle (compte de la gruerie, arch. de la Meuse). — *Leynmont*, 1332 (arch. de la Meuse); 1579 (proc.-verb. des cout.). — *Lehemons*, 1402 (regestr. Tull.). — *Laymont*, 1700 (carte des États). — *Latus-mons*, 1707 (carte du Toulois); 1778 (Durival). — *Leymont-en-Pertois*, 1707 (carte du Toulois). — *Lémont*, 1711 (pouillé); 1749 (ibid.). — *Leonismons*, 1811 (ibid.). — *Leonis-mons*, 1749 (ibid.). — *Lœtus-mons*, 1778 (Durival).

Ancienne seigneurie, Barrois mouvant, office, recette, cout. prév. et baill. de Bar, présid. de Châlons, parlem. de Paris; le roi en était seigneur haut, moyen et bas justicier, le foncier au seigneur. — Dioc. de Toul, archid. de Rinel, doy. de Robert-Espagne. — Il y avait à Laimont un château avec chapelle castrale.

En 1790, distr. de Bar, c^on de Revigny.

Actuellement, arrond. et archipr. de Bar-le-Duc, c^en et doy. de Revigny. — Écarts : la Barrière, Fontenoy, Gros-Terme, la Tuilerie. — Patron : saint Remy.

LAISÓN (LE), ruiss. qui prend sa source dans la forêt de la Woëvre, c^on de Lion-devant-Dun, traverse le territoire de cette commune et s'unit, à l'entrée de la prairie de Mouzay, au ruiss. de la Vieille-Meuse, après un cours de 7 kilomètres. — *Lezon*, 1760 (Cassini).

LAISSUIE, contrée, c^on de Longeville.

LALANDRE, contrée, c^ne de Brauvilliers.

LALIEU, tuilerie, c^ne de Montsec.

LAMARCHE (BAILLIAGE DE), anciennement dit *de Saint-Thiébaut*, ressortissait au présid. de Châlons, au parlem. de Paris; a fourni au départ. la prév. de Gondrecourt.

LAMARCHE-EN-WOËVRE, vill. sur la rive droite du Naugipont, à 7 kil. au S.-E. de Vigneulles-lez-Hattonchâtel; primitivement se nommait *Has*. — *Hadina*, 812 (dipl. de Charlemagne). — *Has*, 1656 (carte de l'év.); 1700 (carte des États); 1707 (carte du Toulois). — *Hast*, *Hat*, *la Marche-en-Woëvre*, 1749 (pouillé). — *Marchia*, 1749 (*ibid.*). — *Has-la-Marche*, 1755 (lettres d'érection en comté).

Le village de Has devint chef-lieu d'une baronnie créée en 1725, par le duc Léopold, en faveur de M. de la Marche, dont il prit le nom; par lettres de Stanislas, du 9 août 1755, cette baronnie fut érigée en comté sous le nom de *Has-la-Marche*.

Avant 1790, Barrois non mouvant, chef-lieu de prév. office de Thiaucourt, recette de Saint-Mihiel, anc. baill. de Pont-à-Mousson, puis de Thiaucourt, présid. de Metz, cour souveraine de Nancy. —Dioc. de Metz, archid. de Vic, archipr. de Gorze, annexe de Nonsard.

La prévôté de Lamarche était composée des vill. de Gironville, Lamarche et Nonsard.

En 1790, distr. de Saint-Mihiel, c^ne d'Heudicourt.

Actuellement, arrond. et archipr. de Commercy, c^on et doyenné de Vigneulles, paroisse de Nonsard. —Patron : saint Étienne.

Les seigneurs de la Marche portaient : *de gueules à un bras armé tenant une épée d'argent garnie d'or, au chef d'or chargé d'une tête de léopard d'azur* (Durival).

LAMBAIN (VOIE), ancien chemin, c^on de Buignéville.

LAMBECHAIN, bois, c^ne de Montzéville; faisait partie de la forêt de Hesse.

LAMBELOUP, contrée, c^ne de Fains.

LAMBEDINOT (LE), étang, c^ne de Lahayville. — *Espinoy*, 1289 (cart. d'Apremont).

LAMBERT (REDOUTE), ancienne défense établie sur la Meuse, c^ne de Luzy.

LAMERMONT, h. sur la rivière d'Aisne, c^ne de Lisle-en-Barrois. — *Lamermunt*, 1166, 1170 (abb. de Lisle). — *La Mermont*, 1760 (Cassini).

LAMES (LES), contrée, c^ne d'Aubréville.

LAMOISONNEMENT, bois comm. de Lavignéville.

LAMONCOURT, contrée, c^ne de Bras.

LAMORVILLE, vill. sur la droite du ru de Creue, à 9 kil. à l'O. de Vigneulles-lez-Hattonchâtel. — *Maurivilla*, 915, 980 (cart. de Saint-Vanne); 962 (bulle de Jean XII), 973 (confirmat. par l'emp. Otton); 984 (cart. de Saint-Paul); xie siècle (Hugues de Flavigny). — *Marivilla*, 973 (ch. de l'év. Wilgfride). —

Morvilla, 952, 1047 (cart. de Saint-Vanne); 1145 (ch. d'Albéron, év. de Verdun); 1738 (pouillé); 1749 (*ibid.*). — *Manorvilla*, 1015 (cart. de Saint-Vanne). — *Mervilla*, 1061 (*ibid.*). — *Mauri-villa*, 1106 (bulle de Pascal II). — *Morivilla*, 1179 (cart. de Saint-Paul); 1180 (bulle d'Alexandre III). — *La Morvilla*, 1642 (Mâchon); 1656 (carte de l'év.); 1700 (carte des États); 1738 (pouillé); 1745 (Roussel); 1749 (pouillé).

Avant 1790, Barrois non mouvant, office, marquisat, cout. et prév. d'Hattonchâtel, recette et baill. de Saint-Mihiel, présid. de Toul, cour souveraine de Nancy; le roi en était seul seigneur. — Dioc. de Verdun, archid. de la Rivière, doyenné d'Hattonchâtel.

En 1790, distr. de Saint-Mihiel, c^ne de Lacroix-sur-Meuse.

Actuellement, arrond. et archipr. de Commercy, c^on et doyenné de Vigneulles. — Écarts : Béard, Frescaty, l'Hermichotte, Neuf-Moulin. — Patron : sainte Marie-Madeleine.

LAMORVILLE (RUISSEAU DE), qui a sa source dans les bois de Lamorville et se jette dans le ru de Creue en aval de Lavignéville, après un cours de 3 kilomètres.

LAMOTHE, forteresse ruinée, c^ne d'Autréville. — *La Mothe*, 1484 (démembrement); 1571 (coll. lorr. t. 404, f° 60).

Était fief de l'anc. seigneurie de Pouilly.

LAMOUILLY, vill. sur la rive droite de la Chiers, à 7 kil. au N. de Stenay. — *Lamuley*, 955 (ch. du roi Otton). — *Lamulier*, 1157 (ch. de Gorze, par l'archevêque Hillin). — *La Moillei*, 1240 (dipl. de l'archevêque Thierry). — *Moulye*, 1284 (ch. d'affranch. d'Olizy). — *La Moly*, 1656 (carte de l'évêché). — *Lamily*, 1700 (carte des États). — *Lamolliacum* (reg. de l'év.).

Avant 1790, Luxembourg français, coutume de Thionville, ancien baill. de Stenay, puis de Montmédy, prév. de Chauvency-le-Château, présid. de Sedan, parlem. de Metz. — Dioc. de Trèves, archid. de Longuyon, doy. de Juvigny.

En 1790, distr. de Stenay, c^on d'Inor.

Actuellement, arrond. et archipr. de Montmedy, c^on et doy. de Stenay. — Écart : la Gare. — Patron : saint Martin.

LAMOUTE, f. c^ne de Buignéville. — *La Moute*, 1310 (foi et hommage au comte de Bar); 1760 (Cassini). Était une anc. maison forte qui fut ruinée en 1310 par Jean de Bar.

LAMOUZÉ, f. c^ne de Corniéville.

LANAUX, ancien ermitage, actuellement ferme, c^ne de Verneuil-le-Petit. — *La Nawe*, 1760 (Cassini).

LANDAU , bois comm. de Rosières-devant-Bar.

LANDES (LES), contrée, c⁰ⁿ de Brauvilliers.

LANDES (LES), bois domanial, c⁰ⁿ de Rambluzin.

LANDRECOURT, vill. sur le ruiss. de Lempire, à 9 kil. au N. de Souilly. — *Handrecuria*, 1500 (recueil). — *Landrecourt*. 1700 (carte des États). — *Landrecuria*. 1738 (pouillé); 1749 (*ibid*.).

Avant 1790, Barrois mouvant, office et prév. de Souilly, recette, cout. et baill. de Bar, présid. de Châlons, parlem. de Paris; le roi en était seigneur haut justicier, l'abbé de Saint-Vincent, de Metz, seigneur moyen et bas. — Dioc. de Verdun, archid. d'Argonne, doy. de Souilly, c⁰ⁿ de Dugny.

En 1790, distr. de Verdun, c⁰ⁿ de Dugny.

Actuellement, arrond. et archipr. de Verdun, c⁰ⁿ et doy. de Souilly. — Écart : Moulin-de-l'Évêché. — Patron : saint Maurice.

LANDRUT, bois comm. de Rignaucourt.

LANDRY-GILLON (RUE), à Bar-le-Duc.

LANDZÉCOURT, vill. sur la rive droite du Loison, à 5 kil. au S.-O. de Montmédy. — *Landrezécourt*, 1573 (Lamy, sentence du baill. de Saint-Mihiel); *Landrezicourt*, 1576 (*ibid*. partage des biens de la famille de Wal). — *Landrececourt*, 1674 (Husson l'Écossais). — *Landrezeicourt*, xvii⁰ siècle (arch. de la Meuse). — *Langicourt*, 1700 (carte des États). — *Lanzécourt*, 1760 (Cassini).

Avant 1790, Clermontois, ancienne seigneurie sous la châtell. de Stenay, cout. de Saint-Mihiel, baill. de Clermont, prév. de Stenay, cour supérieure des *Grands jours* de Saint-Mihiel. — Diocèse de Trèves, archid. de Longuyon, doy. de Juvigny.

En 1790, distr. de Stenay, c⁰ⁿ de Montmédy.

Actuellement, arrond., archipr. et doy. de Montmédy. — Patron : saint Martin; paroisse de Quincy.

Les seigneurs de Landzécourt, maison de nom et d'armes éteinte depuis longtemps, portaient : *d'argent au lion de gueules, la queue passée en sautoir* (Husson l'Écossais).

LANEUVILLE (RUISSEAU DE), qui prend sa source dans la forêt de Palisse, passe à Laneuville-au-Rupt et se jette dans la Meuse vis-à-vis de Sorcy, après un cours de 5 kilomètres.

LANEUVILLE-AU-RUPT, vill. sur le ruiss. de Laneuville, à 3 kil. au N.-O. de Void. — *Laneuville-aux-Bois*, 1388 (chamb. des comptes, c. de Gondrecourt). — *Neufville-au-Ru*, 1509 (table des cout.). — *La Neuville-au-Rux*, 1700 (carte des États). — *La Neuville-aux-Rupts*, *Nova-villa-ad-Rivos*, 1711 (pouillé). — *La Neuville-aux-Rupts*, 1749 (*ibid*.).

Avant 1790, Lorraine, terre et principauté de Commercy, coutume et baill. de Vitry-le-François, présid. de Châlons, parlement de Paris. — Dioc. de Toul, archid. de Ligny, doy. de Meuse-Commercy; était cure régulière de l'ordre de Prémontré, ayant pour patron l'abbé de Riéval et le prince de Commercy pour décimateur.

En 1790, distr. de Commercy, c⁰ⁿ de Sorcy.

Actuellement, arrond. et archipr. de Commercy, c⁰ⁿ et doyenné de Void. — Patron : saint Nicolas.

LANEUVILLE-AUX-FORGES, h. mi-partie c⁰ⁿ⁰ de Saint-Joire et de Tréveray. — *La Neuve-Ville*, 1257 (coll. lorr. t. 243. 37, p. 4). — *La Neufville*, 1495-96 (Tr. des ch. B. 6, 364); 1589 (Soc. Philom. lay. Saint-Joire). — *La Neuville*, xv⁰ siècle (arch. de la Meuse). — *Nevilley*, 1700 (carte des États). — *La Neuveville*, 1711 (pouillé). — *La Neuve-Ville*, 1760 (*ibid*.).

LANEUVILLE-SUR-MEUSE, vill. sur la rive gauche de la Wiseppe, à 2 kil. à l'O. de Stenay. — *Nova-villa*. xii⁰ siècle (coll. lorr. t. 407, p. 5). — *Neufville a sou la chaucie devant Sathenay*, 1244 (ch. d'affranch.). — *La Neuve-Ville de câ le pont de Sethenai*, 1264 (coll. lorr. t. 407, p. 19). — *La Nueville*, 1483 (*ibid*. t. 261. 46, à. 21). — *La Neufville-devant-la-chaulcie-de-Sathenay*, 1549 (Lamy, foi et hommage de Jean d'Orcy). — *Laneufville-devant-les-Sathenay*, 1558 (*ibid*. partage). — *Neufville-lez-Sathenay*, 1571 (proc-verb. des cout.). — *Laneufville-devant-Sathenay*, 1585 (Lamy, acte du tabell. de Stenay). — *Laneuveville*, 1607 (*ibid*. acte du baill. de Saint-Mihiel). — *La Neufville*, 1643, 1648 (coll. lorr. t. 407, p. 71 et 84). — *La Neuville*, 1656 (carte de l'év.); 1700 (carte des États).

Avant 1790, duché de Champagne, puis de Bar, puis Clermontois, cout. de Saint-Mihiel, baill. de Clermont séant à Varennes, prév. de Stenay, cour supérieure des *Grands jours* de Saint-Mihiel. —, Dioc. de Trèves, archid. de Longuyon, doy. de Juvigny.

Laneuville reçut sa charte d'affranchissement de Henri II, comte de Bar, en l'an 1244.

En 1790, distr. et c⁰ⁿ de Stenay.

Actuellement, arrond. et archipr. de Montmédy, c⁰ⁿ et doy. de Stenay. — Patron : saint Nicolas.

LANHÈRES, vill. près du ruiss. de la Fontaine, à 6 kil. à l'E. d'Étain. — *Lanheres*, 1179 (cart. de Saint-Paul, p. 46). — *Lanchieres*, 1238 (cart. de la cathéd. p. 31). — *Lanherres*, 1242 (cart. de Saint-Paul, p. 108). — *Lanheirce*, 1271 (cart. d'Apremont). — *Lanheyres*, *Lenhieres*, 1294 (*ibid*.). — *L'Anherre*, 1642 (Mâchon). — *Lancherre*, 1656 (carte de l'év.); 1745 (Roussel). — *Banchère*,

1660 (rapport fait au roi; Roussel, *Hist. de Verdun*, pr. p. 89). — *Lanhère*, 1669 (Lamy, contrat d'Anselme de Saintignon). — *Lanherre*, 1700 (carte des États.) — *Lanhaire*, *Laniferum*, 1738 (pouillé); 1749 (*ibid.*). — *Lancheri*, 1756 (D. Calmet, *not.*). — *Lanifero*, 1778 (Durival).

Avant 1790, Barrois non mouvant, communauté de Rouvres, office, recette et prév. d'Étain, baill. de Saint-Mihiel et ensuite d'Étain, cout. de Saint-Mihiel, présid. de Verdun, cour souveraine de Nancy; le roi en était seigneur pour moitié. — Dioc. de Verdun, archid. de la Woëvre, doyenné d'Amel, annexe de Rouvres.

En 1790, distr. d'Étain, c⁰ⁿ de Buzy.

Actuellement, arrond. et archipr. de Verdun, c⁰ⁿ et doy. d'Étain. — Patron : saint Pantaléon; annexe de Rouvres.

LANNAY (RUISSEAU DE), qui a sa source près du bois dit *Montricelle*, traverse le territoire d'Herméville et se jette dans l'Orne à Warcq, après un cours de 6 kil. — *Fossé de Parois*, 1760 (Cassini).

LANNE, contrée, c⁰ⁿ de Baulny.

LANNE (LA), ruiss. qui prend sa source dans les bois de Mognéville, traverse le territoire d'Andernay et se jette dans la Saulx à Sermaize (Marne), après un cours de 6 kilomètres.

LANONSARD, bois, c⁰ⁿ de Trésauvaux.

LANSIS, contrée, c⁰ⁿ de Montplonne.

LANSQUISET, contrée, c⁰ⁿ de Fromeréville.

LANTERNE, contrée, c⁰ⁿ d'Hannonville-sous-les-Côtes.

LAPET, contrée, c⁰ⁿ de Ville-en-Woëvre.

LAPIQUE (RUE), à Bar-le-Duc; a pris son nom de celui de l'architecte qui l'a régularisée au commencement de ce siècle.

LAPS, contrée, c⁰ⁿ de Boureuilles.

LAPSELLE, contrée, c⁰ⁿ de Longeville.

LAQUERON, contrée, c⁰ⁿ des Éparges.

LARAMÉE, f. c⁰ⁿ de Pouilly.

LARFORTE, contrée, c⁰ⁿ de Brauvilliers.

LARUPE, f. c⁰ⁿ de Demange-aux-Eaux. — *La Ripe*, 1749 (pouillé).

LARBOX, contrée, c⁰ⁿ de Rigny-Saint-Martin.

LARBY, contrée, c⁰ⁿ de Landzécourt.

LARRY, bois comm. de Vigneulles-sous-Montimédy.

LARVIN, fout. c⁰ⁿ de Romagne-sous-Montfaucon.

LASSERRES, contrée, c⁰ⁿ de Brabant-sur-Meuse.

LATOUR-EN-WOËVRE, vill. sur la gauche de l'Yron, à 13 kil. à l'E. de Fresnes-en-Woëvre. — *De Turre super Crowadis*, 1216 (cart. de la cathédr.). — *La Tour-de-Voivre*, 1224 (acte de foi et hommage). — *La Tour*, 1230 (cart. de la cathédr.). — *La Tour-en-Weevre*, 1253 (ibid.). — *La Tour-en-Weevre*,

1254 (ch. de Thibaut, c⁰ᵗᵉ de Bar.). — *La Tour-en-Veevre*, 1373 (coll. lorr. t. 139, n° 33). — *La Tour-en-Vuevre*, 1373 (*ibid.* n° 34). — *La Tour-en-Woipvre*, 1571 (proc.-verb. des cout.). — *Tour-de-Voyvre*, 1656 (carte de l'év.). — *Turris-Wabrensis*, 1681 (Mabillon, *de Re diplom.*). — *La Tour-en-Voivre*, *Turris-in-Vepria*, 1749 (pouillé).

Avant 1790, Barrois non mouvant, seign. office de Thiaucourt, recette et cout. de Saint-Mihiel, baill. de Pont-à-Mousson, puis de Thiaucourt, justice des officiers du seigneur, qui en était haut, moyen et bas justicier, présid. de Metz, cour souveraine de Nancy. — Dioc. de Metz, archid. de Vic, archipr. de Gorze, annexe de Jonville.

En 1790, distr. d'Étain, c⁰ⁿ de Pareid.

Actuellement, arrond. et archipr. de Verdun, c⁰ⁿ et doy. de Fresnes-en-Woëvre. — Écarts : Suzémont, la Trêle. — Paroisse de Labeuville.

Les seigneurs de Latour portaient : *de sable à la fasce d'argent accompagnée de trois pattes de lion de même, deux en chef contr'onglées, et l'autre en pal mouvante de la pointe* (Husson l'Écossais).

Le P. Mabillon et D. Calmet placent à Latour-en-Woëvre le *Castrum Vabrense* décrit par Grégoire de Tours. — Voy. WOËVRE (CAMP ou CHÂTEAU DE).

LATREMONT, bois comm. de Lunéville et de Tourailles.

LATTAQUE, m¹ˢ, c⁰ⁿ de Montmédy.

LAUFÉE, bois, c⁰ⁿ de Damloup.

LAUMONT, bois comm. de Blercourt.

LAUMONT, contrée, c⁰ⁿ de Dombasle.

LAUSA, contrée, c⁰ⁿ de Buzy.

LAUNE (LA), ruiss. qui prend sa source dans les bois de Mognéville et se jette dans la Saulx à Sermaize (Marne), après un cours de 6 kilomètres.

LAUNEUX, contrée, c⁰ⁿ de Damloup.

LAUNOIS, m⁰ⁿ isolée, c⁰ⁿ de Bréhéville.

LAUNOIS, bois comm. d'Écurey.

LAUNOIS, contrée, c⁰ⁿᵉˢ d'Hattonchâtel et de Fresnes-en-Woëvre.

LAUNOIS, chapelle ruinée, c⁰ⁿ de Lérouville. — *Launoy*, 1315 (ch. de Jean 1ᵉʳ de Sarrebruck). — *Lannois*, 1749 (pouillé). — Ancienne maladrerie qui devint ensuite cense fief.

LAUNOIS (LE), ruiss. qui prend sa source dans les bois de Bréhéville, traverse ce village et se jette dans le ruiss. de Brandeville, après un cours de 5 kilomètres.

LAUNOY (LE), ruiss. qui a sa source sur le territoire de Quincy et se jette dans le Loison vis-à-vis de Landzécourt, après un trajet de 800 mètres.

LAVACHÈRE, contrée, c⁰ⁿ de Dieppe.

LAVACHÈRE, bois comm. de Joinville.

LAVAL, bois comm. de Vaux-la-Petite.

LAVAL ou LA VALLE, f. c⁰ˢ de Bazeilles. — *La Vaulx*, 1674 (Husson l'Écossais). — *La Vaux*, 1700 (carte des États); 1760 (Cassini).

Cette ferme, construite sur l'emplacement d'une maison forte ou château féodal dont on voit encore les ruines, était le titre seigneurial des de la Vaulx, maison de nom et d'armes qui portait : *de sable à trois tours d'argent*, 2, 1 (Husson l'Écossais).

LAVAL, contrée, c⁰ᵉ de Stainville.

LAVALLÉE, f. c⁰ᵉ de Rarécourt. — *La Vallée au bailliage de Clermont*, 1455 (coll. lorr. t. 427). — *La Vallée de Maulgarny*, 1642 (Mâchon). — *Les Vallées*, 1712 (Soc. Philom. lay. Clermont, arrest de la cour des Aydes).

LAVALLÉE, vill. sur le ruiss. de Levoncourt, à 10 kil. au S. de Pierrefitte. — *Vallis*, xᵉ siècle (Virdun. comitatus limites); 1711 (pouillé); 1749 (ibid.). — *Lavallée de Bussy*, 1332 (chamb. des comptes, B. 254); 1756 (D. Calmet, not.). — *Buxeynm*, 1402 (reg. Tull.). — *Lavallée, olim Bussy*, 1534 (Trésor des chartes, reg. D). — *La Vallée de Bussey et Jarminey*, 1535 (ibid.). — *La Vallée de Bussy*, 1579 (proc.-verb. des cout.); 1555 (acte de foi et hommage). — *La Vallée*, 1656 (carte de l'év.), 1711 (pouillé); 1749 (ibid.). — *La Vallée du Buisson*, 1717 (Soc. Philom. lay. Ligny). — *Le Buisson*, 1782 (ibid. lay. Lisle-en-Barrois).

Avant 1790, Barrois mouvant, baronnie et prév. de Levoncourt, office, recette, cout. et baill. de Bar, présid. de Châlons, parlem. de Paris. — Dioc. de Toul, archid. de Ligny, doy. de Belrain.

En 1790, distr. de Commercy, c⁰ᵉ de Dagonville.

Actuellement, arrond. et archipr. de Commercy, c⁰ᵉ et doy. de Pierrefitte. — Patron : saint Maurice.

LAVANDE, bois comm. de Laneuville-au-Rupt.

LAVARDI, f. c⁰ᵉ de Spincourt.

LAVAUX, bois comm. de Breux et de Reville.

LAVAUX, f. ruinée, c⁰ᵉ d'Étain.

LAVAUX, contrée, c⁰ᵉ de Maucourt.

LAVAUX, f. c⁰ᵉ de Nantois.

LAVAUX-COLAS, bois domanial, c⁰ᵉ de Souilly.

LAVAUX-GRAVIER, contrée, c⁰ᵉ d'Autrécourt.

LAVAUX-MAILLART, contrée, c⁰ᵉ d'Heippes.

LAVIAUX, contrée, c⁰ᵉˢ de Dombasle et de Ménil-la-Horgne.

LAVIAUX, font. c⁰ᵉ de Lérouville.

LAVIENCOURT, bois, c⁰ᵉ de Vaudoncourt.

LAVIGNETTE, château, c⁰ᵉ de Pouilly. — *La Vignette*, 1700 (carte des États).

LAVIGNÉVILLE, vill. sur les ruiss. de Woëvre et de Doux-nouds, à 9 kil. au S.-O. de Vigneulles-lez-Hatton-

châtel. — *Lagneivilla*, 936, 943 (cart. de Gorze, p. 136 et 142). — *Leigneville*, 1329 (vente par H. Du Châtelet à l'év. de Verdun). — *Levigneville*, 1344 (abb. de Saint-Mihiel). — *La Vigneville*, 1642 (Mâchon) ; 1656 (carte de l'év.); 1786 (proc.-verb. des cout.). — *Lagneville*, 1700 (carte des États); 1738 (pouillé); 1749 (ibid.). — *Lagnevilla*, 1738 (ibid.); 1749 (ibid.).

Avant 1790, Barrois non mouvant, cout. office, marquisat et prév. d'Hattonchâtel, recette et baill. de Saint-Mihiel, présid. de Toul, cour souveraine de Nancy; le roi en était seul seigneur. — Dioc. de Verdun, archid. de la Rivière, doy. d'Hattonchâtel, annexe de Lamorville.

En 1790, distr. de Saint-Mihiel, c⁰ᵉ de Lacroix-sur-Meuse.

Actuellement, arrond. et archipr. de Commercy, c⁰ᵉ et doy. de Vigneulles. — Écarts : Bosmard, Botgnieulle, Frascati, Mont-au-Bois, la Papeterie-Perrin. — Patronne : sainte Luce ; annexe de Lamorville.

LAVINCOURT, vill. sur la rive droite de la Saulx, à 10 kil. à l'E. d'Ancerville. — *Lavinecourt*, 1456 (chamb. des comptes, B. 254); 1495-96 (Tr. des ch. B. 6,364); 1579 (proc.-verb. des cout.). — *Lavini-curia*, 1711 (pouillé). — *Lavincuria*, 1749 (ibid.). — *Lavini-curia, Lavini-curtis*, 1756 (D. Calmet, not.). — *Lavinécourt*, 1790 (organisat. du dép'.).

Avant 1790, Barrois mouvant, office de Morley, dépendance et prév. de Stainville, recette, cout. et baill. de Bar, présid. de Châlons, parlem. de Paris. — Dioc. de Toul, archid. de Ligny, doy. de Belrain, annexe de Stainville.

Il y avait, à 1 kil. de Lavincourt, un ermitage sous le titre de Sainte-Marie-Majeure, à la disposition de M. le marquis de Stainville, comme seigneur du lieu.

En 1790, distr. de Bar, c⁰ᵉ de Stainville.

Actuellement, arrond. et archipr. de Bar-le-Duc, c⁰ᵉ et doy. d'Ancerville. — Écart : Sciaume. — Patron : saint Louvent; annexe de Bazincourt.

LAVIOT (LE), ruiss. dit aussi *de Saulx*, qui a sa source entre Saulx-en-Barrois et Méligny-le-Grand, arrose les c⁰ᵉˢ de Chonville et Lérouville et se jette dans la Meuse vis-à-vis de Pont-sur-Meuse, après un cours de 14 kilomètres.

LAVOYE, village sur l'Aire, à 10 kil. au N. de Triaucourt. — *La Voix*, 1197 (bulle de Célestin III). — *Lanoix*, 1556 (proc.-verb. des cout.). — *L'Awa, l'Auva*, 1642 (Mâchon). — *Lauva*, 1656 (carte de l'évêché). — *La Wa*, 1700 (carte des États); 1745 (Roussel). — *La Woye*, 1712 (hist. ms de

Beaulieu). — *La Voye, Via*, 1738 (pouillé). — *Lewa, Lavoix*, 1745 (Roussel).

Avant 1790, Champagne, élection, cout. baill. et présid. de Châlons, prév. de Beaulieu, parlem. de Paris. — Dioc. de Verdun, archid. d'Argonne, doy. de Clermont, annexe de Futeau.

En 1790, distr. de Clermont-en-Argonne, c⁰ⁿ d'Autrécourt.

Actuellement, arrond. et archipr. de Bar-le-Duc, cᵐ et doy. de Triaucourt. — Patron : saint Martin.

Lawiée, f. ruinée, cᵐᵉ de Landrecourt, détruite en 1820. — *La Wé*, 1700 (carte des États).

Lawoit, contrée, cᵐᵉ de Commercy.

Lazelière, contrée, cᵐᵉ de Boureuilles.

Lecomte, bois, cᵐᵉ de Lisle-en-Barrois; faisait partie de la forêt d'Argonne.

Lefrichon, contrée, cᵐᵉ de Boureuilles.

Legron, bois comm. de Montigny-devant-Sassey.

Lejue, bois comm. de Mandres.

Lelua, bois comm. de Delut.

Lemaître (Côte), cᵐᵉ de Belrain.

Lemmes, villa antique ou métairie ruinée, cᵐᵉ de Jouy-devant-Dombasle.

Lemmes, vill. sur la droite du Noron, à 5 kil. au N. de Souilly. — *Lema*, 940 (cart. de Saint-Vanne). — *Luma*, 940, 980, 1015 (*ibid.*). — *Limacum*, 952, 962 (*ibid.*). — *Lunacum*, 962, 980, 1015 (*ibid.*). — *Limnia*, 973 (ch. de l'év. Wilgfride); 1736 (ann. præmonstr.). — *Limia*, 937 (confirm. par l'empereur Otton); 984 (cart. de Saint-Paul). — *Lemnia*, 1049 (bulle de Léon IX). — *Lammia*, 1049, 1127 (cart. de la cathéd.). — *Lamia*, 1208 (*ibid.* ch. de Robert de Grandpré); 1221, 1235, 1237, 1244 (cart. de la cathéd.). — *Lammes*, 1221, 1236, 1257 (*ibid.*). — *Lamna*, 1230 (*ibid.*); 1336 (chambre des comptes, c. de Souilly). — *Lemmes*, 1257 (cart. de la cathédr.). — *Lemme*, 1270 (ch. de Thibaut, comte de Bar); 1700 (carte des États). — *Lames*, 1549 (Wasselbourg). — *Limniæ*, 1642 (Mâchon). — *Lemmiæ*, 1738 (pouillé).

Avant 1790, Verdunois, terre d'év. chef-lieu de prév. cout. baill. et présid. de Verdun, parlem. de Metz. — Dioc. de Verdun, archid. d'Argonne, doy. de Souilly.

La prév. de Lemmes était composée des localités dont les noms suivent : Frana, Jouy-devant-Dombasle, Lemmes, Lempire, Pontoux, Sivry-la-Perche.

En 1790, distr. de Verdun, cᵐᵉ de Souilly.

Actuellement, arrond. et archipr. de Verdun, cᵒⁿ et doy. de Souilly. — Écart : Tailpaux. — Patron : saint Laurent.

Lémont, côte et bois comm. de Brieulles-sur-Meuse.

Lempire, vill. sur le ruiss. de Lempire, à 9 kil. au N. de Souilly. — *In villa Lempera*, 984 (cart. de Saint-Paul, p. 74). — *De Imperio juxta Lamiam*, 1237 (cart. de la cathédr.). — *Lampeire*, 1250, 1258 (*ibid.*). — *Lenpeire*, 1336 (chambre des comptes, c. de Souilly). — *Lampirre*, 1656 (carte de l'év.). — *Lempirium*, 1738 (pouillé). — *L'Empire*, 1743 (proc.-verb. des cout.).

Avant 1790, Verdunois, terre d'év. prév. de Lemmes, cout. baill. et présid. de Verdun, parlem. de Metz. — Dioc. de Verdun, archid. d'Argonne, doy. de Souilly, annexe de Lemmes.

En 1790, distr. de Verdun, cᵐᵉ de Dugny.

Actuellement, arrond. et archipr. de Verdun, cᵐᵉ et doy. de Souilly. — Patron : saint Firmin; annexe de Landrecourt.

Lempire (Ruisseau de), qui prend sa source à la font. de l'Oua, cᵐᵉ de Lempire, traverse ce village, passe à Landrecourt et à Dugny, et se jette dans la Meuse à la Falouse, cᵐᵉ de Belleray, après un cours de 12 kilomètres.

Lengnet, contrée, cᵐᵉ de Chaumont-sur-Aire.

Leplain, côte, cᵐᵉ de Creue.

Leplain, bois, cᵐᵉ d'Hévilliers.

Leplée, côte et camp antique, cᵐᵉ de Naix.

Lénouville, vill. sur le Laviot, à 5 kil. au N.-O. de Commercy. — *Leirouville*, 1373 (ch. des comptes, c. de Saint-Mihiel). — *Harlonville*, 1656 (carte de l'év.). — *Relonville*, 1700 (carte des États). — *Leronville, Leronvilla*, 1711 (pouillé); 1749 (*ibid.*). — *Rélouville*, 1756 (D. Calmet, not.); 1778 (Durival). — *Leronis-villa*, 1756 (D. Calmet, not.).

Avant 1790, Lorraine, terre et principauté de Commercy, office, recette, prév. et baill. de Commercy, présid. de Toul, cour souveraine de Nancy. — Dioc. de Toul, archid. de Ligny, doy. et annexe de Commercy.

En 1790, distr. de Commercy, cᵐᵉ de Vignot.

Actuellement, arrond. cᵐᵉ, archipr. et doy. de Commercy. — Écart : la Gare. — Patron : saint Valburge.

Lesart, bois comm. de Montmédy.

Lesigny, bois, cᵐᵉ de Chassey.

Levanie, côte, cᵐᵉ d'Haudainville.

Levaux, bois comm. de Dammarie.

Levée (La), contrée, cᵐᵉ de Damloup.

Levie, contrée, cᵐᵉˢ de Nouillonpont et de Verry.

Levoncourt, vill. sur le ruiss. de Levoncourt, à 9 kil. au S. de Pierrefitte. — *Levonis-curtis*, 1135 (Onera abbatum). — *Levoncort*, 1275 (chamb. des comptes de Bar) — *Levonçourt*, 1319, 1367 (abb. de Saint-

Mihiel). — *Lenoncuria*, 1580 (stemmat. Lothar.).
— *Lenoncourt*, 1656 (carte de l'év.); 1700 (carte
des États); 1732 (Soc. Philom. lay. Lisle-en-Barrois).
— *Levoncuria*, 1711 (pouillé); 1749 (*ibid.*). —
Lævonis-curia, 1756 (D. Calmet, *not.*).

Avant 1790, Barrois mouvant, vill. avec titre de
baronnie et de prév. office, recette, cout. et baill.
de Bar, justice des seigneurs, présid. de Châlons,
parlem. de Paris. — Dioc. de Toul, archid. de Ligny,
doy. de Belrain.

La prév. de Levoncourt était composée des vill.
de Fleury-sur-Aire (partie avec Beaulieu), Lavallée
et Levoncourt.

En 1790, distr. de Commercy, c⁰⁰ de Dagonville.

Actuellement, arrond. et archipr. de Commercy,
c⁰ⁿ et doy. de Pierrefitte. — Patron : saint Martin;
annexe de Lavallée.

Levoncourt (Ruisseau de), qui prend sa source sur le
territoire de Lavallée, traverse ce village, passe à
Levoncourt et se jette dans l'Aire au-dessous de Gimécourt, après un trajet de 7 kilomètres.

Lia, bois comm. de Saint-Maurice-sous-les-Côtes.

Lias, contrée, c⁰⁰ de Varney.

Liat, contrée, c⁰⁰ d'Ancemont.

Liban (Mont), côte; c⁰⁰ de Ligny-en-Barrois.

Libeaux, côte, c⁰⁰ de Corniéville.

Liberté (Pont de la), sur l'Ornain, à Bar-le-Duc.

Lichère, contrée, c⁰⁰ de Rouvres.

Lichot, bois comm. de Bouquemont, sur le territoire
de Récourt.

Liénaut, côte, c⁰⁰ d'Hattonchâtel.

Liétaux, bois comm. de Merles.

Lieue (La), tuilerie, c⁰⁰ de Loupmont.

Lieuse (La), ruiss. qui prend sa source dans la forêt de
Dieulet, traverse le territoire de Beaufort et passe à
Laneuville-sur-Meuse, où il se jette dans la Wiseppe,
après un cours de 8 kilomètres.

Ligant, bois comm. d'Olizy.

Ligier-Richier, place, à Saint-Mihiel.

Lignées (Les), m⁰ⁿ isolée, c⁰⁰ de Brandeville.

Ligneraux, contrée, c⁰⁰ de Rembercourt-aux-Pots.

Lignières, contrée, c⁰⁰ de Corniéville.

Lignières, vill. sur la droite de l'Aire, à 11 kil. au S.
de Pierrefitte. — *Liners*, 1106 (bulle de Pascal II).
— *Lineivres*, 1321 (chambre des comptes, B. 436).
— *Linieres*, 1579 (proc.-verb. des coutumes). —
Lignyres, 1656 (carte des États); 1700 (carte
des États). — *Ligneriæ*, 1711 (pouillé); 1749
(*ibid.*).

Avant 1790, Barrois mouvant, baronnie et prév.
de Dagonville, office, recette, cout. et baill. de

Bar, présid. de Châlons, parlem. de Paris. — Dioc.
de Toul, archid. de Ligny, doy. de Belrain, annexe
de Dagonville.

En 1790, distr. de Commercy, c⁰⁰ de Dagonville.

Actuellement, arrond. et archipr. de Commercy,
c⁰⁰ de Pierrefitte, doy. de Commercy. — Écart :
Saint-Èvre. — Patron : l'Assomption; annexe de
Dagonville.

Lignon, contrée, c⁰⁰ de Tannois.

Ligny (Forêt de), grande tenue de bois qui s'étend
sur les territoires de Fouchères, Givrauval, Ligny-en-
Barrois, Maulan, Velaines et Villers-le-Sec.

Ligny-en-Barrois, ville sur l'Ornain, à 15 kil. à l'E.
de Bar-le-Duc. — *Lineium super flurium Orneum*,
962 (Tr. des ch.). — *Linei*, 1180 (cart. de Jean-
d'heures); 1240 (accord entre Raoul, év. de Verdun,
et le comte de Bar). — *In castro novo quod Lyncium
dicitur*, 1191 (coll. lorr. t. 139, n° 35). — *Lincium*,
1197 (fondat. du chap. des chan.); 1580 (stemmat.
Lothar.). — *Lincis*, 1208 (confirmat. par Thibaut,
comte de Bar). — *Lyncium*, 1213, 1238 (coll. lorr.
t. 139, n⁰ˢ 28 et 29). — *Lincium-castrum*, *Ligneium*, 1217 (fondat. de la collég.). — *Lineyum*,
1231 (Tr. des ch.); 1402 (registr. Tull.). — *Liney*,
1240 (accord entre l'év. de Verdun et le comte de
Bar); 1361 (coll. lorr. t. 247. 39, p. 10); 1390 (*ibid.*
t. 243.37, p. 10); 1495-96 (Tr. des ch. B. 6364);
1589 (Soc. Philom. lay. Saint-Joire). — *Linay*,
1589 (abb. de Saint-Mihiel, 5. C. 1). — *Waleradus
comes de Lineio*, xiv⁰ siècle (monnaies frappées à
Ligny). — *Comté de Liny*, 1420 (généal. de la maison
Du Châtelet, pr.); 1460 (coll. lorr. t. 247. 39,
A. 14). — *Liney-en-Barrois*, 1549 (Wassebourg). —
Ligniacum, 1749 (pouillé). — *Ligni-sur-Orney*.
Liniacum, 1756 (D. Calmet, *not.*).

Ancien chef-lieu de comté et de châtellenie, Barrois mouvant, chef-lieu de prév. recette cout. et
bailliage de Bar, présid. de Châlons, parlem. de
Paris. — Dioc. de Toul, chef-lieu d'archid. et de doy.

La seign. de Ligny appartenait au xii⁰ siècle aux
comtes de Champagne; par suite d'un mariage avec
la comtesse Agnès de Champagne, cette terre passa
à Renaud II, comte de Bar, dont le petit-fils,
Henri II, prit pour gendre le comte de Luxembourg
et donna la seign. de Ligny en dot à sa fille Marguerite. Le comte de Luxembourg et Marguerite
de Bar donnèrent en héritage Ligny et sa châtellenie
au second de leurs fils, Valéran; c'est de ce Valéran
que sont descendues les diverses branches de la
maison de Luxembourg qui ont subsisté en France
jusqu'au siècle dernier.

Ligny était une place forte qui soutint plusieurs siéges; il avait un château avec parc, un hôtel de ville, dont le prévôt était le chef, et une gruerie du ressort de la maîtrise de Bar; une collégiale, fondée en 1197 par Agnès, femme de Renaud II, comte de Bar; une maison de Cordeliers ou Franciscains, fondée en 1447; une maison de religieuses Annonciades, fondée en 1448; un couvent de Capucins, établi en 1584, le plus ancien de la province de Lorraine; un monastère d'Ursulines, fondé dans le XVIIᵉ siècle, et une maison de religieuses de la congrégation de Notre-Dame, établie en 1689; un collége; un hôpital, cité dans le pouillé de 1768; une maison de charité et un hôtel des monnaies, qui fonctionna au XIVᵉ et au XVᵉ siècle.

La prévôté de Ligny était composée des villages dont les noms suivent : Biencourt (partie avec Montiers-sur-Saulx), le Bouchon, Boviolles, Braux (partie avec Void et Gondrecourt), Broussey-en-Blois (partie avec Gondrecourt et Vaucouleurs), Chennevières, Couvertpuis, Dammarie, Domremy-aux-Bois, Ernecourt, Fouchères (partie avec Bar), Givrauval, Ligny-en-Barrois, Longeaux, Marson, Maulan, Mauvages (partie avec Gondrecourt), Méligny-le-Petit, Menaucourt, Morlaincourt, Naives-en-Blois (partie avec Gondrecourt et Void), Naix, Nançois-le-Grand, Nançois-le-Petit, Nant-le-Grand, Nant-le-Petit, Nantois, Oëy, Reffroy, Saint-Amand, Saint-Aubin (partie avec Commercy), Savonnières-en-Perthois, Saulx-en-Barrois, Tronville, Vaux-la-Petite, Velaines, Villeroncourt.

L'archidiac. de Ligny, archidiaconatus de Lineyo, 1402 (regestr. Tull.), qui précédemment était à Bar, était formé de cinq doyennés, savoir : Belrain, Gondrecourt, Ligny, Meuse-Commercy, Meuse-Vaucouleurs.

Le doy. de Ligny, decanatus de Lineyo (regestr.), comprenait dans toute son étendue vingt-deux cures, sept annexes ou succursales, un chapitre, deux prieurés, un hôpital, un collége, douze chapelles, quatre maisons religieuses et trois ermitages; il était composé des paroisses et annexes dont les noms suivent : Boviolles, Chennevières, Cousancelles, Cousances-aux-Bois, Domremy-aux-Bois, Givrauval, Guerpont, Ligny-en-Barrois, Longeaux, Longeville, Loxéville, Marson, Menaucourt, Morlaincourt, Naix, Nançois-le-Grand, Nançois-le-Petit, Nantois, Oëy, Reffroy, Saint-Amand, Silmont, Tannois, Tréveray, Triconville, Vaux-la-Grande, Vaux-la-Petite, Velaines, Villeroncourt.

En 1790, lors de l'organisation du département, Ligny devint chef-lieu de l'un des cⁿˢ dépendant du Meuse.

distr. de Bar; ce cⁿ était composé des municipalités dont les noms suivent : Givrauval, Ligny, Longeaux, Maulan, Menaucourt, Naix, Nançois-le-Petit, Nantois, Saint-Amand, Velaines, Villers-le-Sec.

Actuellement, arrond. et archipr. de Bar-le-Duc, chef-lieu de cⁿ et de doy. — Écart : les Annonciades. — Patron : la Nativité de la Vierge.

Le cⁿ de Ligny est situé dans la partie S. du département; il est borné à l'E. par l'arrond. de Commercy, au N. par le cⁿ de Vavincourt, au N.-O. par celui de Bar-le-Duc, à l'O. par celui d'Ancerville, au S. par celui de Montiers-sur-Saulx; sa superficie est de 18,300 hect.; il renferme dix-neuf communes, qui sont : Culey, Givrauval, Guerpont, Ligny-en-Barrois, Loisey, Longeaux, Maulan, Menaucourt, Naix, Nançois-le-Petit, Nant-le-Grand, Nant-le-Petit, Nantois, Saint-Amand, Salmagne, Silmont, Tannois, Tronville, Velaines.

La composition du doyenné est la même que celle du canton.

Les armoiries de la ville de Ligny étaient : d'azur à trois croissants d'argent entrelacés en chef et trois chardons d'or en pointe feuillés et tigés de même, et sa devise : En mes peines je vais croissant (Armorial de Lorraine).

Les anciens seigneurs de Ligny portaient : d'azur au chevron d'or (D. Calmet, not.).

LILLIET, contrée, cⁿᵉ de Naives-devant-Bar.

LIMBUT, contrée, cⁿᵉ de Thonnelle.

LIMIÈRE, contrée, cⁿᵉ d'Issoncourt.

LIMIÈRE (CHAMP-DES-), contrée, cⁿᵉ de Montplonne.

LINAIRE (LA), contrée, cⁿᵉ de Boureuilles.

LINDY, contrée, cⁿᵉ du Montblainville.

LINETTE, bois comm. de Brux.

LINEUSE (LA), f. cⁿᵉ de Louppy-le-Château.

LINEUSE (LA), ruiss. qui prend sa source sur le territoire de Louppy-le-Château et se jette dans la Chée, après un cours de 5 kilomètres.

LIGNY-DEVANT-DUN, vill. sur le Doua, à 4 kil. au S.-E. de Dun. — Liniacum, 93a (dénombr. des terres de Saint-Vanne); 95a (dipl. de l'emp. Otton); 95a (acte de fondat.); 1125 (cart. de Saint-Vanne). — De Lineio, 1049 (bulle de Léon IX); 1078, 1127, 1228, 1231, 1238 (cart. de la cathéd.). — De Doci Liniaco, 1183 (cartul. de Saint-Paul, p. 136). — Lineyum, 1430, 1250 (cart. de la cath.) — Liniaan-sub-Duno, 1240 (ibid.). — Lincy, 1252 (ibid.); 1316 (coll. lorr. t. 262.46, A. 9). — Ligny, XVIᵉ sᵉ (pouillé ms de Reims). — Saint-Julian de Ligny en l'Empire, 1648 (pouillé). — Linay, 1648 (coll. lorr. t. 407, p. 83). — Ligny, 1656 (carte de l'év.). — Ligny-devant-Dun. 1700 (carte des États).

Avant 1790, Verdunois, terre du chapitre, justice seigneuriale des chanoines de la cathédr. prév. de Sivry-sur-Meuse, cout. baill. et présid. de Verdun, parlem. de Metz. — Dioc. de Reims, archid. de Champagne, doy. de Dun.

En 1790, distr. de Stenay, c^{on} de Dun.

Actuellement, arrond. et archipr. de Montmédy, c^{on} et doy. de Dun. — Patron : saint Julien.

Lion (Tour du), à Verdun; l'une des tours de la cathédrale, au pied de laquelle était l'effigie d'un lion pour indiquer la limite de la justice ecclésiastique; en deçà, justice du chapitre; au delà, justice temporelle.

Lion-devant-Dun, vill. entre la Meuse et le Laison, à 4 kil. au N. de Dun. — *Ad Leones*, 866 (Héric d'Auxerre.) — *A Leone Montefalconis*, xe siècle (Virdunens. comitatus limites). — *Lions.* 1139, 1180 (cart. de la cathéd.); 1745 (Roussel). — *Alodium de Lions*, 1179 (cart. de Saint-Paul, p. 46). — *Lyon*, 146 j (Lamy, vente du fief de Lion); 1483 (coll. lorr. t. 261. 46, A. 21); 1571 (proc.-verb. des cout.); 1573 (Lamy, sentence du baill. de Saint-Mihiel); 1588 (ibid. lettres patentes du duc Charles III). — *Leo*, 1549 (Wassebourg). — *Lion*, 1656 (carte de l'év.): 1700 (carte des États).

Avant 1790, Barrois lorrain, puis Clermontois, titre de baronnie, cout. de Luxembourg-Chiny, puis de Saint-Mihiel, prév. de Dun, baill. de Stenay et ensuite de Clermont séant à Varennes, anciennes assises de Dun, cour supérieure des *Grands jours* de Saint-Mihiel, parlem. de Metz et ensuite de Paris. — Dioc. de Reims, archid. de Champagne, doy. de Dun.

Actuellement, arrond. et archipr. de Montmédy, c^{on} et doy. de Dun. — Écart : Balay. — Patron : saint Germain.

Lionvaux, contrée, c^{ne} de Mouzay.

Lionville, contrée, c^{ne} de Doncourt-aux-Templiers.

Liouville, vill. sur la Valotte, à 9 kil. au S.-E. de Saint-Mihiel. — *Liauville.* 1644 (Mâchon); 1749 (pouillé). — *Liaville*, 1656 (carte de l'év.); 1745 (Roussel). — *Liauvilla*, 1749 (pouillé). — *Liauviller, Liouviller*, 1756 (D. Calmet, not.).

Avant 1790, Barrois mouvant, comté, office et prév. d'Apremont, recette, cout. et baill. de Saint-Mihiel. cour souveraine de Nancy; le roi en était seul seigneur. — Dioc. de Verdun, archid. de la Rivière, doy. d'Hattonchâtel, paroisse de Saint-Julien.

En 1790, distr. de Saint-Mihiel, c^{on} d'Apremont.

Actuellement, arrond. et archipr. de Commercy, c^{on} de Saint-Mihiel, doy. de Commercy. — Paroisse de Saint-Julien.

Libaux, contrée, c^{ne} de Saint-Aubin.

Lisenat, m^{in}, c^{ne} de Troyon.

Lisle ou Lîle, ancienne seign. auprès de Troyon (Durival).

Lisle-en-Barrois ou Lisle-devant-Louppy, vill. sur le Melche, à 4 kil. au S. de Vaubecourt. — *De Insula*, 1172 (ch. de Henri, comte de Monçon). — *L'Isle*, 1260, 1277, 1330 (abb. de Lisle); 1656 (carte de l'év.). — *Lile en Barrois*, 1277 (Trésor des ch. B. 455, n° 5). — *Insula in Barresio*, 1397 (ibid. n° 6). — *Insula Barrensis*, 1402 (regestr. Tull.). — *Insula*, 1749 (pouillé); 1756 (D. Calmet, not.).

Avant 1790, Barrois mouvant, dépendance de Louppy-le-Petit, juridiction du juge-garde de l'abb. de Lisle, dont l'abbé était seigneur haut, moyen et bas justicier; office, recette, cout. et baill. de Bar, présid. de Châlons, parlem. de Paris. — Dioc. de Toul, archid. de Rinel, doy. de Bar, paroisse de l'église abbatiale qui était sous l'invocation de saint Christophe.

Lisle-en-Barrois avait une abbaye de l'ordre de Cîteaux, sous le titre de Notre-Dame de Lisle, fondée en 1151 et établie, dans l'origine, sur l'emplacement de la ferme des Anglecourt; elle fut unie en 1661 à la primatiale de Nancy; son église servait de paroisse à la Basse-Cour et à ce qui s'appelait la communauté de Lisle, composée de huit censes dont les habitants étaient au nombre d'environ quarante.

En 1790, distr. de Bar, c^{on} de Vaubecourt.

Actuellement, arrond. et archipr. de Bar-le-Duc, c^{on} et doy. de Vaubecourt. — Écarts : les Anglecourt, Barbotte, Bois-Japin, les Chamjnelles, Fontaine-au-Chêne, Ivraumont, Lamernont, la Maison-Forestière, les Merchines, Vaudoncourt. — Patron : saint Christophe.

Lisle-en-Rigault, vill. sur la rivière de Saulx, à 9 kil. au N. d'Ancerville. — *Juxta Insulam-Rigant.* 1163, 1220 (cart. de Jeand'heures). — *Abbas de Insula*, 1175 (ch. de protect.; Hist. de Beaulieu). — *Insula-Rigalt*, 1180 (ibid.) — *Insula*, 1184 (ibid.); 1220 (Tr. des ch. B. 45a, n° 6); 1749 (pouillé). — *L'Isle-en-Rigault*, 1579 (proc.-verb. des cout.). — *L'Isle-Rigaut*, 1700 (carte des États). — *Insula-in-Rigaltio*, 1736 (ann. præmonstr.); 1756 (D. Calmet, not.).

Avant 1790, Barrois mouvant, office, recette, cout. et baill. de Bar, juridiction du juge-garde des dames et seigneurs de Lisle, présid. de Châlons, parlement de Paris. — Dioc. de Toul, archid. de Rinel, doy. de Robert-Espagne, annexe de Ville-sur-Saulx.

Il y avait à Lisle-en-Rigault un château flanqué

de tours, avec ponts-levis et fossés garnis d'eau; la chapelle du château était sous l'invocation de saint Jean-Baptiste.

En 1790, distr. de Bar, c⁰ⁿ de Saudrupt.

Actuellement, arrond. et archipr. de Bar-le-Duc, c̈ⁿ et doy. d'Ancerville. — Écarts : Jeand'heures, la Papeterie, la Vieille-Forge. — Patron : saint Hilaire.

Lisle-sous-Cousances, chât. ruiné, cⁿ de Cousances-aux-Forges. — *Lîle*, xvii° siècle (arch. de la Meuse). — *Insula*, 1756 (D. Calmet, *not.*).

Était seigneurie, maison fief et maison forte, située dans une espèce d'île près de Cousances-aux-Forges.

Lissey, vill. sur le ruiss. des Aulnes, à 6 kil. au N.-O. de Damvillers. — *Lucey*, 1233, 1300 (cart. de la cathédr.); 1549 (Wassebourg); 1642 (Mâchon); 1656 (carte de l'év.). — *Liceÿ*, 1533 (Lamy, acte du tabell. de Marville). — *Licey*, 1566 (*ibid.* tabell. de Marville); 1738 (pouillé); 1745 (Roussel). — *Licy*, 1581 (Lamy, vente des dixmes). — *Liceium*, 1738 (pouillé).

Avant 1790, Luxembourg français, baill. et anc. assises de Marville, cout. de Thionville, prév. de Damvillers, présid. de Sedan, parlem. de Metz. — Dioc. de Verdun, archid. de la Princerie, doy. de Chaumont.

En 1790, distr. de Stenay, cⁿ de Jametz.

Actuellement, arrond. et archipr. de Montmédy, c⁰ⁿ et doy. de Damvillers. — Écarts : la Bergerie, Harbon, Heymoulin, Lissey-la-Petite. — Patron : saint Remy.

Lissey-la-Petite, h. cⁿ de Lissey.

Litel, bois comm. de Combres.

Loche (La), font. cⁿ de Ménil-la-Horgne.

Lochère, contrée, cⁿ de Woinville.

Lochères, h. cⁿ d'Aubréville. — *Luchereum*, 1061 (cart. de Saint-Vanne). — *Loschez*, 1745 (Roussel).

Loches (Les), contrée, cⁿ d'Aubréville.

Loge-Bâle, contrée, cⁿ de Marre.

Loges (Les), côte et bois, cⁿ de Clermont-en-Argonne.

Loges (Les), bois comm. de Souilly.

Logettes (Les), anc. cense, communauté d'Étain (Durival).

Logettes (Les), bois comm. de Sommedieue.

Lognome, bois comm. de Seuzey.

Loiaz, bois comm. de Marson.

Loirmont, bois, cⁿ de Varvinay.

Loisey, vill. sur le ruiss. de Loisey, à 9 kil. au N. de Ligny-en-Barrois. — *Lauziacus*, 825 (dipl. de Louis le Débonnaire); 1707 (carte du Toulois); 1756 (D. Calmet, *not.*). — *Loisey*, 1301 (acte de foi et hommage); 1340 (traité entre l'év. de Verdun et le

comte de Bar); 1359 (arch. de la Meuse); 1437 (vente à E. Du Châtelet). — *Lurey*, 1344 (coll. lorr. t. 243.37, p. 18); 1352 (*ibid.* 37, p. 16); 1384, 1387, 1390 (*ibid.* 37, p. 40). — *Loiseum*, *Loseyum*, 1402 (registr. Tull.). — *Loiseium*, 1711 (pouillé). — *Loisei*, 1749 (*ibid.*).

Avant 1790, Barrois mouvant, prév. et châtell. de Pierrefitte, recette, cout. et baill. de Bar, présid. de Châlons, parlem. de Paris. — Dioc. de Toul, archid. de Rinel, doy. de Bar.

En 1790, lors de l'organisation du département, Loisey devint chef-lieu de l'un des cantons dépendant du distr. de Bar; ce canton était composé des municipalités dont les noms suivent : Culey, Géry, Guerpont, Loisey, Longeville, Resson, Salmagne, Savonnières-devant-Bar, Silmont, Tannois, Tronville.

Actuellement, arrond. et archipr. de Bar-le-Duc, c⁰ⁿ et doy. de Ligny. — Patron : saint Remy.

Loisey (Ruisseau de), qui a sa source sur le territoire de Géry, passe à Loisey, sur les finages de Culey et de Silmont, et enfin à Guerpont, où il se jette dans l'Ornain, après un cours de 9 kil.

Loison, vill. sur le Loison, à 5 kil. au S.-O. de Spincourt. — *Loscium*, 973 (ch. de l'év. Wilgfride). — *Lasio*, 973 (confirmat. par l'emp. Otton). — *Lossoni-curtis*, 1049 (bulle de Léon IX). — *Jossoni-curtis*, 1127 (cart. de la cathéd.). — *Capella in Loseio*, 1179 (cart. de Saint-Paul). — *Molendinum apud Loseium*, 1179 (*ibid.*). — *Loison*, 1243 (cart. de la cath.). — *Loizon*, 1268 (*ibid.*). — *Loijsonum*, 1460 (diverses chartes, Bibl. imp. fonds latin, 9072, p. 63). — *Loyson*, 1448 (rouleaux du lignage de La Porte). — *Loysonnum*, 1642 (Mâchon). — *L'Oyson*, 1644 (*ibid.*); 1738 (pouillé). — *Losonium*, 1738 (*ibid.*). — *Losonis-curtis*, 1756 (D. Calmet, *not.*).

Avant 1790, Verdunois, terre d'évêché, anciennes assises des quatre pairs, prév. de Mangiennes, cout. baill. et présid. de Verdun, parlem. de Metz. — Dioc. de Verdun, archid. de la Woëvre, doy. d'Amel.

En 1790, distr. d'Étain, cⁿ de Gouraincourt.

Actuellement, arrond. et archipr. de Montmédy, c⁰ⁿ de Spincourt, doy. de Billy-sous-Mangiennes. — Écarts : la Couriette, Solel. — Patron : saint Laurent.

Loison (Le), rivière qui prend sa source au village de ce nom, passe à Billy-sous-Mangiennes, Mangiennes, Villers-lez-Mangiennes, Merles, Dimbley, Vittarville, Jametz, Remoiville, Louppy-sur-Loison, Juvigny-sur-Loison, Han-lez-Juvigny, Landzécourt et Quincy, en aval duquel il se jette dans la Chiers, après un trajet de 48 kil. et après avoir reçu dans

17

ce parcours les ruisseaux d'Azannes, de la Nouc-Coulon, de Delut, la Tinte, la ruiss. de Brandeville, la font de Roussieule et celle de Launoy.

Loissand, bois, c^{ne} de Bussy-la-Côte.

Loissant, f. c^{ne} de Neuville-sur-Orne.

Lolliène, bois comm. de Ville-devant-Belrain, sur le territoire de Rupt-devant-Saint-Mihiel.

Lomunel, f. c^{ne} de Fromeréville.

Lombut, h. c^{ne} de Thierville; se nommait anciennement *Morerille*, était communauté de Fromeréville, prév. des Montignons, paroisse de Thierville. — *Villamagna?* 1049 (cart. de Saint-Vanne). — *Morceville*, 1200, 1290 (cart. de la cathéd.). — *Morceiville*, 1252 (cart. de Saint-Paul). — *Mosceiville*, 1252 (ibid.). — *Moncéville*, 1700 (carte des États). — *Lombrux*, 1745 (Roussel). — *Longbut*, 1800 (arch. de la commune).

Longchamp, vill. sur l'Aire, à 2 kil. à l'O. de Pierrefitte. — *Longus-campus*, 984, 1132, 1147, 1158, 1194, 1197, 1204, 1207, 1236 (cart. de Saint-Paul); ve siècle (Virdunensis comitatus limites); 1235 (Onera abbatum); 1711 (pouillé); 1749 (ibid.). — *De Longo-campo*, 1179 (cart. de Saint-Paul). — *Lonc-Champ*, 1244, 1247 (ibid.). — *Longus-campus supra Jeram*, 1409 (regestr. Tull.). — *Lonchamp*, 1571 (proc.-verb. des cout.); 1700 (carte des États). — *Long-Champ*. 1711 (pouillé). — *Loingchamps*, 1749 (ibid.).

Avant 1790, Barrois mouvant, office, recette, cout. et baill. de Saint-Mihiel, juridiction de la prév. de Saint-Mihiel pour le roi, et des officiers des lieux pour les seigneurs, présid. de Toul, cour souveraine de Nancy. — Dioc. de Toul, archid. de Ligny, doy. de Belrain.

En 1790, distr. de Saint-Mihiel, c^{on} de Pierrefitte.

Actuellement, arrond. et archipr. de Commercy, c^{on} et doy. de Pierrefitte. — Écarts : Saint-Hilaire, la Tour-Chaudron. — Patron : saint Martin.

Longchamp, bois comm. de Breux.

Longchamp, contrée, c^{ne} de Moulotte.

Longeau, étang et bois comm. d'Amel.

Longeau, f. c^{ne} d'Amel; avait titre de seigneurie. — *Longawa*. 707 (dipl. de Ludwin). — *Longa-Aqua*, 1127 (cart. de la cathéd.). — *Longe-Aue; Longe-Ewe*, 1249 (cart. de Saint-Paul, p. 177). — *Longueau*, 1656 (carte de l'év.). — *Longeaux*, 1749 (pouillé).

Longeau, bois domanial, c^{ne} d'Hannonville-sous-les-Côtes.

Longeau, f. c^{ne} d'Hannonville-sous-les-Côtes.

Longeau, f. c^{ne} de Saint-Benoît. — *La Warde de Lon-*

geaue-la-Grange, qui appent à la maison de Benoist-Weievre, 1242 (paix et accord). — *Longa-Aqua*, 1757 (de l'Isle).

Longeau (Le) ou ru de Longeau, rivière qui prend sa source à la f. de Longeau, sur le territoire d'Hannonville-sous-les-Côtes, arrose les finages de Dommartin-la-Montagne, Saint-Remy, les Éparges, Trésauvaux, Ménil-sous-les-Côtes, Bonzée, Fresnes-en-Woëvre, Champlon, Saulx-en-Woëvre, Saint-Hilaire, Butgnéville, Harville et Moulotte, sort du département et va se jeter dans l'Yron (Moselle), après un cours total de 28 kil. dont 18 dans le dép^t de la Meuse. — *Sor Longewe*, 1285 (cartul. de la cathéd. p. 82). — *Qui sict sor Longeawe*, 1286 (ibid. p. 81). — *Ru de Longeau*, 1700 (carte des États). — *Longa-aqua*, 1757 (de l'Isle).

Longeau (Le), ruiss. qui prend sa source sur le territoire d'Amel, traverse l'étang de Bloucq et se jette dans l'Orne au-dessous de Foameix, après un cours de 4 kilomètres.

Longeaux, vill. sur le ruiss. de Longeau, à 5 kil. au S. de Ligny. — *Longa-aqua*, 921 (dipl. de Charles le Simple); 1106 (bulle de Pascal II); 1749 (pouillé); 1756 (D. Calmet, not.). — *Longe-aue*, 1257 (coll. lorr. t. 243.37, p. 4). — *Longeawe*, 1321 (chamb. des comptes, B. 436). — *Longa-aqua ante Lincyum*, 1402 (regestr. Tull.). — *Longeau*, 1460 (coll. lorr. t. 247.39, A. 14); 1711 (pouillé). — *Longeaue*, 1495-96 (Tr. des ch. B. 6364); 1579 (proc.-verb. des cout.). — *Longueau*, 1700 (carte des États). — *Longua-aqua*, 1711 (pouillé).

Avant 1790, Barrois mouvant, partie office de Bar et partie office de Ligny, le tout de la juridiction de la prév. de Ligny, recette, cout. et baill. de Bar, présid. de Châlons, parlem. de Paris; le roi en était seul seigneur. — Dioc. de Toul, archid. et doy. de Ligny. — Avait une maison forte fief.

En 1790, distr. de Bar, c^{on} de Ligny.

Actuellement, arrond. et archipr. de Bar-le-Duc, c^{on} et doy. de Ligny. — Écarts : Cliquenpoix, la Forge. — Patron : saint Gengoult.

Longeaux (Ruisseau de), qui prend sa source dans les bois de Naix, passe à Nantois, à Longeaux, et se jette dans l'Ornain vis-à-vis de Menaucourt, après un trajet de 3 kilomètres.

Longeville, vill. sur la rive droite de l'Ornain, à 5 kil. au S.-E. de Bar-le-Duc. — *Longavilla*, 991 (ex æde divi Maximi); 1406 (coll. lorr. t. 242. 36, p. 32); 1711 (pouillé). — *Longa-villa*, 1er s^e (Hist. episc. Tull.); 1022 (collég. de Saint-Maxe); 11e s^e (Widric, vie de saint Gérard); 1749 (pouillé). — *Longavilla oppidum non longe ab urbe Barro situm.*

1180 (stemmat. Lothar.). — *Longeville*, 1190, 1321 (abb. de Saint-Mihiel). — *Longevilla*, 1380 (coll. lorr. t. 242. 36, p. 29). — *Longa-aqua ante Barrum*, 1402 (registr. Tull.). — *Longueville*, 1700 (carte des États).

Avant 1790, Barrois mouvant, office, recette, cout, prévôté et baill. de Bar, présid. de Châlons, parlem. de Paris. — Dioc. de Toul, archid. et doy. de Ligny. — Avait sur son territoire une chapelle dite *Notre-Dame-de-Pitié*.

En 1790, distr. de Bar, c^ne de Loizey.

Actuellement, arrond. c^on, archipr. et doy. de Bar-le-Duc. — Écarts : Baudouine, Beauregard, la Forge, la Gare, Halotte, la Horgne, Vadinsaux. — Patron : saint Hilaire.

Longin, contrée, c^ne de Brillon.

Long-les-Villers, h. ruiné, c^ne de Saint-Laurent.

Longoor, m^in, c^ne de Pagny-sur-Meuse. — *Langor, Longus-vicus*, 1711 (pouillé). — *Langort*, 1756 (D. Calmet, *not.*).

Était anciennement petit vill. avec église, chapelle et ermitage dit *de Notre-Dame de Maxey*; était annexe de Pagny-sur-Meuse et avait pour patron la Nativité de Notre-Dame. Le m^in appartenait pour les deux tiers à l'abbé de Saint-Èvre et pour l'autre tiers au chap. de Toul, qui en était seigneur; cette paroisse, qui était du baill. de Chaumont et ressortissait au parlem. de Paris, fut ruinée au commencement du XVIIe siècle.

Longor, bois comm. de Paguy-sur-Meuse.

Longtoub, bois comm. de Broussey-en-Woëvre.

Longues Roies (Les), f. c^ne de Triaucourt.

Longuette, contrée, c^ne d'Heudicourt.

Longuyon (Archidiaconé de), *archidiaconatus Longuionensis*, vel antiq. *Longagionensis* (Topog. ecclés. de la France); était situé entre la Meuse et la Moselle et s'étendait à l'E. de la province ecclésiastique de Trèves, dont il faisait partie. Primitivement, il appartenait à l'église de Verdun, à laquelle il fut enlevé par les archevêques de Trèves, qui en conservèrent la possession malgré les réclamations faites à diverses époques, notamment en 1548 et en 1697, par les évêques de Verdun. Cet archidiaconé, sous le titre de Sainte-Agathe de Longuyon était formé de cinq doy. dits *doyennés wallons*, savoir : d'Arlon, de Bazailles, de Juvigny, de Longuyon et d'Yvois; celui d'Arlon en ayant ensuite été détaché, il ne comprit plus que les quatre derniers, qui contenaient dans leur ensemble quatre-vingt-dix paroisses, celles dont les évêques de Trèves se sont emparés.

Par suite des réunions à la France et de son organisation en départements, l'archid. de Sainte-

Agathe de Longuyon fut divisé et partagé entre les dép^ts des Ardennes, de la Meuse, de la Moselle et le grand-duché de Luxembourg; les décanats ou doyennés wallons qui concoururent à former le dép^t de la Meuse sont ceux de Longuyon, de Juvigny et d'Yvois.

Le doyenné de Longuyon, *decanatus Longuionicus* vel *de Longagio* ou *Longuionum* (Topog. ecclés. de la France), est représenté dans le département par les localités suivantes : Arrancy, Écouviez, Han-devant-Pierrepont, Rouvrois-sur-Othain, Saint-Laurent, Saint-Pierrevillers, Sorbey; ce doyenné comprenait en dehors du département les villages de Bleid, Chénois, Colmey, Cons-Lagranville, Épiez Étalle, Éthe, Grand-Failly, Flabeuville, Frénois-la-Montagne, Ham-devant-Marville, Meix-devant-Virton, Montigny-sur-Chiers, Mont-Quintin, Robelmont, Rouvroy-devant-Saint-Mard, Ruette, Sainte-Marie, Saint-Léger, Saint-Mard, Saint-Pancré, Signeulx, Vieux-Virton, Ville-Houdremont, Villers-le-Rond, Villers-sur-Semois, Villette, Virton.

Longuyon (Prévôté de); la petite ville de Longuyon (Moselle) fut d'abord chef-lieu d'un bailliage qui comprenait les prév. d'Arrancy et de Longuyon, lesquelles furent ensuite réunies au baill. d'Étain. La prév. de Longuyon a fourni au département le vill. de Sorbey et la f. de Haute-Walle.

Longvaux, côte, c^ne de Montigny-sur-Meuse. — *Lonval*, 1307 (ch. de Gobert VIII d'Apremont; ancien cart. du Barrois).

Longvaux (Ruisseau de), qui prend sa source dans les bois de Montigny-sur-Meuse et se jette dans la Meuse entre Sassey et Saulmory, après un cours de 6 kilomètres.

Lonne (La), font. c^ne de Sommelonne.

Lonville, contrée, c^ne de Tilly.

Lopigneux, h. c^ne d'Arrancy. — *Lopignœules* (ch. de 1247, 1494).

Lopingo ou **Mon-Inès**, f. c^ne de Bazeilles.

Lorcuty, bois comm. de Mauvages.

Losière, bois comm. de Saint-Julien.

Loubanneau, étang, c^ne de Doncourt-aux-Templiers.

Louchette, contrée, c^ne de Moulainville.

Louiseville, f. c^ne de Saint-Benoît.

Loup (Cul-le-), bois comm. de Dannevoux.

Loup (Fontaine du), c^ne de Châtillon-sous-les-Côtes.

Loup (Trou-le-), contrée, c^ne de Beaufort.

Loup (Trou-le-), font. qui prend sa source sur le territoire d'Inor et se jette dans la Meuse, après un cours de 1 kilomètre.

Loupmont, vill. entre la Madine et le Vargévaux, à

10 kil. à l'E. de Saint-Mihiel. — *Longus-mons*, 921 (dipl. de Charles le Simple); 1106 (bulle de Pascal II). — *Lupi-mons*, x⁰ siècle (Virdunens. comitatus limites); 1707 (carte de Toulois). — *Lupinus-Mons*, 1041 (dipl. de l'emp. Henri III). — *Lupemons*, 1047 (ch. de l'év. Thierry). — *Laumont*, 1135 (abb. de Saint-Mihiel); 1700 (carte des États). — *Loupmons*, 1135 (Onera abbatum). — *Loemont*, 1216 (abb. de Saint-Mihiel, ch. de Henri, comte de Bar). — *In vinea de Loumont*, 1234 (cart. de Rangéval). — *Loumont*, 1288 (abb. de Saint-Mihiel, 2. S. 5); 1738 (pouillé). — *Losmont*, 1292 (cart. d'Apremont). — *Loufmont*, 1326 (abb. de Saint-Mihiel. — *Lupimons*, 1642 (Mâchon). — *Lupomons*, 1738 (pouillé).

Avant 1790, Barrois non mouvant, marquisat et prév. d'Heudicourt, office, recette, cout. et baill. de Saint-Mihiel, présid. de Toul, cour souveraine de Nancy. — Diocèse de Verdun, archid. de la Rivière, doy. d'Hattonchâtel.

En 1790, distr. de Saint-Mihiel, cᵗⁿ d'Apremont.

Actuellement, arrond. et archipr. de Commercy, cᵗⁿ et doyenné de Saint-Mihiel. — Écart : Hercichanois ou Récichanois. — Patron : saint Pierre.

Loup-Poichies, contrée, cᵗⁿ de Naives-devant-Bar.

Louppy-le-Château ou Louppy-le-Grand, vill. sur la rive gauche de la Chée, à 8 kil. au S. de Vaubecourt. — *Lopei*, 1180 (cart. de Jeand'heures). — *Lupeium*, xiiᵉ siècle (abb. de Lisle). — *Loppé*, 1183 (ch. de Pierre de Brixey, év. de Toul). — *Lupei*, xiiᵉ siècle (abb. de Lisle). — *Louppey*, 1219 (*ibid.*); 1370 (testam. de dame Mahulde de Louppy). — *Luppeyum*, 1236 (cart. de Montiers). — *Louppei*, 1246 (abb. de Lisle). — *Louppy*, 1361 (coll. lorr. t. 267.39, p. 10). — *Lopeyum-castrum*, *Louppeyum-castrum*, 1402 (regestr. Tull.). — *Louppy-le-chastel*, 1579 (proc.-verb. des cout.). — *Louppy-le-Château*, 1700 (carte des États); 1711 (pouillé). — *Lupeuii-castrum*, 1711 (*ibid.*); 1749 (*ibid.*); 1756 (D. Calmet, *not.*). — *Loupi-le-Château*, 1749 (pouillé).

Avant 1790, Barrois mouvant, vill. avec titre de prév. office, recette, cout. et baill. de Bar, présid. de Châlons, parlem. de Paris; appartenait en haute, moyenne et basse justice à M. le prince de Soubise, comme héritier de Mᵐᵉ la princesse d'Épinois. — Dioc. de Toul, archid. de Rinel, doy. de Bar.

Avait un hôpital avec chapelle fondée par les seigneurs et habitants du lieu; cet hôpital est cité dans le recueil des bénéfices du duché de Lorraine, rédigé à la fin du xviᵉ siècle (Tr. des ch. reg. B); possédait en outre un prieuré situé à Dieu-s'en-Souvienne,

de l'ordre de Sainte-Geneviève, de la dépendance et paroisse de Louppy-le-Château.

En 1790, distr. de Bar, cᵗⁿ de Vaubecourt.

Actuellement, arrond. et archipr. de Bar-le-Duc, cᵗⁿ et doy. de Vaubecourt. — Écarts : Dieu-s'en-Souvienne, la Lineuse. — Patrons : saint Timothée et sainte Appolinaire.

La maison de Louppy portait : *de gueules à cinq annelets d'argent passés en sautoir* (D. Calmet, *not.*).

Louppy-le-Petit, vill. sur les bords de la Chée, à 8 kil. au S.-E. de Vaubecourt. — *Louppei*, 1246 (abb. de Lisle). — *Petit-Louppey*, 1401 (coll. lorr. t. 260.46, p. 2). — *Louppeyum-Parvum*, 1402 (regestr. Tull.). — *Petit-Louppy*, 1579 (proc.-verb. des cout.). — *Petite-Louppy*, 1700 (carte des États). — *Le Petit-Louppy*, 1711 (pouillé). — *Lupentium-Parvum*, 1711 (*ibid.*); 1749 (*ibid.*). — *Le Petit-Loupi*, 1749 (*ibid.*). — *Loupi-le-petit-Vilote*, 1756 (D. Calmet, *not.*).

Avant 1790, Barrois mouvant, office, recette, cout. prévôté et baill. de Bar, présid. de Châlons, parlem. de Paris; le roi en était seul seigneur. — Dioc. de Toul, archid. de Rinel, doy. de Bar.

En 1790, distr. de Bar, cᵗⁿ de Chardogne.

Actuellement, arrond. et archipr. de Bar-le-Duc, cᵗⁿ et doy. de Vaubecourt. — Patron : saint Amand.

Louppy-sur-Loison, vill. sur le Loison, à 8 kil. au S. de Montmédy. — *Lopeium*, 1193 (cart. de Saint-Paul). — *Lopeium super Losonum*, xiiᵉ sᵉ (arch. de la Meuse). — *Lupeium*, xiiᵉ sᵉ (ibid. ch. d'Arnoux de Chiny pour l'abb. de Châtillon). — *Loppeium*, 1200 (cart. de Saint-Paul); 1219 (test. de Jehan de Louppy en faveur de Beauchamp). — *De Lopeio*, 1213 (nécrologe, mense februario). — *Luppeium*, 1220 (cart. de la cathédr.). — *Loppeium*, 1220 (cart. de Saint-Paul). — *Louppy*, 1348 (Lamy, prév. de Marville). — *Louppy-aux-deux-chasteaulx*, 1556 (ibid. acte du tabell. de Stenay). — *Louppy-aux-deux-chasteaux*, 1571 (proc.-verb. des coutumes); 1656 (carte de l'év.). — *Louppy-aux-deux-château*, 1700 (carte des États). — *Lopeum* (reg. de l'év.). — *Lupentium*, *Loupi-aux-deux-château*, 1756 (D. Calmet, *not.*).

Avant 1790, Verdunois, puis duché de Bar et ensuite Lorraine; comté de Stenay, puis de Louppy; fief baronnial érigé en comté en 1633; avait titre de prév. cout. de Saint-Mihiel, baill. et prév. de Stenay, justice seigneuriale du juge de Louppy, cour supérieure des *Grands jours* de Saint-Mihiel. — Dioc. de Trèves, archid. de Longuyon, doy. de Juvigny.

Avait deux tours fortes ou châteaux qui appartenaicnt, sur la fin du xii° siècle, à Thibaut I⁰⁰, comte de Bar et de Luxembourg.

En 1790, distr. de Stenay, c⁰⁰ de Jametz.

Actuellement, arrond. c⁰⁰, archipr. et doy. de Montmédy. — Écarts : la Madeleine, Putaipont. Patron : saint Martin.

Les seigneurs de Louppy portaient : *de gueules à cinq annelets d'argent posés en sautoir.*

Loups (Aux), contrée, c⁰⁰ d'Ambly.

Loussot, font. et contrée, c⁰⁰ de Creue.

Louvemont, vill. sur la font. de Louvemont, à 4 kil. au N. de Charny. — *Lupinus-mons*, 1041 (dipl. de l'emp. Henri III); 1738 (pouillé). — *Lupemons*, 1047 (ch. de l'év. Thierry). — *Lovus-mons*, 1049 (bulle de Léon IX). — *Lovonimons*, 1100 (cart. de Saint-Paul). — *Lovemont*, 1242 (*ibid.*). — *Loupvemont, Lupimons*, 1642 (Mâchon).

La charte d'affranchissement de Louvemont date de 1265.

Avant 1790, Verdunois, terre d'évêché, prév. de Dieppe, cout. et baill. de Verdun, anciennes assises des quatre pairs de l'évêché, cour supérieure du présid. de Verdun, parlem. de Metz. — Dioc. de Verdun, archid. de la Princerie, doy. de Chaumont.

En 1790, distr. de Verdun, c⁰⁰ d'Ornes.

Actuellement, arrond. et archipr. de Verdun, c⁰⁰ et doy. de Charny. — Écarts : Haudromont, Mormont, le Rattentout. — Patron : saint Pierre-aux-Liens.

Louvemont (Fontaine de), qui prend sa source au vill. de ce nom et se perd dans les terres avant d'arriver à la Meuse.

Louvetier, contrée, c⁰⁰ d'Érize-la-Petite.

Louvière (La), bois comm. d'Amanty.

Louvière (La), contrée, c⁰⁰ d'Aubréville, Béthincourt, Clermont, Moulainville, Rouvres, Senoncourt.

Louvière (La), bois comm. de Boureuilles; faisait partie de la forêt d'Argonne.

Louvière (La), bois comm. de Saint-Agnant; faisait partie de la forêt d'Apremont.

Louvroy (Le), bois comm. d'Amanty.

Loxéville, vill. sur le ruiss. de Loxéville, à 15 kil. à l'O. de Commercy. — *Lesxeville*, 1327 (chambre des comptes, c. de Gondrecourt). — *Louxevilla*, 1402 (regestr. Tull.). — *Loxeville*, 1579 (proc.-verb. des cout.). — *Losville*, 1700 (carte des États). — *Loxeuilla*, 1711 (pouillé); 1749 (*ibid.*). — *Lusiacovilla*, 1756 (D. Calmet, *not.*). — *Loxievilla* (reg. de l'év.).

Avant 1790, Barrois mouvant, prév. de Dagon-

ville, office, recette, cout. et baill. de Bar, présid. de Châlons, parlem. de Paris. — Dioc. de Toul, archid. et doy. de Ligny.

En 1790, distr. de Bar, c⁰⁰ de Domremy-aux-Bois.

Actuellement, arrond. c⁰⁰, archipr. et doy. de Commercy. — Écart : la Gare. — Patron : saint Paul, év. de Verdun; chapelle vicariale.

Loxéville (Ruisseau de), qui a sa source à Loxéville et se jette dans le Malval entre Nançois-le-Grand et Villeroncourt, après un trajet de 3 kilomètres.

Lubertépine, contrée, c⁰⁰ d'Hannonville-sous-les-Côtes.

Ludres, ancien fief à Sampigny (Durival).

Luméville, vill. sur le ruiss. de Luméville, à 8 kil. au S.-O. de Gondrecourt. — *Lumevilla*, 1402 (regestr. Tull.); 1711 (pouillé). — *Le Meville*, 1700 (carte des États).

Avant 1790, Champagne, cout. du Bassigny, baill. et prév. de Chaumont, présid. de Châlons, parlement de Paris. — Dioc. de Toul, archid. de Ligny, doy. de Gondrecourt.

En 1790, distr. de Gondrecourt, c⁰⁰ de Mandres.

Actuellement, arrond. et archipr. de Commercy, c⁰⁰ et doy. de Gondrecourt. — Écart : le Moulin. — Patron : l'Assomption; annexe de Chassey.

Luméville (Ruisseau de), qui prend sa source sur le territoire de Luméville, traverse ce vill. et se jette dans l'Oignon, après un cours de 5 kilomètres.

Lune (La), contrée, c⁰⁰ de Brauvilliers.

Lunerex, contrée, c⁰⁰ de Foameix.

Luxembourg, ancienne cense, dite aussi *Caillotet*, c⁰⁰ de Montiers-sur-Saulx.

Luya (Le), bois comm. de Dainville-aux-Forges.

Luzy, vill. sur le ruiss. de Choux, à 4 kil. au N.-O. de Stenay. — *Luscy* (ch. de 1249). — *Luseya*, xvi° siècle (pouillé ms de Reims). — *Lusy*, 1571 (proc.-verb. des cout.). — *Lugny*, 1787 (Alman. hist. de Reims). — *Lusiacum, Luziacum* (reg. de l'év.). — *Lusey, Luzey, Luxey* (anciens titres).

Avant 1790, Clermontois, vill. avec titre de seigneurie, cout. de Saint-Mihiel, baill. de Clermont siégeant à Varennes, ancienne prév. de Stenay, puis de Clermont, cour supérieure des *Grands jours* de Saint-Mihiel. — Dioc. de Reims, grand archid. doy. de Mouzon-Meuse, annexe de Cesse.

En 1790, distr. et c⁰⁰ de Stenay.

Actuellement, arrond. et archipr. de Montmédy, c⁰⁰ et doy. de Stenay. — Patron : saint Martin.

Lyet (Le), bois comm. de Boinville.

M

Macaronnerie, contrée, c⁵⁰ d'Eix.

Macarvel (Côte), dite aussi *Côte Naydeïie*, c⁰⁰ de Menaucourt.

Macé, bois et f. c⁰⁰ de Dieppe.

Maceronville, h. ruiné, c⁰⁰ de Vignot; était situé entre Vignot et Boncourt.

Machaines (Les), ruiss. qui a sa source sur le territoire de Rosières-en-Blois, passe à Delouze et se jette dans l'Ornain vis-à-vis d'Houdelaincourt, après un trajet de 7 kilomètres.

Macré, contrée, c⁰⁰ de Combres.

Macuène, contrée, c⁰⁰ de Guerpont.

Machène, font. c⁰⁰ de Louppy-le-Petit.

Maclène, bois comm. d'Haudainville.

Macrué, contrée, c⁰⁰ de Flassigny.

Mad (Rupt-de-), rivière qui prend naissance à la font. dite *de Saint-Clément*, dans la forêt de la Reine, c⁰⁰ de Raulecourt, passe à Broussey-en-Woëvre, Bouconville, Xivray-Marvoisin, Richecourt, Lahayville, sort du département et va se jeter dans la Moselle à Arnaville, après un cours de 50 kil. dont 15 dans le département de la Meuse. — *In pago Scarponensi, in fine Magdarense*, ix⁰ siècle (cartulaire de Gorze, donat. d'Hangilla). — *Fluviolus Magide*, 761 (H. Metel, p. 12). — *Magdis fluviolus*, 857 (*ibid.* p. 31). — *Fluvius Matticus in pago Scarmensi*, 863 (Hist. de l'abb. de Saint-Mihiel, p. 441). — *Fluvius Maitis*, 895 (*ibid.* p. 438); 994 (act. uciacæ villæ). — *Fluvius Matt*, 902 (Hist. de l'abb. de Saint-Mihiel, p. 434). — *Boconis-villa super fluvium Maticum*, 921 (dipl. de Charles le Simple). — *Lou rui de Mait*, 1318 (Tr. des ch. Pont-à-Mousson, n° 13). — *Masts, Marc, Mas*, 1402 (regestr. Tull.). — *Maz*, 1434 (cart. de Lachaussée, f° 46). — *La rivière de May*, 1484 (*ibid.* f° 44). — *Medz*, 1612 (Tr. des ch. reg. B. 81, f° 110). — *Mayd*, 1656 (cart. de l'év.)., — *Ru de Maid*, 1700 (carte des États). — *Ru de Math, ru de Muis, Maticus fluvius*, 1756 (D. Calmet, not.).

Madelainaux, contrée c⁰⁰ de Varnéville.

Madeleine (La), chapelle ruinée, c⁰⁰ de Bar-le-Duc; était située près de la f. de Popey.

Madeleine (La), f. c⁰⁰ de Charny.

Madeleine (La), chapelle isolée et lieu de pèlerinage, c⁰⁰ de Louppy-sur-Loison; cette chap. de l'époque romane et dédiée à sainte Madeleine, était anciennement la mère église ou l'église paroiss. de Louppy.

Madeleine (La), bois, c⁰⁰ de Moulainville.

Madeleine (La), contrée, c⁰⁰ de Thierville.

Madeleine (Place), à Verdun; a pris son nom de l'église collégiale ruinée qui y fut établie par Ermenfroy, sous l'épiscopat de Heymon, en l'an 1018, sur l'emplacement du Vieux-Moutier, monastère de religieuses fondé par saint Madalvé au viii⁰ siècle. — *In honorem Sanctæ-Mariæ-Magdalenæ*, 1024 (dipl. de l'empereur Conrad); 1047 (ch. de l'év. Thierry); 1518 (bulle de Léon X). — *Ecclesia sanctæ Magdalenæ*, xi⁰ siècle (continuatio hist. episc.). — *Locum qui vetus Monasterium dicebatur*, 1047 (ch. de l'év. Thierry). — *Vetus monasterium sub titulo Sanctæ-Mariæ-Magdalenæ*,' 1049 (*ibid.*). — *In atrium Sanctæ-Mariæ-Magdalenæ*, vers l'an 1110 (Laurent de Liége). — *Église de la Madeleine de Verdun*, 1263 (cart. de la cath.). — *La Magdalene*, 1549 (Wassebourg).

Madeleines (Les), contrée, c⁰⁰ de Belleville.

Madine, tuilerie, c⁰⁰ de Varnéville.

Madine (La), rivière qui prend sa source à Varnéville, traverse le territoire de Buxerulles, sort du département après un trajet de 8 kil. et se jette dans le Rupt-de-Mad à Bouillonville (Meurthe), après un cours total de 17 kil. — *Ru de Madin*, 1700 (carte des États).

Maestrich, bois, c⁰⁰ de Bar-le-Duc.

Mafran, contrée, c⁰⁰ de Ménil-sur-Saulx.

Magámont, contrée, c⁰⁰ de Bislée.

Magenta, m⁰⁰ isolée, c⁰⁰ de Bislée.

Maginet, contrée, c⁰⁰ de Béthincourt.

Magnonmay, bois comm. de Broussey-en-Woëvre.

Magny, contrée, c⁰⁰ de Choppy.

Mago, contrée, c⁰⁰ de Fromeréville.

Mauut, contrée, c⁰⁰ de Longeville.

Mai, contrée, c⁰⁰⁰ de Corniéville et de Riaville.

Mai (Goulot-de-), contrée, c⁰⁰ de Dieue.

Maillard (Champ-), contrée, c⁰⁰ d'Hattonchâtel.

Maillère, contrée, c⁰⁰ de Gercourt.

Maillot, contrée, c⁰⁰ de Longeville.

Maillot, m¹⁰, c⁰⁰⁰ de Mognéville et de Moirey.

Maillotte, bois, c⁰⁰ de Buxerulles.

Mainbessart, bois comm. de Ligny-en-Barrois.

Mainboise, contrée, c⁰⁰ de Damloup.

Maise, bois comm. de Boureuilles et de Récourt.

Maise, contrée, c⁰⁰⁰ de Buxières et de Doncourt-aux-Templiers.

MAISON-AU-CHAMP, ancien écart, c⁰ᵉ d'Étain.

MAISON-BLANCHE, f. c⁰ᵉ de Mognéville.

MAISON-BRÛLÉE, f. c⁰ᵉ de Brouennes.

MAISON-DIEU, contrée, ç⁰ᵉ de Revigny. — *Maison-Dé*, 1700 (arch. de la commune). — A pris son nom d'un hôpital fondé en ce lieu le 2 mars 1338, ruiné en 1429, transféré à Revigny, où il existait encore à la fin du siècle dernier dans la rue dite *de l'Hôpital*.

MAISON-DU-VAL ou LE VAL, h. c⁰ᵉ de Noyers. — *Valinsis*, XIIIᵉ siècle (abb. de Montier-en-Der).

MAISON-FORESTIÈRE (LA), m⁰ⁿ isolée, c⁰ᵉˢ de Beaulieu, Lisle-en-Barrois, Robert-Espagne, Sommedieue et Souilly.

MAISON-NEUVE, f. c⁰ᵉ de Robert-Espagne.

MAISON-ROUGE, f. et m⁰ⁿ isolée, c⁰ᵉ de Verdun. — *Maison l'Évêque*, 1760 (Cassini).

MAISON-ROUGE, m⁰ⁿ isolée, c⁰ᵉ de Villarville.

MAISSE, bois comm. de Quincy.

MAISSES (LES), cont. c⁰ᵉ d'Haunonville-sous-les-Côtes.

MAIZBARUX, ancien écart de Saint-Aubin.

MAIZERAY, vill. sur le ruiss. de Maizeray, à 6 kil. à l'E. de Fresnes-en-Woëvre. — *In villa Masiricio in pago Virdunense*, 771 (cart. de Gorze, f⁰ 28). — *Masiriacum*, 998 (act. aciacæ villæ?). — *Massaricum*, 1101 (cartul. de la cathédr.). — *Maigneres*, 1103 (cart. de Gorze, f⁰ 203). — *De Maseri*, 1157 (ch. d'Albert de Mercy). — *De Maseriis*, 1242 (cart. de la cathédr.). — *Maiseris*, XIIIᵉ siècle (ch. d'affranch. Trésor des ch. de Lorr.). — *Maizeris*, 1356 (engagem. de G. d'Apremont). — *Meseray*, 1553 (sentence du baill. de Saint-Mihiel). — *Maisery*, 1571 (proc.-verb. des cout.). — *Maizery*, 1594 (Lamy, acte de la prév. de Bar). — *Maizerey*, 1618 (ibid. sentence du baill. de Saint-Mihiel). — *Mazerey, Mazereyum*, 1642 (Mâchon). — *Mezerey*, 1656 (carte de l'év.). — *Maizerry*, 1700 (carte des États). — *Mesery*, 1710 (Lamy, partage Mengeon). — *Maizereacum*, 1738 (pouillé). — *Maizeray-les-Harville*, 1743 (proc.-verb. des cout.). — *Maceriacum*, 1745 (Roussel).

Avant 1790, Barrois non mouvant, puis terre du chap. de Verdun, cout. de Saint-Mihiel et ensuite de Verdun, baill. de Saint-Mihiel, puis d'Étain, prév. d'Étain et ensuite d'Harville, cour des *Grands jours* de Saint-Mihiel comme Barrois non mouvant, puis présid. de Verdun, parlem. de Metz. — Dioc. de Verdun, archid. de la Woëvre, doy. de Pareid.

En 1790, distr. d'Étain, c⁰ᵉ de Pareid.

Actuellement, arrond. et archipr. de Verdun, c⁰ⁿ et doy. de Fresnes-en-Woëvre. — Patron : saint Florent; annexe d'Harville.

Meuse.

MAIZERAY (RUISSEAU DE), qui prend sa source au-dessus de Maizeray et se jette dans le Longeau à Dampierre (Moselle), après un cours de 8 kil. dont 5 dans le département.

MAIZEY, vill. sur la rive droite de la Meuse, à 4 kil. au N.-O. de Saint-Mihiel. — *Mariacum*, 973 (ch. de l'év. Wilgfride); 973 (confirmat. par l'emp. Otton). — *Marsiacum*, 973 (ch. de l'év. Wilgfride); 984 (cart. de Saint-Paul). — *Ecclesia in Mariaco*, 984 (ibid.). — *Maireis*, 1065 (dipl. de Wilonus). — *Mariacum*, 1106 (bulle de Pascal II). — *Marceium*, 1125 (cart. de Saint-Vanne). — *Marseium*, 1196 (cartul. de Saint-Paul). — *Marzey*, 1247, 1248 (cartul. de la cathédr.); 1302 (Saint-Léopold de Saint-Mihiel, O. 14). — *Mazey*, 1302 (ibid.). — *Maizei*, 1329 (vente par H. Du Châtelet). — *Marjey, Mazé, Mazé-sur-Meuse*, 1549 (Wassebourg). — *Mazay*, XVIᵉ siècle (Saint-Léopold, O. 14). — *Maizay*, 1656 (carte de l'év.); 1749 (pouillé). — *Maizé*, 1707 (carte du Toulois). — *Mezay*, 1738 (pouillé). — *Mezæacum*, 1738 (ibid.); 1749 (ibid.). — *Magainum, Magiacum*, 1756 (D. Calmet, not.). — *Mairry*, 1757 (de l'Isle).

Avant 1790, Barrois non mouvant, marquisat. office et cout. d'Hattonchâtel, juridiction du juge des seigneurs, recette et baill. de Saint-Mihiel, cour souveraine de Nancy. — Diocèse de Verdun, archid. de la Rivière, doy. d'Hattonchâtel et ensuite de Saint-Mihiel, cure, puis annexe de Rouvrois-sur-Meuse.

Maizey était en 1329 centre d'un ban, dit *Ban de Maizei*, dont faisaient partie les vill. de Lavignéville, Maizey, Rouvrois-sur-Meuse, Relaincourt, Savonnières-en-Woëvre, Senonville et Varvinay.

En 1790, distr. de Saint-Mihiel, c⁰ⁿ de Lacroix-sur-Meuse.

Actuellement, arrond. et archipr. de Commercy, c⁰ⁿ et doy. de Saint-Mihiel. — Écart : Saint-Nicolas. — Patron : saint Étienne.

MAIZIÈRES ou MÉZIÈRES, contrée, c⁰ᵉ de Maxey-sur-Vaise.

MAJORAT, f. c⁰ᵉ de Salmagne.

MALA, bois comm. de Vadelaincourt.

MALA, contrée, c⁰ᵉ de Woël.

MALADES (CHAMPS-DES-) ou LES GRANDS-MALADES, contrée, c⁰ᵉ de Verdun, ancienne maladrerie et léproserie où étaient établies les loges des pestiférés lors des grandes épidémies du XIIᵉ, du XᵉVᵉ et du XVIᵉ siècle; était située près du cimetière actuel. — *Domus leprosorum Virduni*, 1220 (cart. de la cathéd.). — *Saint-Jean des Grands-Malades*, 1316, 1420 (hôtel de ville de Verdun). — *Maladreries de Saint-Jean et de*

18

Saint-Prive de la ville de Verdun, 1695 (Arch. de l'Empire : sect. judiciaire, V. B. 1146, 1147). — *La Maladrerie*, 1700 (carte des États).

Malades (Chapelle des), m^on is. c^ne de Montfaucon.

Malades (Chapelle des). —Voy. Froide-Entrée.

Malades (Fontaine des Bons-), c^ne de Lacroix-sur-Meuse; avait le pouvoir de guérir les pestiférés.

Malades (Les), contrée, c^ne de Clermont-en-Argonne.

Malades (Les), bois comm. de Fleury-devant-Douaumont.

Malades (Les), bois comm. d'Osches.

Malades (Les Petits-). — Voy. Saint-Privat.

Maladrerie (La), contrée, c^ées de Bar-le-Duc, Bras et Sivry-la-Perche.

Maladrerie (La), f. c^ne de Marville. — *La Maladrie*, 1760 (Cassini). Ancienne léproserie.

Maladrerie (La), contrée, c^ne de Saint-Mihiel. — *La Maladerie*, 1449 (abb. de Saint-Mihiel). — Était une léproserie établie devant le pont de Saint-Mihiel.

Maladrie, contrée, c^ne de Montmédy; était une léproserie dépendant d'Iré-les-Prés.

Malancourt, vill. sur le ruiss. de Forges, à 11 k. à l'E. de Varennes.—*Allodium de Molencicurte*, 1069 (diverses chartes, donat. d'Adalbert). — *Malencourt*, 1228, 1229, 1240, 1256 (cart. de la cathéd.); 1241 (hosp. Sainte-Catherine, dixmes, B. 18). — *Malancour*, 1700 (carte des États). — *Malani-curia*, 1738 (pouillé).

Avant 1790, Clermontois, prév. des Montignons, cout. de Clermont, parlem. de Paris. — Dioc. de Verdun, archid. de la Princerie, doy. de Forges.

En 1790, distr. de Clermont-en-Argonne, c^ne de de Montzéville.

Actuellement, arrond. et archipr. de Verdun, c^on et doy. de Varennes. — Écarts : Chanfour, Haucourt, Moulin-de-Bas, Moulin-de-Haut, la Zonzonnerie. — Patron : saint Martin.

Malarmont, côte et bois comm. de Brieulles. — *Malaumont*, 1760 (Cassini).

Malassis, m^in, c^ne de Maxey-sur-Vaise.

Malaumont, vill. sur la rive gauche du ruiss. de Saulx, à 8 kil. à l'O. de Commercy. — *Malaudimons*, xiie siècle (Laurent de Liége). — *Malemmunt*, 1186 (fondat. de la collég. de Commercy). — *Malaumons*, 1402 (registr. Tull.). — *Melaumont*, 1700 (carte des États). — *Malus-Mons*, 1711 (pouillé). — *Malaudmont*, 1745 (Roussel). — *Malaudi-Mons*, 1756 (D. Calmet, not.).

Avant 1790, Barrois mouvant, vill. avec titre de seigneurie dépendant de celle de Vignot, principauté, office et recette de Commercy, comté et prév. de

Sampigny, cout. et baill. de Saint-Mihiel, présid. de Toul, cour souveraine de Nancy. — Dioc. de Toul, archid. de Ligny, doy. de Meuse-Commercy, annexe de Vadonville.

En 1790, distr. de Commercy, c^on de Vignot.

Actuellement, arrond. c^on, archipr. et doy. de Commercy. — Patron : saint Martin; annexe de Vadonville.

Malberg, ancien fief au vill. de Morlaincourt. — *Malberch*, xie siècle (Widric, vie de saint Gérard). — *Maleberch*, 1712 (hist. ms de Beaulieu).

Malborough, m^on isolée, c^ne de Saint-Mihiel.

Malcarnée (La), f. ruinée, c^ne de Robert-Espagne.

Malda, sentier de Fontaines à Vilosnes.

Maldite (La), rivière qui prend sa source dans le dép^t des Vosges, pénètre dans celui de la Meuse sur le territoire de Dainville-aux-Forges, traverse ce village, passe à Bertheléville, longe le bois de Montruche, et, après un cours de 15 kil. dans le département, s'unit, au S. de Gondrecourt, à la rivière d'Oignon, avec laquelle elle forme l'Ornain.

Malette, bois comm. de Romagne-sous-Montfaucon.

Malière, contrée, c^ne de Ville-devant-Belrain.

Malinbois, bois, c^ne de Chauvoncourt.

Malinsart, bois domanial, c^ne de Septsarges.

Maljouy, f. c^ne de Marville. — *Monjouy*, 1700 (carte des États.

Malléville, bois comm. de Mangiennes, sur le territ. de Consenvoye.

Mallot, bois comm. de Naives-devant-Bar.

Malmaison, bois comm. de Blercourt.

Malmaison, ancien fief à Ville-sur-Saulx.

Malmaison, étang, c^ne de Waly.

Malmaison (La), f. c^ne de Montiers-sur-Saulx.

Malo (Pont), sur le ruiss. de Ménil, c^ne de Sampigny.

Malozèle, tuilerie, c^ne d'Hévilliers.

Malpierre, chât. ruiné, c^ne de Rigny-la-Salle.

Malplaqué, m^in ruiné, c^ne d'Houdelaincourt.

Malroy, f. ruinée, ban et communauté de Morley.

Malsemé, contrée, c^ne de Béthelainville.

Malsenez, font. à Clermont-en-Argonne.

Malval, bois comm. de Nançois-le-Petit.

Malval (Le), ruiss. qui a sa source sur le territoire de Nançois-le-Grand, traverse ce village, passe à Villeroncourt et se jette dans l'Ornain à Nançois-le-Petit, après un cours de 8 kilomètres.

Malversée, contrée, c^ne de Menaucourt.

Mamelon-Vert (Le), f. c^ne de Bantheville.

Mamerelle, bois domanial, c^ne de Sivry-sur-Meuse.

Man (Le), contrée, c^ne de Clermont-en-Argonne.

Mancerelle, contrée, c^ne de Butgnéville.

Mandre, h. c⁰ˢ de Blanzée.

Mandre, contrée, c⁰ˢ de Longeville.

Mandres-la-Petite, h. c⁰ⁿ de Boncourt. — *La Petite-Mandres*, 1711 (pouillé). — Avait une chapelle fondée par les seigneurs de Boncourt, érigée en titre de bénéfice sous l'invocation de sainte Catherine.

Mandres, chât. et h. c⁰ⁿ de Châtillon-sous-les-Côtes. — *Mandræ*, 1049 (bulle de Léon IX). — *Ecclesia de Hemandres*, 1066 (bulle d'Alexandre II). — *Curtis quæ vocatur Manera*, 1066 (*ibid.*). — *Mandres-lez-Chastillon*, 1607 (proc.-verb. des cout.). — *Mandre*, 1656 (carte de l'év.); 1700 (carte des États). — *Manderæ*, 1759 (D. Calmet, *not.*).

Avant 1790, Barrois non mouvant, dépendance de Châtillon-sous-les-Côtes, cout. de Saint-Mihiel, office, recette, prév. et baill. d'Étain, présidial de Verdun, cour souveraine de Nancy. — Mandres a donné son nom à une maison dont les armoiries étaient : *d'azur à la croix d'or cantonnée de vingt billettes de même* (Husson l'Écossais).

Mandres, vill. sur le ruiss. d'Ormançon, à 10 kil. à l'E. de Montiers-sur-Saulx. — *Mandræ*, 1033 (dipl. de l'emp. Conrad). — *Mandles*, 1286 (prieuré de Richecourt, arch. de la Meuse.) — *Mandres*, 1324 (arch. de la Meuse). — *Mandre*, 1324 (Lamy, éch. de la seigneurie de Saint-Maurice). — *Mandræ-prope-Gondricuriam*, 1402 (regestrum Tull.). — *Mandeles*, 1707 (carte du Toulois). — *Manderæ*, 1711 (pouillé); 1756 (D. Calmet, *not.*).

Avant 1790, Champagne, coutume du Bassigny, baill. de Chaumont, présid. de Châlons, parlem. de Paris. — Dioc. de Toul, archid. de Ligny, doy. de Gondrecourt.

En 1790, lors de l'organisation du département, Mandres devint chef-lieu de l'un des c⁰ˢ dépendant du distr. de Gondrecourt; ce c⁰ⁿ était composé des municipalités dont les noms suivent : Bonnet, Bure, Chassey, Luméville, Mandres.

Actuellement, arrond. et archipr. de Bar-le-Duc, c⁰ⁿ et doy. de Montiers-sur-Saulx. — Écart : les Moulins. — Patron : saint Remy.

Mandres-aux-Quatre-Tours (Prévôté de), était composée de neuf vill. dont six appartiennent au dép' de la Meuse, savoir : Broussey-en-Woëvre, Montsec, Rambucourt, Raulecourt, Ressoncourt, Xivray-Marvoisin.

Manesel, bois, c⁰ˢ de Moulainville.

Mangéroun, contrée, c⁰ˢ de Bourouilles.

Mangiennes, village sur la rive gauche du Loison, à 10 kil. à l'O. de Spincourt. — *Metganis*, 701 (ch. de Pepin); 984 (cart. de Saint-Paul). — *Metganis-*

villa, 855 (Trésor des chartes). — *Metgavis-villa*, IXᵉ siècle (Bertaire). — *Ecclesiam in Mæganis quam etiam abbatiam vocant*, 973 (ch. de l'év. Wilgfride). — *Curia Maginiensis*, 1153 (charte d'Albéron de Chiny); 1163 (ch. de Richard de Grandpré). — *Curia Muginiensis*, 1156 (ch. d'Albéron en faveur de l'abb. de Châtillon). — *Magiennes*, 1158 (carta Raynaldi); 1240, 1268, 1270 (cart. de la cathédr.); 1252 (cartulaire de Saint-Paul); 1358 (coll. lorr. t. 263.46, C. 22). — *Magienes*, 1158, 1200, 1248 (cart. de Saint-Paul). — *Ecclesia in Metganis*, 1179 (*ibid.*). — *Mengienne*, 1227 (ch. d'affranch. de Villers); 1656 (carte de l'évêché). — *Magienne*, 1227 (ch. d'affranch. de Villers); 1285 (abb. de Châtillon); 1549 (Wassebourg); 1561 (coll. lorr. t. 284.47, p. 21); 1585 (hôtel de ville de Verdun, M. 2 bis). — *De Magine*, 1247 (bulle d'Innocent IV). — *Mabregienne*, 1252 (arch. de la Meuse, donat. au prieuré d'Amel). — *Ecclesia de Magienes*, 1253, 1254 (cart. de Saint-Paul). — *Mengines*, 1331 (hôt. de ville de Verdun, A. 1 bis). — *Maigiennes*, 1358 (coll. lorr. t. 266. 48, p. 13). — *Magenne*, 1482 (chroniq. de Jean Aubrion). — *Mengrennum-castrum*, 1502 (lettres de l'emp. Maximilien Iᵉʳ). — *Mayanes*, 1505 (recueil). — *Maugienne, Mengienne*, 1549 (Wassebourg). — *Manguntium*, 1738 (pouillé). — Lelewel (*Num. du moyen âge*, t. Iᵉʳ, p. 80) attribue à Mangiennes un triens d'or mérovingien portant au droit un buste, et en légende : TEODVLFVS MOT; au gauche, une croix, et en légende : MANGIONCO; cette attribution est contestée par M. Ch. Robert (*Études num. sur une partie du N.-E. de la France*, p. 178).

Avant 1790, Verdunois, terre d'év. chef-lieu de prév. cout. baill. et présid. de Verdun, anciennes assises des quatre pairs de l'év. parlem. de Metz. — Dioc. de Verdun, archid. de la Woëvre, doy. d'Amel.

La prév. de Mangiennes, qui fut ensuite réunie à celle de Marville, était composée des localités dont les noms suivent : Azannes, Billy-sous-Mangiennes, Châtillon (abbaye), Chaumont-devant-Damvillers, Delut, Duzey, Loison, Maugiennes, Pillon, la Place, les Roises, Soumazannes, Vaudoncourt, Villers-lez-Mangiennes.

En 1790, distr. d'Étain, c⁰ⁿ de Saint-Laurent. Actuellement, arrond. et archipr. de Montmédy, c¹ⁿ de Spincourt, doy. de Billy-sur-Mangiennes. — Écart : Bois-les-Moines. — Patron : saint Remy.

Mangiennes (Forêt de), vaste tenue de bois qui s'étendait sur les territoires de Mangiennes, Merles,

Dombras, Damvillers, Romagne-sous-les-Côtes, Gremilly, Gincrey, Ornel, Loison et Billy-sous-Mangiennes. — *Magiuensis sylva*, xii° siècle (Tr. des ch.). — *Forel de Magiennes*, 1248 (cart. de Saint-Paul). — *Forest de Mengeinne*, 1549 (Wassebourg).

Manheulles, vill. sur le ruiss. de Riaville, à 3 kil. à l'O. de Fresnes-en-Woëvre. — *Ecclesia in Mainhodio inter Bouzeum et Mattæi-villam*, 973 (ch. de l'év. Wilgfride). — *Ecclesia in Mainhodoro inter Botzeium et Mattæi-villam*, 973 (confirmat. par l'emp. Otton). — *Manhodorum*, 984, 1179, 1194, 1195, 1196, 1197, 1214, 1247 (cart. de Saint-Paul). — *Manhoderum*, 1047 (ch. de l'év. Thierry). — *Manhuere*, 1247 (cart. de Saint-Paul); 1311 (*ibid.*); 1312 (recueil). — *Manhuerre*, 1249 (cart. de Saint-Paul); 1283 (cart. de la cathédr.). — *Mahodorum*, 1311 (recueil). — *Manhur*, 1312 (bulle de Clément V). — *Manheurt*, 1320 (ch. d'affranch.). — *Manheure*, 1332 (accord entre l'év. de Verdun et le voué de Fresnes). — *Chrétienté de Manheur*, 1333 (dénombrem. par Geoffroy de Pintheville). — *La moitié de la vouerie de Manhure*, 1457 (reprises de Henri de Heunemont sur Guill. de Haraucourt). — *Mainhael*, 1642 (Soc. Philom. lay. Verdun, B. 8). — *Manheulle*, 1656 (carte de l'év.). — *Manheule*, 1700 (carte des États). — *Menhodorum*, 1736 (ann. præmonstr.). — *Manehullium*, 1738 (pouillé).

Avant 1790, Verdunois, terre d'év. prévôté de Fresnes-en-Woëvre, cout. baill. et présid. de Verdun, anciennes assises des quatre pairs de l'évêché parlem. de Metz. — Dioc. de Verdun, archid. de la Woëvre, doy. de Pareid.

En 1790, distr. de Verdun, c°° de Fresnes-en-Woëvre.

Actuellement, arrond. et archipr. de Verdun, c°° et doy. de Fresnes-en-Woëvre. — Écarts : Bernsongrève, la Tuilerie. — Patron : l'Assomption. — Manheulles a donné son nom à une ancienne maison de nom et d'armes, citée dans les titres du xiii° siècle, qui portait : *écartelé; au premier et au quatrième gironné d'or et d'azur de douze pièces, et sur le tout un écusson parti d'argent et de gueules; aux deuxième et troisième palé d'azur et d'argent, et sur le tout de gueules à deux roses d'argent en chef surmonté d'un lambel de même et au croissant aussi d'argent en pointe au chef d'or* (Durival).

Manomblot, bois comm. de Corniéville.

Manon, côte, c°° d'Aubréville.

Manonfossé, contrée, c°° d'Avocourt.

Mansard, bois, c°° de Couvertpuis; faisait partie de la forêt de Ligny.

Mansard, bois comm. de Récicourt.

Manson, m°°, c°° de Boviolles.

Mante, bois comm. de Dannevoux.

Mantes (Les), bois comm. de Jubécourt.

Manton, côte, c°° de Sorcy.

Marainville, f. c°° de Moulainville.

Marat (Ruisseau de), qui prend sa source au-dessus de Marat-la-Grande et se réunit aux ruisseaux de Seigneulles et de Rembercourt pour former la Chée.

Marat-la-Grande ou les Marats, vill. sur le ruiss. de Marat, à 10 kil. à l'E. de Vaubecourt. — *Mareis*, 1166 (cart. de l'abb. de Lisle). — *Marras*, 1285 (chamb. des comptes de Bar). — *Les Mavelz*, 1321 (chamb. des comptes, B. 436). — *Les Mares*, xiv° siècle (arch. de la Meuse). — *Marat*, 1564 (éch. entre le duc de lorr. et l'év. de Verdun). — *Maras-la-Grande*, 1579 (proc.-verb. des cout.). — *Grand-Mars*, 1656 (carte de l'év.). — *Mara-la-Grande*, 1700 (carte des États). — *Martisava, Medardi-ara* ou *area*, 1711 (pouillé); 1749 (*ibid.*); 1756 (D. Calmet, *not.*).

Avant 1790, Barrois mouvant, office, recette, cout. prév. et baill. de Bar, présid. de Châlons, parlem. de Paris; le Roi en était seul seigneur. — Dioc. de Toul, archid. de Rinel, doy. de Bar, annexe de Rembercourt-aux-Pots; ne formait qu'une communauté avec Marat-la-Petite.

En 1790, lors de l'organisation du département, Marat-la-Grande devint chef-lieu de l'un des c°° dépendant du distr. de Bar; ce c°° était composé de municipalités dont les noms suivent : Condé, Chaumont-sur-Aire, Courcelles-sur-Aire, Érize-la-Grande, Érize-la-Petite, Génicourt-sous-Condé, les Marats, Rosnes.

Actuellement, arrond. et archipr. de Bar-le-Duc, c°° et doy. de Vaubecourt. — Écart : Marat-la-Petite. — Patron : saint Médard.

Marat-la-Petite, h. c°° de Marat-la-Grande. — *Maras-la-Petite*, 1579 (proc.-verb. des cout.). — *Petit-Mars*, 1656 (carte de l'év.). — *Mara-la-Petite*, 1700 (carte des États).

Avant 1790, ne formait qu'une communauté et paroisse avec Marat-la-Grande.

Marbot, faubourg, c°° de Bar-le-Duc; est cité en 1365 sous la désignation de hameau.

Marbotte, vill. sur le ruiss. de Marbotte, à 7 kil. au S. de Saint-Mihiel. — *Marbodus*, x° siècle (Virdunensis comitatus limites). — *Novelle domui Templi de Marbottes*, 1223 (ch. de Gobert d'Apremont). — *Marboites*, 1269 (abb. de Saint-Benoît). — *Marbotes*, 1282 (cart. d'Apremont). — *Commenda de Marbot*, 1642 (Mâchon). — *Marbot*, 1700 (carte des États); 1745 (Roussel). — *Marbodi-Fons*, 1745

(Roussel). — *Marbote*, 1749 (pouillé). — *Marboda*, 1756 (D. Calmet, *not.*).

Avant 1790, Barrois non mouvant, comté et office d'Apremont, juridiction du juge-garde du seigneur, recette, cout. et baill. de Saint-Mihiel, cour souveraine de Nancy. — Dioc. de Verdun, archid. de la Rivière, doy. d'Hattonchâtel, paroisse de Saint-Agnant. — Avait une maison de l'ordre de Malte, dite *la Commanderie*; en 1259, Gobert d'Apremont promet de garantir à la maison du Temple de Marbotte le don qu'il lui a fait, ainsi que Morsire, sa femme, de ce qu'ils avaient au *ravois* d'Apremont et en la *grange* de Saint-Aubin.

En 1790, distr. de Saint-Mihiel, c^{on} d'Apremont.

Actuellement, arrond. et archipr. de Commercy, c^{on} et doy. de Saint-Mihiel. — Écarts : la Commanderie, Ronville. — Patron : saint Gérard; chapelle vicariale.

MARBOTTE (RUISSEAU DE), qui a sa source au-dessus de Saint-Agnant, traverse l'étang de Querolles, passe à Marbotte et à Mécrin, à l'O. duquel il se jette dans la Meuse, après un cours de 6 kil. — *Marbodifons*, xe siècle (Virdunensis comitatus limites). — *Fontaine de Marbut*, 1707 (carte du Toulois). — *Marbodifons*, 1745 (Roussel).

MARCAMÉ ou MERCAMEIX, mⁱⁿ, c^{ne} de Muzeray.

MARCAULIEU, bois domanial, c^{nes} de Bannoncourt et de Lahaymeix; faisait partie de la vaste tenue de bois, dite *forêt de Marcaulieu*, qui s'étendait sur les territoires de Lahaymeix, Bannoncourt, Dompcévrin, les Paroches, Fresnes-au-Mont, Rupt-devant-Saint-Mihiel et Nicey.

MARCHAT, bois comm. de Moirey.

MARCHAUDÉ, contrée, c^{ne} d'Hannonville-sous-les-Côtes.

MARCHE (PUITS-DE-), contrée, c^{ne} de Ménil-sur-Saulx.

MARCHÉ (PLACE), à Verdun. — *Qui siet en Marchie*, 1239 (Soc. Philom. lay. Verdun, A. 1). — *Marchié*, 1342 (Melinon).

MARCHÉMONT, contrée, c^{ne} de Naives-devant-Bar.

MARCHÉVILLE, vill. sur le ruiss. de Riaville, à 3 kil. à l'E. de Fresnes-en-Woëvre. — *Mercast-villa*, ixe siècle (Bertaire). — *Marcelli-villa*, 973 (ch. de l'év. Wilgfride); 973 (confirmat. par l'emp. Otton); 984, 1179 (cart. de Saint-Paul, p. 47 et 74). — *La moitié dou molin de Marcheiville*, 1254 (*ibid.* p. 161). — *Marcheville*, 1285 (cart. de la cathédr.); 1573 (Lamy, dénombr. de la seign. de Saint-Maurice); 1656 (carte de l'év.); 1668 (hôtel de ville de Verdun, B. 3). — *Marcheyville*, 1346 (chamb. des comptes, c. d'Étain.) — *Marchauville*, 1494 (Lamy, sentence de la salle épisc. de Verdun). — *Marchain-*

ville, 1495 (arch. de la famille d'Hannoncelle); 1549 (Wassebourg). — *Marchevilla*, 1642 (Mâchon); 1738 (pouillé). — *Marchiavilla*, *Marchionis-villa*, 1736 (annal. præmonstr.). — *Marchiéville-en-Voivre*, 1756 (D. Calmet, *not.*).

Avant 1790, Verdunois, seigneurie et chef-lieu de comté avec titre de prév. justice des seigneurs, cout. baill. et présid. de Verdun, parlem. de Metz. — Dioc. de Verdun, archid. de la Woëvre, doy. de Pareid.

Marchéville fut donné à l'église de Verdun par le roi Childebert vers l'an 590; il fut acquis par la maison d'Apremont-aux-Merlettes environ l'an 1400, et érigé en comté par le duc Henri II en 1642; il avait une maison forte de la mouvance en fief des seigneurs d'Apremont et un couvent de Minimes fondé avant l'an 1614.

Le comté de Marchéville comprenait les vill. de Labeuville et de Marchéville, la cense de Bertaucourt, les moulins de Moncelle et de Bussy.

En 1790, distr. de Verdun, c^{on} de Fresnes.

Actuellement, arrond. et archipr. de Verdun, c^{on} et doy. de Fresnes-en-Woëvre. — Écart : Moncelle. — Patron : saint Pierre.

La maison de Marchéville, fort ancienne de nom et d'armes et éteinte, portait : *de sable à deux fasces d'argent* (Husson l'Écossais).

MARCHÉVILLE, contrée, c^{nes} de Courcelles-sur-Aire et d'Hattonchâtel.

MARCHÉVILLE (PONT-DE-), contrée, c^{ne} de Chaumont-sur-Aire.

MARCHOT, contrée, c^{ne} de Boinville.

MARCOL, contrée, c^{ne} de Maucourt.

MARCONVAUX, ermitage ruiné, c^{ne} d'Étain.

MARCOSSE, contrée, c^{ne} de Moulotte.

MARR-VARNIER, bois comm. de Robert-Espagne.

MARÉCHAMP, contrée, c^{ne} de Pintheville.

MARÉCHAUX (COIN-DES-), contrée, c^{ne} d'Ornes.

MARFÉMONT, contrée, c^{ne} d'Érize-la-Brûlée.

MARGEVAL, contrée, c^{ne} de Naives-devant-Bar.

MARGOT, côte, c^{ne} de Ville-sur-Cousance.

MARGUELOT, bois comm. de Loisey.

MARINE (LA), bois comm. de Gesnes.

MARIAGE, bois comm. de Frémeréville.

MARIOTTE, contrée, c^{ne} de Fresnes-en-Woëvre.

MARJOLAINE, contrée, c^{ne} de Dombasle.

MARLORATE, m^{on} ruinée, c^{ne} de Guerpont.

MARMONT, côte, c^{ne} de Nant-le-Petit.

MARMONT, côte et bois comm. de Jouy-devant-Dombasle.

MARNAT, f. c^{ne} d'Hévilliers; dépendait de l'abbaye d'Évaux.

Marne (La), rivière qui forme un instant limite entre le dép¹ de la Marne et celui de la Meuse, au S. du territoire d'Ancerville; prend sa source à 5 kil. au S. de Langres (Haute-Marne) et se jette dans la Seine à Charenton, après avoir parcouru le dép¹ de la Marne, de l'Aisne, de Seine-et-Marne, de Seine-et-Oise et de la Seine. Les principaux cours d'eau venant du dép¹ de la Meuse qui lui font affluents sont : la Cousance, l'Ornelle, la Saulx et l'Ornain. — *Matrona Gallos Belgiis dividit*, vers 48 av. J.-C. (Comment. de César, *de Bell. Gall.* I, 1).

Marnusson (Le) ou ru de Marne, ruiss. qui prend sa source dans la contrée de Preux, c⁰ᵉ de Rembercourt-aux-Pots, traverse ce vill. et se jette dans le ruiss. de Rembercourt au-dessous du m¹ⁿ, après un trajet de 2 kilomètres.

Marompré, contrée, c⁰ᵉ de Saint-Amand.

Maroue (La), ruiss. qui a sa source dans la prairie de Somzèvre, c⁰ᵉ de Nubécourt, traverse Èvres, Triaucourt, où il reçoit le ruisseau de Brouenne, et se réunit au Thabas dans le dép¹ de la Marne; il porte aussi le nom de *ruisseau d'Hardillon* et de *rivière d'Èvres*.

Marouet, contrée, c⁰ᵉ de Bourcuilles.

Marqueyaux, font. c⁰ᵉ de Souhesme-la-Grande.

Marre, vill. sur la rive gauche de la Meuse, à 4 kil. à l'O. de Charny. — *Marva*, 952 (acte de fondat.); ᵛᵉ siècle (polypt. de Reims); 1158, 1163, 1248 (cart. de Saint-Paul). — *Villa quæ dicitur Marua*, 961 (cart. de Saint-Vanne). — *Ecclesia de Marelio*, 962 (*ibid.*). — *Maroa*, 962 (bulle de Jean XII); 1049 (bulle de Léon IX); 1127 (cart. de la cathéd.); 1165 (cartul. de Saint-Paul). — *Marva super fluvium Mosam*, 967 (donat. de l'év. Wilgfride). — *Marva*, 980 (cart. de Saint-Vanne). — *Mareia*, 1047 (*ibid.*). *Maira*. 1061 (*ibid.*) — *Ecclesia de Maroa*, 1125 (*ibid.*). — *De Marus*, 1193 (cart. de Saint-Paul). — *In villa de Meruelles*, 1303 (cart. de la cathéd.). — *Mare*, 1219 (*ibid.*); 1504 (éch. entre le duc de Lorr. et l'év. de Verdun). — *Marvelle* ou *Maruelle*, 1252 (cart. de Saint-Paul). — *Mariacum*, 1738 (pouillé).

Avant 1790, Verdunois, terre d'év. prévôté de Charny, cout. baill. et présid. de Verdun, anciennes assises des quatre pairs de l'év. parlem. de Metz. — Dioc. de Verdun, archid. de la Princerie, doy. de Forges.

En 1790, distr. de Verdun, c⁰ⁿ de Charny.

Actuellement, arrond. et archipr. de Verdun, c⁰ⁿ et doy. de Charny. — Écarts : Bâmont, Marre-Fontaine. — Patron : saint Saintin.

Marre-Fontaine, auberge isolée, c⁰ᵉ de Marre.

Marrerie, contrée, c⁰ᵉ d'Eix.

Marson, vill. sur la Barboure, à 14 kil. au S.-O. de Void. — *Martionis-villa*, 1106 (bulle de Pascal II). — *Marsona*, 1135 (Onera abbatum). — *Marzona*, 1135 (accord pour l'avouerie de Condé). — *Marsonnum, Maissonnium*, 1402 (regestr. Tull.). — *Marsons*, 1495-96 (Trésor des chartes, B. 6364). — *Masson*, 1700 (carte des États). — *Sonus Martis*, 1707 (carte du Toulois). — *Martis-Sonus*, 1711 (pouillé); 1756 (D. Calmet, *not.*). — *Martinis-Sonus*, 1749 (pouillé).

Avant 1790, Barrois mouvant, office, prév. et comté de Ligny, recette et baill. de Bar, cout. de Châlons, puis de Bar, présid. de Châlons, parlem. de Paris; le roi en était seul seigneur. — Dioc. de Toul, archid. et doy. de Ligny.

En 1790, distr. de Commercy, c⁰ⁿ de Bovée.

Actuellement, arrond. et archipr. de Commercy, c⁰ᵉ et doy. de Void. — Patron : saint Sylvestre.

Marsoupe, f. et m¹ⁿ, c⁰ᵉ de Saint-Mihiel. — *Marsupia*, 708 (test. Vulfoadi); 755 (donat. du roi Pepin); 921 (dipl. de Charles le Simple); 1106 (bulle de Pascal II). — *Marsupium*, 815 (dipl. de Louis le Débonnaire). — *Marsupe*, 1549 (Wassebourg). — *Marsouppe*, 1700 (carte des États). — *Marson-lès-Saint-Mihiel*, 1707 (union des chapitres).

Marsoupe (Ruisseau de), qui prend sa source dans le bois des Moutots, passe à Marsoupe et se jette dans la Meuse à Saint-Mihiel, après un cours de 6 kil. — *Fluviolus qui dicitur Marsupia*, 709 (test. Vulfoadi). — *Super fluvio Marsupiæ*, 756 (donat. par Pepin). — *Fluvius Marsupii*, 815 (dipl. de Louis le Débonnaire); 921 (dipl. de Charles le Simple). — *Marsupium*, 1549 (Wassebourg).

Martelaine, contrée, c⁰ᵉ de Charny.

Martin (Côte), c⁰ᵉ de Vassincourt; on y trouve des restes de substructions ayant appartenu à une localité antique dont la tradition a conservé le souvenir sous le nom de *Reciacum*; diverses fouilles y ont amené la découverte d'ustensiles antiques et de monnaies romaines de différents règnes.

Martin-Champ, f. c⁰ᵉ de Sampigny.

Martincourt, village sur la rive droite de la Meuse, à 5 kil. au N. de Stenay. — *Marthecurt*, 1157 (ch. de l'archev. Hillin); 1157 (ch. de Gorze). — *Martaincourt*, 1479 (Lamy, acte du tabell. de Stenay); 1521 (*ibid.* foi et hommage de Pierre d'Orey). — *Marthincourt*, 1591 (coll. lorr. t. 404, fᵒˢ 58 et 63). — *Martincour*, 1656 (carte de l'év.); 1700 (carte des États). — *Martini-curtis* (reg. de l'évêché).

Avant 1790, Clermontois, après avoir été Barrois

lorrain, cout. de Saint-Mihiel, prév. de Stenay, baill. de Clermont, anciennes assises des *Grands jours* de Saint-Mihiel, parlem. de Paris. — Dioc. de Trèves, archid. de Longuyon, doy. d'Yvois.

En 1790, distr. de Stenay, c⁰⁰ d'Inor. Actuellement, arrond. et archipr. de Montmédy, c⁰⁰ et doy. de Stenay. — Patron : l'Invention de la sainte Croix; annexe d'Inor.

MARTIN-FONTAINE, source et contrée, c⁰⁰ de Vaubecourt.

MARTIN-HAN, c⁰⁰ de Rambluzin; ce nom est celui de l'ancienne localité sur l'emplacement de laquelle fut érigé au xii⁰ siècle le prieuré de Benoîte-Vaux de l'ordre des Prémontrés, dépendant de l'abbaye de l'Étanche. — *Locum Benedicta—t'allis qui antiquitus Martinhan vocabatur*, 1180 (bulle d'Alexandre III).

MARTIN-PRÉ, contrée, c⁰⁰ de Gussainville.

MARTINVA, bois comm. de Pretz.

MARTINVAUX, contrée, c⁰⁰ˢ de Récicourt et Senoncourt.

MARVALOTTE, contrée, c⁰⁰ d'Hattonchâtel.

MARVILLE, ville sur l'Othain, à 10 kil. au S.-E. de Montmédy. — *Martis-villa*, ix⁰ siècle (gesta episc. Trevir.); 1253 (cart. de Saint-Paul, p. 145); 1580 (stemmat. Lothar.). — *Cenobium Sancti-Petri Martis-villæ*, 1158 (charte de Thibaut, comte de Bar, arch. de la Meuse). — *Castrum et villa de Marvilla*, 1213 (nécrologe, mense februario). — *Marvilla*, 1290 (vasselage de Simon); 1413 (hosp. Sainte-Catherine, lay. Marville, III, A. 1); 1419, 1422 (*ibid*. III, A. 2). — *Marville*, 1267 (cart. de la cathédrale). — *Marwille*, xv⁰ siècle (sceau du mayeur).

En l'an 1039, Marville était comté; plus tard, mi-partie Lorraine et Luxembourg, coutume générale du Vermandois, puis de Thionville à partir de 1661, époque à laquelle cette ville fut cédée à la France; ensuite terre comprenant les châtellenies de Marville et d'Arrancy; chef-lieu de prév. et de bailliage, siège de gruerie, anciennes assises des *Grands jours* de Marville, présid. de Sedan, parlem. de Metz. — Dioc. de Trèves, archid. de Longuyon, doy. de Juvigny.

Marville reçut sa charte d'affranchissement dans le milieu du xiii⁰ siècle.

Il y avait à Marville un prieuré sous le titre de Saint-Pierre, qui existait en 1198 et dépendait de l'abbaye de Rebais, un monastère de Bénédictines, établi en 1630, et un hôpital, dit *du Saint-Esprit*, tenu par des frères de l'ordre du Saint-Esprit, *ordinis Sancti-Spiritus*, 1419 (hosp. Sainte-Catherine, lay. III, A. 2).

Le baill. de Marville était composé des prév. de

Damvillers et de Marville; il réunit ensuite celles de Merles et de Mangiennes.

La prévôté de Marville comprenait un certain nombre de localités aujourd'hui réparties dans les dép⁰ de la Moselle et de la Meuse; celles qui font partie du dép⁰ de la Meuse sont : Bazeilles, Brandeville, Choppey, Credon, Marville, Rupt-sur-Othain, Saint-Laurent.

En 1790, lors de l'organisation du département, Marville devint chef-lieu de l'un des c⁰⁰ˢ dépendant du distr. de Stenay; ce c⁰⁰ était composé des municipalités dont les noms suivent : Bazeilles, Flassigny, Iré-le-Sec, Marville.

Actuellement, arrond. c⁰⁰, archipr. et doy. de Montmédy. — Écarts : Choppey, Chu-du-Moulin, Crédon, l'Envie, Goilly, la Maladrerie, Maljouy, Petit-Moulin, les Pilles, le Rattentout, Saint-Hilaire, Sébastopol. — Patron : saint Nicolas.

Les armoiries de Marville étaient : *mi-partie à dextre burelé d'argent et de gueules de dix pièces, au lion d'argent longué d'azur, couronné et armé d'or, à la queue fourchue, brochant sur le tout*, qui est de Luxembourg moderne, modifié, comme partie dominante; *et à sénestre, d'azur aux deux barbeaux d'argent adossés, accompagnés de trois croisettes recroisetées au pied fiché de même*, pour les insignes du Barrois. (Manuel de la Meuse, p. 1277.)

MARVILLE (PIÈCE-DE-), contrée, c⁰⁰ de Thonne-les-Prés.

MARVOISIN, hameau sur le Rupt-de-Mad, c⁰⁰ de Xivray.

— *Amarus-vicinus*, 1106 (bulle de Pascal II). — *Marvesin*, 1287 (cart. de Rangéval). — *Marvezin*, 1292 (cart. d'Apremont). — *Marvisin*, 1571 (proc.-verb. des cout.). — *Marvicinum*, 1749 (pouillé); 1756 (D. Calmet, not.).

Avant 1790, Barrois mouvant, office de Mandres-aux-Quatre-Tours, recette et cout. de Saint-Mihiel, baill. de Pont-à-Mousson, juridiction des juges des seigneurs de Xivray, cour souveraine de Nancy. — Dioc. de Metz, archid. de Vic, archipr. de Gorze, annexe de Xivray.

MASÉE, étang, c⁰⁰ de Corniéville. — *La Mozée*, 1700 (carte des États).

MASSENTIER, bois comm. de Montigny.

MASEROLLE, bois comm. de Mauvages.

MASOR, contrée, c⁰⁰ de Naix.

MASSA (VOIS-), bois domanial, c⁰⁰ de Sommedieue.

MASSÉ, contrée, c⁰⁰ de Creue.

MASSÉ, ancien ermitage et chapelle, c⁰⁰ de Pagny-sur-Meuse.

MASSE-NOUE, bois comm. de Villers-sous-Bonchamp, sur le territoire d'Heudicourt.

MASSEPRÉ (LE), ruiss. qui prend sa source dans la forêt

de Massonge, c⁰ᵉ de Vavincourt, et se jette dans l'Ornain au-dessus de Varnay, après un cours de 3 kilomètres.

MASSERAUMONT, côte et bois comm. de Maxey-sur-Vaise.

MASSERONVILLE, font. c⁰ᵉ de Vignot. — *Masserville*, 1756 (D. Calmet, *not.*). — On présume que c'est en ce lieu qu'était située la léproserie de Vignot, laquelle est mentionnée dans le *Regestrum Tullensis* de 1402.

MASSIÈRE, bois comm. de Viéville et de Vigneulles-lez-Hattonchâtel.

MASSIEU, contrée, c⁰ᵉ de Morgemoulins.

MASSONGE (FORÊT DE), grande tenue de bois qui s'étend sur les territoires de Behonne, Vavincourt et Chardogne.

MASSONPRÉ, contrée, c⁰ᵉ de Vigneulles-lez-Hattonchâtel.

MASSONVAL, font. c⁰ᵉ de Louppy-le-Petit.

MASTIL, contrée, c⁰ᵉ de Buzy.

MASURES (LES), contrée, c⁰ᵉ de Ménil-la-Horgne.

MATASSÉ, contrée, c⁰ᵉ de Naives-en-Blois.

MATHEVILLE, h. ruiné, qui était situé au N. de Monheulles. — *Ecclesia in Mainhodio inter Bouzeum et Mattoi-villam*, 973 (ch. de l'év. Wilgfride). — *Ecclesia in Mainhoduro inter Botzeium et Mattœivillam*, 973 (confirmat. de l'emp. Otton). — *Matheivallis*, 984 (cart. de Saint-Paul). — *Macheivallis*, 1179 (*ibid.*) — *Matheuval*, 1261 (*ibid.*). — *Mathœivilla*, 1738 (annal. præmonstr.).

MATIFONTAINE, contrée, c⁰ᵉ d'Antrécourt.

MATROS, mⁱⁿ sur la Chée, c⁰ᵉ de Villotte-devant-Louppy.

MATRONES (RUE DES), à Varennes.

MATTECRÉ, contrée, c⁰ᵉ de Butgnéville.

MAUBERMONT OU MAUBERT-MONT, ancien nom de la côte Saint-Michel, c⁰ᵉ de Verdun. — *Malbertimons*, 1049 (bulle de Léon IX). — *Mabertimons*, 1127 (cart. de la cathédr.).

Berthalame, évêque de Verdun, ayant érigé sur cette côte, en l'an 711, une chapelle dédiée à saint Michel, le nom de ce saint se substitua dans la suite à celui de Maubermont.

MAUBERT, contrée, c⁰ᵉ de Dieppe.

MAUBERT (RUE), à Verdun.

MAUBOIS, bois, c⁰ᵉ de Châtillon-sous-les-Côtes.

MAUBOULIN, h. c⁰ᵉ de Saint-Jean-lez-Buzy.

MAUBUSSON, contrée, c⁰ᵉ de Butgnéville.

MAUCOURT, vill. sur le Russé, à 10 kil. à l'O. d'Étain. — *Marculfi-curtis*, 940, 952, 980, 1015, 1047, 1048, 1049, 1060, 1125 (cart. de Saint-Vanne). 952 (acte de fondat.); 962 (bulle de Jean XII); 11ᵉ siècle (Laurent de Liége). — *Marcolfi-villa*, 940

(cart. de Saint-Vanne). — *Marculfi-ecclesia*, 952 (dipl. du roi Otton). — *Marculficortis*, 1107 (nécrologe de Saint-Vanne). — *Marculficatis*, *Maulcourt*. 1107 (vie de Richard; Wassebourg, f° 262). — *Maucourr*, 1189 (cart. de la cathédr.). — *Maulcourt*, *Malacurta*, 1642 (Mâchon). — *Mocour*, 1700 (carte des États). — *Mala-curia*, 1738 (pouillé).

Avant 1790, Verdunois, terre d'év. prév. de Dieppe, cout. lmill. et présid. de Verdun, anciennes assises des quatre pairs de l'év. parlem. de Metz. — Dioc. de Verdun, archid. de la Princerie, doy. de Chaumont.

En 1790, distr. d'Étain, c⁰ᵉ de Morgemoulins.

Actuellement, arrond. et archipr. de Verdun, c⁰ᵉ et doy. d'Étain. — Écarts : l'Épina, le Moulin. — Patron : saint Remy.

MAUCOURT, f. c⁰ᵉ de Beauclair.

MAUCOURT (FORGES DE), c⁰ᵉ de Beaufort.

MAUDITE, contrée, c⁰ᵉ d'Amel.

MAUFRANT, contrée, c⁰ᵉ de Ville-sur-Cousance.

MAUGÉRARD (CROIX-), bois comm. d'Anzéville.

MAUJOUY, f. et mⁱⁿ, c⁰ᵉ de Senoncourt. — *Maujoui*, 1749 (pouillé).

Avant 1790, Barrois mouvant, office et prév. de Souilly, recette, cout. et baill. de Bar, présid. de Châlons, parlem. de Paris.

MAUJOUY (FONTAINE DE), qui prend sa source à l'O. de Maujouy et se jette dans le ruiss. de Senoucourt, après un trajet de 2 kil. La fontaine de Maujouy offre cette particularité, que, dans son cours, elle s'enfonce sous le sol, au lieu dit *le Gouffre*, où elle disparaît pour se remontrer plus loin.

MAULACHÈVRE, étang, c⁰ᵉ de Bouconville.

MAULAN, vill. entre l'Ornain et la Saulx, à 5 kil. au S.-O. de Ligny. — *Ecclesia de Malo-anno*, alias *de Maloanno*, 1402 (regestr. Tull.). — *Maulem*, 1495, 1496 (Trésor des ch. B. 6364). — *Moulant*, 1579 (proc.-verb. des cout.). — *Maulans*, 1700 (carte des États). — *Molan*, 1711 (pouillé); 1749 (*ibid.*); 1760 (Cassini). — *Molindinum*, 1711 (pouillé); 1749 (*ibid.*). — *Molindinum*, 1756 (D. Calmet, *not.*).

Avant 1790, Barrois mouvant, office, prév. et comté de Ligny, recette, cout. et baill. de Bar, présid. de Châlons, parlem. de Paris; le roi en était seul seigneur. — Dioc. de Toul, archid. de Rinel, doy. de Dammarie.

En 1790, distr. de Bar, c⁰ᵉ de Ligny.

Actuellement, arrond. et archipr. de Bar-le-Duc, c⁰ᵉ et doy. de Ligny. — Patron : saint Georges; annexe de Nant-le-Grand.

MAULENTIN (LE), petit cours d'eau, c^ne de Loupmont.

MAUPERTUIS, étang, c^ne du Waly.

MAURES (LES), contrée, c^ne de Tronville.

MAUNUPT, contrée, c^ne de Damvillers.

MAUSOL, bois, c^ne d'Oëy.

MAUTERNE, contrée, c^ne d'Hannonville-sous-les-Côtes.

MAUTROTTÉ (RUE), à Verdun; anciennement *rue Bourrel*.
— *In Bourrel-rue*, 1260 (cartulaire de la cathédr.).
— *Bourrevue*, 1675 (hôtel de ville, reg. des délibérations).

MAUVAGES, vill. sur la Meholle, à 10 kil. au N. de Gondrecourt. — *Malvagia*, 1011 (carta Henrici II);
1711 (pouillé); 1749 (*ibid.*). — *Malvage*, 1166
(cart. de Gorze, p. 249). — *Mauvaige*, 1257 (coll. lorr. t. 243.37, p. 4); 1327 (chamb. des comptes, c. du prévôt de Gondrecourt). — *Mauvage*, 1264
(Rosières, E. 43); 1580 (proc.-verb. des coul.);
1711 (pouillé). — *Maulvagiæ, Malvagiæ*, 1402
(regestr. Tull.). — *Mauvaiges*, 1495-96 (Trés. des ch. B. 6364).

Avant 1790, Barrois mouvant, vill. composé de trois communautés et de quatre seign.; le roi était seigneur de deux, de l'une comme duc de Bar, qui était office et prév. de Gondrecourt, et de l'autre comme comte de Ligny, qui était office et comté de Ligny; Mme de Monteval était dame des deux autres, dont l'une était office de Toul; l'autre, office de Gondrecourt, ne faisait qu'une seule et même communauté avec celle du même office de laquelle le roi était seigneur; coutume du Bassigny, baill. de Bar, présid. de Châlons, parlem. de Paris. — Dioc. de Toul, archid. de Ligny, doy. de Meuse-Vaucouleurs.
— Il y avait sur le territoire de Mauvages un ermitage dit *de la Visitation de Notre-Dame*.

En 1790, distr. de Gondrecourt, c^ne de Vaucouleurs.

Actuellement, arrond. et archipr. de Commercy, c^ne et doy. de Gondrecourt. — Patron : saint Pantaléon.

MAUVAGES (SOUTERRAIN DE), tunnel de 4,877 mètres de longueur servant de passage aux eaux du canal de la Marne au Rhin, c^ne de Mauvages.

MAUZE, contrée, c^ne de Vacherauville.

MAXEY-SUR-VAISE, vill. sur la Vaise, à 7 kil. au S. de Vaucouleurs. — *Marceïum*, ixe siècle (Bertaire). —
Marcey-sur-Waixe, 1327 (chambre des comptes, c. de Gondrecourt). — *Marceyum-supra-Waxiam, Maceyum-subtus-Here*, 1402 (regestr. Tull.). —
Maxey-sur-Voize, 1580 (proc.-verb. des coul.). —
Maxé-sur-Vaize, 1700 (carte des États). — *Maxey-sur-Voise*, 1711 (pouillé); 1749 (*ibid.*). — *Marceium-supra-Vesiam*, 1711 (*ibid.*); 1749 (*ibid.*); 1756

(D. Calmet, *not.*). — *Machey*, 1719 (arch. de la commune). — *Marceyum-supra-Vesiam*, 1786
(annal. præmonstr.). — *Macey-sur-Vaize* ou sur-*Voize*, 1756 (D. Calmet, *not.*).

Avant 1790, Barrois mouvant, office et prév. de Gondrecourt pour ce dont le roi était seigneur, juridiction des juges des seigneurs pour leur part, baill. de Saint-Thiébaut et ensuite de Lamarche, recette de Bourmont, cout. du Bassigny, présid. de Châlons, parlem. de Paris. — Dioc. de Toul, archid. de Ligny, doy. de Gondrecourt. — Avait deux chât. ou maisons fortes et un hôpital qui n'existait plus en 1711 (pouillé).

En 1790, lors de l'organisation du dép^t, Maxey devint chef-lieu de l'un des cantons dépendant du distr. de Gondrecourt; ce canton était composé des municipalités dont les noms suivent : Badonvilliers, Burey-en-Vaux, Champougny, Épiez, Maxey-sur-Vaise, Montbras, Pagny-la-Blanche-Côte, Sepvigny, Taillancourt.

Actuellement, arrond. et archipr. de Commercy, c^ne et doyenné de Vaucouleurs. — Écart : Malassis.
— Patron : saint Pierre.

MAXONCE, vill. ruiné, puis ermitage, c^ne de Vassincourt.
— *Maxuntia*, 1022 (collég. de Saint-Maxe).

MAY, bois comp. de Han-devant-Pierrepont.

MAY (LA), ruiss. qui prend sa source sur le territoire de Troyon, passe à Ambly, puis à l'O. de Génicourt, et se jette dans la Meuse vis-à-vis de Monthairon-le-Petit, après un cours de 8 kilomètres.

MAY-DE-LA-GRANGE, bois comm. de Montigny-devant-Sassey.

MATRAN (MOULIN), c^ne des Islettes.

MAZÉE, contrée, c^ne de Buxières.

MAZEL (PLACE), à Verdun. — *Grangia in Macello*,
xie siècle (titres de la Madeleine). — *Et unum clibanum in Macello*, 1051 (dipl. de Henri III). — *In Macello*, 1211 (cartul. de la cathédr.). — *Domus in Mascello*, 1127 (*ibid.*). — En *Maixel*, 1322 (Melinon). — *Maixe*, 1549 (Wassebourg). — *La Vieille-Mazel*, 1608 (hôt. de ville, reg. des délibérations).

MAZEL (RUE), à Verdun, vulgairement *Grand'Rue*. —
In Magno vico Virduni, 1323 (Soc. Philom. lav. Verdun, A. 9). — *La Grant-Ruie*, 1343 (*ibid.* A. 10).

Au xviie siècle, cette rue s'augmenta de la rue dite *Ancel'Rue*, 1322 (Melinon), *Anselmi vicus*, xiiie siècle (chron. de Saint-Vanne), qui aboutissait à la porte Nancerre, et de la rue du *Tournant*, située au bas de la rue Saint-Pierre.

MAZETS (LES), côte, c^ne de Baulny.

MAZIEU, contrée, c^ne de Morgemoulins.

Mazelle, contrée, c^{ne} de Riaville.

Mazelles (Les), contrée, c^{nes} de Brabant-en-Argonne et de Nettancourt.

Mazenolles, bois comm. de Demange-aux-Eaux et de Mauvages.

Mazerule, contrée, c^{ne} de Creue.

Mazies (Les), contrée, c^{ne} de Montblainville.

Mazoielle (La), font. c^{ne} de Saint-Remy.

Mazois, contrée, c^{ne} de Fouchères.

Mazurerie (La), m^{on} isolée, c^{ne} de Beaulieu; était une maison de ferme dépendant de l'abb. de Beaulieu.

Maxy, contrée, c^{nes} de Belleville et de Combres.

Mécrin, vill. sur le ruiss. de Marbotte, à 8 kil. au N.-O. de Commercy. — *Mesumbriga*, 812 (dipl. de Charlemagne). — *Mercuringæ*, ixe siècle (Bertaire). — *Mercrinia*, 921 (dipl. de Charles le Simple); 1106 (bulle de Pascal II). — *Ecclesia de Micrignes*, 1226 (Gallia christ. XIII, instr. p. 577). — *Mescrines*, 1269 (abb. de Saint-Benoît). — *Mescrignes*, 1321 (ch. des comptes, B. 438); 1387 (abb. de Saint-Mihiel). — *Mescrignnes*, 1571 (proc.-verb. des cout.). — *Mescrisnes*, 1607 (*ibid.*). — *Mescreignia*, 1642 (Mâchon). — *Mescreignes*, 1642 (*ibid.*); 1738 (pouillé). — *Mescraigne*, 1656 (carte de l'év.). — *Micrin*, 1700 (carte des États). — *Mecriniæ*, 1788 (pouillé). — *Mercuringa*, 1745 (Roussel); 1756 (D. Calmet, *not.*). — *Mercrinii, Mescraignes*, 1749 (pouillé). — *Mécring, Mescring*, 1756 (D. Calmet, *not.*).

Avant 1790, Barrois non mouvant, office, recette, cout. prév. et baill. de Saint-Mihiel, présid. de Toul, cour souveraine de Nancy. — Diocèse de Verdun, archid. de la Rivière, doy. d'Hattonchâtel. — Il y avait sur le finage de Mécrin un m^{in} à l'ordre de Malte.

En 1790, distr. de Saint-Mihiel, c^{ne} d'Apremont.

Actuellement, arrond. c^{on}, archipr. et doyenné de Commercy. — Écarts : Moscou, Moulin-à-Pierre. — Patron : saint Èvre.

Méholle (La), ruiss. dit aussi *ruisseau de Void*, qui prend sa source sous le bois de Dangerman, passe à Mauvages, à l'E. de Villeroy, à Sauvoy, à l'E. de Vâcon et à Void, au N. duquel il se jette dans la Meuse, après un cours de 13 kil. — *Mohola*, 1011 (carta Henrici II).

Meix-Robin, contrée, c^{ne} de Thonnelle.

Melassart, bois, c^{ne} de Saint-Germain.

Melche (Ruisseau de), qui prend sa source à la f. des Merchines, coule du N. au S. passe à Lisle-en-Barrois et se jette dans la Chée au-dessous de Louppy-le-Petit, après un cours de 7 kilomètres.

Mèle, contrée, c^{ne} de Vaux-devant-Damloup.

Méligny (Ruisseau de) ou ru de Méligny, qui prend sa source sur le territoire de Méligny-le-Grand, traverse ce vill. passe à Méligny-le-Petit et se jette dans la Barboure à Marson, après un cours de 6 kilomètres.

Méligny-le-Grand, vill. sur le ruiss. de Méligny, à 10 kil. à l'O. de Void. — *Meligneyum*, 1135 (Onera abbatum). — *Meligneyum-Magnum*, 1402 (regestr. Tull.). — *Meligny-le-Grant*, 1495-96 (Trés. des chartes, B. 6364). — *Meligneium-Magnum*, 1711 (pouillé); 1749 (*ibid.*).

Avant 1790, Barrois et France, vill. avec titre de baronnie, principauté, office et prév. de Commercy, coutume et bailliage de Vitry-le-François, présidial de Châlons, parlement de Paris. — Diocèse de Toul, archid. de Ligny, doy. de Meuse-Vaucouleurs.

Méligny-le-Grand avait deux seigneuries qui furent unies et érigées en baronnie en 1722.

En 1790, distr. de Commercy, c^{ne} de Saint-Aubin.

Actuellement, arrond. et archipr. de Commercy, c^{on} et doyenné de Void. — Écart : Moulin-Royal. — Patron : saint Èvre.

Méligny-le-Petit, vill. sur le ruisseau de Méligny, à 11 kilom. au S.-O de Void. — *Meligneyum*, 1135 (Onera abbatum). — *Meligneyum-Parvum*, 1402 (regestr. Tull.). — *Meligny-le-Petit*, 1495-96 (Trésor des ch. B. 6364). — *Meligneium=Parvum*, 1711 (pouillé); 1749 (*ibid.*).

Avant 1790, Barrois mouvant, office et prév. de Ligny, recette, cout. et baill. de Bar, présid. de Châlons, parlem. de Paris; le ru en était seul seigneur. — Dioc. de Toul, archid. de Ligny, doy. de Meuse-Vaucouleurs.

En 1790, distr. de Commercy, c^{ne} de Bovée.

Actuellement, arrond. et archipr. de Commercy, c^{on} et doy. de Void. — Patron : l'Invention de saint Étienne.

Mellene, anc. f. et étang, c^{ne} de Lachalade.

Ménand, font. c^{ne} de Rarécourt; se jette dans l'Aire, après un cours de 2 kilomètres.

Ménauça, bois comm. de Fouchères; faisait partie de la forêt de Ligny.

Menaucourt, vill. sur l'Ornain, à 5 kil. au S.-E. de Ligny. — *Mononis-curtis*, 1106 (bulle de Pascal II). — *Menoucourt*, 1495-96 (Trés. des ch. B. 6364); 1718 (Soc. Philom. lay. Menaucourt). — *Menaulcourt*, 1579 (proc.-verb. des cout.). — *Menoncourt*, 1700 (carte des États); 1778 (Durival). — *Menardicuria*, 1711 (pouillé). — *Menaucuria*,

1749 (*ibid.*). — *Menardi-curia, Menardi-curtis*, 1756 (D. Calmet, *not.*).

Avant 1790, Barrois mouvant, comté, office et prév. de Ligny, recette, cout. et baill. de Bar, présid. de Châlons, parlem. de Paris; le roi en était seul seigneur. — Dioc. de Toul, archid. et doy. de Ligny, annexe de Naix.

En 1798, distr. de Bar, c^on de Ligny.

Actuellement, arrond. et archipr. de Bar-le-Duc, c^on et doy. de Ligny. — Écarts : la Forge, le Patouillat. — Patron : saint Pierre-aux-Liens.

MÉNIL (Le), ancien faubourg de Verdun; était situé sous le mont Saint-Vanne, terrain occupé aujourd'hui par une partie de la citadelle. — *La maison qui siet au Manil*, 1260 (cartul. de la cathédr.). — *D'ou Manil*, 1263 (*ibid.*). — *Qui siet au Manil devant Saint-Remei au mont Saint-Vanne*, 1292 (*ibid.*) — *Domus sita in Manillo*, 1297 (*ibid.*).

MÉNIL (RUISSEAU DE), qui prend sa source au vill. de Ménil-aux-Bois et se jette dans la Meuse à Sampigny, après un cours de 7 kilomètres et demi.

MÉNIL-AUX-BOIS, vill. sur le ruiss. de Ménil, à 14 kil. au S.-E. de Pierrefitte. — *Le Manel*, 1571 (proc.-verb. des cout.). — *Manilla*, 1649 (Mâchon). — *Mesnil-aux-Bois*, 1656 (carte de l'évêché); 1738 (pouillé). — *Mesnil-au-Bois*, 1700 (carte des États). — *Manillum-in-Sylvis*, 1738 (pouillé). — *Manillum-in-Silvis*, 1749 (*ibid.*). — *Manile, Mansile*, 1756 (D. Calmet, *not.*).

Avant 1790, Barrois mouvant, comté, office et prév. de Sampigny, recette et baill. de Commercy, cout. de Saint-Mihiel, présid. de Bar, cour souveraine de Nancy. — Dioc. de Verdun, archid. de la Rivière, doy. de Saint-Mihiel.

En 1790, distr. de Saint-Mihiel, c^on de Sampigny.

Actuellement, arrond. et archipr. de Commercy, c^on et doy. de Pierrefitte. — Patron : saint Vanne.

MÉNIL-LA-HORGNE, vill. sur la gauche du Messelin, à 7 kilomètres à l'O. de Void. — *Menil-la-Horgne-de-Villebois*, 1586 (patente du duc Henri). — *Mesnilla-Horgne*, 1700 (carte des États). — *Mansilead-Horniam*, 1711 (pouillé); 1749 (*ibid.*). — *Magnillum-ad-Horniam*, 1736 (ann. præmonstr.). — *Manilœ-Hornæ*, 1756 (D. Calmet, *not.*).

Avant 1790, Lorraine, terre et principauté de Commercy, coutume et baill. de Vitry-le-François, présid. de Châlons, parlement de Paris. — Dioc. de Toul, archid. de Ligny, doyenné de Meuse-Commercy.

En 1790, distr. de Commercy, c^on de Saint-Aubin

Actuellement, arrond. et archipr. de Commercy, c^on et doy. de Void. — Écart : Riéval. — Patron : saint Bénigne.

MÉNIL-SOUS-LES-CÔTES OU MÉNIL-EN-WOËVRE, vill. sur le Longeau, à 4 kil. à l'O. de Fresnes-en-Woëvre. — *Masnile*, 1049 (bulle de Léon IX). — *Masniolus*, 1106 (bulle de Pascal II). — *Masna?* 1179 (cart. de Saint-Paul). — *Manils*, 1218 (cart. de la cathéd.) — *Masnil-en-Wevre-de-lez-Saint-Benoist-dessous-Hadonchastel*, 1240 (reprises de Thibaut, comte de Bar). — *Le fiez dou Masnil Woëvre de leis Saint-Benoist dessous Hadon-Chastel*, 1240 (paix et accord entre le duc de Bar et l'év. de Verdun). — *Manillum*, 1242 (cart. de la cathédr. p. 162); 1738 (pouillé). — *Lou Manil*, 1242, 1252 (cart. de la cathédr. p. 33). — *Au Manil*, 1332 (accord entre l'év. de Verdun et le voué de Fresnes). — *Le Mesnil*, 1378 (cession de la vaine pâture, arch. comm.); 1656 (carte de l'év.); 1700 (carte des États). — *Mesny*, 1549 (Wassebourg). — *Mesnilla*, 1642 (Mâchon). — *Le Ménil*, 1738 (pouillé). — *Ménil*, 1743 (proc.-verb. des cout.).

Avant 1790, Verdunois, terre du chapitre, anc. justice des chanoines de la cathédr. prév. d'Harville, cout. baill. et présid. de Verdun, parlem. de Metz. — Dioc. de Verdun, archid. de la Rivière, doy. d'Hattonchâtel.

En 1790, distr. de Verdun, c^on de Fresnes-en-Woëvre.

Actuellement, arrond. et archipr. de Verdun, c^on et doy. de Fresnes-en-Woëvre. — Écart : le Moulin. — Patron : saint Brice.

MÉNIL-SUR-SAULX, vill. sur la Saulx, à 14 kil. au N.-O. de Montiers-sur-Saulx. — *Mesnus-sur-Saulx*, 1301 (abb. d'Écurey, archiv. de la Meuse). — *Manillisupra-Salocum*, 1402 (regestr. Tull.). — *Mesnilzsus-Saulx*, 1402 (*ibid.*). — *Mesnulz-sur-Saulx*, 1579 (proc.-verb. des coutumes). — *Manile-super-Saltum*, 1711 (pouillé); 1749 (*ibid.*). — *Mansile-super-Saltum*, 1756^(D. Calmet, *not.*).

Avant 1790, Barrois mouvant, office de Morley, marquisat et prév. de Stainville, recette, coutume et baill. de Bar, présid. de Châlons, parlement de Paris. — Dioc. de Toul, archid. de Rincl, doy. de Dammarie.

En 1790, distr. de Bar, c^on de Stainville.

Actuellement, arrond. et archipr. de Bar-le-Duc, c^on et doy. de Montiers-sur-Saulx. — Patron : la Conception de la Vierge.

MÉNINSEL, bois comm. de Pareid.

MÉNONCOURT, f. et chapelle ruinée, c^on de Triaucourt. — *Mansionis-curtis*, 1061 (cartul. de Saint-Vanne).

19.

— *Notre-Dame de Menoncour*, 1656 (carte de l'év.);
1700 (carte des États). — Était anciennement un
prieuré sous le titre de Notre-Dame, appartenait à
l'abbaye de Beaulieu et dépendait du dioc. de Châlons, archid. d'Astenay, doy. de Possesse. —
Ménonville, b. et m^{in}, c^{ne} de Chauvoncourt. — *Mon-
nonevilla*, 709 (test. Vulfoadi). — *Mononisvilla*,
921 (dipl. de Charles le Simple); 1106 (bulle de
Pascal II). — *Monsonis-villa*, 1061 (cartul. de
Saint-Vanne). — *Menonuille*, 1363 (abb. de Saint-
Mihiel). — *Menonvilla*, 1405 (coll. lorr. t. 260 *bis*,
46, p. 19). — *Manonville*, 1429 (*ibid.* t. 260.46,
p. 8); 1749 (pouillé). — *Mononville*, 1707 (carte
du Toulois). — *Moneville*, 1791 (décret pour la circonscription des paroisses).

Avant 1790, Barrois mouvant, faisant une seule
communauté avec Chauvoncourt, office, recette,
cout. prév. et baill. de Saint-Mihiel, présid. de
Toul, cour souveraine de Nancy; le roi en était seigneur haut et moyen justicier; l'abbé de Saint-Mihiel, seigneur foncier.

Menuchamp, contrée, c^{ne} de Rumont.

Menui, contrée, c^{ne} de Cheppy.

Mens (Rue), à Bar-le-Duc.

Menton, côte, c^{ne} de Sorcy.

Méraucourt, f. c^{ne} de Bezonvaux. — *Meraldi-curtis*,
1047 (cart. de Saint-Vanne). — *Meraucort*, 1262
(cart. de Saint-Paul). — *Meraucourt*, 1268 (cart.
de la cathédrale). — *Castrum Miraldi-curiæ*, 1681
(biograph. latine des prof. de l'Université de Pa-
doue).

En 1743, dépendait d'Ornes, était terre d'év.
prév. de Dieppe, cout. et baill. de Verdun.

Mérauvaux, f. c^{ne} de Villers-sous-Bonchamp. — *Maravallis*, 1160 (cart. de Saint-Paul). — *Maraval*,
1165 (*ibid.*). — *Meraval*, 1219, 1283 (cart. de
la cathédr.) — *Merevaul*, 1289 (cart. de Saint-
Paul). — *Merowault*, 1392 (traité entre l'év. de
Verdun et le comte de Bar). — *Mervault*, 1372
(vente par Jean d'Hannonville). — *Murauvaux*,
1519 (cession aux habitants de Ménil). — *Moro-
vaux*, 1656 (carte de l'év.). — *Merauuault*, 1674
(Husson l'Écossais).

Ancienne baronnie, terre et seigneurie dont la
maison de nom et d'armes, noble et ancienne, sous
la châtellenie de Frosnes-en-Woëvre, depuis longtemps éteinte, portait : *d'or, au lion d'azur, armé,
lampassé et couronné de gueules* (Husson l'Écossais).

Mercamé, m^{in}, c^{ne} de Muzeray. — *Mercamex*, 1238
(cart. de la cathédr.).

Mercerie, contrée, c^{ne} de Dombasle.

Mercuinns (Les) ou les Merchiennes, f. c^{ne} de Lisle-
en-Barrois. — *Melche*, 1162 (abb. de Lisle, donat.
de l'abb. de Beaulieu); 1756 (D. Calmet, *not.*). —
Melchia, Miercke, xiie siècle (abb. de Lisle, archiv.
de la Meuse). — *La Marchienne*, 1700 (carte des
États).

Merdisson (Le), ruiss. qui prend sa source sur le territoire de Neuvilly et se jette dans l'Aire, après un
cours de 2 kilomètres.

Mère-Bois, bois comm. de Demange-aux-Eaux.

Ménivaux, contrée, c^{ne} de Moulins.

Merlanvoé, étang, c^{ne} d'Auréville.

Merles, vill. sur la rive gauche du Loison, à 7 kil. au
N. de Damvillers. — *Merla*, ixe siècle (Bertaire);
1049 (bulle de Léon IX); 1127 (cart. de la cath.);
1549 (Wassebourg). — *Marlegium*, xe siècle (polypt.
de Reims). — *Marleium*, 952 (dipl. de l'empereur
Otton); 962 (bulle de Jean XII); xiie siècle (Laurent
de Liége). — *De Merula*, 1061 (concil. dans Hardouin, t. VI, p. 1054). — *Apud Merulam* 1198 (cart.
de la cathédrale). — *Merula*, 1224, 1225 (*ibid.*);
1738 (pouillé). — *Merle*, 1283 (cart. de la cath.);
1700 (carte des États); 1738 (pouillé). — *Merna-
cum-castrum*, 1502 (lettr. de l'emp. Maximilien Ier).
— *Merles* et *Merlot*, 1642 (Mâchon).

Avant 1790, Verdunois, terre du chapitre, chef-
lieu de prévôté, ancienne justice des chanoines de
la cathédr. cout. baill. et présid. de Verdun, parlem.
de Metz. — Dioc. de Verdun, archid. de la Princerie, doy. de Chaumont, annexe de Dombras.

La prév. de Merles, qui, dans les derniers temps,
fut réunie à celle de Marville, était composée des
localités dont les noms suivent : Boëmont, Crépion,
Dimbley, Dombras, Écurey, Flabas, Merles, Moirey, Molé, Ville-devant-Chaumont, Vittarville.

En 1790, distr. d'Étain, c^{ne} de Saint-Laurent.
Actuellement, arrond. et archipr. de Montmédy,
c^{on} et doy. de Damvillers. — Écarts : la Cuve, Molé.
— Patron : saint Christophe.

Merlette, contrée, c^{ne} d'Aubréville.

Merliers, bois comm. de Boureuilles.

Mertelines, contrée, c^{ne} de Ville-devant-Belrain.

Mervale, bois comm. de Sommelonne.

Mesnil-sous-les-Côtes ou Mesnil-en-Woëvre. — Voy.
Ménil-sous-les-Côtes.

Messelin (Le), ruiss. qui prend sa source sur le territoire de Ménil-la-Horgne, traverse ce village, passe
à Riéval et se jette dans le Fluent à Void, après un
cours de 8 kilomètres.

Messire-Gérard, bois comm. de Forges.

Metz (Le), bois comm. d'Houdelaincourt, sur le territoire de Saint-Joire.

Metz-le-Déléal, f. c^{ne} de Saint-Joire.

MEUFONTAINE, contrée, c⁰ᵉ de Sivry-la-Perche.

MEUMONT, contrée, cⁿᵉ de Lemmes.

MEUNIER (CULÉE-LE-), bois comm. de Neuvilly.

MEURISSONS (RUISSEAU DES), qui prend sa source dans la forêt d'Argonne, vis-à-vis de Boureuilles, et se jette dans la Biesme au Four-de-Paris, après un cours de 5 kilomètres.

MEURNIER (LE), f. ruinée, cⁿᵉ de Senon.

MEURTEL, bois comm. de Juvigny-sur-Loison.

MEUSE, contrée, cⁿᵉ de Bar-le-Duc.

MEUSE, faubourg, cⁿᵉ de Stenay.

MEUSE (DÉPARTEMENT DE LA), est situé dans la partie N.-E. de la France et borné au N.-O. par le département des Ardennes, à l'O. par celui de la Marne, au S. par ceux de la Haute-Marne et des Vosges, à l'E. par celui de la Meurthe, au N.-E. par celui de la Moselle, au N. par la Belgique.

Le dép' de la Meuse s'est formé en vertu de la loi du 4 mars 1790; il comprend l'ancien Barrois, une partie de la Lorraine et des Trois-Évêchés, une portion du Luxembourg et de la Champagne; il reçut dans le principe le nom de *département du Barrois*; mais, peu après, cette dénomination fut changée et il prit le nom de l'une des principales rivières qui en arrosent le territoire, dont la superficie est de 623,110 hectares.

Le département de la Meuse fut d'abord divisé en soixante-dix-neuf cantons dépendant de huit districts, qui étaient ceux de Bar-le-Duc, Clermont-en-Argonne, Commercy, Étain, Gondrecourt, Saint-Mihiel, Stenay, Verdun.

En 1795 (an IV), la division en districts fut supprimée et celle des cantons maintenue.

Enfin, le 17 février 1800 (28 pluviôse an VIII), le dép' fut divisé en quatre arrond. communaux, qui sont ceux de Bar-le-Duc, Commercy, Montmédy, Verdun; et par arrêté du 19 octobre 1801 (27 vendémiaire an XI), le nombre des cⁿᵉˢ fut réduit à vingt-huit; ces cⁿᵉˢ sont ceux de Ancerville, Bar-le-Duc, Charny, Clermont-en-Argonne, Commercy, Damvillers, Dun, Étain, Fresnes-en-Woëvre, Gondrecourt, Ligny-en-Barrois, Montfaucon, Montiers-sur-Saulx, Montmédy, Pierrefitte, Revigny, Saint-Mihiel, Souilly, Spincourt, Stenay, Triaucourt, Varennes, Vaubecourt, Vaucouleurs, Vavincourt, Verdun, Vigneulles-lez-Hattonchâtel et Void.

Il renferme 587 cⁿᵉˢ, parmi lesquelles on compte 16 villes, 20 bourgs, 551 vill. dont dépendent environ 500 h. f. ou écarts.

Chef-lieu : Bar-le-Duc.

MEUSE (FORÊT DE), vaste tenue de bois domanial qui s'étend sur les territoires de Bouquemont, Thillom-bois, Courouvre, Issoncourt, Heippes, Rambluzin et Récourt.

MEUSE (LA), rivière qui a sa source au vill. de Meuse (Hᵗᵉ-Marne), fait son entrée dans le département à Brixey-aux-Chanoines, en sort à Pouilly, après avoir arrosé les cⁿᵉˢ de Goussaincourt, Sauvigny, Burey-la-Côte, Pagny-la-Blanche-Côte, Montbras, Taillancourt, Maxey-sur-Vaise, Champougny, Sepvigny, Burey-en-Vaux, Neuville-lez-Vaucouleurs, Chalaines, Vaucouleurs, Rigny-la-Salle, Ugny, Saint-Germain, Ourches, Pagny-sur-Meuse, Troussey, Void, Laneuville-au-Rupt, Sorcy, Vertuzey, Ville-Issey, Euville, Commercy, Vignot, Lérouville, Boucourt, Pont-sur-Meuse, Vadonville, Mécrin, Sampigny, Brasseitte, Han-sur-Meuse, Ailly, Kœur-la-Grande, Kœur-la-Petite, Bislée, Saint-Mihiel, Chauvoncourt, les Paroches, Maizey, Dompcévrin, Rouvrois-sur-Meuse, Bannoncourt, Lacroix, Woimbey, Bouquemont, Troyon, Tilly, Ambly, Villers-sur-Meuse, Génicourt, Monthairon, Ancemont, Dieue, Dugny, Haudainville, Belleray, Verdun, Thierville, Belleville, Charny, Bras, Vacherauville, Marre, Chattancourt, Cumières, Champneuville, Samogneux, Régneville, Forges, Brabant-sur-Meuse, Consenvoye, Gercourt-et-Drillancourt, Dannevoux, Sivry-sur-Meuse, Vilosnes, Brieulles-sur-Meuse, Liny-devant-Dun, Cléry-le-Petit, Doulcon, Dun, Milly-devant-Dun, Mont-devant-Sassey, Sassey, Saulmory et Villefranche, Mouzay, Wiseppe, Stenay, Laneuville-sur-Meuse, Cesse, Luzy, Martincourt, Inor, Autréville et Pouilly.

La Meuse coupe le département et le traverse du S. au N. dans toute sa longueur, y présentant un développement d'environ 226 kilomètres; elle pénètre ensuite dans le dép' des Ardennes, se rend en Belgique, où elle traverse les provinces de Namur et de Liége, sert de limite au Limbourg belge et au Limbourg hollandais, pénètre en Hollande, où elle se divise en un grand nombre de bras qui vont se perdre dans la mer du Nord, après un cours total d'environ 1,000 kilom. — *Mosa profluit ex monte Vosego*, vers 48 av. J.-C. (Comment. de César, *de Bell. Gall.* IV, 10). — *Mosaas*, 1ᵉʳ siècle (Strabon). — *Ad fines Mosæ fluv.* IIIᵉ siècle (Table Théodosienne ou de Peutinger). — *Mosa*, IVᵉ siècle (Ausone); 709 (test. Vulfoadi); 780 (donat. d'Angelram); 825 (dipl. de Louis le Débonnaire); 870 (partage de l'empire); 922 (confirmat. par Charles le Simple); 1011 (carta Henrici II); 1033 (dipl. de Conrad); XIIᵉ siècle (Laurent de Liége); 1127 (cart. de la cathédr.). — *Flumen Mosæ*, 852 (carta Ragneri). — *Masau superior, Masau subterior*, 870 (partage de l'empire). — *Super fluvium Mosam*, 968 (dipl. de saint Gérard, év. de Toul). — *Mosani cursus*, 1093 (hôtel de ville de Verdun, ch. de la paroisse Saint-Sauveur). — *Moza*, 1135 (Onera abbatum). — *Mueze*, 1268, 1269, 1270, 1284, 1296 (cart. de la cathédr.). — *En Mueze*, 1278 (cart. de Saint-Airy). — *Surs Mueze*, 1327 (ch. des comptes de Bar). — *Sur Mueze*, 1331 (ch. des comptes, c. de Saint-Mihiel). — *Sur Mueuze*, 1411 (ch. des comptes de Bar). — *Moze*, 1426 (arch. de la Meuse).

La Meuse forme un grand bassin, qui dépend de celui du Rhin; ce bassin, dont le niveau est très-inférieur aux plaines de la Woëvre, laisse à l'E. les bassins de la Moselle et de la Chiers, et à l'O. celui de la Seine; il est formé dans le dép¹ par la chaîne des côtes dites *de la Woëvre* ou *les Côtes;* ses principaux cours d'eau sont, pour la circonscription dont nous nous occupons : la Meuse, qui est la plus considérable des rivières du département, la Meholle, le ru de Creue, le ruiss. de Forges, l'Andou et la Wiseppe.

MEUSE-COMMERCY, MEUSE-VAUCOULEURS (DOYENNÉS DE), *decanatus de Commerceio, decanatus de Valle-Coloris* (Topog. ecclés. de la France); faisaient partie du dioc. de Toul et dépendaient de l'archid. de Ligoy; ils avaient été formés, au commencement du XVIII° siècle, du démembrement du doy. de *la Rivière de Meuse.* — Voy. COMMERCY, VAUCOULEURS.

MIAUSE, contrée, c^ne de Doncourt-aux-Templiers.

MIDUZY, h. c^ne de Saint-Jean-lez-Buzy.

MICHELOT (PONT), sur le ruisseau des Archets, c^ne de Doulcon.

MIDI (CHAMP-), bois, c^ne de Lisle-en-Barrois; faisait partie de la forêt d'Argonne.

MIELFONTAINE, contrée, c^ne de Béthincourt.

MIENLIERS, contrée, c^ne de Boureuilles.

MIGNÉVAL, font. c^ne de Belleray.

MIGNÉVAUX, contrée, finage de Billemont. — *La Maladrerie*, 1760 (arch. comm. de Belleray). — *Migné-val*, 1768 (*ibid.* plan figuratif).

Était une léproserie située près de la fontaine l'avée, où l'on voit encore une touffe de sureau qui faisait partie de la haie de clôture de cet établissement.

MIGNOLES, contrée, c^ne de Montplonne.

MIGNONTELLE, contrée, c^ne de Lemmes.

MIGUÉAVE (RUE), à Verdun.

MIJA, contrée, c^ne d'Hattonchâtel.

MIJOTE, contrée, c^ne de Baalon.

MILAUMONT, bois comm. de Gironville.

MILLET, étang, c^ne d'Haudiomont.

MILLIÈRE, bois comm. d'Aulnois-sous-Vertuzey et de Salmagne.

MILLIÈRE, contrée, c^ne de Corniéville.

MILLIOTAIRE, contrée, c^ne de Brauvilliers.

MILLY (RUISSEAU DE), qui prend sa source à la font. du Pain-d'Avoine, sur le territoire de Murvaux, passe au m^in du Haut-Paquis, à Murvaux, à Milly-devant-Dun, et se jette dans la Meuse vis-à-vis de Sassey, après un cours de 7 kilomètres.

MILLY-DEVANT-DUN, vill. sur le ruiss. de Milly, à 2 kil. au N. de Dun. — *Milleium*, 1049 (bulle de Léon IX); 1127 (cart. de la cathédr.). — *Millei*, 1276 (*ibid.*). — *Milley*, 1483 (coll. lorr. t. 201.46, A. 21). — *Milly*, 1571 (proc.-verb. des cout.). — *Milly*, 1573 (Lamy, sentence du baill. de Saint-Mihiel).

Avant 1790, Clermontois, comté de Dun, cout. de Saint-Mihiel, bailliage de Clermont séant à Varennes, prévôté de Dun, cour des *Grands jours* de Saint-Mihiel, parlem. de Metz et ensuite de Paris. — Dioc. de Reims, archid. de Champagne, doy. et annexe de Dun.

En 1790, distr. de Stenay, c^on de Dun.

Actuellement, arrond. et archipr. de Montmédy, c^on et doy. de Dun. — Écart : Chevaudan. — Patron : saint Pierre-aux-Liens.

MILONVAL, contrée, c^ne de Ligny.

MILPAVAUX, contrée, c^ne de Boinville.

MINIAL, étang, c^ne de Lachaussée.

MINIÈRE, contrée, c^ne d'Iré-le-Sec.

MINIMES (LES), contrée, c^ne de Commercy.

MINIMES (LES), h. c^ue de Marchéville; était anciennement une maison religieuse dont la fondation date de 1614.

MINIMES (LES), couvent ruiné, c^ne de Sampigny; était situé sur la côte Sainte-Lucie.

MINIMES (LES), ancien couvent, à Saint-Mihiel; fondé en 1586 sur l'emplacement du prieuré de Saint-Thiébaut-lez-Saint-Mihiel.

MINIMES (LES), ancien couvent, à Verdun; fondé en 1575 par Nicolas Psaume, évêque de Verdun, sur l'emplacement du prieuré de Saint-Louis; dédié en 1580 à saint François-de-Paule et à saint Louis.

MINIMES (RUE DES), à Bar-le-Duc, Saint-Mihiel et Verdun.

MINON, contrée, c^ne de Mouzay.

MIQUETTE, contrée, c^ne de Marre.

MIRACLE, contrée, c^ne de Ligny.

MIRIAVAUX, contrée, c^ne de Maizay.

MIROIR, bois comm. de Flabas.

MIRVAUT, chât. ruiné, à Bar-le-Duc. — *Mireaut*, 1179 (cart. de Jeand'heures). — *Mirovalt*, 1435 (ch. des comptes de Bar). — *Châtel de Mirovalt*, 1564 (test. de Demengin Housset). — *Castrum de Miroval*, xve siècle (Histoire de Lorraine, t. Ier, p. ccxx). —— *Château de Mirouault*, 1756 (D. Calmet, *not.*).

Ce château n'existait déjà plus dans la première moitié du xve siècle; il en est ainsi fait mention dans un titre de la chambre des comptes de Bar, du 15 mars 1435 : *une place-masure où soulait être jadis partie du vieux château, dit Miroualt, séant au bourg de Bar, près le cours d'eau du moulin, à charge d'y faire bâtir maison, etc.* — D. Calmet, dans sa *notice de la Lorraine*, t. I, suppl. p. 56, cite en outre le testament d'un nommé Demengin Housset, bourgeois de Bar, du 29 juillet 1564, par lequel celui-ci assigne pour la fondation de la chapelle de l'Annonciation, dans l'église de Notre-Dame, sa maison sise au bourg de Bar, *«en leu qu'on dit le châtel de Miroualt»*.

MISLÉVAUX, contrée, cne de Brauvilliers.

MISQUETTE, contrée, cne de Nubécourt.

MISSION (LA), contrée, cne de Fresnes-en-Voëvre.

MODIAUX, contrée, cne de Damloup.

MOÉCHAMP, contrée, cne de Damloup.

MOELLEMONT, contrée, cne de Récourt.

MOOÉMONT, h. ruiné vers le xvie siècle, entre les Éparges et Ménil-sous-les-Côtes.

MOGEVILLE, vill. sur le ruiss. de Mogeville, à 8 kil. à l'O. d'Étain. — *Amogisi-villa*, 1047 (cart. de Saint-Vanne). — *Amogesi-villa*, 1048 (*ibid.*). — *Amongesivilla*, 1061 (*ibid.*) — *Mougéville*, 1262, 1263, 1273 (cart. de la cathédr.). — *Mogeville*, 1515 (Lamy, contrat de N. de Beauchamp). — *Mogevil*, 1700 (carte des États).— *Mogeville*, 1738 (pouillé).

Avant 1790, Verdunois, terre d'évêché, prév. de Dieppe, cout. baill. et présid. de Verdun, anciennes assises des quatre paris de l'év. parlem. de Metz. — Dioc. de Verdun, archid. de la Princerie, doy. de Chaumont, annexe de Maucourt.

En 1790, distr. d'Étain, cne de Morgemoulins.

Actuellement, arrond. et archipr. de Verdun, cne et doy. d'Étain. — Patron : saint Saintin; annexe de Maucourt.

MOGEVILLE (RUISSEAU DE), qui prend sa source au vill. de ce nom et se jette dans le ruisseau de Vaux au-dessus de Morgemoulins, après un cours de 3 kilomètres.

MOGNÉVILLE, vill. sur la Saulx, à 6 kil. au S. de Revigny. — *Magnavilla*, 884 (dipl. de Charles le Gros); 922 (confirmat. par Charles le Simple). — *Moigneivile*, 1141 (cart. de Jeand'heures). — *Mougneville*, 1267 (chambre des comptes de Bar, B. 204); 1579 (proc.-verb. des cout.). — *Magnevilla, Mognevilla, Moignevilla, Moingnevilla*, 1402 (regestr.

Tull.). — *Mongnéville*, 1579 (proc.-verb. des cout.), 1778 (Durival). — *Moigneville*, 1700 (carte des États). — *Magnaivilla*, 1707 (carte du Toulois). — *Magniaca-villa*, 1711 (pouillé); 1749 (*ibid.*). — *Moniaca-villa, Media-villa*, 1756 (D. Calmet, *not.*).

Avant 1790, Barrois mouvant, vill. avec titre de marquisat et de prév. baillingère, jurid. du bailly, office, recette, cout. et baill. de Bar, présid. de Châlons, parlem. de Paris. — Dioc. de Toul, archid. de Rinel, doy. de Robert-Espagne.

Il y avait à Mognéville un hôpital et un château dans lequel était une chapelle sous le titre de Saint-Nicolas; le seigneur du lieu en était collateur; ce marquisat comprenait Mognéville et Varney.

En 1790, distr. de Bar, cne de Beurey.

Actuellement, arrond. et archipr. de Bar-le-Duc, cne et doy. de Revigny.— Écarts : la Maison-Blanche, Maillot. — Patron : saint Remy.

MOHA (GRAND-), ruiss. cne de Saulmory et Villefranche.

MOHA (PETIT-), ruiss. qui se jette dans la Meuse entre Saulmory et Villefranche.

MOIÉMONT, bois comm. de Maxey-sur-Vaise.

MOINEMONT, bois, cne de Tréveray.

MOINES (LES), contrée, cne de Buxerulles.

MOINES (LES), bois comm. de Villers-sous-Pareid.

MOINES (LES), bois, cne de Villotte-devant-Louppy.

MOINEVILLE, bois comm. de Saint-André. — *Prope Mediavilla*? 1179 (cart. de Saint-Paul).

MOIREY, vill. sur la droite de la Tinte, à 4 kil. au S. de Damvillers. — *Maureium*, ixe siècle (Bertaire). — *De Moreio*, 1049 (bulle de Léon IX); 1127, 1204, 1239 (cart. de la cathédr.); 1738 (pouillé). — *Ad Mourei et ad Villare*, 1061 (cart. de Saint-Vanne). — *Moirei*, 1240, 1297 (cart. de la cathédr.). — *Moirey*, 1240, 1287 (*ibid.*). — *Morey*, 1257, 1296 (*ibid.*). — *Mayrey, Moretz*, 1549 (Wassebourg). — *Moyreium*, 1642 (Mâchon).

Avant 1790, Verdunois, terre du chapitre, prév. de Merles, cout. baill. et présid. de Verdun, ancienne justice des chanoines de la cathédr. parlem. de Metz. — Dioc. de Verdun, archid. de la Princerie, doy. de Chaumont.

En 1790, distr. de Verdun, cne de Damvillers.

Actuellement, arrond. et archipr. de Montmédy, cne et doy. de Damvillers. — Écart : Maillot. — Patron : saint Michel.

MOLÉ ou MOLEY, h. cne de Merles. — *Mellula*, 1198, 1225 (cart. de la cathédr.). — *Mella*, 1204 (*ibid.*). — *Mollet*, 1227 (charte d'affranch. de Villers-lez-Mangiennes). — *Aîns bois de Melle*, 1230 (cart. de la cathédr.). — *Melle*, 1238, 1243, 1244, 1270 (cart. de la cathédr.). — *Mollet*, 1248 (cart. de Saint-Paul). — *Mollette*, 1270 (cart. de cathéd.). — *In fine de Melle*, 1296 (*ibid.*). — *Mele*, 1549 (Wassebourg). — *Merlot*, 1642 (Mâchon). — *Moley*, 1743 (proc.-verb. des cout.).

MOLLEN, étang, cne de Boureuilles.

MOLLEVILLE, f. cne de Consenvoye. — *Moslavilla*, 1049 (bulle de Léon IX); 1127 (cart. de la cathéd.). — *Moulleville*, 1220 (*ibid.*). — *In banno de Molevillæ*, 1238 (*ibid.*). — *Mouleville*, 1238, 1240, 1244, 1283, 1285, 1299 (*ibid.*). — *Moleville*, 1240, 1299 (*ibid.*); 1743 (proc.-verb. des cout.).

MOULLU, bois comm. de Demange-aux-Eaux.

MOULLOT, bois domanial, cne de Lachalade et du Claon; faisait partie de la forêt d'Argonne.

MOULTON, mon isolée, cne de Neuville-sur-Orne.

MONCÉ, mln ruiné, cne de Butgnéville.

MONCEL, bois comm. de Pagny-la-Blanche-Côte.

MONCEL, h. cne d'Aubréville. — *Marcelliacus-fiscus et Arborei-villa*, ixe siècle (Bertaire). — *Marcellani-villa*, 984, 1179 (cart. de Saint-Paul). — *Mont-cels*, 1571 (proc.-verb. des cout.). — *Moncy*, 1700 (carte des États). — *Moncelx*, 1712 (hist. ms de l'abb. de Beaulieu). — *Moncelle*, 1745 (Roussel).

En 1571, Moncel était haute justice et hameau, cout. baill. et prév. de Clermont-en-Argonne.

MONCELLE, mln, cne de Marchéville; a pris son nom d'un hameau qui fut ruiné vers le xvie siècle. — *Monsey-en-Voipvre*, 1391 (reconnaissance de Thiébaut Des Armoires au duc de Bar). — *Moncel-lez-Marché-ville*, 1500 (arch. de Marchéville). — *Monticelli*, 1756 (D. Calmet, not.). — *Moncel*, 1741 (proc.-verb. des coutumes).

MONCEY, bois comm. de Gesnes.

MONCOURT, vill. ruiné, actuellement chapelle isolée, cne de Sauvigny. — *Moncoue*, 1719 (arch. comm. de Sauvigny).

Cette localité fut détruite vers le xve siècle.

MONCOURT (FINS-DE-), contrée, cne d'Hargeville.

MONCOURT (VOIE DE), ancien chemin, cne de Brixey-aux-Chanoines.

MONDRECOURT, vill. sur la font. Saint-Albin, à 16 kil. à l'E. de Triaucourt. — *Mundrico-curtis*, 1041 (dipl. de l'empereur Henri III). — *Mondrecour*, viie siècle (abb. de Lisle); 1656 (carte de l'év.). — *Mondrecort*, 1234, 1254 (cart. de Saint-Paul). — *Mondrecuria*, 1738 (pouillé); 1749 (*ibid.*).

Avant 1790, Barrois mouvant, baronnie et prév. d'Issoncourt, office de Souilly, recette, coutume et baill. de Bar, présid. de Châlons, parlem. de Paris. — Dioc. de Verdun, archid. d'Argonne, doy. de Souilly, annexe d'Issoncourt.

En 1790, distr. de Verdun, cne de Beauzée. Actuellement, arrond. et archipr. de Bar-le-Duc, cne et doy. de Triaucourt.

MONGARELLE, contrée, cne d'Eix.

MONGÉFOUR, contrée, cne de Boureuilles.

MONGRIGNON, f. cne de Belleville.

MONGRIMONT, contrée, cne de Trésauvaux.

MON-IDÉE ou LOPINGO, f. cne de Bazeilles.

MONNEMONT-RUINÉ, f. cne d'Haumont-près-Samogneux. — *Mnemont*, 1656 (carte de l'évéché); 1745 (Roussel). — *Menemont-Ruiné*, 1700 (carte des États.) — *Menemont*, 1743 (procès-verbal des coutumes).

MONNOYS, bois comm. d'Hadonville-sous-Lachaussée.

MONPLAISIR, ancien écart, cne de Commercy.

MONPLAISIR, f. cne de Fains, Nettancourt et Savonnières-devant-Bar.

MONSIEUR, bois, cne de Warcq.

MONT (BAS-DU-), font. cne de Monthairons.

MONT (LE) ou CHÂTEAU DU MONT, f. cne de Bazeilles, ancienne cense fief à Bazeilles. — *Houmont*, 1700 (carte des États). — *Aumont*, 1760 (Cassini).

MONT (LE), bois et côte, cne de Loupmont.

MONT (LE), contrée, cne de Tréveray.

MONTAGNE (LA), bois domanial, cne d'Annonville-sous-les-Côtes.

MONTAGNE (LA), bois comm. de Damloup et de Varné-ville.

MONTAGNE (LA), bois comm. de Fresnes-en-Woëvre et de Manheulles, sur le territoire d'Haudiomont.

MONTAT, contrée, cne de Charny.

MONTAUBAIN, hôtel ruiné, à Verdun. — *Maison Montaulbin*, xive et xve siècle (hôtel de ville, reg. des délibérations.)

Était situé dans la rue de la Vieille-Prison; servit d'hôtel de ville depuis l'an 1388 jusqu'en 1738, époque à laquelle ce bâtiment fut converti en prison : actuellement remplacé par des maisons particulières qui portent les nos 12, 13 et 14.

MONTAUBÉ, f. cne d'Azannes; nommée sur d'anciens titres : *Mont-Urbel*, *Mont-Auberon*, *Mont-Aubé*. Était prévôté de Mangiennes, cout. et baill. de Verdun.

MONT-AU-BOIS, papeterie, cne de Lavignéville.

MONT-AU-BOIS, contrée, cne de Nixéville.

MONTAUX, rue, à Bar-le-Duc.

MONT-AUX-BRUZES, h. cne d'Hattonchâtel; a pris son nom de la côte sur laquelle fut établi le vill. d'Hattonchâtel. — *Mont-aux-Bruges*, 1780 (archives de la famille L'Hoste). — *Mont-aux-Brus*, 1778 (Durival).

MONTBLAINVILLE, vill. sur la rive gauche de l'Aire, à

3 kil. au N. de Varennes.— *Monblainvilla*, x⁰ siècle (*Virdunensis comitatus limites*). — *Mamblavilla*, 1549 (Wassebourg). — *Montblaiville*, 1571 (proc.-verb. des coutumes).—*Monblainvilla beati Martini*, xvi° siècle (pouillé ms de Reims). — *Momblainville*, 1648 (pouillé de Reims); 1700 (carte des États). — *Monblainville*, 1656 (carte de l'év.). — *Mons-Beleni*, 1844 (l'abbé Clouët).

Avant 1790, Clermontois, ancienne justice des princes de Condé, qui en étaient seigneurs hauts, moyens et bas justiciers; prév. de Varennes, cout. et baill. de Clermont, présid. de Reims, parlem. de Paris. — Dioc. de Reims, archid. de Champagne, doy. de Grandpré et ensuite de Varennes.

En 1790, distr. de Clermont-en-Argonne, c°° de Varennes.

Actuellement, arrond. et archipr. de Verdun, c°° et dôyenné de Varennes. — Écarts : Alger, Belair, Champoilloux, Écluse, la Forge. — Patron : saint Martin.

Montbras, vill. et chât. sur le ruiss. de Vouthon, à 9 kil. au S. de Vaucouleurs. — *Bras, Brachier*, 1402 (regestr. Tull.). — *Monbras*, 1700 (carte des États). — *Château-de Bras*, 1711 (pouillé).

Avant 1790, Champagne, cout. de Chaumont-en-Bassigny, terre et prév. de Vaucouleurs, baill. et présidial de Chaumont, parlement de Paris.— Diocèse de Toul, archid. de Ligny, doy. de Gondrecourt.

En 1790, distr. de Gondrecourt, c°° de Maxey-sur-Vaise.

Actuellement, arrond. et archipr. de Commercy, c°° et doyenné de Vaucouleurs, paroisse de Taillancourt.

Mont-Cé, côte et bois domanial, c°° de Montmédy.— *Nemus de Moncais*, 1239 (archives de Lorr. et de Luxemb. ch. du comte Arnoux).

Mont-Cé ou Moncé, f. ruinée, c°° de Montmédy.— *Actum est hoc apud Monssuns; comes Moncionis*, 1158 (cart. de Saint-Paul, p. 142).

Cette cense était placée sous la suzeraineté commune des ducs de Bar et de ceux de Luxembourg (de 1270 à 1603); elle était le bénéfice militaire des capitaines prévôts de la châtellenie de Montmédy.

Mont-Cé, contrée, c°° de Villotte-devant-Saint-Mihiel.

Montclin, côte, c°° de Montsec; c'est sur cette côte, au sommet de laquelle on voit des traces de camp antique, que M. Denis place le *Castrum Vabrense* dont parle Grégoire de Tours. — Voy. Woëvre (Camp ou Château de).

Meuse.

Montcy, contrée, c°° d'Esnes.

Mont-devant-Sassey, vill. sur le ruiss. des Thalettes, à 3 kil. au N.-O. de Dun. — *Mons*, 1257 (cart. de la cathédr.); 1307 (ch. de Gobert d'Apremont).— *De Montibus*, 1285 (cart. d'Apremont). — *Beata virgo Maria de Montibus*, xvi° siècle (pouillé ms de Reims). — *Mont*, 1571 (proc.-verb. des cout.); 1656 (carte de l'év.). — *Mout*, 1607 (proc.-verb. des cout.).

Avant 1790, Clermontois, anc. justice seigneuriale de la baronnie de Saulmory, cout. de Saint-Mihiel, prév. de Dun, baill. de Clermont séant à Varennes. — Dioc. de Reims, archid. de Champagne, doy. du Dun.

En 1790, distr. de Stenay, c°° d'Aincreville.

Actuellement, arrond. et archipr. de Montmédy, c°° et doy. de Dun. — Patron : l'Assomption.

Monténot, bois comm. de Vaux-lez-Palameix.

Mont-Étot, bois comm. de Lacroix-sur-Meuse.

Montfaucon, bourg entre l'Aire et la Meuse, à 31 kil. au S.-O. de Montmédy. —- *Ecclesia in Montem-Falconis*, 870 (partage de l'empire). — *Abbatia quæ vocatur Montis-Falconis quæ est in honore sancti Germani, in comitatu Dolminsi; Abbatia sancti Germani Montisfalconis quæ in comitatu Dolmensi est sita*, 893 (Mémorial de Dadon). — *Ad Montemfalconis*, x° siècle (*Virdunensis comitatus limites*). — *Castrum Falconis-Montis*, 1099 (ch. de Godefroy de Bouillon); xii° siècle (Laurent de Liége). — *Fundus ecclesiæ sancti Germani Montisfalconis cum banno et advocatia et suis pertinentibus*, 1156 (ch. de confirm. par Frédéric I°r). — *Ecclesia Montis-Falconis*, 1169 (cart. de Saint-Paul). — *Mons-Fulconis*, 1169, 1224 (*ibid.*); 1238 (cart. de Jean-d'heures); 1549 (Wassebourg); 1679 (D. Marlot); 1738 (pouillé).— *Monfalcon*, 1265 (chap. de Montfaucon, lay. Brieulles). — *In villa de Montefalconis*, 1272 (cession à Philippe le Hardi). — *Monfacon*, 1283 (cart. de la cathédr.). — *Monsfalcon*, 1296 (*ibid.*). — *Montfalcon*, 1442 (Lamy, dénombr. d'A. de Montfaucon). — *Ecclesia sancti Germani Montis-Falconis*, 1502 (lettres de l'emp. Maximilien I°r).— *Monfaucon*, 1526 (Lamy, acte du tabell. de Varennes). — *Montfaulcon*, 1534 (hommage féodal de Ph. de Villers à l'archid. d'Argonne); 1549 (Wassebourg); 1671 (Urbain Quillot). — *Montis-Falconis castrum*, 1580 (stemmat. Lothar.). — *Sanctus-Laurentius Monsfalconis*, xvi° siècle (pouillé ms de Reims). — *Saint-Laurent de Mont-Faucon*, 1648 (pouillé).

Avant 1790, Clermontois, chef-lieu de prév. justice seign. de l'abbé de Montfaucon, qui en était seigneur régalien, haut, moyen et bas justicier, cont. de Reims-Vermandois, baill. de Clermont siégeant à Varennes, présid. de Reims, parlem. de Paris. — Dioc. de Reims, archid. de Champagne, doy. de Dun et ensuite du chapitre de Saint-Germain de Montfaucon avec titre de grande prévôté.

Saint Baldéric, dit *saint Baudry*, y fonda vers l'an 597 un monastère de Bénédictins qui devint plus tard une célèbre collégiale sous le titre de Saint-Germain; Montfaucon avait, en outre, un prieuré du titre de Saint-Laurent et un chât. fort qui n'existe plus.

La prév. capitulaire de Montfaucon était composée des localités dont les noms suivent : Cuisy, Drillancourt, Éclesfontaine, Émorieux, Épinonville, Gercourt, Gesnes, Haraumont, Ivoiry, Montfaucon, Septsarges.

Le doy. du chapitre comprenait les paroisses et annexes de Montfaucon, Nantillois, Romagne-sous-Montfaucon, Septsarges.

En 1790, lors de l'organisation du dép¹, Montfaucon devint chef-lieu de l'un des cᵒⁿ dépendant du distr. de Clermont-en-Argonne; ce cᵒⁿ était composé des municipalités dont les noms suivent : Cierges, Cuisy, Épinonville, Gesnes, Montfaucon, Nantillois, Romagne, Septsarges.

Actuellement, arrond. et archipr. de Montmédy, chef-lieu de cᵒⁿ et de doy. — Écarts : la Chapelle-des-Malades, Fayel, la Tuilerie. — Patron : saint Laurent.

Le cᵒⁿ de Montfaucon est situé au N.-O. du dép¹; il est borné au N. par le cᵒⁿ de Dun, à l'E. par celui de Damvillers, au S. par l'arrond. de Verdun, à l'O. par le dép¹ des Ardennes; sa superficie est de 17,700 hect.; il renferme dix-huit cᵉˢ, qui sont : Bantheville, Brabant-sur-Meuse, Cierges, Consenvoye, Cuisy, Cunel, Dannevoux, Épinonville, Forges, Gercourt-et-Drillancourt, Gesnes, Haumont-près-Samogneux, Montfaucon, Nantillois, Régneville, Romagne-sous-Montfaucon, Septsarges et Sivry-sur-Meuse.

La composition du doyenné de Montfaucon est la même que celle du canton.

Les armoiries de Montfaucon étaient : *de gueules à un faucon d'argent posé sur une montagne de même* (Manuel de la Meuse).

Montfaucon a donné son nom à une maison de nom et d'armes, qui portait : *d'argent, à trois losanges de sable* (*ibid.*).

MONTFAUCON (GRAND-), étang, cⁿᵉ d'Heudicourt.
MONFAUCON (PETIT-), étang, cⁿᵉ de Nonsard.
MONTFÉNAT, contrée, cⁿᵉ de Ville-sur-Cousance.

MONTFEU, bois comm. de Vacon.
MONTFORT, chât. seign. ruiné, cⁿᵉ de Demange-aux-Eaux.
MONTFOSSE, contrée, cⁿᵉ de Boureuilles.
MONTFRAUMONT, bois comm. de Tannois.
MONTFUSSEAU, mⁿ isolée, cⁿᵉ de Vittarville.
MONTGARNY, ancienne faïencerie, actuellement f. cⁿᵉ de Froidos. — *Maugarny*, 1556 (procès-verbal des cout.); 1745 (Roussel); 1760 (Cassini). — *Maulgarny*, 1642 (Mâchon); 1712 (hist. ms de l'abb. de Beaulieu). — *Mangarnier*, 1700 (carte des États). Était régi par la cout. de Reims.
MONTGAULT, rue, à Verdun. — *Mons-Gaudii* (D. Cajot). — *Mont-Jo, Mons-Jovis* (l'abbé Clouët).
MONT-GÉRARD, f. cⁿᵉ de Montiers-sur-Saulx. — *Mongérard*, 1711 (pouillé).
MONTGIRMONT, côte et bois, cᵉˢ des Éparges et de Trésauvaux. — *Girmont*, 1700 (carte des États).
MONTHAIRON-LE-GRAND, vill. sur la rive gauche de la Meuse, à 9 kil. à l'E. de Souilly. — *Maharon*, 1209 (cart. de la cathédr.); 1370 (chambre des comptes, c. de Souilly). — *Maheron*, 1244 (cart. de Saint-Paul); 1244, 1253, 1257 (cart. de la cathédr.); 1334 (chambre des comptes). — *Grand-Maharon*, 1356 (promesse entre le lieutenant de Luxembourg et les citains de Verdun). — *Grand-Mehairon*, 1579 (proc.-verb. des cout.). — *Monhairon*, 1593 (Lamy, contrat de Paul Des Ancherins); 1738 (pouillé). — *De Ardea-Monte*, 1642 (Mâchon); 1738 (pouillé). — *Montheron*, 1656 (carte de l'év.) — *Montheron-le-Grand*, 1700 (carte des États.) — *Mont-Hairon-le-Grand*, *Aradus-Mons-Magnus*, 1749 (pouillé). — *Mons-Arduus*, *Mons-Aradus*, *Mons-Herodius*, 1756 (D. Calmet, not.).

Avant 1790, Barrois mouvant, office et prév. de Souilly, recette, cout. et baill. de Bar, présid. de Châlons, parlem. de Paris; le roi en était seigneur haut et moyen justicier; le comte de Fontenoi, seigneur foncier. — Dioc. de Verdun, archid. d'Argonne, doy. de Souilly, annexe d'Ancemont.

En 1790, distr. de Verdun, cᵒⁿ de Dieue.

Actuellement, arrond. et archipr. de Verdun, cᵒⁿ et doy. de Souilly. — Écarts : Monthairon-le-Petit, la Tour-de-Monthairon. — Patrons : saint Pierre et saint Paul.

MONTHAIRON-LE-PETIT, h. sur la rive gauche de la Meuse, cⁿᵉ de Monthairon-le-Grand. — *Petit-Meharon*, 1356 (promesse entre le lieutenant de Luxembourg et les citains de Verdun). — *Petit-Mehairon*, 1579 (proc.-verb. des cout.). — *Montheron-le-Petit*, 1656 (carte de l'év.); 1700 (carte des États). — *Mont-Hairon-le-Petit*, *Arduus-Mons-parvus*, 1749 (pouillé).

Avant 1790, office de Souilly, jurid. du juge de la Tour-de-Monthairon, recette et baill. de Bar; le comte de Fontenoi en était seigneur haut justicier; M. de la Tour, seigneur foncier.

Mont-Harbot, étang, c⁰ᵉ de Boinville.

Montiers (Forêt de), grande tenue de bois qui s'étend sur les territoires de Biencourt, Bure, Montiers-sur-Saulx, Ribeaucourt.

Montiers-sur-Saulx, bourg sur la rive droite de la Saulx, à 27 kil. au S. de Bar-le-Duc. — Mons-supra-Saltum, 1135 (Onera abbatum). — Monasterium-super-Saux, 1230 (Trés. des ch.). — Mostiers, 1255 (cart. de Jeand'heures). — Moustier, Moustier-sur-Saut, 1266 (ch. d'affranch. arch. comm.). — De Monasteriis-supra-Salecum, 1402 (regestr. Tull.). — Moustier-sur-Saulx, 1579 (proc.-verb. des cout.). — Monasterium-super-Saltum, 1707 (P. Benoît, Hist. de Toul). — Monasterium-ad-Saltum, 1707 (carte du Toulois); 1711 (pouillé); 1756 (D. Calmet, not.). — Monasterium-supra-Saltum, 1749 (pouillé). — Monasterium, 1778 (Durival).

Avant 1790, Barrois mouvant, châtell. et seign. baronniale, chef-lieu de prév. bailliagère, office de Morley, recette, cout. et baill. de Bar, présid. de Châlons, parlem. de Paris. — Dioc. de Toul, archid. de Rinel, doy. de Dammarie. — Patron : saint Èvre.

Il y avait à Montiers-sur-Saulx un monastère de l'ordre de Saint-Benoît dont on ne connaît ni l'origine, ni le fondateur, ni la fin, et un château qui était le siège d'une baronnie dont dépendaient Biencourt et Juvigny-en-Perthois; le comte de Vaudémont faisait hommage lige au comte de Bar de la châtellenie, chât. terre et seign. dudit lieu.

La prév. bailliagère de Montiers-sur-Saulx était composée des localités dont les noms suivent : Biencourt (partie avec Ligny-en-Barrois), Écurey (abb.), Juvigny-en-Perthois, Montiers-sur-Saulx.

En 1790, lors de l'organisation du dépᵗ, Montiers-sur-Saulx devint chef-lieu de l'un des cⁿˢ dépendant du distr. de Gondrecourt; ce canton était composé des municipalités dont les noms suivent : Biencourt, Couvertpuis, Écurey (abb.), Hévilliers, Montiers-sur-Saulx, Morley, Ribeaucourt.

Actuellement, arrond. et archipr. de Bar-le-Duc, chef-lieu de cⁿ et de doyenné. — Écarts : Aigremont, Beauregard, Chabot, Écurey, la Forge, la Grange-Allard, Grignoncourt, Lahaye, la Malmaison, Mont-Gérard, Mouilledent, la Tanchotte. — Patron : saint Pierre-aux-Liens.

Le cⁿ de Montiers-sur-Saulx est situé à l'extré-

mité S. du dépᵗ; il est borné au N. par le cⁿ de Ligny, à l'E. par l'arrond. de Commercy, à l'O. par le cⁿ d'Ancerville, au S. par le dépᵗ de la Haute-Marne; sa superficie est de 19,960 hect.; il renferme quatorze cⁿˢ, qui sont : Biencourt, le Bouchon, Brauvilliers, Bure, Couvertpuis, Dammarie, Fouchères, Hévilliers, Mandres, Ménil-sur-Saulx, Montiers-sur-Saulx, Morley, Ribeaucourt, Villers-le-Sec.

La composition du doy. est la même que celle du canton.

Montignons (Les), bois comm. de Récicourt.

Montignon (Prévôté des), ressortissait au baill. de Clermont séant à Varennes, avait son siège à Montzéville, et pour dépendances les localités dont les noms suivent : Béthelainville, Béthincourt, Choisel, Cumières, Esnes, Forges, Fromeréville, Germonville (partie avec Charny), Haucourt, Lombut, Mulancourt, Montzéville, Vignéville.

Montigny, contrée, cⁿˢ de Béthincourt et de Dieppe.

Montigny-devant-Sassey ou Montigny-sur-Meuse, vill. sur le ruiss. de Froide-Fontaine, à 5 kil. au N. de Dun. — Montiniacum, 1177 (cart. de Saint-Paul). — Montigneium, 1285 (cart. d'Apremont). — Montigny, 1285 (ch. d'affranch. par Geoffroy d'Apremont). — Montigney, 1289 (cart. d'Apremont); 1656 (carte de l'év.). — Montigniacum, xviᵉ siècle (pouillé ms de Reims). — Saint-Martin de Montigny, 1648 (pouillé).

Avant 1790, Clermontois, anciennes assises des pairs de la châtellenie de Dun, cout. de Saint-Mihiel, prév. de Dun, baill. de Clermont siégeant à Varennes, cour des Grands jours de Saint-Mihiel. — Dioc. de Reims, archid. de Champagne, doy. de Dun.

En 1790, distr. de Stenay, cⁿ de Wiseppe.

Actuellement, arrond. et archipr. de Montmédy, cⁿ et doy. de Dun. — Écarts : Mousseau, Sainte-Marie. — Patron : saint Martin.

Montigny-lez-Vaucouleurs, vill. sur le ruiss. de Septfonds, à 3 kil. au S.-O. de Vaucouleurs. — Montiniacum, 1011 (carta Henrici II); 1711 (pouillé); 1756 (D. Calmet, not.). — Montigney, 1352 (coll. lorr. t. 243. 37, p. 16). — Montigneyum, 1402 (regestr. Tull.). — Montigni, 1707 (carte du Toulois). — Montigny, 1711 (pouillé).

Avant 1790, Champagne, cout. de Chaumonten-Bassigny, terre et prév. de Vaucouleurs, baill. et présid. de Chaumont, parlem. de Paris. — Dioc. de Toul, archid. de Ligny, doy. de Meuse-Vaucouleurs.

En 1790, distr. de Gondrecourt, cⁿ de Vaucouleurs.

Actuellement, arrond. et archipr. de Commercy, c⁰ⁿ et doy. de Vaucouleurs. — Écarts : la Fayencerie, Toulon. — Patron : saint André.

Montillon, contrée, c⁰ᵉ de Grimaucourt-en-Woëvre.

Mont-Jou, contrée, c⁰ᵉ de Rembercourt-aux-Pots.

Mont-la-Ville, contrée, c⁰ᵉ d'Érize-la-Brûlée.

Montmédy, ville, sur le Chiers, à 83 kil. au N. de Bar-le-Duc. — *Madiacum*, 634 (test. Adalgyseli). — *Mons-Medius*, 933, 936 (cart. de Gorze, p. 133, 136); 1630 (Wiltheim, Luxemburgum romanum); 1756 (D. Calmet, not.). — *Mons-Madiensis*, xii⁰ s⁰ (chron. de Saint-Hubert). — *Novum castrum quod Mercurii-Mons dicitur*, xii⁰ siècle (gesta Alberonis archiepiscopi, auctore Balderico). — *Montmaidy*, *Montmaidi*, 1239 (ch. d'Arnoux, comte de Chiny; arch. de Lorr. et de Luxemb.). — *Mont-Maidei*, 1258 (ch. d'érection du vill. de Gérouville). — Mont-Maidie, Mont-Maidey, 1264 (ch. d'affranch. des Verneuils, arch. de Juvigny).— Mont-Maidy, 1270 (ch. de Louis V, c⁰ de Chiny). — *Montmaidi*, *Montmaidie*, 1276 (ch. d'affranch. de Vigneulles, arch. de Juvigny). — *Monmeidey*, *Monmeidy*, 1284 (ch. d'affranch. d'Olizy). — *Monmaydi*, 1364 (vente du comté de Chiny). — *Maidyhas*, *Maidy-Bas*, *Maidy-Haut*, 1365 (ch. de Vinceslas). — *Montmalde*, 1399 (paix et accord). — *Monmady*, *Montmadey*, 1549 (Wassebourg). — *Malmedy*, 1562 (Soc. Philom. lay. Hattonchâtel). — *Monmedy*, 1564 (Lamy, acte du tabell. de Marville). — *Monmedy* (ville haute), *Mendiba* (ville basse), 1656 (carte de l'év.). — *Montmaidier*, 1683 (arrêt de la chambre roy. de Metz). — *Montmedy* (ville haute), *Medy-Bas* (ville basse), 1700 (carte des États). — *Mons-Maledictus*, 1756 (D. Calmet, not.).

Était primitivement un relais de chasse des comtes de Chiny, sur l'emplacement duquel Arnould III jeta, en 1239, les fondements d'une ville qui devint la capitale du comté; Montmédy passa successivement sous la domination de Vinceslas de Luxembourg, du duc d'Orléans, de l'empereur Josse de Moravie, des ducs de Bourgogne, puis de l'Espagne; cette ville fut enfin réunie à la France en 1657 par suite du traité des Pyrénées.

Avant 1790, place de guerre, Luxembourg français, cout. de Thionville, chef-lieu de prév. bailliagère, recette et présid. de Sedan, généralité et parlem. de Metz. — Dioc. de Trèves, archid. de Longuyon, doy. de Juvigny-sur-Loison.

Le baill. de Montmédy comprenait la prév. de Chauvency-le-Château et celle de Montmédy, qui avait le titre de prév. royale; cette prév. était com-

posée des localités dont les noms suivent : Avioth, Bellenau, Breux (haute justice), Écouviez (haute justice), Ginvry (partie avec Stenay), Harauchamp, Iré-les-Prés, Montmédy, Thonnelle, Thonne-la-Long (haute justice), Thonne-le-Thil, Thonne-les-Prés, Velosnes, Verneuil-le-Grand, Verneuil-le-Petit, Vigneulles-sous-Montmédy, Villécloye.

En 1790, lors de l'organisation du dép', Montmédy devint chef-lieu de l'un des c⁰ⁿˢ dépendant du distr. de Stenay; ce c⁰ⁿ était composé des municipalités dont les noms suivent : Brouennes, Chauvency-le-Château, Chauvency-Saint-Hubert, Écouviez, Frénois, Iré-les-Prés, Landzécourt, Montmédy, Quincy, Thonne-les-Prés, Verneuil-le-Grand, Vigneulles-sous-Montmédy, Velosnes, Villécloye.

Actuellement, place de guerre, chef-lieu de sous-préfecture, tribunal de première instance, chef-lieu d'arrond. et de c⁰ⁿ, d'archipr. et de doy. — Écarts : Chêne-de-l'Attaque, la Folie, Frénois, la Gare, Gobetoul, Iré-les-Prés, les Ocuillons, Ramercy, Rattentout, Vaux. — Patron : saint Martin.

L'arrond. de Montmédy occupe la partie N. du dép'; il est formé d'une partie de l'ancienne province des Trois-Évêchés et d'une partie de l'ancien Clermontois; il est borné à l'E. par le dép' de la Moselle, au N.-E. par la Belgique, au N. et à l'O. par le dép' des Ardennes, au S. par l'arrond. de Verdun; sa superficie est de 132,152 hectares; il se divise en six c⁰ⁿˢ, ceux de : Damvillers, Dun, Montfaucon, Montmédy, Spincourt et Stenay.

Le c⁰ⁿ de Montmédy est borné au N. par le dép' des Ardennes, à l'E. par le grand-duché de Luxembourg, à l'O. par le c⁰ⁿ de Stenay, au S.-O. par celui de Dun, au S. par celui de Damvillers, au S.-E. par le dép' de la Moselle; sa superficie est de 25,603 hect.; il renferme vingt-sept c⁰ⁿˢ, qui sont : Avioth, Bazeilles, Breux, Brouennes, Chauvency-Saint-Hubert, Écouviez, Flassigny, Han-lez-Juvigny, Iré-le-Sec, Jametz, Juvigny-sur-Loison, Landzécourt, Louppy-sur-Loison, Marville, Montmédy, Quincy, Remoiville, Thonne-la-Long, Thonne-le-Thil, Thonne-les-Prés, Thonnelle, Velosnes, Verneuil-le-Grand, Verneuil-le-Petit, Vigneulles-sous-Montmédy, Villécloye.

La composition du doy. de Montmédy est la même que celle du c⁰ⁿ.

Les armoiries de Montmédy, figurées sur le sceau du corps municipal (musée de Verdun), étaient mi-parties de Los et de Chiny : *au premier, burelé de gueules et d'argent de dix pièces*, qui est de Los, *et au deuxième, d'azur semé de croisettes d'or aux deux truites en pal adossées d'argent*, qui est de Chiny.

L'Armorial de 1696 lui donne pour armes : *d'azur à une forteresse d'or bâtie sur une montagne de sinople, chargée en pointe d'un écusson d'or couronné de même et surchargé d'un lion de sable.*

Mont-Meuse, f. c⁰ˢ de Bislée.

Mont-Mézée, côte, c⁰ˢ de Saint-Mihiel.

Montoir, bois comm. de Bussy-la-Côte.

Mont-Patu, contrée, c⁰ˢ d'Abaucourt.

Montplonne, vill. sur le ruisseau de Montplonne, à 13 kil. au N.-E. d'Ancerville. — *Monplont*, 964 (éch. entre le comte Frédéric et l'év. de Toul).— *Vemplona*, xᵉ siècle (Hist. episc. Tull.); xiᵉ siècle (Widric, vie de saint Gérard); 1711 (pouillé); 1749 (ibid.). — *Umplonum*, 1141 (confirmat. de la fondation de l'abb. de Rangéval). — *Wimplona*, 1152 (confirmat. par Gobert d'Apremont). — *Moupplone*, 1402 (regestr. Tull.). — *Monplone*, 1700 (carte des États). — *Monplone*, 1711 (pouillé). — *Wemplona, Umplona*, 1736 (ann. præmonstr.).

Avant 1790, Barrois mouvant, office de Morley, marquisat et prév. de Stainville, recette, cout. et baill. de Bar, présid. de Châlons, parlem. de Paris. — Dioc. de Toul, archid. de Rinel, doyenné de Dammarie.

En 1790, distr. de Bar, c⁰ⁿ de Stainville.

Actuellement, arrond. et archipr. de Bar-le-Duc, c⁰ⁿ et doy. d'Ancerville. — Écarts : le Chêne, Saint-Martin. — Patron : saint Remy.

Montplonne (Ruisseau de), qui a sa source au-dessus de Montplonne, traverse ce vill. et se jetto dans la Saulx à Dazincourt, après un trajet de 4 kilomètres.

Montquestin, ancien fief à Sampigny (Durival).

Montricelle, bois comm. de Hautecourt.

Montru (le), ruiss. qui est formé au-dessous de Wadonville-en-Woëvre par la réunion des ruisseaux de la Chapelotte et d'Hannonville, passe à Butgnéville et se jette dans le Longeau à Harville, après un cours de 5 kilomètres.

Montruche, bois, c⁰ˢ de Gondrecourt.

Montroye, contrée, c⁰ˢ de Sivry sur-Meuse.

Mont-Saint-Martin, f. c⁰ˢ de Quincy; ancienne manse seigneuriale avec chapelle dédiée à saint Martin.

Mont-Saint-Vanne, côte et bourg ruiné, c⁰ˢ de Verdun. — *Bannum Sancti-Vitoni in ipso Monte Sancti-Vitoni*, 1049 (bulle de Léon IX). — *De Monte Sancti-Vitoni*, 1124 (cart. de Saint-Vanne). — *In burgo Sancti-Vitoni*, 1227 (ch. de Henri, cart. de l'évêché, p. 123). — *Juxta atrium Sancti-Amantii in Monte Sancti-Vitoni*, 1219 (cart. de Saint-Vanne); 1229 (cart. de la cathédr. f⁰ 165). — *Mont-Saint-Venne*, 1246, 1265, 1268 (ibid. f⁰ 4). — *Qui siet au Ma-nil devant Saint-Remei au Mont-Saint-Venne*, 1292 (cart. de la cathéd. f⁰ 177). — *Ban qu'on dit à présent le Mont-Saint-Venne*, 1549 (Wassebourg).

C'est sur ce mont que furent établis le monastère de Saint-Vanne, l'église Saint-Amand, l'église Saint-Remy et ensuite la citadelle; le bourg de Mont-Saint-Vanne comprit jusqu'en 1552 le faubourg du Ménil, ceux de Scance haute, basse et moyenne, avec ban rural jusque vers Regret.

Mont-Saint-Vaux, contrée, c⁰ˢ de Champneuville.

Montsamont, contrée, c⁰ˢ de Montzéville.

Montsaussaie, contrée, c⁰ˢ de Néxéville.

Montsec, vill. entre la Madine et le Rupt-de-Mad, à 13 kil. à l'E. de Saint-Mihiel. — *In fine Magdalenæ seu in Motissovilla*, iiᵉ siècle (cart. de Gorze, donat. d'Hangilla). — *Sub Mocioni*, xᵉ siècle (Virdunensis comitatus limites). — *Mosio*, 1166 (cart. de Saint-Paul). — *Mucei*, 1189 (cart. de Rangéval). — *Mons-siccus*, 1642 (Mâchon). — *Moussey*, 1656 (carte de l'év.). — *Mouceau*, 1700 (carte des États). — *Monceau, Mocio*, 1707 (carte du Toulois).

Avant 1790, Barrois non mouvant, office et prév. de Mandres-aux-Quatre-Tours, cout. de Saint-Mihiel, recette et baill. de Pont-à-Mousson et ensuite de Saint-Mihiel, présid. de Toul, cour souveraine de Nancy. — Dioc. de Metz, archid. de Vic, archipr. de Gorze.

En 1790, distr. de Saint-Mihiel, c⁰ⁿ de Bouconville.

Actuellement, arrond. et archipr. de Commercy, c⁰ⁿ et doy. de Saint-Mihiel. — Écart : Lalieu. — Patronne : sainte Luce.

Montsec est dominé par une côte dite *de Montclin*, sur laquelle M. Denis place le *Castrum l'abrense* décrit par Grégoire de Tours. — Voy. **Woëvre** (Camp ou Château de).

Mont-sous-les-Côtes ou **Mont-en-Woëvre**, vill. entre le Longeau et le ruiss. de Villers, à 4 kil. à l'O. de Fresnes-en-Woëvre. — *Mons*, 1049 (bulle de Léon IX); 1127, 1232 (cart. de la cathédr.); 1240 1261 (cart. de Saint-Paul); 1332 (accord entre l'évêque de Verdun et le voué de Fresnes); 1738 (pouillé). — *De Mons*, 1148 (cart. de Saint-Paul). — *Monz*, 1163 (cart. de Saint-Paul). — *Munz*, 1196 (ibid.). — *Mons-juxta-Bonzeies*, 1240 (ibid.).

Avant 1790, Verdunois, terre du chapitre, anc. justice des chanoines de la cathédrale, prév. d'Harville, cout. baill. et présid. de Verdun, parlem. de Metz. — Dioc. de Verdun, archid. de la Woëvre, doy. de Pareid.

En 1790, distr. de Verdun, c⁰ⁿ de Fresnes-en-Woëvre.

Actuellement, arrond. et archipr. de Verdun, c⁰ⁿ et doy. de Fresnes-en-Woëvre. — Patron : saint Martin.

MONTVAUX, bois comm. de Montigny-devant-Sassey.

MONTVILLE, f. et côte, dite aussi *Hautmont*, c⁰ᵉ des Éparges.

Il y avait sur cette côte une église, depuis longtemps ruinée, dédiée à saint Martin et mère église des Éparges. — *Saint-Martin de Montville*, 1150 (abb. de Saint-Benoît; ch. d'Albert, év. de Verdun). — *Monneville*, 1271 (cart. d'Apremont). — *Monville*, 1322 (abb. de Saint-Benoît).

MONTZÉVILLE, vill. sur le ruiss. de Montzéville, à 10 kil. à l'O. de Charny. — *Amouzei-villa et Flaviniacus*, 940 (cart. de Saint-Vanne). — *Amensei-villa*, 952 (*ibid.*). — *Anonzei-villa*, 952 (dipl. de l'emp. Otton); 959 (acte de fondat.); 962 (bulle de Jean XII); 962, 1015 (cart. de Saint-Vanne); 1717 (D. Martène). — *Amoncei-villa*, 962 (cart. de Saint-Vanne). — *Amorrei-villa*, 980 (*ibid.*). — *Amonsei-villa*, 1047, 1061 (*ibid.*). — *Villa Amouseia*, 1049 (*ibid.*). — *Amonzeyville*, 1424 (coll. lor. t. 266, 48, p. 33). — *Monzeville*, 1515 (*ibid.* t. 268.49, A. 4); 1549 (Wassebourg); 1571 (proc.-verb. des cout.); 1738 (pouillé). — *Monzeinville*, 1549 (sommation par le duc de Lorr. à l'év. de Verdun). — *Monzeyville*, 1549 (Wassebourg). — *En la ville d'Amouzeville en la prévosté des Montignons*, 1564 (coll. lorr. t. 267. 49, p. 17). — *Mousseville en la prévoté de Montignon*, 1564 (traité entre le duc de Bar et le chap. de Verdun). — *Moussainville*, 1564 (éch. entre le duc de Lorr. et l'év. de Verdun); 1745 (Roussel). — *Monzevilla*, 1738 (pouillé).

Avant 1790, Clermontois, ancienne justice des princes de Condé, chef-lieu de la prév. des Montignons (voy. ce mot), cout. et baill. de Clermont, présid. de Châlons, parlem. de Paris. — Dioc. de Verdun, archid. de la Princerie, doy. de Forges.

En 1790, lors de l'organisation du dép¹, Montzéville devint chef-lieu de l'un des c⁰ⁿˢ dépendant du distr. de Clermont-en-Argonne; ce c⁰ⁿ était composé des municipalités dont les noms suivent : Avocourt, Béthelainville, Béthincourt, Esnes, Malancourt, Montzéville.

Actuellement, arrond. et archipr. de Verdun, c⁰ⁿ et doyenné de Charny. — Écarts : Bussaux, Moulin-Bas, Moulin-Haut.—Patron : la Nativité de la Vierge.

MONTZÉVILLE (RUISSEAU DE), qui a sa source au-dessus de Montzéville, traverse ce vill. sert de limite aux c⁰ⁿˢ d'Esnes et de Chattancourt, et se jette dans le

ruiss. de Forges à Béthincourt, après un trajet de 8 kilomètres.

MORAGNE, bois comm. de Merles, sur le territoire de Billy; faisait partie de la forêt de Mangiennes.

MORAIGNES ou MORHAIGNES, f. c⁰ᵉ de Billy-sous-Mangiennes. — *Morcigne*, 1700 (carte des États). — *Moragne*, 1749 (pouillé); 1760 (Cassini).

Était anciennement château fief et cense en haute justice aux abbés et religieux de Châtillon; Barrois non mouvant, office, recette et baill. d'Étain, jurid. du juge-garde des seigneurs, cour souveraine de Nancy.

A pris son nom d'une illustre maison originaire de Luxembourg, qui portait : *d'or à la fasce d'azur chargée d'une étoile d'or, à deux têtes de cygnes au naturel en chef, et une de sanglier en pointe.*

MORAIRE, contrée, c⁰ᵉ de Ville-devant-Belrain.

MORAISSA, contrée, c⁰ᵉ de Chattancourt.

MORANLIEU, f. et tuilerie, c⁰ᵉ de Bonnet.

MORANPRÉ, bois comm. d'Hattonville, sur le territoire de Viéville.

MORANVILLE, vill. sur le ruiss. d'Eix, à 8 kil. au S.-O. d'Étain. — *Maraudivilla*, 1163 (cart. de Saint-Paul). — *Moranvile*, 1247 (*ibid.*). — *Moranville*, 1256, 1262 (cart. de la cathédr.); 1270 (arch. de la Meuse); 1559 (Lamy, acte du tabell. de Verdun). — *Maurenville*, 1549 (Wassebourg). — *Moranville*, 1553 (Lamy, sentence du baill. de Saint-Mihiel). — *Mouranville*, 1668 (*ibid.* foi et hommage de Barbe Du Mont). — *Moranvilla*, 1749 (pouillé).

Avant 1790, Barrois non mouvant, jurid. du juge-garde des seigneurs, cout. de Saint-Mihiel, office, recette et baill. d'Étain, cour souveraine de Nancy. — Dioc. de Verdun, archid. de la Woëvre, doy. de Pareid, paroisse partie de Châtillon-sous-les-Côtes et partie de Moulainville.

En 1790, distr. d'Étain, c⁰ⁿ d'Herméville.

Actuellement, arrond. et archipr. de Verdun, c⁰ⁿ et doy. d'Étain. — Écarts : Moulin-d'en-Bas, Moulin-d'en-Haut. — Paroisse de Grimaucourt.

Moranville a donné son nom à une maison de nom et d'armes depuis longtemps éteinte, qui portait : *d'argent à trois chevrons de gueules* (Husson l'Écossais).

MONAY, bois comm. de Breux.

MONAY, contrée, c⁰ᵉ d'Étain.

MONBU (VAL-EN-), bois comm. de Mandres.

MONÉRNÉ, font. et contrée, c⁰ᵉ de Saulx-en-Barrois.

MONE-TREY, bois, c⁰ⁿ de Mandres.

MONÉVA, bois comm. de Dainville-aux-Forges.

MONÉVAUX, contrée, c⁰ᵉ de Fromeréville.

MORFONTAINE, source, c⁰ᵉ de Brabant-sur-Meuse.

Morgemoulins, vill. sur le ruiss. de Vaux, à 5 kil. à l'O. d'Étain. — *Morgemonlin*, 1252, 1274 (cart. de la cathédr.); 1322 (arch. de la Meuse); 1656 (carte de l'év.); 1738 (pouillé). — *Morgemolin*, 1515 (coll. lorr. t. 268.49, A. 4); 1549 (Wassebourg). — *Murgemoulin*, 1601 (hôtel de ville de Verdun, A. 57). — *Morge-Mollanum*, 1738 (pouillé). — *Morgemont*, 1756 (D. Calmet, *not.*).

Avant 1790, Verdunois, terre du chapitre, justice des chanoines de la cathédr. prév. de Foameix, cout. baill. et présid. de Verdun, parlem. de Metz. — Dioc. de Verdun, archid. de la Woëvre, doy. de Pareid, cure érigée en 1508.

En 1790, lors de l'organisation du dép', Morgemoulins devint chef-lieu de l'un des c^nes dépendant du distr. d'Étain; ce c^ne était composé des municipalités dont les noms suivent : Dieppe, Foameix, Gincrey, Maucourt, Mogeville, Morgemoulins et Ornel.

Actuellement, arrondissement et archiprêté de Verdun, c^ne et doy. d'Étain. — Patron : saint Christophe.

Morcxéval, contrée, c^ne de Longeville.
Moroxévaux, bois comm. de Montigny-devant-Sassey.
Morcusson, rue, à Saint-Mihiel.
Moriaux, contrée, c^ne de Chattancourt.
Moriaux, bois comm. de Dannevoux.
Morisupré, contrée, c^ne de Malancourt.
Morifosse, contrée, c^ne de Rouvres.
Morimont ou Marémont, f. c^ne de Gibercy; ancienne cense fief dépendant de la baronnie de Murault. — *Martini-Mons*, 1144 (cart. de Saint-Paul, f° 174). — *Maurimons*, 1679 (D. Marlot). — *Moremont*, 1745 (Roussel).

A pris son nom de la côte qui s'étend sur le territoire de Romagne-sous-les-Côtes, au sommet de laquelle on voit des traces de retranchements antiques.

Morin, bois comm. de Demange-aux-Eaux.
Morinval (Grand-), étang, c^nes de Laheycourt et de Villers-aux-Vents. — *Moreinvaul*, 1322 (chambre des comptes de Bar, c. du receveur).

Forme le ruiss. de Morinval, qui verse ses eaux dans la Chée au-dessus d'Auzécourt, après un trajet de 3 kilomètres.

Morinvaux, bois comm. de Woinville.
Morlaincourt, vill. sur le Noitel, à 18 kil. à l'O. de Void. — *Morleni-curtis*, 1043 (confirmat. par Brunon, évêque de Toul); 1756 (D. Calmet, *not.*). — *Morlensis-curtis*, 1106 (bulle de Pascal II). — *Morlencurt*, 1187 (cart. de Jeand'heures). — *Morlincourt*, 1304 (Rosières, E. 58). — *Morlanicuria*,

1402 (regestr. Tull.). — *Morlaincuria*, 1711 (pouillé); 1749 (*ibid.*).

Avant 1770, Barrois mouvant, office, prév. et comté de Ligny, recette, cout. et baill. de Bar, présid. de Châlons, parlem. de Paris; le roi en était seul seign. — Dioc. de Toul, arch. et doy. de Ligny.

En 1790, distr. de Commercy, c^ne de Saint-Aubin.

Actuellement, arrond. et archipr. de Commercy, c^ne et doy. de Void. — Écart : Rosières. — Patron : saint Remy.

Morlette, contrée, c^ne d'Ancemont.
Morley, vill. sur la Saulx, à 5 kil. au N. de Montiers-sur-Saulx. — *Datum Morlacas vico publico quod fecit mensis Marcius dies decem, anno XVI regni domini nostri Clothocharii gloriosissimi Regis*, VIIe siècle (ch. de Clotaire III). — *Datum quod fecit mensis december dies III, anno V regni nostri, Morlaco in Dei nomine feliciter*, 678 (ch. de Théodoric III). — *Ad nostrum palatio Morlaco villa jussemus advenire... datum medio mense september, annum V regni nostri, Morlaco*, 678 (*ibid.* convocation d'une assemblée à Morley des évêques de France et de Bourgogne). — *Morlei*, 1188 (Trés. des ch. B. 455, n° 57); 1249 (abb. d'Écurey). — *Morley*, 1188 (Trés. des ch. B. 455); 1460 (coll. lorr. t. 247.39, A. 14). — *Morleyum*, 1402 (regestr. Tull.). — *Morlay*, 1700 (carte des États). — *Morlacum*, 1707 (carte du Toulois); 1749 (pouillé). — *Morlaca*, 1711 (*ibid.*). — *Mariscarius seu Morlacum*, 1741 (Bertholet). — *Marlacum, Marlaca*, 1756 (D. Calmet, *not.*).

Dès l'époque mérovingienne, Morley était un lieu de résidence royale; Clotaire III y tint sa cour, comme nous l'apprend la charte citée ci-dessus, et Théodoric III y convoqua les évêques de France et de Bourgogne, qui s'y réunirent en concile en l'an 678.

Avant 1790, Barrois mouvant, chef-lieu d'office, titre de prév. recette, cout. et baill. de Bar, présid. de Châlons, parlem. de Paris. — Dioc. de Toul, archid. de Rinel, doy. de Dammarie.

La prév. de Morley était composée de Morley et de Saudrupt.

Il y avait à Morley une gruerie qui ressortissait à la maîtrise particulière de Bar, un château avec chapelle sous l'invocation de saint Christophe, une forge et un fourneau.

En 1790, distr. de Gondrecourt, c^ne de Montiers-sur-Saulx.

Actuellement, arrond. et archipr. de Bar-le-Duc, c^ne et doy. de Montiers-sur-Saulx. — Écart : Froiley. — Patron : saint Pierre.

Monley (Forêt de), grande tenue de bois avec mi-nières, qui s'étend sur les territoires de Morley, Montiers-sur-Saulx et sert de limite aux c^{nes} de Brau-villiers et de Dammarie.

Morlot (Champ-), contrée, c^{te} de Longeville.

Morlue, contrée, c^{ne} de Riaville.

Mormont, bois, c^{ne} de Dompierre-aux-Bois.

Mormont, f. c^{ne} de Louvemont. — Mormont dit la ville défaite, 1760 (Cassini). — Fut affranchi en 1265.

Monsol, contrée, c^{nes} de Bar-le-Duc et de Behonne.

Mort (Champ-), contrée, c^{ne} de Courcelles-sur-Aire.

Morte-Eau, ruiss. qui prend sa source dans les bois de Corniéville, passe à Aulnois-sous-Vertuzey et à Ver-tuzey, et se jette dans la Meuse entre Ville-Issey et Euville, après un cours de 7 kilomètres.

Morte-Meuse, bras de la Meuse en amont de Verdun.

Mortien, contrée, c^{ne} de Riaville.

Mont-Fay, bois entre Mont et Montigny-devant-Sassey; cité en 1307 dans une charte de Gobert VIII d'Apre-mont (ancien cart. du Barrois).

Morthomme, contrée, c^{ne} de Ville-devant-Belrain.

Mort-Homme, côte, c^{ne} de Béthincourt.

Mort-Homme, contrée, c^{te} de Cumières.

Morthomme, contrée, c^{ne} de Montzéville.

Mortier (Porte), à Verdun, qui donne accès dans la citadelle; est la plus ancienne et fut longtemps la seule porte de cette forteresse.

Morts (Chemin des), ancien chemin allant de Maize-ray à Thimeréville.

Morval, bois, c^{ne} d'Érize-Saint-Dizier.

Morvaux, m^{in}, c^{ne} de Saint-Mihiel.

Morville, f. c^{ne} de Chonville. — Morvilla, 952 (acte de fondat.) — Mauri-villa, 962 (bulle de Jean XII); 1049 (bulle de Léon IX); xie siècle (Hugues de Flavigny).

Avant 1790, Lorraine, terre de Commercy, sei-gneurie et haute justice, ban séparé et abornéé; cense avec chapelle fondée en 1602, desservie par les pères Augustins de Girouët.

Morville, vill. ruiné, actuellement ferme et font. c^{re} de Vignot. — Marville, 1756 (D. Calmet, not.).

Monzin, font. c^{ne} de Saulx-en-Barrois.

Moscou, m^{on} isolée, c^{ne} de Mécrin.

Moraus, bois comm. de Damvillers.

Moudoulin, h. c^{ne} de Saint-Jean-lez-Buzy.

Mouettes, contrée, c^{ne} de Maizeray.

Mouilledent, f. c^{te} de Montiers-sur-Saulx.

Mouillemont, contrée, c^{ne} de Récourt.

Mouilly, vill. sur le ruiss. de Mouilly, à 9 kil. au S.-O. de Fresnes-en-Woëvre. — Molleium, 1100, 1194, 1192, 1208, 1224 (cart. de Saint-Paul). — In villa quæ dicitur Mollei, 1179 (ibid.). — Moullei,

1247 (cart. de Saint-Paul). — Altaria de Molleio, 1312 (bulle de Clément V). — Moulcy, 1549 (Was-sebourg). — Moüilley, 1656 (carte de l'év.); 1700 (carte des États). — Mulliacum, 1738 (pouillé).

Était affranchi en l'an 1277.

Avant 1790, Verdunois, terre d'évêché, prév. de Fresnes-en-Woëvre, cout. baill. et présid. de Ver-dun, anciennes assises des quatre pairs de l'évêché, parlem. de Metz. — Dioc. de Verdun, archid. de la Woëvre, doyenné de Pareid, annexe de Rupt-en-Woëvre.

En 1790, distr. de Verdun, c^{on} de Dieue.

Actuellement, arrond. et archipr. de Verdun, c^{on} et doy. de Fresnes-en-Woëvre. — Écart : Moulin-Bas. — Patron : saint Genès.

Mouilly (Ruisseau de), qui a sa source au-dessus du vill. de ce nom, passe à Rupt-en-Woëvre, sert de li-mite aux c^{nes} de Ranzières et d'Ambly, et se jette dans la Meuse à Troyon, après un cours de 12 kilom.

Moulaintaux, contrée, c^{ne} de Ménil-sous-les-Côtes.

Moulainville (Ruisseau de), qui prend naissance à la source de Dore-Fontaine, traverse les deux Moulainville et se jette dans le ruiss. d'Eix à Moranville, après un cours de 6 kilomètres.

Moulainville-la-Basse, h. sur le ruiss. de Moulain-ville, c^{ne} de Moulainville-la-Haute. — Moulainvilla-Bassa, 1642 (Mâclion).

Avant 1790, Verdunois, terre d'év. fief à la fa-mille de Bousmard, prév. de Dieppe, cout. baill. et présid. de Verdun, parlem. de Metz. — Dioc. de Verdun, paroisse de Moulainville-la-Haute. — Pa-tron : la sainte Vierge.

Moulainville-la-Haute, vill. sur le ruiss. de Moulain-ville, à 12 kil. à l'O. d'Étain. — Molainvilla, 1024 (dipl. de l'emp. Conrad). — Ecclesia Molenvillæ. Molenvilla, 1047 (ch. de l'év. Thierry); 1206 (cart. de Saint-Paul). — Molanivilla, 1100 (ibid.); 1749 (pouillé). — Molani-villa, 1165, 1248 (cart. de Saint-Paul); 1738 (pouillé). — Molainvilla, 1243, 1262 (cart. de la cathédr.); 1564 (anc. minut. des not. de Verdun, étude de Me Mauvais); 1582 (coll. lorr. t. 266, 48, p. 9). — Moulainville, 1271 (cart. d'Apremont); 1565 (Lamy, sentence entre MM. d'Hennemont). — Moulanville, 1289 (cart. de Saint-Paul). — Moulainville-la-Hault, 1515 (Lamy, contr. de mar. de N. de Beauchamp). — Molanville, 1559 (ibid. acte du tabell. de Verdun). — Molenville, 1549 (Wassebourg). — Molainville-la-Haute, 1591 (proc.-verb. des cout.); 1700 (carte des États). — Moulainvilla-Alta, 1642 (Mâclion).

Avant 1790, Barrois non mouvant, cout. de Saint-Mihiel, jurid. du juge-garde des seigneurs, office, recette et baill. d'Étain, cour souveraine de Nancy. — Dioc. de Verdun, archid. de la Woëvre, doy. de Pareid.

En 1790, distr. de Verdun, c⁰ⁿ de Châtillon-sous-les-Côtes.

Actuellement, arrond. et archipr. de Verdun, c⁰ⁿ et doy. d'Étain. — Écarts : Dore-Fontaine, Marainville, Moulainville-la-Basse, Moulin-d'en-Bas, Moulin-d'en-Haut. — Patron : saint Pierre.

Moulémont, contrée, c⁰ᵉ de Doncourt-aux-Templiers.

Moulette (La), m¹ⁿ, c⁰ᵉ d'Ornes.

Moulin (Côte à), c⁰ᵉ d'Issoncourt; il y existait anciennement un m¹ⁿ à vent.

Moulin (Ru du), ruiss. dit aussi *ruisseau de Dompierre*, qui prend sa source au vill. de Dompierre-aux-Bois, arrose les c⁰ᵉˢ de Seuzey et de Lacroix, et se jette dans la Meuse, après un cours de 9 kilomètres.

Moulin (Ruisseau de), qui prend sa source à la côte Févremont, c⁰ᵉ de Villotte-devant-Saint-Mihiel, et se jette dans l'Aire au-dessous de ce vill. après un cours de 1,500 mètres.

Moulin-à-Vent, contrée, c⁰ᵉ de Rembercourt-aux-Pots.

Moulin-à-Vent (Le Vieux), contrée, c⁰ᵉ d'Étain.

Moulin-Brûlé, h. c⁰ᵉ de Nixéville.

Moulin-de-l'Étang, f. c⁰ᵉ d'Amel.

Moulin Neuf, m¹ⁿ, c⁰ᵉˢ d'Aulnois-sous-Vertuzey et de Commercy.

Moulinot, étang, c⁰ᵉ de Sommeilles.

Moulin Rouge, m¹ⁿ, c⁰ᵉ de Vittarville.

Moulins, vill. sur le ruiss. de Moulins, à 11 kil. au N. de Stenay. — *Molnis*, 1107 (donat. de la comtesse Mathilde).—*Mollins*, 1139 (arch. de Saint-Hubert, bulle d'Innocent II). — *Curia Molendini*, 1156 (bulle d'Adrien IV). — *Molins, Molens*, 1364-1373 (cantator. Sancti-Huberti). — *Curia quæ Molendinum dicitur*, 1502 (lettres de l'emp. Maximilien Iᵉʳ). — *Moulin*, 1571 (proc.-verb. des coutumes).

Avant 1790, Clermontois, après avoir été Barrois mouvant, coutume de Saint-Mihiel, prév. de Stenay, baill. de Clermont siégeant à Varennes, cour des *Grands jours* de Saint-Mihiel, parlem. de Paris. — Dioc. de Reims, grand archid. doy. de Mouzon-Meuse, annexe de Pouilly. — Avait un prieuré appartenant aux moines de Saint-Hubert.

En 1790, distr. de Stenay, c⁰ⁿ d'Inor.

Actuellement, arrond. et archipr. de Montmédy, c⁰ⁿ et doy. de Stenay. — Patron : saint Hubert.

Moulins (Les), usine, c⁰ᵉ de Viéville-sous-les-Côtes et de Quincy.

Moulins (Ruisseau de), qui prend sa source au-dessus de Moulins, traverse ce vill. et se jette dans la Meuse

Meuse.

à la f. de Saint-Remy (Ardennes), après un cours de 3 kilomètres.

Moulins-à-Vent (Les), usines, c⁰ᵉ de Verdun.

Moulin Vieux, m¹ⁿ, c⁰ᵉˢ d'Épinonville et de Septsarges.

Moulisa, contrée, c⁰ᵉ d'Houdelaincourt.

Moulons, usine, c⁰ᵉ de Quincy.

Moulotte, vill. sur la rive gauche du Longeau, à 8 kil. à l'E. de Fresnes-en-Woëvre. — *Moulette*, 1253 (cart. de la cathédr.); 1306 (cession par le comte de Bar au chap. de Verdun). — *Moulite*, 1254 (ch. de Thibaut, comte de Bar). — *Moulate de leis Harville*, 1287 (*ibid.*). — *Moulate*, 1296 (*ibid.*). — *Moulates*, 1315 (coll. lorr. t. 267.49, p. 6). — *Moulattes*, 1315 (*ibid.* t. 267.49, p. 8).—*Molette*, 1549 (Wassebourg). — *Mollotte*, 1564 (coll. lorr. t. 267.49, p. 27). — *Molotte*, 1564 (*ibid.*); 1642 (Mâchon). — *Mulotte*, 1743 (proc.-verb. des cout.).

Avant 1790, Verdunois, terre du chap. ancienne justice des chanoines de la cathéd. prév. d'Harville, cout. baill. et présid. de Verdun, parlem. de Metz. — Dioc. de Verdun, archid. de la Woëvre, doy. de Pareid, paroisse d'Harville.

En 1790, distr. d'Étain, c⁰ⁿ de Pareid.

Actuellement, arrond. et archipr. de Verdun, c⁰ⁿ et doy. de Fresnes-en-Woëvre, paroisse d'Harville.

Moulotte (Rue), à Bar-le-Duc.

Moupre (La), ruiss. qui prend sa source à Ollières, passe à Réchicourt et se jette dans l'Othain à Spincourt, après un trajet de 6 kilomètres.

Mourainvaux, contrée, c⁰ᵉ de Dieue.

Mourlois, bois comm. de Boviolles.

Mourot (Creux), contrée, c⁰ᵉ de Commercy.

Mouraupt, contrée, c⁰ᵉ d'Auzéville.

Mousseau, m¹ⁿ, c⁰ᵉ de Montigny-devant-Sassey.

Mousseaux, contrée, c⁰ᵉ de Naives-devant-Bar.

Moussenaire, contrée, c⁰ᵉ d'Herméville.

Moustier, contrée, c⁰ᵉ d'Avocourt; on y trouve des traces de constructions fort anciennes, des ustensiles, des monnaies, etc.

Moute (La), maison forte ruinée, c⁰ᵉ de Butgnéville; était détruite en 1310.

Moutier, bois, c⁰ᵉ de Saint-Mihiel.

Moutiers. — Voy. Vieux-Moutier et Vieux-Monthier.

Mouton, bois comm. de Spada, sur le territoire de Varvinay.

Moutots, bois comm. de Saint-Mihiel; faisait partie de la forêt d'Apremont.

Moutru, contrée, c⁰ᵉ de Butgnéville.

Mouzay, vill. sur la rive droite de la Vieille-Meuse, à 4 kil. au S. de Stenay. — *In fisco Sathanacense atque Mousense*, 886 (donat. de Raignier au prieuré de Saint-Dagobert). — *Mousensis*, 886 (confirmat.

21

par Charles le Gros). — *Muzacum*, 1086 (dipl. de l'emp. Henri III). — *In fine Mousaio*, xie siècle (cart. de Gorze et Hist. de Lorr. pr.). — *Mousayum*, 1069 (cart. de Gorze, mort de Dagobert). — *Mosacum*, 1069 (dipl. de Godefroy de Bouillon); 1085 (coll. lorr. t. 407, f[° 2]); xiie siècle (Laurent de Liége); 1580 (stemmat. Lothar.). — *Musacum major et minor*, *Mosacum majus et minus*, 1086 (cart. de la cathédr. dipl. de l'emp. Henri III). — *Musacum majus et minus*, 1086 (donat. de Godefroy à l'évêque Thierry). — *Villa Mosaci*, 1090 (ch. de Godefroy de Bouillon en faveur de l'abb. de Gorze). — *Mosagum*, 1101 (cart. de la cathédr. f° 132). — *Mosagium*, 1107 (donat. de la comtesse Mathilde). — *In villis Sathanaco et Mosaco*, 1108 (cart. de Gorze, f° 195). — *Parrochia Mosacensis*, 1157 (ch. de Gorze, par l'archev. Hillin). — *Mousay*, 1284 (cart. de la cathédr.); 1289 (cart. d'Apremont); 1483 (coll. lorr. t. 261.46, A. 21); 1536 (Lamy, chamb. des comptes de Bar); 1571 (proc.-verb. des coutumes). — *Mouza*, 1466 (Lamy, arbre généal. de la famille Des Ancherins); 1597 (coll. lorr. t. 406, f° 94); 1643 (*ibid*. t. 407, f° 70); 1656 (carte de l'év.); 1700 (carte des États). — *Mousa*, 1508 (Lamy, arrêt du conseil d'état de Lorraine et de Bar); 1549 (Wassebourg); 1745 (Roussel). — *Mosay*, 1580 (Lamy, dénombrement de Pierre de l'Hostel). — *Mozay*, 1564 (*ibid*. vente du château de Mouzay). — *Mouzaye*, 1583 (*ibid*. informat. devant le baill. de Vitry). — *Mouzay*, 1644 (*ibid*. enquête). — *Mosa*, *Muza*, 1745 (Roussel.) 1756 (D. Calmet, not.).

Avant 1790, Clermontois, après avoir été Barrois lorrain, cout. de Saint-Mihiel, prév. de Stenay, baill. de Clermont siégeant à Varennes, cour des *Grands jours* de Saint-Mihiel, parlem. de Paris. — Dioc. de Trèves, archid. de Longuyon, doy. d'Yvois.

En 1790, distr. et c[on] de Stenay.

Actuellement, arrond. et archipr. de Montmédy, c[on] et doy. de Stenay. — Écarts : Charmois, Gironette. — Patrons : saint Pierre et saint Paul.

Mouzay a donné son nom à une maison de nom et d'armes depuis longtemps éteinte, qui portait : *d'argent à deux cotices d'azur, au canton sénestre de sable chargé de deux annelets d'or mis en face* (Husson l'Écossais).

Mouzon (Prévôté de), comprenait dans le dép[t] de la Meuse les h. et vill. d'Aufroidcourt, Autréville et Cesse (partie avec Stenay).

Mouzon-Meuse (Doyenné de), *decanatus de Mosomo Mose* (Topog. eccl. de la France), sous le titre de

Notre-Dame, faisait partie du grand archidiaconé (dioc. de Reims) et comprenait dans le dép[t] de la Meuse les paroisses d'Autréville, Cesse, Luzy, Moulins, Pouilly, Villefranche.

Moxémont, contrée, c[ne] de Fromeréville.

Moxéville, contrée, c[ne] de Thierville. — Voy. Loxbut.

Moye (La), f. c[ne] de Neuville-sur-Orne.

Moyémont, contrée, c[ne] de Champneuville et Menaucourt.

Moyémont, bois comm. de Deuxnouds-aux-Bois, Lahaymeix et Tréveray.

Moyémont, bois comm. de Douaumont. — *Moinmont*, 1269 (cart. de la cathédr. f° 71).

Moyémont, h. ruiné, entre Ménil-sous-les-Côtes et les Éparges.—*Moinmont*, 1145 (abb. de Saint-Benoît; ch. d'Albéron, év. de Verdun).

Moyémont, bois domanial, c[ne] de Sivry-sur-Meuse.

Moyenne (La), font. qui prend sa source au N. d'Autrécourt, arrose la prairie de la Cannette et se jette dans l'Aire entre Autrécourt et Lavoye, après un cours de 1,200 mètres.

Moyentenue, bois comm. de Fresnes-au-Mont.

Moyette, contrée, c[ne] de Samogneux.

Muleau, contrée, c[ne] de Gondrecourt.

Mulot, bois comm. de Brasseitte et de Mécrin.

Mulson, contrée, c[ne] de Cumières.

Mumelette, contrée, c[ne] de Varennes.

Munels, bois comm. de Vaudeville; faisait partie de la forêt de Gondrecourt.

Munémont, contrée, c[ne] de Béthelainville.

Muniels, bois comm. de Ville-sur-Cousance, sur le territoire de Souhesme.

Munier, contrée, c[ne] de Dieppe.

Muraut, ancien château féodal, actuellement f. c[ne] de Damvillers. — *Mirvalt*, 1060 (confirmat. de la fondat. du prieuré d'Apremont); 1156 (confirmat. par Frédéric Barberousse). — *Castellum Mirenwaldi cum foreste quæ dicitur Wavria*, 1086 (cart. de la cathédr. dipl. de l'emp. Henri III). — *Mireualdi*, 1086 (donat. de Godefroy à l'év. Thierry). — *Petrus senior de Miralt*, 1103 (ch. de Gorze). — *Mirowalt*, 1153 (ch. de l'év. Albéron de Chiny); 1163 (ch. de l'év. Richard de Grandpré). — *Mireualt-castrum*, 1156 (ch. de l'év. Thierry). — *Mirenualt-castrum*, 1156 (acte de confirmat.). — *Mirowalt-castrum*, *Mirohat-castrum*, xiie siècle (Laurent de Liége). — *Petrus de Mirwalt*, 1180 (cart. de Saint-Paul). — *Mirwal*, 1222, 1239 (cart. de la cathédr.). — *Mircaul*, 1226, 1300 (*ibid*.). — *Mirwaut*, 1240, 1300 (*ibid*.). — *Miruwaut*, *Mirowaut*, 1240 (*ibid*.). — *Mirewal*, 1259 (ch. de Louis de Chiny et de Henri II de Luxembourg; archiv. du grand-duché, recueil Gérard, f° 85). — *Mirowaut*, 1294 (invent. de l'évêché). — *Mirowault*, 1322 (déclarat. de l'év. de Verdun et du comte de Bar). — *Muratum*, 1490 (statuts synodaux de Guillaume d'Haraucourt). — *Miroalht*, *Miroard*, *Mirevault*, *Mirvaulx*, 1549 (Wassebourg). — *Mureau*, 1660 (rapport fait au roi; Roussel, *Hist. de Verdun*, pr. p. 89); 1674 (Husson l'Écossais). — *Murault*, xvıı° siècle (arch. du grand-duché de Luxembourg). — *Mureaux*, 1700 (carte des États); 1760 (Cassini).

Muraut et Murvaux, étant d'une même origine et ayant fait partie du domaine du même maître (Pierre de Chiny dit *de Mirvault*), ont souvent porté la même dénomination; il n'est donc pas possible de faire exactement l'application des anciennes formes de noms dont plusieurs peuvent être donnés également à l'une ou à l'autre de ces deux localités. — Voy. l'article Murvaux.

Le château de Muraut était situé au N. de la côte d'Horn, sur un mamelon isolé qui domine Dannvillers; c'était une forteresse baronniale, celle de la pairie de Muraut, l'une des quatre de l'évêché de Verdun (Ornes, Muraut, Creue et Watromville); maison de nom et d'armes éteinte, qui portait : *de gueules au cheval d'argent passant* (Husson l'Écossais).

Muart, bois comm. de Breux.

Murey, contrée, c°° de Montfaucon.

Murlenois, bois comm. de Givrauval.

Murnier, ancienne cense, communauté de Senon (Durival).

Murvaux, vill. sur le Bradon, à 5 kil. à l'E. de Dun. — *Mirvault*, 1106 (abb. de Châtillon). — *Mervaux*, 1139 (cart. de la cathédr.). — *Mirovault*, 1150, 1156 (abb. de Châtillon). — *Mirovault*, 1153 (ch. d'Albéron de Chiny, év. de Verdun). — *Mirvaut*, xıı° siècle (ch. d'Arnoux, comte de Chiny; archiv. de la Meuse). — *Mervalz*, 1180 (cart. de la cathédr.). — *Mervals*, 1252 (*ibid.*). — *Murvialx*, 1471 (Lamy, vente de partie de la seign. de Murvaux). — *Mervaul*, *Mervaux*, 1483 (coll. lorr. t. 261. 46, A. 21). — *Mervaulx*, 1517 (Lamy, lettres patentes du duc Antoine); 1549 (*ibid.* foi et hommage). — *Mervault*, 1521 (*ibid.* foi et hommage); 1566 (*ibid.* acte du tabell. de Stenay). — *Sancta Maria Marvàus*, xvı° siècle (pouillé ms de Reims). — *Murvaux*, 1676, 1687 (Soc. Philom. lay. Murvaux). — *Murvault*, 1571 (proc.-verb. des cout.). — *Mulvault*, 1607 (*ibid.*); 1613 (Lamy, acte du tabell. de Stenay). — *Murvuaux*, 1616 (*ibid.*). — *Marvault*, 1656 (carte de l'év.). — *Mur-

veaux*, 1712 (Soc. Philom. lay. Clermont, arrest de la cour des Aydes). — *Mirouvault*, *Mirvault*, 1745 (Roussel, *Hist. de Verdun*). — Voy. l'article Muraut.

Avant 1790, Clermontois, après avoir été Barrois lorrain, seigneurie, cout. de Saint-Mihiel, prév. de Dun, baill. des Clermont siégeant à Varennes, anciennes assises des *Grands jours* de Saint-Mihiel, parlem. de Metz, puis de Paris. — Dioc. de Reims, archid. de Champagne, doy. de Dun.

En 1790, dictr. de Stenay, c°° de Dun.

Actuellement, arrond. et archipr. de Montmédy, c°° et doy. de Dun. — Écarts : Moulin-du-Haut-Paquis, Résistance. — Patron : la Présentation de la Vierge.

Murville (Ruisseau de), qui prend sa source à Tourailles et se jette dans le Naillemont près d'Horville, après un cours de 2 kilomètres.

Mury, contrée, c°° de Charny.

Mussalmont, contrée, c°° de Creue.

Mussenie, contrée, c°° de Béthincourt.

Mussey, vill. sur la rive gauche de l'Ornain, à 7 kil. à l'E. de Revigny. — *Muceium*, 1163 (cart. de Jean-d'Heures). — *Musseium*, 1221 (cart. de la cathédr.), 1711 (pouillé); 1749 (*ibid.*). — *Mucey-en-Barrais*, 1243 (cart. de la cathédr.). — *Musseyum*, *Musseyum*, 1402 (Mâchon). — *Mussy*, xvıı° siècle (arch. de la Meuse). — *Mussei*, 1749 (pouillé).

Avant 1790, Barrois mouvant, prév. de Beurey, office, recette, cout. et baill. de Bar, présid. de Châlons, parlem. de Paris. — Dioc. de Toul, archid. de Rinel, doy. de Robert-Espagne, annexe de Neuville-sur-Orne.

En 1790, distr. de Bar, c°° de Beurey.

Actuellement, arrond. et archipr. de Bar-le-Duc, c°° et doy. de Revigny. — Écart : la Gare. — Patron : saint Nicolas; annexe de Vassincourt.

Muzeray, vill. sur la rive gauche de l'Othain, à 4 kil. à l'O. de Spincourt. — *Miseriacum*, 1049 (bulle de Léon IX); 1127 (cart. de la cathédr.). — *Massuricum*, 1101 (*ibid.*). — *Miseri*, 1200 (cart. de Saint-Paul). — *Miserei*, 1218, 1231, 1243, 1257 (cart. de la cathédr.). — *Miserey*, 1237, 1267 (*ibid.*); 1549 (Wassebourg). — *Muserei*, 1247, 1252 (cart. de Saint-Paul). — *Misereium*, 1250 (cart. de la cathédr.). — *Musere*, 1549 (Wassebourg). — *Muzerey*, 1642 (Mâchon); 1656 (carte de l'év.); 1745 (Roussel). — *Muzery*, 1700 (carte des États). — *Muzereacum*, 1738 (pouillé). — *Muserey*, 1743 (proc.-verb. des cout.).

Avant 1790, Verdunois, terre du chap. prév. de Foameix, justice des chanoines de la cathédr. cout.

baill. et présid. de Verdun, parlem. de Metz. — Dioc. de Verdun, archid. de la Woëvre, doy. d'Amel, ancienne annexe dé Loison, érigé en paroisse en 1687.

En 1790, distr. d'Étain, c^en d'Arrancy.

Actuellement, arrond. et archipr. de Montmédy, c^en de Spincourt, doy. de Billy-sous-Mangiennes. — Écarts : Hapetout, Mercameix, Rampont, Saint-Ange. — Patron : saint Firmin.

MYRAT, chemin vicinal de Foameix à Morgemoulins.

N

NABSARD, contrée, c^ne de Montplonne.
NACUEPRÉ, contrée, c^ne de Lemmes.
NACUET, bois domanial, c^ne de Sivry-sur-Meuse.
NAVÉ, contrée, c^ne de Pillon.
NAILLEMONT, m^in, c^ne d'Horville.
NAILLEMONT (LE), ruiss. qui prend sa source sur le territoire de Tourailles et se jette dans l'Oignon sur celui d'Horville, après un cours de 3 kilomètres.
NAISOL, contrée, c^ne de Doncourt-aux-Templiers.
NAISSOYE, bois comm. de Doncourt-aux-Templiers.
NAIVES-DEVANT-BAR, vill. sur le Naweton, à 3 kil. au S. de Vavincourt. — Naves-devant-Bar, 1292, 1321 (abb. de Saint-Mihiel, 3. K. 3. — 3. K. 1). — Nesves, 1437 (vente par le comte de Linange à E. Du Châtelet); 1700 (carte des États). — Nayves, 1579 (proc.-verb. des cout.). — Navæ, 1580 (stemmat. Lothar.). — Navia, 1711 (pouillé); 1749 (ibid.); 1756 (D. Calmet, not.).
Avant 1790, Barrois mouvant, châtellenie, office et prév. de Pierrefitte, siége de ladite prév. cout. et baill. de Bar, parlem. de Châlons, parlem. de Paris. — Dioc. de Toul, archid. de Rinel, doy. de Bar.
En 1790, distr. de Bar, c^en de Vavincourt.
Actuellement, arrond. et archipr. de Bar-le-Duc, c^en de Vavincourt, doy. de Condé. — Patron : saint Maurice.
NAIVES-EN-BLOIS, vill. entre la Méholle et le ru de Méligny, à 6 kil. au S.-O. de Void. — Neiva, 982 (dipl. de saint Gérard de Toul). — Neyves, 1338 (chambre des comptes, c. de Gondrecourt); 1495-96 (Tr. des ch. B. G364). — Nesves, 1354 (coll. lorr. t. 243.37, p. 20). — Navæ, Navia, 1402 (regestr. Tull.). — Nefves-en-Bloys, 1572 (coll. lorr. t. 243.37, p. 57). — Nefve-en-Blois, Nayve-en-Blois, 1580 (proc.-verb. des cout.). — Neyves-en-Blois, 1700 (carte des États). — Neves, Navia-in-Blesis, 1707 (carte du Toulois). — Neives-en-Blois, 1711 (pouillé). — Navia, 1711 (ibid.); 1759 (ibid.). — Navium, 1757 (de l'Isle). — Navensis, Naviesus, 1756 (D. Calmet, not.).
Avant 1790, partie Champagne et partie Barrois mouvant, cout. du Bassigny; formait avec la h. de

Braux trois communautés et quatre seigneuries, savoir : communauté de l'office de Ligny, dont les sujets de la seigneurie de Braux faisaient partie; communauté de l'office de Gondrecourt, communauté de l'office de Toul. Le roi était seigneur de deux seigneuries : l'une de l'office de Ligny, justice des officiers des lieux, présid. de Chaumont, parlement de Paris; l'autre de la dépendance et juridiction de la prév. de Gondrecourt, bailliage de Saint-Thiébaut, présid. de Châlons, parlem. de Paris; la troisième seigneurie appartenait au chap. de Toul, justice des officiers de la prév. de Void, dont les appellations se portaient au baill. et siége présid. de Toul, parlem. de Metz; la quatrième seigneurie, dite des Écuyers, c'est-à-dire des seigneurs de Braux, avait pour juges les officiers des seigneurs, dont les jugements ressortissaient au baill. et siége présidial de Chaumont, parlem. de Paris. — Dioc. de Toul, archid. de Ligny, doy. de Meuse-Vaucouleurs.
En 1790, distr. de Commercy, c^en de Bovée.
Actuellement, arrond. et archipr. de Commercy, c^en et doy. de Void. — Écarts : Benaucourt, Braux. — Patron : saint Martin.
NAIX, vill. sur l'Ornain, à 7 kil. au S.-E. de Ligny. — Νάσιον, IIe siècle (Ptolémée). — Nasie, IIIe siècle (Table Théodosienne ou de Peutinger). — Nasium, IVe siècle (Itin. d'Antonin); VIIe siècle (donat. de Bodo, évêque de Toul); 870 (dipl. de Charles le Chauve); 948 (confirmat. par Otton); 1033 (dipl. de Conrad); 1675 (A. de Valois); 1707 (P. Benoît); 1711 (pouillé); 1749 (ibid.); 1756 (D. Calmet, not.). — Nasiovicu in Barreasse, Nain-soco, ép. mérovingienne (tiers de sous d'or). — Nasio castro capto, 612 (Frédégaire, ch. 38). — Similiter farinarium supra Ornam juxta civitatem Nasium, 936 (ch. de saint Gauzelin, év. de Toul). — Nais, 1060 (confirmat. de la fondat. du prieuré d'Apremont); 1103 (cart. de Gorze, f° 206). — Narceyum, 1402 (regestr. Tull.). — Nair, 1495-96 (Tr. des ch. B. G394). — Naz, 1579 (proc.-verb. des cout.). — Nays, 1700 (carte des États). — Nas, 1707 (carte du Toulois); 1711 (pouillé); 1749 (ibid.).

Le vill. de Naix occupe une partie de l'emplacement sur lequel s'élevait l'antique *Nasium*, opulente cité du pays des Leucks, située sur la grande voie consulaire de Reims (*Durocortorum*) à Metz (*Divodurum*) et placée, d'après la Table Théodosienne ou de Peutinger (iii° siècle), à ix mille pas de *Caturices* et à xiv mille pas de *Ad Fines*. L'Itinéraire d'Antonin (iv° siècle) l'indique comme étant à xvi mille pas de *Tullum* et à ix mille pas de *Caturiges*.

Nasium était protégé par plusieurs camps dont on voit les retranchements sur les hauteurs qui l'avoisinent; le plus important est situé au S.-E. sur le mont Châté, territoire de Boviolles; ce camp mesure 1,200 mètres en longueur, sur une largeur moyenne de 450 mètres; il était assez vaste pour contenir deux légions. L'enceinte de la ville était considérable, et aujourd'hui encore, quoique le terrain qu'elle occupait soit livré à la culture, on peut en suivre les contours. Les fouilles qu'on y a faites à diverses reprises ont permis de reconnaître la position de quelques édifices remarquables, un temple, des thermes, un cirque, des aqueducs, des maisons d'une grande somptuosité; on y a trouvé des colonnes, des statues en or, en bronze et en marbre; de belles mosaïques (*pavimenta tessellata*), de riches bijoux, des vases, des urnes, des trépieds, un grand nombre de monnaies gauloises en or et en bronze et des monnaies romaines de tous métaux et de presque tous les règnes. Les lits de cendres et de charbon qu'on rencontre dans la terre à une grande profondeur, au milieu de matériaux calcinés, portent à croire que cette cité aurait été détruite par suite de quelque violente catastrophe, et la tradition en fait remonter la ruine au iv° siècle. Suivant Frédégaire, chroniqueur du vii° siècle, mort vers 660, *Nasium* serait sorti de ses ruines et aurait été de nouveau fortifié par Théodebert II, roi d'Austrasie. A cette époque de la période mérovingienne, cette localité déchue était encore un *vicus* d'une certaine importance en raison de sa position topographique; on considère comme y ayant été frappés les triens mérovingiens portant en légende les noms NASIOVICV, NAIO-SOCO, qui prouveraient l'existence en ce lieu d'un atelier monétaire. D'après la tradition, le *vicus* aurait été détruit au viii° siècle.

Avant 1790, Barrois mouvant, comté, office et prév. de Ligny, recette, cout. et baill. de Bar, présid. de Châlons, parlem. de Paris; le roi en était seul seigneur. — Dioc. de Toul, archid. et doy. de Ligny. — Avait un prieuré dépendant de l'abb. de Saint-Léon de Toul, de l'ordre de Saint-Augustin.

En 1790, distr. de Bar, c⁰ⁿ de Ligny.

Actuellement, arrond. et archip. de Bar-le-Duc, c⁰ⁿ et doy. de Ligny. — Écart : les Forges. — Patron : saint Martin.

NAMBAUVA, contrée, c⁰ⁿ de Ville-devant-Belrain.

NAMBONBROUILLE, bois comm. de Ville-en-Woëvre.

NANCERRE (PORTE), à Verdun, l'une des anciennes entrées de la ville; était située dans le milieu de la rue Mazel et fut démolie en 1618, comme l'indique l'inscription placée sur la façade de la maison n° 21, qui en occupe l'emplacement. — *Porta Anselmi vici*, xiii° siècle (chron. de Saint-Vanne.) — *Ab Anselmi vico porta*, xv° siècle (Joan de Sarrebruck, bibl. Labbe, t. I⁰ʳ, p. 402). — *Porte d'Ancel-rue*, 1404-1418 (chron. de Joan de Sarrebruck). — *Porte Nancerne, porte d'Ancel-Rue*, 1549 (Wassebourg). — *Porte à Nancel*, 1618 (inscription). — Voy. l'article MAZEL (RUE).

NANCERVELLE, f. c⁰ⁿ de Woinville.

NANÇOIS-LE-GRAND, vulgairement *Nançois-le-Savrour*, vill. sur le Malval, à 16 kil. au S.-O. de Commercy. — *Nasium in pago Adornensi*, vii° siècle (donat. de Bodo Leudinus, év. de Toul). — *Nancioris-curtis*, 947 (abb. Saint-Mansuy de Toul). — *Nanzeiacum*, 1064 (dipl. de Walfride). — *Nanceiacum*, 1106 (bulle de Pascal II). — *Nanceium-saporosum, Nancetum-saporosum*, 1402 (regestr. Tull.). — *Nansoyum-saporosum*, xv° siècle (Tr. des ch. reg. A.). — *Nancoy*, 1460 (coll. lorr. t. 247.39, A. 14). — *Grand-Nançoy*, 1495-96 (Tr. des ch. B. 6364). — *Grand-Nançoy*, 1579 (proc.-verb. des cout.); 1725 (Soc. Philom. lay. Tull.). — *Grand-Nancy*, 1700. (carte des États). — *Grand-Nançois, Nansitum-Magnum*, 1711 (pouillé); 1749 (*ibid.*). — *Nanceiacum, Nancoiis*, 1756 (D. Calmet, *not.*).

Avant 1790, Barrois mouvant, partie office de Bar et partie office de Ligny, le tout sous la juridiction de la prév. de Ligny, recette, cout. et baill. de Bar, présid. de Châlons, parlem. de Paris; le roi en était seul seigneur. — Dioc. de Toul, archid. et doy. de Ligny.

En 1790, distr. de Commercy, c⁰ⁿ de Domremy-aux-Bois.

Actuellement, arrond. c⁰ⁿ et doy. de Commercy. — Écart : Petit-Pas. — Patron : saint Èvre; annexe de Villeroncourt.

NANÇOIS-LE-PETIT, vill. sur la rive droite de l'Ornain, à 4 kil. au N.-O. de Ligny-en-Barrois. — *Nasium in pago Ardornensi*, vii° siècle (donat. de Bodo, év. de Toul). — *Nancioris-curtis*, 947 (abb. Saint-Mansuy de Toul). — *Nanzeiacum*, 1064 (dipl. de Walfride). — *Nanceiacum*, 1106 (bulle de Pascal II).

— *Nançois-sur-Orne*, 1255 (chambre des comptes, B. 254). — *Nansetum-supra-Ornan, Nanceium* ou *Nancetum-suppra-Ornam*, 1402 (regestr. Tull.) — *Nancoy*, 1460 (coll. lorr. t. 247.39, A. 14). — *Petit-Nansoy*, 1495-96 (Tr. des ch. B. 6364); 1547 (coll. lorr. t. 119, n° 99). — *Petit-Nançoy*, 1579 (proc.-verb. des coutumes). — *Petit-Nancy*, 1700 (carte des États). — *Petit-Nançois, Nansitun-Parvum*, 1711 (pouillé); 1749 (*ibid.*). — *Nanciacum, Nanceiis*, 1756 (D. Calmet, *not.*).

Avant 1790, Barrois mouvant, comté, office et prév. de Ligny, recette, coutume et baill. de Bar, présid. de Châlons, parlem. de Paris; le roi en était seul seigneur. — Dioc. de Toul, archid. et doy. de Ligny.

En 1790, distr. de Bar, c°ⁿ de Ligny.

Actuellement, arrond. et archipr. de Bar-le-Duc, c°ⁿ et doy. de Ligny. — Écart : la Gare. — Patron : saint Remy.

NASDALIN, contrée, c°ᵉ de Naives-en-Blois.

NANGINSARD ou NAUGINSARD, bois comm. de Rambucourt; faisait partie de la forêt de la Reine.

NANT (RUISSEAU DE), qui prend sa source sur le territoire de Tannois, passe à Nant-le-Grand et à Nant-le-Petit, et se jette dans la Saulx en amont de Stainville, après un cours de 8 kilomètres.

NANTELLE, f. c°ᵉ de Stainville. — *Nanteuil, Nantelium*, 1756 (D. Calmet, *not.*). — *Nantel*, 1760 (Cassini).

Anciennement, monastère de religieuses de l'ordre de Prémontré, sous le titre de Notre-Dame, ensuite censé avec chapelle entretenue, dépendant de l'abb. de Jovilliers.

NANTILLOIS, vill. sur le ruiss. de l'Étanche, à 3 kil. au N. de Montfaucon. — *Nantolium*, 1169 (cart. de Saint-Paul). — *Nantilloy*, 1636 (carte de l'év.). — *Nantilletum* (reg. de l'év.).

Avant 1790, Clermontois, prév. de Varennes, cout. et baill. de Clermont, présid. de Châlons, parlement de Paris. — Dioc. de Reims, archid. de Champagne, doy. du chap. de Montfaucon et ensuite de Dun, annexe de Septsarges.

En 1790, distr. de Clermont-en-Argonne, c°ⁿ de Montfaucon.

Actuellement, arrond. et archipr. de Montmédy, c°ⁿ et doy. de Montfaucon. — Patron : la Nativité de la Vierge.

NANT-LE-GRAND, vill. sur le ruiss. de Nant, à 7 kilomètres à l'O. de Ligny-en-Barrois. — *Nan*, X° siècle (Hist. episc. Tull.). — *Nant*, 992 (ex æde divi Maximi); XI° siècle (Widric, vie de saint Gérard); 1180 (cart. de Jeand'heures). — *Nantum-Magnum*, 1402 (regestr. Tull.); 1749 (pouillé). — *Nant-le-*

Grant, 1495-96 (Tr. des ch. B. 6364). — *Nam-le-Grand*, 1700 (carte des États). — *Nantum*, 1711 (pouillé).

Avant 1790, Barrois mouvant, comté, office et prév. de Ligny, recette, cout. et baill. de Bar, présid. de Châlons, parlem. de Paris; le roi en était seul seigneur. — Dioc. de Toul, archid. de Rinel, doy. de Dammarie.

En 1790, distr. de Bar, c°ᵉ de Stainville.

Actuellement, arrond. et archipr. de Bar-le-Duc, c°ⁿ et doy. de Ligny. — Patron : saint Amand.

NANT-LE-PETIT, vill. sur le ruiss. de Nant, à 8 kil. au S.-O. de Ligny-en-Barrois. — *Nantum-Parvum*, 1402 (regestrum Tull.); 1711 (pouillé); 1749 (*ibid.*). — *Nant-le-Petit*, 1495-96 (Trésor des chartes, B. 6364). — *Nam-le-Petit*, 1700 (carte des États).

Avant 1790, Barrois mouvant, comté, office et prév. de Ligny, recette, cout. et baill. de Bar, présid. de Châlons, parlem. de Paris; le roi en était seul seigneur. — Dioc. de Toul, archid. de Rinel, doy. de Dammarie, annexe de Nant-le-Grand.

En 1790, distr. de Bar, c°ᵉ de Stainville.

Actuellement, arrond. et archipr. de Bar-le-Duc, c°ⁿ de Ligny, doy. de Montiers-sur-Saulx. — Écarts : les Moulins. — Patron : saint Martin.

NANTOIS, vill. sur le ruiss. de Longeaux, à 6 kil. au S. de Ligny-en-Barrois. — *Nantoya, Nantoys*, 1402 (regestr. Tull.). — *Nanthoie*, 1495-96 (Tr. des ch. B. 6364). — *Nantoy*, 1579 (proc.-verb. des cout.). — *Nancoy*, 1700 (carte des États). — *Nannetum*, 1711 (pouillé); 1749 (*ibid.*). — *Nannatum*, 1756 (D. Calmet, *not.*).

Avant 1790, Barrois mouvant, comté, office et prév. de Ligny. cout. et baill. de Bar, présid. de Châlons, parlem. de Paris; le roi en était seul seigneur. — Dioc. de Toul, archid. et doy. de Ligny.

En 1790, distr. de Bar, c°ⁿ de Ligny.

Actuellement, arrond. et archipr. de Bar-le-Duc, c°ⁿ et doy. de Ligny. — Écarts : Brie-Bosseline, les Forges de Naix, Lavaux, la Tuilerie. — Patron : saint Martin.

NANWAY, bois comm. de Bras.

NANIVAUX, c°ᵉ de Sivry-la-Perche.

NARMONT, bois comm. de Spada.

NARRANPRÉ, contrée, c°ᵉ de Cheppy.

NASOLLE, bois comm. de Thillombois.

NATERMANN, contrée, c°ᵉ d'Étain.

NATIFONTAINE, petit ruiss. qui prend sa source au N. d'Autrécourt et se jette dans l'Aire entre ce vill. et Lavoye.

NAUCHAMP, contrée, c°ᵉ de Bar-le-Duc.

NAUCHAMP, bois comm. de Creüe.

NAUDETTE (LA), petit ruiss. qui prend sa source sur le territoire de Foucaucourt et se jette dans le Thabas entre ce vill. et Brizeaux.

NAUGIPONT (LE), ruiss. qui a sa source dans le bois des Quatre-Communes, sur le territoire de Vigneulles-lez-Hattonchâtel, passe à Lamarche-en-Woëvre, sort du dép¹ après un cours de 6 kil. et va s'unir à la Madine dans le dép¹ de la Meurthe.

NAUMONCEL, étang, c°ⁿ d'Amel.

NAUMONCEL, f. et colonie pénitentiaire, c°ⁿ d'Amel. — *Nonmoncel*, 1835 (carte de l'état-major).

Colonie fondée par M. l'abbé Dambroise en vertu d'une autorisation ministérielle du 19 juin 1856.

NAUSÉVAUX, contrée, c°ⁿ de Vignot.

NAUSONCE (LA), ruiss. qui prend sa source au-dessus du Bois-le-Chêne, sur le territoire d'Hargeville, passe à Sainte-Hoïlde, sur les territoires de Louppy-le-Château et de Villers-aux-Vents, traverse le vill. de Brabant-le-Roi et se jette dans la Chée au-dessous de Nettancourt, après un trajet de 18 kilomètres.

NAUSONZE (LA), petit cours d'eau, c°ⁿ de Villers-aux-Vents.

NAUX, contrée, c°ⁿ de Buignéville.

NAVERNEMONT, contrée, c°ⁿ de Naives-en-Blois.

NAVILLE, chapelle ruinée, c°ⁿ de Raulecourt. — *Navil*, 1700 (carte des États).

Était dédiée à saint Clément et s'élevait sur l'une des sources du Rupt-le-Mad.

NAWE (LA), ruiss. dit aussi *le Petit-Verneuil*, qui prend sa source sur le territoire de Verneuil-le-Petit et se jette dans la Chiers après un cours de 4 kilomètres.

NAWE, f. c°ⁿ de Verneuil-le-Petit.

NAWEPONT (LE), ruiss. qui a sa source à Chardogne et se jette dans l'Ornain entre Mussey et Neuville-sur-Orne, après un cours de 8 kilomètres. — *Navepont*, 1760 (Cassini).

NAWETON, ruiss. qui prend sa source au-dessus de Rosières-devant-Bar, passe à Naives-devant-Bar et à Marbot, et se jette dans l'Ornain à Bar-le-Duc, après un cours de 7 kilomètres.

NAY, f. c°ⁿ de Savonnières-devant-Bar.

NAYDÉE, côte, dite aussi *Marcavel*, c°ⁿ de Menaucourt.

On y voit, au lieu dit *Champ-de-Victoire*, les traces d'un petit camp ou poste antique destiné à défendre *Nasium*.

NÉPRET, contrée, c°ⁿ de Rumont.

NEPVANT, vill. sur le ruisseau de Nepvant, à 6 kilom. au N. de Stenay. — *Nepvianthum* (ch. de 1139). — *Novianthum*, 1157 (ch. de Gorze, par l'archev. Hillin). — *Nevant*, 1656 (carte de l'év.); 1700 (carte des États).

Avant 1790, Clermontois, après avoir été Barrois lorrain, cout. de Saint-Mihiel, prév. de Stenay, baill. de Clermont siégeant à Varennes, cour des *Grands jours* de Saint-Mihiel, parlem. de Paris. — Dioc. de Trèves, archid. de Longuyon, doy. d'Yvois, annexe de Brouennes.

En 1790, distr. de Stenay, c°ⁿ d'Inor.

Actuellement, arrond. et archipr. de Montmédy, c°ⁿ et doy. de Stenay. — Écart : le Moulin. — Patron : saint Maximin.

NEPVANT (RUISSEAU DE), qui a sa source sur le territoire de Nepvant et se jette dans la Chiers vis-à-vis de Lamouilly, après un cours de 2 kilomètres.

NERCY, bois comm. de Pagny-la-Blanche-Côte.

NERMONT, bois comm. de Jouy-devant-Dombasle.

NETTANCOURT, vill. sur la rive droite de la Chée, à 6 kil. au S.-O. de Revigny. — *Netancort*, 1142 (abb. de Lisle). — *Netuncort*, 1179 (cart. de Jeand'heures). — *Nutuncourt, Netuncort*, 1180 (*ibid.*). — *Netoncort*, 1180, 1245 (*ibid.*). — *Nectuncourt*, 1250 (cart. de Montiers). — *Netuncourt*, xiiiᵉ siècle (abb. de Lisle). — *Nettancour*, 1700 (carte des États).

Avant 1790, Champagne, élection de Châlons, cout. et baill. de Vitry-le-François, parlement de Paris. — Dioc. de Châlons, archipr. d'Astenay, doy. de Possesse.

En 1790, distr. de Bar, c°ⁿ de Noyers.

Actuellement, arrond. et archipr. de Bar-le-Duc, c°ⁿ et doyenné de Revigny. — Écarts : la Grange-aux-Champs, Montplaisir. — Patron : saint Jean-Baptiste.

Nettancourt a donné son nom à une très-ancienne et très-noble maison de nom et d'armes qui porte : *de gueules au chevron d'or* (Husson l'Écossais).

NEUFCHÂTEAU (DOYENNÉ DE), *decanatus de Novocastro*, 1402 (registr. Toul.), faisait partie du dioc. de Toul et de l'archid. de Vitel; a fourni au département les paroisses de Brixey-aux-Chanoines et de Sauvigny.

NEUF-ÉTANG, étang, c°ⁿ de Corniéville, Hadonville et Laheycourt.

NEUF-FONTAINES (LES), sources, c°ⁿ de Lemmes; donnent naissance au ruiss. dit le Noron.

NEUF-MOULIN, m¹ⁿ, c°ⁿ de Commercy et d'Aulnois-sous-Vertuzey.

NEUF-MOULIN, papeterie, c°ⁿ de Lamorville.

NEUF-MOULIN, étang, c°ⁿ de Liouville.

NEUFOUR (LE), vill. sur la Biesme, à 7 kil. à l'O. de Clermont-en-Argonne. — *Le Neuf-Four*, 1571 (proc.-verb. des cout.); 1700 (carte des États.)

Avant 1790, Clermontois, justice seigneuriale des princes de Condé, cout. baill. et prév. de Clermont, parlem. de Paris. — Dioc. de Verdun, archid. d'Argonne, doy. et annexe de Clermont.

En 1790, distr. de Clermont, c⁰ⁿ des Islettes. Actuellement, arrond. et archipr. de Verdun, cᵒⁿ et doy. de Clermont. — Écart : Herbelotte. — Patron : saint François d'Assise.

Neuf-Pont, contrée, cᵐᵉ de Montigny.

Neumont, bois comm. de Jouy-sous-les-Côtes.

Neuroie, contrée, cᵐᵉ de Béthincourt.

Neuve (Rue), à Verdun.

Neuve-Fontaine, source et contrée, cᵐᵉ d'Aubréville.

Neuve-Grange (La), f. cᵐᵉ de Cheppy.

Neuve-Tuilerie (La), usine, cᵐᵉ de Rarécourt.

Neuveville (Post de la), sur le canal des Usines, à Bar-le-Duc.

Neuville, ham. cᵉ de Champneuville. — Nova-villa, iiᵉ siècle (Bertaire); 940, 952, 962, 980, 1015, 1041, 1047, 1049 (cart. de Saint-Vanne); 952 (acte de fondat.). — Nova-villa super flurium Mosæ, (cart. de Saint-Vanne). — Nova-villa super Mosam, 967 (donat. de l'év. Vilgfride). — Ad Novam-villam, 1025 (acte de confirm. par Conrad). — Nova-villa subtus Virdunum, 1049 (bulle de Léon IX). — Neufville et Champ-sur-Meuse, 1549 (Wassebourg). — Neufville-sur-Meuse, 1756 (D. Calmet, not.)

Ne formait qu'une seule et même communauté avec Champneuville. — Voy. ce mot.

Neuville-en-Verdunois, vill. sur le ru de Bouvroy, à 6 kil. au N.-O. de Pierrefitte. — Nova-villa, iiᵉ siècle (Bertaire); 952 (acte de fondat.); 952 (dipl. de l'emp. Otton); 962 (bulle de Jean XII); iᵉ siècle (polypt. de Reims); 1024 (dipl. de l'emp. Conrad); 1049 (cart. de Saint-Vanne); 1049 (bulle de Léon IX); iiᵉ siècle (Hugues de Flavigny); 1180 (bulle d'Alexandre III); 1711 (pouillé); 1745 (Roussel); 1756 (D. Calmet, not.). — Novavilla, 1204 (cart. de Saint-Paul). — Nueville, 1242, 1247 (ibid.). — Nuefville, 1247 (ibid.). — Novavilla in Virdunesto, Novavilla in Verdunescyo, 1402 (regestr. Tull.). — Neufville, 1549 (Wassebourg).

Avant 1790, Verdunois, terre d'év. prév. de Tilly, cout. baill. et présid. de Verdun, ancienne justice des quatre pairs de l'év. parlem. de Metz. — Dioc. de Toul, archid. de Ligny, doy. de Belrain. — Avait un prieuré sous le titre de Saint-Hubert, dépendant de l'abb. de Saint-Léon de Toul.

En 1790, distr. de Saint-Mihiel, cᵒⁿ de Pierrefitte. Actuellement, arrond. et archipr. de Commercy, cᵒⁿ et doy. de Pierrefitte. — Écart : Sainte-Anne. — Patron : saint André.

Neuville-lez-Vaucouleurs, vill. sur la Basse-Meuse, à 3 kil. au S. de Vaucouleurs. — Nova-villa, 1011 (carta Henrici II); 1711 (pouillé). — Neufville, 1300 (collég. de Vaucouleurs). — Neuville, 1700 (carte des États); 1711 (pouillé).

Avant 1790, terre et prév. de Vaucouleurs, cout. baill. et présid. de Chaumont-en-Bassigny, parlem. de Paris. — Dioc. de Toul, archid. de Ligny, doy. de Meuse-Vaucouleurs.

En 1790, distr. de Gondrecourt, cᵒⁿ de Vaucouleurs.

Actuellement, arrond. et archipr. de Commercy, cᵒⁿ et doy. de Vaucouleurs. — Patron : saint Amand.

Neuville-sur-Orne ou sur-Ornain, vill. sur la droite de l'Ornain, à 5 kil. à l'E. de Revigny. — Noravilla in Barrensi comitatu, 962 (cart. de Saint-Vanne). — Nova-villa in Barrensi comitatu, 962 (bulle de Jean XII). — Novavilla, 992 (ex æde divi Maximi); 1141, 1147, 1195 (cart. de Jeand'heures); 1380 (coll. lorr. t. 242. 36, p. 29). — Villa-in-Campis, 1163, 1180 (cart. de Jeand'heures). — Nova-villa, 1217 (fondat. de la collég. de Ligny). — Novilla, 1220 (cart. de Jeand'heures). — Nuruville-sur-Ourne, 1275 (ch. de Henri, comte de Bar). — Neuf-ville, 1330 (chambre des comptes, c. du gruyer de Bar). — Novilla-supra-Ornam, Noravilla-supra-Ornam, 1402 (regestr. Tull.). — Neuf-ville-sur-Orne, 1575 (proc.-verb. des cout.). — Neuville-sur-Orney, 1700 (carte des États). — Nova-villa-ad-Ornam, 1711 (pouillé); 1749 (ibid.); 1756 (D. Calmet, not.). — Neuve-ville-sur-Orne, 1711 (pouillé).

Avant 1790, Barrois mouvant, office, recette, cout. et baill. de Bar, justice seign. haute, moyenne et basse partagée par moitié entre le roi et les seigneurs; juridiction des juges-gardes du lieu, dont un pour le roi et l'autre pour les coseigneurs; présidial de Châlons, parlement de Paris. — Dioc. de Toul, archid. de Rinel, doy. de Robert-Espagne.

En 1790, distr. de Bar, cᵐᵉ de Chardogne.

Actuellement, arrond. et archipr. de Bar-le-Duc, cᵒⁿ et doy. de Revigny. — Écarts : Creux-des-Renards, Fraiscale, Ladeuve, Loissart, Molion, le Moulin, la Moye, la Perrière, Pied-des-Côtes, la Tresse. — Patron : saint Martin.

Neuvilly, vill. sur l'Aire, à 6 kil. au N. de Clermont-en-Argonne. — Nuvilleniacum, 1049 (bulle de Léon IX). — Nivillei, 1049 (ibid.); 1226 (cart. de la cathédr.). — Niviliacum, 1127, 1230 (ibid.). — Nivilli, 1160 (cart. de Saint-Paul). — Novillari, 1208 (traité de paix). — Nivilley, 1226, 1230 (cart. de la cath.). — In terragüs de Nivellei, 1269 (ibid.). — Nevelley, 1389 (coll. lorr. t. 268.49, A. 16). — Nevilly, 1397 (ibid. t. 263.46, C. 14). —

Neuilly, 1549 (Wassebourg); 1564 (traité entre le duc de Bar et le chapitre de Verdun).—*Neufvilly*, 1564 (coll. lorr. t. 267.49, P. 27). — *Neuvilliers*, 1571 (table des cout.). — *Neuvilleyum*, 1642 (Mâchon). — *Neuvillier, de Novovillari*, 1738 (pouillé).

Avant 1790, Clermontois, haute justice et vill. baill. prév. et cout. de Clermont, présid. de Châlons, parlem. de Paris. — Dioc. de Verdun, archid. d'Argonne, doy. de Clermont.

En 1790, distr. et c⁰ⁿ de Clermont.

Actuellement, arrond. et archipr. de Verdun, c⁰ⁿ et doyenné de Clermont. — Écart : Abancourt. — Patrons : saint Pierre et saint Paul.

Névaux, bois comm. de Void.

Névité, contrée, cⁿᵉ de Naives-devant-Bar.

Nicey, vill. sur l'Aire, à 2 kil. au S. de Pierrefitte. — *Niceium*, 1204 (cart. de Saint-Paul). — *Nicey*, 1232 (cart. de la cathédr.); 1265 (archiv. de la Meuse). — *Nissey*, 1656 (carte de l'év.). — *Nicy*, 1700 (carte des États). — *Nicetum*, 1711 (pouillé); 1749 (ibid.). — *Nicei*, 1749 (ibid.).

Avant 1790, Barrois mouvant, seign. avec maison forte, office, recette, cout. et baill. de Bar, jurid. du juge-garde du seigneur qui en était haut, moyen et bas justicier, présid. de Châlons, parlem. de Paris. — Dioc. de Toul, archid. de Ligny, doy. de Belrain.

En 1790, distr. de Saint-Mihiel, c⁰ⁿ de Pierrefitte.

Actuellement, arrond. et archipr. de Commercy, c⁰ⁿ et doyenné de Pierrefitte. — Écarts : Benel, la Grande-Rue. — Patron : la Nativité de la Vierge.

Les armes de Nicey étaient : *une fasce et un lambel* (D. Calmet, *not.*).

Nicolas-Lâne, f. c⁰ⁿ de Vaubecourt.

Nid'hasin, bois comm. de Girauvoisin.

Niébois, bois comm. de Jouy-sous-les-Côtes.

Niger-Clos, contrée, cⁿᵉ de Fromeréville.

Nimbivaux, contrée, c⁰ᵉ de Sivry-la-Perche.

Nivolette, bois comm. de Rupt-en-Woëvre.

Nivolette, contrée, c⁰ᵉ de Sommedieue.

Nivolot, h. c⁰ᵉ de Vavincourt.

Nivolot (Le), ruiss. qui prend sa source près de Vavincourt et se jette dans la Chée au-dessus d'Hargeville, après un cours de 2 kilomètres.

Nixéville, vill. aux sources de la Scance, à 9 kil. au N. de Souilly. — *Nescervilla*, 973 (ch. de l'év. Wilgfride). — *Nesceivilla*, 984 (cart. de Saint-Paul). — *Nesseivilla*, 1100 (ibid.). — *Neseivilla*, 1179 (ibid.). — *Nissei-villa*, 1207 (ibid.). — *Nixeivilla*, 1213, 1240 (ibid.). — *Nixevilla*, 1213 (ibid.); 1642 (Mâchon); 1738 (pouillé). — *Nixeivilla*, 1239, 1252 Meuse.

(cart. de la cathéd.); 1277 (cart. de Saint-Paul). — *Nisseviß*, 1237 (ibid.). — *Nisceivilla*, 1239 (ibid.). — *Villa de Nixeiville*, 1282 (ibid.). — *Niseville*, 1564 (écu. entre le duc de Lorr. et l'év. de Verdun); 1738 (pouillé). — *Nisseville*, 1656 (carte de l'év.). — *Niceville*, 1745 (Roussel).

Avant 1790, Clermontois, justice seigneuriale des princes de Condé, seigneurs hauts, moyens et bas justiciers, cout. baill. et prév. de Clermont, présid. de Châlons, parlem. de Paris. — Dioc. de Verdun, archid. d'Argonne, doy. de Clermont.

En 1790, district de Verdun, c⁰ⁿ de Sivry-la-Perche.

Actuellement, arrond. et archipr. de Verdun, c⁰ⁿ et doyenné de Souilly. — Écart : Moulin-Brûlé. — Patron : saint Léger.

Nobais, bois comm. de Dieppe.

Nonnivaux, contrée, cᵗᵉ de Nixéville.

Nœuds (Les), contrée, cᵗᵉ d'Ornes.

Noffrant, contrée, cⁿᵉ de Ville-sur-Cousance.

Nohugnières, bois comm. de Raulecourt.

Noire-Borne, contrée, cⁿᵉ de Sivry-la-Perche.

Noire-Mare, bois comm. d'Hévilliers.

Noires-Terres, contrée, cᵗᵉˢ de Lemmes, Trésauvaux, Villers-sous-Bonchamp.

Noirvaux, contrée, cᵗᵉ de Génicourt-sur-Meuse.

Noitel (Le), ruiss. qui prend sa source sur le territoire d'Oëy, traverse ce vill. passe à Morlaincourt et se jette dans l'Ornain vis-à-vis de Givrauval, après un cours de 8 kilomètres.

Nolévaux, contrée, cⁿᵉ d'Hennemont.

Nonains (La), contrée, c⁰ᵉ de Corniéville; d'après la tradition, une abb. de Prémontrés aurait existé en ce lieu.

Nonnerie (Chemin de la), dit aussi *Chemin-Blanc*, cⁿᵉ de Void.

Nonnetel, contrée, c⁰ⁿ de Sivry-la-Perche.

Nonsard, vill. sur le ruiss. de Nonsard, à 7 kil. au S.-E. de Vigneulles-lez-Hattonchâtel. — *Actum novo ex Sarto-villa* (ou *Exsarto-villa*) *sancti Stephani*, 708 (test. Vulfoadi, de villa Marsupia). — *In pago Scarponnsi ad Novum-Sartum*, 745 (cart. de Gorze). — *Netosa*, 812 (dipl. de Charlemagne). — *Nonsart*, 1180 (bulle d'Alexandre III); 1249 (abb. de Saint-Benoît, H. 10); 1571 (proc.-verb. des cout.). — *Nunsart*, 1241, 1255, 1256, 1270, 1317 (abb. de Saint-Mihiel). — *Nunsart*, 1642 (Mâchon). — *Nonssec*, 1656 (carte de l'év.). — *Nonsardium*, 1749 (pouillé).

Avant 1790, Barrois non mouvant, baronnie et prévôté de Lamarche-en-Woëvre, office de Bouconville, recette et cout. de Saint-Mihiel, baill. de Thian-

22

court, présid. de Metz, cour souveraine de Nancy.
— Dioc. de Metz, archid. de Vic, archipr. de Gorze.
En 1790, district de Saint-Mihiel, c⁰⁰ d'Heudicourt.

Actuellement, arrond. et archipr. de Commercy, c⁰⁰ et doy. de Vigneulles. — Écarts : Beauséjour, Bois-Gérard, Woignépont. — Patron : saint Èvre.

Nordval, font. c⁰⁰ de Saulx-en-Barrois.

Nonsieur, contrée, c⁰⁰ de Sommedieue.

Nonon (Le), ruiss. qui prend naissance aux sources de Neuf-Fontaines, c⁰⁰ de Lemmes, passe à Vadelaincourt, Souhesme-la-Grande, Souhesme-la-Petite et Rampont, où il prend le nom de *Wadelaincourt*; traverse sous ce nom les vill. de Dombasle, Récicourt et Parois, où il se jette dans la Cousance, après un cours total de 20 kilomètres.

Anciennement ce ruiss. se nommait *Lemmes*, nom du vill. sur le territoire duquel il a sa source. — *Ad villam Paridum nominatam inter Cosantiam et Lumam*, 9á0 (cart. de Saint-Vanne). — *Lumacum*, 96ă (*ibid.*). — *Luma*, 980, 1015 (*ibid.*).

Norroy-le-Sec (Prévôté de); ressortissait au baill. de Saint-Mihiel, cour souveraine de Nancy; Norroy-le-Sec appartient aujourd'hui à l'arrond. de Briey (Moselle); la prév. qui avait son siége dans ce vill. a fourni au dép¹ de la Meuse les localités dont les noms suivent : Amermont, Bouligny, Bouvigny, Dommary, Domremy-la-Canne, Haucourt.

Nos-Bas-Champs, bois comm. d'Avocourt.

Nosonge, contrée, c⁰⁰ d'Hennemont.

Nose-Champ, contrée, c⁰⁰ de Dieppe.

Nosreytes (Ruisseau de), qui a sa source sur le territ. de Cunel, passe entre le bois de Forêt et celui des Aisements et se jette dans la Meuse entre Brieulles et Cléry-le-Petit, après un cours de 4 kilomètres. — *La Norande*, 1760 (Cassini).

Notre-Dame, église paroissiale de Bar-le-Duc; patron : l'Assomption. Était un ancien prieuré fondé dans le xı° siècle et dépendant de l'abb. des Bénédictins de Saint-Mihiel; a donné son nom à l'un des ponts de la ville de Bar.

Notre-Dame, bois comm. de Bonzée, sur le territoire de Mont-sous-les-Côtes.

Notre-Dame, côte, c⁰⁰ de Clermont-en-Argonne.

Notre-Dame, contrée, c⁰⁰ de Marville, Montblainville et Récourt.

Notre-Dame, bois, c⁰⁰ de Merles. — *In foresta Beatæ Mariæ Virdunensis*, 1198 (cart. de la cathédr.).

Notre-Dame, font. c⁰⁰ de Vauquois.

Notre-Dame, église cathédr. de Verdun; patron : l'Assomption. — *In portica ecclesiæ Beatæ-Mariæ*, 1148 (cart. de Saint-Paul).

Notre-Dame (Rue), à Saint-Mihiel.

Notre-Dame-de-Bâle, chap. ruinée, au h. de Crédon.

Notre-Dame-de-Bon-Secours, chapelle ruinée, c⁰⁰ de Ménil-la-Hogne.

Notre-Dame-de-Bon-Secours, c⁰⁰ de Fains; ancienne église attachée à la maison des religieux Thiercelins ou Pénitents de Fains; appartenait aux Bénédictins de Laon.

Notre-Dame-de-Breuil, c⁰⁰ de Commercy; ancien prieuré de Bénédictins fondé en 1090; actuellement, école normale du département. — *Prioratus de Brolio*, 1402 (regestr. Tull.).

Notre-Dame-de-Broix ou de Blois, c⁰⁰ d'Épiez; ancien prieuré et ermitage avec chapelle sous l'invocation de Sainte-Anne; avait pour patron le prieur de Richecourt. — *Prioratus de Broiœ*, 1402 (regestr. Tull.). — *Notre-Dame-de-Brois*, 1711 (pouillé).

Notre-Dame-de-Bulle, chapelle ruinée, c⁰⁰ de Buxy.

Notre-Dame-de-Consolation, chapelle ruinée, c⁰⁰ de Saint-Laurent.

Notre-Dame-de-Dammarie, c⁰⁰ de Dammarie, ancien prieuré de l'ordre de Saint-Benoît, fondé vers l'an 1095; dépendait de Cluny.

Notre-Dame-de-l'Épine, chapelle ruinée, ermitage et lieu de pèlerinage, c⁰⁰ du Bouchon.

Notre-Dame-de-Girouet, c⁰⁰ de Grimaucourt-près-Sampigny; ancienne maison de retraite pour les ermites, fondée dans le xı° siècle par Heimon, évêque de Verdun, et tenue par des pères Augustins. — *Giroué*, 1656 (carte de l'év.); 1700 (carte des États). — *Girouez*, 1756 (D. Calmet, not.).

Notre-Dame-de-Grâce, chapelle ruinée, c⁰⁰ de Revigny.

Notre-Dame-de-Laubruselle, chapelle ruinée et ermitage, c⁰⁰ de Bannoncourt.

Notre-Dame-de-Lisle. — Voy. Lisle-en-Barrois.

Notre-Dame-de-Lorette, chapelle ruinée, c⁰⁰ de Gondrecourt et de Revigny.

Notre-Dame-de-Maxey, chapelle ruinée et ermitage, c⁰⁰ de Pagny-sur-Meuse; dépendait de Longeor et appartenait au chantre de Toul qui était patron de l'ermitage.

Notre-Dame-de-Menoncourt. — Voy. Menoncourt.

Notre-Dame-de-Miséricorde, chapelle ruinée, c⁰⁰ de Ville-Issey.

Notre-Dame-de-Palameix, ermitage ruiné, c⁰⁰ de Vaux-lez-Palameix.

Notre-Dame-de-Pitié, chapelle ruinée, c⁰⁰ de Longeville.

Notre-Dame-de-Retroicourt. — Voy. Retroicourt.

Notre-Dame-de-Sommière, chapelle ruinée, c⁰⁰ de Saint-Aubin. — *Notre-Dame-de-Sommieres-lez-*

Saint-Aubin-aux-Auges, 1337 (bulle de Benoît XII);
— *Notre-Dame-de-Sommièvre*, 1711 (pouillé).

Cette chapelle fut fondée en 1186 par les seigneurs de Commercy, près du vill. de Saint-Aubin; une maladrerie ou léproserie y fut établie, et il s'y forma un h. du nom qui est depuis longtemps détruit. — Voy. Sommière.

Notre-Dame-de-Vaux. — Voy. Évaux.

Notre-Dame-des-Bons-Malades, chapelle isolée, c⁰ⁿ de Lacroix-sur-Meuse.

Noue (La), contrée, c⁰⁰ de Rambercourt-aux-Pots.

Noue (Ruisseau de la), qui prend naissance aux sources ferrugineuses du bois des Rochots, c⁰⁰ de Bouligny, et se réunit à l'Othain dans le dép¹ de la Moselle.

Noue-Aubert, contrée, c⁰⁰ de Baalon.

Noue-Colon (La), ruiss. qui a sa source au N. de Romagne-sous-les-Côtes et se jette dans le Loison en aval de Mangiennes, après un cours de 5 kilomètres.

Nouelle, bois comm. de Broussey-en-Woëvre.

Nouelles, bois comm. d'Azannes.

Noue-Saint-Vanne (La), h. c⁰⁰ des Islettes.

Noue-Watier, contrée, c⁰⁰ de Romagne-sous-les-Côtes.

Nouillonpont, vill. sur la rive droite de l'Othain, à 4 kil. au N. de Spincourt. — *Nowillonpont*, 1242, 1275 (cart. de la cathédr.). — *Noillompont*, 1252 (cart. de Saint-Paul). — *Nourillompont*, 1339 (abb. de Châtillon). — *Noue-Lonpont*, 1456 (chron. de Nicolas Gilles, tém. de Jean de Metz). — *Noulloupont*, 1549 (Wassebourg). — *Novillonpont*, 1656 (carte de l'évêché). — *Nodosus-Pons*, 1738 (pouillé). — *Nouillon-Pont*, 1749 (ibid.).

Avant 1790, Barrois non mouvant, office et prév. d'Arrancy, recette et baill. d'Étain, cout. de Saint-Mihiel, présid. de Verdun, cour souveraine de Nancy et ensuite parlem. de Metz; le roi en était seul seigneur. — Dioc. de Verdun, archid. de la Woëvre, doy. d'Amel.

En 1790, distr. d'Étain, c⁰⁰ d'Arrancy.

Actuellement, arrond. et archipr. de Montmédy, c⁰⁰ de Spincourt, doy. de Billy-sous-Mangiennes.— Écarts : Bellevue et Hovecourt. — Patron : saint Martin.

Nouveau-Monde, f. c⁰ⁿ de Noyers.

Nouvellois, bois, c⁰⁰ de Bovielles.

Noux (La), ruiss. qui a sa source dans les bois d'Avocourt et se jette dans la Buanthe à Avocourt, après un trajet de 3 kilomètres.

Noviato, contrée, c⁰⁰ de Bouconville.

Noyenne, contrée, c⁰⁰ de Longeville.

Noyers, vill. entre la Chée et la Galiotte, à 12 kil. au S.-E. de Vaubecourt. — *Nouyers*, 1236 (cart. de Montiers); 1359 (chamb. des comptes, c. du célérier de Bar); 1579 (proc.-verb. des coutumes). — *Nouiers*, 1359 (chamb. des comptes). — *Nucium*, 1749 (pouillé).

Avant 1790, Barrois mouvant, office, recette, prév. cout. et baill. de Bar, présid. de Châlons, parlement de Paris; le roi en était seul seigneur. — Dioc. de Châlons, archid. d'Astenay, doyenné de Possesse.

En 1790, lors de l'organisation du dép¹, Noyers devint chef-lieu de l'un des c⁰⁰ dépendant du distr. de Bar; ce c⁰⁰ était composé des municipalités dont les noms suivent : Auzécourt, Labeycourt, Nettancourt, Noyers, Sommeilles, Villers-aux-Vents.

Actuellement arrond. et archipr. de Bar-le-Duc, c⁰⁰ et doyenné de Vaubecourt. — Écarts : Gaumont, Nouveau-Monde, Rennecourt, le Val ou Maison-du-Val. — Patron : saint Martin.

Nubécourt, vill. sur l'Aire, à 9 kil. à l'E. de Triaucourt. — *Nubescourt*, 1332 (coll. de lorr. t. 426, f⁰ 35); 1642 (Mâchon); 1712 (Soc. Philom. lay. Clermont, arrost de la cour des Aydes). — *Nubecuria*, 1642 (Mâchon). — *Nusbecourt*, 1712 (Soc. Philom. lay. Clermont). — *Nubecuria*, 1738 (pouillé).

Avant 1790, Clermontois, haute justice et vill. cout. baill. et prév. de Clermont, présid. de Châlons, parlement de Paris. — Dioc. de Verdun, archid. d'Argonne, doy. de Souilly.

En 1790, distr. de Verdun, c⁰⁰ de Beauzée.

Actuellement, arrond. et archipr. de Bar-le-Duc, c⁰⁰ et doy. de Triaucourt. — Patron : saint Martin.

Nurvaux, contrée, c⁰⁰ de Vilosnes.

O

Obson, contrée, c⁰⁰ de Tilly.

Oclour, bois comm. d'Ambly, sur le territoire de Vaux-les-Palameix.

Œllons, contrée, c⁰⁰ de Marville et de Villers-sous-Bonchamp.

Œuillons, contrée, c⁰⁰ d'Ornes et de Flassigny.

Œuillons (Les), f. c⁰ⁿ de Montmédy.

Oëy, village sur le Noitel, à 16 kilomètres à l'ouest de Void. — *Oey*, 1495-96 (Trésor des chartes, B. 6364). — *Ouey*, 1700 (carte des États). —

Oeyum, 1749 (pouillé); 1756 (D. Calmet, *not.*).

Avant 1790, Barrois mouvant, comté, office et prév. de Ligny, recette, cout. et baill. de Bar, présid. de Châlons, parlem. de Paris; le roi en était seul seigneur. — Dioc. de Toul, archid. et doy. de Ligny, annexe de Morlaincourt.

En 1790, district de Commercy, c^{on} de Saint-Aubin.

Actuellement, arrond. et archipr. de Commercy, c^{on} et doy. de Void. — Patron : saint Remy; annexe de Morlaincourt.

Ociènes, contrée, c^{ne} de Dombasle.

Ocnéville, h. ruiné. c^{ne} de Béthelainville.

Oe (L'), côte, c^{ne} de Cumières.

Oies (Pont des), sur la Meuse, c^{ne} de Vignot.

Oignon (L'), ruiss. qui a sa source dans le dép^t de la Haute-Marne, pénètre dans celui de la Meuse sur le territoire de Chassey, arrose le finage d'Horville et s'unit à la Maldite au S. de Gondrecourt, où les deux cours d'eau forment une rivière qui prend le nom d'*Ornain*.

Oiseleux, contrée, c^{ne} de Bonzée.

Oissain, m^{on} isolée, c^{ne} de Bussy-la-Côte.

Olizy. vill. sur la rive gauche de la Chiers, à 8 kil. au N. de Stenay. — *Olese*, 1157 (ch. de Gorze, par l'archev. Hillin). — *Ollezi*, 1252 (donat. au prieuré d'Amel, archives de la Meuse). — *Oliseium*, 1253 (cart. de Saint-Paul, f° 145). — *Olixie*, 1284 (ch. d'affranch. arch. du grand-duché de Luxembourg). — *Lezy*, 1700 (carte des États). — *Oliziacum* (reg. de l'évêché).

Avant 1790, Luxembourg français, coutume de Thionville, baill. de Montmédy, prév. de Chauvency-le-Château, présid. de Sedan, parlement de Metz. — Dioc. de Trèves, archid. de Longuyon, doyenné d'Yvois.

En 1790, distr. de Stenay, c^{on} d'Inor.

Actuellement, arrond. et archipr. de Montmédy, c^{on} et doyenné de Stenay. — Écart : le Moulin. — Patron : saint Remy.

Ollières, vill. sur la Moupre, à 4 kilomètres au N.-E. de Spincourt. — *Olliers*, 1642 (Mâchon); 1749 (pouillé); 1760 (Cassini). — *Oulliers*, 1656 (carte de l'év.); 1700 (carte des États). — *Ouliers, Olierres*, 1745 (Roussel). — *Olliaria* (reg. de l'év.).

Avant 1790, Barrois non mouvant, office et prév. d'Arrancy, recette et baill. d'Étain, cout. de Saint-Mihiel, présid. de Verdun, cour souveraine de Nancy. — Diocèse de Verdun, archid. de la Woëvre, doy. d'Amel, annexe de Réchicourt.

En 1790, distr. d'Étain, c^{on} d'Arrancy.

Actuellement, arrond. et archipr. de Montmédy,

c^{on} de Spincourt, doy. de Billy-sous-Mangiennes. — Patron : saint Clément.

Oorgènes, bois comm. de Récicourt.

Or (Pont d'), sur l'Aire, c^{ne} de Varennes.

Orbière, bois comm. de Souhesme-la-Grande.

Orcurt, bois, c^{ne} de Mauvages.

Or-Fontaine. — Voy. Dore-Fontaine.

Oréval, contrée, c^{ne} d'Érize-la-Grande.

Orge (L'), ruiss. qui prend sa source à Bure, passe à Ribeaucourt, Biencourt, Couvertpuis et se jette dans la Saulx entre Dammarie et le Bouchon, après un cours de 17 kilomètres.

Orgévaux, f. c^{ne} de Trésauvaux.

Orgney, m^{in}, c^{ne} de Villers-sur-Meuse. — *Orgus*, 1700 (carte des États).

Ormanson, f. ruinée, entre Saint-Joire et Ribeaucourt. — *Ourmanson*, 1700 (carte des États). — *Ulmensio*, 1707 (carte du Toulois).

Ormanson (L'), ruiss. dit aussi *ruisseau de Mandres* ou *du val d'Ormanson*, qui prend sa source sur le territ. de Mandres, traverse ce vill. arrose les finages de Bonnet, d'Houdelaincourt, de Saint-Joire et se jette dans l'Ornain à la Neuville-aux-Forges, après un cours de 17 kil.; donne son nom à la vallée dite *val d'Ormanson*, que concourt à former la chaîne des côtes d'Autel.

Orme (L'), contrée, c^{nes} de Boureuilles et de Vigneulles-lez-Hattonchâtel.

Orme (L'), font. c^{ne} de Méligny-le-Grand.

Ormeau, contrée, c^{ne} de Bure.

Ormes (Les), contrée, c^{ne} de Beauzée. — *Ad Ulmos*, xe siècle (Virdunensis comitatus limites). — *Au delà des Ormes*, 1665 (Soc. Philom. lay. Courcelles-sur-Aire, dénombr.).

Ormes (Les), contrée, c^{nes} de Dombasle, Flassigny et Riaville.

Ormont, bois comm. de Moirey.

Ormont, f. c^{ne} d'Haumont. — *De Aureo-monte*, 1148 (cart. de Saint-Paul); 1649 (D. Marlot). — *Ormont*, 1270, 1285, 1289 (cart. de la cathédr.).

Ornain (L'), riv. formée, au S. de Gondrecourt, par la réunion de la Maldite et de l'Oignon, qui arrose les c^{nes} d'Abainville, Houdelaincourt, Baudignécourt, Demange-aux-Eaux, Saint-Joire, Tréveray, Saint-Amand, Naix, Menaucourt, Givrauval, Ligny, Velaines, Nançois-le-Petit, Tronville, Guerpont, Tannois, Silmont, Longeville, Savonnières-devant-Bar, Bar-le-Duc, Fains, Varney, Mussey, Neuville-sur-Ornain, Revigny, sort du dép^t entre Remennecourt et Rancourt, après un développement de 97 kil., pénètre dans le dép^t de la Marne, où il reçoit la Saulx, et se jette dans la Marne au-dessus de Vitry-le-François. — *Ad Ornam*, 932 (dipl. de Henri l'Oiseleur). — *Super Ornam*, 955 (dipl. de l'emp. Otton). — *Super fluvium Orneum*, 962 (Trés. des chartes). — *Super fluvium Ornæ*, 1033 (præceptum Conradi). — *Sur Orne*, 1255 (chamb. des comptes, B. 254). — *Ornez, Orney, Odorna, fluvius Odornensis*, d'après d'anciens titres (P. Benoît, D. Calmet, *not*.). — *Orney*, 1700 (carte des États). — *Odorna*, 1707 (carte du Toulois).

Cette rivière donne son nom à la vallée qu'elle arrose, vallée bordée par les côtes du Barrois; elle appartient au bassin de la Seine.

Orne (L'), rivière qui a sa source au bois des Chaumes, c⁰ᵉ d'Ornes, arrose les territoires de Maucourt, Ornel, Foameix, Étain, Warcq, Boinville, Gussainville, Buzy, Saint-Jean-lez-Buzy, sort du dép' à Parfondrupt et se jette dans la Moselle à Richemont, après un cours total de 80 kil. dont 30 dans le dép' de la Meuse. — *Super fluvium Horne; super fluvium qui dicitur Orna*, 775 (cart. de Gorze, f° 34.) — *In pago Waberense super fluvium Orna*, 851 (ch. d'Alsaraf). ᵧ — *Orna*, xᵉ siècle (Virdunensis comitatus limites); 1047 (ch. de l'év. Thierry); 1741 (Bertholet). — *Orne*, 1324 (Lamy, éch. de la seign. de Saint-Maurice). — *Horna*, 1756 (D. Calmet, *not*.).

L'Orne appartient secondairement au bassin du Rhin.

Ornel, côte, c⁰ᵉ de Ville-sur-Cousance.

Ornel, vill. sur la rivière d'Orne, à 4 kil. au N. d'Étain. — *Ornella*, 1152 (ch. de l'év. Albéron, archiv. de la Meuse); 1526 (lettre apostol. de Clément VII, *ibid*.). — *Ornaille, Ornellis-villa, Orni, Ornei-villa*, 1152 (ch. de l'év. Albéron). — *Villa quæ Ornella nominant*, 1156 (cart. de Gorze). — *Ornelle*, 1296 (ch. d'affranch. arch. de la Meuse). — *Orneil*, 1656 (carte de l'év.). — *Ornil*, 1756 (D. Calmet, *not*.).

Avant 1790, terre de Gorze, parlem. de Metz, — Diocèse de Verdun, archid. de la Woëvre, doy. d'Amel, paroisse d'Éton.

En 1790, distr. d'Étain, c⁰ᵉ de Morgemoulins.

Actuellement, arrond. et archipr. de Verdun, c⁰ᵉ et doy. d'Étain. — Écarts : le Fays, la Tuilerie. — Paroisse d'Éton.

Ornelle (L'), ruiss. qui a sa source sur le territoire de Sommelonne et se jette dans la Marne à Saint-Dizier, après un cours total de 11 kil. dont 5 dans le dép' de la Meuse.

Ornes, vill. sur l'Orne, à 9 kil. au N.-E. de Charny. — *Urna*, 812 (dipl. de Charlemagne). — *Orna in Wapria*, 1015 (cart. de Saint-Vanne). — *Orna*, 1047 (ch. de l'év. Thierry); 1049 (bulle de Léon IX); 1196, 1231 (cart. de Saint-Paul); 1224, 1230

(cart. de la cathédr.). — *Allodium de Orna*, 1051 (dipl. de Henri III). — *Orne*, 1156 (ch. d'Albéron, év. de Verdun); 1242, 1248 (cart. de Saint-Paul); 1250 (cart. de la cathédr.); 1573 (Lamy, dénombr. de la seign. de Saint-Maurice).

Ornes reçut sa charte d'affranchissement en 1252; elle lui fut donnée, à la loi de Beaumont, par le chapitre de la Madeleine de Verdun et par Jacques, sire d'Ornes.

Avant 1790, chef-lieu de baronnie et du pays d'Ornois-en-Verdunois, terre d'év. anciennes assises des quatre pairs de l'év. chef-lieu de baill. et de prév. puis prév. de Dieppe, baill. présid. et cout. de Verdun, parlem. de Metz. — Dioc. de Verdun, archid. de la Princerie, doy. de Chaumont.

Avait un chât. féodal, celui de la pairie d'Ornes, la première des quatre de l'év. de Verdun (Ornes, Muraut, Creue et Watronville); maison de nom et d'armes tombée en celle de Nettancourt; portait : *d'argent à cinq annelets de gueules posés en sautoir* (Husson l'Écossais).

En 1790, lors de l'organisation du dép', Ornes devint chef-lieu de l'un des c⁰⁰ˢ dépendant du distr. de Verdun; ce c⁰ᵉ était composé des municipalités dont les noms suivent : Beaumont, Bezonvaux, Douaumont, Fleury-devant-Douaumont, Louvemont, Ornes, Vaux-devant-Damloup.

Actuellement, arrond. et archipr. de Verdun, c⁰ⁿ et doy. de Charny. — Écart : les Chambrettes. — Patron : saint Michel.

Ornes (Ban d'), ancien fief, c⁰ᵉ de Récourt.

Ornisey, côte, c⁰ᵉ de Bar-le-Duc.

Ornois-en-Barrois ou l'Ornois, pays et comté situé dans le Barrois mouvant, entre la Saulx et l'Ornain dont il prend le nom; fut divisé en deux lots dans le partage de l'empire, en 870; ce pays a fourni au dép' Gondrecourt, Bonnet, Montiers-sur-Saulx, l'abb. d'Écurey, Horville, les Nançois, etc. — *In pago Adornensi*, viiᵉ siècle (donat. de Bodon, év. de Toul). — *Odornense*, 870 (partage de l'emp.). — *Hareringivilla in comitatu Horninse*, 965 (dipl. d'Otton en faveur de l'abbaye de Bouxières, Hist. de Lorr. pr.). — *Pagus Odornensis*, 1707 (P. Benoît); 1756 (D. Calmet, *not*.); 1757 (de Hontheim). — *L'Ornez; pays d'Ornez*, 1707 (P. Benoît, Histoire de Toul).

Ornois-en-Verdunois ou l'Ornois, pays situé au N. du *pagus Virdunensis*, dont il dépendait; avait Ornes pour chef-lieu et prenait son nom de la rivière d'Orne qui l'arrosait en partie; la ville d'Étain, qui dans la suite s'éleva sur les bords de cette rivière, faisait partie de ce pays. — *In pago Horninse; in pago Orninse*,

726 (cart. de Gorze, f° 55). — *Pagus Ornensis*, 933 (ch. d'Adalbéron, év. de Metz).

ORQUANEAU ou ROQUANEAU, contrée, c⁰⁰ de Duguy.

ORVAUX, bois, c⁰⁰ des Islettes; faisait partie de la forêt d'Argonne.

ORVEAUX, contrée, c⁰⁰ de Clermont.

OSCHES, vill. sur le ruiss. d'Osches, à 3 kil. à l'O. de Souilly. — *Oschera*, 1049 (bulle de Léon IX); 1127 (cart. de la cathédr.). — *Oscara-villa, Oscaravilla*, XIIIᵉ siècle (Laurent de Liège). — *Osche*, 1337 (archiv. de la Meuse); 1579 (proc.-verb. des cout.); 1685 (hosp. Sainte-Catherine, B. 9). — *Ouche*, 1494 (*ibid.*). — *Oscaravilla, Ousche*, 1549 (Wassebourg). — *Oches*, 1656 (carte de l'évêché). — *De Oschiis*, 1738 (pouillé). — *Oschiœ*, 1749 (*ibid.*); 1756 (D. Calmet, *not.*). — *Oscheva*, 1756 (*ibid.*).

Avant 1790, Barrois mouvant, office et prév. de Souilly, recette, cout. et baill. de Bar, présid. de Châlons, parlement de Paris. — Dioc. de Verdun, archid. d'Argonne, doy. de Souilly.

En 1790, distr. de Verdun, c⁰⁰ de Souilly.

Actuellement, arrond. et archipr. de Verdun, c⁰⁰ et doy. de Souilly. — Écart : la Vaux-Gérard. — Patron : saint Martin.

OSCHES (RUISSEAU D'), qui prend sa source au-dessus du vill. de ce nom et se jette dans la Cousance à Ippécourt, après un trajet de 5 kilomètres.

OSSAY, contrée, c⁰⁰ de Longeville.

OSSON (L'), ruiss. dit aussi *l'Oison*, qui a sa source dans la forêt d'Argonne et se jette dans l'Aire à Boureuilles, après un cours de 4 kilomètres.

OTHAIN (L'), rivière qui a sa source à Norroy-le-Sec (Moselle), pénètre dans le dép¹ à Dommary, c⁰⁰ de Bouvigny, arrose les territoires de Domremy-la-Canne, Houdelaucourt, Spincourt, Muzeray, Nouillonpont, Duzey, Rouvrois-sur-Othain, Pillon, Sorbey, Saint-Laurent, Rupt-sur-Othain, Marville, Flassigny, Bazeilles, Villecloye, et se jette dans la Chiers en amont de Montmédy, après un cours de 64 kil. dans le dép¹. — *Ortus Fluviolus*, 634 (test. Adalgiseli). — *Super fluvium qui dicitur Otha*, 1183 (bulle de Luce III). — *Ostain*, 1656 (carte de l'év.). — *Ostin rivière*, 1700 (carte des États). — *Rou-*

troy-sur-Autin, 1700 (*ibid.*). — *Rouvroy-sur-Hohn*, 1749 (pouillé).

Donne son nom à la vallée qui s'étend au N.-E. du dép¹ depuis Spincourt jusqu'à Montmédy et qui est en partie formée par la chaîne des côtes de la Chiers.

OUA (LA), font. c⁰⁰ de Lempire.

OUBLIS (FONTAINE AUX), source, c⁰⁰ de Saint-Joire.

OUDINOT (RUE), à Bar-le-Duc.

OUÉMONT, bois, c⁰⁰ de Nançois-le-Grand.

OUGÉVAUX, contrée, c⁰⁰ de Trésauvaux.

OUILLONS, contrée, c⁰⁰ de Ville-devant-Belrain.

OUILLONVAUX, contrée, c⁰⁰ de Landzécourt.

OURCHES, vill. sur la rive gauche de la Meuse, à 7 kil. à l'E. de Void. — *Orcadæ*, 884 (dipl. de Charles le Gros); 1707 (carte du Toulois); 1711 (pouillé). — *Orchadæ*, 922 (confirm. par Charles le Simple); 1011 (carta Henrici II). — *Oscadæ*, 1033 (dipl. de Conrad). — *Oscadæ-villa*, 1071 (dipl. de Frédéric de Toul). — *Urchiæ, de Urchiis*, 1402 (registr. Tull.); 1453 (prieuré de Notre-Dame d'Apremont). — *Orcades, Oscadum, Oscadus*, 1756 (D. Calmet, *not.*).

Avant 1790, mi-partie Champagne et Toulois; seigneurs : le chapitre de Toul pour la terre d'Ourches et ses sujets, baill. de Toul, prév. de Void, jurid. des chanoines, parlem. de Metz; le seigneur d'Ourches pour le chât. et ses sujets, comté de Champagne, prév. de Vaucouleurs, cout. baill. et présid. de Chaumont-en-Bassigny, parlement de Paris. — Dioc. de Toul, archid. de Ligny, doy. de Meuse-Vaucouleurs.

En 1790, distr. de Commercy, c⁰⁰ de Void.

Actuellement, arrond. et archipr. de Commercy, c⁰⁰ et doyenné de Void. — Écart : Chantraine. — Patron : saint Martin.

La maison d'Ourches portait : *d'argent au lion de sable, armé, lampassé, denté et couronné de gueules* (Husson l'Écossais).

OYÉE, côte, c⁰⁰ de Landzécourt.

OZOMONT (RUE), à Verdun. — *Ouzoumont*, 1036 (cart. de la cathédr. f° 149); XIIIᵉ siècle (Soc. Philom. lay. Verdun, A. 3). — *Orsomont*, XIIIᵉ siècle (*ibid.*). — *In vico d'Ousoumont*, XIIIᵉ siècle (*ibid.*). — *Vicus de Otivso-Monte; Oisenzemont*, 1776 (D. Cajot, t. II, p. 100, d'après d'anciens titres).

P

Pacheux, contrée, c^{ne} de Pillon.

Pachotée, côte, c^{ne} de Naix.

Padeux, côte, c^{ne} de Stainville.

Page, contrée, c^{ne} de Fromeréville.

Pagnévaux, bois, c^{ne} de Kœur-la-Grande.

Pagny (Ruisseau de), qui sort du marais dit le Val-de-l'Âne et se jette dans la Meuse au-dessus de Pagny-sur-Meuse.

Pagny-la-Blanche-Côte, vill. sur la rive droite de la Meuse, à 8 kil. au S.-E. de Vaucouleurs. — Paugneyum-supra-Mozam, 1402 (regestrum Tull.). — Pargney-sur-Meuse, vulgairement la Blanche-Côte, 1517 (Trésor des ch. reg. B. 2). — Pargny-la-Blanche-Coste, 1700 (carte des États). — Pargny-la-Blanche-Côte, Pargneium-ad-Rupem-Album, 1711 (pouillé); 1749 (ibid.). — Parneium, Paterniacus, 1756 (D. Calmet, not.).

Avant 1790, partie Champagne et partie Barrois non mouvant; pour la partie Champagne, prév. de Vaucouleurs, cout. baill. et présid. de Chaumont-en-Bassigny, parlem. de Paris; pour la partie du Barrois, cout. du Bassigny, office de Gondrecourt, recette de Bourmont, baill. de Saint-Thiébaut, jurid. du juge-garde du seigneur du lieu qui en était haut, moyen et bas justicier, présidial de Châlons, parlement de Paris. — Dioc. de Toul, archid. de Ligny, doy. de Meuse-Vaucouleurs.

En 1790, distr. de Gondrecourt, c^{on} de Maxey-sur-Vaise.

Actuellement, arrond. et archipr. de Commercy, c^{on} et doy. de Vaucouleurs. — Écart : Saint-Jean-de-Laucourt. — Patron : saint Grégoire.

Pagny-sur-Meuse, vill. sur la rive droite de la Meuse, à 8 kil. à l'E. de Void. — Paternicum, 651 (donat. de Teutfride, not. de la Lorr.). — Paterniacum, 651 (ibid.); 884 (dipl. de Charles le Gros). — Pauniacum, 964 (ancien ms de Saint-Vanne, D. Calmet, t. III, pr.). — Parneium-supra-Mosam, 1051 (Hist. de Toul, pr. p. 127). — Pargneium, 1223 (cart. de Rangéval). — Pargney-sur-Mueze, 1327 (chamb. des comptes, c. du Gondrecourt). — Pargneyum-supra-Mozam, 1402 (regestr. Tull.). — Pargney-sur-Meuze, 1580 (proc.-verb. des coutumes). — Pargney, 1700 (carte des États). — Pargny-sur-Meuse. Pargneium-supra-Mosam, 1711 (pouillé). — Parneium, Pernicum, Pauniacus-vicus, Pagni-lès-Troussey, 1756 (D. Calmet, not.).

Avant 1790, Toulois, terre du chap. cout. du Bassigny, prév. de Void, justice des chanoines de la cathédr. baill. et président de Toul, parlement de Metz. — Dioc. de Toul, archid. de Ligny, doy. de Meuse-Vaucouleurs.

En 1790, distr. de Commercy, c^{on} de Void.

Actuellement, arrond. et archipr. de Commercy, c^{ne} et doy. de Void. — Écarts : la Gare, Langoor. Notre-Dame-de-Maxey. — Patron : saint Remy.

Paillard, font. c^{ne} d'Èvres.

Paillard, contrée, c^{ne} de Tannois.

Paille (Château de), f. c^{ne} de Beaufort.

Paille-Maille, font. c^{ne} de Laudrecourt.

Paillette, contrée, c^{ne} de Dun.

Pailhaul, font. qui prend sa source sur le territoire de Dieue et se jette dans la Meuse en amont de ce vill.

Pain-d'Avoine, font. qui a sa source sur le territoire de Murveaux et donne naissance au ruiss. de Milly.

Pain-de-Sucre, côte, c^{nes} de Waly et de Beaulieu.

Palais, contrée, c^{ne} de Vilosnes.

Palameix, f. c^{ne} de Troyon. — Malameiæ, 1049 (bulle de Léon IX). — Palamei, 1571 (procès-verbal des cout.); 1749 (pouillé). — Notre-Dame-de-Palamey, 1700 (carte des États). — Palmacy, 1749 (pouillé).

Ancienne cense avec ermitage sous le titre de Notre-Dame-de-Palameix, Barrois non mouvant, dioc. de Verdun, office, recette, cout. prév. et baill. de Saint-Mihiel, présid. de Toul, cour souveraine de Nancy; le roi en était seul seigneur.

Palavaux, contrée, c^{ne} de Neuvilly.

Palecroix, bois c^{ne} d'Haudiomont. — Voy. Paul-Croix.

Palisse (Forêt de), c^{ne} de Void.

Palle, contrée, c^{ne} de Jouy-sous-les-Côtes.

Pampelune, contrée, c^{ne} de Dombasle.

Pandours, contrée, c^{ne} de Lachaussée.

Pantaêne, bois comm. d'Aubréville.

Pantin, m^{on} isolée, c^{ne} de Jubécourt.

Papeterie (La), usine, c^{nes} de Beauzée et de Lisle-en-Barrois.

Papeterie (La), f. c^{ne} de Chattancourt.

Papeterie (La), f. et mⁱⁿ, c^{ne} de Lacroix-sur-Meuse.

Papeterie-Perrin (La), usine, c^{ne} de Lavignéville.

Papon, forge ruinée c^{ne} Bertheléville.

Pâquis (Le), f. ruinée, c^{ne} de Neuville-sur-Orne.

Pâquis (Le), f. c^{ne} de Saint-Mihiel.

Pâquis (Les), étang, c^{ne} de Gouraincourt.

Pâquis (Rue du), à Bar-le-Duc.

Pâquis (Ruisseau de), qui a sa source auprès de Woël et se réunit au Longeau dans le dép' de la Moselle.

Pâquis-Ville, contrée, c^{ne} de Lacroix-sur-Meuse.

Paradis, contrée, c^{ne} de Morlaincourt.

Paradis (Rue de), à Bar-le-Duc.

Paravilliers, ham. ruiné, c^{ne} de Woël; était situé à 2 kil. au S.-E. de ce vill. — Villey, 1219 (lettres de sauvegarde). — Villers, 1389 (lettres pour la garde d'Hattonchâtel).

Parc (Le), contrée, c^{ne} d'Hannonville-sous-les-Côtes.

Pareid, vill. sur la fontaine de Bussières, à 7 kil. à l'E. de Fresnes-en-Woëvre. — Pararicum, 701 (ch. de Pepin). — Parrida, 952 (dipl. de l'emp. Otton). — Parridum, 952 (acte de fondat.); 962 (bulle de Jean XII); 1060 (cart. de Saint-Vanne). — Paridum, xe siècle (polypt. de Reims); 1047, 1125 (cart. de Saint-Vanne). — Pararium, 1049 (bulle de Léon IX); 1127 (cart. de la cathédr.). — Parois, 1223 (ch. de mise à assises). — Pareis, 1253 (cart. de la cathédr.); 1254 (ch. de Thibaut, de Bar); 1306 (cession par le comte de Bar au chap. de Verdun). — Parers, 1315 (coll. lorr. t. 267.49, P. 6). — Parrey, 1315 (ibid. 49, P. 8). — Parrey, 1317 (ch. d'affranchissement); 1564 (coll. lorr. t. 267.49, P. 27); 1571 (proc.-verb. des cout.); 1700 (carte des États); 1745 (Roussel). — Parex, Parez-en-Woyvre, 1549 (Wassebourg). — Parey-en-Voipvre, 1564 (traité entre le comte de Bar et le chapitre de Verdun). — Pareium, 1580 (stemmat. Lothar.). — Pareys, 1642 (Mâchon). — Parreys, 1656 (carte de l'év.). — Paredum, 1738 (pouillé); 1749 (ibid.). — Parata, Paredium, Pareium, Paretum, Pareidum, Parcida (D. Calmet, not. d'après d'anciens titres).

Avant 1790, Barrois non mouvant, office, recette et prévôté d'Étain pour le roi, et jurid. des officiers des coseigneurs, coutume de Saint-Mihiel, baill. d'Étain, présid. de Verdun, cour souveraine de Nancy; le roi et le chap. de la cathédr. de Verdun en étaient seigneurs. — Dioc. de Verdun, archid. de la Woëvre, chef-lieu de doyenné.

Pareid et Harville étaient alternativement chefs-lieux d'un ban composé de Harville, Moulotte, Pareid, Thiméville, Villers-sous-Pareid et Warville.

Le doy. de Pareid, decanatus de Paredo, 1642 (Mâchon), 1738 (pouillé), était composé des par. et annexes dont les noms suivent : Abaucourt, Aulnois-en-Woëvre, Blanzée, Bonzée, Braquis, Châtillon-sous-les-Côtes, Damloup, Eix, Foameix, Fresnes-en-Woëvre, Fromezey, Gincrey, Grimaucourt, Gussainville, Harville, Houtecourt, Haudiomont, Hennemont, Herméville, Labeuville, Maizeray,

Manheulles, Marchéville, Mont-sous-les-Côtes, Moranville, Morgemoulins, Mouilly, Moulainville-la-Basse, Moulainville-la-Haute, Moulotte, Pareid, Parfondrupt, Pintheville, Riaville, Ronvaux, Rupt-en-Woëvre, Saint-Maurice-en-Woëvre, Souppléville, Vaux-devant-Damloup, Ville-en-Woëvre, Villers-sous-Bonchamp, Villers-sous-Pareid, Watronville; il comprenait en outre les paroisses ci-après, faisant aujourd'hui partie du dép' de la Moselle : Allamont, Besonville, Boncourt, Brainville, Conflans-en-Jarnisy, Porcher et Puxe.

En 1790, lors de l'organisation du dép', Pareid devint chef-lieu de l'un des c^{ons} dépendant du distr. d'Étain; ce c^{on} était composé des municipalités dont les noms suivent : Butgnéville, Harville, Hennemont, Labeuville, Latour-en-Woëvre, Maizeray, Moulotte, Pareid, Pintheville, Riaville, Saint-Hilaire, Ville-en-Woëvre, Villers-devant-Pareid.

Actuellement, arrond. et archipr. de Verdun, c^{on} et doy. de Fresnes-en-Woëvre.— Patron: saint Remy.

Parelle, contrée, c^{ne} de Moulotte.

Parelles, contrée, c^{ne} de Foameix.

Parfondeval (Le), ruiss. qui prend sa source sur le territoire de Chaumont-sur-Aire et se jette dans l'Aire au-dessus du Moulin-Haut.

Parfondevaux, bois, c^{ne} de Saint-Laurent.

Parfondevaux, bois comm. de Woimbey.

Parfondrupt, vill. sur la rive droite de l'Orne, à 9 kil. à l'E. d'Étain. — Perfunt-Rivus? 701 (ch. de Pepin). — Profondus-Rivus, 1049 (bulle de Léon XII); 1127 (cart. de la cathédr.); 1738 (pouillé). — Perfonru, 1312 (cart. d'Apremont). — Parfonrut, 1642 (Mâchon). — Parfonru, 1656 (carte de l'év.); 1790 (carte des États).

Avant 1790, Lorraine, ban de Buzy, cout. de Nancy, prév. de Prény, baill. de Pont-à-Mousson et ensuite d'Étain, présid. de Verdun, cour souveraine de Nancy. — Dioc. de Verdun, archidiaconé de la Woëvre, doy. de Pareid, annexe d'Hennemont.

En 1790, distr. d'Étain, c^{on} de Buzy.

Actuellement, arrond. et archipr. de Verdun, c^{on} et doy. d'Étain. — Écart : Walnimont. — Patron : saint Martin.

Parfondrupt, f. c^{ne} des Islettes. — Per Perfunt-Rivo usque Birenna, 701 (ch. de Pepin).

Parfondrupt, contrée, c^{ne} de Mouzay.

Parfondrupt, étang, c^{ne} de Saint-Benoît.

Parge, contrée, c^{ne} de Récicourt.

Parges (Les), m^{in} sur le ruiss. de Ville, c^{ne} de Ville-devant-Chaumont.

Parière, contrée, c^{ne} d'Eix.

Parinsaux, bois comm. de Mogeville.

Parisot, font. c⁰ˢ de Brizeaux.

Parmi, contrée, cⁿᵉ de Ville-devant-Belrain.

Paroches (Les), vill. sur le Rehaut, à 3 kil. à l'O. de Saint-Mihiel. — *Parrochia*, 1135 (Onera abbatum).
— *Barroches*, 1607 (proc.-verb. des cout.). — *Les Barroches*, 1642 (Mâchon); 1656 (carte de l'év.).
— *Les Baroches*, 1700 (carte des États); 1738 (pouillé). — *Barochiæ*, 1738 (*ibid.*); 1749 (*ibid.*).

Avant 1790, Barrois mouvant, office, recette, cout. prév. et baill. de Saint-Mihiel, présid. de Toul, cour souveraine de Nancy. — Diocèse de Verdun, archid. de la Rivière, doy. de Saint-Mihiel.

En 1790, distr. de Saint-Mihiel, cⁿᵉ de Baunoncourt.

Actuellement, arrond. et archipr. de Commercy, cⁿᵉ et doy. de Saint-Mihiel. — Écart : Refroicourt.
— Patron : l'Assomption.

La cⁿᵉ des Paroches est formée de deux ham. la Grande-Paroche et la Petite-Paroche, dont l'un se nommait anciennement *Guigniville* ou *Gnéville*, et l'autre *Hametel*.

Parois, vill. à la jonction du ruiss. de Wadelaincourt et de la Cousance, à 5 kil. au N.-E. de Clermont. — *Ad villam Paridium nominatam, inter Consantiam et Luinam* ou *Lumam*, 940 (cart. de Saint-Vanne). — *Ad Paridum ecclesia inter Consentiam et Lumacum*, 962 (*ibid.* bulle de Jean XII). — *Paridum*, 962 (cart. de Saint-Vanne). — *Paridum inter Cosentium et Lumam*, 980, 1015 (*ibid.*). — *Paridum*, 1047, 1049, 1061, 1115 (*ibid.*). — *Pœvoye*, 1208 (traité de paix). — *Parroi*, 1224, 1226 (cart. de Saint-Paul). — *Proy*, 1394 (coll. lorr. t. 265.47, A. 1). — *Ville de Proy*, 1394 (*ibid.* — 47, A. 2). — *Parroye*, *Parroye*, 1547 (Wassebourg). — *Paroix*, *Pardidum*, 1642 (Mâchon). — *Paroys*, 1656 (carte de l'év.). — *Paroy*, 1700 (carte des États); 1738 (pouillé). — *Parregium*, 1738 (*ibid.*).

Avant 1790, Clermontois, haute justice et vill. cout. baill. et prév. de Clermont, présid. de Châlons, parlem. de Paris. — Dioc. de Verdun, archid. d'Argonne, doy. de Clermont.

En 1790, distr. de Clermont, cⁿ de Récicourt.

Actuellement, arrond. et archipr. de Verdun, cⁿᵉ et doy. de Clermont-en-Argonne. — Patron : saint Vanne.

Paroisse, contrée, cⁿᵉ de Clermont-en-Argonne.

Paroui, étang, cⁿᵉ de Lavoye.

Parrière, bois comm. de Louvement.

Parrois (La Grande-), étang, cⁿᵉ de Lachaussée.

Parrois (La Petite-), étang, cⁿᵉ d'Hadonville-sous-Lachaussée.

Parrois (Ruisseau des), formé par les étangs de la Meuse.

Grande et de la Petite-Parrois et par le ruiss. du Pâquis; se jette dans l'Yron à Latour-en-Woëvre, après un cours de 4 kilomètres.

Parsons (Les), bois, cⁿᵉ de Saudrupt.

Passavant, f. cⁿᵉ de Brauvilliers.

Passe-l'Eau, pont sur le Newaton, cⁿᵉ de Bar-le-Duc.

Passeux, contrée, cⁿᵉ de Courcelles-sur-Aire.

Passons, bois comm. de Nonsard.

Passonville, côte, cⁿᵉ de Montblainville.

Pataumont, contrée, cⁿᵉ d'Avocourt.

Patazel, contrée, cⁿᵉ de Dieue.

Patin, côte, cⁿᵉ de Sivry-la-Perche.

Patocillat, f. cⁿᵉ de Menaucourt.

Patrimoine, contrée, cⁿᵉ de Sommedieue.

Patrimoniaux, bois comm. de Gremilly.

Patronbois, contrée, cⁿᵉ de Damloup.

Paué (Le), faub. cⁿᵉ de Verdun. — *Le Pauée*, 1676 (hôtel de ville de Verdun, A. 58). — *Fauxbourg du Poué*, 1700 (carte des États).

Paul-Croix ou Palecroix, mⁿ isolée, cⁿᵉ d'Haudiomont; ancien lieu de pèlerinage sur l'emplacement duquel les moines de Saint-Vanne établirent, vers l'an 1107, un prieuré de Bénédictins depuis longtemps ruiné; était alleu à l'évêché de Verdun. — *De Pauli-Cruce*, xᵉ siècle (nécrologe de Saint-Vanne). — *Ad Pauli-Crucem cella*, xiiᵉ siècle (Laurent de Liége). — *Palecroix*, *Palecroix-lez-Verdun*, *Pallecroix*, *Pauli-Crux*, 1549 (Wassebourg). — *Paulcourt*, xviiᵉ s (pieds-terriers). — *Pauli-curtis*, 1756 (D. Calmet, not.).

Pavé (Faux-), contrée, cⁿᵉ de Clermont-en-Argonne.

Pays, contrée, cⁿᵉ de Marchéville.

Pécuiens, contrée, cⁿᵉ de Mouzay.

Pélée, côte et bois comm. de Clermont-en-Argonne.

Pèlerin, bois comm. de Nepvant et de Stenay.

Pelletière, bois comm. de Cunel.

Pénard, bois comm. d'Amel.

Pendu (Champ le), contrée, cⁿᵉ de Rouvres.

Penthière, bois, cⁿᵉ de Louppy-le-Château.

Perards (Les), contrée, cⁿᵉ de Souilly.

Perche (La), étang et mⁿ, cⁿᵉ de Buxerulles.

Perche (La), contrée, cⁿᵉ de Sommedieue.

Perchée (La), contrée, cⁿᵉ de Thierville.

Perchies (Les), contrée, cⁿᵉˢ de Béthincourt, Champneuville et Moulainville.

Perdrix (Cul-de-), contrée, cⁿᵉ de Longeville.

Périne, contrée, cⁿᵉ d'Ornes.

Pénissel, contrée, cⁿᵉ de Delouze.

Penrosse, bois comm. de Saint-Mihiel; faisait partie de la forêt d'Apremont.

Pénois, étang, cⁿᵉ d'Hautecourt. — *Piroué*, 1700 (carte des États).

Pénon, ermitage ruiné, c^{ne} d'Arrancy.

Pénon, font. c^{ne} de Villotte-devant-Louppy.

Pénouis, contrée, c^{ne} de Gheppy.

Pénoye ou Pinoué, mⁱⁿ, c^{ne} de Villers-aux-Vents.

Perrière, contrée, c^{nes} d'Aubréville, Damloup, Lemmes, Montplonne et Montzéville.

Perrière, bois comm. de Bure et d'Épinonville.

Perrière (La), m^{on} isolée, c^{ne} de Neuville-sur-Orne.

Perrière (Mont de la), côte, c^{ne} de Clermont-en-Argonne.

Perrières (Côte des), bois et carrières, c^{ne} de Châtillon-sous-les-Côtes.

Perrières (Vieilles-), contrée, c^{ne} de Robert-Espagne.

Pensins, contrée, c^{ne} de Marville.

Perthois (Le) ou le Partois, pays situé au S.-O. du dép^t; s'étendait sur les deux rives de la Marne, particulièrement sur la rive droite, et avait pour limites : au N. le Rémois, à l'E. le Barrois, au S. le Vallage, à l'O. la Champagne. Vitry-le-François était le chef-lieu de ce pays, qui dépendait du Barrois et a fourni au dép^t de la Meuse les vill. d'Ancerville, Aulnois-en-Perthois, Juvigny, Laimont, Revigny, Triaucourt, Savonnières-en-Perthois, etc. — *Pagus Pertensis*, 83a (acte de confirmation par Louis le Débonnaire, D. Marlot). — *Pagus Parthensis*, 853 (capitul. de Charles le Chauve, D. Marlot, D. Marlot). — *Le Perthos*, 1579 (procès-verbal des cout.). — *Pertisus* (D. Marlot).

Perthus, côte, c^{ne} d'Esnes.

Péru (Le), petit ruiss. qui prend sa source dans la forêt d'Argonne et se jette dans la Biesme.

Péruut, f. c^{ne} de Saint-Mihiel.

Pestes (Les), contrée, c^{ne} de Saulx.

Petaumont, contrée, c^{ne} de Vacherauville.

Petit-Bourg (Rue du), à Bar-le-Duc.

Petit-Château, m^{on} isolée, c^{nes} de Gercourt et de Septsarges.

Petit-Cuénas, bois, c^{ne} de Dieppe.

Petit-Commun, bois comm. d'Amel.

Petit-Deffoy, bois comm. de Louppy-sur-Loison.

Petit-Drunis, bois comm. d'Haudainville.

Petite-Mandre (La), ham. c^{ne} de Boncourt. — *Petit-Mandre*, 1700 (carte des États).

Petite-Parrois, étang, c^{nes} d'Hadonville-sous-Lachaussée.

Petite-Rue, m^{on} isolée, c^{ne} de Souhesme.

Petites-Islettes, ham. c^{ne} des Islettes. — *Les Petites-Islottes*, 1571 (table des cout.)

Petites-Simayes, bois comm. de Gussainville.

Petit-Étang, étang, c^{nes} de Lavoye et de Waly.

Petite-Ville, h. sur l'Osson, c^{ne} de Bourcuilles.

Petite-Ville, h. et mⁱⁿ, c^{ne} de Brandeville.

Petit-Jour, contrée, c^{ne} de Mouzay.

Petit-Juré, bois, c^{ne} de Bar-le-Duc.

Petit-Mésil, f. ruinée, entre Ernecourt et Cousances-aux-Bois.

Petit-Moua, ruiss. qui a sa source sur le territ. de Montigny-devant-Sassey et se jette dans la Meuse à Villefranche, après un cours de 2 kilomètres.

Petit-Moulin, mⁱⁿ, c^{nes} d'Auzécourt et de Marville.

Petit-Moulin, dit *de Gombecourt*, mⁱⁿ ruiné, c^{ne} de Dieppe. — *La nuef moulin de Gombecourt qui siet entre Vaut et Diepe*, 1362 (cart. de Saint-Paul, f° 439).

Petit-Paris, f. ruinée, c^{ne} de Brauvilliers.

Petit-Pas, mⁱⁿ, c^{ne} de Nançois-le-Grand.

Petit-Pèlerin, bois comm. de Martincourt.

Petit-Rumont, h. c^{ne} de Rumont.

Petit-Souilly, bois comm. de Vassincourt.

Petits-Faènes (Rue des), à Verdun.

Petit-Val, f. c^{ne} de Dammarie. — *Petit-Vaux*, 1711 (pouillé).

Petoncourt, contrée, c^{ne} d'Houdelaincourt.

Peuchot, côte, c^{ne} de Robert-Espagne.

Peussieu, contrée, c^{ne} de Villers-sous-Pareid.

Peutefaux, bois, c^{ne} de Brieulles-sur-Meuse.

Peut-Portus ou Peu-Trou, grotte très-profonde dans le bois dit *Valtièremont*, c^{ne} d'Ancerville.

Peut-Poutu ou Pu-Poutu, caverne et contrée, c^{ne} de Saint-Mihiel.

Peuvillers, vill. sur le Harbon, à 3 kil. au N. de Damvillers. — *Pusvillare*, 1040 (cart. de Saint-Vanne); xiie siècle (Laurent de Liége). — *Postvillare*, 1049 (bulle de Léon X); 1127 (cart. de la cathédr.); — *Postvilar*, 1061 (dans Hardouin, Concil. t. VI, p. 1054). — *Puttsivillare*, 1086 (dipl. de l'emp. Henri III). — *Apud Puvillarem*, 1198, 1294, 1295 (cart. de la cathéd.). — *Peuviler*, 1204 (ibid.). — *Peuvillers*, 1222, 1300 (ibid.). — *Pouvillers*, 1233 (ibid.). — *Puvillari*, 1270 (ibid.). — *Prusvilleres*, 1642 (Méchon). — *Putteiller*, 1700 (carte des États). — *De Parvo-villari*, 1738 (pouillé).

Avant 1790, Luxembourg français, coutume de Thionville, baill. de Marville, prév. de Damvillers, présid. de Sedan, parlem. de Metz. — Dioc. de Verdun, archid. de la Princerie, doy. de Chaumont, annexe d'Écurey.

En 1790, distr. de Stenay, c^{on} de Jametz.

Actuellement, arrond. et archipr. de Montmédy, c^{on} et doy. de Damvillers. — Patronne : sainte Gertrude.

Philippart, contrée, c^{ne} de Peuvillers.

Phulpin, côte, c^{ne} de Bar-le-Duc.

Picard, étang, c^{ne} de Lachaussée.

Picarde (La), contrée, c^{ne} de Longeville.

PICARDIE, contrée, c^{ne} de Bras.

PICARDIE (CHEMIN DE LA), c^{ne} de Fromezey.

PICETTE, contrée, c^{ne} d'Hautecourt.

PICHAUMEIX OU PÉCHAUMEIX, f. c^{ne} de Saint-Mihiel. — *Piochunmes*, 1106 (bulle de Pascal II.) — *Pichonmeix*, 1315 (arch. de la Meuse). — *Pichommeix*, 1571 (proc.-verb. des cout.). — *Pichaumé*, 1656 (carte de l'évêché). — *Pichaumer*, 1700 (carte des États). — *Pichaumey*, 1745 (Roussel). — *Pichaumai*, 1749 (pouillé). — *Piachunmes*, 1756 (D. Calmet, *not.*). — *Pilomière*, 1778 (Durival).

PICHÉE, contrée, c^{ne} de Pintheville.

PICPUS, ancien écart de Fains.

PICTELLE, bois, c^{ne} de Culey; faisait partie de la forêt de Sainte-Geneviève.

PIED-DES-CÔTES, f. c^{ne} de Neuville-sur-Orne.

PIED-LOUISE, bois comm. de Brandeville.

PIEMODIN, f. c^{ne} d'Aubréville. — *Pimodan*, 1571 (table des cout.). — *Piedmodant*, 1760 (Cassini).
   Était cense de haute justice, cout. baill. et prév. de Clermont-en-Argonne.,

PIENNE, petit cours d'eau affluent du ruiss. de la Noue, c^{ne} de Bouligny.

PIERRE (CÔTE À), côte et font. c^{ne} de Saint-Mihiel.

PIERRE (MOULIN À), mⁱⁿ, c^{ne} de Mécrin; était à l'ordre de Malte.

PIERRE-AVILLERS, contrée, c^{ne} de Clermont-en-Argonne; traces de constructions antiques.

PIERRE-CROISÉE, bois, c^{ne} de Lachalade; faisait partie de la forêt d'Argonne.

PIERREFITTE, bourg sur la rive droite de l'Aire, à 25 kil. au N. de Commercy. — *Petra-Ficta Palatio*, 827 (diplôme de Pepin d'Aquitaine.) — *Pierfite*, 1204; 1247 (cartulaire de Saint-Paul). — *Pierefite*, 1232 (cart. de la cathédr.). — *Pierrefite*, 1369 (arch. de la Meuse); 1436 (vente par le comte de Linange à E. Du Châtelet); 1579 (procès-verbal des cout.); 1711 (pouillé). — *Petraficta*, 1402 (regestr. Tull.). — *Petra-Ficta*, 1711 (pouillé); 1749 (*ibid.*); 1756 (D. Calmet, *not.*). — *Pierfitte*, 1749 (pouillé).
   Selon divers auteurs, les rois de la première race avaient un palais à Pierrefitte; si cette assertion est fondée, on devrait attribuer à cette localité les trieus mérovingiens portant en légende les mots

PETRA-FICTA, PETRA-FICIT, PETRA-FIT.

   Avant 1790, Barrois mouvant, chef-lieu de châtellenie, de prév. et d'office, ancien palais des comtes et ducs de Bar, cout. recette et baill. de Bar, présid. de Châlons, parlem. de Paris. — Dioc. de Toul, archid. de Ligny, doy. de Belrain, annexe de Nicey.

"Pierrefitte avait trois seigneurs : le roi prenait un quart, un huitième et un trentième, le chevalier Du Châtelet la moitié et un douzième, le comte de Franquemont un vingtième; la justice s'exerçait par le prévôt royal dix-neuf mois dix jours au nom du roi, et par les juges-gardes des seigneurs, savoir : deux ans deux mois au nom de M. Du Châtelet, deux mois onze jours au nom de M. de Franquemont, et ainsi alternativement et successivement de quatre ans en quatre ans, néanmoins sans division de l'exercice des fonctions publiques, tous les procureurs fiscaux les remplissant toutes, en tout temps, conjointement.

   La prév. de Pierrefitte avait son siége à Naives-devant-Bar; elle comprenait les localités dont les noms suivent : Culey, Érize-la-Brûlée (haute justice particulière), Loisey, Naives-devant-Bar, Pierrefitte, Rosières-devant-Bar, Rumont, Rupt-devant-Saint-Mihiel.

   Il y avait à Pierrefitte une gruerie ressortissant à la maîtrise particulière de Bar-le-Duc.

   En 1790, lors de l'organisation du dép^t, Pierrefitte devint chef-lieu de l'un des c^{ons} dépendant du district de Saint-Mihiel; ce c^{on} était composé des municipalités dont les noms suivent : Belrain, Courouvre, Longchamps, Neuville-en-Verdunois, Nicey, Pierrefitte, Rupt-devant-Saint-Mihiel.

   Actuellement arrond. et archipr. de Commercy, chef-lieu de c^{on} et de doyenné. — Patron : saint Remy.

   Le c^{on} de Pierrefitte est situé dans la partie centrale du dép^t; il est borné au N. par l'arrond. de Verdun à l'O. par celui de Bar-le-Duc, au S. par le c^{on} de Commercy, à l'E. par celui de Saint-Mihiel; sa superficie est de 33,748 hectares; il renferme vingt-six communes, qui sont : Bannoncourt, Baudrémont, Belrain, Bouquemont, Courcelles-aux-Bois, Courouvre, Dompcevrin, Fresnes-au-Mont, Gimécourt, Kœur-la-Grande, Kœur-la-Petite, Lahaymeix, Lavallée, Levoncourt, Lignières, Longchamps, Ménil-aux-Bois, Neuville-en-Verdunois, Nicey, Pierrefitte, Rupt-devant-Saint-Mihiel, Sampigny, Thillombois, Ville-devant-Belrain, Villotte-devant-Louppy, Woimbey.

   La composition du doy. de Pierrefitte est la même que celle du c^{on}.

PIERREVOYE, contrée, c^{ne} de Dieue.

PIERRELOTTE, contrée, c^{ne} d'Amel.

PIERRE-PERCÉE, contrée, c^{ne} de Vaudeville; d'après la tradition, il aurait existé en ce lieu un certain nombre de grandes pierres brutes placées debout et rangées en cercle.

23.

Pierre-Percée (*Pertusa-Petra*). — Voy. Borne-Trouée.

Pierre-Trouée ou Pierre-Crouée, contrée, c^ne de Landrécourt.

Pierreuse, contrée, c^nes de Longeville et de Montfaucon.

Pierreville, f. et m^on isolée, c^ne de Gincrey. — *Petrivilla-in-Vapra*, 780 (cart. de Saint-Vanne). —*Petravilla*, xe siècle (polypt. de Reims). — *Petrivilla-in-Wapra*, 1015 (cart. de Saint-Vanne). — *Petrivilla*, 1047, 1049, 1061 (*ibid.*). — *Petravilla*, 1195 (*ibid.*).

Pierrières, contrée, c^ne de Mouilly.

Pierrillaux, contrée, c^ne de Récourt.

Pierrillon, contrée, c^ne de Damloup.

Pignon, contrée, c^ne de Belleville.

Pilieu, contrée, c^ne de Malancourt.

Pillagué, contrée, c^ne de Chattancourt.

Pillan, contrée, c^ne de Bonzée.

Pilles (Les), usine, c^ne de Marville.

Pilles (Ruisseau de), qui prend sa source au-dessus des Pilles et se jette dans l'Othain à Marville, après un cours de 3 kilomètres.

Pillon, vill. sur le ruiss. de Pilles, à 9 kil. au N.-O. de Spincourt. — *Pilo*, 1047 (ch. de l'év. Thierry). — *Pilon*, 1049 (bulle de Léon IX); 1156 (ch. d'Albéron de Chiny); 1700 (carte des États). — *Pilam*, 1800 (cartul. de Saint-Paul). — *Pillonnum*, 1642 (Müchon). — *Pillonium*, 1738 (pouillé).

Avant 1790, Verdunois, terre d'évêché, anciennes assises des quatre pairs de l'év. prév. de Mangiennes, cout. baill. et présid. de Verdun, parlem. de Metz. -- Diocèse de Verdun, archid. de la Woëvre, doy. d'Amel.

En 1790, distr. d'Étain, c^on de Saint-Laurent.

Actuellement, arrond. et archipr. de Montmédy, c^on de Spincourt, doy. de Billy-sous-Mangiennes. — Écarts : Châtillon-l'Abbaye, Houdreville, Solry et Sorray. — Patron : saint Médard.

Pillon, m^on isolée, c^ne d'Azannes.

Pillon, h. c^ne de Marville.

Pilon, contrée, c^ne de Combres.

Pilonne, contrée, c^ne de Charny.

Pilviteuil, contrée, c^ne de Bar-le-Duc.

Pilviteuil ou Pile-Vêtu, forteresse ruinée, c^ne de Ligny-en-Barrois. — *Pilleventeu*, 1756 (D. Calmet, *not.*).

L'érection de cette forteresse fut entreprise en 1546 par ordre de François Ier; elle était située sur le mont Liban; la construction en resta inachevée.

Pimprenette, contrée, c^ne de Vigneulles-lez-Hattonchâtel.

Pinauchamp, contrée, c^ne de Rouvres.

Pinaumont, contrée, c^ne de Mouilly.

Pinceron (Le), ruiss. qui a sa source sur le territoire de Girauvoisin et se jette dans le Rupt-de-Mad en amont de Bouconville, après un cours de 8 kilomètres.

Pinchotte, bois, c^ne de Malancourt.

Pinette, contrée, c^ne de Buzy.

Pinga, contrée, c^ne de Corniéville.

Pinquigny (Le), ruiss. qui prend sa source sur le territoire de Triaucourt et se jette dans la Marque au-dessus du m^le de Triaucourt.

Pinsonvaux, contrée, c^ne de Crépion.

Pintheville, vill. sur le Bertranpont, à 3 kil. au N. de Fresnes-en-Woëvre. — *Pie-villa*, 952 (acte de fondat. par Bérenger). — *Picta-villa*, 1049 (bulle de Léon IX); 1165 (cart. de Saint-Paul, f° 158). — *Pincta-villa*, 1127 (cart. de la cathédr. f° 167). — *Pinctei-villa*, 1165 (cart. de Saint-Paul, f° 158). — *Pinctavilla*, *Pincteville*, *Pinte-ville*, 1237 (*ibid.* f° 159). — *Pinteville*, 1275, 1283 (cartul. de la cathéd. f°s 70 et 71); 1346 (chamb. des comptes, c. d'Étain); 1496 (hôtel de ville de Verdun, M. 1 bis); 1656 (carte de l'évêché); 1700 (carte des États).

Avant 1790, Verdunois, terre d'évêché, prév. de Fresnes-en-Woëvre, cout. baill. et présid. de Verdun, anc. assises des quatre pairs de l'év. parlem. de Metz.— Dioc. de Verdun, archid. de la Woëvre, doy. de Pareid, paroisse partie d'Aulnois-en-Woëvre et partie de Maizeray.

En 1790, distr. d'Étain, c^ne de Pareid.

Actuellement, arrond. et archipr. de Verdun, c^on et doy. de Fresnes-en-Woëvre. — Paroisse de Riaville.

Pinoy, m^on isolée, c^ne de Brabant-le-Roi.

Pislaposte, f. c^ne de Véel.

Pisse-Loup, contrée, c^ne de Fains.

Pisse-Loup, font. c^ne d'Hattonchâtel.

Pisseuse (La), font. c^ne de Ronvaux.

Pisse-Vache, bois comm. de Thillot.

Pissy, contrée, c^ne de Montplonne.

Pitancerie, bois comm. de Saint-Mihiel.

Pitvisbeuil (Rue), à Bar-le-Duc.

Place (La), chât. et f. c^ne de Chaumont-devant-Damvillers; ancien manoir chât. fort et fief seigneurial, cout. et baill. de Verdun, prév. de Mangiennes.

Placets (Les), bois, c^ne de Rampont.

Placis, contrée, c^ne de Blercourt.

Plains (Le), à Verdun; ancienne tour située près du Moulin-la-Ville.

Plaimont, bois comm. de Saint-Germain.

Plain (Le), côte, c^ne de Creue.

PLAISANCE, ancien écart de Thusey.

PLAISANCE (RUE DE), à Varennes.

PLANE (LA), ruiss. qui a sa source sur le territoire de Saint-Aubin et se jette dans le ruiss. de Saulx en amont de Chonville, après un cours de 2 kilomètres.

PLANTÉ, bois comm. de Froidos.

PLANTE (LA), contrée, c^nes de Blercourt et de Fains.

PLANTES (LES), contrée, c^nes de Neuville-sur-Orne, de Verdun et de Vilosnes.

PLAT-CHÊNE, bois domanial, c^ne de Sivry-sur-Meuse.

PLATELLE (RUE), à Stenay.

PLATINIÈRE (LA), ancien écart de Chauvency-le-Château.

PLATIS, contrée, c^ne de Landzécourt.

PLEIN (LE), contrée, c^ne de Baulny.

PLEINEMONT, ancienne dépendance de l'abbaye de Jeand'heures). — Planus-Mons, 1141 (cartul. de Jeand'heures). — Terra de Planomonte, 1163 (ibid.).
Durival et D. Calmet disent qu'un couvent de religieuses de l'ordre de Prémontré a existé autrefois en ce lieu.

PLEINLIEU, bois et f. c^ne de Demange-aux-Eaux.

PLIAMONT, bois, c^ne de Vaux-lez-Palameix.

PLOYER, contrée, c^ne de Pintheville.

PLUME (LA), f. c^ne de Dieppe.

PLUMESUE, contrée, c^ne de Ville-devant-Belrain.

PLUNGET-FOSSÉ, petit cours d'eau, c^ne de Villers-aux-Vents.

POCHIS, contrée, c^ne d'Ambly.

POCHON, bois comm. de Loison.

POILLEU, contrée, c^ne de Bar-le-Duc.

POINSARD, contrée, c^ne de Rouvres.

POINSIGNON, contrée, c^ne d'Hattonchâtel.

POINSON, contrée, c^ne de Bar-le-Duc.

POINT-DU-JOUR, contrée, c^nes d'Azannes et de Courcelles-sur-Aire.

POINT-DU-JOUR, m^on isolée, c^ne d'Azannes.

POINT-DU-JOUR, four à chaux, c^ne d'Étain.

POINT-DU-JOUR, papeterie, c^ne de Lacroix-sur-Meuse.

POIRIER-BOSSU, contrée, c^ne d'Iré-le-Sec.

POIRIÈRE, bois comm. de Récourt.

POIRIER-LE-DIABLE, contrée, c^ne de Ville-sur-Cousance.

POIRIER-RENAUX, contrée, c^ne de Mogeville.

POIRLOT, contrée, c^ne d'Iré-le-Sec.

POIRONS (ROCHES DES), dites aussi des Pourins, contrée, c^ne d'Épiez; on y voyait anciennement un cromlech, composé d'une douzaine d'énormes pierres brutes, placées debout et disposées en cercle; ces pierres ont été successivement arrachées; en 1838 il en existait encore trois; la dernière fut enlevée en 1864.

POIROUCHAMP, contrée, c^nes de Robert-Espagne.

POIRSIN, contrée, c^ne de Longeville.

POIRRE (CÔTE DU), c^ne de Louvemont.

POLOGNE, f. c^ne de Futeau.

POLOGNE (CHEMIN DU ROI DE), sur les territoires de Sorcy, Void et Pagny-sur-Meuse.

POLOGNE (RUE DE), à Clermont-en-Argonne.

POLOGNE (VALLÉE-), bois, c^ne de Beaulieu; faisait partie de la forêt d'Argonne.

POLVAL (RUE DE), à Bar-le-Duc; citée en 1563 sous l'appellation de faubourg.

POMMERAC, font. c^ne de Villotte-devant-Louppy.

POMMERIEUX, contrée, c^ne de Foameix.

PONCET, contrée, c^ne de Lérouville.

PONCEY, contrée, c^ne de Charny.

PONCINE, contrée, c^ne de Martincourt.

PONCY, contrée, c^ne de Milly-devant-Dun.

PONT, contrée, c^nes de Bras et d'Herméville.

PONT-DE-BELRUPT, m^on isolée, c^ne d'Haudainville.

PONT-DE-HAN, h. c^ne de Han-sur-Meuse.

PONT-DE-MEUSE, f. c^ne de Saint-Mihiel. — Pont-Meuse, 1700 (carte des États).

PONTHEVILLE, chap. isolée, sous le titre de Saint-Nicolas, c^ne de Maizey. — Ponthevilla, 1642 (Mâchon). — Saint-Nicolas de Pontheville, 1700 (carte des États).
Était mère église de Rouvrois-sur-Meuse et léproserie dépendant de cette paroisse.

PONT-NEUF, m^on isolée, c^ne de Bislée.

PONTOISE (CHEMIN DE), c^ne de Boncourt; voie antique, dite aussi chemin des Romains, allant de Nasium à Gravelotte et à Metz.

PONTON, contrée, c^ne de Dieue.

PONTOUX, contrée, c^ne de Neuvilly.

PONTOUX, f. c^ne de Récourt. — Ponthou, 1144 (cart. de Saint-Paul, f° 174). — Ponthon, 1572 (coll. lorr. t. 268.49, A. 15). — Ponthoüe, 1743 (proc.-verb. des cout.).
Avant 1790, Verdunois, terre d'év. prévôté de Lemmes, cout. et baill. de Verdun. — Paroisse de Récourt.

PONTOUX (SOUS-), bois comm. d'Avocourt.

PONT-ROUGE, pont sur la Saulx, c^ne de Bazincourt.

PONT-ROUGE, pont sur la Wiseppe, c^ne de Beauclair.

PONT-ROUGE, pont sur le ruisseau des Archets, c^ne de Doulcon.

PONT-ROUGE, pont sur la Chée, c^ne de Noyers.

PONT-SUR-MEUSE, vill. sur la rive droite de la Meuse, à 6 kil. au N.-O. de Commercy. — Pons, 1106 (bulle de Pascal II). — Pont-sur-Meuss, 1319 (archives de la Meuse). — Pont, 1330 (ibid.). —

Pons-ad-Mosam, 1707 (carte du Toulois). — Pons-supra-Mosam, 1711 (pouillé); 1749 (ibid.).

Avant 1790, Barrois non mouvant, seigneurie, office et comté d'Apremont, juridiction des officiers du seigneur, recette, coutume et bailliage de Saint-Mihiel, présid. de Toul, cour souveraine de Nancy. — Dioc. de Toul, archid. de Ligny, doy. de Meuse-Commercy, annexe de Boncourt.

En 1790, distr. de Commercy, c^{on} de Vignot. Actuellement, arrond. c^{on}, archipr. et doy. de Commercy. — Patron : saint Gérard.

Pont-sur-Saulx, h. et forge, c^{ne} de Robert-Espagne; était maison forte et fief.

Popey, f. c^{ne} de Bar-le-Duc. — Popei, 1189 (ch. de Pierre, év. de Toul).—Popé, 1756 (D. Calmet, not.).

Ancienne cense avec léproserie, ruinée en 1537, puis rétablie par le duc Antoine, qui chargea les chanoines de Saint-Maxe de Bar de la desserte de la chapelle; a donné son nom à l'une des rues de Bar-le-Duc.

Popey (Fontaine de), qui prend sa source au-dessus de Popey et se jette dans l'Ornain en amont de Bar-le-Duc.

Popinge, m^{ee} isolée, c^{ne} de Flassigny.

Poppé (Chemin de), voie antique allant de Contrisson au camp de Fains, très-visible sur le territoire de Vassincourt.

Porcuées, contrée, c^{ne} d'Heudicourt.

Porcien (Le), ancien pays qui a fourni au dép^t de la Meuse le village de Warcq; s'étend principalement dans le dép^t de la Moselle. — Pagus Porticensis, Pagus Porcensis, Porcianus (annales præmonstr. D. Calmet, not.).

Poniquet, contrée, c^{ne} de Revigny.

Pont (Archidiaconé de) ou de Saint-Nicolas-de-Port, archidiaconatus de Portu (1203, cart. de l'abb. de Belchamp); était composé des doy. de Deneuvre, Dieulouard, Port, Prény et Salm: a fourni au dép^t une partie du doy. de Prény.

Portaille, contrée, c^{ne} de Guerpont.

Port-de-la-Madeleine (Rue du), à Verdun.

Ponte (La), m^{in}, c^{ne} de Saint-Mihiel.

Portelles (Rue des), à Verdun.

Possesse (Doyenné de), decanatus de Possessa vel de Posseya (topog. eccés. de la France); appartenait au dioc. de Châlons et à l'archidiaconé d'Astenay; a fourni au dép^t de la Meuse les paroisses et annexes dont les noms suivent : Aubercy, Auzécourt, Lahey-court, Menoncourt, Nettancourt, Noyers, Pretz, Senard, Sommaisne, Sommeilles, Triancourt, Vau-becourt.

Poteau, contrée, c^{ne} de Beaufort.

Potence (La), contrée, c^{nes} de Cumières, Grimaucourt-en-Woëvre, Landzécourt et Latour-en-Woëvre.

Anciens lieux de justice ou d'exécution seigneuriale.

Potière (La), font. c^{ne} de Montsec.

Poudrerie (La), contrée, à la Falouse, c^{ne} de Bellray.

Poudrerie (La), m^{in}, dit aussi de Putrey, c^{ne} de Gondrecourt.

Pouilla (Pont-), contrée, c^{ne} d'Amel.

Pouillards, contrée, c^{ne} de Thillot.

Pouilliaux, contrée, c^{ne} d'Ambly.

Pouilly, vill. sur la rive droite de la Meuse, à 8 kil. au N.-O. de Stenay. — Polliacum, 1045, 1067 (coll. lorr.). — Pouovily, 1230 (charte d'Arnoux, comte de Chiny). — Paouilly, Paouvilly, Pauvilly, xive siècle (Tr. des ch.). — Pouilly, 1419 (Lam), lettres d'investiture du duc de Bar). — Poulli:, 1483 (coll. lorr. t. 261.46, A. 21). — Pouvillia-cum, xvie siècle (pouillé ms de Reims). — Paouilly, 1538 (Lamy, acte du tabell. de Marville). — Poüilly, 1571 (proc.-verb. des cout.); 1656 (carte de l'év.). — Pouvilly, 1648 (pouillé). — Pauilly, 1700 (carte des États).

Avant 1790, Clermontois, après avoir été Barrois non mouvant, cout. et baill. de Saint-Mihiel, châtellenie et prév. de Stenay, puis prév. et baill. de Clermont siégeant à Varennes, présid. de Châlons, parlem. de Paris. — Dioc. de Reims, grand archidiaconé, doy. de Mouzon-Meuse.

En 1790, distr. de Stenay, c^{on} d'Inor.

Actuellement, arrond. et archipr. de Montmédy, c^{on} et doy. de Stenay. — Écarts : Laramée, Lavignette, Prouilly et la Wamme. — Patron : saint Martin.

Pouilly a donné son nom à une maison originaire d'Allemagne, d'anciens comtes fort illustres portant: d'argent au lion d'azur armé et lampassé de gueules (Husson l'Écossais), et pour devise : Fortitudine et caritate.

Poule (La), m^{in}, c^{ne} de Gercourt.

Poulots, contrée, c^{ne} de Stenay.

Pourcelet, contrée, c^{ne} de Senard.

Pourettes, contrée, c^{ne} de Récourt.

Pourmont, bois comm. de Varvinay.

Poussoir, bois comm. de Chassey.

Poutel, contrée, c^{ne} d'Hannonville-sous-les-Côtes.

Poutot, bois comm. de Combles.

Praillon, contrée, c^{nes} de Rosnes et de Mouilly.

Praillon (Le), f. c^{ne} de Cierges.

Praillon (Le), m^{ee} isolée et fontaine, c^{ne} de Sivry-la-Perche.

PRAILLON (LE), ancien nom du bras de la Meuse qui court de la grande écluse au Pont-Neuf, à Verdun.

PRAILLONS, bois comm. de Beney.

PRAIRIE (MOULIN DE LA), c⁰ᵉ d'Ornes.

PRÉ (FAUBOURG DU), à Verdun; l'un des quartiers de la ville. — In Prato, 1286 (ch. de liberté par Raoul de Torote). — La nuefve porte d'arrière les Augustins sur le pont du Preis, 1426 (anciennes épitaphes de la cathéd.) — Tour gemelle du Preis, 1574 (hôtel de ville, reg. des délibér.). — Rue du Pré, 1609 (ibid.).

PRÉ-CHANEL (LE), h. c⁰ᵉ de Culey.

PRÉE (LA), contrée, c⁰ᵉ de Braquis.

PRÊLE, bois comm. de Pretz.

PRÊLE (LA), ruiss. formé de plusieurs sources qui naissent sur les territoires de Rouvrois-sur-Meuse et de Lacroix; se jette dans le ru du Moulin à Lacroix, après un cours de 3 kilomètres.

PRÊLES (LES), contrée, c⁰ᵉˢ d'Aubréville, Herméville et Vacherauville.

PRÉ-LIEUTAUX (LE), ruiss. qui prend sa source dans les bois de Merles et se jette dans le Loison à Villers-lez-Mangiennes, après un cours de 4 kilomètres.

PRELLE, contrée, c⁰ᵉˢ de Belrain, Houdelaincourt et Labeuville.

PRÉ-L'ORFÉVRE, filature, c⁰ᵉ de Cheppy.

PRÉNY (PRÉVÔTÉ ET DOYENNÉ DE); la prév. de Prény, dépendant primitivement du baill. de Pont-à-Mousson et ensuite de celui d'Étain, a fourni au dép¹ de la Meuse les vill. dont les noms suivent: Aucourt, Buzy, Darmont, Parfondrupt, Saint-Jean-lez-Buzy.

Prény était en outre chef-lieu d'un doyenné, decanatus de Parney (1402, regestrum Tullens. diœc.), dépendant du dioc. de Toul et de l'archid. de Port; ce doy. a fourni au dép¹ les paroisses ci-après: Broussey-en-Woëvre, Labayville, Rambucourt, Raulecourt et Richecourt.

PRÉS (RUISSEAU DES), petit cours d'eau, sur les territoires d'Herbeuville et de Saulx-en-Woëvre.

PRÉ-SAINT-MARTIN, papeterie, c⁰ᵉ de Cheppy.

PRESLE, contrée, c⁰ᵉ de Rarécourt.

PRESLE (LA), ruiss. qui prend sa source sur le territoire d'Èvres et se jette dans l'Aisne au-dessus de la f. de Riaucourt, après un trajet de 3 kilomètres.

PRESSON, contrée, c⁰ᵉ de Damloup.

PRÊTRE (CHAMP LE), contrée, c⁰ᵉ de Brabant-en-Argonne.

PRÊTRE (LE), étang, c⁰ᵉ de Beaulieu.

PRÊTRE (PRÉ LE), contrée, c⁰ᵉˢ de Dieppe et de Ménil-sur-Saulx.

PRÊTRES (CONVÉE DES), bois, c⁰ᵉ d'Apremont.

PRÊTRES (RUE DES), à Verdun.

PRETZ ou PRETZ-EN-ARGONNE, vill. sur l'Aisne, à 7 kil. à l'E. de Triaucourt. — Preus, xII° siècle (abb. de Lisle). — Pratella, 1306 (ibid.). — Prez, 1556 (proc.-verb. des cout.); 1656 (carte de l'év.). — Priez, 1700 (carte des États). — Pratum (reg. de l'évêché).

Avant 1790, Champagne, terre et prév. de Beaulieu, justice seigneuriale de l'abbé de Beaulieu, élection, cout. baill. et présid. de Châlons, parlem. de Paris. — Dioc. de Châlons, archid. d'Astenay, doy. de Possesse.

En 1790, distr. de Clermont-en-Argonne, c⁰ᵉ de Triaucourt.

Actuellement, arrond. et archipr. de Bar-le-Duc, c⁰ᵉ et doy. de Triaucourt. — Écart: le Moulin. — Patron: saint Baltence.

PREUCUR, contrée, c⁰ᵉ de Buzy.

PREUX (LES), contrée, c⁰ᵉˢ de Rembercourt-aux-Pots et de Verdun.

PRÉVEAU, bois comm. d'Apremont.

PRÉVÔT, contrée, c⁰ᵉ d'Ambly.

PRIBOLÉE, contrée, c⁰ᵉ de Belleville.

PRIEUR (LE), bois, c⁰ᵉ d'Amel.

PRIEUR (CHAMP LE), contrée, c⁰ᵉ de Brillon.

PRIEUR (GORCE LE), vallée et ruiss. c⁰ᵉ de Beauclair.

PRIEURÉ (LA), contrée, c⁰ᵉ de Buxerulles.

PRIEURÉ (LE), f. c⁰ᵉ de Cesse; ancien prieuré sous le titre de Sainte-Marguerite, fondé en 1260 par Jean d'Apremont-Buzancy.

PRIEURÉ (LE), contrée, c⁰ᵉ de Vaucouleurs.

PRIGNEUX, bois comm. de Bouquemont et de Louppy-le-Petit.

PRIGNON, bois comm. de Bouquemont.

PRILLON, contrée, c⁰ᵉ de Froidos.

PRINCERIE (ARCHIDIACONÉ DE LA), archidiaconatus Major vel Primus; districtus Primiceriatus vel Præposituræ (topog. ecclés. de la France). — Grand archidiaconé; archidiaconé Princier ou de la Princerie de Verdun (ibid.). — Archidiaconatus de Primiceriatu, 1738 (pouillé).

L'un des quatre archid., Primus vel Pontificalis (Mâchon), du dioc. de Verdun; était formé de trois doy. savoir: le doy. Urbain, le doy. de Chaumont, le doy. de Forges; paraît avoir été beaucoup plus étendu vers le N. où il aurait compris, antérieurement au x° siècle, les doy. de Bazeilles, de Longuyon, de Juvigny et d'Yvois, dits doy. wallons, lesquels furent séquestrés entre les mains du métropolitain de Trèves et restèrent définitivement adjoints à cet archevêché, où ils formèrent la plus grande partie de l'archid. de Longuyon.

PRINCES (CÔTE-DES-), usine, c⁰ᵉ de Bar-le-Duc.

Princey (Les), étang, c⁰ˢ de Sommeilles; déverse ses eaux dans le ruiss. de Belleval.

Princier (Le), bois domanial, c⁰ˢˢ de Lachalade et du Claon.

Princier (Porte du), l'une des anciennes entrées de Verdun; était située au bas de la rue de la Belle-Vierge, près de la place d'Armes, dite anciennement de l'Estrapade. — Turris Primiceriatus ad Ripam, 1230 (cart. de la cathéd.). — Qui siet fors la porte lou Princier, 1280 (ibid.). — Ad portam quæ dicitur Primicirii, 1287 (ibid.). — Ad turrim Primicerii, 1325 (ibid. sentence du chap. de la cathédr.). — Tour du Princier, 1549 (Wassebourg).

Prix-le-Fer, contrée, c⁰ˢ de Boureuilles.

Procueville, ancienne cense fief au faubourg de Saint-Mihiel (Durival).

Procureur (Le), contrée, c³ᵉ de Sivry-la-Perche.

Proi, font. c⁰ᵉ de Nicey.

Proie, source, c⁰ˢ de Dun.

Proiville, f. c⁰ˢ de Doulcon. —Prosvilla, 1179 (cart. de Saint-Paul). — Proville, 1215 (Tr. des ch.).— Prenoi-ville, 1238 (cart. de la cathéd.). — Proiville-lez-Dun, xviiᵉ siècle (arch. de la Meuse). — Prou-villei, 1700 (carte des États).

    Avant 1790, Clermontois, prév. de Jametz, baill. de Clermont siégeant à Varennes, dioc. de Reims, archid. de Champagne, doy. de Dun, annexe de Doulcon.

Pronuits, contrée, c⁰ˢ de Ville-sur-Cousance.

Prouilly, f. c⁰ᵉ de Pouilly. — Prouilly auprès de Sa-tanay, 1643 (Soc. Philom. lay. Verdun, B. 11). — Pravilly, 1700 (carte des États).

Prux, contrée, c⁰ʳ de Saint-Hilaire.

Pays, ancien m¹ⁿ et f. c⁰ᵉ de Rambluzin.

Pucelle (Chemin de la), c⁰ˢˢ de Boussey-en-Blois et de Vaucouleurs; voie antique, dite aussi chemin des Romains, venant de Nasium et aliant à Toul.

Pucelle (La), contrée, c⁰ˢ de Bar-le-Duc.

Pugets (Les), contrée, c⁰ᵉ de Spincourt.

Puisa, contrée, c⁰ᵉ de Dieue.

Puisa-de-Carnai, contrée, c⁰ᵉ de Rembercourt-aux-Pots.

Puisand, contrée, c⁰ᵉ de Dombasle.

Puiset, contrée, c⁰ˢ de Béthincourt.

Puisieux, bois comm. de Rumont.

Puisot, contrée, c⁰ᵉ de Behonne.

Puits (Côte-au-), font. c⁰ᵉ de Louppy-le-Petit.

Puits (Le Grand), puits antique, c⁰ᵉ de Gérauvil-liers.

Puits-à-Cochon, contrée, c⁰ᵉ d'Ancemont.

Puits-de-Braux, source minéralisée par le silicate de fer contenant des traces de manganèse, située sur le finage d'Aucourt, écart de Buzy.

Puits-de-Soiru, vaste cavité de 5 à 6 mètres de dia-mètre et de 30 mètres de profondeur, située dans le bois de Soiru, c⁰ᵉ de Brillon.

Pulée, côte, c⁰ᵉ de Clermont-en-Argonne.

Pulle, contrée, c⁰ᵉ d'Ornel.

Pultière, contrée, c⁰ᵉ de Dieue.

Pulviteux, contrée, c⁰ʳ de Charny.

Puly, côte, c⁰ᵉ de Verdun.

Punaise, contrée, c⁰ᵉˢ de Chaumont-sur-Aire et de Liouville.

Pura, contrée, c³ᵉ de Blercourt.

Puncuis, contrée, c⁰ᵉ de Darmont.

Purchonval, contrée, c⁰ᵉ de Saulx.

Purnet, contrée, c⁰ᵉ de Corniéville.

Pusémont, bois comm. de Fleury-devant-Douaumont.

Pusémont, bois, c⁰ˢ de Récourt.

Pusets, contrée, c⁰ᵉ de Béthincourt.

Pusieux, contrée, c⁰ᵉ de Ville-sur-Cousance.

Putaipont, m⁰⁰ isolée, c⁰ᵉ de Louppy-sur-Loison.

Puteneau, contrée, c⁰ᵉ de Doncourt-aux-Templiers.

Putneaux, contrée, c⁰ᵉ de Woël.

Putneau, contrée, c⁰ᵉ d'Érize-la-Grande.

Putney, haut-fourneau et m¹⁰, c⁰ᵉ de Goudrecourt.

Puty, rue, pont et m¹⁰, à Verdun. — In loco qui di-citur lou Putis de Mance Moulin, 1300 (cart. de la cathéd. f⁰ 140). — In vico Molendinorum juxta Pos-iicum (nécrologe, 12 des cal. d'avril).— La fontaine Sainte-Hélène devant le Puty-Sainte-Croix, 1665 (hôtel de ville de Verdun, reg.).

Puty (Rue du), à Saint-Mihiel.

Puys (Le), étang, c⁰ˢ d'Ornel.

Q

Quadruque, contrée, c³ᵉ de Mouilly.

Quaoulte, bois comm. de Vigneulles-sous-Montmédy.

Quart-de-Forêt, contrée, c⁰ᵉ de Void.

Quatre-Bornes, contrée, c⁰ᵉ de Maizey.

Quatre-Cents, contrée, c⁰ᵉ de Froidos.

Quatre-Communes (Les), vaste tenue de bois située entre Vigneulles-lez-Hattonchâtel, Hattonville, Saint-Be-noît et Lamarche-en-Woëvre.

Quatre-Côtes (Les), bois, à l'hospice de Varennes, sur les territoires de Cheppy et de Varennes.

QUATRE-DAMES (LES), contrée, c^{nes} d'Amel, de Buzy et de Warcq.

QUATRE-ENFANTS (LES), contrée, c^{ne} d'Avocourt.

QUATRE–FILS-AYMOND (RUE DES), à Stenay.

QUATRE-VAUX, f. et mⁱⁿ sur le Colomoy, c^{ne} de Rigny-Saint-Martin. — *Quatuor-valles*, 1299 (traité entre Philippe le Bel et l'emp. Albert).

Lieu célèbre par l'entrevue qu'y ont eue l'emp. Albert Ier et le roi Philippe le Bel; Quatre-Vaux était centre d'un ban sur lequel il y avait une église dédiée à saint Fiacre.

QUATRE-VENTS (LES), f. c^{ne} de Behonne.

QUÉMINE, contrée, c^{nes} d'Herbeuville, Pintheville, Réicicourt, Sivry-la-Perche, Tilly et Warcq.

QUÉMINE, bois comm. de Montigny-devant-Sassey, des Roises et de Vaudeville.

QUÉMINE (LA), tour ruinée, à Verdun; était située sur l'emplacement actuel du bastion Saint-Maur, près des tours du Four et de la Baulmonne. — *Juxta civitatem Cumminas* ou *Cominas tres*, 1049 (bulle de Léon IX).

QUÉMINES (LES), bois comm. de Bonzée, sur le territoire de Mont-sous-les-Côtes.

QUÉMIN-FAYS, bois comm. de Vaux-lez-Palameix.

QUÉNAUX, bois comm. de Tilly.

QUÉRELLES (LES), contrée, c^{ne} de Bras.

QUENOLLES, étang, c^{ne} de Marbotte.

QUEUE (LA), bois comm. de Damloup et de Réville.

QUEUE (LA), côte, c^{ne} de Montzéville.

QUEUE-AU-BARRE, étang, c^{ne} de Lachaussée.

QUEUE-DE-L'AIPION, bois comm. de Véry.

QUEUE-DE-LA-PRAYE, bois comm. de Braquis.

QUEUE-DE-LIÈVRE, bois comm. de Jouy.

QUEUE-DE-SOUFRE, bois, c^{ne} de Laimont.

QUEUE-D'OISON, bois comm. de Froidos.

QUEUE-DU-BOIS, bois comm. de Gironville.

QUEUE-DU-JAVOT, bois, c^{ne} de Brauvilliers.

QUEUE-FOULAY, étang, c^{ne} de Lachaussée.

QUEUE-LA-CHÈVRE, contrée, c^{ne} de Montplonne.

QUEUE-LA-ROTTE, bois comm. de Vaucouleurs.

QUEUES (LES), contrée, c^{ne} de Ménil-la-Horgne.

QUEUES (LES), bois comm. de Véry.

QUINCY, vill. sur la rive gauche du Loison, à 5 kil. au S.-O. de Montmédy. — *Choisne*, 634 (test. Adalgiseli). — *Quinciacum in fine Vuavrense super flurium Azenna*, 770 (dipl. du comte Boson). — *Quinciacum villa in fine Wabrense*, 770 (cart. de Gorze, f° 32). — *Qinciacum*, 1157 (charte de Gorze, par l'archevêque Hillin). — *Quincey*, 1571 (proc.-verb. des cont.). — *Quaincy*, 1656 (carte de l'évêché).

Avant 1790, Clermontois, après avoir été Barrois non mouvant, prév. de Stenay, baill. de Clermont siégeant à Varennes, cout. et cour des *Grands jours* de Saint-Mihiel, parlem. de Paris. — Dioc. de Trèves, archidiaconé de Longuyon, doyenné de Juvigny.

En 1790, distr. de Stenay, c^{on} de Montmédy.

Actuellement, arrond. c^{on}, archipr. et doy. de Montmédy. — Écarts : Chaufour, Mont-Saint-Martin, les Moulins. — Patron : saint Martin.

QUOIRAILLE, bois comm. de Bezonvaux et de Douaumont.

R

RA, contrée, c^{ne} d'Avillers.

RABUSSON, contrée, c^{ne} de Duzey.

RACAT-DE-GOUZAINCOURT, bois, c^{ne} de Loison.

RACAT-DE-PILLON, bois, c^{ne} de Mangiennes.

RACHOU, contrée, c^{ne} d'Abainville.

RACHOUX, bois, c^{ne} de Saint-Pierrevillers.

RACTEL, étang et bois comm. de Mangiennes.

RADÉCHAMP, contrée, c^{ne} d'Azannes.

RAFÉCOURT, mⁱⁿ, c^{ne} de Béthincourt. — *Offebris-curtis*, XIIe siècle (Laurent de Liége).— *Reffraicourt*, 1549 (Wassebourg). —*Rafecour*, 1700 (carte des États). — *Rafcourt*, 1760 (Cassini).

RAFFE, contrée, c^{nes} de Naix et de Nantois.

RAFLE, bois comm. de Naix.

RAFOUR, bois comm. de Sorbey.

RAGON, contrée, c^{ne} de Naives-devant-Bar.

Meuse.

RAGOT (TROU-), contrée, c^{ne} d'Autréville.

RAILCUL, contrée, c^{ne} de Vaux-devant-Damloup.

RAILLIS, bois comm. d'Hattonville.

RAILLY, bois comm. de Géry et de Saint-Amand.

RAINEFOLLE, bois, c^{ne} de Lavallée.

RAINES (PONT DES), à Verdun; était autrefois précédé d'une tour, dite *tour Bruquet*, laquelle ouvrait sur l'église Saint-Amand ; ce pont est cité dans l'accord conclu entre le chapitre et l'abbé de Saint-Nicolas-des-Prés.

RAINSOL, bois comm. d'Érize-Saint-Dizier.

RAMBLUZIN, vill. sur le ruiss. de Récourt, à 5 kil. au S.-E. de Souilly. — *Ramblausin*, *Rambauclin*, 1180 (bulle d'Alexandre III). — *Rambl_euvissin*, 1200 (cart. de Saint-Paul). — *Ramblevisin*, 1200, 1259 (ibid.); 1290 (abb. de Saint-Mihiel); 1305 (hosp.

24

Sainte-Catherine, B. 17). — *Ramblevisium*, 1232 (cart. de la cathédr.). — *Ramblusin*, 1304 (abb. de l'Étanche); 1572 (coll. lorr. t. 268.49, A. 15); 1579 (proc.-verb. des cout.). — *Ramblivizin*, 1336 (chamb. des comptes, c. de Souilly). — *Ranbeuvoisin*, 1549 (Wassebourg). — *Rambluzinum*, 1642 (Mâchon). — *Rambleuzin*, 1656 (cart. de l'év.). — *Rambluzianum*, *Rambluziarum*, 1738 (pouillé). — *Ramblusinium*, 1749 (*ibid.*).

Avant 1790, Barrois mouvant, office et prév. de Souilly (partie avec Tilly), recette, cout. et baill. de Bar, présid. de Châlons, parlem. de Paris; le roi en était seul seigneur. — Diocèse de Verdun, archid. d'Argonne, doy. de Souilly. — Patron : saint Pierre.

En 1790, distr. de Verdun, c^on de Souilly.

Actuellement, arrond. et archipr. de Verdun, c^on et doy. de Souilly. — Écarts : Benoîte-Vaux et Prys. — Patron : saint Sulpice.

Rambucourt, vill. sur la gauche du Rupt-de-Mad, à 17 kil. à l'E. de Saint-Mihiel. — *Rabucurt*, 1060 (confirmat. de la fondat. du prieuré d'Apremont). — *Rabucort*, 1103 (cart. de Gorze, f° 203). — *Rembuccourt*, 1152 (donat. à l'abb. de Rangéval, Hist. de Lorr. pr.); 1305 (cart. d'Apremont.) — *Renbuccort*, 1184 (cartul. de Rangéval). — *Ranbeucourt*, 1289 (cart. d'Apremont). — *Rambucourt*, 1289, 1305 (*ibid.*). — *Ranbuccourt*, 1301 (*ibid.*). — *Rambuccuria*, 1402 (regestrum). — *Rembieucourt*, 1571 (procès-verbal des cout.). — *Rambaucour*, 1656 (carte de l'év.). — *Rambucuria*, 1711 (pouillé); 1749 (*ibid.*). — *Rambuci-curia*, *Rambucuriis*, 1756 (D. Calmet, not.).

Avant 1790, Barrois non mouvant, office et prév. de Mandres-aux-Quatre-Tours; recette et coutume de Saint-Mihiel, bailliage de Pont-à-Mousson, puis de Saint-Mihiel, présidial de Toul, cour souveraine de Nancy; le roi en était seigneur haut justicier. — Dioc. de Toul, archid. de Port, doy. de Prény.

En 1790, distr. de Saint-Mihiel, c^on de Bouconville.

Actuellement, arrond. et archipr. de Commercy, c^on et doy. de Saint-Mihiel. — Écart : Ressoncourt. — Patron : saint Martin.

Rameney, bois comm. d'Iré-le-Sec.

Rameney, m^on isolée, c^ne de Montmédy.

Rameru ou Ramu, ham. c^ne de Sauvigny; emplacement d'un palais dans lequel on présume qu'ont été frappés les deniers de Charlemagne marqués Ramernode.

Ramont (Pré-), font. c^nes de Bourcuilles; minéralisée par le silicate de fer; se jette dans l'Aire entre Bourcuilles et Neuilly.

Ramoulin, m^in, c^ne de Ville-en-Woëvre.

Rampont, vill. sur le Wadelaincourt, à 10 kilom. au N.-O. de Souilly. — *Rampedonum*, 1068 (contrat de mariage cité dans Clouët, Histoire de Verdun, t. II, p. 85). — *Rampedone*, 1069 (variæ chartæ, donation d'Adalbert). — *Rampont*, 1221 (cartulaire de la cathédrale). — *Rampont*, 1226, 1232, 1235, 1237, 1264 (*ibid.*); 1564 (échange entre le duc de Lorr. et l'évêque de Verdun). — *Ramipons*, 1738 (pouillé).

Avant 1790, Verdunois, après avoir été Clermontois, terre d'évêché, prév. de Charny, cout. baill. et présidial de Verdun, parlem. de Metz. — Dioc. de Verdun, archid. d'Argonne, doy. de Souilly.

En 1790, distr. de Clermont-en-Argonne, c^on de Récicourt.

Actuellement, arrond. et archipr. de Verdun, c^on et doy. de Souilly. — Patron : saint Pierre-aux-Liens.

Rampont a donné son nom à une maison de nom et d'armes fort noble, éteinte depuis longtemps, qui portait : *de gueules à cinq annelets d'or, au franc quartier d'ermines en champ d'argent* (Husson).

Rampont, font. c^ne de Chaumont-sur-Aire. — *Rivulus qui dicitur Rampont*, 1234 (cart. de Saint-Paul.)

Rampont, f. c^ne de Muzeray. — *Rampunt*, 1252 (cart. de Saint-Paul, f° 147).

Rampotte, bois comm. de Girauvoisin.

Rancière, contrée, c^ne de Wavrille.

Ranconnière, contrée, c^ne de Montplonne.

Rancourt, vill. sur le canal de l'Ornain, à 6 kil. à l'O. de Revigny. — *Roncourt*, 1321 (chamb. des comptes, B. 336). — *Roncuria-prope-Revigneyum*, 1402 (regestr. Tull.) — *Raucourt*, 1579 (proc.-verb. des cout.). — *Roucour*, 1700 (carte des États). — *Rancuria*, 1711 (pouillé); 1749 (*ibid.*).

Avant 1790, Barrois mouvant, office, recette, cout. prév. et baill. de Bar, présid. de Châlons, parlem. de Paris; le roi en était seul seigneur. — Dioc. de Toul, archid. de Rinel, doy. de Robert-Espagne.

En 1790, distr. de Bar, c^ne de Revigny.

Actuellement, arrond. et archipr. de Bar-le-Duc, c^on et doy. de Revigny. — Patron : saint Médard.

Rancourt, ancien ban et cense, c^ne de Souhesme-la-Grande. — *Bannum de Rancourt*, 1237 (cart. de la cathédr. f° 3). — *Rancort*, 1237 (*ibid.*). — *Roncourt*, 1270 (*ibid.* f° 100).

Raud-Haut, bois comm. de Breux.

Rangéval, ham. c^ne de Corniéville. — *Rengisivilla*, 936 (cartul. de Gorze, f° 136). — *Rengievallis*, 1140 (cart. de Jeand'heures); 1402 (regestr. Tull.). — *Rengis-vallis*, 1141 (confirmat. de la fondation de

l'abb.); 1159 (confirmat. par Gobert d'Apremont);
1749 (pouillé). — *Regiæ-vallis*, 1141 (confirmat.
de la fond. de l'abb.). — *Rengivaulx*, 1152 (cart.
de Rangéval). — *Rengiæ-vallis*, 1158 (cartul. de
Saint-Paul). — *Abbate Regiœvallis, ecclesia Regiœvallis*, xii° siècle (Hist. de Toul, pr. p. 95). — *Regievallis, Rengiœvallis*, 1179 (cart. de Jeand'heures);
1183 (cartul. de Rangéval). — *Rengivalx*, 1204
(*ibid.*). — *Rengivaus*, 1209 (*ibid.*). — *Rengivaus*,
1209, 1256, 1265, 1271 (*ibid.*). — *Sainte-Ma-
delaine de Ringeval*, 1638 (Soc. Philom. lay. Verdun, B. 4). — *Rengéval, Reginœ-vallis*, 1707
(carte du Toulois); 1711 (pouillé). — *Rengevalle*,
1752 (Hist. de Lorr.). — *Regia-vallis, Regiæ-vallis*,
Regis-vallis, Vallis-Regia, 1756 (D. Calmet, *not.*).

Ancienne abb. de l'ordre de Prémontré fondée
vers l'an 1152, réformée en 1627; seigneurie en
haute, moyenne et basse justice rendue par les officiers de l'abbé de Rangéval, savoir : un prévôt, un
lieutenant, un procureur d'office, un fiscal, un ser-
gent ou doyen, un gruyer, des messiers, forestiers et
autres; baill. de Toul, parlem. de Metz.

L'église de Rangéval reconnaissait pour patronnes
la sainte Vierge et sainte Marie-Madeleine; elle était :
diocèse de Toul, archid. de Ligny, doy. de Meuse-
Commercy, dépendance de Dommartin-au-Four.

Rangos, contrée, c° de Marville.

Ransanban, contrée, c° de Flassigny.

Ranzières, vill. sur le ruiss. de Ranzières, à 14 kil.
au N. de Saint-Mihiel. — *Ranseria*, 1047 (ch. de
l'év. Thierry); 1049 (bulle de Léon IX); 1082
(fondat. de l'abb. de Saint-Airy); 1738 (pouillé).
— *Ranssieres*, 1060 (confirmation de la fondat. du
prieuré d'Apremont); 1370 (archiv. de la Meuse);
1571 (proc.-verb. des cout.); 1749 (pouillé). —
Ranzieres, 1195, 1268 (cart. de la cathéd.); 1267
(cart. de Saint-Paul). — *Ranzieres*, 1250 (cart. de
la cathéd. f° 100). — *Ranzierres, de Ranzeriis*, 1649
(Mâchon). — *Renziers*, 1674 (Husson). — *Ran-
zière*, 1700 (carte des États). — *Ransierœ*, 1749
(pouillé).

Avant 1790, Barrois mouvant, terre seigneuriale
en haute, moyenne et basse justice, jurid. du juge-
garde du seigneur, office, recette, cout. et baill. de
Saint-Mihiel, cour souveraine de Nancy. — Dioc.
de Verdun, archid. de la Rivière, doy. de Saint-
Mihiel.

En 1790, distr. de Saint-Mihiel, c° de Lacroix-
sur-Meuse.

Actuellement, arrond. et archipr. de Commercy,
c° et doyenné de Saint-Mihiel. — Patron : saint
Étienne.

Ranzières a donné son nom à une maison de nom
et d'armes, depuis longtemps éteinte, qui portait :
de gueules à trois têtes de beliers d'argent, 2 et 1
(Husson l'Écossais).

Ranzièrzs (Ruisseau de), qui a sa source dans les bois
situés au N. de Ranzières, traverse ce vill. et se jette
dans le ruiss. de Mouilly, au-dessus de Wascourt,
après un trajet de 3 kilomètres.

Rapaille, bois comm. de Demange-aux-Eaux, Luison,
Mognéville et Moranville.

Rapaille, bois, c° de Longchamp. — *Nemus quod Ris-
palia vocatur pertinente ad alodium Sancti - Ylarii*,
1237 (cart. de Saint-Paul, f° 129). — *Respalia*,
1237 (*ibid.*).

Rappe, bois comm. de Cheppy et d'Herméville.

Rappe, f. ruinée, c° de Delut.

Rappe, contrée, c° d'Hennemont.

Rappe-d'Andennes, bois comm. de Sassey.

Rappes (Les), bois comm. de Doulcon et Mont-devant-
Sassey.

Rappes (Les), bois comm. de Charny, sur le territoire
de Marre.

Raquetel, bois comm. d'Hattonchâtel.

Rara, contrée, c° de Damloup.

Raraupré, contrée, c° d'Avocourt.

Rarécourt, vill. sur la rive droite de l'Aire, à 5 kil.
au S. de Clermont-en-Argonne. — *Radherei-curtis*,
961 (cartul. de Sainte-Vanne). — *Rhasherei-cortis*,
962 (bulle de Jean XII). — *Rureicurtis*, 984 (cart.
de Saint-Paul, f° 74). — *Raherei-curtis*, 1049,
1060 (cartul. de Saint-Vanne); xi° siècle (Hugues
de Flavigny). — *Waheri-curtis*, 1106 (bulle de
Pascal II). — *Raherecuria*, xii° siècle (Laurent-de-
Liége). — *Raherei-villa* et *Curta-villa*, 1195 (cart.
de Saint-Vanne). — *Rarcourt*, 1382 (coll. lorr.
t. 263.46, C. 3). — *Rarrecourt*, 1394 (*ibid.* t. 265.
47; A. 2). — *Rarecourt*, 1501 (hôtel de ville de
Verdun, 29, L. 20); 1502 (*ibid.* 29, L. 21). —
Rarecuria, 1580 (stemm. Lothar.); 1738 (pouillé).
— *Rarecour*, 1656 (carte de l'év.). — *Larecour*,
1700 (carte des États). — *Larecourt*, 1707 (carte
du Toulois). — *Raheri-curtis*, 1756 (D. Calmet, *not.*).

Avant 1790, Champagne, élection, cout. baill.
et présidial de Vitry-le-François, juridiction du
juge-garde du seigneur, présid. de Châlons, parlem.
de Paris. — Dioc. de Verdun, archid. d'Argonne,
doy. de Clermont.

En 1790, lors de l'organisation du dép', Rarécourt devint chef-lieu de l'un des c° dépendant du
district de Clermont-en-Argonne; ce c° était composé des municipalités dont les noms suivent : Froidos, Julvécourt, Rarécourt et Ville-sur-Cousance.

24.

Actuellement, arrond. et archipr. de Verdun, c°° et doyenné de Clermont-en-Argonne. — Écarts : Lavallée, la Neuve-Tuilerie, Salvange et la Vieille-Tuilerie. — Patron : saint Amand.

Harécourt a donné son nom à une maison de nom et d'armes qui portait : *d'ermines en champ d'argent à cinq annelets de même en sautoir* (Husson l'Écossais).

RATHELÉIAOX, bois, c°° de Villers-sur-Meuse.

RATONTE, bois comm. de Vaudeville.

RATOUT, bois comm. de Vaudoncourt, sur le territoire de Loison.

RATTERSTOUT, ham. c°°° de Dieue, Louvemont et Sivry-la-Perche.

RATTENTOUT, m°° isolée, c°°° de Marville, Montmédy, Saulx-en-Woëvre et Varennes.

RAULECOURT, vill. sur la rive droite du Rupt-de-Mad, à 16 kil. à l'E. de Saint-Mihiel. — *Rooldi-curtis*, 1106 (bulle de Pascal II). — *Roulbecour*, 1656 (carte de l'év.) — *Roloour*, 1700 (carte des États). — *Raulcourt*, *Raulinicuria*, 1711 (pouillé). — *Raulini-curia*, 1749 (*ibid.*). — *Raulini-curtis*, 1756 (D. Calmet, not.).

Avant 1790, Barrois non mouvant, office et prév. de Mandres-aux-Quatre-Tours, recette, cout. et baill. de Saint-Mihiel, présid. de Toul, cour souveraine de Nancy ; le roi en était seigneur haut, moyen et bas justicier ; un quart dans le sixième de la seigneurie était au seigneur du lieu qui y avait une gentilhommerie. — Dioc. de Toul, archid. de Port, doy. de Prény, annexe de Broussey-en-Woëvre.

En 1790, distr. de Saint-Mihiel, c°° de Bouconville.

Actuellement, arrond. et archipr. de Commercy, c°° et doy. de Saint-Mihiel. — Patron : saint Clément.

RAUMONT, bois comm. de Bertheléville et de Dainville-aux-Forges.

RAVA, contrée, c°° de Longeville.

RAVALÉE, contrée, c°° de Samogneux.

RAVAUX, contrée, c°° de Ville-sur-Cousance.

RAVIS (LE), petit cours d'eau, c°° de Blercourt.

RAVSETTE, bois comm. de Marre.

RAYS (LE), contrée, c°°° de Dugny, Savonnières-en-Woëvre et Woinville.

RAYS (LE), chemin et contrée, c°°° de Ménil-sur-Saulx et de Nant-le-Petit.

RAYS (LES), bois comm. de Vignot.

RAYS-DES-VACHES, ancien chemin, c°°° de Buxières et d'Heudicourt.

RÉANT, contrée, c°° de Lacroix-sur-Meuse.

REBAUVAUX, bois comm. de Ranzières.

RÉBOIS, contrée, c°° de Woël.

REBOULCUL, contrée, c°° d'Haudainville.

RECHAUCHAMP, contrée, c°° de Ville-en-Woëvre.

RÉCHICOURT, vill. sur la rive gauche de la Moupre, à 3 kilom. à l'E. de Spincourt. — *Rogeri-cortis*, x° siècle (polypt. de Reims). — *Rogeri-curtis*, 1049, 1125 (cart. de Saint-Vanne). — *Rechicourt*, 1571 (proc.-verb. des cout.) ; 1656 (carte de l'év.) ; 1738 (pouillé) ; 1749 (*ibid.*). — *Richecourt*, 1642 (Méchon) ; 1756 (D. Calmet, not.). — *Divite-curia*, 1738 (pouillé). — *Reichecourt*, 1745 (Roussel). — *Rechicuria*, 1749 (pouillé). — *Richeri-curtis*, *Richesi-curia* ou *curtis*, *Rantpiacortis*, 1756 (D. Calmet, not.).

Avant 1790, Barrois non mouvant, office de Sancy, recette de Briey, juridiction du juge-garde du seigneur qui en était haut, moyen et bas justicier, cout. et bailliage de Saint-Mihiel et ensuite d'Étain, cour souveraine de Nancy. — Dioc. de Verdun, archid. de la Woëvre, doy. d'Amel.

En 1790, distr. d'Étain, c°° de Gouraincourt.

Actuellement, arrond. et archipr. de Montmédy, c°° de Spincourt, doyenné de Billy-sous-Mangiennes. — Patron : saint Martin.

RÉCHIGHANOIS ou HERCIGHANOIS, f. c°° de Loupmont.

RÉCICOURT, vill. sur le Wadelaincourt, à 7 kil. au N.-E. de Clermont-en-Argonne. — *Rascherei-curtis*, 980 (cart. de Saint-Vanne). — *Racherei-curtis*, 1015, 1049 (*ibid.*). — *Racheri-curtis*, 1047 (*ibid.*). — *Cum capella in Raccherei-curtis in Parido ecclesia*, 1061 (*ibid.*). — *Alodium de Rogisicurte*, 1069 (variæ chartæ, donat. d'Adalbert). — *Riccei-curtis*, 1179 (cart. de Saint-Paul) ; 1736 (annal. præmonstr.). — *Receicurth*, 1200 (cartul. de Saint-Paul). — *Rececort*, 1230 (*ibid.*). — *Receicort*, 1232 (*ibid.*). — *Rececurth*, *Ricccort*, 1237 (*ibid.*). — *Receicourt*, 1238, 1244 (*ibid.*) ; 1298 (cart. de la cathéd.) ; 1674 (Husson l'Écussais). — *Reseicourt*, 1282 (cart. de Saint-Paul). — *Recycourt*, 1394 (coll. lorr. t. 265.47, A. 2). — *Receycourt*, *Recrycuria*, 1642 (Méchon). — *Recicuria*, 1738 (pouillé).

Avant 1790, Clermontois, haute justice et vill. cout. baill. et prév. de Clermont, présid. de Châlons, parlem. de Paris. — Dioc. de Verdun, archid. d'Argonne, doy. de Clermont.

En 1790, lors de l'organisation du dép[t], Récicourt devint chef-lieu de l'un des c°°° dépendant du distr. de Clermont-en-Argonne ; ce c°° était composé des municipalités dont les noms suivent : Brabant-en-Argonne, Brocourt, Dombasle, Jouy-devant-Dombasle, Jubécourt, Parois, Rampont et Récicourt.

Actuellement, arrond. et archipr. de Verdun, c^{on} et doy. de Clermont. — Écarts : Grand-Rupt et Verrières-en-Hesse. — Patron : saint Vincent.

Récicourt a donné son nom à une ancienne maison de nom et d'armes, éteinte depuis l'an 1515, qui portait : *d'azur à un sautoir alizé d'or* (Husson l'Écossais).

RÉCOLLETS (LES), ancienne maison de religieux, établie à Verdun en 1602, dans le couvent qui depuis l'an 1222 était occupé par les Cordeliers ; avait une église dédiée à saint Lambert, laquelle s'élevait sur l'emplacement d'une chapelle fort ancienne. — *Capella sancti Lamberti in civitate cum manso uno*, 1049 (bulle de Léon IX).

RÉCOURT, vill. sur le ruiss. de Récourt, à 8 kil. à l'E. de Souilly. — *Torfridi-curtis?* 973 (ch. de l'évêque Wilgfride) ; 973 (acte de confirm. par l'emp. Otton). — *Areicourt*, 1244, 1269, 1291 (cartul. de la cathéd.). —*Arecourt*, 1263 (ch. d'affranch.) ; 1269 (cart. de la cathéd.) ; 1642 (Mâchon). — *Arecuria*, 1642 (*ibid.*). — *Regia-curia*, 1738 (pouillé). — *Recourt-le-Creux*, 1760 (Cassini).

Village affranchi en 1262.

Avant 1790, Verdunois, terre d'év. avec maison forte, prév. de Tilly, ancienne justice des quatre pairs de l'év. cout. baill. et présid. de Verdun, parlement de Metz. — Dioc. de Verdun, archid. d'Argonne, doy. de Souilly.

En 1790, distr. de Verdun, c^{on} de Tilly.

Actuellement, arrond. et archipr. de Verdun, c^{on} et doy. de Souilly. — Écarts : Pontoux, Réclamé. — Patron : saint Maurice.

RÉCOURT (RUISSEAU DE), qui a sa source à Heippes, passe à Rambluzin, à Récourt et se jette dans la Meuse à Tilly, après un cours de 12 kilomètres.

RECRUES (CHEMIN DES), ancienne voie, entre Belleray et Landrecourt.

RECULÉE, bois, c^{ne} de Ribeaucourt ; faisait partie de la forêt de Montiers.

REDOUTES (LES), anciens ouvrages militaires, forts ou levées de terre, établis : 1° sur la droite de la Meuse, entre Belrupt et Haudiomont ; 2° sur les rives de la Meuse, à Ambly, Monthairon, Dieue, Thierville, Charny, Champneuville, Régneville, Consevoye, Dannevoux, Villosnes, Brieulles-sur-Meuse, Dun, Sassey, Saulmory, Villefranche, Wiseppe, Mouzay, Cesse, Luzy, Martincourt, Inor et Pouilly ; 3° sur la rive gauche de la Chiers, à Olizy, etc.

REFFROY, vill. sur la Barboure, à 13 kil. à l'O. de Void. — *Parvum Resfroydum*, 1135 (Onera abbatum). — *Refferoys*, 1327 (chambre des comptes,

c. de Gondrecourt.) — *Rafferoix*, fin du xive siècle (*ibid.*). — *Reffrois*, 1495-96 (Trés. des ch. B. 6364). *Urfroid*, 1700 (carte des États). *Urfroid, Ursus-Frigidus*, 1707 (carte du Toulois). — *Refroy, Refredum*, 1711 (pouillé) ; 1749 (*ibid.*).

Avant 1790, Barrois mouvant, comté, office et prév. de Ligny, recette, cout. et baill. de Bar, présid. de Châlons, parlem. de Paris ; le roi en était seul seigneur. — Diocèse de Toul, archid. et doyenné de Ligny.

En 1790, distr. de Commercy, c^{on} de Bovée.

Actuellement, arrond. et archipr. de Commercy, c^{on} et doy. de Void. — Patron : saint Remy.

REFRÉMONT, bois comm. de Billy-sous-Mangiennes.

REFROICOURT, vill. ruiné, actuellement chapelle isolée, c^{ne} des Paroches. — *Rotfridi-curtis*, 846 (diplôme de Charles le Chauve) ; 895 (dipl. de Zuendebold) ; 1106 (bulle de Pascal II). — *Rofredi-curtis*, 919 (éch. entre l'év. Dadon et l'abbé de Saint-Mihiel). — *Refridicurtis*, 984 (cart. de Saint-Paul). — *Refrodicurtis*, 1135 (Onera abbatum). — *Reffridi-curtis*, 1179 (cart. de Saint-Paul). — *Reffroicourt*, 1405 (coll. lorr. t. 260 bis. 46, P. 19). — *Refroicuria*, 1642 (Mâchon). — *Refrocourt*, xviie siècle (coll. lorr. t. 260 bis). — *Notre-Dame de Refracourt*, 1700 (carte des États). — *Rotfredi-curtis*, 1745 (Roussel) ; 1756 (D. Calmet, not.).

L'église de Refroicourt était mère église, sous le titre de Notre-Dame ; elle avait pour annexes les Paroches et Dompcevrin ; les deux annexes devinrent elles-mêmes paroisses après la ruine de Refroicourt, laquelle eut lieu sur la fin du xie siècle, car on sait que Richard de Wassebourg, auteur des *Antiquités de la Gaule-Belgique*, était en 1520 ou 1521 curé des Paroches.

REGÉVAL, contrée, c^{ne} d'Houdelaincourt.

REGGIO (PLACE), à Bar-le-Duc.

REGNIERAUX, contrée, c^{ne} de Boureuilles.

REGNÉVAUX, contrée, c^{ne} de Neuville-lez-Vaucouleurs.

RÉGNEVILLE, vill. sur la rive gauche de la Meuse, à 14 kil. à l'E. de Montfaucon. — *Ronei-villa*, xiie s^e (Laurent de Liége). — *Rigneville*, 1200 (cart. de la cathédr.). — *Rugniville*, 1248 (cart. de Saint-Paul). — *Rignevilla*, 1266 (cart. de la cathédr.). — *Regnieville*, 1656 (carte de l'év.). — *Regneville*, 1700 (carte des États). — *Regnivilla*, 1738 (pouillé).

Avant 1790, Verdunois, terre d'évêché, prév. de Charny, cout. baill. et présid. de Verdun, parlem. de Metz. — Diocèse de Verdun, archid. de la Princerie, doy. et annexe de Forges.

En 1790, distr. de Verdun, c^{on} de Charny.

Actuellement, arrond. et archipr. de Montmédy,

c⁰ⁿ et doy. de Montfaucon. — Patron : saint Martin ;
annexe des Forges.

REGRET, h. c⁰ˢ de Verdun.

REGRETS (RUE ET PLACE DES), à Saint-Mihiel.

REHARD, bois comm. de Girauvoisin.

REHAUSSAUT, contrée, c⁰ˢ de Dieue.

REHAUT (LE), ruiss. qui a sa source au S. de Rupt-devant-Saint-Mihiel, traverse ce vill. passe à Fresnes-
au-Mont, aux Paroches et se jette dans la Meuse,
après un cours de 10 kilomètres.

REHÉVAUX, contrée, c⁰ˢ d'Issoncourt.

REIGNE-HAYE, bois, c⁰ˢ de Mandres.

REIMS (CHEMIN DE), c⁰ᵉ.de Montfaucon et d'Épinonville ; voie antique allant de Senon à Reims.

REINE (FORÊT DE LA), grande tenue de bois qui s'étend
sur les territoires de Rangéval, Corniéville, Jouy-
sous-les-Côtes, Gironville, Raulecourt, Rambucourt
et pénètre fort avant dans le dép' de la Meurthe ;
appartenait en partie à la cathédrale de Toul. —
Foresta regia Ermundia, xiiᵉ siècle (ch. de la cathéd.
de Toul). — Bois de la Royne, 158a (Trés. des ch.
reg. B. 5o, fᵒ 268). — Sylva Reginæ, 1707 (carte
du Toulois).

REINE-BLANCHE (CHEMIN DE LA), dit aussi de la Dame-
Blanche, c⁰ᵉˢ de Billy-sous-Mangiennes et de Romagne-sous-les-Côtes ; voie antique venant de Senon, visible et bien connue au Haut-Fourneau, à la
ferme du Bois-des-Moines et à a kilom. au N. de
Romagne-sous-les-Côtes, d'où elle semble se diriger
vers Marville.

REINIÈRE, contrée, c⁰ˢ de Futeau.

RELAINCOURT, vill. ruiné, actuellement papeterie, c⁰ˢ de
Spada. — Relincourt. 13a5 (éch. entre Ferry Du
Châtelet et l'év. de Verdun) ; 13a9 (vente par H.
Du Châtelet à l'év. de Verdun) ; 164a (Mâchon). —
Relincour, 1700 (carte des États).

Était cout. et prév. d'Hattonchâtel, bailliage de
Saint-Mihiel.

RELAMÉ, f. c⁰ʳ de Récourt ; dependait anciennement
de Souilly. — Relamey, Relameix, 1745 (Roussel).
— Relamais, 1760 (Cassini).

RELAUFÉE, bois comm. de Loupmont.

RELAUMONT, contrée, c⁰ᵉ de Vacherauville.

RELAUNOIS, contrée, c⁰ˢ de Flabas.

RELAY (LE), petit ruisseau, c⁰ˢ de Milly-devant-Dun.

RELIGIEUSES (PONT DES), sur un bras de la Meuse, c⁰ˢ
de Commercy.

RÉMANY, f. c⁰ⁿ de Senon. — Juncherium ante castellum
Ramerudis? 1049 (bulle de Léon IX). — Jonqua-
reium ante castellum Ramerudis? 1127 (cart. de la
cathéd.). — Remanie, 1351 (donat. par Édouard,
comte de Bar; archiv. comm. d'Amel et Senon). —

Remouy, 1656 (carte de l'év.). — Remané, 1700
(carte des États). — Remanil, 1778 (Durival).

REMAUX, contrée, c⁰ˢ de Neuvilly.

REMBERCOURT (FONTAINE DE), qui prend sa source au-
dessus de Rembercourt-sur-Orne et se jette dans
l'Ornain près de Varney.

REMBERCOURT (RUISSEAU DE), qui prend naissance à la
font. des Trois-Évêques, arrose le territoire de Rembercourt-aux-Pots et se jette dans le ruiss. de Marat,
après un cours de 10 kilomètres.

REMBERCOURT-AUX-POTS, vill. sur le Marnusson, à 6 kil.
à l'E. de Vaubecourt. — Ramisbatium, Ramisbaccium, 755 (ch. de Pepin le Bref). — Ramibatium,
Romabach, 984 (cart. de Saint-Paul, fᵒˢ 74 et 76).
— Ecclesia Remberti-curte, 1040, 1047 (ch. de
l'emp. Henri III, en faveur du chap. de la Madeleine de Verdun). — Ramberti-curtis, 1100, 1179
(cart. de Saint-Paul) ; 1106 (bulle de Pascal II).
xiiᵉ siècle (ibid.). — Arambescort, 1213 (ibid.). —
Aremberticuria, 1a91 (ch. d'affranch. d'Autrécourt,
par Henri II, comte de Bar). — Aremberticurt,
1a91 (cart. de la cathéd.). — Aremberti-curtis, 1239
(cart. de Saint-Paul). — Raimbercort, 1a47 (ibid.) ;
1260 (abbaye de Saint-Mihiel). — Raimbercourt,
1a47 (cartul. de Saint-Paul). — Raimbeicourt,
1a48 (ibid.) — Reinbescort-en-Verdunois, 1a57
— Ramesbach, 1137 (cart. de Saint-Paul, fᵒ 43). —
Erembercurt, 1149 (abb. de Lisle). — Rambercurt,
xiiᵉ sᵉ (abb. de Lisle). — Reimbercort, 1a67 (ibid.)
— Reinbercourt, 1a86 (ibid.). — Rainbercourt-le-
Potier, 1290 (abb. de Saint-Paul). — Rambercourt-
as-Pos, 1321 (chambre des comptes, B. 336). —
Ramberteuria-ad-Pontes, Rembecuria, 1402 (regest.
Tull.). — Ramisbaccium que les anciens dient estre
Rambecourt, 1549 (Wassebourg). — Rambercourt-
aux-Pots, 1563 (coll. lorr. t. 264.67, P. a9). —
Raimbercourt-aux-Potz, 1564 (éch. entre le duc de
Lorr. et l'év. de Verdun). — Rambercourt, 1618
(requête au duc Henri II). — Rambecourt-au-Pot,
1656 (carte de l'év.) — Rambécourt-aux-Pots,
1700 (carte des États). — Remberticuria-ad-Potus,
1711 (pouillé) ; 1756 (D. Calmet, not.) — Ram-
berti-curia-ad-Ollas, 1749 (pouillé).

Avant 1790, Barrois mouvant, office, recette et
cout. de Saint-Mihiel, avait une mairie bailliagère
répondant au baill. de Saint-Mihiel et dans les derniers temps à celui de Bar, juridiction du bailly,
cour souveraine de Nancy et ensuite parlem. de Paris ; le roi en était seul seigneur. — Dioc. de Toul,
archid. du Rinel, doy. de Bar.

En l'an 1400, était un fief relevant de l'év. de
Verdun ; il y avait à Rembercourt-aux-Pots une

gruerie du ressort de la maîtrise particulière de Saint-Mihiel; un couvent de pères Cordeliers ou Franciscains, fondé en 1447; une maison hospitalière ou Hôtel-Dieu, fondé en 1499 sous l'épiscopat d'Olry de Blamont, et, hors des murs, la chapelle de la Madeleine, la chapelle de Saint-Dizier et celle de Sainte-Barbe.

Rembercourt-aux-Pots avait le titre de bourg; ses armoiries étaient : *d'azur à la croix de Lorraine d'or côtoyée de deux alérions d'argent* (livre de la héraulderie).

En 1790, distr. de Bar, c⁰ⁿ de Vaubecourt. Actuellement, arrond. et archipr. de Bar-le-Duc, cⁿ et doy. de Vaubecourt. — Écarts : Kaïfat, Moulin-de-l'Étang. — Patron : saint Louvent.

Rembercourt-sur-Orne, h. cⁿᵉ de Varney. — *Bobleni-curtis*, 921 (diplôme de Charles le Simple). — *Bodelini-curtis*, 1106 (bulle de Pascal II). — *Rebecour-sur-Orney*, 1700 (carte des États). — *Ramberti-curia-super-Ornam*, 1749 (pouillé). — *Bobeleni-curtis, Remberti-curia* ou *curtis-ad-Ornam*, 1756 (D. Calmet, *not.*).

Avant 1790, Barrois mouvant, office, recette, cout. prév. et baill. de Bar, présid. de Châlons, parlem. de Paris; le roi en était seul seigneur. — Avait une chapelle dédiée à saint Nicolas, depuis longtemps ruinée; dioc. de Toul, arch. de Rinel, doy. de Robert-Espagne, annexe de Varney.

Rembervaux, contrée, cⁿᵉ de d'Ancemont.
Rembétauche, contrée, cⁿᵉ de Ville-en-Voëvre.
Remenauppré, contrée, cⁿᵉ d'Heudicourt.
Remennecourt, vill. sur le ruiss. de Remennecourt, à 6 kil. à l'O. de Revigny. — *Remenoncourt*, 1402 (coll. lorr. t. 260.46, P. 15). — *Remencourt*, 1579 proc.-verb. des cout.). — *Remenoncourt*, 1700 (carte des États). — *Remencourt, Remenecuria*, 1711 (pouillé); 1749 (*ibid.*). — *Remenécourt*, 1778 (Durival).

Avant 1790, Barrois mouvant, office, recette et cout. de Bar, juridiction du juge-garde du seigneur qui en était haut, moyen et bas justicier, baill. de Bar, présid. de Châlons, parlem. de Paris. — Dioc. de Toul, archid. de Rinel, doy. de Robert-Espagne. — Avait un château seigneurial.

En 1790, distr. de Bar, cⁿ de Revigny. Actuellement, arrond. et archipr. de Bar-le-Duc, cⁿ et doy. de Revigny. — Patron : saint Louvent; annexe de Contrisson.

Remennecourt (Ruisseau de), qui a sa source auprès de Contrisson et se jette dans l'Ornain à l'O. de Remennecourt, après un trajet de 4 kilomètres.

Reménoncourt, ham. cⁿᵉ de Saint-Pierrevillers. —

Ramelincurt, 1183 (bulle de Luce III). — *Manoncourt*, 1192 (ch. d'Albert de Hirgis, archiv. de la Meuse). — *Mannuncort*, 1200 (cartul. de Saint-Paul). — *In curia Remenis*, 1256 (cart. de la cathéd. f° 130). — *Remenecourt*, 1579 (procès-verbal des cout.). — *Menoncourt*, xvi° siècle (arch. de la Meuse), — *Remoncour*, 1656 (carte de l'év.); 1700 (carte des États).

Avant 1790, terre commune, prév. d'Arrancy, baill. d'Étain, cout. de Saint-Mihiel.

Remoiville, vill. sur le Loison, à 8 kilom. au S. de Montmédy. — *Remonis-villa, Remoni-villa*, 1096 (bulle d'Urbain II). — *Ramondi-villa*, 1179 (cart. de Saint-Paul). — *Remouaville*, 1607 (proc.-verb. des cout.). — *Remoyrille*, 1656 (carte de l'év.).

Avant 1790, Clermontois, prév. de Stenay, cout. de Saint-Mihiel, baill. de Clermont siégeant à Varennes. — Dioc. de Trèves, archid. de Longuyon, doy. de Juvigny.

En 1790, distr. de Stenay, cⁿ de Jametz. Actuellement, arrond. cⁿ, archipr. et doyenné de Montmédy. — Écart : Saint-Christophe. — Patron : saint Jacques.

Remonval, bois comm. de Wavrille.
Rempart (Rue du), à Verdun.
Renard (Champ le), contrée, cⁿᵉ de Ville-sur-Cousance.
Renard (Creux-du-), f. cⁿᵉ de Neuville-sur-Orne.
Renard (Vallée du), cⁿᵉ de Guerpont.
Renarderie (La), f. cⁿᵉ d'Eix.
Renaud, étang, cⁿᵉ de Beaulieu.
Renaufontaine, contrée, cⁿᵉ de Tréveray.
Renaudoue (La), ruiss. qui prend sa source dans le bois des Clairs-Chênes, au N. de Manheulles, où il porte le nom de *ruisseau de l'Étang*, prend le nom de *Renaunoue* sur les territoires de Ville-en-Woëvre et d'Hennemont, et celui de *Rupt-de-Bulé* sur le territoire de Parfondrupt, où il se jette dans l'Orne, après un cours total de 13 kilomètres.

Renauterme, contrée, cⁿᵉ de Dieue.
Renessel, mⁿ, cⁿᵉ d'Hennemont.
Renessel (Le), dit aussi le *Reinesé* ou *ruisseau d'Hannoncelle*, qui a sa source à l'O. de la f. d'Hannoncelle et se jette dans le Bertranpont vis-à-vis d'Hennemont, après un cours de 5 kilomètres.
Renesson, h. sur la Saulx, cⁿᵉ de Trémont. — *Renissonnum, Renessonnum*, 1402 (regestr. Tull.). — *Renusson*, 1749 (pouillé).

Avait anciennement un chât. seigneur. avec tours, pont-levis, fossés remplis d'eau et chapelle dédiée à Notre-Dame; le seigneur en était seul haut, moyen et bas justicier; la justice de Renesson était particulière et séparée de celle de Trémont quoique n'ayant qu'un même seigneur; office, recette, cout. et baill. de Bar, présid. de Châlons, parlem. de Paris. — En 1711, paroisse de Trémont; en 1768, annexe de ce village.

Renevaux, contrée, c^ne de Fromeréville.

Rengnon, contrée, c^ne de Corniéville.

, Resicole, contrée, c^ne de Vaucouleurs.

Rennecourt ou Raincourt, f. c^ne de Noyers. — Renécourt, 1778 (Durival).

Renommée, contrée, c^ne de Buzy.

Renonceaux, contrée, c^ne de Foameix.

Rénonscourt, font. c^ne de Nançois-le-Grand.

Renonlieu, bois comm. de Bulainville.

Renonsard, bois comm. de Xivray.

Renonseau, contrée, c^ne de Foameix.

Renonvaux, bois et f. c^ne de Gincrey.

Renoy, m^on ruiné, c^ne de Ligny-en-Barrois. — Molendinum de Renoi super Lyneium, 1213, 1238 (coll. lorr. t. 139, n°s 28 et 29).

Repenti, m^on ruiné, sur la Laie, c^ne de Corniéville; était à l'abbaye de Rangéval. — Repenti, sur lou ru d'Aunoy, 1265 (cart. de Rangéval).

Repine, étang, c^ne de Bouconville.

Repos (Rue du), à Bar-le-Duc.

Résistance, m^on isolée, c^ne de Murvaux.

Resonchamp, bois comm. de Raulecourt.

Resson, vill. sur le ruiss. de Resson, à 6 kil. au S. de Vavincourt. — Reson, xe siècle (Hist. episc. Tull.); vi^e siècle (Widric, vie de saint Gérard). — Resson, 1290 (cart. de Jeand'heures). — Ressonnum, 1402 (regestr. Tull.). — Ressonnum, 1402 (ibid.); 1711 (pouillé); 1749 (ibid.).

Avant 1790, Barrois mouvant, office et comté de Ligny, recette, cout. prév. et baill. de Bar, présidial de Châlons, parlem. de Paris; le roi, comme comte de Ligny, en était seul seigneur. — Dioc. de Toul, archid. de Rinel, doy. de Bar.

En 1790, distr. de Bar, c^on de Ligny.

Actuellement, arrond. et archipr. de Bar-le-Duc, c^on de Vavincourt, doyenné de Condé. — Écart : le Moulin. — Patron : saint Remy.

Resson (Ruisseau de), qui prend sa source au N. de Resson et se jette dans l'Ornain au-dessous de Longeville, après un cours de 5 kilomètres.

Ressoncourt, f. c^ne de Rambucourt. — Ressoncourt, 1301, 1305 (cart. d'Apremont). — Arsoncourt, 1700 (carte des États). — Ressonis-curia, 1749 (pouillé).

. Anciennement, h. de l'office et prév. de Mandres-aux-Quatre-Tours, recette, cout. et baill. de Saint-Mihiel, présid. de Toul, cour souveraine de Nancy;

le roi en était seul seigneur. . Diocèse de Toul, archid. de Port, doy. de Prény. — Patron : saint Martin; annexe de Rambucourt.

Reti, contrée, c^ne de Clermont.

Rétis, contrée, c^ne de Naix.

Retranchement, bois comm. de Romagne-sous-Montfaucon.

Retremont, bois comm. d'Haironville.

Réunis (Les), bois domanial sur le territoire de Sommedieue.

Réval, contrée, c^ne de Vignot.

Revaussant, bois comm. de Longeville.

Reveraux, bois, c^ne de Triconville.

Reverdel, bois comm. de Nouillonpont.

Reviacum, localité ruinée, c^ne de Vassincourt; la tradition a conservé le nom de cette localité antique dont on trouve les ruines à quelques centimètres sous le sol de la côte dite Martin.

Revigny, bourg sur le canal de l'Ornain, à 14 kil. au N.-O. de Bar-le-Duc. — Ruviene, 1106 (bulle de Pascal II). — Ruvigney, 1321 (chamb. des comptes, B. 436). — Ruvigny, 1321 (ibid.); 1778 (Durival). — Revigneyum, 1402 (regestr. Tull.). — Revigneium, 1580 (stemmat. Lothar.). — Revignyaux-Vaches, 1700 (carte des États.) — Reviniacus, 1711 (pouillé); 1749 (ibid.); 1756 (D.. Calmet, not.). — Ruvigni-aux-Vaches, 1756 (ibid.).

Avant 1790, Barrois mouvant, office, recette, cout. et baill. de Bar, juridiction du juge-garde du seigneur qui en était haut, moyen et bas justicier, présidial de Châlons, parlement de Paris. — Dioc. de Toul, archid. de Rinel, doy. de Robert-Espagne.

Il y avait à Revigny une maison forte et un hôpital dit la Maison-Dieu avec une chapelle dédiée à saint Nicolas, qui dépendait du chapitre de Saint-Maxe de Bar; il est fait mention de cet hôpital dans le recueil des bénéfices du duché de Lorraine rédigé à la fin du xvie siècle (Trés. des chartes, reg. B) et dans le pouillé de Toul, t. II, p. 99.

En 1790, lors de l'organisation du dép^t, Revigny devint chef-lieu de l'un des c^ons dépendant du distr. de Bar; ce c^on était composé des municipalités dont les noms suivent : Andernay, Brabant-le-Roi, Contrisson, Laimont, Rancourt, Remennecourt, Revigny, Vassincourt.

Actuellement, arrond. et archipr. de Bar-le-Duc, chef-lieu de c^on et de doy. — Écarts : la Gare, Vautrombois. — Patron : saint Pierre.

Le c^on de Revigny est situé au S.-O. du dép^t; il est borné au N. par le c^ne de Vaubecourt, à l'E. par celui de Vavincourt, au S.-E. par celui de Bar-le-

Duc, à l'O. par le dép' de la Marne ; sa superficie est de 16,621 hectares; il renferme dix-sept c⁰ᵉˢ, qui sont : Andernay, Beurey, Brabant-le-Roi, Bussy-la-Côte, Contrisson, Couvonges, Laimont, Mognéville, Mussey, Nettancourt, Neuville-sur-Orne, Rancourt, Remennecourt, Reviguy, Varney, Vassincourt, Villers-aux-Vents.

La composition du doy. est la même que celle du canton.

Réville, vill. sur le ruisseau de Réville, à 3 kilom. à l'O. de Damvillers. — *Revilla*, 1642 (Mâchon). — *Reville*, 1656 (carte de l'év.); 1738 (pouillé). — *Reuil*, 1700 (carte des États). — *Regia-villa*, 1738 (pouillé).

Avant 1790, Luxembourg français, coutume de Thionville, prév. de Damvillers, baill. de Marville, présid. de Sedan, parlement de Metz. — Dioc. de Verdun, archid. de la Princerie, doy. de Chaumont.

En 1790, distr. de Stenay, c⁰ⁿ de Jametz.

Actuellement, arrond. et archipr. de Montmédy, c⁰ⁿ et doy. de Damvillers. — Écarts : Moulin-Gillon, Sillon-Fontaine. — Patron : saint Pierre-aux-Liens.

Réville (Ruisseau de), qui a sa source à l'O. de Réville, traverse ce vill. et se jette dans la Tinte entre Damvillers et Peuvillers, après un cours de 4 kil.

Retimpré, font. c⁰ᵉ d'Érize-la-Petite.

Révin, bois comm. de Reffroy.

Réveaux, bois comm. de Triconville.

Rex, contrée, c⁰ᵉ de Dieppe.

Reysel (Chemin de), ancien chemin de Gondrecourt à Chassey.

Rèze, contrée, c⁰ᵉ de Dugny.

Rezévaux, bois comm. de Fleury-devant-Douaumont.

Rez-Fontaine, contrée, c⁰ᵉ de Belleville.

Rez-Voie, chemin antique de *Nasium* à Toul, connu sous ce nom aux environs de Marson. — *Regia-Via*, 1778 (Durival).

Ruante-Fontaine, contrée, c⁰ᵉ de Jouy-devant-Dombasle.

Riaselle, contrée, c⁰ᵉ d'Hennemont.

Riaucourt, f. c⁰ᵉ de Vaubecourt. — *Ruacort*, XIIᵉ siècle (abb. de Lisle). — *Riaulcourt*, 1556 (proc.-verb. des cout.). — *Riaucour*, 1656 (carte de l'év.); 1700 (carte des États).

Avant 1790, vill. de Champagne, terre et prév. de Beaulieu, justice seigneuriale de l'abbé, coutume baill. présid. et élection de Châlons, parlement de Paris.—Le vill. de Riaucourt, mentionné en 1312 dans le traité passé entre Édouard, comte de Bar, et l'abbé de Beaulieu, fut détruit en 1636; il était siège d'une cure et d'une église dédiée à saint Meuse.

Quentin, dioc. de Châlons, archid. d'Astenay, doy. de Possesse.

Riaville, vill. sur le ruiss. de Riaville, à 3 kil. au N.-E. de Fresnes-en-Voëvre. — *Riuoville*, 959 (cart. de Gorze, ch. du duc Frédéric). — *Ruaville*, 1286 (cartul. de la cathédr.). — *Ruauville*, 1322 (Mélinon, p. 18). — *Ryauville*, 1549 (Wassebourg). — *Reauville*, XVIIᵉ siècle (archiv. de Pintheville). — *Riauville*, 1642 (Mâchon); 1660 (Lamy, partage Watronville); 1700 (carte des États). — *Riavilla*, 1738 (pouillé).

Avant 1790, Verdunois, terre d'évêché, prév. de Fresnes-en-Voëvre, anciennes assises des quatre pairs de l'évêché, cout. baill. et présid. de Verdun, parlem. de Metz.— Dioc. de Verdun, archid. de la Woëvre, doy. de Pareid, paroisse partie d'Aulnois-en-Woëvre et partie de Maizeray.

En 1790, distr. d'Étain, c⁰ⁿ de Pareid.

Actuellement, arrond. et archipr. de Verdun, c⁰ⁿ et doy. de Fresnes-en-Woëvre. — Patron : saint Jean-Baptiste ; paroisse de Pintheville.

Riaville (Ruisseau de), qui prend sa source à Manheulles, passe à Aulnois-en-Woëvre, à Riaville, à Marchéville et se jette dans le Longeau au-dessus de Saint-Hilaire, après un cours de 9 kilomètres.

Riauzupt, contrée, c⁰ᵉ d'Auxéville.

Ribausault (Le), petit ruiss. qui prend sa source sur le territoire de Montigny-devant-Sassey et se jette dans la Wiseppe, après un cours de 850 mètres.

Ribeaucourt, vill. sur l'Orge, à 6 kil. à l'E. de Montiers-sur-Saulx. — *Robaldi-curtis*, 1106 (bulle de Pascal II); 1135 (accord pour la vouerie de Condé). — *Ribaldicurtis*, 1135 (Onera abbatum). — *Ribocourt*, 1266 (ch. d'affranch. de Montiers). — *Ribaeuria*, 1292 (Trés. des ch. B. 455, n° 58). — *Ribancourt*, 1304 (*ibid*. B. 453, n° 11 *bis*). — *Ribaldicuria*, 1402 (regestr. Tull.). — *Ribaulcourt*, 1413 (abbaye de Saint-Mihiel, 3. G. 1). — *Ribaucour*, 1700 (carte des États). — *Ribaucourt*, *Ribaucuria*, 1711 (pouillé).

Avant 1790, Champagne, coutume du Bassigny, baill. de Saint-Thiébaut, présid. de Châlons, parlem. de Paris. — Dioc. de Toul, archid. de Ligny, doy. de Gondrecourt.

En 1790, distr. de Gondrecourt, c⁰ⁿ de Montiers-sur-Saulx.

Actuellement, arrond. et archipr. de Bar-le-Duc, c⁰ⁿ et doy. de Montiers-sur-Saulx. — Écart : le Bocard. — Patron : saint Martin.

Ribeaunawe, étang, c⁰ᵉ d'Ornel.

Ribeaupoits, font. c⁰ᵉ de Vaubecourt.

Ribépré, contrée, c⁰ᵉ de Senard.

Ribonneau, étang, c^ne d'Amel et de Saint-Benoît-en-Woëvre.

Richavione, contrée, c^ne de Gironville.

Richecourt, vill. sur le Rupt-de-Mad, à 16 kil. à l'E. de Saint-Mihiel. — *Rahisco?* 812 (dipl. de Charlemagne). — *Rigecourt*, 1289 (cart. d'Apremont). — *Richecour*, 1656 (carte de l'év.). — *Rechicour*, 1700 (carte des États). — *Richericurtis*, 1711 (pouillé). — *Richeri-curtis*, 1749 (*ibid.*) ; 1756 (D. Calmet, *not.*).

Avant 1790, Barrois non mouvant, vill. avec titre de comté et de prév. office, recette, cout. et baill. de Saint-Mihiel, justice du prév. du seigneur qui en était haut, moyen et bas justicier, présid. de Toul, cour souveraine de Nancy. — Dioc. de Toul, archid. de Port, doy. de Prény, annexe de Lahayville.

La prév. de Richecourt fut érigée en 1722 avec titre de baronnie; elle ne comprenait que le vill. de Richecourt.

En 1790, distr. de Saint-Mihiel, c^ne de Bouconville.

Actuellement, arrond. et archipr. de Commercy, c^on et doyenné de Saint-Mihiel. — Patron : saint Georges.

Richecourt, f. et tuilerie, c^ne de Bonnet. — *Rigecourt*, 1286 (prieuré de Richecourt, arch. de la Meuse). — *Rigecuria*, 1402 (regestr. Tull.). — *Richranicurtis*, 1707 (carte du Toulois).

Ancien prieuré sous les titres de Notre-Dame et de Sainte-Salberge, vulgairement appelé *le prieuré de Richecourt*; dépendait de Saint-Jean de Laon, dont l'abbé était le patron. — Dioc. de Toul, archid. de Port, doy. de Prény.

Richecourt (Ruisseau de), formé de plusieurs fontaines qui ont leur source sur le territoire de Bonnet; se jette dans l'Ornain entre Abainville et Houdelaincourt, après un trajet de 6 kilomètres.

Ricange, bois comm. de Consenvoye.

Richichanois, contrée, c^ne de Loupmont.

Ricoë (Le), petit cours d'eau qui prend sa source sur le territoire de Villotte-devant-Louppy et se jette dans la Chée au-dessus du m^in Matron.

Ricona, contrée, c^ne de Clermont-en-Argonne.

Ricourt, contrée, c^ne de Froidos.

Ricuin (Comté de), dit aussi *des Basses-Woëvres*, ancien et célèbre comté situé aux environs de Saint-Mihiel; Refroicourt en dépendait.

Riennat, contrée, c^ne de Neuville.

Rieuville, contrée, c^ne d'Étain.

Riéval, ancienne abbaye, actuellement f. c^or de Ménil-la-Horgne. — *Regia-vallis*, 1141 (cartul. de Jean-

d'heures); 1188 (Trésor des ch. B. 455, n° 57); 1707 (carte du Toulois); 1711 (pouillé); 1749 (*ibid.*). — *Regisvallis*, 1183 (cart. de Rangéval). — *Regievallis*, 1195 (cart. de Jeand'heures); 1402 (regestr. Tull.). — *Rival*, 1700 (carte des États).

Cette abb. était de l'ordre de Prémontré et fut fondée en 1140, sous l'invocation de Notre-Dame, par Renault Ier, comte de Bar, et par Étiennette, fille de la comtesse de Commercy; elle prit la réforme en 1664. Était Lorraine, terre et principauté de Commercy, présid. de Toul, cour souveraine de Nancy. — Dioc. de Toul, archid. de Ligny, doy. de Meuse-Commercy, dépendance d'Issey.

Riéval passa pour avoir été une résidence royale sous les rois des deux premières races.

Riéval (Ruisseau de), qui prend sa source auprès de Ménil-la-Horgne et se jette dans la Meholle à Void, après un cours de 9 kilomètres.

Rignaucourt, vill. sur le Bunet, à 12 kilom. à l'E. de Vaubecourt. — *Rigildi-curtis*, 1015 (cart. de Saint-Vanne). — *Renaucourt*, xiie siècle (abb. de Lisle). — *Rougnaucourt*, 1254 (cart. de Saint-Paul). — *Rignaulcourt*, 1336 (ch. des comptes, c. de Souilly); 1579 (proc.-verb. des cout.). — *Rignaucourt*, 1642 (Mâchon); 1656 (carte de l'év.). — *Rignaucuria*, 1749 (pouillé).

Avant 1790, Barrois mouvant, prév. d'Issoncourt, office de Souilly, recette, cout. et baill. de Bar, présidial de Châlons, parlement de Paris. — Dioc. de Verdun, archid. d'Argonne, doy. de Souilly, paroisse de Mondrecourt.

En 1790, distr. de Verdun, c^on de Beauzée.

Actuellement, arrond. et archipr. de Bar-le-Duc, c^on de Vaubecourt, doy. de Triaucourt, paroisse de Seraucourt.

Rigny-la-Salle, vill. sur le ruiss. de Gibeaumeix, à 3 kil. au N.-E. de Vaucouleurs. — *Rigneium*, 971 (dipl. de saint Gérard de Toul). — *Rigny-la-Salle*, 1300 (collég. de Vaucouleurs). — *Rigney-à-la-Sale*, 1304 (Rosières, E. 17). — *Rigney-la-Sale*, 1304 (*ibid.* E. 58). — *Rigncyum*, 1402 (regestr. Tull.). — *Rigny-Bas*, xve siècle (Trés. des ch. reg. C.). — *Regny-la-Salle*, 1700 (carte des États). — *Rinez*, 1707 (carte du Toulois). — *Riniacus-ad-Aulam-Regiam*, 1711 (pouillé).

Avant 1790, Champagne, terre et prév. de Vaucouleurs, cout. de Chaumont-en-Bassigny, baill. et présid. de Chaumont, parlem. de Paris. — Dioc. de Toul, archid. de Ligny, doy. de Meuse-Vaucouleurs.

Rigny-la-Salle est célèbre par les entrevues qu'y ont eues les empereurs d'Allemagne et les rois de

France en 1212, 1224, 1238 et 1299; il y avait en ce lieu un prieuré de l'ordre de Saint-Benoît, dépendant de l'abb. de Saint-Mansuy de Toul; ce prieuré était déjà en ruines en 1711; on y voyait aussi le château dit *de Malpierre*.

En 1790, distr. de Gondrecourt, c^on de Vaucouleurs.

Actuellement, arrond. et archipr. de Commercy, c^on et doy. de Vaucouleurs. — Écart : Malpierre. — Patron : la Nativité de la Vierge.

Rigny-Saint-Martin, vill. au confluent du Colomoy et du ruiss. de Gibeaumeix, à 4 kil. à l'E. de Vaucouleurs. — *Rigney-la-Saint-Martin*, 1343 (collég. de Vaucouleurs). — *Rinillum*, 1402 (regestr. Tull.). — *Rigny-Haut*, xve siècle (Trés. des ch. reg. C).— *Regny-Saint-Martin*, 1700 (carte des États).

Avant 1790, Champagne, terre et prév. de Vaucouleurs, cout. de Chaumont-en-Bassigny, baill. et présid. de Chaumont, parlem. de Paris. — Dioc. de Toul, archid. de Ligny, doy. de Meuse-Vaucouleurs, annexe de Rigny-la-Salle après en avoir été mère église.

En 1790, distr. de Gondrecourt, c^on de Vaucouleurs.

Actuellement, arrond. et archipr. de Commercy, c^on et doy. de Vaucouleurs. — Écarts : Quatre-Vaux, Saint-Fiacre. — Patron : saint Martin ; annexe de Rigny-la-Salle.

Rigole (La), ruisseau qui prend sa source à l'étang du Grand-Morinval et se jette dans la Chée à Auzécourt, après un trajet de 4 kilomètres.

Rimbeauval, font. c^on de Louppy-le-Château; l'une des sources du Cru.

Rinel (Archidiaconé et Doyenné de), *archidiaconatus de Rinello* (1402, regestr. Tull.); faisait partie du dioc. de Toul et était composé de cinq doy. dont quatre ont contribué en tout ou en partie à former le dép^t de la Meuse; ces doy. sont ceux de Bar-le-Duc, Dammarie, Rinel et Robert-Espagne.

Le doy. de Rinel, *decanatus de Rinello* (1402, regestr.), a fourni au dép^t les paroisses de Berthelévile, Dainville-aux-Forges, Vaudeville.

Rins, contrée, c^on de Bonzée.

Rissard, contrée, c^nes de Montplonne et de Rambucourt.

Rinsecq, f. ruinée; était située près de Marsoupe.

Riort, contrée, c^ne d'Autrécourt.

Ripe, f. ruinée, c^ne de Dommange-aux-Eaux.

Rippe (Impasse de), à Verdun. — *Ad Rippam*, 1230 (cart. de la cathéd.). — *En Rippe*, 1230 (*ibid.*). — *In vico quod vocatur Rippe*, 1260 (*ibid.*).

Rippes (Les), bois, c^ne de Couvertpuis.

Rivard, bois comm. de Resson.

Rivière (Archidiaconé de la), *archidiaconatus de Riparia, qui est quartus et quarta dignitas post pontificalem in ecclesia cathedrali Virdunensis* (1642, Mâchon), l'un des quatre de l'ancien dioc. de Verdun, avant 1790; uni au titre de prévôt des collégiales d'Hattonchâtel et d'Apremont, puis de l'abbaye de Saint-Mihiel; était composé de deux doyennés, celui d'Hattonchâtel et celui de Saint-Mihiel.

Rivière, h. ruiné, c^ne de Dugny.

Rivière (Rue de la), à Verdun.

Rivière-de-Meuse (Doyenné de la), *decanatus de Riparia-Mosæ* (1402, regestr.); appartenait au dioc. de Toul et à l'archid. de Ligny; fut démembré au commencement du xviiie siècle et divisé en deux doy. ceux de Meuse-Commercy et de Meuse-Vaucouleurs.

Rivolet, bois comm. d'Haucourt.

Roat (Rue), à Bar-le-Duc.

Robert (Côte), c^ne de Longeville.

Robert (Tour), à Verdun, tour carrée, démolie en 1710; était située derrière l'ancienne église des Minimes.

Robert-Espagne, vill. sur la rive gauche de la Saulx, à 10 kil. à l'O. de Bar-le-Duc. — *In molendino de Robertespaigna*, 1141, 1180 (cart. de Jeand'heures). — *Robertispania*, 1163 (*ibid.*); 1711 (pouillé); 1749 (*ibid.*). — *Rubert-Espanea*, 1179 (cart. de Jeand'heures). — *Molendinum de Roberti-Hispania*, 1211 (*ibid.*). — *Robertespaingne*, 1220 (*ibid.*). — *Robertespaigne*, 1220 (Trésor des ch. B. 452, n° 6). — *Robert-Espangne*, 1359 (ch. des comptes, c. du célérier). — *Robertispagnia*, 1402 (regestr. Tull.). — *Robert-Empagne*, 1700 (carte des États). — *Robert-d'Espagne*, 1711 (pouillé). — *Roberti-Spania*, 1756 (D. Calmet, not.).

Avant 1790, Barrois mouvant, office, recette, cout. prév. de Bar, pour les cas de haute justice, bailliage de Bar, présidial de Châlous, parlement de Paris; le roi en était seul seigneur haut justicier; les coseigneurs qui y avaient leurs officiers se partageaient la moyenne et la basse justice. —Diocèse de Toul archid. de Ligny, chef-lieu de doy. — Avait un château seigneurial avec chapelle dédiée à la Vierge dans sa Nativité.

Le doy. de Robert-Espagne, *decanatus de Robertispania* (1402, regestrum), situé sur les rives de l'Ornain et de la Saulx, était borné à l'E. par les doy. de Bar et de Ligny, au S. par celui de Dammarie, au N. et à l'O. par le dioc. de Châlons; il comprenait une abbaye de Prémontrés à Jeand'heures, un couvent de Pénitents du tiers ordre de Saint-Fran-

25.

çois à Fains, et les paroisses et annexes dont les noms suivent : Andernay, Beurey, Brabant-le-Roi, Brillon, Bussy-la-Côte, Combles, Coutrisson, Couvonges, Fains, Haironville, Jeand'heures, Laimont, Lisle-en-Rigault, Mognéville, Mussey, Neuville-sur-Orne, Rancourt, Remennecourt, Revigny, Robert-Espagne, Saudrupt, Savonnières-devant-Bar, Trémont, Varney, Vassincourt, Véel, Ville-sur-Saulx, Villers-aux-Vents.

En 1790, distr. de Bar, c⁰ⁿ de Beurey.

Actuellement, arrond. c⁰ⁿ archip. et doy. de Bar-le-Duc. — Écarts : la Maison-Forestière, les Maisons-Neuves, Pont-de-Saulx. — Patron : saint Louvent.

Robes (Coin-des-), bois, c⁰ⁿ de Gondrecourt.

Robiau, bois, c⁰ⁿ de Moulainville.

Robillaux, noue, c⁰ⁿ de Damvillers.

Robinette, contrée, c⁰ⁿ de Vilosnes.

Robinette (La), f. c⁰ⁿ de Romagne-sous-Montfaucon.

Robos, contrée, c⁰ⁿ de Saint-Mihiel.

Rocandolle, contrée, c⁰ⁿ de Fresnes-en-Woëvre.

Rochaie (La), chemin vicinal de Dieppe à Fromezey.

Rochamp, bois et f. c⁰ⁿ de Chalaines.

Roche (La), f. et tuilerie, c⁰ⁿ de Bréhéville, ancien fief seigneurial à la baronnie de Muraut. — Terre de' la Roche, 1742 (Soc. Phil. lay. Bréhéville. — La Roche-le-Bruly, 1784 (ibid.).

Roche (La), f. et m⁰ⁿ, c⁰ⁿ de Chalaines.

Roche (La), chapelle ruinée, c⁰ⁿ d'Inor. — Capella de Rupe ad ecclesiam de Horto, 1139 (bulle d'Innocent II).

Roche (La), contrée, c⁰ⁿ d'Ornes.

Roche (Place de la), à Verdun.

Rochegoy, étang, c⁰ⁿ d'Ornes.

Rochelle (La), bois comm. de Mont-devant-Sassey.

Rochelle (Rue de la), à Bar-le-Duc.

Rochelles (Les), contrée, c⁰ⁿ de Verdun.

Roches (Côtes des), c⁰ⁿ de Brabant-sur-Meuse.

Roches (Les), contrée, c⁰ⁿ de Bras.

Rochots, bois comm. de Bouligny.

Roco (La), bois, c⁰ⁿ de Lion-devant-Dun; faisait partie de la forêt de Wèvre.

Rofraty, contrée, c⁰ⁿ d'Ancemont.

Rogerchamp, f. c⁰ⁿ de Foameix, créée en 1840, sur les terrains défrichés du Bois-de-l'Étang.

Rogis, bois comm. de Mouilly.

Rogne, bois comm. de Landrécourt.

Roi (Chemin de), c⁰ⁿ de Clermont-en-Argonne; va de la Haute-Prise à Vraincourt et à Parois.

Roises (Les), vill. sur le ruiss. de Greux, à 12 kil. au S.-E. de Gondrecourt. — Roize, 1700 (carte des États). — Roixia, 1711 (pouillé).

Avant 1790, Champagne, justice particulière du seigneur, cout. baill. et présid. de Chaumont-en-Bassigny, parlement de Paris. — Dioc. de Toul, archid. de Ligny, doy. de Gondrecourt.

En 1790, distr. de Gondrecourt, c⁰ⁿ de Goussaincourt.

Actuellement, arrond. et archipr. de Commercy, c⁰ⁿ et doy. de Gondrecourt. — Patronne : la sainte Vierge; annexe de Vaudeville.

Roises (Les), f. et bois comm. d'Azannes.

Roises (Les), contrée, c⁰ⁿˢ de Brauvilliers, Hennemont, Herméville, Neuville-sur-Orne, Nixéville et Ménil-la-Horgne.

Roisette, contrée, c⁰ⁿ de Woël.

Rollet, contrée, c⁰ⁿ de Doncourt-aux-Templiers.

Rolupta, contrée, c⁰ⁿ de Naives-devant-Bar.

Romagne-sous-les-Côtes, vill. entre la Tinte et le ruiss. d'Azannès, à 6 kilom. à l'E. de Damvillers. — In Romanges, 1047 (ch. de l'év. Thierry). — Ad Romanas, 1049 (bulle de Léon IX). — Romei-villa, xIIᵉ siècle (Laurent de Liége). — Romangnes, 1240 (cart. de la cathédr. fᵒ 36). — Roumengnes, 1248 (cart. de Saint-Paul, fᵒ 132). — Romaigne, 1332 (chamb. des comptes, B. 254). — Romigne, 1368 (recueil). — Es lieux de Rommeville, Asanne et Soubzmasanne, 1549 (Wassebourg, fᵒ 283). — Château de Rouville, 1549 (ibid.). — Romagna-subtus-Costas, Romaigne-soub-les-Costes, 1642 (Máchon). — Romaniæ, 1738 (pouillé).

Avant 1790, Clermontois, après avoir été principauté de Sedan, cout. de Sedan, prév. de Jametz, baill. de Clermont siégeant à Varennes, présid. de Châlons, parlement de Paris. — Dioc. de Verdun, archid. de la Princerie, doy. de Chaumont.

En 1790, lors de l'organisation du dép', Romagne-sous-les-Côtes devint chef-lieu de l'un des c⁰ⁿˢ dépendant du distr. d'Étain; ce c⁰ⁿ était composé des municipalités dont les noms suivent : Azannes, Billy-sous-Mangiennes, Chaumont-devant-Damvillers, Gremilly, Romagne-sous-les-Côtes, Soumazannes, Ville-devant-Chaumont.

Actuellement, arrond. et archipr. de Montmédy, c⁰ⁿ et doy. de Damvillers. — Écarts : Haute-Charrière. — Patron : saint Pierre.

Romagne-sous-Montfaucon, vill. sur l'Andon, à 8 kil. au N.-O. de Montfaucon. — Romanneis, 1179 (cart. de Saint-Paul, fᵒ 46). — Roumaigne, 1201 (chap. de Montfaucon). — Romaigne, 1517 (Lamy, tabellionnage de Varennes et des Montignons); 1526 (ibid. tabell. de Varennes). — Roumagne, 1569 (ibid. acte du tabell. de Clermont). — Romaigne, 1656 (carte de l'év.). — Romaigne-soubs-Montfaucon, 1669 (Lamy, contrat d'A. de Saintignon). — *Romaniæ* (reg. de l'év.).

Avant 1790, Clermontois, cout. et baill. de Clermont, prév. de Varennes, présid. de Reims, parlem. de Paris. — Dioc. de Reims, archid. de Champagne, doy. du chapitre de Montfaucon et ensuite de Dun.

En 1790, distr. de Clermont-en-Argonne, c^{on} de Montfaucon.

Actuellement, arrond. et archipr. de Montmédy, c^{on} et doy. de Montfaucon. — Écarts : Robinette, la Vieille-Tuilerie. — Patron : saint Michel.

Romaguaux, bois comm. d'Herbeuville.

Romain, font. et contrée, c^{ne} d'Hattonchâtel.

Romaine (La), chaussée antique, c^{nes} de Biencourt, de Ribeaucourt et de Tréveray; allait de *Nasium* à Langres.

Romains (Chemin des), c^{nes} de Gincrey, Maucourt, Ornes et Vacherauville; allait de Senon à Montfaucon et vers Reims.

Romains (Chemin des), c^{nes} de Lachalade, Brabant-en-Argonne, Jouy-devant-Dombasle, Sivry-la-Perche, Verdun, Belrupt, etc.; voie consulaire mentionnée par l'Itinéraire d'Antonin; allait de Reims à Metz et à Strasbourg.

Romains (Chemin des) ou de Jules-César, voie consulaire mentionnée par la Table Théodosienne et par l'Itinéraire d'Antonin, c^{nes} de Noyers, Laimont, Varney, Bar, Longeville Silmont, Ligny, Naix, Boviolles, Marson, Reffroy, Sauvoy, Saint-Germain; allait de Reims à Toul et à Metz.

Romains (Chemin des), c^{nes} de Vaux-la-Petite, Saulx-en-Barrois, Woinville; voie antique allant de *Nasium* à Gravelotte et à Metz.

Romains (Rue des), à Bar-le-Duc.

Romance-Terre, ancienne dénomination des pays de Stenay, Montmédy et environs (Hist d'Ivois-Carignan, par le P. Delahaut, p. 73 et 94).

Romanette (La), côte, c^{ne} de Velosnes; traces de camp antique.

Rome, contrée, c^{ne} de Tilly.

Rome (Ancienne voie de), chaussée austrasienne, sur les territoires de Villeroy, Vaucouleurs, Chalaines, les Rigny et Quatre-Vaux.

Roménourt, nom donné à Issoncourt, de 1777 à 1786.

Romond, bois, c^{ne} de Dainville-aux-Forges.

Ronce (La), contrée, c^{nes} de Baalon et de Chauvency-le-Château.

Ronce (La), bois comm. de Parfondrupt.

Ronchaine, f. c^{ne} du Bouchon.

Roncher, f. c^{ne} de Baalon.

Ronczène, contrée, c^{ne} de Béthincourt.

Rond-Bois, bois comm. de Charny, sur le territoire de Marre.

Rond-Bois, bois comm. d'Eix et de Moulainville.

Ronde-Côte, bois comm. de Dieue.

Rond-Pré, contrée, c^{nes} d'Iré-le-Sec et de Nant-le-Petit.

Ronéval, bois comm. de Villotte-devant-Saint-Mihiel.

Ronevas, bois comm. de Gimécourt.

Ronton, font. c^{ne} de Souhesme-la-Grande.

Ronvaux, vill. sur le Bracquemirupt, à 7 kil. au N.-O. de Fresnes-en-Woëvre. — *La commendise de Ronval en Weivre*, 1244 (paix et accord). — *Ronvaulx*, 1457 (reprises de Henri de Hennemont sur Guillaume d'Haraucourt); 1582 (coll. lorr. t. 266.48, P. 9). — *Rouvaux*, 1700 (carte des États). — *Rotundavallis*, 1738 (pouillé).

Avant 1790, Verdunois, terre d'évêché, prév. de Fresnes-en-Woëvre, cout. baill. et présid. de Verdun, anciennes assises des quatre pairs de l'évêché, parlem. de Metz. — Dioc. de Verdun, archid. de la Woëvre, doy. de Paroid.

En 1790, distr. de Verdun, c^{on} de Châtillon-sous-les-Côtes.

Actuellement, arrond. et archipr. de Verdun, c^{on} et doy. de Fresnes-en-Woëvre. — Écart : le Moulin. — Patron : l'Assomption.

Ronville, étang et m^{in}, c^{ne} de Marbotte. — *Alodinm de Romvilla*, 1180 (bulle d'Alexandre III).

Roquant, bois et côte, c^{ne} de Deuxnouds-aux-Bois.

Roquillard, contrée, c^{ne} de Cheppy.

Roquoineau ou Orquineau, contrée, c^{ne} de Dugny.

Rosa, ferme, c^{ne} de Rouvres. — *Roratum-Masniellum*, 1049 (cart. de Saint-Vanne). — *Rozatum-Malnillum*, 1061 (*ibid.*). — *Roseium*, 1166 (cart. de Saint-Paul). — *Curia de Roseio*, 1166, 1179 (*ibid.*). — *Rosetum*, xiie siècle (Laurent de Liége); 1207, 1226 (cart. de Saint-Paul). — *Resetum*, xiie siècle (Laurent de Liége). — *Rosoi*, 1226, 1240 (cart. de Saint-Paul). — *Stagnum super molendinum de Roseto*, 1230 (*ibid.*). — *Rosa*, 1238 (cart. de la cathéd.). — *L'étang dessous lor moison de Rosoi de leis Rouvre*, 1642 (cart. de Saint-Paul). — *Rosoi de lez Rouvre*, 1246 (*ibid.*).—*Rosor*, 1254 (*ibid.*). — *Rosay*, 1549 (Wasselbourg); 1671 (Urbain Quillot).—*Roza*, 1700 (carte des États). —*Rosat*, 1756 (D. Calmet, *not.*).

Avant 1790, cense à l'abb. de Saint-Paul de Verdun, unie pour les impositions à Rouvres, Barrois non mouvant, office, recette et baill. d'Étain, présidial de Verdun, cour souveraine de Nancy.

Rosa (Ruisseau de), qui prend sa source à la f. de Rosa, traverse l'étang de Rouvres et celui de Darmont et se jette dans l'Orne au-dessus de Buzy, après un cours de 7 kilomètres.

Roscan, f. ruinée, c¹ⁱ d'Haumont-près-Samogneux.

Roséas, contrée, cⁿᵉ de Moulainville.

Roselot, contrée, cⁿᵉ de Vignot.

Roselure, contrée, cⁿᵉ de Ville-devant-Belrain.

Rosière, côte, cⁿᵉ de Bras; c'est sur cette côte que l'armée prussienne, commandée par le duc de Brunswick, vint camper le 3o août 1793, pour ouvrir le siége de Verdun.

Rosière, bois, cⁿᵉ de Labeuville.

Rosière, font. cⁿᵉ de Vaubecourt.

Rosière, contrée, cⁿᵉ de Ville-devant-Belrain.

Rosières, f. cⁿᵉ de Morlaincourt.

Rosières (Ban de), ancien fief dépendant de la terre et justice de Souhesme-la-Grande. — Ban de Rozières, 1564 (éch. entre le duc de Lorr. et l'év. de Verdun).

Rosières-devant-Bar, vill. sur le Naweton, à 3 kil. au S.-E. de Vavincourt. — Roseria, 1106 (bulle de Pascal II). — Subtus Roseris, 1147 (cart. de Jeand'heures). — Roseriæ, 1208 (archiv. de la Meuse); 1711 (pouillé); 1749 (ibid.). — De Roseris, 1229 (cartulaire de Jeand'heures). — Roseires, 1359 (ch. des comptes, c. du célérier). — Rozières, 1437 (vente par le comte de Linange à E. Du Châtelet); 1700 (carte des États). — Rosières, 1579 (proc.-verb. des cout.). — Roseriæ-prope-Barrum, 1756 (D. Calmet, not.).

Avant 1790, Barrois mouvant, office et prévôté de Pierrefitte, coutume et baill. de Bar, présid. de Châlons, parlem. de Paris. — Dioc. de Toul, archid. de Rinel, doy. de Bar, annexe de Resson.

* En 1790, distr. de Bar, cⁿᵉ de Vavincourt.

Actuellement, arrond. et archipr. de Bar-le-Duc, cⁿᵉ de Vavincourt, doy. de Condé. — Écarts : Moulin-Bas, Moulin-Haut. — Patron : saint Pierre.

Rosières-en-Blois, vill. sur le ruiss. des Machaires, à 7 kil. au N. de Gondrecourt. — Rosières, 890 (Hist. de Lorr. pr.); 1327 (archives de la Meuse). — In finagio de Roseres, 1247 (Rosières, E. 42). — Rosieres-leis-Mauvage, 1264 (ibid. E. 43). — Rosieres qui siet les Mauvage, 1265 (ibid. E. 44). — Roseres, 1275 (ibid. E. 46). — Roseres-les-Mauvage, 1276 (ibid. E. 45). — Roseires-de-leis-Mauvage, 1304 (ibid. E. 58). — Rozeires, 1304 (ibid. E. 57). Rouzeriæ, Rozeriæ prope Gondricuriam, 1402 (reg. Tull.). — Rozières, 1580 (proc.-verb. des cout.); 1700 (carte des États). — Roserium-in-Blesis, 1707 (carte du Toulois). — Roseriæ-in-Blæsensi-pago, 1711 (pouillé); 1749 (ibid.); 1756 (D. Calmet, not.).

Avant 1790, Barrois mouvant, office de Gondre-

court, recette de Bourmont, jurid. du juge-garde du seigneur qui en était haut justicier, baill. de Saint-Thiébaut, présid. de Châlons, parlement de Paris. — Dioc. de Toul, archid. de Ligny, doy. de Gondrecourt.

En 1790, distr. de Gondrecourt, cⁿᵉ de Demangeaux-Eaux.

Actuellement, arrond. et archipr. de Commercy, cⁿᵉ et doyenné de Gondrecourt. — Patron : saint Genebaud.

Rosnes, vill. sur l'Ezrule, à 7 kil. au N. de Vavincourt. — Ronne, 1204 (cart. de Saint-Paul, fᵒˢ 127 et 130); 1335 (collég. de la Madeleine); 1579 (proc.-verb. des cout.); 1700 (carte des États). — Rona, 1220 (cart. de Saint-Paul, fᵒ 130). — Rhonus, 1580 (stemmat. Lothar.). — Raune, 1656 (carte de l'évêché). — Rhona, 1711 (pouillé); 1749 (ibid.).

Avant 1790, Barrois mouvant, office de Bar, juridiction du juge-garde des seigneurs, recette, cout. et baill. de Bar, présid. de Châlons, parlement de Paris. — Dioc. de Toul, archid. de Ligny, doy. de Belrain.

En 1790, distr. de Bar, cⁿᵉ de Marat-la-Grande.

Actuellement, arrond. et archipr. de Bar-le-Duc, cⁿᵉ de Vavincourt, doy. de Condé. — Patron : saint Èvre.

Rossignol (Rue), à Bar-le-Duc.

Rotane, contrée, cⁿᵉ de Moulotte.

Rote, contrée, cⁿᵉ d'Harville.

Roté, contrée, cⁿᵉ d'Ambly.

Rouachère, contrée, cⁿᵉ de Samogneux.

Roucrette, f. ruinée, cⁿᵉ de Delut.

Roue (La), contrée, cⁿᵉ de Boureuilles.

Rouen, contrée, cⁿᵉ de Saint-Mihiel.

Rouffien, contrée, cⁿᵉ de Courcelles-sur-Aire.

Rouge (Moulin), cⁿᵉ de Vittarville.

Rougecourt, mᵗⁱ, cⁿᵉ de Brocourt.—Rouchecourt, 1760 (Cassini).

Rouge-Foux, contrée, cⁿᵉ de Verdun.

Rougeotte, contrée, cⁿᵉ de Gironville.

Rouillé (La), contrée, cⁿᵉ de Clermont-en-Argonne.

Rouillon, côte, cⁿᵉ de Neuvilly.

Roulières (Chemin des), cⁿᵉ de Fromeréville.

Roussé, contrée, cⁿᵉ de Ligny.

Rousseau (Rue), à Bar-le-Duc.

Roussieule (La), font. qui a sa source sur le territ. de Juvigny-sur-Loison et se jette dans le Loison au-dessus de Han-lez-Juvigny, après un cours de 2 kilomètres.

Rout, contrée, cⁿᵉ de Stenay.

Routé, contrée, cⁿᵉ de Fromeréville.

Routeuil, font. c^{ne}. de Dainville-aux-Forges; se jette dans la Maldite.

Rouves, contrée, c^{ne} de Pintheville.

Rouviez, font. c^{nes} de Dombasle et d'Érize-la-Grande.

Rouvre (Le), contrée, c^{ne} de Grimaucourt-en-Woëvre.

Rouvres ou Rouvres-en-Woëvre, vill. sur le ruiss. de Rouvres, à 4 kil. à l'E. d'Étain. — *Rubrum*, 973 (ch. de l'év. Wilgfride); 973 (confirm. par l'emp. Otton); 984, 1144, 1179, 1248 (cart. de Saint-Paul). — *Bannum de Rubro*, 1166 (*ibid.*). — *Rouronicum, Rourum-vicum, Rourovicum*, xiie s^e (Laurent de Liége). — *Rovre*, 1203, 1218 (cart. de la cath.); 1294 (cart. d'Apremont). — *Rovra*, 1207 (cartulaire de Saint-Paul). — *Rouvre*, 1248 (*ibid.*) 1571 (procès-verbal des cout.). — *Rovra*, 1255 (cart. de Saint-Paul). — *Rowre*, 1294 (cart. d'Apremont). — *De Rubro*, 1304 (recueil). — *Roronicum*, 1549 (Wassebourg). — *Rouve*, 1549 (*ibid.*); 1700 (carte des États). — *Rovreium*, 1738 (pouillé). — *Ruvera*, 1749 (*ibid.*). — *Ruvera in Vepria*, 1756 (D. Calmet, *not.*).

Avant 1790, Barrois non mouvant, office, recette, prévôté et baill. d'Étain, coutume de Saint-Mihiel, présidial de Verdun, cour souveraine de Nancy; le roi en était seigneur pour moitié. — Dioc. de Verdun, archid. de la Woëvre, doy. d'Amel.

En 1790, distr. d'Étain, c^{ne} de Buzy.

Actuellement, arrond. et archipr. de Verdun, c^{ne} et doy. d'Étain. — Écarts : Constantine, le Moulin, Rosa. — Patron : saint Julien.

Rouvres (Ruisseau de), qui a sa source dans les bois de Rouvres et se jette dans le ruiss. du Haut-Pont.

Rouvrois-sur-Meuse, vill. sur la Prèle, à 6 kil. au N. de Saint-Mihiel. — *Rouretum*, xiie siècle (Laurent de Liége); 1756 (D. Calmet, *not.*). — *Rowrai*, 1312 (abb. de Saint-Mihiel, T. 5). — *Rouvroy*, 1329 (vente par H. Du Châtelet à l'év. de Verdun); 1656 (carte de l'évêché); 1738 (pouillé); 1749 (*ibid.*). — *Rouvroi*, 1344 (abb. de Saint-Mihiel). — *Rouvre*, 1549 (Wassebourg, f° 283). — *Rovreium*, 1738 (pouillé); 1749 (*ibid.*). — *Rouvray, Roboretum*, 1756 (D. Calmet, *not.*). — *Rouvroy-sur-Meuse*, 1786 (procès-verbal des coutumes).

Avant 1790, Barrois non mouvant, marquisat, vill. fortifié, cout. office et prév. d'Hattonchâtel, recette et baill. de Saint-Mihiel, présid. de Toul, cour souveraine de Nancy; le roi en était seul seigneur. — Dioc. de Verdun, archid. de la Rivière, doy. de Saint-Mihiel.

En 1790, distr. de Saint-Mihiel, c^{ne} de Lacroix-sur-Meuse.

Actuellement, arrond. et archipr. de Commercy,

c^{ns} et doy. de Saint-Mihiel. — Patron : saint Laurent.

Rouvrois-sur-Othain, vill. sur le ruiss. de Belle-Fontaine, à 6 kil. au N. de Spincourt. — *Rouvroy*, 1642 (Mâchon). — *Rouveroy-sur-Ostain*, 1656 (carte de l'év.). — *Rouvroy-sur-Osthain*, 1681 (hosp. Sainte-Catherine, pied-terrier, B. 10). — *Rouvroy-sur-Othin*, 1695 (*ibid.*). — *Rouvroy-sur-Antin*, 1700 (carte des États). — *Rouvroy-sur-Hotin, Rovreium*, 1749 (pouillé). — *Roboretum*, 1756 (D. Calmet, *not.*).

Avant 1790, Barrois non mouvant, office et prévôté d'Arrancy, recette et baill. d'Étain, coutume de Saint-Mihiel, présidial de Verdun, cour souveraine de Nancy; le roi en était haut et moyen justicier, l'abbesse de Sainte-Glossinde de Metz en avait la justice foncière et nommait à la cure. — Dioc. de Trèves, archid. et doy. de Longuyon.

En 1790, distr. d'Étain, c^{ne} d'Arrancy.

Actuellement, arrond. et archipr. de Montmédy, c^{ne} de Spincourt, doy. de Billy-sous-Mangiennes.

Écarts : Belle-Fontaine, Constantine. — Patron : saint Félix.

Rouvres (Chemin des), dit aussi *des Rouyeux*, c^{ne} de Fromeréville.

Rouvres (Rue des), à Verdun.

Rouzieule, bois, c^{ne} de Juvigny.

Roy (Le), étang, c^{ne} d'Ornes.

Royal (Moulin), c^{ne} de Méligny-le-Grand.

Royale (Porte), l'une des entrées de la citadelle de Verdun.

Royaux (Le), font. qui prend sa source sur le territ. de Foucaucourt et se jette dans le ruiss. des Avies.

Royens (Les), contrée, c^{ne} de Fromeréville.

Roza-Marche, étang, c^{ne} de Lachaussée.

Rozelien, bois domanial, c^{ne} de Sommedieue.

Ru (Rue du), à Verdun. — *Domus sita in Rua*, 1226 (cart. de la cathédr.).

Ruat, contrée, c^{ne} de Blercourt.

Ruban (Le), ruiss. qui prend sa source à Laimont et se jette dans la Nausone au-dessus de Villers-aux-Vents, après un cours de 3 kilomètres.

Rude-Côte, bois comm. d'Haudainville.

Rueloudi, m^{on} isolée, c^{ne} de Septsarges.

Ruèbe, bois comm. de Tourailles.

Ruebre, contrée, c^{ne} d'Heudicourt.

Ruez (Le), petit ruiss. qui a sa source sur le territ. de Lavoye et se jette dans l'Aire au-dessous de ce village.

Ruisseaud, bois, c^{ne} de Montplonne.

Rulot, bois comm. d'Andernay.

Rumont, vill. sur l'Ezrule, à 5 kil. à l'E. de Vavincourt.

— *Romont*, 1163 (ch. de Théobald en faveur du

l'église de Saint-Mihiel); 1502 (abbaye de Saint-Mihiel). — *Rumons*, 1402 (reg. Tull.). — *Rutmont*, 1468 (généalog. maison Du Châtelet, pr. 86). — *Reumont*, 1656 (carte de l'év.); 1700 (carte des États). — *Rumontium*, 1711 (pouillé); 1749 (*ibid.*); 1756 (D. Calmet, *not.*). — *Roumont*, 1790 (arch. de Rumont).

Avant 1790, Barrois mouvant, châtell. office et prév. de Pierrefitte, recette, coutume et baill. de Bar, présid. de Châlons, parlem. de Paris. — Dioc. de Toul, archid. de Bar, doy. de Bar.

En 1790, distr. de Bar, c⁰ⁿ de Vavincourt.

Actuellement, arrond. et archipr. de Bar-le-Duc, c⁰ⁿ de Vavincourt, doy. de Condé. — Écarts : Petit-Rumont, Saint-Hippolyte. — Patron : saint Hippolyte.

Ruppes (Ruisseau de), qui a sa source à Mont-l'Étroit (Meurthe) et se jette dans la Meuse au-dessus de Sauvigny, après un cours de 4 kilom. dans le dép'.

Rupt (Le), bois comm. de Brieulles-sur-Meuse et de Vilosnes.

Rupt, contrée, c⁰ⁿ de Longeville.

Rupt-aux-Nonnains ou Rupt-sur-Saulx, vill. sur la Saulx, à 8 kil. au N.-E. d'Ancerville. — *Rus-les-Dames*, 1371 (accord entre le duc Robert et le prieur). — *Ruis, Rus-ad-Moniales*, 1402 (regestr. Tull.). — *Prioratus de Rus*, 1402 (*ibid.*). — *Rux-aux-Nonnains*, 1579 (proc.-verb. des cout.); 1700 (carte des États). ᵬ *Ruz, Rieus-ad-Nonas*, 1707 (carte du Toulois). — *Rieus-ad-Nonnas*, 1711 (pouillé);1749 (*ibid.*); 1756 (D. Calmet, *not.*).

Avant 1790, Barrois mouvant, office, recette, coutume, prévôté et baill. de Bar, présid. de Châlons, parlem. de Paris; le roi en était seigneur haut et moyen justicier, le prieur avait le foncier. — Dioc. de Toul, archid. de Bar, doy. de Dammarie.

Primitivement, Rupt-aux-Nonnains était un monastère de religieuses de l'ordre de Saint-Benoit, qui existait avant l'année 1136; les religieuses l'ayant abandonné, le monastère fut occupé par des Bénédictins de Saint-Bénigne de Dijon; il devint ensuite un prieuré en commande, dépendant de cette abbaye; l'église du prieuré, dédiée à saint Pierre et à saint Paul, servait d'église paroissiale.

En 1790, distr. de Bar, c⁰ⁿ de Stainville.

Actuellement, arrond. et archipr. de Bar-le-Duc, c⁰ⁿ et doyenné d'Ancerville. — Écarts : la Houpette, la Houline, la Tuilerie-de-Bailly. — Patron : saint Pierre-aux-Liens.

Rupt-devant-Saint-Mihiel, vill. sur le Rehaut, à 6 kil. à l'E. de Pierrefitte. — *Ruht*, 1213 (ch. de Thibaut, comte de Bar); 1213 (abb. de Saint-Mihiel).

Runillum-prope-Sampigneyo, *Rinellum-ante-Sampigneyum*, 1402 (reg. Tull.). — *Raz*, 1468 (généal. maison Du Châtelet, pr. 86); 1656 (carte de l'év.). — *Ruth*, 1549 (Wassebourg). — *Rux-lez-Sainct-Mihiel*, 1579 (proc.-verb. des cout.). — *Ruz-devant-Saint-Mihiel*, 1700 (carte des États). — *Rux-devant-Saint-Mihiel*, *Rieus*, 1711 (pouillé); 1749 (*ibid.*); 1756 (D. Calmet, *not.*).

Avant 1790, Barrois mouvant, châtellenie, office et prévôté de Pierrefitte, recette, cout. et baill. de Bar, présid. de Châlons, parlem. de Paris. — Dioc. de Toul, archid. de Ligny, doy. de Belrain.

En 1790, district de Saint-Mihiel, c⁰ⁿ de Pierrefitte.

Actuellement, arrond. et archipr. de Commercy, c⁰ⁿ et doy. de Pierrefitte. — Patron : saint Hilaire.

Rupt-en-Woëvre, vill. sur le ruisseau de Mouilly, à 14 kilom. au S.-E. de Verdun. — *Ru*, 1100, 1261 (cartul. de Saint-Paul). — *Ruh*, 1160 (*ibid.*). — *Rivus*, 1165, 1177, 1207, 1208, 1224 (*ibid.*) — *Altaria de Ru*, 1194, 1197 (*ibid.*); 1312 (bulle de Clément V). — *Rhu, Rhux*, 1194 (cart. de Saint-Paul). — *Rup de leis Amblonville*, 1242 (paix et accord entre le duc de Bar et l'év. de Verdun). — *Que nous avons fait Nueve ville, à la loi de Biaumont; de Ru notre ville*, 1247 (ch. d'affranch.). — *Nuceeville-Rhu, Ville-Rhu, Ville-Ru*, 1247 (cart. de Saint-Paul, lettres de constitution, p. 169). — *Ru*, 1549 (Wassebourg); 1656 (carte de l'év.); 1745 (Roussel). — *Rux*, 1642 (Máchon). ᵬ *Rupt*, 1700 (carte des États); 1738 (pouillé). — *Parochialis ecclesia de Rupe*, 1738 (*ibid.*).

Village affranchi par l'abbé de Saint-Paul de Verdun, en l'an 1247.

Avant 1790, Verdunois, terre d'évêché, prév. de Fresnes-en-Woëvre, cout. baill. et présid. de Verdun, anc. assises des quatre pairs de l'év. parlem. de Metz. — Dioc. de Verdun, archid. de la Woëvre, doy. de Pareid.

En 1790, distr. de Verdun, c⁰ⁿ de Dieue.

Actuellement, arrond. c⁰ⁿ, archipr. et doyenné de Verdun. — Écart : Amblonville. — Patron : l'Assomption.

Rupt-Fourchu, contrée, c⁰ⁿ d'Hannonville-sous-les-Côtes.

Rupts (Les), contrée, c⁰ⁿ de Corniéville.

Rupt-sur-Othain, vill. sur la rive gauche de l'Othain, à 10 kil. au N. de Damvillers. — *Ru*, 1243 (cart. de la cath.). — *Roeux*, 1656 (carte de l'év.).—*Rup*, 1700 (carte des États). — *Ruth*, 1760 (Cassini); 1790 (carte des districts). — *Rieus* (reg. de l'év.).

Avant 1790, Luxembourg français, terre commune cédée en 1661, prév. et baill. de Marville, cout. de Thionville, présid. de Sedan, parlem. de Metz. — Dioc. de Trèves, archid. de Longuyon, doy. de Juvigny, annexe de Grand-Failly.

En 1790, distr. d'Étain, c⁰⁰ de Saint-Laurent. Actuellement, arrond. et archipr. de Montmédy, c⁰⁰ de Damvillers, doy. de Billy-sous-Mangiennes. —

Écarts: Bellevue, Fin-Trou.—Patron: saint Nicolas.

Russé (Le), ruiss. qui prend sa source à Maucourt, traverse le terri. de Gincrey et se jette dans l'Orne en aval de Bois-d'Arcq, après un cours de 5 kilomètres.

Russy, contrée, c⁰⁰ de Grimaucourt-en-Woëvre.

Ruy, contrée, c⁰⁰ de Moulotte.

Ruzées (Les), contrée, c⁰⁰ d'Hattonchâtel.

S

Sabie, contrée, c⁰⁰ de Froidos.

Sablauhont, bois dom. c⁰⁰ de Saint-Joire.

Sable (Moulin de), c⁰⁰ de Chaumont-sur-Aire.

Sablière (La), contrée, c⁰⁰ de Demange-aux-Eaux, Dieue et Sampigny.

Sablière (La), bois comm. de Vouthon-Bas.

Sablons (Les), bois comm. de Varvinay.

Sabois, chem. et font. c⁰⁰ de Guerpont.

Sabotier, contrée, c⁰⁰ de Tannois.

Sabriot, bois comm. de Géry.

Sac (Rue du), à Bar-le-Duc.

Sacret, bois comm. de Gercourt.

Sachon, côte, c⁰⁰ de Menaucourt.

Safrance, contrée, c⁰⁰ d'Hannonville-sous-les-Côtes.

Saganot, contrée, c⁰⁰ de Villers-sous-Pareid.

Sage, contrée, c⁰⁰ de Buzy.

Sagot, contrée, c⁰⁰ d'Hattonchâtel.

Sahislin, bois comm. de Xivray.

Saillée, contrée, c⁰⁰ d'Aubréville.

Saillette, bois comm. de Dompcevrin.

Sainsorrupt, petit ruiss. qui a sa source sur le terr. de Vaubecourt et se jette dans la Marque à Triaucourt.

Saint-Agnant, vill. sur un affluent du Pinceron, à 8 kil. au S.-E. de Saint-Mihiel. — Sanctus Anianus, 1642 (Mâchon); 1788 (pouillé); 1749 (ibid.). — Saint-Agnan, 1646 (carte de l'év.). — Saint-Anian, 1738 (pouillé); 1749 (ibid.).

Avant 1790, Barrois non mouvant, comté, office et prév. d'Apremont, recette, coutume et baill. de Saint-Mihiel, présid. de Toul, cour souveraine de Nancy. — Dioc. de Verdun, archid. de la Rivière, doy. d'Hattonchâtel, annexe d'Apremont.

En 1790, distr. de Saint-Mihiel, c⁰⁰ d'Apremont. Actuellement arrond. et archipr. de Commercy, c⁰⁰ et doyenné de Saint-Mihiel. — Écart : Bricourt. — Patron : saint Agnan.

Saint-Ausi, bois, c⁰⁰ de Bouconville.

Saint-Airy, bois domanial, c⁰⁰ de Belrupt.

Saint-Airy, m¹⁰ sur un bras de la Meuse, à Verdun.

Meuse.

— Molendinum Sancti-Agerici, 1199 (cart. de Saint-Paul). — Mueson-moulin, 1270 (certul. de Saint-Airy). — Que on dit Moesons-Moulins-Saint-Ary, 1479 (hôtel de ville de Verdun, titre d'ascensement). — Moulin Mozon, 1599 (ibid. R. 1).

Saint-Airy (Canal de), anciennement le Mozon, bras de la Meuse, à Verdun. — En la rue Mueson, 1270 (cart. de Saint-Airy). — Mawesson, 1479 (hôt. de ville de Verdun, reg.). — Mozon, 1599 (ibid. R. 1).

Saint-Airy (Couvent de), à Verdun. — Abbatia Sancti Martini in suburbio Virdunensi, 984 (cart. de Saint-Paul). — Ecclesia subjecta ad honorem Sci Martini, 1040 (ibid.). — Sanctus Agericus, 1041 (dipl. de l'emp. Henri III); 1052 (bulle de Léon IX); 1189 (cart. de Saint-Paul); 1549 (Wassebourg). — Monasterium in honorem Beatorum confessorum Martini atque Agerici, 1042 (cart. de Saint-Airy, dipl. de Henri III). — In ecclesia Sancti-Martini et Sancti-Agerici, xiᵉ sᵉ (continuatio hist.). — Ante jannam Sancti-Agerici, 1220 (cart. de Saint-Airy, test. Warin Rufin). — Saint-Airi, 1239 (Soc. Philom. lay. Verdun, A. 1). — L'église Saint-Ari, 1445 (cart. t. I, p. 93). — Ecclesia Sci Agerici, 1254 (Soc. Philom. lay. Verdun, A. 2). — Saint-Ari, 1265 (ibid. A. 4). — Saint-Arig, 1333 (hosp. Sainte-Catherine, II, D. 35); 1570, 1640 (Soc. Philom. lay. Belleray, nᵒˢ 14 et 15). — Saint-Agri, Saint-Agry, 1549 (Wassebourg). — Sainct-Airig, 1567 (ibid.). — Sainct-Airicq, 1570 (hôtel de ville de Verdun, A. 4). — Sainct-Arrig, 1571 (Soc. Philom. lay. Belleray, nᵒ 14). — Saint-Agric, 1640 (ibid. nᵒ 15). — Sainct-Aricq, 1652 (hôtel de ville de Verdun, B. 1). — Saint-Arry, 1668 (ibid. B. 3).

Était primitivement un oratoire construit, vers l'an 590, en l'honneur de saint André, sur l'emplacement de la maison habitée par saint Airy. évêque de Verdun; ce petit temple prit dans la suite le nom de Saint-Martin et fut desservi par des clercs jusqu'environ l'an 971. En 1037, l'évêque Rainbert

26

l'érigea en abbaye; ce prélat y fit édifier une église qu'il dédia à saint Airy, et il établit dans le monastère des religieux de l'ordre de Saint-Benoît; dans la suite Saint-Airy devint prieuré et église collégiale. A donné son nom au pont et au quai situés sur l'un des bras de la Meuse, vis-à-vis des restes du monastère.

SAINT-ALBIN, font. c^ne de Mondrecourt.

SAINT-AMAND, vill. sur l'Ornain, à 8 kil. au S.-E. de Ligny. — *Sanctus-Amancius prope Lineyum*, 1402 (reg. Tull.). — *Sanctus-Amantius*, 1402 (*ibid.*); 1711 (pouillé). — *Saint-Amans*, 1700 (carte des États). — *Saint-Amant*, 1711 (pouillé). — *Sanctus Amandus*, 1749 (*ibid.*).

Avant 1790, Barrois mouvant, comté, office et prév. de Ligny, recette, cout. et baill. de Bar, présid. de Châlons, parlement de Paris; le roi en était seul seigneur. — Dioc. de Toul, archid. et doyenné de Ligny. — Avait un château avec chapelle castrale.

En 1790, distr. de Bar, c^on de Ligny.

Actuellement, arrond. et archipr. de Bar-le-Duc, c^on et doy. de Ligny. — Patron : saint Amand.

SAINT-AMAND, font. c^ne de Louppy-le-Petit.

SAINT-AMAND, chap. ruinée, c^ne de Neuville-lez-Vaucouleurs.

SAINT-AMAND, f. c^ne de Salmagne; avant 1790, formait un ban particulier ayant son église particulière, dédiée à saint Amand, quoique ne faisant qu'une communauté avec Salmagne.

SAINT-AMAND, église ruinée, à Verdun. — *Sanctus Amantius*, 952 (dipl. de l'emp. Otton); 962 (bulle de Jean XII); 967 (donat. de l'év. Wilgfride); 980 (cart. de Saint-Vanne); 1738 (pouillé). — *In monte Sancti-Amantii*, 1049 (cart. de Saint-Vanne). — *Abbatia Sancti-Amantii*, 1125 (*ibid.*). — *Juxta atrium Sancti-Amantii in monte Sancti-Vitoni*, 1229 (cart. de la cath.). — *Li église de Saint-Amant de Verdun*, 1261 (*ibid.*).

Était anciennement contiguë à l'église de Saint-Vanne, dont elle dépendait; transférée au commencement du XVIIe siècle au bas de la Roche, dans l'anc. hôpital Saint-Vincent, elle fut église paroissiale jusqu'en 1793; actuellement, elle est convertie en magasin militaire.

SAINT-ANDRÉ, m^on isolée, c^ne d'Azannes.

SAINT-ANDRÉ, vill. sur le Flabussieux, à 4 kil. à l'O. de Souilly. — *Saint-Andreu*, 1370 (chambre des comptes, c. de Souilly). — *Sainct-André*, 1579 (proc.-verb. des cout.). — *Sanctus-Andreas*, 1642 (Máchou). — *Sanctus-Andracas*, 1738 (pouillé). — *Saint-Andrés*, 1749 (*ibid.*).

Avant 1790, Barrois mouvant, office et prév. de Souilly, recette, coutume et baill. de Bar, présid. de

Châlons, parlem. de Paris; le roi en était seigneur haut et moyen justicier. — Dioc. de Verdun, archid. d'Argonne, doy. de Souilly.

En 1790, distr. de Verdun, c^on de Beauzée.

Actuellement, arrondissement et archiprêtré de Verdun, c^on et doyenné de Souilly. — Patron : saint André.

SAINT-ANDRÉ, anc. paroisse de Verdun; avait pour église celle de Saint-Nicolas-des-Prés.

SAINT-ANGE, m^on isolée, c^ne de Muzeray.

SAINT-ANTOINE, ermitage ruiné, vulgairement dit *de Vieille-Savate*, c^ne d'Ancerville.

SAINT-ANTOINE, église par. de Bar-le-Duc; était primitivement un monastère d'Antonistes, fondé en 1385 par Robert, duc de Bar, dans l'anc. hôp. de la ville; a donné son nom au pont qui est situé sur le canal des Usines.

SAINT-ANTOINE, chapelle ruinée, c^ne de Bulainville et de Sommelonne.

SAINT-ANTOINE, f. c^ne de Bure. — *Saint-Antoine de Dom-Remy*, 1711 (pouillé).

SAINT-ANTOINE, font. c^ne de Bussy-la-Côte; source minérale située sur la lisière du bois, près de l'anc. abb. de Sainte-Hoïlde.

SAINT-ANTOINE-DANS-LES-BOIS, ermitage ruiné, c^ne de Rupt-aux-Nonnains.

SAINT-AUBIN, vill. sur la rive gauche de l'Aire, à 10 kil. au S.-O. de Commercy. — *Sanctus-Albinus*, 1135 (Onera abbatum); 1402 (registre Tull.); 1711 (pouillé); 1749 (*ibid.*). — *Juxta Sanctum-Albinum*, 1186 (charte de Pierre de Brixey pour la collég. de Commercy, Hist. de Lorr. pr.). — *Saint-Aubin-aux-Auges*, 1337 (bulle de Benoît XII); 1509 (table des cout.). — *Sainct-Aulbin*, 1495-96 (Trés. des ch. B. 6364); 1664 (acte d'abornement).

Avant 1790, Barrois mouvant, vill. en deux communautés et seigneuries : l'une du comté de Ligny, office et prév. de Ligny, recette et coutume de Bar, présid. de Châlons, parlem. de Paris; l'autre de la principauté de Commercy, office, recette, prév. et baill. de Commercy, présid. de Toul, cour souveraine de Nancy; le roi était seigneur de l'une et de l'autre. — Dioc. de Toul, archid. de Ligny, doy. de Meuse-Commercy. — Dépendait de Saint-Aubin : la léproserie de Sommière fondée en 1186 par les seigneurs de Commercy.

En 1790, lors de l'organisation du département, Saint-Aubin devint chef-lieu de l'un des cantons dépendant du district de Commercy; ce canton était composé des municipalités dont les noms suivent : Chennevières, Méligny-le-Grand, Méligny-le-Petit, Ménil-la-Horgne, Morlaincourt, Oëy, Riéval (abb.),

Saint-Aubin, Saulx-en-Barrois, Vaux-la-Grande, Vaux-la-Petite.

Actuellement, arrond. c^{on}, archipr. et doyenné de Commercy. — Patron : saint Aubin.

Saint-Avit, font. c^{ne} d'Autrécourt.

Saint-Avit, font. chap. et lieu de dévotion (finage de Baleycourt).

Saint-Balzême, petit ruiss. qui prend sa source sur le territ. de Pretz et se jette dans l'Aire en amont du Moulin, après un cours de 1 kilomètre.

Saint-Barthélemy, anc. ermitage, actuellement maison isolée, c^{ne} de Buzy.

Saint-Barthélemy, côte et maisons isolées, c^{ne} de Verdun; ce nom vient d'une anc. chapelle qui s'élevait au sommet de la côte et qui était dédiée à saint Barthélemy. — *Capella Sancti-Bartholomœi* (chron. de Saint-Vanne, bibl. Labbe). — *Saint-Bartemeu*, 1498 (paix et accord).

Saint-Baudry, ermitage ruiné, c^{ne} de Montfaucon. — *Sanctus-Baldericus*, 1265 (chap. de Montfaucon). — *Saint-Baldéric*, 1756 (D. Calmet, *not.*).

Était dédié à saint Baldéric, prince du sang royal qui, sous le roi Dagobert, fonda le monastère de Saint-Germain de Montfaucon; le chemin qui conduisait à l'ermitage porte encore le nom de *sentier de Saint-Baudry;* il aboutit à un puits situé sur le versant N.-E. de la côte.

Saint-Benoît ou Saint-Benoît-en-Woëvre, vill. sur l'Yron, à 6 kilom. à l'E. de Vigneulles-lez-Hattonchâtel. — *Sanctus-Benedictus in Wævria*, 1129 (confirmat. des biens de l'abb.). — *Abbatia de Sancto-Benedicto*, 1134 (privilége d'Étienne, év. de Metz, Hist. de Lorr. t. V, pr.). — *Sanctus-Benedictus*, 1188 (acte de confirm.); 1788 (pouillé). — *Saint-Benoist-dessous-Hadonchastel*, 1240 (reprises de Thibaut, comte de Bar). — *Saint-Benoît-en-Wevre*, 1249 (abb. de Saint-Benoît, II 10). — *Saint-Benoît-en-Weivre*, 1280 (cartul. d'Apremont). — *Saint-Benoît-en-Weyvre*, 1377 (abb. de Saint-Benoît). — *Saint-Benoid*, 1549 (Wassebourg). — *Sanctus-Benedictus-in-Vepria*, 1642 (Méchon). — *Saint-Benoist*, 1656 (carte de l'év.). — *Saint-Benoît-en-Voirre*, 1749 (pouillé).

Avant 1790, Barrois non mouvant, dépendance de l'abbé, office de Thiaucourt, recette et coutume de Saint-Mihiel, juridiction du juge-garde de l'abbé qui en était seigneur haut, moyen et bas justicier, baill. de Pont-à-Mousson et ensuite de Saint-Thiébaut, présid. de Metz, cour souveraine de Nancy.— Dioc. de Metz, archid. de Vic, archipr. de Gorze.

Il y avait à Saint-Benoît une abbaye fondée vers l'an 1129 par Airard, fils du comte Hugues de Rinel;

dans l'origine, elle suivait la règle de Saint-Benoît; elle se soumit ensuite à l'ordre de Cîteaux.

En 1790, distr. de Saint-Mihiel, c^{on} de Woël.

Actuellement, arrond. et archipr. de Commercy, c^{on} et doyenné de Vigneulles. — Écarts : Ansoncourt, Azavant, Champ-Fontaine, Longeau, Louiseville, Sébastopol, Solvry. — Paroisse d'Haumont-lez-Lachaussée.

Saint-Blaise, font. c^{ne} de Bualon.

Saint-Boin, petit ruiss. c^{ne} de Guerpont.

Saint-Brice, ermitage ruiné, entre Breux et Thonne-la-Long.

Saint-Brice, ermitage ruiné, c^{ne} de Delut.

Saint-Brice, ermitage ruiné, sous le mont Fauna, c^{ce} de Ménil-sous-les-Côtes.

Saint-Chêne, bois comm. de Mangiennes.

Saint-Christophe, contrée, c^{nes} de Boureuilles, Cheppy, Moulotte et Rarécourt.

Saint-Christophe, chapelle ruinée, ancien lieu de pèlerinage, c^{ne} de Reffroy. — *Sanctus-Christophorus*, 1402 (reg. Tull.). — *Refroy-Saint-Christophe*, 1534 (Trés. des ch. reg. C).

Était mère église de Reffroy et avait son ban séparé, dit *de Saint-Christophe*, dont la dîme appartenait au chap. de la cathédr. de Toul.

Saint-Christophe, m^{on} isolée, c^{ne} de Remoiville.

Saint-Christophe, chap. ruinée, actuellement ferme, c^{ne} de Saint-Mihiel.

Saint-Christophe, font. c^{ne} de Saulx-en-Barrois.

Saint-Christophe, ermitage ruiné, actuellement ferme, c^{ne} de Vavincourt. — *Saint-Christophe-aux-Bois*, 1711 (pouillé).

Saint-Claude, chap. ruinée, c^{ne} d'Euville.

Saint-Clément, fontaine, c^{ne} de Raulecourt; l'une des sources du Rupt-de-Mad.

Saint-Cloud, anc. chap. et métairie, c^{ne} de Couvertpuis; dépendait de la commanderie de Rüel.

Saint-Crépin, font. c^{ne} de Lemmes.

Saint-Crépin, fontaine, c^{ne} de Vadelaincourt; l'un des affluents du Noron.

Saint-Cyr, font. c^{ne} de Culey.

Saint-Dagobert, font. et forêt, c^{ne} de Mouzay; faisait partie de la forêt de Wèvre.

C'est dans cette forêt que le roi Dagobert II fut assassiné l'an 727, en un lieu nommé alors *Scorze* et ensuite *Sincretel;* la font. portait anciennement le nom d'*Arphaïs*. — *In nemore quod Wepria vocatur, juxta fontem Arphays, in fine Mousaïo* (ms de Gorze et Hist. de Lorr. pr.).

Saint-Dagobert-de-Stenay, ancien prieuré, à Stenay; fut établi sur l'emplacement de la chapelle Saint-Remy, dans laquelle se trouvait la sépulture de

26.

Dagobert II. — *Ecclesia Sancti-Dagoberti apud Sathanacum villa*, 1069 (diplôme de Godefroy de Bouillon); 1079 (cartulaire de Gorze, f° 184). — *Sanctus-Dagobertus in Satanaco*, 1085 (coll. lorr. t. 407, f° 2). — *Ecclesia sancti martyris Dagoberti*, 1093 (ch. de Gorze). — *Ecclesia Sancti-Dagoberti*, xii° siècle (coll. lorr. t. 407, f° 5).

Saint-Dizier, chap. ruinée, c°° de Blercourt.

Saint-Dizier, font. c°° de Dombasle.

Saint-Éloi, anc. chap. isolée et commanderie à l'ordre de Malte, c°° de Couvertpuis.

Saint-Esprit (Rue du), à Verdun; cette rue, établie près de l'anc. fossé Lamlin, se nommait, au xvi° s°, *rue Jean-Boucart* (hôt. de ville, reg.); son nom lui vient, dit-on, d'une enseigne d'hôtellerie.

Saint-Étienne, église paroissiale de la ville haute, à Bar-le-Duc; était anc¹ une collégiale sous le titre de Saint-Pierre, fondée en 1315 par Édouard I°¹, comte de Bar. — Patron : saint Étienne.

Saint-Étienne, église paroissiale du Bourg, à Saint-Mihiel; c'est dans cette église que se trouve un chef-d'œuvre de sculpture du xvi° siècle, le *Sépulcre* ou la *Mise au tombeau de Notre-Seigneur*, dû au ciseau du célèbre Ligier Richier, de Saint-Mihiel.

Saint-Étienne, f. c°° de Véel.

Saint-Èvre, anc. cense et métairie avec chapelle, à la commanderie de Rüel, ordre de Malte, c°° de Lignières. — *Saint-Esvre*. 1656 (carte de l'év.); 1700 (carte des États).

Saint-Féréol et Saint-Ferjus, chap. et ermitage ruinés, c°° d'Amel. — *Saint-Ferius*, 1700 (carte des États). — *Saint-Féricul*, 1760 (Cassini).

Saint-Fiacre, m°° isolée, c°° d'Étain; bâti sur l'emplacement d'une chap. ruinée.

Saint-Fiacre, chap. ôt ermitage ruinés, c°° de Rigny-Saint-Martin.

Saint-Florentin, chap. ruinée, c°° de Bonnet.

Saint-François (Croix-), contrée, c°° de Neuville-sur-Orne.

Saint-François (Rue et Pont), à Bar-le-Duc.

Saint-Gengoult, font. et lieu de dévotion, c°° de Varennes.

Saint-Gengoult, chap. et ermitage ruinés, c°° de Vaux-la-Grande.

Saint-Georges, bois, c°° de Maulan.

Saint-Georges (Le Grand-), h. c°° de Boinville.

Saint-Gergoine, font. et anc. fabrique de poteries, c°° de Lavoye; ont pris leur nom d'un ermitage aujourd'hui ruiné, près duquel la fontaine avait sa source. — Voy. Saint-Gorgon.

Saint-Germain (Ban de), ancien fief, c°° de Dombasle; 1743 (proc.-verb. des cout.).

Saint-Germain ou Saint-Germain-sur-Meuse, vill. sur la rive droite de la Meuse, à 5 kil. au N. de Vaucouleurs. — *Sanctus-Germanus*, 878 (confirmat. par Louis le Bègue); 884 (dipl. de Charles le Gros); 922 (confirmation par Charles le Simple); 1711 (pouillé); 1749 (*ibid.*). — *Ad cambutam Sancti-Germani*, ix° s° (Vie de saint Germain, par Hericus, bibl. de Labbe).— *Sanctus-Germanus supra Mosam*, 1402 (regeste. Tull.). — *Saint-Germain-à-la-Crosse*, 1707 (P. Benoît, Histoire de Toul). — *Dom-Germain*, *Domnus-Germanus*, 1756 (D. Calmet, *not.*); 1778 (Durival).

Avant 1790, partie Champagne et partie Barrois non mouvant; le roi était seul seigneur de cette dernière, qui était office et prévôté de Foug, recette, coutume et baill. de Saint-Mihiel, présid. de Toul; cour souveraine de Nancy; pour l'autre, terre et prév. de Vaucouleurs, baill. de Châté, coutume et présid. de Chaumont, parlement de Paris. — Dioc. de Toul, archidiac. de Ligny, doy. de Meuse-Vaucouleurs.

En 1790, district de Goudrecourt, c°° de Vaucouleurs.

Actuellement, arrond. et archipr. de Commercy, c°° et doy. de Vaucouleurs. — Patron : saint Germain.

Saint-Germain avait une abbaye royale dont on ignore le séjour que saint Germain, évêque d'Auxerre, y fit en l'an 447; suivant D. Calmet et Durival, ce lieu s'appelait précédemment *Travia*, nom qui dérive de *traviare* (traverser), parce qu'une chaussée antique y traversait la rivière; c'est près de Saint-Germain, dans le bois comm. de cette commune, qu'était placé le lieu de station ou de relais indiqué sur la Table Théodosienne ou de Peutinger sous le nom de *ad-Fines*, marqué comme étant situé à 5 mille pas de *Tullum* et à 14 mille pas de *Nasium*; les distances sont exactes et le sol y restitue des vestiges de constructions antiques.

Saint-Germain (Mont), c°° de Lion-devant-Dun; on y voit les traces d'un camp antique auquel succéda plus tard un château fort, dit *château d'Adrien*, et enfin un ermitage ou calvaire dédié à saint Germain.

Saint-Germain-de-Montfaucon, abb. et collégiale, c°° de Montfaucon. — *Abbatia Montisfalconis*, 893 (Mémorial de Dadon). — *Canonici Sancti-Germani*, x° siècle (Flodoard). — *Abbatia Sancti-Germani*, 1052 (ch. de Godefroy le Barbu); xi° siècle (continuatio hist. episc.). — *Ecclesia Sancti-Germani-Montis-Falconis*, 1156 (acte de confirmation). — *Sanctus-Germanus*, 1745 (Roussel); 1756 (D. Calmet, *not.*).

Ancien monastère de l'ordre de Saint-Benoît, fondé, vers l'an 597, par saint Baldéric, autrement dit *saint Baudry;* devint plus tard une célèbre collégiale sous le titre de **Saint-Germain.**

Saint-Giles, anc. prieuré, à Dun.

Saint-Gorgon, ermitage ruiné, c°° de Lavoye; appartenait à l'abb. de Beaulieu et était situé à la source de la fontaine Saint-Gergoigne.

Saint-Gorgon, ermitage ruiné, c°° d'Ugny; dépendait de Gombervaux et appartenait au prieuré de Saint-Thiébaut de Vaucouleurs. — *Saint-Gergonne,* 1700 (carte des États). — *Sanctus-Gorgonius,* 1711 (pouillé).

Saint-Hilaire, vill. sur la rive droite du Longeau, à 6 kilom. à l'E. de Fresnes-en-Woëvre. — *Sanctus-Hilarius,* 1049 (bulle de Pascal II); 1738 (pouillé). — *Saint-Ylier,* 1252, 1257 (cart. de la cath.). — *Saintelier,* 1268 (*ibid.*). — *Saincthiler, Sainethilier,* 1549 (Wassebourg). — *Sainte-Ylaire,* 1564 (coll. lorr. t. 264.49, P. 27). — *Sainct-Hylliers,* 1642 (Mâchon). — *Saint-Hilier,* 1745 (Roussel).

Avant 1790, Verdunois, terre du chapitre, prév. d'Harville, justice des chanoines de la cathédr. coutume, bailliage et présid. de Verdun, parlement de Metz. — Dioc. de Verdun, archid. de la Rivière, doy. d'Hattonchâtel.

En 1790, distr. d'Étain, c°° de Pareid.

Actuellement, arrond. et archipr. de Verdun, c°° et doy. de Fresnes-en-Woëvre. — Patron : saint Hilaire.

Saint-Hilaire, chap. ruinée et ferme, c°° de Lisle-en-Rigault. — *Sanctus-Hylarius,* 1141, 1154, 1180 (cart. de Jeand'heures). — *Sanctus-Ylarius,* 1229 (*ibid.*). — *De Sancto-Hylario prope Villam-super-Saut,* 1230 (*ibid.*). — *Sanctus-Hylarius-super-Saut,* 1236, 1283 (*ibid.*).

Saint-Hilaire, f. c°° de Longchamp. — *Sanctus-Ylarius,* 1204 (cart. de Saint-Paul). — *Alodium Sci Ylarii,* 1237 (*ibid.*). — *Saint-Ylier,* 1315 (vente au chap. de Verdun, arch. comm.). — *Prioratus de Sancto-Hylario,* 1402 (regestr. Tull.).

Était anciennement un prieuré de l'ordre de Saint-Augustin, appartenant à l'abb. de Saint-Léon de Toul et dépendant de la paroisse de Neuville-en-Verdunois, dont le prieur était curé.

Saint-Hilaire, mont, c°° de Marville; a pris son nom d'une chap. dédiée à saint Hilaire et placée dans un cimetière qui occupe le sommet du mont; suivant la tradition, cette chapelle aurait été élevée sur l'emplacement d'un autel antique dédié à Mars.

Saint-Hilaire, ham. ruiné, entre Spada et Vaux-lez-Palameix.

Saint-Hilier, chap. ruinée, actuellement contrée, c°° de Bannoncourt. — *Sainte-Laie* (dénomination vulgaire).

Saint-Hippolyte, anc. prieuré et font. (lieu de dévotion), c°° de Dannevoux.

Saint-Hippolyte, f. c°° de Rumont.

Saint-Hippolyte, bois, à l'hospice de Verdun, c°° de Mouilly.

Saint-Hippolyte, hôpital ou Hôtel-Dieu, à Verdun; fut fondé, en 1716, par Hippolyte de Béthune, év. de Verdun, et cinq chanoines de la cathédr.; tenu par des sœurs de la congrégation de Saint-Charles de Nancy.

Saint-Hubert, ermitage ruiné, c°° de Jouy-sous-les-Côtes.

Saint-Jacques, ermitage ou prieuré ruiné, c°° de Condé; était aux religieux de Saint-Antoine de Bar.

Saint-Jacques, contrée, c°° de Saint-Benoît.

Saint-Jacques, ancienne aumônerie ou petit hôpital, à Verdun; était situé dans la rue du Ru, à la place où fut depuis le séminaire, transformé aujourd'hui en prison civile; resta hôpital jusqu'en 1590, époque à laquelle il fut vendu aux moines de Châtillon-l'Abbaye. — *L'hospital ou chapelle Saint-Jacques,* 1590 (acte du conseil de l'évêché).

Saint-Jactel, m°°, c°° de Brabant-le-Roi.

Saint-Jean, chapelle ruinée, c°° d'Euville.

Saint-Jean, ermitage ruiné, c°° d'Ippécourt. — *Saint-Jean-Ruiné,* 1760 (Cassini).

Saint-Jean, ermitage ruiné, c°° de Ligny-en-Barrois.

Saint-Jean, contrée, c°° de Longeville.

Saint-Jean, pont sur l'Othain, c°° de Marville.

Saint-Jean, étang, c°° de Saint-Jean-lez-Buzy.

Saint-Jean, impasse, à Verdun; a pris son nom de la chapelle Saint-Jean-Baptiste. — Voy. ce mot.

Saint-Jean (Bois de la), c°° de Marbotte; faisait partie de la forêt d'Apremont.

Saint-Jean (Rue), à Bar-le-Duc et à Varennes.

Saint-Jean-Baptiste, chap. et ermitage ruinés, c°°° de Bovée et de Condé-en-Barrois.

Saint-Jean-Baptiste, chap. ruinée, c°°° de Tannois et de Vassincourt.

Saint-Jean-Baptiste, chapelle ruinée, à Verdun; était située au chevet et près de l'abside de la cathédrale; fut la première et la plus ancienne des chapelles dépendant de cette église; elle avait été réservée au chapitre par une bulle de Léon IX; le prieuré de Saint-Louis de Verdun y fut transféré en 1571. — *En mostier Saint-Jean deleiz Notre-Dame,* 1236 (cart. de l'évêché, ch. de Raoul de Torote).

Saint-Jean-Baptiste et Saint-Jean-l'Évangéliste, ancien baptistère, à Verdun; était situé hors des murs, sur les bords de la Scance. — *Locum in su-burbio Virdunensi, justa rivulum Scantiæ situm, et in honorem sancti Johannis-Baptistæ et sancti Johannis-Evangelistæ consecratum*, 1049 (bulle de Léon IX).

SAINT-JEAN-DE-FROIDE-ENTRÉE OU DES MALADES, léproserie et chap. ruinée, c^{ne} de Ligny; était située entre cette ville et Velaines.

SAINT-JEAN-DE-GRAVIÈRES, cense ruinée, c^{ne} de Vassincourt.

SAINT-JEAN-DE-LAUCOURT, f. c^{ne} de Pagny-la-Blanche-Côte. — *Lauiria, Lacuria*, 1402 (regestr. Tull.). — *Saint-Jean-de-la-Cour*, 1700 (carte des États). — *Laucourt*, 1711 (pouillé). — *Saint-Jean-de-Jérusalem-de-Laucourt*, 1749 (*ibid.*); 1778 (Durival). — *Saint-Jean-de-Leucourt*, 1760 (Cassini).

Anciennement, cense, chapelle et prieuré à la commanderie de Robécourt de l'ordre de Malte; dépendait du doy. de Gondrecourt.

SAINT-JEAN-DE-RHODES, ferme, c^{ne} de Warcq. — *Ecclesia Sancti-Johannis de hospitali in territorio de Ware*, 1179 (charte d'Arnould de Chiny). — Voy. HÔPITAL-SAINT-JEAN.

SAINT-JEAN-DE-LA-ROCHE, ermitage ruiné, c^{ne} de Lérouville.

SAINT-JEAN-DU-CHÂTEL OU DU CHÂTEAU, chap. ruinée, c^{ne} de Sorcy. — *Prebenda de Castris*, 1402 (regestr. Tull.).

Cette chap. dédiée à saint Jean et à saint Remy, était à la collation de l'évêque de Toul; elle était située au sommet de la côte Châtel ou Châté, dite aussi *côte Saint-Jean*, sur l'emplacement d'un camp antique dont les retranchements sont encore très-visibles.

SAINT-JEAN-LEZ-BUZY, vill. sur la rive gauche de l'Orne, à 9 kil. à l'E. d'Étain. — *Domnus Joannes*, 1047 (ch. de l'év. Thierry). — *Saint-Jean*, 1656 (carte de l'év.); 1700 (carte des États); 1738 (pouillé). — *Sanctus-Joannes*, 1738 (*ibid.*).

Avant 1790, Lorraine, ban de Buzy, coutume de Nancy, prév. de Prény, baill. de Pont-à-Mousson et ensuite d'Étain, présid. de Verdun, cour souveraine de Nancy. — Dioc. de Verdun, archid. de la Woëvre, doy. d'Amel.

En 1790, distr. d'Étain, c^{ne} de Buzy.

Actuellement, arrond. et archipr. de Verdun, c^{on} et doy. d'Étain. — Écarts : Herbeumoulin, Mibuzy, Mouboulin. — Patron : saint Jean-Baptiste.

SAINT-JOIRE, vill. sur la rive gauche de l'Ornain, à 11 kil. au N.-O. de Gondrecourt. — *Santus-Goerius prope Ribaldicuria*, 1402 (regestr. Tull.). — *Sanctus-Georgius*, 1402 (*ibid.*); 1711 (pouillé); 1756 (D. Calmet, *not.*). — *Sainct-Joyre*, 1589 (Soc.

Philom. lay. Saint-Joire). — *Saint-Joire-Jonas*, 1700 (carte des États). — *Saint-Gooir*, 1711 (pouillé).

Avant 1790, Champagne, prév. de Tréveray, coutume, baill. et présid. de Chaumont-en-Bassigny, parlement de Paris. — Diocèse de Toul, archid. de Ligny, doy. de Gondrecourt.

En 1790, distr. de Gondrecourt, c^{ne} de Demange-aux-Eaux.

Actuellement, arrond. et archipr. de Commercy, c^{on} et doy. de Gondrecourt. — Écarts : Évaux, la Folie, Lanenville-aux-Forges, Metz-le-Déléal, Saint-Thiébaut. — Patron : saint Georges.

SAINT-JOSEPH, ermitage ruiné, c^{ne} de Méligny-le-Grand.

SAINT-JOSEPH (MAISON DE), à Verdun; congrégation de sœurs enseignantes et hospitalières, maison mère avec noviciat, sous l'autorité de l'ordinaire ou de l'évêque du diocèse de Verdun, fondée en 1852.

SAINT-JOSEPH (RUE), à Saint-Mihiel.

SAINT-JULIEN, vill. sur le ruiss. de Boncourt, à 6 kil. au N. de Commercy. — *Sanctus-Julianus*, 915, 980 (cart. de Saint-Paul); 962 (bulle de Jean XII); xe siècle (polypt. de Reims); 1015 (dipl. de l'emp. Henri II); 1047 (ch. de l'évêque Thierry); 1049 bulle de Léon IX); 1180 (bulle d'Alexandre III), 1738 (pouillé); 1749 (*ibid.*). — *Ad Julieni-curtem ecclesiam*, 1061 (cartul. de Saint-Paul). — *Saint-Julien*, 1294 (abb. de Saint-Mihiel, 3 R. 1). — *Saint-Julian*, 1642 (Mâchon). — *Sanctus-Juliniacus*, 1756 (D. Calmet, *not.*).

Avant 1790, Barrois non mouvant, office, recette, cout. et baill. de Saint-Mihiel, juridiction du juge-garde du seigneur qui en était haut, moyen et bas justicier, cour souveraine de Nancy. — Dioc. de Verdun, archid. de la Rivière, doy. d'Hattonchâtel.

En 1790, distr. de Saint-Mihiel, c^{on} d'Apremont.

Actuellement, arrond. c^{on} archipr. et doyenné de Commercy. — Écart : le Moulin. — Patron : saint Julien.

SAINT-LAMBERT, font. et f. c^{ne} de Chauvency-Saint-Hubert; ancien ermitage situé sur les bords de la fontaine.

SAINT-LAMBERT, contrée, c^{ne} de Demange-aux-Eaux.

SAINT-LAMBERT, f. c^{ne} de Stenay; ancienne léproserie avec chapelle, puis ermitage; située près de Cervisy.

SAINT-LAMBERT, anc. chapelle, à Verdun. — *Capella Sancti-Lamberti in civitate cum manso uno*, 1049 (bulle de Léon IX); était située sur l'emplacement occupé depuis par les Récollets.

SAINT-LAURENT, vill. sur l'Othain, à 12 kil. au N.-O. de Spincourt. — *In villa Laureato*, 984 (cart. de Saint-Paul). — *Sanctus-Laurentius*, 1179, 1200 (*ibid.*).

— *Apud Vilers et apud Sanctum-Laurentium*, 1207 (*ibid.*). — *Saint-Laurens*, 1700 (carte des États).

Avant 1790, Luxembourg français, terre commune cédée en 1661, coutume de Thionville, prév. bailliagère de Marville, présid. de Sedan, parlem. de Metz. — Dioc. de Trèves, archid. et doy. de Longuyon.

En 1790, lors de l'organisation du dép[1], Saint-Laurent devint chef-lieu de l'un des c[nes] dépendant du district d'Étain ; ce c[on] était composé des municipalités dont les noms suivent : Châtillon (abbaye), Dombras, Mangiennes, Merles, Pillon, Rupt-sur-Othain, Saint-Laurent, Sorbey et Villers-lez-Mangiennes.

Actuellement, arrond. et archipr. de Montmédy, c[on] de Spincourt, doyenné de Billy-sous-Mangiennes. — Patron : saint Laurent.

Saint-Laurent, contrée, c[ne] de Darmont.

Saint-Laurent, f. c[ne] de Pillon.

Saint-Laurent (Rue), à Verdun.

Saint-Lié, ermitage ruiné, c[ne] d'Aincreville ; était situé près de Chassogne.

Saint-Lié, ermitage ruiné et côte, c[ne] de Liny-devant-Dun. — *Saint-Lis*, 1700 (carte des États). — *Saint-Ly*, XVIIIe siècle (arch. communales).

Saint-Louis, contrée, c[ne] d'Inor.

Saint-Louis, anc. prieuré, à Verdun ; fut érigé en 1396, par Liébaut de Cousance, dans l'église et la maison des religieuses de Sainte-Madeleine-de-l'Isle-de-Tilly, où s'établirent ensuite les Minimes ; le prieuré fut alors transféré en 1571 dans la chapelle de Saint-Jean-Baptiste.

Saint-Louis, f. c[ne] de Viéville-sous-les-Côtes.

Saint-Louis (Rue et Porte), à Verdun.

Saint-Louvent, f. c[ne] de Fresnes-au-Mont. — *Lovenei*, 1242 (cart. de Saint-Paul, f° 131). — *Louvignei*, 1247 (*ibid.*). — *Louvan*, 1656 (carte de l'év.) ; 1700 (carte des États). — *Louvent*, 1749 (pouillé). — *Louvant*, 1756 (D. Calmet, not.).

Formait, avec Fresnes-au-Mont et Lahaymeix, une baronnie érigée en 1723 en faveur de M. d'Armur ; l'abbé de Saint-Mihiel en était seigneur foncier à Fresnes-au-Mont, et l'abbé de Saint-Benoît seigneur foncier à Lahaymeix ; jurid. du juge de la baronnie, office, recette, coutume et baill. de Saint-Mihiel, présid. de Toul, cour souveraine de Nancy.

Saint-Louvent, bois comm. de Lavincourt.

Saint-Louvent, font. c[ne] de Rembercourt-aux-Pots.

Saint-Marc, chemin, c[ne] de Nettancourt.

Saint-Marcel, m[on] isolée, c[ne] d'Ancemont ; était ermitage dépendant de Maujouy. — *Saint-Marcé*, 1700 (carte des États).

Saint-Marculphe, ermitage ruiné, c[ne] de Cesse.

Saint-Martimpré, contrée, c[ne] de Nixéville.

Saint-Martin, m[in] ruiné, c[ne] d'Abainville.

Saint-Martin, côte, c[ne] de Belrupt.

Saint-Martin (Chemin de), c[ne] de Combres.

Saint-Martin, église ruinée, c[ne] des Éparges, située sur la côte dite *Hautmont* ou *Montville*, anc. mère église des Éparges. — *Saint-Martin-de-Monville*, 1150 (abbaye de Saint-Benoît, charte de l'évêque Albert).

Saint-Martin, contrée, c[nes] de Fleury-sur-Aire, Guerpont et Marville.

Saint-Martin, bois comm. de Ménil, sur le territoire de Mont-sous-les-Côtes.

Saint-Martin, f. c[ne] de Montplonne.

Saint-Martin, ermitage ruiné, actuellement ferme, c[ne] de Quincy. — *Mont-Saint-Martin*, 1700 (carte des États) ; 1760 (Cassini).

Saint-Martin, ermitage ruiné et font. c[ne] de Rembercourt-aux-Pots.

Saint-Martin, h. aujourd'hui réuni à Salmagne.

Saint-Martin, hameau sur la Meuse, c[ne] de Sorcy. — *Sanctus-Martinus*, 870 (dipl. de Louis le Bègue) ; 922 (confirmat. par Charles le Simple) ; 1060 (confirmat. pour le prieuré d'Apremont) ; 1138 (acte de confirmat.). — *Abbatia Sancti-Martini super fluvium Mosam*, 968 (dipl. de saint Gérard de Toul). — *Sanctus-Martinus de Sorceyo*, 1402 (reg. Toul.). — *Dom Martin*, 1745 (D. Calmet, Hist. de Lorraine).

Avant 1790, Barrois mouvant, vill. ne formant qu'une même communauté avec le bourg de Sorcy, office de Foug, prév. de Sorcy, recette, cout. et baill. de Saint-Mihiel, présid. de Toul, cour souveraine de Nancy. — Dioc. de Toul, archid. de Ligny, doy. de Meuse-Commercy. — Patron : saint Martin.

Avait une abb. de fondation royale de l'ordre de Saint-Benoît, dont l'église était paroissiale et comprenait une partie de Sorcy ; la cure fut unie au chap. de Toul en l'an 1499, par le pape Alexandre VI.

Saint-Martin, font. c[ne] de Vacherauville.

Saint-Martin, chapelle ruinée, à Verdun, primitivement située hors les murs ; c'est sur l'emplacement de ce petit oratoire que s'élevèrent plus tard l'église et le couvent de Saint-Airy. — *Abbatia Sancti-Martini in suburbio Virdunensi*, 984 (cart. de Saint-Paul). — *Ecclesia subjecta ad honorem Sci Martini*, 1040 (*ibid.*).

Saint-Martin, bois, c[ne] de Woël. — *Silva Sancti-Martini*, 1049 (bulle de Léon IX).

Saint-Maur, bois, c[ne] de Nixéville.

Saint-Maur, chap. et font. c[ne] de Flabas ; était ermitage

et lieu de pèlerinage. — *Sur la fontaine Saint-Maur à Flabaix*, 1519 (reg. du chapitre de la cathédrale).

Saint-Maur, à Verdun; ancienne abbaye de religieuses de l'ordre de Saint-Benoît, fondée en l'an 1000, actuellement maison de charité tenue par des sœurs de Saint-Vincent-de-Paul, qui y furent établies en 1802. — *Sanctus-Maurus*, 1048 (cart. de Saint-Vanne); 1549 (Wasselbourg). — *Abbatissa ecclesiæ Sancti-Mauri-in-Virduno*, 1184 (cart. de la cathédr. f° 159). — *Saint-Mor*, 1198 (hosp. Sainte-Catherine, II, D. 1.48); 1198 (hôt. de ville de Verdun, M. II quater). — *Ecclesia Sancti-Mauri*, 1238 (cart. de Saint-Paul, f° 122); 1254 (Soc. Philom. lay. Verdun, A. 2). — *Saint-Mor-de-Verdun*, 1307 (coll. lorr. t. 262.46, A. 9). — *Saint-Maour*, 1549 (Wasselbourg). — *Saint-Maure*, 1570 (hôtel de ville, A. 4).

Saint-Maurice, font. c⁹ᵉ de Landrecourt.

Saint-Maurice, chapelle ruinée, cⁿᵉ de Montplonne; dépendait du Chêne.

Saint-Maurice, chapelle ruinée, cⁿᵉ de Saint-Joire; dépendait de Laneuville-aux-Forges.

Saint-Maurice (Tranchée de), dans les bois de Saint-Maurice-sous-les-Côtes.

Saint-Maurice-en-Woëvre, h. cⁿᵉ de Gussainville. — *Sanctus-Mauritius*, 701 (ch. de Pepin); 1180 (bulle d'Alexandre III); 1749 (pouillé). — *Saint-Morise*, 1248 (cart. de la cathédr.); 1431 (Lamy, accord des Armoises); 1491 (*ibid.* dénombr. de la seign.). · · · *Sainct-Morize*, 1324 (Lamy, éch. de la seign.). — *Sainct-Morise*, 1515 (*ibid.* contrat de N. de Beauchamp). — *Sainct-Maurice*, 1553 (*ibid.* sentence du parlem.); 1592 (*ibid.* lettres de Henri de Lorraine). — *Sainct-Morise-lez-Étain*, 1558 (*ibid.* quittance). — *Sainct-Maurize-lez-Estain*, 1571 (proc. verb. des cout.). — *Sanctus-Mauricius-prope-Stannum*, 1642 (Mâchon). — *Sanctus-Mauritius-in-Vepria*, 1738 (pouillé). — *Saint-Maurice-en-Voivre*, 1749 (*ibid.*).

Avant 1790, Barrois non mouvant, uni pour les impositions à Rouvres, office d'Étain, juridict. du juge-garde du seigneur qui en était haut, moyen et bas justicier, recette et baill. d'Étain, présid. de Verdun, cour souveraine de Nancy. — Patron : saint Maurice.

La cure était à la collation de l'abbé de Saint-Hubert (Ardennes); elle avait pour annexe Gussainville.

A donné son nom à une maison de nom et d'armes éteinte qui portait : *de gueules au lion d'or* (Husson l'Écossais).

Saint-Maurice-sous-les-Côtes, vill. sur le ru de Signeulles, à 5 kil. au N. de Vigneulles-lez-Hattonchâtel. — *Sanctus-Mauritius?* 701 (ch. de Pepin); 1024 (dipl. de Conrad); 1749 (pouillé). — *Sanctus-Mauricius*, 702 (cart. de Saint-Vanne); 1738 (pouillé). — *Saint-Morise*, 1605 (traité entre le duc de Lorraine et le chap. de Verdun). — *Sanctus-Mauritius prope Hattonis-castrum*, 1642 (Mâchon). — *Sainct-Maurice-soub-les-Costes*, 1642 (*ibid.*).

Au XIIᵉ siècle, les dîmes de Saint-Maurice appartenaient à l'abb. de Gorze.

Avant 1790, Barrois non mouvant, marquisat, prév. office et cout. d'Hattonchâtel, recette et baill. de Saint-Mihiel, présid. de Toul, cour souveraine de Nancy; le roi en était seul seigneur. — Dioc. de Verdun, archid. de la Rivière, doy. d'Hattonchâtel.

En 1790, distr. de Saint-Mihiel, cⁿᵉ de Woël.

Actuellement, arrond. et archipr. de Commercy, cⁿᵉ et doyenné de Vigneulles. — Écart : Basseaucourt, Jenneprend, Sainte-Geneviève et Signeulles. — Patron : saint Maurice.

Saint-Maxe, côte et ermitage ruiné, cⁿᵉ de Beaulieu-en-Argonne. — *Le Mas*, 1700 (carte des États).

Saint-Maxe (Collégiale de), à Bar-le-Duc; fondée sur la fin du Xᵉ siècle. — *Ecclesia Beati-Maximi de Barro*, 1220 (cartul. de Jeand'heures). — *Beatus-Maximus de Barroduco*, 1238 (*ibid.*). — *Ecclesia collegiata Sancti-Maximi infra castrum Barroducis*, 1402 (reg. Tull.). — *Fanum Maximi; Ædes Divi-Maximi Barrensis*, 1580 (stemmat. Lothar.). — *Sanctus-Maximus de Barro-Duce*, 1612 (attest. des reliques de saint Rouin).

Saint-Médard, bois comm. de Pillon.

Saint-Médard, ancienne église paroissiale, à Verdun. — *Sanctus-Medardus*, 1047 (ch. de l'év. Thierry); 1049 (bulle de Léon IX); 1156 (acte de confirmat.); 1738 (pouillé).

Cette église avait été érigée, vers l'an 560, par Saint-Airy, év. de Verdun; l'évêque Heymon ayant fondé le monastère de Saint-Maur et l'ayant établi sur l'emplacement de l'antique chapelle, une nouvelle église, aussi dédiée à saint Médard, fut construite proche de l'ancienne; elle a été démolie en 1792.

Saint-Michel, bois comm. de Belleville.

Saint-Michel, font. cⁿᵉ de Rembercourt-aux-Pots.

Saint-Michel, côte, cⁿᵉ de Verdun; se nommait précédemment Maubermont, *Malberti-Mons*, 1049 (bulle de Léon IX); a pris son nom d'une chapelle dédiée à Saint-Michel qui y fut érigée en l'an 711, laquelle est depuis longtemps ruinée. — *En la coste Saint-Michiel*, 1232 (cartul. de la cathédr.); 1251 (cart. de Saint-Paul). — *Costa Sancti-Michaelis*, 1236 (*ibid.*). — *Juxta spinam sub Sancto-Michaele*, 1250 (*ibid.*). — *Costa Sancti-Michaelis-aute-Virdunum*, 1261 (*ibid.*).

SAINT-MICHEL (ABBAYE DE). — Voy. SAINT-MIHIEL.

SAINT-MICHEL (CÔTE-), m^{on} isolée, c^{ne} de Verdun.

SAINT-MICHEL (PLACE), à Saint-Mihiel.

SAINT-MIHIEL, ville sur la Meuse, à 14 kil. au N. de Commercy. — *Sanctus-Michaelis*, 674 (test. Vulfoadi); 870 (partage de l'empire); 904 (dipl. du roi Louis); 921 (dipl. de Charles le Simple); 1030 (chronicon monasterii); 1135 (Onera abbatum); 1180 (bulle d'Alexandre III); 1191 (coll. lorr. t. 139, n° 30); 1788 (pouillé). — *Ad munte Sancto-Micaëlo-Archangelo super fluvio Marsupiæ*, 756 (ch. de Pepin). — *Abbatia Sancti-Michaelis quæ in pago Virdunensi consistit*, 840 (ch. de l'emp. Lothaire). — *Sanctus-Michaelis*, 1106 (bulle de Pascal II); 1757 (de Hontheim). — *Sanctus-Michaëlis vicum et castrum*, xiie s^e (Laurent de Liége). — *L'abbei de Saint-Mihier*, 1243, 1251, 1256, 1257, 1301 (abbaye de Saint-Mihiel, P. 1. a. K. 7. — 5. D. 18.); 1281, 1283 (cart. de la cath.). — *Monasterium Sancti-Michaelis*, 1280 (*ibid.*). — *Moneta Sancti-Michaelis*, xiiie et xive siècle (monnaies des ducs de Bar); xve siècle (monnaies des évêques de Verdun). — *Saint-Michiel*, xiiie siècle (ch. d'exemption, Mélinon, p. 133-35); xviie siècle (arch. de la Meuse). — *Sainct-Michiel*, 1324 (Lamy, échange de la seigneurie de Saint-Maurice); 1431 (*ibid.* accord); 1450 (*ibid.* sentence du bailliage de Saint-Mihiel). — *Moneta nova de Saint-Michael* ou *Michal*, xve siècle (monnaies de René Ier, duc de Lorraine). — *Saint-Mihel*, 1549 (Wassebourg); 1608 (Lamy, baill. de Saint-Mihiel); 1707 (carte du Toulois). — *Fanum Michaëlis*, 1580 (stemmat. Lothar.). — *Sainct-Miel*, 1601 (Lamy, acte du baill. de Saint-Mihiel). — *Saint-Michel*, xviie s^e (archives de la Meuse). — *San Mihiellanius*, 1749 (pouillé).

La ville de Saint-Mihiel, ville principale du duché de Bar, a pris son nom d'une célèbre abbaye de Bénédictins de la congrégation de Saint-Vanne, dédiée à Saint-Michel, fondée en 709 par le comte Vulfoade, d'abord érigée sur le mont Châtelet, où est aujourd'hui le Vieux-Montier, puis transférée en 802 sur les bords de la Meuse, dans un hameau alors appelé *Godinécourt*, nom auquel se substitua bientôt celui de l'abbaye.

Avant 1790, Saint-Mihiel était chef-lieu du Barrois non mouvant, chef-lieu d'un baill. royal et de prév. siége des états généraux du Barrois, de la cour souveraine dite *des Grands jours*, transférée ensuite

à Nancy, d'une chambre des comptes, hôtel des monnaies, maitrise, gruerie, hôtel de ville, bureau de recette, etc.; ressortissait au présidial de Toul. — Diocèse de Verdun, archid. de la Rivière, chef-lieu de doyenné.

Avait un château bâti en l'an 1085, et, indépendamment de l'abbaye de Bénédictins précitée, un couvent de Minimes, fondé en 1596 sur l'emplacement de l'ancien prieuré de Saint-Thiébaut; un couvent de religieuses, érigé en congrégation de Notre-Dame par bulle de Paul V délivrée en 1615; des Annonciades célestes, établies en 1628; des chanoines réguliers de l'ordre de Saint-Augustin, de la réforme du bienheureux Pierre Fourrier, établis en 1643; des Carmes déchaussés, établis en 1645; une collégiale sous l'invocation de Saint-Léopold, en l'église paroissiale de Saint-Étienne; une maison de noviciat pour les Capucins, établis en 1586; un hôpital et une maison de charité.

Au baill. de Saint-Mihiel ressortissaient un grand nombre de prévôtés; nous ne citerons que celles qui ont concouru à former le dép^t de la Meuse; ce sont les prévôtés de : Apremont, Bouconville, Foug, Hattonchâtel, Heudicourt, Mandres-aux-Quatre-Tours, Richecourt, Saint-Mihiel, Sampigny et Sorcy.

La prévôté de Saint-Mihiel comprenait les localités dont les noms suivent : Ailly, Ambly, Bannoncourt (partie avec Hattonchâtel), Bislée, Brasseitte, Chauvoncourt, Courcelles-aux-Bois, Courouvre (pour partie), Dompcévrin, Dompierre-aux-Bois, Frémeréville, Fresnes-au-Mont (terre de baronnie avec juridiction), Girauvoisin, Han-sur-Meuse, Kœur-la-Grande, Kœur-la-Petite, Lacroix-sur-Meuse, Saint-Louvent et Lahaymeix (baronnie de Fresnes-au-Mont), Lonchamp, Mécrin, Ménonville, Montsec, Palameix, les Paroches, Pichaumeix, Saint-Mihiel, Savonnières-en-Woëvre (partie avec Hattonchâtel), Sommedieue, Troyon et Wascourt.

La maîtrise de Saint-Mihiel avait dans son ressort les grueries d'Apremont, Bouconville, Commercy, Foug, Hattonchâtel, Mandres, Rembercourt-aux-Pots, Ruppes, Saint-Mihiel et Thiaucourt.

Le doyenné de Saint-Mihiel, *decanatus de Sancto-Michaele* (1642, Mâchon), était composé des paroisses et annexes dont les noms suivent : Ailly, Ambly, Bannoncourt, Bislée, Bouquemont, Buxerulles, Buxières, Chauvoncourt, Dompcévrin, Fresnes-au-Mont, Génicourt-sur-Meuse, Grimaucourt-près-Sampigny, Han-sur-Meuse, Heudicourt, Jossecourt, Kœur-la-Grande, Kœur-la-Petite, Lacroix-sur-Meuse, Lahaymeix, Maizey, Ménil-aux-Bois, les Paroches, Pontheville, Ranzières, Refroicourt, Rouvrois-sur-Meuse, Saint-Mihiel, Sampigny, Thillombois, Tilly, Troyon, Vaux-les-Palameix, Villers-sur-Meuse, Woimbey et Woinville.

En 1790, lors de l'organisation du dép[t], Saint-Mihiel devint siége de tribunal et chef-lieu de district et de canton. Le district de Saint-Mihiel renfermait dans son étendue quatre-vingt-dix-sept municipalités réparties en onze cantons, qui étaient ceux de : Apremont, Bannoncourt, Bouconville, Hannonville-sous-les-Côtes, Hattonchâtel, Heudicourt, Lacroix-sur-Meuse, Pierrefitte, Saint-Mihiel, Sampigny et Woël.

Le c[on] de Saint-Mihiel comprenait la ville et les faubourgs.

Par une loi du 11 février 1791, le tribunal criminel du dép[t] de la Meuse fut établi et fixé à Saint-Mihiel, et dans le décret du 1er juin 1791 relatif à la réduction et à la circonscription des paroisses, l'Assemblée nationale arrêta : «La ville de Saint-Mihiel aura deux paroisses desservies, à l'avenir, l'une dans l'église du ci-devant monastère des Bénédictins, pour la partie de cette ville appelée *la Halle*, ses faubourgs et les hameaux de Chauvoncourt et de Moneville; et l'autre dans l'église de Saint-Étienne, pour la partie de Saint-Mihiel appelée *le Bourg* et pour les faubourgs contigus.»

Actuellement, arrond. et archipr. de Commercy, chef-lieu de c[on] et de doyenné, chef-lieu judiciaire du dép[t], cour d'assises, tribunal de première instance du deuxième arrondissement, caserne de cavalerie. — Écarts : Bulgnévaux, la Goulotte, Malborough, Marsoupe, Morvaux, le Pâquis, Pérupt, Pichoumeix, la Porte, Saint-Christophe, Surpierre, la Tourelle, Verzelle, Vieux-Étangs, Vieux-Montier. — Patrons : saint Étienne et saint Michel.

Le c[on] de Saint-Mihiel est situé sur la limite, à l'E. du dép[t]; il est borné au N. par l'arrond. de Verdun et le c[on] de Vigneulles, à l'O. par le c[on] de Pierrefitte, au S. par celui de Commercy, à l'E. par le dép[t] de la Meurthe; sa superficie est de 28,525 hect.; il renferme vingt-huit communes, qui sont : Ailly, Apremont, Bislée, Bouconville, Brasseitte, Broussey-en-Voëvre, Chauvoncourt, Han-sur-Meuse, Lacroix-sur-Meuse, Lahayville, Liouville, Loupmont, Maizey, Marbotte, Menisec, les Paroches, Rambucourt, Ranzières, Raulecourt, Richecourt, Rouvrois-sur-Meuse, Saint-Agnant, Saint-Mihiel, Spada, Troyon, Varnéville, Xivray et Morvoisin.

La composition du doy. est la même que celle du c[on].

Les armoiries de Saint-Mihiel étaient : *d'azur à trois rochers d'argent* (armorial de Lorraine), et la devise : *Douce moveantur*.

Saint-Montant, f. c[ne] d'Iré-le-Sec. — *Beati-Montani ecclesia*, 1096 (bulle d'Urbain II).

Était anciennement ermitage et censé fief de l'abbesse de Juvigny, après l'avoir été des comtes de Bar.

Saint-Nicolas, contrée, c[ne] de Dombasle.

Saint-Nicolas, m[is], c[ne] de Maizey.

Saint-Nicolas, font. c[ne] de Romagne-sous-Montfaucon.

Saint-Nicolas, chapelle ruinée, c[ne] de Vaubecourt.

Saint-Nicolas, caserne et hôpital militaire fondés en 1807 dans les bâtiments de l'ancienne abbaye de Saint-Nicolas-des-Prés, à Verdun.

Saint-Nicolas-de-Domquenat, ermitage ruiné, c[ne] de Brouennes.

Saint-Nicolas-de-Gobesand, bois, c[ne] de Saint-Mihiel.

Saint-Nicolas-de-Gravière, ancien hôpital avec église, à Verdun. — *Hospitalis de Ponte-Gravariæ*, 1134 (cartul. de la cathédr. f° 168). — *Hospitalis de Gravariis in Virduno*, 1213 (nécrol. mense novemb.). — *Frater hospitalis de Ponte-Gravariæ Virdunensis*, 1248 (cart. de la cath. bulle d'Innocent IV). — *La Maison-Dieu dou Pont-à-Gravière de Verdun*, XIIIe s[e] (cart. de la cath.). — *Saint-Nicolay dou Pont-à-Gravière*, 1267 (ibid. f° 157). — *Hôpital de Saint-Nicolas-de-Graviere*, 1570 (hôtel de ville de Verdun, A. 4). — *Saint-Nicolas-de-Gravier*, 1745 (Roussel). Fondé vers l'an 1150, cet hôpital était desservi par une communauté de frères hospitaliers dont la règle fut approuvée en 1225 par Rodolphe de Torote, évêque de Verdun; il fut aliéné au profit des Jésuites en 1570, pour l'établissement du collège.

Saint-Nicolas-des-Prés, ancienne abbaye, à Verdun. — *Conventus Sancti-Nicolai in Prato Virdunensi*, 1224 (cartul. de la cathédr.). — *Loco qui Pratum-Episcopi solebat appellari in honore beati Nicolai*, 1226 (Gallia christ. XIII instrum. p. 577). — *Ecclesia beati Nicolai de Prato*, 1238 (cartul. de la cath. ch. de Raoul de Torote). — *A l'église dou Prey en Verdun*, 1250 (ibid. ch. de Thibaut II, comte de Bar). — *Saint-Nicolas-du-Pré-lez-Verdun*, 1549 (Wassebourg). — *Sainct-Nicolas-des-Prez*, 1570 (hôt. de ville de Verdun, A. 4); 1652 (ibid. B. 1). — *Saint-Nicolas-des-Pretz*, 1668 (ibid. B. 3). — *Saint-Nicolas-Desprez*, 1743 (procès-verbal des coutumes).

D'abord, prieuré fondé en 1219 par Jean d'Apremont, évêque de Verdun; ensuite, abbaye érigée en 1252, mise sous la réforme du bienheureux Pierre Fourrier depuis 1625 et transformée en 1807 en hôpital militaire, sous le titre de Saint-Nicolas, tenu par des religieuses de la congrégation de Saint-Charles de Nancy.

Saint-Nicolas-de-Sept-Fonds, ermitage ruiné, c^{ne} de Vaucouleurs. — *Saint-Nicolas-de-Sephan*, 1700 (carte des États). — *Saint-Nicolas de Sephond*, 1760 (Cassini).

Était à l'abb. de Sept-Fontaines; actuellement, tuilerie sous le nom de *Sept-Fonds*.

Saint-Ouën, tour ruinée, c^{ne} de Vassincourt; était située près du ruiss. dit *la Beuse*.

Saint-Oury (Rue), à Verdun; a pris son nom de l'ancienne chapelle paroissiale, située primitivement près de l'église collégiale de la Madeleine, dans les cryptes de laquelle elle fut ensuite transférée. — *In capella Sancti-Odelrici sita ante ecclesiam nostram*, 1258 (acte de fond. de la Madeleine). — *In ruella Sancti-Ulrici*, xvie siècle (titres latins). — *Saint-Oulry*, 1668, 1675, 1691, 1692 (hôtel de ville de Verdun, reg. de la paroisse Saint-Oury). — *Saint-Udalric*, 1674, 1677, 1678 (*ibid.*); 1775 (D. Cajot, 1, p. 125). — *Saint-Houry*, 1705, 1707 (hôt. de ville, reg. de par.). — *Saint-Ouri*, 1720 (*ibid.*).

Saint-Pantaléon, chapelle ruinée, c^{ne} de Sivry-sur-Meuse.

Saint-Paul, contrée, c^{ne} de Dugny.

Saint-Paul, bois domanial sur les territoires de Mont et de Ménil-sous-les-Côtes.

Saint-Paul, abbaye, à Verdun. — *Monasterium Beati-Pauli*, 966, 984 (cart. de Saint-Paul). — *Abbatia Sancti-Pauli*, 973 (charte de l'évêque Wilgfride). — *Monasterium in honore Sancti-Pauli-Apostoli juxta murum Virduni urbis constructum*, 1040 (cart. de Saint-Paul). — *Apud vadum Sancti-Pauli*, 1051 (dipl. de l'emp. Henri III). — *Sanctus Paulus apud Virdunum*, 1124 (cart. de Saint-Paul). — *Ecclesia Sancti-Pauli*, 1135 (ch. d'Albéron). — *Monasterium Sancti-Pauli in suburbio Virdunensi*, 1137 (cart. de Saint-Paul); 1137 (bulle d'Innocent II). — *Ecclesia Beati-Pauli*, 1143 (cart. de Saint-Paul). — *Sanctus-Paulinus-Virdunensis*, 1145 (sentence de l'arch. Albéron, Hist. de Lorr. t. V, pr.). — *Sanctus-Paulus-Virduni*, 1149 (cart. de Saint-Paul). — *Ecclesia Sancti-Pauli in suburbio Virduni sita*, 1207 (*ibid.*). — *Ecclesia Beati-Pauli-Virduni*, 1236 (*ibid.*). — *Saint-Poule*, 1249, 1262 (cart. de la cathédr.). — *Couvent de Saint-Poule-de-Verdun*, 1252 (cart. de Saint-Paul). — *Sainct-Poulle*, 1299 (recueil). — *Saint-Paul-lez-Verdun*, 1549 (Wasscbourg).

Prit naissance dans l'église ou chapelle dite *de Saint-Saturnin*, bâtie hors des murs, dans laquelle saint Paul, év. de Verdun, était enterré; cette église fut érigée, en l'an 962, en abbaye de l'ordre de Saint-Benoît, et en 1125, en abbaye de clercs réguliers de l'ordre de Prémontré; détruite en 1552,

elle fut réédifiée en 1553 dans l'intérieur de la ville; ses bâtiments sont occupés aujourd'hui par le palais de justice et par l'hôtel de la sous-préfecture.

A donné son nom à la caserne militaire construite sur une partie des dépendances de l'abb. et à l'une des rues qui y conduisaient. — *Sor ma maison qui siet Saint-Poule-rue*, 1283 (cart. de la cathédr.).

Saint-Paul, faub. ruiné, c^{ne} de Verdun; se forma au viie s^e, près de l'église Saint-Saturain, dans laquelle saint Paul, évêque de Verdun, avait été inhumé; fut démoli en 1552 pour l'établissement des fortifications, dont l'un des fossés, en cet endroit, porte encore le nom de *Vieille-Saint-Paul*.

Saint-Pierre, collég. à Bar-le-Duc. — *Ecclesia collegiata Sancti-Petri extra castrum in villa superiori*, 1402 (regestr. Tull.).

Fondée en 1315; actuellement, église paroissiale sous le titre de Saint-Étienne.

Saint-Pierre, contrée, c^{nes} de Bar-le-Duc et de Moulainville.

Saint-Pierre, ermitage ruiné et font. c^{ne} de Bouligny.

Saint-Pierre, chapelle et ermitage ruinés, entre Brocourt et Rampont.

Saint-Pierre, font. c^{ne} d'Heippes, qui prend sa source à la f. de Flabas, où se trouvait le prieuré dit *Saint-Pierre-de-Flabas*, de l'ordre de Cluny.

Saint-Pierre, bois, c^{ne} de Moulainville.

Saint-Pierre, bois comm. de Rampont.

Saint-Pierre, chapelle ruinée, c^{ne} de Vaucouleurs; dépendait de l'hôpital du Saint-Esprit de Vaucouleurs.

Saint-Pierre (Place), à Bar-le-Duc.

Saint-Pierre (Rue et Pont), à Verdun.

Saint-Pierre-l'Angelé, église ruinée, à Verdun; était église paroissiale sous le vocable de Saint-Pierre-ès-Liens et s'élevait sur le châtelet de la rue Saint-Pierre; fut démolie en 1793. — *Ecclesia Sancti-Petri in suburbio Virdunensis castri*, 952 (cart. de Saint-Vanne, charte de fondat.). — *In ecclesia Sancti-Petri in suburbio Virdunensi*, 1185 (cartul. de la cathédr. Thesaurus, p. 157). — *Saint-Pierre-l'Angele*, 1549 (Wasscbourg). — *Saint-Pierre-dans-le-Châtelet*, xvie et xviie siècle (hôtel de ville de Verdun); 1745 (Roussel). — *Sainct-Pierre-Langelé*, 1642 (Mâchon). — *Sanctus-Petrus-Angelatus*, 1738 (pouillé). — *Saint-Pierre-d'Angely*, 1791 (décret de l'Assemblée nationale).

Saint-Pierre-le-Chaené ou le Chevrier, église ruinée, à Verdun. — *Sanctus-Petrus-Caprarius*, 1048 (archives d'Ager, citées par D. Cajot, 3, 114); 1498 (cartul. de Saint-Airy). — *Capella in hoc Virdunensi suburbio in honorem Beati-Petri*, 1099 (cartul. de

27.

Saint-Airy). — *On champ dou rieire Saint-Pierre-le-Chaurier*, 1264 (ibid.). — *Saint-Pierre-le-Chaiviel*, 1396 (ibid.). — *Sur le wey Saint-Pierre-le-Cheurier*, 1409 (ibid.). — *Saint-Pierre-le-Chevril*, 1464 (Wassebourg). — *Saint-Pierre-le-Chevry*, 1549 (ibid.). — *Saint-Pierre-le-Chaive*, 1642 (Màchon). — *Sanctus-Petrus-Charus seu Dilectus; Sanctus-Petrus-Capricornus seu Cathedraticus; le Cher Saint-Pierre ou Saint-Pierre-le-Chéri*, 1738 (pouillé). — *Sanctus-Petrus-Cathedratus; Saint-Pierre-le-Chévrier*, 1775 (D. Cajot, 3.114). — *Saint-Pierre-le-Chairy*, 1791 (décret de l'Assemblée nationale).

Était primitivement un oratoire dédié à saint Pierre et saint Paul; devint église et fut érigée en paroisse en l'an 1185; elle était située près du pont Saint-Pierre; depuis longtemps détruite.

Saint-Pierrevillers, vill. sur le ruiss. des Eurontes, à 5 kilom. au N. de Spincourt. — *Saint-Pierre-Viller*, 1700 (carte des États). — *Sanctus-Petrus-Villaris, Saint-Pierre-Villers*, 1749 (pouillé).

Avant 1790, Barrois non mouvant, office d'Arrancy, marquisat et prév. de Spincourt, recette et baill. d'Étain, présid. de Verdun, cour souveraine de Nancy. — Dioc. de Trèves, archid. et doyenné de Longuyon, patron : saint Pierre; l'arch. de Reims nommait à la cure.

En 1790, distr. d'Étain, c⁰ⁿ d'Arrancy.

Actuellement, arrond. et archipr. de Montmédy, c⁰ⁿ de Spincourt, doy. de Billy-sous-Mangiennes. — Écart : Reménoncourt. — Patron : saint Remy.

Saint-Privat, f. c⁰ⁿ d'Haudainville, dépendait anciennement de Verdun; était une léproserie existant déjà en 1215; en 1630, elle fut transformée en ermitage sous le titre de Saint-Privat, martyr de Mendes. — *Les Petits-Malades*, 1215 (hôtel de ville de Verdun, II. D. 1.264). — *Les Pauvres-Malades*, xⅢᵉ siècle (hôtel de ville). — *La Maladrerie de Haudainville*, xⅢᵉ siècle (ibid.). — *Saint-Privé-lez-Verdun*, xⅥᵉ sᵉ (hospice Sainte-Catherine, II, E. 14). — *Saint-Privé*, 1630, 1632, 1636, 1664, 1665, 1666 (hôtel de ville, reg. des délib.); 1632 (anc. min. des notaires, étude de Mᵉ Mauvais). — *Saint-Prive de la ville de Verdun*, 1695 (arch. de l'Emp. sect. judiciaire, V.B. 1146, 1147). — *Saint-Privée*, 1700 (carte des États). — *Sanctus-Privatus*, 1738 (pouillé).

Saint-Quentin, contrée, c⁰ⁿ de Baulny.

Saint-Quentin, ermitage ruiné, c⁰ⁿ de Chalaines.

Saint-Quentin, ermitage ruiné, c⁰ⁿ de Vaubecourt; dépendait de Riaucourt.

Saint-Raymont, ermitage ruiné, dans les bois de Verneuil-le-Petit.

Saint-Remy, village sur le Longeau, à 6 kil. au S. de Fresnes-en-Woëvre. — *Sanctus-Remigius*, xᵉ siècle (polypt. de Reims); 1047 (cart. de Saint-Vanne); 1738 (pouillé). — *Sainct-Remy*, 1559 (Lamy, acte du tabell. de Verdun). — *Saint-Remy-les-Palameix*, 1425 (reprises de Geoffroy d'Autrey sur le duc de Lorraine); 1778 (Durival).

Avant 1790, Barrois non mouvant, marquisat, prév. office et cout. d'Hattonchâtel, recette et baill. de Saint-Mihiel, présid. de Toul, cour souveraine de Nancy. — Dioc. de Verdun, archid. de la Rivière, doy. d'Hattonchâtel.

En 1790, distr. de Saint-Mihiel, c⁰ⁿ d'Hannonville-sous-les-Côtes.

Actuellement, arrond. et archipr. de Verdun, c⁰ⁿ et doy. de Fresnes-en-Woëvre. — Écarts : Brandiat, Moulin-Petit. — Patron : saint Remy.

Saint-Remy, f. c⁰ⁿ d'Amanty.

Saint-Remy, ermitage et prieuré ruinés, c⁰ⁿ de Ligny-en-Barrois.

Saint-Remy, contrée, c⁰ⁿ de Montplonne.

Saint-Remy ou Mont-Saint-Remy, église ruinée, à Verdun. — *Sanctus Remigius*, 1047 (cart. de Saint-Vanne). — *In monte Sancti-Remigii*, 1049 (ibid.). — *Saint-Remei-au-Mont-Saint-Venne*, 1292 (cart. de la cathédrale, f° 177). — *Cureis du Mont-Saint-Remy*, 1306 (recueil).

Était située dans la citadelle, près de l'abbaye de Saint-Vanne; annexe de Saint-Amand.

Saint-Remy. — Voy. Saint-Jean-du-Châtel.

Saint-Rieul, briqueterie, c⁰ⁿ de Cousancelles.

Saint-Rocu, ermitage ruiné, c⁰ⁿ de Damvillers.

Saint-Rouin, étang, f. et chapelle, c⁰ⁿ de Beaulieu; ancien ermitage qui se nommait primitivement Bonnevalle, *Bonne-Vallée*, 1549 (Wassebourg), et qui prit ensuite le nom de son fondateur, saint Rouin ou saint Rodingue. — *Sanctus-Rodingus*, 1612 (attest. des reliques). — *Saint-Rouyn*, 1712 (hist. ms de Beaulieu).

Saint-Sacrement, chapelle ruinée, c⁰ⁿ de Romagne-sous-Montfaucon.

Saint-Satrice (Trou-), rue, à Commercy.

Saint-Saturnin, église ruinée, à Verdun; était située hors des murs, un peu au N. de Verdun; elle fut bâtie en l'an 640 par l'év. saint Paul, qui y eut sa sépulture; ruinée par les Normands au commencement du xᵉ siècle, elle fut rebâtie et érigée en 964 en abbaye de l'ordre de Saint-Benoît, sous le titre de Saint-Paul. — Voy. ce mot.

Saint-Sauveur, ancienne église paroissiale, à Verdun; attenante à l'hospice Sainte-Catherine, dite autrefois *Maison-Dieu-Saint-Sauveur*; fut fondée en l'an 1089 par Henry, év. de Liége, et resta église paroissiale jusqu'en 1790; a donné son nom à la rue qui y conduisait. — *In honorem Domini nostri Salvatoris*, 1089 (nécrol. de Saint-Airy). — *Saint-Salvour*, 1094, 1250 (cart. de la cathédr. f° 19); 1349 (hosp. Sainte-Catherine, B. 17. 55). — *In ecclesia Sancti-Salvatoris*, 1237 (nécrologe). — *Pauperibus et fratribus hospitalis Sancti-Salvatoris in Virduno*, 1238 (ch. de Raoul de Torote, év. de Verdun). — *Sanctus-Salvator*, 1278 (cart. de la cath. f° 138); 1738 (pouillé). — *Saint-Savour*, 1265 (Soc. Philom. lay. Verdun, A. 4). — *Domus Dei Sancti-Salvatoris*, 1307 (ch. de N. de Neuville, év. de Verdun). — *Sainct-Saurour*, 1317 (recueil). — *Saint-Saulveur*, 1549 (Wassebourg). — *Sainct-Saulveur*, 1642 (Mâchon).

Saint-Sauveur, église paroissiale, à Verdun; construite en 1828 sur l'emplacement de l'ancienne église des Minimes. — Patron : la Nativité.

Saint-Sébastien, chapelle ruinée, c°° de Commercy.

Saint-Simon (Rue), à Étain.

Saint-Sulpice, ermitage ruiné, c°° de Ville-sur-Cousance.

Saint-Symphorien, bois et font. c°° d'Haudainville.

Saint-Thiébaut, m°° isolée, sur le ruiss. d'Ormançon, c°° de Saint-Joire.

Saint-Thiébaut (Faubourg), à Saint-Mihiel. — *Saint-Thiébaut-les-Saint-Mihiel*, 1303 (abbaye de Saint-Mihiel).

Saint-Thiébaut (Prieuré), à Vaucouleurs; ancien prieuré de l'ordre de Saint-Benoît, dépendant de l'abb. de Molème; fut converti en couvent de Minimes en 1586. — *Sanctus-Theophaldus*, 1756 (D. Calmet, *not.*).

Saint-Urbain, chapelle ruinée, à Verdun. — *Saint-Urbain*, 1498 (paix et accord). — *A la chapelle de Rhodes de Saint-Jean-de-Jérusalem, dite de Saint-Urbain de Verdun*, 1547 (hôt. de ville de Verdun, papier terrier). — *Commenda Sancti-Urbani prope Virdunum*, 1642 (Mâchon).

Était commanderie de l'ordre des Chevaliers de Jérusalem, située sur la limite de la petite banlieue, près du cimetière actuel de Verdun.

Saint-Valery, f. c°° de Thonne-la-Long.

Saint-Valfroy, mont, c°° de Lamouilly. — *Sanctus-Walfragius*, 1240 (dipl. de l'archev. Thierry). — *Sanctus-Wolfraius*, 1157 (ch. de Gorze).

D'après la tradition, le sommet de ce mont, qui s'étend dans le dép¹ des Ardennes, était occupé par une statue dédiée à Diane, que saint Valfroy renversa, en l'an 561, pour élever à la place du monument païen une chapelle en l'honneur de saint

Martin et un monastère qui prit dans la suite le nom de son fondateur.

Saint-Vandregésile, ermitage ruiné, c°° de Brabant-sur-Meuse.

Saint-Vanne, f. ruinée, c°° de Parois.

Saint-Vanne, contrée, c°° de Pintheville.

Saint-Vanne, abb. à Verdun. — *Basilica sancti domni Petri et domni Vitoni oppidi Virdunensis, ubi leprosi resident*, 634 (test. Adalgiseli). — *Sanctus Videmus*, 701 (ch. de Pepin et Plectrude). — *Monasterium Sancti-Vitoni in civitate nostra Virdunensi juxta Mosæ flumen*, 852 (charta Regneri). — *Sanctus-Vitonus*, 893 (Mémorial de Dadon); ix° siècle (Bertaire); 952 (dipl. de l'emp. Otton); x° siècle (polypt. de Reims); 1015 (dipl. de l'emp. Henri II); 1049, 1125 (cartul. de Saint-Vanne); xii° siècle (Laurent de Liége); 1156 (acte de confirmation); 1226 (cart. de Saint-Paul). — *Ecclesia Sancti-Petri in suburbio Virdunensis castri*, 952 (ch. de fondat.). — *In suburbio Virdunensis castelli in honore Sancti-Petri*, 952 (cart. de Saint-Vanne). — *Ecclesia Beati-Petri quæ nunc dicitur monasterium Sancti-Vitoni Virdunensis*, 974 (ch. de Godefroy le Barbu, stemmat. Loth. pr.). — *Sanctus-Vittonus*, 980 (cart. de Saint-Vanne). — *In clostro Divi-Vitoni*, 1025, 1044 (stemmat. Lothar. pr.). — *Abbatia Sancti-Petri*, 1125 (cart. de Saint-Vanne). — *Sanctus-Vitonus-Virduni*, 1292 (cart. de la cathédr.). — *Saint-Venne*, 1292 (*ibid.*); 1394 (coll. lorr. t. 265.47. A. 1). — *Saint-Venne-de-Verdun*, 1387 (*ibid.* t. 263.41. C. 9); 1386 (*ibid.* 46. C. 11). — *Sainct-Venne*, 1549 (Wassebourg). — *Saint-Viton*, 1749 (pouillé).

Ancienne église mère du dioc. de Verdun, bâtie au iv° siècle sous l'invocation de Saint-Pierre, siége des quatre premiers évêques de Verdun; au commencement du vi° siècle, l'év. saint Vanne y établit une communauté de clercs; en 952, l'év. Bérenger y plaça des religieux de l'ordre de Saint-Benoît et y fonda une abbaye qui prit le nom de *Saint-Vanne*; c'était le plus ancien et le plus célèbre des monastères du dioc.; on en voit à peine quelques restes dans l'intérieur de la citadelle de Verdun.

Saint-Vanne, bois, c°° de Verdun.

Saint-Vanne (Mont), c°° de Verdun; hauteur sur laquelle furent établis le monastère et le bourg de Saint-Vanne, la primitive église de Saint-Amand, l'église de Saint-Remy et ensuite la citadelle de Verdun. — *Bannum Montis-Sancti-Vitoni; in ipso Monte-Sancti-Vitoni*, 1049 (bulle de Léon IX); 1049 (cart. de Saint-Vanne). — *Mons-Sancti-Vitoni*, 1156 (acte de confirmat.). — *De Monte-Sancti-Vitoni*, 1226 (cart. de Saint-Paul). — *In burgo Sancti-Vitoni*,

1227 (cart. de Saint-Vanne, ch. de Henri). — *Juxta atrium Sancti-Amantii in Monte-Sancti-Vitoni*, 1229 (cart. de la cathédr. fol. 165). — *Mont-Saint-Venne*, 1246, 1265, 1268 (*ibid.* f° 4). — *Qui siet au Manil devant Saint-Remei au Mont-Saint-Venne*, 1292 (*ibid.* f° 177). — *Ban qu'on dit à présent le Mont-Saint-Venne*, 1549 (Wassebourg).

SAINT-VANNE (MOULIN), c°° d'Ippécourt.

SAINT-VANNE (NOUE), contrée, c°° des Islettes.

SAINT-VICTOR, église, à Verdun. — *Abbatia Sancti-Victoris in eodem suburbio Virdunensi*, 984 (cart. de Saint-Paul). — *Ad suburbium ultramuraneum... in ecclesia Sancti-Victoris*, xi° siècle (Hugues de Flavigny). — *Ecclesia Sancti-Victoris in suburbio Virdunensi*, 1179 (cart. de Saint-Paul, f° 45). — *Saint-Victour*, 1299 (cart. de la cathédr.). — *Sanctus-Victor*, 1738 (pouillé).

Cette église passe pour être la plus ancienne des paroisses du dioc.; elle était primitivement située hors des murs de la ville, à laquelle elle fut réunie par l'enceinte construite au xiv° siècle. — Patron : saint Maurice.

Elle a donné son nom à l'une des portes de la ville et à la rue qui y conduit. — *Saint-Victour-Rue*, 1299 (cart. de la cathédr. f° 177). — *Saint-Victor-Rue*, 1322 (Mélinon). — *Saint-Victourrue*, 1433 (hosp. Sainte-Catherine, II, D. 35).

SAINT-VINCENT, f. ruinée, c°° de Sommeloine.

SAINT-VINCENT, anc. hôpital, à Verdun; était situé sur l'emplacement où fut transférée au xvii° siècle l'église Saint-Amand.

SAINT-VITE, chap. ruinée, c°° de Gondrecourt.

SAINT-VIVIANT, ermit. ruiné, c°° de Revigny.

SAINTE-ANNE, f. c°° de Boinville; était anciennement un m^in dit *Duhautoy*.

SAINTE-ANNE, chap. et m°° isolée, c°° de Clermont-en-Argonne.

SAINTE-ANNE, chap. ruinée, c°°° de Commercy et Vaucouleurs.

SAINTE-ANNE, ferme, c°° de Darmont.

SAINTE-ANNE, chap. isolée, c°°° de Louppy-le-Château, Neuville-en-Verdunois et Verdun.

SAINTE-BARBE, pont et contrée, c°° de Saint-Mihiel.

SAINTE-BLANCUE, contrée, c°° de Montblainville.

SAINTE-CATHERINE, f. c°° de Behonne.

SAINTE-CATHERINE, chap. ruinée, c°° de Gondrecourt.

SAINTE-CATHERINE, bois comm. de Saint-Julien.

SAINTE-CATHERINE, contrée, c°° de Verdun.

SAINTE-CATHERINE, hosp. à Verdun. — *Maison-Dieu-Saint-Salveour*, 1094 (cart. de la cathédr.); 1349, hosp. Sainte-Catherine, B. 17.65). — *Hospitalis Sancti-Salvatoris*, 1238 (charte de Rodolphe de Torote). — *Sainte-Katherine-des-Croces*, 1254 (cart. de la cathédr. f° 117 bis). — *Beata-Katherina*, 1270 (*ibid.* f° 161). — *Confrairie Saincte-Katherine de la maison Deu-Saint-Sauveur*, 1311 (arch. de Sainte-Catherine). — *Maison-Deu ou Ospitaul de Sainte-Catherine de leis Saint-Sauveur*, 1435 (*ibid.*). — *Sainte-Catherine*, 1508 (conclus. capitul.).

On ignore la date de la fondation de cet hospice; la tradition la fait remonter à l'év. saint Airy (*Agericus*), qui vivait vers l'an 550. Cet établissement prit sur la fin du xi° siècle le nom de *Maison-Dieu-Saint-Sauveur*, par suite de la construction, en l'an 1089, de l'église paroissiale, dite *Saint-Sauveur*, qui lui était contiguë; il fut d'abord administré par des frères hospitaliers, ensuite par une association de femmes charitables, puis, à partir de 1715, par des sœurs de la congrégation de Saint-Charles de Nancy.

SAINTE-CLAIRE, font. c°° de Fontaines.

SAINTE-CLAIRE, à Verdun; anciennement monastère de religieuses de l'ordre de Saint-François, fondé en 1292, détruit en 1790; actuellement, noviciat des clercs réguliers de la congrégation de Notre-Sauveur, sous la règle du bienheureux Pierre Fourrier, ordre reconstitué par décret du souverain pontife, du 2 février 1855. — *Sancta-Clara*, 1789 (Soc. Philom. lay. Verdun, A. 18).

SAINTE-CROIX, chap. ruinée, c°° de Maxey-sur-Vaise.

SAINTE-CROIX, collégiale, à Verdun. — *Ecclesia Sanctæ-Crucis*, xi° siècle (continuatio hist. episc.); 1027, 1049 (bulle de Léon IX). — *De recto Sanctam-Crucem*, 1211 (cart. de la cathédr.). — *In vico qui dicitur recto ecclesiam Sanctæ-Crucis*, 1284 (cart. de la cathédr. f° 150).

Fondée au commencement du xi° siècle, détruite en 1552; était située sur la place encore dite aujourd'hui *place Sainte-Croix*, à proximité de l'ancien tribunal de justice, d'où vient que les *coutumes de la ville*, *cité et bailliage de l'évêché et comté de Verdun et pays Verdunois* prirent le nom de *coutumes et droits de Sainte-Croix*.

SAINTE-CROIX (PONT), sur la Meuse, à Verdun. — *De ponte apud Virdunum civitatem*, vi° siècle (Grégoire de Tours). — *Sor lou Pont à Sainte-Croix*, 1263 (cart. de la cathédrale.). — *Qui siet sor le Pont à Sainte-Creux*, 1267 (*ibid.*). — *Dessus le Pont à Sainte-Croix*, 1286 (recueil).

Ce pont était autrefois précédé d'une porte dite Tour du Change, *super turrim in Cambio* (nécrologe, 15 des cal. de novembre), avec pont-levis se levant du côté de Mazel; la rue dite actuellement *rue du Pont-Sainte-Croix* se nommait alors *rue du Change*.

— On Chainge et Maazel d'aultre part le pont Sainte-Croix, 1822 (Mélinon). — En la rue du Chainge, près le pont Sainte-Croix, 1424 (hôt. de ville, reg.).

Sainte-Foy, f. c⁰ᵉ de Brabant-en-Argonne; source minérale contenant de la silice gélatineuse et ferrugineuse, réputée pour combattre le rachitisme; sa propriété est d'être laxative et ferrugineuse; elle contient : silice, 33; oxyde de fer, 67; température + 12 degrés.

Sainte-Geneviève, chap. isolée, c⁰ᵉ de Belrain.

Sainte-Geneviève, f. c⁰ᵉ de Culey.

Sainte-Geneviève, chap. et ermit. ruinés, c⁰ᵉ de Loisey. — Sainte-Geneviève-aux-Bois, 1711 (pouillé).
— Tout contre Sainte-Geneviève se trouvait une maison de chasse des ducs et comtes de Bar; on voit les ruines de ce château dans la prairie située auprès de la chapelle.

Sainte-Geneviève, ermit. ruiné, actuellement f. c⁰ᵉ de Saint-Maurice-sous-les-Côtes.

Sainte-Geneviève, ermit. ruiné, c⁰ᵉ de Tronville.

Sainte-Geneviève (Forêt de), c⁰ᵉ de Loisey.

Sainte-Geneviève (Rue), à Varennes.

Sainte-Germaine, bois comm. de Romagne-sous-Montfaucon.

Sainte-Hoilde, f. c⁰ᵉ de Bussy-la-Côte. — Sancta-Ohyldis, 1141 (cart. de Jeand'heures). — Abbacia Sancta-Ashuldis, 1402 (registr. Tull.). — Sainte-Ashoul, Sainte-Houlde, 1402 (ibid.). — Saint-Hou, 1700 (carte des États). — Monasterium Sanctæ-Hoïldis, 1707 (carte du Toulois). — Sainte-Hou, 1707 (ibid.). — Sancta-Hoïldia, 1749 (pouillé). — Saint-Houd, 1778 (Durival).
Était anciennement une abb. de filles de l'ordre de Cîteaux, fondée en 1229 par Henri II, comte de Bar, office, recette, cout. prév. et baill. de Bar, présid. de Châlons, parlem. de Paris; le roi en était seul seigneur. — Dioc. de Toul, archid. de Rinel, doyenné de Bar, dépendance de Villotte-devant-Louppy.

Sainte-Laie. — Voy. Saint-Hilier.

Sainte-Libare, chap. isolée, c⁰ᵉ de Beurey-en-Vaux. — Sainte-Liber, 1700 (carte des États). — Sainte-Libaire, 1760 (Cassini).

Sainte-Livière, ancien fief, c⁰ᵉ de Levoncourt.

Sainte-Luce, font. c⁰ᵉ de Montsec.

Sainte-Lucie, bois comm. de Sampigny.

Sainte-Lucie, côte et f. c⁰ᵉ de Sampigny. — Sancta-Lucia, 1047 (ch. de l'év. Thierry); 1642 (Mâchon).
— Ad Sanctam-Luciam, 1049 (bulle de Léon IX).
— Mons-Sanctæ-Luciæ, xiiᵉ siècle (Laurent de Liége). — Ecclesia Sanctæ-Luciæ, 1184, 1186 (cart. de la cathédr.). — Mont Sainct-Lucien, 1549

(Wasselbourg). — Sainte-Lucie-du-Mont, 1756 (D. Calmet, not.); 1778 (Durival).
Fut dans l'origine un oratoire bâti vers le xᵉ siècle par sainte Lucie d'Écosse (sancta Lucia Scotia), dans lequel la sainte passait les nuits en prière et où son corps fut inhumé; cet oratoire, après avoir longtemps servi d'église paroissiale à Sampigny, fut remplacé par une église plus grande desservie par quatre prêtres séculiers formant une communauté, dite de Sainte-Lucie, qui devint vers l'an 1620 un couvent de pères Minimes dont l'église demeura placée sous l'invocation de cette sainte.

Sainte-Lucine, chap. ruinée, c⁰ᵉ de Chassey.

Sainte-Madeleine, prieuré proche Damvillers; dépendait de l'ordre de Cluny.

Sainte-Madeleine-de-l'Isle-de-Tilly, couvent ruiné, à Verdun; était un monastère de religieuses dites sœurs Pénitentes, établi avant le xiiᵉ siècle au lieu où fut depuis le couvent des Minimes.

Sainte-Marguerite, font. c⁰ᵉ d'Aincreville; prend sa source à la ferme de Chassogne.

Sainte-Marguerite, prieuré ruiné, c⁰ᵉ de Cesse.

Sainte-Marguerite, font. c⁰ᵉ de Saulx-en-Barrois.

Sainte-Marie, f. c⁰ᵉ de Montigny-devant-Sassey. — Sainte-Marie-devor-Mons, 1260 (cart. de la cathédr.).

Sainte-Marie, ermit. ruiné et côte, c⁰ᵉ de Saint-Mihiel.

Sainte-Marie-Majeure, ermit. ruiné, entre Stainville et Lavincourt; était situé sur la Saulx.

Sainte-Menehould (Prévôté de); a fourni au dép¹ les localités dont les noms suivent : Aincreville, Bantheville, Baulny, Beauclair, Beaufort, Boureuilles, Cierges, Halles, Saulmory et Villers-devant-Dun; dépendait du baill. de Sainte-Menehould, transféré sous les princes de Condé à Clermont-en-Argonne, et ressortissait au parlem. de Paris.

Sainte-Salberge, prieuré vulgairement appelé prieuré de Richecourt ou de Notre-Dame, c⁰ᵉ de Bonnet; dépendait de l'abb. de Saint-Jean de Laon.

Sainte-Ville, contrée, c⁰ᵉ de Consenvoye; d'après la tradition, il aurait existé en ce lieu un village depuis longtemps ruiné.

Saistignon, côte et contrée, c⁰ᵉ d'Ornes.

Sairombois, contrée, c⁰ᵉ de Doncourt-aux-Templiers.

Salman, contrée, c⁰ᵉ de Froidos.

Salines (Rue des), à Stenay.

Salmagne, vill. sur le ruiss. de Salmagne, à 7 kil. au N. de Ligny-en-Barrois. — Salemania, 1106 (bulle de Pascal II); 1580 (stemmat. Lothar.). — Salmagia, 1135 (Onera abbatum). — Salamannia, 1154 (cart. de Jeand'heures). — Sallemanne, 1223 (abb. de Saint-Mihiel, 4.X.1). — Salemenne, Sallemanne, xiiiᵉ siècle (ibid.). — Salamania, Salamagnia, 1402 (regestr. Tull.). — *Sallemangne*, 1460 (coll. lorr. t. 247.39, A. 14). — *Sallemenne*, 1495-96 (Trés. des ch. B. 6364). — *Salemagne*, 1700 (carte des États). — *Sallemagne*, *Sallemania*, 1711 (pouillé); 1749 (*ibid.*). — *Salamna*, 1756 (D. Calmet, *not.*). — *Salmanne*, *Salmaigne*, 1778 (Durival).

Avant 1790, Barrois mouvant, office, recette et cout. de Bar, partie prév. de Dagonville et partie jurid. du juge-garde du seigneur, baill. de Bar, présid. de Châlons, parlem. de Paris. — Dioc. de Toul, archid. de Rinel, doy. de Bar.

En 1790, distr. de Bar, c^on de Loisey.

Actuellement, arrond. et archipr. de Bar-le-Duc, c^on et doy. de Ligny. — Écarts : Majorat, le Moulin, Saint-Amand. — Patron : saint Martin.

SALMAGNE (RUISSEAU DE), qui prend sa source dans le bois des Valottes et se jette dans l'Ornain vis-à-vis de Trouville, après un cours de 7 kilomètres.

SALMONPRÉ, contrée, c^ne de Revigny; ancien cimetière de pestiférés établi lors de l'épidémie de 1634 à 1636.

SALPI, prieuré ruiné, actuellement f. c^ne de Brandeville.

SALVANGE, f. c^ne de Rarécourt, anciennement faïencerie et tuilerie. — *Capella in Solvengis cum molendino*, 984, 1137, 1147 (cart. de Saint-Paul). — *Capella de Salvengis*, 1179 (*ibid.*). — *Silvange*, 1418 (archives de la Meuse).

SALVANGE, maison isolée, c^ne de Savonnières-devant-Bar.

SALVONIÈRES, contrée, c^ne de Montplonne.

SAMARITAINE (PLACE DE LA), à Bar-le-Duc; s'est appelée en l'an II place *Mirabeau*; mais a repris depuis son ancien nom.

SAMEN, contrée, c^ne de Champneuville.

SAMOGNEUX, vill. sur la rive droite de la Meuse, à 5 kil. au N. de Charny. — *Castanono ecclesia*, 962 (cart. de Saint-Vanne). — *Septinum molum*, x^e s^e (polypt. de Reims); 1049, 1060, 1061 (cart. de Saint-Vanne). — *In Septimo loco*, 1047 (*ibid.*). — *Samongeia*, 1049 (bulle de Léon IX). — *Septimimium*, xiie s^e (Laurent de Liége). — *Samougnueiz*, 1228 (cart. de la cathédr.). — *Samougnuez*, 1228, 1229, 1262, 1264, 1267 (*ibid.*). — *Samougnuel*, 1232 (chap. de Verdun, lay. Haumont). — *Samougnues*, 1251 (cart. de la cathédr.). — *Samougnueis*, 1273 (*ibid.*). — *A la maladrerie ensous Samognues*, 1269 (cart. de la cathédr. p. 145). — *Molendinum de Sammoignois*, 1271 (nécrologe). — *Septunacum*, 1502 (lettres de l'emp. Maximilien Ier). — *Samougneulx*, *Samogneum*, 1642 (Mâchon). — *Samognieux*, 1681 (hôt. de ville de Verdun, 29. L. 30 bis); 1744 (hosp. Sainte-Catherine, B. 1). — *Septimum-*

Niolum, 1738 (pouillé). — *Saumogneux*, 1738 (hosp. Sainte-Cather. B. 1). — *Samoigneux*, 1743 (proc.-verb. des cout.).

Avant 1790, Verdunois, terre d'évêché, prév. de Charny, cout. baill. et présid. de Verdun, parlem. de Metz. — Dioc. de Verdun, archid. de la Princerie, doy. de Chaumont.

En 1790, distr. de Verdun, c^on de Charny.

Actuellement, arrond. et archipr. de Verdun, c^on et doy. de Charny. — Patron : saint Remy.

SAMPIGNY, bourg sur la rivière de Mont, à 16 kil. au S.-E. de Pierrefitte. — *Sampiniacum*, ixe s^e (Bertaire); 973 (ch. de l'év. Wilgfride); 973 (confirmat. par l'emp. Otton); 1047 (ch. de l'évêque Thierry); 1049 (bulle de Léon IX); de 1089 à 1107 (monnaies de l'év. Richer); 1145 (ch. d'Albéron); 1738 (pouillé); 1749 (*ibid.*). — *Sampigniacum*, 984, 1166 (cartul. de Saint-Paul); 1245 (cartul. de la cathédr.). — *Sampignyum*, 1060 (confirmat. pour le prieuré d'Apremont); 1186 (cart. de la cathédr.); 1402 (regestr. Tull.). — *Sampineium*, 1103 (ch. de Gorze); 1180 (bulle d'Alexandre III); 1580 (stemmat. Lothar.). — *Sampineiacum*, 1152 (ch. d'Albéron, évêque de Verdun). — *Sampiniacum castrum*, 1156 (confirmat. par Frédéric Barberousse). — *Sempiniacum*, 1179 (cart. de la cathédr.). — *Saptiminium*, xiie siècle (Laurent de Liége). — *Solz turrim castellani Sempigney*, 1210 (cart. de la cathéd. f° 131). — *Castellania Sampigney*, 1218 (cart. de la cathéd.). — *Sampignei*, 1267 (abb. de l'Étanche, H. 6); 1358 (coll. lorr. t. 266.48, P. 13); 1425 (chron. en vers des antiquités de Metz, D. Calmet, pr.). — *Campignei*, 1318 (coll. lorr. t. 266). — *Sampigney*, 1358 (*ibid.* — 48. P. 12). — *Sampigneum*, 1402 (regestr. Tull.). — *Ville et forteresse de Sampigny*, 1437 (coll. lorr. t. 266.48, P. 1). — *Sampigneium*, 1439 (*ibid.* t. 264.47, P. 3). — *Sempigneium*, 1642 (Mâchon).

Avant 1790, Barrois mouvant, principauté de Commercy, chef-lieu de comté et de prév., office et recette de Commercy, cout. et baill. de Saint-Mihiel, présid. de Toul, cour souveraine de Nancy. — Dioc. de Verdun, archid. de la Rivière, doy. de Saint-Mihiel.

Sampigny était anciennement une place forte de forme quadrangulaire avec donjon au centre; il soutint plusieurs sièges, notamment en 1060, en 1318, en 1324; les fortifications et le donjon ont disparu. On voit près de Sampigny un beau château, bâti par Louis de Lorraine, prince de Phalsbourg, aujourd'hui converti en dépôt de remonte.

La prév. de Sampigny était composée des localités

dont les noms suivent : la Forge-sous-Commercy, Girouet, Grimaucourt-près-Sampigny, Malaumont, Ménil-aux-Bois, Sampigny, Vadonville.

En 1790, lors de l'organisation du dép¹, Sampigny devint chef-lieu de l'un des cᵒⁿˢ dépendant du district de Saint-Mihiel; ce cᵒⁿ était composé des municipalités dont les noms suivent : Baudrémont, Courcelles-aux-Bois, Giméourt, Han-sur-Meuse, Kœur-la-Grande, Kœur-la-Petite, Ménil-aux-Bois, Sampigny.

Actuellement, arrond. et archipr. de Commercy, cᵒⁿ et doy. de Pierrefitte. — Écarts : Martin-Champ, Sainte-Lucie, Sompheu. — Patronne : sainte Lucie.

Les armoiries de Sampigny étaient : *d'or à la fasce d'azur chargée en cœur d'une pomme pendante, tigée et feuillée d'argent* (D. Calmet, Durival).

Les seigneurs de Sampigny, maison de nom et d'armes depuis longtemps éteinte, portaient : *d'azur, au chef d'argent, au chevron de gueules brochant sur le tout* (Husson l'Écossais).

SANCELLE, contrée, cᵉ de Boureuilles.

SANCIRE, contrée, cᵐ de Vigneulles-lez-Hattonchâtel.

SANCY (PRÉVÔTÉ DE); a fourni au dép¹ les vill. de Dommary et Bouvigny, Houdelaucourt et Réchicourt; comprenait en outre une vingtaine de localités qui appartiennent aujourd'hui au dép¹ de la Moselle; ressortissait au baill. d'Étain et à la cour souveraine de Nancy.

SANGLIERS (LA GORGE-AUX-), ruiss. qui prend sa source dans la forêt d'Argonne et se jette dans la Biesme, après un cours de 3 kilomètres.

SANGLU (LE), ruiss. qui prend sa source au-dessus de Vaux-lez-Palameix et se jette dans le ru du Moulin au-dessus de Lacroix-sur-Meuse, après un cours de 8 kilomètres.

SANS-BAN, f. cᵉ de Vignot.

SANTABAN, bois, cᵉ de Beney.

SANCE (LA), ancien chemin sur les territoires de Vaucouleurs et de Montigny.

SARD, f. cᵉ de Dannevoux.

SARÉE (LA), font. cᵉ de Pretz-en-Argonne.

SARNAY, h. sur le Massepré, cᵐ de Vavincourt. — *Sarnacum*, 1106 (bulle de Pascal II). — *Sarnay*, 1700 (carte des États). — *Sarneium*, 1749 (pouillé).

Avant 1790, petit vill. du Barrois non mouvant, annexe de Vavincourt, avec lequel il ne formait qu'une seule et même communauté, office, recette, coutume et baill. de Bar, jurid. du juge-garde des seigneurs qui en étaient hauts, moyens et bas justiciers, présid. de Châlons, parlem. de Paris.

SARRASINIÈRE (LA), contrée, cᵐˢ de Naives et de Rosières-en-Blois.

Meuse.

SARRASINS (CHÂTEAU-DES-), contrée, cᵐ d'Amanty.

SARRASINS (GROTTE DES), vaste cavité située à 1 kil. au S.-E. d'Ancerville.

SARRASINS (MUR-DES-), contrée, cᵉ de Guerpont.

SARRE, contrée, cᵐˢ de Billy-sous-les-Côtes, de Longeville et de Mouzay.

SARRE-LE-LOUP, contrée, cᵉ de Romagne-sous-les-Côtes.

SARROBERT, bois comm. de Broussey-en-Woëvre.

SART, bois comm. de Bazeilles.

SARTE, bois comm. de Han-lez-Juvigny.

SARTE, contrée, cᵉ de Thillot.

SARTELLE, contrée, cᵐ de Clermont.

SARTELLE, contrée, cᵉ de Ville-sur-Cousance; traces d'anciens retranchements.

SARTELLE, bois, cᵉ de Vilosnes.

SARTELLES, bois comm. de Verdun.

SARTELOT, bois, cᵐ de Kœur-la-Petite.

SARTES (LES), contrée, cᵐˢ de Ménil-sur-Saulx et de Labeuville.

SARTUE, bois comm. de Thonnelle.

SART-LE-PUITS, f. cᵉ de Brandeville. — *Sar-le-Puy*, 1760 (Cassini).

SASSEY, vill. sur la rive gauche de la Meuse, à 3 kil. au N. de Dun. — *Sasleium*, 1049 (bulle de Léon IX); 1094 (ch. de fondat. de Saint-Gilles de Dun); 1127 (cart. de la cathédr. fᵒ 167). — *Saceium*, 1105 (dipl. pour l'abb. d'Andenne); 1237 (reconn. par Gobert d'Apremont, anc. cart. du Barrois). — *Susum*, 1107 (donat. de la comt. Mathilde). — *Sacey*, 1215 (reconn. par Jean d'Apremont). — *Sassey*, 1285 (cart. d'Apremont); 1307 (ch. de Gobert VIII d'Apremont); 1664 (Lamy, enquête du baill. de Vitry). — *Cessey*, 1571 (proc.-verb. des cout.). — *Sasseye*, 1583 (Lamy, comptes et recettes de la seign.). — *Sassay*, 1700 (carte des États). — *Sascey*, 1756 (D. Calmet, *not.*).

Avant 1790, Clermontois, après avoir été Barrois non mouvant, cout. de Saint-Mihiel, prév. de Dun, baill. de Clermont siégeant à Varennes, anciennes assises des *Grands jours* de Saint-Mihiel, parlement de Paris. — Dioc. de Reims, archid. de Champagne, doy. de Dun.

En 1790, distr. de Stenay, cᵒⁿ d'Aincreville.

Actuellement, arrond. et archipr. de Montmédy, cᵒⁿ et doy. de Dun. — Patron : saint Germain.

SATES (LES), bois comm. de Monthairon.

SAUCE, contrée, cᵉ de Ménil-la-Horgne.

SAUCERELLE, contrée, cᵐˢ de Chattancourt.

SAUCIE, contrée, cᵐ de Fresnes-en-Woëvre.

SAUCOURT, contrée, cᵉ de Neuvilly.

SAUCY, bois comm. de Bulainville.

28

Saucy, contrée, c⁰ᵉ de Broussey-en-Woëvre.

Saucy (Rue du), à Saint-Mihiel.

Saudé (Champ-), font. et contrée, c⁰ᵉ de Villotte-devant-Louppy.

Saudron (Le), pont, c⁰ᵉ de Dammarie.

Saudrupt, vill. sur la rive gauche de la Saulx, à 8 kil. au N. d'Ancerville. — *Saldevensis*, 1022 (fondat. de la colllég. de Saint-Maxe). — *Saudru*, 1154, 1177 (cartul. de Jeand'heures); 1711 (pouillé); 1749 (*ibid.*). — *Saudrullum*, 1402 (regestr. Tull.) — *Sauldrux*, 1579 (proc.-verb. des cout.). — *Saudru*, 1700 (carte des États). — *Saudrurium*, 1749 (pouillé). — *Saudrux*, 1756 (D. Calmet, *not.*); 1778 (Durival).

Avant 1790, Barrois mouvant, baronnie d'Ancerville, office de Morley, recette et cout. de Bar, jurid. du juge-garde du seigneur qui en était haut, moyen et bas justicier, baill. de Bar, présid. de Châlons, parlem. de Paris. — Dioc. de Toul, archid. de Rinel, doy. de Robert-Espagne.

En 1790, lors de l'organisation du dép', Saudrupt devint chef-lieu de l'un des c⁰ⁿˢ dépendant du distr. de Bar; ce c⁰ⁿ était composé des municipalités dont les noms suivent : Baudonvilliers, Brillon, Haironville, Jeand'heures (abbaye), Lisle-en-Rigault, Saudrupt, Ville-sur-Saulx.

Actuellement, arrond. et archipr. de Bar-le-Duc, c⁰ⁿ et doy. d'Ancerville. — Patron : saint Martin.

Sauffrignon, contrée, c⁰ᵉ de Rigny-Saint-Martin.

Sauley, contrée, c⁰ᵉ de Tilly.

Saulcy, bois comm. de Vouthon-Bas. — *Salicetum*, 1756 (D. Calmet, *not.*).

Saule (Le), font. c⁰ᵉ de Sommaisne; l'une des sources de l'Aisne.

Saule-Louvet, bois comm. d'Avocourt.

Saules (Café des), maison isolée, c⁰ᵉ de Savonnières-devant-Bar.

Saulmory, vill. sur la Froide-Fontaine, à 6 kil. au N. de Dun. — *Salmoreium*, 1049 (bulle de Léon IX); 1078 (cart. de la cath.). — *Samourei*, 1078, 1237, 1270 (*ibid.*). — *Samourey*, 1238 (*ibid.*). — *Saumory*, 1284 (ch. d'affranch.); 1656 (carte de l'év.); 1760 (Cassini).—*Saumorey*, 1284 (ch. d'affranch.); 1289 (cart. d'Apremont); 1583 (Lamy, comptes et recettes de la seign.). — *Saumoure*, 1285 (*ibid.*). — *Vaulx-Saulmorei*, 1285 (ch. d'affranch. de Montigny). — *Saumourey*, xvi⁰ s⁰ (pouillé ms de Reims). — *Saulmory*, 1577 (ordonn. du duc Charles III). — *Saint-Denis-de-Saulmory*, 1648 (pouillé). — *Saumore*, 1700 (carte des États).

Avant 1790, Clermontois, après avoir été Barrois lorrain, coutume de Saint-Mihiel et ensuite de

Vitry-Sainte-Menehould, prév. de Villefranche, baill. de Sainte-Menehould transféré ensuite à Clermont-en-Argonne, parlem. de Paris. — Dioc. de Reims, archidiaconé de Champagne, doy. de Dun.

En 1790, distr. de Stenay, c⁰ⁿ de Wiseppe.

Actuellement, arrond. et archipr. de Montmédy, c⁰ⁿ et doy. de Dun. — Écarts : la Cour, Mousseau, Villefranche. — Patron : saint Denis.

Saulniers (Les), ancien chemin, c⁰ᵉˢ de Boureuilles et de Vauquois.

Saulniers (Les), ancien chemin, c⁰ᵉˢ de Lavoye, Autrécourt, Fleury-sur-Aire et Bulainville.

Saulx (La), petit cours d'eau, c⁰ᵉ de Warcq.

Sault (La), ruiss. qui prend sa source à Mondrecourt et se jette dans l'Aire à Amblaincourt, après un trajet de 6 kilomètres.

Saulx (La), contrée, c⁰ᵉˢ de Belleville et de Longeville.

Saulx (La), font. c⁰ᵉ de Lisle-en-Barrois.

Saulx (La), rivière qui a sa source à Germay (Haute-Marne), pénètre dans le dép' de la Meuse à Montiers-sur-Saulx, arrose les c⁰ᵉˢ de Morley, Dammarie, le Bouchon, Ménil-sur-Saulx, Stainville, Lavincourt, Bazincourt, Rupt-aux-Nonnains, Haironville, Saudrupt, Ville-sur-Saulx, Robert-Espagne, Beurey, Couvonges, Mognéville, Andernay, sort du dép' sur le territoire de Contrisson et se jette dans la Marne au-dessus de Vitry-le-François, après un cours de 63 kil. dans le dép'. — *In rivulo Salice*, 1022 (colllég. de Saint-Maxe). — *Saut*, 1136, 1232 (cartul. de Jeand'heures); 1266 (ch. d'affranch. de Montiers). — *Saus*, 1180 (*ibid.*). — *Riveria de Sauz*, 1290 (*ibid.*). — *Sault; en la rivière de Sauz*, 1266 (*ibid.*). — *Supra Salecum*, 1402 (reg. Tull.). — *Saltus*, 1707 (carte du Toulois).

Saulx (Moulin de), c⁰ᵉˢ de Chassey et de Saulx-en-Woëvre.

Saulx (Moulin de la), c⁰ⁿ d'Abainville; était. fief à Abainville (Durival).

Saulx (Ruisseau de), dit aussi *le Laviot*, qui prend sa source au vill. de Saulx-en-Barrois, arrose les c⁰ᵉˢ de Chonville et de Lérouville et se jette dans la Meuse vis-à-vis de Pont-sur-Meuse, après un cours de 14 kilomètres.

Saulx-en-Barrois, dit aussi *Saulx-devant-Saint-Aubin*, vill. sur le Laviot, à 1 kil. à l'O. de Void. — *In decinis de Sauz*, xii⁰ s⁰ (Hist. de Toul, pr.). — *Sauls*, 1306 (ch. d'affranch.). — *Saulx*, 1375 (acte de donat.); 1441 (dénombr.); 1664 (abornement du pâtis).—*Saulz*, 1402 (regestr. Tull.). — *Seaux*, 1700 (carte des États). — *Saux*, 1711 (pouillé); 1749 (*ibid.*); 1779 (Durival). — *Saltus*, 1711 (pouillé). — *Sceaux*, 1747 (acte de part. des pâtis). — *Salix*,

1749 (pouillé). — *Saulx-devant-Saint-Aubin*, 1793 (arch. de la Meuse).

Avant 1790, Barrois mouvant, comté, office et prév. de Ligny, recette, cout. et baill. de Bar, présid. de Châlons, parlem. de Paris; le roi en était seigneur. — Dioc. de Toul, archid. de Ligny, doy. de Meuse-Commercy.

La charte d'affranchissement de Saulx-en-Barrois date de l'an 1306; elle lui fut octroyée par Jean Ier, de Sarrebruche, seigneur de Commercy.

Il y avait à Saulx un château, dit *la Cour-de-Saulx*, qui est dénommé dans l'acte de dénombrement de 1441.

En 1790, district. de Commercy, cᵒⁿ de Saint-Aubin.

Actuellement, arrond. archipr. et doy. de Commercy, cᵒⁿ de Void. — Écart : Moulin-de-la-Barr. — Patron : saint Christophe; chapelle vicariale.

La maison de Saulx portait : *d'azur au lion d'or armé et lampassé de gueules* (D. Calmet, *not.*).

SAULX-EN-WOÈVRE, vill. sur la Fin-de-Devant, à 3 kil. au S.-E. de Fresnes-en-Woëvre. — *Soalna*, 812 (dipl. de Charlemagne). — *Saux*, 1656 (carte de l'év.). — *Sault*, 1700 (carte des États). — *Salix*, 1738 (pouillé); 1749 (*ibid.*). — *Saltus*, 1756 (D. Calmet, *not.*).

Avant 1790, Barrois non mouvant, marquisat, office, cout. et prév. d'Hattonchâtel, recette et baill. de Saint-Mihiel, présid. de Toul, cour souveraine de Nancy; le roi en était seul seigneur. — Dioc. de Verdun, archid. de la Rivière, doy. d'Hattonchâtel, annexe des Éparges.

En 1790, distr. de Saint-Mihiel, cᵒⁿ d'Hannonville-sous-les-Côtes.

Actuellement, arrond. et archipr. de Verdun, cᵒⁿ et doy. de Fresnes-en-Woëvre. — Écarts : Moulin-de-Bussy, Moulin-de-Saulx, Rattentout. — Patron : l'Assomption.

SAUMIERS (Les), contrée, cᵗᵉ de Béthincourt.

SAUMURE (La), ruiss. qui prend sa source à Viéville-sous-les-Côtes et traverse les étangs de la Grande et de la Petite Parrois, à la sortie desquels il prend le nom de *ruisseau des Parrois*.

SAUNOIS, contrée, cᵒⁿ de Boureuilles.

SAURA-FAYS, bois comm. de Biercourt.

SAUAY, contrée, cᵗᵉ de Viéville.

SAUSÈLE, contrée, cᵗᵉ d'Abaucourt.

SAUSSAIE, contrée, cᵗᵉ de Bar-le-Duc.

SAUSSERAYE, contrée, cᵗᵉ de Ville-devant-Belrain.

SAUSSI, contrée, cᵗᵉ de Lacroix-sur-Meuse.

SAUSSOIS, contrée, cᵗᵉ de Montblainville.

SAUSSUE, bois, cᵗᵉ de Mussey.

SAUSSY, bois, cᵗᵉ de Vouthon-Bas.

SAUT-DE-BICHET, mᵒⁿ isolée, cᵗᵉ de Flassigny.

SAUTE, contrée, cᵗᵉ de Ville-sur-Cousance.

SAUVALOTTE, bois comm. de Condé.

SAUVIGNY, vill. sur la rive droite de la Meuse, à 12 kil. au S. de Vaucouleurs. — *Savinaco-Vico*, *Sefiniaco*, ép. mérov. (tiers de sou d'or). — *Actum Salviniaco palatio*, 846 (dipl. de Charles le Chauve); 879 (dipl. de Louis II). — *Salvineium*, 1051 (Hist. de Toul, pr. p. 127). — *Souvigney*, 1327 (ch. des comptes, c. de Gondrecourt). — *Saulvignyum*, 1402 (reg. Tull.). — *Selvigneium*, 1707 (carte du Toulois). — *Sauvigneyum*, 1711 (pouillé).

Avant 1790, Toulois, temporel de l'év. châtellenie et prév. de Brixey-aux-Chanoines, baill. et présid. de Toul, parlement de Metz. — Diocèse de Toul, archid. de Vitel, doy. de Neufchâteau. — Sauvigny passe pour avoir possédé une maison royale sous les princes des deux premières races.

En 1790, distr. de Gondrecourt, cᵒⁿ de Goussaincourt.

Actuellement, arrond. et archipr. de Commercy, cᵒⁿ et doy. de Vaucouleurs. — Écarts : Montcourt, le Moulin, Traveron. — Patron : saint Loup.

SAUVOY, vill. sur la rive droite de la Meholle, à 6 kil. au S. de Void. — *Salviaco*, *Silviago*, ép. mérov. (tiers de sou d'or). — *Actum Sylviario* ou *Sylviaco palatio regio*, 846 (dipl. de Charles le Chauve). — *Sauvoy*, 1402 (reg. Tull.). — *Saunoy*, 1700 (carte des États). — *Silviacus*, 1707 (P. Benoît, Hist. de Toul); 1711 (pouillé, D. Calmet, *not.*). — *Silvacus*, *Silvagium*, 1707 (P. Benoît, Hist. de Toul). — *Silvianus*, *Sevodium*, 1756 (D. Calmet, *not.*).

Sauvoy passe, ainsi que Sauvigny, pour avoir possédé une maison royale sous les princes des deux premières races; on connaît (Hist. de Lorraine, pr.) un diplôme de Charles le Chauve, en faveur de l'abbaye de Saint-Mihiel, daté d'un lieu *Sylviario* ou *Sylviaco*, qui paraît être Sauvoy.

Avant 1790, Champagne, terre et prév. de Vaucouleurs, cout. du Bassigny, baill. et présid. de Chaumont, parlement de Paris. — Dioc. de Toul, archid. de Ligny, doy. de Meuse-Vaucouleurs.

En 1790, distr. de Commercy, cᵒⁿ de Void.

Actuellement, arrond. et archipr. de Commercy, cᵒⁿ et doy. de Void. — Patron : saint Aubin.

SAUX, contrée, cᵗᵉ de Foameix.

SAUZE, contrée, cᵗᵉ d'Ornes.

SAUZEL, contrée, cᵗᵉ d'Abainville.

SAVARNIÈRE, étang, cᵗᵉ de Lavoye.

SAVASSEAU, contrée, cᵗᵉ de Tilly.

SAVAT, contrée, cᵗᵉ de Lemmes.

28.

Savelon, contrée, c⁶ᵉ de Buzy et de Landzécourt.

Savonnière, côte, cⁿᵉ de Belleville.

Savonnières (Ruisseau de), dit aussi *ruisseau de Woëvre*, qui a sa source à Savonnières-en-Woëvre, passe à Varvinay et se jette dans le ru de Creue à Lavignéville, après un cours de 5 kilomètres.

Savonnières (Ruisseau de), qui a sa source au-dessus de Savonnières-devant-Bar et se jette dans l'Ornain à Bar-le-Duc, après un cours de 3 kilomètres.

Savonnières-devant-Bar, vill. sur le ruiss. de Savonnières, à 2 kil. au S.-E. de Bar-le-Duc. — *Saponariæ*, 1064 (dipl. de Walfride). — *Savonnières*, 1321 (arch. de la Meuse). — *Savonneres*, 1352 (coll. lorr. t. 243.37, P. 16). — *Savoneriæ-ante-Barrum, Savoneriæ-ante-Bellum-Rannum*, 1402 (reg. Tull.). — *Savonieres*, 1442 (sentence du prévôt de Bar, arch. de la Meuse). — *Savonniers-devant-Bar*, 1579 (proc.-verb. des cout.). — *Savonniere*, 1700 (carte des États). — *Saponaria*, 1711 (pouillé); 1749 (*ibid*. D. Calmet, *not.*). — *Savonnières*, 1749 (pouillé).

Avant 1790, Barrois mouvant, office, recette, cout. prév. et baill. de Bar, parlement de Paris; le roi en était seul seigneur. — Diocèse de Toul, archid. de Rinel, doy. de Robert-Espagne.

En 1790, distr. de Bar, cⁿ de Loisey.

Actuellement, arrond. cᵐ, archipr. et doy. de Bar-le-Duc. — Écarts : Café des Saules, Cordebar, les Emplacements, Monplaisir, le Moulin et Nay. — Patron : saint Calixte.

Savonnières-en-Perthois, vill. à la source de la Cousance, à 9 kil. à l'E. d'Ancerville. — *Savonnières-en-Pertoys*, 1579 (proc.-verb. des cout.). — *Saponariæ*, 1707 (carte du Toulois); 1749 (pouillé). — *Savonnières-en-Pertois*, 1749 (*ibid*.). — *Saponariæ-in-pago-Parthensi* (D. Calmet, *not.*).

Avant 1790, Barrois mouvant, comté, office et prév. de Ligny, recette, cout. et baill. de Bar, présid. de Châlons, parlement de Paris; le roi en était seul seigneur. — Dioc. de Châlons, archid. et doy. de Joinville. — Patron : saint Maurice.

En 1790, distr. de Bar, cⁿ d'Ancerville.

Actuellement, arrond. et archipr. de Bar-le-Duc, cⁿ et doy. d'Ancerville. — Écart : Claire-Fontaine. — Patron : saint Calixte.

Savonnières-en-Woëvre, vill. sur le ruiss. de Savonnières, à 9 kil. au S. de Vigneulles-lez-Hattonchâtel. — *Saponariæ*, 870 (dipl. de Charles le Chauve); (D. Calmet, *not.*). — *Savonariæ*, 1047 (charte de l'év. Thierry). — *Saponarias*, 1064 (dipl. de Walfride). — *Saponaria*, 1106 (bulle de Pascal II).

— *Savonnieres*, 1329 (vente par H. Du Châtelet à l'év. de Verdun). — *Savonnière*, 1571 (proc.-verb. des cout.). — *Sabvonnières*, 1618 (Lamy, sentence du baill. de Saint-Mihiel). — *Savonieres*, 1656 (carte de l'év.). — *Savonière*, 1700 (carte des États). — *Savoniæ*, 1738 (pouillé). — *Savonieres-les-Trognon*. *Saponariæ-in-Vepria*, 1756 (D. Calmet, *not.*).

Avant 1790, Barrois non mouvant, prévôté mipartie d'Hattonchâtel et mi-partie de Saint-Mihiel, recette, coutume et baill. de Saint-Mihiel, présid. de Toul, cour souveraine de Nancy. — Dioc. de Verdun, archid. de la Rivière, doy. de Saint-Mihiel, annexe de Varvinay.

En 1790, distr. de Saint-Mihiel, cⁿ d'Heudicourt.

Actuellement, arrond. et archipr. de Commercy, cⁿ et doy. de Vigneulles. — Écart : le Moulin. — Patron : saint Hilaire.

Savnoie, vallée, cⁿᵉ de Rembercourt-aux-Pots.

Sca, contrée, cⁿᵉ de Woël.

Scance, faubourg ruiné, cⁿᵉ de Verdun; était situé sur l'emplacement occupé aujourd'hui par les *glacis* et les fossés au nord de la citadelle; fut détruit en 1625. — *Scantia*, 952 (cart. de Châlons-Vanne); 962 (bulle de Jean XII); xᵉ siècle (polypt. de Reims). — *Villa super Scantiam*, 962 (cart. de Saint-Vanne). — *Villa quæ Scantia vocatur*, 1049 (*ibid*.). — *Villa quæ dicitur Scantia*, 1060 (*ibid*.). — *Scantia-Villa*, xiᵉ siècle (continuatio hist. episc.). — *Scancia*, 1127 (cart. de la cathéd.); 1169 (cart. de Saint-Paul). — *Escancia*, 1213, 1261 (cartul. de la cathédr.). — *Eschance*, 1237 (cartul. de Saint-Paul). — *Exance*, 1254, 1261, 1268, 1280 (cart. de la cathédr.). — *Une maison qui siet en Exance com dit en la droite rue*, 1265, 1268 (*ibid*.). — *Escance*, 1745 (Roussel). — *Xances* (D. Calmet, *not.*).

Scance (La), ruiss. dit aussi *de Baleycourt*, qui a sa source aux environs de Nixéville, passe à Moulin-Brûlé, à Baleycourt, Regret, Glorieux, Jardin-Fontaine, Thierville et se jette dans la Meuse vis-à-vis de Belleville, après un cours de 11 kil. Ce ruiss. entrait anciennement dans Verdun et passait près de l'ancienne abb. de Saint-Maur. — *Juxta Scantiam*, 940 (cart. de Saint-Vanne); 952 (dipl. de Bérenger, Hist. de Lorr. t. III, pr.). — *Scantia fluviolus*, 952 (dipl. de l'emp. Otton). — *Super Scantiam*, 962 (cart. de Saint-Vanne). — *Scantia*, 980, 1015, 1125 (*ibid*.). — *In Suburbio Virdunensi juxta rivulum Scantiæ*, 1049 (bulle de Léon IX). — *Scancia*, 1127 (cart. de la cath.); 1169 (cart. de Saint-Paul). — *Molendinum in Scancia*, 1137, 1148 (*ibid*.). — *De sour le pont en Eschance por lo curs d'Eschance*, 1237 (*ibid*.). — *L'Escance*, 1745 (Roussel). — *Xanges* (D. Calmet, *not.*).

Schelandre, ferme ruinée, c^ne d'Azannes. — *Zelandre*, 1743 (proc.-verb. des cout.). — *Selandre*, 1756 (D. Calmet, *not.*).

Était située à égale distance de Beaumont et de Soumazannes; avait pris le nom de Schelander, le célèbre défenseur de Jametz lors du siége de cette place en 1588.

Scheppe (La), font. c^ne de Dompcévrin.

Schonne (Dame-), menhir ou haute borne, c^ne de Savonnières-en-Woëvre.

Sciaume, m^lc, c^ne de Lavincourt.

Scierie (La), papeterie et ferme, c^ne de Dompierre-aux-Bois.

Sébastopol, ferme, c^nes d'Amel et de Saint-Benoît.

Sébastopol, m^lo, c^ne de Marville.

Sébastopol (Rue de), à Bar-le-Duc.

Sécherons (Les), contrée, c^ne de Darmont.

Secours (Pont de), sur la Meuse, c^ne de Troussey.

Ségasson, contrée, c^ne de Woël.

Seigneulles, vill. sur le ruiss. de Seigneulles, à 4 kil. au N. de Vavincourt. — *Cygnoles*, 1220 (cart. de Jeand'heures).—*Cignuelles* 1321 (ch. des comptes, B. 437). — *Signeulle*, 1340 (traité entre l'év. de Verdun et le comte de Bar, arch. de la Meuse). — *Sygnuelles*, 1402 (reg. Tuil.). — *Seigneville*, 1656 (carte de l'év.); 1700 (carte des États). — *Seniolæ*, 1711 (pouillé); 1749 (*ibid.*).

Avant 1790, Barrois mouvant, office, recette, cout. prév. et baill. de Bar, présid. de Châlons, parlement de Paris; le roi en était seul seigneur haut justicier; la moyenne et la basse justice étaient exercées par les officiers du comté de Fontenoy. — Dioc. de Toul, archid. de Rinel, doy. de Bar.

En 1790, distr. de Bar, c^ne de Vavincourt.

Actuellement, arrond. et archipr. de Bar-le-Duc, c^ne de Vavincourt, doy. de Condé. — Patron : la Nativité de la Vierge.

Seigneulles (Ruisseau de), qui prend sa source à l'E. de Seigneulles, passe à Hargeville et se jette dans la Chée à Génicourt-sous-Condé, après un trajet de 8 kilomètres.

Seigneurs (Moulin des), c^ne de Brandeville.

Seigneurs (Prés des), contrée, c^ne de Djeue.

Séjour (Le), presqu'île, anciennement fortifiée, c^ne de Lachaussée.

Selaincourt, vallée, c^ne d'Houdelaincourt.

Selourre (La), ruiss. qui prend sa source sur le territ. de Jubécourt et se jette dans l'Aire entre Froidos et Autrécourt, après un trajet de 3 kil. — *Selaur*, 1760 (Cassini).

Selouze, bois comm. de Saint-Mihiel, sur le territ. de Lacroix.

Selouze, ancien chemin, dans le bois dit *le Chevalier*, c^ne de Vaux-lez-Palameix.

Séminaire (Le), contrée, c^ne de Béthincourt.

Senades (Les), h. et verrerie, c^ne des Islettes. — *Les Fenailles*, 1656 (carte de l'évêché). — *Les Cenades*, 1700 (carte des États).

Senard, vill. sur la rive droite de l'Aisne, à 3 kil. à l'O. de Triancourt. — *Sénart*, 1188, 1220 (Trésor des ch.); 1556 (proc.-verb. des cout.); 1656 (carte de l'évêché).

Avant 1790, Champagne, terre et prév. de Beaulieu, élection, cout. baill. et présid. de Châlons, parlement de Paris. — Dioc. de Châlons, archid. d'Astenay, doy. de Possesse.

En 1790, distr. de Clermont-en-Argonne, c^ne de Triaucourt.

Actuellement, arrond. et archipr. de Bar-le-Duc, c^ne et doy. de Triaucourt. — Écart : le Moulin. — Patron : l'Assomption.

Senoc (Pont), c^ne de Montmédy.

Senon, vill. entre l'Orne et l'Othain, à 6 kil. au S. de Spincourt. — *Villa quæ Senon vocatur*, 1127 (cart. de Gorze, f° 201).—*Senonensis ecclesia*, 1127 (*ibid.*). — *Altare præterea de Senon*, 1152 (ch. de l'év. Albéron, arch. de la Meuse). — *Cenon*, 1289 (lettres d'affranch. arch. de la Meuse); 1324 (chamb. des comptes, c. d'Étain). — *Senonium*, 1642 (Müchon). — *Seno*, 1738 (pouillé). — *Senons*, 1749 (*ibid.*).

Avant 1790, Barrois non mouvant, cout. de Saint-Mihiel, office, recette, prév. et baill. d'Étain, anciennes assises des *Grands jours* de Saint-Mihiel, présid. de Verdun, cour souveraine de Nancy; le roi et les Jésuites de Pont-à-Mousson en étaient seigneurs hauts, moyens et bas justiciers. — Dioc. de Verdun, archid. de la Woëvre, doy. d'Amel.

En 1790, distr. d'Étain, c^ne de Gouraincourt.

Actuellement, arrond. et archipr. de Montmédy, c^ne de Spincourt, doy. de Billy-sous-Mangiennes. — Écarts : Bellevue, le Meurnier, Rémani. — Patron : saint Léonard.

Senoncourt, vill. sur le ruiss. de Senoncourt, à 4 kil. au N. de Souilly. — *Cenoncourt*, 1370 (chamb. des comptes, c. de Souilly). — *Senonis-Curia*, 1738 (pouillé); 1749 (*ibid.*).

Avant 1790, Barrois mouvant, office et prév. de Souilly, recette, cout. et baill. de Bar, présid. de Châlons, parlement de Paris; le roi en était seigneur haut justicier, l'abbé de Saint-Vincent de Metz en avait la basse et la moyenne justice. — Dioc. de Verdun, archid. d'Argonne, doy. de Souilly.

En 1790, distr. de Verdun, c^ne de Souilly.

Actuellement, arrond. et archipr. de Verdun, c^ne

et doy. de Souilly. — Écarts : Maujouy, Vieux-Étangs.
— Patron : la Nativité de la Vierge.

Senoncourt (Ruisseau de), qui a sa source à Senoncourt et se jette dans la Meuse à Ancemont, après un
cours de 7 kilomètres.

Senonville, vill. sur la gauche du ru de Creue, à 9 kil.
au S.-O. de Vigneulles-lez-Hattonchâtel. — *Ecclesia
de Senonville*, 1180 (bulle d'Alexandre III). — *Ceunonville*, 1329 (vente par H. Du Châtelet à l'évêque
de Verdun). — *Senonis-Villa*, 1738 (pouillé); 1749
(*ibid.*).

Avant 1790, Barrois non mouvant, marquisat,
office et cout. d'Hattonchâtel, juridiction des officiers
des seigneurs, recette et baill. de Saint-Mihiel, cour
souveraine de Nancy. — Dioc. de Verdun, archid. de
la Rivière, doy. d'Hattonchâtel, annexe de Chaillon.

En 1790, distr. de Saint-Mihiel, c^ne d'Heudicourt.

Actuellement, arrond. et archipr. de Commercy,
c^ne et doy. de Vigneulles. — Patron : saint Pierre-
aux-Liens.

Senoux, bois comm. de Mouilly.

Sente, font. c^ne de Rembercourt-aux-Pots.

Sept-Fonds, tuilerie, c^ne de Vaucouleurs; ancienne-
ment cense et ermitage sous le titre de Saint-Martin,
dépendant de l'abb. de Sept-Fontaines, ordre des
Prémontrés du dioc. de Langres. — *Saint-Nicolas de
Sephan*, 1700 (carte des États). — *Saint-Nicolas de
Sephoud*, 1750 (Cassini).

Sept-Fonds (Ruisseau de), qui prend sa source dans les
bois d'Épiez, passe à Montigny-lez-Vaucouleurs, à
Thusey et se jette dans la Meuse vis-à-vis de Rigny-
la-Salle, après un cours de 12 kilomètres.

Sept-Fontaines, ruiss. qui prend naissance dans la forêt
d'Argonne et se jette dans la Biesme au-dessous de
Lachalade, après un cours de 4 kilomètres.

Septsarges, vill. sur le ruiss. de Sepsarges, à 2 kil.
au N.-E. de Montfaucon. — *Chesserges*, 1272 (cession à Philippe le Hardi). — *Chasarge*, d'après
d'anciens titres (Clouët, Hist. de Verdun, p. 147).
— *Sept-Serge*, 1656 (carte de l'év.). — *Sepsarge*,
1700 (carte des États).

Avant 1790, Clermontois, cout. de Reims-Vermandois, prév. de Montfaucon, baill. de Clermont
siégeant à Varennes, parlement de Paris. — Dioc.
de Reims, archid. de Champagne, doy. de Dun.

En 1790, distr. de Clermont-en-Argonne, c^ne de
Montfaucon.

Actuellement, arrond. et archipr. de Montmédy,
c^ne et doy. de Montfaucon. — Écarts : Moulin-de-
Bas, Moulin-le-Vieux, Petit-Château, Rueloudi. —
Patron : saint Baldéric.

Septsarges (Ruisseau de), qui a sa source au-dessus

de Septsarges et se jette dans le ruiss. de Guénonville
près de Gercourt, après un trajet de 5 kilomètres.

Sepvigny, vill. sur la rive droite de la Meuse, à 5 kil.
au S. de Vaucouleurs. — *Saviniacum*, 1051 (fondat.
de l'abbaye de Poussay, Hist. de Lorr. t. II, pr.). —
Sevignei, 1327 (chamb. des comptes, c. de Gondrecourt). — *Savigni*, 1700 (carte des États). — *Sepviniacum*, 1711 (pouillé); 1756 (D. Calmet, *not.*).

Avant 1790, Toulois, châtellenie et prévôté de
Brixey-aux-Chanoines, baill. et présid. de Toul,
parlement de Metz; l'év. de Metz en était seul seigneur. — Dioc. de Toul, archid. de Ligny, doy. de
Meuse-Vaucouleurs, annexe de Champigny.

En 1790, distr. de Gondrecourt, c^ne de Maxey-
sur-Vaise.

Actuellement, arrond. et archipr. de Commercy,
c^ne et doy. de Vaucouleurs. — Écart : Vieux-Astre.
— Patron : saint Èvre.

Seraucourt, vill. sur le Bunet, à 10 kil. à l'E. de Triaucourt. — *Carincort*, 1212 (ch. de Gauthier de Nanteuil). — *Seraucort*, 1295 (Trésor des ch. B. 455,
n° 7). — *Seroncourt*, 1330 (abb. de Lisle). — *Seraulcourt*, 1579 (proc.-verb. des cout.). — *Serau-
cour*, 1656 (carte de l'év.). — *Seraulcourt*, 1738
(pouillé). — *Seraucuria*, 1738 (*ibid.*); 1749 (*ibid.*).
— *Serocuria*, 1756 (D. Calmet, *not.*).

Avant 1790, Barrois mouvant, office, recette,
cout. et baill. de Bar, juridiction du juge-garde de
l'abbé de Lisle-en-Barrois, qui en était seigneur haut
justicier, présid. de Châlons, parlement de Paris. —
Dioc. de Verdun, archid. d'Argonne, doy. de Souilly.

En 1790, distr. de Verdun, c^ne de Beauzée.

Actuellement, arrond. et archipr. de Bar-le-Duc,
c^ne et doy. de Triaucourt. — Patron : saint Étienne.

Sereinval, ferme ruinée, c^ne de Vassincourt. — *Scrain-
val*, 1711 (pouillé).

Sereinval (Le), ruiss. qui a sa source à Vassincourt et
se jette dans la Saulx au-dessus de Contrisson, après
un cours de 4 kilomètres.

Sergents (Rue des), à Verdun.

Serginval, bois comm. de Boviolles.

Sergivaux, contrée, c^ne de Récicourt.

Série, contrée, c^ne de Buzy.

Sérimont, côte et bois comm. de Waly. — *Cerimont*,
1700 (carte des États).

Serre, contrée, c^ne d'Haunonville-sous-les-Côtes.

Séraupt, bois, c^ne d'Arrancy.

Sessa, contrée, c^ne d'Issoncourt.

Sessapané, chemin rural de Maucourt à Dieppe.

Sérnifs, contrée, c^ne de Maxey-sur-Vaise.

Seugnon, contrée, c^nes d'Auzéville et de Warcq.

Seugnons (Voie des), chemin, c^ne de Dieue.

Seuzey, vill. sur le ru du Moulin, à 11 kil. à l'O. de Vigneulles-lez-Hattonchâtel. — *Sauciacum*, 921 (dipl. de Charles le Chauve). — *De Damno-Martino et de Sarcis*, 1179 (cart. de Saint-Paul). — *Usque ad viam de Suscy*, 1180 (bulle d'Alexandre III). — *Seuzey*, 1292 (cart. d'Apremont). — *Seuzy*, 1312 (abb. de Saint-Mihiel, T. 5); 1642 (Mâchon). — *Suzey*, 1656 (carte de l'év.); 1745 (Roussel). — *Savezay*, 1700 (carte des États). — *Suzay, Suziacum*, 1738 (pouillé). — *Sutay, Sutiacum*, 1749 (*ibid.*).

Avant 1790, Barrois non mouvant, marquisat, office, cout. et prév. d'Hattonchâtel, recette et baill. de Saint-Mihiel, présid. de Toul, cour souveraine de Nancy. — Dioc. de Verdun, archid. de la Rivière, doy. d'Hattonchâtel, annexe de Dompierre-aux-Bois.

En 1790, distr. de Saint-Mihiel, c^n de Lacroix-sur-Meuse.

Actuellement, arrond. et archipr. de Commercy, c^on et doy. de Vigneulles. — Écarts : les Grosoilliers, les Papeteries, Survaux, Vieux-Moulin. — Patron : saint Marcel.

Siampré, contrée, c^on de Lemmes.

Sichères, bois comm. de Bonnet.

Sigueron, contrée, c^on d'Érize-la-Brûlée.

Sichurt (Le), petit ruiss. qui se jette dans la Meuse à Vacherauville.

Signéchamp, contrée, c^nes de Butgnéville et de Moulotte.

Signeulles, h. sur le ru de Signeulles, c^ne de Saint-Maurice-sous-les-Côtes. — *Signeules*, 1605 (traité entre le duc de Lorr. et le chap. de Verdun); 1656 (carte de l'évêché). — *Chigneulle*, 1700 (carte des États). — *Signeullay, Seniolœ*, 1756 (D. Calmet, not.). — *Signeul*, 1760 (Cassini).

Avant 1790, Barrois non mouvant, paroisse et communauté de Saint-Maurice, marquisat, office, cout. et prév. d'Hattonchâtel, recette et baill. de Saint-Mihiel, présid. de Toul, cour souveraine de Nancy.

Signeulles (Ru de), ruiss. dit aussi ru de Seigneulles, qui prend sa source à Saint-Maurice-sous-les-Côtes, passe à Woël, au m^in Bouvrot, à Labeuville et se jette dans le Longeau en amont de Friauville (Moselle), après un cours total de 22 kilomètres, dont 18 dans le dép^t de la Meuse. — *Super fluviolo Senode*, 769 (*in tabulis Blitchari; Schötter*).

Signimont, côte, c^ne d'Aubréville.

Sillon-Fontaine, ferme, c^e de Réville.

Silmont, vill. sur la rive droite de l'Ornain, à 7 kil. au N.-O. de Ligny-en-Barrois. — *Salimons*, 1115 (Silmont, donat. au prieuré). — *Sallamons*, 1135 (Onera abbatum). — *Solinimons*, 1142 (Silmont,

donat. au prieuré). — *Solimons*, 1150 à 1200 (*ibid.* reconn. de cinq sous de rente). — *Sulimunt*, 1195 (cart. de Jeand'heurcs). — *Sulemons, Sulemunt*, 1205 (Silmont, titres d'engagement). — *Silmons*, 1249 (*ibid.* accord avec le comte de Bar); 1402 (reg. Tull.). — *Silemons*, 1281 (Silmont, ratification par Conrad de Toul). — *Sillemons, Silemont*, 1327 (*ibid.* accord avec le comte de Bar). — *Sillemont*, 1367 (*ibid.* reconnaiss.) — *Silmont*, 1396 (archives de la Meuse). — *Prioratus de Silmonte*, 1402 (reg. Tull.). — *Sullomons*, 1403 (Silmont, collation du prieuré). — *Silmons*, 1505 (*ibid.* lettres du pape Jules II). — *Silmont, Sulcmont*, 1527 (*ibid.* mandement du duc de Lorraine). — *Salamont*, 1700 (carte des États). — *Silmi-Mons*, 1707 (carte du Toulois); 1756 (D. Calmet, *not.*). — *Silinimons*, 1711 (pouillé); 1749 (*ibid.*).

Avant 1790, Barrois mouvant, office, recette, cout. et baill. de Bar, juridiction des juges-gardes des coseigneurs, présidial de Châlons, parlement de Paris. — Dioc. de Toul, archid. et doy. de Ligny, annexe de Guerpont; avait un prieuré sous l'invocation de Saint-Bénigne, de l'ordre de Saint-Benoît, fondé en l'an 1124, dépendant de l'abb. de Saint-Bénigne de Dijon.

En 1790, distr. de Bar, c^on de Loisey.

Actuellement, arrond. et archipr. de Bar-le-Duc, c^on et doyenné de Ligny. — Écart : la Filature. — Paroisse de Guerpont.

Simandes (Les), bois comm. d'Hennemont, sur le territoire de Gussainville.

Simon (Champ-), bois comm. d'Avocourt.

Sincgretel, c^ne de bois, c^ne de Mouzay; faisait partie de la forêt de Saint-Dagobert comprise dans la forêt de Wèvre et se nommait anciennement *Scorze;* c'est le lieu où, dit-on, le roi Dagobert II fut assassiné vers l'an 727. — *In saltu Wavrinsi, in loco qui dicitur Scortias, tribus millibus a fisco Sathanico* (martyrol. de Saint-Laurent de Liége).

Sinry, contrée, c^ne de Lanhères.

Sivry (Ruisseau de), qui prend sa source à Sivry-la-Perche, arrose les territ. de Fromeréville et de Thierville et se jette dans la Meuse vis-à-vis de Wameaux, après un cours de 9 kilomètres.

Sivry (Ruisseau de), qui a sa source à Sivry-sur-Meuse et se jette dans la Meuse, après un cours de 1 kilomètre.

Sivry-la-Perche, vill. sur le ruiss. de Sivry, à 9 kil. à l'O. de Verdun. — *Siverei*, 1165 (cart. de Saint-Paul). — *Syverei-la-Perche*, 1246 (cart. de la cath.), — *Sivery-la-Perche*, 1549 (Wassebourg). — *Suvvry-la-Perche, Sureyum-ad-Perticam*, 1642 (MAchon). — *Sivreium-ad-Perticam*, 1738 (pouillé). — *Vivry-la-Perche*, 1756 (D. Calmet, *not.*).

Avant 1790, Verdunois, terre d'évéché, prév. de Lemmes, cout. baill. et présid. de Verdun, anciennes assises des quatre pairs de l'év. parlement de Metz. — Dioc. de Verdun, archid. d'Argonne, doy. de Clermont.

En 1790, lors de l'organisation du département, Sivry-la-Perche devint chef-lieu de l'un des c^{ons} dépendant du distr. de Verdun; ce c^{on} était composé des municipalités et écarts dont les noms suivent : Baleycourt, Blercourt, Choisel, Frana, Fromeréville, Germonville, Nixéville, Sivry-la-Perche, les Souhesmes.

Actuellement, arrond. c^{ce}, archipr. et doy. de Verdun. — Écarts : Chéterie, Frana, Praillon, Rattentout. — Patron : saint Laurent.

Sivry-sur-Meuse, vill. sur le ruiss. de Sivry, à 10 kil. à l'E. de Montfaucon; s'est formé de Sivry-le-Grand, de Sivry-le-Petit et du b. de Soutry ou Soutreville. — *Superiacus-Major*, *Superiacus-Minor*, 973 (ch. de l'év. Wilgfride); 973 (confirm. par l'emp. Otton); 984 (cart. de Saint-Paul); 1049 (bulle de Léon IX); 1127 (cart. de la cath.). — *Superiacus-Major*, 1127 (*ibid.*). — *Superiacum*, 1139, 1180 (*ibid.*). — *Superiacum-Magnum*, xiiᵉ siècle (*ibid.*). — *Syperiacum*, 1230 (*ibid.*). — *Syvrei*, *Siverey*, 1149 (*ibid.*). — *Syverei-le-Grant*, *Syverei-la-Ville*, 1250 (*ibid.*). — *Syvereium-Magnum*, 1250 (*ibid.*). — *Syverey*, 1262, 1271 (*ibid.*). — *Au ban d'Axei de leis Syverei-sor-Muese*, 1269 (*ibid.*). — *Syverei-sor-Mueze*, 1269, 1270, 1284 (*ibid.*). — *Xivereyum-super-Mosa*, 1357 (ch. de l'emp. Charles IV). — *Sivery*, *Sivry-sus-Meuse*, 1549 (Wassebourg). — *Sivry-sur-Meuse*, 1601 (hôt. de ville de Verdun, A. 57). — *Sivreyum-super-Mozam*, 1649 (Máchon). — *Sivray-sur-Meuze*, 1723 (cart. de Saint-Hippolyte, A. 3). — *Civriacum-supra-Mosam*, *Civry-sur-Meuse*, 1738 (pouillé). — *Xivray* ou *Xivry-sur-Meuse*, 1756 (D. Calmet, *not.*).

Avant 1790, Verdunois, terre du chapitre, chef-lieu de prév. cout. baill. et présid. de Verdun, ancienne justice des chanoirtes de la cathéd. parlement de Metz; les chanoines de la cathéd. en étaient seuls seigneurs. — Dioc. de Verdun, archid. de la Princerie, doy. de Chaumont.

La prév. de Sivry-sur-Meuse comprenait les localités dont les noms suivent : Belleville, la Bergerie, Brehéville, Consenvoye, Fontaines, Haraumont, Haumont-près-Samogneux (partie avec Charny), Liny-devant-Dun, Monnemont-Ruiné, la Roche, Sivry-sur-Meuse.

Sivry reçut sa charte d'affranchissement en l'an

1578, du chapitre de l'église cathédrale de Notre-Dame de Verdun.

En 1790, lors de l'organisation du département, Sivry-sur-Meuse devint chef-lieu de l'un des c^{ons} dépendant du distr. de Verdun; ce c^{on} était composé des municipalités dont les noms suivent : Brabant-sur-Meuse, Consenvoye, Dannevoux, Drillancourt, Forges, Gercourt, Haumont-près-Samogneux, Sivry-sur-Meuse.

Actuellement, arrond. et archipr. de Montmédy, c^{on} et doy. de Montfaucon. — Écarts : Corroi, Villeneuve, Saint-Pantaléon. — Patron : saint Remy.

Sixtz, anc. seigneurie, c^{ne} d'Haudiomont; appartenait à la famille de Bousmard. — *Sixte-de-Hodiaumont*, 1743 (proc.-verb. des cout. de Verdun).

Socre, contrée, c^{ne} de Neuville-sur-Orne.

Sœurs (Les), bois comm. de Cheppy et de Varennes.

Soff, bois comm. de Rupt-en-Woëvre. — *Sauve*, 1754 (plan d'aménagement, archives de l'inspecteur des forêts).

Sobaye, contrée, c^{ne} de Boureuilles.

Soi, contrée, c^{ne} de Damloup.

Soillière, contrée, c^{ne} d'Azannes.

Soiron, f. c^{ce} d'Aubréville.

Soiru, bois, c^{ne} de Ville-sur-Saulx. — *In Soiru*, 1220 (cart. de Jeand'heurs).

Soiru (Puits de), vaste cavité de 5 à 6 mètres de diamètre et de 30 mètres de profondeur, située dans le bois de Soiru, c^{ne} de Brillon.

Soiry, f. c^{ce} d'Autréville; était fief mouvant de la seigneurie d'Incr.

Soiry, f. ruinée, entre Lissey et Peuvillers. — *Soirey*, 1270 (cart. de la cathédr.). — *Soivei*, 1300 (*ibid.*).

Soisy, h. ruiné, c^{ce} d'Évres; avait une maison forte qui soutint plusieurs attaques en 1590.

Soleil-d'Or, m^{in}, c^{ne} de Fains.

Solfenino, f. c^{ne} d'Haraumont.

Solay, f. c^{ne} de Pillon. — *Sollery*, 1700 (carte des États); 1760 (Cassini).

Solay, f. c^{ce} de Saint-Benoît.

Sommaisne, vill. aux sources de l'Aisne, à 4 kil. à l'E. de Vaubecourt. — *Summa-Asniæ*, xᵉ siècle (Virdunensis comitatus limites); 1707 (carte du Toulois). — *Somme-Ane*, 1228 (cart. de la cathéd. fᵒ 91). — *Somma-Axonæ*, xiiiᵉ siècle (cart. de Montiers). — *Summouxe*, xiiiᵉ siècle (*ibid.*). — *Somme-Aisne*, 1312 (abb. de Beaulieu); 1539 (*ibid.*). — *Somm'Aisne*, 1656 (carte de l'év.). — *Summa-Ausâna*, *Summa-Asnia*, 1756 (D. Calmet, *not.*).

Avant 1790, Champagne, terre et prév. de Beaulieu, élection, cout. baill. et présid. de Châlons, parlement de Paris; les abbés de Beaulieu en étaient

seuls seigneurs. — Dioc. de Châlons, archid. d'Astenay, doy. de Possesse, paroisse de Pretz.

En 1790, distr. de Clermont-en-Argonne, c^on de
Triaucourt.

Actuellement, arrond. et archipr. de Bar-le-Duc,
c^on de Vaubecourt, doy. de Triaucourt, paroisse de
Pretz.

SOMMEDIEUE, vill. sur le ruiss. de Dieue, à 10 kil. au S.
de Verdun. — *Somma-Deuvia*, 984, 1179 (cart. de
Saint-Paul). — *Summa-Deuuia*, 1100 (*ibid.*). —
Summa-Dewia, 1201, 1209 (*ibid.*). — *Somme-Deu*,
1250 (ch. de Thibaut II, comte de Bar). — *Summa-
Deuuia*, 1255 (*ibid.*). — *Somma-Deva*, 1255 (*ibid.*).
— *Sommedeve*, 1289 (cart. d'Apremont). — *Somme-
Dieu*, 1322 (*ibid.*); 1749 (pouillé). — *Somedieue*,
1387 (coll. lorr. t. 265.47, A. 14); 1571 (proc.-
verb. des cout.). — *Sommedieue*, 1642 (Mâchon).
— *Somme-Dieuve*, 1656 (carte de l'év.). — *Som-
Dieué*, 1700 (carte des États). — *Sommedievue*,
1738 (pouillé). — *Sudivium*, 1738 (*ibid.*); 1749
(*ibid.*). — *Somme-Dievue*, 1749 (*ibid.*). — *Summa-
Devia* (D. Calmet, *not.*). — *Somma-Divæ* (abbé
Clouët, Hist. de la prov. de Trèves).

Avant 1790, Barrois non mouvant, office, recette,
cout. prév. et baill. de Saint-Mihiel, présid. de Toul,
cour souveraine de Nancy; le roi en était seul seigneur. — Dioc. de Verdun, archid. d'Argonne, doy.
de Souilly.

En 1790, distr. de Verdun, c^ne de Dieüe.

Actuellement, arrond, c^on, archipr. et doy. de Verdun. — Écarts : Biscart, Moulin-Bas, le Trembley.
— Patron : saint Jean-Baptiste.

SOMMEDIEUE (FONAY DE), bois domanial, c^ne de Sommedieue.

SOMMEFOSSE, contrée, c^ne de Mouzay.

SOMMEILLES, vill. sur le ruisseau de Suisi, à 12 kil. à
l'O. de Vaubecourt. — *Commnalia*, 1197 (bulle de
Célestin III). — *Sommeilles*, 1246 (cart. de Montiers). — *Summella*, 1250 (*ibid.*). — *Sommoille*,
1256 (*ibid.*). — *Commailles*, 1401 (coll. lorr. t. 260.
46, P. 14). — *Sommeueille*, 1451 (Trés. des ch.
B. 452, n° 53). — *Sommeille*, 1700 (carte des
États). — *Somnianum, Sommeil*, 1749 (pouillé).

Avant 1790, Barrois mouvant, office, recette,
cout. prév. et baill. de Bar, présid. de Châlons, parlement de Paris; le roi en était seul seigneur. —
Dioc. de Châlons, archid. d'Astenay, doy. de Possesse.

Sommeilles fut affranchi en 1258; sa charte, donnée par Thibaut II, comte de Bar, fut confirmée
en 1339 par Henri IV, et en 1360 par le duc Robert.

En 1790, distr. de Bar, c^ne de Noyers.

Meuse.

Actuellement, arrond. et archipr. de Bar-le-Duc,
c^on et doy. de Vaubecourt. — Écarts : Belair, Hurtebise. — Patron : saint Didier.

SOMMELONNE, vill. aux sources de la Lonne, à 4 kil. au N.
d'Ancerville. — *Sommelongue*, 1146 (ch. d'Albéron,
év. de Verdun). — *Summalona*, 1154 (cart. de Jean-
d'heures). — *Somme-Lonne*, 1187, 1221 (Trés. des
ch.). — *Sommelonia*, 1749 (pouillé).

Avant 1790, Barrois mouvant, office, recette,
cout. et baill. de Bar, juridiction du juge-garde des
seigneurs, présid. de Châlons, parlement de Paris.
— Dioc. de Châlons, archid. et doyenné de Joinville.

En 1790, distr. de Bar, c^on d'Ancerville.

Actuellement, arrond. et archipr. de Bar-le-Duc,
c^on et doy. d'Ancerville. — Écarts : les Tuileries. —
Patron : saint Vincent.

SOMMIÈRE, bois et contrée, c^ne de Saint-Aubin; ont pris
leur nom d'une ancienne léproserie dont il est fait
mention dans une charte de l'an 1186, par laquelle
Pierre de Brixey, év. de Toul, confirme la fondation
de la collégiale de Commercy. — *Prælerea grangiam
juxta Sanctum-Albinum, in qua leprosi habent Man-
sionem*, 1186 (D. Calmet, Hist. de Lorr. t. II, pr.).
— *Magistro et fratribus domus leprosorum de Sume-
res*, 1219 (bulle de Grégoire IX, Trés. des ch. lay.
fondations, n° 5). — *Sommieres*, 1229 (bulle de
Grégoire IX). — *Au Mezelz de la maison de Som-
mières*, 1236 (Trés. des ch. lay. fondations, n° 6).
— *Au Frères et au Malades de la Maison de Somères*,
1275 (*ibid.* n° 7). — *Au Maistre et au Frères de la
Maison de Somères*, 1277 (*ibid.* n°s 8, 9, 10 et 11).
— *A la Maison de Somneires*, 1277 (*ibid.* n°s 12 et
14). — *Ecclesia beatæ Mariæ Virginis de Sommeriis
Tullensis diocesis*, 1336 (indulgence, *ibid.* n° 15).
— *Sommieres-lez-Saint-Aubin-aux-Auges*, 1337
(bulle de Benoît XII). — *Sommiers*, 1375 (admodiation du bois de Saulx-en-Barrois par J. de Sarrebruche). — *La chapelle Saint-Aubin dite Som-
mieuvre*, XVIe siècle (recueil des bénéf. du duché de
Lorr.; Trés. des ch. reg. B, f° 105 v°). — *Capella
leprosaria*, 1633-1635 (poleum universale, reg. M).
— *Sommière*, 1711 (pouillé).

La léproserie de Sommière formait un hameau
avec chapelle dédiée à Notre-Dame, fondée en 1186
par les seigneurs de Commercy; elle avait en 1340
un chapelain et une communauté composée de frères
et de sœurs, de frères lépreux et de sœurs qui les
servaient; leurs biens étaient assez considérables; le
hameau fut ruiné longtemps avant la chapelle, qui
était à la collation du roi comme seigneur de Commercy.

29

Somdeu, hameau, c^{ce} de Commercy. — *Somfeu*, 1745 (Roussel).

Sonville, contrée, c^{ne} de Tilly.

Sopilot, bois comm. de Viéville et de Vigneulles-lez-Hattonchâtel.

Sorage, contrée, c^{ce} de Boinville.

Sorbé, h. ruiné, c^{ne} de Ménil-la-Horgne. — *Sorbey*, 1760 (Cassini).

Avait une chapelle qui était mère église de Ménil-la-Horgne.

Sorbey, vill. sur la rive droite de l'Othain, à 10 kil. au N.-O. de Spincourt. — *Sorbei*, 1163 (ch. de Richard, év. de Verdun). — *Sorbeium*, 1163 (abb. de Châtillon); 1749 (pouillé). — *Sorbiacum*, 1179 (cart. de Saint-Paul). — *Sorberolium, Sorbeum*, 1183 (bulle de Lucius III). — *Sorbes*, 1200 (cart. de Saint-Paul). — *Sorberhe*, 1227 (*ibid.*). — *Sorbeis*, 1269 (abb. de Châtillon). — *Xorbeis*, 1279 (cart. de la cathédr.). — *Xorbey*, 1566 (Lamy, acte du tabell. de Marville); 1571 (proc.-verb. des cout.); 1674 (Husson l'Écossais). — *Sorbé*, 1582 (Lamy, acte de la prév. de Marville); 1607 (proc.-verb. des cout.); 1700 (carte des États). — *Sorbez*, 1749 (pouillé). — *Sorbet*, 1760 (Cassini).

Avant 1790, Barrois non mouvant, seigneurie, office de Longuyon, recette et baill. d'Étain, cout. de Saint-Mihiel, juridiction des officiers des seigneurs, présid. de Verdun, cour souveraine de Nancy. — Dioc. de Trèves, archid. et doy. de Longuyon. — Avait deux châteaux, dont un avec donjons et fossés.

En 1790, distr. d'Étain, c^{on} de Saint-Laurent.

Actuellement, arrond. et archipr. de Montmédy, c^{on} de Spincourt, doy. de Billy-sous-Mangiennes. — Écarts : Bourdet, Bouteille, Cricaille, Haute-Walle, Vaugeron. — Patron : saint Martin.

Sorbey a donné son nom à une maison de nom et d'armes éteinte, qui portait : *d'azur à un croissant montant d'argent surmonté d'une étoile de même* (Husson l'Écossais).

Sorbey, contrée, c^{ne} d'Haudainville.

Sorcy, vill. sur la rive droite de la Meuse, à 3 kil. au N. de Void. — *Sauriciaco*, ép. mérov. (tiers de sou d'or). — *Sortcacus* ou *Soricacus*, de 995 à 1020 (vente par Hugues à l'év. Bertholde). — *Castrum-Sorciacum*, 1033 (dipl. de l'emp. Conrad). — *Sorceyum*, 1060 (confirmat. de la fondat. du prieuré d'Apremont); 1184 (cart. de Rangéval). — *Sorceum*, 1103 (ch. de Gorze); 1141 (confirmat. de la fondat. de l'abb. de Rangéval); 1220 (cart. de Rangéval); 1711 (pouillé); 1749 (*ibid.*). — *Sorcey*, 1248 (cart. d'Apremont); 1270 (cart. de Rangéval); 1438 (chamb. des comptes, c. de la prév. de Foug);

1558 (ch. des comptes de Bar); 1674 (Husson l'Écossais). — *Sorcei*, 1270 (cart. de Rangéval). — *Sorceyum-Castrum*, 1402 (regestr. Tull.).

Sorcy était un fief relevant des comtes de Bar; il était bourg avec titre de comté fondé au xe siècle; ce comté passa successivement dans les maisons des Volzer, des Baudricourt, des Stainville, des Du Châtelet, des de Saint-Vincent et des de Choiseul. — Avant 1790, il ne formait qu'une même communauté avec le vill. de Saint-Martin; Barrois non mouvant, office de Foug, chef-lieu de prév. recette, cout. et baill. de Saint-Mihiel, présid. de Toul, cour souveraine de Nancy. — Dioc. de Toul, archid. de Ligny, doy. de Meuse-Commercy.

Il y avait à Sorcy un château avec chapelle dédiée à saint Antoine, un hôpital cité dans le pouillé de 1768 et un monastère de Clarisses ou religieuses de Sainte-Claire, dites *Urbanistes*, fondé par les seigneurs de Sorcy dans le courant du xvie siècle.

La prév. de Sorcy ne comprenait que Saint-Martin et Sorcy.

En 1790, lors de l'organisation du département, Sorcy devint chef-lieu de l'un des c^{ons} dépendant du distr. de Commercy; ce c^{on} était composé des municipalités dont les noms suivent : Aulnois-sous-Vertuzey, Laneuville-au-Rupt, Saint-Martin, Sorcy, Vertuzey et Ville-Issey.

Actuellement, arrond. et archipr. de Commercy, c^{ne} et doy. de Void. — Écarts : la Gare, Saint-Martin. — Patron : saint Remy.

La maison de Sorcy, depuis longtemps éteinte, portait : *d'or à l'écu de gueules en abîme* (Husson l'Écossais).

Sorel, f. c^{ne} de Loison. — *Soret*, xvie siècle (acte de la prévôté de Mangiennes). — *Sore*, 1700 (carte des États).

Sorel (Ruisseau de), qui prend sa source au S. de Sorel et se jette dans l'Orne près de l'étang d'Amel, après un cours de 2 kilomètres.

Sorelles, contrée, c^{ne} de Neuvilly.

Sorrages, contrée, c^{ne} de Boinville.

Sornay, f. c^{ne} de Pillon. — *Sorey*, 1743 (proc.-verb. des cout.).

Sort, bois comm. de Douaumont.

Sorts (Les), bois comm. de Ville-devant-Chaumont.

Sorupt, bois comm. de Bannoncourt.

Sorné, bois comm. d'Heudicourt.

Soubeaval, bois comm. de Triconville.

Souché, bois comm. de Sauvigny.

Souchon, contrée, c^{ce} de Tannois.

Souci, contrée, c^{ne} de Fromezey.

Souär, bois comm. de Chalaines.

SOUHESME-LA-GRANDE, vill. sur le Noron, à 7 kil. au N.-O. de Souilly. — *Souhame*, 1282 (cart. d'Apremont). — *Sohesmes*, 1296 (cart. de la cath.); 1642 (Mâchon). — *Souheme*, 1296 (cart. de la cath.). — *Souhaime*, 1370 (chamb. des comptes, c. de Souilly). — *Sohesme*, 1564 (éch. entre le duc de Lorr. et l'év. de Verdun). — *Southesme*, 1590 (Lamy, acte du tabell. de Verdun). — *Les Soubhesmes*, 1593 (*ibid.* contrat de P. des Ancherins).— *Souhesme-la-Grande*, 1656 (carte de l'év.). — *Sohesme-la-Grande*, 1700 (carte des États). — *Sohesmia*, 1738 (pouillé).

Avant 1790, Verdunois, terre d'évêché, prév. de Charny, cout. baill. et présid. de Verdun, ancienne justice des quatre pairs de l'év. parlement de Metz. — Dioc. de Verdun, archid. d'Argonne, doy. de Clermont.

En 1790, distr. de Verdun, c^{on} de Sivry-la-Perche. Actuellement, arrond. et archipr. de Verdun, c^{on} et doy. de Souilly. — Écarts : Hemaivaux, Petite-Rue, Souhesme-la-Petite. — Patron : saint Airy.

SOUHESME-LA-PETITE, h. sur le Noron, c^{ne} de Souhesme-la-Grande. — *Petite-Sohesme*, 1564 (éch. entre le duc de Lorr. et l'év. de Verdun). — *Petito-Souheme*, 1656 (carte de l'év.). — *Sohesme-la-Petite*, 1700 (carte des États).— *Sohemia-Parva*, 1749 (pouillé).

Avant 1790, Barrois mouvant, office et prév. de Souilly, recette, cout. et baill. de Bar, présid. de Châlons, parlem. de Paris; le roi en était seul seigneur. — Dioc. de Verdun, paroisse de Souhesme-la-Grande.

SOUILLY, bourg sur la Cousance, à 16 kil. au S. de Verdun. — *Sauliaco-Vico*, ép. mérov. (tiers de sou d'or). — *Solari*, 962 (cart. de Saint-Vanne). — *Solidiacum*, 962 (bulle de Jean XII); 1015, 1060, 1061 (cart. de Saint-Vanne). — *Sollesit*, 1047 (ch. de l'év. Thierry). — *Sosi* ou *Soli*, 1049 (bulle de Léon IX). — *Soliacum*, xie siècle (Hugues de Flavigny). — *Inter Erpeiam-curtis* et *Soizy*, 1127 (cart. de la cath. f° 167). — *Soleium*, 1141 (cart. de Jeand'heures). — *Solleum*, 1157 (cart. de Saint-Paul, f° 98). — *Sollei*, 1157 (*ibid.* f° 187). — *Solleium*, 1171 (cart. de Jeand'heures); 1179 (cart. de Saint-Paul); 1756 (D. Calmet, not.). — *Soliolum*, 1175 (ch. d'Arnould de Chiny). — *Solium*, 1179 (cart. de Saint-Paul). — *Souller*, 1235 (*ibid.* f° 3). — *Soilliers*, 1330 (chambre des comptes, c. du gruyer de Bar). — *Saulieres*, 1358 (*ibid.*). — *Soullier, Souilliez*, 1388 (coll. lorr. t. 263-46, C. 10). — *Souilliers*, 1515 (*ibid.* t. 268.49, A. 4). — *Souilliers*, 1579 (proc.-verb. des cout.). — *Souillers*, 1601 hôt. de ville de Verdun, K. 12); 1617 (*ibid.* K. 17).

— *Soilleriæ*, *Soillieres*, *de Souilleriis*, 1642 (Mâchon). — *Soilleres*, 1656 (carte de l'év.). — *Souili*, 1707 (carte du Toulois).— *Soleriæ*, 1738 (pouillé). — *Solerium*, 1749 (*ibid.*).

Avant 1790, Barrois mouvant, chef-lieu d'office et de prév. recette, cout. et baill. de Bar, présid. de Châlons, parlement de Paris; le roi en était seul seigneur. — Dioc. de Verdun, archid. d'Argonne, chef-lieu de doy. — Avait une gruerie ressortissant à la maîtrise particulière de Bar-le-Duc et un château avec chapelle, lesquels existaient encore en 1527.

La prév. de Souilly avait titre de prév. royale; elle se composait des localités dont les noms suivent : Ancemont, Dugny, Flabas, Hamayvaux, Landrecourt, Maujouy, Monthairon-le-Grand, Monthairon-le-Petit, Oselles, Rambluzin (partie avec Tilly), Saint-André, Senoncourt, Souhesme-la-Petite, Souilly, la Tour-de-Monthairon.

Le doy. de Souilly, *decanatus de Souilleriis* (1642, Mâchon), renfermait les paroisses et annexes ci-après : Ancemont, Amblaincourt, Beauzée, Benoîte-Vaux, Brizeaux, Bulainville, Chaumont-sur-Aire, Courcelles-sur-Aire, Deuxnouds-devant-Beauzée, Dieue, Dugny, Érize-la-Grande, Érize-la-Petite, Évres, Faucoucourt, Heippes, Ippécourt, Issoncourt, Julvécourt, Landrecourt, Lemmes, Lempire, Mondrecourt, Monthairon-le-Grand, Monthairon-le-Petit, Moulin-Brûlé, Nixéville, Nubécourt, Oselles, Rambluzin, Récourt, Saint-André, Senoncourt, Seraucourt, Sommedieue et Souilly.

En 1790, lors de l'organisation du département, Souilly devint chef-lieu de l'un des c^{ons} dépendant du distr. de Verdun; ce c^{on} était composé des municipalités dont les noms suivent : Heippes, Lemmes, Oselles, Rambluzin, Senoncourt, Souilly, Vadelaincourt.

Actuellement, arrond. et archipr. de Verdun, chef-lieu de c^{on} et de doy. — Écarts : la Maison-Forestière, le Moulin. — Patron : saint Martin.

Le c^{on} de Souilly occupe la partie centrale du département; il est borné au N. et à l'E. par le c^{on} de Verdun, au S. par les arrond. de Commercy et de Bar-le-Duc, à l'O. par le c^{on} de Clermont; sa superficie est de 22,800 hectares; il renferme vingt et une communes, qui sont : Ancemont, Blercourt, Heippes, Julvécourt, Landrecourt, Lemmes, Lempire, les Monthairons, Nixéville, Oselles, Rambluzin, Rampont, Récourt, Saint-André, Senoncourt, les Souhesmes, Souilly, Tilly, Vadelaincourt, Villesur-Cousance, Villers-sur-Meuse.

La composition du doyenné est la même que celle du canton.

29.

Les armoiries de Souilly étaient : *d'azur au château fortifié de trois tours d'argent, maçonné de sable, terrassé de sinople, couronné d'une couronne fermée d'or et côtoyé de deux barbeaux adossés de même* (armorial de Lorraine).

La maison de Souilly portait : *d'azur à la croix d'argent au franc quartier losangé d'argent et d'or* (D. Calmet, *not.*).

Souilly (Forêt de), bois domanial, c^ne de Souilly.

Soulaige, contrée, c^ne de Nouillonpont.

Soulaire ou Soulière, côte, c^ne de Creue. — *Soller,* 1725 (arch. de la c^ne).

Soulames, bois, c^ne de Vassincourt.

Soulavaux, contrée, c^ne de Dieppe.

Soule, bois, c^nes de Douaumont et de Bezonvaux.

Soulet, contrée, c^ne de Beauzée.

Soulloches (Les), f. c^ne de Watronville.

Soulomont, ancien chemin, c^ne de Mogneville.

Soumazannes, h. c^ne d'Azannes. — *Ad duorum Aisennarum somnam,* 1049 (bulle de Léon IX). — *Somme-Azanne,* 1223 (ch. de l'év. Jean d'Apremont); 1269 (ch. d'affranch.). — *Sor lou moulin et l'estane de Soumasanne,* 1262 (cart. de la cath.). — *Soubmazane, Soubzmasanne,* 1549 (Wassebourg). — *Soubazanne,* 1642 (Mâchon). — *Somn'Azanne,* 1656 (carte de l'év.). — *Sousmazanne,* 1700 (carte des États). — *Smazanes, Subazanna,* 1738 (pouillé). — *Soubmazannes,* 1743 (proc.-verb. des cout.).

Village affranchi en 1269.

Avant 1790, Verdunois, terre d'év. prév. de Mangiennes, cont. baill. et présid. de Verdun, anciennes assises des quatre pairs de l'év. parlement de Metz. — Dioc. de Verdun, paroisse d'Azannes.

Soumazannes (Fontaine de), qui se réunit à celle de Gremilly pour former le ruiss. d'Azannes.

Sounain, contrée, c^ne de Mouzay.

Souppléville, h. c^ne d'Abaucourt. — *Suplicii - villa,* 1179 (cart. de Saint-Paul). — *Soupleville,* 1681 (hôtel de ville de Verdun, 29. L. 30 bis); 1745 (Roussel).

Faisait partie de l'ancien doy. de Pareid; avait pour patron saint Martin; était paroisse de Damloup.

Souppléville (Ruisseau de), qui prend sa source sur le territoire de Damloup et se jette dans le ruiss. de Tavannes à la ferme de Souppléville, après un cours de 9 kilomètres.

Soupy, c^ne d'Autréville; ancienne maison fief à l'abb. de Saint-Hubert.

Sources-Brillantes (Les), font. qui prennent naissance au-dessus de Sommedieue, où elles se réunissent pour former le ruiss. de Dieue.

Souncillon, bois, c^ne de Thonne-le-Thil.

Souriotte, contrée, c^ne de Bussy.

Sourpices (Côte des), c^ne de Lavignéville.

Soussémont, bois comm. de Varnéville.

Soutaye, contrée, c^ne de Belleville.

Soutrat, contrée, c^ne de Fresnes-en-Woëvre.

Soutrey, m^in ruiné, c^ne de Dieue; appartenait à l'abb. de Saint-Paul; était situé entre Dieue et Sommedieue, lieu dit à-*Soutrey.* — *Molendinum de Soutreiz,* 1225 (cart. de Saint-Paul). — *Molendinum juxta Dewian quod dicitur ad Sotree,* 1225 (*ibid.*). — *Pour lor molin de Soutreie; li devant dis molins des Soutreis,* 1250 (*ibid.*). — *Entre Dewe et le molin con dit à Soutreie sor le chemin qui va de Verdun à Geneycourt,* 1251 (*ibid.*).

Soutry, h. ruiné, entre Ollières et Réchicourt; était terre commune, prév. d'Arrancy, baill. d'Étain.

Soutray ou Soutraeville, ancien h. aujourd'hui réuni au vill. de Sivry-sur-Meuse. — *Subtriavilla,* xe siècle (Virdunensis comitatus limites). — *Subterice-villa,* 1049 (cart. de la cathédr.). — *Subterior-villa,* 1049 (bulle de Léon IX); 1127 (cart. de la cathédr.). — *Soutreville,* 1242, 1269, 1299 (*ibid.*); 1601 (hôt. de ville de Verdun, A. 57). — *Souldreville,* 1549 (recueil). — *Sontreville,* 1549 (Wassebourg). — *Soustreville,* 1578 (ch. d'affranch.). — *Soutreuille,* 1775 (cart. de Saint-Hippolyte, A. 3).

Souville, contrée, c^ne de Tilly.

Souvin, contrée, c^ne de Malancourt.

Soyard, contrée, c^ne de Boureuilles.

Spada, vill. sur le ru de Creue, à 6 kil. au N. de Saint-Mihiel; se nommait primitivement *Gerbeuville;* a pris le nom de Spada après l'érection de cette terre en marquisat. — *Girbodivilla,* 973 (ch. de l'évêque Wilffride). — *Gerbaudi-villa,* 973 (confirmat. par l'emp. Otton). — *Gerbodivilla,* 984, 1179 (cart. de Saint-Paul). — *Gerbeuville,* 1339 (vente par P. Du Châtelet à l'év. de Verdun); 1549 (Wassebourg). — *Girberti-Villare,* 1453 (prieuré de N.-D. d'Apremont). — *Gerbeufville,* 1642 (Mâchon). — *Gerbaville,* xviie siècle (Hist. de Lorr. t. II, pr.). — *Jarbeuville,* 1700 (carte des États). — *Spada,* 1738 (pouillé). — *Gerbeuvilla,* 1745 (Roussel).

Avant 1790, Barrois non mouvant, office, cout. et prév. d'Hattonchâtel, recette et baill. de Saint-Mihiel, présid. de Toul, cour souveraine de Nancy; terre érigée en marquisat le 2 mai 1716, par Léopold Ier, en faveur de M. le marquis de Spada, gentilhomme italien. — Dioc. de Verdun, archid. de la Rivière, doy. d'Hattonchâtel.

En 1790, distr. de Saint-Mihiel, c^ne de Lacroix-sur-Meuse.

Actuellement, arrond. et archipr. de Commercy

c⁰ⁿ et doy. de Saint-Mihiel. — Écarts : Belair, Bellevue, Relaincourt. — Patron : saint Pierre.

Les armoiries de Spada étaient : *de sable à deux
fasces d'argent chargées de deux lions léopardés de
gueules, au chef d'or à la bande d'azur chargée de
trois monts d'argent, côtoyée de deux couronnes de
lauriers au naturel* (Durival).

Spincourt, bourg sur l'Othain, à 3o kil. au N.-E. de
Montmédy. — *Supincort*, 1183 (bulle de Luce III).
— *Sibiencort*, xii° siècle (ch. d'Arnould de Chiny,
arch. de la Meuse). — *Sepiencort*, 1252 (cart. de
Saint-Paul); 1267 (abb. de Châtillon). — *Sepiencourt*, 1267 (cart. de la cath.); 1267 (abb. de Châtillon); 1549 (Wassebourg). — *Sepincourt*, 1267
(abb. de Châtillon). — *Sbincourt*, 1642 (Mâchon);
1738 (pouillé). — *Sebincour*, 1656 (carte de l'év.).
— *Sbinicuria*, 1738 (pouillé). — *Sebincourt*, 1745
(Roussel). — *Spinicuria*, 1749 (pouillé). — *Sa-
piencourt*, 1756 (D. Calmet, *not.*).

Avant 1790, Barrois non mouvant, chef-lieu de
marquisat et de prév. office, recette et baill. d'Étain,
cout. de Saint-Mihiel, présid. de Verdun, cour souveraine de Nancy. — Dioc. de Verdun, archid. de la
Woëvre, doy. d'Amel.

Le marquisat de Spincourt fut érigé par lettres
patentes du 12 avril 1723, données par Léopold I⁰ʳ,
duc de Lorraine; il était formé, ainsi que la prév. de
ce nom, des villages et lieux dont les noms suivent :
Éton, Gouraincourt, Houdelaucourt (partie avec
Sancy), Saint-Pierrevillers, Saint-Supplet (Moselle)
et Spincourt.

En 1790, distr. d'Étain, c⁰ⁿ de Gouraincourt.

Actuellement, arrond. et archipr. de Montmédy,
chef-lieu de c⁰ⁿ, doy. de Billy-sous-Mangiennes. —
Écarts : Clarinotte, la Folie, Huarde, Vaugeron. —
Patron : saint Pierre.

Le c⁰ⁿ de Spincourt occupe le N.-E. du dép¹; il est
borné au N. et à l'E. par le dép¹ de la Moselle, à l'O.
par le c⁰ⁿ de Damvillers, au S. par l'arrond. de Verdun; sa superficie est de 29,882 hectares; il renferme vingt-sept communes, qui sont : Amel, Arrancy,
Billy-sous-Mangiennes, Bouligny, Bouvigny, Domremy-la-Canne, Duzey, Éton, Gouraincourt, Han-
devant-Pierrepont, Haucourt, Houdelaucourt, Loison, Mangiennes, Muzeray, Nouillonpont, Ollières,
Pillon, Réchicourt, Rouvrois-sur-Othain, Saint-Laurent, Saint-Pierrevillers, Senon, Sorbey, Spincourt,
Vaudoncourt et Villers-lez-Mangiennes.

Stainville, vill. sur la Saulx, à 12 kil. à l'E. d'Ancer-
ville. — *Satenvilla*, 1135 (accord pour la vouerie de
Condé). — *Seetenvile*, 1195 (cart. de Jeand'heures).
— *Setenvile*, 1359 (chamb. des comptes de Bar, c.

du célérier). — *Sptainville*, 1364 (*ibid.*). — *Sytainvilla*, 1402 (reg. Tull.). — *Stinville*, 1700 (carte
des États). — *Septem-villæ*, 1707 (carte du Toulois). — *Stainvilla*, 1711 (pouillé); 1749 (*ibid.*).
— *Estainvilla*, *Estainville*, *Setainville*, *Septem-
villa*, *Sathanæ-villa*, 1756 (D. Calmet, *not.*).

Avant 1790, Barrois mouvant, chef-lieu de marquisat et de prév. office de Morley, recette, cout. et
baill. de Bar, présid. de Châlons, parlement de Paris.
— Dioc. de Toul, archid. de Rinel, doy. de Dammarie.

Le marquisat de Stainville fut érigé le 7 avril 1722
en faveur de M. le marquis de Choiseul de Stainville;
il était, ainsi que la prév. de ce nom, composé des
vill. de Demange-aux-Eaux (partie avec Gondrecourt), Lavincourt, Ménil-sur-Saulx, Montplonne,
Stainville.

En 1790, lors de l'organisation du dép¹, Stainville
devint chef-lieu de l'un des c⁰ⁿˢ dépendant du distr.
de Bar; ce c⁰ⁿ était composé des municipalités dont
les noms suivent : Aulnois-en-Perthois, Bazincourt,
le Bouchon, Dammarie, Fouchères, Lavincourt,
Ménil-sur-Saulx, Montplonne, Nant-le-Grand, Nant-
le-Petit, Rupt-aux-Nonnains, Stainville.

Actuellement, arrond. et archipr. de Bar-le-Duc,
c⁰ⁿ et doy. d'Ancerville. — Écarts : Jovilliers, Nantelle. — Patron : saint Mathieu.

Stainville a donné son nom à une maison fort
illustre de nom et d'armes, qui portait : *d'or à la
croix ancrée de gueules* (Husson l'Écossais).

Stenay, ville sur la rive droite de la Meuse, à 13 kil.
à l'O. de Montmédy. — *Satan*, *Saten*, ép. celtique
(la tradition). — *Sathanagium*, *Sathonagium*, 714.
1218 (Alb. chron.). — *Astenidum*, 877 (ch. de
Charles le Chauve); 1675 (A. de Valois, not. Gal.);
1741 (Bertholet); 1756 (D. Calmet, *not.*). — *In
fisco Sathanacense atque Mousense*, 886 (donat. de
Raignier au prieuré de Saint-Dagobert, Hist. de
Lorr. pr.). — *Astanid*, 888 (ch. de l'emp. Arnould).
— *Satenaiun*, x° siècle (epist. Gerberti). — *Sathaniacum*, x° siècle (*ibid.*); 1090 (ch. de Godefroy de
Bouillon en fav. de Gorze, Hist. de Lorr. t. III, pr.).
— *Sathinidium*, 1036 (Tr. des ch.). — *Sathanacum*,
1069 (cart. de Gorze); 1157 (ch. de Gorze); 1188
(ch. de Beaufort); 1226 (test. de la duchesse Agnès);
. 675 (A. de Valois); 1741 (Bertholet). — *In fisco
Sathaniaco* (martyrol. de Saint-Laurent de Liége).
— *In villa de Sathaniaco* (ms de Gorze et Hist. de
Lorr. pr.). — *Ecclesia sancti Dagoberti apud Sathanacum villam*, 1079 (cart. de Gorze, f° 184). — *Satanacum*, 1085 (coll. lorr. t. 407, F° 2); 1108 (ch.
de Gorze; xii° siècle (Laurent de Liége). — *Sathin-

nacum, 1086 (cart. de la cath. f° 180). — *Satinia-cum*, 1086 (dipl. de l'emp. Henri III). — *Sathinia-cum*, 1086 (*ibid.*); 1086 (donat. de Godefroy à l'év. Thierry); 1101 (cart. de la cath. f° 132). — *Sathanacum in ecclesia Sancti Martyris Dagoberti*, 1093 (ch. de Gorze). — *Setunia*, xi° siècle (charte d'Albéric de Trois-Fontaines). — *Septiniacum*, 1107 (donat. de la comtesse Mathilde); 1156 (bulle d'Adrien IV). — *In villis Sathanaco et Mosaco*, 1108 (cart. de Gorze, f° 195). — *Sathanagum*, xii° siècle (*ibid.* f° 198). — *Sathenacum*, xii° siècle (coll. lorr. t. 407, f° 5). — *Septiniacum castrum*, 1156 (confirmat. par Frédéric Barberousse). — *Sathanacensi*, 1157 (ch. de l'archev. Hillin). — *In castellania de Sathaniaco*, 1159 (ch. de Henri, comte de Bar). — *Sathanai*, 1173 (dipl. d'Arnould, arch. de Trèves). — *Saptiminium*, *Satanacum-castrum*, xii° siècle (Laurent de Liége). — *Sethenac*, 1208 (traité de paix). — *Settenai*, 1243 (Lamy, ch. de Thibaut, comte de Bar). — *Sethenai*, 1264 (coll. lorr. t. 407, f° 19). — *Sathenay*, 1276 (cart. de la cathédr.); 1276 (chap. de Verdun, lay. Milly-devant-Dun); 1399 (chap. de Robert, duc de Bar); 1399 (collect. lorr. t. 404, P. 3.37); 1463 (Lamy, ch. du duc René); 1483 (coll. lorr. t. 261.46, A. 21); 1549 (Wassebourg); 1558 (coll. lorr. t. 404, P. 46); 1585 (*ibid.* P. 54); 1591 (*ibid.* P. 60). — *Sathanay*, 1284 (ch. d'affranch. de Saulmory et de Wiseppe). — *Satenay*, 1399 (paix et accord entre les pays de Bar et de Luxembourg, Hist. de Lorr. pr.); 1585 (Lamy, vente du seizième de la seign. de Charmois). — *Sethenae*, *Sathena*, *Sathenois*, *Hasthenay*, *Astenay*, *Estenay*, xv° et xvi° siècle (hôt. de ville de Stenay). — *Astenaeum*, 1580 (stemmat. Lothar.). — *Satanagus*, 1630 (Wiltheim). — *Satanay*, 1643 (Soc. Philom. lay. Verdun, B. 11). — *Sthenay*, 1643 (Lamy, arrêt du parlement de Metz). — *Stadinum*, *Sathenaium*, *Sattinacum*, *Sethenaium*, 1675 (A. de Valois); 1741 (Bertholet). — *Stadunum*, *Stadonum*, 1679 (D. Marlot). — *Satanacavilla*, *Satanagium-castrum*, *Sataniacum*, *Stenacum*, *Stadinisium*, *Septimium*, 1756 (D. Calmet, not.).

La ville de Stenay est très-ancienne; d'après une tradition peu fondée, on y voyait au v° siècle un temple dédié à Saturne (*Sadorn*), d'où l'on croit que dérive le nom de Stenay, qui primitivement était *Satan* ou *Saten*. Dagobert II, roi d'Austrasie, y avait un palais et une chapelle dédiée à saint Remy, dans laquelle ce prince fut enterré après l'assassinat dont il fut victime au lieu dit *Scorze*, actuellement *Sincretel*, dans la forêt de Wèvre, *in saltu Wavrinsi*, *in loco qui dicitur Scortias*, *tribus millibus a fisco Satha-*

nico (martyrol. de Saint-Laurent de Liége). Stenay a donné son nom à l'Astenay, dit aussi *l'Astenois* ou *le Stenois*, pays qui se forma au commencement du vi° siècle et qui passa successivement des mains des comtes de Rethel dans celles des ducs de Bouillon et des évêques de Verdun; cette ville fut cédée en 1110 aux comtes de Luxembourg, en 1554 aux ducs de Lorraine et en 1641 à Louis XIII, roi de France; elle avait un château fort, bâti en 1077 par Godefroy de Bouillon; elle devint chef-lieu d'un bailliage créé en 1635 et supprimé en 1697.

Avant 1790, Clermontois, cout. de Saint-Mihiel, chef-lieu de prév. baill. de Clermont siégeant à Varennes, ancienne cour des *Grands jours* de Saint-Mihiel, présid. de Châlons, parlement de Paris. — Dioc. de Trèves, archid. de Longuyon, doy. d'Yvois.

La prévôté de Stenay était composée des localités dont les noms suivent : Baalon, Bellefontaine, Brouennes, Charmois, Cervisy, Cesse (partie avec Mouzon), Ginvry, Han-lez-Juvigny, Inor, Iré-le-Sec, Juvigny, Landécourt, Laneuville-sur-Meuse, Lavignette, Louppy-sur-Loison (titre de prévôté), Luzy, Martincourt, Moulins, Mouzay, Nepvant, Pouilly, Prouilly, Quincy, Remoiville, Simay, Soiry, Stenay, Wamme et Wiseppe.

En 1790, lors de l'organisation du dép¹, Stenay devint siége de tribunal et chef-lieu d'un distr. comprenant soixante-quinze municipalités réparties en neuf c⁰⁰⁵, qui étaient ceux de : Aincreville, Avioth, Dun, Inor, Jametz, Marville, Montmédy, Stenay et Wiseppe. Le c⁰⁰ de Stenay était composé des municipalités dont les noms suivent : Baalon, Cesse, Charmois (hameau), Laneuville-sur-Meuse, Luzy, Mouzay et Stenay.

Actuellement, arrond. et archipr. de Montmédy, chef-lieu de c⁰⁰ et de doy. — Écarts : Blanc-des-Fontaines, Bronelle, Cervisy, l'Étang-de-Baalon, les Forges, Hurtebise, la Jardinette, Saint-Lambert, la Tuilerie. — Patron : saint Grégoire.

Le c⁰⁰ de Stenay occupe l'extrême partie N.-O. du dép¹; il est borné au N. et à l'O. par le dép¹ des Ardennes, à l'E. par le c⁰⁰ de Montfaucon, au S. par celui de Dun; sa superficie est de 19,592 hectares; il renferme dix-huit c⁰⁰⁵, qui sont : Autréville, Baalon, Beauclair, Beaufort, Cesse, Halles, Inor, Lamouilly, Laneuville-sur-Meuse, Luzy, Martincourt, Moulins, Mouzay, Nepvant, Olizy, Pouilly, Stenay et Wiseppe.

Les armoiries de Stenay étaient : *d'argent au chevron d'azur accompagné en pointe d'un lion d'or armé et lampassé de gueules* (Jeantin, Manuel de la Meuse).

STENOIS. — Voy. **ASTENAY.**

Stmitz, m^{in}, c^{ne} de Juvigny-sur-Loison.

Sugny, f. ruinée, c^{ne} de Drillancourt.

Suisy (Ruisseau de), qui prend sa source sur le territ. de Sommeilles, traverse celui de Foyers et se jette dans la Chée au-dessous de la Maison-du-Val, sur la c^{ne} de Nettancourt, après un trajet de 4 kilomètres.

Suisserie (La), f. c^{ne} d'Autrécourt.

Suisses (Rue des), à Bar-le-Duc; a pris son nom d'un ancien campement de troupes suisses.

Sumay, ancien ban et chapelle, c^{ne} de Brouennes. — Sumeiacum, 1157 (ch. de Gorze). — Sumejacum, 1157 (ch. de l'archev. Hillin). — Simay, Cimay, Xumay, xviie siècle (actes de la prév. de Stenay).

Sumont, m^{in} ruiné, c^{ne} de Spincourt. — Molendinum Summomontis, 1049 (bulle de Léon IX). — Summum-Mons, 1127 (cart. de la cathédr.).

Surgivaux, contrée, c^{ne} de Récicourt.

Surpierre, m^{on} isolée, c^{ne} de Saint-Mihiel.

Surreintrelle, bois comm. de Riaville, sur le territ. de Pintheville.

Surtelle, contrée, c^{ne} de Clermont-en-Argonne.

Survaux, papeterie, c^{ne} de Seuzey.

Surville, h. c^{ne} de Warcq. — Sureville, 1218, 1226, 1248 (cart. de la cath.). — Xureville, 1226 (ibid.).

Sussan, contrée, c^{ne} de Revigny.

Suvenchamp, contrée, c^{ne} de Gremilly.

Suzémont, h. ruiné, c^{ne} de Fresnes-en-Woëvre. — Suzaimont, 1332 (accord entre l'év. de Verdun et le voué de Fresnes). — Susemont, 1581 (archives de Bonzée et de Fresnes).

Ce h. existait encore en 1581, comme on le voit dans les archives ci-dessus relatées; il fut détruit dans la première moitié du xviie siècle; il a donné son nom à une maison seigneuriale, actuellement éteinte, qui portait : de sable à l'aigle d'or (armorial de 1696).

T

Tablière, contrée, c^{ne} de Dieue.

Tabourey, côte, c^{ne} de Clermont-en-Argonne.

Tabur (Rue de), à Varennes.

Tachemère, bois comm. de Breux.

Tachémont, contrée, c^{ne} de Saint-Jean-lez-Buzy.

Tagnière, bois, c^{ne} de Woël. Retranchements antiques dans le bois et ruines gallo-romaines dans la contrée dite devant-Taguière.

Taillancourt, vill. sur la rive gauche de la Meuse, à 8 kil. au S. de Vaucouleurs. — Tallancourt, 1327 (arch. de la Meuse). — Talancuria, 1402 (reg. Tull.). — Taillancuria, 1711 (pouillé). — Taillancoue, 1719 (arch. comm.).

Avant 1790, Champagne, terre, office et prév. de Vaucouleurs, cout. recette, baill. et présid. de Chaumont-en-Bassigny, parlement de Paris. — Dioc. de Toul, archid. de Ligny, doy. de Gondrecourt.

En 1790, distr. de Gondrecourt, c^{on} de Maxey-sur-Vaise.

Actuellement, arrond. et archipr. de Commercy, c^{on} et doy. de Vaucouleurs. — Patron : saint Gengoult.

Taille-Colas-Richier, bois comm. de Véry.

Taille-du-Rondré, bois comm. de Cheppy.

Taille-l'Épine, bois comm. de Véry.

Taille-Patenote, bois comm. d'Aubréville.

Taille-Saint-Maurice, bois comm. de Cheppy.

Tailles-Ruinées, bois, c^{ne} de Mangiennes.

Taillon, contrée, c^{ne} de Dombasle.

Taillottes, bois comm. d'Avocourt et de Duinville-aux-Forges.

Tailpaux, h. c^{ne} de Lemmes.

Tailpeux ou Tapieu, m^{in}, c^{ne} de Delut.

Talisson, bois comm. de Niccy.

Tallent, f. ruinée, c^{ne} de Montiers-sur-Saulx.

Talmousse, contrée, c^{ne} de Clermont et de Dombasle.

Talmousse, bois comm. de Fleury-devant-Douaumont.

Talou, côte, c^{ne} de Vacherauville. — Talau, 1730 (hôt. de ville de Verdun, A. 29). — Téloué, xviiie s^e (ibid.).

Tambour, bois comm. de Reffroy. — Tombois, xviiie s^e (arch. de la c^{ne}).

Tambour, contrée, c^{ne} de Warcq.

Tance, bois comm. de Void.

Tanche, contrée, c^{ne} de Boinville.

Tanchette, étang, c^{ne} de Saint-Jean-lez-Buzy.

Tanchotte, contrée, c^{ne} de Rouvres.

Tanchotte (La), f. c^{ne} de Montiers-sur-Saulx. — Latankotte, 1711 (pouillé); 1749 (ibid.).

Tanière, bois comm. de Goussaincourt.

Tanière, bois comm. de Rouvrois, sur le territoire de Lamorville.

Tanière, contrée, c^{ne} de Stenay.

Tannerie, contrée, c^{ne} de Louppy-le-Château.

Tannerie (La), font. c^{ne} d'Hattonchâtel.

Tanneries (Rue des), à Verdun.

Tannette, contrée, c^{ne} d'Inor.

Tanneurs (Rue des), à Bar et à Commercy.

TANNIÈRE, contrée, c^{es} de Braquis et de Ville-devant-Belrain.

TANNOIS, vill. sur la rive gauche de l'Ornain, à 8 kil. à l'O. de Ligny-en-Barrois. — *Tannunt*, xe siècle (Hist. episc. Tull.). — *Tannacum*, 992 (ex æde divi Maximi Barrensis); 1022 (collég. de Saint-Maxe); 1756 (D. Calmet, *not.*). — *Tennoi*, 1321 (chambre des comptes, B. 436). — *Tennoy*, 1380 (coll. lorr. t. 242.36. P. 29). — *Taneyum*, 1402 (reg. Tull.). — *Tannoy*, 1579 (proc.-verb. des cout.). — *Tanoy*, 1700 (carte des États).—*Tannetum*, 1711 (pouillé). — *Tannoi*, 1749 (*ibid.*). — *Tanetum*, 1756 (D. Calmet, *not.*).

Avant 1790, Barrois mouvant, office, recette, cout. prév. et baill. de Bar, présid. de Châlons, parlement de Paris; le roi en était seul seigneur. — Dioc. de Toul, archid. et doy. de Ligny.

En 1790, distr. de Bar, c^{ne} de Loisey.

Actuellement, arrond. et archipr. de Bar-le-Duc, c^{on} et doy. de Ligny. — Écart : le Moulin. — Patron : saint Martin.

TAPRÉ, contrée, c^{ce} de Saint-Remy.

TARFAUT, contrée, c^{ce} de Sivry-la-Perche.

TARTOTTE, contrée, c^{ne} d'Aulnois.

TASENIÈRE, bois comm. de Dieue et des Roises.

TASNIÈRE, contrée, c^{ne} de Clermont.

TASSANNY, f. ruinée, c^{ne} d'Hattonville; dépendait d'Hattonchâtel.

TASSONNIÈRE, font. qui prend sa source sur le territ. de Futeau (forêt d'Argonne) et se jette dans le ruiss. de la Gorge-le-Diable, en amont de Belle-Fontaine, après un cours de 2 kilomètres.

TAUREAU (PRÉ LE), contrée, c^{ne} de Thonne-les-Prés.

TAVANNES, bois et chapelle, c^{ne} d'Eix; lieu de pèlerinage.

TAVANNES (RUISSEAU DE) ou RU DE CHASSON, qui a sa source dans le bois de Tavannes, traverse les territ. d'Eix, d'Abaucourt et de Fromezey et se jette dans l'Orne au-dessous d'Étain, après un cours de 13 kil.

TÉLÉGRAPHE (LE), contrée, c^{nes} de Fromeréville et de Douaumont.

TEMPLE (RUE DU), à Saint-Mihiel.

TERMALOT, contrée, c^{ne} de Marre.

TERMAY, contrée, c^{ce} de Belleville.

TERME, contrée, c^{nes} de Braquis, Fromeréville, Montplonne et Vaucouleurs.

TERME, font. c^{ne} de Tilly-sur-Meuse.

TERME-BAVANT, contrée, c^{ne} de Longeville.

TERME-DE-L'ÉLEVÉE, voie antique dite aussi *Tranchée des Romains*, sur les territ. de Woinville, Varnéville et Apremont.

TERME-MAILLOT, contrée, c^{ne} de Longeville.

TERME-POIRSIN, contrée, c^{ne} de Longeville.

TERMES (LES), contrée, c^{ces} de Belleville, Lemmes et Riaville.

TERMI, contrée, c^{ne} de Sivry-la-Perche.

TERMIER, contrée, c^{ne} de Bras.

TERMY, contrée, c^{ne} de Bras.

TERTRE (LE), ancien fief à Villotte-devant-Louppy.

TÉRY, contrée, c^{ne} de Void.

TESSAINCOTTE, bois comm. de Mauvages.

TÊTE-DE-CUIEN, bois comm. d'Eix.

THABAS, f. c^{ne} de Foucaucourt. — *Flaba*, 1656 (carte de l'év.). — *Tabat*, xviie siècle (acte de la prév. de Beaulieu).

THABAS (LE), ruiss. qui prend sa source à l'E. de Foucaucourt, arrose la c^{ne} de Brizeaux et se jette dans l'Aisne à l'O. de Chemin (Marne), après un cours de 17 kil. dont 10 dans le département.

THALETTES (RUISSEAU DES), qui a sa source au-dessus de Mont-devant-Sassey et se jette dans la Meuse entre Sassey et Saulmory, après un cours de 4 kilomètres.

THIA, contrée, c^{ne} de Warcq.

THIAUCOURT, bois, c^{ne} de Beney.

THIAUCOURT, pont sur le Rupt-de-Mad, c^{ne} de Bouconville.

THIAUCOURT (PRÉVÔTÉ DE); a fourni au dép^t les vill. de Beney, Doncourt-aux-Templiers, Hadonville-sous-Lachaussée, Hannonville-sous-les-Côtes (pour partie), Haumont-lez-Lachaussée, Lachaussée, Latour-en-Woëvre, Saint-Benoît; ressortissait au baill. de Pont-à-Mousson et ensuite à celui de Thiaucourt.

THIAUMONT, f. c^{ne} de Douaumont. — *Thoaldimons*, 1100 (cartul. de Saint-Paul, f° 107). — *Thealdi-Mons*, 1179 (*ibid.* f° 46). — *Thiacaumont*, xvie siècle (acte de la prév. de Dieppe).

Dépendait anciennement de Fleury, prévôté de Dieppe, cout. et baill. de l'év. de Verdun.

THIBAUDETTE, f. c^{ne} de Clermont-en-Argonne.

THIBAUPONT, contrée, c^{ne} de Mont-devant-Sassey.

THIÉNONVILLE (CHEMIN-DE-), contrée, c^{ne} de Morgemoulins.

THIERVILLE, vill. sur la Scance, à 4 kil. au S. de Charny. — *Tyerville*, 1175 (cart. de Saint-Paul, f° 114). — *Terciavilla*, 1234 (*ibid.* f° 109). — *Entre Tierville et lou ruzel qui vient de vers Mosceiville*, 1252 (*ibid.*). — *Tierville*, 1261 (cart. de la cath.); 1684 (hosp. Sainte-Catherine, B. 11); 1700 (carte des États). — *Tertia-villa*, 1642 (Mâchon); 1738 (pouillé). — *Theodorici-villa*, 1745 (Roussel). — *Theuderici-villa* (Clouët, Hist. de Verdun, p. 80).

Avant 1790, Verdunois, terre d'évéché, prév. de Charny, cout. et baill. de Verdun, parlement de Metz. — Dioc. de Verdun, archid. de la Princerie, doy. de Forges.

En 1790, distr. de Verdun, c⁰ⁿ de Charny.
Actuellement, arrond. et archipr. de Verdun, c⁰ⁿ
et doy. de Charny. — Écarts : Jardin-Fontaine et
Lombut. — Patron : saint Brice.

THIL, f. c⁰ᵉ d'Azannes. — *Tylia*, 1047 (ch. de l'évêque
Thierry). — *Thyl*, 1294 (invent. de l'évêché). —
Thy, 1642 (Mâchon).— *Ty*, 1700 (carte des États).
— *Til*, XVIIIᵉ siècle (acte de la prév.). — *Thylia*,
1738 (pouillé).
Fut affranchie en l'an 1269.
Avant 1790, Verdunois, terre d'év. et vill. prév.
de Mangiennes, cout. et baill. de Verdun. — Dioc.
de Verdun, archid. de la Princerie, doy. de Chaumont; avait une église paroissiale sous le vocable
de Saint-Martin, mère église d'Azannes, de Soumazannes et de Ville-devant-Chaumont; cette église,
qui fut interdite en 1784, est aujourd'hui démolie.

THIL (RUISSEAU DE), qui prend sa source à la f. de Thil
et se réunit au ruiss. de Ville à Chaumont-devant-
Damvillers, où il prend le nom de *Tinte*.

THILLANCOURT, mⁱⁿ, c⁰ᵉ de Gondrecourt.

THILLOMBOIS, vill. sur le ruiss. de Thillombois, à 8 kil.
au N. de Pierrefitte. — *Tillombois*, 1373 (arch. de la
Meuse); 1564 (éch. entre le duc de Lorr. et l'év. de
Verdun); 1579, 1743 (proc.-verb. des cout.); 1738
(pouillé). — *Tyllombois*, 1642 (Mâchon). — *Til-
lombois*, 1656 (carte de l'év.); 1700 (carte des États).
— *Tillone-Sylvestri*, 1738 (pouillé).
Avant 1790, Verdunois, terre d'év. prév. de Tilly,
cout. baill. et présid. de Verdun, parlement de Metz.
— Dioc. de Verdun, archid. de la Rivière, doy. de
Saint-Mihiel.
En 1790, distr. de Saint-Mihiel, c⁰ᵉ de Bannon-
court.
Actuellement, arrond. et archipr. de Commercy,
c⁰ⁿ et doy. de Pierrefitte. — Patron : saint Martin.

THILLOMBOIS (RUISSEAU DE), qui prend sa source au-
dessus de Thillombois, traverse ce vill. et passe à
Woimbey, au N. duquel il se jette dans la Meuse,
après un cours de 15 kilomètres.

THILLOT ou THILLOT-SOUS-LES-CÔTES, vill. sur le ruiss.
de Doncourt, à 8 kil. au S.-E. de Fresnes-en-Woëvre.
— *Ecclesia de Thail*, 1106 (bulle de Pascal II). —
Tilloy, 1219 (lettres pour la garde d'Hattonchâtel);
1389 (accord avec le duc de Bar); 1390 (lettres de
protection par le duc de Bar). — *Tilloi-soubs-Ha-
thonchasteil*, 1254 (vente des dîmes à l'église Saint-
Airy). — *Tillot*, 1656 (carte de l'év.); 1700 (carte
des États). — *Tillot-Saint-Maurice*, 1749 (pouillé).
Avant 1790, Barrois non mouvant, comté et prév.
d'Hannonville-sous-les-Côtes, cout. de Saint-Mihiel,
office, recette et baill. de Pont-à-Mousson, cour sou-
Meuse.

veraine de Nancy. — Dioc. de Verdun, archid. de la
Rivière, doy. d'Hattonchâtel, alternativement annexe
d'Hannonville et de Saint-Maurice-sous-les-Côtes.
En 1790, distr. de Saint-Mihiel, c⁰ⁿ d'Hannon-
ville-sous-les-Côtes.
Actuellement, arrond. et archipr. de Verdun, c⁰ⁿ
et doy. de Fresnes-en-Woëvre. — Patron : saint
Abdon.

THIMÉVILLE, vill. ruiné, c⁰ᵉ de Maizeray; avait un château fort; fut détruit vers l'an 1440. — *Thiemeville*,
1253 (cart. de la cath. f° 84). — *Thimeville*, 1254
(ch. de Thibaut, comte de Bar). — *Himeville*, 1315
(coll. lorr. t. 267.47, P. 6). — *Ymeville*, 1315 (*ibid.*
49, P. 8). — *Thremoville*, *Thumerëville*, 1549 (Wassebourg). — *Tymeville*, 1564 (coll. lorr. t. 267.49,
P. 27). — *Tremonville*, 1671 (Urbain Quillot).

THIRION, bois comm. de Mécrin.

THOMAS (CHAMP-), bois comm. d'Avocourt.

THON (LE), ruiss. qui prend sa source en Belgique,
longe la frontière sur une longueur de 2 kil. et se
jette dans la Chiers au S. d'Écouviez, après avoir
servi de limite à son territoire.

THONNE, f. c⁰ᵉ de Watronville.

THONNE (LA), rivière qui prend sa source à Sommethonne (Belgique) et arrose les c⁰ᵉˢ de Thonne-la-
Long, Thonnelle, Thonne-les-Prés, au sud
duquel elle se jette dans la Chiers, après un cours
de 14 kil. dans le département. — *Tonneur*, 1756
(D. Calmet, *not.*).

THONNE-LA-LONG, vill. sur la rive gauche de la Thonne,
à 7 kil. au N.-E. de Montmédy. — *Todenna*, 1049
(bulle de Léon IX); 1756 (D. Calmet, *not.*).—
Tonna, 1157 (ch. de l'archev. Hillin); 1157 (ch.
de Gorze). — *Tonetra*, 1239 (ch. du comte Arnoul,
arch. de Lorr. et de Luxemb.). — *Tonne-la-Lon*,
1270 (charte de Louis V, comte de Chiny); 1664
(Lamy, acte du tabell. de Dun). — *Tona*, *Thone-la-
Lon*, 1364-1373 (obit. de Saint-Hubert).— *Thonne-
la-Longue*, 1527 (Lamy, acte du tabell. de Montmédy). — *Tone-la-Long*, 1576 (*ibid.* partage des
de Wal). — *Tonne-la-Longue*, 1629 (*ibid.* compte
du Luxemb.). — *Tonne-la-Longue*, 1680 (*ibid.* arrêt
de l'intend. de Metz). — *Tonne-la-Loing*, 1700 (carte
des États). — *Tonne-la-Long*, 1739 (Lamy, arrêt
du conseil d'État de France).
Avant 1780, Luxembourg français, coutume de
Thionville, prévôté bailliagère de Montmédy, anciennes assises des *Grands jours* de Marville, présid.
de Sedan, parlement de Metz. — Dioc. de Trèves,
archid. de Longuyon, doy. de Juvigny-sur-Loison.
En 1790, distr. de Stenay, c⁰ᵉ d'Avioth.
Actuellement, arrond. c⁰ⁿ, archipr. et doy. de

Montmédy. — Écart : Saint-Valery. — Patron : saint Martin.

THONNE-LE-THIL, vill. sur la Guerlette, à 6 kil. au N. de Montmédy. — *Todenna*, 1049 (bulle de Léon IX); 1756 (D. Calmet, *not.*). — *Tonetra*. 1239 (ch. du comte Arnoul, arch. de Lorr. et de Luxemb.). — *Tone-le-Til*, 1270 (ch. de Louis V, comte de Chiny). — *Tona*, 1364-1373 (obit. de Saint-Hubert). — *Toneletil*, 1401 (Lamy, contrat de Marg. de Failly). — *Tonneleto*, 1560 (pierre tombale de Saint-Maurice-en-Woëvre). — *Thonne-le-Thil*, 1585 (Lamy, acte de la prév. de Montmédy). — *Tonne-le-Teil*, 1700 (carte des États). — *Todenna-ad-Thylium*, (reg. de l'év.).

Fut affranchi en l'an 1244.

Avant 1790, Luxembourg français, coutume de Thionville, prévôté bailliagère de Montmédy, anciennes assises des *Grands jours* de Marville, présid. de Sedan, parlement de Metz. — Dioc. de Trèves, archid. de Longuyon, doy. de Juvigny-sur-Loison. — Avait un château ; les seigneurs de Thonne-le-Thil portaient : *d'azur à trois bandes d'or, au franc quartier d'argent à un rameau de trois feuilles de gueules* (Jeantin, Manuel de la Meuse).

En 1790, distr. de Stenay, c⁰ⁿ d'Avioth.

Actuellement, arrond. c⁰ⁿ, archipr. et doy. de Montmédy. — Écarts : Bellenau, Herbeuval, Hiancquemine. — Patron : saint Martin.

THONNE-LES-PRÉS, vill. sur la Thonne, à 2 kil. au N.-O. de Montmédy. — *Todenna*, 1049 (bulle de Léon IX); 1756 (D. Calmet, *not.*). — *Tonetra*, 1239 (ch. du comte Arnoul, arch. de Lorr. et de Luxemb.). — *Thone-les-Preys*, 1465 (Lamy, contrat de C. de Hennemont). — *Tone-les-Prez*, 1641 (*ibid.* acte du tabell. de Stenay). — *Tonne-le-Prez*. 1656 (carte de l'év.). — *Tonne-les-Prés*. 1700 (carte des États).

Avant 1790, Luxembourg français, coutume de Thionville, prévôté bailliagère de Montmédy, anciennes assises des *Grands jours* de Marville, présid. de Sedan, parlement de Metz. — Dioc. de Trèves, archid. de Longuyon, doy. de Juvigny-sur-Loison.

En 1790, distr. de Stenay, c⁰ⁿ de Montmédy.

Actuellement, arrond. c⁰ⁿ, archipr. et doy. de Montmédy. — Écart : le Moulin. — Patron : saint Georges.

THONNELLE, vill. sur la rive gauche de la Thonne, à 4 kil. au N. de Montmédy. — *Tonelle*, 1239 (ch. du comte Arnoul, arch. de Lorr. et de Luxemb.). — *Tonnelle*, 1270 (ch. de Louis V, comte de Chiny); 1700 (carte des États). — *Todenella*. 1756 (D. Calmet, *not.*).

Fut affranchi en l'an 1244.

Avant 1790, Luxembourg français, coutume de Thionville, prévôté bailliagère de Montmédy, anciennes assises des *Grands jours* de Marville, présid. de Sedan, parlement de Metz. — Dioc. de Trèves, archid. de Longuyon, doy. de Juvigny-sur-Loison.

En 1790, distr. de Stenay, c⁰ⁿ d'Avioth.

Actuellement, arrond. c⁰ⁿ, archipr. et doy. de Montmédy. — Écarts : la Forge, Harauchamp. — Patron : saint Hilaire.

THONNELLE, contrée, c⁰ⁿ d'Inor.

THUMÉLON, contrée, c⁰ⁿ de Dieue.

TUSSEY, fonderie sur le ruiss. de Sept-Fonds, c⁰ⁿ de Vaucouleurs. — *Tucinum*, IIᵉ siècle (géogr. de Ptolémée). — *Tusiacum*, 865 (capitul. et ordonn. de Charles le Chauve). — *Touzy*, 865 (*ibid.*); 1747 (Vosgien, Dict. géogr.). — *Tuseum*, 1011 (carte Henrici II). — *De Tusei*, 1247 (Rosières, E. 42). — *Tussey*, 1589 (Soc. Philom. lay. Saint-Joire); 1756 (D. Calmet, *not.*). — *Tuzé*, 1700 (carte des États). — *Tuscy, Tuxcium, Tussacum*, 1711 (pouillé). — *Thussey*, *Tusseium, Tussiacum*, 1756 (D. Calmet, *not.*).

Thusey passe pour avoir eu un palais sous les rois de la première et de la deuxième race; il s'y tint en l'an 860 un concile de douze ou quatorze provinces représentées par cinquante-sept évêques qui y assistèrent; Charles-le-Chauve y publia en l'an 865 divers capitulaires et ordonnances pour les états de Bourgogne; Louis d'Outremer reprit par les armes, vers l'an 938, la maison royale de Thusey sur la Meuse, avec les villages qui en dépendaient et que le comte Roger avait usurpés pendant la captivité du roi.

Thusey fut un village qui possédait une église dédiée à saint Remy; celle-ci était mère église de Vaucouleurs (*Poleum universale*; pouillé de Toul), et avait les mêmes décimateurs qu'à Vaucouleurs; le village se trouvait déjà ruiné en 1756; mais l'église était encore debout, était entretenue et avait ses revenus. — Dioc. de Toul, archid. de Ligny, doy. de Meuse-Vaucouleurs, et dans les derniers temps annexe de Vaucouleurs.

TAVÉE (LA), font. c⁰ⁿ de Gérauvilliers.

TIÉRANCHE (ARCHIDIACONÉ DE), dioc. de Reims; a fourni au dép¹ une partie du doy. de Mouzon.

TIERMÉE (LA), font. c⁰ⁿ de Luméville.

TIGÉVILLE ou THIGÉVILLE, ancien vill. qui a contribué à former celui d'Apremont. — *Tendegisilo-villa*, 709 (test. Vulfoadi). — *Thicgisili-villa*, 1106 (bulle de Léon II). — *Tigeville-sous-Apremont*, 1334 (vente par Gertrude, abbaye de Sainte-Glossin de Metz). — *Tignéville*, 1642 (Mâchon); 1745 (Roussel). — *Tigeville*, 1700 (carte des États).

Tigéville avait une église dédiée à Notre-Dame, bâtie vers l'an 1050, et un prieuré fondé en l'an 1103; il était dominé par le château d'Apremont, qui occupait le sommet de la montagne; au xiv° siècle, le nom d'Apremont commença à se substituer à celui de Tigéville et ce nom prévalut tout à fait dans la suite.

Tihayes, bois, c™ de Thillombois.

Tilla, bois comm. de Mognéville et de Rupt-en-Woëvre.

Tillat, bois, c™ de Moulainville.

Tille, contrée, c™ de Frémeréville.

Tillombre, contrée, c™ de Tilly.

Tilly, bois, c™ d'Étain.

Tilly, contrée, c™ de Landzécourt.

Tilly (Pont de); à Verdun. — *En la rue con dit en Tillei à Verdun*, 1300 (cart. de la cathédr. f° 176).

Tilly ou Tilly-sur-Meuse, vill. sur la rive gauche de la Meuse, à 11 kil. à l'E. de Souilly. — *Tiliacus-fiscus*, ix° siècle (Bertaire). — *Tiliacum*, 952, 962, 1011, 1047, 1060, 1061 (cart. de Saint-Vanne); 952 (acte de fondation); 1106 (bulle de Pascal II). — *Tilliacum*, 952 (dipl. de l'emp. Otton); 978 (ch. de l'év. Wilgfride); 1015, 1049 (cart. de Saint-Vanne); 1502 (lettres de l'empereur Maximilien Ier); 1738 (pouillé). — *Palliacum*, 980 (cart. de Saint-Vanne). — *Stilliacum*, 984 (cart. de Saint-Paul). — *Tilliers*, 1041 (confirm. par Henri III). — *Tileis*, 1082 (fondat. de l'abb. de Saint-Airy); 1089 (dipl. de l'emp. Henri). — *Molendinium in villa quæ Tilleis vocatur*, 1082 (ch. de l'év. Thierry). — *Tilium*, 1158 (cart. de Saint-Paul). — *Tylium*, *Tyleium*, 1163 (*ibid.*). — *Tilleium*, 1209, 1254 (*ibid.*). — *In villa quæ dicitur Tilia*, 1244 (*ibid.*). — *Tilie*, 1244 (*ibid.*). — *Tillei*, 1275 (Soc. Phil. lay. Verdun, A.˜5). — *Til près la Croix-sus-Mueze*, 1280 (abb. de Saint-Benoît, E. 7). — *Molendinum de Tillei*, 1300 (cart. de la cath.). — *Le moulin qui siet en droit Tillei-sor-Mueze sus le cours de la Mueze*, 1300 (*ibid.*). — *Tilley*, 1301 (abb. de Saint-Benoît, E. 7); 1316 (coll. lorr. t. 262.46, A. 9). — *Tilly-sur-Meuze*, 1331 (hôt. de ville de Verdun, A. 1 bis). — *Tilley-sur-Moze*, 1436 (arch. de la Meuse). — *Tillicum*, 1549 (Wassebourg). — *Tilly*, 1564 (éch. entre le duc de Lorr. et l'év. de Verdun). — *Thilly*, 1587 (coll. lorr. t. 261.46, A. 26). — *Tilleyum*, 1642 (Màchon). — *Tillier*, 1681 (hôtel de ville de Verdun, 29, L. 30). — *Tilli*, 1745 (Roussel).

Fut affranchi de l'an 1263.

Avant 1790, Verdunois, terre d'év. lieu anciennement fortifié, chef-lieu de prévôté, cout. baill. et présid. de Verdun, ancienne justice des quatre pairs de l'évêché, parlement de Metz. — Dioc. de Verdun, archid. de la Rivière, doy. de Saint-Mihiel.

La prév. de Tilly était composée des localités dont les noms suivent : Amblaincourt, Beauzée, Benoîte-Vaux, Bouquemont, Haut-Champ, Neuville-en-Verdunois, Rambluzin (partie avec Souilly), Récourt, Thillombois, Tilly, Villers-sur-Meuse, Woimbey. Le sceau de la prév. portait deux écussons aux armes de Bar-le-Duc ayant entre les deux barbeaux une crosse épiscopale posée en pal, et en légende, en lettres demi-gothiques : *le sael de la prevosté de Tillei* (D. Calmet, *not.*); cette prév. avait été engagée par l'év. de Verdun à Henri de Bar en 1353.

En 1790, lors de l'organisation du dép¹, Tilly devint chef-lieu de l'un des c™ dépendant du distr. de Verdun; ce c™ était composé des municipalités dont les noms suivent : Ambly, Génicourt-sur-Meuse, Récourt, Tilly et Villers-sur-Meuse.

Actuellement, arrond. et archipr. de Verdun, c™ et doy. de Souilly. — Patron : saint Saintin.

Tilmont, contrée, c™ de Mouzay.

Tinche, contrée, c™ de Frémeréville.

Tinkawe, contrée, c™ de Beauzée.

Tintagnonne, m¹°, c™ de Bar-le-Duc.

Tinte (La), ruiss. dit aussi *la Thile*, qui est formé à Chaumont-devant-Damvillers par la réunion des ruiss. de Ville et de Thil, arrose les c™ de Gibercy, Damvillers, Peuvillers et se jette dans le Loison à Boémont, après un cours de 16 kil. Ses eaux sont ferrugineuses et chargées de principes médicamenteux.

Tirecul, côte et bois comm. de Void.

Titcgnaivaux, contrée, c™ de Moulainville.

Tombeaux (Les), contrée, c™ d'Eix; cimetière antique très-considérable.

Tombes (Les), contrée, c™ de Thonne-le-Thil; cimetière antique.

Tombi, contrée, c™ de Vignot.

Tombois, bois comm. de Boncourt, Demange-aux-Eaux, Heudicourt, Marbotte, Thillombois et Xivray-Marvoisin.

Tombois, contrée, c™ de Charny. — *Au Tomboy dessus Charny*, 1498 (paix et accord).

Tombois (Grand et Petit), bois, c™ de Montsec.

Tombot, contrée, c™ de Creue.

Torpios, font. c™ de Salmagne.

Tortu (Le), ruiss. c™ de Laneuville-sur-Meuse.

Touche-Bœuf, contrée, c™ de Fromeréville et de Moulainville.

Toul (Bailliage de); a fourni au dép¹ une partie des prév. de Brixey-aux-Chanoines et de Void.

Toul (Voie de), ancien chemin, territ. de Bonnet et d'Houdelaincourt.

30.

Toulon, f. cⁿᵉ de Montigny-lez-Vaucouleurs. — *Vieille-Montigny*, 1711 (pouillé). — *Toulore*, 1756 (D. Calmet, *not.*).

Tournoy, contrée, cⁿᵉ de Villers-sous-Pareid.

Tour (La), contrée, cⁿᵉˢ de Charny, d'Eix et de Thierville.

Tour (La), f. ruinée, ancien fief et maison forte, cⁿᵉ de Chaumont-sur-Aire. — *Latour*, 1745 (Roussel).

Tour (La), mⁿ isolée, cⁿᵉ de Doulcon; était fief à la maison seigneuriale de Jametz. — *La Tour*, 1597 (coll. lorr. t. 406, P. 94).

Tour (La), ancien fief, cⁿᵉˢ d'Haironville, de Maxey-sur-Vaise et de Mogeville.

Tour (Chemin de la), qui va de Brieulles à Vilosnes et aboutit sur la Meuse, où se trouve un gué défendu anciennement par une tour ou petit fort depuis longtemps ruiné.

Tourailles, vill. sur le ruiss. de Murville, à 5 kil. au S.-O. de Gondrecourt. — *Toralias*, 963 (carta Friderici ducis); 1106 (bulle de Pascal II). — *Touraille*, 1700 (carte des États); 1711 (pouillé). — *Touralia*, 1711 (*ibid.*). — *Toularia*, 1756 (D. Calmet, *not.*).

Avant 1790, Champagne, cout. du Bassigny, baill. de Chaumont, présidial de Châlons, parlement de Paris. — Dioc. de Toul, archid. de Ligny, doy. de Gondrecourt, annexe de Bonnet.

En 1790, distr. et cⁿ de Gondrecourt.

Actuellement, arrond. et archipr. de Commercy, cⁿ et doyenné de Gondrecourt. — Patron : saint Michel.

Tour-de-Monthairon, f. cⁿᵉ de Monthairon-le-Grand.

Anciennement tour féodale, office de Souilly, recette, cout. et baill. de Bar, présid. de Châlons, parlement de Paris; le comte de Fontenoi, à qui elle appartenait, en était seigneur haut, moyen et bas justicier. — Dioc. de Verdun, paroisse d'Ancemont.

Tourelle, mⁿᵉ isolée, cⁿᵉ de Saint-Mihiel.

Tourins, contrée, cⁿᵉ de Marre.

Tournebois, contrée, cⁿᵉ de Longeville.

Tourteloup, contrée, cⁿᵉˢ de Bar, Fains et Woël.

Tourteroie, contrée, cⁿᵉ de Vignot.

Touvigny, bois, cⁿᵉ de Bovée.

Tozane, contrée, cⁿᵉ de Moulotte.

Trace (Rue de la), à Commercy.

Traillette (Rue), à Varennes.

Tramontin, contrée, cⁿᵉ de Broussey-en-Blois.

Trantin, bois, cⁿᵉ d'Hannonville-sous-les-Côtes; cité dans un acte d'acensement de l'an 1584 (archives d'Hannonville).

Trasse, bois comm. de Void.

Traussard, bois comm. d'Euville.

Traveron, h. cⁿᵉ de Savigny. — *Travero*, 1711 (pouillé). — *Tréveron*, 1756 (D. Calmet, *not.*).

Avant 1790, Champagne, terre, officialité et prévôté de Vaucouleurs, cout. du Bassigny, baill. et présid. de Chaumont, parlement de Paris. — Dioc. de Toul, archid. de Vitel, doy. de Neufchâteau. — Patron : saint Martin; paroisse de Claircy-la-Côte (Vosges).

Traversière (La), actuellement *rue d'Arros*, à Bar-le-Duc.

Traversin, ancien bois, cⁿᵉ d'Hannonville-sous-les-Côtes; défriché en 1532.

Trégineau, bois comm. d'Azannes; faisait partie de la forêt de Mangiennes.

Trélavaux, contrée, cⁿᵉ d'Aubréville.

Trèle, f. cⁿᵉ de Latour-en-Woëvre. — *Tresle*, 1745 (Roussel). — *Trelle*, 1749 (pouillé).

Avant 1790, Barrois non mouvant, cense au roi, laissée à titre d'acensement à M. Housse de Buignéville, office et prév. de Thiaucourt, recette et baill. de Pont-à-Mousson, cour souveraine de Nancy. — Dioc. de Verdun, archid. de la Woëvre, doyenné de Pareid, paroisse de Labeuville.

Tremblillon, contrée, cⁿᵉ de Récourt.

Tremble, contrée, cⁿᵉ de d'Étain.

Tremble (Le), bois comm. de Verdun.

Tremble-Voleur, contrée, cⁿᵉ de Bar-le-Duc.

Tremblet, contrée, cⁿᵉ de Boureuilles.

Trembley, bois domanial, cⁿᵉ de Sommedieue. — *Bois de Lorraine*, 1773 (titre de défrichem. arch. de la Meuse).

Trembloie, contrée, cⁿᵉ de Corniéville.

Tremblois, bois comm. de Naives-en-Blois.

Tremblot, bois comm. de Boureuilles, Chardogne et Fains.

Tremblot, contrée, cⁿᵉ de Combres.

Tremblot, bois, cⁿᵉ de Dagonville.

Tremblot, bois comm. de Muzeray et de Vilosnes.

Trémont, vill. sur le ruiss. de Trémont, à 8 kil. à l'O. de Bar-le-Duc. — *Tremonz*, 1141, 1154, 1159, 1163, 1195 (cart. de Jeand'heurs). — *Tremons*, 1180 (*ibid.*). — *Tremont*, 1234 (cart. de Montiers). — *Tremont*, 1700 (carte des États). — *Tremontium*, 1711 (pouillé); 1749 (*ibid.*); 1756 (D. Calmet, *not.*).

Avant 1790, Barrois mouvant, office, recette, cout. et baill. de Bar, juridiction du juge-garde du seigneur, qui en était haut, moyen et bas justicier, présid. de Châlons, parlement de Paris. — Dioc. de Toul, archid. de Rinel, doy. de Robert-Espagne.

En 1790, distr. de Bar, cⁿ de Beurey.

Actuellement, arrond. cⁿᵉ, archipr. et doy. de Bar-le-Duc. — Écarts : Four-à-Chaux et Renesson. — Patron : saint Menge, *Memmius* (Ordo).

Trémont (La), bois, c^{ne} de Tourailles.

Trémont (Ruisseau de), qui prend sa source au-dessus de Trémont et se jette dans la Saulx en aval de Renesson, après un cours de 3 kilomètres.

Trésauvaux, vill. sur la droite du Longeau, à 3 kilom. au S. de Fresnes-en-Woëvre. — *Thresonvaulx*, 1642 (Méchon). — *Tresonvaux*, 1656 (carte de l'év.). — *Trezauvaux*, 1743 (proc.-verb. des cout.). — *Trisauvaux*, 1745 (Roussel). — *Trinavallis* (reg. de l'évêché).

Avant 1790, Verdunois, terre d'évêché, ban des Éparges, prévôté de Fresnes-en-Woëvre, anciennes assises des quatre pairs de l'év. cout. laill. et présid. de Verdun, parlement de Metz. — Dioc. de Verdun, archid. de la Rivière, doy. d'Hattonchâtel, annexe des Éparges.

En 1790, distr. de Saint-Mihiel, c^{on} d'Hannonville-sous-les-Côtes.

Actuellement, arrond. et archipr. de Verdun, c^{on} et doy. de Fresnes-en-Woëvre. — Écart : Orgevaux. — Patron : la Nativité de la Vierge.

Très-Haut-Mont, bois, c^{ne} de Marville.

Tresse (La), f. c^{ne} de Neuville-sur-Orne.

Treusard, bois comm. d'Aulnois-sous-Vertuzey.

Tréveray, vill. sur la rive gauche de l'Ornain, à 13 kil. au N.-O. de Gondrecourt. — *Trevereyum*, 1402 (reg. Tull.). — *Treverey*, 1495-96 (Trés. des ch. B. 6364); 1589 (Soc. Philom. lay. Saint-Joire). — *Trevray*, 1687 (coll. lorr. t. 139). — *Treuerey*, 1700 (carte des États). — *Treverium*, *Treverez*, 1711 (pouillé). — *Troverium*, 1756 (D. Calmet, *not.*).

Avant 1790, Champagne, cout. du Bassigny, chef-lieu de prév. baill. et présid. de Chaumont, parlement de Paris. — Dioc. de Toul, archid. et doy. de Ligny.

La prév. de Tréveray était composée de Laneuville-aux-Forges, Saint-Joire et Tréveray.

En 1790, distr. de Gondrecourt, c^{on} de Demange-aux-Eaux.

Actuellement, arrond. et archid. de Commercy, c^{on} et doy. de Gondrecourt. — Écart : Laneuville-aux-Forges. — Patron : saint Hilaire.

Triaucourt, bourg sur la Marque, à 23 kil. au N. de Bar-le-Duc. — *Traldicurtis*, 1125 (cart. de Saint-Vanne). — *Nova villa de Truaucourt*, 1254 (ch. de l'abbé de Beaulieu). — *Trialdi-curtis*, XIIIe siècle (abb. de Beaulieu).

Fut affranchi en 1254 par Ch. de Garnier, abbé de Beaulieu.

Avant 1790, Champagne, élection de Sainte-Menehould, seigneurie à l'abb. de Beaulieu, terre et prév. de Beaulieu, cout. baill. et présid. de Châlons, parlement de Paris. — Dioc. de Châlons, archid. d'Astenay, doy. de Possesse.

En 1790, lors de l'organisation du dép', Triaucourt devint chef-lieu de l'un des c^{ons} dépendant du distr. de Clermont-en-Argonne; ce c^{on} était composé des municipalités dont les noms suivent : Brizeaux, Èvres, Foucaucourt, Pretz, Senard, Sommaisne et Triaucourt.

Actuellement, arrond. et archipr. de Bar-le-Duc, chef-lieu de c^{on} et de doy. — Écarts : Longues-Royes et Menoncourt. — Patron : saint Nicolas.

Le c^{on} de Triaucourt est situé dans la partie ouest du dép'; il est borné à l'O. par le dép' de la Marne, au N. et à l'E. par l'arrond. de Verdun, au S. par le c^{on} de Vaubecourt, au S.-E. par une partie de l'arrond. de Commercy; sa superficie est de 20,225 hectares; il renferme vingt c^{nes}, qui sont : Amblaincourt, Autrécourt, Beaulieu, Beauzée, Brizeaux, Bulainville, Deuxnouds-devant-Beauzée, Èvres, Fleury-sur-Aire, Foucaucourt, Ippécourt, Issoncourt, Lavoye, Mondrecourt, Nubécourt, Pretz, Senard, Seraucourt, Triaucourt et Waly.

La composition du doy. est la même que celle du canton.

Tribel (Rue), à Bar-le-Duc.

Tribu (Pont), à Bar-le-Duc.

Triconville, vill. sur le ruiss. de la Fontaine, à 15 kil. à l'O. de Commercy. — *Transculfi-villa*, 1049 (bulle de Léon IX); 1756 (D. Calmet, *not.*). — *Triconville*, 1332 (dénombr. arch. de la Meuse). — *Triconisvilla*, 1711 (pouillé). — *Triconis-villa*, 1749 (*ibid.*).

Avant 1790, Barrois mouvant, baronnie et prév. de Dagonville, office, recette, cout. et baill. de Bar, présid. de Châlons, parlement de Paris. — Dioc. de Toul, archid. et doy. de Ligny.

Avait un château fief ou maison forte flanquée de quatre tours, avec un pont-levis et des fossés de 20 mètres de largeur.

En 1790, distr. de Commercy, c^{on} de Dagonville.

Actuellement, arrond. c^{on}, archipr. et doy. de Commercy. — Patron : saint Michel.

Triconville a donné son nom à une maison de nom et d'armes, qui portait : *de gueules à trois bandes d'argent, au franc quartier d'azur au lion d'or* (Husson l'Écossais).

Trillonvaux, bois comm. de Void et de Vâcon.

Trioly, contrée, c^{ne} de Cheppy.

Troises-des-Moines, contrée, c^{ne} de Belleville.

Troissor, bois comm. de Louvemont.

Troches, contrée, c^{ne} de Corniéville.

Trois-Chênes (Gorge des), vallée et bois comm. d'Aubréville.

Trois-Évêchés (Borne des), contrée, entre Rembercourt-aux-Pots et Beauzée; on y voyait il y a quelques années une borne limitative des trois dioc. de Châlons, Toul et Verdun.

Trois-Évêchés (Fontaine des), c^me de Broussey-en-Woëvre.

Trois-Évêchés (Province des); comprenait les trois villes de Metz, Toul et Verdun, qui avaient chacune le titre d'évêché: ces trois villes et leurs dépendances furent réunies à la France en 1552 par Henri II; le traité de Cateau-Cambrésis (1558) et celui de Westphalie (1648) lui en confirmèrent la possession.

Trois-Évêques (Fontaine des) ou les Trois-Fontaines, c^me de Rembercourt-aux-Pots. — *Fontes-tres*, xe siècle (Virdun. comitatus limites); 1707 (carte du Toulois).

Était, avant l'organisation actuelle du dép^t, le point d'intersection des territ. de trois paroisses dépendant de trois évêchés différents: Rembercourt-aux-Pots au dioc. de Toul, Sommaisne à celui de Châlons, Beauzée à celui de Verdun.

Trois-Fontaines. — Voy. Contrôlerie (La).

Trois-Frères, contrée, c^on de Beauzée.

Trois-Maries (Fontaine des), source minérale, c^me de Resson.

Trois-Monts, bois comm. de Rupt-en-Woëvre. — *Nautramont*. 1754 (plan d'aménagem. arch. de l'insp. des forêts).

Trois-Monts (Les), étang, c^ne de Vaubecourt.

Trois-Poiriers (Ruisseau des), qui prend sa source sur le territ. d'Èvres et se jette dans la Marque sur le territ. de Triaucourt.

Trois-Villes-en-Woëvre (Les), ancienne mairie composée des vill. de Woinville, Varnéville et Buxerulles. — *Les Trois-Villes*, 1571 (proc.-verb. des cout.). — *La terre des Trois-Villes au bailliage de Saint-Mihiel consistant ès villages de Voinville, Varneville et Buxerulle*, 1612, 1627 (dénomb. et foi et hommage par la veuve de J.-L. de Lénoncourt).

Dioc. de Verdun, Barrois non mouvant, seigneurie dépendant du marquisat et de la prév. d'Heudicourt, cout. office, recette et baill. de Saint-Mihiel, cour souveraine de Nancy.

Trompe-Souris, m^in, c^ne de Cheppy.

Tronche (La), ancien fief, c^ne de Froidos.

Trône (Le), bois comm. de Parfondrupt.

Tronville, vill. sur la rive gauche de l'Ornain, à 5 kil. au N.-O. de Ligny-en-Barrois. — *Tronvilla*, 1402 (registr. Tull.); 1711 (pouillé); 1749 (*ibid.*). —

Tronville, 1460 (coll. lorr. t. 247.39, A. 14); 1700 (carte des États).

Avant 1790, Barrois mouvant, partie office de Bar et partie office, comté et prév. de Ligny; le roi était seul seigneur de cette dernière; la partie office de Bar avait titre de baronnie et de prévôté, et pour seigneur, M. du Tertre; pour l'une et l'autre, recette, cout. et baill. de Bar, présid. de Châlons, parlement de Paris. — Dioc. de Toul, archid. et doy. de Ligny.

En 1790, distr. de Bar, c^on de Loisey.

Actuellement, arrond. et archipr. de Bar-le-Duc, c^on et doy. de Ligny. — Patron: la Conception.

Trougnon. — Voy. Heudicourt.

Troussey, vill. sur la rive gauche de la Meuse, à 6 kil. à l'E. de Void. — *Truciacum*, viiie siècle (Hist. de Lorr. pr.). — *Trociacum*, 884 (dipl. de Charles le Gros); 1011 (carte Henrici II). — *Trocejacum* ou *Troceiacum*, 922 (confirm. par Charles le Simple). *Trouceyum*, 1402 (reg. Tull.). — *Troceei*, 1700 (carte des États). — *Tröceium*, 1707 (carte du Toulois); 1711 (pouillé); 1756 (D. Calmet, *not.*).

Avant 1790, Toulois, terre du chapitre, prév. de Void, baill. de Toul, ancienne jurid. des chanoines de la cathédrale, parlement de Metz. — Diocèse de Toul, archid. de Ligny, doy. de Meuse-Commercy. — Avait un hôpital qui n'existait déjà plus en 1711 (pouillé, t. II).

En 1700, distr. de Commercy, c^on de Void.

Actuellement, arrond. et archipr. de Commercy, c^on et doy. de Void. — Patron: saint Laurent.

Troyeur, contrée, c^ne de Fromeréville.

Troyon, vill. sur la rive droite de la Meuse, à 14 kil. au N. de Saint-Mihiel. — *Tronium*, 895 (dipl. de Zuendebold). — *Trio*, 1047 (ch. de l'év. Thierry). — *Tropium*, 1049 (bulle de Léon IX); 1756 (D. Calmet, *not.*). — *Troion*, 1251, 1270 (cart. de la cath.). — *Troyons*, 1367 (arch. de la Meuse). — *Trojnavilla*, 1738 (pouillé); 1756 (D. Calmet, *not.*); 1778 (Durival). — *Troïana-villa*, 1749 (pouillé).

Avant 1790, Barrois non mouvant, office, recette, prév. cout. et baill. de Saint-Mihiel, présid. de Toul, cour souveraine de Nancy; le roi en était seul seigneur. — Dioc. de Verdun, archid. de la Rivière, doy. de Saint-Mihiel. — Patron: saint Martin.

En 1790, distr. de Saint-Mihiel, c^on de Lacroix-sur-Meuse.

Actuellement, arrond. et archipr. de Commercy, c^on et doy. de Saint-Mihiel. — Écart: Palaincix. — Patron: saint Germain.

Truix, f. ruinée, c^ne de Stenay. — *Le Truix*, 1641 (Lamy, acte du tabell. de Stenay). — *Trieux*, xviie siècle (*ibid.*).

Cette cense, voisine de la léproserie de Saint-Lambert, près de Cervisy, était, vers l'an 1450, fief à la famille Collinet de la Malmaison.

TÇACLAY, contrée, c^{ᵐᵉ} de Ville-devant-Belrain.

TUERIE (LA), ancien fief seigneurial à Fleury-devant-Douaumont.

TUFFE-MOTÉMONT, bois, c^{ᵐᵉ} de Damloup.

TUGNÉ (CHAMP-), bois communal de Neuville-sur-Orne.

TUILERIE (LA), maison isolée, c^{ᵐᵉ} de Clermont-en-Argonne.

TUILERIE (LA), fabrique isolée, c^{ᵐᵉˢ} de Damvillers, Foameix, Hannonville-sous-les-Côtes, Laimont,

Mangiennes, Menheulles, Montfaucon, Stenay, Trémont, Varennes et Waly.

TUILERIE (LA), font. c^{ᵐᵉ} d'Èvres.

TUILERIE (LA), bois comm. de Grimaucourt.

TUILERIE (LA), contrée, c^{ᵗᵉ} de Montblainville.

TUILERIE-DES-CHAMPS, h. c^{ᵐᵉ} de Laheycourt.

TUMELOUP, contrée, c^{ᵐᵉ} de Dieue.

TUMERÉCHAMP, contrée, c^{ᵐᵉ} d'Étain.

TUMOIS, bois comm. de Brillon.

TUMOIS, contrée, c^{ᵐᵉ} de Doulcon. — *Tumoy*, 1682 (Soc. Philom. lay. Doulcon).

TURTALLIER, bois comm. de Laheycourt.

TUTÉCHAMP, contrée, c^{ᵐᵉ} de Maizeray.

U

UGNY, vill. sur la rive gauche de la Meuse, à 5 kil. au N. de Vaucouleurs. — *Unniacum*, 1011 (carta Henrici II). — *Ugney*, 1300 (collég. de Vaucouleurs). — *Ugneyum*, *Ugneyum-prope-Valiscolorem*, 1402 (reg. Tull.). — *Vgny*, 1700 (carte des États). — *Uniacus*, *Ugni*, 1707 (carte du Toulois). — *Unniacus*, *Hugny*, 1711 (pouillé).

Avant 1790, Champagne, terre, officialité et prév. de Vaucouleurs, cout. du Bassigny, baill. et présid. de Chaumont, parlement de Paris. — Dioc. de Toul, archid. de Ligny, doy. de Meuse-Vaucouleurs.

En 1790, distr. de Gondrecourt, c^{ᵒⁿ} de Vaucouleurs.

Actuellement, arrond. et archipr. de Commercy, c^{ᵒⁿ} et doyenné de Vaucouleurs. — Patron : saint Loup.

ULMIS, contrée, c^{ᵐᵉ} de Gironville.

UMÉPONÉE, bois comm. de Woinville; faisait partie de la forêt d'Apremont.

URBAIN (DOYENNÉ), *decanatus Urbanus* (1738, pouillé); *decanatus Christianitatis de Verduno*, *doyenné de la Chrétienté* (topog. ecclés. de la France), l'un des trois doyennés dépendant de l'ancien archid. de la Princerie, diocèse de Verdun; était composé des paroisses de la ville et de celles des faubourgs de Verdun, savoir : pour la ville, Saint-Amand, Saint-André, Saint-Jean, Saint-Médard, Saint-Oury, Saint-Pierre-l'Angelé, Saint-Pierre-le-Chairé, Saint-Sauveur, Saint-Victor; pour les faubourgs, Belleray, Belleville, Belrupt, Haudainville.

URBEL. — Voy. MONT-AUBÉ.

USAGES (LES), étang, c^{ᵐᵉ} de Sommeilles.

USILLONS, contrée, c^{ᵗᵉ} de Combres.

USINES (CANAL DES), cours d'eau, à Bar-le-Duc.

V

VACHAY, contrée, c^{ᵐᵉ} de Tannois.

VACHERAUVILLE, vill. sur la rive droite de la Meuse, à 2 kil. au N. de Charny. — *Vacherulfi-curtis*, 1047 (cart. de Saint-Vanne). — *Vacherulfi-villa*, 1049 (ibid.). — *Wacherulfi-villa*, 1061 (ibid.). — *Vacherouville*, 1228, 1239 (cart. de la cath.); 1242 (cart. de Saint-Paul); 1278 (collég. de la Madeleine); 1642 (Machon). — *Vacheroville*, 1562 (Lamy, pied-terrier). — *Vacheroville*, 1721 (cart. de Saint-Hippolyte, A. 3). — *Vachroville*, 1724 (ibid.). — *Vacheri-villa*, 1738 (pouillé).

Avant 1790, Verdunois, terre d'évêché, prév. de

Charny, anciennes assises des quatre pairs de l'év. cout. baill. et présid. de Verdun, parlement de Metz. — Dioc. de Verdun, archid. de la Princerie, doy. de Chaumont, érigé en paroisse en 1642.

En 1790, distr. de Verdun, c^{ᵒⁿ} de Charny.

Actuellement, arrond. et archipr. de Verdun, c^{ᵒⁿ} et doy. de Charny. — Patron : saint Martin; annexe de Bras.

VACHES (CHEMIN DES), c^{ᵐᵉˢ} de Fromezey et de Thierville.

VACHES (RUISSEAU DES), qui prend sa source au-dessus de Châtillon-sous-les-Côtes, arrose la c^{ᵐᵉ} de Blanzée et se jette dans le ruiss. d'Eix à Moranville, après un cours de 6 kilomètres.

Vâcon, vill. sur le ruiss. de Vâcon, à 3 kil. au S. de Void. — *Vuacon*, 1011 (carta Henrici II). — *Vacon*, 1700 (carte des États); 1711 (pouillé). — *Vodulum*, *Wacon*, 1707 (carte du Toulois). — *Voicon*, 1707 (P. Benoît, Hist. de Toul).

Avant 1790, Toulois, terre du chapitre, prév. de Void, justice seigneuriale des chanoines de la cath. de Toul, baill. et présid. de Toul, parlement de Metz. — Dioc. de Toul, archid. de Ligny, doy. de Meuse-Commercy, annexe de Void.

En 1790, distr. de Commercy, c^on de Void.

Actuellement, arrond. et archipr. de Commercy, c^on et doy. de Void. — Patron : saint Nicolas; chapelle vicariale.

Vâcon (Ruisseau de), qui prend sa source dans les bois de Naives-en-Blois, passe à Vâcon et se jette dans la Meholle, après un cours de 3 kilomètres.

Vadeboncourt, contrée et carrière, c^ne d'Haudainville.

Vadelaincourt, vill. sur le Wadelaincourt, à 6 kil. au N.-O. de Souilly. — *Waudelini-curtis*, XIe siècle (continuatio hist. episc.). — *Wadelaincourt*, 1221 (cart. de la cath.). — *Wandelancourt*, 1229, 1274, 1283 (ibid.). — *Wandelincort*, 1252 (ibid.). — *Waudelaincourt*, 1336 (chamb. des comptes, c. de Souilly); 1549 (Wassebourg). — *Vandelaincourt*, 1642 (Márchon). — *Vaudelaincour*, 1656 (carte de l'év.). — *Vandelaincour*, 1700 (carte des États). — *Wandelincourt*, 1743 (proc.-verb. des cout.). — *Vaudelincourt*, *Vaudelani-curtis*, 1745 (Roussel).

Avant 1790, Verdunois, terre d'évêché, prév. de Charny, anciennes assises des quatre pairs de l'év. cout. baill. et présid. de Verdun, parlement de Metz. — Diocèse de Verdun, archid. d'Argonne, doy. de Clermont, paroisse de Souhesme-la-Grande.

En 1790, distr. de Verdun, c^on de Souilly.

Actuellement, arrond. et archipr. de Verdun, c^on et doy. de Souilly, paroisse de Souhesme-la-Grande.

Vadlène, contrée, c^ne de Thierville.

Vadinsaux, f. c^ne de Longeville.

Vadissel, bois comm. de Villeroy.

Vadoncourt, h. ruiné, c^ne de Mécrin. — *Wadoncour*, 1656 (carte de l'év.).

Vadonville, vill. sur la rivière de Mont, à 6 kil. au N.-O. de Commercy. — *Vodonis-villa*, 1106 (bulle de Pascal II). — *Vadon-ville*, *Vadunville*, 1186 (fondat. de la collég. de Commercy). — *Waudonville*, 1402 (reg. Tull.). — *Wadonville*, 1571 (proc.-verb. des cout.). — *Wandonville*, 1656 (carte de l'évêché). — *Vadonis-villa*, 1711 (pouillé); 1749 (pouillé); 1756 (D. Calmet, not.).

Avant 1790, Barrois mouvant, office, comté et prév. de Sampigny, principauté et recette de Commercy, cout. et baill. de Saint-Mihiel, présid. de Toul, cour souveraine de Nancy. — Dioc. de Toul, archid. de Ligny, doy. de Meuse-Commercy.

En 1790, distr. de Commercy, c^on de Vignot.

Actuellement, arrond. c^on, archid. et doy. de Commercy. — Écart : la Forge. — Patron : la Nativité de la Vierge.

Vaillat, contrée, c^ne d'Herbeuville.

Vainevaux, bois, c^ne de Commercy.

Vainvaux (Le), ruiss. qui a sa source à l'O. de Chattancourt, traverse ce vill. arrose la c^ne de Cumières et se jette dans la Meuse, après un cours de 6 kilom.

Vaise (La), ruiss. qui a sa source à Maxey-sur-Vaise et se jette dans la Meuse, après un cours de 1 kilom. — *Waixe*, 1327 (ch. des comptes de Bar, c. de Goudrecourt). — *Waxia*, 1402 (reg. Tull.). — *Voize*, 1580 (proc.-verb. des cout.). — *Vaize*, 1700 (carte des États). — *Voise*, *Vesia*, 1711 (pouillé); 1749 (ibid.). — *Wasia*, 1756 (D. Calmet, not.).

Vaize, m^in, c^ne de Maxey-sur-Vaise.

Val (Le) ou Maison-du-Val, h. c^ne de Noyers. — *Valensis*, XIIIe siècle (abb. de Montier-en-Der).

Valambois, f. et m^in, c^ne de Creue. — *Wallambois*, 1760 (Cassini).

Valambois, bois comm. de Viéville et de Vigneulles-lez-Hattonchâtel.

Valanaux, contrée, c^ne de Foameix.

Valdeck, ancien fief, c^ne de Commercy (Durival).

Val-de-l'Âne, marais, c^ne de Pagny-sur-Meuse.

Val-de-Lore, vallée, c^ne de Rigny-Saint-Martin.

Val-des-Prés (Rue et Place du), à Commercy; anciennement *rue* et *place de l'Orangerie*.

Val-du-Moulin, contrée, c^ne de Ligny-en-Barrois.

Valendon, f. c^ne de Bazeilles.

Valène, contrée, c^ne de Boureuilles.

Valet-la-Raye, contrée, c^ne de Ménil-la-Horgne.

Valette, contrée, c^ne d'Issoncourt.

Valin, contrée, c^nes d'Aubréville, Butgnéville et Harville.

Valle (La). — Voy. Laval.

Vallée (La), font. c^ne de Murvaux.

Vallée (La), f. c^ne de Rarécourt.

Vallière, contrée, c^ne de Clermont.

Vallis, bois comm. de Mauvages; faisait partie de la forêt de Vaucouleurs.

Vallon, bois comm. de Deuxnouds-aux-Bois.

Valmeaux, bois comm. de Salmagne.

Valnusson, contrée, c^ne d'Hattonville.

Valotte, contrée, c^ne de Longeville.

Valotte, font. c^ne de Lionville.

Valotte, m⁰ⁿ isolée, cⁿᵉ de Varney.

Valotte-d'Hôtel, bois comm. d'Houdelaincourt.

Valottes (Les), bois comm. de Loisey, Salmagne et Woinville.

Valottes (Les), contrée, cⁿᵉ de Saint-Aubin.

Valoup, bois comm. de Romagne-sous-Montfaucon.

Val-Paillard, bois comm. de Montiers-sur-Saulx.

Valtieremont, bois, cⁿᵉ d'Ancerville.

Valtoline, m⁰ⁿ isolée, cⁿᵉ de Verdun.

Vandiciette, contrée, cⁿᵉ de Béthincourt.

Vandresel, f. ruinée, cⁿᵉ de Sivry-sur-Meuse. — *Wandersaldis*, 1049 (bulle de Léon IX); 1127 (cart. de la cath.). — *Wandresalis*, xiᵉ siècle (continuatio hist. episc.). — *Wandesardis*, 1097 (ch. d'Arnoul II, comte de Chiny). — *Wandresaldre*, 1231 (cart. de la cath.). — *Wandresaulx*, 1549 (Wassebourg). — *Vandersalt*, 1756 (D. Calmet, *not.*).

Vanette, contrée, cⁿᵉ de Pillon.

Van-Haoué, bois comm. de Saint-Joire.

Vanhat, contrée, cⁿᵉ de Nixéville.

Vanne (La), bief, cⁿᵉ de Vadonville.

Vanselet, contrée, cⁿᵉ de Béthincourt.

Vannes (Chemin des), cⁿᵉ de Givrauval.

Vantival, contrée, cⁿᵉ de Montplonne.

Varaine, contrée, cⁿᵉ de Robert-Espagne.

Varenne, contrée, cⁿᵉˢ de Brabant-le-Roi et de Nubécourt.

Varennes ou Varennes-en-Argonne, ville sur l'Aire, à 26 kil. à l'O. de Verdun. — *Varena*, 1022 (ch. de la collég. de Saint-Maxe). — *Waurennia*, 1049 (bulle de Léon IX). — *Varenne*, 1200 (cart. de Saint-Paul). — *Varennes*, 1221 (ch. d'affranch. d'Autrécourt); 1243 (ch. d'affranch.); 1289 (cart. d'Apremont); 1337 (acte de foi et hommage). — *Varennæ*, 1225 (acte de fondation). — *Veronna*, *Veronnæ*, 1254 (abb. de Beaulieu). — *Grossus Varen* ou *Varennensis*, xvᵉ siècle (monnaies de Louis, card. de Bar et év. de Verdun). — *Varenam-castrum*, 1502 (lettres de l'emp. Maximilien Iᵉʳ). *Uarennes*, 1671 (Urbain Quillot).

Avant 1790, Clermontois, chef-lieu de prév. cout. et baill. de Clermont-en-Argonne, siége dudit baill. ancienne justice seigneuriale des princes de Condé, parlement de Paris, généralité de Metz. — Dioc. de Reims, archid. de Champagne, doy. de Grandpré et ensuite de Varennes.

Anciennement, Varennes était ville fortifiée; ses murailles furent démolies en 1678. Le prince de Condé en fit la capitale du Clermontois; il y transporta le siége du bailliage de Clermont et y établit une maîtrise des eaux et forêts. Cette ville était célèbre par le pèlerinage qui se faisait à la fontaine de Meuse,

Saint-Gengoult, dont les eaux étaient réputées avoir une vertu surnaturelle; elle avait deux églises, dont l'une possédait un prieuré placé sous l'invocation de Saint-Pierre et de Saint-Gengoult; un couvent de Cordeliers, établi primitivement près de la fontaine de Saint-Gengoult et transféré vers l'an 1417 dans l'ancien hospice de Saint-Jean-Baptiste; des religieuses Annonciades, établies en 1624; un collége et un Hôtel-Dieu. Les évêques de Verdun y ont frappé monnaie de 1419 à 1430. Varennes reçut sa charte d'affranchissement de Thibaut II, comte de Bar, en 1243.

La prév. de Varennes était composée de Charpentry, Cheppy, Montblainville, Nantillois, Romagne-sous-Montfaucon, Varennes, Vauquois et Véry.

Le doyenné de Varennes, *decanatus de Varenna in Argona* (topog. ecclés. de la France), créé après 1722, a fourni au département les paroisses et annexes de Baulny, Charpentry, Cheppy, Montblainville, Varennes et Véry.

En 1790, lors de l'organisation du dép', Varennes devint siége de tribunal et chef-lieu de l'un des cⁿˢ dépendant du distr. de Clermont-en-Argonne; ce cⁿ était composé des municipalités dont les noms suivent : Baulny, Boureuilles, Charpentry, Cheppy, Montblainville, Varennes, Vauquois et Véry.

Actuellement, arrond. et archipr. de Verdun, chef-lieu de cⁿ et de doy. — Écarts : les Basses-Écomportes, le Rattentout, la Tuilerie. — Patron : l'Assomption.

Le cⁿ de Varennes est situé dans la partie N.-O. du dép'; il est limité au S. par le cⁿ de Clermont, à l'E. par celui de Charny, au N. par celui de Montfaucon, au N.-O. par le dép' de la Marne; sa superficie est de 17,125 hectares; il renferme douze cⁿᵉˢ, qui sont : Avocourt, Baulny, Boureuilles, Charpentry, Esnes, Lachalade, Malancourt, Montblainville, Varennes, Vauquois et Véry.

La composition du doy. est la même que celle du canton.

Varennes (Les), contrée, cⁿᵉˢ d'Haudainville, Lérouville, Tréveray et Verdun.

Vanévaux, étang, cⁿᵉ de Bouconville. — *Vaugivaux*, 1700 (carte des États).

Varifontaine, source, cⁿᵉ de Rembercourt-aux-Pots.

Varin-Chanot, f. cⁿᵉ de Corniéville.

Varin-Fontaine, bois comm. de Woimbey.

Varlon, bois comm. de Deuxnouds-aux-Bois.

Varnelle, contrée, cⁿᵉ d'Érize-la-Brûlée.

Varnéville, vill. sur la Madine, à 9 kil. à l'E. de Saint-Mihiel. — *Warneri-villa*, 1106 (bulle de Pascal II). — *Warneville*, 1241 (abb. de Saint-Mihiel); 1373

31

(ch. des comptes de Bar, c. de Saint-Mihiel); 1607 (proc.-verb. des cout.); 1642 (Mâchon); 1738 (pouillé); 1749 (*ibid.*). — *Varneville*, 1255, 1256, 1270, 1317 (abb. de Saint-Mihiel).— *Warneyville, Warneville*, 1241 (*ibid.*). — *Varneville*, 1612, 1627 (foi et hommage par la veuve de J. L. de Lénoncourt). — *Warne-villa*, 1738 (pouillé). — *Varnevilla, Warnevilla*, 1749 (*ibid.*).

Avant 1790, Barrois non mouvant, marquisat et prév. d'Heudicourt, office, recette, cout. et baill. de Saint-Mihiel, présid. de Toul, cour souveraine de Nancy. — Dioc. de Verdun, archid. de la Rivière, doy. d'Hattonchâtel, annexe de Loupmont.

Varnéville était l'un des trois villages qui, avec Buxerulles et Woinville, formaient la mairie dite *des Trois-Villes-en-l'oêvre*.

En 1790, distr. de Saint-Mihiel, c⁰ⁿ d'Apremont.

Actuellement, arrond. et archipr. de Commercy, c⁰ⁿ et doy. de Saint-Mihiel. — Écart : Chicotel. — Patron : saint Laurent.

Vⁱⁿⁿⁱ, vill. sur l'Ornain, à 9 kil. à l'E. de Revigny. — *Varney*, 1289 (cart. d'Apremont). — *Warneyum, Wargneyum*, 1402 (reg. Tull.). — *Varneium*, 1711 (pouillé); 1749 (*ibid.*); 1756 (D. Calmet, *not.*). — *Varnei*, 1749 (pouillé).

Avant 1790, Barrois mouvant, marquisat et prév. de Mogneville, office, recette, cout. et baill. de Bar, présid. de Châlons, parlement de Paris. — Dioc. de Toul, archid. de Rinel, doy. de Robert-Espagne.

En 1790, distr. de Bar, c⁰ⁿ de Chardogne.

Actuellement, arrond. et archipr. de Bar-le-Duc, c⁰ⁿ et doy. de Revigny. — Écarts : Rembercourt-sur-Orne, la Valotte, Venise. — Patron : saint Martin ; annexe de Bussy-la-Côte.

Vⁱⁿꜱⁱⁿⁿ, bois comm. de Robert-Espagne.

Vⁱⁿⁿⁱⁿⁿⁿⁱⁿ, m¹ⁿ, c⁰ⁿ de Flassigny.

Vⁱⁿⁿⁿⁿ, bois comm. d'Heudicourt.

Vⁱⁿⁿⁱⁿⁿⁿ, bois comm. de Reffroy.

Vⁱⁿⁿⁿ, bois comm. de Bovée.

Vⁱⁿⁿⁱⁿⁿⁿⁿ, contrée, c⁰ⁿ de Chaumont-sur-Aire.

Vⁱⁿⁿⁱⁿⁿⁿ, vill. sur le ruiss. de Woëvre, à 8 kil. au S.-O. de Vigneulles-sous-Hattonchâtel. — *Warvinay*, 1329 (vente par H. Du Châtelet à l'év. de Verdun). — *Warvinoy*, 1373 (ch. des comptes de Bar, c. de Saint-Mihiel). — *Warvinot*, 1642 (Mâchon). — *Warvinet*, 1656 (carte de l'év.); 1788 (pouillé). — *Voiruiné*, 1700 (carte des États); 1707 (carte du Toulois). — *Widiniacum*, 1707 (*ibid.*). — *Warnetum*, 1738 (pouillé). — *Warvignay, Varvignay*, 1745 (Roussel). — *Varviney*, 1786 (proc.-verb. des cout.).

Avant 1790, Barrois non mouvant, marquisat, prév. et cout. d'Hattonchâtel, baill. de Saint-Mihiel

présid. de Toul, cour souveraine de Nancy. — Dioc. de Verdun, archid. de la Rivière, doy. d'Hattonchâtel.

En 1790, district de Saint-Mihiel, c⁰ⁿ d'Heudicourt.

Actuellement, arrond. et archipr. de Commercy, c⁰ⁿ et doy. de Vigneulles. — Écart : le Moulin. — Patron : saint Jean-Baptiste.

Vⁱꜱ, contrée, c⁰ⁿ de Senard.

Vⁱꜱꜱⁱⁿⁿ (Lⁱ), ruiss. qui prend sa source dans la forêt d'Argonne et se jette dans l'Aire à Froidos, après un cours de 3 kilomètres.

Vⁱꜱꜱⁱⁿⁿⁿ, ancien fief au vill. de Nicey (Durival).

Vⁱꜱꜱⁱⁿⁿⁿⁿ. — Voy. Aᴜʟɴᴏɪꜱ-ꜱᴏᴜꜱ-Vᴇʀᴛᴜᴢᴇʏ.

Vⁱꜱꜱⁱⁿⁿⁿⁿⁿⁿ, vill. sur le Sereinval, à 4 kil. au S.-E. de Revigny. — *Waciencort*, 1126, 1226 (cart. de Jeand'heures). — *Wacencort*, 1140 (*ibid.*). — *Wacincurtis*, 1140, 1163 (*ibid.*). — *Waceincort*, 1147 (*ibid.*). — *Vuacincort*, xⁱⁱ⁰ siècle (abb. de Jeand'heures). — *Wacincort*, 1163, 1180 (cart. de Jeand'heures). — *Wacincurt*, 1180 (*ibid.*). — *Wassincuria, Wassencuria*, 1402 (reg. Tull.). — *Vaciencourt*, 1416 (foi et hommage au card. de Bar); 1496 (dénombr.). — *Vassincuria*, 1711 (pouillé); 1749 (*ibid.*).

Avant 1790, Barrois mouvant, juridiction du juge-garde des seigneurs, office, recette, cout. et baill. de Bar, présid. de Châlons, parlement de Paris. — Dioc. de Toul, archid. de Rinel, doy. de Robert-Espagne.

En 1790, distr. de Bar, c⁰ⁿ de Revigny.

Actuellement, arrond. et archipr. de Bar-le-Duc, c⁰ⁿ et doy. de Revigny. — Patron : saint Pierre.

Vⁱꜱꜱⁱⁿⁿⁿⁿⁿ (Fᴏɴᴛᴀɪɴᴇ ᴅᴇ), source minérale, c⁰ⁿ de Vassincourt.

Vⁱꜱꜱⁱⁿⁿⁿⁿ, bois, c⁰ⁿ de Saint-Amand.

Vⁱꜱꜱⁱ, contrée, c⁰ⁿ de Moulins.

Vⁱⁿⁱⁿⁿⁿ, bois comm. de Chaillon et de Lavignéville.

Vⁱⁿⁿⁱꜱ, bois comm. de Murvaux.

Vⁱⁿ (Lⁱ), bois comm. de Tréveray et de Géranvilliers.

Vⁱⁿⁿⁱⁿⁿⁿⁿ, bourg, sur l'Aire, à 18 kil. au N. de Bar-le-Duc. — *Vuarbodi-curtis in comitatu Staniense*, 1006 (dipl. de Théodoric, comte de Bar). — *Varbercort, Varsboncort*, xⁱⁱ⁰ siècle (abb. de Lisle). — *Warbodi-curtis, Warbucecourt*, 1220 (cession des abbés de Saint-Mihiel à Henri II, comte de Bar, arch. de la Meuse). — *Wabecourt*, 1321 (ch. des comptes, B. 436). — *Wabbecourt*, 1447 (coll. lorr. t. 426, f⁰ 8). — *Vaubecuria, Vaybcuria*, 1749 (pouillé). — *Varbedi-curtis, Vuarbodi-curtis*, 1756 (D. Calmet, *not.*).

Avant 1790, Barrois mouvant, vill. avec titre de

comté et de baill. juridiction des officiers des seigneurs, office, recette, cout. et baill. de Bar, présid.
de Châlons, parlement de Paris. — Dioc. de Châlons, archid. d'Astenay, doy. de Possesse.

Fut érigé en comté en 1635; avait une forteresse
ou château avec fossés, pont-levis et chapelle.

En 1790, lors de l'organisation du dép¹, Vaubecourt devint chef-lieu de l'un des c⁰ⁿˢ dépendant du
distr. de Bar; ce c⁰ⁿ était composé des municipalités
dont les noms suivent : Lisle-en-Barrois, Louppy-le-
Château, Rembercourt-aux-Pots, Vaubecourt, Villotte-devant-Louppy.

Actuellement, arrond. et archipr. de Bar-le-Duc,
chef-lieu de c⁰ⁿ et de doy. — Écarts : Arcé-Fays,
Bourgogne, Brouenne, Riaucourt, le Moulin. —
Patrons : saint Pierre et saint Paul.

Le c⁰ⁿ de Vaubecourt est situé à l'O. du dép¹; il
est limité au N. par le c⁰ⁿ de Triaucourt, à l'E. par
l'arrond. de Commercy, au S. par les c⁰ⁿˢ de Vavincourt et de Revigny, à l'O. par le dép¹ de la Marne;
sa superficie est de 22,069 hectares; il renferme
dix-sept c⁰ⁿˢ, qui sont : Auzécourt, Chaumont-sur-
Aire, Courcelles-sur-Aire, Érize-la-Grande, Érize-
la-Petite, Laheycourt, Lisle-en-Barrois, Louppy-le-
Château, Louppy-le-Petit, Marat-la-Grande, Noyers,
Rembercourt-aux-Pots, Rignaucourt, Sommaisne,
Sommeilles, Vaubecourt, Villotte-devant-Louppy.

La composition du doy. est la même que celle du
canton.

VAUCHE (LA), bois comm. de Douaumont.

VAUCHEROX, font. et m^in, c^ne de Gondrecourt.

VAUCHOTTE, f. c^ne de Montiers-sur-Saulx.

VAUCOULEURS, ville sur la Basse-Meuse, à 18 kil. au S.
de Commercy. — *Vallicolore*, 1235 (abb. de Saint-
Mihiel, ch. de l'official de Toul). — *Vaucolour*, 1264
(Rosières, E. 43). — *Vauquelour*, 1266 (ch. d'af-
franch. de Montiers). — *Vauquelor*, 1281 (Rosières,
E. 47). — *Valcolor*, 1310 (chap. de Vaucouleurs).
— *Vaulquelour*, 1321 (ch. des comptes, B. 436).
— *Ecclesia collegiata de Valiscolore; prioratus de
Valiscolore*, 1402 (reg. Tull.). — *Vallis-coloris*,
1707 (carte du Toulois); 1756 (D. Calmet, *not.*).
— *Vallis-color*, 1711 (pouillé).

Avant 1790, Champagne, ancienne capitale du
pays des Vaux, terre et seigneurie, prév. royale,
cout. du Bassigny, baill. et présid. de Chaumont,
parlement de Paris, généralité de Châlons. — Dioc.
de Toul, archid. de Ligny, chef-lieu du doy. de
Meuse-Vaucouleurs.

Vaucouleurs est une ville très-ancienne, autrefois
fortifiée et défendue par le château de Baudricourt;
il s'y tint un concile en l'an 865; elle avait ses sei-

gneurs particuliers; les sires de Joinville la possédèrent jusqu'en 1335, époque à laquelle elle fut
réunie à la couronne de France.

Il y avait à Vaucouleurs un prieuré, dit *de Saint-
Thiebant*, fondé vers l'an 1004; une collégiale, établie en 1266 par Geoffroy de Joinville; un monastère des Annonciades rouges, dites *des Dix-Vertus
ou de la vertueuse Jeanne de France*, fondé dans le
milieu du xvii° siècle; un couvent de religieux du
tiers ordre de Saint-François, dits *Pénitents-Tier-
celins ou de Picpus*, fondé au milieu du xvii° siècle;
un hôpital ou commanderie du Saint-Esprit, l'une
des premières maisons de l'ordre, fondé au xiii°
siècle, et, dans la banlieue, trois ermitages, celui de
Saint-Pierre, celui de Saint-Gorgon, celui de Saint-
Nicolas-de-Sept-Fonds.

La prév. de Vaucouleurs était composée des localités dont les noms suivent : Badonvilliers (partie
avec Gondrecourt), Berniqueville, Broussey-en-Blois
(partie avec Gondrecourt et Ligny), Burey-la-Baux
(partie avec Gondrecourt), Burey-la-Côte, Chalaines, Gombervaux, Goussaincourt (partie avec
Gondrecourt), Longor, Malpierre, Montbras, Montigny-lez-Vaucouleurs, Neuville-lez-Vaucouleurs,
Ourches (partie avec Void), Pagny-la-Blanche-
Côte (pour partie), Rigny-la-Salle, Rigny-Saint-
Martin, Saint-Germain (partie avec Foug), Sauvoy,
Taillancourt, Thusey, Traveron, Ugny et Vaucouleurs.

Vaucouleurs faisait anciennement partie du doy.
de la Rivière-de-Meuse, *decanatus de Riparia-Mose*
(1402, reg. Tull.); la trop grande étendue de ce
doy. le fit diviser au commencement du xviii° siècle
en deux parties, l'une sous le nom de *doyenné de
Meuse-Commercy*, l'autre sous celui de *Meuse-Vaucouleurs*; il y avait à Vaucouleurs un tribunal ecclésiastique pour toutes les paroisses des baill. de
Chaumont, Langres et Vitry, qui ressortissaient au
parlement de Paris.

Le doyenné de Meuse-Vaucouleurs, *decanatus de
Valle-coloris* (topog. ecclés. de la France), est au-
jourd'hui partagé entre le dép¹ de la Meurthe et celui
de la Meuse; les paroisses ou annexes qu'il a four-
nies au dép¹ de la Meuse sont celles de : Bovée,
Broussey-en-Blois, Burey-en-Vaux, Chalaines, Chau-
pougny, Mauvages, Méligny-le-Grand, Méligny-le-
Petit, Montigny-lez-Vaucouleurs, Naives-en-Blois,
Neuville-lez-Vaucouleurs, Ourches, Pagny-la-Blan-
che-Côte, Pagny-sur-Meuse, Rigny-la-Salle, Rigny-
Saint-Martin, Saint-Germain, Sauvoy, Sepvigny,
Thusey, Ugny, Vaucouleurs et Villeroy.

En 1790, lors de l'organisation du dép¹, Vaucouleurs devint chef-lieu de l'un des c°⁰ˢ dépendant du distr. de Gondrecourt; ce c°ⁿ était composé des municipalités dont les noms suivent : Chalaines, Mauvages, Montigny-lez-Vaucouleurs, Neuville-lez-Vaucouleurs, Rigny-la-Salle, Rigny-Saint-Martin, Saint-Germain, Ugny et Vaucouleurs.

Le tribunal du district dont Gondrecourt était le chef-lieu avait son siége à Vaucouleurs.

Actuellement, arrond. et archipr. de Commercy, chef-lieu de c°ⁿ et de doy. — Écarts : Burniqueville, Gombervaux, Sept-Fonds, la Woëvre. — Patron : saint Laurent.

Le c°ⁿ de Vaucouleurs est situé à l'extrémité sud-est du dép'; il est borné au N. par le c°ⁿ de Void, à l'O. par celui de Gondrecourt, au S. et à l'E. par les dép'ˢ des Vosges et de la Meurthe; sa superficie est de 19,775 hectares; il renferme vingt c°ˢ, qui sont : Brixey-aux-Chanoines, Burey-en-Vaux, Burey-la-Côte, Chalaines, Champougny, Épiez, Goussaincourt, Maxey-sur-Vaise, Montbras, Montigny-lez-Vaucouleurs, Neuville-lez-Vaucouleurs, Pagny-la-Blanche-Côte, Rigny-la-Salle, Rigny-Saint-Martin, Saint-Germain, Sauvigny, Sepvigny, Taillancourt, Ugny et Vaucouleurs.

La composition du doy. est la même que celle du canton.

Les armoiries de Vaucouleurs sont : *de gueules à la tour crénelée d'argent, au chef d'azur chargé de trois fleurs de lis d'or.* — L'armorial de 1696 lui donne pour armes : *d'azur à trois fleurs de lis d'or, parti d'un trait de sable d'azur à une épée la pointe en haut d'argent, la garde et la poignée d'or, accostée de deux fleurs de lis de même et surmontée d'une couronne royale aussi de même* ; ces armes sont celles de France et de Jeanne d'Arc données ou prises en souvenir de l'héroïne.

Les seigneurs de Vaucouleurs portaient : *d'azur à trois broies d'or, au chef d'hermine chargé d'un lion issant et couronné de gueules.*

Vᴀᴜᴄᴏᴜʟᴇᴜʀs (Fᴏʀᴇᴛ ᴅᴇ), vaste tenue de bois qui s'étend sur les territ. de Void, Vâcon, Sauvoy, Villeroy, Mauvages, Montigny-lez-Vaucouleurs, Ourches, Troussey et Vaucouleurs. — Voy. Vᴏɪᴅ (Fᴏʀᴇᴛ ᴅᴇ).

Vᴀᴜᴅᴇᴍᴇᴛ, contrée, c°ⁿ de Bonnet.

Vᴀᴜᴅᴇᴠɪʟʟᴇ, vill. sur le ruiss. de Greux, à 10 kil. au S.-E. de Gondrecourt. — *Woldesinguesilla* ou *Woldesingesvilla*, 965 (dipl. d'Otton pour l'abbaye de Bouxières, Hist. de Lorr. pr.). — *Vedani-villa*, 1106 (bulle de Pascal II). — *Waudeville*, 1327 (chambre des comptes, c. de Gondrecourt). — *Gaudevilla*, 1402 (reg. Tull.). — *Vaudevilla*, 1711 (pouillé).

Avant 1790, Champagne, cout. du Bassigny, baill.

et présid. de Chaumont, parlem. de Paris. — Dioc. de Toul, archid. et doy. de Rinel.

En 1790, distr. de Gondrecourt, c°ⁿ de Goussaincourt.

Actuellement, arrond. et archipr. de Commercy, c°ⁿ et doy. de Gondrecourt. — Patron : saint Pierre.

Vᴀᴜᴅᴏɪɴᴇ, contrée, c°ᵉˢ de Vacherauville et Champneuville.

Vᴀᴜᴅᴏʟʟᴇ, contrée, c°ⁿ d'Aubréville.

Vᴀᴜᴅᴏɴᴄᴏᴜʀᴛ, vill. sur le ruiss. de Vaudoncourt, à 2 kil. au S. de Spincourt. — *Vualdonis-curtis*, 959 (ch. de la comtesse Hildegonde). — *Waldonis-curtis*, 959 (cart. de Gorze, f° 152.) — *Wadonis-curtis*, 1200 (cart. de Saint-Paul). — *Waudoncort*, 1252 (*ibid.*). — *Vadoncourt*, 1258 (Lamy, contrat de R. des Ancherins).—*Wadoncourt*, 1242 (Mâchon). — *Vadoncour*, 1656 (carte de l'év.); 1700 (carte des États). — *Vadonis-curia*, 1738 (pouillé). — *Vadancourt*, 1745 (Roussel).

Avant 1790, Verdunois, terre d'év. prév. de Mangiennes, cout. de Saint-Mihiel et ensuite de Verdun, ancienne justice des quatre pairs de l'év. baill. et présid. de Verdun, parlement de Metz. — Dioc. de Verdun, archid. de la Woëvre, doy. d'Amel, annexe de Loison.

En 1790, distr. d'Étain, c°ⁿ de Gouraincourt.

Actuellement, arrond. et archipr. de Montmédy, c°ⁿ de Spincourt, doy. de Billy-lez-Mangiennes. — Patron : saint Nicolas; annexe de Spincourt.

Vᴀᴜᴅᴏɴᴄᴏᴜʀᴛ, f. sur le Melche, c°ⁿ de Lisle-en-Barrois. — *Vadonis-curia*, 1149 (cart. de Lisle). — *Vaudonis-curia*, 1150 (*ibid.*). — *Vadoncurto*, 1154 (*ibid.*). — *Wadencurt*, 1182 (bulle de Luce III).

Vᴀᴜᴅᴏɴᴄᴏᴜʀᴛ, contrée et fout. c°ⁿ de Louppy-le-Petit.

Vᴀᴜᴅᴏɴᴄᴏᴜʀᴛ (Rᴜɪssᴇᴀᴜ ᴅᴇ), qui a sa source au-dessus du vill. de Vaudoncourt et se jette dans l'Othain en aval de Spincourt, après un trajet de 2 kilomètres.

Vᴀᴜ-Gᴀʀɴɪᴇʀ, contrée, c°ⁿ de Naives-devant-Bar.

Vᴀᴜ-Hᴀᴛᴏɴ (Fᴏʀᴇᴛ ᴅᴜ), vaste tenue de bois sur les territ. d'Amanty, Gondrecourt et Abainville.

Vᴀᴜɢᴇʀᴏɴ, f. c°ⁿ de Sorbey.

Vᴀᴜɢᴇʀᴏɴ, mⁱⁿ, c°ⁿ de Spincourt.

Vᴀᴜǫᴜᴏɪs, vill. entre l'Aire et la Buanthe, à 3 kil. au S.-E. de Varennes. — *Vauquay*, 1642 (Mâchon); 1745 (Roussel). — *Vauquey*, 1656 (carte de l'év.). — *Vancois*, 1700 (carte des États). — *Vainois*, 1712 (Soc. Philom. lay. Clermont, arrest de la cour des Aydes). — *Quadrasi-Vallis*, 1738 (pouillé). — *Vallis-Quadensis* (reg. de l'év.).

Avant 1790, Clermontois, justice seigneuriale des princes de Condé, prév. de Varennes, cout. et baill. de Clermont, parlement de Paris. — Dioc. de

Verdun, archid. d'Argonne, doy. de Clermont, annexe de Boureuilles.

En 1790, distr. de Clermont-en-Argonne, c⁰⁰ de Varennes.

Actuellement, arrond. et archipr. de Verdun, c⁰⁰ et doy. de Varennes. — Écarts : la Cigalerie, Constantine, la Fonderie, la Hardonnerie. — Patron : la Conception.

Vauron (Le), vallée, c⁰⁰ˢ de Gondrecourt et de Vouthon-Bas.

Vaussival, contrée, c⁰⁰ de Ligny.

Vaute, contrée, c⁰⁰ d'Iré-le-Sec.

Vautrombois, f. c⁰ᵉ de Revigny. — Vaultrombey, 1589 (Soc. Philom. lay. Saint-Joire). — Vatrombois, 1668 (dénombrement).

Était fief seigneurial de la maison de Nettancourt.

Vauvá, bois, c⁰ᵉ de Bonnet.

Vaux (Abbaye des). — Voy. Évaux.

Vaux (Côte des), contrée, c⁰ᵉ d'Ernecourt.

Vaux (Croix-la-), contrée, c⁰ᵉ d'Ornes.

Vaux (Cul-de-), bois comm. de Nançois-le-Petit.

Vaux (La), contrée, c⁰ᵉˢ de Bar-le-Duc, Blercourt, Hattonchâtel, Montplonne, Rigny-Saint-Martin, Sivry-la-Perche, Sivry-sur-Meuse, Vacherauville.

Vaux (La), f. ruinée, c⁰ᵉ d'Étain.

Vaux (La), usine, c⁰ᵉ de Lacroix-sur-Meuse.

Vaux (La), f. et font. c⁰ᵉ de Montmédy.

Vaux (La). — Voy. Laval.

Vaux (Le), bois domanial, c⁰ᵉ de Gondrecourt.

Vaux (Les), bois, c⁰ᵉ de Ville-devant-Chaumont.

Vaux (Les), pays ou comté. — Pagus et comitatus Vallium, 1067 (ch. de l'év. Udon). — Pagus Vallium, 1707 (carte du Toulois). — De Vallibus, 1707 (P. Benoît, Hist. de Toul).

Occupait la partie sud du dép¹ et s'étendait jusques aux environs de Toul, où il est désigné aujourd'hui sous le nom de Côtes de Toul; avait pour capitale Vaucouleurs et comprenait une vingtaine de villages, dont plusieurs portent des noms qui dérivent de Vaux, comme Évaux, Burey-en-Vaux, Vaux-la-Grande, Vaux-la-Petite, Baudignécourt (Vaudignécourt), Quatre-Vaux, Vaucouleurs, etc.; se divisait en deux pays, celui de Vaux-de-Meuse et celui de Vaux-de-l'Orney, ce qui fait voir que le comté ou pays des Vaux dépendait partie de l'Ornois et partie du Toulois.

Vaux (Ruisseau de) ou Ruisseau de Ville, qui prend sa source dans le bois dit le Vaux, c⁰ᵉ de Ville-devant-Chaumont, et se jette dans le Thil à Chaumont-devant Damvillers, où les deux cours d'eau réunis prennent le nom de la Tinte.

Vaux (Ruisseau de), qui prend sa source au-dessus de Vaux-devant-Damloup, traverse ce vill. arrose les c⁰ᵉˢ de Dieppe, Morgemoulins et Foameix et se jette dans l'Orne, après un cours de 12 kil. — Ru de Vaux, 1700 (carte des États).

Vaux (Ruisseau de), qui prend sa source à Vaux-la-Grande, arrose la c⁰ᵉ de Vaux-la-Petite et se jette dans la Barboure un peu au-dessus de Boviolles, après un cours de 5 kilomètres.

Vaux-Bara (La), f. c⁰ᵉ de Nantois.

Vaux-Bernard, contrée, c⁰ᵉ de Brauvilliers.

Vaux-Bona, contrée, c⁰ᵉ d'Aubréville.

Vaux-de-Maix, ruiss. qui a sa source sur le territ. de Bonnet et se jette dans le ruiss. de Richecourt, après un trajet de 2 kil. — Vau-de-Mex, 1700 (Cassini).

Vaux-de-Meuse, l'un des deux pays composant le comté ou pays des Vaux; dépendait du Toulois. — Valles-Mosæ, 1707 (P. Benoît, Hist. de Toul).

Vaux-de-Naives, contrée, c⁰ᵉ de Bar-le-Duc.

Vaux-de-l'Ornez ou de l'Ornain, l'un des deux pays composant le comté ou pays des Vaux; dépendait de l'Ornois. — Valles-Ornesii, 1707 (P. Benoît, Hist. de Toul).

Vaux-des-Crochets, contrée, c⁰⁰ de Lemmes.

Vaux-des-Fins, contrée, c⁰ᵉ de Fromeréville.

Vaux-des-Fontaines, contrée, c⁰ᵉ de Savonnières-devant-Bar.

Vaux-des-Jeux, contrée, c⁰ᵉ de Verdun.

Vaux-des-Loups, bois domanial, c⁰ᵉ de Sommedieue.

Vaux-des-Quartiers, bois comm. d'Avocourt.

Vaux-devant-Damloup ou Vaux-en-Villy, vill. sur le ruiss. de Vaux, à 8 kil. à l'E. de Charny. — Vaut, 1262 (cart. de Saint-Paul, fⁿ 239). — Vaux, 1302 (arch. de la Meuse); 1656 (carte de l'év.). — Vaulx, 1549 (Wassebourg); 1745 (Roussel). — Vallis, 1738 (pouillé). — Valles, 1756 (D. Calmet, not.).

Avant 1790, Verdunois, terre du chapitre, prév. de Foameix, cout. et présid. de Verdun, ancienne justice seigneuriale des chanoines de la cath. parlement de Metz. — Dioc. de Verdun, archid. de la Woëvre, doy. de Pareid, annexe de Damloup.

En 1790, distr. de Verdun, c⁰ⁿ d'Ornes.

Actuellement, arrond. et archipr. de Verdun, c⁰ᵉ et doy. de Charny. — Patrons : saint Philippe et saint Jacques.

Vaux-d'Inval, contrée, c⁰ᵉ de Velaines.

Vaux-du-Gibet, contrée, c⁰ᵉ de Consenvoye.

Vaux-Féry, bois comm. d'Ailly.

Vaux-Gérard (La), f. c⁰ᵉ d'Osches.

Vaux-Gérard (La), étang, c⁰ᵉ de Sommeilles.

Vaux-la-Dame, contrée, c⁰ᵉ de Ville-devant-Belrain.

Vaux-la-Grande, vill. sur le ruiss. de Vaux, à 13 kil. à l'O. de Void. — Granswillari, 890 (Hist. de Lorr.

pr.). — *Vaulx*, 1378 (ch. des comptes, c. de Mor-
ley). — *De Vallibus-Magnis*, 1402 (reg. Tull.). —
Vaulx-les-Grans, 1495-96 (Trés. des ch. B. 6364).
— *Vaux-le-Grand-lez-Commercy*, 1509 (table des
cout.). — *Vaulx-la-Grande*, 1579 (proc.-verb. des
cout.). — *Vaux-le-Grand*, 1700 (carte des États).
— *Vaux-les-Grandes*, 1711 (pouillé). — *Valles-
Magnæ*, 1711 (*ibid.*); 1756 (D. Calmet, *not.*).

Avant 1790, Champagne, officialité de Vaucouleurs, cout. de Vitry-le-François et de Bar, subdélé-
gation de Toul, baill. de Vitry, parlement de Paris.
— Dioc. de Toul, archid. et doy. de Ligny.

En 1790, district de Commercy, c^on de Saint-
Aubin.

Actuellement, arrond. et archipr. de Commercy,
c^on et doyenné de Void. — Patron : saint Martin ;
annexe de Vaux-la-Petite.

Vaux-la-Merle, contrée, c^ne de Récourt.

Vaux-la-Petite, vill. sur le ruiss. de Vaux, à 14 kil. à
l'O. de Void. — *De Vallibus-Parvis*, 1402 (reg.
Tull.). — *Vaulx-les-Petites*, 1495-96 (Trés. des ch.
B. 6364). — *Vaulx-la-Petite*, 1579 (proc.-verb. des
cout.). — *Vaux-le-Petit*, 1700 (carte des États). —
Vaux-les-Petites, *Valles-Minores*, 1711 (pouillé);
1749 (*ibid.*). — *Valles-Parvæ*, 1756 (D. Calmet, *not.*).

Avant 1790, mi-partie Champagne et mi-partie
Barrois mouvant, village composé de trois communautés et seigneuries différentes, savoir : une communauté de l'office de Toul, juridiction des officiers
des seigneurs, bailliage de Toul, parlement de Metz ;
une communauté de l'office de Bar et une de l'office
de Ligny ; le roi était seigneur de la première comme
duc de Bar et de la seconde comme comte de Ligny ;
pour l'une et l'autre, prév. de Ligny, recette, cout.
et baill. de Bar, présid. de Châlons, parlement de
Paris. — Dioc. de Toul, archid. et doy. de Ligny.

En 1790, district de Commercy, c^on de Saint-
Aubin.

Actuellement, arrond. et archipr. de Commercy,
c^ne et doy. de Void. — Patron : saint Julien.

Vaux-le-Cerf, contrée, c^ne de Bras.

Vaux-le-Comte, contrée, c^nes de Bar-le-Duc et de
Behonne.

Vaux-lez-Palameix, vill. sur le Sanglu, à 13 kil. à l'O.
de Vigneulles-lez-Hattonchâtel. — *Villa-Vallis*, 1106
(bulle de Pascal II). — *Vaulx et Palameix*, 1571
(proc.-verb. des cout.). — *Vaux*, 1656 (carte de
l'év.); 1738 (pouillé). — *Vaux-les-Palamey*, 1700
(carte des États). — *Vallis*, 1738 (pouillé). —
Vaux-les-Palamé, *Vaux-les-Palmacy*, 1749 (*ibid.*).

Avant 1790, Barrois non mouvant, juridiction

des officiers des seigneurs, office, recette, cout. et
baill. de Saint-Mihiel, cour souveraine de Nancy.
— Dioc. de Verdun, archid. de la Rivière, doy. de
Saint-Mihiel, annexe de Ranzières.

En 1790, distr. de Saint-Mihiel, c^on de Lacroix-
sur-Meuse.

Actuellement, arrond. et archipr. de Commercy,
c^on de Vigneulles, doy. de Saint-Mihiel. — Patron :
saint Saintin.

Vaux-Marie (La), f. c^ne de Courcelles-sur-Aire.

Vaux-Mory, contrée, c^ne de Dieue.

Vaux-Noix (La), contrée, c^ne de Samogneux.

Vaux-Paquet (La), bois comm. de Seraucourt.

Vaux-Poirier, contrée, c^ne de Villeroncourt.

Vaux-Racine, contrée, c^ne de Saint-Mihiel.

Vaux-Saint-Nicolas, bois comm. de Ménil-la-Horgne.

Vaux-Seignon, contrée, c^ne de Longeville.

Vaux-Tempête, contrée, c^ne d'Hannonville-sous-les-
Côtes.

Vaux-Tonnel, contrée, c^ne de Longeville.

Vaux-Varin, bois, c^ne d'Osches.

Vaux-Vautrier, bois, c^ne de Fains.

Vaux-Vily, contrée, c^ne de Bar-le-Duc.

Vauxel, contrée, c^ne de Chattancourt.

Vauxel-Liégeois, bois comm. de Jouy-devant-Dombasle.

Vauzy, contrée, c^ne de Montblainville.

Vavincourt, vill. sur le Nivolot, à 6 kil. au N. de Bar-
le-Duc. — *Wavincourt*, 1238 (ch. de Henri, comte
de Bar); 1248, 1252 (cart. de Saint-Paul); 1267
(ch. des comptes, B. 254). — *Wavincort*, 1252,
1254 (cart. de Saint-Paul). — *Woivicuria*, 1402
(regestr. Tull.). — *Vavincour*, 1460 (coll. lorr.
t. 247.39, A. 14). — *Vavrincour*, 1700 (carte des
États). — *Vavaincourt*, 1711 (pouillé). — *Vavain-
curia*, 1711 (*ibid.*); 1749 (*ibid.*). — *Vavincuria*,
1756 (D. Calmet, *not.*).

Avant 1790, Barrois mouvant, ne formant avec
Sarney qu'une seule et même communauté, juridiction des juges-gardes des seigneurs qui en étaient
hauts, moyens et bas justiciers, office, recette, cout.
et baill. de Bar, présid. de Châlons, parlement de
Paris. — Dioc. de Toul, archid. de Rinel, doy. de
Bar.

En 1790, lors de l'organisation du dép¹, Vavincourt devint chef-lieu de l'un des c^ons dépendant du
distr. de Bar; ce c^on était composé des municipalités
dont les noms suivent : Behonne, Érize-la-Brûlée,
Érize-Saint-Dizier, Hargeville, Naives-devant-Bar,
Rosières-devant-Bar, Rumont, Seigneulles, Vavincourt.

Actuellement, arrond. et archipr. de Bar-le-Duc,
chef-lieu de c^on, doy. de Condé. — Écarts : Nivolot,

Saint-Christophe, Sarncy, la Vérité. — Patron : saint Martin.

Le c^e de Vavincourt est situé dans la partie sud-ouest du dép[1]; il est borné au N. par le c^e de Vaubecourt, à l'O. par celui de Revigny, au S. par ceux de Bar-le-Duc et de Ligny, à l'E. par l'arrond. de Commercy ; sa superficie est de 14,822 hectares; il renferme quinze c^es, qui sont : Behonne, Chardogne, Condé, Érize-la-Brûlée, Érize-Saint-Dizier, Génicourt-sous-Condé, Géry, Hargeville, Naives-devant-Bar, Resson, Rosnes, Rosières-devant-Bar, Rumont, Seigneulles et Vavincourt.

VAZABELLE, bois, c^ne de Géry.

VEAU-BAUDOT, contrée, c^ne de Montplonne.

VEAU-BOUVIER, contrée, c^ne de Montplonne.

VEAU-LE-PRÊTRE, contrée, c^ne de Rembercourt-aux-Pois.

VEAU-MULLET, contrée, c^ne de Rembercourt-aux-Pois.

VEAU-MOREL, contrée, c^ne de Ville-devant-Belrain.

VEAUX (PRÉ-DES-), font. c^ne de Septsarges.

VEAUX-HEUBANS, vallée, c^ne de Sommedieue.

VÉEL, vill. sur la gauche de l'Ornain, à 3 kil. à l'O. de Bar-le-Duc. — Velis, 1402 (reg. Tull.). — Vécz, 1700 (carte des États). — Veelium, 1711 (pouillé); 1749 (ibid.); 1756 (D. Calmet, not.).

Avant 1790, Barrois mouvant, office, recette, cout. prév. et baill. de Bar, présid. de Châlons, parlement de Paris. — Dioc. de Toul, archid. de Rinel, doy. de Robert-Espagne.

En 1790, distr. de Bar, c^on de Beurrey.

Actuellement, arrond. c^on, archipr. et doy. de Bar-le-Duc. — Écarts : Pislaposte et Saint-Étienne. — Patron : saint Martin.

VELAINES, vill. sur l'Ornain, à 3 kil. au N.-O. de Ligny. — D'après les pouillés de Toul et du Barrois, Velaines portait très-anciennement le nom d'Inval; Durival met à tort Juval. — Villenæ, 948 (confirmat. par le roi Otton). — Sovelaines, 1180 (cart. de Jeand'heures). — Velaines, 1195 (ibid.). — Ainvaux, 1402 (reg. Tull.). — Ginvallis, 1402 (ibid.). — Velaines-la-Grande, alias Inval; Velaines-la-Grande, olim Invale, xve siècle (Trés. des ch. reg. B). — Velleyne, 1460 (coll. lorr. t. 247.39, A. 14). — Villaynes, 1547 (ibid. t. 139, n° 99). — Vellaines, 1579 (procès-verbal. des cout.). — Velaine, 1700 (carte des États). — Villena, 1711 (pouillé); 1749 (ibid.); 1756 (D. Calmet).

Avant 1790, Barrois mouvant, office, comté et prév. recette, cout. et baill. de Bar, présid. de Châlons, parlement de Paris. — Dioc. de Toul, archid. et doy. de Ligny.

Velaines formait anciennement deux paroisses,

celle de Velaines-la-Grande dont l'église était sous l'invocation de Saint-Remy, et celle de Velaines-la-Petite, dont l'église, sous le vocable de Saint-Martin, était annexe de Nançois-le-Petit.

En 1790, distr. de Bar, c^on de Ligny.

Actuellement, arrond. et archipr. de Bar-le-Duc, c^on et doyenné de Ligny. — Écart : les Battans. — Patron : saint Remy.

VELAINES (RUISSEAU DE), qui prend sa source sur le territ. de Velaines, où il se jette dans l'Ornain.

VELOSNES, vill. sur la rive gauche de la Chiers, à 6 kil. à l'E. de Montmédy. — Vellanis, 1096 (bulle d'Urbain II). — Villoines, 1301 (ch. d'affranch.). — Villesne, 1607 (proc.-verb. des cout.). — Devillone. 1656 (carte de l'év.). — Villonne, xviie siècle (arch. de la c^té). — Velonne, 1700 (carte des États); 1760 (Cassini).

Avant 1790, Luxembourg français, coutume de Saint-Mihiel et ensuite de Thionville, prévôté bailliagère de Montmédy, présidial de Sedan, parlement de Metz. — Dioc. de Trèves, archid. de Longuyon, doy. de Juvigny.

En 1790, distr. et c^on de Montmédy.

Actuellement, arrond. c^on, archipr. et doyenné de Montmédy. — Écart : Laval. — Patron : la Nativité de la Vierge; annexe de Bazeilles.

VÉNÉRABLES (RUE DES), à Commercy.

VENISE, h. c^ne de Varney; est situé au pied de la côte dite de Venise, sur laquelle on a mis à découvert en 1843 un cimetière antique considérable.

VERDELET (LE), petit ruiss. c^ne de Velaines.

VERDILAT, bois, c^ne de Varney.

VERDIREUX, contrée, c^ne de Ville-sur-Cousance.

VERDUN, ville, sur la Meuse, à 46 kil. au N. de Bar-le-Duc. — Virodu, ép. gallo-romaine (deniers d'arg. frappés à Verdun). — Virodunum, ive siècle (Itin. d'Antonin); xie siècle (Hugues de Flavigny); xiie siècle (Laurent de Liége); 1549 (Wassebourg); 1745 (Roussel); 1756 (D. Calmet, not.). — Veredunum, urbs Vereduna, urbs Virduna, vi^e siècle (Fortunat). — Verodunum; ad Viridunensem urbem : hoc apud Viridunum civitatem actum est, vi^e siècle (Grég. de Tours, Histor. Franc. lib. III, c. xxvi). — Desideratus episcopus Veredunensis, vi^e siècle (concile de Clermont). — Oppidum Virdunenses, 634 (test. Adalgiseli). — Virdunum, 634 (ibid.); ixe siècle (Bertaire); 1107 (donat. de la comtesse Mathilde); xiie siècle (Laurent de Liége); 1757 (de Hontheim). — Verdunum, viie siècle (chron. de Saint-Wandrille). — Bertuno, Verdono, Verduno, Vereduino, Vereduno, Veriduno, Virdunis, Virduno, Viridu, Viriduno, Virdun civitas,

Viridunis civitate, *Viridunum civ.* ép. mérov. (tiers de sou d'or frappés à Verdun). — *Urduni*, *Virdun*, *Viriduni*, *Viridunum*, ép. carloving. (deniers d'argent frappés à Verdun). — *Urbs Virdunensis*, 701 (ch. de Pepin). — *Viridunum*, 870 (partage de l'empire); 1025 (ex æde beatæ Mariæ Virdunensis, stemmat. Lothar. pr.); 1072 (*ibid.* ex eadem æde); 1095 (ex monastério sancti Agerici, stemmat. Lothar.). — ....*Virdunensium*, ix° siècle (Bertaire). — *Cives Virdunensis oppidi* (vie de saint Mesmin). — *Virdunum*, *Virduni*, *urbs Clavorum*, ix° siècle (Bertaire); x° et xi° siècle (monnaies épisc.). — *In suburbio Virdunensis castri*; *Virdunensis castellum*, 952 (cart. de Saint-Vanne, ch. de fondat.). — *Virdunum*, x° et xi° siècle (*ibid.*); xi° siècle (cart. de Saint-Paul). — *Urbs Virdunica*, xi° siècle (Hugues de Flavigny). — *Virdunus*, xi° siècle (Sigebert de Gemblours). — *Ego dux et marchio Godefridus Virduni palatio sedens*, 1060 (Hist. de Lorr. ch. des assises, pr.). — *Tunc istud oppidum Veledunum aut Veredunum scriptis vocatum invenimus*, xii° siècle (Laurent de Liége). — *La Fermeté de Verdun*, 1242 (ch. citée par Clouët, Hist. de Verdun, p. 177.) — *Virodunum in Sclabis*, xvi° siècle (de Thou). — *Verdung*, 1574 (test. de Charles de Guise, card. de Lorraine).

Par suite de la mesure prise au iv° siècle par Flavius Julien, qui obligea les villes gauloises (chefslieux) à quitter leur nom celtique et à prendre celui de leur province (*civitas*), le nom de *cité*, qui était exclusivement réservé aux territoires, fut aussi appliqué aux villes; on trouvera à l'article *Verdunois* les diverses formes de noms joints au mot *civitas* qui peuvent également être attribuées à Verdun.

Le peuple de Verdun se nommait aussi *Claves*, *Clavii*, *Clabii*, et nous voyons saint Saintin, premier évêque de Verdun, prendre au concile de Cologne, tenu en l'an 346, le titre de : *Episcopus urbis Clavorum*. Le nom de *urbs Clavorum*, *urbs Claborum* ne fut pas toutefois tout à fait mis de côté; nous le retrouvons au xi° siècle non-seulement dans les chroniques de Sigebert de Gemblours, mais aussi sur les monnaies de l'évêque Thierry. — Voy. *Claves*.

L'origine de Verdun remonte à une haute antiquité; cette ville, à l'époque celtique, était un *oppidum* ou petit fort établi sur la hauteur qui domine le cours de la rivière. Pendant l'occupation romaine, les habitations s'étendirent le long des bords de la Meuse, et la forteresse devint ville et capitale du pays des *Verodunenses*. Verdun avait sa monnaie particulière, au type du haut Empire, portant d'un côté la tête de Rome casquée avec le mot VIRODV, et de l'autre un cavalier armé de la lance, et au-dessous TVROCA, nom du chef de la ville gauloise; cette ville devint au iv° siècle le siége d'un évêché dont le diocèse s'étendait sur tout le territoire dont Verdun était la capitale; elle était placée sur la grande voie consulaire de Reims à Metz, aux distances indiquées de la manière suivante sur l'Itinéraire d'Antonin (iv° siècle) :

Durocortorum.......	*M.P.*
Basilia................	X.
Axuenna..............	XII.
Virodunum...........	XVII.
Fines.................	VIIII.
Ibliodurum...........	VI.
Divodurum...........	VIII.

La ville de Verdun fut ravagée par Attila en l'an 451 et assiégée par Clovis en 502. Sous les rois d'Austrasie, Verdun devint chef-lieu de comté; les rois mérovingiens y avaient un atelier monétaire dans lequel on frappait des triens d'or. Les fils de Louis le Débonnaire, s'étant rendus à Verdun, y rédigèrent en 843 le projet du célèbre traité de partage dit *Paix de Verdun*, qui fut conclu et ratifié à Thionville le 16 mars de la même année. Les Carlovingiens y eurent aussi un atelier monétaire, qui fonctionna très-activement jusque vers l'an 986, époque à laquelle Verdun passa au pouvoir de l'empereur d'Allemagne; le droit de monnayer fut alors concédé aux évêques par Otton II. À partir du xiii° siècle, Verdun fut ville libre et impériale sous l'autorité des évêques, autorité souvent contestée par les citains. En 1552, le roi de France, Henri II, s'empara de la ville et déclara qu'il voulait la gouverner en qualité de protecteur; elle fit alors partie de la province des Trois-Évêchés; néanmoins, elle ne fut définitivement réunie à la couronne de France que par l'article 67 du traité de Munster, en 1648. Jusqu'en 1790, Verdun fit partie de la généralité de Metz; il était chef-lieu de prévôté, de bailliage, de recette, et siége d'un présidial dont les appellations se portaient au parlement de Metz. Le bailliage de Verdun fut créé par édit du mois d'août 1634, et le présidial par édit du mois de février 1685; il était régi par la coutume de Verdun, dite *de Sainte-Croix*, réformée en exécution de la déclaration du roi du 24 février 1741, et autorisée par lettres patentes du 30 septembre 1747; six villages, cédés à la France par l'article 10 du traité de 1661, suivaient la coutume de Saint-Mihiel. Ce bailliage avait dans son ressort les prévôtés de Charny, Dieppe, Foameix, Fresnes-en-Woëvre, Harville, Lemmes, Mangiennes, Merles, Sivry-sur-Meuse, Tilly et Verdun.

La prévôté de Verdun comprenait la ville et ses faubourgs ou écarts, savoir : Baleycourt, la Falouse, la Galavaude, Glorieux, Haudainville, Jardin-Fontaine, Saint-Barthélemy, Saint-Michel et Saint-Privat.

L'évêque avait le titre de comte de Verdun; il était suffragant de l'archevêché de Trèves, et, en cette qualité, prince du Saint-Empire.

Le diocèse de Verdun était divisé en quatre archidiaconés, savoir : l'archid. de la *Princerie*, l'arch. d'*Argonne*, l'archid. de la *Woëvre*, l'archid. de la *Rivière*; ces quatre archidiaconés se subdivisaient en neuf doyennés ruraux ou chrétientés, *lou doyen de la chrestientée* (1250, cart. de la cathéd.), renfermant cent quatre-vingt-treize paroisses et quatre-vingt-seize succursales ou annexes; on comptait dix paroisses dans la ville, cent six dans la portion du diocèse formant le Verdunois proprement dit, et soixante-dix-sept en Lorraine.

Le doy. Urbain, *decanatus christianitatis de Virduno* (topog. ecclés. de la France), *decanatus Urbanus* (1542, Mâchon), l'un des trois dépendant de l'archid. de la Princerie, *archidiaconatus Major, vel Primus*, vel *Pontificalis*, était composé des paroisses de la ville et de celles des faubourgs, savoir : Saint-Amand, Saint-André, Saint-Jean, Saint-Médard, Saint-Oury, Saint-Pierre-l'Angelé, Saint-Pierre-le-Chairé, Saint-Sauveur, Saint-Victor, Belleray, Belleville, Belrupt et Haudainville.

Il y avait à Verdun une église cathéd. sous le titre de Notre-Dame, un chapitre de la cathédrale, un chapitre et une collégiale de la Madeleine, fondés en 1018; un chapitre et une collégiale de Sainte-Croix, fondés au commencement du XI° siècle; l'abb. royale de Saint-Vanne, de l'ordre de Saint-Benoît, fondée en l'an 952 au lieu et place d'une communauté de clercs qui existait déjà au commencement du VI° s°; l'abbaye royale de Saint-Airy, de l'ordre de Saint-Benoît, fondée en l'an 1087; l'abb. royale de Saint-Paul, érigée en 952 sous la règle de Saint-Benoît, placée en 1125 sous celle de Prémontrés; l'abb. de Saint-Nicolas-des-Prés, établie en 1252 sur l'emplacement d'un prieuré fondé par Jean d'Apremont; neuf communautés religieuses, savoir : les Dominicains ou Frères-Prêcheurs, établis en 1222; les Augustins, qui occupaient l'église et la maison appartenant précédemment aux Templiers; les Minimes, fondés en 1575 sous la règle de Saint-François de Paul; les Capucins, établis au XVI° siècle; les Récollets, qui remplacèrent les Cordeliers, fondés en 1222; l'abb. des religieuses de Saint-Maur, de l'ordre de Saint-Benoît, fondée en l'an 1000; celle de Sainte-Meuse.

Claire, suivant la règle de Saint-François, fondée en 1292; les religieuses de la Congrégation, placées sous la règle de Saint-Augustin; les Carmélites, suivant la réforme de Sainte-Thérèse; le séminaire, l'hôpital général de Sainte-Catherine, l'hôpital de Saint-Hippolyte, la Charité, les Jésuites.

En 1790, lors de l'organisation du dép¹, Verdun fut siège de tribunal et chef-lieu d'un district composé de quatre-vingt-sept municipalités réparties entre treize cantons, qui étaient ceux de Beauzée, Charny, Châtillon-sous-les-Côtes, Damvillers, Dieue, Dugny, Fresnes-en-Woëvre, Ornes, Sivry-la-Perche, Sivry-sur-Meuse, Souilly, Tilly et Verdun.

Le c°⁰ de Verdun comprenait la ville et ses faubourgs, savoir : le Coulmier, la Galavaude, Glorieux, Haudainville, Jardin-Fontaine, le Pavé.

Par décret du 1ᵉʳ juin 1791, le nombre des paroisses tant de la ville que des faubourgs fut réduit à deux, la paroisse cathédrale et celle de Saint-Sauveur. L'Assemblée nationale décréta en outre : «La chapelle de Saint-Barthélemy sera conservée dans son ancien état de succursale et avec son ancien territoire hors des murs; elle dépendra de la cathédrale. L'église des ci-devant Minimes sera formée en succursale pour les faubourgs du Pavé, dépendant de la paroisse Saint-Sauveur. Les églises de Belleville et Haudainville seront conservées comme succursales de ladite paroisse. L'église des ci-devant Augustins sera conservée comme oratoire de la paroisse cathédrale. Les paroisses de Saint-Médard, Saint-Pierre-d'Angely, de Saint-Oury, de Saint-Pierre-le-Chairy, de Saint-Victor et d'Haudainville sont supprimées.»

Actuellement, chef-lieu de diocèse, de subdivision militaire, d'arrondissement, de canton, d'archiprêtré et de doyenné; place de guerre avec citadelle, évêché, sous-préfecture, tribunal de première instance, tribunal de commerce, direction du génie et de l'artillerie, grand et petit séminaire, collège communal, société philomathique, musée, bibliothèque publique, casernes d'infanterie et de cavalerie, hospices de Sainte-Catherine, de Saint-Hippolyte, de Saint-Nicolas, maison de charité de Saint-Maur, etc. — Écarts : Baleycourt, Constantine, le Coulmier, Dieu-du-Trice, la Galavaude, Glorieux, Jardin-Fontaine, la Maison-Rouge, le Pavé, Regret, Saint-Barthélemy, Saint-Michel, la Valtoline. — Patrons : de la ville et de Notre-Dame, l'*Assomption*; de Saint-Sauveur, *la Trinité*; de Saint-Victor, *saint Maurice*.

L'arrond. de Verdun occupe la partie centrale du département; il est formé, au centre, de l'ancien

3₂

Verdunois, à l'O. d'une partie du Clermontois et à l'E. d'une partie du pays de Woëvre. Il est borné au N. par l'arrond. de Montmédy, à l'O. par le dép¹ de la Marne, à l'E. par celui de la Moselle, au S. par les arrond. de Bar-le-Duc et de Commercy; sa superficie est de 147,981 hectares; il se divise en sept cantons, qui sont ceux de Charny, Clermont-en-Argonne, Étain, Fresnes-en-Woëvre, Souilly, Varennes, Verdun. — La composition de l'archiprêtré est la même que celle de l'arrondissement.

Le c⁰ⁿ de Verdun est situé au centre du département; il est borné au N. par le c⁰ⁿ de Charny, à l'E. par ceux d'Étain et de Fresnes-en-Woëvre, à l'O. par ceux de Souilly et de Clermont-en-Argonne; sa superficie est 16,881 hectares, il renferme onze c⁰ⁿᵉˢ, savoir : Ambly, Belleray, Belrupt, Dieue, Dugny, Génicourt-sur-Meuse, Haudainville, Rupt-en-Woëvre, Sivry-la-Perche, Sommedieue, Verdun. — La composition du doy. est la même que celle du c⁰ⁿ.

Avant la réunion des Trois-Évêchés à la France, Verdun, qui était ville impériale, avait pour armes : *d'or à l'aigle à deux têtes de sable, armé et couronné de gueules.*

Depuis la réunion, ses armoiries sont : *d'azur à une fleur de lis d'or couronnée de même* (armorial général de 1696).

Au xiii⁰ siècle, le sceau des jurés ou de la cité portait : *la cathédrale de Verdun surmontée de quatre flèches, entourée d'une muraille crénelée et flanquée de tours,* et en légende : CIVITAS VIRDUNUM ; celui du xiv⁰ siècle portait le double aigle couronné, et en légende : S. LES JUREIS DE LA CITEI DE VERDUN.

Verdun, anc. m⁰ⁿ isolée, c⁰ᵉ de Liny-devant-Dun.

Verdunois (Le), pays et ensuite comté, prenait son nom de Verdun qui en était la capitale. — *Veruni liberi,* 1ᵉʳ siècle (Pline, IV, 31); 1839 (Walckenaer, Géogr. anc. des Gaules, I, p. 521). — *Habebant Mediomatrici ad occasum Verunos* (index geogr. de César, éd. Lemaire, t. IV, p. 311). — *Civitas Verodunensium, civitas Veredunensium, civitas Verudunensium,* v⁰ siècle (Not. des prov. de la Gaule). — *Civitas Virdunum, Viridunis civitas, Virdun civitas,* ép. mérov. (tiers de sou d'or frappés à Verdun). — *Civitas Verodunensis,* vi⁰ siècle (Grég. de Tours, Hist. Franc. lib. IX, c. xii). — *Cives Verdunenses,* vii⁰ siècle (Frédégaire) — *Pagus Virdonensis,* 709 (test. Vulfoadi); 775 (dipl. de Charlemagne); 825 (dipl. de Louis le Débonnaire). — *In pago Vereduninse,* 755 (donat. du roi Pepin). — *Comitatus Virdunensis,* 765 (ch. de Blitchari); 893 (mém. de Dadon). — *Pagus Virdunensis,* 846 (dipl. de

Charles le Chauve); 921 (dipl. de Charles le Simple); 1741 (Bertholet); 1750 (de Hontheim); 1760 (d'Anville). — *Civitas Virdunensis,* 852 (charta Regneri); 942 (præceptum Regimiri, stemmat. Lothar. pr.). — *Viridunenses,* 870 (partage de l'empire); 952 (dipl. de l'emp. Otton). — *In comitatu Virdunensi,* 914 (ch. de Wigéric en faveur de l'abb. de Gorze); 1580 (stemmat. Lothar.). — *In pago Virdunensi,* 956 (ch. de Frédéric Iᵉʳ, comte de Bar; cart. de Gorze). — *In pago et comitatu Virdunensi,* 962 (cart. de Saint-Vanne). — *Virdunestun, Virduneseyum,* 1402 (regestr. Tull.) — *Virdunois,* 1658 (hôtel de ville de Verdun, K. 28). — *Diœcesis Virdunensis,* 1738 (pouillé). — *Virodunenses,* 1740 (de Hontheim); 1741 (Bertholet); 1760 (d'Anville). — Voy. Claves.

Les limites du Verdunois s'étendaient au N. de Lion-devant-Dun à Longuyon, à l'E. de Briey à Marbotte et Sampigny; elles formaient une pointe au S. d'où elles remontaient vers Érize-la-Brûlée, Sarnay et Sommaisne; elles se dirigeaient à l'O. sur l'Aisne, dont elles suivaient le cours jusqu'à Vienne-la-Ville; elles revenaient sur Montblainville, Chéhéry, Gesnes, Épinonville et Montfaucon, d'où elles regagnaient Lion-devant-Dun. La longueur de ce pays était d'environ 66 kil. du S. au N. et sa largeur à peu près pareille de l'E. à l'O.; il était partagé par la Meuse et était borné à l'O. par la Champagne, au S. par le Barrois et le Toulois, à l'E. par le pays de Metz, au N. par celui de Trèves. Il était divisé en quatre archidiaconés et en plusieurs petits pays ou *pagi* parmi lesquels était l'Ornois, *pagus Ornensis.*

Plus tard, le Verdunois reçut le titre de gouvernement de Verdun et fut l'un des huit petits gouvernements de l'ancienne France, compris depuis dans le grand gouvernement de Metz-et-Verdun; il se composait de deux districts : 1° ville et comté de Verdun; 2° évêché de Verdun; l'évêché avait supériorité sur le comté de Clermont et sur les châtellenies de Vienne et de Varennes.

Vergaza, contrée, c⁰ᵉ de Saint-Jean-lez-Buzy.

Vergâne, contrée, c⁰ᵉ de Sivry-la-Perche.

Verine, contrée, c⁰ᵉ d'Autrécourt.

Verine, bois comm. de Seuzey.

Vérité (La), f. c⁰ᵉ de Vavincourt.

Vermoychamp, contrée, finage de Billemont.

Verneuil-le-Grand, vill. sur la rive droite de la Chiers, à 4 kil. à l'E. de Montmédy. — *Medietas villæ Vernioli-magny, Verniolum-magnum,* 1096 (bulle d'Urbain II). — *De Verneis,* 1183 (bulle de Luce III). — *Grand-Vernuel,* 1264 (ch. d'affranch.); 1270 (ch. de Louis V, comte de Chiny). — *Les Deux-*

Verneux, 1264 (charte d'affranch.). — *Grand-Vireuil*, 1656 (carte de l'év.). — *Grand-Verneuil*, 1662 (Lamy, foi et hommage). — *Grand-Vernul*, 1700 (carte des États).

Avant 1790, Luxembourg françois, coutume de Thionville, prév. bailliagère de Montmédy, présid. de Sedan, parlement de Metz. — Dioc. de Trèves, archid. de Longuyon, doy. de Juvigny.

En 1790, distr. de Stenay, c⁰ⁿ de Montmédy.

Actuellement, arrond. c⁰ⁿ, archipr. et doyenné de Montmédy. — Écart : le Moulin. — Patron : saint Médard.

VERNEUIL-LE-PETIT, vill. sur la Nawe, à 5 kil. au N.-E. de Montmédy. — *Minus-Verniolun*, 1096 (bulle d'Urbain II). — *Petit-Vernul*, 1206 (arch. de Juvigny); 1574 (Lamy, acte du tabell. de Montmédy); 1700 (carte des États).—*Les Deux-Verneux*, 1264 (ch. d'affranch.). — *juridiction de Petit-Vernul*, 1270 (charte de Louis V, comte de Chiny). — *Le Petit-Vernuelz*, 1565 (Lamy, acte du tabell. de Marville). — *Le Petit-Verneul*, 1586 (*ibid.* acte du tabell. de Montmédy). — *Petit-Vireuil*, 1656 (carte de l'évêché).

Avant 1790, Luxembourg français, coutume de Luxembourg, prév. bailliagère de Montmédy, présid. de Sedan, parlement de Metz. — Dioc. de Trèves, archid. de Longuyon, doy. de Juvigny.

En 1790, distr. de Stenay, c⁰ⁿ d'Avioth.

Actuellem¹, arrond. c⁰ⁿ, archipr. et doy. de Montmédy. — Écart : Lanaux. — Patron : saint Martin.

VERNIÈRE, contrée, c⁰ⁿ d'Hattonchâtel.

VERNISEY, ancien nom de la seigneurie d'Euville.

VÉRON (CROIX-), bois communal de Montigny-devant-Sassey.

VERRERIE (LA), ruiss. qui prend sa source dans la forêt de Trois-Fontaines, forme dans tout son parcours la limite des dép⁰ de la Marne et de la Meuse et se jette dans la Lanne sur le territoire d'Andernay, après un trajet de 5 kilomètres.

VERREZO (GORGE DE), vallée, c⁰ⁿ de Futeau.

VERRIÈRES-ES-HESSE, f. c⁰ⁿ de Récicourt; anciennement h. avec chapelle appartenant à l'abb. de Saint-Paul. — *Verrevia*, 1147, 1166, 1198 (cart. de Saint-Paul). — *Ecclesia et altare de Verreriis*, 1163 (*ibid.*). — *Allodium de Verrires*, 1163 (*ibid.*). — *Altare de Werrieres*, 1169 (*ibid.*). — *Vereriæ*, 1175 (*ibid.*). — *Verrerias*, 1179, 1210, 1232 (*ibid.*).—*Alodium de Verrieres*, 1188 (*ibid.*). — *Curia de Verreriis cum pratis et nemoribus*, 1207 (*ibid.*). — *In nemoribus de Verrerias*, 1231 (*ibid.*). — *Curia de Verrieres*, 1237 (*ibid.*). — *La warde de Verrieire-la-Grange qui appent à la maison de Saint-Paul de Verdun*, 1242 (paix et accord entre le duc de Bar et

l'év. de Verdun). — *Verrieres*, 1254 (cartul. de Saint-Paul). — *Verrerie*, 1700 (carte des États).

VERSAILLES, h. c⁰ⁿ d'Auzéville.

VERSEL, bois comm. de Saint-Mihiel.

VERSELANGE, contrée, c⁰ⁿ d'Étain.

VERTUZEY, vill. sur la Laie, à 6 kil. à l'E. de Commercy. — *Verthisiacum*, 1106 (bulle de Pascal II). — *Vertissy*, 1248, 1305 (cart. d'Apremont). — *Vertuzy*, 1302 (*ibid.*). — *Vertizeil*, 1334 (Saint-Léopold de Saint-Mihiel, c. 3 *bis*.) — *Vertuseyum*, 1402 (regestr. Tull.). — *Vertusey*, 1571 (procès-verbal des cout.); 1749 (pouillé).—*Vertuzé*, 1599 (archives de la Meuse); 1700 (carte des États). — *Pertusum-Mosæ*, 1707 (carte du Toulois). — *Vertuzeium*, 1711 (pouillé). — *Vertuseium*, 1749 (*ibid.*).

Avant 1790, Barrois non mouvant, office de Foug, juridiction du juge-garde du seigneur, recette, cout. et baill. de Saint-Mihiel, cour souveraine de Nancy. — Dioc. de Toul, archid. de Liguy, doy. de Meuse-Commercy.

Il y avait à Vertuzey un chât. ou maison forte bâtie par Aubert de Pierreport vers l'an 1339, époque à laquelle cette maison relevait en fief et hommage lige de Geoffroy, seigneur d'Apremont.

En 1790, distr. de Commercy, c⁰ⁿ de Sorcy.

Actuellem¹, arrond. c⁰ⁿ, archipr. et doy. de Commercy. — Patron : saint Gorgon ; chapelle vicariale.

VÉRU, f. c⁰ⁿ de Chauvency-le-Château.

VERY, vill. sur le ruiss. de Véry, à 4 kilom. au N. de Varennes. — *Verry*, 1571 (table des cout.); 1700 (carte des États). — *Ivray-Verry*, 1656 (carte de l'évêché). — *Veriacum* (reg. de l'évêché).

Avant 1790, Clermontois, prévôté de Varennes, ancienne justice seigneuriale des princes de Condé, cout. et baill. de Clermont, parlement de Paris. — Diocèse de Reims, archid. de Champagne, doyenné de Varennes, annexe de Cheppy.

En 1790, distr. de Clermont-en-Argonne, c⁰ⁿ de Varennes.

Actuellement, arrond. et archipr. de Verdun, c⁰ⁿ et doy. de Varennes. — Patron : saint Nicolas.

VÉRY (RUISSEAU DE), qui a sa source à Yvoiry, arrose la c⁰ⁿ de Véry et se jette dans la Buanthe entre Charpentry et Cheppy, après un cours de 6 kilomètres.

VERZELLE, f. c⁰ⁿ de Saint-Mihiel; était censé fief à la communauté de Saint-Mihiel. — *Verzele*, 1760 (Cassini). — *Verzel*, 1778 (Durival). — *Versel*, 1780 (arch. de Saint-Mihiel).

VESIGNY, bois comm. de Dainville-aux-Forges.

VÉSINE, contrée, c⁰ⁿ de Fromezey.

VESSE-CÔTE, contrée, c⁰ⁿ de Vignot.

. 32.

VEZEL, bois comm. de Varvinay.

VEZIN, contrée, c⁰ᵉ de Landrécourt.

VICE-ÉTANG, étang, c⁰ᵉ de Lachaussée.

VICTOIRES (LES ou CHAMP DES), contrée, c⁰ᵉ de Naix.

VIDAMPIERRE, f. ruinée, c⁰ᵉ de Neuville-sur-Orne; était fief à Neuville (Durival).

VIDY (PONT), c⁰ᵉ de Doulcon.

VIEILLE-FONTAINE, f. c⁰ᵉ de Dun.

VIEILLE-FONTAINE, source, c⁰ᵉ de Montsec.

VIEILLE-FORGE, fourneau, c⁰ᵉˢ de Bonnet et de Lisle-en-Rigault.

VIEILLE-MEUSE (LA), ruiss. qui prend naissance au S. de Mouzay et se jette dans la Meuse, après un cours de 6 kilomètres.

VIEILLE-PRISON (RUE DE LA), à Verdun.

VIEILLE-TUILERIE (LA), f. c⁰ᵉ de Romagne-sous-les-Côtes.

VIEILLE-TUILERIE (LA), usine, c⁰ᵉ de Barécourt.

VIEILLE-VILLE (LA), h. ruiné, c⁰ᵉ de Louppy-le-Château.

VIEILLE-VILLER, contrée, c⁰ᵉ de Montzéville.

VIEILLE-VOIE, contrée, c⁰ᵉˢ de Blercourt et Montzéville.

VIERGE (CHEMIN DE LA), c⁰ᵉ de Belrupt.

VIERGE (CHÊNE-DE-LA-), contrée, c⁰ᵉ de Lion-devant-Dun.

VIEUX-ASTRE, chapelle, c⁰ᵉ de Sepvigny.

VIEUX-CHALAINE, chât. c⁰ᵉ de Chalaines.

VIEUX-CHANON, bois, c⁰ᵉ de Saint-Aubin.

VIEUX-ÉTANGS (LES), f. c⁰ᵉˢ de Saint-Mihiel et de Senoncourt.

VIEUX-FOUR, bois, c⁰ᵉ de Vaubecourt; faisait partie de la forêt d'Argonne.

VIEUX-FOUR (RUE DU), à Commercy.

VIEUX-MAIRE (RU DU), ruiss. qui prend sa source à la f. de Brisjar et se jette dans l'Aire en aval de Neuvilly, après un cours de 2 kilomètres.

VIEUX-MONTHIER, f. c⁰ᵉ d'Auzécourt. — Monasterium-in-Argona, 1138 (ch. de Geoffroy, év. de Châlons). — Vieux-Moûtier, 1155 (cart. de Montiers). — Monasterium, 1163 (cart. de Jeand'heures). — De Monasterio-in-Argonna, 1197 (bulle de Célestin III). — Vetus-Monasterium, 1234 (cart. de Montiers). — Mostiers, 1255 (cart. de Jeand'heures). — Vielz-Montier 1260 (transaction, archives de Sommeilles). — Monastrer-en-Argonne, Monastrer-en-Argonne, 1549 (Vassebourg). — Monasterium-Argonuensis, 1580 (stemmat. Lothar.). — Viel Montier, 1749 (pouillé).

Anciennement, abb. de l'ordre de Cîteaux, fondée au XIIᵉ siècle, transférée ensuite aux environs de Possesse (Marne); l'abb. primitive dépendait de la paroisse de Sommeilles; les moines la convertirent en ferme, qui, dès l'an 1155, prit le nom de Vieux-Moûtier; elle était Barrois mouvant, recette et bailliage de Bar; l'abbé de Montier en était seigneur haut justicier. — Dioc. de Châlons, archid. d'Astenay, doy. de Possesse.

VIEUX-MONTIER, bois, c⁰ᵉ de Saint-Mihiel.

VIEUX-MONTIER ou VIEUX-MOUTIER, f. c⁰ᵉ de Saint-Mihiel, paroisse de Woinville. — Loco aleeo in pago Vereduninse quæ appellatur ad merente S. Michaelr Archangelo super fluvio Marsupie, 755 (charte de Pepin, Hist. de Lorr. pr.) — Monasterium-Castellionis, 775 (dipl. de Charlemagne); 846 (dipl. de Charles le Simple). — Vetus-Monasterium, 904 (dipl. du roi Louis); 1030 (chronicon monasterii); 1106 (bulle de Pascal II). — Vieux-Moutier, 1135 (abbaye de Saint-Mihiel). — Viel-Moustier, 1492 (ibid.). — Vieulz-Monstiers, 1549 (Wassebourg). — Viel-Moustier-lez-Sainct-Mihiel, 1571 (procès-verbal des cont.). — Vieux-Montier, 1749 (pouillé). — Saint-Christophe, 1760 (Cassini).

Anciennement, monastère de Bénédictins de la congrégation de Saint-Vanne, dédié à saint Michel Archange, fondé en 709 sur le mont Castelion ou Châtelet, transféré en 812 sur les bords de la Meuse, au lieu où existait alors le hameau de Godinécourt, lequel donna naissance à une ville qui prit le nom de l'abbaye et devint Saint-Mihiel. Vieux-Montier fut transformé en simple prieuré dépendant de la nouvelle abbaye; sur la demande de l'abbé Merlin, Grégoire VIII autorisa, par bulle du 1ᵉʳ août 1578, l'union du prieuré et de ses dépendances à l'abbaye, et le prieuré fut supprimé; l'église, qui était dédiée à saint Christophe, fut maintenue; jusque sur la fin du siècle dernier, l'un des religieux de l'abb. allait y dire la messe tous les dimanches.

VIEUX-MOULIN, mⁱⁿ, c⁰ᵉ de Choppy, Épinonville et Septsarges.

VIEUX-MOULIN, papeterie, c⁰ᵉ de Seuzey.

VIEUX-MOULIN, mⁱⁿ ruiné, c⁰ᵉ de Ville-devant-Chaumont. — Viez-Moulin, 1250 (cart. de la cathédr.).

VIEUX-MOULIN (RUISSEAU DU), qui prend sa source sur le territ. de Spincourt et se jette dans l'Othain en aval de ce bourg, après un cours de 3 kilomètres.

VIEUX-MOUTIER, contrée, c⁰ᵉ de Burey-la-Côte.

VIEUX-MOUTIER, à Verdun; ancien monastère de religieuses fondé au VIIIᵉ siècle par saint Madalvé; c'est sur l'emplacement de Vieux-Moutier que furent construites en l'an 1018 l'église et la collégiale de la Madeleine.

VIÉVILLE-SOUS-LES-CÔTES, vill. sur la Saumure, à 3 kil. au N. de Vigneulles-lez-Hattonchâtel. — Vennovilla?, 1177 (cart. de Saint-Paul). — Vetori-villa,

1206 (*ibid.* f' 171); 1738 (pouillé). — *Vieville-desoubz-Hardonchastel*, 1373 (chamb. des comptes, c. de Saint-Mihiel). — *Viefville*, 1605 (traité entre le duc de Lorraine et l'év. de Verdun). — *Vielville, Vetericilla*, 1642 (Mâchon). — *Vieville, Viville*, 1700 (carte des États). — *Vetera-villa, Vieville*, 1749 (pouillé); 1756 (D. Calmet, *not.*). — *Viéville-sur-Côtes*, 1786 (proc.-verb. des cout.).

Avant 1790, Barrois non mouvant, marquisat, office, cout. et prév. d'Hattonchâtel, recette et baill. de Saint-Mihiel, présid. de Toul, cour souveraine de Nancy; le roi en était seul seigneur. — Dioc. de Verdun, archid. de la Rivière, doy. d'Hattonchâtel, chapelle vicariale.

En 1790, distr. de Saint-Mihiel, c°° d'Hattonchâtel.

Actuellement, arrond. et archipr. de Commercy, c°° et doy. de Vigneulles. — Écarts : Fontaine, les Moulins, Saint-Louis. — Patron : l'Assomption.

VIGNE (LA), f. ruinée, c°° de Rarécourt.

VIGNETTE. — Voy. LAVIGNETTE.

VIGNETTE (LA), contrée, c°°° d'Étain, de Nixéville et de Moulainville.

VIGNEUL, bois comm. de Bazeilles.

VIGNEULLES (LES), bois, c°° de VAUX-LEZ-PALAMEIX.

VIGNEULLES-LEZ-HATTONCHÂTEL, bourg sur l'Yron, à 26 kil. au N. de Commercy. — *Vinolæ*, 1129 (confirmation des biens de l'abb. de Saint-Benoît). — *Vinolium*, 1166 (cart. de Saint-Paul). — *Vigneullez*, 1373 (chamb. des comptes, c. de Saint-Mihiel). — *Vigneul*, 1564 (éch. entre le duc de Lorr. et l'év. de Verdun). — *Vigneuelle*, 1656 (carte de l'évêché). — *Vigniolæ*, 1738 (*ibid.*); 1749 (pouillé). — *Vincolæ*, 1756 (D. Calmet, *not.*).

Avant 1790, Barrois non mouvant, marquisat, office, cout. et prév. d'Hattonchâtel, recette et baill. de Saint-Mihiel, présid. de Toul, cour souveraine de Nancy; le roi en était seigneur. — Dioc. de Verdun, archid. de la Woëvre, doy. d'Hattonchâtel.

Les habitants de Vigneulles furent affranchis en 1489 par Guillaume d'Haraucourt, évêque de Verdun.

En 1790, distr. de Saint-Mihiel, c°° d'Hattonchâtel.

Actuellement, arrond. et archipr. de Commercy, chef-lieu de c°° et de doy. — Patron : saint Remy.

Le c°° de Vigneulles est situé sur la limite à l'E. du dép¹; il est borné au N. par l'arrond. de Verdun, à l'O. et au S. par le c°° de Saint-Mihiel, à l'E. par les dép¹³ de la Meurthe et de la Moselle; sa superficie est de 26,074 hectares; il renferme vingt-huit c°°°, qui sont : Benoy, Billy-sous-les-Côtes, Buxe-

rulles, Buxières, Chaillon, Creue, Deuxnouds-aux-Bois, Dompierre-aux-Bois, Hadonville, Hattonchâtel, Hattonville, Haumont-lez-Lachaussée, Heudicourt, Jonville, Lachaussée, Lamarche-en-Woëvre, Lamorville, Lavignéville, Nonsard, Saint-Benoît, Saint-Maurice-sous-les-Côtes, Savonnières-en-Woëvre, Senonville, Seuzey, Varvinay, Vaux-lez-Palameix, Viéville-sous-les-Côtes, Vigneulles-lez-Hattonchâtel.

La composition du doy. est la même que celle du canton.

VIGNEULLES-SOUS-MONTMÉDY, vill. sur la rive gauche de la Chiers, à 2 kil. au S.-O. de Montmédy. — *In villa Viznioli*, 1096 (bulle d'Urbain II). — *Vigneul*, 1270 (ch. de Louis V, comte de Chiny); 1276 (ch. d'affranchissement, arch. de Juvigny); 1700 (carte des États).

Avant 1790, Luxembourg français, coutume de Thionville, prévôté baill. de Montmédy, présid. de Sedan, parlem. de Metz. — Dioc. de Metz, archid. de Longuyon, doy. de Juvigny.

En 1790, distr. de Stenay, c°° de Montmédy.

Actuellement, arrond. c°°, archipr. et doy. de Montmédy. — Patron : saint Pierre; annexe de Thonne-les-Prés.

VIGREVILLE, h. c°° de Béthelainville. — *Wigneiville*, 1254 (cart. de Saint-Paul, f° 170).

VIGNON, contrée et pont, c°° de Vilosnes.

VIGNOT, vill. sur la rive droite de la Meuse, à 2 kil. au N. de Commercy. — *Vignetum*, 1186 (fondat. de la collég. de Commercy); 1402 (reg. Tull.). — *Vignoy*, 1300 (partage entre Henri, comte de Bar, et Pierre de Bar); 1326 (déclarat. de Pierre de Bar); 1756 (D. Calmet, *not.*). — *Vignoi*, 1387 (arch. de Lorr. lay. Commercy). — *Vinetum*, 1707 (carte du Toulois); 1711 (pouillé); 1749 (*ibid.*).

Avant 1790, Barrois non mouvant, souveraineté de Lorraine, princip. et baill. de Commercy, présid. de Toul, cour souveraine de Nancy; seigneur, la maison de Raigecourt. — Dioc. de Toul, archid. du Ligny, doy. de Meuse-Commercy.

Vignot avait le titre de bourg et de prévôté; il renfermait un hôpital et possédait une léproserie, qui, selon toute apparence, était située au lieu dit *Masseronville*; cette léproserie est citée dans le *Registrum Tull.* de 1402. Vignot était entouré de murailles; on y pénétrait par quatre grandes portes, dont chacune était accompagnée de chaque côté d'une porte plus petite; ces ouvertures existaient encore au siècle dernier. On voyait au-dessus de la principale de ces portes les armes de Lorraine en plein, soutenues par deux aigles; au-dessus de la petite porte de droite, les armes de l'ancienne maison seigneuriale (d'Urnes de Tessières), portant : *une bande chargée de trois etoiles*, sans indication des émaux; sur celle de gauche, les armes du bourg, qui étaient : *un pampre de vigne chargé de raisins*, et, dans le lambrequin, des branches de vigne ou de lierre entrelacées (D. Calmet, *not.*).

En 1790, lors de l'organisation du dép', Vignot devint chef-lieu de l'un des cantons dépendant du district de Commercy; ce canton était composé des municipalités dont les noms suivent : Boncourt, Cornieville, Euville, Frémeréville, Girauvoisin, Gironville, Jouy-sous-les-Côtes, Lérouville, Malaumont, Pont-sur-Meuse, Rangéval (abbaye) et Vadonville et Vignot.

Actuellement, arrond. c^{on}, archipr. et doyenné de Commercy. — Écarts · le Moulin et Sans-Ban. — — Patron : saint Remy.

VIGNOTTE (LA), bois comm. de Saulx, sur le territoire de Rupt-en-Woëvre.

VIGNOTTES (LES), bois comm. de Chassey.

VILAIN, contrée, c^{ne} de Récourt.

VILLA-SATELLE, bois comm. d'Euville.

VILLE (LA), h. dépendant de Franquemont, c^{ne} d'Érize-Saint-Dizier.

VILLE (LA), bois comm. d'Haudainville et de Verdun.

VILLE (LA), bois, c^{ne} de Jouy-sous-les-Côtes; faisait partie de la forêt de la Reine.

VILLE (LA), contrée, c^{ne} de Récourt.

VILLE (LA), bois, c^{ne} de Saulx-en-Barrois.

VILLE (MONT DE), côte et bois, c^{ne} de Lachalade. — *Apud Villerium*, xiiie siècle (ch. citée dans Clouët, Hist. de Verdun, t. II, p. 239). Faisait partie de la forêt d'Argonne.

VILLE (MOULIN LA), à Verdun; situé au Puty, sur un bras de la Meuse.

VILLE (RUISSEAU DE), source ferrugineuse, qui prend naissance sur le territoire de Ville-devant-Chaumont, se réunit au ruisseau de Thil et forme après cette jonction le ruisseau dit *la Tinte*.

VILLE-AUX-BOIS, ancien ermitage, actuellement f. c^{ne} de Brieulles-sur-Meuse.

VILLÉCLOYE, vill. sur l'Othain, à 2 kil. à l'E. de Montmédy. — *Villescloye*, 1569 (Lamy, famille d'Herbeumont). — *Vill'Eslay*, 1656 (carte de l'év.). — *Viller-Clois*, 1700 (carte des États). — *Villa-Cloia*, (reg. de l'évêché).

Avant 1790, Luxembourg français, coutume de Thionville, prév. bailliagère de Montmédy, présid. de Sedan, parlement de Metz. — Dioc. de Trèves, archid. de Longuyon, doy. de Juvigny.

En 1790, distr. de Stenay, c^{on} de Montmédy.

Actuellement, arrond. c^{on}, archipr. et doyenné de Montmédy. — Patron : saint Maximin.

VILLÉ-COTEAU, c^{on} de Baalon, côte et camp antique dans l'intérieur duquel on trouve un grand nombre de médailles romaines.

VILLE-DEVANT-BELRAIN, vill. sur la rive gauche de l'Aire, à 4 kil. au S. de Pierrefitte. — *Villa quæ vocatur Erria; Villa-Erria*, 1106 (bulle de Pascal II). — *Villa*, 1204 (cart. de Saint-Paul, f° 128); 1711 (pouillé); 1749 (*ibid.*). — *Villa-ante-Bellum-Ramum*, 1402 (reg. Tull.). — *Ville-devant-Belrain*, 1579 (proc.-verb. des cout.). — *Ville-devant-Berlain*, 1700 (carte des États). — *Ville-devant-Berain*, 1749 (pouillé).

Avant 1790, Barrois mouvant, office et recette de Bar, juridiction du juge-garde du seigneur qui en était haut, moyen et bas justicier, cout. et baill. de Bar, présid. de Châlons, parlem. de Paris. — Dioc. de Toul, archid. de Ligny, doyenné de Belrain.

En 1790, distr. de Saint-Mihiel, c^{on} de Pierrefitte.

Actuellement, arrond. et archipr. de Commercy, c^{on} et doy. de Pierrefitte. — Écart : la Croisette. - - Patron : saint Georges; annexe de Nicey.

VILLE-DEVANT-CHAUMONT, vill. sur le ruiss. de Ville, à 6 kil. de Damvillers. — *Ad Mourei et ad Villare*, 1060 (cart. de Saint-Vanne). — *Ville*, 1240 (cart. de la cathédr.); 1601 (hôt. de ville de Verdun, A. 57); 1738 (pouillé). — *Ville-la-Ville*, 1250 (cart. de la cathédrale). — *Ville-devant-Chamont*, 1343 (chambre des comptes, c. d'Étain). — *Villa*, 1738 (pouillé).

Avant 1790, Verdunois, terre du chapitre, prév. de Merles, justice seigneuriale des chanoines de la cathéd. cout. baill. et présid. de Verdun, parlem. de Metz. — Dioc. de Verdun, archid. de la Princerie, doy. de Chaumont, paroisse de Thil.

En 1790, distr. d'Étain, c^{on} de Romagne-sous-les-Côtes.

Actuellement, arrond. et archipr. de Montmédy, c^{on} et doyenné de Damvillers. — Écarts : Éparges, la Hoche. — Patron : la Présentation de la Vierge; annexe de Flabas.

VILLE-EN-WOËVRE, vill. entre le Renessel et la Renanoue, à 4 kil. au N. de Fresnes-en-Woëvre. — *Ad Villam mensum unum cum molendino*, 1049 (bulle de Léon IX). — *Villa*, 1149, 1163 (cart. de Saint-Paul). — *Vile*, 1249 (*ibid.*). — *Ville*, 1332 (accord entre l'év. de Verdun et le voué de Fresnes); 1346 (arch. de la Meuse); 1700 (carte des États). — *Ville-en-W'epvre*, 1518 (Lamy, acte du labell. d'Hattonchâtel). — *Ville-en-Woipvre*, 1575 (Soc. Philom.

lay. Ville); 1748 (proc.-verb. des cout.). — *Ville-en-Woipure*, 1589 (Lamy, contrat de J. de Fontaine). — *Ville-en-Voisvre*, 1656 (carte de l'év.). — *Villa-in-Vepria*, 1738 (pouillé).

Avant 1790, Verdunois, terre d'évêché, prév. de Fresnes-en-Woëvre; anciennes assises des quatre pairs de l'év. cout. et baill. de Verdun, parlem. de Metz. — Dioc. de Verdun, archid. de la Woëvre, doyenné de Pareid; alternativement annexe de Manheulles et d'Hennemont. — Patron : saint Vincent. — Avait une maison fief au baron de Haguen.

En 1790, distr. d'Étain, c⁰⁰ de Pareid.

Actuellement, arrond. et archipr. de Verdun, c⁰⁰ et doy. de Fresnes-en-Woëvre. — Écarts : Brundecourt, Hannoncelle, Ramoulin. — Patron : saint Vanne.

Ville a donné son nom à une ancienne maison, très-noble et éteinte, qui portait : *d'or à la croix de gueules*, dont l'un des membres, Vuathier de Ville, vendit à l'église Saint-Paul de Verdun, vers l'an 1249, les hommages qu'il avait à Hennemont (Husson l'Écossais).

Ville-Forêt ou la Forêt, f. c⁰⁰ d'Azannes; était fief à l'évêché.

Villefranche, h. sur la rive gauche de la Meuse, c⁰⁰ de Saulmory. — *Francavilla*, xvi° siècle (pouillé ms de Reims). — *Villefranche*, 1577 (Lamy, ordon. du duc Charles III). — *Villefranche-sur-Meuze*, 1583 (*ibid.* enquête du bailliage de Vitry); 1724 (table des cout.). — *Villafranca* (reg. de l'évêché).

Anciennement, forteresse construite en 1545 par François Ier.

Avant 1790, prév. royale, cout. de Vitry-le-François, baill. de Sainte-Menehould, présid. de Châlons, parlem. de Paris. — Dioc. de Reims, grand archid. doy. de Mouzon-Meuse, église paroissiale. — Patron : sainte Marie-Madeleine.

Les armoiries de Villefranche étaient : *d'azur à une tour surmontée de quatre créneaux d'argent, maçonnée de sable, percée en tête d'un œil-de-bœuf radié d'or, percée d'une herse relevée en pointe de même.*

Ville-Issey, vill. sur la rive gauche de la Meuse, à 4 kil. au S.-E. de Commercy; est formé de deux h. l'un du nom de *Ville*, l'autre de celui d'*Issey* (voyez ce mot). — *Ville-Issay*, 1509 (table des cout.). — *Ville-Issey*, 1700 (carte des États). — *Ville-Issei*, *Villa-Issiaca*, 1707 (carte du Toulois). — *Issiacum*, 1711 (pouillé). — *Villa-Issiaca-ad-Mosam*, 1756 (D. Calmet, *not.*).

Avant 1790, Barrois mouvant, seigneurie érigée en baronnie en 1723, principauté et baill. de Commercy, cout. de Vitry-le-François, présidial de Toul,

cour souveraine de Nancy. — Dioc. de Toul, archid. de Ligny, doy. de Meuse-Commercy.

Il y avait à Ville une chapelle qui était annexe d'Issey, un petit chât. bâti par le prince de Vaudémont et une maison de campagne au cardinal de Retz.

En 1790, distr. de Commercy, c⁰⁰ de Sorcy.

Actuellement, arrond. c⁰⁰, archipr. et doy. de Commercy. — Écart : le Moulin. — Patron : saint Pierre.

Villémont, manoir ruiné, c⁰⁰ de Montmédy, finage d'Iré-les-Prés.

Villeneuve, f. c⁰⁰ de Sivry-sur-Meuse; est désignée sur d'anciens titres sous le nom de *Villancourt*; dépendait anciennement d'Haraumont.

Viller, contrée, c⁰⁰ d'Hennemont.

Viller-au-Bois, ancien écart de Cunel (1700, carte des États).

Villeroncourt, vill. sur le Malval, à 17 kil. au S.-O. de Commercy. — *Vuilleruncort quod est in territorio Barrensi*, 1108 (cart. de Gorze, f° 206). — *Willeruncurt*, 1180 (cart. de Jeand'heures). — *Villeuroncuría*, 1402 (reg. Tull.). — *Willeroncourt*, 1579 (procès-verbal des cout.). — *Villeronis-curia*, 1711 (pouillé); 1749 (*ibid.*); 1756 (D. Calmet, *not.*). — *Vuilleroncourt*, 1756 (*ibid.*).

Avant 1790, Barrois mouvant, partie office de Bar et partie office de Ligny, le tout sous la juridiction de la prév. de Ligny, recette, cout. et baill. de Bar, présid. de Châlons, parlem. de Paris, le roi en était seul seigneur. — Dioc. de Toul, archid. et doy. de Ligny.

En 1790, distr. de Commercy, c⁰⁰ de Domremy-aux-Bois.

Actuellement, arrond. c⁰⁰, archipr. et doy. de Ligny. — Patron : saint Basle.

Villerot, vill. sur la rive gauche de la Meholle, à 9 kil. au S. de Void. — *Vileregium*, 1049 (cart. de Saint-Vanne). — *Villa-Regia*, *Villeroi*, 1707 (carte du Toulois). — *Villaregia*, 1711 (pouillé); 1756 (D. Calmet, *not.*).

Avant 1790, Champagne, officialité de Vaucouleurs, cout. et baill. de Vitry-le-François, présid. de Châlons, parlem. de Paris. — Dioc. de Toul, archid. de Ligny, doy. de Meuse-Vaucouleurs, annexe de Sauvoy.

En 1790, distr. de Commercy, c⁰⁰ de Bovée.

Actuellement, arrond. et archipr. de Commercy, c⁰⁰ et doy. de Void. — Patron : saint Èvre; annexe de Broussey-en-Blois.

Villers, m¹ⁿ sur la Laie, c⁰⁰ d'Aulnois-sous-Vertuzey; était à l'abb. de Rangéval.

Villers, contrée, c^ne de Baalon, Herbeuville et Land-récourt.

Villers (Ruisseau de), qui a sa source dans le bois de Bonchamps et se jette dans le Longeau à Ronzée, après un cours de 3 kilomètres.

Villers-aux-Cerises, f. c^ne de Lisle-en-Barrois. — *Villers-aux-Sriaié*, 1396 (abb. de Lisle).

Villers-aux-Vents, vill. sur la rive droite de la Nausonce, à 4 kilom. au N. de Revigny. — *Villare-in-comitatu-Barrensi*, xe siècle (polypt. de Reims). — *Villers-as-Vans*, 1248 (cartulaire de Montiers). — *Villers-as-Vens*, 1321 (ch. des comptes, B. 426). — *Vilarium-ad-Vennos*, 1402 (regestr. Toll.). — *Villers-au-Vent*, 1700 (carte des États). — *Villare*, 1707 (carte du Toulois). — *Villare-ad-Vannos*, 1711 (pouillé); 1749 (*ibid.*); 1756 (D. Calmet, *not.*). — *Villare-ad-Vantos*, *Viller-aux-Vans*, 1756 (*ibid.*).

Avant 1790, Barrois mouvant, office, recette, cout. prév. et baill. de Bar, présid. de Châlons, parlem. de Paris; le roi en était seul seigneur. — Dioc. de Toul, archid. de Rinel, doy. de Robert-Espagne.

En 1790, distr. de Bar, c^on de Noyers.

Actuellement, arrond. et archipr. de Bar-le-Duc, c^on et doy. de Revigny. — Écart : Péroye. — Patron : saint Louvent.

Villers a donné son nom à une maison de nom et d'armes, qui portait : *d'azur au sautoir d'or* (Husson l'Écossais).

Villers-devant-Dun, vill. sur le ruiss. de Froide-Fontaine, à 4 kil. à l'O. de Dun. — *Villare-in-comitatu-Statunensi-super-Asinam-fluvium*, 1015 (cart. de Saint-Vanne). — *Villare-in-comitatu-Stadunensi*, 1061, 1125 (*ibid.*). — *Villarium*, 1226 (test. de la duchesse Agnès). — *Villari*, 1231 (cart. de la cathédr.).

Avant 1790, Clermontois, cout. de Vitry-le-François, prév. de Sainte-Menehould, baill. *idem*, transféré ensuite à Clermont, présid. de Châlons, parlem. de Paris. — Dioc. de Reims, archid. de Champagne, doy. de Dun, annexe d'Aincreville.

En 1790, distr. de Stenay, c^on d'Aincreville.

Actuellement, arrond. et archipr. de Montmédy, c^on et doy. de Dun. — Patron : saint Martin.

Villers-le-Sec, village entre l'Ornain et la Saulx, à 10 kil. au N. de Montiers-sur-Saulx. — *Vidiliacus*, 948 (confirmat. du roi Otton). — *Videliacus*, 1071 (dipl. de Frédéric de Toul). — *In finagio de Villari-Sicco*, 1285 (cart. de Saint-Paul, f° 233.) — *Villarium-Siccum*, *Villaristicum*, 1402 (reg. Toll.). — *Villiers-le-Secq*, 1460 (coll. lorr. t. 247.39. A. 14).

— *Villers-le-Secq*, 1495-96 (Trés. des ch. B. 6364); 1700 (carte des États). — *Villare-Siccum*, 1711 (pouillé); 1749 (*ibid.*). — *Villiers-le-Sec*, 1711 (*ibid.*). — *Videliacum*, 1756 (D. Calmet, *not.*).

Avant 1790, Barrois mouvant, partie office de Bar et partie office de Ligny, recette, cout. et baill. de Bar, présid. de Châlons, parlem. de Paris; le roi en était seul seigneur; M. le comte de Cousance jouissait de la justice moyenne et basse du domaine, des droits utiles de la haute justice et avait la juridiction sur les sujets de l'office de Bar. — Dioc. de Toul, archid. de Rinel, doy. de Dammarie, annexe d'Hévilliers.

En 1790, distr. de Bar, c^on de Ligny.

Actuellement, arrond. et archipr. de Bar-le-Duc, c^on et doy. de Montiers-sur-Saulx. — Patronne : sainte Libère.

Villers-les-Mangiennes, vill. sur le Loison, à 12 kil. à l'O. de Spincourt. — *Villare*, 952 (dipl. de Bérenger); 960 (dipl. de l'emp. Otton); 973 (ch. de l'év. Wilgfride); 973 (confirmat. par l'emp. Otton). — *Villa quæ Vilers dicitur juxta Magienes*, 1158 (cart. de Saint-Paul). — *Villers-juxta-Magiennes*, 1158 (carta Raynaldi). — *Ecclesia in Metganis cum capella in Villare*, 1179 (cart. de Saint-Paul). — *Apud Vilers et apud Sanctum-Laurentium*, 1197 (*ibid.*). — *Neuville*, *Ville-Viller*, *Viller-la-Ville*, *Viller*, 1227 (ch. d'affranch.). — *Vilers-la-Ville*, 1248, (cartul. de Saint-Paul). — *Vilers*, 1252 (*ibid.*). — *Villers*, 1279 (abbaye de Saint-Paul de Verdun); 1656 (carte de l'év.). — *Ville-près-Mengienne*, 1642 (Mâchon). — *Villers-aux-Forges*, xviie siècle (arch. de la Meuse). — *Viller*, 1700 (carte des États.) — *Villé-lès-Mangiennes*, 1743 (proc.-verb. des cout.).

Fut affranchi en 1227.

Avant 1790, Verdunois, terre d'évêché, prév. de Mangiennes, coutume, baill. présid. de Verdun, anciennes assises des quatre pairs de l'évêché, parlem. de Metz. — Dioc. de Verdun, archid. de la Woëvre, doy. d'Amel, annexe de Mangiennes.

En 1790, distr. d'Étain, c^on de Saint-Laurent.

Actuellement, arrond. et archipr. de Montmédy, c^on de Spincourt, doyenné de Damvillers, annexe de Merles. — Écart : Bois-les-Moines. — Patron : saint Nicolas.

Villers-les-Moines, f. c^ce de Charny. — *Villare*, 952 (acte de fondation). — *Villeium*, 1047 (ch. de l'év. Thierry). — *Vileire*, 1165 (cart. de Saint-Paul, f° 168). — *Vilarium*, 1226 (*ibid.* f° 118). — *Vilers*, 1237 (*ibid.* f° 112). — *Vilers*, 1239 (*ibid.* f° 114). — *Villers-devant-Charnei*, 1244 (*ibid.* f° 112). — *Moine-Ville*, 1252 (*ibid.* f° 109). — *Villers-lez-*

Charney, 1631 (Soc. Philom. lay. Verdun, B. 1). — *Villers-lez-le-Village-de-Charney*, 1631 (*ibid.* B. 2). — *Villersmay*, 1656 (carte de l'évêché). — *Villé-devant-Verdun*, XVIIᵉ siècle (arch. de la Meuse). — *Viller*, 1700 (carte des États). — *Villers-lès-Charny*, 1743 (proc.-verb. des cout.).

Avant 1790, Verdunois, fief à l'abb. de Saint-Paul, prév. de Charny, cout. et baill. de Verdun, parlem. de Metz.

VILLERS-SOUS-BONCHAMP, vill. sur le ruiss. de Villers, à 4 kilom. à l'O. de Fresnes-en-Woëvre. — *Villers*, 1332 (accord. entre l'év. de Verdun et le voué de Fresnes); 1656 (carte de l'év.). — *Villers-Merauvaux*, 1642 (Mâchon). — *Villé-sous-Bonchamps*, 1743 (proc.-verb. des cout.).

Avant 1790, Verdunois, terre d'évêché, prév. de Fresnes-en-Woëvre, cout. baill. et présid. de Verdun, parlem. de Metz. — Dioc. de Verdun, archid. de la Woëvre, doy. de Pareid, paroisse de Mont-sous-les-Côtes.

En 1790, distr. de Verdun, cⁿᵉ de Fresnes-en-Woëvre.

Actuellement, arrond. et archipr. de Verdun, cⁿᵉ et doy. de Fresnes-en-Woëvre. — Écart : Murauvaux. — Paroisse de Mont-sous-les-Côtes.

VILLERS-SOUS-PAREID, vill. sur la fontaine de Bussières, à 8 kil. au N.-E. de Fresnes-en-Woëvre. — *Villers-en-Veyvre*, 1315 (coll. lorr. t. 267.49, P. 6). — *Villaz-en-Voyvre*, 1315 (*ibid.* — 49, p. 8). — *Villers-en-Voyevre*, *Villers-en-Voyvre*, 1564 (*ibid.* — 49, P. 27). — *Villers-en-Voipvre*, 1564 (traité entre le duc de Bar et le chapitre de Verdun). — *Villers*, 1571 (proc.-verb. des cout.). — *Villers-en-Wepvre*, 1594 (Lamy, acte de la prév. de Bar). — *Villers-en-Woipvre*, 1642 (Mâchon). — *Villare-subtus-Paredum*, 1756 (D. Calmet, *not.*).

Avant 1790, Barrois non mouvant, coutume de Saint-Mihiel, prév. d'Étain, baill. de Saint-Mihiel et ensuite d'Étain, présid. de Verdun, cour souveraine de Nancy. — Dioc. de Verdun, archid. de la Woëvre, doy. et paroisse de Pareid.

En 1790, distr. d'Étain, cⁿᵉ de Pareid.

Actuellement, arrond. et archipr. de Verdun, cⁿᵉ et doyenné de Fresnes-en-Woëvre. — Patron : saint Remy; paroisse de Pareid.

VILLERS-SUR-MEUSE, vill. sur la rive gauche de la Meuse, à 9 kil. à l'E. de Souilly. — *Villa-Villare-Dominicata*, 952 (cart. de Saint-Vanne). — *Villa-Villare*, 980, 1015 (*ibid.*). — *In Villari*, 1049 (*ibid.*). — *Villare*, 1061 (*ibid.*); 1066 (bulle d'Alexandre II); 1137, 1147 (cart. de Saint-Paul); 1738 (pouillé). — *Vileirs*, 1165 (cart. de Saint-Paul). — *Villers*, Meuse.

1180 (bulle d'Alexandre III). — *Vilari*, 1209 (cartulaire de Saint-Paul). — *Viller*, 1700 (carte des États). — *Villare-super-Mosam* (reg. de l'évêché).

Fut affranchi en 1263.

Avant 1790, Verdunois, terre d'évêché, prév. de Tilly, ancienne justice des quatre pairs de l'év. cout. baill. et présid. de Verdun, parlem. de Metz. — Dioc. de Verdun, archid. de la Rivière, doyenné de Saint-Mihiel, annexe de Tilly.

En 1790, distr. de Verdun, cⁿᵉ de Tilly.

Actuellement, arrond. et archipr. de Verdun, cⁿᵉ et doy. de Souilly. — Écart : Orgneu. — Patron : saint Vanne.

VILLE-SUR-COUSANCE ou VILLERS-SUR-COUSANCE, vill. sur la Cousance, à 11 kil. à l'O. de Souilly. — *Villare*, 952 (acte de fondation). — *Villa-super-Cosantium Flabosam*, 962 (cart. de Saint-Vanne). — *Villa-super-Cosantiam*, 980, 1015 (*ibid.*). — *Villa-super-Consentiam*, 1061 (*ibid.*). — *Ville-sur-Constance*, 1556 (table des cout.). — *Villa-supra-Cusantiam*, 1642 (Mâchon). — *Ville-sur-Couzance*, 1656 (carte de l'év.); 1700 (carte des États); 1738 (pouillé). — *Villa-supra-Cuzantiam*, 1738 (*ibid.*).

Avant 1790, Clermontois, cout. baill. et prév. de Clermont, ancienne justice seigneuriale des princes de Condé, présid. de Châlons, parlem. de Paris. — Dioc. de Verdun, arch. d'Argonne, doy. de Clermont.

En 1790, distr. de Clermont-en-Argonne, cⁿᵉ de Rarécourt.

Actuellement, arrond. et archipr. de Verdun, cⁿᵉ et doy. de Souilly. — Écart : Arnancourt, la Jilante. — Patron : saint Remy.

Ville a donné son nom à une maison de nom et d'armes, depuis longtemps éteinte, qui portait : *d'azur à la fasce d'or chargée de trois coquilles de sable, à trois roses d'or en chef* (Husson l'Écossais).

VILLE-SUR-SAULX, vill. sur la rive droite de la Saulx, à 9 kil. au N. d'Ancerville. — *Villa*, 1177 (cart. de Jeand'heures). — *Villa-super-Saut*, 1230 (*ibid.*). — *Ville-sor-Saut*, 1255 (*ibid.*). — *Villa-super-Salecum*, 1402 (reg. Tull.). — *Ville-sur-Saux*, 1700 (carte des États); 1711 (pouillé). — *Viller-Sel*, 1707 (carte du Toulois). — *Villa-supra-Saltum*, 1711 (pouillé); 1749 (*ibid.*). — *Villa-ad-Salicem*, 1736 (annal. præmonstr.); 1756 (D. Calmet, *not.*).

Avant 1790, Barrois mouvant, office, recette et cout. de Bar, juridiction du juge-garde du seigneur, baill. de Bar, présid. de Châlons, parlem. de Paris. — Dioc. de Toul, archid. de Rinel; doy. de Robe Espagne.

En 1790, distr. de Bar, cⁿᵉ de Saudrupt.

Actuellement, arrond. et archipr. de Bar-le-Duc,

33

c^on et doy. d'Ancerville. — Écart : la Papeterie. — Patron : saint Pierre.

Villey, contrée, c^ne d'Hennemont.

Villey, ancienne dépendance et écart de Ménil-la-Horgne (1711, pouillé).

Villotte (Ruisseau de), dit aussi *ruiss. du Moulin*, qui prend sa source à la côte Févremont, c^ne de Villotte-devant-Saint-Mihiel, et se jette dans l'Aire au-dessous de ce vill. après un cours de 1,500 mètres.

Villotte-devant-Louppy, vill. sur le Fluant, à 6 kilom. au S. de Vaubecourt. — *Villeta*, 993 (ex æde divi Maximi-Barrensis); 1022 (colleg. de Saint-Maxe). — *Villula*, xiie siècle (abbaye de Lisle); 1711 (pouillé); 1749 (*ibid.*). — *Vilette*, 1246 (abb. de Lisle). — *Vitulum*, 1402 (reg. Tull.). — *Villotte-les-Loupi*, 1534 (dénombr.).

En 1378, Raoul, sire de Louppy, confirma l'affranchissement de Villotte, accordé par ses prédécesseurs dans le xiie ou le xiiie siècle.

Avant 1790, Barrois mouvant, office, recette, cout. et baill. de Bar, jurid. du juge-garde des seigneurs, présid. de Châlons, parlement de Paris. — Dioc. de Toul, archid. de Rinel, doy. de Bar.

En 1790, distr. de Bar, c^on de Vaubecourt.

Actuellement, arrond. et archipr. de Bar-le-Duc, c^on et doyenné de Vaubecourt. — Écart : Matron. — Patron : saint Brice.

Villotte-devant-Saint-Mihiel, vill. sur la rive gauche de l'Aire, à 5 kil. à l'O. de Saint-Mihiel. — *Vileta*, 1106 (bulle de Pascal II); 1135 (accord pour la vouerie de Condé). — *Villota*, 1135 (Oncra abbatum). — *Vilette-devant-Biaurain*, 1259 (abbaye de Saint-Mihiel, 5. C. 1). — *Villeta-ante-Bellum-Ramum*, 1402 (reg. Tull.). — *Villotte*, 1579 (proc.-verb. des cout.); 1711 (pouillé). — *Villotte-devant-Belrain*, 1656 (carte de l'év.). — *Villette-devant-Berlain*, 1700 (carte des États). — *Villula*, 1711 (pouillé); 1749 (*ibid.*); 1756 (D. Calmet, *not.*).

Avant 1790, Barrois mouvant, ancienne prév. de Ligny, échangée pour la juridiction avec les officiers de la prév. de Bar, comté et office de Ligny, recette, cout. et baill. de Bar, présid. de Châlons, parlem. de Paris; le roi en était seul seigneur. — Dioc. de Toul, archid. de Ligny, doy. de Belrain.

En 1790, distr. de Saint-Mihiel, c^on de Pierrefitte.

Actuellement, arrond. et archipr. de Commercy, c^on et doyenné de Pierrefitte. — Écart : Basnes. — Patron : saint Ludner.

Vilmorine, bois, c^ne de Senoncourt.

Vilosnes, vill. sur la rive droite de la Meuse, à 7 kil. au S.-E. de Dun. — *Villaines*, *Villonnes*, 1231 (cart. de la cathédr.). — *Vilennes*, 1238 (*ibid.*). —

Vilonne-sur-Meuse, 1564 (Lamy, acte du tabell. de Marville). — *Vilosne*, 1571 (proc.-verb. des cout.); 1641 (Lamy, acte du tabell. de Stenay); 1700 (carte des États). — *Villaines*, xviie siècle (arch. de la Meuse). — *Villonne*, 1656 (cart. de l'év.). — *Villone*, *Villa-Alma*, 1638 (pouillé).

Avant 1790, Clermontois, cout. de Saint-Mihiel, anc. baronnie et prév. de Dannevoux, puis prév. de Dun, baill. de Clermont siégeant à Varennes, parlem. de Paris. — Dioc. de Verdun, archid. de la Princerie, doy. de Chaumont; érigé en cure en 1724; était antérieurement annexe de Dannevoux.

Vilosnes possédait une tour forte.

En 1790, distr. de Stenay, c^on de Dun.

Actuellement, arrond. et archipr. de Montmédy, c^ne et doy. de Dun. — Patron : saint Barthélemy.

Viola, m^in, c^ne de Bantheville. — *La Viollerie*, 1760 (Cassini).

Viole (La), m^in, c^ne d'Ippécourt.

Viompcits, contrée, c^ne de Moulotte.

Vionaux, contrée, c^ne d'Herméville.

Vionleux, contrée, c^ne de Mouilly.

Vionlut, bois, c^ne de Ranzières.

Vionnoue (La), ruiss. qui a sa source dans les bois de Grimaucourt-en-Woëvre et se jette dans le ruisseau d'Eix à Herméville, après un cours de 3 kilomètres.

Viry, contrée, c^ne de Stenay.

Viseau, contrée, c^ne de Fresnes-en-Woëvre.

Viseaux (Les), contrée, c^ne de Broussey-en-Woëvre.

Vitel (Archidiaconé de), *archidiaconatus de Vitello* (1402, reg. Tull.); faisait partie du dioc. de Toul; a fourni au dép^t les paroisses de Brixey-aux-Chanoines et de Sauvigny, dépendant du doy. de Neufchâteau.

Vitarville, vill. sur le Loison, à 6 kil. au N. de Damvillers. — *Apud Vitarvillam*, 1198 (cartul. de la cathédr.). — *Vitarvilla*, 1198, 1220, 1225, 1250 (*ibid.*); 1738 (pouillé). — *Witardis-villa*, 1204 (cart. de la cathédr.). — *Witarville*, 1224, 1238, 1270 (*ibid.*); 1601 (hôt. de ville de Verdun, A.57), 1656 (carte de l'évêché); 1738 (pouillé); 1743 (proc.-verb. des cout.). — *Viterville*, 1549 (Wassebourg). — *Vitarville*, 1700 (carte des États). — *Wittarville*, 1745 (Roussel).

Avant 1790, Verdunois, terre du chapitre, prév. de Merles, cout. baill. et présid. de Verdun, parlem. de Metz. — Diocèse de Verdun, archid. de la Princerie, doy. de Chaumont. — Patrons : saint Pierre et saint Paul; annexe de Delut.

En 1790, distr. de Stenay, c^on de Jametz.

Actuellement, arrond. et archipr. de Montmédy, c^on et doy. de Damvillers. — Écarts : Boëmont, la

Maison-Rouge, Montfuseau. — Patron : saint Pierre; annexe de Delut.

Vituno, côte, c⁰ᵉ de Clermont-en-Argonne.

Vivé, contrée, cᵉ de Sivry-la-Perche.

Vivi, contrée, cᵉ d'Abaucourt.

Vivien, contrée, cᵉ de Clermont-en-Argonne.

Vivien (Le), f. cᵉ d'Hattonchâtel.

Vivien (Le), f. ruinée, cᵉ de Vaux-lez-Palameix.

Voche, bois comm. de Bezonvaux.

Vogizotel ou Vozigoty, bois, cᵉ de Souilly.

Void, bourg sur la Meholle, à 9 kil. au S. de Commercy. — Noviento-vico, Novinto, Novicinto-vicus, ép. mérov. (tiers de sou d'or frappés à Void). — Noviantum in pago Bedensi super fluviolum Vidum cum palatio regio, 627 (donat. du roi Dagobert). Novientum cum palatio regio, 804 (ch. de Charlemagne). — Noniante, 884 (dipl. de Charles le Gros). — Noniantus, 922 (confirmation par Charles le Simple); 1707 (carte du Toulois). — Noniantum in pago Bedinse (ancien ms de l'église Saint-Mansuy de Toul).—Viddiocum, 971 (dipl. de saint Gérard, évêque de Toul). — Vadum, Vadovilla, 1011 (carta Henrici II). — Novianthum, 1157 (ch. de l'arch. Hillin). — Vedum, xııᵉ siècle (Hist. de Toul, pr. p. 95). — Vodium, 1402 (regestr. Tull.); 1711 (pouillé). — Noniantum, Vidum, 1756 (D. Calmet, not.).

Void était capitale de la Voide ou pays de Beden et avait un chât. fort dans lequel se trouvait l'église paroissiale; cette forteresse, qui passait pour antique et pour avoir appartenu aux rois austrasiens de la première race, était de forme quadrangulaire, flanquée de tours et défendue par des fossés remplis d'eau (D. Calmet, not.). On connaît plusieurs triens d'or mérovingiens portant le nom de Novientum, et qu'on suppose avoir été frappés dans le palais qui existait, in palatio regio comme le désignent les chartes de Dagobert et de Charlemagne. Ce fut sous Teutfride, qui occupait le siége épiscopal en 627, que le roi Dagobert donna Void avec son palais à l'église de Toul. Ce lieu est à soutenir plusieurs siéges, notamment en 1372, 1378, 1381, 1385 et 1545.

Avant 1790, Toulois, terre de chapitre, chef-lieu de prév. juridiction des chanoines de la cathédrale, baill. et présid. de Toul, partem. de Metz. — Dioc. de Toul, archid. de Ligny, doy. de Meuse-Commercy; avait un hôpital dont le revenu était uni à celui de Toul.

La prévôté de Void a fourni au dép' les localités dont les noms suivent : Bovée, Dommartin-au-Four, Naives-en-Blois (partie avec Gondrecourt et Ligny), Ourches (partie avec Vaucouleurs), Pagny-sur-Meuse, Troussey, Vâcon et Void.

En 1790, lors de l'organisation du dép', Void devint chef-lieu de l'un des cⁿˢ dépendant du distr. de Commercy; ce cⁿ était composé des municipalités ci-après : Ourches, Pagny-sur-Meuse, Sauvoy, Troussey, Vâcon, Void.

Actuellement, arrond. et archipr. de Commercy, chef-lieu de cⁿ et de doy. — Patron : l'Assomption.

Le cⁿ de Void occupe la partie S.-E. du dép'; il est borné à l'E. par le dép' de la Meurthe, au N. par le cⁿ de Commercy, à l'O. par celui de Ligny, au S. par ceux de Vaucouleurs et de Gondrecourt; sa superficie est de 27,428 hectares; il renferme vingt-quatre communes, qui sont : Bovée, Boviolles, Broussey-en-Blois, Chennevières, Laneuville-au-Rupt, Marson, Méligny-le-Grand, Méligny-le-Petit, Ménil-la-Horgne, Morlaincourt, Naives-en-Blois, Oëy, Ourches, Pagny-sur-Meuse, Reffroy, Saulx-en-Barrois, Sauvoy, Sorcy, Troussey, Vâcon, Vaux-la-Grande, Vaux-la-Petite, Villeroy et Void.

Void (Forêt de), vaste tenue de bois, dite aujourd'hui forêt de Vaucouleurs, située entre Void, Ourches, Vaucouleurs, Montigny, Sauvoy et Vâcon; faisait partie de la Voide et prenait son nom du Vedus, ou ruiss. de Void, qui la traversait. Par une charte de l'an 1011, l'empereur Henri II céda à Berthold, év. de Toul, le droit de chasse dans cette forêt, qui avait le titre de royale. — Silva Vedogiensis, silva Vedogii (P. Benoît, Hist. de Toul).

Void (Ruisseau de), dit aussi la Meholle, qui prend sa source au S. de Mauvages, traverse ce village, arrose les cⁿˢ de Villeroy, Sauvoy, Vâcon et Void, au N. duquel il se jette dans la Meuse, après un cours de 13 kil. — Super fluviolum Vidum, 627 (donat. du roi Dagobert). — Vidus, 884 (dipl. de Charles le Gros). — Rivulus Vidus, 922 (confirmat. par Charles le Simple). — Vidus fluvius, 1707 (carte du Toulois). — Vedus, 1707 (P. Benoît, Hist. de Toul).

Voide (La) ou Pays de Void, ancien pays qui s'étendait sur les deux rives de la Meuse, depuis Ourches jusqu'à Pont-sur-Meuse; était placé entre le Scarmois ou pays de Carme d'une part, le Blaisois et le Barrois d'autre part; dépendait de la cité de Toul et avait Void pour capitale; ce pays renfermait en outre Commercy, Riéval, Sorcy, Sauvoy, Villeroy, etc. — In pago Bedensi, 627 (donation du roi Dagobert). — In pago Bedinse, 770 (Hist. de Lorr. I, c. 285). — Pagus Bedensis, xᵉ sᵉ (ibid. c. 127); 1679 (D. Marlot); 1756 (D. Calmet, not.). — Beden (Pays de), 1707 (P. Benoît, Hist. de Toul);

33.

1756 (D. Calmet, *not.*). — *Pagus Wedensis*, 1757 (de Hontheim).

Voie-de-Chanois, bois comm. de Fains.

Voie-de-Dieue, bois comm. de Rupt-en-Woëvre.

Voie-de-Lava, contrée, c^ne de Mauvages.

Voie-des-Blanches, bois comm. d'Avocourt.

Voie-des-Vaches, contrée, c^ne de Rigny-Saint-Martin.

Voie-Ferrée (La), bois comm. de Rumont.

Voie-Massa, bois domanial, c^ne de Sommedieue.

Voienie, bois comm. de Métigny-le-Grand.

Voilier, contrée, c^ne de Longeville.

Voilmiguot, contrée, c^ne de Neuvilly.

Voinville, h. c^ne de Woinville. — *Villonis-Villa*, 1106 (bulle de Pascal II).

Voirot, bois comm. de Vâcon.

Voirot, bois comm. de Void.

Voire, contrée, c^ne de Ginercy.

Voix (La), bois comm. d'Houdelaincourt, sur le territoire de Saint-Joire.

Volletters, contrée, c^ne de Marville.

Voltaire (Rue), à Bar-le-Duc; se nommait précédemment rue *Sainte-Claire*, du nom d'un couvent établi en 1489.

Vosé, contrée, c^ne de Bonzée.

Vosges (La), contrée, c^ne de Longeville.

Voteval, bois, c^ne d'Hévilliers.

Voué (Tour du). — Voy. Courlouve.

Vorlotie, bois, c^ne d'Hannonville-sous-les-Côtes.

Vouthon (Ruisseau de), qui prend sa source à l'O. de Vouthon-Bas, traverse ce vill. arrose les territoires de Goussaincourt, Burcy-la-Côte, Montbras et passe à Taillancourt, au N. duquel il se jette dans la Meuse, après un cours de 11 kilomètres.

Vouthon-Bas, vill. sur le ruiss. de Vouthon, à 8 kilom. à l'E. de Gondrecourt. — *Voulthon - Baix*, 1330 (chambre des comptes, gruerie de Bar). — *Vothon-Bas*, 1580 (proc.-verb. des cout.). — *Vouton-Bas*, 1700 (carte des États). — *Vouthon-le-Bas*, *Vothonium-Inferius*, 1711 (pouillé); 1749 (*ibid.*). — *Wothon*, 1778 (Durival).

Avant 1790, Barrois mouvant, office de Gondrecourt, recette de Bourmont, juridiction du jugegarde des seigneurs qui en étaient hauts, moyens et bas justiciers, baill. de Saint-Thiébaut et ensuite de Lamarche, présid. de Châlons, parlem. de Paris. — Dioc. de Toul, archid. de Ligny, doy. de Gondrecourt, annexe de Vouthon-Haut.

En 1790, distr. de Gondrecourt, c^ne de Goussaincourt.

Actuellem, arrond. et archipr. de Commercy, c^on et doy. de Gondrecourt. — Écarts: Chénois, le Moulin. — Patron: saint Étienne; annexe de Vouthon-Haut.

Vouthon-Haut, vill. sur un affluent du ruiss. de Vouthon, à 9 kil. à l'O. de Gondrecourt. — *Voulthon-en-Haut*, 1327 (chamb. des comptes, c. de Gondrecourt). — *Voutonnum*, *Votonnum*, 1402 (regestr. Tull.). — *Vothon-Hault*, 1580 (procès-verbal des coutumes). — *Vouton-Haut*, 1700 (carte des États). — *Vouthon-le-Haut*, *Vothonium-Superius*, 1711 (pouillé); 1749 (*ibid.*).

Avant 1790, Barrois mouvant, office de Gondrecourt, recette de Bourmont, juridiction du jugegarde des seigneurs qui en étaient hauts, moyens et bas justiciers, baill. de Saint-Thiébaut et ensuite de Lamarche, cout. du Bassigny, présid. de Châlons, parlement de Paris. — Diocèse de Toul, archid. de Ligny, doy. de Gondrecourt.

Il y avait à Vouthon-Haut un château qui fut assiégé en 1635 par le maréchal de Gassion.

En 1790, district de Gondrecourt, c^ne de Goussaincourt.

Actuellement, arrond. et archipr. de Commercy, c^on et doy. de Gondrecourt. — Écart: Bellevue. — Patron: saint Sigismond.

Vouzeliène, contrée, c^ne d'Ancemont.

Voyer, bois, c^ne de Maucourt.

Vozel, contrée, c^nes d'Ancemont et de Lemmes.

Vozel, bois comm. de Varvinay.

Vozel-Borgne, contrée, c^ne de Sommedieue.

Vozel-Cardon, contrée, c^ne de Chattancourt.

Vozel-de-la-Cave, fontaine, c^ne de Châtillon-sous-les-Côtes.

Vozel-de-la-Clef, contrée, c^ne de Cheppy.

Vozel-des-Quartiers, bois, c^ne de Neuvilly; faisait partie de la forêt de Hesse.

Vozel-Kassenot, contrée, c^ne de Tilly.

Vozie, contrée, c^ne de Landrecourt.

Vraincourt, h. sur la rive droite de l'Aire, c^ne de Clermont-en-Argonne. — *Breuecourt*, 1515 (collect. lorr. t. 268.49, A. 4). — *Wraincuria*, 1583 (formule de profession d'un abbé). — *Wraincourt*, *Waricuria*, 1642 (Mâchon). — *Vraincour*, 1656 (carte de l'év.). — *Vera-curia*, 1738 (pouillé).

Avant 1790, Clermontois, vill. justice foncière, coutume, bailliage et prévôté de Clermont, présidial de Châlons, parlement de Paris. — Diocèse de Verdun, archidiaconé d'Argonne, doyenné de Clermont, patron: Saint-Remy; avait une église paroissiale dont la cure était à la nomination du prieur de Beauchamps.

Actuellement, annexe de Clermont.

Vrinva, contrée, c^ne d'Érize-la-Brûlée.

Vuargots, contrée, c^ne de Cheppy.

Vuivaux, contrée, c^ne de Chattancourt.

W

WADELAINCOURT (LE), ruisseau qui prend naissance aux sources des Neuf-Fontaines, sur le territoire de Lemmes, où il porte le nom de *Noron*; traverse les villages de Vadelaincourt, Souhesme-la-Grande, Souhesme-la-Petite et Rampont; prend ensuite le nom de *Wadelaincourt* et arrose les c^{es} de Dombasle, Récicourt et Parois, où il se jette dans la Cousance, après un cours total de 20 kil. Ce ruiss. portait anciennement le nom de *Lemmes*. — *Ad villam Paridium nominatam inter Consantiam et Luinam ou Lumam*, 940 (cart. de Saint-Vanne). — *Lunacum*, 962 (*ibid.* bulle de Jean XII). — *Luma*, 980, 1015 (cart. de Saint-Vanne).

WADONVILLE-EN-WOËVRE, vill. sur le Montru, à 5 kil. à l'E. de Fresnes-en-Woëvre. — *Vodonis-villa*, 1106 (bulle de Pascal II). — *Waudonville*, 1238 (cart. de la cathédr.) — *Vadonville*, 1564 (collect. lorr. t. 267-49, P. 27); 1745 (Roussel). — *Wadonville*, 1601 (hôt. de ville de Verdun, A. 57). — *Vuadonville*, 1642 (Mâchon). — *Unadonville*, 1656 (carte de l'évêché). — *Vadoinville*, 1729 (cart. de Saint-Hippolyte, A. 3).

Avant 1790, Verdunois, terre de chapitre prév. d'Harville, cout. baill. et présid. de Verdun, parlem. de Metz. — Dioc. de Verdun, archid. de la Rivière, doy. d'Hattonchâtel, annexe de Saint-Hilaire.

En 1790, distr. de Saint-Mihiel, c^{en} d'Hannouville-sous-les-Côtes.

Actuellement, arrond. et archipr. de Verdun, c^{on} et doyenné de Fresnes-en-Woëvre. — Patron : saint Hubert.

WAGNETTE, contrée, c^{ce} de Chattancourt.

WAL. — Voy. HAUTE-WALLE.

WALESQUEMINE, contrée, c^{ce} de Butgnéville.

WALNIMONT, f. c^{ne} de Parfondrupt.

WALY, vill. sur le ruisseau des Avies, à 6 kil. au N. de Triaucourt. — *Sanctus Chorindus Waslogium monasterium construxit*, IXe siècle (Bertaire). — *Vaslogium*, IXe siècle (Spicil. t. XII, p. 258); 1004 (Vie de saint Rouin, par Richard de Saint-Vanne); 1745 (Roussel). — *De Waslogio*, Xe siècle (Flodoard). — *Abbatia Wasloi dicta*, XIe siècle (vie de Poppon, Bolland. 25 janv.). — *Abbatia de Waslogium*, 1148 (cart. de Saint-Paul, f° 83); 1549 (Wassebourg). — *Walley*, 1221 (ch. de Henri de Bar pour l'affranchissem' d'Autrécourt); 1221 (ch. des comptes). — *Vualy*, 1642 (Mâchon). — *Uyaly*, 1656 (carte de

l'év.) — *Wally*, 1712 (Soc. Philom. lay. Clermont, arrêt de la cour des Aydes). — *Wiliacus*, 1738 (pouillé). — *Vasli, Valli*, 1756 (D. Calmet, *not.*).

On présume que c'est à Waly que fut primitivement établie l'abb. de Wasloge, fondée au VIIIe siècle par saint Rodingue ou autrement *saint Rouin*, laquelle fut transférée au XIe siècle sur un coteau voisin, où elle prit le nom de *Beaulieu*.

Avant 1790, Clermontois, haute justice et vill. coutume et baill. de Clermont, présid. de Châlons. parlem. de Paris. — Dioc. de Verdun, archid. d'Argonne, doy. de Clermont, annexe d'Autrécourt.

En 1790, distr. de Clermont-en-Argonne, c^{on} d'Autrécourt.

Actuellement, arrond. et archipr. de Bar-le-Duc, c^{on} et doy. de Triaucourt. — Écarts : Belair, la Tuilerie. — Patronne : sainte Catherine.

WALLONS (DÉGANATS) comprenaient les doy. d'Arlon, de Bazailles, de Juvigny, de Longuyon et d'Yvois. qui formaient l'archid. de Sainte-Agathe et de Longuyon et faisaient primitivement partie du comté et du dioc. de Verdun.

WAMBAUX, ferme, c^{ne} de Belleville. — *Wamarch*, 984, 1407 (cart. de Saint-Paul). — *Piscatoria in Wamars*, 1137 (*ibid.*). — *Molendinum de Wamarz*, 1156, 1158 (*ibid.*). — *Villa de Wamarz*, 1158 (*ibid.*). — *Wamars*, 1179, 1198, 1230, 1244 (*ibid.*); 1189, 1270, 1297 (cart. de la cathédr.); 1294 (collég. de la Madeleine). — *Wamaulx*, 1631 (Soc. Philom. lay. Verdun, B. 1.) — *Wamaux*, 1631 (*ibid.* B. 2); 1656 (carte de l'év.). — *Vaymautproche-Verdun*, 1638 (Soc. Philom. lay. Verdun, B. 4). — *Waymaut*, 1641 (*ibid.* B. 5). — *Woymaulx*, 1642 (*ibid.* B. 9). — *Wamaix*, 1760 (Cassini).

Appartenait à l'abb. de Saint-Paul de Verdun; le prieur en était haut, moyen et bas justicier.

WAMME, f. c^{ne} de Pouilly. — *Wamma, Warma*, 1049 (bulle de Léon IX). — *Vuam*, 1259 (ch. de Henri, comte de Bar). — *La Wame*, 1700 (carte des États); 1760 (Cassini).

WAMME (LA), ruiss. qui prend sa source dans la forêt de Belval (Ardennes), forme la limite du dép' sur une étendue de 8 kil. et se jette dans la Meuse au-dessus de Pouilly.

WANDA, contrée, c^{ne} d'Hannonville-sous-les-Côtes.

WANDOXCOURT, f. ruinée, c^{ne} de Sampigny.

Wannehaye, contrée, c^ne de Saint-Jean-lez-Buzy.

Wapné, contrée, c^ne de Trésauvaux.

Waragueux, contrée, c^ne de Senon.

Warcoliers, contrée, c^ne de Chattancourt.

Warcq, vill. sur la rive gauche de l'Orne, à 3 kil. au S. d'Étain. — *Warck*, 707 (dipl. de Ludwin). — *Walacræ*, ixe siècle (Bertaire); 1756 (D. Calmet, *not.*). — *Warch*, 1049 (bulle de Léon IX); 1127 (cart. de la cathédr.); 1144 (cart. de Saint-Paul); 1322 (chap. de Verdun, lay. Warcq); 1549 (Wassebourg). — *In territorio de Warc*, 1179 (ch. d'Arnould de Chiny). — *Warc*, 1225 (chap. de Verdun); 1226, 1238, 1241, 1248 (cart. de la cathédr.); 1642 (Mâchon); 1738 (pouillé). — *Les Freires l'Opitaul de Warc*, 1241 (accord au sujet des dîmes). — *Wart*, 1333 (arch. de M. Dufresnes, de Metz); 1336 (accord entre Édouard de Bar et la communauté de Verdun, hôtel de ville); 1549 (Wassebourg). — *Warc-les-Estain*, 1560 (coll. lorr. t. 268.49, A. 1). — *Ware*, 1601 (hôtel de ville de Verdun, A. 57). — *Vuarc*, 1604 (arch. de Bonzée); 1745 (Roussel). — *Warchum*, 1642 (Mâchon). — *Uuarque*, 1656 (carte de l'évêché). — *Varcq*, 1700 (carte des États). — *Warcum*, 1738 (pouillé). — *Varc*, 1745 (Roussel). — *Warxus, Varchus-castellum, Wargue*, 1756 (D. Calmet, *not.*).

Avant 1790, Verdunois, terre du chapitre, justice seigneuriale des chanoines de la cathédrale, prév. de Foameix, cout. baill. et présid. de Verdun, parlem. de Metz. — Dioc. de Verdun, archid. de la Woëvre, doy. d'Amel.

En 1790, distr. d'Étain, c^on de Buzy.

Actuellement, arrond. et archipr. de Verdun, c^on et doy. d'Étain. — Écarts : Berg-op-Zoom, Brauville, Hôpital-Saint-Jean, Surville. — Patron : saint Firmin.

Wande (La), contrée, c^ne de Belleville.

Warfremont, bois comm. de Duzey, de Muzeray et de Pillon.

Warge, bois comm. de Heippes.

Warge (La), f. ruinée, c^ne de Heippes. — *Commenda de la Varge*, 1642 (Mâchon). — *La Varge*, 1745 (Roussel).

Était cense commanderie, dite *Maison des Hospitaliers*, et appartenait à l'ordre des Chevaliers de Jérusalem.

Wargi-Villers, contrée, c^ne de Flossigny; cimetière antique.

Wargots, contrée, c^ne de Chattancourt.

Warières, contrée, c^ne de Thierville.

Warinvaux, f. ruinée, avec maladrerie ou Maison-Dieu et chapelle, c^ne de Liny-devant-Dun; appartenait à l'hospice de Mouzon. — *Leprosis domus Dei Warivallibus; leprosi domus de Warinvallibus*, 1200 (cart. de la cathédr.).

Warléfontaine, contrée, c^ne de Lemmes.

Warmonchamp, contrée, c^ne de Grimaucourt-en-Woëvre.

Warna-Fontaine, contrée, c^ne de Gercourt.

Warnimoux, bois comm. de Bréhéville.

Warnonclos (Le), dit aussi *ruisseau de Riaville*, qui a sa source au N.-O. de Manheulles, arrose les territoires de Fresnes-en-Woëvre, Riaville, Marchéville et se jette dans le Longeau et entre ce dernier vill. Saint-Hilaire, après un cours de 10 kilomètres.

Warnoux, contrée, c^ne de Saint-Hilaire.

Warvé, m^le ruiné, c^ne de Warcq; dépendait de la commanderie de Malte de l'Hôpital-Saint-Jean.

Wanville, bois, c^ne de Butgnéville.

Warville, vill. ruiné, c^ne de Saint-Hilaire; était situé à environ 1,150 mètres au N.-E. de Saint-Hilaire; fut détruit vers l'an 1440. — *Warville*, 1253 (cart. de la cathédr.). — *Wareville*, 1264 (ch. de Thibaut, comte de Bar); 1306 (cession par le comte de Bar au chap. de Verdun); 1549 (Wassebourg). — *Warreville*, 1315 (coll. lorr. t. 267.49, P. 6). — *Warzeville*, 1315 (*ibid.* 49, P. 8). — *Waruille*, 1564 (*ibid.* 49, P. 27). — *Vareville*, xvie siècle (*ibid.*). — *Uareville*, 1671 (Urbain Quillot). — *Woiroville*, 1769 (arch. de Saint-Hilaire).

Wascourt, f. et m^le, c^ne d'Ambly. — *Gunscort*, xie s^e (Hugues de Flavigny). — *Waheri-curtis*, 1106 (bulle de Pascal II). — *Wassecourt*, 1247 (cart. de la cathédr.). — *Vassoncourt*, 1642 (Mâchon); 1745 (Roussel). — *Vascour*, 1700 (carte des États). — *Vassecourt*, 1749 (pouillé).

Avant 1790, Barrois non mouvant, office, prév. et baill. de Saint-Mihiel; le roi en était seigneur.

Wasoncourt, font. c^ne de Louppy-le-Petit.

Wassieux (Le), ruiss. qui prend sa source sur le territ. de Nantillois et se jette dans la Meuse à Brieulles, après un cours de 7 kilomètres.

Watlemont, bois comm. de Muzeray, sur le territoire de Loison.

Watronville, vill. aux sources de l'étang Gillon, à 8 kilom. au N.-O. de Fresnes-en-Woëvre. — *Villa-Ursionis* ou *Ursionis-villa*, vi^e siècle (Grég. de Tours, III, 9). — *Ventonis-villa*, xiie siècle (cart. de Saint-Paul). — *Vaudronisvilla*, 1124 (annal. præmonstr.). — *Wenteronivilla*, 1127 (cart. de Gorze, f° 201). — *Vuentronisvilla*, 1147 (cart. de Saint-Paul). — *Ventronis-villa*, 1156, 1166, 1244 (*ibid.*). — *Castrum Wentronis-villæ*, 1156 (acte de confirm. par Frédéric). — *De Wentronisvilla*, 1156 (cartulaire de Saint-Paul). — *Castrum Watrumasville*, 1156 (*ibid.*). — *Wentrunville*, 1177 (cartul. de Jean-d'heures); 1247 (cart. de Saint-Paul).— *Ventronis-villa*, 1188 (*ibid.*). — *Guentonisvilla, Ventrovilla*, XIIe siècle (Laurent de Liége). — *Wentonisvilla*, XIIIe siècle (bibl. publ. de Verdun). — *Wantronville*, 1240, 1287 (cart. de la cathédr.). — *Vautrouville, Watrouville*, 1288 (Trésor des ch.). — *Waltron-ville*, 1290, 1304 (recueil); 1290, 1313, 1315 (pierres tombales de Watronville). — *Vautroville*, 1432 (coll. lorr. t. 264.47, P. 2). — *Castrum Waltonis-villæ*, 1502 (lettres de l'empereur Maximilien Ier). — *Vatroville*, 1549 (Wassebourg). — *Vatronvillæ-castrum*, 1580 (stemmat. Lothar.). — *Vuatronville*, 1593 (Lamy, contrat de P. des Ancherins); 1738 (pouillé). — *Watronville*, 1622 (Lamy, tabell. de Verdun). — *Uuatronville*, 1656 (carte de l'év.); 1671 (Urbain Quillot). — *Vaudronis-villa*, XVIIIe s^e (Lebonnetier). — *Vatronvilla*, 1738 (pouillé). — *Gentonis-villa, Guentronis-villa, Guentonis-villa, Vatronville*, 1756 (D. Calmet, not.).

Avant 1790, Verdunois, terre d'évêché, prév. de Fresnes-en-Woëvre, anciennes assises des quatre pairs de l'év. cout. baill. et présid. de Verdun, parlement de Metz. — Dioc. de Verdun, archid. de la Woëvre, doy. de Pareid, annexe de Châtillon-sous-les-Côtes.

Avait un chât. féodal, dit *la Pairie de Watron-ville*, l'une des quatre de l'év. de Verdun (Ornes, Muraut, Creue, Watronville), et une forteresse qui fut démolie en 1454.

La maison de Watronville, maison illustre et depuis longtemps éteinte, portait : *d'or à la croix de gueules* (Husson l'Écossais).

En 1790, distr. de Verdun, c^{on} de Châtillon-sous-les-Côtes.

Actuellement, arrond. et archipr. de Verdun, c^{on} et doy. de Fresnes-en-Woëvre. — Écarts : Gillon, les Soulogés, Thonne. — Patron : l'Assomption.

WAVREUILLE, bois comm. de Saint-Germain.

WAVRIL, bois comm. de Saint-Hilaire, sur le territ. de Buignéville.

WAVRIL, contrée, c^{on} de Chattancourt.

WAVRILLE, vill. sur la gauche de la Tinte, à 2 kil. au S. de Damvillers. — *Wavrevium*, 1194 (cartul. de Saint-Paul, f° 53). — *Watreia*, 1197 (*ibid.* f° 54). — *Wavrilles*, 1238 (cart. de la cathédr.). — *Wab-ville*, XVIe siècle (arch. de la Meuse). — *Uuavrille*, 1656 (carte de l'év.). — *Wavril*, 1700 (carte des États). — *Wavrilla*, 1738 (pouillé).

Avant 1790, Luxembourg français, coutume de Thionville, prévôté de Damvillers, anciennes assises

des *Grands jours* et baill. de Marville, présid. de Sedan, parlem. de Metz; le roi en était seigneur. — Dioc. de Verdun, arch. de la Princerie, doy. de Chaumont.

En 1790, distr. de Verdun, c^{on} de Damvillers.

Actuellement, arrond. et archipr. de Montmédy, c^{on} et doy. de Damvillers. — Patron : saint Hilaire.

WAVRILLE, bois comm. de Beaumont.

WAVROILS, bois comm. de Saint-Mihiel.

WÉE (LA), f. ruinée, c^{on} de Landrecourt; existait encore en 1820. — *Wey*, 1498 (paix et accord). — La *Wué*, XVIIe siècle (arch. de la commune). — *Vué*, 1760 (Cassini).

WEPVRE (LA), bois, c^{on} de Mouzay et de Baalon. — Voy. WÈVRE (FORÊT DE).

WERMONT, bois comm. de Saint-Jean-lez-Buzy.

WÈS (LES), anciennement léproserie, actuellement contrée, c^{on} de Verdun. — *Leprosis de Wei*, 1220 (cartulaire de Saint-Airy, test. de Warin Rufin). — *Wouies, les Woës*, 1754 (actes du tabellion de Verdun).

WÈVRE (FORÊT DE), vaste tenue de bois qui s'étend entre Louppy-sur-Loison, Brandeville, Lion-devant-Dun, Mouzay, Baalon, comprenant les bois du Chesnois, ceux de Wepvre, la forêt Saint-Dagobert, le bois de Deffoy, celui de Wèvre. C'est dans cette forêt que se trouve le lieu dit anciennement *Scorze*, aujourd'hui *Sincretel*, où le roi Dagobert II fut assassiné en l'an 727. — *Wavra*, IXe siècle (dipl. de Charlemagne). — *In foreste quæ dicitur Wauria*, 1086 (donation de Godefroy à l'év. Thierry). — *In memore quod Wepria vocatur, juxta fontem Arphays, in fine Mousaie* (ms de Gorze et Hist. de Lorr. pr.). — *In saltu Waevrinsi in loco qui dicitur Scortias* (martyrologe de Saint-Laurent de Liége). — *In nemore vero quod Wawera dicitur dominus dux habet venationem*, 1238 (transact. entre Henri II, duc de Brabant, et le voué de Malines, *Trophées de Brabant*).

WICUERÉE, contrée, c^{on} de Sorbey.

WIDEHAM (LE), petit ruiss. qui prend sa source sur le territoire de Beaulieu et se jette dans le Thabas.

WIL-PRÉS (LES), sources, c^{on} de Brieulles-sur-Meuse; se jettent dans le ruisseau de l'Étanche.

WIS, contrée, c^{on} de Grimaucourt-en-Woëvre.

WISEPPE, vill. sur la Wiseppe, à 6 kil. au S. de Stenay. — *Vuosapia*, 1046 (ch. de Warmundus, manuel de la Meuse, p. 225a). — *In finibus de Wiseppe*, 1197 (abb. de Saint-Hubert). — *Super hominibus de Wesappe*, 1218 (cart. de la cathédrale, p. 166).—*Wuiseppe*, 1284 (charte d'affranch. par Geoffroy d'Apremont). — *Wiseppe*, 1284 (*ibid.*); 1644 (Lamy, enquête du baill. de Vitry). — *Wi-*

sape, 1285 (cart. d'Apremont). — *Viseppe*, 1607
(proc.-verb. des cout.). — *Visepes*, 1656 (carte de
l'évêché). — *Wisepia* (reg. de l'évêché).

Avant 1790, Barrois lorrain, puis Clermontois,
coutume de Saint-Mihiel, prév. de Stenay, baill. de
Clermont siégeant à Varennes, parlement de Paris.
— Dioc. de Reims, archid. de Champagne, doy. de
Dun, annexe de Montigny-devant-Sassey.

En 1790, lors de l'organisat. du dép¹, Wiseppe
devint chef-lieu de l'un des c⁰⁰⁰ dépendant du distr.
de Stenay; ce c⁰⁰ était composé des municipalités
dont les noms suivent : Beauclair, Beaufort, Halles,
Montigny-devant-Sassey, Saulmory, Villefranche,
Wiseppe.

Actuellement, arrond. et archipr. de Montmédy,
c⁰⁰ et doy. de Stenay. — Écart : Boulain-Château.
Patron : saint Remy.

Wiseppe (La), ruiss. qui a sa source à Bois-les-Dames
(Ardennes) et arrose les territ. de Beaufort, Beauclair, Wiseppe, Laneuville et Stenay, où il se jette
dans la Meuse, après un cours de 8 kilomètres dans
le dép¹.

Woë, font. c⁰⁰ de Béthelainville.

Woël, vill. sur le ru de Signeulles, à 10 kil. à l'E. de
Fresnes-en-Woëvre. — *Wœ*, 1219 (lettres pour la
garde d'Hattonchâtel). — *Uey*, 1458 (reprises de
Beatrix sur l'év. de Verdun). — *Vocy*, 1642 (Mâ-
chon). — *Vouël*, 1656 (carte de l'év.). — *Voue-
Oel*, 1700 (carte des États). — *Woëlle*, *Vadus*,
1738 (pouillé). — *Vual*, *Voël*, *Woïl*, 1756 (D.
Calmet, not.). — *Voël*, 1786 (proc.-verb. des cout.).

Avant 1790, Barrois non mouvant, marquisat,
office, cout. et prév. d'Hattonchâtel, baill. de Saint-
Mihiel, présid. de Toul, cour souveraine de Nancy.
— Diocèse de Verdun, archid. de la Rivière, doy.
d'Hattonchâtel.

En 1790, lors de l'organisation du dép¹, Woël
devint chef-lieu de l'un des c⁰⁰⁰ dépendant du distr.
de Saint-Mihiel; ce c⁰⁰ était composé des municipalités dont les noms suivent : Avillers, Bassaucourt,
Doncourt-aux-Templiers, Hadonville-sous-Lochaus-
sée, Haumont-lez-Lachaussée, Joinville, Lachaussée,
Saint-Benoît, Saint-Maurice-sous-les-Côtes, Woël.

Actuellement, arrond. et archipr. de Verdun, c⁰⁰
et doy. de Fresnes-en-Woëvre. — Écart : Bouvrot.
— Patron : saint Gorgon.

Woëvre (Archidiaconé de la), *archidiaconatus de Vepria qui est tertius et tertia dignitas post pontificalem
in ecclesia cathedrali Virdunensi* (Mâchon), l'un des
quatre de l'ancien diocèse de Verdun ; était composé
de deux doyennés, celui d'Amel, sous le titre de Saint-
Pierre, et celui de Pareid, sous le titre de Saint-

Remy. Fut uni en 1049 au titre de prévôt de la
collégiale de la Madeleine de Verdun.

Woëvre (Camp ou Château de), lieu fortifié, dont la
position dans le dép¹ est à déterminer. — *Castrum
Vabrense*, vi° siècle (Grégoire de Tours, IX, 12).
— *Vabreuse*, *Wabreuse*, 1549 (Wassebourg). —
Castrum Wabrense, 1681 (Mabillon, *De re dipl.*);
1741 (Bertholet). — *Le château de Voivre*, 1745
(Roussel); 1756 (D. Calmet, not.).

C'est dans ce lieu que s'étaient retirés Ursion et
Berthefried en l'an 588, après que leur conspira-
tion contre Childebert eut été découverte. Le roi
d'Austrasie les fit attaquer par son armée, et Ursion
y fut tué ; Berthefried, ayant réussi à fuir, se retira à
Verdun et se réfugia dans l'oratoire de l'év. Airy ; les
soldats de Childebert le suivirent et montèrent sur
le toit de la chap. d'où ils firent pleuvoir sur lui les
matériaux qui servaient à le couvrir : ils le tuèrent
ainsi que trois de ses serviteurs. — Grégoire de
Tours, qui rapporte ce fait, décrit le *castrum* Va-
brense et dit qu'il était situé dans la Woëvre (*in pago
Vabrensi*), sur une montagne ardue (*mons arduus*)
au sommet de laquelle était une basilique dédiée à
saint Martin (*basilicam in honore sancti et beatis-
simi Martini*); que cette église était construite sur
l'emplacement d'un camp antique (*ferebant ibi castrum antiquitus fuisse*), mais que de son temps ce
camp n'était plus fortifié que par la nature de sa
position. Les auteurs ont beaucoup cherché le *castrum Vabrense* et ils sont en désaccord sur le lieu où
il était situé; on l'a été placé : *au Châtelet*, c⁰⁰ de Châtillon-sous-les-Côtes, par le P. Lebonnotier et M. La-
moureux ; — *à Hattonchâtel*, par Wassebourg ; —
sur la côte des Hures, par Roussel ; — *à Latour-
en-Woëvre*, par Mabillon et Dom Calmet ; — *à
Montsec*, par Denis.

Woëvre (Côtes de la) ou les Côtes, chaîne de coteaux
situés à l'E. du dép¹ et le traversant parallèlement
à la plaine de la Woëvre du S. au N. depuis Corniéville et Jouy-sous-les-Côtes, Saint-Julien, Aprè-
mont, Buxières, Vigneulles, Hattonchâtel, Saint-
Maurice, Châtillon-sous-les-Côtes, Damvillers, Bréhéville, Mont-devant-Sassey, Halles et Beauclair;
cette chaîne forme le plateau dit *des Côtes*, coupé
par la vallée de la Meuse, et le plateau de la rive
gauche de la Meuse.

Woëvre (Culée-de-), bois comm. de Juvigny-s'-Loison.

Woëvre (Grande-), bois c⁰⁰ d'Haudiomont.

Woëvre (La), bois comm. de Damvillers. — *Wavria
forestis*, 1086 (dipl. de l'emp. Henri III).

Woëvre (La), bois comm. de Dun, sur le territoire de
Murvaux.

Woëvre (La), bois comm. de Thiaucourt (Meurthe), sur le territoire de Bency.

Woëvre (La), bois, cⁿᵉ de Ville-en-Woëvre.

Woëvre (La), f. ruinée, cⁿᵉ de Corniéville; appartenait à l'abb. de Rangéval. — *La Weivre, la Grange en Weivre*, 1265 (cart. de Rangéval).

Woëvre (La) ou Château de la Woëvre, f. avec haras, cⁿᵉ de Vaucouleurs.

Woëvre (La) ou Pays de Woëvre, ancien *pagus* qui s'étendait de l'E. à l'O. entre la Meuse et la Moselle; du N. au S. depuis la Chiers jusqu'au Rupt-de-Mad, l'abb. de Rangéval et le ruiss. de Woëvre (Moselle); était situé entre le Verdunois à l'E. le Toulois au S. le Scarponois et le duché de Mosellanne à l'O. le pays de Trèves au N. et comprenait dans son étendue une partie du Toulois, du Verdunois, du comté de Castres, du Scarponois et du Scarnois.

Lors du partage des provinces effectué en 870 entre Louis le Germanique et Charles le Chauve, la Woëvre était divisée en deux comtés (*Vaurense comitatus duo*), qui sont connus, l'un sous le nom de *Grande-Woëvre* ou *Haute-Woëvre*, l'autre sous celui de *Petite-Woëvre* ou *Basse-Woëvre;* la Grande ou Haute-Woëvre fait aujourd'hui partie des arrond. de Verdun et de Montmédy; la Petite ou Basse-Woëvre de celui de Commercy.

C'est dans ce pays que se trouvait le *castrum Vabrense* décrit par Grégoire de Tours. — Voy. Woëvre (Camp ou Château de). — *In pago Vabrensi*, viᵉ siècle (Grég. de Tours, IX, xii). — *In Webrense, in Quabrensi*, 634 (test. Adalgiseli). — *Pagus Wabrinsis*, 691 (diplomat. II, p. 212-213). — *In pago Wabrense*, 701 (dipl. du duc Arnould); 768 (ch. de Bertram); 905 (ch. de Wigérich); 910 (ch. de la reine Richilde); 1156 (ch. d'Adalberon pour l'abb. de Châtillon). — *Pagus Vabrinsis*, 706 (diplomat. II, p. 275-276). — *In pago Wafrense*, 707 (dipl. de Ludwin). — *In pago Vuanbrinse*, 754 (cart. de Gorze). — *In pago Wanbrinse*, 763 (donat. de Pepin). — *In fine Wavrense*, 770 (dipl. du comte Boson). — *In pago Wabrinse*, 770 (cart. de Gorze, fᵒ 4); 783 (ch. d'Andrade); 785 (ch. de Henry); 852 (ch. d'Erkanfride, femme du comte Nithard); 886 (ch. d'Adalini). — *In pago Wabarinse*, 771 (ch. de Leuthfrede); 790 (ch. de Garbanus et de Rusinda). — *Wabrensis*, 776 (cart. de Gorze). — *In pago Wabarense*, 783 (ch. d'Andrade); 786 (ch. de Bonrade); 867 (ch. d'Andelinus); 905 (ch. de Wigérich). — *In pago Waberinse*, 795 (ch. de Rambert et de Renilde). — *In pago Waberense super fluvium Orna*, 851 (ch. d'Alsarai). — *In pago Wantbrinse*, 853 (ch. d'Erkanfride, fᵐᵉ du comte Nithard) — Meuse.

Vaurense comitatus duo. 870 (part. de l'empire).— *In pago Wabrensi*, 874, 1081, 1086, 1096 (abb. de Juvigny). — *In pago Wabracensi*, 895 (ch. de Bentrade). — *In pago Vuabrense*, 914 (charte de Wigérich en faveur de l'abb. de Gorze). — *In pago Wuavrinse*, 933 (ch. de Gorze).—*In Wapra*, 940, 962, 1015 (cart. de Saint-Vanne). — *In Vapra*, 952 (acte de fondat.); xᵉ siècle (polypt. de Reims); 980, 1125 (cart. de Saint-Vanne). — *In comitatu Waprense*, 955 (ch. de l'archev. Robert et d'Erembold). — *In comitatu Waprinse*, 958 (dipl. de l'archev. Robert). — *In pago Vuabrensi*, 959 (cart. de Gorze, charte de Frédéric Iᵉʳ). — *In pago Waprinsi*, 959 (cart. de Gorze, fᵒ 152). — *Wabra*, 961 (cartulaire de Saint-Vanne); 967 (testam. de l'év. Vicfrid). — *In pago Vaprinsi*, 962 (cartulaire de Saint-Vanne). — *Vuabra*, 967 (donat. de l'év. Vicfrid). — *In Waper*, 980 (cart. de Saint-Vanne). —*In pago Werbia; in pago Webria*, 982 (dipl. de l'emp. Otton). — *In pago Wavariensi*, 997 (ch. d'Otton III). — *In pago Waverense*, xᵉ siècle (ch. de Charles le Simple pour l'abb. de Stavelot). — *In pago Waprensi*, 1015 (ch. de Henri II). — *Wevra*, 1152 (donat. à l'abb. de Rangéval). — *Grossa Wapra*, 1153 (ch. d'Albéron pour l'abb. de Châtillon). — *Grossa Vapra*, 1156 (*ibid.*). — *Wevre*, 1252, 1253 (cart. de la cathédr.).— *Wuevre*, 1253 (*ibid.*). — *Les Wavres*, 1289 (cart. d'Apremont). — *Veyvre*, 1315 (coll. lorr. t. 267.49, P. 6). — *Voyvre*, 1315ᵉ(*ibid.* 49, P. 8); 1564 (*ibid.* 49, P. 27); 1656 (carte de l'év.). — *Vuevre*, 1373 (coll. lorr. t. 139, nᵒ 33). — *Vevre*, 1373 (*ibid.* nᵒ 34). — *Vippria*, 1402 (regestr. Tull.). — *Vepria*, 1402 (*ibid.*); 1738 (pouillé). — *Wevre*, 1518 (Lamy, acte du tabell. d'Haitonchâtel); 1594 (*ibid.* acte de la prév. de Bar). — *Woyevre*, 1564 (collect. lorr. t. 267.49, P. 27).—*Woipvre*, 1575 (Soc. Philom. lay. Ville); 1642 (Màchon); 1743 (proc.-verb. des cout.). — *Woipure*, 1589 (Lamy, contrat de J. de Fontaine). — *Voivre*, 1656 (carte de l'évêché). — *Voivre*, 1700 (carte des États). — *Vabria, Vebria, Vefria, Verpia, Verria, Wapria, Wavra, comitatus Vaurensis, pagus Vavrensis* ou *Vavrinsis*, 1756 (D. Calmet, *not.*).

Woëvre (La Grande-), bois, cⁿᵉ d'Haudiomont.—*La forêt de Woëvre qu'on dit Manheure*, 1320 (arch. de Ville-en-Woëvre). — *La forêt du Ban de Manheure*, 1334 (*ibid.*).

Woëvre (Ruisseau de), qui prend sa source à Savonnières en-Woëvre et se jette dans le rue de Creue à Lavigneville, après un cours de 5 kilomètres,

Woidières, contrée, cⁿᵉ de Thierville.

34

Woignépont, tuilerie, c⁰ᵉ de Nonsard.

Woimbey, vill. sur le ruiss. de Thillombois, à 18 kil. au N. de Pierrefitte. — *Wimbeia*, 973 (ch. de l'év. Wilgfride); 973 (confirmation par l'emp. Otton); 1165 (cartul. de Saint-Paul). — *Wimbea*, 984 (*ibid.*) — *Imberes*, 1047 (ch. de l'év. Thierry). — *Imbeia*, 1049 (bulle de Léon IX). — *Vuembeye*, 1180 (bulle d'Alexandre III). — *Wymbée*, 1228, 1229 (cart. de la cathéd.). — *Wimbée*, 1280 (abb. de Saint-Benoît, E. 7). — *Winbeii-castrum*, 1580 (stemmat. Lothar.). — *Vuymbey*, 1585 (hôtel de ville de Verdun, M. 2 *bis*). — *Wimbey*, 1587 (coll. lorr. t. 261.46, A. 26); 1642 (Mâchon); 1738 (pouillé). — *Wimbeyum*, 1642 (Mâchon). — *Wimbays*, 1656 (carte de l'év.). — *Wambasius*, 1717 (D. Martène); 1756 (D. Calmet *not.*). — *Wimbœum*, 1738 (pouillé). — *Wimbais*, *Wambais*, 1745 (Roussel). — *Weymbey*, *Weinbey*, *Wimbay*, 1756 (D. Calmet, not.).

Avant 1790, Verdunois, terre d'évéché, prévôté de Tilly, anciennes assises des quatre pairs de l'év. cout. baill. et présid. de Verdun, parlem. de Metz. — Dioc. de Verdun, archid. de la Rivière, doy. de Saint-Mihiel.

Avait un châteaufort bâti en 1456 par Louis d'Haraucourt, év. de Verdun, et démoli en 1656 par ordre de Louis XIV.

En 1790, distr. de Saint-Mihiel, c⁰ᵉ de Bannoncourt.

Actuellement, arrond. et archipr. de Commercy, c⁰ᵉ et doy. de Pierrefitte. — Patron : saint Remy.

Woinville', ancien fief à Neuville-sur-Orne (Durival).

Woinville, vill. sur l'une des sources de la Madine, à 9 kil. à l'E. de Saint-Mihiel. — *Vindia*, *Vidinidia*, ép. gauloise (médailles attribuées à Woinville).' — *Vindiniaca*, 674 (Hist. de Lorr. pr. p. 261.) — *In fine Vuidiniaca ubi ab ipsa radice montis consurgit fluviolus qui dicitur Marsupia*, 709 (test. Vulfoudi). — *Vidinovilla*, *Widinovilla*, 709 (*ibid.*). — *Wasnao villa in pago Wabrinse*, 763 (donation de Pepin). — *In fine Vindeniaca*, 775 (dipl. de Charlemagne). — *Widinis-villa*, *Vodonis-villa*, 1106 (Hist. de Lorr. pr. p. 522.). — *Wuidinis-villa*, 1106 (bulle de Pascal II). — *Winville*, 1134 (privilége d'Étienne, év. de Metz, en faveur de l'abb. de Saint-Benoît); 1316 (abb. de Saint-Mihiel, 3. K. 2); 1549 (Wassebourg); 1571 (proc.-verb. des cout.); 1642 (Mâchon). — *Voinville*, 1234 (éch. entre Hug. Maulgarnix d'Apremont et l'abbaye de Saint-Mihiel). — *Windiniaca*, *Winvillœ*, 1549 (Wassebourg). — *Winvilla*, 1642 (Mâchon). — *Oynville*, 1656 (carte de l'évêché). — *Oingville*, 1700 (carte des États). — *Vana-villa*, 1738 (pouillé). — *Wainville*, 1738 (*ibid.*); 1745 (Roussel). — *Woinirilla*, 1749 (pouillé). — *Vinville*, 1778 (Durival).

Avant 1790, Barrois non mouvant, marquisat et prév. d'Heudicourt, office, recette, cout. et baill. de Saint-Mihiel, prés. de Toul, cour souveraine de Nancy. — Dioc. de Verdun, archid. de la Rivière, doy. de Saint-Mihiel.

Était l'un des trois vill. qui avec Buxeruilles et Varénville formaient la mairie dite *des Trois-Villes-en-Woëvre*.

En 1790, distr. de Saint-Mihiel, c⁰ⁿ d'Heudicourt.

Actuellement, arrond. et archipr. de Commercy, c⁰ⁿ et doy. de Saint-Mihiel. — Écarts : la Perche, Voinville. — Patron : saint Pierre.

Woirière (La), f. c⁰ᵉ de Gremilly.

Woinintaux, contrée, c⁰ᵉ de Lion-devant-Dun.

Woit (La), contrée, c⁰ᵉ de Commercy.

Woyes (Les), contrée, c⁰ᵉ de Ville-en-Woëvre.

Wuati-Pré, contrée, c⁰ᵉ de Bras.

Wuislettes, contrée, c⁰ᵉ de Vacherauville.

Wuit, contrée, c⁰ᵉ de Landrecourt.

X

Ximey, h. ruiné, entre Nepvant et Brouennes.

Xivray ou Xivray-Marvoisin, vill. sur le Rupt-de-Mad, à 15 kil. à l'E. de Saint-Mihiel. — *Syvreium*, 1234 (cartul. de Rangéval). — *Xiverei-desor-Apremont*, 1249 (abb. de Saint-Benoît, H. 10). — *Syvery et Mervezin*, 1292 (cartul. d'Apremont, ch. des franchises). — *Xivrey*, 1449 (abb. de Saint-Benoît). — *Xivrey et Marvisin*, 1571 (proc.-verb. des coutumes). — *Xivreyum*, 1642 (Mâchon). — *Sivery*, 1656 (carte de l'év.). — *Sivray*, 1700 (carte des États). — *Xivraium*, 1749 (pouillé). — *Sivray-en-Woëvre*, 1756 (D. Calmet, not.).

Avant 1790, Barrois non mouvant, ancien office de Mandres-aux-Quatre-Tours, recette et baill. de Pont-à-Mousson, loi de Beaumont, ensuite cout. et baill. de Saint-Mihiel, présid. de Toul, cour souveraine de Nancy; le roi en était seigneur haut, moyen et bas justicier, M⁰ de Bourgogne pour un tiers et M. de Saint-Baussan pour un sixième; juridiction du prévôt de Mandres pour le roi; les conseigneurs nommaient un gradué qui, conjointement avec le prévôt de Mandres, exerçait la justice de Xivray. — Dioc. de Metz, archid. de Vic, archipr. de Gorze.

En 1790, distr. de Saint-Mihiel, c⁰⁰ de Bouconville.

Actuellement, arrond. et archipr. de Commercy,

c⁰⁰ et doy. de Saint-Mihiel. — Écart : Marvoisin.

XIVRAY. — Voy. SIVRY-SUR-MEUSE.

XIVRI. — Voy. SIVRY-LA-PERCHE.

XONCOURT, h. ruiné, c⁰⁰ de Fresnes-en-Woëvre. — *Soncourt*, 133a (accord entre l'év. de Verdun et le voué de Fresnes).

Y

YRON (L'), rivière, qui prend sa source au-dessus de Vigneulles-lez-Hattonchâtel, traverse les étangs de Vigneulles, Saint-Benoît et Champ-Fontaine, arrose les territoires d'Haumont-lez-Lachaussée, Hadonville-sous-Lachaussée, Latour-en-Woëvre, sort du dép' et va se jeter dans l'Orne à Conflans (Moselle), après un cours total de 34 kil. dont 13 dans le dép' de la Meuse.

YVOIS (DOYENNÉ D') *decanatus Yvodii* (de Hontheim), *Ivodiensis* (topog. ecclés. de la France); ce doy. sous le titre de Saint-Georges d'Yvois, appartenait primitivement à l'église de Verdun; il faisait partie de l'archid. de Longuyon (composé des cinq décanats wallons d'Arlon, Bazailles, Juvigny, Longuyon et Yvois), lequel fut enlevé à l'église de Verdun par les archev. de Trèves, qui en conservèrent la possession.

Ce doy. était composé d'un assez grand nombre de paroisses et annexes aujourd'hui réparties dans les dép" de la Meuse et des Ardennes; celles qu'il a fournies au dép' de la Meuse sont : Baalon, Beaufort, Brouennes, Inor, Martincourt, Mouzay, Nepvant, Olizy et Stenay.

YVOIS (PAYS D'), ancien *pagus* qui s'étendait à l'extrémité septentrionale du dép'sur les bords de la Chiers et occupait une partie des c⁰⁰⁰ de Stenay et de Montmédy; prenait son nom d'*Eposium-vicus*, aujourd'hui Carignan (Ardennes), qui en était la capitale. — *Pagus Eposiensis*, 780 (dipl. de Charlemagne).

YVRAUMONT, h. sur l'Aisne, c⁰⁰ de Lisle-en-Barrois. — *Évraumont*, 1174 (abb. de Lisle, ch. de Raoul de Clermont). — *Aynomont*, 1656 (carte de l'év.). — *Ivraumont*, 1700 (carte des États).

Z

ZABÉE (DAME-), rue, à Verdun.

ZABÉE (FOUR-), font. et bois, c⁰⁰ de Lachalade.

ZÈDE, contrée, c⁰⁰ de Rupt-aux-Nonnains.

ZERMAY, contrée, c⁰⁰ de Moulins.

ZINVILLER, contrée, c⁰⁰ de Buzy.

ZONZONNERIE (LA), f. c⁰⁰ de Mulancourt.

TABLE DES FORMES ANCIENNES.

Arborei-villa; Arbore-villa. *Aubréville.*
Arcus-ad-Ornam. *Bois-d'Arcq.*
Ardea-Mons. *Monthairon-le-Grand.*
Arduus-Mons-Parvus. *Monthairon-le-Petit.*
Arebodis-villa. *Herbeuville.*
Arecourt; Arecuria; Areicourt. *Récourt.*
Aremberticurt; Aremberticuria. *Rembercourt-aux-Pots.*
Aronceium; Arencey; Aroncy. *Arrency.*
Argoenna; Argona; Argonia; Argonna; Argumnia; Argunna; Argunnensis sylvæ; Argogne. *Argonne (L').*
Aria. *Aire (L').*
Aricera-villa. *Aincreville.*
Armincourt. *Erncourt.*
Arnacourt. *Arnancourt.*
Arquc; Arques. *Bois-d'Arcq.*
Arraiarz. *Arenard.*
Arranceium; Arrancey; Arrecein; Arrevein; Arrencey. *Arrancy.*
Arsoncourt. *Ressoncourt.*
Articlavorum (Episcopus). *Verdun (ville des Claves).*
Arville; Aryville. *Harville.*
Asenna; Asanne. *Azannes.*
Asina fluvius. *Anelle (L').*
Asnia. *Aisne (L').*
Aspermons; Asperomonte; Aspremons; Aspremont. *Apremont.*
Aspreville. *Autréville.*
Asse. *Eix.*
Assoncourt. *Ansoncourt.*
Astanid; Astenidum; Astenæum; Astenay. *Stenay.*
Astenaci (Archidiaconatus). *Astenay (Archidiaconé d').*
Astenidus (Pagus); Astenois (l'). *Astenay (L').*
Atona; Attoni-castrum. *Hattonchâtel.*
Aubé; Auberon (Mont-). *Montaubé.*
Aubienvilla; Aubienville. *Abainville.*
Aubreivilla; Aubreiville; Aubreville. *Aubréville.*
Aucour. *Haucourt.*
Aufrecourt; Aufridi-curtis. *Aufroidcourt.*
Auioth. *Avioth.*
Aulmermont. *Amermont.*
Aulmont. *Haumont-lez-Lachaussée.*
Aulnoy. *Aulnois-en-Perthois.*
Aulnoy. *Aulnois-en-Woëvre.*
Aumont. *Mont (Le).*
Aunois; Aunoy. *Aulnois-sous-Vertuzey.*
Aunoy (Lou ru d'). *Lais (La).*
Aunoys. *Aulnois-en-Perthois.*

Aurécourt. *Auzécourt.*
Aureus-Mons. *Ormont.*
Ausana. *Aisne (L').*
Auseicourt. *Auzécourt.*
Ausenna. *Azannes.*
Ausenne. *Azannes (Ruisseau d').*
Austraudicurtis; Austresii-curtis. *Autrécourt.*
Austresii-villa. *Autréville.*
Autercourt; Autreicourt; Autreicurt; Autricourt. *Autrécourt.*
Autrium. *Village ruiné près d'Autrécourt.*
Auva (L'). *Lavoye.*
Auvileir; Auvilleirs; Auviller; Auvilleros. *Avillers.*
Auxeville. *Auxéville.*
Auxuenna; Auxunnus. *Aisne (L').*
Auzecuria; Auzeicourt. *Auzécourt.*
Auzevilla; Auzeville-soubs-Clermont. *Auxéville.*
Aviler; Aviller; Avilley. *Avillers.*
Avios; Aviot; Aviotham; Aviotheusis; Avihotensis. *Avioth.*
Avocuria; Avonis-curtis. *Avocourt.*
Avoncourt; Avoncort; Avoniscurtis; Avocourt; Avuncurtis. *Hovecourt.*
Awa (L'). *Lavoye.*
Axenna. *Azannes.*
Axona; Axuenna. *Aisne (L').*
Aynomont. *Yvraumont.*
Axanna; Azenna; Azenne. *Azannes.*
Azenna (super fluvium). *Azannes (L').*
Azona. *Aisne (L').*

B

Baart. *Béart.*
Baaslon. *Baalon.*
Bacconis-Mons. *Bouquemont.*
Badonviler; Badonviller; Badonvillari. *Badonvilliers.*
Baiart. *Béart.*
Baileu; Bailleu. *Baulny.*
Bailodium. *Baalon.*
Bailreum. *Belleray.*
Baincourt. *Biencourt.*
Bainnou. *Belnau.*
Baiona. *Behonne.*
Balr. *Bar-le-Duc.*
Baiselles. *Bazeilles.*
Bala. *Balay.*
Balacourt; Balaicour; Balaycourt. *Baleycourt.*
Balareias. *Belleray.*
Baleicurt. *Baleycourt.*
Balim; Ballon; Balon. *Baalon.*

Ballodium. *Baulny.*
Ballonis-curtis. *Bannoncourt.*
Balneium; Balneium-castrum. *Baulny.*
Banc d'Epilon. *Épilon.*
Bancuére. *Lanhéres.*
Banconis-villa; Banteville; Banthiville; Bantonis-villa. *Bantheville.*
Banicuria. *Bazincourt.*
Banis-Barrum. *Bar-le-Duc.*
Bannonis-curia; Bannonis-curtis; Bannonocurtis; Bannum-curtis; Banoncour; Banoncort; Banuncurtis. *Dannoncourt.*
Bafaque (La). *Biquotte (La).*
Barncum. *Bensy.*
Barochiæ; Baroches (Les). *Paroches (Les).*
Baronis-curia; Baronis-curtis; Baronisecurte; Baronis-castrum. *Baroncourt.*
Barrensis (Pagus); pagus Barrensium: comitatus Barri; comitatus Barrensis; Barraix; Barresium. *Barrois (Le).*
Barr; Barrivilla; Barri-villa; Barriville; Barreville; Barrense-castrum; Barri-Ducis; Barrodux; Barro-Ducum; Barrovilla; Barrum. *Bar-le-Duc.*
Barris; Barrois; Baru. *Draux.*
Barroches. *Paroches (Les).*
Bar-sur-Ornain; Bar-la-Ville; Bar-lou-Duc; Bar-castrum. *Bar-le-Duc.*
Baruncourt. *Baroncourt.*
Barundula. *Billy-sous-les-Côtes.*
Basaucourt. *Bassaucourt.*
Bascille; Bascye. *Bazeilles.*
Basigni-curia; Basini-curtis; Basinicuria. *Bazincourt.*
Basmont. *Bdmont.*
Bassauria-curia; Bassecourt; Bassocourt. *Bassaucourt.*
Basse-Cheppy. *Cheppy.*
Bassincourt. *Bazincourt.*
Bassiniacum; Bassiniacus. *Bassigny (Le).*
Bassogne (Ru de). *Betaissogne (La).*
Battenemont. *Butgnémont.*
Battonis-curtis. *Béthincourt.*
Baudainvilliers. *Badonvilliers.*
Baudainvilliers; Baudonvillers; Baudunviler; Baudonvillare. *Baudonvilliers.*
Baudemotrovilla. *Baudrémont.*
Baudignecuria. *Baudignécourt.*
Baudrecour; Bauldroemont. *Baudrémont.*
Baulsey; Baulzey; Baulzeyum. *Beauzée.*

Baumont. *Beaumont.*
Bauny. *Baulny.*
Baurein. *Belrain.*
Bauseis; Bausey; Bausy. *Beauzée.*
Bauviacum. *Bovée.*
- Bauzé. *Bonzée.*
Bauzei; Bauzeis; Bauzey. *Beauzée.*
Bayard. *Béart.*
Bayé. *Bailly.*
Baylodium. *Baalon.*
Baymont. *Doëmont.*
Bazaille; Bazuel. *Bazeilles.*
Bazini-curia; Bazaincourt; Bazein-
    court. *Bazincourt.*
Bealchamp. *Beauchamp.*
Bealon. *Baalon.*
Beata-Katherina. *Sainte-Catherine.*
Beata-Maria. *Notre-Dame de Verdun.*
Beatus-Maximus de Barro; Beatus-
    Maximus de Barroduco. *Saint-Maxe.*
Beatus-Montanus. *Saint-Montant.*
Beatus-Paulus; Beatus-Paulus Virduni.
    Saint-Paul.
Beatus-Petrus. *Saint-Vanne.*
Beauclere; Beauclers. *Beauclair.*
Beaucourt. *Brocourt.*
Beauremensis; Beaurain. *Belrain.*
Beaussogne. *Betaissogne (La).*
Beauzei; Beauzeis; Beauzey. *Beauzée.*
Béchamp. *Beauchamp.*
Beconis-villa. *Bouconville.*
Beden (Pays de); pagus Bedensis.
    Voide (La) ou Pays de Void.
Bedernaca in pago Virdonense. *Beau-
    zée.*
Bedrilphicuria. *Brocourt.*
Beguinelle. *Biqueneulle.*
Behona; Behogne. *Behonne.*
Belchamp. *Beauchamp.*
Belclair; Belleclerc. *Beauclair.*
Belfort; Belfurt. *Beaufort.*
Bella-villa; Belleville-lès-Verdun; Bel-
    leville-vers-Wamars. *Belleville.*
Belle-Fontaine. *Fontaine-Saint-Martin.*
Belleay; Bellei; Bellerey. *Belleray.*
Bellecoürt. *Baleycourt.*
Bellefort; Bellafortis; Bello - Fortis.
    Beaufort.
Bel-Leu. *Beaulieu.*
Bellieu; Belliloci; Bellieu. *Beaulieu.*
Bellonis. *Bellois.*
Bellus-Campus. *Beauchamp.*
Bellus-Clarus. *Beauclair.*
Bellus-Locus. *Beaulieu.*
Bellus-Mons. *Beaumont.*
Bellus-Ramus; Bellusramus. *Belrain.*
Bellus-Rivus. *Belrupt.*
Bellus-Situs. *Beauzée.*

Belmons; Belmont. *Beaumont.*
Belmont. *Billemont.*
· Belnaux. *Belnau.*
Beloacum. *Beaulieu.*
Belouze. *Delouze.*
Belpré. *Beaupré.*
Bel-Raim. *Belrain.*
Belramus; Belraim; Belrains; Belrein.
    Belrain.
Belreacum; Belrée; Belrey. *Belleray.*
Belru; Belrui; Belruix. *Belrupt.*
Beltardo-curtis. *Bertancourt (La).*
Belzeacum. *Beauzée.*
Benedicta-Vallis. *Benoîte-Vaux.*
Beneium; Beneyum; Benay. *Bency.*
Benoit-Vaux; Benoiste-Vaulx; N.-D.
    de Benoiste - Vaux. *Benoîte-Vaux.*
Berandi-villa. *Droville.*
Berlain. *Belrain.*
Berlei-curtis. *Blercourt.*
Berleville; Berolci-villa. *Bethléville.*
Berniqueville. *Burniqueville.*
Beroldi-curtis. *Brocourt.*
Bersedes. *Brasseitte.*
Bertaldo - curtis; Bertaucort; Bertau-
    court. *Bertancourt (La).*
Bertaueuriana; Bertaucourt - Ruiné;
    Bertancourt. *Berthaucourt.*
Berteleville; Berthelevilla; Berteleville.
    Bertheléville.
Berthancourt; Borthycuria. *Berthau-
    court.*
Berthei-curtis; Bertini - curtis. *Béthin-
    court.*
Bertilleville. *Bertheléville.*
Bertunum. *Verdun.*
Berulci-curtis. *Brocourt.*
Berulfi-villa. *Brauville.*
Berup; Bervuix. *Belrupt.*
Besamont. *Bdmont.*
Beselenville; Beslano-villa. *Béthelain-
    ville.*
Beslarie. *Belleray.*
Besonval; Besonvaulx; Besonvaux. *Be-
    zonvaux.*
Betaincourt. *Béthincourt.*
Betelani-villa; Betelanivilla; Bethelan-
    villa; Bethelainvilla; villa Betelani;
    Betelinivilla; Betelenvilli; Betelani-
    vili; Betalainville; Betelainville. *Bé-
    thelainville.*
Bethegnea-villa; Betigneani-villa; Be-
    tigneville; Betigneville - en - Wevre.
    Butgnéville.
Bethelani-Mons. *Bethlémont.*
Betini-curia; Bethlaincourt; Betlin-
    court; Betincort; Betincour; Betun-
    curt. *Béthincourt.*

Beureium; Beuronis; Beurés; Beurrey.
    Beurey.
Beuville (La). *Labeuville.*
Bevera; Beveris. *Bièvre (La).*
Bezonis-vallis; Bezonis - villa. *Bezon-
    vaux.*
Biante. *Buanthe (La).*
Biaulou; Biau-leu-en-Argonne. *Beau-
    lieu.*
Biaurain. *Belrain.*
Bibomons; Bibonis-mons. *Deaumont.*
Biccours; Biecuria. *Biencourt.*
Biemme. *Diesme (La).*
Biencuria. *Biencourt.*
Biluz. *Belut*, côte.
Bilœum; Bilcei; Bilei; Biloy. *Bisler.*
Bilié. *Billy-sous-les-Côtes.*
Billats. *Belleray ou Bislée.*
Bille; Billée; Billeie. *Bislee.*
Billeium; Billei; Billeyum; Billey ;
    Billy, Billiorum-Locus; Bille-de-lez-
    Magiones. *Billy-sous-Mangiennes.*
Billeium; Billiorum-locus; Billey ;
    Billy. *Billy-sous-les-Côtes.*
Bima. *Bieme (La).*
Binodi; Binodis. *Deuxnouds - devant -
    Beauzée.*
Bislata; Biscriblata; Biscryblata. *Bisler.*
Bittinivilla. *Butgnéville.*
Biuma; Biumma; Bizmia. *Diesme (La).*
Blainville. *Bulainville.*
Blaisois (Le). *Blois (Pays de).*
Blanzeum; Blansey; Blanzey; Blanzy.
    Blanzée.
Blarica. *Braquis.*
Blecourt; Blerecuria; Blerei - curtis;
    Bleircocourt. *Blercourt.*
Blesæ-Siccæ. *Broussey-en-Blois.*
Blesensis (Pagus); pagus Blosiensis;
    Blesiæ; in Blesio; in Blesis; en
    Bloys. *Blois (Pays de).*
Blincourt. *Blercourt.*
Blois (Notre-Dame-de-). *Notre-Dame-
    de-Broix.*
Bloue; Bloug. *Bloncq.*
Blusson-Moulin. *Blussot.*
Bobleni-curtis; Boboleni-curtis. *Rem-
    bercourt-sur-Orne.*
Bocconimons; Boconis-mons. *Bouque-
    mont.*
Bocconis-villa; Boconis-villa. *Boucon-
    ville.*
Bodeleni-curtis. *Rembercourt-sur-Orne.*
Bodonis-villare. *Badonvilliers.*
Bodonis-villare. *Daudonvilliers.*
Bodulfi-villa; Boenvilla. *Boinville.*
Bœymont; Boëmont. *Boëmont.*

Bohon. *Bôhonne.*
Boienville; Boinvilla. *Boinville.*
Bois-Baschin. *Bois-Bachin.*
Boleis. *Bislée.*
Boligny. *Bouligny.*
Bona-curtis. *Boncourt.*
Bonadus; Bonayum. *Bonnet.*
Bonancourt. *Bannoncourt.*
Boncort; Boncuria. *Boncourt.*
Boneidum; Bonuayum; Bonnay; Boney. *Bonnet.*
Bonemont. *Boëmont.*
Bonneivilla; Bonneville; Bonville. *Boinville.*
Bonne - Valle ; Bonne - Vallée. *Saint-Bonin.*
Bonodis-villare. *Baudonvilliers.*
Bonsey. *Bonzée.*
Bonsonval. *Bezonvaux.*
Bonum-villare. *Brandeville.*
Bonzacum; Bonzeium; Bonzeum; Bonzeis; Bonzeies; Bonzei; Bonzey; Bonzees. *Bonzée.*
Booleia. *Bislée.*
Borcia. *Belrain.*
Borelium; Boremirium; Borôlium. *Boureuilles.*
Botzeium; Botzeum. *Bonzée.*
Bouchannum; Bouchonium; Bouchien; Bouchim; Bouchons (les). *Bouchon (Le).*
Bouemont; Boucqmont, Boucquemônt. *Bouquemont.*
Bouée. *Bovée.*
Bouiande. *Bolandre.*
Bouligncium; Boulligny; Bouligaie; Boulligny. *Bouligny.*
Bouret-Rue; Bourrerue. *Mautrote(Rue).*
Bouroule; Boureiles; Boureuil; Boureull; Boureulles; Bourolles. *Boureuilles.*
Bourval; Bourvaul; Bourvaulx. *Bourvaux.*
Boussiere. *Bourières.*
Bouviol; Bouviolles. *Boviolles.*
Bouzeum; Bouzey. *Bonzée.*
Boveium; Boveyum. *Bovée.*
Bovera. *Bidère (La).*
Boveriacus. *Beurey-la-Petite.*
Boviacum; Bovicaeum. *Bovée.*
Boviniacum. *Bouvigny.*
Boviola; Boviolta; Boviolum; Boviolis; Bovieulles. *Boviolles.*
Bowinium. *Bouvigny.*
Bozey. *Beauzée.*
Brahancia; Brabantia; Brabant-le-Comte. *Brabant-le-Roi.*
Brabantia-in-Argonia; Brabant-soub-

Clermont; Brabant-sur-Cousance. *Brabant-en-Argonne.*
Brabantia-super-Mosam. *Brabant-sur-Meuse.*
Braca. *Bras.*
Braca. *Braux.*
Braeeces; Braceites. *Brasseitte.*
Bracensi - centena; Bracensi - centenaria. *Bras.*
Braceolum. *Brachieux (Pont des).*
Brachiae; de Brachiis. *Bras.*
Brachior. *Montbras.*
Brachiolum; pons Bracheli; pons Brachioli; Brachieul; Brachieul. *Brachieux (Pont des).*
Bracquier; Bracquiers; Bracquy. *Braquis.*
Braheville. *Bréhéville.*
Braibannum. *Brabant-sur-Meuse.*
Braibant. *Brabant-le-Roi.*
Braibant-de-sous-Clermont. *Brabant-en-Argonne.*
Braicetes. *Brasseitte.*
Brancour. *Drocourt.*
Brandevilla. *Brandeville.*
Branville. *Broville.*
Braqueriae; Braqui; Braquiers. *Braquis.*
Bras; Château de Bras. *Montbras.*
Brasaida; Brasaidum. *Brasseitte.*
Braschieux; Brassucul. *Brachieux (Pont des).*
Brasensi-centena. *Bras.*
Brasseriae; Brasset; Brassettes; Brasceites. *Brasseitte.*
Braumont. *Beaumont.*
Bransee. *Braxee.*
Brauvilla; Brauville. *Broville.*
Brauvilleix. *Brauvilliers.*
Brauxium. *Braux.*
Braxey-en-Blois. *Braux.*
Bras. *Bras.*
Brazayda. *Brasseitte.*
Brecheville; Brehemvilla; Brehevilla; Breheivilla; Brehcyville. *Bréhéville.*
Brencourt. *Vraincourt.*
Brescede. *Brasseitte.*
Breuchey. *Brixey-aux-Chanoines.*
Breusium; Breul. *Breux.*
Brexey-en-Blois. *Broussey-en-Blois.*
Briaculeum. *Brieulles-sur-Meuse.*
Brie (La). *Brière (La).*
Brie-Bosseline; Brie-en-Basselin. *Brie-Bosselin (La).*
Brillona; Brillonf-villa; Brillonivilla; *Brillon.*
Briodore; Briodora; Briodorum; Briola; Briolae, Briolaeti; Briolis; Brielles;

Brieules ; Brieule - sur - la - Meuse; Brieules-sor-Meuze. *Brieulles-sur-Meuse.*
Brisjam. *Brisjar.*
Briseium; Brisscium; Brisseyum; Brixei; Brixey; Brixeium; Brixeyum; Brixerii-castrum; Brixey-sur-Meuse. *Brixey-aux-Chanoines.*
Brizundus. *Brizeaux.*
Brocardus; Brochardus; Brocart; Brochart. *Brocard.*
Brocensi-curia. *Brocourt.*
Broics; Drois. *Notre-Dame-de-Drois.*
Brolium. *Boureuilles.*
Brolium. *Breuil (Le).*
Bronel; Brosnel. *Bronelle.*
Brosseium; Brosseum. *Broussey-en-Blois.*
Brosseium; Brossia. *Broussey - en - Woëvre.*
Brouaine-Ruiné. *Brouenne-le-Château.*
Broucei; Brouceyum in Blesio; Broucey; Broucoys. *Broussey-en-Blois.*
Broucey; Brouceyum; Broucei. *Broussey-en-Woëvre.*
Broucourt. *Brocourt.*
Brouceine; Broüaine; Brouayne; Broüënne. *Brouennes.*
Brounelle. *Bronelle.*
Broussay; Broussei. *Broussey - en - Woëvre.*
Brouville; Broville. *Brauville.*
Brovaine; Brovanne; Brovène. *Brouennes.*
Broyne. *Brouenne-le-Château.*
Bru. *Braux.*
Brucei; Bruceium. *Broussey-en-Woëvre.*
Bruceyum - in - Blesis. *Broussey - en - Blois.*
Bruenna; Bruennae. *Brouennes.*
Bruceriae; Bruiere. *Drière (La).*
Bruges; Brus (Mont-aux-). *Bruzes (Mont-aux-).*
Bruscia; Bruxeium. *Broussey - en - Woëvre.*
Bruvilla; Bruville. *Brauville.*
Bruyères. *Brière (La).*
Buantis. *Buanthe (La).*
Bucconis-mons; Buconis-inons. *Bouquemont.*
Bucconis-villa; Bucconi - villa; Buconisvilla. *Bouconville.*
Bucorulle. *Buxrulles.*
Buémemont; Buenmont; Buennemons. *Boëmont.*
Buenville. *Doinville.*
Bugneiville. *Butgnéville.*
Buincort. *Boncourt.*

Buisson (Le); Buisson (vallée du). *Lavallée.*

Bulani-villa; Buliani-villa; Bullain-ville; Bullenvilla. *Bulainville.*

Bulgneville. *Butgnéville.*

Buliniacum; Bulinium; Bullinium; Buligny. *Bouligny.*

Bunchin. *Bouchon (Le).*

Buncium; Bunetum. *Bonnet.*

Bunsena; Bunzcium. *Bonzée.*

Bura. *Bure.*

Bureium; Burey. *Beurey.*

Bureium-ad-Rupem; Buré-la-Costê; Burey. *Burey-la-Côte.*

Burcium-in-Vallibus; Bureriacum; Buré-en-Vaux; Burey-en-Val; Burey-en-Vaulx; Bureys. *Burey-en-Vaux.*

Bure-Moulin; Bureium. *Bury.*

Bureum; Burés; Buris. *Bure.*

Bureum-Vicum. *Buxerulles.*

Burivilla. *Brauville.*

Burniqueville. *Berniqueville.*

Burre; Burrei; Burreyum. *Beurey.*

Burres; Bury. *Bure.*

Busaimons; Busammont. *Butgnémont.*

Busay; Busia. *Buzy.*

Buscerias; Busceris; Buseires. *Buxières.*

Buscey. *Bussy-la-Côte.*

Buslani-villa; Buslanivilla; Busleni-villa. *Bulainville.*

Buslei-villa. *Béthelainville.*

Busnemons. *Butgnémont.*

Busseium; Busseium-ad-Rupem; Bussi. *Bussy-la-Côte.*

Busselure; Bussereuil; Bussereulles. *Buxerulles.*

Busserias; Busseris; Bussières; Bussyeres. *Buxières.*

Bussey; Bussy. *Lavallée.*

Butainville. *Béthelainville.*

Buteri; Butereium; Butheris, Butiri. *Butry.*

Butgnieville; Buttigneeville; Buthegneville; Butineville; Buttegneville. *Butgnéville.*

Buthegnemont. *Butgnémont.*

Buthcinville; Buthelani-villa; Butelainville; Buthelainville; Buthelinville; Butlainville. *Béthelainville.*

Butyri. *Butry.*

Buveriacum; Buveriacus. *Beurey-la-Petite.*

Buxarias; Buxeriæ. *Buxières.*

Buxeium; Buxeyum. *Bussy-la-Côte.*

Buxerollæ; Buxereules; Buxerieulles; Buxerolles; Buxrulle. *Buxerulles.*

Buxeyum (Bussy). *Lavallée.*

Buzæum; Buzey; Buzie; Buzy. *Buzy.*

Meuse.

Byaumont. *Beaumont.*

Byscriblate. *Bislée.*

C

Caillaide (La); Caladia. *Lachalade.*

Calanæ; Calenæ. *Chalaines.*

Calceia; Calcia; Calciata. *Lachaussée.*

Calceia ad Pontem. *Pont-Chaussée.*

Calidus-Mons. *Chaumont-devant-Damvillers.*

Calladia; Calladium. *Lachalade.*

Callus. *Chée (La).*

Calmontis-villa; allodium Calmontense; Calmons in pago Stadanensi. *Chaumont-devant-Damvillers.*

Calviacum; Calviciacum; Calvinciacum. *Chauvency-le-Château et Chauvency-Saint-Hubert.*

Calvomons; Calvomontium-super-Erram; Calvus-Mons. *Chaumont-sur-Aire.*

Calvomons-subtus-Muratum; Calvus-Mons. *Chaumont-devant-Damvillers.*

Calvonceurtis in pago Virdonense; Calvonis-curtis. *Chauvoncourt.*

Campignei. *Sampigny.*

Campis-Novavilla; Campusnovavilla. *Champnouville.*

Camponiacum; Campougneium. *Champougny.*

Canaveriæ; Cannabariæ. *Chennevières.*

Capcium. *Cheppy.*

Capri-Mons. *Bouquemont.*

Cara. *Chée (La).*

Cara. *Chiers (La).*

Cardonia, Cardoniæ. *Chardogne.*

Carincort. *Seraucourt.*

Carmacum; Carmejacum; Carmeciacum. *Charny.*

Carmensis (Pagus); Carmois. *Carme (Pays de).*

Carnacum; Carneiacum; Carniacum; Carnisium; Carnotum. *Charny.*

Carpentriacum. *Charpentry.*

Carus. *Chiers (La).*

Caslopum. *Chaillon.*

Castamonæ. *Samogneux.*

Castellani. *Charny.*

Castellio. *Chaillon.*

Castellio; mons Castellionis; monasterium Castellionis; Castelion. *Châtelet (Le).*

Castellio; Castellonium; Castellulum; Castilio; Castilonium. *Châtillon-l'Abbaye.*

Castellio; Castellonium; Castilio; Castillonium. *Châtillon-sous-les-Côtes.*

Castellum. *Châtel (Place).*

Castellum. *Châtelet (Le) de Saint-Mihiel.*

Castellum. *Hattonchâtel.*

Castellum Adriani. *Château d'Adrien.*

Castilionium. *Chaillon.*

Castincuria; Caston; Castoncourt; Castonis-curia; Castonis-curtis; Castorum-curtis. *Chattancourt.*

Castrum. *Châtel (Place).*

Castrum. *Saint-Jean-du-Châtel.*

Castrum Clarimontis. *Clermont-en-Argonne.*

Castrum Haddonis. *Hattonchâtel.*

Castrum Sorciacum. *Sorcy.*

Castrum Vabrense; castrum Wabrense. *Woëvre (Camp ou Château de).*

Caturicas; Caturicis; Caturigæ; Caturigos; Caturigis. *Lieu de relais mentionné sur les tables antiques, situé à Bar-le-Duc.*

Caviniacum; Cavisiacum. *Chauvency-le-Château et Chauvency-Saint-Hubert.*

Cellari-curis-super-Erram; Cellaricuria. *Courcelles-sur-Aire.*

Cenades (Les). *Senades (Les).*

Cenon. *Senon.*

Cenoncourt. *Senoncourt.*

Ceppiacum. *Cheppy.*

Cergil. *Cierges.*

Cerimont. *Sorimont.*

Cervixy. *Cervisy.*

Cessey. *Sassey.*

Cessia; Cetté. *Cessa.*

Ceunonville. *Senonville.*

Chabaut; Chabeau. *Chabot.*

Chaillons; Chaillou; Chaillon-soubs-Hattonchastel. *Chaillon.*

Chaiteil; Chaitel; Chaisteil. *Châtel (Place).*

Chalade (La); Challade (la). *Lachalade.*

Chalainnes; Chalainnes-la-Vieille; Chaleine. *Chalaines.*

Chamai. *Chamois.*

Chambrette. *Chambrettes (Les).*

Chambronne. *Chabronne.*

Chamont. *Chaumont-devant-Damvillers.*

Champelon; Champlong. *Champlon.*

Champenoise (Porte). *Châtel (Porte).*

Champigneyum; Champougney. *Champougny.*

Champs; Champ-sur-Meuse. *Champ.*

Champs-Neuville; Champneufville;

35

Champ-Neuville; Champs et Nuef-ville. *Champneuville.*

Chana; Chanai. *Chanay.*

Chanteranne. *Chanteraine.*

Chara; Chares. *Chiers (La).*

Charecium; Charcoyum; Charcey. *Chassey.*

Chardegne; Chardoigne; Chardongne; Chardongnes; Chardogoiæ; Chardoingne; Chardonne. *Chardogne.*

Charmoie; Charmoy; Charmoye Charmoye (la); Charmois-de-Mousay (la). *Charmois.*

Charmois. *Charme (Le).*

Charmy; Charnei; Charnoy; Charnoyum-castrum. *Charny.*

Charongnière. *Charonnière.*

Charpenterey. *Charpentry.*

Charsey-Belpré. *Chassey.*

Charus-fluvius. *Chiers (La).*

Chasarge. *Septsarges.*

Chastancour; Chastencourt. *Chattancourt.*

Chasté; Chastel. *Châtel (Place).*

Chastillon. *Châtillon-l'Abbaye.*

Chastillon. *Châtillon-sous-les-Côtes.*

Châté. *Châtel (Mont).*

Château (Le). *Saint-Jean-du-Châtel.*

Château-de-Bras. *Montbras.*

Château-de-Voivre (Le). *Woëvre (Camp ou Châteu de).*

Chateil. *Châtel (Place).*

Châtelon; Château. *Châtelet (Le),* c^er de Châtillon-sous-les-Côtes.

Chatillon. *Châtelet (Le),* c^el de Saint-Mihiel.

Chattencourt; Chatancour. *Chattancourt.*

Chaufor. *Chauffour (Le).*

Chaulcie (La); Chaulcée (la); Chaussié (la); Chaussée (la). *Lachaussée.*

Chaulmont. *Chaumont-devant-Damvillers.*

Chaumont-en-Barrois; Chaulmont-sur-Eyre. *Chaumont-sur-Aire.*

Chauvency-les-Montagnes; Chavancy; Chavecy; Chavencey; Chavency-le-Chasteau; Chavency. *Chauvency-le-Château.*

Chauvency-les-Forges; Chavecy; Chavency. *Chauvency-Saint-Hubert.*

Chavoncourt. *Chauvoncourt.*

Chenevières. *Chennevières.*

Chepy; Haute-Cheppy; Basse-Cheppy. *Cheppy.*

Charceyum. *Chassey.*

Chermoye; Chermois. *Charmois.*

Chesserge. *Septsarges.*

Chevancey. *Chauvency-Saint-Hubert.*

Chevancey-le-Chastel. *Chauvency-le-Château.*

Cheveau d'Eau. *Chevaudan.*

Chignecium; Chignci; Chinei; comitatus Chineiensis; Chisneiensis; Chisnei; Chisncis; Chisney. *Chiny (Comté de).*

Chigneulle. *Signeulles.*

Choinse. *Quincy.*

Choiseul; Choiselle. *Choisel.*

Chonis-villa; Chonvilla. *Chonville.*

Chopé; Choppay. *Choppey.*

Chorea-Magna. *Kœur-la-Grande.*

Christ (Le). *Dieu-du-Trice.*

Chunville. *Chonville.*

Cigneulles. *Seigneulles.*

Cimay. *Sumay.*

Civriocum-supra-Mosam; Civry-sur-Mouse. *Sivry-sur-Meuse.*

Claba; Clabia; Claboa; urbs Clabiorum; urbs Clabonia; urbs Claborum. *(Ville des Claves) Verdun.*

Claonum. *Claon (Le).*

Clareium-Magnum; Clariacum; Clarey. *Cléry-le-Grand.*

Clareium-Parvum; Clariacum; Petit-Clarey. *Cléry-le-Petit.*

Clarus-Mons; Claromons; Claro-Mons; Claromons-castrum; Claromontis-castrum; Clarimontis-castrum; Clairemont. *Clermont-en-Argonne.*

Clarus-Fons. *Claire-Fontaine.*

Clavorum (Urbs). *(Ville des Claves) Verdun.*

Cleirmont. *Clermont-en-Argonne.*

Climchant. *Clinchamp.*

Cœurs. *Kœur-la-Grande.*

Coires. *Courupt.*

Colombier; Columbier. *Coulmier (Le).*

Collis-Rupta? *Courupt.*

Comarcei; Comarcey; Comarchi; Comarcis; Comarcy. *Commercy.*

Comblis; Combriæ; Combro. *Combres.*

Comenis. *Cumières.*

Cominas. *Quemine (La).*

Commaillos. *Sommeilles.*

Commarceium; Commarceyum; Commarchiacum; Commarceii-castrum; Commarcey; Commerceium; Commerciacum; Commercium; Commerceium. *Commercy.*

Commariæ; Commanis; Commenies; Commenis; Comenis. *Combres.*

Commenariæ; Commenaries; Commeniers; Commeniores; Commynieres. *Cumières.*

Commenda de Marbot. *Commanderie (La).*

Commualia. *Sommeilles.*

Condatum; Condatum super fluvium Callo; Condetum-Barrense; Condei; Condey. *Condé.*

Conroy. *Corroy.*

Consancelles. *Cousancelles.*

Consani-Vadum; Consaneradum; Consanwadum; Consauvadum; Conseuvadum; Consovanda; Consovadum; Consanwey; Consanwez; Consenwoey; Consenwé. *Consenvoye.*

Consentia, *Cousance (La).*

Contelios. *Châtelet (Le).*

Contressonnum; Contrissonum; Contressons; Contreson; Contrixons. *Contrisson.*

Coopertus-Puteus; Copertusputeus. *Couvertpuis.*

Corcelæ-in-Silvis; Corcella-pope-Sampigneum; Corcellæ; Corcellas. *Courcelles-aux-Bois.*

Corcellas; Corceles; Corcelles. *Courcelles-sur-Aire.*

Corea; Coria; Coriæ; Corires. *Kœur-la-Grande.*

Corgneville; Corgnievilla. *Corniéville.*

Coria-Parva, Corires. *Kœur-la-Petite.*

Cornville; Corniævilla; Corniacæ-villa; Cornica-villa; Cornievilla. *Corniéville.*

Corowra. *Couronvre.*

Corridum. *Kœur-la-Petite.*

Corrobrium; Corrubrium; Corrouvre. *Couronvre.*

Corya. *Kœur-la-Grande.*

Cosantia fluviulas; Cosantia flabosa. *Cousance (La).*

Cosantia. *Deué (La).*

Costouis-curtis. *Chattancourt.*

Coumes. *Combres.*

Courcelles; Courcellis; Courcelle-sur-Eyre-les-Chaumont. *Courcelles-sur-Aire.*

Courcelles. *Cousancelles.*

Courcellis ante Sampigneyum; Courcelles-de-les-Sampigny. *Courcelles-aux-Bois.*

Cour-Loüve; Court-Loubbo; Court du Woué; Cour lou Vouci; Cour le Voué. *Courlouve.*

Courolle; Couronre; Courouva; Courowre; Courrobrium; Courrouvre. *Couronvre.*

Cousancellæ. *Cousancelles.*

Cousancello-aux-Bois. *Cousances-aux-Bois.*

Cousancium; Cousance. *Cousances-aux-Forges.*

Couvé. *Écouviez.*

Couver - Puis; Converpuis; Couver-puys; Couviez. *Couverpuis.*

Couzance. *Cousances-aux-Forges.*

Couzance (La). *Cousance (La).*

Cousancelles. *Cousancelles.*

Covedonia-villa. *Couvonges.*

Creatum. *Creue.*

Crepio; Crespeium; Creppion; Cres-pion. *Crépion.*

Cresille. *Choisel.*

Creava; Rus de Creuve. *Crpus (Ru de).*

Creuve; Creuva; Creuee; Crewe; Creux. *Creue.*

Creux (La). *Lacroix-sur-Meuse.*

Crina. *Crune (La).*

Crion. *Criot.*

Cripplon; Crispeium. *Crépion.*

Croio; Croya; Cruia. *Creue.*

Crois (La); Croix-sur-Meuze (la); Croix (la). *Lacroix-sur-Meuse.*

Crokillon. *Croce (Ruisseau des).*

Cropion. *Crépion.*

Croqs (Les); les Crots. *Crocs (Les).*

Cruces (Villa ad); ecclesia ad Crucem. *Ban de la Croix ou Lacroix-sur-Meuse.*

Cruia fluviolus. *Creue (Ru de).*

Cruna. *Crune (La).*

Crux; Crux-supra-Mosam. *Lacroix-sur-Meuse.*

Cruxium. *Creue.*

Cuissy; Cuizy. *Cuisy.*

Cula; Culcium; Culetium; Culei; Cully. *Culey.*

Cumbles; Cumblens. *Combles.*

Cumeneriæ; Cumeneriis; Cumenieres; Cuminieres; Cumnieres; Cumiacis; Cuminariæ; Cunminæ. *Cumières.*

Cumulus; Cumuli. *Combles.*

Cunellum; Cunelum; Cunelle. *Cunel.*

Cuntressuns. *Contrisson.*

Cupedonia. *Couvonges.*

Curceles. *Courcelles-sur-Aire.*

Curey. *Écurey.*

Curezelæ; Curezelc. *Courcelles - aux-Bois.*

Curia advocati. *Courlouve.*

Cursiriacum. *Cousances-aux-Bois.*

Curticula. *Courcelles-aux-Bois.*

Curtis-Gellini. *Gimécourt.*

Cusantia. *Cousance (La).*

Cussiacum; Cussiliacum. *Cousances-aux-Bois.*

Cussiliacum. *Culey.*

Cussiriacum. *Cousances-aux-Bois.*

Custitiaca-curtis; Custiviacum. *Cousances-aux-Forges.*

Cuvedonia-villa in comitatu Barrense. *Couvonges.*

Cuyre-en-Barrois. *Kœur-la-Grande.*

Cuxantia. *Cousance (La).*

Cuxeium; Cuxey; Cuxiacum. *Cuisy.*

Cygnoles. *Seigneulles.*

D

Dagonis - villa; Dagonvilla. *Dagonville.*

Dainvilla; Dainivilla. *Dainville - aux-Forges.*

Dambly. *Ambly.*

Dame-Marie; Dam-Marie; Dame-Ma-rye. *Dammarie.*

Damlouf. *Damloup.*

Dammarie. *Dommary.*

Damnevoux. *Dannevoux.*

Damnus-Martinus. *Dommartin-la-Mon-tagne.*

Damplou; Damploup; Damploux. *Damloup.*

Dampville; Dampvillers; Dampvil-liers; Damville; Damvillé; Damvil-liers; Damvillæum; Damvillerium. *Damvillers.*

Dangonville. *Dagonville.*

Dani-villa. *Dainville-aux-Forges.*

Danis-villa. *Damvillers.*

Danis-votum. *Dannevoux.*

Danlou; Danlouf. *Damloup.*

Dannevoulx. *Dannevoux.*

Dannoys. *Aulnois-en-Woëvre.*

Danviller; Danvilliers; Danvillers; Danviler. *Damvillers.*

Daunoule. *Deuxnouds-aux-Bois.*

Dehonville; Dehorville; Dehuville. *Horville.*

Deia. *Dieue.*

Delosa; Delouse; Delousze. *Delouze.*

Delus; Delutum; Delutz; Deluz. *Delut.*

Demenge - aux - Vaux; Demenge - aux-Eaues; Demenges. *Demange-aux-Eaux.*

Dennatæ. *Deuxnouds-aux-Bois.*

Deonville. *Horville.*

Desparge. *Éparges (Les).*

Despia. *Dieppe.*

Deu (La). *Girouët (Le).*

Deunoium; Deunoux; Deux-Nœuds; Douxnoux; Deux - Nouds. *Deux-nouds-aux-Bois.*

Deunoux; Deux-Nouds. *Deuxnouds-de-vant-Beauzée.*

Deva; Devia; Deuvia; Deva-villa; De-wia; Dewe; Devium. *Dieue.*

Devillone. *Velosnes.*

Dewamont. *Douaumont.*

Diepa; Diepia; Diespia; Dieppes; Diep-pies; Diespe; Diepes; Diepe. *Dieppe.*

Dieu-du-Trixe; Maison-du-Dieu-Tris. *Dieu-du-Trèis.*

Dieu - en - Souveigne; Dieu - en - Sou-vienne. *Dieu-s'en-Souvienne.*

Dieve; Dievium; Dieswe; Dieuve; Diewe; Diewes; Dicweu; Dieux-sur-Meuze. *Dieue.*

Dinviller. *Dainville-aux-Forges.*

Diva; Diva-villa; Diweu; Diwe. *Dieue.*

Divite-curia. *Réchicourt.*

Divnm; Diviensis. *Dun.*

Divus-Maximus-Barrensis. *Saint-Maxe.*

Divus-Mons. *Douaumont.*

Divus-Vitonus. *Saint-Vanne.*

Doci-Liniacum. *Liny-devant-Dun.*

Docinus; Docus. *Dun.*

Dodona-curtis; Dodonicurtis; Dodo-niscurtis; Dodonis-villa. *Doncourt-aux-Templiers.*

Doela silva. *Diulet (Forêt de).*

Dohudi-villa. *Horville.*

Dolcon. *Doulcon.*

Dolmensis (Comitatus); pagus Dolmen-sis. *Dormois (Le).*

Dolosa; Doloza. *Delouze.*

Dombasia; Dombasolus; Dombaile; Dombâle; Domballe. *Dombasle.*

Dombley; Dombli. *Dimbley.*

Dom-Germain. *Saint-Germain.*

Dominica-ad-Aquas; Dominica - ad-Vallies; Dominicis. *Demange-aux-Eaux.*

Domini-vallis. *Dannevoux.*

Dominus - Remigius. *Domremy - aux-Bois.*

Dom-Marie. *Dommary.*

Dommarie; Dommery; Dommereyum. *Dommary.*

Dom - Martin. *Saint - Martin,* cⁿᵉ de *Sorcy.*

Dom-Martin-le-Montagne. *Dommartin-la-Montagne.*

Dommartin - Ruiné; Dommartin - au - Four. *Dommartin-aux-Fours.*

Donna-Maria. *Dommary.*

Domnaux; Domnaus - villa; Domnot. *Deuxnouds-aux-Bois.*

Domni-curia. *Doncourt-aux-Templiers.*

Domnus-Basolus; Domnobasla. *Dom-basle.*

Domnus-Bricius; Domnum-Brachium. *Dombras.*

35.

Euvilla; Euvileium; Euvileum; Euvilleum. *Euville.*
Évêque (Maison l'). *Maison - Rouge (La).*
Eversa. *Ècres.*
Évraumont. *Yvraumont.*
Evreum. *Èvres.*
Ex. *Èx.*
Exance. *Scance.*
Exarto-villa. *Nonsard.*
Eyne. *Esnes.*
Eyre. *Aire (L').*
Eys; Eyx. *Ache (L').*
Exruse. *Exrule (L').*

F

Fais; Fain; Fangia; Fanii-juxta-Barrum; Fanis; Fanum. *Fains.*
Faloise; Falose; Falouze. *Falouse (La).*
Fanum-Maximi. *Saint-Maxe.*
Fanum Michaelis. *Saint-Mihiel.*
Faulchiers. *Fouchères.*
Foumex. *Foameix.*
Faverole (Ad rivulum de). *Favaleau (Le).*
Faverole (Allodium et silva de). *Faveroles.*
Favorgiæ. *Forges.*
Fenailles (Les). *Senades (Les).*
Feugère. *Fouchères.*
Figildi-curtis. *Foucaucourt.*
Fines. *Aulnois-en-Woëvre.*
Fines. *Fains.*
Fines (Ad-). Près de *Saint-Germain.*
Flaba. *Thabas.*
Flaba; Flabais; Flabaix; Flabax; Flabaisum; Flabasium; ecclesia de Flabete. *Flabas*, village.
Flaba; Flabaix; Flabay; Flabasium; Flabosium. *Flabas*, hameau.
Flabisieu; Flabosa. *Flabussieux (Le).*
Flachenoy; Flacigney; Flassigney; Flassigny-la-Grande et Flassigny-la-Petite; Flassiniacum. *Flassigny.*
Fleureium; Fleurey; Flurei; Flurey. *Fleury-devant-Douaumont.*
Fleureium-in-Argona; Fleury-en-Argonne; Fleury-en-Argogne; Fleurey; Floracum - super - fluvium - Airam; ecclesia Floriacensis. *Fleury-sur-Aire.*
Foaumois; Foamaix; Fomexiæ. *Foameix.*
Foloise. *Falouse (La).*
Fontana; Fontanæ; Fontanas; Fontaneia; Fontanis; Fontaine; Fontayne; villa de Fontibus. *Fontaines.*

Fontes-Tres. *Trois-Évêques (Fontaine des).*
Forbeivezin. *Forbeauvoisin.*
Forbodivilla; Forbevillers. *Forbeuviller.*
Forgiæ; Forge. *Forges.*
Fossé-de-Parois. *Lannay (Le).*
Fouamaix; Fouameix; Fouamex; Fouaumeix. *Foameix.*
Foucheriæ; Foulcherium; Foulchieres; Fouchers; Foulchieres. *Fouchères.*
Foucoucourt; Fouleaucourt. *Foucaucourt.*
Foullois; Foulloy. *Fenilla (La).*
Fourbueviller. *Forbeuviller.*
Fraine; Fraine con dit le Moine; Fraisne - en - Barrois; Fraisne - au-Mont. *Fresnes-au-Mont.*
Fraisne; Fraisnes. *Fresnes-en-Woëvre.*
Fraisnoi - devant - Mont - Maidy; Fraisnois. *Frénois.*
Framee-villa. *Frémeréville.*
Franay. *Frana.*
Francavilla. *Villefranche.*
Francheville - devant - la - Chaulciée; Francheville-les - Bouvroi. *Francheville.*
Frania; Franisda-villa; Franisdam; Frane-en-Wevre. *Fresnes-en-Woëvre.*
Franium. *Fresnes-au-Mont.*
Frapeterre. *Froideterre.*
Frasindum - villa; Frasinetum; Frasinum; Frasna; Frasne; Frasnidum. *Fresnes-en-Woëvre.*
Frasnidum; Frasnium; Frasurdum. *Frana.*
Fraveronville. *Fromeréville.*
Fraxinis. *Fresnes-en-Woëvre.*
Fraxinum; Fraxinum - ad - Montes; Fraxinis in Barrensi pago; Fraxinis in Montibus. *Fresnes - au - Mont.*
Fredaeacum; Fredo; Fredoz; Freydeau. *Froidos.*
Fremerevilla; Fremereville; Fremereiville; Fremeville. *Fromeréville.*
Fromerevilla; Fremonis - villa; Fremonville. *Frémeréville.*
Fremezay; Fremezé; Fremezey; Fremixey. *Fromezey.*
Frencia; Frenzeiæ. *Fresnes-en-Woëvre.*
Freneium; Fresne-aux-Monts; Fresnes-en-Barrois. *Fresnes-au-Mont.*
Fresnoy. *Frénois.*
Froideau; Froidoz. *Froidos.*
Froilier; Froley. *Froillet.*
Fromerevilla; Fromereyville; Fromireville. *Fromeréville.*
Fromereville. *Frémeréville.*

Fromesiæ; Fromeisy; Fromesi - le-Mesni. *Fromezey.*
Frosley. *Froillet.*
Frumerevilla. *Fromeréville.*
Frumisiacum; Frumitiaca-villa, *Frumezey.*
Fucheia-curia; Fulcadi-curtis; Fulcherii-curtis; Fulconis-curia ou curtis. *Foucaucourt.*
Fulcherium. *Fouchères.*
Furbueviller; Furbuevillers. *Forbeuviller.*
Futo; Futum. *Futeau.*

G

Gardancourt; Gaston; Gastoncourt. *Chattancourt.*
Gaudevilla. *Vaudeville.*
Gaudiacum; Gaugegium; Gaugiacum in pago Wabrinse. *Jouy-sous-les-Côtes.*
Gaulini-curtis. *Gouraincourt.*
Gay (Le). *Geai (Le).*
Geincrey. *Gincrey.*
Gelini-curtis; curtis-Gellini; Gemelli-curia; Gemecour. *Ginécourt.*
Gemicour. *Génicourt-sur-Meuse.*
Gemmacum; Gemmas; Gemmatium; Gemmacium. *Jametz.*
Gemocour. *Ginécourt.*
Gendore; Gendoriæ; Gendoriarum; Gendoriens. *Jeand'heures.*
Genecort; Genecourt; Genecuria; Genesicurtis; Genesei-curtis; Genesii-curtis; Genesis - curtis; Curtis-Genezi; Geneycourt; Geniscort. *Génicourt-sur-Meuse.*
Genocrium. *Gincrey.*
Genicuria; Genicour. *Génicourt-sous-Condé.*
Gennes. *Gesnes.*
Genniacum. *Jametz.*
Gentonis-villa. *Watronville.*
Gerardi-Vicinum; Geraudvisinum; Geraulvicinum; Gerauvaxin; Gérard-Voisin. *Girauvoisin.*
Gerardi-Villare. *Gérauvilliers.*
Gerbaudi-villa; Gerbodivilla; Gerbeuvilla; Gerbeufville; Gerboville. (Gerbeuville) *Spada.*
Gereya. *Géry.*
Gerici-curtis; Gericort; Gericourt. *Gercourt.*
Gerimacum. *Jametz.*
Germenville. *Guigniville.*
Germonbois. *Grimonbois.*

Baimonis-mons; Haimmemont; Hainemont; Hainnemont. *Hennemont.*
Hairici-villa; Hairi-villa. *Harville.*
Haironis-villa; Hairunvilla; Hairunvile. *Haironville.*
Haiville (La). *Lahayville,*
Haldicurtis. *Hautecourt.*
Halothum; Hallesii. *Halles.*
Ham. *Han-sur-Meuse.*
Hamblaincourt; Hamblaincort. *Amblaincourt.*
Hamelum. *Amel.*
Hamemont. *Hennemont.*
Hametelz. *Hametel.*
Hamevaux. *Hamaypaux.*
Hamnum; Hamnus; Hamum-supra-Mozam. *Han-sur-Meuse.*
Hamnus. *Han-devant-Pierrepont.*
Hamonis-mons, Hamemont; Hammemont. *Hennemont.*
Hamotellum. *Hametel.*
Han. *Han-lez-Juvigny.*
Han - devant - Saint - Piermont. *Han-devant-Pierrepont.*
Handrecuria. *Landrecourt.*
Hannoncourt. *Bannoncourt.*
Hannonis-villa; Hannonis-villa-subtus-Costas; Hannonville-dessous-la-Coste; Hannonville-eu-Weivre; Hanonville-sous-les-Costes; Hanonville soub-ies-Costes. *Hannonville-sous-les-Côtes.*
Hanoncello. *Hannoncelle.*
Hantheville. *Handeville.*
Hanum-ad-Juviniacum, *Han-lez-Juvigny.*
Haregnes; Haraniæ; Harangis. *Haraigne.*
Haraldi-mons; Haraumons; Haramont; Haraulmont. *Haraumont.*
Harbodi-villa; Harbodis-villa; Harboldi-villa; Harbolei-villa; Harbonis-villa; Harbuevilla; Harbeuvilla; Harbodiville. *Herbeuville.*
Hardi-curtis. *Hautecourt.*
Hardonchastel. *Hattonchâtel.*
Harci-villa; Harevilla; Harcruilla; Hareville. *Harville.*
Harena; Haranges; Harenges; Haregnes; Hareignes. *Haraigne.*
Hargevilla; Hargéville. *Hargeville.*
Harionis-Molendinum; Hargeomolin; Harioumoulin; Harjonmolin; Harjoumoulin. *Hargemoulin.*
Harlonville. *Lérouville.*
Harmevilla; Harmeville. *Herméville.*
Harnancourt. *Arnancourt.*
Haroniis. *Haraigne.*

Haronvilla. *Haironville.*
Haroucourt; Haroynis-curtis; Harouyncourt. *Haroncourt.*
Harpeia-curtis. *Ippécourt.*
Harrici-villa; Harvilla; Haruille. *Harville.*
Haruini-curtis. *Haroncourt.*
Harunniis. *Haraigne.*
Has; Has-la-Marche. *Lamarche-en-Woëvre.*
Hascio (Silva de). *Haies (Bois des).*
Hassavant. *Azavant.*
Hast; Hat. *Lamarche-en-Woëvre.*
Hastenay. *Stenay.*
Hatton (Le). *Hattonville (Ruisseau de).*
Hatton; Hathouium-castrum; Hattonis; Hattonis-castrum; Hatonis-castrum; Hattoni-castrum; Hattonis-castellum; Hathonchasteil; Hathonchastel; Haton-Château; Hattonebâteau; Hatton-Château; Haton-Châtel; Hatton; Hatonchastel; Hattonchastel; Hatton-Castel; Hatonchasteil; Hatomchastel; Hatouchastel. *Hattonchâtel.*
Hattonis-villa. *Hattonville.*
Hauberce; Hauberie; Haubersy. *Aubercy.*
Haudani-villa; Haudainville-de-les-Verdun. *Haudainville.*
Haudecourt. *Hautecourt.*
Haudelani-curia; Haudelaucuria; Haudelaucourt; Haudelocour. *Houdelaucourt.*
Haudevile; Haudeville. *Handeville.*
Haudeville; Haudeiville; Haudeinville. *Haudainville.*
Haudiaumont. *Haudiomont.*
Haudicurtis. *Hautecourt.*
Haudimons; Haudmons. *Haumont-près-Samogneux.*
Haudini-villa; Haudinville. *Haudainville.*
Haudlaucourt. *Houdelaucourt.*
Haudrecourt. *Hautecourt.*
Haulcourt. *Aucourt.*
Haulcourt. *Haucourt,* c^st de Malancourt.
Haulcourt. *Haucourt,* c^st de Spincourt.
Hauldainvilla. *Haudainville.*
Hauldiomont. *Haudiomont.*
Haulmont. *Haumont-lez-Lachaussée.*
Haulmont. *Haumont-près-Samogneux.*
Hault-Chesnoys. *Chenu.*
Haultcourt. *Haucourt.*
Haum. *Han-sur-Meuse.*
Haumont. *Mont (Le).*
Hautcourt. *Aucourt.*

Haute-Cheppy. *Cheppy.*
Hautecourt. *Haucourt,* hameau.
Hautecour. *Haucourt,* village.
Haute-Val. *Haute-Walle.*
Hautmont; Hautmont-les-la-Chaussée. *Haumont-lez-Lachaussée.*
Hautonvilla. *Haironville.*
Hauttecourt. *Hautecourt.*
Haut-Val. *Haute-Walle.*
Haveneumeurt. *Hovecourt.*
Haveringivilla in comitatu Horninse. *Horville.*
Haviller. *Avillers.*
Hawées; Hawouïs. *Hauïs (Les).*
Hay-Neuville (La). *Lahayville.*
Haye-au-Château (La). *Lahaye.*
Hayeville; Hayéville. *Lahayville.*
Haymeix (La); Haymeix (la). *Lahaymeix.*
Haymemont; Haymonis-Mons; Haymemont. *Hennemont.*
Hayronis-villa. *Haironville.*
Hayvilla. *Lahayville.*
Hozavent. *Azavant.*
Heilpecurt. *Ippécourt.*
Heimei (La). *Lahaymeix.*
Heimonismons; Heinemont; Heinmont. *Hennemont.*
Heimon-Manil. *Heymoulin.*
Heipes; Heippe. *Heippes.*
Heivillare; Heivilliers. *Hévilliers.*
Helna. *Esnes.*
Helna fluvius. *Esnes (Ruisseau d').*
Hemandres. *Mandres,* hameau.
Hemmeval. *Hamaivaux.*
Hemonis-Mons; Hemmemont. *Hennemont.*
Hendeville. *Handeville.*
Hennomons; Henmont. *Hennemont.*
Henonville; Hennonville. *Hannonville-sous-les-Côtes.*
Hepies; Heppiæ; Heppe; Heppes. *Heippes.*
Herbevilla; Herberica-villa; Herbericivilla; Herbertinivallis; Herbodivilla; Herbolei-villa in Wapra; Herbuefville; Herbeufville; Herbéville; Herbueville. *Herbeuville.*
Herberici-villa; Herberica-villa; Herbericivilla. *Aubréville.*
Herc. *Aire (L').*
Herisia-combusta. *Érize-la-Brûlée.*
Herisia-Sancti-Desiderii; Herisia-Desyderiana. *Érize-Saint-Dizier.*
Hermevilla; Hermeti-villa; Herminvilla. *Herméville.*
Heronis-villa; Heronville. *Haironville.*
Herpeia-curtis. *Ippécourt.*

Joye; Joyeium; Joyeyum; Joyeyum-Rengevallis; Joyoy; Joüy; Joy-sous-les-Costes. *Jouy-sous-les-Côtes.*
Joyeium; Joüy. *Jouy-devant-Dombasle.*
Jubasseium ; Jubassé; Jubercy. *Gibercy.*
Jubecuria; Jubecour; Jubescourt. *Jubécourt.*
Juincré; Juincrey. *Gincrey.*
Juliani-curtis. *Saint-Julien.*
Julvecour. *Julvécourt.*
Jumamacum abbatia; Jumeniis. *Juvigny-sur-Loison.*
Juncareium; Junchercium; Juncherium; Junchercium ante castellum Ramerudis. *Gincrey.*
Juniacus. *Juvigny-en-Perthois.*
Junkereis ; Junheri; Junquerei-la-Ville ; Junquerey. *Gincrey.*
Junnacum. *Juvigny-sur-Loison.*
Jupille. *Jupiles.*
Juste (Porte le). *Jeu (Tour le).*
Juttencourt. *Chattancourt.*
Juval. (Inval) *Velaines.*
Juveniacum ; Juvigneium ; Juvignensis; Juvigniacum; Juvigniacensis; Juviniacus; Juviniacensis; Juvigny-les-Dames. *Juvigny-sur-Loison.*
Juviniacus; Juvinicium; Juvigny. *Juvigny-en-Perthois.*

K

Keipha. *Kaiffat.*
Keure; Keure-la-Grande; Kevres-la-Grande; Khorei; Kievres; Kœurres; Kœuvres; Korœis. *Kœur-la-Grande.*
Keure-la-Petite; Kevres-la-Petite; Khœurs-la-Petite; Khorei. *Kœur-la-Petite.*

L

Labba-villa; Labbeuville; Labeufrille. *Labeuville.*
Labertancourt. *Bertancourt.*
Labria. *Brière (La).*
Labry-Bosseline. *Brie-Bosselin (La).*
Lachaucie; Lachaulcie. *Lachaussée.*
Lachevilla. *Lahayville.*
Lacuria. *Saint-Jean-de-Laucourt.*
Lagnevilla; Lagnevillc ;Lagneville. *Lavignéville.*
Lahei-curtis; Laheicuria; Lahayecourt; Lahaicourt; Laheicour; Laheicourt. *Laheycourt.*
Lahei-villa; Labcivilla; Labeville. *Lahayville.*

Meuse.

Lahemeix. *Lahaymeix.*
Laimunt; Lainmunt; Lainmont. *Laimont.*
Lamechium. *Lahaymeix.*
Lamermunt. *Lamermont.*
Lamia; Lammia; Lames; Lamme; Lammes. *Lemmes.*
Lamili; Lamolliacum; Lamuley; Lamulior. *Lamouilly.*
Lampeire; Lampirre. *Lempire.*
Lancheri; Lancherre; Lanchieres. *Lanhères.*
Landrocecourt; Landrezeicourt; Landrezécourt; Landreziecourt. *Landzécourt.*
Landrecuria; Landrecour. *Landrecourt.*
Laneufville - lez - Sathenay; Laneuveville. *Laneuville-sur-Meuse.*
Laneuveville-aux-Bois. *Laneuville-au-Rupt.*
Langicour. *Landzécourt.*
Langort. *Longoor.*
Lanhaire; Lanheiros; Lanherre; Laniforo; Laniferam. *Lanhères.*
Lannes. *Lemmes.*
Lannois. *Launois.*
Lanoix. *Lavoye.*
Lanzécourt. *Landzécourt.*
Laoiria. *Saint-Jean-de-Laucourt.*
Larecourt; Larecour. *Rarécourt.*
Largicurt; Larzecuria; Larzeicuria; Larzeicurtis;Larzicuria. *Laheycourt.*
Lasio. *Loison.*
Latacuria. *Laheycourt.*
Latanchotte. *Tanchotte (La).*
Laticlavorum? (Episcopus). *Ville des Claves* (Verdun).
Latour. *Tour (La).*
Latus-Mons; Lætus-Mons. *Laimont.*
Laucourt. *Saint-Jean-de-Laucourt.*
Laumont. *Loupmont.*
Laureatum. *Saint-Laurent.*
Lauva. *Lavoye.*
Lauziacus. *Loisey.*
Lavallée-de-Bussy. *Lavallée.*
Lavinicuria; Lavini-curia; Lavini-curtis; Lavincuria; Lavinécourt; Lavinecourt. *Lavincourt.*
Lavoix; Lawoye. *Lavoye.*
Laymont. *Laimont.*
Leheicort; Leheicourt; Leheicourt; Leheycourt; Leheicort. *Laheycourt.*
Leheimeix. *Lahaymeix.*
Lebemons. *Laimont.*
Leibueville. *Labeuville.*
Leigneville. *Lavignéville.*
Leimunt. *Laimont.*

Leirouville. *Lérouville.*
Lema; Lemmiæ; Lemnia. *Lemmes.*
Lemmont. *Hermont.*
Lemmont; Lémont; Lemont. *Laimont.*
Lempera; Lempirum. *Lempire.*
Lenheyres; Lenhieres. *Lanhères.*
Lenmes. *Lemmes.*
Lenoncuria; Lenoncourt. *Levoncourt.*
Lenpeiro. *Lempire.*
Leo; Leones; a Leone-Montefalconis. *Lion-devant-Dun.*
Leonis-Mons; Leonismons. *Laimont.*
Lépina. *Épina (L').*
Leronis-villa; Leronvilla; Leronville. *Lérouville.*
Lestanche; Lestaingo. *Étanche (L').*
Leszeville. *Loxéville.*
Levigneville. *Lavignéville.*
Levoncuria; Levonis-curia; Levoniscuria; Levoncort. *Levoncourt.*
Lewa. *Lavoye.*
Leymont; Leymont-en-Perthois. *Laimont.*
Lezon (Le). *Laison (Le).*
Lezy. *Olizy.*
Liauvilla; Liauville; Liauviller; Liaville. *Liouville.*
Liceium; Licey; Liceÿ; Licy. *Lissey.*
Ligneium; Ligniacum; Ligni-sur-Orney. *Ligny-en-Barrois.*
Lignerie; Ligneres. *Lignières.*
Ligny; Ligny-devant-Dun. *Liny-devant-Dun.*
Lile. *Lisle-sous-Couzances.*
Lile. *Lisle,* e**e de Troyon.
Lile-en-Barrois. *Lisle-en-Barrois.*
Limacum; Limia; Limnia; Limniæ. *Lemmes.*
Lineires; Linieres; Liners. *Lignières.*
Lineium; Lineium super fluvium Orneum; Lineium-castrum; Lineyum; Liniacum; Lineis; Linei; Liney; Liny; Liny. *Ligny-en-Barrois.*
Lineium; Lineium-sub-Duno; Lineyum; Liniacum; de Deci-Liniaco; Liney; Liney; Liny. *Liny-devant-Dun.*
Lions; Lion. *Lion-devant-Dun.*
Liouviller. *Liouville.*
Lisle-devant-Louppy. *Lisle-en-Barrois*
Locmunt. *Loupmont.*
Loiseium; Loiseum; Loisei. *Loisey.*
Loizon. *Loison.*
Lombeux. *Lombut.*
Lonc-Champ; Lonchamp; Lonchamps; Long-Champ. *Longchamp.*
Longa-aqua; Longa-aqua ante Lineyum. *Longeaux.*

36

Manil devant Saint-Remei au mont Saint-Vanne; Manillum; Manil. *Ménil (Le)*.

Manile; Manilla; Manillum-in-Sylvis. *Ménil-aux-Bois*.

Manile-super-Saltum ; Manillis-supra-Salecum. *Ménil-sur-Saulx*.

Manillum; Manilo; Manil (le); Lou-Manil. *Ménil-sous-les-Côtes*.

Mannoncourt. *Bannoncourt*.

Manoncourt; Mannuncort. *Reménoncourt*.

Manonvilla; Mannonevilla; Manon-ville. *Ménonville*.

Mansile. *Ménil-aux-Bois*.

Mansile-ad-Horniam. *Ménil-la-Horgne*.

Mansile - super - Saltum. *Ménil - sur - Saulx*.

Mansionis-curtis. *Menoncourt*.

Mara-la-Grande; Maras-la - Grande. *Marat-la-Grande*.

Mara-la-Petite; Maras-la-Petite. *Ma-rat-la-Petite*.

Maraldi-curtis; Maraldi-cortis. *Meran-court*.

Maraudivilla. *Moranville*.

Maraval; Maravallis. *Merauvaux*.

Marboda; Marbodus; Marboites; Mar-bot; Marbotes. *Marbotte*.

Marbodi - fons; Marbot (fontaine de). *Marbotte (La)*.

Marc. *Mad (Rupt-de-)*.

Marcameix. *Mercameix*.

Marceium. *Maizey*.

Marceium; Marceyum-supra-Wesiam; Marceyum - subtus - Here; Marcey-sur-Waixe. *Maxey-sur-Vaise*.

Marcelliacus - fiscus; Marcelli - villa. *Moncel*.

Marchevilla; Marchiavilla; Marchionis-villa; Marchauville; Marcheyville; Marchainvilla; Marcheville; Mar-chéville-en-Voivre. *Marchéville*.

Marchia; Marche (La); Marche-en-Voivre (La). *Lamarche-en-Woëvre*.

Marchienne (La). *Merchines (Les)*.

Marcolfi-villa; Marculfi - villa; Mar-culfi-ecclesia. *Maucourt*.

Mareia; Mareleium; Mare. *Marre*.

Marelz; Mareis; Mares (les). Les *Ma-rats*.

Marémont. *Morimont*.

Marley. *Maizey*.

Mariacum. *Marre*.

Mariacum; Mariscum. *Maizey*.

Mariscarius. *Morley*.

Marivilla. *Lamorville*.

Marlaca; Marlacum. *Morley*.

Marlogium; Marleium. *Merles*.

Marne (Ru de). *Marnusson (Le)*.

Maron; Marra. *Marre*.

Marras; Mars. *Marat-la-Grande*.

Marseyum-supra-Vesiam ou Wasiam. *Maxey-sur-Vaise*.

Marsiacum; Marseium. *Maizey*.

Marsona; Marsonnum; Marsons. *Mar-son*.

Marsupia; Marsupium; Marsupe; Marsou-lès-Saint-Mihiel. *Marsoupe*.

Marsupia fluviolus; Marsupii flu-vius; Marsupium; super fluvio Marsupiæ. *Marsoupe (La)*.

Marthecurt; Marthincourt; Martain-court; Martinis-curtis; Martincour. *Martincourt*.

Martin-Fontaine. *Fontaine-Saint-Mar-tin*.

Martin-han. *Benotte-Vaux*.

Martini-mons. *Morimont*.

Martionis-sonus; Martinis-villa; Mar-tis-sonus. *Marson*.

Martisara. *Marat-la-Grande*.

Martis-villa. *Marville*.

Maruaus ou Marvaus; Marvault. *Mur-vaux*.

Marva; Marua; Marue; Marvelle; Ma-ruelle. *Marre*.

Marvilla. *Marville*.

Marville. *Morville*.

Marzey. *Maizey*.

Marzona. *Marson*.

Mas (Le). *Saint-Maxe (Côte)*.

Mas; Mastz. *Mad (Rupt-de-)*.

Masau superior; Masau subterior. *Meuse (La)* ou *(Pays de)*.

Mascellum. *Mazel*.

Maseri; Marvicinum; Marvesin; Mar-visin. *Marvoisin*.

Maseriis; Maseri; Masiriacum; Masi-ricium. *Maizeray*.

Masna; Masnile; Masniolus; Masnil-Wevre-de-lez-Saint - Benoist. *Ménil-sous-les-Côtes*.

Massaricum. *Maizeray*.

Masserville. *Masseronville*.

Masson. *Marson*.

Mathaivilla; Mathcivallis; Matheuval; Mattæi-villa. *Matheville*.

Maticus fluvius; Matt fluvius; fluvius Matticus; fluvius Mattis; Math (ru de). *Mad (Rupt-de-)*.

Matrona. *Marne (La)*.

Maugarny. *Montgarny*.

Maugienne. *Mangiennes*.

Maujoui. *Maujouy*.

Maulams; Maulant; Maulem. *Maulan*.

Maulcourt. *Maucourt*.

Maulgarny. *Montgarny*.

Maulmagiæ. *Mauvages*.

Mauraium. *Moirey*.

Maurenville. *Moranville*.

Maurimons. *Morimont*.

Maurivilla; Mauorvilla. *Lamorville*.

Mauri-villa. *Morville*.

Mauvaige; Mauvaiges; Muuvage. *Mau-vages*.

Mawesson. *Saint-Airy (Canal)*.

Maxeium-supra-Vesiam ou Wasiam; Maxé-sur-Vaixe; Maxcy-sur-Voize. *Maxcy-sur-Vaise*.

Maxuntia. *Maxonce*.

May; Mayd; Maz. *Mad (Rupt-de-)*.

Mayanes. *Mangiennes*.

Mazay; Mazey; Mazé, Mazé-sur-Meuse. *Maizey*.

Mazereyum; Mazerey. *Maizeray*.

Mecriniæ; Mécring. *Mécrin*.

Medardi-ara; Medardi-area. *Marat-la-Grande*.

Mediavilla. *Moineville*.

Media-villa. *Mognéville*.

Medius-Mons. *Moyémont*.

Medy-Bas. *Montmédy*, ville basse.

Medz. *Mad (Rupt-de-)*.

Mehairon. *Monthairon-le-Grand*.

Melaumont. *Malaumont*.

Melcbe; Melchia. *Merchines (Les)*.

Meligneium-Magnum; Meligneyum; Meligney - le - Grant. *Meligny - le-Grand*.

Meligneium - Parvum; Meligueyum-Parvum; Meligney-le-Petit. *Méligny-le-Petit*.

Mella; Mellula; Mele; Melle; Mellet; Mellette. *Molé*.

Menaucuria; Menardicuria; Menardi-curia ou curtis; Menaulcourt. *Me-naucourt*.

Mendiba. *Montmédy*, ville basse.

Menemont; Menemont-Ruine. *Menne-mont-Ruiné*.

Mengrennum - castrum; Mengines; Mengeinne; Mengienne. *Man-giennes*.

Menhodorum. *Manheulles*.

Ménil (Le). *Ménil-sous-les-Côtes*.

Menoncourt. *Reménoncourt*.

Menoncourt; Menoucourt. *Menaucourt*.

Meraldi - curia; Meraucort. *Méran-court*.

Meraval; Merauuault, *Meranvaux*.

Mercamex. *Mercmeix*.

Mercast-villa. *Marchéville*.

Merchiennes (Les). *Merchines (Les)*.

Montigneium; Montigniacum; Montiniacum; Montigney; Montigny-sur-Meuse. *Montigny-devant-Sassey.*

Montigneyum; Montiniacum; Montiguey; Montigni. *Montigny-lez-Vaucouleurs.*

Montis-Falconis-castrum. *Montfaucon.*

Mont-Jô. *Montgault.*

Mont-Jouy. *Goilly.*

Mont-Jouy. *Mont-des-Croix.*

Montmadey; Montmaidier; Montmaidie; Montmady; Montmaidi; Montmalde. *Montmédy.*

Mont - Maidi; Mont - Maidei; Mont-Maidy. *Montmédy.*

Mont-Saint-Lucien. *Sainte-Lucie.*

Mont-Saint-Martin. *Saint-Martin, ferme.*

Mont-Saint-Venne. *Saint-Vanne (Mont).*

Mont-Urbel. *Montaubé.*

Monville. *Montville.*

Monz. *Mont-sous-les-Côtes.*

Monzovilla; Monzeyville; Monzenville; Monzeville. *Montzéville.*

Moosas. *Meuse (La).*

Moragne; Moroigne. *Moraigne.*

Morainville; Moranvilla; Moranvile. *Moranville.*

Morceville; Morceiville. *Lombut (Moxéville).*

Moreinvaul. *Morinval.*

Moreium; Moretz; Morey. *Moirey.*

Moremont. *Morimont.*

Morge-Mollanum; Morgemont; Morgemolin. *Morgemoulins.*

Morhaignes. *Moraigne.*

Morivilla. *Lamorville.*

Morlaca; Morlacas; Morlacum; Morleyum; Morlay; Morlei. *Morley.*

Morlaincuria; Morlanicuria; Morlenicurtis; Morlensis - curtis; Morlencurt. *Morlaincourt.*

Morvilla. *Morville.*

Morvilla; Morville (La). *Lamorville.*

Mosa. *Meuse (La).*

Mosa; Mosacum; Mosacus majus et minus; villa Mosaci; parrochia Mosacensi; Mosagium; Mosogum; Mosay. *Mouzay.*

Mosceiville. *Lombut (Moxéville).*

Mosio. *Montsec.*

Moslavilla. *Molleville.*

Moson. *Saint-Airy, canal.*

Mostiers. *Montiers-sur-Saulx.*

Mostiers. *Vieux-Montier.*

Mossons - Moulins - Saint - Ary. *Saint-Airy (Moulin de).*

Mothe (La). *Lamothe.*

Motissovilla; Moucean. *Montsec.*

Mougeville. *Mogeville.*

Mougneville. *Mognéville.*

Moulainvilla; Moulainville - la - Hault. *Moulainville.*

Moulates; Moulatles; Moulotte; Moulate-de-leis-Harville; Moulite. *Moulotte.*

Mouleville; Moulleville. *Molleville.*

Mouley; Moullei; Mouilley. *Mouilly.*

Moulye. *Lamouilly.*

Moupplone. *Montplonne.*

Mouranville. *Moranville.*

Mourei. *Moirey.*

Mousa; Mousaynm; Alousay; Mousensis. *Mouzay.*

Moussainville; Mousseville. *Montzéville.*

Moussey. *Montsec.*

Moustier; Moustier-sur-Saut. *Montiers-sur-Saulx.*

Moute (La). *Lamouth.*

Mouza; Mouzaya. *Mouzay.*

Moxévillo. *Lombut.*

Moyrcium; Moyrcy. *Moirey.*

Moza; Moze. *Meuse (La).*

Mozay. *Mouzay.*

Mozée (La). *Masée (Étang de la).*

Mozon. *Saint-Airy, moulin et canal.*

Mucci. *Montsec.*

Muceium; Macey en Barraix. *Mussey.*

Muese; Mueuse; Muesze; Mueuze; Mueze. *Meuse (La).*

Mueson. *Saint-Airy, canal et moulin.*

Muginiensis (Curia). *Mangiennes.*

Mulliacum. *Mouilly.*

Mulotte. *Moulotte.*

Mundrico-curtis. *Mondrecourt.*

Munz. *Mont-sous-les-Côtes.*

Muratum; Murault; Mureau; Mureaux. *Muraut.*

Muravvaux. *Merauvaux.*

Murgemoulin. *Morgemoulins.*

Muruaux; Murvault; Murvaut; Murveaux; Murialx; Murvuaux. *Murvaux.*

Musacum; Musacum majus et minus; Musacum major et minor. *Mouzay.*

Musere; Muserei; Muscrey. *Muzeray.*

Musseium; Musceyum; Musseyum; Mussy; Mussei. *Mussey.*

Muza; Muzacum. *Mouzay.*

Muzereacum; Muzery; Muzerey. *Muzeray.*

N

Naio-Soco; Nais. *Naix.*

Nam-le-Grand. *Nant-le-Grand.*

Nam-le-Petit. *Nant-le-Petit.*

Nanceiacum; Nanceiis; Nanciacum; Nancioris-curtis; Nancoy. Les *Nançois.*

Nanceium-Saporosum; Nancetum-Saprosum; Nançois-le-Savroux. *Nançois-le-Grand.*

Nanceium ou Nancetum-supra-Ornam; Nançois-sur-Orne. *Nançois-le-Petit.*

Nancel; Nancerne. *Nancerre (Porte).*

Nancoy. *Nantois.*

Nannatum; Nannetum. *Nantois.*

Nansetum - supra - Ornam; Nansitum-Parvum. *Nançois-le-Petit.*

Nansoyum-Saporosum; Nansitum-Magnum. *Nançois-le-Grand.*

Nantelium; Nanteuil; Nantel. *Nantelle.*

Nantilletum; Nantolium; Nantilloy. *Nantillois.*

Nantoya; Nanthoie; Nantoy; Nantoys. *Nantois.*

Nantum; Nantum-Magnum; Nan. *Nant-le-Grand.*

Nantum-Parvum. *Nant-le-Petit.*

Nanzeiacum. *Nançois.*

Narceyum. *Naix.*

Nas; Nasie; Nasium; Nasium-castrum; Nasio-Vicu. *Naix.*

Nasitum in pago Adornensi. *Nançois.*

Nauginsard. *Nanginsard.*

Nautramont. *Trois-Monts.*

Navæ; Navia; Naviæ, Navia-in-Blesis; Navium; Naviesus; Navensis. *Naives-en-Blois.*

Navæ; Navia; Naves - devant - Bar; Nayves. *Naives-devant-Bar.*

Nawe (La). *Lanaux.*

Naz; Nays. *Naix.*

Nectuncourt. *Nettancourt.*

Nefve - en - Blois; Nefves - en - Bloys; Neiva; Naives-en-Blois. *Naives-en-Blois.*

Nepvianthum. *Nepvant.*

Nesceiville; Nescivilla; Nescervilla; Nesseivilla. *Nixéville.*

Nesves. *Naives-devant-Bar.*

Nesves. *Naives-en-Blois.*

Netancort; Netoncort; Netuncort; Netuncourt; Netuncurt. *Nettancourt.*

Netosa. *Nonsard.*

Neuf-Four; Neuffour. *Neufour (Le).*

Neufville. *Neuville-en-Verdunois.*

Neufville. *Neuville-lez-Vaucouleurs.*

Neufville (La). *Laneuville-aux-Forges.*

Neufville; Neuf-Ville-sur-Meuse. *Neuville, c^te de Champneuville.*

Neufville; Neuf-Ville-sur-Orne. *Neuville-sur-Orne.*

Neufville-au-Ru. *Laneuville-au-Rupt.*
Neufvilly; Neuilly. *Neuvilly.*
Neuveville (La); Neuville (La). *Laneuville-aux-Forges.*
Nouve-Ville-sur-Orne. *Neuville-sur-Orne.*
Neuvo-Ville-aux-Rupts. *Laneuville-au-Rupt.*
Neuville. *Villers-lez-Mangiennes.*
Neuville (La). *Laneuville-sur-Meuse.*
Neuville (La); Neufville-lez-Sathenay; Neufville a sou la chaucié devant Sathenay; Neufville - devant - la - Chaulcie - de - Sathenay. *Laneuville-sur-Meuse.*
Neuville-aux-Ruz (La). *Laneuville-au-Rupt.*
Neuville-sur-Orney. *Neuville-sur-Orne.*
Neuvilleyum; Neuvilliers. *Neuvilly.*
Nevant. *Nepvant.*
Nevilley. *Laneuville-aux-Forges.*
Nevilley; Nevilly. *Neuvilly.*
Neyves; Neyves-en-Blois. *Naives-en-Blois.*
Nicoium; Nicetum; Nicei; Nicy. *Nicey.*
Nisceivilla; Nissei-villa; Niceville; Nissevili; Nisseville. *Nixéville.*
Nissoy. *Nicey.*
Nivilliacum; Nivillei; Nivilley; Nivilli. *Neuvilly.*
Nixeivilla; Nixevilla; Nixeiville. *Nixéville.*
Nodosus-Pons; Noillompont. *Nouillonpont.*
Noniantum; Noniantus; Noniante; Nonientum. *Void.*
Nonsardium; Nonssec. *Nonsard.*
Norando (La). *Nosrentes (Ruisseau de).*
Notre-Dame-de-Blois; Notre-Dame-de-Broix. *Sainte-Anne-de-Broix.*
Notre-Dame-de-Refracour. *Refroicourt.*
Notre-Dame-de-Vaux. *Évaux.*
Noue-Lonpont. *Nouillonpont.*
Nouiers; Nouyers. *Noyers.*
Nouilloupont; Nouvillompont; Nouillon-Pont. *Nouillonpont.*
Nova-ex-sarto-villa. *Nonsard.*
Nova-villa. *Neuville-lez-Vaucouleurs.*
Nova-villa; Novavilla; Novavilla in Virdunesto; Novavilla in Verdunesyo. *Neuville-en-Verdunois.*
Nova-villa; Novavilla; Nova-villa-ad-Ornam; Novavilla in Barrensi comitatu; Novavilla - supra - Ornam. *Neuville-sur-Orne.*
Nova-villa; Nova-villa-a-Campis; Nova-villa super fluvium Mosæ; Nova-villa subtus Virdunum. *Neuville, c^te de Champneuville.*
Nova-villa; Nova-villa-ad-Mosam. *Laneuville-sur-Meuse.*
Nova - villa - ad - Rivos. *Laneuville-au-Rupt.*
Nova villa de Truaucourt. *Triaucourt.*
Noviantkum. *Nepvant.*
Novianthum; Noviantam; Novientum; Noviantus; Noviento-vico. *Void.*
Novilari. *Neuvilly.*
Novilla; Novilla-supra-Ornam. *Neuville-sur-Orne.*
Novillonpont; Nowillonpont. *Nouillonpont.*
Novumcastrum. *Neufchâteau.*
Novum-Sartum. *Nonsard.*
Novum-villare; Novovillare. *Neuvilly.*
Novus-Furnus. *Noufour (Le).*
Nubercuria; Nubescuria; Nubescourt. *Nubécourt.*
Nucium. *Noyers.*
Nuclearios. Les deux *Kœurs.*
Nuofville; Nueville. *Neuville-en-Verdunois.*
Nueuve-vile (La). *Laneuville-aux-Forges.*
Nueville (La); Nueuve-Vile de cà le pont de Sethensi. *Laneuville-sur-Meuse.*
Nueuville - sor - Ourne. *Neuville - sur-Orne.*
Numsart. *Nonsard.*
Nusbecourt. *Nubécourt.*
Nuvilleniacum. *Neuvilly.*

O

Oches. *Osches.*
Octovilla. *Euville.*
Odorns; Odornensis fluvius. *Ornain (L').*
Odornensis (Pagus). *Ornois - en - Barrois (L').*
Oelyville. *Lahayville.*
Oeyum; Oey. *Oëy.*
Offebris-curtis. *Raßcourt.*
Oingville. *Woinville.*
Oiseulxmont. *Ozomont.*
Oison (L'). *Loison.*
Oison. *Osson (L').*
Olese. *Olizy.*
Oliers; Olierres; Olliaria; Olliers. *Ollières.*
Oliseium; Oliziacum; Olixie; Ollezi. *Olizy.*
Orcadæ; Orcades; Orchadæ. *Ourches.*

Or-Fontaine. *Dore-Fontaine.*
Orgus. *Orgneu (Moulin d').*
Ormois. *Dormois (Le).*
Orna; super fluvium Orna. *Orne (L').*
Orna; Orna-in-Wapra; Orne. *Ornes.*
Ornæ; Orneum; Orne; Orney; Ornez. *Oraain (L').*
Ornaille; Ornella; Ornei-villa; Ornellis-villa; Ornil; Orneil; Ornelle. *Ornel.*
Ornensis pagus; pagus Orninsis. *Ornois-en-Verdunois (L').*
Ornez. *Ornois-en-Barrois (L').*
Orsemont. *Ozomont.*
Orius fluvius. *Othain (L').*
Oscadæ; Oscades; Oscadum; Oscadus. *Ourches.*
Oscara; Oscara-villa; Oscaravilla; Oscheva; Oscheva; Oschiæ; Osche. *Osches.*
Ostain; Ostin. *Othain (L').*
Ostrecourt. *Autrécourt.*
Otha. *Othain (L').*
Otiosus-Mons. *Ozomont.*
Ottovilla. *Euville.*
Ouche; Ousche. *Osches.*
Ouey. *Oëy.*
Ouliers; Oulliers. *Ollières.*
Ourmansan. *Ormanson.*
Ousoumont; Ouzoumont. *Ozomont.*
Oynville. *Woinville.*
Oyson (L'). *Loison.*
Ozeuville; Ozeville. *Auzéville.*

P

Palamei; Palamey; Palmaey. *Palameix.*
Palecroix; Palecroix-lez-Verdun; Pallecroix. *Paul-Croix.*
Paouily; Paouilly; Paouvilly; Pauwilly. *Pouilly.*
Pararicum; Pacarium; Parata; Parcida; Parcidum; Paredum; Parecium; Paredium; Parcium; Parctum; Parers; Parex; Parey; Pareyen - Voipvre; Pareys; Parez - en - Woyvre. *Pareid.*
Pardidum. *Parois.*
Parfonru; Parfonrux. *Parfondrupt.*
Parges; Pargia. *Éparges (Les).*
Pargneium - ad - Rupem-albam; Parneium; Pargoy; Pargney-la-Blache-Coste; Pargney-sur-Meuse, vulgairement la Blanche-Côte. *Pagny-la-Blanche-Côte.*
Pargneium *et* Pargneyum-supra-Mosam; Parneium; Parneium-supra-

Mosam; Parnicum; Pargney-surs-
Muesze; Pargny-sur-Meuse. *Pagny-
sur-Meuse.*
Paridum; Parrida; Parridum; Parrey;
Porreys. *Pareid.*
Paridum inter Consentiam et Luinam;
Paridum inter Cosentiam et Lu-
mam; Parregium; Parridum; Pa-
roix; Paroy; Paroye; Parroye; Pa-
roys; Parroys. *Parois.*
Parney. *Prény.*
Parrochia. *Paroches (Les).*
Parthensis (Pagus); Partois (le). *Per-
thois (Le).*
Parvo-villari. *Peuvillers.*
Parvum-Resfroydum. *Reffroy.*
Parvus-Clareeus. *Cléry-le-Petit.*
Paterniacum; Paterniacus. *Pagny-la-
Blanche-Côte.*
Paternaeum; Paterniacus; Paterni-
cum. *Pagny-sur-Meuse.*
Pauée (Le). *Pavé (Le).*
Paugneyum-supra-Mozam. *Pagny-sur-
Meuse.*
Pauilly. *Pouilly.*
Pauli-Crux; Pauli-curtis; ad Pauli-
Crucem cella; de Pauli-Cruce; Paul-
court; Paulcroix. *Paul-Croix.*
Pauniacum; Panniacus-vicus. *Pagny-
sur-Meuse.*
Pauvres-Malades (Les). *Saint-Privat.*
Péchaumeix. *Pichaumeix.*
Peieurt. *Ippécourt.*
Perfunt-rivus; Perfonru. *Parfondrupt.*
Pertensis (Pagus); pagus Pertisus.
Perthois (Le).
Pertusa-petra. *Borne-Trouée (La).*
Pertusum-Mosæ. *Vertuzey.*
Petit-Clarey; Petit-Clevey; Petit-Cléry.
Cléry-le-Petit.
Petite-Beurés. *Beurey-la-Petite.*
Petite-Forté (La). *Ferté (La).*
Petite-Keure. *Kœur-la-Petite.*
Petite-Loupy. *Louppy-la-Petite.*
Petite-Mandres (La). *Mandre-la-Pe-
tite.*
Petite-Sohesme; Petite-Soubeme. *Sou-
hesme-la-Petite.*
Petites-Islottes (Les). *Petites-Islottes
(Les).*
Petit-Keure. *Kœur-la-Petite.*
Petit-Louppey; Petit-Loupi; Petit-
Louppy. *Louppy-le-Petit.*
Petit-Mars. *Marat-la-Petite.*
Petit-Meharon; Petit-Mehairon. *Mont-
hairon-le-Petit.*
Petit-Nançoy; Petit-Nancy; Petit-Nan-
soy; Petit-Nançois. *Nançois-le-Petit.*

Petit-Quievre. *Kœur-la-Petite.*
Petit-Vaux (Le). *Petit-Val.*
Petit-Vernuel; Petit-Vernul; Petit-Vi-
reuil. *Verneuil-le-Petit.*
Petits-Malades (Les). *Saint-Privat.*
Petra-ficta; Petraficta. *Pierrefitte.*
Petra-villa; Petravilla; Petrivilla; Pe-
trivilla-in-Vapra. *Pierreville.*
Peuviler. *Peuvillers.*
Piechunmes; Pichaumé; Pichaumey.
Pichaumeix.
Pie-villa. *Pintheville.*
Picta-villa. *Pintheville.*
Pierfitte; Pierefitte; Pierfitte. *Pierrefitte.*
Pilom; Pillonium; Pillonnum; Pilo;
Pilon. *Pillon.*
Pilleventeu; Pile-Vêtu. *Pilvitouil.*
Pilomière. *Pichaumeix.*
Pimodan; Piedmodant. *Piémodin.*
Pincta-villa; Pinctavilla; Pinctei-villa;
Pinctevile; Pinte-ville; Pinteville.
Pintheville.
Piochunmes. *Pichaumeix.*
Piroué. *Péroye.*
Piroüé. *Pérois.*
Pizons (Ban des). *Épilon.*
Planus-Mons; Planomons. *Pleinemont.*
Polliacum. *Pouilly.*
Pons; Pons-ad-Mosam; Pons-supra-
Mosam; Pont. *Pont-sur-Meuse.*
Pont (En). *Hôtel-de-Ville (Rue de l').*
Ponthevilla; Saint-Nicolas-de-Ponte-
ville. *Pontheville.*
Ponthon; Ponthoüe; Ponthou. *Pon-
toux.*
Pont-Meuse. *Pont-de-Meuse.*
Popé; Popei. *Popey.*
Porcensis (Pagus); pagus Porcianus;
pagus Porticensis. *Porcien (Le).*
Porte le Juste. *Champ (Tour du).*
Posticum. *Puty.*
Postviler; Postvillare. *Peuvillers.*
Poucianis. *Épilon.*
Poué (Fauxbourg du). *Pavé (Le).*
Pourins (Roches des). *Poirons (Roches
des).*
Pouvillers. *Peuvillers.*
Pouvilliacum; Pouvily; Ponovily;
Poulliez. *Pouilly.*
Pratella; Pratum. *Pretz.*
Pratum; Preis. *Pré (Fauxbourg du).*
Pratum-Sanctæ-Mariæ. *Évêque (Pré l').*
Pravilly. *Prouilly.*
Preis (Pont du). *Augustins (Pont des).*
Prenoi-ville. *Proiville.*
Preus; Preiz; Prez. *Pretz.*
Primiceriatus; Primicerius. *Princier.*
Priodorum. *Brieulles-sur-Meuse.*

Profondus-Rivus. *Parfondrupt.*
Prosvilla; Prouvillei; Proiville-lez-
Dun. *Proiville.*
Prouilly-auprès-de-Setanoy. *Prouilly.*
Proy; ville de Proy. *Parois.*
Prusvilleres. *Peuvillers.*
Pulcher-Ramus. *Belrain.*
Pulliacum. *Tilly.*
Pusionis. *Épilon.*
Pusvillare; Putteivillare; Puvillaris;
Pavillari; Putvilter. *Peuvillers.*
Puteus-coopertus. *Couvertpuis.*
Putis; Puty-Sainte-Croix. *Puty.*

Q

Quabrensis. *Woëvre (La).*
Quadensi-vallis. *Vauquois.*
Quaincy. *Quincy.*
Quala. *Creue (Ru de).*
Quala. *Culey.*
Quatuor-Valles. *Quatre-Vaux.*
Quemenieres. *Cumières.*
Quenolle. *Cunel.*
Quevonges. *Consonges.*
Quievre (Petit). *Kœur-la-Petite.*
Quievres; Grand-Quievre. *Kœur-la-
Grande.*
Quinciacum. *Quincy.*
Quinciacum-villa in fine Wabrense;
Quincey. *Quincy.*
Quiquenpoix. *Cliquenpoix.*

R

Rabucort; Rabucurt. *Rambucourt.*
Racherei-curtis; Raecherei-curtis; Ra-
cheri-curtis. *Récicourt.*
Radherei-curtis. *Rarécourt.*
Rafcourt; Rafecour. *Refécourt.*
Ragieuris. *Richecourt, ferme.*
Ragnerii-villa. *Regnéville.*
Raheri-curia; Raheri-curtis; Raherei-
curtis; Raherei-villa et Curta-villa.
Rarécourt.
Rahiseo. *Richecourt, village.*
Raimbercort; Raimbeicourt; Raimber-
court; Rainbercourt-le-Potier. *Rem-
bercourt-aux-Pots.*
Rambauclin. *Rambluzin.*
Rambaucour. *Rambucourt.*
Ramberti-curia-ad-Olias; Rambertcu-
ria-ad-Pontes; Ramberti-curtis;
Rambercurt; Rambercourt-as-Pos;
Rambecourt-au-Pot; Rambécour-

Roboretum. *Rouvrois-sur-Meuse.*
Roboretum. *Rouvrois-sur-Othain.*
Rochamp. *Bas-Bruat.*
Roche-le-Bruly (La). *Roche (La).*
Roeux. *Rupt-sur-Othain.*
Rofrodicurtis. *Refroicourt.*
Rogeri-cortis; Rogeri-curtis. *Réchicourt.*
Rogisicurtis. *Récicourt.*
Roizia; Roize. *Roises (Les).*
Rolcour. *Raulecourt.*
Romabach. *Rembercourt-aux-Pots?*
Romanæ; Romanus; Romaniæ; in Romanges; Romagna-suptus-Costas; Romaigne-soub-les-Costes; Romangnes; Romei-villa; Romigne. *Romagne-sous-les-Côtes.*
Romaniæ; Romanneis; Romaiguesoubs-Montfaucon; Rommagne; Rommaigne. *Romagne-sous-Montfaucon.*
Rommeville. *Romagne-sous-Montfaucon.*
Romont. *Rumont.*
Romvilla. *Ronville.*
Rona; Ronne. *Rosnes.*
Roncuria; Roncourt. *Rancourt.*
Ronei-villa. *Régneville.*
Ronval-en-Weivre; Ronvaulx. *Ronvaux.*
Rooldi-curtis. *Raulecourt.*
Roratum-Masniellum. *Rosa ou Rouvres.*
Roronicum. *Rouvres.*
Roseium; Rosetum; Rosay; Rosat; Rosoi; Rosoi de lez Rouvre; Rosor. *Rosa.*
Roseræ; Roseria; Roseriæ; Roseriæ-prope-Barrum; Roseris; Roseires; Rosieres. *Rosières-devant-Bar.*
Roseriæ in Blesonai pago; Roseriæ prope Gondricuriam; Roserium-in-Blesis; Rosieres. *Rosières-en-Blois.*
Rotfredi-curtis; Rotfridi-curtis. *Refroicourt.*
Rotunda-vallis. *Ronvaux.*
Rouchecourt. *Rougecourt.*
Roucourt. *Rancourt.*
Rougnaucourt. *Rignaucourt.*
Roullecour. *Raulecourt.*
Roumaigne. *Romagne-sous-Montfaucon.*
Roumengnes. *Romagne-sous-les-Côtes.*
Roumont. *Rumont.*
Rouretum. *Rouvrois-sur-Meuse.*
Rourovicum; Rourum-vicum. *Rouvres.*
Rouvaux. *Ronvaux.*
Rouve; Rouville. *Rouvres.*
Rouvroy-sous-Ostain; Rouvroy-sur-Antin ou sur Othin; Rouvroy. *Rouvrois-sur-Othain.*
Rouville. *Romagne-sous-les-Côtes.*
Meuse.

Rouvray; Rouvre; Rouvroi; Rouvroy; Rouvroy-sur-Meuse. *Rouvrois-sur-Meuse.*
Rouxeriæ prope Gondricuriam. *Rosières-en-Blois.*
Rovra; Rovræ; Rovreium; Rovre; Rowre. *Rouvres.*
Rovreium. *Rouvrois-sur-Othain.*
Rovreium; Rowrai. *Rouvrois-sur-Meuse.*
Roza. *Rosa.*
Rozatum-Masnillum. *Rosa.*
Rozieres. *Rosières-devant-Bar.*
Rozieres. *Rosières-en-Blois.*
Ru. *Rupt-sur-Othain.*
Ru; Ruh; Ville-Ru; *Rupt-en-Woëvre.*
Ru d'Aiche. *Ache (L').*
Ru de l'Estang. *Chabronne (La).*
Ru de Math; ru de Maid; ru de Mais. *Mad (Rupt-de-).*
Ruacort. *Riaucourt.*
Ruauville; Ruaville. *Riaville.*
Rubert-Espaneus. *Robert-Espagne.*
Rubrum. *Rouvres.*
Rufferoix. *Reffroy.*
Rugniville. *Régneville.*
Ruht. *Rupt-devant-Saint-Mihiel.*
Rumons; Rumontium. *Rumont.*
Runillum-prope-Sampigneyo. *Rupt-devant-Saint-Mihiel.*
Rup. *Rupt-sur-Othain.*
Rup de leis Amblonville; Rupes; Rupt. *Rupt-en-Woëvre.*
Rupe (Capelle de). *Roche (La).*
Rureicurtis. *Rarécourt.*
Rus; Rus-ad-Monales; Rus-les-Dames. *Rupt-aux-Nonnains.*
Rus; Rus-devant-Saint-Mihiel; Ruth. *Rupt-devant-Saint-Mihiel.*
Rus de Creuve. *Creue (Ru de).*
Ruth. *Rupt-sur-Othain.*
Rutmont. *Rumont.*
Ruvera; Ruvera in Vepria. *Rouvres.*
Ruvienc; Ruvignei; Ruvigny. *Revigny.*
Rux. *Rupt-en-Woëvre.*
Rux-aux-Nonnains; Ruz. *Rupt-aux-Nonnains.*
Rux-lez-Sainct-Mihiel; Ruz; Ruz-devant-Saint-Mihel. *Rupt-devant-Saint-Mihiel.*
Ryauville. *Riaville.*

S

Sabvonières. *Savonnières-en-Woëvre.*
Sacey. *Sasscy.*
Saincthiler; Saincthilier; Saintelier; Saintylier. *Saint-Hilaire.*

Sainct-Maurice-soub-les-Costes. *Saint-Maurice-sous-les-Côtes.*
Sainct-Ylaire; Saint-Ylier. *Saint-Hilaire.*
Saint-Agri; Saint-Agric; Saint-Agry; Saint-Airi; Sainct-Airicq; Sainct-Airig. *Saint-Airy.*
Saint-Amans; Saint-Amant. *Saint-Amand.*
Saint-Andrea; Saint-Andrés. *Saint-André.*
Saint-Anian; Saint-Agnan. *Saint-Agnan.*
Saint-Antoine de Dom-Remy. *Saint-Antoine.*
Saint-Ari; Sainct-Arig; Sainct-Arrig; Saint-Arry. *Saint-Airy.*
Saint-Aubin-aux-Auges; Sainct-Aubin. *Saint-Aubin.*
Saint-Baldéric. *Saint-Baudry.*
Saint-Bartemeu. *Saint-Barthélemy.*
Saint-Benoit-en-Weyvre, Saint-Benoid; Saint-Benoist-dessous-Hadonchastel; Saint-Benoît-en-Wevre ou en Woëvre. *Saint-Benoît.*
Saint-Christophe. *Vieux-Montier.*
Saint-Christophe-aux-Bois. *Saint-Christophe.*
Saint-Esvre. *Saint-Èvre.*
Saint-Ferius; Saint-Ferjus; Saint-Fericul. *Saint-Féréol.*
Saint-Geoir. *Saint-Joire.*
Saint-Gergonne. *Saint-Gorgon.*
Saint-Germain-à-la-Crosse. *Saint-Germain-sur-Meuse.*
Saint-Hilier; Sainct-Hylliers. *Saint-Hilaire.*
Saint-Hou; Saint-Houd. *Sainte-Hoïlde.*
Saint-Houry. *Saint-Oury.*
Saint-Jean; Saint-Jean-de-Rhode. *Hôpital-Saint-Jean (L').*
Saint-Jean-de-Jérusalem-de-Laucourt; Saint-Jean-de-Leucourt; Saint-Jean-de-la-Cour. *Saint-Jean-de-Laucourt.*
Saint-Jean-des-Grands-Malades; Saint-Jean. *Malades (Champ-des-).*
Saint-Joire-Jonas; Sainct-Joyre. *Saint-Joire.*
Saint-Julian; Saint-Juliion. *Saint-Julien.*
Saint-Laurens. *Saint-Laurent.*
Saint-Lis; Saint-Ly. *Saint-Lie.*
Saint-Maour; Saint-Maure. *Saint-Maur.*
Saint-Maur-Rue. *Chevert (Rue).*
Saint-Maurice-lez-Estain; Sainct-Morise, Sainct-Morisse; Sainct-Morize. *Saint-Maurice-en-Woëvre.*

Saint-Michel; Saint-Miel; Saint-Mihe; Saint-Mihier. *Saint-Mihiel.*

Saint-Mor; Saint-Mor-de-Verdun. *Saint-Maur.*

Saint-Morise. *Saint-Maurice-sous-les-Côtes.*

Saint-Mor-Rue; Saint-Morrue; Saint-Morue. *Chevert* (*Rue*).

Saint-Nicolas-de-Gravier; Saint-Nicolay-dou-Pont-à-Graviere. *Saint-Nicolas-de-Gravière.*

Saint-Nicolas-de-Ponteville. *Ponteville.*

Saint-Nicolas-de-Sephan. *Saint-Nicolas-de-Sept-Fonds.*

Saint-Nicolas-Desprez; Saint-Nicolas-des-Pretz; Saint-Nicolas-du-Pré-lez-Verdun. *Saint-Nicolas-des-Prés.*

Saint-Oulry; Saint-Ouri. *Saint-Oury.*

Saint-Pierre-dans-le-Châtelet; Saint-Pierre-d'Angely; Saint-Pierre-l'Angelo; Sainct-Pierre-Langelé. *Saint-Pierre-l'Angelé.*

Saint-Pierre-le-Chairiel; Saint-Pierre-le-Chawrier; Saint-Pierre-le-Cher; Saint-Pierre-le-Chéri; Saint-Pierre-le-Chevril; Saint-Pierre-le-Chairy; Saint-Pierre-le-Cheurier; Saint-Pierre-le-Chévrier; Saint-Pierre-le-Chevry. *Saint-Pierre-le-Chairé.*

Saint-Pierre-Viller; Saint-Pierre-Villers. *Saint-Pierrevillers.*

Saint-Poule; Sainct-Poulle; Saint-Poulo-de-Verdun; Saint-Paul-lez-Verdun. *Saint-Paul.*

Saint-Prive; Saint-Privé; Saint-Privée; Saint-Privé-lez-Verdun. *Saint-Privat.*

Saint-Remei-au-Mont-Saint-Venne. *Saint-Remy, église.*

Saint-Remy-les-Palameix. *Saint-Remy, village.*

Saint-Rouyn. *Saint-Rouin.*

Saint-Salvour (Maison-Dieu-); Saint-Sauveur (Maison-Dieu-). *Sainte-Catherine.*

Saint-Salvour; Saint-Savour; Saint-Saulveur; Sainct-Sauveur. *Saint-Sauveur.*

Saint-Udalric. *Saint-Oury.*

Saint-Venne; Saint-Venne-de-Verdun *Saint-Vanne.*

Saint-Victour. *Saint-Victor, église.*

Saint-Victourrue. *Saint-Victor, rue.*

Saint-Viton. *Saint-Vanne.*

Sainte-Ashoul; Sainte-Hou; Sainte-Houlde. *Sainte-Hoilde.*

Sainte-Katherine-des-Croces. *Sainte-Catherine.*

Sainte-Liber; Sainte-Libaire. *Sainte-Libère.*

Sainte-Lucie-du-Mont. *Sainte-Lucie.*

Salamania; Salamagnia; Salamna; Salamannia; Salemania; Salemagne; Salemonne. *Salmagne.*

Saldoi. *Lachaussée?*

Salderensis. *Saudrupt.*

Salceum. *Saulx* (*La*).

Salemont. *Silmont.*

Salicetum. *Saulcy.*

Salix. *Saulx* (*La*).

Salix. *Saulx-en-Barrois.*

Salix. *Saulx-en-Woëvre.*

Sallamona. *Silmont.*

Salmagia; Sallemania; Sallemagne; Sallemanne; Sallemange; Sallemenne; Salmaigne. *Salmagne.*

Salmoreium. *Saulmory.*

Saltus. *Saulx* (*La*).

Saltus. *Saulx-en-Barrois.*

Saltus. *Saulx-en-Woëvre.*

Salvangis. *Salvange.*

Salviaco. *Sauvoy.*

Salvinicium; Salviniaco palatio. *Sauvigny.*

Sammoignois; Samogeia; Samogneum; Samogneul; Samognieux; Samognues; Samoigneux; Samougneulx; Samougnnex; Samougnueix; Samougnues; Samougnueis. *Samogneux.*

Samourei; Samourey. *Saulmory.*

Sampineium; Sampinciaeum; Sampineyum; Sampiniaeum; Sampinieum-castrum; Sampignaeum; Sampignaeum; Sampigneum; Sampigneyum; Sampignei; Sampigney. *Sampigny.*

Sancta-Ashuldis. *Sainte-Hoïlde.*

Sancta-Clara. *Sainte-Claire.*

Sancta-Crux. *Sainte-Croix.*

Sancta-Hoïldia. *Sainte-Hoïlde.*

Sancta-Lucia; mons Sanctæ-Luciæ. *Sainte-Lucie.*

Sancta-Ohildis. *Sainte-Hoïlde.*

Sancti-Mauri vicus; vicus Sancti-Mauri-Virduni. *Chevert* (*Rue*).

Sancti-Salvatoris hospitalis. *Sainte-Catherine.*

Sanctus-Agericus. *Saint-Airy.*

Sanctus-Albinus. *Saint-Aubin.*

Sanctus-Amancius prope Lineyum; Sanctus-Amandus; Sanctus-Amantius. *Saint-Amand,* village.

Sanctus-Amantius; Sanctus-Amantius in monte Sancti-Vitoni. *Saint-Amand,* église.

Sanctus-Andraeas; Sanctus-Andreas. *Saint-André.*

Sanctus-Anianus. *Saint-Agnant.*

Sanctus-Benedictus; Sanctus-Benedictus-in-Wavria ou in Vepria. *Saint-Benoît.*

Sanctus-Christoforus. *Saint-Christophe.*

Sanctus-Dagobertus apud Sathanaeum villa; Sanctus-Dagobertus in Satanaco; ecclesia sancti martyris Dagoberti. *Saint-Dagobert-de-Stenay.*

Sanctus-Georgius. *Saint-Joire.*

Sanctus-Germanus; Sanctus-Germanus ad Cambutam; Sanctus-Germanus supra Mozam. *Saint-Germain-sur-Meuse.*

Sanctus-Germanus; Sanctus-Germanus-Montis-Falconis; abbatia Sancti-Germani. *Saint-Germain-de-Mont-faucon.*

Sanctus-Goerius prope Ribaldicuria. *Saint-Joire.*

Sanctus-Gorgonius. *Saint-Gorgon.*

Sanctus-Hilarius. *Saint-Hilaire,* village.

Sanctus-Hylarius. *Saint-Hilaire,* c^ de Longchamp.

Sanctus-Hylarius prope Villam-super-Saut; Sanctus-Hylarius-super-Saut. *Saint-Hilaire,* c^ de Lisle-en-Rigault.

Sanctus-Joannes. *Saint-Jean-lez-Buzy.*

Sanctus-Joannes-prope-Stannum. *Hôpital-Saint-Jean* (*L'*).

Sanctus-Julianus; Sanctus-Julinlaeus. *Saint-Julien.*

Sanctus-Lambertus. *Saint-Lambert.*

Sanctus-Laurentius. *Saint-Laurent.*

Sanctus-Martinus. *Fontaine-Saint-Martin.*

Sanctus-Martinus; Sanctus-Martinus in suburbio. *Saint-Airy.*

Sanctus-Martinus; Sanctus-Martinus super fluvium Mosam; Sanctus-Martinus-de-Sorceyo. *Saint-Martin,* c^ de Sorcy.

Sanctus-Mauricius; Sanctus-Mauritius; Sanctus-Mauritiusp rope Hattonis-castrum. *Saint-Maurice-sous-les-Côtes.*

Sanctus-Mauritius; Sanctus-Mauricius-prope-Stannum; Sanctus-Mauritius-in-Vepria. *Saint-Maurice-en-Woëvre.*

Sanctus-Maurus; Sanctus-Maurus-in-Virduno. *Saint-Maur.*

Sanctus-Maximus infra castrum Barrodueis; Sanctus-Maximus de Barro-Duce. *Saint-Maxe.*

Sanctus-Medardus. *Saint-Médard.*
Sanctus-Michaelis; Sanctus-Michaelisante-Virdunum. *Saint-Michel, côte.*
Sanctus-Michaelis; Sanctus - Michelis; Sanctus-Michaëlis vicum et castrum; fanum Sancti-Michaëlis; Saint - Michael; Saint - Michal; monasterium Sancti-Michaelis; Sanctus - Mihiellanius. *Saint-Mihiel.*
Sanctus-Moricius. *Saint-Maurice-sous-les-Côtes.*
Sanctus-Odelricus. *Saint-Oury.*
Sanctus-Paulus; Sanctus-Paulus-Virduni; Sanctus-Paulus in suburbio Virdunense; Sanctus-Paulus juxta murum Virduni urbis; Sanctus-Paulinus-Virdunensis. *Saint-Paul.*
Sanctus-Petrus-Angelatus. *Saint-Pierre-l'Angelé.*
Sanctus-Petrus-Cathedratus vel Cathedraticus; Sanctus-Petrus-Caprarius seu Capricornus; Sanctus-Petrus-Charus; Sanctus - Petrus - Dilcctus. *Saint-Pierre-le-Chairé.*
Sanctus-Petrus extra castrum in villa superiori. *Saint-Pierre, c^te de Barle-Duc.*
Sanctus-Petrus in suburbio Virdunensis; abbatia Sancti-Petri. *Saint-Vanne.*
Sanctus-Petrus-Villaris. *Saint-Pierrevillers.*
Sanctus-Privatus. *Saint-Privat.*
Sanctus-Remigius. *Saint-Remy.*
Sanctus-Rodingus. *Saint-Rouin.*
Sanctus-Salvator. *Saint-Sauveur.*
Sanctus - Theopbaldus. *Saint-Thiébaultlez-Saint-Mihiel.*
Sanctus-Ulricus. *Saint-Oury.*
Sanctus-Urbanus. *Saint-Urbain.*
Sanctus-Victor. *Saint-Victor.*
Sanctus-Videmus; Sanctus-Vitonus; Sanctus-Vitonus-Virduni; Sanctus-Vitonus-Virdunensis; Sanctus-Vittonus. *Saint-Vanne.*
Sanctus-Walfragius; Sanctus-Wolfraius. *Saint-Valfroy.*
Sanctus-Ylarius. *Saint-Hilaire, c^te de Lisle-en-Rigault.*
Sanctus-Ylarius. *Saint-Hilaire, c^te de Longchamp.*
San-Mihiellanius. *Saint-Mihiel.*
Sapiencort. *Spincourt.*
Saponaria; Saponariæ; Saponarias; Saponariæ-in-Vepria. *Savonnières-en-Woëvre.*
Saponariæ; Saponarias. *Savonnièresdevant-Bar.*

Saponariæ; Saponariæ-in-pago-Parthensis. *Savonnières-en-Perthois.*
Saporosum (Nansoyum-); Nanceiumsaporosum; Nancetum-saprosum. *Nançois-le-Grand.*
Saptiminium. *Samogneux.*
Saptiminium. *Sampigny.*
Saptiminium. *Stenay.*
Sarcæ; Sarcis. *Seuxey.*
Sarmensis (Pagus). *Carme (Pays de).*
Sarnacum; Sarncium; Sarnay. *Sarncy.*
Sarto-villa. *Nonsard.*
Sasleium; Sasseium; Sassum; Sascey; Sassay; Sasseye. *Sassey.*
Satan; Satanacum; Satanacum - castrum; Satanagium-castrum; Satanagus; Satanaca - villa; Satanicavilla; Sataniacum; Satanicum; Satanay. *Stenay.*
Satanacensis (Pagus). *Astenay (L').*
Saten; Satenaius; Satenay; Sathanagium; Sajbanacum; Sathanacum-villa; Sathaniacum; Sathanacense; Sathanacensi; Sathanagum; Sathanai; Sathanay; Sathena; Sathenae; Sathenacum; Sathensium; Sathenay; Sathenois; Sathiniacum; Sathinnacum; Sathinidium; Sathonagium; Saliniacum. *Stenay.*
Satenvilla. *Stainville.*
Sathanæ-villa. *Stainville.*
Sauciacum. *Seuxey.*
Saudrullum; Saudrurium; Saudreu; Saudrux; Saudru; Sauldrux. *Saudrupt.*
Sauliaco-vico; Saulieres. *Souilly.*
Sauls; Sault; Saulx; Saut. *Saulx-en-Barrois.*
Sault. *Saulx-en-Woëvre.*
Sauls; Saulz - devant - Saint - Aubin. *Saulx-en-Barrois.*
Saumogneux. *Samogneux.*
Saumore; Saumorey; Saumory; Saumoure; Saumourey. *Saulmory.*
Saunoy. *Sauvoy.*
Sauriciaco. *Sorcy.*
Sausiacum. *Seuxey.*
Saut; riveria de Sauz; en la rivière de Sauz. *Saulx (La).*
Sauve. *Soff.*
Sauvigneium; Savinaeo-vico. *Sauvigny.*
Saux. *Saulx-en-Woëvre.*
Saux; Saux. *Saulx-en-Barrois.*
Saveray. *Seuxey.*
Saviniacum; Savigni. *Sepvigny.*
Savoneriæ; Savonneres; Savonniersdevant-Bar; Savounnéres. *Savonnières-devant-Bar.*

Savoniæ; Savonariæ; Savoniere; Savonieres-les-Trognon. *Savonnièresen-Woëvre.*
Savouniers-en-Pertoys. *Savonnières-en-Perthois.*
Savroux (Nançois-le-). *Nançois-le-Grand.*
Sbinicuria; Sbincourt. *Spincourt.*
Scallon. *Chaillon.*
Scancia; Scantia; Scantia-villa. *Scance.*
Scancia; Scantia; Scantia fluviolus. *Scance (La).*
Scarmensis (Pagus); pagus Scarmis. *Carme (Pays de).*
Schécourt. *Chécourt.*
Sclabis (Virdunum in). *Claves (Les).*
Scortias (Scorze). *Sincretel.*
Seaux; Sceaux. *Saulx-en-Barrois.*
Schincour. *Spincourt.*
Sochanis-villa. *Chonville.*
Sectenvila. *Stainville.*
Seigneville. *Seigneulles.*
Selandre. *Schelandre.*
Selaur. *Seloure (Ruisseau de).*
Selvigneium. *Sauvigny.*
Sempiniacum; Sempignicium; Sempigney. *Sampigny.*
Senart. *Senard.*
Seniolæ. *Seigneulles.*
Seniolæ. *Signeulles.*
Seno. *Senon.*
Senodis fluvius. *Signeulles (Ru de).*
Senonis-curia. *Senoncourt.*
Senonis-villa. *Senonville.*
Senonium; Senonensis; Senons. *Senon.*
Sophan; Sephond. *Sept-Fonds.*
Sepiencort. Sepiencourt; Sepincourt. *Spincourt.*
Septem-villa; Septem-villæ. *Stainville.*
Septimium; Septiniacum; Septiniacum-castrum. *Stenay.*
Septimum locum; Septimum molum; Septimum-Niolum. *Samogneux.*
Sept-Serge; Sepsarge. *Septsarges.*
Septumacum. *Samogneux.*
Sepviniacum. *Sepvigny.*
Serauceria; Serocuria; Seraucort; Serauicourt; Serautcourt; Seroncourt. *Seraucourt.*
Servisiacum; Scrvigny; Servisy; Servixy. *Cervisy.*
Setainville; Setonville. *Stainville.*
Sethenae; Sethenac; Sethenai; Sothenaium; Settenai; Setunia. *Stenay.*
Setia. *Cosse.*
Seuzy. *Seuxey.*
Savignei. *Sepvigny.*
Sevodium. *Sauvoy.*
Sibiencort. *Spincourt.*

37

Sieræ. *Cierges.*

Signeul; Signeullay; Signcules. *Signculles.*

Signeulle. *Seigneulles.*

Silemons; Silini-Mons; Silinimons; Silimons; Sillemons; Sillemont; Silomons; Silmons. *Silmont.*

Silvacus; Silvagium; Silviacus; Silviaco; Silviaco palatio; Silvianus; *Sauvoy.*

Silvenge. *Salvange.*

Simay. *Sumay.*

Siverey; Sivery; Sivery-sur-Meuse; Sivreyum-super-Mosam; Sivray-sur-Meuze; Sivry-sur-Mouse. *Sivry-sur-Meuse.*

Sivery; Sivray; Sivray-en-Woëvre. *Xivray.*

Sivreium-ad-Perticam; Siverei; Sivery-la-Perche. *Sivry-la-Perche.*

Skarmensis (Pagus). *Carme (Pays de).*

Smazanos. *Soumazannes.*

Soalna. *Saulx-en-Woëvre.*

Sohesmiæ; Sohesme; Sohesmes; Sohesme - la - Grande. *Souhesme - la - Grande.*

Sohesmia - Parva; Sohesme- la- Petite. *Souhesme-la-Petite.*

Soilleriæ; Soillei; Soilleres; Soilliers. *Souilly.*

Soirei; Soirey. *Soiry.*

Soizy. *Souilly.*

Solari; Soleium; Solerium; Soleriæ; Soli; Soliacum; Solidiacum; Soliolum; Solium; Solleium; Sollesit; Solleum; *Souilly.*

Solimons; Solinimons. *Silmont.*

Sollery. *Solry.*

Solvengis. *Salvange.*

Somfeu. *Sompheu.*

Somma-Aisennarum; Somm'Azanne; Somme-Azanne. *Soumazannes.*

Somma-Axonæ; Somm'Aisne; Somme-Aisne; Somme-Ane; Sommeuxe. *Sommaisne.*

Somma-Deva; Somma-Deuvia; Somma-Divæ; Som-Dieuë; Somedieue; Somme-Deu; Somme-Dieuve; Somme-Dievue; Somme-Dieu; Sommedievue; Sommediewe. *Sommedieue.*

Sommaille; Sommeil; Sommeuelle; Sommeille. *Sommeilles.*

Somme-Lonne; Sommelonia; Sommelongue. *Sommelonne.*

Sommiers; Sommièvre; Sommierres-lez-Saint-Aubin-aux-Auges. *Sommière.*

Somniacum. *Sommeilles.*

Soncourt. *Xoncourt.*

Sontreville. *Soutry.*

Sonus-Martis. *Marson.*

Sorbeium; Sorberolium; Sorbeum; Sorbiacum; Sorbé; Sorbois; Sorberhe; Sorbes; Sorbet; Sorbez. *Sorbey.*

Sorceim; Sorceyum; Sorceyum-castrum; Sorciacum-castrum; Soriacous; Soricacus; Sorcei; Sorcey. *Sorcy.*

Sore; Soret. *Sorel.*

Sorcy. *Sorray.*

Sosi. *Souilly.*

Sotréo. *Soutrey.*

Soubazanne; Soubmasanne; Soubmazannes; Soubmasanne; Sousmazane. *Soumazane. Soumazannes.*

Soubhesmes; Souhame; Souhaime; Souheme; Souheme-la-Grande. *Souhesme-la-Grande.*

Souilleriæ; Soulliacum; Souilliores; Souilliers; Souillers; Souilli; Soullier; Soulliers; Soulliez; Soulluer; *Souilly.*

Souplexille. *Souppléville.*

Soustreville; Soutreuille; Souldreville; Soutreville. *Soutry.*

Southesme. *Souhesme-la-Grande.*

Soutreie; Soutreies; Soutreiz. *Soutrey.*

Souvigney. *Sauvigny.*

Sovelaines. *Velaines.*

Spanulfi-villa. *Épinonville.*

Spargiæ. *Éparges (Les).*

Sphanulpbi-villa. *Épinonville.*

Spinicuria. *Spincourt.*

Sptainville. *Stainville.*

Stadiensis (Archidiaconatus). *Astenay (Archidiaconé d').*

Stadinisum; Stadinisium; Stadinum; Stadonum; Stadunum. *Stenay.*

Stadinisua (Pagus); pagus Stadinensis; Stadium; Stadunum; pagus Stadsnensi, Stadonensis ou Stadunensis. *Astenay (L').*

Stadonis-villa. *Éton.*

Stagium; Stagnum. *Étanche (L').*

Stagnom; Stagnum-castellum; Stannum; villa de Stain. *Étain.*

Stainvilla. *Stainville.*

Stanacum-castrum. *Stenay.*

Stanchia; Stanchiui. *Étanche (L').*

Statunensi comitatus; in comitatu Stariense; pagus Stenacensis; pagus Stenius. *Astenay (L').*

Stein. *Étain.*

Stenacum; Stenaium; Sthenay. *Stenay.*

Stilliacum. *Tilly.*

Stinville. *Stainville.*

Studonis-villa; Stonnum; Studonis-villa. *Éton.*

Subazanna. *Soumazannes.*

Subterior-villa; Subterice-villa; Subtriavilla. *Soutry.*

Sudivium. *Sommedieue.*

Sulemons; Sulemont; Sulemunt; Sulimunt; Sulinimons; Sullomont. *Silmont.*

Sumejacum; Sumeiacum. *Sumay.*

Summa-Aisenna. *Soumazannes.*

Summæ-Asnia; Summa-Asniæ; Summa-Ausona; Summa-Axona. *Sommaisne.*

Summa - Deuvin; Summa - Deuwla; Summa-Devia; Summa-Dewia. *Sommedieue.*

Summa-Deuvia; Summa-Dewia. *Sources-Drillantes.*

Summalons. *Sommelonne.*

Summella. *Sommeilles.*

Summomons; Sunmum - Mons. *Sumont.*

Soperiacum; Superiacum - Magnum; Superiacus-Major; Superiacus-Majus; Superiacus-Minor. *Sivry-sur-Meuse.*

Supineurt. *Spincourt.*

Supplicii-villa. *Souppléville.*

Sureville. *Surville.*

Sureyum-ad-Perticam. *Sivry-la-Perche.*

Susemont; Suzaimont. *Suzénont.*

Sutiacum; Sulay; Susey; Suziacum; Suzay; Suzey. *Seuzey.*

Suvrey-la-Perche. *Sivry-la-Perche.*

Syguelles. *Seigneulles.*

Sylviaco; Sylviurio palatio regio. *Sauvoy.*

Sytainvilla. *Stainville.*

Syverei-la-Perche. *Sivry-la-Perche.*

Syvreium; Syvery et Morvexin. *Xivray.*

Syveriacum; Syvereium-Magnum; Syverei; Syverey; Syverei-la-Ville; Syverei-le-Grant; Syverei-sor-Mueze; Syvrei. *Sivry-sur-Meuse.*

T

Tabat. *Thabas.*

Taillancuria; Talancuria; Taillancoue; Tallancourt. *Taillancourt.*

Talau; Tàlouë. *Tàlou*, côte.

Tannacum; Tannetum; Tanetum; Taneyum; Tannoi; Tannoy; Tauoy; Tannunt; Tennoi; Tennoy. *Tannois.*

Tapieu. *Tailpeux.*
Terciavilla; Tertia-villa; Tierville. *Thierville.*
Terfridi-curtis. *Récourt?*
Teudegisilo-villa. *Tigéville.*
Thail. *Thillot.*
Theoldi-Mons. *Thiaumont.*
Theodorici-villa; Theuderici-villa. *Thierville.*
Theonis-curtis. *Doncourt-aux-Templiers.*
Thiacaumont. *Thiaumont.*
Thiegisi-villa; Thigéville. *Tigéville.*
Thiemeville. *Thiméville.*
Thile (La); Thinte (la). *Tinte (La).*
Thilium. *Thil.*
Thilly. *Tilly-sur-Meuse.*
Thoaldimons. *Thiaumont.*
Thono-les-Preys. *Thonne-les-Prés.*
Thonnelle-la-Longue; Thonne-la-Longue. *Thonne-la-Long.*
Thremoville. *Thiméville.*
Thresonvaulx. *Trésauvaux.*
Thumeréville. *Thiméville.*
Thussey. *Thusey.*
Thylia; Thy; Thyl; Til. *Thil.*
Tigéville-sous-Aprémont; Tignéville. *Tigéville.*
Tileis; Tilia; Tiliacum; Tilliacum; Tiliacus-fiscus; Tilium; Tilleium; Tilleyum; Tillicum; Til près la Croix-sus-Mueze; Tilie; Tillei; Tillei-sur-Moze; Tillei-sor-Mueze; Tileis; Tilley; Tilli; Tillier; Tilliers. *Tilly-sur-Meuse.*
Tilloi-soubs-Holhonchasteil. *Thillot.*
Tillone-Sylvestri; Tillombois; Tillonbois. *Thillombois.*
Tillot; Tillot-Saint-Maurice; Tilloy. *Thillot.*
Todenella. *Thonnelle.*
Todenna. *Thonne-la-Long* et *Thonne-les-Prés.*
Todenna; Todenna-ad-Thyliam. *Thonne-le-Thil.*
Tombois. *Tambour.*
Tona; Tonetra; Tonna; Tone-la-Long; Tonne-la-Loing; Tonne-la-Longue; Tonne-la-Lon. *Thonne-la-Long.*
Tona; Tonetra; Tone-le-Til; Toneletil; Tonneleto; Tonne-le-Teil. *Thonne-le-Thil.*
Tonelle; Tonnelle. *Thonnelle.*
Tonetra; Tonna-les-Prez; Tonne-le-Prez. *Thonne-les-Prés.*
Tonnaux. *Thonne (La).*
Tonus. *Éton.*
Toralias. *Tourailles.*

Torvinium. *Trougnon.*
Toularia; Touralia. *Tourailles.*
Toulore. *Toulon.*
Tour (La); Tour-de-Voyvre; Tour-en-Vevre, en Wevre ou en Woipvre (la). *Latour-en-Woëvre.*
Tour-des-Granges (La). *Grange-aux-Bois (La).*
Touzy. *Thusey.*
Traldicurtis. *Triaucourt.*
Transculfi-villa. *Triconville.*
Trauchotte. *Tanchotte (La).*
Travero. *Traveron.*
Travia. *Saint-Germain-sur-Meuse.*
Tremontium; Tremons; Tremonz; Tresmont. *Trémont.*
Tremonville. *Thiméville.*
Trescent. *Bergerie (La).*
Tresle; Trelle. *Trôle (La).*
Tresonvaux. *Trésauvaux.*
Trialdi-curtis. *Triaucourt.*
Triconis-villa; Triconisvilla. *Triconville.*
Trina-vallis. *Trésauvaux.*
Trio. *Troyon.*
Troceiacum; Troceium; Trocejacum; Trociacum. *Troussey.*
Trogium; Troion. *Troyon.*
Trognon; Trognon-sor-piere-Fontaine; Troignon. *Trougnon.*
Troïana-villa; Trojana-villa; Tronium. *Troyon.*
Trois-Fontaines (Les). *Contrôlerie (La).*
Trois-Villes-en-Woëvre; Trois-Villes (Les). Mairie et seigneurie composée de *Buxerulles, Varnéville* et *Woinville.*
Trongnognum; Troniacus; Tronione; Trongnon. *Trougnon.*
Troavilla; Trouville. *Tronville.*
Trouceyum; Troucei. *Troussey.*
Trougnognum; Trougnonium. *Trougnon.*
Troyous. *Troyon.*
Truauacourt (Nova villa de). *Triaucourt.*
Truciacum. *Troussey.*
Trunio; Trugnon. *Trougnon.*
Turris-in-Vepria; Turris-Wabrensis; Turris-super-Crowadis. *Latour-en-Woëvre.*
Tusci; Tuseium; Tuseum; Tusiacom; Tussaacum; Tusseium; Tussiacum; Tussianum; Tusey; Tussey; Tuzé. *Thusey.*
Ty; Tylia. *Thil.*
Tyelr-villa. *Thiercille.*
Tyleium; Tylium. *Tilly.*
Tyllombois. *Thillombois.*
Tymeville. *Thiméville.*

U

Uacheroville. *Vacherauville.*
Uarennes. *Varennes.*
Uareville. *Warville.*
Ugneyum-prope-Valiscolorem; Ugney; Ugoi. *Ugny.*
Ulmeusio. *Ormanson.*
Ulmensis (Pagus). *Dormois (Le).*
Ulmus; Ulmc. *Kœur-la-Grande.*
Umplona; Umplonum. *Montplonne.*
Uochercium; Unkercis. *Gincrey.*
Urantes. *Eurantes (Les).*
Urbanus (Decanatus). *Urbain (Doyenné).*
Urbel (Mont-). *Montaubé.*
Urbs Claborum; urbs Clavorum; urbs Clabonia; urbs Veriduna; urbs Virdunensis; urbs Viridunum; urbs Virduna; urbs Vereduna. *Verdun.* — Voyez Virdunum, Verdung et Claba.
Urchiæ; Urchiis. *Ourches.*
Urdunum; Urduni. *Verdun.*
Urcia cum duabus ecclesiis. *Iré-les-Prés.*
Urfroy. *Reffroy.*
Urna. *Ornes.*
Ursionis-villa. *Watronville.*
Ursuncort. *Issoncourt.*
Ursus-Frigidus. *Reffroy.*
Uspenonville. *Épinonville.*
Usouncourt; Uesuncourt; Usuncort. *Issoncourt.*
Uuadonville. *Wadonville-en-Woëvre.*
Uualy. *Waly.*
Uuarque. *Wareq.*
Uuetronville. *Watronville.*
Uuavrille. *Wavrille.*
Uxeia. *Iré-les-Pré.*
Uxioniscurtis; Uxoncort; Uxoncourt; Uxuncort; Uxuncourt. *Issoncourt.*

V

Vabreuse; castrum Vabrense. *Woëvre (Camp ou Château de).*
Vabria; pagus Vabrensis. *Woëvre (La).*
Vaccon. *Vdcon.*
Vacheri-villa; Vacherulfi-villa; Vacherulfi-curtis; Vacchroville; Vacherouville; Vacheroville. *Vacherauville.*
Vaciencourt. *Vassincourt.*
Vadancourt; Vadonis-curia; Vadoncuria; Vadoncour; Vadoncourt. *Vaudoncourt,* village.

urbs Virduna; urbs Virdunica; urbs Virdunensis; urbs Viridunensis; oppidum Virdunensi. *Verdun.*

Vireuil (Grand-). *Verneuil-le-Grand.*

Vireuil (Petit-). *Vorneuil-le-Petit.*

Visepes; Viseppe. *Wiseppe.*

Visniolus. *Vigneulles-sous-Montmédy.*

Visoncourt. *Issoncourt.*

Vitarville; Viterville. *Vittarville.*

Vitellum. *Vitel.*

Vitonus (Domnus); Divus-Vitonus. *Saint-Vanne.*

Vitulum. *Villotte-devant-Louppy.*

Viville. *Viéville-sous-les-Côtes.*

Vodtun. *Vuil.*

Vodonis-villa. *Vadonville.*

Vodonis-villa. *Wadonville-en-Woëvre.*

Voel; Voël. *Woël.*

Voicon. *Vdcon.*

Voinville. *Woinville.*

Voiruiné. *Varvinay.*

Voisvre; Voivre. *Woëvre (La).*

Voivre (Château de). *Woëvre (Camp ou Château de).*

Voix (La). *Lavoye.*

Voize; Voise. *Vaise (La).*

Vothonium-Inferius; Vothon-Bas. *Vouthon-Bas.*

Vothonium-Superius; Votonnum; Vothon-Haut. *Vouthon-Haut.*

Voue-Oel; Vouël. *Woël.*

Voulthon-Baix; Voulthon-le-Bas; Voulton-Bas. *Vouthon-Bas.*

Voulthon-en-Haut; Vouthon-le-Haut; Vouton-Haut; Voutonnum. *Vouthon-Haut.*

Voye (La). *Lavoye.*

Voyvre. *Woëvre (La).*

Vrfroid. *Reffroy.*

Vapenonville. *Épinonville.*

Vuabra; Vuabrensis; Vuabrinsis; Vuabrinse. *Woëvre (La).*

Vuacincort. *Vassincourt.*

Vuacon. *Vdcon.*

Vuadonville. *Wadonville-en-Woëvre.*

Vual. *Woël.*

Vualdonis-curtis. *Vaudoncourt.*

Vualy. *Waly.*

Vuam. *Wamme.*

Vuanbrinsis (Pagus); pagus Vuavrinsis. *Woëvre (La).*

Vuarbodi-curtis. *Vaubecourt.*

Vuarc. *Warcq.*

Vuatronville. *Watronville.*

Vué. *Wée (La).*

Vuembeya. *Woimbey.*

Vuentronisvilla. *Watronville.*

Vuevre. *Woëvre (La).*

Vuidiniaca. *Woinville.*

Vuilleroncourt; Vuillerumcort. *Villeroncourt.*

Vuosapia. *Wiseppe.*

Vuymbey. *Woimbey.*

W

Wa (La). *Lovoye.*

Wabbecourt; Wabccourt. *Vaubecourt.*

Wabra; in pago Wabarense, Wabarinse, Waberense, Wabracensi, Wabrense, Wabrinse; pagus Wabrensis et Wabrinsis. *Woëvre (La).*

Wabrense; castrum Wabrense. *Woëvre (Camp ou Château de).*

Wahvrillo. *Wavrille.*

Wacencort; Waceincort; Waciencort; Wacincort; Wacincurt; Wacincurtis. *Vassincourt.*

Wacherulfi-villa. *Vacherauville.*

Wacon. *Vdcon.*

Wadelaincourt. *Vadelaincourt.*

Wadencurt. *Vaudoncourt, ferme.*

Wadonis-curtis; Wadoncourt. *Vaudoncourt, village.*

Wadonville. *Vadonville.*

Wadonville. *Wadonville-en-Woëvre.*

Wafrense (In pago). *Woëvre (La).*

Waheri-curtis. *Rarécourt.*

Waheri-curtis. *Wascourt.*

Wainville. *Woineville.*

Waixe. *Vaise (La).*

Walacræ. *Warcq.*

Waldonis-curtis. *Vaudoncourt.*

Wallambois. *Valambois.*

Walley; Wally. *Waly.*

Waltonis-villæ (Castrum). *Watronville.*

Wamars; Wamarch; Wamarz; Wamaix; Wamaulx; Wamaux. *Wameaux.*

Wambasius; Wambais. *Woimbey.*

Wamma; Wame (la). *Wamme.*

Wanbreuse (In pago). *Woëvre (La).*

Wandelini-curtis; Wandelancourt; Wandelincort; Wandelincourt. *Vandelaincourt.*

Wandersaldis; Wandersalis; Wandesardis. *Vandresel.*

Waudoncour. *Vadoncourt.*

Wandonville. *Vadonville.*

Wandresaldre; Wandresaulx. *Vandresel.*

Wannani-curtis; Wanincort; Waninocurt; Wanoncort; Wanoncourt. *Bannoncourt.*

Wantbrinse (In pago). *Woëvre (La).*

Wantronis-villa; Wantronville. *Watronville.*

Wanumcurtis. *Bannoncourt.*

Waper; Wapra; Wapria; in pago Waprensi et Waprinsi; comitatus Wapronsis et Waprinsis. *Woëvre (La).*

Warhodi-curtis; Warbucccourt. *Vaubecourt.*

Warcum; Warcus; Warchum; Warchus-castellum; Ware; Ware; Warch; Warck; Ware-les-Estain; Wargue. *Warcq.*

Wareville. *Warville.*

Wargneyum; Warneyum. *Varney.*

Waricuria. *Vraincourt.*

Warinvallibus. *Warinvaux.*

Warma. *Wamme.*

Warnetum. *Varvinay.*

Warne-villa; Warnevilla; Warnerivilla; Warneiville; Warneville; Warneyville. *Varnéville.*

Warnum-curtis; Warnunci-curtis; Warnuncurt. *Bannoncourt.*

Warreville; Waruille; Warzeville. *Warville.*

Wart. *Warcq.*

Warvignay; Warvinay; Warvinet; Warvinot; Warvinoy. *Varvinay.*

Wasia. *Vaise (La).*

Wasli; Wasloga; Waslogium; Wasloi. *Waly.*

Wasnao-villa. *Woinville.*

Wasnaum; Wasnaum-fiscum. *Wameaux.*

Wassecourt. *Wascourt.*

Wassineuria; Wassoneuria. *Wassincourt.*

Watrumasville-castrum; Watlronville. *Watronville.*

Waudelaincourt. *Vadelaincourt.*

Waudeville. *Vaudeville.*

Waudoncort. *Vaudoncourt.*

Waudonville. *Vadonville.*

Waurennia. *Varennes.*

Waurense comitatus duo. *Woëvre (Comtés de).*

Wauris. *Wévre (Forêt de).*

Weutronville. *Watronville.*

Wavincort; Wavincourt. *Vavincourt.*

Wavra; Wavria forestis; Wawera; saltus Wavrinsi; nemus Wepria. *Woëvre (Forêt de).*

Wavra; Wavria; pagus Wavarinsi; in pago Waverense; in pago Waverense; Wavres (les). *Woëvre (La).*

Wavreia; Wavrevium; Wavrilla; Wavril; Wavrilles. *Wavrille.*

Waymaut. *Wameaux.*

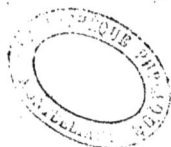